现代植保新技术图解丛书 

果树病虫诊断与防治彩色图解

鲁传涛　等　主编

中国农业科学技术出版社

图书在版编目（CIP）数据

果树病虫诊断与防治彩色图解/鲁传涛等主编.－北京：中国农业科学技术出版社，2021.1
ISBN 978-7-5116-4981-2

Ⅰ.①果… Ⅱ.①鲁… Ⅲ.①果树－病虫害防治－图谱 Ⅳ. ①S436.6－64

中国版本图书馆CIP数据核字(2020)第166233号

责任编辑 姚 欢 褚 怡
责任校对 李向荣
责任印制 姜义伟 王思文
出 版 者 中国农业科学技术出版社
北京市中关村南大街12号 邮编 100081
电 话 (010)82109704(发行部)(010)82106631(编辑室)
(010)82109709(读者服务部)
传 真 (010)82106636
网 址 http://www.castp.cn
经 销 者 各地新华书店
印 刷 者 河南省诚和印制有限公司
开 本 889×1 194mm 1/16
印 张 62
字 数 1 669千字
版 次 2021年1月第1版 2021年1月第1次印刷
定 价 498.00元

《现代植保新技术图解》
总编委会

《果树病虫诊断与防治彩色图解》编委会

主　编　鲁传涛　封洪强　杨共强　田兴山　李洪连　李好海　王　飞　文　艺　孙祥龙　张玉聚

副主编　周增强　苏旺苍　杨琳琳　张　洁　张　萌　彭埃天　凌金锋　白　蕙　安世恒　张　猛　侯　珲　马东波　王高平　张书杰　吴绪金　段　云　李　巍　刘　英　蔡　磊　孙　辉　田迎芳　孙永强　杨党伟　苏卫河　李新良　李世兵　原京超　康冬梅　秦光宇　朱丽莹　薛华政　黎世民　乔耀淑　李迅帆　马永会　王军亮　张志新　孙炳剑　吴　寅

编写人员　马东波　马永会　王　飞　王　丽　王军亮　王高平　王瑞霞　文　艺　田兴山　田迎芳　白　蕙　朱丽莹　乔耀淑　刘　英　安世恒　孙　辉　孙　骞　孙永强　孙炳剑　孙祥龙　苏卫河　苏旺苍　李　巍　李世兵　李伟峰　李迅帆　李好海　李应南　李洪连　李新良　杨共强　杨党伟　杨琳琳　吴　寅　吴绪金　宋晓兵　张　洁　张　萌　张　猛　张　琬　张书杰　张玉聚　张志新　周增强　封洪强　段　云　侯　珲　施　艳　秦光宇　原京超　凌金锋　高树广　康冬梅　崔丽雅　彭成绩　彭埃天　鲁传涛　蔡　磊　黎世民　薛华政　藏　睿

前 言

我国幅员辽阔、地域复杂，果树病虫害种类繁多、发生情况复杂、为害严重。果树病虫害是影响果树生长、降低果品产量与品质的主要因素，因病虫为害而导致的水果腐烂率平均高达20%～25%。果农在防治果树病虫害时经常出现防治时机不合理、措施不到位、重治轻防、防治效果不理想等现象，有时还会过度使用化学农药，导致农药残留超标，出现果品安全风险。

为了有效地推广普及果树病虫害防治技术知识和农药应用技术，我们组织国内权威专家，在查阅大量国内外文献基础上，结合自己多年的科研工作实践，对2010年出版的《农业病虫草害防治新技术精解》（第三卷）进行了大量的调整和补充，进而编著了本套《现代植保新技术图解丛书》，《果树病虫诊断与防治彩色图解》为其中分册。

经过权威专家和生产一线技术人员研究比较，《果树病虫诊断与防治彩色图解》中提及的病虫害均是生产中重要的防治对象。书中对这些病虫害的发生规律、防治技术进行了全面的介绍，并分生育时期介绍了综合防治方法；书中配有大量病虫害田间发生与为害症状原色图片，图片清晰、典型，易于田间识别和对照。

本书共收集了22种果树的500多种重要病虫害，对每种重要病虫害的形态特征进行了描述，详细介绍了病虫害发生不同阶段的施药防治方法、药剂种类和使用剂量。按照国家农药安全应用标准，推荐使用农药。本书通俗易懂、图文并茂、方便实用。

本书在编纂过程中，得到了中国农业科学院、南京农业大学、西北农林科技大学、华中农业大学、山东农业大学、河南农业大学，以及河南、广东、四川、山东、河北、黑龙江、江苏、湖北等农科院和植保站专家的支持和帮助；同时，本书的出版得到了国家自然基金青年基金项目“基于形态特征与分子数据的中国谷蛾科疑难类群分类修订及系统发育分析”（31702034）的资助。有关专家提供了很多形态诊断识别照片和自己多年的研究成果，在此谨致衷心感谢。

由于我国地域辽阔，环境条件复杂，病虫草害区域分化特征明显，因此书中提供的化学防治方法的实际效果和对果树的安全性会因特定的使用条件而有较大差异。书中内容仅供读者参考，建议在先行先试的基础上再大面积推广应用，避免出现药效或药害问题。由于作者水平有限，书中内容不当之处，敬请读者批评指正。

编　者

2020年8月20日

目 录

第四章 山楂病虫害

第五章 李树病虫害

第六章 杏树病虫害

第七章 樱桃病虫害

第八章 枣树病虫害

第九章 葡萄病虫害

第十六章　香蕉病虫害

第十七章　菠萝病虫害

第十八章　龙眼病虫害

第十九章　荔枝病虫害

第二十章　枇杷病虫害

第一章 苹果病虫害

中国已成为世界苹果生产大国，苹果种植面积和产量均占世界50%以上。据中国农业统计资料报道，2017年中国苹果栽培面积约为194.695万hm^2，总产量已达4 139万t。中国苹果生产集中度逐年提高，陕西、山东等7省的苹果种植面积、产量已占全国4/5以上；此外，中国苹果品种结构不断优化，上市档期更趋合理，优质果率大幅提升，市场竞争力日益增强，苹果出口量位居世界前列，中国正从苹果生产大国向苹果产业强国迈进。

苹果病虫害是影响苹果产量和品质的重要限制因素之一，一般果园病虫为害的损失率为10%～20%，管理粗放的果园损失率可达50%以上。据报道，苹果病虫害约有150余种，其中，为害严重的病害有轮纹病、炭疽病、斑点落叶病、褐斑病、腐烂病、霉心病、病毒病等；为害严重的虫害有食心虫、叶螨、蚜虫、金纹细蛾等。各苹果产区因生产条件和生态环境的不同，病虫害的发生也有差别，应根据各地病虫发生的特点，因地制宜，总结果树病虫害发生情况，分析发生特点，拟订防治计划，及早采取防治方法，保证苹果的丰产丰收。

在绿色生态发展理念引导下，苹果业界积极响应农业部启动的“减肥减药”专项行动，通过精准施肥施药、鼓励使用有机肥、生物、物理防治等果园综合管理方法，不仅能提高果园生产效率，而且对保障果品质量安全、保护生态环境、提高果农收入也起到极大的促进作用。

一、苹果病害

1. 苹果轮纹病

【分布为害】苹果轮纹病又称粗皮病、轮纹烂果病，分布在我国各苹果产区，以华北、东北、华东果区为重。一般果园发病率为20%～30%，重者可达50%以上(图1-1和图1-2)。

图1-1 苹果轮纹病为害果实情况

图1-2 苹果轮纹病为害枝干情况

【症　　状】主要为害枝干和果实，有时也为害叶片。病菌侵染枝干，多以皮孔为中心，初期出现水渍状的暗褐色小斑点，逐渐扩大形成圆形或近圆形褐色瘤状物。病部与健部之间有较深的裂纹，后期病组织干枯并翘起，中央凸起处周围出现散生的黑色小粒点。在主干和主枝上瘤状病斑发生严重时，病部树皮粗糙，呈粗皮状(图1-3至图1-5)。后期常扩展到木质部，阻断枝干树皮上下水分、养分的输导和贮存，严重削弱树势，造成枝条枯死，甚至死树、毁园的现象。果实进入成熟期陆续发病，发病初期在果面上以皮孔为中心出现圆形、黑色至黑褐色小斑，逐渐扩大成轮纹斑，略微凹陷。有的短时间周围有红晕，下面浅层果肉稍微变褐、湿腐。后期外表渗出黄褐色黏液，烂得快，腐烂时果形不变，整个果烂完后，表面长出粒状小黑点，散状排列(图1-6至图1-9)。后期失水变成黑色僵果。

图1-3 苹果轮纹病为害枝干初期症状

图1-4 苹果轮纹病为害枝干中期症状

图1-5 苹果轮纹病为害枝干后期症状

图1-6 苹果轮纹病为害果实初期症状

图1-7　苹果轮纹病为害果实中期症状

图1-8　苹果轮纹病为害果实后期症状

图1-9 苹果轮纹病为害果实纵剖面症状

【病　　原】无性世代*Macrophoma kawatsukai*称轮纹大茎点菌，属无性型真菌。子囊壳在寄主表皮下产生，黑褐色，球形或扁球形，具孔口。子囊长棍棒状，无色，顶端膨大，壁厚透明，基部较窄。子囊孢子单细胞，无色，椭圆形。分生孢子器扁圆形或椭圆形，具有乳头状孔口，内壁密生分生孢子梗。分生孢子梗棍棒状，单细胞，顶端着生分生孢子。分生孢子单细胞，无色，纺锤形或长椭圆形(图1-10)。病菌生育温度为7～36℃，最适为27℃；pH值为4.4～9.0，最适为5.5～6.6。病菌孢子萌发温度范围为15～30℃，最适为27～28℃，在清水中即可萌发。

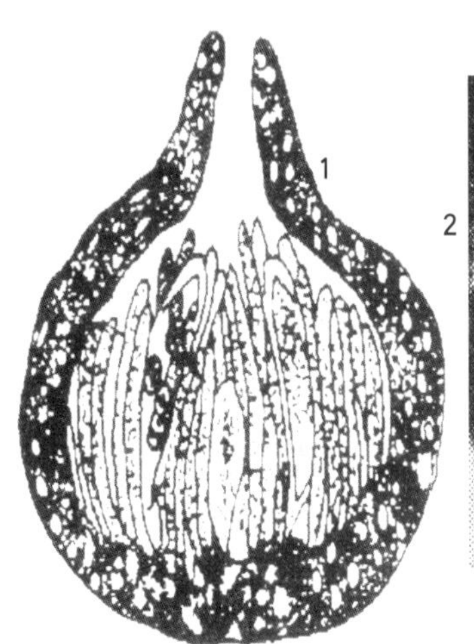

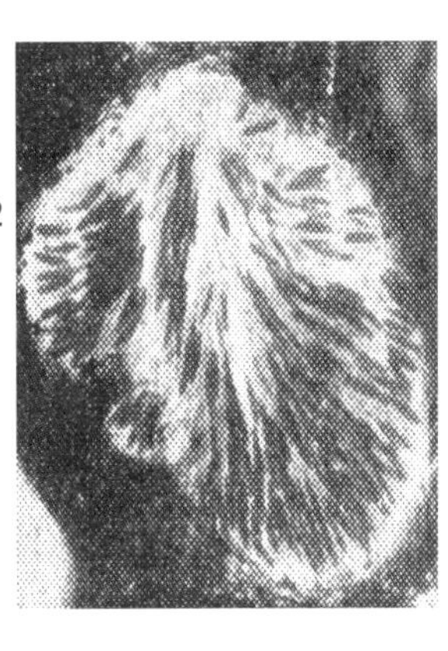

图1-10 苹果轮纹病病菌
1.子囊壳 2.分生孢子器和分生孢子

【发生规律】病菌以菌丝体、分生孢子器在病组织内越冬，是初次侵染和再侵染的主要菌源。于春季开始活动，随风雨传播到枝条和果实上。在果实生长期，病菌均能侵入，其中，从落花后的幼果期到8月上旬侵染最多。侵染枝条的病菌，一般从8月开始以皮孔为中心形成新病斑，翌年病斑继续扩大。在果园，树冠外围的果实及光照好的山坡地，发病早；树冠内膛果，光照不好的果园，果实发病相对较晚。气温高于20℃，相对湿度高于75%或连续降雨，雨量达10mm以上时，有利于病菌繁殖和田间孢子大量散布及侵入，病害严重发生。山间盆地，风速低、空气湿度大、夜间易结露的果园，较坡地向阳、通风透光好的果园发病率高；如新建果园在病重老果园的下风向，距离老果园越近，发病越高。果园管理差，树势衰弱，种植在重黏壤土和红黏土或偏酸性土壤上的植株易发病，被害虫严重为害的枝干或果实发病重。

【防治方法】苹果轮纹病既侵染枝干，又侵染果实，就其损失而言，重点是果实受害，但枝干发病与果实发病有极为密切的关系，在防治中要兼顾枝干轮纹病的防治。加强肥水管理，休眠期清除染病残体。果实套袋能有效保护果实，防止烂果病的发生。

及时刮除病斑(图1-11)：刮除枝干上的病斑是一个重要的防治措施。一般可在发芽前进行，刮除病斑后涂70%甲基硫菌灵可湿性粉剂1份加豆油或其他植物油15份涂抹即可。5—7月可对病树进行重刮皮。发芽前可喷一次29%石硫合剂水剂100倍液或74%波尔多液水分散粒剂300倍液，刮病斑后喷药效果更好。

图1-11　苹果发芽前轮纹病为害情况

药剂防治的3个关键时期：第一次在5月上中旬(病害开始侵入期)；第二次应在6月上旬(麦收前)病害侵入期和初发期；第三次在6月下旬至7月上中旬。可根据病情施药，一般每个时期喷药2~3次，间隔10~15天。

在病菌开始侵入发病前(5月上中旬至6月上旬)，重点是喷施保护剂，可以施用下列药剂：

70%甲基硫菌灵·福美双可湿性粉剂800~1 000倍液；

75%代森锰锌水分散粒剂600~1 000倍液；

70%代森联水分散粒剂300~700倍液；

70%代森锰锌·福美双可湿性粉剂600~800倍液；

50%多菌灵·代森锰锌可湿性粉剂600~800倍液；

80%多菌灵·福美双·代森锌可湿性粉剂700~800倍液；

50%多菌灵·福美双·代森锰锌可湿性粉剂500~650倍液；

27.12%碱式硫酸铜悬浮剂400~600倍液；

80%波尔多液可湿性粉剂300~500倍液，均匀喷施。

在病害侵入和初发期(图1-12)，应注意合理施用保护剂与治疗剂复配，以控制病害的侵入和发病。可以施用下列药剂：

图1-12 苹果幼果期轮纹病为害症状

70%甲基硫菌灵可湿性粉剂850～1 200倍液；

80%多菌灵可湿性粉剂800～1 200倍液；

60%吡唑醚菌酯·代森联水分散粒剂1 000～2 000倍液；

20%异菌脲·多菌灵悬浮剂400～600倍液；

55%甲基硫菌灵·代森锰锌可湿性粉剂600～1 000倍液；

50%代森锰锌·腈菌唑可湿性粉剂800～1 300倍液；

68.75%恶唑菌酮·代森锰锌水分散粒剂1 000～1 500倍液；

50%丙森锌·多菌灵可湿性粉剂600～800倍液；

38%多菌灵·三唑酮·福美双可湿性粉剂400～600倍液；

75%百菌清·多菌灵·福美双可湿性粉剂600～800倍液，均匀喷洒。

在病害发病前期，应及时进行防治，以控制病害的蔓延。可以用下列药剂：

50%异菌脲可湿性粉剂600～800倍液；

30%戊唑醇悬浮剂2 000～3 000倍液；

55%氟硅唑·多菌灵可湿性粉剂800～1 250倍液；

30%恶唑菌酮·氟硅唑乳油2 000～3 000倍液；

32.8%苯醚甲环唑·多菌灵可湿性粉剂1 500～2 000倍液；

40%噻菌灵可湿性粉剂1 000～1 500倍液；

50%喹啉铜可湿性粉剂3 000～4 000倍液；

50%锰锌·腈菌唑可湿性粉剂800～1 300倍液，在防治中应注意多种药剂的交替使用。

2．苹果炭疽病

【分布为害】苹果炭疽病在全国各地均有发生，以黄淮及华北地区发生较重。在20世纪60—70年代，主栽的品种国光发病率常达20%～40%，是重要果实病害。80年代以后，因为较抗病品种新红星系和富士系陆续大量投产，该病的发病率有所下降(图1-13)。

图1-13　苹果炭疽病为害情况

【症　　状】主要为害果实，也为害枝条。果实发病，初期果面出现淡褐色圆形小斑点，逐渐扩大，软腐下陷，腐烂果肉剖面呈圆锥状向果心扩展。病斑表面逐渐出现黑色小点，隆起，排列成轮纹状，潮湿时突破表皮涌出粉红色黏稠液状物(图1-14至图1-18)。最后全果腐烂，多数脱落，也有失水干缩成黑色僵果留于树上。果实采收后，在包装、运输及贮藏过程中，如温湿度条件适宜，带菌果实陆续侵染发病，造成果实大量腐烂。枝干受害，多发生于老弱枝、病虫枝及枯死枝。最初在表皮形成深褐色，不规则形病斑，逐渐扩大，随后病部溃烂龟裂，木质部外露，病斑表面也产生黑色小粒点。严重时病部以上枝条全部枯死。

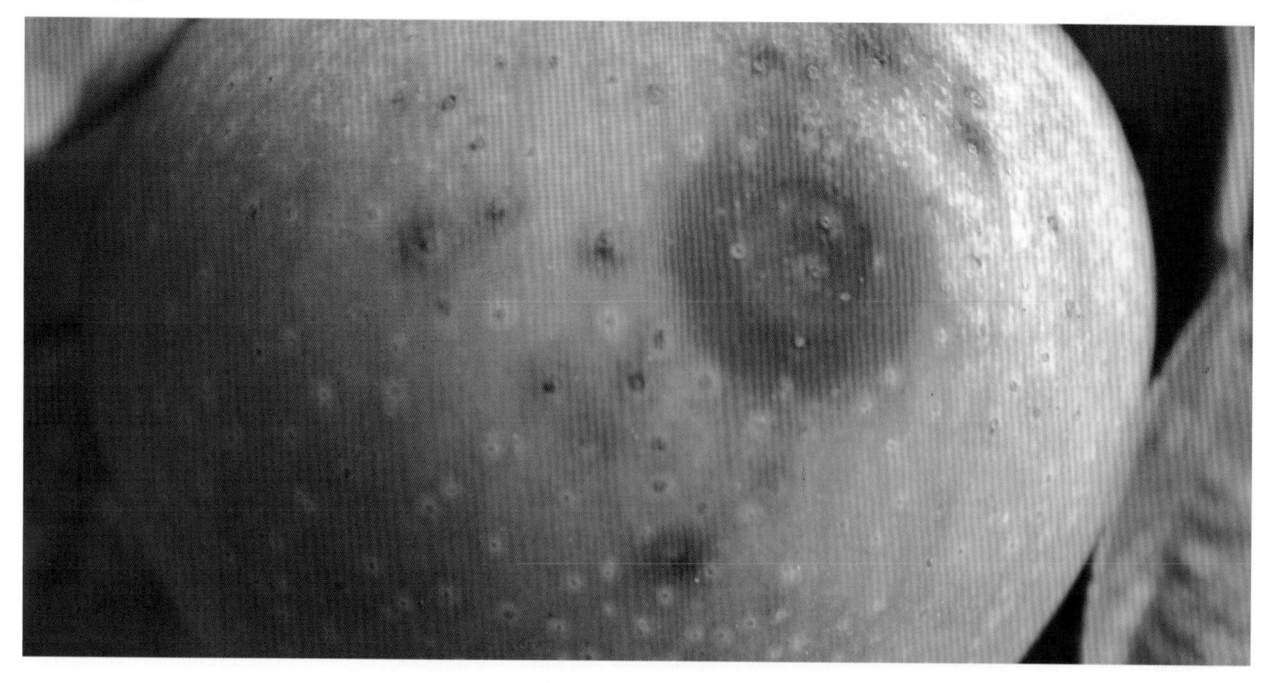

图1-14　苹果炭疽病为害果实初期症状

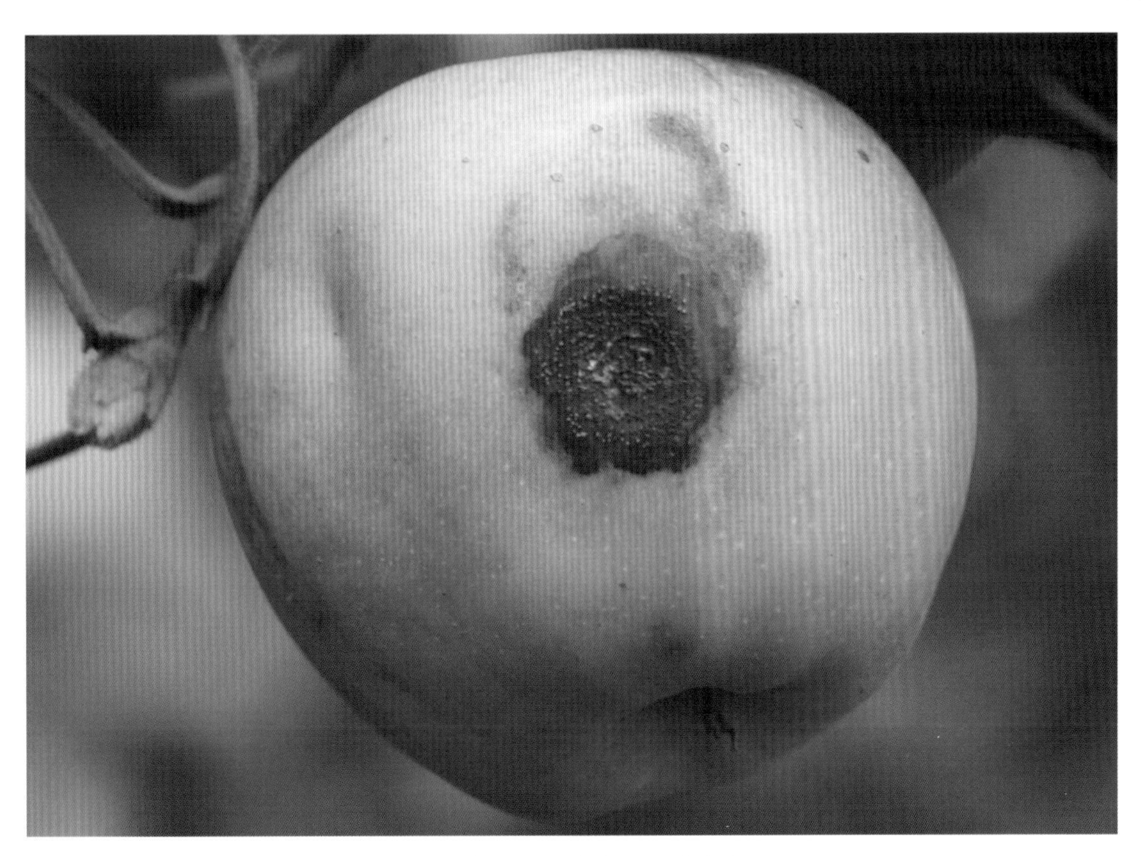

图1-15 苹果炭疽病为害果实中期症状

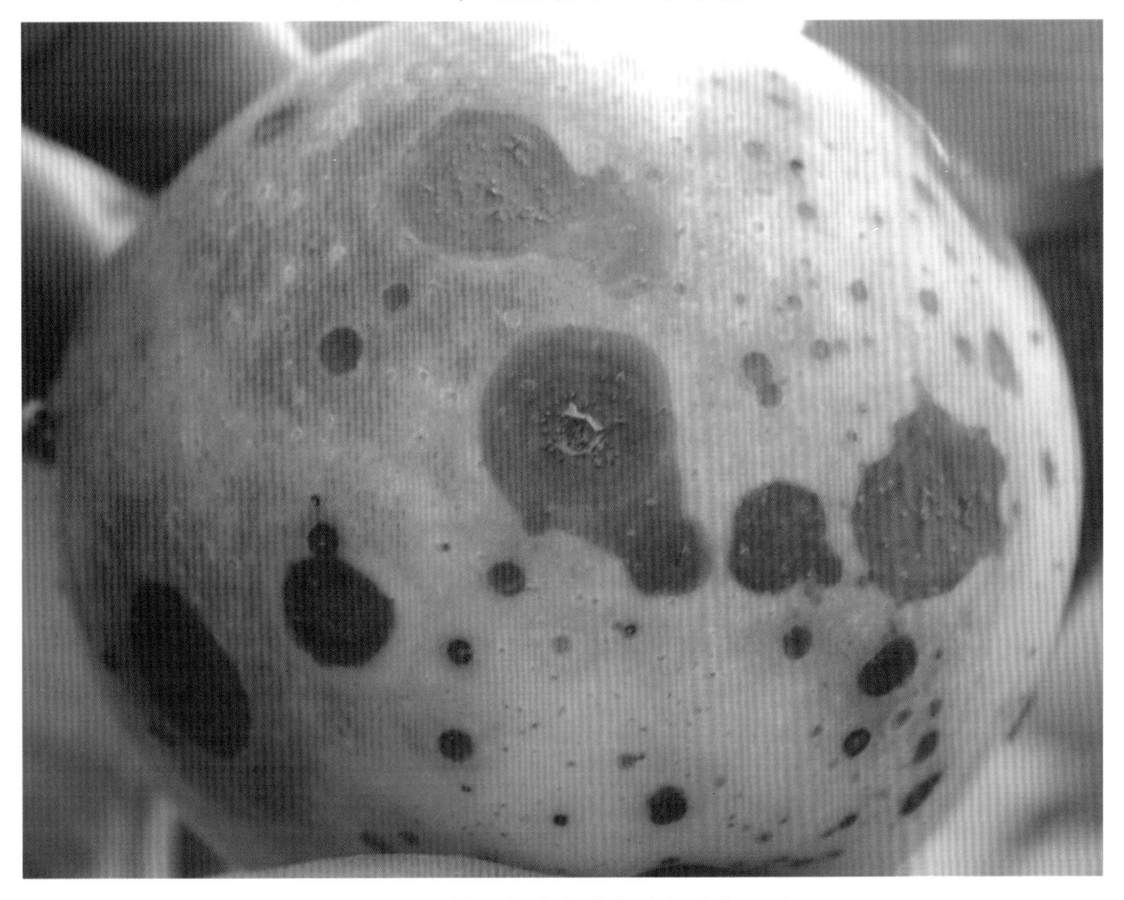

图1-16 苹果炭疽病为害果实后期症状

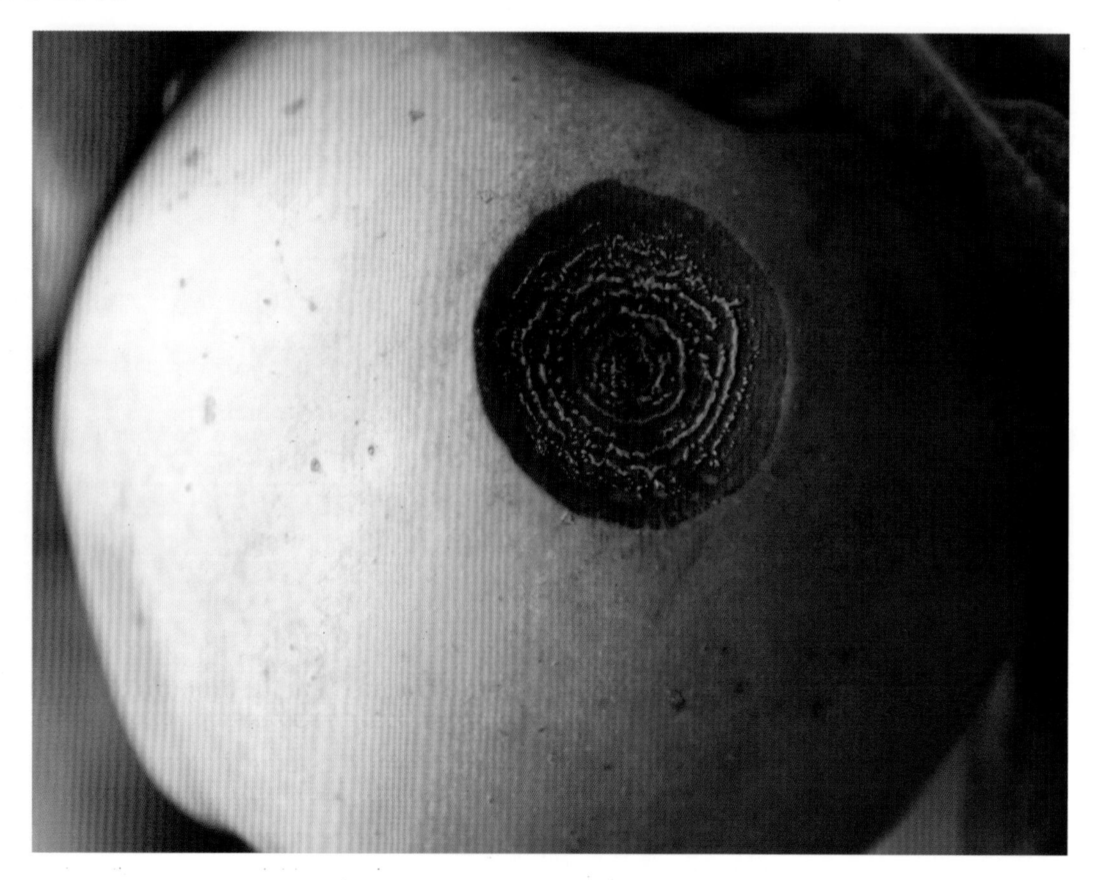

图1-17　苹果炭疽病为害后期病斑上涌出粉红色黏液状物

图1-18　苹果炭疽病为害后期病斑表面产生的黑色小粒点

【病　　原】*Colletotrichum gloeosporioides* 称胶孢炭疽菌，属无性型真菌。

有性世代为 *Clomerella cingulata* 称小丛壳菌，属子囊菌门真菌。分生孢子盘埋生于表皮下，成熟后突破表皮，涌出分生孢子；分生孢子盘内平行排列一层圆柱形或倒钻形的分生孢子梗，顶端着生分生孢子，常成团，呈粉红色，单胞，长卵圆形，两端含2个油球(图1–19)。菌丝的发育温度为12～40℃，最适温度为28℃。菌丝形成分生孢子的最适温度为22℃左右。分生孢子在28℃条件下，经6小时可发芽，9小时萌发率达95%以上。

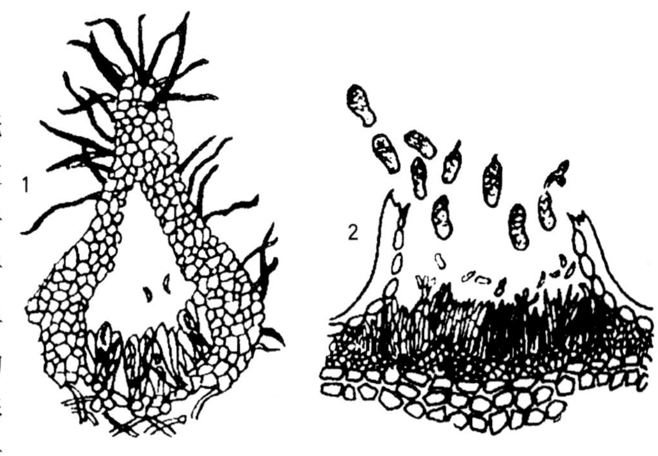

图1–19　苹果炭疽病病菌
1.子囊壳内的子囊及子囊孢子
2.分生孢子盘及分生孢子

【发生规律】病菌以菌丝体、分生孢子盘在病果、僵果、果台、枝条等处越冬。翌年春天，越冬病菌形成的分生孢子为初侵染来源，主要通过雨水飞溅传播，分生孢子萌发后产生芽管直接穿过表皮或通过皮孔、伤口侵入果实。苹果坐果后便可受侵染，在北方5月底、6月初进入侵染盛期；南方生育期早，4月底、5月初进入侵染盛期。幼果自7月开始发病，每次雨后有1次发病高峰，烂果脱落。果实生长后期也是发病盛期(图1–20)。果皮松、斑点大而深，果实迅速膨大期正遇高温多雨的中晚熟品种发病较重，早熟品种表现避病。苹果中没有高抗品种。树势弱的发病早而重，树势强的发病轻。病害在7—8月果实开始成熟时，特别是雨后高温即发生流行。温度28～29℃、相对湿度80%以上为进入发病高峰的温湿度指标。排水不良的黏土、洼地，树冠郁闭，容易产生高湿的环境，日灼与虫伤容易造成伤口，这些都有利于病害的发生。以刺槐林作防风林的苹果园，炭疽病发生重而且早。

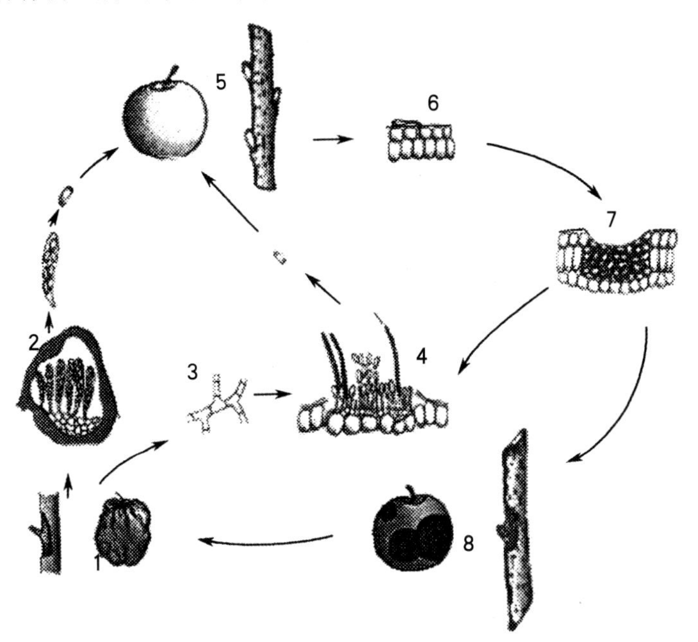

图1–20　苹果炭疽病病害循环
1.病菌在病残体上越冬　2.子囊壳、子囊及子囊孢子　3.菌丝
4.分生孢子盘　5.苹果果实、枝条　6.孢子萌发侵入寄主组织
7.侵染部位组织死亡并凹陷　8.发病的果实、枝条

【防治方法】深翻改土，及时排水，增施有机肥，避免过量施用氮肥，增强树势，提高抗病力；及时中耕除草，降低园内湿度，精细修剪，改善树体通风透光条件；结合冬季修剪，彻底剪除树上的枯死枝、病虫枝、干枯果台和小僵果等。生长期发现病果或当年小僵果应及时摘除。

在果树发芽前喷洒三氯萘醌50倍液、5%～10%重柴油乳剂或二硫基邻甲酚钠200倍液，可有效铲除树体上宿存的病菌。

生长期一般从谢花后10天的幼果期(5月中旬)开始喷药，在果实生长初期喷施高脂膜乳剂200倍液，病菌开始侵染时，喷施第1次药剂。以后根据药剂残效期，每隔15～20天，连续喷5～6次。注意交替选择药剂。

在病害开始侵入发病前，重点是喷施保护剂，可以施用下列药剂：

1∶2∶(200～240)倍式波尔多液；

30%碱式硫酸铜悬浮剂300～500倍液；

80%福美双水分散粒剂900～1 200倍液；

80%代森锌可湿性粉剂500～700倍液；

80%代森锰锌可湿性粉剂500～800倍液；

72%福美锌可湿性粉剂400～600倍液；

70%代森联水分散粒剂300～700倍液；

75%百菌清可湿性粉剂600～800倍液，均匀喷施。

在病害初发期(图1-21)，应注意合理施用保护剂与治疗剂复配，可以施用下列药剂：

图1-21　苹果幼果期炭疽病为害症状

50%异菌脲可湿性粉剂600～800倍液；

70%代森锰锌可湿性粉剂400～600倍液+12.5%腈菌唑可湿性粉剂2 500倍液；

40%三唑酮·福美双可湿性粉剂600～800倍液；

60%吡唑醚菌酯·代森联水分散粒剂1 000～2 000倍液；

80%三乙膦酸铝·福美双可湿性粉剂600～800倍液；

50%甲基硫菌灵·代森锰锌可湿性粉剂500～1 000倍液；

55%氟硅唑·多菌灵可湿性粉剂800～1 250倍液；

50%福美双·甲基硫菌灵·硫磺可湿性粉剂400～500倍液；

50%多菌灵可湿性粉剂400～500倍液；

58%多菌灵·福美锌可湿性粉剂600～900倍液；

80%多菌灵·福美双·福美锌可湿性粉剂700～800倍液；

40%苯醚甲环唑·福美锌可湿性粉剂600～900倍液；

5%菌毒清水剂400～500倍液+20%多·戊唑(多菌灵·戊唑醇)可湿性粉剂1 000～1 500倍液；

12.5%腈菌唑可湿性粉剂3 000倍液，在防治中应注意多种药剂的交替使用。

在病害发生普遍时(图1–22)，应适当加大治疗剂的药量，可以施用：

图1–22 苹果果实膨大期炭疽病为害症状

50%异菌脲可湿性粉剂500～600倍液；

10%苯醚甲环唑水分散粒剂2 000～2 500倍液；

25%咪鲜胺乳油750～1 000倍液；

12.5%腈菌唑可湿性粉剂2 500倍液；

72%唑醚·代森联水分散粒剂1 200～1 800倍液；

30%戊唑·多菌灵悬浮剂1 000～1 500倍液，防治中注意多种药剂的交替使用，发病前注意与保护剂混用。

3．苹果斑点落叶病

【分布为害】苹果斑点落叶病在各苹果产区都有发生，以渤海湾和黄河故道地区受害较重。主要为害苹果叶片，是新红星等元帅系苹果的重要病害。造成苹果早期落叶，引起树势衰弱，果品产量和质量降低，贮藏期还容易感染其他病菌，造成腐烂(图1–23)。

图1–23　苹果斑点落叶病田间为害状

【症　　状】主要为害叶片，也可为害幼果。叶片染病初期出现褐色圆点，其后逐渐扩大为红褐色，边缘紫褐色，病部中央常具一深色小点或同心轮纹。天气潮湿时，病部正反面均可长出墨绿色至黑色霉状物，即病菌的分生孢子梗和分生孢子。夏、秋季高温高湿，病菌繁殖量大，发病周期缩短，秋梢部位叶片病斑迅速增多，一片病叶上常有病斑10～20个，影响叶片正常生长，常造成叶片扭曲和皱缩，病部焦枯，易被风吹断，残缺不全(图1–24至图1–27)。果实染病，在幼果果面上产生黑色发亮的小斑点或锈斑。病部有时呈灰褐色疮痂状斑块，病健交界处有龟裂，病斑不剥离，仅限于病果表皮，但有时皮下浅层果肉可呈干腐状木栓化(图1–28和图1–29)。

图1–24　苹果斑点落叶病为害叶片初期症状

图1–25 苹果斑点落叶病为害叶片中期症状

图1–26 苹果斑点落叶病为害叶片后期症状

图1-27　苹果斑点落叶病为害果树后期落叶症状

图1-28　苹果斑点落叶病为害果实初期症状

图1-29 苹果斑点落叶病为害果实后期症状

【病 原】*Alternaria alternaria* f.sp. *mali* 称链格孢苹果专化型，属无性型真菌。分生孢子梗由气孔伸出，成束，暗褐色，弯曲多胞。分生孢子顶生，短棍棒形，暗褐色，具横隔2～5个，纵隔1～3个，有短柄(图1-30)。病菌在5℃以下和35℃以上的条件下，生长缓慢，其生长适宜温度为25～30℃，病菌孢子在清水中发芽良好，在20～30℃温度条件下，叶片上有5小时以上水膜，即可完成侵染。

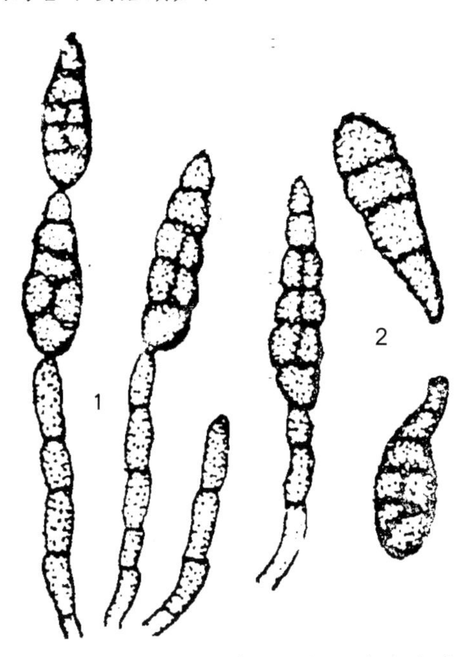

图1-30 苹果斑点落叶病病菌
1.分生孢子梗 2.分生孢子

【发生规律】以菌丝在受害叶、枝条或芽鳞中越冬，翌春产生分生孢子，随气流、风雨传播，从气孔侵入进行初侵染。分生孢子一年有2个活动高峰。第一高峰从5月上旬至6月中旬，导致春秋梢和叶片大量染病，严重时造成落叶；第二高峰在9月，可再次加重秋梢发病的严重度，造成大量落叶。春季苹果展叶后，雨水多、降雨早、雨日多，或空气相对湿度在70%以上时，田间发病早，病叶率增长快。在夏秋季有时短期无雨，但空气湿度大、高温闷热时，也利于病菌产生孢子和发病。果园密植，树冠郁闭，杂草丛生，树势较弱，地势低洼，地下水位高，枝细叶嫩等，易发病。

【防治方法】秋末冬初剪除病枝，清除落叶，集中烧毁，以减少初侵染源；夏季剪除徒长枝，减少后期侵染源，改善果园通透性，低洼地、水位高的果园要注意排水。合理施肥，增强树势，提高抗病力。苹果斑点落叶病以徒长枝中部皮孔为中心形成病斑，因此，6月后要随时剪除徒长枝，以减少病菌传播途径。冬季将无用发育枝疏掉。

在发芽前全树喷29%石硫合剂水剂50～100倍液可减少树体上越冬的病菌。

在发病前(5月中旬左右落花后)可喷下列药剂保护：

1：2：200倍式波尔多液；

30%碱式硫酸铜胶悬剂300～500倍液；

80%福美双·福美锌可湿性粉剂600倍液；

75%百菌清可湿性粉剂400～600倍液；

80%代森锌可湿性粉剂500～700倍液；

80%代森锰锌可湿性粉剂570～800倍液；

70%代森联水分散粒剂300～700倍液；

70%丙森锌可湿性粉剂600～700倍液；

46%多抗霉素·代森锰锌可湿性粉剂800～1 000倍液；

65%多抗霉素·克菌丹可湿性粉剂1 000～1 200倍液；

78%波尔多液·代森锰锌可湿性粉剂400～600倍液，均匀喷施。

苹果生长前期，可根据当地气候条件确定喷药时间和喷药次数。如河北、河南从5月中旬落花后开始喷药，云南、四川等地一般在4月中旬开始喷药，间隔10～15天连喷3～4次。在发病前期，可以用下列药剂：

70%甲基硫菌灵可湿性粉剂800倍液；

60%多菌灵·代森锰锌可湿性粉剂480～600倍液；

70%丙森锌·多菌灵可湿性粉剂1 000～1 500倍液；

80%甲基硫菌灵·代森锰锌可湿性粉剂600～800倍液；

50%代森锰锌·异菌脲可湿性粉剂600～800倍液；

50%异菌脲·福美双可湿性粉剂600～800倍液；

52.5%异菌脲·多菌灵悬浮剂1 000～1 500倍液；

1.5%多抗霉素可湿性粉剂200～300倍液；

40%多菌灵悬浮剂400～600倍液；

40%双胍三辛烷基苯磺酸盐可湿性粉剂800～1 000倍液；

50%异菌脲可湿性粉剂1 000～2 000倍液。

叶片上出现较多病斑时(图1–31)，应及时进行治疗，可以施用下列药剂：

图1–31 苹果斑点落叶病为害初期症状

18%烯肟菌酯·氟环唑悬浮剂900～1 800倍液；
43%戊唑醇悬浮剂5 000～7 000倍液；
50%醚菌酯水分散粒剂3 000～4 000倍液；
5%己唑醇悬浮剂600～700倍液；
5%亚胺唑可湿性粉剂600～700倍液；
12.5%烯唑醇可湿性粉剂1 000～2 500倍液；
40%腈菌唑水分散粒剂6 000～7 000倍液；
10%苯醚甲环唑水分散粒剂1 500～2 000倍液；
60%吡唑醚菌酯·代森联水分散粒剂1 000～2 000倍液；
20%戊唑醇·多菌灵可湿性粉剂1 000～2 000倍液；
65%戊唑醇·丙森锌可湿性粉剂900～1 040倍液；
48%甲基硫菌灵·戊唑醇可湿性粉剂800～1 000倍液；
68.75%恶唑菌酮·代森锰锌水分散粒剂1 000～1 500倍液；
25%代森锰锌·戊唑醇可湿性粉剂500～750倍液；
80%丙森锌·异菌脲可湿性粉剂800～1 000倍液，在防治中应注意多种药剂的交替使用。
果实发病初期病害发生较普遍时(图1-32)，应适当加大治疗剂的药量，可以施用下列药剂：

图1-32 苹果斑点落叶病果实发病初期症状

2%宁南霉素水剂400～800倍液；
1.5%多抗霉素可湿性粉剂400倍液；
70%甲基硫菌灵可湿性粉剂600倍液；
10%苯醚甲环唑水分散粒剂2 000～2 500倍液；
45%苯醚甲环唑·甲基硫菌灵可湿性粉剂600～800倍液；
30%苯醚甲环唑·多菌灵可湿性粉剂1 000～1 500倍液；

40%腈菌唑可湿性粉剂6 000 ~ 7 000倍液；

80%代森锰锌500 ~ 800倍液；

43%戊唑醇悬浮剂5 000 ~ 7 000倍液；

40%唑醚·戊唑醇悬浮剂3 500 ~ 4 000倍液；

5%己唑醇悬浮剂1 000倍液；

25%嘧菌酯悬浮剂1 500 ~ 2 500倍液；

50%异菌脲可湿性粉剂800 ~ 1 500倍液；

30%戊唑多菌灵悬浮剂3 000 ~ 4 000倍液；

在防治中应注意多种药剂的交替使用，发病前注意与保护剂混合使用。喷药时一定要周到细致，使整株叶片的正反两面均匀着药，增加喷药液量，达到淋洗程度。

4．苹果褐斑病

【分布为害】苹果褐斑病又称绿缘褐斑病，是引起苹果树早期落叶的最重要病害之一，全国各苹果产区均有发生(图1–33)。

图1–33　苹果褐斑病为害情况

【症　　状】主要为害叶片，严重时也可为害果实。叶上病斑初为褐色小点，以后发展成3种类型病斑。①同心轮纹型：病斑圆形，中心为暗褐色，四周为黄色，周围有绿色晕圈，病斑中出现黑色小点，呈同心轮纹状(图1–34至图1–36)，病斑背面暗褐色，有时老病斑的中央灰白色。②针芒型：病斑似针芒状向外扩展，病斑小，布满叶片，后期叶片渐黄，病斑周围及背部绿色(图1–37)。③混合型：病斑多为圆形或数斑连成不规则形，暗褐色，病斑上散生无数黑色小粒，边缘有针芒状索状物(图1-38和图1-39)。后期病叶变黄，而病斑周围仍为绿色。果实受害，果面上先出现淡褐色的小粒点，逐渐扩大成黑褐色病斑，表面散生黑色有光泽的小粒点。病部果肉褐色，疏松干腐，一般不深入果内(图1-40)。

图1-34 苹果褐斑病同心轮纹型病斑初期症状

图1-35 苹果褐斑病同心轮纹型病斑中期症状

图1-36　苹果褐斑病同心轮纹型病斑后期症状

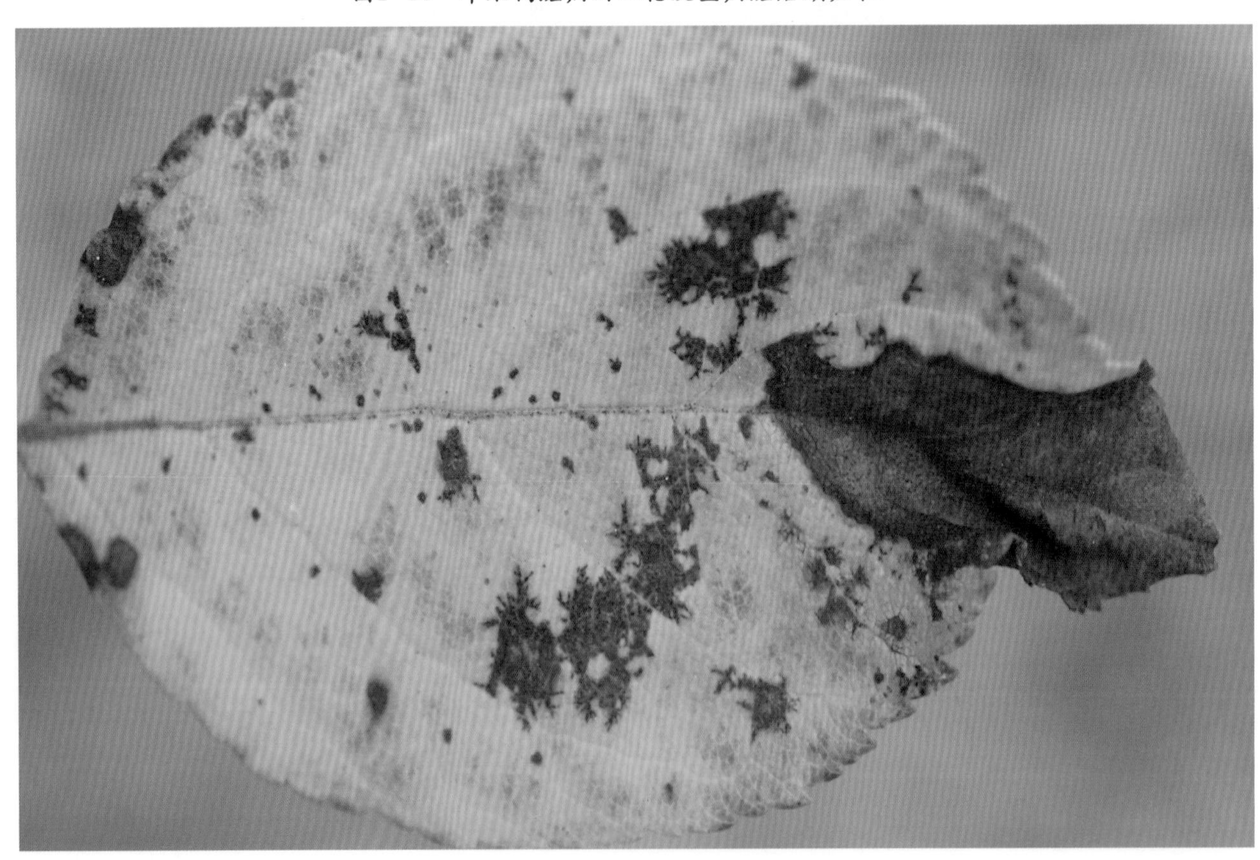

图1-37　苹果褐斑病针芒型病斑

图1-38 苹果褐斑病混合型病斑中期症状

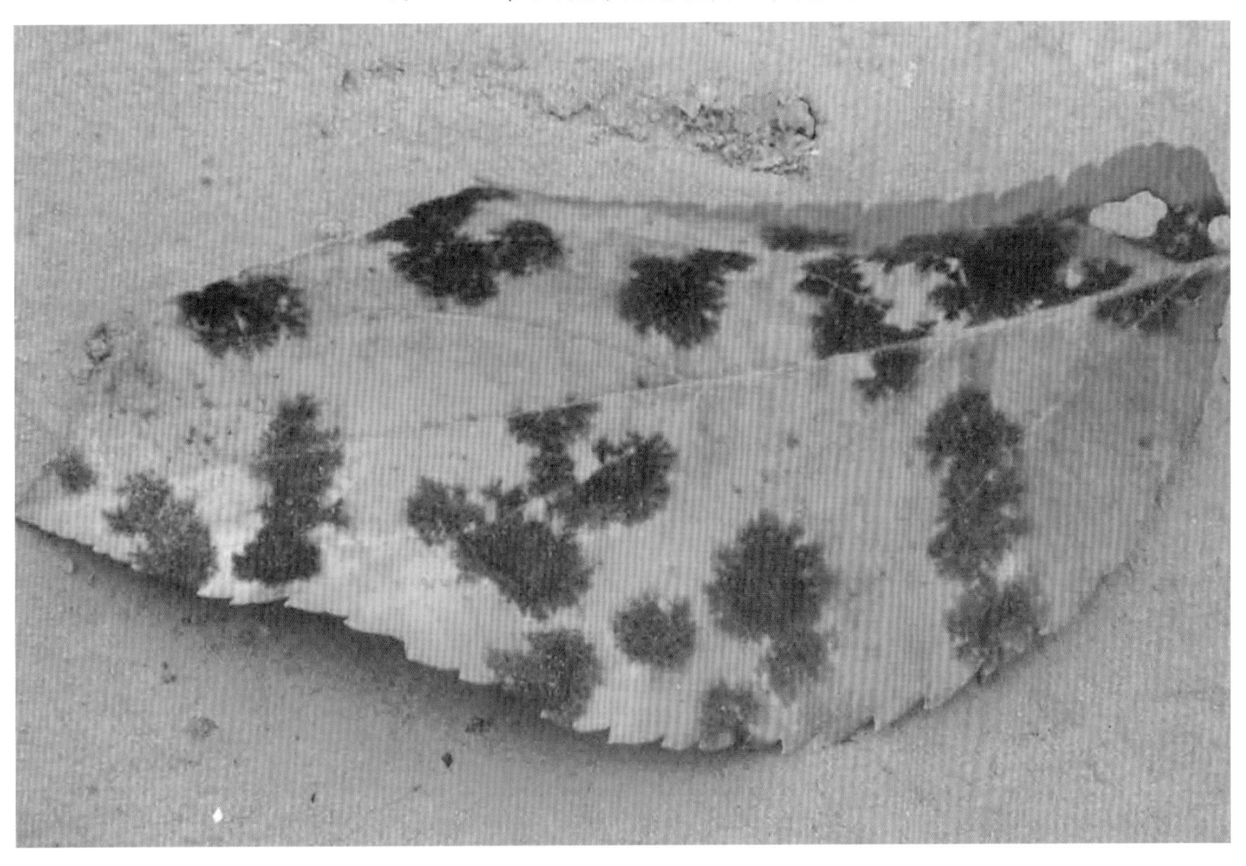

图1-39 苹果褐斑病混合型病斑后期症状

图1-40　苹果褐斑病为害果实症状

【病　　原】*Marssonina mali* 称苹果盘二孢，属无性型真菌。分生孢子盘初埋生于表皮下，后突破表皮外露。分生孢子梗无色、单生、圆柱形，栅栏状排列。分生孢子无色、双胞、中间缢缩，上胞大且圆，下胞小而尖，呈葫芦状(图1–41)。发育适温为20～25℃，分生孢子萌发适温20～25℃。病菌在致病过程中，能分泌毒素，使病叶发黄，叶柄基部形成离层，发生脱落。

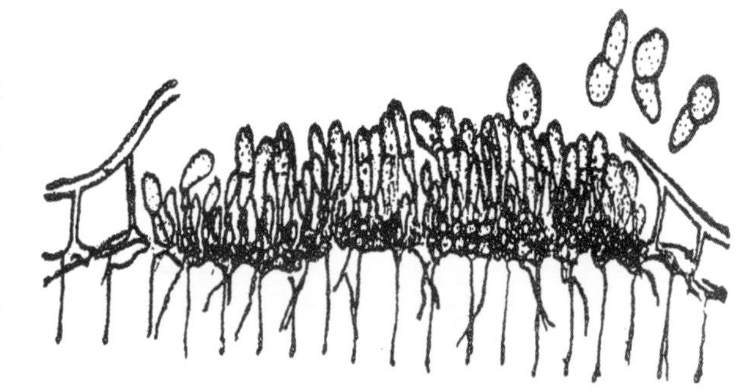

图1-41　苹果褐斑病病菌分生孢子盘及分生孢子

【发生规律】以菌丝、分生孢子盘或子囊盘在落地的病叶上越冬，经春季产生分生孢子和子囊孢子，借风雨传播，从叶的正面或背面侵入，以叶背面为主，一般从5月上旬开始发病，7月下旬至8月为发病盛期。冬季潮湿、春雨早且多的年份利于病害发生流行，特别是春秋雨季提前且降水量大的年份，病害易大流行。地势低洼、树冠郁闭、弱树、老树发病重。

【防治方法】冬季耕翻可减少越冬菌源。土质黏重或地下水位高的果园，要注意排水，同时注意整形修剪，使果树通风透光。苹果树落叶后及时清除病叶，结合修剪，剪除树上病残叶集中烧毁或深埋。

发病前注意喷施保护剂。从发病始期前10天开始，喷第1次药。以后根据降雨和田间发病情况，从5月中旬到8月中旬，间隔10～15天，连喷3～4次。未结果幼树可于5月上旬、6月上旬、7月上中旬各喷1次，多雨年份8月结合防治炭疽病再喷1次药。

苹果褐斑病发病前期，注意用保护剂和适量的治疗剂混用。可以用下列药剂：

70%代森锰锌可湿性粉剂500～800倍液+70%甲基硫菌灵悬浮剂800倍液；

80%多菌灵可湿性粉剂1 000～1 200倍液；

77%硫酸铜钙可湿性粉剂600～800倍液；

30%吡唑醚菌脂悬浮剂5 000～6 000倍液；

50%多菌灵可湿性粉剂500～600倍液+80%福美双·福美锌可湿性粉剂600倍液等，以后每隔10～20天，连续喷3～5次。

在大量叶片上出现病斑时(图1–42)，应及时进行治疗，可以施用下列药剂：

图1–42 苹果褐斑病为害初期症状

10%苯醚甲环唑水分散粒剂1 000～1 500倍液；

50%异菌脲可湿性粉剂1 000～1 500倍液；

70%甲基硫菌灵可湿性粉剂800～1 000倍液；

50%多菌灵可湿性粉剂800～1 000倍液；

40%唑醚·戊唑醇悬浮剂3 500～4 000倍液；

75%肟菌·戊唑醇水分散粒剂4 000～5 000倍液；

50%腈菌·锰锌(腈菌唑·代森锰锌)可湿性粉剂800～1 000倍液；

40%腈菌唑可湿性粉剂6 000～7 000倍液等，在防治中应注意多种药剂的交替使用。

5．苹果腐烂病

【分布为害】苹果腐烂病主要发生在东北、华北、西北以及华东、中南、西南的部分苹果产区。其中黄河以北发生普遍，受害严重。大树发病病株率多在20%～30%，重病园发病株率高达80%以上，因病死枝、死树的现象较为常见，是对苹果生产威胁很大的毁灭性病害(图1–43)。

图1-43　苹果腐烂病田间为害状

【症　　状】主要为害结果树的枝干，幼树、苗木及果实也可受害。枝干症状有两类。①溃疡型(图1-44至图1-46)：多在主干分叉处发生，初期病部为红褐色，略隆起，呈水渍状湿腐，组织松软，病皮易于剥离，有酒糟气味。后期病部失水干缩，下陷，硬化，变为黑褐色，病部表面产生许多小凸起，顶破表皮露出黑色小粒点。②枯枝型(图1-47和图1-48)：多发生在衰弱树上，病部红褐色，水渍状，不规则形，迅速蔓延至整个枝条，终使枝条枯死。果实症状：病斑红褐色，圆形或不规则形，有轮纹，边缘清晰(图1-49)。病组织腐烂，略带酒糟气味。潮湿时亦可涌出黄色细小卷丝状物。

图1-44　苹果腐烂病溃疡型病斑早期症状

图1-45 苹果腐烂病溃疡型病斑后期症状

图1-46 苹果腐烂病溃疡型病斑病部黑色小粒点

图1-47 苹果腐烂病枯枝型病斑为害树皮症状

图1-48 苹果腐烂病枯枝型病斑后期产生的黄色孢子角

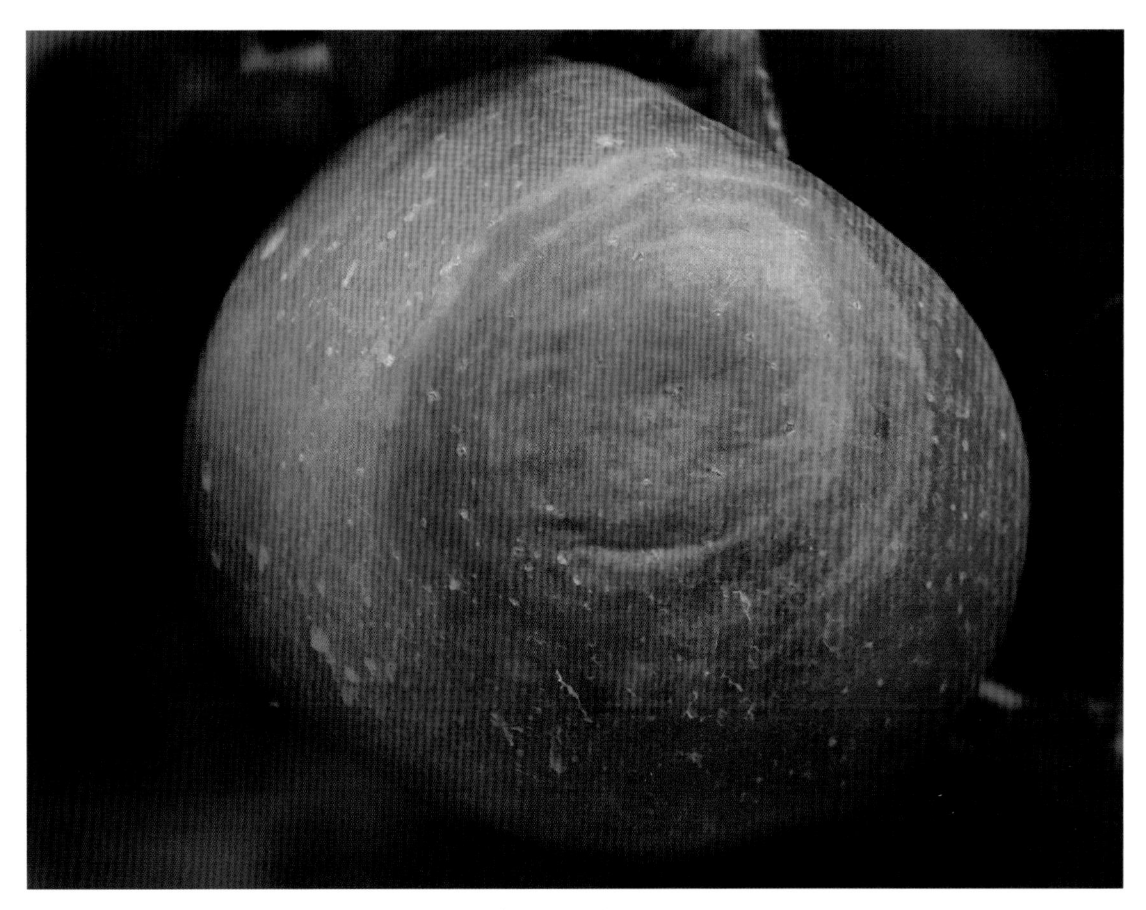

图1-49 苹果腐烂病为害果实症状

【病　　原】*Cytospora mandshurica* 为苹果壳囊孢菌，属无性型真菌(图1-50)。有性世代 *Valsa mali* Miyabe et Yamada，称苹果黑腐皮壳菌，属子囊菌门真菌。分生孢子器生于病表皮下面的外子座中。分生孢子器黑色，器壁细胞扁平，褐至暗褐色，最内层无色。分生孢子梗无色，单胞，不分枝或分枝。分生孢子香蕉形，无色，单胞，两端钝圆。分生孢子萌发适温为24～28℃，但在低温下也能萌发。菌丝发育最适温度为28～32℃，最低为5～10℃，最高为37～38℃。

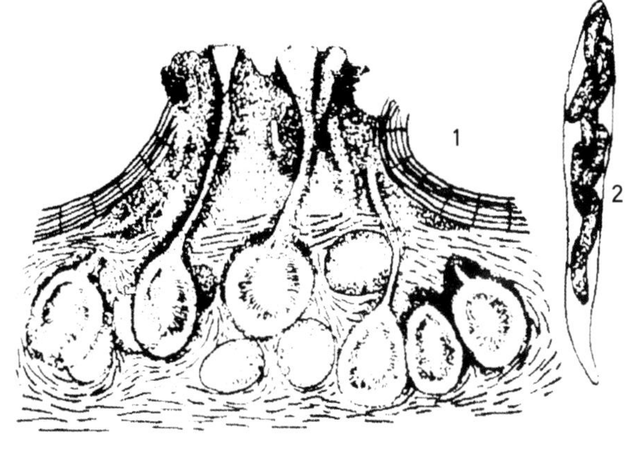

图1-50 苹果腐烂病病菌
1.着生于子座中的子囊壳 2.子囊和子囊孢子

【发生规律】以菌丝体、分生孢子器、子囊壳等在病树皮内越冬。翌春，在雨后或高湿条件下，分生孢子器及子囊壳排放出大量孢子，通过风、雨水冲溅传播，从伤口侵入。潜伏的病菌主要在夏季树体形成的落皮层组织上扩展，发生早期病变，出现表面溃疡，再经冬、春发病盛期，到翌年果树进入生长期病势停顿，发病盛期结束。腐烂病一年有两个高峰期，即3—4月和8—9月，春季重于秋季。地势低洼、后期果园积水时间过长及贪青徒长、休眠期延迟的果园发病重。果实受自然雹伤及虫伤等易于发病。为害叶部的病虫害，往往造成叶片提早脱落，削弱了树势，腐烂病易发生；为害枝干的害虫，也可加重腐烂病为害。病虫害严重果园、修剪不当或修剪过重，引起树体伤口过多，造成树势衰弱，腐烂病常伴随发生和发展。

【防治方法】增强树势，提高抗病力是防治腐烂病的根本性措施。合理调整结果量、合理修剪，避免树势过弱。科学配方施用氮磷钾肥及微量元素。秋季施肥可增加树体的营养积累，改善早春的营养状况，提高树体的抗病能力，降低春季发病高峰时的病情。果园应建立良好的灌水及排水系统，实行秋控春灌对防治腐烂病很重要。

春季3—4月发病高峰之际(图1-51)，结合刮除翘皮，检查刮治腐烂病3次左右。刮治的基本方法是用快刀将病变组织及带菌组织彻底刮除，刮后必须涂药并妥善保护伤口。刮治必须达到以下标准：一要彻底，不但要刮净变色组织，而且要刮去0.5cm左右的好组织；二要光滑，即刮成梭形，不留死角，不拐急弯，不留毛茬，以利伤口愈合；三要表面涂药。可用下列药剂：

图1-51　苹果腐烂病为害初期症状

10波美度石硫合剂；

3%抑霉唑膏剂200～300g/m^2；

80%三氯异氰尿酸可溶粉剂300～400倍液；

3.315%甲基硫菌灵·萘乙酸原液涂抹剂；

3%甲基硫菌灵糊剂125～150g/m^2；

1.2%辛菌胺水剂12～24倍液；

20%丁香菌酯悬浮剂130～200倍液；

45%代森铵水剂100～200倍液；

35%丙环唑·多菌灵悬浮剂600～700倍液；

4.5%腐殖酸·硫酸铜水剂200～300ml/m^2；

1.6%噻霉酮涂抹剂80～120g/m^2；

40%硫磺·福美双可湿性粉剂50～100倍液；

40%克菌·戊唑醇悬浮剂889～1 333倍液；

48%甲硫·戊唑醇悬浮剂800～1 000倍液；

250克/升吡唑醚菌酯乳油1 000～1 500倍液；

100万孢子/克寡雄腐霉菌可湿性粉剂500～1 000倍液，加入适量豆油或其他植物油。

在果树旺盛生长期，在我国各地，以5—7月刮皮最好，此时树体营养充分，刮后组织可迅速愈合。刮皮的方法是，用刮皮刀将主干、主枝、大的辅养枝或侧枝表面的粗皮刮干净，露出新鲜组织，使枝干表面呈现绿一块、黄一块。一般深度可达0.5～1mm，若遇到变色组织或小病斑，则应彻底刮干净。

入冬前，要及时涂白，防止冻害及日灼伤，涂白所用的生石灰、10波美度石硫合剂、食盐及水的比例一般为6∶1∶1∶18，如在其中加少量动物油可防止涂白剂过早脱落。涂白剂配方：桐油或酚醛1份；水玻璃2～3份；石灰2～3份；水5～7份。将前两种混合成药液Ⅰ，后两种混合成药液Ⅱ，再将药液Ⅱ倒入药液Ⅰ中，搅拌均匀即可。

6．苹果花叶病

【分布为害】苹果花叶病在我国各苹果产区均有发生，其中以陕西、河南、山东、甘肃、山西等地发生最重。陕西关中地区有些果园的病株率高达30%以上，为害较严重。

【症　　状】主要表现在叶片上，症状比较复杂(图1-52至图1-57)。①轻花叶型：病叶上仅出现黄色斑点。叶形正常。②重花叶型：叶片上出现大型褪绿斑区，鲜黄色，后为白色，幼叶沿叶脉变色，老叶上常出现大型坏死斑。③沿叶脉变色型：主脉及侧脉变色，脉间多小黄斑，有时有坏死斑，落叶较少。④条斑型：病叶沿叶脉失绿黄化，并延及附近的叶肉组织。有时仅主脉及支脉发生黄化，变色部分较宽；有时主脉、支脉、小脉都呈现较窄的黄化，使整叶呈网纹状。⑤环斑型：病叶上产生鲜黄色环状或近环状斑纹，环内仍呈绿色。

图1-52　苹果花叶病轻花叶型初期症状

图1-53　苹果花叶病轻花叶型后期症状

图1-54　苹果花叶病重花叶型初期症状

图1-55 苹果花叶病重花叶型后期症状

图1-56 苹果花叶病沿叶脉变色型症状

图1-57　苹果花叶病条斑型症状

【病　　原】包括苹果花叶病毒 Apple mosaic virus(ApMV)；土拉苹果花叶病毒 Apple(Tulare) mosais virus(AtMV)；李坏死环斑病毒中的苹果花叶株系 Prunus nicrotic ringspot virus(PNRSV)。

【发生规律】苹果树感染花叶病后，便成为全株性病害。病毒主要靠嫁接传播，无论砧木或接穗带毒，均可形成新的病株。此外，菟丝子可以传毒。树体感染病毒后，全身带毒，终生为害。萌芽后不久即表现症状，4—5月发展迅速，其后减缓，7—8月基本停止发展，甚至出现潜隐现象，9月初病树抽发秋梢后，症状又重新开始发展，10月又急剧减缓，11月完全停止。树势衰弱时，症状较重；幼树比成株易发病；幼叶表现症状，而老叶不发生病斑；发病树逐年衰弱，高温多雨，当气温在10～20℃，光照较强，症状较重，持续时间长。土壤干旱，水肥不足时发病重。

【防治方法】选用无病毒接穗和实生砧木，采集接穗时一定要严格挑选健株。在育苗期加强苗圃检查，发现病苗及时拔除销毁。对病树应加强肥水管理，增施农家肥，适当重修剪。干旱时应灌水，雨季注意排水。大树轻微发病的，增施有机肥，适当重剪，增强树势，减轻为害。

春季发病初期，可喷洒下列药剂预防：

1%香菇多糖水剂500～1 000倍液；

10%混合脂肪酸水乳剂100倍液；

20%盐酸吗啉胍·乙酸铜可湿性粉剂1 000倍液；

5%氨基寡糖素水剂500～1 000倍液；

20%盐酸吗啉胍可湿性粉剂500～1 000倍液；

2%宁南霉素水剂200～300倍液，间隔10～15天喷1次，连续3～4次。

7．苹果银叶病

【分布为害】苹果银叶病在河南、山东、安徽、山西、河北、江苏、上海、甘肃、云南、贵州、黑龙江等地均有发生，在黄河故道为害较重。

【症　　状】主要表现在叶片和枝干。病叶呈淡灰色，略带银白色光泽，叶片小而脆(图1–58和图1–59)。病菌侵入枝干后，菌丝在木质部中扩展，向上可蔓延至一二年生枝条，向下可蔓延到根部、使病部木质部变为褐色，较干燥，有腥味，但组织不腐烂(图1–60)。在一株树上，往往先从一个枝上表现症状，以后逐渐增多，直至全株叶片变成“银叶”(图1–61)。银叶症状越严重，木质部变色也越严重(图1–62)。在重病树上，叶片上往往沿叶脉发生褐色坏死条点，用手指搓捻，病叶表皮易碎裂、卷曲。

图1–58　苹果银叶病为害叶片初期症状

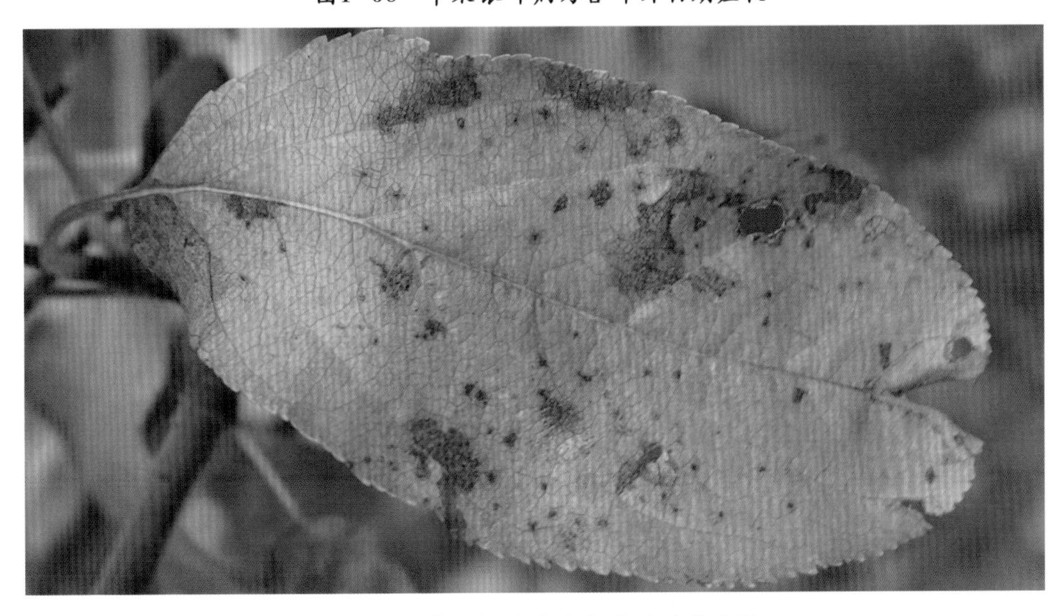

图1–59　苹果银叶病为害叶片后期症状

图1-60　苹果银叶病为害枝干症状

图1-61　苹果银叶病为害后期全株受害症状(叶片)

图1-62　苹果银叶病发病后期全株症状(枝干)

【病　　原】*Chondrostereum purpureum* 称紫色胶革菌，属担子菌亚门真菌。病树病枝死后长子实体。子实体稍圆形或呈支架状，初为紫色，后变为灰色，边缘色泽较浅。平伏生长的子实体直径1～115mm，有时伸展成片，多生于树干或大枝的阴面。边缘反卷的子实体上面有绒毛，底面平滑。正面绒毛灰褐色，纵向生长，有轮纹。子实层混生有梨形泡状体。菌丝生长的最适温度为24～26℃。

【发生规律】以菌丝体在病树木质部或以子实体在病树上越冬。春、秋雨水频繁湿度高是病害流行的主要条件，子实体在春夏之间多雨时形成。病菌侵入寄主后，需要很长时间才发病。一般9—11月病菌侵入木质部后，活动时间较短，入冬后停止蔓延。翌年春暖后重新活动并扩展。4—5月发病株数最多，占全年发病株数的60%～70%。5—6月散发的担孢子，可侵入树体蔓延迅速。早春多雨、阴雨连绵年份，发病早且重。果园土壤黏重，地下水位较高，排水不良，树势衰弱发病较重。大树易发生病害，幼树较少。修剪不当、树上大伤口多，或结果多、枝干压断劈裂的树，易发病。

【防治方法】增强树势，清洁果园，减少病菌污染。果园内应铲除重病树和死树，刨净病树根，除掉根蘖苗，锯去初发病的枝干，清除蘑菇状物。防止园内积水。防治其他枝干病虫害，以增强树势，减少伤口。

药剂治疗：展叶后向木质部注射灰黄霉素100倍液，连续注射2～3次，秋后再注射一次，注射后加强肥水管理。对早期发现的轻病树，采取药剂治疗。根据国外资料，对银叶病可用硫酸-8-羟基喹啉进行埋藏治疗。

蒜泥防治：在每年的5—7月，选择紫皮大蒜，去皮，在器皿中捣烂成泥。用钻头从患银叶病的主干基部开始向上打孔，每隔15～20cm打5～6个孔，深度以穿过髓部为宜。把蒜泥塞入孔内，将孔洞塞满，但不要超出形成层，以防烧烂树皮，然后用泥土封口，再用塑料条把孔口包紧。采用此法治疗苹果中前期银叶病，治愈率可达90%以上。

8．苹果黑星病

【分布为害】主要分布在陕西、新疆、云南和四川的局部苹果产地，黑龙江、吉林的部分小苹果园，也有发生。以新疆的伊犁、陕西渭北的礼泉和乾县，有的年份发生较重。苹果黑星病严重影响苹果品质、产量和贮藏，使商品果比例降低，从而影响苹果业的发展及农民增收。

【症　　状】主要为害叶片和果实。叶片发病，病斑先从叶正面发生，也可从叶背面先发生，初为淡黄绿色，圆形或放射状，后逐渐变褐，最后变为黑色，周围有明显的边缘，老叶上更为明显；幼嫩叶片上，病斑为淡黄绿色，边缘模糊，表面着生绒状霉层(图1-63和图1-64)。叶片患病较重时，叶片变小，变厚，呈卷曲或扭曲状。病叶常常数斑融合，病部干枯破裂。幼果至成熟果均可受害，病斑初为淡黄绿色，圆形或椭圆形，逐渐变褐色或黑色，表面产生黑色绒状霉层。随着果实生长膨大，病斑逐渐凹陷，硬化，龟裂，病果较小，畸形(图1-65和图1-66)。

图1-63　苹果黑星病为害叶片正面症状

图1-64　苹果黑星病为害叶片背面症状

图1-65　苹果黑星病为害幼果症状

图1-66 苹果黑星病为害成熟果实症状

【病 原】*Venturia inaequalis* 称苹果黑星菌和 *Fusicladium dendriticum*称树状黑星孢，均属无性型真菌。菌丝初无色，后变为青褐色至红褐色。分生孢子梗丛生，深褐色，屈膝状或结节状，短而直立。分生孢子梭形或长卵圆形，深褐色。假囊壳球形或近球形，褐色至黑色，子囊长棍棒形或圆筒形，具短柄，内含8个子囊孢子。子囊孢子卵圆形，青褐色至黄褐色，双细胞(图1-67)。温度为20℃，pH值为4.5～5.8时，最适合苹果黑星病菌生长。子囊壳发育温度为13℃，子囊孢子成熟温度为10～24℃，最适温度为20℃，分生孢子萌发适温度为22℃。

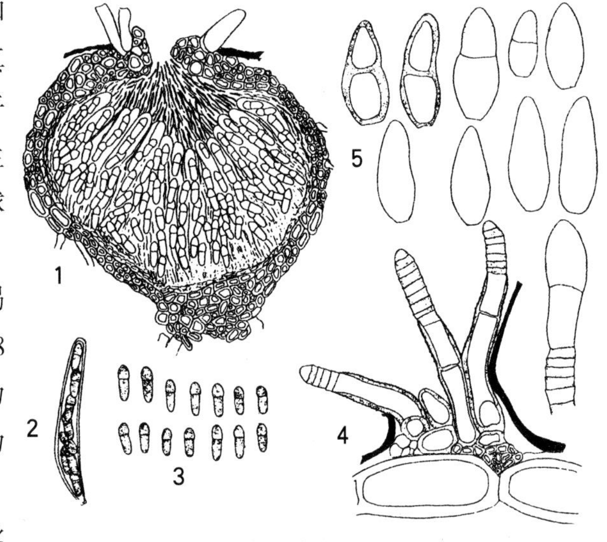

图1-67 苹果黑星病病菌
1.子囊壳 2.子囊 3.子囊孢子
4.分生孢子梗 5.分生孢子

【发生规律】以子囊壳在落叶上越冬，或以菌丝体在病枝和芽鳞内越冬，春夏温度、湿度条件适宜时，释放子囊孢子，随风雨、气流传播，落到叶片和果实以及其他绿色组织上，在适宜的温湿度下，子囊孢子发芽，侵入寄主组织，发病后通过分生孢子进行再侵染，田间分生孢子6—7月最多，该病菌可被蚜虫传播。早春是病害发生的主要时期。果实从膨大期开始发病，膨大后期发病最重，成熟期发病较少。在苹果感病时期，阴雨连绵，雨量大，利于病菌侵染(图1-68)。果园树龄老，管理粗放，树势衰弱，抗病性差；连茬更新中的老树株行间又栽新树，密度过大，通风、透光条件不好，病菌极易传播蔓延。

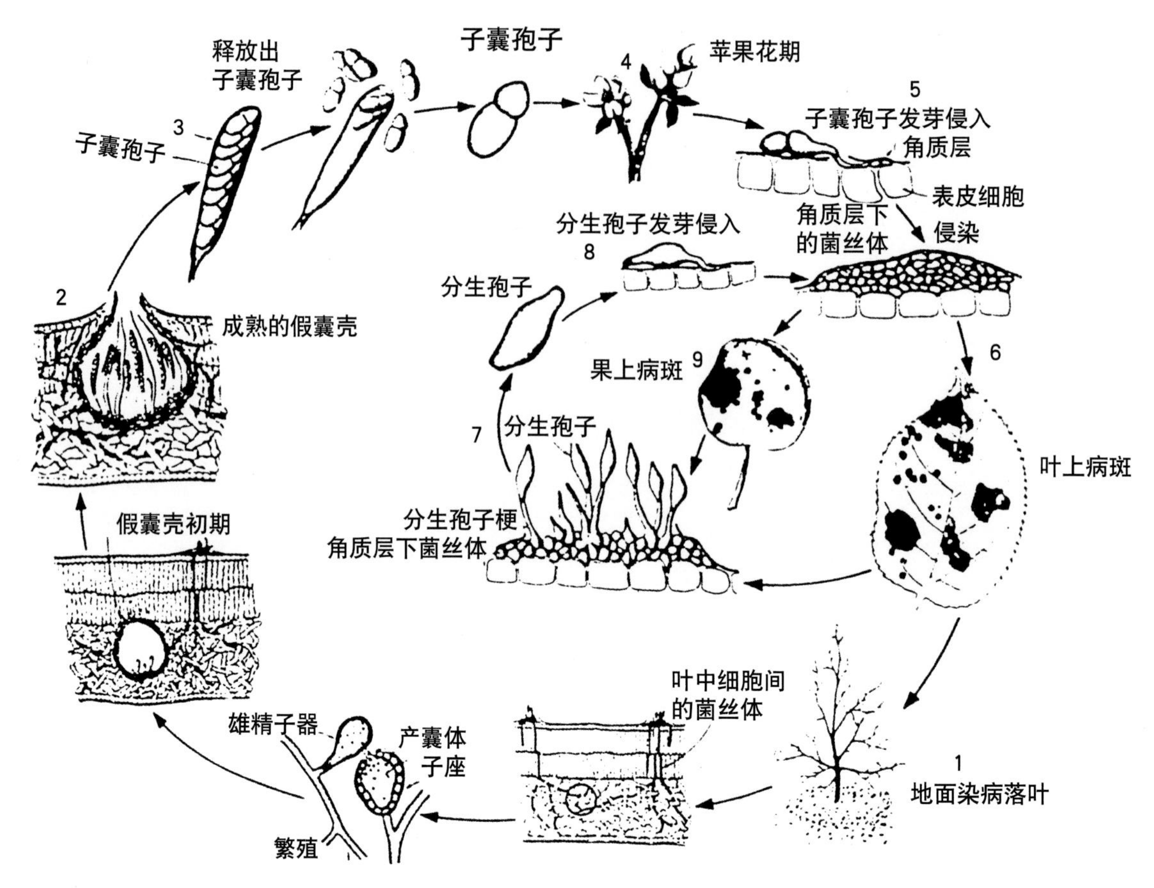

图1-68 苹果黑星病病害循环

1.病菌在落叶上越冬 2.成熟的假囊壳 3.子囊和子囊孢子 4.苹果花期 5.子囊孢子发芽侵入 6.病叶 7.分生孢子梗及分生孢子 8.分生孢子发芽侵入 9.病果

【防治方法】清除初侵染源，秋末冬初彻底清除落叶、病果，集中烧毁或深埋。合理修剪，促使树冠通风透光，降低果园空气湿度。

发芽前，在地面喷洒0.5%二硝基邻甲酸钠或4：4：100倍式波尔多液，以杀死病叶内的子囊孢子。

于5月中旬花期后发病之前，开始喷洒下列药剂：

1：(2～3)：160倍式波尔多液；

53.8%氢氧化铜干悬浮剂800～1 000倍液；

70%代森锰锌可湿性粉剂800倍液等，间隔10～15天防治1次。

在发病初期，可以用下列药剂：

70%代森锰锌可湿性粉剂800倍液+50%苯菌灵可湿性粉剂800倍液；

70%代森锰锌可湿性粉剂800倍液+70%甲基硫菌灵可湿性粉剂800倍液；

70%代森锰锌可湿性粉剂800倍液+50%多菌灵可湿性粉剂800倍液，间隔10天喷洒1次，视病情的轻重调整药剂。

在发病较普遍时，可以用下列药剂：

40%氟硅唑乳油8 000～10 000倍液；

12.5%烯唑醇可湿性粉剂800～1 000倍液；

70%甲基硫菌灵可湿性粉剂1 000倍液；

50%腐霉利可湿性粉剂800倍液等，以后间隔7天喷1次，共喷2～3次。

9．苹果锈果病

【分布为害】各苹果产区均有分布，发病后果实不能食用。苹果发病后，虽有商品价值，但产量降低，品质变劣。

【症　　状】主要表现于果实，其症状可分为3种类型。①锈果型(图1–69和图1–70)：发病初期在果实顶部产生深绿色水渍状病斑，逐渐沿果面纵向扩展，发展成为规整的木栓化铁锈色病斑。锈斑组织仅限于表皮。随着果实的生长而发生龟裂，果面粗糙，果实变成凹凸不平的畸形果。②花脸型(图1–71)：病果着色前无明显变化，着色后，果面散生许多近圆形的黄绿色斑块，致使红色品种成熟后果面呈红、黄、绿相间的花脸症状。③混合型(图1–72和图1–73)：病果部位有锈斑和花脸复合症状。病果着色前，多在果实顶部产生明显的锈斑，或于果面散生锈色斑块；着色后，在未发生锈斑的果面或锈斑周围产生不着色的斑块呈花脸状。

图1–69　苹果锈果病锈果型早期症状

图1–70　苹果锈果病锈果型后期症状

图1-71　苹果锈果病花脸型症状

图1-72　苹果锈果病混合型初期症状

图1-73 苹果锈果病混合型后期症状

【病　原】由苹果锈果类病毒(Apple skin scar viroid，ASSVd)侵染所致，有两种：一种是环状低分子量RNA，存在于染病成熟果实及枝条中；另一种也是环状分子，存在于病树枝条中。

【发生规律】通过各种嫁接方法传染，也可通过病树上用过的刀、剪、锯等工具接触传染。梨树是引起此病病毒的寄主。梨树普遍潜带病毒但不表现症状。5—7月是锈果病增殖为害的高峰期，与梨树混栽的苹果园内或靠近梨园的苹果树发病较多。苹果树一旦染病，病情逐年加重，成为全株永久性病害。

【防治方法】防治此病最根本的办法是栽培无毒苹果苗。严禁在疫区内繁殖苗木或外调繁殖材料。砍伐淘汰病树。果区发现病株，立即连根刨出烧毁。建立新果园时，要避免与梨树混栽。在病树较多，园地较偏僻地区进行高接换种。

药剂防治：把韧皮部割开呈“门”形，涂宁南霉素、新植霉素或乙蒜素，然后用塑料膜绑好，可减轻病害的发生。

根部插瓶。病树树冠下面东南西北各挖一个坑，各坑寻找直径0.5～1cm的根切断，插在已装好宁南霉素、新植霉素或乙蒜素150～200mg/kg的药液瓶里，然后封口埋土，于4月下旬、6月下旬、8月上旬各治疗1次，共治疗3次有明显防效。

10．苹果锈病

【分布为害】在河北、河南、山东、山西、吉林、辽宁、黑龙江、安徽、甘肃、陕西等省均有发生，凡是有松柏的地区发病较重，河北省有一片果园发病率达100%，往往造成早期落叶，削弱树势，影响产量。

【症　状】主要为害叶片，也能为害嫩枝、幼果和果柄。叶片初患病时正面出现油亮的橘红色小斑点，逐渐扩大，形成圆形橙黄色的病斑，边缘红色。发病严重时，一张叶片出现几十个病斑(图1-74至图1-77)。叶柄发病，病部橙黄色，稍隆起，多呈纺锤形，初期表面产生小点状性孢子器，后期病斑周围产生毛刷状的锈孢子器。新梢发病，刚开始与叶柄受害相似，后期病部凹陷、龟裂、易折断。冬孢子角深褐色(图1-78)，起伏呈鸡冠状；遇阴雨连绵则吸水膨大，呈胶质花瓣状。果实发病，多在萼洼附近出现橙黄色圆斑，后变褐色，病果生长停滞，多为畸形，病部坚硬(图1-79)。

图1-74　苹果锈病为害叶片初期症状

图1-75　苹果锈病为害叶片中期症状

图1-76 苹果锈病叶片背面的锈孢子腔

图1-77 苹果锈病为害叶片后期症状

图1-78 苹果锈病为害叶片后期叶背症状

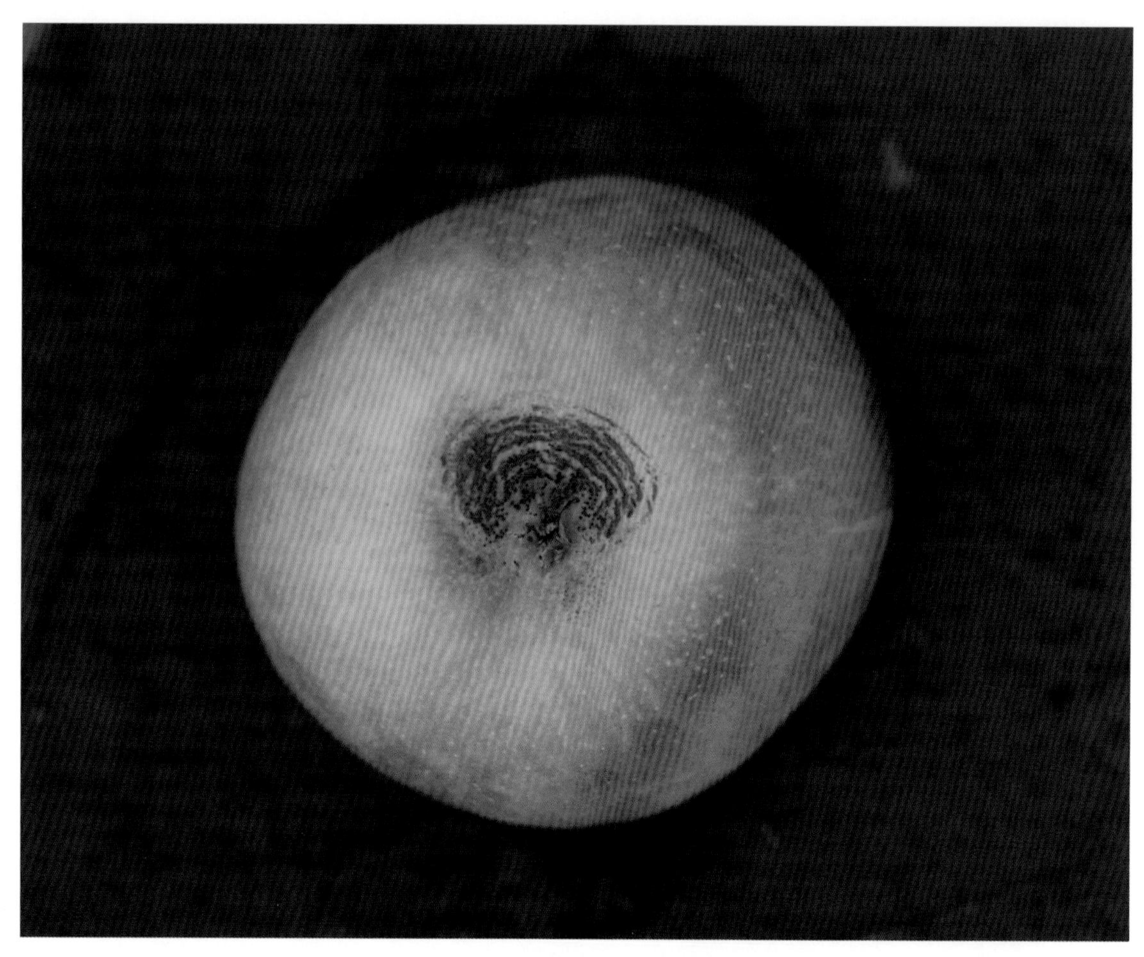

图1–79 苹果锈病为害果实症状

【病　　原】*Gymnosporangium yamadai* 称山田胶锈菌，属担子菌门真菌，是一种转主寄生菌。性孢子器扁球形，埋生于表皮下。性孢子单胞，无色，纺锤形。锈孢子器呈管状。一般在叶背，也可长于果面。锈孢子球形或多角形，单胞，栗褐色，厚膜，表面有疣状凸起。冬孢子双胞，暗褐色，具长柄，长圆形、椭圆形或纺锤形，分隔处略束缢(图1–80)。冬孢子的发芽适温为16～22℃，最高为30℃，最低为7℃。锈孢子发芽温度为5～25℃，最适温为20℃。

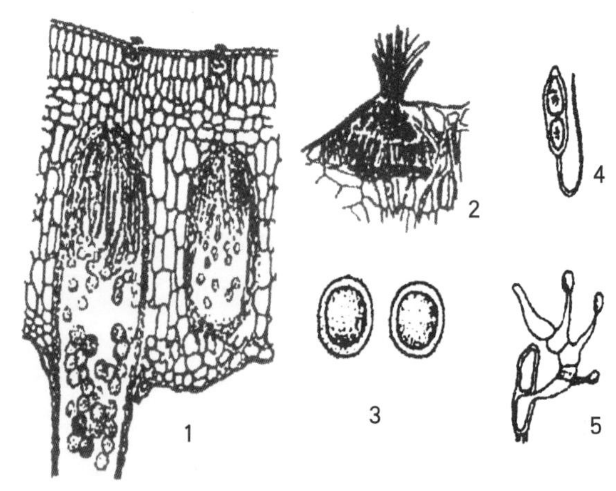

图1–80 苹果锈病病菌
1.锈子腔 2.锈子器 3.锈孢子
4.冬孢子 5.冬孢子萌发产生担子和担孢子

【发生规律】每年仅侵染1次。病菌在桧柏枝叶上菌瘿中以菌丝体越冬。翌年春季在桧柏上形成冬孢子萌发产生担孢子，借风力传播到苹果树上并进行侵染，传播距离可达2.5～5km，最远50km。落在果树上的孢子萌发后直接从叶片表皮细胞或气孔侵入形成性孢子器和性孢子、锈孢子器和锈孢子。秋季锈孢子成熟后随风传播到针叶形桧柏上，形成菌瘿越冬(图1–81)。当春天苹果树开始生长至开花前后，如果天气较温暖，气温在17～20℃，如阴雨连绵，连续2天降水量达50mm以上，有利于病菌产生、传播和侵染，则锈病发生严重。在担孢子传播的有效距离内，一般是桧柏多，发病重。

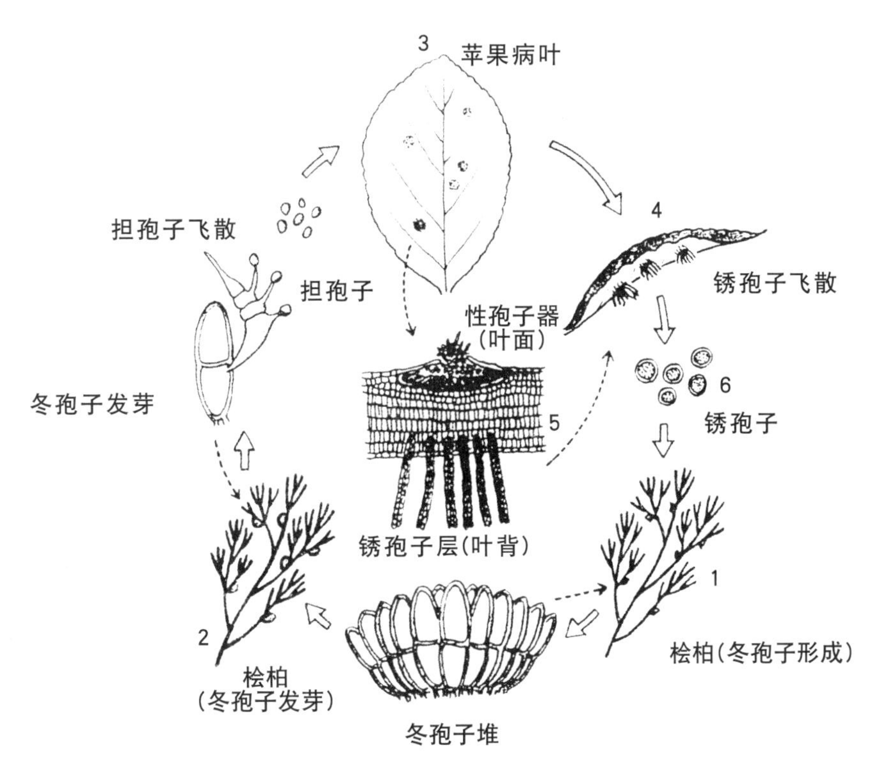

图1-81 苹果锈病病害循环
1.冬孢子在桧柏上越冬 2.冬孢子萌发产生担孢子 3.病叶
4.性孢子器及锈孢子层 5.病叶背面的锈孢子 6.锈孢子

【防治方法】清除转主寄生，彻底砍除果园周围5km以内的桧柏、龙柏等树木。若桧柏不能砍除时，则应在桧柏上喷药，铲除越冬病菌。早春剪除桧柏上的菌瘿并集中烧毁；新建苹果园，选址应远离桧柏，栽植不宜过密，适时修剪，以利通风透光，增强树势；雨季及时排水，降低果园湿度；晚秋及时清理落叶，集中烧毁或深埋，以减少越冬菌源。

在苹果树发芽前往桧柏等转主寄主树上喷洒药剂，消灭越冬病菌。可用29%石硫合剂水剂50～100倍液。

展叶后，在瘿瘤上出现的深褐色舌状物未胶化之前喷第1次药。在第1次喷药后，如遇降雨，则雨后要立即喷第2次药，隔10天后喷第3次药。可用下列药剂喷施：

50%多菌灵可湿性粉剂600～1 000倍液+80%代森锰锌可湿性粉剂500～800倍液；

15%三唑酮可湿性粉剂1 000～2 000倍液；

12%萎锈灵可湿性粉剂1 000～1 500倍液；

30%唑醚·戊唑醇悬浮剂2 000～3 000倍液；

30%醚菌酯悬浮剂1 200～2 000倍液；

12.5%烯唑醇可湿性粉剂1 500～3 000倍液；

12.5%氟环唑悬浮剂1 000～1 250倍液；

40%氟硅唑乳油6 000～8 000倍液；

65%代森锌可湿性粉剂500倍液+50%甲基硫菌灵可湿性粉剂600～800倍液；

80%代森锰锌可湿性粉剂800倍液+25%丙环唑乳油4 000倍液，在药剂中加入3 000倍的皮胶，效果更好。

11．苹果霉心病

【分布为害】各苹果产区均有发生，特别是辽宁、河北、山西、陕西、河南、山东、四川、北京、天津等地发生较多。该病可造成果实心室发霉或果实腐烂，是元帅系品种和以元帅系品种做亲本培育的伏锦、露香等品牌上发生的一种重要果实病害。

【症　　状】主要为害果实。果实受害多从心室开始，逐渐向外扩展霉烂(图1-82和图1-83)。病果果心变褐，充满灰绿色或粉红色霉状物。当果心霉烂发展严重时，果实胴部可见水浸状不规则的湿腐斑块，斑块可彼此相连，最后全果腐烂，果肉味苦。生长期，病果外观无症状，比健果早着色，易脱落。贮藏期，病部只在心室，呈褐色、淡褐色，有时夹杂青色或墨绿色，湿润状。

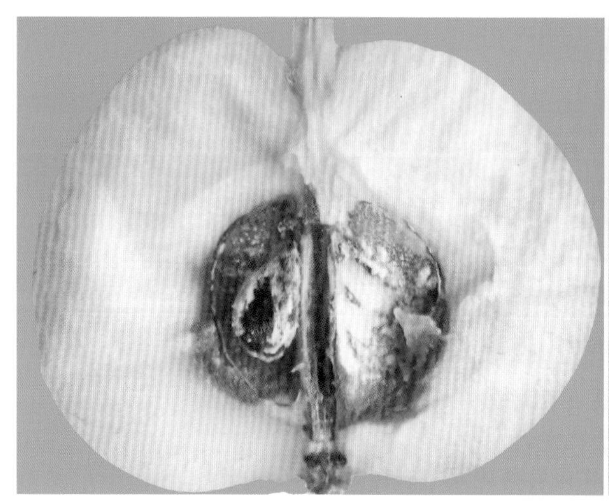

图1-82　苹果霉心病病果

图1-83　苹果霉心病剖面症状

【病　　原】可由多种真菌侵染引起，包括链格孢菌、粉红聚端孢菌*Trichothecium roseum*、镰刀菌 *Fusarium* sp.、棒盘孢菌*Corynem* sp.、头孢霉菌 *Cephalosporium* sp. 等真菌。链格孢菌分生孢子卵形，多胞，黑褐色，串生。粉红聚端孢分生孢子梗直立，无色，细长；分生孢子洋梨形，聚生(图1-84)，无色。镰刀菌分生孢子梗无色，大型分生孢子镰刀形，小型分生孢子椭圆形。棒盘孢菌分生孢子梗无色至淡褐色，圆柱状；分生孢子褐色，棒状或纺锤形，表面光滑。

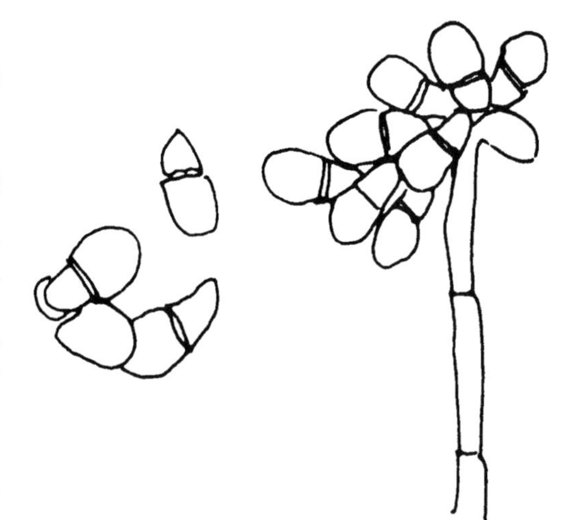

图1-84　苹果霉心病粉红聚端孢菌

【发生规律】以菌丝体在病果或坏死组织内越冬，翌春产生孢子，借气流传播，开花期通过萼筒至心室间的开口进入果心。开始侵入果心的时期一般为5月下旬，果实开始发病的时间为6月下旬。病菌进入果心以后并非立即扩展致病，只有到果实衰老时才蔓延引起发病。花期前后降雨早、次数多、雨量大，阴湿地区比干旱地区发病重，晚春高湿温暖，夏季忽干忽湿都有利于霉心病发生；果园管理粗放，结果过量，有机肥料不足，矿物质营养不均衡；地势低洼潮湿，树冠郁闭，树势衰弱等因素都有利于发病。在0℃以上时，随着贮藏温度的提高，发病逐渐加重，特别是达到10℃以上时，心腐率显著增多。

【防治方法】合理施肥，增施有机肥料，避免偏施氮肥，苹果采收后清除果园内的病果、病叶、病枝及丛生的杂草，并带出果园集中处理。合理灌水，及时排涝，保持适宜的土壤含水量，防止地面长期潮湿。在幼果期和果实膨大期，喷硝酸钙250倍液1～2次，能延缓果实衰老，减轻该病发展。在初果期，叶面适时喷施含磷、钾、钙等元素的水溶肥，可促使果树生长健壮，提高抗病力。

苹果发芽前喷洒29%石硫合剂水剂50～100倍液，铲除病菌，减少田间菌源。

于花前、花后及幼果期每隔10～15天喷1次护果药，防止霉菌侵入，可选用下列药剂：

1：2：200倍式波尔多液；

50%异菌脲可湿性粉剂1 000倍液；

50%甲基硫菌灵·磺悬浮剂800倍液；

50%多霉灵(多菌灵·乙霉威)可湿性粉剂1 000倍液；

5%菌毒清水剂200～300倍液；

70%代森锰锌可湿性粉剂600～800倍液+10%多氧霉素可湿性粉剂1 000～1 500倍液；

15%三唑酮可湿性粉剂1 000～1 500倍液；

70%甲基硫菌灵可湿性粉剂1 000倍液，可有效降低采收期的心腐果率。

果实套袋：套袋前喷一次1：2：200倍式波尔多液。幼果形成即套袋。

12．苹果白粉病

【分布为害】苹果白粉病在世界上广泛分布，为害严重，近年来发病日趋加重。此病在国内各苹果产区均有发生，其中，尤以渤海湾地区、西北各省以及四川、云南高海拔的苹果新发展地区发病严重，其他地方一般为害不重，但有的年份也可大发生，新梢被害率高达70%～80%，可造成新梢停止发育，直至枯死。

【症　　状】主要为害苹果树的幼苗、嫩梢或叶片，也可为害芽、花及幼果。嫩梢染病，生长受抑制，节间缩短，病叶变得狭长或不开张，质硬且脆，叶缘上卷，初期表面被覆白色粉状物，后期逐渐变为褐色，严重时整个枝梢枯死(图1-85)。叶片染病，叶背初现稀疏白粉，新叶略呈紫色，皱缩畸形，后期白色粉层逐渐蔓延到叶正反两面，叶正面色泽浓淡不均，叶背产生白粉状病斑，病叶狭长，边缘呈波状皱缩或叶片凹凸不平；严重时，病叶自叶尖或叶缘逐渐变褐，最后全叶干枯脱落。幼果受害多发生在萼的附近，萼洼处产生白色粉斑，病部变硬，果实长大后白粉脱落，形成网状锈斑。变硬的组织后期形成裂口或裂纹。

图1-85　苹果白粉病为害叶片症状

【病　　原】*Podosphaera leucotricha* 称白叉丝单囊壳，属子囊菌门真菌。无性世代为 *Oidium* sp. 属无性型真菌(图1–86)。菌丝无色透明，多分枝，有隔膜且纤细。分生孢子梗为棍棒形。分生孢子串生，无色，单胞，为卵圆形至近圆筒形。闭囊壳近球形，壳壁由多角形厚壁细胞组成，黄褐色至暗褐色。子囊在壳内单生，呈圆球形或近圆球形，无色。子囊内含有8个子囊孢子，呈不规则排列。孢子无色，单胞，卵形至近球形。分生孢子萌发适温21℃；湿度达70%以上利于孢子繁殖和传播，高于25℃即有阻碍作用。气温19～22℃，相对湿度100%的条件下，分生孢子1～2天即可完成侵染。

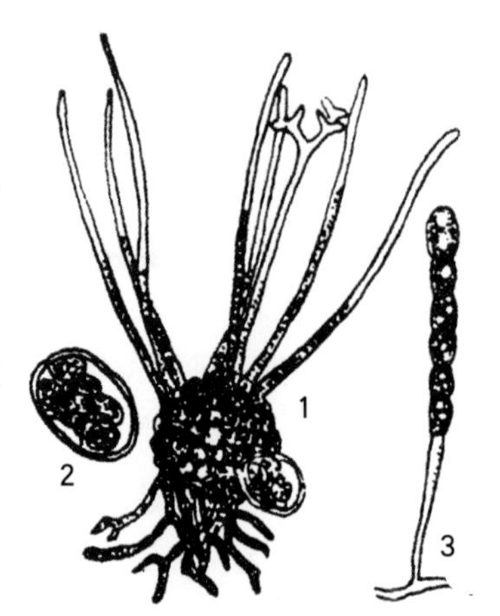

图1–86　苹果白粉病病菌
1.闭囊壳　2.子囊　3.分生孢子

【发生规律】病菌以菌丝体在冬芽的鳞片内越冬。翌春冬芽萌发时，越冬菌丝产生分生孢子经气流传播侵染。4—9月为病害发生期，4—5月气温较低，为白粉病的发生盛期。6—8月发病缓慢或停滞，待9月秋梢萌发时又开始第二次发病高峰。春季温暖干旱、夏季多雨凉爽、秋季晴朗有利于该病的发生和流行；连续下雨会抑制白粉病的发生。栽植密度大，树冠郁闭，通风透光不良，偏施氮肥，枝条纤弱的果园，发病重。修剪时，枝条不打头，长放，保留大量越冬病芽的，发病重。

【防治方法】结合冬季修剪，剔除病梢和病芽，苹果树展叶至开花期，剪除新病梢和病叶丛、病花丛烧毁或深埋。加强栽培管理，避免偏施氮肥，使果树生长健壮，控制灌水。秋季增施农家肥，冬季调整树体结构改善光照，提高抗病力。

冬季结合防治其他越冬病虫，喷3～5波美度石硫合剂或70%硫磺可湿性粉剂150倍稀释液。保护的重点时期放在春季，芽萌发后嫩叶尚未展开时和谢花后7～10天是药剂防治的两次关键期。

春季发病前期嫩叶尚未展开，喷施下列药剂保护：

70%丙森锌可湿性粉剂600～700倍液；

80%代森锌可湿性粉剂500～700倍液；

70%代森锰锌可湿性粉剂600～800倍液；

30% 唑醚・戊唑醇悬浮剂3 500～4500 倍液；

70% 甲硫・乙嘧酚可湿性粉剂2 000～3 000倍液；

2%嘧啶核苷类抗生素水剂200倍液。

在苹果谢花后7～10天，白粉病发病初期，可用下列药剂：

40%苯醚・甲硫悬浮剂1 600～2 600 倍液；

10% 醚菌酯悬浮剂600 ～1 000倍液；

6%氯苯嘧啶醇可湿性粉剂1 000～1 500倍液；

30%醚菌酯・啶酰菌胺悬浮剂2 000～4 000倍液；

10%己唑醇乳油3 000～4 000倍液；

40%腈菌唑可湿性粉剂6 000～8 000倍液；

20%苯甲・肟菌酯悬浮剂2 800～3 000倍液；

50%甲基硫菌灵可湿性粉剂1 000～1 000倍液；

40%氟硅唑乳油8 000～10 000倍液；

30%醚菌・啶酰菌悬浮剂2 000～4 000倍液；

70%硫磺·锰锌可湿性粉剂500～600倍液；

30%氟菌唑可湿性粉剂2 000～3 000倍液等，间隔10～20天喷1次，共防治3～4次。重病园间隔10～15天再喷1次药。

13．苹果灰斑病

【分布为害】分布于全国各苹果产区。

【症　　状】主要为害叶片、果实、枝条、嫩梢。叶片染病，初呈红褐色圆形或近圆形病斑，边缘清晰，后期病斑变为灰色，中央散生小黑点，即病菌分生孢子器(图1–87至图1–92)。病斑常数个融合，形成大型不规则形病斑。病叶一般不变黄脱落，但严重受害的叶片可出现焦枯现象。果实染病，形成灰褐色或黄褐色、圆形或不规则形稍凹陷病斑，中央散生微细小粒点(图1–93)。

图1–87　苹果灰斑病为害叶片初期症状

图1–88　苹果灰斑病为害初期症状

图1-89　苹果灰斑病为害叶片中期症状

图1-90　苹果灰斑病为害叶片后期症状

图1-91　苹果灰斑病为害叶片后期叶背症状

图1－92 苹果灰斑病田间为害症状

图1－93 苹果灰斑病为害果实症状

【病　　原】梨叶点霉*Phyllosticta pirina* 和叶生棒盘孢*Coryneum foliiolum*均可引起该病。梨叶点霉菌分生孢子器埋生于表皮下，球形或扁球形，深褐色，有乳头状孔口凸出于表皮，分生孢子梗极短，无分隔，着生于孢子器内壁的底部和四周；分生孢子单胞、无色、卵形或椭圆形(图1–94)。叶生棒盘孢菌分生孢子盘散生，黑色；分生孢子梗线形，无色；分生孢子椭圆形至长椭圆形、近梭形，榄褐色，基部略尖，顶端钝圆。

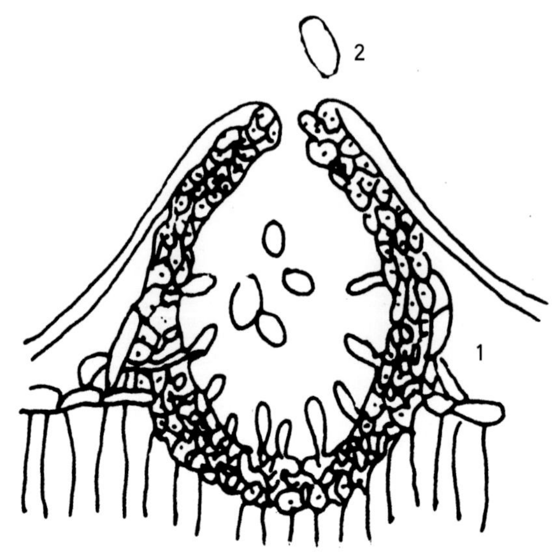

图1–94　苹果灰斑病病菌
1.分生孢子器　2.分生孢子

【发生规律】以菌丝体和分生孢子器在落叶上越冬。春季产生分生孢子，借风雨传播。一般与褐斑病同时发生，但在秋季发病较多，为害也较重。高温、高湿、降雨多而早的年份发病早且重。苹果各品种间感病性存在明显差异。青香蕉、印度、元帅等品种易感病；金冠、国光、秋花皮等品种次之。

【防治方法】发病严重地区，选用抗病品种。灰斑病发生多在秋季，所以应重点抓好后期防治。

发病前以保护剂为主，可以用下列药剂：

1：2：200倍式波尔多液；

200倍锌铜石灰液(硫酸锌：硫酸铜：石灰：水＝0.5：0.5：2：200)；

30%碱式硫酸铜胶悬剂300～500倍液；

70%代森锰锌可湿性粉剂500～600倍液。

发病初期及时喷药防治，可用下列药剂：

70%甲基硫菌灵悬浮剂800倍液+70%代森锰锌可湿性粉剂500～600倍液；

50%异菌脲可湿性粉剂1 000～1 500倍液；

1.5%多抗霉素可湿性粉剂200～300倍液+70%代森锰锌可湿性粉剂500～600倍液；

80%多菌灵可湿性粉剂800～1 000倍液+70%代森锰锌可湿性粉剂500～600倍液。

喷药时间可根据发病期确定，一般可在花后结合防治白粉病或食心虫等喷第1次药，间隔10～20天喷1次，连续防治3～4次。

14．苹果褐腐病

【分布为害】世界性广泛分布，各苹果产区均有发生。以秋雨较多的地区和年份发病较重，是果实生长后期和贮藏运输期间发生的重要病害。

【症　　状】主要为害果实，多以伤口为中心，果面初现褐色病斑，逐步扩展，终使全果呈褐色腐烂，且有蓝黑色斑块，病果的果肉松软呈海绵状，略有韧性。在田间条件下，随着病斑的扩大，以病斑为中心，果面上出现一个个黄色凸起物，渐突破表皮，露出绒球状颗粒，浅土黄色，上面被粉状物，呈同心轮纹状排列(图1–95)。在贮藏期，当空气潮湿时，有白色菌丝蔓延到果面。

图1–95　苹果褐腐病为害果实症状

【病　　原】有性世代 *Monilinia fructigena* 称果生链核菌，属子囊菌门真菌。菌核黑色，不规则形。子囊盘漏斗状，平滑，灰褐色。子囊无色，棍棒状，侧丝棒状，无色。无性世代 *Monilia fructigena* 称果生丛梗孢。分生孢子梗着生在垫状子实体上，丝状，无色。分生孢子单胞，无色，椭圆形，念珠状串生。病菌生育温度为1～30℃，适温为25℃。

【发生规律】病菌在病果和病枝中越冬。春季产生分生孢子，随风传播。病菌可经皮孔侵入果实，但主要是通过各种伤口侵入，刺伤、碰压伤和虫伤果以及裂果容易受害。果实近成熟期（9月下旬至10月上旬）为发病盛期。病害的流行主要和雨水、湿度有关，多雨高温条件下发生较重，果树生长前期干旱，后期多雨，褐腐病会大流行。在贮藏运输过程中，由于挤压、碰撞，常造成大量伤口，高温高湿，病害会迅速传播蔓延；贮藏期病果上的病菌也可侵害相邻果实，使其发病。

【防治方法】及时清除树上树下的病果、落果和僵果，秋末或早春施行果园深翻，掩埋落地病果等。搞好果园的排灌系统，防止水分供应失调而造成严重裂果。生长期注意防治害虫，采收、运输和贮藏时，应尽量减少伤口，以防止病菌侵染。

在北方果区，中熟品种在7月下旬及8月中旬、晚熟品种在9月上旬和9月下旬各喷1次药，较有效的药剂有：

70%甲基硫菌灵可湿性粉剂800～1 000倍液；

50%多菌灵可湿性粉剂800～1 000倍液；

50%苯菌灵可湿性粉剂1 000倍液；

2%嘧啶核苷类抗生素水剂200～300倍液；

80%代森锰锌可湿性粉剂600～800倍液；

36%甲基硫菌灵悬浮剂800～1 000倍液+75%百菌清可湿性粉剂1 000倍液；

50%多霉威(多菌灵・乙霉威)可湿性粉剂1 500～2 000倍液。

15. 苹果疫腐病

【分布为害】山东、北京和辽宁等省(市)的一些果园时有发生。在夏季高温、多雨年份，往往造成大量烂果和树干根颈部腐烂，引起幼树和矮化树死亡。随着果树向矮化密植的方向不断发展，苹果疫腐病更是值得重视的一种病害。

【症　　状】主要为害果实、树的根颈部及叶片。果实染病(图1–96)，果面形成不规则、深浅不匀的褐斑，边缘不清晰，呈水渍状，致果皮果肉分离，果肉褐变或腐烂，湿度大时病部生有白色绵毛状菌丝体，病果初呈皮球状，有弹性，后失水干缩或脱落。苗木或成树根颈部染病，皮层出现暗褐色腐烂，病斑多不规则，严重的烂至木质部，致病部以上枝条发育变缓，叶色淡，叶小，秋后叶片提前变红紫色，落叶早，当病斑绕树干一周时，全树叶片凋萎或干枯(图1–97)。叶片染病，多从叶边缘或中部发生，初呈水渍状，后形成灰色或暗褐色不规则形病斑，湿度大时，全叶腐烂。

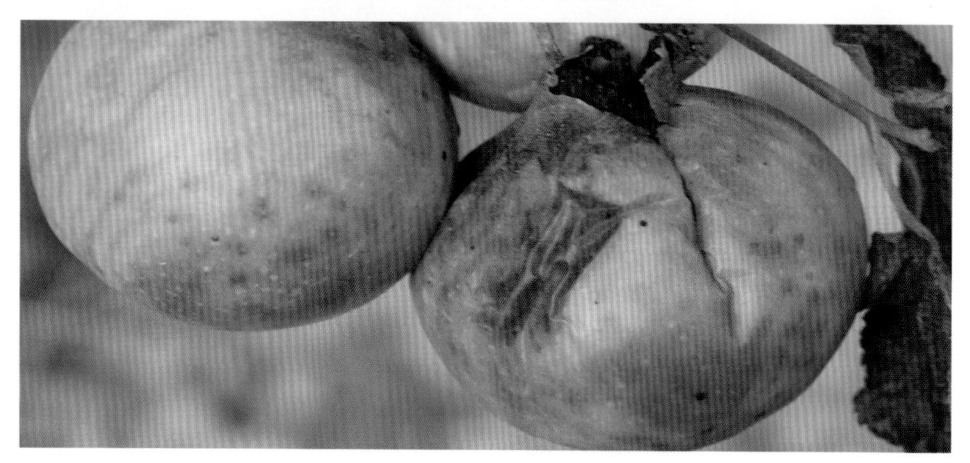

图1–96　苹果疫腐病为害果实症状

图1–97　苹果疫腐病为害根颈症状

【病　　原】*Phytophthora cactorum* 称恶疫霉，属鞭毛菌亚门真菌。无性世代产生游动孢子和厚垣孢子，游动孢子囊无色、单胞、椭圆形，顶端具乳头状凸起；卵孢子无色或褐色球形，壁平滑，雄器侧位。病菌发育的最适温度为25℃，最低为2℃，最高为32℃。游动孢子囊发芽温度为5～15℃，最适温度为10℃左右。

【发生规律】病菌主要以卵孢子、厚垣孢子及菌丝随病组织在土壤中越冬。翌年遇降雨或灌溉时，形成游动孢子囊，产生游动孢子，随雨滴或流水传播蔓延，果实在整个生育期均可染病，7—8月发病最多，每次降雨后，都会出现侵染和发病小高峰。因此，雨日多、降水量大的年份发病早且重。尤以距地面1.5m的树冠下层及近地面果实先发病，且病果率高。生产上，地势低洼或积水、四周杂草丛生，树冠下垂枝多、局部潮湿发病重。在高温高湿下发病迅速、传播快。高温高湿利于病害发生与传播。

【防治方法】及时清理落地果实并摘除树上病果、病叶集中处理；改善果园生态环境，排除积水，降低湿度，树冠通风透光可有效地控制病害；翻耕和除草时注意不要碰伤根颈部。必要时进行桥接，可提早恢复树势，增强树木的抗病性。

药剂防治：对于枝干受害，可刮除病部后用药剂涂抹伤口消毒。可用腐殖酸，或果康宝5～10倍液、25%甲霜灵可湿性粉剂80～100倍液、80%三乙膦酸铝可湿性粉剂300倍液、29%石硫合剂水剂30～50倍液。

在落花后，可浇灌或喷洒下列药剂：

72%霜脲氰·代森锰锌可湿性粉剂600倍液；

25%甲霜灵可湿性粉剂800倍液；

70%代森锰锌可湿性粉剂500～700倍液；

58%甲霜灵·代森锰锌可湿性粉剂600～800倍液；

69%烯酰吗啉·代森锰锌可湿性粉剂600倍液；

60%烯酰吗啉可湿性粉剂700倍液，间隔7～10天再处理1次。

16. 苹果花腐病

【分布为害】东北及山东、陕西、云南、四川等省的高海拔山地苹果园，河南省的部分果园也有发生。流行年份，苹果减产20%以上。

【症　　状】主要为害花、叶、幼果。花腐症状有两种：一是当花蕾刚出现时，就可染病腐烂，病花呈黄褐色枯萎；二是由叶腐蔓延引起，使花丛基部及花梗腐烂，花朵枯萎(图1-98)。果腐是病菌从柱头侵入，通过花粉管而到达子房，而后穿透子房壁而达果面。展叶后2～3天即可发生叶腐，初期在叶尖、叶缘或中脉两侧产生赤褐色小病斑，逐渐扩大呈放射状；病斑沿叶脉向叶柄蔓延，直达叶片基部。严重时，病叶腐烂，萎凋下垂。在潮湿条件下病部可产生大量的灰白色霉状物。幼果豆粒大时果面发生褐色病斑，病斑处溢出褐色黏液，并有发酵的气味，很快全果腐烂，失水后变为僵果，仍长在花丛或果台上。

图1-98　苹果花腐病为害症状

【病　　原】*Monilinia mali* 称苹果链核盘菌，属子囊菌门真菌。无性世代为 *Sclerotinia mali* 称苹果核盘菌。菌核为黑色，生于被害组织中。子囊盘为蘑菇状，肉质，褐色或暗褐色。子囊圆筒形，内含有8个子囊孢子。子囊孢子无色，单胞，椭圆形，有侧丝，侧丝无色，少有分枝。无性世代大型分生孢子为柠檬形，无色，单胞；小型分生孢子为球形，无色，单胞。病菌菌丝的发育适温为18～23℃，30℃以上时不能发育，8℃以下发育不良。

【发生规律】病菌以菌核在落到地面上的病果、病叶中越冬。翌年春季菌核萌发产生子囊盘和子囊孢子，成为初侵染源，侵染叶片，引起叶腐和花腐。病叶、病花上产生的灰白色霉状物，即病菌的分生孢子，成为再次侵染源。分生孢子经由花的柱头侵染，引起果腐和枝腐。叶腐发生在4月末至5月初，展叶2～3天就可见到。花腐发生在5月上中旬，果腐发生在5月下旬至6月上中旬。开花期降水可引起果腐的大发生。山地果园发病重，平原较轻，通风透光差以及管理粗放的果园发病较重。土壤黏重、排水不良的果园发病重；树势衰弱，营养水平低，花期长，授粉受精不良，易发病；大小年现象严重的果园发病也较重。

【防治方法】果实采收后，要彻底清除果园内落地病果；及时摘除树上的病叶、病花和病果，并集中烧毁或深埋，以减少菌源；在春季化冻后、子囊盘产生之前，把果园全部深翻一遍，深度15cm以上。果园增施有机质肥料，深翻改土，合理修剪，保持良好的通透性，以增强树势，提高抗病能力。

从果树萌芽到开花期(萌芽期、初花期、盛花末期)连续喷药2～3次，如这段时间高温干燥，喷2次药即可，第一次在萌芽期，第二次在初花期，如花期低温潮湿，果树物候期延长，可于盛花末期增加1次喷药。

发芽前喷施29%石硫合剂水剂50倍液1次。在树冠下喷施或撒施25kg/亩（1亩≈667m^2，全书同）生石灰以减少菌源。

预防叶腐须在展叶初期喷施下列药剂：

70%甲基硫菌灵可湿性粉剂800～1 000倍液；

50%代森铵水剂600～800倍液；

65%代森锌可湿性粉剂500倍液；

77%氢氧化铜可湿性粉剂500倍液；

2%嘧啶核苷类抗生素水剂400倍液；

50%腐霉利可湿性粉剂1 000～1 500倍液；

50%异菌脲可湿性粉剂1 000～1 500倍液，间隔4天再喷1次。

预防果腐要在开花盛期喷施50%多菌灵可湿性粉剂500～600倍液、70%甲基硫菌灵可湿性粉剂700倍液1次。

17. 苹果根癌病

【分布为害】各苹果产区都有零星发生。苗木上较常见。

【症　　状】苹果根癌病主要在根颈部位发生，侧根和支根上也能发生，发病初期在被侵染处产生黄白色小瘤，瘤体逐渐增大，并逐渐变黄褐色至暗褐色(图1-99)。瘤的内部组织木质化，表皮粗糙，近圆形或不定形，一般在两年生苗上，可长出直径5～6cm的瘤，小的如核桃，大树根瘤直径可达10～15cm，病树根系发育不良，地上部生长受阻，叶薄色黄。结果少而小，树体矮小，树势衰弱，严重时整株死亡。

图1-99 苹果根癌病为害根部症状

【病　　原】*Agrobacterium tumefacins* 称癌肿野杆菌，是一种杆状细菌，有鞭毛1～3根，单极生有荚膜，不形成孢子，革兰氏染色阴性。生长发育最适温度为22℃，最高为34℃，最低为10℃，致死温度为51℃10分钟。发育最适酸碱度为pH值7.3，耐酸碱范围为pH值5.7～9.2。

【发生规律】病菌在病组织中和土壤中越冬，在土壤中可存活1年以上。雨水和灌溉水是传病的主要媒介。此外，地下害虫如蛴螬、蝼蛄、线虫等在病害传播上也起一定的作用。其中苗木带菌是远距离传播的重要途径。病原菌通过伤口侵入寄主，嫁接、昆虫或人为造成的伤口，都能作为病菌侵入的途径。病菌从伤口侵入，不断刺激寄主细胞增生膨大，以致形成根瘤。从病菌侵入呈现根瘤一般需几周到1年以上。苗木和幼树易发病，一般根枝嫁接苗培土时间过久发病重。中性微碱性的土壤发病重。土壤黏重、排水不良的发病多。

【防治方法】加强管理，增施有机肥。结合秋施基肥，深翻改土，挖施肥沟施入绿肥、农家肥等，改善土壤理化性状，提高有机质含量，增强通透性，适时适量追肥和叶面喷肥，注意补充铁、锌等微量元素，氮肥不可过量，雨季及时排水，防止果园积水，保证根系正常发育。改良土壤，使苹果园土壤变为弱酸性。选用无菌地育苗，苗木出圃时，要严格检查，发现病苗应立即淘汰。苗圃忌长期连年育苗。

苗木栽植前用70%甲基硫菌灵可湿性粉剂500倍液、29%石硫合剂水机50倍液浸根5～10分钟，取出后晾干，再进行栽植，要把嫁接口露出地面。

经常观察树体地上部生长情况，发现病株，扒开土壤，露出树根，用快刀切除病瘤，用80%乙蒜素乳油50倍液、50%福美双可湿性粉剂100倍涂抹切口进行消毒，再外涂波尔多液进行保护。

18．苹果紫纹羽病

【分布为害】各苹果产区均有发生，以河北、河南、山东和辽宁等省的部分果园发生较多。以树龄较大的老果园发病较重。

【症　　状】主要为害根及根颈部，在根群中先在小根开始发病，逐渐向主侧根及根颈部发展，病部初期生黄褐色病斑，组织内部发生褐变(图1-100)，病部逐渐生出紫色绒状菌丝层，并有紫黑色菌索，尤其在病健交界处常见。病部表面有时可见到半球形的菌核。后期病根部先腐朽，木质部朽烂，在根颈附近地表面生出紫色菌丝层，皮下组织腐烂成紫黑色粉末，木质部朽枯易碎，病根及树穴土壤有浓烈的蘑菇味。病株地上部分新梢短，叶片变小，颜色稍淡，不变黄，坐果多，全树出现细小而短的结果枝，有的品种如美夏，叶柄中脉发红，部分枝条干枯，植株生长势衰弱，严重时全株枯死。

图1−100　苹果紫纹羽病为害根部症状

【病　　原】*Helicobasidium mompa* 称桑卷担菌，属子囊菌门真菌。病根表面生出的紫色菌丝层，其外层是子实体层，上有担子，担子圆筒形，无色，由4个细胞组成，3个隔膜，向一方弯曲；小梗无色，圆锥形。小梗上着生担孢子，担孢子无色，单细胞，卵圆形，顶端圆，基部尖。菌核半球形，紫色。

【发生规律】病菌以菌丝体、根状菌索或菌核在病根上或土壤越冬，根状菌索和菌核在土壤中可存活5～6年。条件适宜由菌核或根状菌索上长出菌丝。首先侵害细根，而后逐渐蔓延到粗根。病健根接触是该病扩展、蔓延的重要途径，带菌苗木是该病远距离传播的途径。病害发生盛期多在7—9月，发生轻重与刺槐的关系密切，即带病刺槐是该病的主要传播媒介。靠近刺槐的苹果树易发生紫纹羽病。土壤干旱，或排水不良的湿地果园，发病重。果园管理粗放，杂草丛生，树冠郁闭，通风透光不良，病害严重，栽植过深或培土过厚，耕作时损伤或蛴螬等地下害虫咬伤根系，易发生并加重病害程度。不注意疏花疏果，大小年严重，造成树势衰弱，根系营养供应不足，导致烂根。重茬地建园、不进行土壤和苗木消毒、栽植过深、嫁接口埋入土中，病菌以接口入侵为害等因素都可以导致该病发生。低洼潮湿积水严重的果园发病重，果园间作带有紫纹羽病的甘薯等作物也易诱发该病。

【防治方法】苗木出圃时，要进行严格检查，发现病苗必须淘汰，要做好开沟排水，增施有机肥，紫纹羽病在土壤中主要以根状菌索进行传播，所以在果园中一旦见到病株，马上在病株周围挖1m以上的深沟，加以封锁，防止病菌向邻近健株蔓延传播。

对有染病嫌疑的苗木或来自病区的苗木，可将根部放入70%甲基硫菌灵可湿性粉剂500倍液中浸10～30分钟，然后栽植。苗木消毒除应用上述药液外，也可在45℃的温汤中，浸20～30分钟，以杀死根部菌丝。

如发现果树地上部生长衰弱，叶形变小或叶色褪黄症状时，应再扒开根部周围的土壤进行检查。确定根部有病后，则应切除已霉烂的根，再灌施药液或撒施药粉。可用70%甲基硫菌灵可湿性粉剂

500～1 000倍液、50%多菌灵可湿性粉剂600～800倍液，大树灌注药液50～75kg/株，小树用药量酌情减少。

19．苹果轮斑病

【分布为害】分布于全国各苹果产区。

【症　　状】主要为害叶片，也可侵染果实。叶片染病，病斑多集中在叶缘。病斑初期为褐色至黑褐色圆形小斑点，后扩大，叶缘的病斑呈半圆形，叶片中部的病斑呈圆形或近圆形，淡褐色且有明显轮纹，病斑较大。后期病斑中央部分呈灰褐至灰白色，其上散生黑色小粒点，病斑常破裂或穿孔(图1–101和图1–102)。高温潮湿时，病斑背面长出黑色霉状物，即病菌分生孢子梗和分生孢子。果实染病，病斑黑色，病部软化。

图1–101　苹果轮斑病为害叶片初期症状

图1–102　苹果轮斑病为害叶片后期症状

【病　　原】*Alternaria mali* 称苹果链格孢菌，属真菌。分生孢子梗束状，常从气孔伸出，暗褐色，弯曲，多胞；分生孢子顶生，短棒锤形，暗褐色，单生或链生，具2～5个横隔，1～3个纵隔。

【发生规律】病菌以菌丝或分生孢子在落叶上越冬。翌春菌丝萌发产生分生孢子，随风雨传播，经各种伤口侵入叶片进行初侵染。该病的发生与气候、品种有密切关系。苹果各品种中，元帅系、印度、倭锦、红玉、白龙等易染病；祝光、鸡冠等较抗病。夏季高温多雨时发生重；北方地区在叶片受雹伤和暴风雨后，发病较多。管理粗放、树势弱易发病。

【防治方法】清除越冬菌源。秋末冬初清除落叶，集中烧毁。

发病初期可喷洒下列药剂：

1：(2～3)：240倍式波尔多液；

50%异菌脲可湿性粉剂1 000～1 500倍液；

30%碱式硫酸铜胶悬剂300～500倍液；

70%甲基硫菌灵可湿性粉剂800～1 000倍液；

70%代森锰锌可湿性粉剂500～600倍液；

30%吡唑醚菌酯悬浮剂5 000～6 000倍液；

40%唑醚·甲硫灵悬浮剂1 000～3 000倍液；

68.75%恶唑菌酮·代森锰锌水分散粒剂1 000～1 500倍液；

80%乙蒜素乳油800～1 000倍液；

80%多菌灵可湿性粉剂800～1000倍液；

50%甲基硫菌灵·硫磺悬浮剂800～1 000倍液。

喷药时间可根据发病期确定，以后间隔20天喷1次，连续防治2次。

20. 苹果圆斑病

【分布为害】分布于全国各苹果产区。

【症　　状】主要侵害叶片，有时也侵害叶柄、枝梢和果实。叶片染病初生黄绿色至褐色边缘清晰的圆斑，病健交界处略呈紫色(图1–103)，中央具一黑色小粒点，即病菌的分生孢子器，形如鸡眼状；叶柄、枝条染病，生淡褐色或紫色卵圆形稍凹陷病斑；果实染病，果面产生不规则形稍凸起暗褐色病斑或呈放射状污斑，斑上具黑色小粒点，斑下组织硬化或坏死，有时龟裂。

图1–103　苹果圆斑病为害叶片症状

【病　　原】*Phyllosticta solitaria* 称孤生叶点霉菌，属半知菌亚门真菌。分生孢子器椭圆形或近球形，埋生于表皮下，上端具1个孔口，深褐色；分生孢子单胞、无色，卵形或椭圆形，内具透明状油点。

【发生规律】病菌以菌丝体或分生孢子器在病枝上越冬。翌年产生分生孢子，借风雨传播蔓延，进行初侵染和再侵染，此病多在气温低时发生，黄河流域4月下旬至5月上旬始见，5月中下旬进入盛期，一直可延续到10月中下旬。果园管理粗放，树势衰弱发病重。该病发生与品种有关，一般倭锦、国光、红玉、元帅、金帅、香蕉等品种易感病。

【防治方法】加强栽培管理，增强树势以提高抗病力。土质黏重或地下水位高的果园，要注意排水，同时注意整形修剪，使树通风透光。秋冬收集落叶集中处理。冬季耕翻也可减少越冬菌源。

药剂防治：在落花后发病前喷洒下列药剂：

1∶2∶200倍式波尔多液；

70%甲基硫菌灵可湿性粉剂800～1 000倍液；

2%嘧啶核苷类抗生素水剂200～300倍液；

70%丙森锌可湿性粉剂600～700倍液；

25%多菌灵可湿性粉剂300～400倍液。

每隔20天左右喷药1次。在6月中旬、7月中旬、8月中旬喷药3次。未结果的幼树可于5月上旬、6月上旬、7月上中旬各喷1次，多雨年份8月结合防治炭疽病再喷1次药。

21．苹果干腐病

【分布为害】分布于北方各苹果产区，以老、弱树及管理不好的幼树受害较重，可造成树势衰弱、枝条枯死。

【症　　状】主要为害主枝和侧枝，也可为害果实。枝干受害，有两种类型：①溃疡型：发生在成株的主枝、侧枝或主干上。一般以皮孔为中心，形成暗红褐色圆形小斑，边缘色泽较深。病斑常数块乃至数十块聚生一起，病部皮层稍隆起，表皮易剥离，皮下组织较软，颜色较浅。病斑表面常湿润，并溢出茶褐色黏液。后期病部干缩凹陷，呈暗褐色，病部与健部之间裂开，表面密生黑色小粒点。潮湿时顶端溢出灰白色团状物。②干腐型：成株、幼树均可发生。成株：主枝发生较多，病斑多在阴面，尤其在遭受冻害的部位。初生淡紫色病斑，沿枝干纵向扩展，组织干枯，稍凹陷，较坚硬，表面粗糙，龟裂，病部与健部之间裂开(图1-104和图1-105)，表面亦密生黑色小粒点。严重时亦可侵害形成层，使木质部变黑。幼树：幼树定植后，初于嫁接口或砧木剪口附近形成不整形紫褐色至黑褐色病斑，沿枝干逐渐向上(或向下)扩展，使幼树迅速枯死。以后病部失水，凹陷皱缩，表皮呈纸膜状剥离。病部表面亦密生黑色小粒点，散生或轮状排列。被害果实，初期果面产生黄褐色小点，逐渐扩大成同心轮纹状病斑。条件适宜时，病斑扩展很快，数天整果即可腐烂。

图1-104　苹果干腐病为害枝干初期症状

图1-105 苹果干腐病为害枝干后期症状

【病　　原】有性世代为*Botryosphaeria berengeriana* 称贝氏葡萄座腔菌，属子囊菌门真菌。子囊壳生于树皮表层下的子座内。子座黑色，炭质，内侧色浅，先埋生，后突破表皮，露出顶端。子囊壳黑色，扁球形或洋梨形，具乳突状孔口，内有许多子囊和侧丝。子囊长棍棒状，无色，顶端细胞壁较肥厚。子囊孢子单胞，无色，椭圆形。侧丝无色，不分隔。无性世代的分生孢子器有两种类型：①大茎点菌属*Macrophoma* 型，无子座，分生孢子器散生于病部表皮下，暗褐色，扁球形。分生孢子单胞，长纺锤形至椭圆形。②小穴壳菌属 *Dothiorella*型，有子座，多与子囊壳混生于同一子座内，分生孢子椭圆至长纺锤形，无色，单胞。病菌的生长发育温度为10～35℃，最适温度为28℃。

【发生规律】病菌以菌丝体、分生孢子器及子囊壳在枝干发病部位越冬，翌年春季病菌产生孢子进行侵染。病菌孢子随风雨传播，经伤口侵入，也能从死亡的枯芽和皮孔侵入。病菌先在伤口死组织上生长一段时间，再侵染活组织。干旱季节发病重，6—7月发病重，7月中旬雨季来临时病势减轻。果园管理水平低，地势低洼，肥水不足，偏施氮肥，结果过多，导致树势衰弱时发病重；土壤板贫瘠、根系发育不良发病重；伤口较多，愈合不良时病重。对于苗木，如果出圃时受伤过重或运输过程中受旱害和冻害的发病严重。

【防治方法】培养壮苗，加强栽培管理，以提高树体抗病力为中心，苗圃不可施大肥大水，尤其不能偏施速效性氮肥催苗，防止苗木徒长。改良土壤，提高保水能力，旱季灌溉，雨季防涝。秋季加强对大青叶蝉的防治，防止在枝条上产卵而造成伤口，减少冬季枝条散失水分，减轻发病。

保护树体，防止冻害及虫害，对已出现的枝干伤口，涂药保护，促进伤口愈合，防止病菌侵入。常用药剂有1%硫酸铜，或29%石硫合剂水剂50倍液等。

喷药保护：大树可在发芽前喷1：2：240倍式波尔多液2次。在病菌孢子大量散布的5—8月，结合其他病害的防治，喷洒50%多菌灵可湿性粉剂或50%甲基硫菌灵可湿性粉剂600～800倍液等药剂3～4次，保护枝干、果实和叶片。

22．苹果枝溃疡病

【分布为害】主要分布于陕西、河北、河南、江苏等苹果锈病严重发生地区。主要为害苹果枝干，造成树皮坏死，枝条折断或枯死，影响树势和产量。

【症　　状】只为害枝条，以1～3年生枝发病较多，产生溃疡型病疤。病菌在秋季或初冬从芽痕、叶丛枝、短果枝基部，甚至伤口处侵入。病部初为红褐色圆形小斑，逐渐扩大呈梭形，中部凹陷，边缘隆起呈脊状，病斑四周及中央发生裂缝并翘起。病皮内部暗褐色，质地较硬，多烂至木质部，使当年生木质部坏死，不能加粗生长(图1–106)。天气潮湿时，在裂缝周围有成堆着生的粉白色霉状的分生孢子座。病部还可见到其他腐生菌的粉状或黑色小点状的子实体。后期病疤上的坏死皮层脱落，使木质部裸露在外，四周则为隆起的愈伤组织。翌年，病菌继续向外蔓延，病斑又呈梭形同心环纹状扩大一圈；如此，病斑年复一年地成圈扩展。被害枝易从病疤处被风折断，造成树体缺枝，有的树甚至无主枝或中央领导枝，导致产量锐减。

图1–106 苹果枝溃疡病为害枝条症状

【病　　原】*Nectria galligena* 苹果梭疤病菌，属子囊菌门真菌，无性世代为 *Cylindrosporium mali* 仁果干癌柱孢霉，属真菌。子座白色，子囊壳鲜红色，球形或卵形，子囊圆筒形或棍棒形；子囊孢子双胞，无色，长椭圆形。分生孢子盘无色或灰色，盘状或平铺状；分生孢子梗短，分生孢子无色，线形；具大孢子和小孢子两种。大孢子圆筒形，具3～5个隔膜。小孢子卵圆形或椭圆形，单胞或双胞。

【发生规律】病原以菌丝体在病组织中越冬。翌年春季产生分生孢子，借助昆虫及雨水、气流传播。秋季落叶前后，为病菌的主要侵染时期。病菌只能从伤口侵入，其中以叶痕周围的裂缝为主，也可从病虫造成的伤口、剪锯口和冻伤处侵入。在秋冬季较温暖、潮湿、春季降雨较多、湿度大，且气温回升较慢地区，容易发病。地势低洼，土壤较黏重、潮湿，秋季易积水，以及偏施氮肥的果园，发病较重。进入盛果期的十多年大树，易发病。

【防治方法】清除菌源，细枝感病后，应结合果园修剪剪除病枝。如大枝发病应在春季结合防治腐烂病进行刮治病斑。加强栽培管理，减少侵入伤口。加强肥水管理，修剪适度，以增强树体的抗病能力。及时刮除粗皮翘皮。

药剂防治：秋季50%落叶时，喷洒50%氯溴异氰尿酸可溶性粉剂500倍液。其他防治方法参考“苹果树腐烂病”。

23．苹果干枯病

【分布为害】分布于全国各苹果产区。

【症　　状】主要为害定植不久的幼树，多在地面以上10～30cm处发生。春季在上年一年生病梢上形成2～8cm长的椭圆形病斑，多沿边缘纵向裂开且下陷，与树分离(图1–107)，当病部老化时，边缘向上卷起，致病皮脱落，病斑环绕新梢一周时，出现枝枯，可致幼树死亡，病斑上产生黑色小粒点(图1–108)，即病菌分生孢子器。湿度大时，从孢子器中涌出黄褐色丝状孢子角。病斑从基部开始变深褐色，向上方蔓延，病斑红褐色。

图1–107　苹果干枯病为害枝干症状

图1–108　苹果干枯病病枝上的黑色小粒点

【病　　原】*Diaporthe eres* 甜樱间座壳，属无性型真菌。分生孢子器埋生在子座里，近球形，黑色，顶端具孔口。分生孢子有二型，α型孢子纺锤形或椭圆形，无色，单胞，具两个油球；β型孢子钩状或丝状，单胞，无色。

【发生规律】病菌主要以分生孢子器或菌丝在病部越冬。翌春遇雨或灌溉水，释放出分生孢子，借水传播蔓延，当树势衰弱或枝条失水皱缩及受冻害后易诱发此病。

【防治方法】加强栽培管理，园内不与高秆作物间作，冬季涂白，防止冻害及日灼；剪除带病枝条，在分生孢子形成以前清除病枝或病斑，以减少侵染源。

刮治病斑：尤其在春季发芽前后要经常检查，刮后应涂药保护。对病重果树，应剪除病枝干，带出果园处理。

在分生孢子释放期，每半个月喷洒1次40%多菌灵悬浮剂或36%甲基硫菌灵悬浮剂500倍液防治。

24．苹果树枝枯病

【分布为害】分布于全国各苹果产区。

【症　　状】为害苹果大树上衰弱的枝梢，多在结果枝或衰弱的延长枝前端形成褐色不规则凹陷斑，病部发软，红褐色，病斑上长出橙红色颗粒状物，即病菌的分生孢子座。发病后期病部树皮脱落，木质部外露，严重时枝条枯死(图1-109至图1-111)。

图1-109　苹果树枝枯病为害枝条症状

图1-110　苹果树枝枯病为害枝条后期症状

图1-111 苹果树枝枯病为害枝条枯死症状

【病　　原】*Nectria cinnabarina* 朱红丛赤壳菌，属子囊菌门真菌。子座瘤状，子囊壳丛生，扁圆形，表面粗糙，鲜红色；子囊棍棒状；子囊孢子长卵形，双胞，无色。无性世代为 *Tubercularia vulgaris* 称普通瘤座孢。分生孢子丛粉红色，分生孢子长卵圆形。

【发生规律】病菌多以菌丝或分生孢子座在病部越冬。翌年降水或天气潮湿时，分生孢子溢出，借风雨传播蔓延，病菌属弱寄生菌，只有在枝条十分衰弱且有伤口时，才能侵入，引致枝枯。

【防治方法】夏季清除并销毁病枝，以减少苹果园内侵染源；修剪时留桩宜短，清除全部死枝。

药剂防治：在分生孢子释放期，每半个月喷洒1次50%多菌灵可湿性粉剂、36%甲基硫菌灵悬浮剂500倍液、50%甲基硫菌灵·硫磺悬浮剂800倍液、50%混杀硫悬浮剂500倍液或50%苯菌灵可湿性粉剂1 000～2 000倍液。

25．苹果树木腐病

【分布为害】各苹果产区均有发生。苹果树衰老时经常发生的一种枝干病害，为害性不大。

【病　　原】多发生在苹果衰老树的枝干上，为害老树皮，造成树皮腐朽和脱落，使木质部露出，并逐渐往周围健树皮上蔓延，形成大型条状溃疡斑，削弱树势，重者引起树体死亡(图1-112)。

图1-112 苹果树木腐病为害枝干症状

【病　　原】由多种木腐菌为害所致。主要为*Schizophyllum commune*称普通裂褶菌，属担子菌门真菌。子实体常呈覆瓦状着生，质韧，白色或灰白色，上具绒毛或粗毛，扇状或肾状，边缘向内卷，有多个裂瓣；菌褶窄，从基部辐射而出，白色至灰白色，有时呈淡紫色，沿边缘纵裂反卷；担孢子无色光滑圆柱状，生在阔叶树或针叶树的腐木上。

【发生规律】病原菌在干燥条件下，菌褶向内卷曲，子实体在干燥过程中收缩，起保护作用，经长期干燥后遇有合适温湿度，表面绒毛迅速吸水恢复生长能力，在数小时内即能释放孢子进行传播蔓延。

【防治方法】加强苹果园管理，发现病死或衰弱老树，要及早挖除或烧毁。对树势弱或树龄高的苹果树，应采用配方施肥技术，以恢复树势增强抗病力。见到病树长出子实体以后，应马上去除，集中深埋或烧毁，病部涂1%硫酸铜液消毒。

保护树体，千方百计减少伤口，是预防本病重要有效措施，对锯口要涂1%硫酸铜液消毒后再涂波尔多液或煤焦油等保护，以利于促进伤口愈合，减少病菌侵染。

26．苹果煤污病

【分布为害】分布于全国各苹果产区。所有品种都有不同程度的发生，影响果品外观质量，降低等级和经济价值。

【症　　状】多发生在果皮外部，在果面产生棕褐色或深褐色污斑，边缘不明显，似煤斑，菌丝层很薄用手易擦去，常沿雨水下流方向发病(图1–113和图1–114)，也为害叶片，症状同果实(图1–115)。

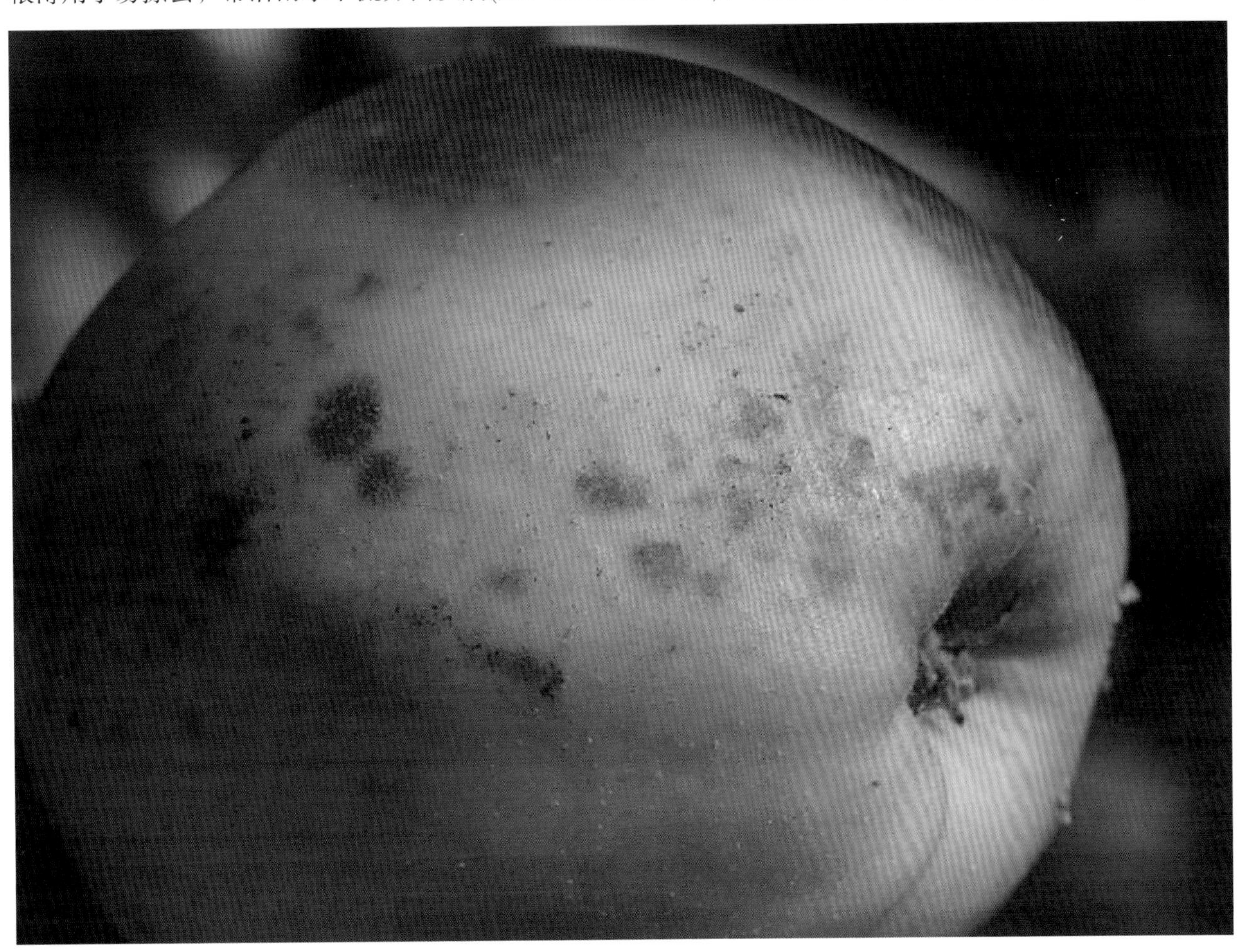

图1–113　苹果煤污病为害果实初期症状

图1－114　苹果煤污病为害果实后期症状

图1－115　苹果煤污病为害叶片症状

【病　　原】称*Gloeodes pomigena* 仁果粘壳孢，属无性型真菌。菌丝几乎全表生，形成薄膜，上生黑点，即病菌分生孢子器，有时菌丝细胞可分裂成厚垣孢子状；分生孢子器半球形，分生孢子圆筒形，直或稍弯，无色，成熟时双细胞，两端尖，壁厚。

【发生规律】病菌以菌丝在一年生枝、果台、短果枝、顶芽、侧芽及树体表面等部位越冬。此外，果园内外杂草、树木也是该病菌的越冬场所。春季产生分生孢子，借风雨和昆虫(蚜虫、介壳虫、粉虱等)传播。果实至6月初到采收前均可被侵染，7月中下旬至8月下旬的雨季为侵染盛期。多雨高湿是病害发生的主要因素。夏季阴雨连绵、秋季雨水较多的年份发病严重。地势低洼、积水窝风、树下杂草丛生、树冠郁密，通风不良等均有利于病害发生。

【防治方法】冬季清除果园内落叶、病果、剪除树上的徒长枝集中烧毁，减少病虫越冬基数；夏季管理，7月对郁闭果园进行两次夏剪，疏除徒长枝、背上枝、过密枝，使树冠通风透光，同时注意除草和排水。果实套袋。

发病初期药剂防治，可选用下列药剂：

1∶2∶200倍式波尔多液；

77%氢氧化铜可湿性粉剂500倍液；

75%百菌清可湿性粉剂800～900倍液；

70%甲基硫菌灵可湿性粉剂1 000倍液；

80%代森锰锌可湿性粉剂800倍液；

20%多抗霉素可湿性粉剂2 000～3 000倍液；

50%苯菌灵可湿性粉剂1 500倍液；

80%克菌丹水分散粒剂。

在降水量大、雾露日多的平原、滨海果园以及通风不良的山沟果园，喷药3～5次，每次相隔10～15天。可结合防治轮纹病、炭疽病、褐斑病等一起进行。

27. 苹果黑点病

【分布为害】苹果黑点病分布于全国各苹果产区。

【症　　状】主要为害果实，影响外观和食用价值，枝梢和叶片也可受害。果实染病，初围绕皮孔出现深褐色至黑褐色或墨绿色病斑，病斑大小不一，小的似针尖状，大的直径5mm左右，病斑形状不规则稍凹陷，病斑边缘有红色晕圈，病部皮下果肉有苦味不深达果内，后期病斑上有小黑点，即病原菌子座或分生孢子器(图1-116)。

图1-116　苹果黑点病为害果实症状

【病　　原】*Diaporthe pomigena* 称苹果间座壳，属子囊菌门真菌。子囊壳生在子座内，球形。子囊圆筒形，子囊孢子8个，纺锤形，双胞，无色。无性世代为*Cylindrosporium pomi* 称苹果斑点柱孢霉，属无性型真菌。分生孢子器扁球形。分生孢子为卵形至梭形，单胞无色。

【发生规律】病菌在落叶或染病果实病部越冬。翌春病果腐烂，病部的小黑点，即病原菌的子座、子囊壳或分生孢子器，产生子囊孢子或分生孢子进行初侵染或再侵染，苹果落花后10～30天易染病，7月上旬开始发病，潜育期40～50天。靠分生孢子传播蔓延。

【防治方法】果实套袋，不会再感染其他病害，并可减少食心虫为害；改善树冠和果园的通风透光条件，可在7—8月进行1～2次疏枝疏梢，彻底改变树冠的通透条件。防止树盘积水，控制使用氮肥。及时排除树盘积水，进行划锄散墒，保持土壤的湿度相对稳定。

苹果果实套袋前，可喷施下列药剂：

36%甲基硫菌灵悬浮剂600～800倍液；

2%嘧啶核苷类抗生素水剂300～500倍液；

50%多菌灵可湿性粉剂800～1 000倍液；

55%氟硅唑·多菌灵可湿性粉剂800～1 250倍液；

10%苯醚甲环唑水分散粒剂1 000～1 500倍液；

80%代森锰锌可湿性粉剂800～1 000倍液；

20%氟硅唑可湿性粉剂3 000～4 000倍液。

28．苹果黑腐病

【分布为害】在国内各苹果产区发生很少，为害较轻。

【症　　状】主要为害果实、枝干和叶片，以果实受害较重。果实受害，多从萼洼部位开始。初期产生红褐色小病斑，逐渐变成黑褐色，具同心轮纹(图1-117)。病斑扩大后，可使全果变成褐色，并软腐。病果失水后，皱缩，变成黑色僵果。其果皮下密生黑色小粒点，为病菌的分生孢子器。枝干上病斑红褐色，湿润，不久扩大成暗褐色，形状不规整。以后干缩，凹陷，周围开裂，上面长出小黑点即病菌分生孢子器。叶片初期病斑紫色，圆形；扩大后呈黑褐色至黑色，形状不规则，病斑中部凹陷，边缘隆起，中间暗灰色，往外密生小黑点，为病菌分生孢子器。严重时可造成早期落叶。

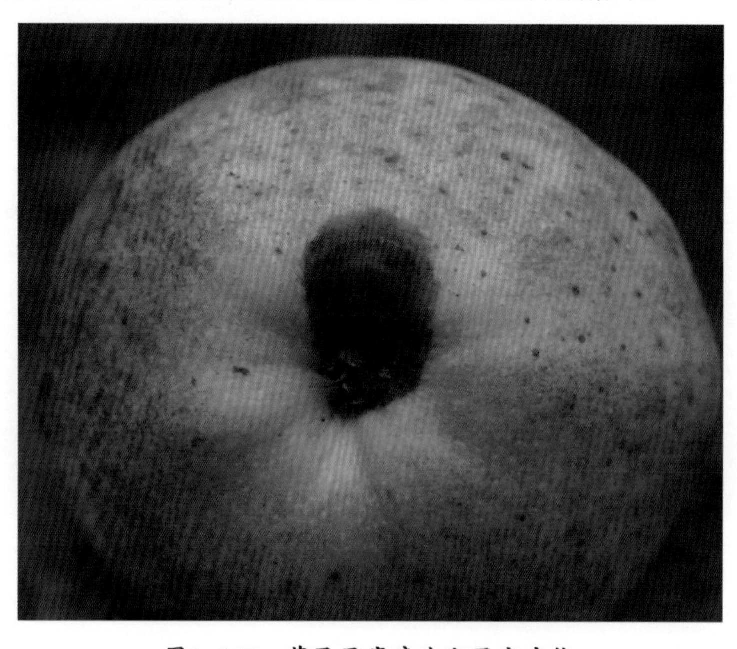

图1-117　苹果黑腐病为害果实症状

【病　　原】称*Physalospora obtusa*仁果囊壳孢，属子囊菌门真菌。子囊壳黑色，球形，顶部具短颈或乳头状孔口，没有子座。子囊棍棒状，无色。子囊孢子单胞，无色，椭圆形。分生孢子器多聚生，初埋生，后突破表皮，扁球形或球形，褐色。分生孢子为卵圆形或卵形，单胞，偶有双胞者，初无色，后变褐色。分生孢子的萌发温度为16～32℃，相对湿度在96%以上。

【发生规律】病原主要以菌丝体和分生孢子器在病斑上或树干溃疡斑、落叶及僵果中越冬。翌年生长季产生分生孢子，靠风雨传播，在果及枝上从伤口侵入，在叶上从气孔侵入，进行初侵染。弱枝弱树受害较重，近成熟期果实受害较重，幼叶即可受害，成叶受害较重。分生孢子释放取决于雨量及降雨持续时间。当花瓣脱落后30～45天，产生子囊孢子，子囊孢子随气流传播蔓延，孢子通过气孔或表皮裂缝及伤口侵入，侵入适温26.6℃。

【防治方法】苹果黑腐病为害不重，不需单独防治。若有发生，可结合其他病害的防治兼治该病。清理果园时注意剪除病枝、清扫病落叶、收集带病僵果等集中烧毁。加强栽培管理，增强树势，提高抗病能力。

从萌芽期开始喷下列药剂：

40%克菌丹可湿性粉剂450～500倍液；

20%吡唑醚菌酯可湿性粉剂1 500～2 000倍液；

75%代森锰锌水分散粒剂600～800倍液；

70%甲基硫菌灵悬浮剂800～1 000倍液；

50%苯菌灵可湿性粉剂1 500倍液。

每间隔10～14天喷1次，连续2～3次。

29．苹果根朽病

【分布为害】苹果树根朽病，分布于世界各地，在老果园发生较重。

【症　　状】主要为害根颈部和主根。小根、主侧根及根颈部染病，病菌沿根颈或主根向上下蔓延，致根颈部呈环割状，病部水渍状，紫褐色，有的溢出褐色液体，该菌能分泌果胶酶、致皮层细胞果胶质分解，使皮层形成多层薄片状扇形菌丝层，并散发出蘑菇气味，有时可见蜜黄色子实体。地上部表现为树势衰弱，叶色变浅黄色或顶端生长不良，严重时致部分枝条或整株死亡(图1–118和图1–119)。

图1–118　苹果根朽病为害茎基部产生的子实体

图1-119 苹果根朽病为害茎基部产生的菌索

【病　原】*Armillariella mellea* 称蜜环菌，称*Armillariella tabescens* 发光假蜜环菌，均属担子菌门真菌。病部菌丝层扇形，白色，初具荧光现象，老熟后呈黄褐或棕褐色。菌丛团及子实体丛生，菌盖浅土黄色，边缘具条纹。菌柄土黄色，基部略膨大。白色菌环生于柄上部。担孢子光滑无色，椭圆形。

【发生规律】病菌以菌丝体或根状菌索及菌索在病株根部或残留在土壤中的根上越冬。主要靠病根或病残体与健根接触传染，病原分泌胶质附着后，再产生小分枝直接侵入根中，也可从根部伤口侵入。排水良好的沙质土易发病。寄生性弱，可在残根上长期存活，引致新果园发病，生产上老苹果园发病重。

【防治方法】加强果园管理：地下水位高的果园，应做好开沟排水工作，雨后及时排除积水。注意改良土壤，增施肥料，合理整形修剪，调节果树负载量，加强对其他病虫害的防治，促使根系生长旺盛，增强树体抗病力。

病树治疗：经常检查果园，发现病株要立即采取措施，做到早发现早治疗。操作顺序如下：

寻找发病部位。扒开病树根际土壤，先挖至主根基部，寻找根颈部的病斑，然后再从病斑向下追寻主根、侧根、支根的发病点。

清除病根，消毒保护。对整条腐烂根，要从根基部锯除，同时仔细刮除根颈病斑病皮层，并且向下追寻，直至将病根挖净。如大部分根系发病，要彻底清除所有病根，在清除病根过程中，需细心保护健根，不要轻易损伤。对伤口须用高浓度的杀菌剂涂抹或喷施消毒，再涂以波尔多液等保护剂。常用消毒剂有1%～2%硫酸铜溶液，29%石硫合剂水剂30～50倍液，50%多菌灵500倍液等。用无病土或药土覆盖。药土的配制，可用70%五氯硝基苯以1：(50～100)的比例与换入新土混合即成。将药土均匀地施于根部，八年生至十年生大树，每株0.25kg左右即可。

药剂灌根：在早春、夏末、中秋及果树休眠期，以树干为中心，开挖3～5条辐射沟，进行药剂灌根，然后再覆土或换新土。灌根有效的药剂有：

27.12%硫酸铜悬浮剂400～500倍液；

70%甲基硫菌灵可湿性粉剂800～1 000倍液；

50%多菌灵可湿性粉剂800倍液；

45%代森铵水剂200倍液；

50%苯菌灵可湿性粉剂1 000倍液；

2%嘧啶核苷类抗生素水剂200倍液。

30. 苹果青霉病

【分布为害】苹果青霉病是苹果贮藏后期常见的一种传染性病害，分布普遍。

【症　　状】主要为害果实。果实发病主要由伤口(刺伤、压伤、虫伤、其他病斑)开始。发病部位先局部腐烂，极湿软，表面黄白色，呈圆锥状深入果肉，条件适合时发展迅速，发病10余天后全果腐烂。空气潮湿时，病斑表面生出小瘤状霉块，初为白色，后变青绿色，上面被覆粉状物，易随气流吹散，此即病菌的分生孢子梗及孢子，易随气流扩散。腐烂果肉有特殊的霉味，易随气流扩(图1-120)。

图1-120　苹果青霉病为害果实症状

【病　　原】*Penicillium expansum* 称扩展青霉，属无性型真菌。菌落粒状，粉层较薄，灰绿色，背面无色，具白色或灰白色边缘。分生孢子梗直立，具分隔，分隔无色，顶端帚状1～2次分枝，小梗细长，瓶状；梗顶念珠状串生分生孢子，无色，单胞，圆形或扁圆形，念珠状串生。分生孢子集结时呈青绿色。

【发生规律】主要发生在贮藏运输期间，病菌经伤口侵入致病，也可由果柄和萼凹处侵入，很少经果实皮孔侵入。病菌孢子能忍耐不良环境条件，随气流传播，也可通过病、健果接触传病；分生孢子落到果实伤口上，便迅速萌发，侵入果肉，使果肉软腐。气温25℃左右，病害发展最快；0℃时孢子虽不能萌发，但侵入的菌丝能缓慢生长，果腐继续扩展；靠近烂果的果实，如表面有刺伤，烂果上的菌丝会直接侵入健果而引起腐烂。在贮藏期，窖温较高时病害扩展快，在冬季低温下病果数量增长很少。分生孢子萌发温度3～30℃，适温15℃；菌丝生长温度范围13～30℃，适温20℃。该病用塑料袋装贮藏发病多。

【防治方法】防止产生伤口：首先要选择无伤口的果实入贮，在采收、分级、装箱、搬运过程中，尽量防止刺伤、压伤、碰伤。伤果、虫果及时处理，勿长期贮藏，以减少损失。

果库及包装物消毒：该菌对温度适应范围较广，且易于在空气中飞散，故做好果库和包装物的消毒是十分重要的。果库消毒一般用的化学药物：①硫磺(SO_2)熏蒸；②50%福尔马林30倍液喷洒。

药剂处理：苹果采收后，用噻苯唑1 000～2 500mg/kg、50%苯菌灵可湿性粉剂250～500倍液、50%甲基硫菌灵、50%多菌灵可湿性粉剂500倍液或45%噻菌灵悬浮剂300～500倍液等药液浸泡5分钟，然后再贮藏，有一定的防效。

采用单果包装。包装纸上可喷洒仲丁胺300倍液或其他挥发性杀菌剂，提倡采用气调：控制贮藏温度为0～2℃，O_2为3%～5%，CO_2为10%～15%。

二、苹果生理性病害

1．苹果小叶病

【症　　状】小叶病主要是由缺锌或不合理修剪造成的。新梢和叶片易显症，春季症状明显。①相同点：小叶病发生后，其症状主要表现为病枝春季发芽较晚，抽叶后生长停滞，叶片狭小，状似梅花形，叶缘向上卷，质厚而脆，不伸展，叶片呈淡黄绿色，病枝节间短，叶细丛状簇生。②不同点：树体缺锌：表现在一片或1个区域，并非个别植株，只是症状表现的轻重程度有所差异，常表现由重到轻的过渡区及过渡类型。不合理的修剪：症状出现在个别植株或个别骨干枝上，且在大锯口或环剥口以下部位，多能抽生2～3个强旺的新梢，大多为隐芽萌发，而缺锌小叶病植株枝条后部较难萌发(图1-121和图1-122)。

图1-121　苹果小叶病受害初期症状

图1-122　苹果小叶病受害后期症状

【病　　因】缺锌或不合理修剪。苹果小叶病多认为是由于树体锌元素含量不足引起的生理病害，而不合理的修剪措施如去枝不当、重环剥，亦能引起小叶病。在生产中要结合实际仔细观察区分，以便采取有效措施进行分类防治。缺锌：沙质土壤建园，土壤中的锌易被淋失，引起绝对含量较低，或者由于土壤偏碱性，锌被固定，树体吸收困难；其次是由于果园管理粗放，根系生长不良，分布范围小，吸收能力差。不合理修剪：冬剪时，疏枝过多或锯口过大、出现对口伤、连口伤等严重地削弱了中心干或骨干枝的生长势，引起生理机能的改变，造成小叶病；夏剪时，环剥口过宽、剥口保护不够或环剥间树体缺水等，使剥口愈合程度较差，引起剥口以上部位生长受阻、代谢紊乱，产生小叶病；旱地果树环剥宽度过大，则多有小叶病的发生。

【防治方法】增加锌盐供应或释放被固定的锌元素：增施有机肥，降低土壤pH值，增加锌盐的溶解度，便于果树吸收利用。补充锌元素，在树上或树下增施锌盐。如发芽前树上喷3%～5%的硫酸锌或发芽初喷1%的硫酸锌溶液，当年效果比较明显。发芽前或初发芽时，在有病枝头上涂抹1%～2%的硫酸锌溶液，可促进新梢生长。

改良土壤：对盐碱地、黏土地、沙地等土壤条件不好的果园，可采用生物措施或工程措施改良土壤，释放被固定的锌元素，创造有利于根系发育的良好条件，可从根本上解决小叶病问题。

合理修剪：①正确选留剪锯口，避免出现对口伤、连口伤和一次性疏除粗度过大的枝，并在剪锯口上涂抹3%的硫酸锌溶液后再采取伤口保护措施；②对已出现因修剪不当而造成小叶病的树体修剪时，要以轻剪为主，采用四季结合的修剪法，缓放有小叶病的枝条，不能短截；③对环剥过重、剥口愈合不好的树，要在剥口上下进行桥接，桥接前，将愈合不好的剥口用塑料膜包严；④严格控制负载量，保持健壮树势。

2. 苹果粗皮病

【分布为害】辽宁苹果产区该病日趋严重，已成为生产上的主要问题。

【症　　状】主要为害枝干和果实。枝干受害(图1-123)，先从基部开始发病，沿主干呈圆筒状逐渐上升，病斑上升到一定高度时，在其下着生的主枝、侧枝及分枝上开始发病；初在病部产生小粒状病点，扩大后稍隆起，似轮纹状，致树皮开裂或形成凹沟，后树皮增厚或粗糙。有些初生短枝的叶上生斑点或皱缩。果实受害：病树结果多，果面现粗糙暗褐色木栓区，果面似长癣状，木栓化斑有的单个存在，有的呈不完全环状。

图1-123　苹果粗皮病枝干受害症状

【病　　因】缺硼或吸收锰过多，及土壤过酸引起。此病多发生在雨水较多的地方。当土壤中还原性锰含量超过100mg/kg时，富士品种易发生粗皮病。此外，排水不良，当土壤pH值低于5时，国光、红富士、香蕉等品种易发生粗皮病。此病多发生在雨水较多的地方。

【防治方法】发病重的地区栽培比较抗病的品种，如鸡冠，改善排灌条件，做到及时排水；增施有机肥、施用石灰改变土壤pH值。

药剂防治：喷1.5%植病灵水乳剂1 000倍液、20%盐酸吗啉胍·乙酸铜可湿性粉剂400倍液。

3．苹果果锈

【症　　状】苹果果锈是果实表面产生的类似金属锈状的木栓层。发生严重时，果实表面失去光泽，果上锈斑处酷似土豆皮，严重影响果实的商品外观，降低果品的经济价值(图1–124和图1–125)。

图1–124　苹果果锈初期症状

图1–125　苹果果锈后期症状

【病　　因】多在果实生长前期形成，在落花后10～25天遇冷湿天气，果实表皮毛脱落或果皮受伤，极易形成果锈；树势衰弱、花果多发病重；幼果期用药不当，易导致果锈病发生；在果锈发生严重年份，有2次发病高峰，第一次在6月中旬，第二次在7月中下旬。

①果锈主要发生于黄色苹果品种上，其中，以金冠等品种最易发病。②表皮毛脱落后，水分就从该部位进入果实，果肉细胞大量吸水，引起该部位破裂，为了弥补伤口，产生木栓组织，形成果锈。③果皮较薄，随着果实的膨大，果皮不能适应果肉的变化，从而引起伤口，形成木栓组织，进而形成果锈。④幼果期不良的外界环境条件，如大风、雨露、冰雹、低温、阴雨引起的果锈，颜色为浅黄褐色，木栓层较薄。⑤幼果期喷辛硫磷、波尔多液、石硫合剂等，果皮表面受伤产生药害。⑥有毒气体对细脆果皮造成损伤和一些粉尘降落果面，影响果面的通透性而形成果锈。⑦地势低洼、土质黏重、树势衰弱和结果过量等因素会加重果锈发生；生长初期，施氮过多，浇水过多，树弱、枝密、通风透光条件差的园子果面锈斑也多。

【防治方法】①选择抗果锈品种，如乔纳金等。②建园时，果园远离有工业废气排放的工厂。③增加有机肥和磷、钾肥使用量，控制氮肥使用量。在生长季节，叶面喷施800倍液的磷酸二氢钾补充磷、钾。秋季采果后，施30～40kg/亩腐熟有机肥；春旱及时灌水，雨季及时排水，增强树势，提高对不良环境条件的抵抗能力。④幼果套袋。苹果谢花后30天左右，开始进行套袋保护，选择遮光性强、透气性好的优质双层纸袋。⑤改进喷药技术，合理使用农药。花后和幼果期注意改进喷药技术，不选择有机磷、有机硫农药及铜、锌制剂进行病虫防治。喷药时要正确使用农药浓度，从农药使用的下限浓度使用，以后逐渐增加。喷头要距离果面稍远，避免造成机械损伤。

药剂防治：①幼果期是果锈发生的敏感期。落花后10～25天内尽量不用农药。②喷施被膜剂或高脂膜。苹果幼果期，应在苹果落花后，以及落花后10天、20天，各喷1次200倍液高脂膜，果锈率可减少90%以上。

4. 苹果日灼

【症　　状】多发生在树冠南面，果实或枝干的向阳面上，尤以西南方向发病较为突出。果实受害：夏、秋季果实将要着色时，在白天强烈阳光照射下，果实肩部或胴部及斜生果迎光面的中下部果面，被烤晒成灰白色圆形或不规整形灼伤斑(图1-126和图1-127)，有时周围具有红晕或凹陷。受害轻时，被烤伤的仅限于果皮表层；受害重时，皮下浅层果肉也变为褐色，果肉坏死，木栓化。枝干受害：苹果树南面或西南面裸露的枝干，常发生浅红紫色块状或长条状的日灼斑。发病较轻时，仅皮层外表受伤；严重时，皮层全部死亡，乃至形成层及木质部外层也死亡。小枝严重受害时枯死。

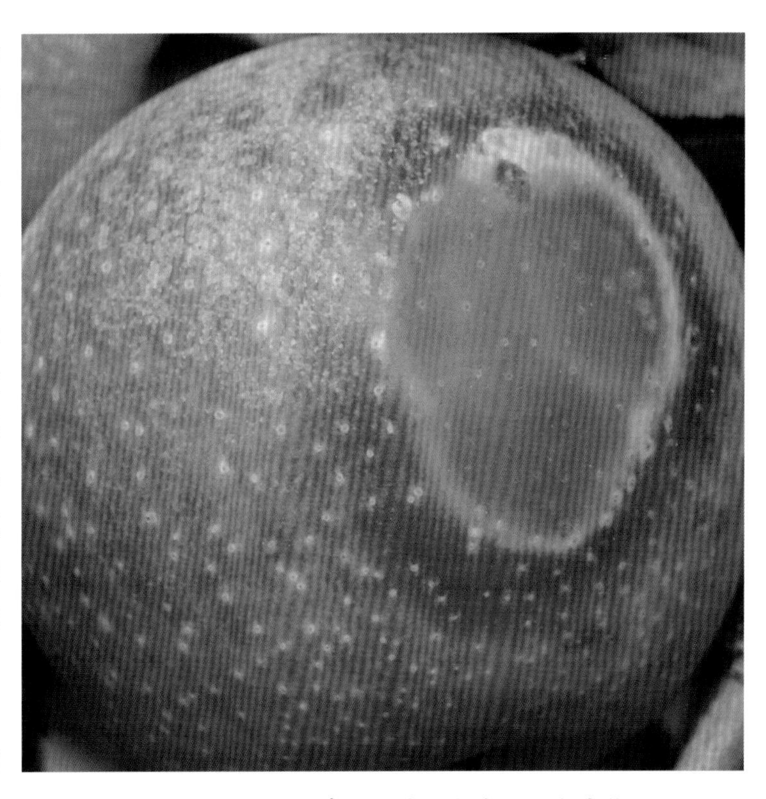

图1-126　苹果日灼果实受害初期症状

【病　　因】夏季强光直接照射果面或树干。由于强烈日光直接照射果实及枝

图1-127　苹果日灼果实受害后期症状

干等部位，导致局部蒸腾作用加剧，温度升高，使组织坏死，产生坏死斑。在各苹果产地均有发生，以内陆的山坡丘陵果园受害较重，对苹果品质影响较大。特别是套袋果，发病更为普遍和严重，其中，套膜袋的苹果日灼病果率达15%以上。

【防治方法】日灼病发生严重地区，选栽抗日灼病品种。夏季干旱时，要在叶片明显萎蔫前浇水，尤其苹果秋梢旺长与果实膨大期，必须及时灌水。增施有机肥，改善土壤结构，促进根系发展，增强树体的耐热性。避免果实强光暴晒，夏秋季修剪要多用拉枝、别枝、扭梢、摘心等技术，使枝叶比例适当。全树树冠喷0.2%～0.3%磷酸二氢钾、0.1%硫酸锌或其他微肥，均可提高果实抗性，起到防止或减轻日灼作用。果实套袋：坐果后1个月，果实及时套袋，成熟前1个月除袋，先去外袋，3天后撕裂里袋，再隔3～4天后完全去掉。

5．苹果缺素症

【症　　状】

缺氮：在春、夏间，果树生长旺盛时缺氮，新梢基部的成熟叶片逐渐变黄，并向顶端发展，使新梢嫩叶也变成黄色。当年生枝梢短小细弱，呈红褐色。新生叶片小，带紫色，叶脉及叶柄呈红色，叶柄与枝条成锐角，易脱落。果实小而早熟、早落。

缺磷：枝条细弱而且分枝少。叶色暗绿色或青铜色，近叶缘的叶面上呈现紫褐色斑点或斑块；生长期，生长较快的新梢叶呈紫红色；叶柄及叶背的叶脉呈紫红色，叶柄与枝条成锐角(图1-128)。

图1-128 苹果缺磷症状

缺钾：新枝生长缓慢。基部叶和中部叶的叶缘失绿呈黄色，常向上卷曲；较重时，叶缘失绿部分变褐枯焦，严重时整叶枯焦，挂在枝上，不易脱落(图1-129)。

图1-129 苹果缺钾症状

缺铁： 刚开始叶肉先变黄，而叶脉仍保持绿色，叶面呈绿色网纹状失绿，后整叶变为黄白色，叶缘枯焦，引起落叶(图1-130)。

图1-130　苹果缺铁症状

缺镁： 新梢、嫩枝细长，抗寒力明显降低或引起枯梢。基部叶片先开始褪绿或脱落，后仅残留顶梢上几片软而薄的淡绿色叶片。老叶叶缘或叶脉间首先失绿，后渐变为黄褐色或深褐色。

缺硼： 主要表现在果实上，严重时枝、叶也表现出症状。果实染病常表现果面干斑型、果肉木栓型和锈斑型。果面干斑型：初期在幼果背阴面产生圆形红褐色斑点，病部皮下果肉呈水渍状、半透明，病斑一面溢出黄褐色黏液。后期果肉坏死变为褐色至暗褐色，病斑干缩凹陷裂开。果肉木栓型：初期果肉成水渍状小斑点，沿果心线扩展，条状分布，果肉变褐，海绵状，果面凹凸不平。锈斑型：果实呈扁圆形或长筒形，果柄周围产生褐色细密的横条纹，果肉松软。新梢叶片染病常出现3种类型。枯梢型：新梢上部叶片淡黄色，叶柄、叶脉淡红色，微扭曲，叶尖和叶边缘出现不规则坏死斑，新梢自顶端向下枯死，形成枯梢。帚枝型：枝梢上的芽不能发育或形成纤弱枝条后即枯死，在枯死枝下部发出许多纤细枝或形成丛枝，成“帚枝状”。簇叶型：新梢节间缩短，节上生出许多小而厚、质脆的叶片，簇生，多与枯梢同时发生。

缺锰： 多从新梢中部叶片开始失绿，从叶缘向叶脉间扩展。同时向上部叶和下部叶两个方向扩展。除主脉和中脉仍为绿色外，叶片大部分变黄。

缺钙： 幼根的根尖生长停滞或枯死，在近根尖处生出许多新根。顶部幼叶边缘或近中脉处出现淡绿色或棕黄色的褪绿斑，经2～3天变成棕褐色或绿褐色焦枯状，有时叶的焦边下向卷曲。

【病　因】

缺氮：土壤瘠薄，没有正常施肥。管理粗放，杂草丛生。沙质土上幼树生长期，遇大雨易缺氮。

缺磷：药害和肥料施用不当都可导致生长不良、叶色异常。土壤本身含磷量低，速效磷在10mg/kg以下。土壤碱性，含石灰质多，施用磷肥易被固定，磷肥利用率降低。偏施氮肥，磷肥施用量过少。

缺钾：种植在细沙土、酸性土以及有机质少的土壤，易缺钾；轻度缺钾土壤施氮肥，易缺钾；砂质土施石灰多，易缺钾；日照不足，土壤过湿可表现缺钾症。

缺铁：盐碱地或土壤中碳酸钙含量高的碱性土壤，且生长在碱性土壤中的苹果树体内生理状态失衡，阻碍铁的输导和利用。含锰、锌过多的酸性土壤，铁易变为沉淀物，不利于植物根系吸收。土壤黏重，排水差，地下水位高的低洼地，春季多雨，入夏后急剧高温干旱，均易引起缺铁黄化。

缺镁：砂质土及酸性土壤镁易流失，果树易发生缺镁症。钾、氮、磷过多，阻碍了对镁吸收，可引起缺镁症。

缺硼：瘠薄的沙质土壤有机质含量少，不能满足苹果生长和发育的需求，容易出现缺硼症状。果园湿度较大，也易发生缺硼症。过多施用氮、磷肥，会影响各元素的均衡吸收；生产栽培中，环剥过重，负载量太大等都可加重缺硼。

缺锰：土壤为酸性时，锰易流失，也易缺锰。春季干旱，易发生缺锰症。

缺钙：氮、磷、钾、镁较多时，可明显阻碍对钙的吸收。土壤干燥，土壤溶液浓度大，阻碍对钙的吸收。贮藏时温度高，湿度低，易发生苦痘病。酸性土壤中，钙易流失。

【防治方法】

缺氮：结合秋施基肥，在基肥中混以无机氮肥(尿素、硫酸铵、硝酸铁等)或追施，施用纯氮量：未结果树，株施0.25～0.45kg；初结果树0.45～1.4kg；盛果树1.4～1.9kg以上。果树生长期，叶面喷0.5%尿素液或叶绿保400～600倍液2～3次。

缺磷：基施有机肥和无机磷肥或含磷复合肥，生长期喷施0.2%～0.3%磷酸二氢钾、0.5%～1.0%磷酸铵水溶液、叶绿保400～600倍液，喷2～3次。

缺钾：秋季基施充足的有机肥料，如猪粪、牛粪、草木灰、秸秆肥等，以满足果树生长发育对钾的长期需求。幼果膨大期开始，追施硫酸钾20～25kg/亩或氯化钾1～1.3kg。叶面喷施0.2%～0.3%磷酸二氢钾水溶液、1%～2%硫酸钾、叶绿保400～600倍液。

缺铁：改良土壤，释放被固定的铁元素，是防治黄叶病的根本性措施；春旱时用含盐量低的水灌浇压碱，减少土壤含盐量；采用喷灌或滴灌，不能采用大水漫灌；雨季注意排水，保持苹果园不积水，土壤通气性良好。发病重果园发芽前喷0.3%～0.5%；或在生长季节喷0.1%～0.2%的硫酸亚铁溶液或柠檬酸铁溶液，每隔20天喷1次；或于果树中、短枝顶部1～3片叶开始失绿时，喷黄腐酸二铵铁200倍液或0.5%尿素+0.3%硫酸亚铁，效果显著。

缺镁：增施有机肥，可补充镁且减轻镁的流失。酸性土壤中，可施镁石灰或碳酸磷。对缺镁的土壤，可把硫酸镁混入有机肥中，同时注意混入磷、钾、钙肥等。在6—7月喷1%～2%硫酸镁溶液2～3次，或用2%～3%硫酸镁+迦姆丰收1 000倍液喷洒。

缺硼：扩穴改土，压埋绿肥。多施用花生饼、黄豆饼与牛、猪粪沤制的有机液肥，配合施用复合肥或复混肥，避免偏施、重施氮肥和磷肥。注意保持园土湿润，减少土壤流失。夏、秋多雨季节土壤水分过多时，应注意开沟排除积水。秋季落叶后或早春发芽前，结合果树施肥采用轮状沟或放射状沟施入硼砂或硼酸。在开花前、开花期和开花后各喷1次0.3%硼砂水溶液，见效快，效果良好。

缺锰： 叶片生长期，喷0.3%硫酸锰水溶液，需喷3次。枝干涂抹硫酸锰溶液。

缺钙： 增施有机肥，增加土壤中可吸收钙。生长期喷0.3%～0.5%氯化钙水浸液(红色品种)或0.5%～1.5%硝酸钙水浸液，1年喷3次。采收后立即预冷，或把果实用0.75%～1%硝酸钙或氯化钙稍浸。

6．苹果水心病

【分布为害】各苹果产区均有发生，其中以陕西省北部黄土高原、甘肃省天水、山西省晋中及河南省豫西果区发生较重。

【症　　状】主要表现在果实上，多在果心部发病，外观表现正常，需将果实切开方可识别。当变质部接近果皮时，可从外表看出症状。此时果皮呈水渍状，透明似蜡。剖果观察，病部细胞间隙充满汁液，局部果肉组织呈半透明水渍状(图1-131和图1-132)。靠近果顶部或萼洼附近病斑多。

图1-131　苹果水心病果实表面症状

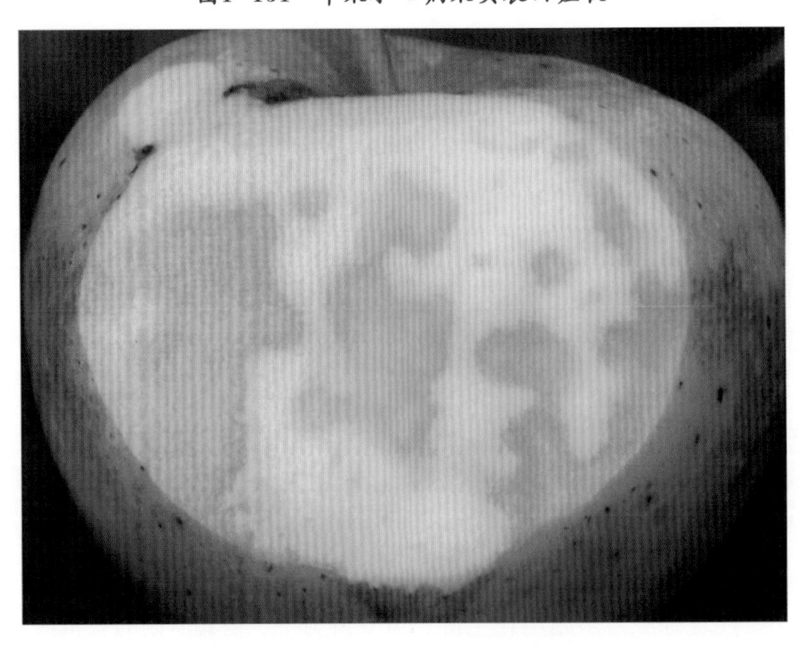

图1-132　苹果水心病果实剖面症状

【病　　因】偏施氮肥、幼龄树、叶果比高、钙营养不良的果易发病；采收期晚，过熟的果实发病重，树势弱，树冠上部树体南侧或西侧，日光照射强的果实易发病。

【防治方法】发病重的地区选用国光等抗病品种。不偏施氮肥，增施复合肥和磷肥(0.25kg/株)；注意排灌，保持土壤水分适宜，控制重修剪及疏果，调整叶、果比；感病品种适时采收。

叶面喷施钙肥是减少苹果水心病的有效措施。一般于6月上旬对苹果进行套袋，果实套袋前再喷氨基酸钙400倍液或硝酸钙300倍液。7月中旬摘除纸袋时喷洒氨基酸钙400倍液加硼砂300倍液，以减少水心病的发生。

三、苹果虫害

苹果虫害为害严重的有卷叶蛾、食心虫、红蜘蛛、蚜虫、金纹细蛾等。卷叶蛾、食心虫、红蜘蛛、蚜虫广泛分布于我国各苹果产区；红蜘蛛以渤海湾苹果产区发生较重；金纹细蛾在辽宁、河北、山东、安徽、甘肃、陕西、山西等省产区发生较严重。

1．苹小卷叶蛾

【分布为害】苹小卷叶蛾(*Adoxophyes orana*)属鳞翅目卷叶蛾科。在国内大部分果区有分布，黄河、长江流域一带，常年密度较大。

【为害特点】幼虫为害果树的芽、叶、花和果实，小幼虫常将嫩叶边缘卷曲，以后吐丝缀合嫩叶(图1-133)；大幼虫常将2～3张叶片平贴，或将叶片食成孔洞或缺刻，将果实啃成许多不规则的小坑洼。

图1-133　苹小卷叶蛾为害状

【形态特征】成虫黄褐色，静止时呈钟罩形。触角丝状，前翅略呈长方形，翅面上常有数条暗褐色细横纹；后翅淡黄褐色微灰；腹部淡黄褐色，背面色暗(图1–134)。卵扁平椭圆形，淡黄色半透明，孵化前黑褐色。幼虫虫体细长翠绿色，头小淡黄白色，单眼区上方有1棕褐色斑；前胸盾和臀板与体色相似或淡黄色(图1–135和图1–136)。蛹较细长，初绿色后变黄褐色(图1–137)。

图1–134　苹小卷叶蛾成虫

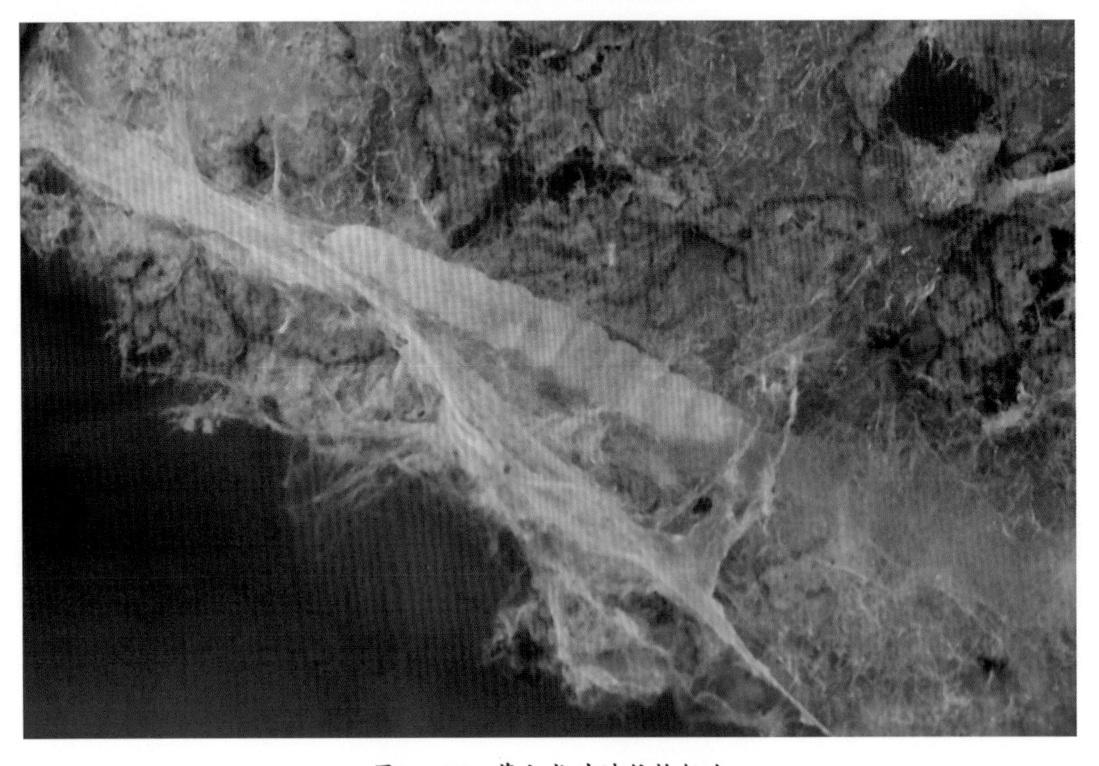

图1–135　苹小卷叶蛾低龄幼虫

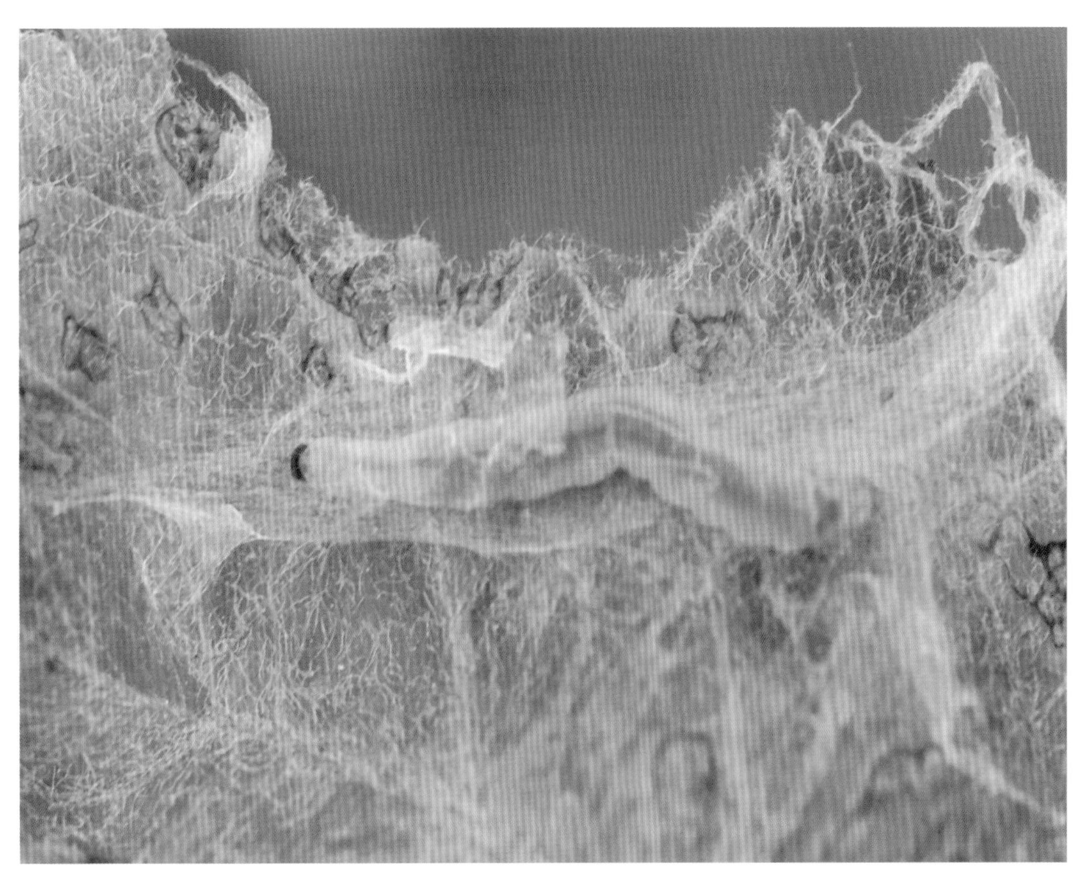

图1-136 苹小卷叶蛾老熟幼虫

图1-137 苹小卷叶蛾蛹

【发生规律】在我国北方地区，每年发生3代。黄河故道、关中及豫西地区，每年发生4代。以初龄幼虫潜伏在剪口、锯口、树丫的缝隙中、老皮下以及枯叶与枝条贴合处等场所做白色薄茧越冬。越冬代至第3代成虫分别发生于5月上中旬，6月下旬、7月中旬，8月上中旬和9月底至10月上旬。成虫白天很少活动，常静伏在树冠内膛荫处的叶片或叶背上，夜间活动。成虫有较强的趋化性和微弱的趋光性，对糖醋液或果醋趋性甚烈，有取食糖蜜的习性。卵产于叶面或果面较光滑处。幼虫很活泼，触其尾部即迅速爬行，触其头部会迅速倒退。有吐丝下垂的习性，也有转移为害的习性。老熟幼虫在卷叶内化蛹，成虫羽化时，移动身体，头胸部露在卷叶外，成虫羽化后在卷叶内留下蛹皮。雨水较多的年份发生最严重，干旱年份发生少。

【防治方法】冬春刮除老皮、翘皮及梨潜皮蛾幼虫为害的暴皮。春季结合疏花疏果，摘除虫苞。苹果树萌芽前，用药剂涂抹剪口可减少越冬虫量。

果树萌芽初期，越冬幼虫出蛰前用50%敌敌畏乳油200倍液、90%晶体敌百虫200 ~ 300倍液涂抹剪锯口等幼虫越冬部位，可杀死大部分幼虫。

越冬幼虫出蛰盛期及第1代卵孵化盛期，可用下列药剂防治：

240g/L甲氧虫酰肼悬浮剂3 000 ~ 5 000倍液；

24%甲氧虫酰肼悬浮剂2 500 ~ 3 750倍液；

14%氯虫·高氯氟微囊悬浮剂3 000 ~ 5 000倍液；

5%虱螨脲悬浮剂1 000 ~ 2 000倍液；

50%敌敌畏乳油1 000 ~ 1 250倍液。

2．绣线菊蚜

【分布为害】绣线菊蚜(*Aphis citricola*)又叫苹果黄蚜，属同翅目蚜科。北起黑龙江、内蒙古，南至中国台湾、广东、广西均有为害。成虫及若虫群集嫩叶背面和新梢嫩芽上刺吸汁液，使叶片向背面横卷。严重时新梢和嫩叶上布满蚜虫，叶子皱缩不平，成为红色，抑制新梢生长，导致早期落叶和树势衰弱(图1-138和图1-139)。

图1-138　绣线菊蚜为害叶片症状

图1-139 绣线菊蚜为害新梢症状

【形态特征】无翅胎生雌蚜长卵圆形(图1-140)，多为黄色，有时黄绿色或绿色；头浅黑色，具10根毛。触角6节，丝状。有翅胎生雌蚜体长近纺锤形(图1-141)，触角6节，丝状，较体短，翅透明，体表网纹不明显。若虫鲜黄色，复眼、触角、足、腹管黑色。无翅若蚜体肥大，腹管短。有翅若蚜胸部较发达，具翅芽。卵椭圆形，初淡黄色至黄褐色，后漆黑色，具光泽。

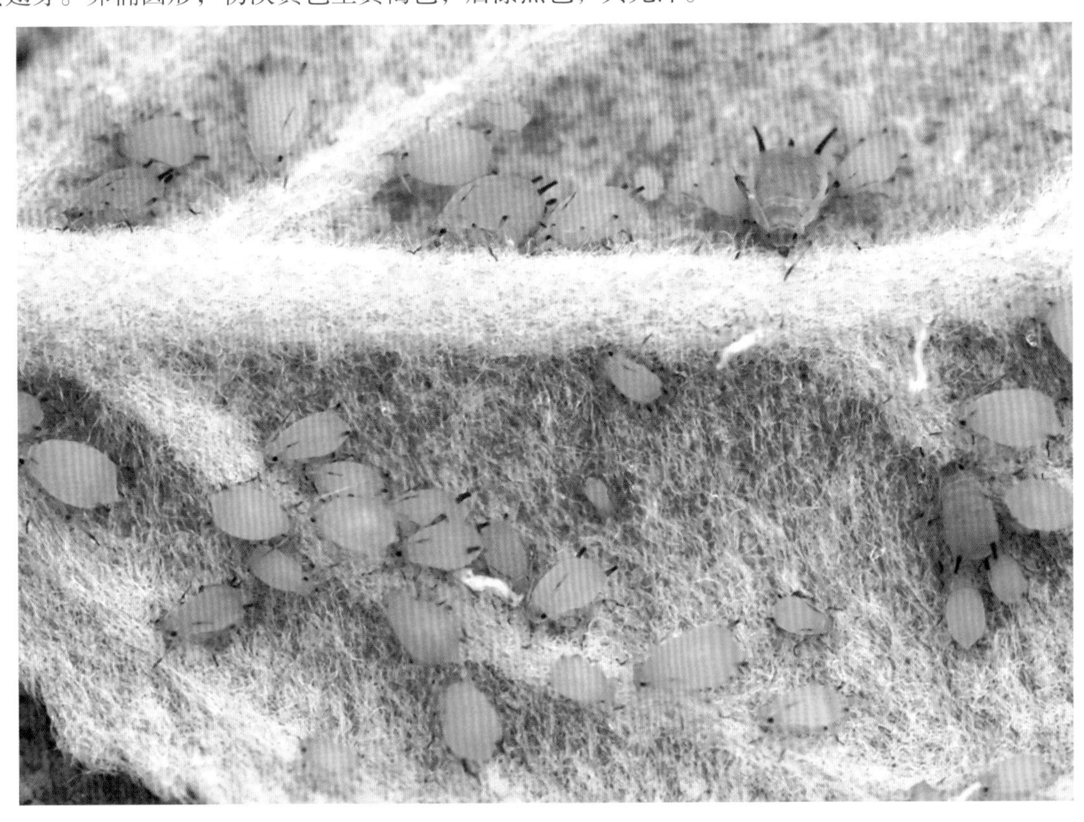

图1-140 绣线菊蚜无翅胎生雌蚜

图1-141 绣线菊蚜有翅胎生雌蚜

【发生规律】一年发生10多代，以卵在枝杈、芽旁及皮缝处越冬。翌春寄主萌动后越冬卵孵化为干母，4月下旬于芽、嫩梢顶端、新生叶的背面为害，开始进行孤雌生殖直到秋末，只有最后1代进行两性生殖，无翅产卵雌蚜和有翅雄蚜交配产卵越冬。为害前期由于气温低，繁殖慢，因此多产生无翅孤雌胎生蚜，5月下旬开始出现有翅孤雌胎生蚜，并迁飞扩散；6—7月繁殖最快，是虫口密度迅速增长的为害严重期；8—9月雨季虫口密度下降，10—11月产生有性蚜交配产卵，一般初霜前产下的卵均可安全越冬。气候干旱少雨时蚜虫发生重。

【防治方法】结合夏季修剪，剪除虫枝，雨水冲刷，夏季修剪。防治绣线菊蚜应抓住两个关键时期：一是果树花芽膨大若虫孵化期，将蚜虫消灭在孵化之后；二是谢花后，与防治红蜘蛛相结合，将其消灭在繁殖为害初期。

果树发芽前喷洒5%柴油乳剂，可得到很好的预防效果。

果树花芽膨大期，越冬卵孵化盛期，及时喷洒下列药剂：

50g/L双丙环虫酯可分散液剂12 000 ~ 20 000倍液；

17%噻虫·高氯氟悬浮剂5 000 ~ 6 700倍液；

20%氟啶·吡虫啉水分散粒剂5 000 ~ 10 000倍液；

20%氟啶虫酰胺水分散粒剂5 000 ~ 9 000倍液；

20%呋虫胺水分散粒剂3 000 ~ 4 000倍液；

21%噻虫嗪悬浮剂4 000 ~ 5 000倍液；

25%氯虫·啶虫脒可分散油悬浮剂3 000 ~ 4 000倍液；

12%溴氰·噻虫嗪悬浮剂1 450 ~ 2 400倍液；

22%噻虫·高氯氟微囊悬浮剂5 000 ~ 10 000倍液；

5%联苯·吡虫啉乳油1 500 ~ 2 500倍液；

46%氟啶·啶虫脒水分散粒剂8 000 ~ 12 000倍液；

3%啶虫脒微乳剂2 000 ~ 2 500倍液；

4%阿维·啶虫脒乳油4 000 ~ 5 000倍液；
80%敌敌畏乳油1 600 ~ 2 000倍液；
25g/L溴氰菊酯乳油2 000 ~ 3 000倍液；
20%高氯·马乳油1 000 ~ 2 000倍液；
45%吡虫·毒死蜱乳油2 000 ~ 2 500倍液；
25%吡虫·矿物油乳油1 500 ~ 2 000倍液；
10. 5%高氯·啶虫脒乳油6 000 ~ 7 000倍液；
20%啶虫·辛硫磷乳油1 500 ~ 2 000倍液；
25%丙溴·辛硫磷乳油1 000 ~ 2 000倍液；
5%高氯·吡虫啉乳油2 000 ~ 3 000倍液；
5%氯氰·吡虫啉乳油1 000 ~ 2 000倍液，可得到很好的防治效果。
谢花后，成虫产卵盛期，结合防治红蜘蛛，用下列药剂：
1.8%阿维菌素乳油3 000 ~ 4 000倍液；
21%氰戊·马拉松乳油2 800 ~ 4 200倍液；
97%矿物油乳油100 ~ 150倍液；
25%甲氰·辛硫磷乳油800 ~ 1 200倍液等，均匀喷雾。

3．苹果全爪螨

【分布为害】苹果全爪螨(*Panonychus ulmi*)属真螨目叶螨科。国内分布较普通，在中国以渤海湾苹果产区发生较重。以成螨在叶片上为害，叶片受害后初期呈现失绿小斑点，逐渐全叶失绿，严重时叶片黄绿、脆硬，全树叶片苍白或灰白，一般不易落叶(图1–142和图1–143)，常造成二次发芽开花，削弱树势。

【形态特征】雌成螨体半圆球形，背部隆起，红色至暗红色，背毛白色。雄成螨体卵圆形，腹部末端尖削；初为橘红色，后变深红色(图1–144)。卵为球形稍扁，夏卵橘红色，冬卵深红色(图1–145)。幼螨、若螨圆形，橘红色，背部有刚毛，前期若螨体色较深，后期可辩雌雄。夏卵孵出的幼螨初为浅黄色，后变为橘红色或深绿色。若螨足4对。

图1–142 苹果全爪螨为害叶片症状

图1-143　苹果全爪螨为害叶背症状

图1-144　苹果全爪螨成螨

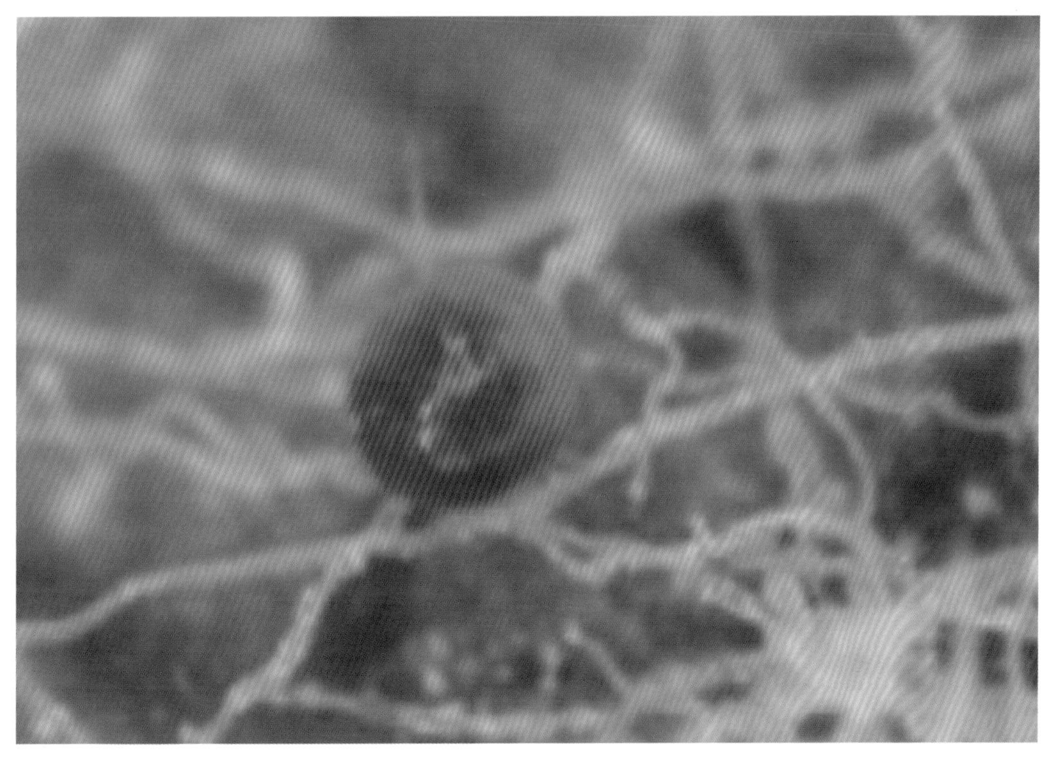

图1-145 苹果全爪螨卵

【发生规律】一年发生6～9代。以卵在短果枝、果台和小枝皱纹处密集越冬。翌年花芽萌发期越冬卵开始孵化，花序分离时是孵化盛期。落花期是越冬代雌成螨盛期。5月下旬是卵孵化盛期，此时是一个有利的防治时期。6月上中旬是第1代成螨盛期。在黄河故道地区只有春秋雨季发生较重，越冬卵多，春夏之交能造成一定为害。

【防治方法】春季防治越冬卵量大时，果树发芽前喷施95%机油乳剂50倍液消灭越冬卵。

根据苹果全爪螨田间发生规律，全年有3个防治适期。①4月下旬为越冬卵盛孵期，此时正值苹果花序分离至露头期，苹果叶片面积小，虫体较集中；且此时为幼螨、若螨态，其抗药性差，是药剂防治的最有效时期。②5月中旬为第1代夏卵孵化末期，即苹果终花后一周，幼螨、若螨发生整齐，防治效果较佳。③8月底至9月初为第6代幼螨、若螨发生期，是压低越冬代基数的关键时期。可用下列药剂：

20%甲氰菊酯乳油2 000倍液；

200g/L双甲脒乳油1 000～1 500倍液；

25g/L高效氯氟氰菊酯乳油3 000～ 5 000倍液；

43%联苯肼酯悬浮剂1 500～3 000倍液；

0.5%苦参碱水剂220～660倍液；

50%四螨嗪悬浮剂5 000～6 000倍液；

1.8%阿维菌素乳油3 000～6 000倍液；

30% 腈吡螨酯悬浮剂2 000～3 000 倍液；

10%阿维·四螨嗪悬浮剂1 500～2 000倍液；

30%乙螨·三唑锡悬浮剂6 700～10 000 倍液；

10.5%阿维·哒螨灵水乳剂2 500～4 500倍液；

1.8%阿维·甲氰乳油750～1 500 倍液；

40%联肼·乙螨唑悬浮剂8 000 ~ 10 000倍液；
45%螺螨·三唑锡悬浮剂5 000 ~ 7 500倍液；
10%唑螨酯悬浮剂4 000 ~ 6 000倍液；
30%四螨·联苯肼悬浮剂2 000 ~ 3 000倍液；
13%联菊·丁醚脲悬浮剂3 000 ~ 4 000倍液；
240g/L螺螨酯悬浮剂4 000 ~ 6 000倍液；
16%四螨·哒螨灵悬浮剂1 500 ~ 2 500倍液；
73%炔螨特乳油2 000 ~ 3 000 倍液；
40%哒螨灵悬浮剂5 000 ~ 7 000 倍液；
30%三唑锡悬浮剂1 500 ~ 3 000 倍液；
10.5%甲氰·甲维盐乳油1 000 ~ 2 000倍液；
40%哒螨·矿物油乳油1 500 ~ 2 000 倍液；
40%阿维·炔螨特乳油2 000 ~ 2 500倍液；
110g/L乙螨唑悬浮剂5 000 ~ 7 500 倍液；
20%噻螨·哒螨灵乳油1 500 ~ 2 000 倍液；
7.5%甲氰·噻螨酮乳油1 000 ~ 1 500倍液；
5%噻螨酮乳油1 250 ~ 2 500倍液。

4. 苹果绵蚜

【分布为害】苹果绵蚜(*Eriosoma lanigerum*)属同翅目蚜科。最早仅发现于辽东半岛、胶东半岛和云南昆明等局部区域。近年来，随着苹果栽培面积的增加及大规模调运果树苗木和接穗，苹果绵蚜的为害与蔓延日趋加重和扩大。成虫、若虫群集于背光的树干伤疤、剪锯口、裂缝、新梢的叶腋、短果枝端的叶群、果柄、梗洼和萼洼等处，主要为害枝干和根部，吸取汁液。被害部膨大成瘿瘤，常因该处破裂，阻碍水分、养分的输导，削弱树势，严重时树体逐渐枯死。幼苗受害，可使全枝死亡(图1–146至图1–148)。

图1–146 苹果绵蚜为害新梢症状

图1–147 苹果绵蚜为害越冬枝条症状

图1–148 苹果绵蚜为害枝条症状

【形态特征】无翅胎生蚜体卵圆形，暗红褐色，头部无额瘤，复眼暗红色，口器末端达后足基节窝。体背有4排纵列的泌蜡孔，白色蜡质绵毛覆盖全身(图1–149)。有翅胎生蚜头部及胸部黑色，腹部暗褐色，复眼暗红色(图1–150)；翅透明，翅脉及翅痣棕色。有性雌蚜口器退化，头、触角及足均为淡黄绿色，腹部红褐色，稍被绵状物。卵椭圆形，初产为橙黄色，后渐变为褐色，表面光滑，外露白粉，较大一端精孔凸出。幼若虫呈圆筒形，绵毛稀少，体被有白色绵状物，喙长超过腹部。

图1-149　无翅胎生蚜

图1-150　有翅胎生蚜

【发生规律】在我国一年发生12～18代，以1～2龄若虫在枝干病虫伤疤边缘缝隙、剪锯口、根蘖基部或残留的蜡质绵毛下越冬。4月上旬，越冬若虫即在越冬部位开始活动为害，5月上旬开始胎生繁殖，初龄若虫逐渐扩散、迁移至嫩枝叶腋及嫩芽基部为害。5月下旬至7月初是全年繁殖盛期，6月下旬至7月上旬出现全年第一次盛发期。7月中旬至9月上旬，气温较高及天敌影响，绵蚜种群数量显著下降。9月中旬以后，天敌减少，气温下降，出现第2次盛发期。至11月中旬平均气温降至7℃，即进入越冬期。一般在沙地果园发生量较大，为害也重。

【防治方法】休眠期结合田间修剪及刮治腐烂病，刮除树缝、树洞、病虫伤疤边缘等处的绵蚜，剪掉受害枝条上的绵蚜群落，集中处理。再用10%吡虫啉可湿性粉剂30～50倍液涂刷枝干、枝条，应重点涂刷树缝、树洞、病虫伤疤等处，压低越冬基数。增施有机肥，增强抗病虫能力。

苹果树发芽开花之前(3月中下旬至4月上旬)，越冬绵蚜在根部浅土处繁殖为害，是集中杀灭绵蚜，降低虫源基数的最佳时机，此时便于操作，有效期长。具体方法如下：将树干周围1m内的土壤扒开，露出根部，每株灌注下列药剂：

480g/L毒死蜱乳油1 800～2 400倍液；

10%吡虫啉可湿性粉剂800～1 000倍液；

苹果绵蚜5月上旬开始胎生繁殖，初龄若虫逐渐扩散时(图1–151)，树体可喷施下列药剂：

图1–151 苹果绵蚜开始扩散期

22%毒死蜱·吡虫啉乳油1 500～2 500倍液；

50%氯氰菊酯·毒死蜱乳油1 500～2 500倍液；

10%氯氰菊酯·啶虫脒乳油1 000～2 000倍液；

15.5%甲维·毒死蜱微乳剂2 000～2 500倍液；

40%毒死蜱水乳剂1 500～2 000倍液；

41.5%啶虫·毒死蜱乳油2 000～3 500倍液；

45%吡虫·毒死蜱乳油2 000～2 500倍液；

50%抗蚜威可湿性粉剂3 000倍液；

1.8%阿维菌素乳油3 000～4 000倍液；

0.3%苦参碱水剂1 000倍液；

10%烯啶虫胺可溶性液剂4 000 ~ 5 000倍液。

施药时应特别注意喷药质量，喷洒周到细致，压力要大些，喷头直接对准虫体，将其身上的白色蜡质毛冲掉，使药液接触虫体，提高防治效果。

苹果树部分叶片脱落之后(11月)，可用3%啶虫脒乳油1 500 ~ 2 000倍液喷施。

5．金纹细蛾

【分布为害】金纹细蛾(*Lithocolletis ringoniella*)属鳞翅目细蛾科。在辽宁、河北、山东、安徽、甘肃、河南、陕西、山西等省苹果产区发生。幼虫从叶背潜入叶内，取食叶肉，形成椭圆形虫斑。叶片正面虫斑稍隆起，出现白色网眼状斑点，叶片向背部弯折，内有黑色粪便斑点，后期虫斑干枯，有时脱落，形成穿孔。虫斑常发生在叶片边缘，严重时布满整个叶片(图1–152和图1–153)。

图1–152　金纹细蛾为害叶片初期症状

图1–153　金纹细蛾为害叶片后期症状

【形态特征】成虫体金黄色，头部银白色，顶部有两丛金色鳞毛；前翅基部至中部的中央有一条银白色剑状纹，前半部有6条银白色放射状条纹，金银之间夹有黑线，后翅披针形(图1–154)。卵扁椭圆形，半透明(图1–155)。初龄幼虫淡黄绿色，细纺锤形，稍扁(图1–156)；老龄幼虫浅黄色。蛹体黄褐色(图1–157)。

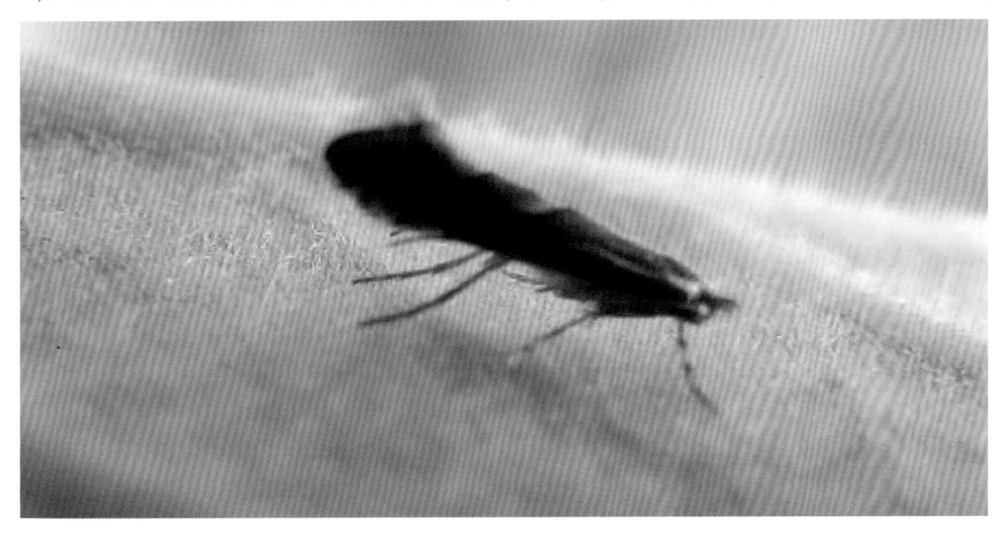

图1–154 金纹细蛾成虫

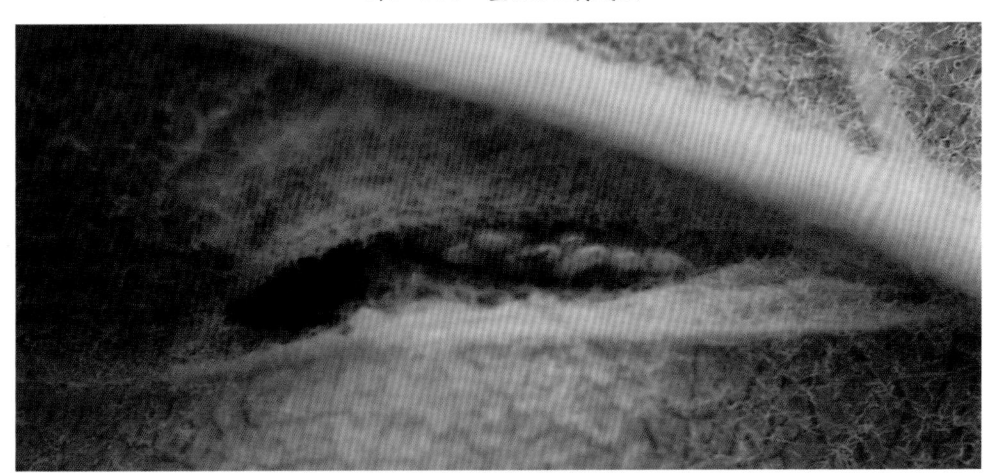

图1–155 金纹细蛾卵

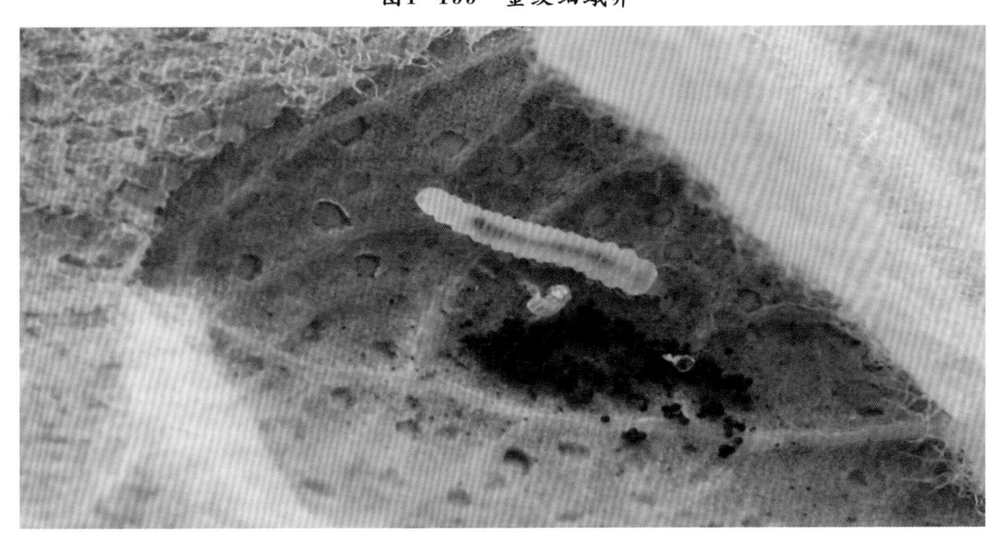

图1–156 金纹细蛾幼虫

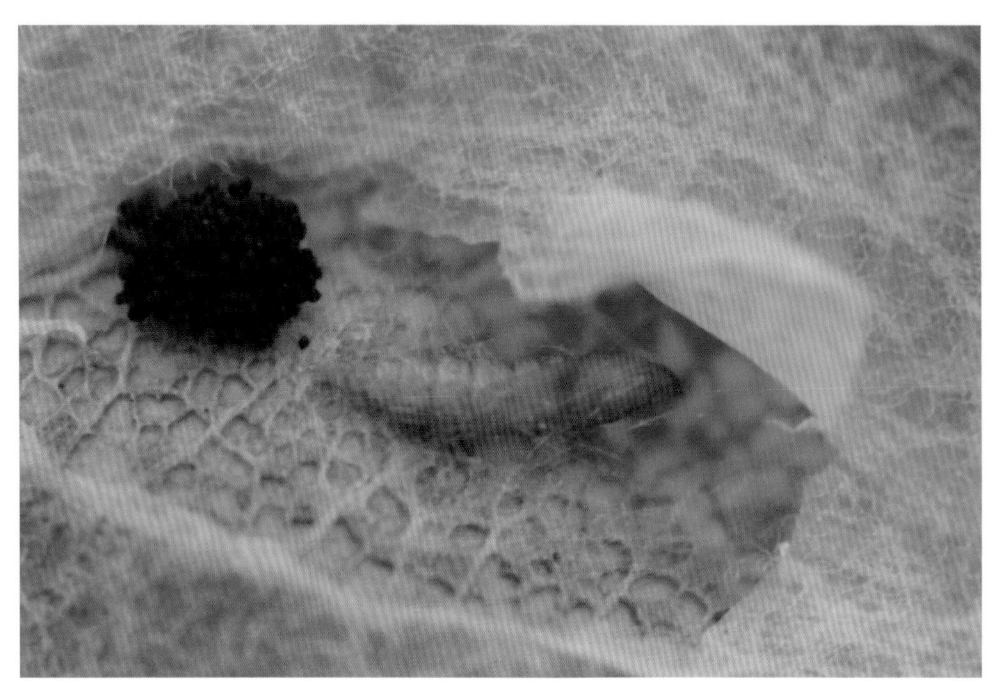

图1-157　金纹细蛾蛹

【发生规律】一年发生5代，以蛹在被害叶中越冬，翌年苹果树发芽前开始羽化。越冬代成虫于4月上旬出现，发生盛期在4月下旬。以后各代成虫的发生盛期分别为：第一代在6月中旬，第二代在7月中旬，第三代在8月中旬，第四代在9月下旬，第五代幼虫于10月底开始在叶内化蛹越冬。春季发生较少，秋季发生较多，为害严重，发生期不整齐，后期世代重叠。

【防治方法】果树落叶后，结合秋施基肥，清扫枯枝落叶，深埋，消灭落叶中越冬蛹。

防治指标是第一代百叶虫口1～2头，第二代是百叶虫口4～5头。重点防治时期在第一代和第二代成虫发生期，即控制第二代和第三代幼虫为害(图1-158)。常用药剂有：

图1-158　金纹细蛾为害初期

1.8%阿维菌素乳油3 000 ~ 4 000倍液；

30%阿维菌素·灭幼脲悬浮剂2 000 ~ 3 000倍液；

25%灭幼脲悬浮剂1 500 ~ 2 000 倍液；

25%灭幼脲·吡虫啉可湿性粉剂1 500 ~ 2 000 倍液；

5%灭幼脲悬浮剂1 500 ~ 2 000 倍液；

20%甲维·除虫脲悬浮剂2 000 ~ 3 000 倍液；

35%氯虫苯甲酰胺水分散粒剂17 500 ~ 25 000倍液；

25g/L高效氟氯氰菊酯乳油1 500 ~ 2 000倍液；

20%杀铃脲悬浮剂5 000 ~ 6 000倍液；

25%除虫脲可湿性粉剂1 000 ~ 2 000倍液；

30%哒螨灭幼脲可湿性粉剂1 500 ~ 2 000 倍液；

均匀喷雾，喷药时要均匀周到，叶正、反面都应着药，特别应注意对下垂枝、内膛枝的喷施。

6．顶梢卷叶蛾

【分布为害】顶梢卷叶蛾(*Lithocolletis ringoniella*)属鳞翅目小卷叶蛾科。在东北、华北、华东、西北等地区均有分布。以幼虫为害嫩梢，仅为害枝梢的顶芽。幼虫吐丝将数片嫩叶缠缀成虫苞，并啃下叶背茸毛做成筒巢，潜藏入内，仅在取食时身体露出巢外。为害后期顶梢卷叶团干枯，不脱落(图1–159和图1–160)。

图1–159 顶梢卷叶蛾为害幼梢早期症状

图1-160　顶梢卷叶蛾为害幼梢后期症状

【形态特征】成虫体长6～8mm，全体银灰褐色。前翅前缘有数组褐色短纹；基部1/3处和中部各有一暗褐色弓形横带，后缘近臀角处有一近似三角形褐色斑，此斑在两翅合拢时并成一菱形斑纹；近外缘处从前缘至臀角间有8条黑色平行短纹(图1-161)。卵扁椭圆形，乳白色至淡黄色，半透明，长径0.7mm，短径0.5mm。卵粒散产。幼虫老熟时体长8～10mm，体污白色，头部、前胸背板和胸足均为黑色(图1-162)；无臀栉。蛹体长5～8mm，黄褐色，尾端有8根细长的钩状毛。茧黄白色绒毛状，椭圆形。

图1-161　顶梢卷叶蛾成虫

图1-162 顶梢卷叶蛾幼虫

【发生规律】一年发生2～3代。以2～3龄幼虫在枝梢顶端卷叶团中越冬。早春苹果花芽展开时，越冬幼虫开始出蛰，早出蛰的主要为害顶芽，晚出蛰的向下为害侧芽。幼虫老熟后在卷叶团中作茧化蛹。在一年发生3代的地区，各代成虫发生期：越冬代在5月中旬至6月末；第一代在6月下旬至7月下旬；第二代在7月下旬至8月末。每雌蛾产卵6～196粒，多产在当年生枝条中部的叶片背面多茸毛。第一代幼虫主要为害春梢，第二代和第三代幼虫主要为害秋梢，10月上旬以后幼虫越冬。

【防治方法】冬季，看到顶梢有枯死而叶苞不落的，一律剪除，并集中烧毁或深埋。在生长季节，看到顶梢卷成一团的，用手捏死其中的幼虫。

在开花前越冬幼虫出蛰盛期和第一代幼虫发生初期，进行药剂防治，以减少前期虫口基数，避免后期果实受害。可用下列药剂：

3%甲氨基阿维菌素苯甲酸盐微乳剂3 000～4 000倍液；

3%高氯·毒死蜱水乳剂1 000～1 300倍液；

5%顺式氰戊菊酯乳油2 000～3 000倍液；

20%虫酰肼悬浮剂1 500～2 000倍液；

20%杀铃脲悬浮剂5 000～6 000倍液；

5%氟铃脲乳油1 000～2 000倍液；

45%杀螟硫磷乳油900～1 800 倍液；

25%氯虫·啶虫脒可分散油悬浮剂3 000～4 000倍液；

16%啶虫·氟酰脲乳油1 000～2 000倍液；

6%甲维·杀铃脲悬浮剂1 500～2 000倍液。

7．桑天牛

【分布为害】桑天牛(*Apriona germari*)属鞘翅目天牛科。初孵幼虫在二年至四年生枝干中蛀食，逐渐深入心材。从枝干被害处表面，可见到一排粪孔，孔外和地面上有红褐色虫粪(图1-163和图1-164)。

图1-163　桑天牛为害枝干形成的蛀孔

图1-164　桑天牛为害枝干症状

【形态特征】成虫黑褐色至黑色，密被青棕或棕黄色绒毛。头部中央有1条纵沟，触角的柄节和梗节都呈黑色，鞭节的各节基部都呈灰白色，端部黑褐色，前胸背面有横行皱纹，鞘翅基部密布黑色光亮的颗粒状凸起，翅端内、外角均呈刺状凸出(图1-165)。卵长椭圆形，初乳白色，后变淡褐色。幼虫圆筒形，乳白色，头黄褐色(图1-166)。蛹纺锤形，初淡黄后变黄褐色。

图1-165 桑天牛成虫

图1-166 桑天牛幼虫

【发生规律】一年发生1代，以幼虫在枝条内越冬。寄主萌动后开始为害，落叶时休眠越冬。6月中旬开始出现成虫，7月上中旬开始产卵，成虫多在晚间取食嫩枝皮和叶，以早、晚较盛，取食15天左右开始产卵，卵经过15天左右开始孵化为幼虫。7—8月成虫盛发期。

【防治方法】7—9月幼虫孵化，并向枝条基部蛀入；防治时可选最下的1个新粪孔，将蛀屑掏出，然后用钢丝或金属针插入孔道内，钩捕或刺杀幼虫。6月下旬至8月下旬成虫发生期，每天傍晚巡视果园，捕捉成虫。成虫白天不活动，可振动树干使虫落地捕杀。

幼虫发生盛期，对新排粪孔，可用下列药剂：

480g/L敌敌畏乳油100倍液；

2.5%高效氯氰菊酯乳油500～1 000倍液；

10%吡虫啉可湿性粉剂500～800倍液；

2%噻虫啉微囊悬浮剂1 000～2 000倍液；

50%敌敌畏乳油50～100倍液；

20%三唑磷水剂50～100倍液；

2.5%溴氰菊酯乳油800～1 000倍液；

20%杀螟硫磷乳油50～100倍液；

75%硫双威可湿性粉剂100～200倍液；

2.5%氯氟氰菊酯乳油500～600倍液；

10%醚菊酯悬浮剂800～1 500倍液；

5%氟苯脲乳油800～1 500倍液；

20%虫酰肼悬浮剂500～700倍液。

用兽用注射器注入蛀孔内，施药后几天，及时检查，如还有新粪排出，应及时补治。每孔最多注10ml药液，然后用湿泥封孔，杀虫效果很好。

8．舟形毛虫

【分布为害】舟形毛虫(*Phalera flavescens*)属鳞翅目舟蛾科。在东北、华北、华东、中南、西南地区及陕西省均有发生。幼虫群集叶片正面，将叶片食成半透明纱网状；稍大幼虫食光叶片，残留叶脉。

【形态特征】成虫头胸部淡黄白色，腹背雄虫浅黄褐色，雌蛾土黄色，末端均淡黄色。前翅银白色，在近基部生1个长圆形斑，外缘有6个椭圆形斑，近基部中央有银灰色和褐色各半的斑纹，后翅浅黄白色(图1–167)。雄虫浅黄褐色，尾端均为淡黄色。卵球形，初产时淡绿色，近孵化时变灰色或黄白色(图1–168)。幼虫头黄色，有光泽，胸部背面紫黑色，腹面紫红色，体上有黄白色长毛，体侧有稍带黄色的纵线纹。幼龄幼虫紫红色。静止时，头、胸和尾部上举如舟(图1–169和图1–170)。蛹暗红褐色至黑紫色。

图1–167　舟形毛虫成虫

图1－168 舟形毛虫卵

图1－169 舟形毛虫幼虫

图1－170 舟形毛虫幼龄幼虫

【发生规律】每年发生1代，以蛹在树冠下的土中越冬，翌年7月上旬开始羽化、中下旬进入盛期，幼虫发生盛期在7月下旬至9月下旬，发生高峰期在8月中旬至10月中旬，幼虫老熟后沿树干爬下入土化蛹越冬。成虫白天隐蔽在树叶丛中或杂草堆中，傍晚至夜间活动，趋光性强。初孵幼虫多群聚叶背，不吃不动，早晨和夜间，或阴天群集叶面，头向叶缘排列成行，由叶缘向内啃食。低龄幼虫遇惊扰，或振动时，成群吐丝下垂。3龄后逐渐分散取食或转移为害，白天多栖息在叶柄或枝条上，头尾翘起，状似小舟。

【防治方法】越冬的蛹较为集中，春季结合果园耕作，刨树盘将蛹翻出，在7月中下旬至8月上旬，幼虫尚未分散之前，巡回检查，及时剪除群居幼虫的枝和叶，幼虫扩散后，利用其受惊吐丝下垂的习性，振动有虫树枝，收集并消灭落地幼虫。

防治关键时期是在幼虫3龄以前。可均匀喷施下列药剂：

40%丙溴磷乳油800 ~ 1 000倍液；

25%硫双威可湿性粉剂1 000倍液；

20%灭多威乳油1 000倍液；

50%杀螟硫磷乳剂1 000倍液；

80%敌敌畏乳油1 000倍液；

25%喹硫磷乳油1 000倍液；

20%甲氰菊酯乳油1 000倍液；

20%氰戊菊酯乳油2 000 ~ 2 500倍液；

10%联苯菊酯乳油2 000 ~ 3 000倍液。

9．黄刺蛾

【分布为害】黄刺蛾(*Cnidocampa flavescens*)属鳞翅目刺蛾科。分布于华北、东北、西北、四川、河南、北京等地均有发生。以幼虫在叶背食害叶肉，留下叶柄和叶脉，把叶片吃成网状，为害严重时可把叶片全部吃光。

【形态特征】成虫头胸背面和前翅内半部黄色，前翅外半部褐色，且有两条暗褐色斜线，后翅及腹背面黄褐色(图1–171)。在翅顶角相合，近似“V”形。触角雌性丝状，雄性双栉齿状，喙退化。卵扁椭圆形，初产时黄白色，后变黑褐色。幼虫淡褐色，胸部肥大，黄绿色，背面有1个紫褐色哑铃形大斑，边缘发蓝(图1–172)。茧形如雀蛋，质地坚硬，灰白色，有褐色条纹(图1–173)。蛹椭圆形，黄褐色(图1–174)。

图1–171 黄刺蛾成虫

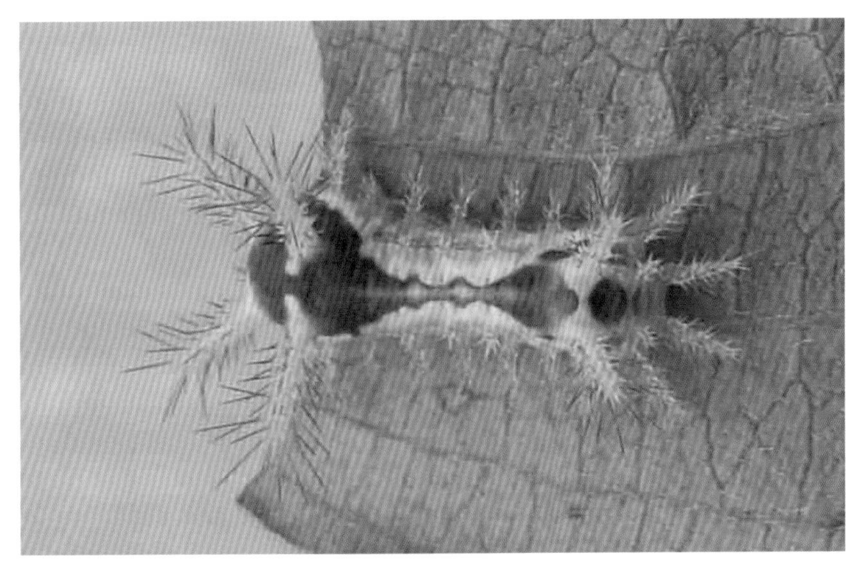

图1-172 黄刺蛾幼虫

图1-173 黄刺蛾茧

图1-174 黄刺蛾蛹

【发生规律】一年发生1～2代，以前蛹在枝干上的茧内越冬，一年1代者，成虫于6月中旬出现，幼虫在7月中旬至8月下旬为害，9月上旬老熟幼虫在枝杈作茧越冬。一年2代者，越冬幼虫于5月上旬化蛹，中旬达盛期，第1代成虫在5月下旬出现，第2代在7月上旬出现，分别于6月中旬和7月底孵化幼虫开始为害，8月上中旬达为害高峰。8月下旬开始在枝上结茧越冬。成虫昼伏夜出，有趋光性。老熟幼虫喜欢在枝杈和小枝上结茧，先啃咬树皮，深达木质部，然后吐丝并排泄草酸钙等物质，形成坚硬蛋壳状茧。

【防治方法】黄刺蛾越冬代茧期历时很长，一般可达7个月，结合果树冬剪，彻底清除或刺破越冬虫茧。黄刺蛾的低龄幼虫有群集为害的特点，幼虫喜欢群集在叶片背面取食，被害寄主叶片往往出现白膜状，及时摘除受害叶片集中消灭，可杀死低龄幼虫。

药剂防治的关键时期是幼虫发生初期7－8月。常用药剂有：

4.5%高效氯氰菊酯乳油2 000～2 500倍液；

2.5%溴氰菊酯乳油2 500～3 000倍液；

20%虫酰肼悬浮剂1 500～2 000倍液；

5%氟虫脲乳油1 500～2 500倍液；

25%灭幼脲悬浮剂 1 500～2 000倍液；

50%马拉硫磷乳油1 500～2 000倍液；

50%杀螟硫磷乳油1 000～1 500倍液。

10．苹果瘤蚜

【分布为害】苹果瘤蚜(*Myzus malisutus*)属同翅目蚜科。在东北、华北、华东、中南、西北、西南地区及我国台湾省均有分布。成虫和若虫群集在嫩芽、叶片和幼果上吸食汁液。初期被害嫩叶不能正常展开，后期被害叶片皱缩，叶缘向背面纵卷(图1–175)。

图1–175　苹果瘤蚜为害叶片状

【形态特征】无翅胎生雌蚜体近纺锤形，暗绿色或褐绿色(图1–176)。有翅胎生雌蚜体卵圆形，头胸部暗褐色，有明显额瘤，且生有2～3根黑毛。若虫淡绿色，体小，似无翅蚜。卵长椭圆形，黑绿色，有光泽。

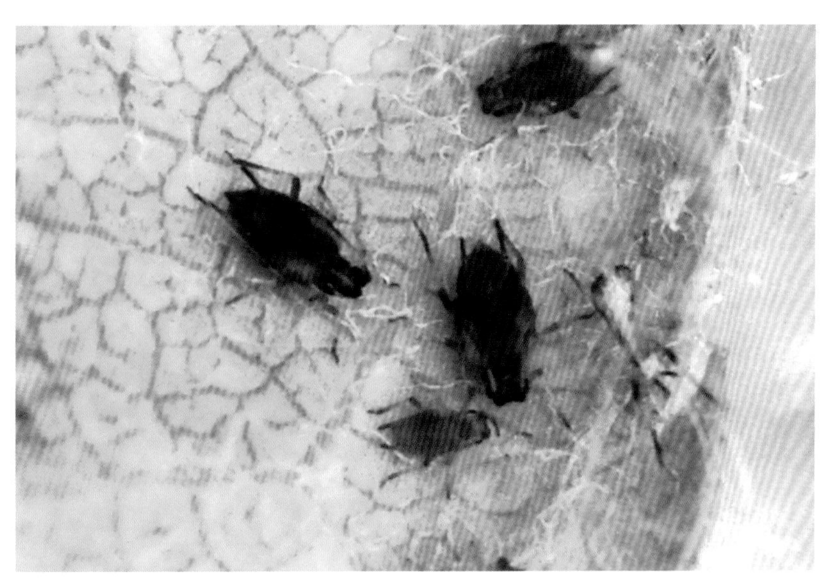

图1–176　苹果瘤蚜无翅胎生雌蚜

【发生规律】一年发生10余代，以卵在一年生枝条芽缝中越冬。翌年3月底至4月初，越冬卵孵化。4月中旬孵化最多，若蚜集中叶片背面为害，5月发生最重，10－11月出现有性蚜，交尾产卵越冬。

【防治方法】结合春季修剪，剪除被害枝梢，杀灭越冬卵。重点抓好蚜虫越冬卵孵化期的防治。当孵化率达80%时，可喷施下列药剂：

10%氟啶虫酰胺水分散粒剂2 500～5 000倍液；

2.5%溴氰菊酯乳油2 000～2 500倍液；

25%甲氰菊酯·辛硫磷乳油800～1 200倍液；

20%高效氯氰菊酯·马拉硫磷乳油1 000～2 000倍液；

3%高效氯氰菊酯·啶虫脒微乳剂2 000～3 000倍液；

5%高效氯氰菊酯·吡虫啉乳油2 000～3 000倍液；

20%啶虫脒可溶粉剂13 000～16 000倍液；

20%啶虫脒·辛硫磷乳油1 500～2 000倍液；

80%敌敌畏乳油1 600～2 000倍液；

25%丙溴磷·辛硫磷乳油1 000～2 000倍液；

10%吡虫啉可湿性粉剂4 000～5 000倍液；

1.8%阿维菌素乳油3 000～4 000倍液；

4%阿维菌素·啶虫脒乳油4 000～5 000倍液。

11．苹果球蚧

【分布为害】苹果球蚧(*Rhodoccus sariuoni*)属同翅目蜡蚧科。主要分布在河北、河南、辽宁、山东等省。若虫和雌成虫刺吸枝、叶汁液，排泄蜜露常诱致煤病发生，影响光合作用削弱树势，重者枯死(图1–177)。

图1−177　苹果球蚧为害状

【形态特征】成虫雌体呈卵形，背部凸起，从前向后倾斜，多为赭红色，后半部有4纵列凹点；产卵后体呈球形，褐色，表皮硬化而光亮，虫体略向前高凸，向两侧亦凸出，后半部略平斜，凹点亦存，色暗(图1−178)。雄体淡棕红色，中胸盾片黑色；触角丝状10节，眼黑褐色；前翅发达乳白色半透明，翅脉1条分2叉；后翅特化为平衡棒；腹末性刺针状，基部两侧各具1条白色细长蜡丝。卵圆形淡橘红色被白蜡粉(图1−179)。若虫初孵扁平椭圆形，橘红或淡血红色，体背中央有1条暗灰色纵线(图1−180)；触角与足发达；腹末两侧微凸，上各生1根长毛，腹末中央有2根短毛。固着后初橘红后变淡黄白，分泌出淡黄半透明的蜡壳，长椭圆形扁平，壳面有9条横隆线，周缘有白毛。雄体长椭圆形暗褐色，体背略隆起，表面有灰白色蜡粉。雄蛹长卵形，淡褐色。茧长椭圆形，表面有绵毛状白蜡丝似毡状。

图1−178　苹果球蚧雌成虫

图1-179 苹果球蚧卵

图1-180 苹果球蚧若虫

【发生规律】一年生1代，以2龄若虫多在1～2年生枝上及芽旁、皱缝固着越冬。翌春寄主萌芽期开始为害，4月下旬至5月上中旬为羽化期，5月中旬前后开始产卵于体下。5月下旬开始孵化，初孵若虫从母壳下的缝隙爬出分散到嫩枝或叶背固着为害，发育极缓慢，直到10月落叶前脱皮为2龄转移到枝上固着越冬。进行孤雌生殖和两性生殖，一般发生年份很少有雄虫。

【防治方法】初发生的果园常是点片发生，彻底剪除有虫枝烧毁或人工刷抹有虫枝。

果树萌发前后若虫活动期(3月中下旬—4月上中旬)。越冬的2龄若虫均集中在1 ~ 2年生枝条上或叶痕处，开始活动及繁殖为害。虫口集中，且蜡质保护层薄、易破坏。可用下列药剂：

45%晶体石硫合剂20倍液；

95%机油乳油50 ~ 60倍液。

当介壳下卵粒变成粉红色后，7 ~ 10天若虫便孵化出壳。孵盛期和一代若虫发生期(5月下旬至6月上旬)，初孵若虫尚未分泌蜡粉，抗药能力最差，是防治最佳有效时期。可用下列药剂：

20%双甲脒乳油800 ~ 1 600倍液；

48%毒死蜱乳油1 000 ~ 1 500倍液；

250g/L苯氧威1 000 ~ 1 500倍液；

20%甲氰菊酯乳油2 000 ~ 3 000倍液；

25%噻嗪酮可湿性粉剂1 000 ~ 1 500倍液。

12．旋纹潜叶蛾

【分布为害】旋纹潜叶蛾(*Leucoptera scitella*)属鳞翅目潜蛾科。国内主要分布在吉林、辽宁、河北、山西、陕西、宁夏、新疆、山东、江苏、河南、四川、贵州等省(区)，华北局部苹果园中，密度较大。幼虫潜叶取食叶肉，幼虫在虫斑里排泄虫粪，排列成同心旋纹状。造成果树早期落叶，严重影响果树的正常生长发育(图1–181)。

图1–181　旋纹潜叶蛾为害叶片症状

【形态特征】成虫全身银白色，头顶有一小丛银白色鳞毛；前翅靠近端部金黄色，外端前缘有5条黑色短斜纹，后缘具黑色孔雀斑，缘毛较长(图1–182)。卵椭圆形，刚产卵乳白色，渐变成青白色，有光泽。老龄幼虫体扁纺锤形，污白色；头部褐色。蛹扁纺锤形，初浅黄色，后为黄褐色。茧白色，梭形，上覆“工”字形丝幕。

图1-182 旋纹潜叶蛾成虫

【发生规律】在河北省一年发生3代，山东、陕西为4代，河南为4～5代。以蛹态在茧中越冬。越冬场所在枝干粗皮缝隙和树下枯叶里。展叶期出现成虫。成虫多在早晨羽化，不久进行交尾。喜在中午气温高时飞舞活动，夜间静伏枝、叶上不动。卵产于叶背面，单粒散产。幼虫从卵下方直接蛀入叶内，潜叶为害，形成虫斑。发生量大的果园，叶上虫斑累累，1枚叶上多达十几个。老熟幼虫爬出虫斑，吐丝下垂飘移，在叶背面做茧化蛹，羽化出成虫繁殖后代。最后1代老熟幼虫大多在枝干粗皮裂缝中和落叶内做茧化蛹越冬。

【防治方法】及时清除果园落叶、刮除老树皮，可消灭部分越冬蛹。结合防治其他害虫，在越冬代老熟幼虫结茧前，在枝干上束草诱虫，休眠期取下集中烧毁。

成虫发生盛期和各代幼虫发生期，喷施下列药剂：

2.5%高效氯氟氰菊酯水乳剂3 000～4 000倍液；

10%氯氰菊酯乳油1 000～2 000倍液；

4.5%高效氯氰菊酯乳油1 000～1 500倍液；

2.5%溴氰菊酯乳油1 500～2 500倍液；

5.7%氟氯氰菊酯乳油2 500～3 500倍液；

25%灭幼脲悬浮剂1 000～2 000倍液；

5%氟苯脲乳油800～1 500倍液；

5%氟啶脲乳油2 000～3 000倍液；

20%杀铃脲悬浮剂5 000～6 000倍液；

5%氟铃脲乳油1 000～2 000倍液；

50g/L虱螨脲乳油1 500～2 500倍液；

50g/L氟虫脲可分散液剂1 000～1 300倍液；

20%吡虫啉可溶液剂2 500～3 000倍液；

1.8%阿维菌素乳油2 000～4 000倍液；

0.3%印楝素乳油1 000～1 500倍液；

25%噻虫嗪悬浮剂2 000～4 000倍液。

13．苹褐卷叶蛾

【分布为害】苹褐卷叶蛾(*Pandemis heparana*)属鳞翅目卷蛾科。主要分布在东北、华北、西北、华东、华中等地区。幼虫取食芽、花、蕾和叶，使被害植株不能正常展叶、开花结果，严重时整株叶片呈焦枯状，既影响树木正常生长，又会降低苹果的产量。

【形态特征】成虫体黄褐色或暗褐色，后翅及腹部暗灰色，前翅自前缘向外缘有2条深褐色斜纹，前翅基部有一暗褐色斑纹，前翅中部前缘有一条浓褐色宽带，带的两侧有浅色边，前缘近端部有一半圆形或近似三角形的褐色斑纹，后翅淡褐色(图1–183)。卵扁圆形，初产时呈淡黄绿色，聚产，排列成鱼鳞状卵块，后渐变为暗褐色。幼虫头近方形，前胸背板浅绿色或绿色，后缘两侧常有一黑斑(图1–184)；头和胸部背面暗褐色稍带绿色，背面各节有两排刺凸。蛹头胸部背面深褐色，腹面浅绿色或稍绿色，腹部淡褐色。

图1–183　苹褐卷叶蛾成虫

图1–184　苹褐卷叶蛾幼虫

【发生规律】辽宁、甘肃省一年发生2代，河北、山东、陕西省一年发生2～3代，淮北地区一年发生4代，以低龄幼虫在树体枝干的粗皮下、裂缝、剪锯口周围死皮内结薄茧越冬，翌年4月中旬寄主萌芽时，越冬幼虫陆续出蛰取食，为害嫩芽、幼叶、花蕾，严重的不能展叶开花座果。5月中下旬越冬代成虫出现；6月上中旬第一代幼虫出现；7月下旬第二代幼虫出现；9月上旬第三代幼虫出现；10月中旬第四代幼虫出现，10月下旬开始越冬。成虫白天静伏叶背或枝干，夜间活动频繁，既有趋光性，也有趋化性。有蜜源植物花提供补充营养物质，将延长成虫寿命和增加产卵量。初孵幼虫多群集在叶片背面主脉两侧，或上一代化蛹的卷叶内为害，长大后便分散开来，另行卷叶，或啃食叶肉、果皮。2代幼虫常于10月上中旬寻找越冬场所。

【防治方法】结合果树冬剪，刮除树干上和剪锯口处的翘皮，或在春季往锯口处涂抹药液，均能消灭越冬的幼虫。结合修剪、疏花疏果等管理，可人工摘除卷叶，将虫体捏死。

在越冬幼虫出蛰活动始期和各代幼虫幼龄期，可用下列药剂：

2.5%高效氟氯氰菊酯乳油1 000～1 500倍液；

5%顺式氰戊菊酯乳油2 000～3 000倍液；

25%灭幼脲悬浮剂1 500～2 000倍液；

20%杀铃脲悬浮剂5 000～6 000倍液；

5%氟铃脲乳油1 000～2 000倍液；

5%虱螨脲乳油1 000～2 000倍液，喷雾防治，杀虫效果较好。

14．光肩星天牛

【分布为害】光肩星天牛(*Anoplophara glabripennis*)属鞘翅目天牛科。在国内分布北起黑龙江、内蒙古，南至我国台湾、福建、广东、广西等省区。长江以北尤为普遍。成虫啃食嫩枝和叶脉，幼虫蛀食韧皮部和边材，并在木质部内蛀成不规则坑道，严重阻碍养分和水分的输送，影响树木的正常生长，使枝干干枯甚至全株死亡(图1-185)。

图1-185 光肩星天牛为害枝干症状

【形态特征】成虫体黑色，有光泽；触角鞭状，12节，自第3节开始各节基部呈灰蓝色，最后1节末端为灰白色；前胸两侧各有1个较尖锐的刺状凸起；鞘翅基部光滑无颗粒状凸起。翅面上各有大小不同的由白色绒毛组成的斑纹20个左右(图1-186)。卵长椭圆形，两端稍弯曲；初为白色，近孵化时呈黄褐色。老熟幼虫体略带黄色，前胸大而长，背板后半部色较深，呈“凸”字形，前缘无深色细边；前胸腹板主腹片两侧无骨化的卵形斑(图1-187)。蛹全体乳白色至黄白色，附肢颜色较浅(图1-188)。

图1-186　光肩星天牛成虫

图1-187　光肩星天牛幼虫

图1-188 光肩星天牛蛹

【发生规律】一年发生1代。以幼虫于隧道内越冬。萌动后开始为害。初孵幼虫在刻槽附近蛀食，蛀向不定，由产卵孔排出粪屑，8月中旬开始蛀入木质部，向上蛀食隧道，由排粪孔排出大量白色粪屑并有树汁流出。

【防治方法】可参考桑天牛。

15．大青叶蝉

【分布为害】大青叶蝉(*Tettigoniella viridis*)属同翅目叶蝉科。分布遍及全国各地，以成虫和若虫刺吸寄主植物枝、梢、茎、叶液的方式取食，成虫于秋末将越冬卵产于幼树枝干皮层内，产卵时锯破表皮，直达形成层。被害树干和枝条遍布新月状伤痕。经冬春冷冻及干旱大风，导致枝干枯死或全株死亡，对果树苗木及幼树造成严重为害。

【形态特征】成虫体黄绿色，尖顶左右各 1 个黑斑，两单眼间有两个多边形黑斑；前翅绿色带青蓝光泽，前缘淡白色，端部透明，翅脉青绿色，具狭窄淡黑色边缘；后翅烟青色半透明；腹部两侧，腹面及胸足均为橙黄色(图1-189)。若虫初孵时灰白色，微带黄绿色泽，头大，腹小；2龄淡灰微带黄绿色；3龄灰黄绿色，胸腹背面有4条褐色纵纹，出现翅芽；4龄、5龄同3龄，老熟若虫翅芽明显，形似成虫。卵长形，稍弯曲，乳白色，表面光亮，孵化前为黄白色，可见红黑色眼点。

图1-189 大青叶蝉成虫

【发生规律】每年发生3代，以卵在2～3年生树干、枝条皮层内越冬。翌年3—4月孵化，若虫孵化后，到杂草、蔬菜等多种作物上群集为害。5—6月出现第一代成虫，7—8月出现第二代成虫。发生不整齐，世代重叠，10月中旬开始，从蔬菜上向果树上迁移产卵，产卵前先用产卵器刺开树皮，呈月牙状，然后产一排卵，发生严重时，产卵痕布满树皮，造成遍体鳞伤。10月霜降以后，农作物已收割，成虫向核桃树上迁移。大批成虫群集在一年生枝条上产卵越冬。成虫趋光性较强，喜栖息潮湿背风处。若虫受惊后，即斜行或横向向背阴处逃避或四处跳动。

【防治方法】及时清除果园杂草，最好是在杂草种子成熟前，将其翻于树下作肥料。在大青叶蝉发生量大的地区，在成虫期，利用成虫趋光性，进行灯光诱杀。并加强果园附近种植蔬菜的虫害防治。成虫产卵越冬之前，在树主枝、主干上涂白，阻止成虫产卵。

掌握几个时期，一是春季初孵若虫集中于草本植物上时，成虫、若虫集中在谷子等禾本科植物上时；二是第 3 代成虫集中于秋菜上为害和10月中下旬集中于果树上产卵时，及时喷施下列药剂：

2.5%氯氟氰菊酯乳油2 000～2 500倍液；

10%高效氯氰菊酯乳油1 000～2 000倍液；

30%氰戊菊酯乳油3 000～4 000倍液；

10%吡虫啉可湿性粉剂2 000～3 000倍液；

3%啶虫脒乳油1 500～2 000倍液。

16．天幕毛虫

【分布为害】天幕毛虫(*Malacosoma neustria tastacea*)属鳞翅目枯叶蛾科。分布于甘肃、山东、河南、江苏、浙江、湖南、湖北、江西、四川等省。刚孵化幼虫群集于一枝，吐丝结成网幕，食害嫩芽、叶片，随生长逐渐下移至粗枝上结网巢，白天群栖巢上，夜出取食，5龄后期分散为害，严重时全树叶片吃光(图1–190)。

【形态特征】雌成虫体黄褐色(图1–191)，触角锯齿状，复眼黑褐色，前翅中部有赤褐色宽横带1条，横带两侧各有米黄色的细横线1条；后翅基部褐色，外部淡褐。雄成虫体黄褐色，复眼黑色，触角为双栉齿状，前翅有褐色横线两条，其余部分为浅褐色；后翅有褐色横线1条，展翅后与前翅的外横线相连接，缘毛黄白色和褐色相间。卵圆筒形，灰白色；绕枝梢集成环状卵块，排列整齐，似顶针状。幼虫头部蓝黑色(图1–192)，散布着黑点，并生有淡褐色细毛，有1对黑纹，背线为黄白色，瘤上有黄白色长毛间杂黑色长毛；前胸盾片白色，中部有1对黑斑；各气门线较宽，浅灰色，气门黑色。蛹初期黄褐色变黑褐色，体表有黄色细毛(图1–193)。茧棱形，双层灰白至黄白色，常覆有淡灰色粉。

图1–190 天幕毛虫为害叶片症状

图1–191 天幕毛虫成虫

图1-192　天幕毛虫幼虫

图1-193　天幕毛虫蛹

【发生规律】每年发生1代，以完成胚胎发育的幼虫在卵壳内越冬，专性滞育。每年4月展叶时，幼虫破壳而出，群集为害，稍长大后即吐丝拉成网幕。白天在网内，夜间出来取食，蜕皮于网上。近老熟时分散取食，白天往往群集于枝杈处静伏，晚上取食，暴食成灾害。幼虫突然受振动有假死附地的习性，5—6月老熟，吐丝卷叶或到其他隐蔽处结茧化蛹。5月下旬至7月上旬羽化为成虫。成虫有趋光性，羽化后即交尾产卵，每头雌虫产卵1～2块，卵完成胚胎发育后，以幼虫在壳内越冬。

【防治方法】结合冬季修剪彻底剪除枝梢上越冬卵块。如认真执行，收效显著。幼虫白天群集，尤其大幼虫常群集于枝杈处，白天静伏，可以捕杀。

越冬幼虫出蛰盛期及第一代卵孵化盛期后是施药的关键时期，可用下列药剂：

50%辛硫磷乳油1 500～2 000倍液；

50%马拉硫磷乳油1 000倍液；

10%联苯菊酯乳油4 000～5 000倍液；

20%甲氰菊酯乳油2 000 ~ 3 000倍液；

2.5%氯氟氰菊酯乳油2 500 ~ 3 000倍液；

2%敌敌畏烟剂500 ~ 100g/亩防烟；

1 600IU/mg苏云金杆菌可湿性粉剂100 ~ 250g/亩；

2.5%溴氰菊酯乳油3 000 ~ 4 000倍液，以及其他菊酯类药剂及菊酯与有机磷剂的复配剂等。

17. 秋幕毛虫

【分布为害】秋幕毛虫(*Hyphantria cunea*)又称美国白蛾，属鳞翅目灯蛾科。初孵幼虫有吐丝结网，群居为害的习性，每株树上多达几百只、上千只幼虫为害，常把树木叶片蚕食一光，严重影响果树生长(图1-194)。

图1-194 秋幕毛虫为害症状

【形态特征】成虫白色中型蛾子，体长13 ~ 15mm。复眼黑褐色，口器短而纤细；胸部背面密布白色，多数个体腹部白色，无斑点，少数个体腹部黄色，上有黑点。雄成虫触角黑色，栉齿状；翅展 23 ~ 34mm，前翅散生黑褐色小斑点(图1-195)。雌成虫触角褐色，锯齿状；翅展33 ~ 44mm，前翅纯白色，后翅通常为纯白色(图1-196)。卵圆球形(图1-197)，初产卵浅黄绿色或浅绿色，后变灰绿色，孵化前变灰褐色，有较强的光泽。卵单层排列成块，覆盖白色鳞毛。老熟幼虫体长28 ~ 35mm，头黑，具光泽。体黄绿色至灰黑色，背线、气门上线、气门下线浅黄色。背部毛瘤黑色，体侧毛瘤多为橙黄色，毛瘤上着生白色长毛丛。腹足外侧黑色。气门白色，椭圆形，具黑边。根据幼虫的形态，可分为黑头型和红头型两型，其在低龄时就明显可以分辨。3龄后，从体色、色斑、毛瘤及其上的刚毛颜色上更易区别(图1-198)。蛹体暗红褐色，腹部各节除节间外，布满凹陷刻点，臀刺8 ~ 17根，每根钩刺的末端呈喇叭口状，中凹陷。

图1-195 秋幕毛虫雄成虫

图1-196　秋幕毛虫雌成虫

图1-197　秋幕毛虫卵

图1-198 秋幕毛虫幼虫

【发生规律】在辽宁等地一年发生2代，山东省一年发生3代，以蛹在树皮下或地面枯枝落叶处越冬。翌年5月开始羽化，两代成虫发生期分别在5月中旬至6月下旬、7月下旬至8月中旬；幼虫发生期分别在5月下旬至7月下旬，8月上旬至11月上旬。9月初开始陆续化蛹越冬。成虫喜夜间活动和交尾，交尾后即产卵于叶背，卵单层排列成块状，一块卵有数百粒，多者可达千粒，卵期15天左右。幼虫孵出几个小时后即吐丝结网，开始吐丝缀叶1～3片，随着幼虫生长，食量增加，更多的新叶被包进网幕内，网幕也随之增大，最后犹如一层白纱包覆整个树冠。幼虫共7龄，5龄以后进入暴食期，把树叶食光后，转移为害。大龄幼虫可耐饥饿15天。这有利于幼虫随运输工具传播扩散。幼虫蚕食叶片，只留叶脉，使树木生长不良，甚至全株死亡。

【防治方法】加强检疫。疫区苗木不经检疫或处理严禁外运，疫区内积极进行防治，有效地控制疫情的扩散。在幼虫3龄前发现网幕后人工剪除网幕，并集中处理。如幼虫已分散，则在幼虫下树化蛹前，采取树干绑草的方法诱集下树化蛹的幼虫，集中处理。

利用美国白蛾性诱剂或环保型昆虫趋性诱杀器诱杀成虫。在成虫发生期，把诱芯放入诱捕器内，将诱捕器挂设在林间，直接诱杀雄成虫，阻断害虫交尾，降低繁殖率，达到消灭害虫的目的。

围草诱蛹：利用老熟幼虫有沿树干下树寻找潜伏场所进行结茧的习性，在树干上人为设置结茧场所，引诱其潜伏，然后予以消灭。具体操作方法：发现有秋幕毛虫为害的果树，在老熟幼虫开始下树时期，在树干离地面1～1.5m处，用谷草、稻草、麦秸、杂草等在树干上绑缚一周，诱集下树老熟幼虫在其中化蛹，然后于蛹前解下草把烧毁。

在幼虫为害期做到早发现、早防治。药剂选用：

0.5%苦参碱水剂1 250～1 500倍液；

400亿个孢子/g球孢白僵菌可湿性粉剂1 500～2 500倍液；

10%虫螨腈悬浮剂1 667～3 300倍液；

2.5%高效氯氟氰菊酯水乳剂3 000～5 000倍液；

5%杀铃脲悬浮剂1 250～2 500倍液；

8%甲氨基阿维菌素苯甲酸盐水分散粒剂4 000～6 000倍液；

10%甲维虫螨腈悬浮剂2 000～3 000倍液，喷药防治，均可有效控制此虫为害。

四、苹果各生育期病虫害防治技术

(一)苹果病虫害综合防治历的制定

苹果病虫害防治是保证果树丰产的一个重要工作。一般发生较为普遍的病害有腐烂病、轮纹病、早期落叶病、炭疽病、褐斑病等；为害比较严重的害虫有食心虫、红蜘蛛、蚜虫等。我们在苹果收获后，要总结果树病害发生情况，分析发生特点，拟订第二年的防治计划，及早采取防治方法。

下面结合苹果病虫害发生情况，概括各地病虫害综合防治历见表1-1，供使用时参考。

表1-1　苹果病虫害综合防治历

物候期	重点防治对象	其他防治对象	防治方法
休眠期	腐烂病	干腐病、轮纹病、叶螨、苹小食心虫	刮树皮 药剂涂抹树干
萌芽前	腐烂病	干腐病、轮纹病、白粉病、卷叶蛾、食心虫	喷洒石硫合剂
发芽展叶期	腐烂病	白粉病、叶螨、金龟子(蛴螬)	刮治腐烂病斑并涂药
开花期		生理落花落果、花腐病、杂草	喷洒植物激素、除草剂等
幼果期	早期落叶病、霉心病、叶螨	轮纹病、炭疽病、蚜虫、尺蠖、果锈、缩果病	使用杀菌剂、杀虫剂、植物激素、微肥
花芽分化期	早期落叶病、轮纹病、叶螨	炭疽病、蚜虫、银叶病、小叶病	使用杀菌剂、杀虫剂、微肥、喷施钙肥
果实膨大期	早期落叶病、苹小食心虫、叶螨	轮纹病、炭疽病、霉心病、蚜虫、卷叶蛾、杂草	使用杀菌剂、杀虫剂、除草剂
果实成熟期	早期落叶病、霉心病、叶螨、蚜虫	炭疽病、轮纹病、食心虫、粉蚧	使用2～4次杀菌剂、杀虫剂
营养恢复期	腐烂病、叶螨	炭疽病、轮纹病、早期落叶病	喷施1～2次波尔多液

(二)苹果休眠期萌芽前管理及病虫害防治技术

苹果树休眠期是苹果管理的重要季节，对苹果果品的优质生产至关重要(图1-199)。加强苹果树的休眠期综合管理，既能有效地调节树势，又能确保树体营养在翌春的均衡供应，有利于根系生长，降低病菌和害虫的越冬基数，促进春梢的萌发和生长，促进花芽分化，达到提高产量，确保品质之目的。

图1-199 苹果休眠期果树生长情况

1．苹果园冬季整形修剪技术

休眠期整形修剪从当年11月上旬至翌年2月均可进行，由于苹果树品种不同、树龄不同、修剪时期不同、树体生长发育状况不同，所采取的整形修剪技术与方法也不尽相同。土壤肥水条件好，树势生长旺，在修剪时应注意轻剪长放，开张主枝角度，使其水平生长或微下垂生长；土壤肥水条件中等，生长健壮的果树，则可采取缓、截结合的修剪方法，维持正常树势，达到高产、稳产、优质之目的。

2．苹果园冬季土壤改良和基肥施用技术

根据不同品种、树龄、树势、土壤酸碱度、常年结果量，土壤质地等综合评判土壤肥力，并确定施肥种类、施肥量和不同肥料施用比例，从而使果园土壤得到培肥和改良。改良果园土壤，可通过深翻熟化底土，增加施用有机肥，确保土壤养分均衡和增加有机质含量。根据多年生产经验，在每年秋、冬季需施基肥以厩肥、人畜类肥为主。

3．苹果园休眠期灌水技术

休眠期苹果园灌水是苹果全生育期灌水的重点，通常情况下多在土壤封冻前进行，灌水时期在11月下旬至12月初进行，称封冻水。封冻水有利于促使根系活动和有机肥的分解，提高树体越冬抗寒、抗逆能力，使果树能安全度过严冬。

4．苹果树休眠期病虫害防治技术

清洁果园，做好果园卫生，入冬前对果园进行一次全面彻底的清理，彻底清除树上及地面的僵果、病果、干枯枝、干果蒂，清除果园里的病死株、病虫落叶、杂草，并将所有清除物挖坑深埋，或带出园外集中烧毁，能有效地减少病虫害的越冬基数，压低翌年病虫害的发生。

深翻果园，消灭越冬害虫，如食心虫、舟形毛虫、刺蛾、金纹细蛾等以幼虫、蛹等虫态在土壤或落入土壤表面的枯枝落叶上越冬的害虫。害虫越冬时，入土深度多在10～15cm土层内，因此，应在土壤封冻之前或解冻之后，对果园进行一次深翻，把表土层的越冬害虫翻入深土层，使其不能顺利出土为害，同时把少数在深土层中越冬的成虫、蛹翻到地表，使其暴露在地面冻死或被鸟啄食。

刮除老皮，消灭病虫越冬场所，苹果树的老翘皮、树皮裂缝、剪锯口等是害虫和病菌的越冬场所，因此在冬季刮除粗皮、翘皮是消灭越冬病虫的主要方法。一般以刮至可见到黄色木质部为宜，刮下的粗皮、翘皮要及时清理干净，深埋或带出园外烧毁，并对刮除部位用0.1%的福尔马林或2%嘧啶核苷类抗生素水剂10倍液、5%菌毒清水剂100倍液、50%硫黄悬浮剂100倍液消毒，然后刷上涂白剂，保护新皮，使其免受冻害(图1-200)。

图1-200 苹果休眠期病虫为害情况

树干涂白，消灭病虫基数，休眠期给树干进行涂白，能填塞树皮裂缝，消灭病虫基数，减轻来年病虫发生与为害。在配制涂白剂时，有目的地在其中加入适量杀虫剂、杀菌剂，可增强杀虫灭病效果。

结合冬剪，剪除病虫枝条，应在休眠期果树修剪时结合进行病虫残枝、枯枝的剪除，同时摘除树上和拣净树下的病果、僵果、落果，除净在树干或主枝上越冬的虫茧，带出园外集中消毁。

及时喷药，防治越冬病虫，在刮皮清园基础上，分别在土壤解冻后给树体喷1～2次29%石硫合剂水剂、4%～5%的柴油乳剂(柴油乳剂的配制方法：柴油和水各1kg、肥皂60g；先将肥皂切碎，加入定量的水中加热溶化，同时将柴油在热水浴中加热到70℃，把已热好的柴油慢慢倒入热皂水中，边倒边搅拌，完全搅拌均匀，即制成48.5%的柴油乳剂)，可防治螨类和其他害虫，也可根据病虫为害情况，喷洒一些其他有关药剂，把主要病虫控制在为害之前。

(三)苹果发芽展叶期管理及病虫害防治技术

3月下旬到4月上旬，幼叶展开，果树开始生长。枝枯病、白粉病开始为害，腐烂病开始进入一年的盛发期(图1-201)。蚜虫开始为害，另外越冬螨也开始活动，苹果小卷叶蛾越冬幼虫开始出蛰，取食幼芽。

图1-201 苹果萌芽期虫害发生情况

这一时期是刮治腐烂病的重要时期，用锋利的刀子刮除病患部，并刮除一部分边缘好的树皮，深挖到木质部，而后涂抹药剂，可以用：50%福美双可湿性粉剂50倍液、29%石硫合剂水剂50～100倍液、15%络氨铜水剂10～20倍液、30%琥胶肥酸铜可湿性粉剂20～30倍液，涂抹病疤，最好喷药后外面再喷以27%无毒高脂膜100～200倍液。

防治白粉病，可用下列药剂：25%三唑酮可湿性粉剂2 000倍液、12.5%烯唑醇可湿性粉剂2 000倍液、6%氯苯嘧啶醇可湿性粉剂1 000～1 500倍液，均匀喷雾。

这一时期防治蚜虫、卷叶蛾等害虫的重要时期。可以在腐烂病病斑刮净后，选1～2块较大的病斑，使用40%辛硫磷乳油，混合均匀的黏稠液体，如较稀可加入一些黏土或草木灰，涂抹于患部，而后用塑料布包扎，20天后解除。也可喷施：10%吡虫啉可湿性粉剂2 000倍液、3%啶虫脒乳油2 000～3 000倍液等药剂防治蚜虫，同时可控制苹果花叶病的为害。

这一时期的苹果球坚蚧为害不太严重，用小刀刮除其介壳，然后喷施40%辛硫磷乳油1 000倍液、2.5%溴氰菊酯乳油1 500～2 000倍液。

(四)苹果幼果期管理及病虫害防治技术

5月上中旬，是幼果发育和春梢旺盛生长期(图1-202)。这一时期要注意防止生理落果，同时由于幼果抵抗力弱，田间不宜用波尔多液等刺激性农药，以免影响果面品质，可以喷洒一些保护膜抵制阴雨、寒冷、农药对果面的影响，同时增施钙肥。

图1-202　苹果幼果期病虫为害情况

这一时期是苹果斑点落叶病、褐斑病、霉心病、轮纹病、炭疽病的侵染期，也是预防保护的关键时期。这一时期叶螨、卷叶蛾、蚜虫、尺蠖等也会造成为害，要进行一次防治。管理上要充分调查病虫情况，了解天气变化，及时采取措施防治。

防治斑点落叶病、褐斑病，可均匀喷施：10%多抗霉素可湿性粉剂1 000～1 500倍液、70%甲基硫菌灵可湿性粉剂800～1 000倍液、50%多菌灵可湿性粉剂800倍液、50%异菌脲可湿性粉剂1 000～1 500倍液、10%苯醚甲环唑水分散粒剂2 000～2 500倍液等药剂。

该时期也是苹果炭疽病、轮纹病的侵染时期，可以使用：50%多菌灵可湿性粉剂500～800倍液、80%代森锰锌可湿性粉剂1 500～2 000倍液、70%甲基硫菌灵可湿性粉剂800倍液等药剂均匀喷施，预防其发生(注意保护剂与治疗剂的合理混用)。

该时期为害苹果的害虫较多，均为为害初期，但此时也是苹果幼果期，所以抓住适期，及时防治虫害，减轻对幼果的影响，宜选用一些刺激性小、高效的杀虫剂。

如有卷叶蛾、尺蠖或蚜虫的为害，并考虑这一阶段螨类正处于上升时期，可以使用20%氰戊菊酯乳油2 000～3 000倍液。

如有螨类为害，可用25%噻螨酮乳油2 000～3 000倍液。

如有网蝽、金纹细蛾、旋纹潜叶蛾的为害，可用：1.8%阿维菌素乳油2 000～3 000倍液，均匀喷施。也可喷施25%灭幼脲悬浮剂2 000～4 000倍液、20%除虫脲悬浮剂3 000倍液防治金纹细蛾。

(五)苹果花芽分化至果实膨大期管理及病虫害防治技术

5月下旬到6月上旬，苹果生长旺盛，春梢快速生长，幼果开始长大(图1-203)。6月中下旬到7月中下旬，春梢生长基本停止，花芽继续分化，果实迅速膨大。

图1-203 苹果果实膨大期病虫害为害情况

这个时期是多种病虫害混合发生、加强病虫害防治、保证丰收的关键时期。此时苹果斑点落叶病进入发病高峰，应及时防治。苹果炭疽病和轮纹病、霉心病等也在不断的侵染，并开始发病。6月下旬到7月上中旬是食心虫第一代卵和幼虫的发生期，红蜘蛛也可能大发生，蚜虫、卷叶蛾等害虫也有为害，要及时喷药防治。

防治斑点落叶病、褐斑病、灰斑病，可以使用：10%多氧霉素可湿性粉剂1 000～1 500倍液、70%代森锰锌可湿性粉剂800～1 000倍液、50%多菌灵可湿性粉剂800倍液、65%代森锌可湿性粉剂500～700倍液、50%噻菌灵可湿性粉剂1 000倍液；50%异菌脲可湿性粉剂1 500～2 000倍液等。

防治这一阶段的果实病害，如轮纹病、炭疽病等，可以使用：50%异菌脲可湿性粉剂1 000～2 000倍液、70%代森锰锌可湿性粉剂800～1 000倍液、70%甲基硫菌灵可湿性粉剂1 000～2 000倍液、50%多菌灵可湿性粉剂1 000～1 500倍液、30%琥胶肥酸铜可湿性粉剂300～400倍液均匀喷施，如果天气阴雨，可以喷洒1：2：200倍式波尔多液并加入0.5%～1%明胶。

该时期发现红蜘蛛为害，应及时防治，应注意结合其他害虫一起防治。可以使用：1.8%阿维菌素乳油1 000～1 500倍液、20%双甲脒乳油2 000倍液等药剂，均匀喷施。

防治苹果蚜虫，可用40%灭蚜磷乳油1 000～1 500倍液、40%杀扑磷乳油1 000～1 500倍液等药剂，均匀喷施。

（六）苹果果实成熟期管理及病虫害防治技术

7月下旬以后，苹果开始进入成熟阶段。这一时期苹果炭疽病、轮纹病开始大量发病，应及时喷药治疗(图1-204)。

图1-204　苹果成熟期病害发生情况

这时一般天气阴雨、湿度大，霉心病、疫腐病、褐腐病也有发生，应注意防治。又是第二代桃小食心虫、苹小食心虫卵、幼虫发生盛期，应注意田间观察，适期防治。一般要施药1～3次。

防治苹果炭疽病、轮纹病，并兼治其他病害，可以使用50%多菌灵可湿性粉剂1 000倍液、50%苯菌灵可湿性粉剂1 000倍液、70%甲基硫菌灵可湿性粉剂1 000倍液、6%氯苯嘧啶醇可湿性粉剂1 500倍液等。

防治苹果食心虫等害虫，可以使用20%氰戊菊酯乳油2 000～4 000倍液、10%氯氰菊酯乳油2 000倍液，均匀喷雾。

(七)苹果营养恢复期管理及病虫害防治技术

进入9月以后，多数苹果已经成熟、采摘，苹果生长进入营养恢复期。这一时期苹果树势较弱，一般天气多阴雨、潮湿，腐烂病又有所发展，应及时刮除树皮腐烂部分，按前面的方法涂沫药剂。这一时期还有炭疽病、轮纹病、早期落叶病的为害，应喷施1～2次1∶2∶200倍式波尔多液，保护叶片。

第二章 梨树病虫害

梨既是世界上重要的果树，也是我国的主要果树之一，在我国其栽培面积、产量均居世界第一位。据统计，2017年我国梨树面积有92万hm^2，产量1 640万t，仅次于苹果、柑橘，居第三位。

梨果实供鲜食，肉脆多汁，酸甜可口，风味芳香优美。富含糖、蛋白质、脂肪、碳水化合物及多种维生素，对人体健康有重要作用。梨果也可用来酿酒、制醋。

我国梨树栽培广泛，几乎各省都有栽培。沈阳以北为寒带梨区，多栽培秋子梨品系；内蒙古、新疆等地为干寒梨区，著名品种有库尔勒香梨、冬果梨；长江、钱塘江流域为暖温带梨区，主要栽培砂梨品系；长江以南为热带、亚热带梨区，主要栽培砂梨品系；云贵高原梨区也主要栽培砂梨等。河北、山东、河北、山东、辽宁是中国梨的集中产区，栽培面积约占一半左右，产量占60%，其中河北省年产量约占全国的1/3。河北省晋县的鸭梨、赵县雪花梨，山东省阳信县的鸭梨、莱阳市茌梨、龙口市长把梨、栖霞县香水梨，辽宁省绥中县秋白梨以及安徽省砀山酥梨，都是中外驰名品种。

我国梨树栽培存在的突出问题是管理水平差，单产低；品种老化杂乱；病虫害也是制约梨树生产的重要因素，病虫害有300多种，其中，病害有100多种，生理性病害有30多种，虫害有100多种，为害较为严重的有梨轮纹病、黑星病、黑斑病、锈病、日灼、裂果、梨小食心虫、梨星毛虫、梨冠网蝽、梨茎蜂等。

一、梨树病害

1．梨黑星病

【分布为害】梨黑星病是我国北方梨区普遍发生，以辽宁、河北、山东、山西及陕西等省发生较重，在南方各梨区其为害也在逐年加重。为害果实，使之失去商品价值；为害叶片，导致早期落叶，严重削弱树势(图2-1)。

图2-1　梨黑星病田间为害症状

【症　　状】能够侵染所有的绿色幼嫩组织，其中，以叶片和果实受害最为常见。刚展开的幼叶最易感病，先在叶背面的主脉和支脉之间出现黑绿色至黑色霉状物，不久在霉状物对应的正面出现淡黄色病斑，严重时叶片枯黄、早期脱落(图2-2至图2-6)。叶脉和叶柄上的病斑多为长条形中部凹陷的黑色霉斑，严重时叶柄变黑，叶片枯死或叶脉断裂。叶柄受害引起早期落叶(图2-7至图2-9)。幼果发病，果柄或果面形成黑色或墨绿色的圆斑，导致果实畸形、开裂，甚至脱落(图2-10和图2-11)。成果期受害，形成圆形凹陷斑，病斑表面木栓化、开裂，呈“荞麦皮”，病斑淡黄绿色，稍凹陷，上生稀疏的霉层(图2-12至图2-14)。枝干受害，病梢初生梭形病斑，布满黑霉，后期皮层开裂呈疮痂状，病斑向上扩展可使叶柄变黑，病梢叶片初变红，再变黄，最后干枯，不易脱落。

图2-2　梨黑星病为害叶片初期症状

图2-3　梨黑星病为害叶片初期叶背症状

图2-4 梨黑星病为害叶片中期症状

图2-5 梨黑星病为害叶片中期叶背症状

图2-6　梨黑星病为害叶片后期症状

图2-7　梨黑星病为害叶脉正面症状

图2-8　梨黑星病为害叶脉背面症状

图2-9　梨黑星病为害叶柄症状

图2-10　梨黑星病为害幼果前期症状

图2-11　梨黑星病为害幼果后期症状

图2−12 梨黑星病为害果实初期症状

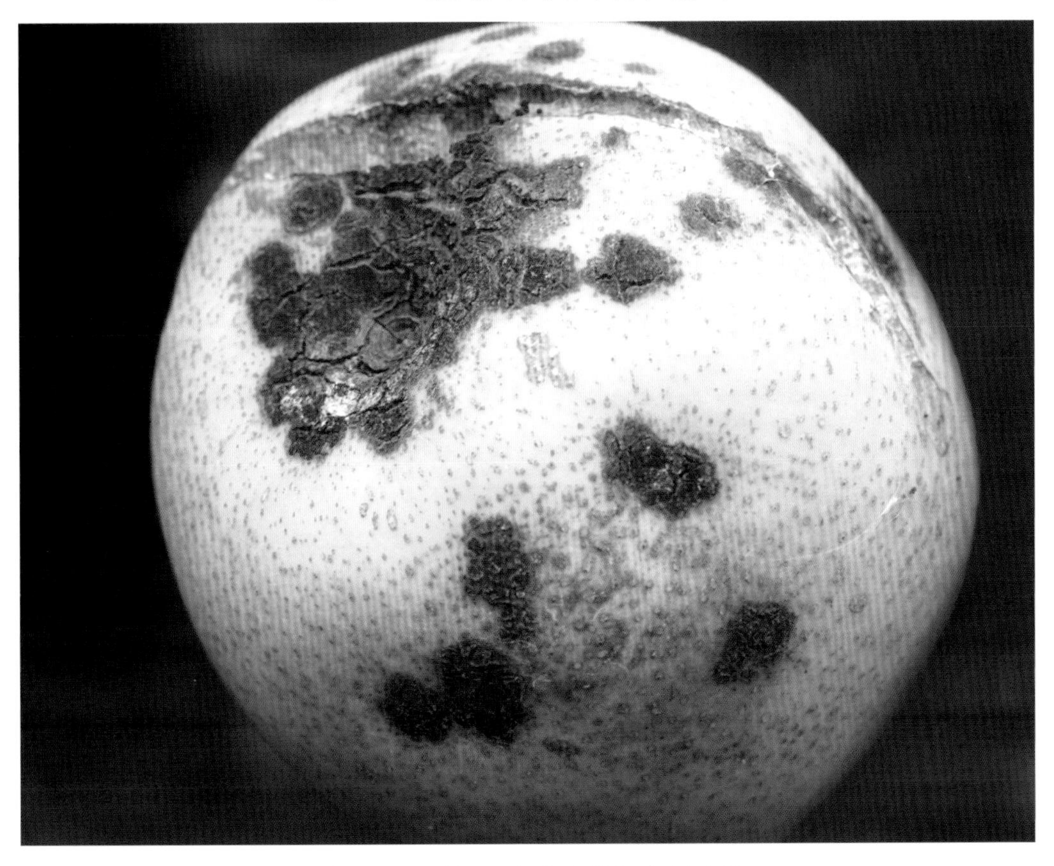

图2−13 梨黑星病为害果实中期症状

图2-14 梨黑星病为害果实后期症状

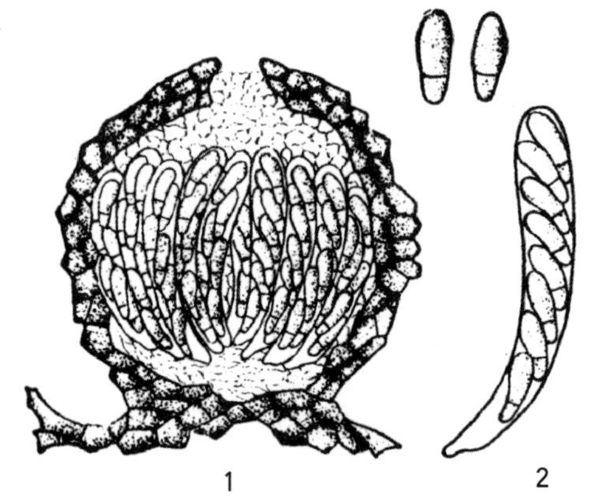

图2-15 梨黑星病病菌
1.子囊壳 2.子囊及子囊孢子

【病　　原】*Fusicladium virescens* 称梨黑星孢，属无性型真菌。分生孢子梗丛生，暗褐色，粗而短，无分枝，直立或弯曲。分生孢子淡褐色或橄榄色，葵花籽形、纺锤形、椭圆形或卵圆形，单胞，但少数在萌发时可产生一个隔膜(图2-15)。有性阶段为 *Fventuria pririna* 称梨黑星病菌。子囊壳扁球形或圆球形，黑色，颈部较肥短，有孔口，周围无刚毛。壳壁黑色，革质，由2～3层细胞组成。子囊棍棒状，聚生于子囊壳底部，无色透明，内含8个子囊孢子。子囊孢子淡褐色，鞋底形，双胞，上大下小。病菌分生孢子在水滴中萌发良好，萌发的温度范围2～30℃，以15～20℃为适，高于25℃萌发率急剧下降。分生孢子形成的温度为12～20℃，最适温度为16℃。

【发生规律】以菌丝体和分生孢子在病芽鳞片上越冬，翌年春天发芽时，借雨水传播造成叶片和果实的初侵染；一般年份从4月下旬至5月上旬开始发病；7—8月进入雨季，叶、幼果发病严重；8月下旬至9月上旬，近成熟的梨果发病重。降雨早、雨日多、雨量大，该病就提早流行。梨树过密或枝叶过多也会加重病情。地势低洼，树冠茂密，通风不良，树势衰弱，易发病。上一年发病重，田间菌量多的田块，发病重。

【防治方法】清除落叶，及早摘除发病花序以及病芽、病梢等，防治幼树上的黑星病，加强肥水管理，适当疏花、疏果，控制结果量，保持树势旺盛，合理修剪，使树内膛通风透光。增施有机肥料，排出田间积水，可增强树势，提高抗病力。

梨树萌芽前喷施29%石硫合剂水剂100倍液或用硫酸铜10倍液进行淋洗式喷洒，或在梨芽膨大期用0.1%～0.2%代森铵溶液喷洒枝条。

梨芽萌动时喷洒保护剂预防病害发生，可用下列药剂：

80%代森锰锌可湿性粉剂700倍液；

75%百菌清可湿性粉剂800倍液；

50%多菌灵可湿性粉剂600倍液；

50%甲基硫菌灵·代森锰锌可湿性粉剂600～900倍液；

70%甲基硫菌灵·福美双可湿性粉剂700～1 000倍液；

70%甲基硫菌灵可湿性粉剂1 000～1 500倍液；

50%多菌灵·代森锰锌可湿性粉剂400～500倍液。

花前、落花后幼果期(图2-16和图2-17)，雨季前，梨果成熟前30天左右是防治该病的关键时期。各喷施1次药剂。可用药剂有：

图2-16 梨落花后黑星病为害早期症状

图2-17 梨黑星病幼果发病初期症状

80%代森锰锌可湿性粉剂700倍液+50%醚菌酯水分散粒剂4 000～5 000倍液；
75%百菌清可湿性粉剂800倍液+10%苯醚甲环唑水分散粒剂2 000～3 000倍液；
5%己唑醇悬浮剂1 000～1 500倍液；
47%烯唑醇·甲基硫菌灵可湿性粉剂1 500～2 000倍液；
15%烯唑醇·福美双悬浮剂800～1 200倍液；
32.5%代森锰锌·烯唑醇可湿性粉剂400～600倍液；
33%代森锰锌·三唑酮可湿性粉剂800～1 200倍液；
62.5%代森锰锌·腈菌唑可湿性粉剂400～600倍液；
50%氯溴异氰尿酸可溶粉剂800～1 000倍液；
20%腈菌唑·福美双可湿性粉剂1 000～1 500倍液；
21%氟硅唑·多菌灵悬浮剂2 000～3 000倍液；
10%苯醚甲环唑水分散粒剂6 000～7 000倍液；
40%氟硅唑乳油8 000～10 000倍液；
50%醚菌酯水分散粒剂3 000～5 000倍液；
43%戊唑醇悬浮剂3 000～4 000倍液；
30%氟菌唑可湿性粉剂3 000～4 000倍液；
40%腈菌唑可湿性粉剂8 000～10 000倍液；
25%吡唑醚菌酯乳油1 000～3 000倍液；
5%亚胺唑可湿性粉剂1 000～1 200倍液；
6%氯苯嘧啶醇可湿性粉剂1 000～1 500倍液；
30%多·烯(多菌灵·烯唑醇)可湿性粉剂1 000～1 500倍液；
12.5%烯唑醇可湿性粉剂2 500～3 000倍液；
25%联苯三唑醇可湿性粉剂1 000～1 250倍液等，为了增加展着性，可加入0.03%皮胶或0.1%6501辅剂。

2．梨黑斑病

【分布为害】梨黑斑病是梨树常见病害，也是贮藏期主要病害之一。全国普遍发生，以南方发生较重。发病后引起大量裂果和早期落果，造成很大损失(图2–18)。

图2–18　梨黑斑病为害情况

【症　　状】主要为害果实、叶片及新梢。病叶上开始时产生针头大、圆形、黑色的斑点，后斑点逐渐扩大成近圆形或不规则形，中心灰白色，边缘黑褐色，有时微现轮纹(图2-19至图2-23)。潮湿时，病斑表面遍生黑霉。果实染病，初在幼果面上产生一个至数个黑色圆形针头大斑点，逐渐扩大成近圆形或椭圆形。病斑略凹陷，表面遍生黑霉。果实长大时，果面发生龟裂，裂隙可深达果心，在裂缝内也会产生很多黑霉，病果往往早落(图2-24至图2-26)。新梢病斑黑色，椭圆形，稍凹陷，后期变为淡褐色溃疡斑，与健部分界处产生裂纹。

图2-19　梨黑斑病为害叶片初期症状

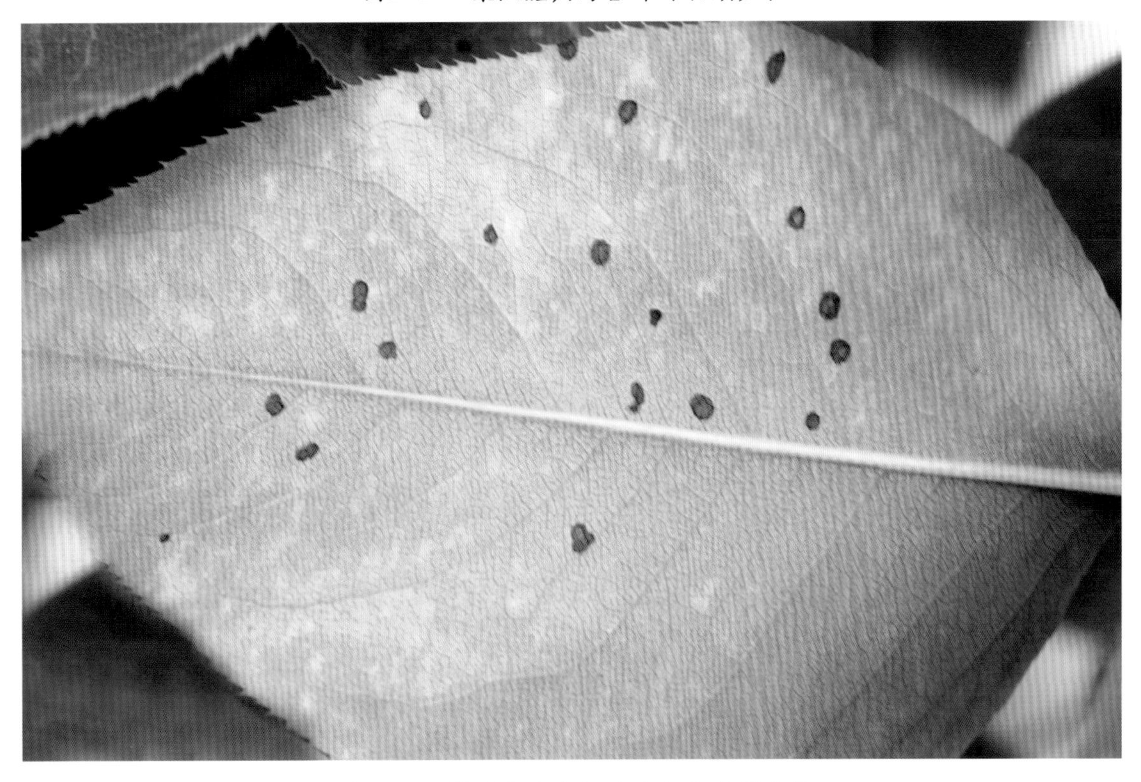

图2-20　梨黑斑病为害叶片初期叶背症状

图2-21 梨黑斑病为害叶片中期症状

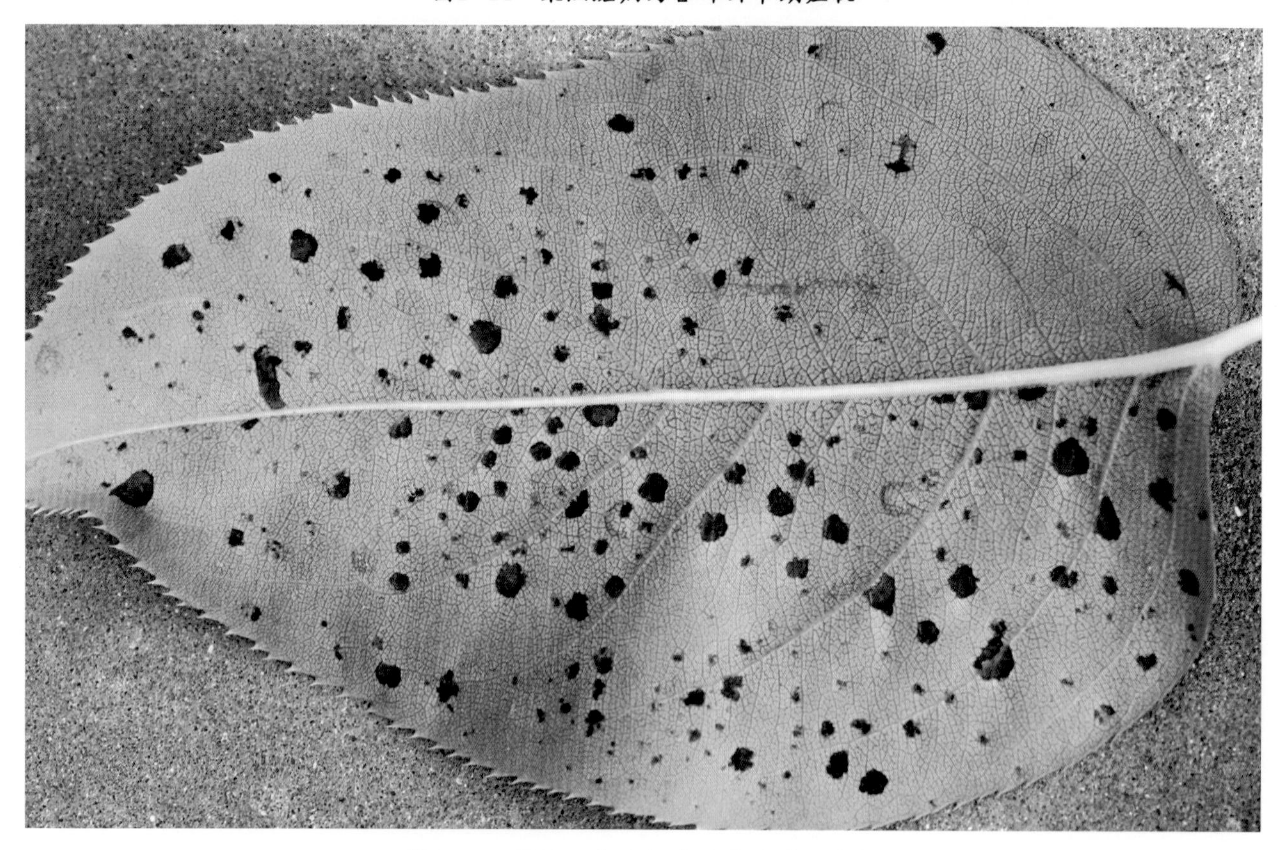

图2-22 梨黑斑病为害叶片中期叶背症状

图2-23　梨黑斑病为害叶片后期症状

图2-24　梨黑斑病为害果实初期症状

图2-25　梨黑斑病为害果实中期症状

图2-26　梨黑斑病为害果实后期症状

【病 原】*Alternaria kikuchiana* 称菊池链格孢，属无性型真菌(图2–27)。分生孢子梗褐色或黄褐色，单一，少数有分枝。分生孢子为短棍棒状，基部膨大，顶端细小，有横隔膜4～11个，纵隔膜0～9个，隔膜所在处略缢缩。菌丝生长最适温度为28℃，该菌较耐低温，在0～5℃也能缓慢生长，引起黑斑病在冷库贮藏时也可发展，36℃以上不生长。孢子形成最适温度为28～32℃，萌发适温为28℃，在50℃时经5～10分钟，孢子即丧失发芽能力。枝条上的病斑在9～28℃均能形成分生孢子，而以24℃为最适。

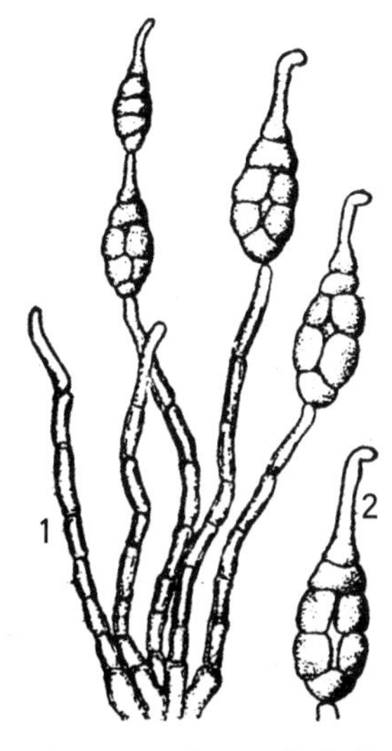

图2–27 梨黑斑病病菌
1.分生孢子梗 2.分生孢子

【发生规律】以分生孢子及菌丝体在病梢、芽及病叶、病果上越冬。翌年春季，分生孢子通过风雨传播，引起初次侵染。以后新旧病斑上陆续产生分生孢子，引起重复侵染。在南方梨区，一般从4月下旬开始发生至10月下旬以后才逐渐停止，而以6月上旬至7月上旬，即梅雨季节发病最严重。在华北梨区，一般从6月开始发病，7—8月雨季为发病盛期。气温在24～28℃，同时连续阴雨时，有利于黑斑病的发生与蔓延。肥料不足，偏施氮肥，排水不良，修剪整枝不合理，植株过密，均有利于此病的发生。

【防治方法】在果树萌芽前应做好清园工作。剪除有病枝梢，清除果园内的落叶、落果，全部予以销毁。在果园内间作绿肥，或增施有机肥料，促使生长健壮，增强植株抵抗力，以减轻发病。套袋可以减轻发病。

可于梨树发芽前喷药保护，约3月上中旬，喷1次0.3%～0.5%五氯酚钠+5波美度石硫合剂、65%五氯酚钠100～200倍液，以消灭枝干上越冬的病菌。

在果树生长期，一般在落花后至幼果期(图2–28和图2–29)，即在4月下旬至7月上旬喷药保护，可以用下列药剂：

图2–28 梨落花后黑斑病为害叶片早期症状

图2-29　梨幼果期黑斑病为害幼果早期症状

65%代森锌可湿性粉剂500～600倍液；

75%百菌清可湿性粉剂800倍液；

86.2%氧化亚铜干悬浮剂800倍液；

80%代森锰锌可湿性粉剂700倍液，间隔10天左右，共喷药2～3次。

如果套袋，套袋前必须喷1次，开花前和开花后各喷1次。可用药剂有：

50%异菌脲可湿性粉剂800～1 500倍液；

80%代森锰锌可湿性粉剂700倍液+10%苯醚甲环唑水分散粒剂6 000倍液；

80%代森锰锌可湿性粉剂700倍液+50%多菌灵可湿性粉剂800倍液；

70%甲基硫菌灵可湿性粉剂800～1 000倍液+80%敌菌丹可溶性粉剂600～800倍液；

75%百菌清可湿性粉剂800倍液+70%甲基硫菌灵可湿性粉剂700倍液；

50%苯菌灵可湿性粉剂1 500～1 800倍液；

50%嘧菌酯水分散粒剂5 000～7 000倍液；

25%吡唑醚菌酯乳油1 000～3 000倍液；

12.5%烯唑醇可湿性粉剂2 500～4 000倍液；

24%腈苯唑悬浮剂2 500～3 000倍液；

40%腈菌唑水分散粒剂6 000～7 000倍液；

25%戊唑醇水乳剂2 000～2 500倍液；

1.5%多抗霉素可湿性粉剂200～500倍液。

3．梨轮纹病

【分布为害】梨轮纹病是我国梨树上的重要病害之一，其发生和为害呈逐年上升趋势。在山东、江苏、上海、浙江等省为害较重。发生严重时，枝干发病率达100%，病果率达40%～50%。枝干发病后，促使树势早衰(图2-30)；果实受害，造成烂果，并且引起贮藏果实的大量腐烂。

图2-30 梨轮纹病田间为害枝干症状

【症 状】主要为害枝干和果实，有时也可为害叶片。枝干受害，以皮孔为中心先形成暗褐色瘤状突起，病斑扩展后成为近圆形或扁圆形暗褐色坏死斑。翌年病斑上产生许多黑色小粒点，病部与健部交界处产生裂缝。连年扩展，形成不规则的轮纹状(图2-31至图2-33)。果实病斑以皮孔为中心，初为水渍状浅褐色至红褐色圆形烂斑，在病斑扩大过程中逐渐形成浅褐色与红褐色至深褐色相间的同心轮纹(图2-34至图2-36)。叶片病斑初期近圆形或不规则形，褐色，略显同心轮纹。气温较高时使整个果实软化腐烂，流出茶褐汁液，并散发出酸臭的气味，最后烂果可干缩，变成黑色僵果。叶片上病斑近圆形，有明显同心轮纹，褐色。后期色泽较浅，有黑色小粒点(图2-37)。

图2-31 梨轮纹病为害枝干初期症状

图2-32 梨轮纹病为害枝干中期症状

图2-33 梨轮纹病为害枝干后期症状

图2-34　梨轮纹病为害果实早期症状

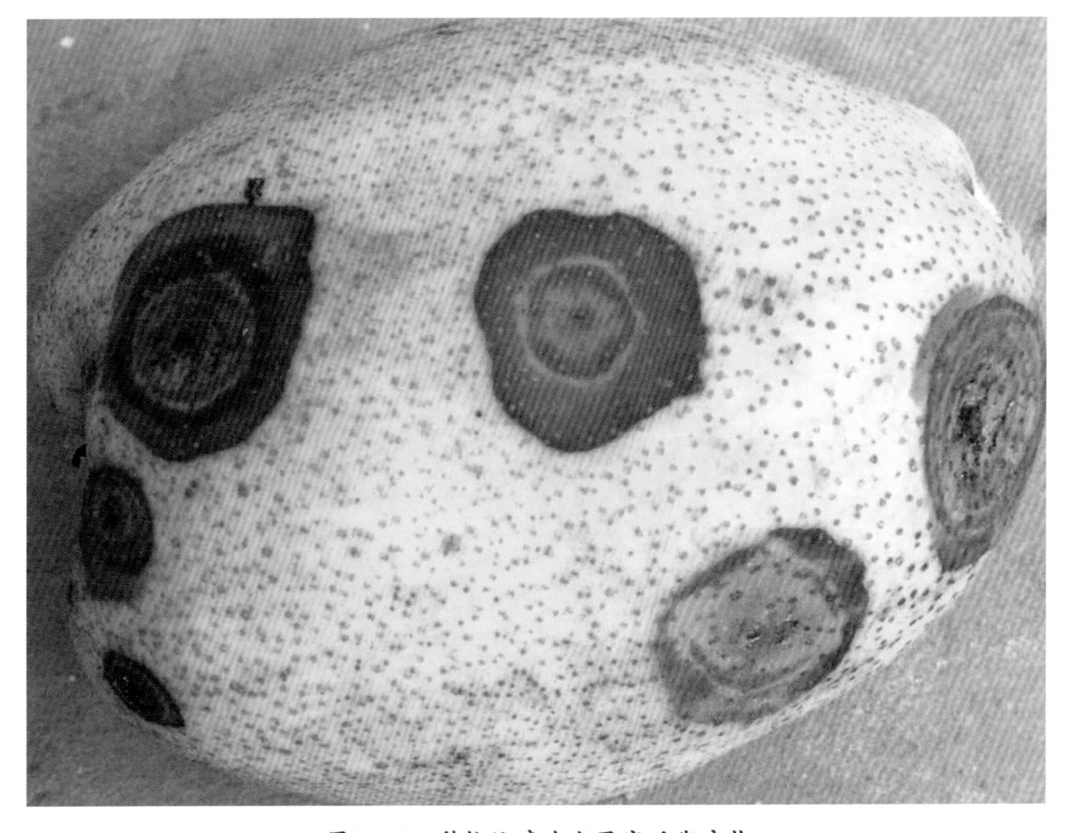

图2-35　梨轮纹病为害果实后期症状

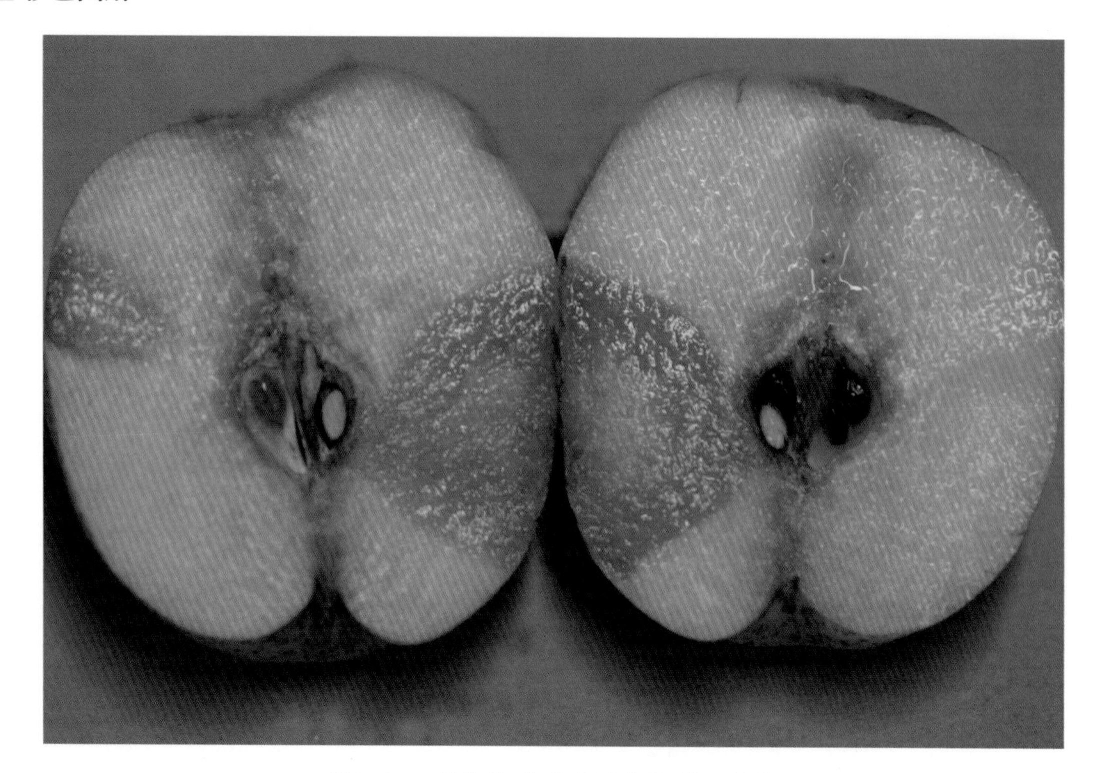

图2-36　梨轮纹病为害果实纵剖面症状

图2-37　梨轮纹病为害叶片症状

【病　　原】*Botryosphaeria berengerianade* 称贝伦格葡萄座腔菌，属子囊菌门真菌；无性世代 *Macrophoma kawatsukai* 称轮生大茎点菌，属无性型真菌。子囊壳埋生于寄主表皮下，黑褐色，有短喙。子囊长棍棒形。子囊孢子无色至淡黄色，椭圆形。无性世代分生孢子器黑褐色，球形或近球形。分生孢子无色，单胞，钝纺锤形至长椭圆形(图2-38)。菌丝生长温度为15～35℃，适温27～30℃；在有光的条件下，温度为15～25℃经15天左右就会产生分生孢子器及分生孢子。

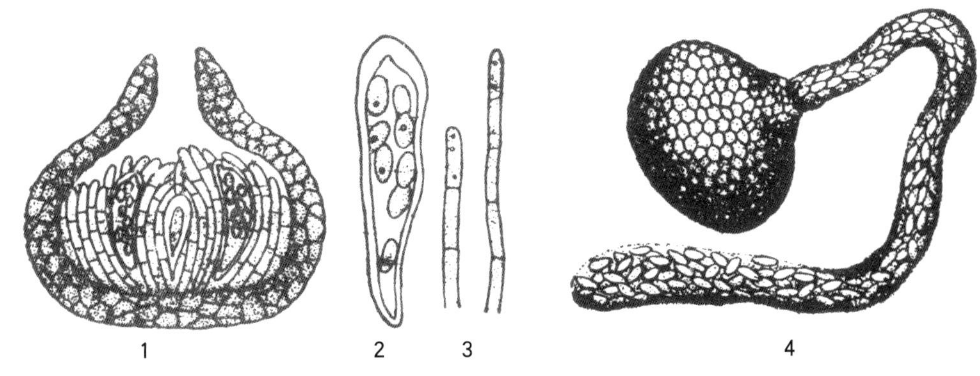

图2-38 梨轮纹病病菌
1.子囊壳 2.子囊及子囊孢子 3.侧丝 4.分生孢子器及分生孢子

【发生规律】以菌丝体、分生孢子器及子囊壳在枝干病部越冬。翌年发芽时继续扩展侵害枝干。北方梨产区枝干上的老病斑一般4月上中旬开始扩展，4月下旬至5月扩展较快，落花后10天左右的幼果即可受害。从幼果形成至6月下旬最易感病，8月多雨时，采收前仍可受到明显侵染。当气温在20℃以上，相对湿度在75%以上或降水量达10mm时，或连续下雨3～4天，病害传播快。肥料不足，树势弱，虫害重，均发病重。

【防治方法】合理修剪，修剪落地的枝干要及时彻底清理；不要使用树木枝干作果园围墙篱笆；不要使用带皮木棍做支棍和顶柱；注意清理果园周围其他树木上的枯死枝。合理疏花、疏果。增施有机肥，氮、磷、钾肥料要合理配施，避免偏施氮肥，使树体生长健壮。冬季做好清园工作，减少和消除侵染源，果实套袋。

刮治枝干病斑：当苗木枝干上有少数病斑发生时，可用氯化锌、酒精、甘油合剂涂抹病部，杀死病组织中潜存的病菌。在苗木上涂用上述合剂时，不需刮皮，可用毛刷将药液涂布于病斑表面。涂药面应较病斑略大。第一次涂药后，每隔7～10天再涂1～2次，效果更好。

发芽前将枝干上轮纹病斑(图2-39)的变色组织彻底刮干净，然后喷布或涂抹铲除剂。病斑刮净后，涂抹下列药剂均有明显的治疗效果：29%石硫合剂水剂50倍液、5%菌毒清水剂100倍液，可杀死大部分越冬病菌。

图2-39 梨树萌芽前期轮纹病为害症状

发病前主要施用保护剂以防止病害侵染，可以用下列药剂：

80%代森锰锌可湿性粉剂700倍液；

50%多菌灵可湿性粉剂500～800倍液；

75%百菌清可湿性粉剂800倍液等，间隔7～14天防治1次。

果树生长期，喷药的时间是从落花后10天左右(5月上中旬)开始，到果实膨大为止(8月上中旬)。一般年份可喷药4～5次，即5月上中旬、6月上中旬(麦收前)、6月中下旬(麦收后)、7月上中旬、8月上中旬(图2–40)。如果早期无雨，第1次可不喷；如果雨季结束较早，果园轮纹病不重，最后1次亦可不喷。雨季延迟，则采收前还要多喷1次药。可用下列药剂：

图2–40　梨果实膨大期轮纹病为害果实症状

75%百菌清可湿性粉剂1 000倍液+40%氟硅唑可湿性粉剂8 000～10 000倍液；

80%代森锰锌可湿性粉剂600～800倍液+6%氯苯嘧啶醇可湿性粉剂1 000～1 500倍液；

50%异菌脲可湿性粉剂1 000～1 500倍液；

60%噻菌灵可湿性粉剂1 500～2 500倍液；

50%嘧菌酯水分散粒剂5 000～7 500倍液；

25%戊唑醇水乳剂2 000～2 500倍液；

3%多抗霉素水剂400～600倍液；

1%中生菌素水剂250～500倍液；

80%多菌灵可湿性粉剂800～1 000倍液。

4．梨锈病

【分布为害】梨锈病是梨树重要病害之一，我国南北梨区普遍发生，在果园附近有桧柏等柏科植物物较多的地区，发病较为严重。为害程度因年份和品种而异，栽培感病品种的果园在病害流行年份产量损失可达60%以上。

【症　　状】主要为害幼叶、叶柄、幼果及新梢。起初在叶正面发生橙黄色、有光泽的小斑点，后逐渐扩大为近圆形的病斑，中部橙黄色，边缘淡黄色，最外面有一层黄绿色的晕圈。天气潮湿时，其上溢出淡黄色黏液。病斑组织逐渐变肥厚，叶片背面隆起，正面微凹陷，在隆起部位长出灰黄色的毛状物(图2-41至图2-45)。锈子器成熟后，先端破裂，散出黄褐色粉末。病斑以后逐渐变黑，病叶易脱落。幼果初期病斑大体与叶片上的相似。病果生长停滞，往往畸形早落(图2-46)。转主寄主桧柏发病，起初在针叶、叶腋或小枝上出现淡黄色斑点，后稍隆起。在被害后的翌年3月间，逐渐突破表皮露出红褐色或咖啡色的圆锥形角状物，为冬孢子角，在小枝上发生冬孢子角的部位，膨肿较显著。春雨后，冬孢子角吸水膨胀，成为橙黄色舌状胶质块，干燥时缩成表面有皱纹的污胶物。

图2-41　梨锈病为害叶片初期症状

图2-42　梨锈病为害叶片初期叶背症状

图2–43　梨锈病为害叶片后期症状

图2–44　梨锈病为害叶片后期产生的锈子器

图2–45　梨锈病为害新梢症状

图2-46 梨锈病为害幼果症状

【病　　原】*Gymnosporangium haraeanum* 称梨胶锈菌，属担子菌门真菌。性孢子器扁烧瓶形，埋生于叶正面病组织的表皮下，孔口外露，内生许多无色单胞纺锤形或椭圆形的性孢子。锈子器细圆筒形，有长刺状凸起，内生锈孢子。锈孢子球形或近球形。橙黄色，表面有瘤状细点。冬孢子角红褐色或咖啡色，圆锥形。冬孢子纺锤形或长椭圆形，双胞，黄褐色(图2-47)。锈孢子萌发的最适温度为27℃，冬孢子萌发的最适温度为17～20℃。

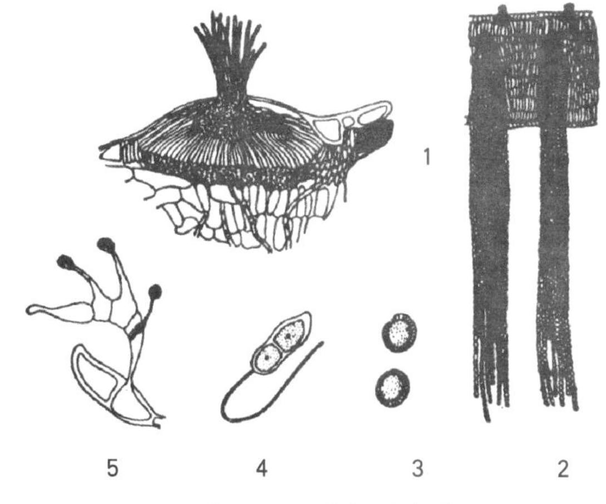

图2-47 梨锈病病菌
1.性孢子器 2.锈子器 3.锈孢子
4.冬孢子 5.冬孢子萌发担子及担孢子

【发生规律】只在春季侵染1次，以多年生菌丝体在桧柏类植物的发病部位越冬，春天3月间产生冬孢子角。冬孢子角在梨树发芽展叶期萌发产生担孢子，随风传播至梨树的嫩叶、新梢及幼果上，遇适宜条件萌发产生芽管，直接从表皮细胞或气孔侵入。梨树从展叶开始直至展叶后20天容易被感染。刚落花的幼果易受害，成长期的果实也可被侵染。2－3月气温高，3月下旬与4月下旬的雨水多发病重(图2-48)。梨锈病的潜育期一般为6～10天，连续阴天和高温是感病的重要条件。梨锈病发生的轻重与梨园周围桧柏等柏科植物的数量和距离远近有关，尤其与1.5～3.5km范围内的桧柏等柏科植物的数量关系最大。在担孢子传播的有效距离内一般是桧柏等转主寄主越多，病害发生越重；反之病害发生越轻。

图2–48 梨锈病病害循环
1.病叶前期 2.性孢子器 3.病叶及病果后期 4.锈子器
5. 锈孢子 6.桧柏上的干燥冬孢子角 7.吸水膨胀后的冬孢子角
8.冬孢子萌发产生担子和担孢子

【防治方法】防治策略是控制初侵染来源，新建梨园应远离桧柏、龙柏等柏科植物，防止担孢子侵染梨树，是防治梨锈病的根本途径。

梨树萌芽前在桧柏等转主寄主上喷药1～2次，以抑制冬孢子萌发产生担孢子。防效较好的药剂有2～3波美度石硫合剂、石硫合剂的混合液或1∶(1～2)∶(100～160)倍式波尔多液等。

病害发生初期(图2–49)，可喷施下列药剂：

图2–49 梨锈病为害初期症状

80%代森锰锌可湿性粉剂800～1 000倍液；

50%灭菌丹可湿性粉剂200～400倍液。

生长期喷药保护梨树，一般年份可在梨树发芽期喷第1次药，间隔10～15天再喷1次即可；春季多雨的年份，应在花前喷1次，花后喷1～2次，每次间隔10～15天。可用药剂有：

20%三唑酮乳油800～1 000倍液+75%百菌清可湿性粉剂600倍液；

12.5%烯唑醇可湿性粉剂1500～2 000倍液；

65%代森锌可湿性粉剂500～600倍液+40%氟硅唑乳油8 000倍液；

20%萎锈灵乳油600～800倍液+65%代森锌可湿性粉剂500倍液；

30%醚菌酯悬浮剂2 000～3 000倍液；

25%肟菌酯悬浮剂2 000～4 000倍液；

12.5%氟环唑悬浮剂1 500～2 000倍液；

40%氟硅唑乳油6 000～8 000倍液；

50%粉唑醇可湿性粉剂2 000～2 500倍液；

5%己唑醇悬浮剂1 000～2 000倍液；

25%丙环唑乳油1 500～2 000倍液；

25%戊唑醇可湿性粉剂1 000～1 500倍液；

6%氯苯嘧啶醇可湿性粉剂1 000～1 500倍液。

5．梨褐腐病

【分布为害】梨褐腐病是仁果类生长后期和贮藏期重要病害，在全国各梨产区普遍发生重，是生长后期和贮藏期重要病害，严重时病果率达10%～20%。

【症　　状】只为害果实。在果实近成熟期发生，初为暗褐色病斑，逐步扩大，几天可使全果腐烂，斑上生黄褐色绒状颗粒成轮状排列，表生大量分生孢子梗和分生孢子，病果果肉松软，呈海绵状略有弹性。树上多数病果落地腐烂，残留树上的病果变成黑褐色僵果(图2-50至图2-53)。

图2-50　梨褐腐病为害果实初期症状

图2-51　梨褐腐病为害果实中期症状

图2-52　梨褐腐病为害果实后期症状

图2-53 梨褐腐病为害果实后期的绒状颗粒

【病　原】*Monilia fructigena* 称仁果丛梗孢，属无性型真菌。病果表面产生绒球状霉丛是病菌的分生孢子座，其上着生大量分生孢子梗及分生孢子。分生孢子梗丛状，顶端串生念珠状分生孢子，分生孢子椭圆形，单胞、无色(图2-54)。最适发育温度为25℃，但在0℃条件下仍可扩展。

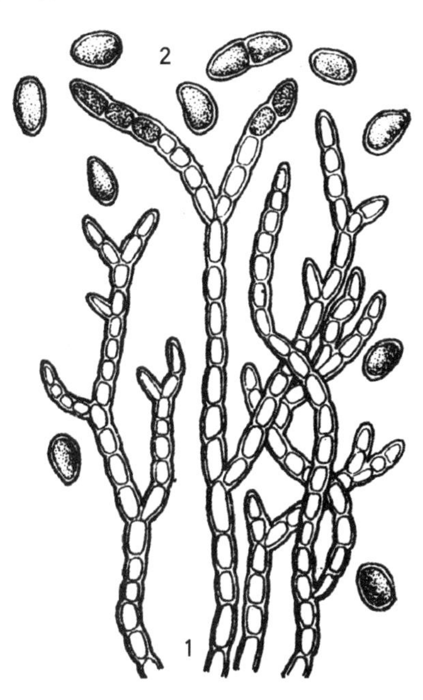

图2-54 梨褐腐病病菌
1.分生孢子梗 2.分生孢子

【发生规律】以菌丝体在树上僵果和落地病果内越冬，翌春产生分生孢子，借风雨传播，自伤口或皮孔侵入果实。8月上旬至9月上旬果实近成熟期多雨潮湿时发病重。在果实贮运中，靠接触传播。在高温、高湿及挤压条件下，易产生大量伤口，病害常蔓延。高温、高湿有利于病害流行。果园管理差，水分供应失调，虫害严重，采摘时不注意造成机械伤多，均利于褐腐病的发生和流行。

【防治方法】及时清除初侵染源，发现落果、病果、僵果等立即清出园外，集中烧毁或深埋；早春、晚秋实行果园翻耕。适时采收，减少伤口。严格挑选，去除病果、伤果，分级包装，避免碰伤。贮窖温度保持1～2℃，相对湿度90%。

发病较重的果园，花前喷施45%晶体石硫合剂30倍液药剂保护。

落花后，病害发生前期，可用下列药剂：

50%噻菌灵可湿性粉剂800倍液；

70%甲基硫菌灵可湿性粉剂800倍液；

50%多菌灵可湿性粉剂600～800倍液；

50%苯菌灵可湿性粉剂1 000倍液；

77%氢氧化铜微粒可湿性粉剂500倍液等。

在8月下旬至9月上旬，果实成熟前喷药2次，药剂可选用：

20%唑菌胺酯水分散粒剂1 000～2 000倍液；

24%腈苯唑悬浮剂2 500～3 200倍液；

2%宁南霉素水剂400～800倍液；

35%氟菌·戊唑醇悬浮剂2 000～3 000倍液。

果实贮藏前，用50%甲基硫菌灵可湿性粉剂700倍液浸果10分钟，晾干后贮藏。

6．梨树腐烂病

【分布为害】梨树腐烂病是梨树主要枝干病害，我国东北、华北、西北及黄河故道地区都有发生。常引起大枝、整株甚至成片梨树的死亡，对生产影响很大(图2-55)。

图2-55　梨树腐烂病为害情况

【症　　状】为害枝干引起枝枯和溃疡两种症状(图2-56和图2-57)。枝枯型：多发生在衰弱的梨树小枝上，病斑形状不规则，边缘不明显，扩展迅速，很快包围整个枝干，使枝干枯死，并密生黑色小粒点(图2-58和图2-59)。病树的树势逐年减弱，生长不良，如不及时防治，可造成全树枯死。溃疡型(图2-60和图2-61)：树皮上的初期病斑椭圆形或不规则形，稍隆起，皮层组织变松，呈水渍状湿腐，红褐色至暗褐色。以手压之，病部稍下陷并溢出红褐色汁液，此时组织解体，易撕裂，并有酒糟味。后期病部扩展减缓，干缩下陷，病健交界处龟裂。当空气潮湿时，从中涌出淡黄色卷须状物(图2-62)。果实受害，初期病斑圆形，褐色至红褐色软腐，后期中部散生黑色小粒点，并使全果腐烂(图2-63)。

图2-56 梨树腐烂病萌芽前为害症状

图2-57 梨树腐烂病枝枯型症状

图2-58　梨树腐烂病枝枯型为害初期症状

图2-59　梨树腐烂病枝枯型为害后期症状

图2-60　梨树腐烂病溃疡型为害初期症状

图2-61　梨树腐烂病溃疡型为害后期症状

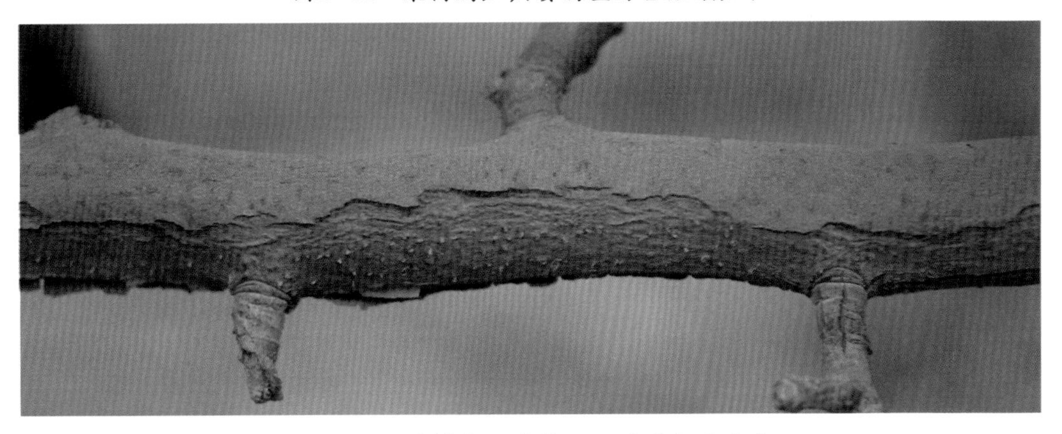

图2-62　梨树腐烂病枝干上的黄色孢子角

图2-63　梨腐烂病为害果实症状

【病　　原】*Valsa ambiens* 称梨黑腐皮壳，属子囊菌门真菌。子座散生，分布较密，初埋生，后突破表皮。子囊棍棒状，顶部圆或平截。子囊孢子单胞，无色。无性世代为*Cytospora ambiens* 称迂回壳囊孢，属半知菌亚门真菌。分生孢子器生于子座内，分生孢子梗单胞，无色，不分枝。分生孢子，两端钝圆，单胞，无色(图2–64)。

【发生规律】以子囊壳、分生孢子器和菌丝体在病组织上越冬，春天形成子囊孢子或分生孢子，借风雨传播，造成新的侵染。春季是病菌侵染和病斑扩展最快的时期，秋季次之。当果树受冻害 、干旱、水肥条件不良等因素影响变弱时，病菌先在树干枝落皮层组织中扩展，向健组织侵染，形成发病高峰期。一年中春季盛发，夏季停止扩展，秋季再活动，冬季又停滞，出现两个高峰期。结果盛期管理不好，树势弱，水肥不足的易发病。

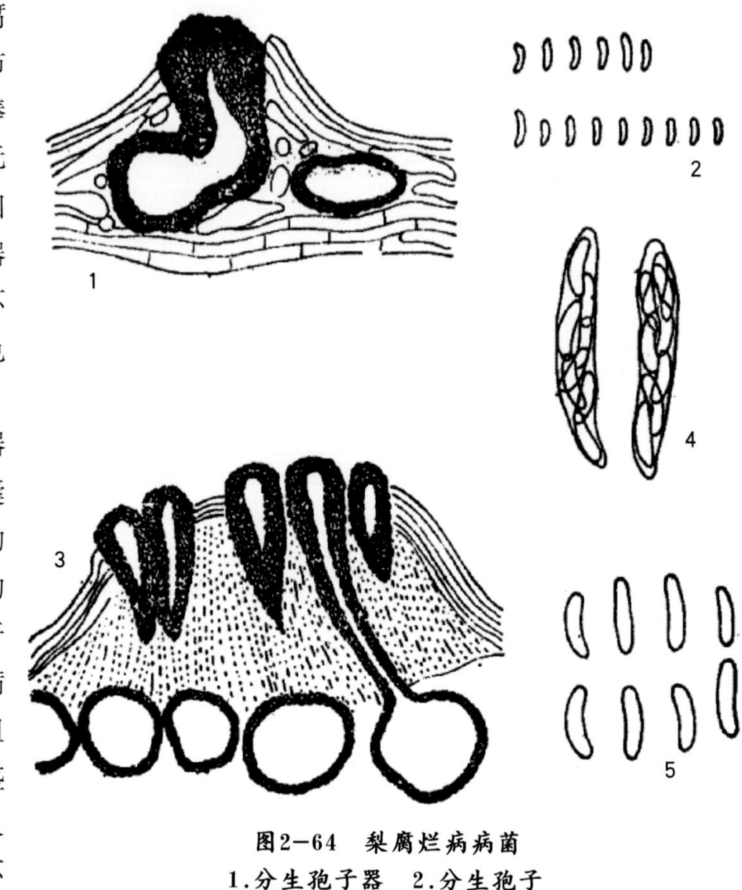

图2–64　梨腐烂病病菌
1.分生孢子器　2.分生孢子
3.子囊壳　4.子囊　5.子囊孢子

【防治方法】新建果园应予重视，因地制宜的发展新品种。增施有机肥料，适期追肥；防止冻害；适量疏花疏果；合理间作，提高树势。合理负担，结合冬剪，将枯梢、病果台、干桩、病剪口等病组织剪除，减少侵染源。冬剪时注意保护剪剧口，可涂抹3%甲基硫菌灵糊剂。

早春、夏季注意查找病部，认真刮除病组织，涂抹杀菌剂。刮树皮：在梨树发芽前刮去翘起的树皮及坏死的组织，刮皮后结合涂药或喷药。可喷布1.26%辛菌胺醋酸盐水剂18 ~ 36倍液、50%福美双可湿性粉剂50倍液、30%戊唑・多菌灵悬浮剂400 ~ 800倍液、70%甲基硫菌灵可湿性粉剂1份加植物油2.5份、50%多菌灵可湿性粉剂1份加植物油1.5份混合等，以防止病疤复发。

7. 梨炭疽病

【分布为害】梨炭疽病在我国各梨种植区均有分布，发病后引起果实腐烂和落果，对产量影响较大。梨果在生长期间极易感染炭疽病，此病害常在采后随果实生活力降低而逐渐发病，往往在运输、贮藏期间可继续扩大，甚至造成大量果实腐烂。

【症　　状】主要为害果实，也能侵害枝条。果实多在生长中后期发病。发病初期，果面出现淡褐色水渍状的小圆斑，以后病斑逐渐扩大，色泽加深，并且软腐下陷。病斑表面颜色深浅交错，具明显的同心轮纹。在病斑处表皮下，形成无数小粒点，略隆起，初褐色，后变黑色。有时它们排成同心轮纹状。在温暖潮湿情况下，它们突破表皮，涌出一层粉红色的黏质物。随着病斑的逐渐扩大，病部烂入果肉直到果心，使果肉变褐，有苦味。果肉腐烂的形状常呈圆锥形。发病严重时，果实大部分或整个腐烂，引起落果或者在枝条上干缩成僵果(图2–65和图2–66)。

图2-65 梨炭疽病为害果实初期症状

图2-66 梨炭疽病为害果实后期症状

【病　原】*Glomerella cingulata* 称围小丛壳，属子囊菌门真菌。子囊壳聚生，子囊孢子单胞，略弯曲，无色。无性阶段为*Colletotrichum gloeosporioides* 称盘长孢状刺盘孢，属无性型真菌。分生孢子盘埋生在表皮下，后突破表皮外露；分生孢子梗单胞，无色，栅栏状排列；分生孢子无色，椭圆形至长形(图2–67)。病菌生长最适温度为28～29℃，最高37～39℃，最低11～14℃。

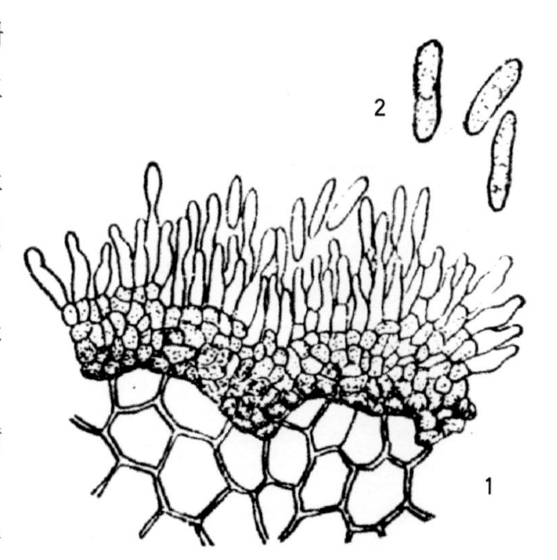

图2－67 梨炭疽病病菌
1.分生孢子盘 2.分生孢子

【发生规律】病菌以菌丝体在僵果或病枝上越冬。翌年条件适宜时产生分生孢子，借风雨传播，引起初侵染。多以越冬病菌为中心，然后向下扩展蔓延。一年内可多次侵染，直到采收。病害的发生和流行与雨水有密切关系，4—5月多阴雨的年份侵染早；6—7月阴雨连绵，发病重。地势低洼、土壤黏重、排水不良的果园发病重；树势弱、日灼严重、病虫害防治不及时和通风透光不良的梨树病重。

【防治方法】冬季结合修剪，把病菌的越冬场所，如干枯枝、病虫为害破伤枝及僵果等剪除，并烧毁。多施有机肥，改良土壤，增强树势，雨季及时排水，合理修剪，及时中耕除草。

梨树发芽前喷二氯萘醌50倍液或5%～10%重柴油乳剂。

发病前注意施用保护剂，可以用下列药剂：

80%代森锰锌可湿性粉剂700倍液；

86.2%氧化亚铜可湿性粉剂800倍液；

75%百菌清可湿性粉剂800倍液；

65%代森锌可湿性粉剂500～600倍液等，间隔7～12天喷施1次。

北方发病严重的地区，从5月下旬或6月初开始，每15天左右喷1次药，直到采收前20天为止，连续喷4～5次。雨水多的年份，喷药间隔期缩短些，并适当增加次数。可用下列药剂：

50%异菌脲可湿性粉剂2 000倍液；

3%多抗霉素可湿性粉剂150～600倍液；

80%代森锰锌可湿性粉剂700倍液+10%苯醚甲环唑水分散粒剂6 000倍液；

80%代森锰锌可湿性粉剂700倍液+50%多菌灵可湿性粉剂800倍液；

70%甲基硫菌灵可湿性粉剂1 000倍液+80%敌菌丹可溶性粉剂1 000～1 200倍液；

80%敌菌丹可湿性粉剂1 000倍液+50%苯菌灵可湿性粉剂1 000倍液；

75%百菌清可湿性粉剂1 000倍液+40%氟硅唑可湿性粉剂8 000～10 000倍液；

80%代森锰锌可湿性粉剂600～800倍液+6%氯苯嘧啶醇可湿性粉剂1 000～1 500倍液；

60%噻菌灵可湿性粉剂1 500～2 000倍液；

40%腈菌唑水分散粒剂6 000～7 000倍液；

50%咪鲜胺锰盐可湿性粉剂1 000～1 500倍液等。

做好贮藏管理，延缓果实的衰老进程，使之保持较强的抗病能力，同时抑制病菌活动，以防止病害的发生；采收后在0～5℃低温贮藏可抑制病害发生。

8．梨树干枯病

【分布为害】全国各地均有发生，为梨树枝干的重要病害，主要为害刚定植的幼树，造成树势衰弱甚至枯死。也可为害果实，造成腐烂。

【症　　状】苗木受害时，在茎基部表面产生椭圆形、梭形或不规则形状的红褐色水渍状病斑；以近椭圆形褐色斑，皮层也进一步腐烂并凹陷，病健交界处裂开，潮湿时溢出黄褐色丝状孢子角。重病枝干皮层折裂翘起，露出木质部，整枝枯死(图2-68和图2-69)。叶片明显比正常叶小，有萎蔫趋势。有时仅发芽较晚，严重时叶边缘焦枯，抽枝后发病的叶色转黄，提早落叶。

图2-68　梨树干枯病为害枝干初期症状

图2-69　梨树干枯病为害枝干后期症状

【病　　原】有性态为*Diaporthe eres*，称甜樱间座壳，属子囊菌门真菌。无性态主要是富士拟茎点霉菌 *Phomopsis fukushii*，属无性型真菌。分生孢子器生于寄主表皮下，分生孢子器扁球形，分生孢子具两型，α型为近椭圆形的分生孢子，β型为线状分生孢子钩状。两种孢子均无色，单胞(图2–70)。病菌菌丝发育温度为9～33℃，27℃为最适温度。

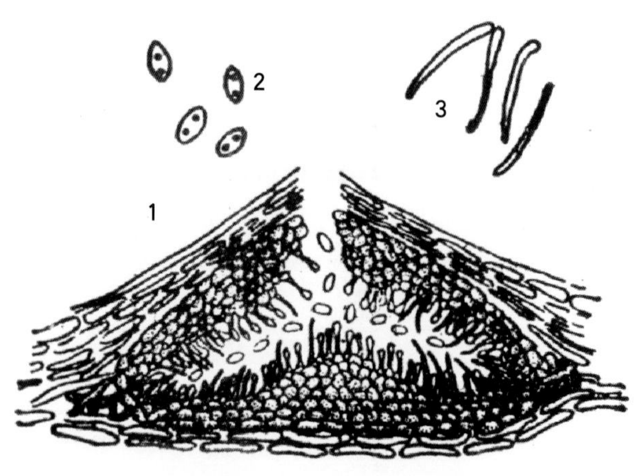

图2–70　梨树干枯病病菌
1.分生孢子器　2.纺锤形分生孢子
3.丝状分生孢子

【发生规律】以菌丝体和分生孢子器在病部越冬，翌春产生分生孢子，借风雨及昆虫传播，引起初侵染。高湿条件下，侵入的病菌产生孢子进行再侵染。越冬的菌丝体，在适宜的环境条件下又能继续扩展，6月气温较高，病斑扩展更快。土层瘠薄的山地或沙质土壤、地势低洼、土壤黏重、排水不良、施肥不足、通风不良的梨园发病均较重。

【防治方法】干枯病可以通过苗木传播，所以调出的苗木必须经过检疫。增施肥料、合理修剪、剪除病枯枝、适时灌水，低洼地注意排水。

早春萌芽前喷29%石硫合剂水剂50倍液混合液，铲除树枝上越冬病源。

在苗木生长期，可喷施1：2：200倍式波尔多液、70%甲基硫菌灵可湿性粉剂1 000～1 200倍液等。

发病初期喷50%苯菌灵可湿性粉剂1 500倍液、40%多·硫悬浮剂600倍液。也可刮除病斑，再涂50%福美双可湿性粉剂50倍液，或采用梨轮纹病和腐烂病的方法治疗。

9．梨褐斑病

【分布为害】梨产区均有发生，以南方梨产区发生较普遍。

【症　　状】主要为害叶片，最初产生圆形、近圆形的褐色病斑，边缘明显，后渐扩大，相互愈合成不规则形大斑。后期，病斑中间灰白色，密生黑色小点，周围褐色，最外层边缘则为黑色，严重的病斑连片致叶片坏死或变黄脱落(图2–71至图2–77)。果实发病的症状与病叶相似，后随果实发育，病斑稍凹陷，颜色变褐(图2–78)。

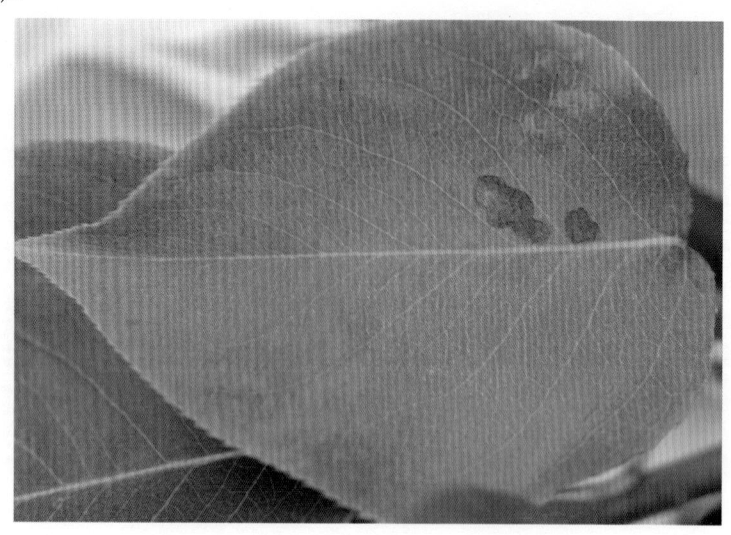

图2–71　梨褐斑病为害叶片初期症状

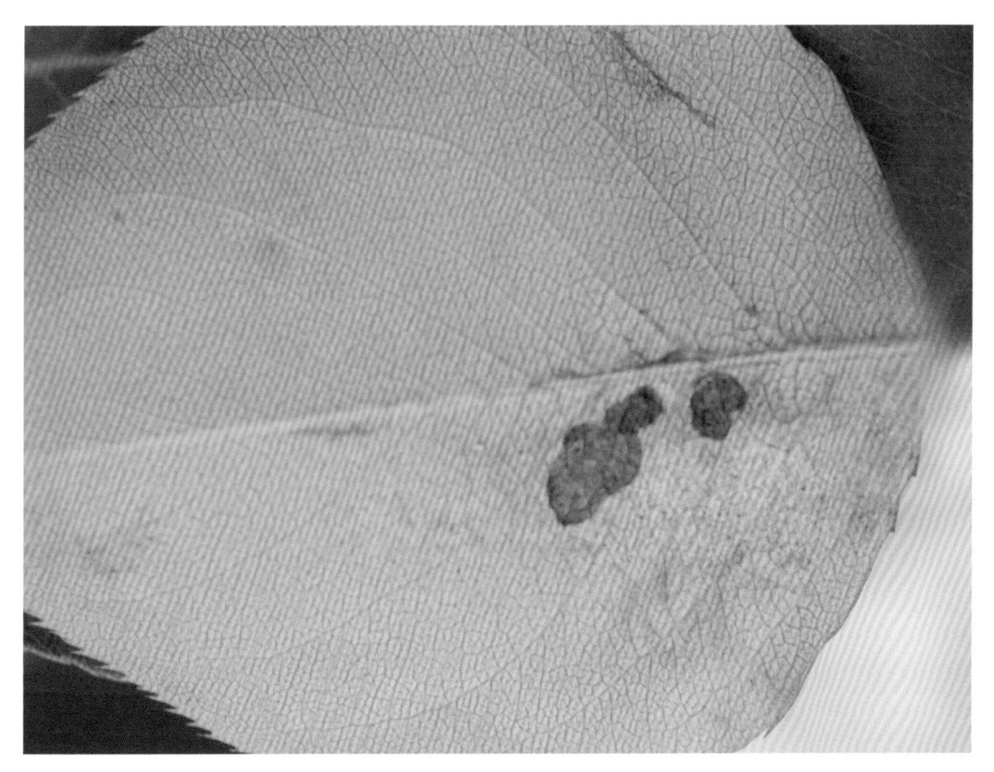

图2-72 梨褐斑病为害叶片初期叶背症状

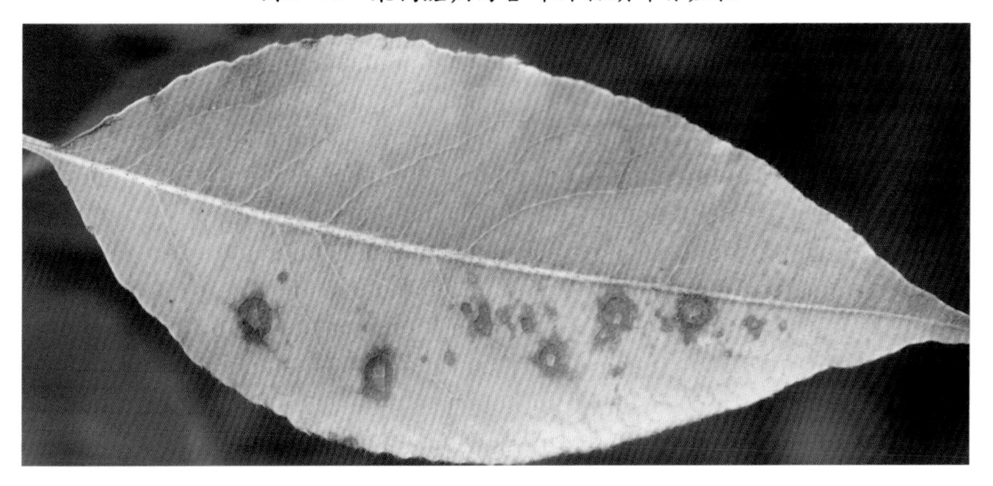

图2-73 梨褐斑病为害叶片中期症状

图2-74 梨褐斑病为害叶片中期叶背症状

图2-75　梨褐斑病为害叶片后期症状

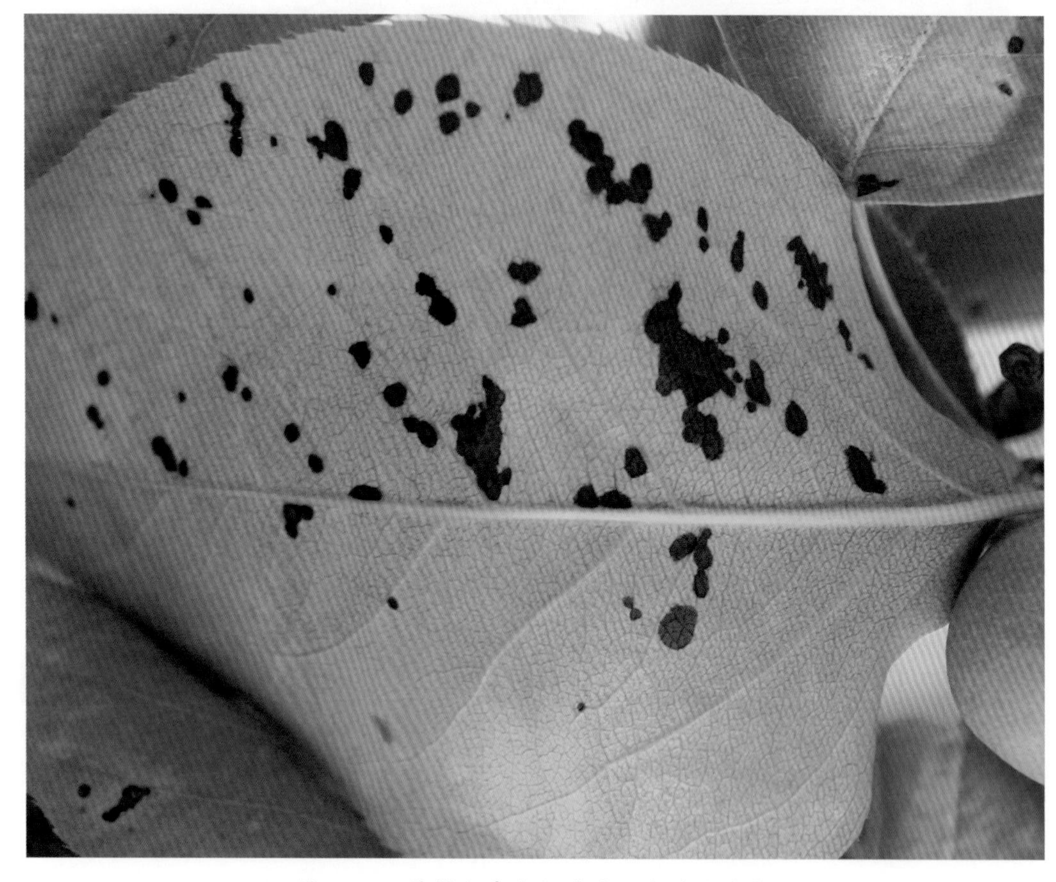

图2-76　梨褐斑病为害叶片后期叶背症状

图2–77　梨褐斑病为害后期落叶症状

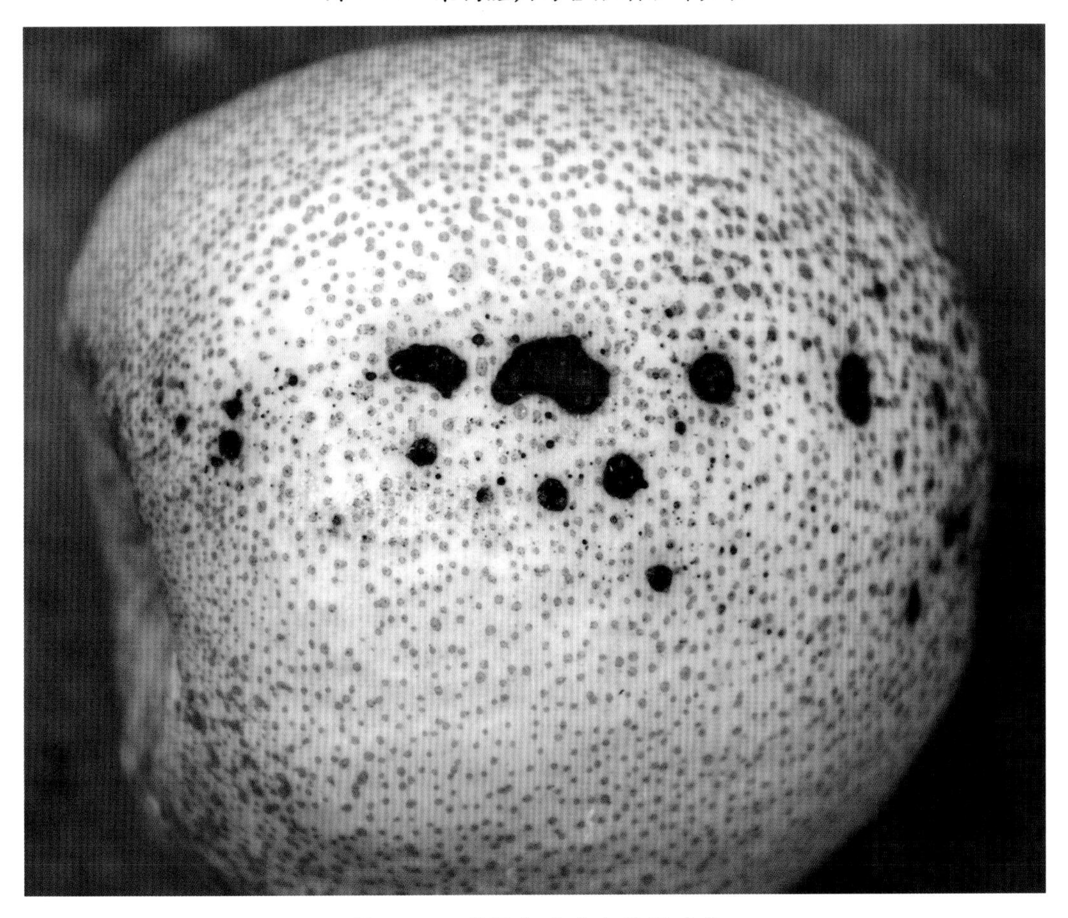

图2–78　梨褐斑病为害果实症状

【病　　原】有性世代为 *Mycosphaerella sentina* 称梨褐斑小球壳菌，属于子囊菌门真菌(图2–79)。无性世代为 *Septoria piricola* 称梨生壳针孢，属无性型真菌。分生孢子器球形或扁球形，暗褐色，有孔口。分生孢子针状，无色，有3～5个隔膜。子囊壳球形或扁球形，黑褐色。子囊棍棒状，无色透明。子囊孢子纺锤形或圆筒形，稍弯曲，无色，有一个隔膜。

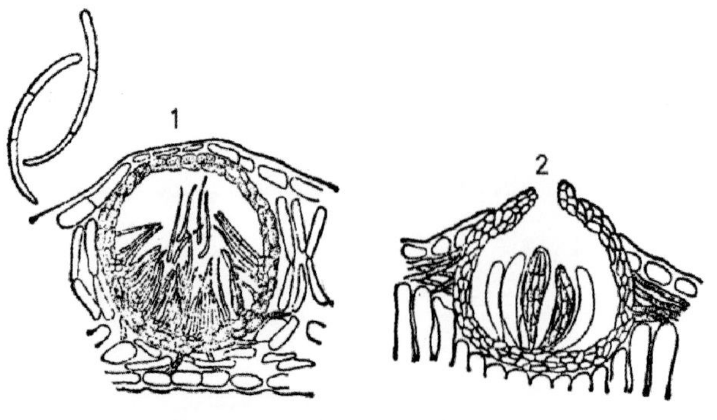

图2–79　梨褐斑病病菌
1.分生孢子器及分生孢子　2.子囊壳

【发生规律】以分生孢子器及子囊壳在落叶的病斑上越冬。翌年春季通过风雨散播分生孢子或子囊孢子，侵入叶片，引起初侵染。在梨树生长中期，产生成熟的分生孢子，可通过风雨传播，再次侵害叶片。病害一般在4月中旬开始发生，5月中下旬盛发。发病严重的，在5月下旬就开始落叶，7月中下旬落叶最严重。雨水早、雨水多时发病重。施肥不足，树势衰弱时发病重。

【防治方法】病重的地区选用抗病品种。冬季扫除落叶，集中烧毁或深埋土中。在梨树丰产后，应增施肥料，合理修剪，促使树势生长健壮，提高抗病力。雨季注意排水，降低果园湿度，限制病害发展蔓延。

早春梨树发芽前，结合防治梨锈病，喷施0.6%倍式波尔多液，或喷1次3波美度石硫合剂与0.3%～0.5%五氯酚钠混合液。

落花后，约4月中下旬病害初发时(图2–80)，喷第1次药；5月上中旬再喷1次药。可以下用药剂：

图2–80　梨褐斑病为害叶片初期症状

80%代森锰锌可湿性粉剂800～1 000倍液；

75%百菌清可湿性粉剂600～800倍液；

70%甲基硫菌灵可湿性粉剂600～800倍液；

10%苯醚甲环唑水分散粒剂3 000～5 000倍液；

12.5%烯唑醇可湿性粉剂2 500倍液；

50%多菌灵可湿性粉剂800～1 000倍液；

62.5%腈菌唑·代森锰锌可湿性粉剂1 500～2 000倍液；

50%异菌脲可湿性粉剂1 000～1 500倍液；

50%苯菌灵可湿性粉剂1 500～2 000倍液；

50%嘧菌酯水分散粒剂5 000～7 000倍液；

25%吡唑醚菌酯乳油1 000～3 000倍液；

24%腈苯唑悬浮剂2 500～3 200倍液；

40%腈菌唑水分散粒剂6 000～7 000倍液；

1.5%多抗霉素可湿性粉剂200～500倍液。

10．梨干腐病

【分布为害】遍及全国各梨产区。在北方旱区发生严重，是梨上仅次于腐烂病的重要枝干病害。主干、主枝和较大的侧生枝均可发生，病斑绕侧枝一周后侧枝即枯死，但较少造成死树。

【症　　状】枝干出现黑褐色、长条形病斑，质地较硬，微湿润，多烂到木质部。病斑扩展到枝干半圈以上时，常造成病部以上叶片萎蔫，枝条枯死。后期病部失水，凹陷，周围龟裂，表面密生黑色小粒点。病菌也侵害果实，造成果实腐烂(图2–81至图2–83)。

图2–81　梨干腐病为害枝干症状

图2-82　梨干腐病为害枝条叶片萎蔫状

图2-83　梨干腐病为害整树症状

【病　　原】有性世代为 *Botryosphaeria* sp. 称葡萄座腔菌，属子囊菌门真菌。子囊座中等至大型，子囊孢子单胞，卵形或椭圆形，无色偶现褐色，假囊壳单生。无性世代为 *Macrophoma* sp. 称大茎点菌，属无性型真菌。分生孢子单胞，无色，椭圆形。病菌发育最适温度为25～30℃，最高37℃，最低8℃。

【发生规律】以分生孢子器在发病的枝干上越冬，少数情况下也以在发病后形成的僵果上越冬。春天潮湿条件下病斑上形成分生孢子，借雨水传播，形成当年枝干和果实上的初侵染。发病高峰在近成熟期。树势衰弱，土壤水分供应不足，能加快病斑扩展。在管理粗放的地区和园区发病较重。

【防治方法】培育壮苗，提高苗木抗病能力。苗木假植后充分浇水，定植不可过深，苗木和幼枝合理施肥，控制枝条徒长。干旱时应及时灌水。

在萌芽前期，可喷施1：1：160倍式波尔多液。

发病初期可刮除病斑，并喷施45%晶体石硫合剂300倍液、75%百菌清可湿性粉剂700倍液、50%苯菌灵可湿性粉剂1 500倍液、36%甲基硫菌灵悬浮剂600倍液等。

生长期间喷洒1：2：200倍式波尔多液、45%晶体石硫合剂300倍液、50%苯菌灵可湿性粉剂1 400倍液、64%恶霜灵·代森锰锌可湿性粉剂500倍液，保护枝干和果实。

11．梨轮斑病

【分布为害】遍及全国各梨产区。

【症　　状】主要为害叶片、果实和枝条。叶片受害，开始出现针尖大小黑点，后扩展为暗褐色、圆形或近圆形病斑，具明显的轮纹(图2-84至图2-88)。在潮湿条件下，病斑背面产生黑色霉层。新梢染病，病斑黑褐色，长椭圆形，稍凹陷。果实染病形成圆形、黑色凹陷斑。

图2-84　梨轮斑病为害叶片初期症状

图2-85　梨轮斑病为害叶片初期叶背症状

图2-86　梨轮斑病为害叶片中期症状

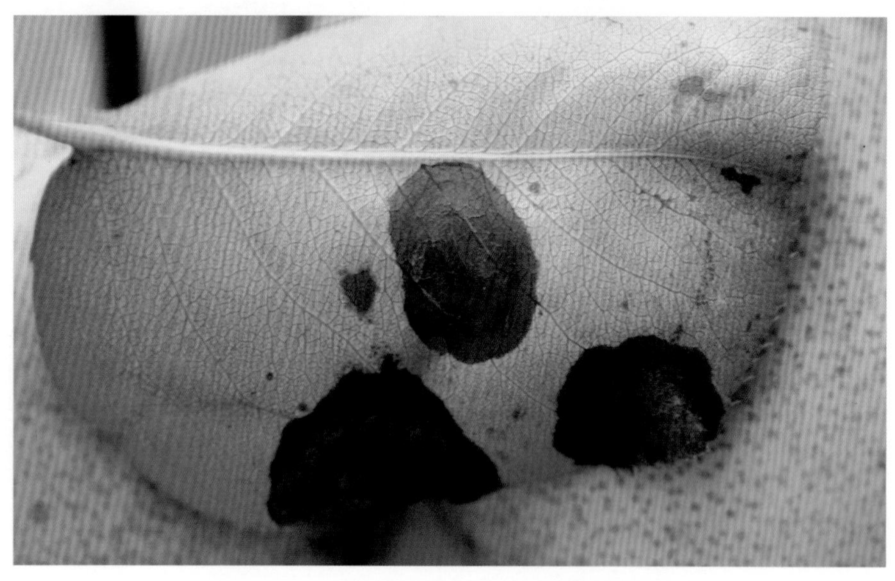

图2-87　梨轮斑病为害叶片中期背面症状

图2-88 梨轮斑病为害叶片后期症状

【病　　原】*Alternaria mali* 称苹果链格孢，属无性型门真菌。分生孢子梗束状，褐色，弯曲多孢。分生孢子顶生，短棒锤形，暗褐色，有2～5个横隔，1～3个纵隔，有短柄。

【发生规律】病菌以分生孢子在病叶等病残体上越冬，长势弱，伤口较多的梨树易发病；树冠茂密，通风透光较差，地势低洼的梨园发病重。

【防治方法】清除落叶，彻底防治幼树上的黑星病，加强水肥管理，适当疏花、疏果，控制结果量，保持树势旺盛，合理修剪，使树膛内通风透光。

芽萌动时喷洒药剂预防，如80%代森锰锌可湿性粉剂700倍液、75%百菌清可湿性粉剂800倍液、50%多菌灵可湿性粉剂800倍液等。

花前、落花后幼果期，雨季前，梨果成熟前30天左右是防治该病的关键时期(图2-89)。各喷施1次药剂。可用药剂有：

图2-89 梨轮斑病为害叶片初期症状

80%代森锰锌可湿性粉剂700倍液+50%醚菌酯水分散粒剂2 000～3 000倍液；

75%百菌清可湿性粉剂800倍液+10%苯醚甲环唑水分散粒剂2 000～3 000倍液；

50%腈・锰锌(腈菌唑・代森锰锌)可湿性粉剂800～1 000倍液；

30%多・烯(多菌灵・烯唑醇)可湿性粉剂600～800倍液等，为了增加展着性，可加入0.03%皮胶或0.1%6501辅剂。

12．梨灰斑病

【分布为害】发生比较普遍，严重地块叶片发病率可高达100%，每叶病斑可多达几十个。此病在北方梨产区多有发生。

【症　　状】主要为害叶片，叶片受害后先在正面出现褐色小点，逐渐扩大成近圆形、灰白色病斑，病斑逐渐扩展到叶背面。后期叶片正面病斑上生出黑褐色小粒点，病斑表面易剥离(图2-90至图2-94)。

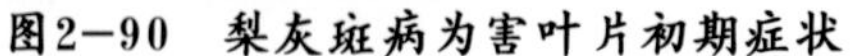

图2-90　梨灰斑病为害叶片初期症状

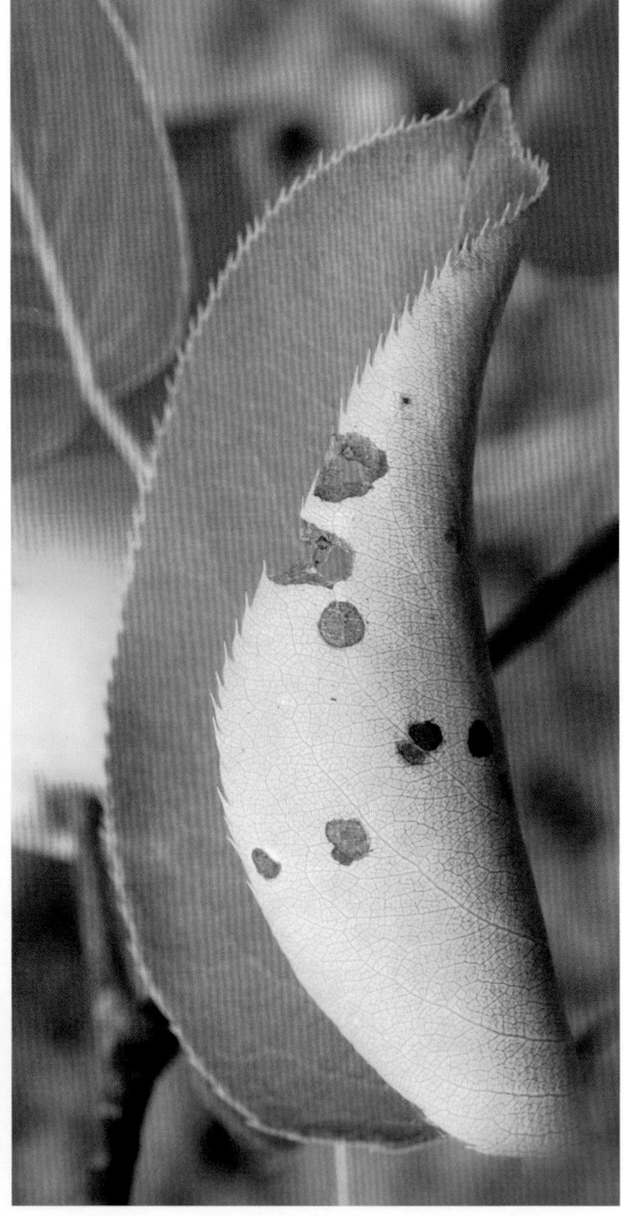

图2-91　梨灰斑病为害叶片初期叶背症状

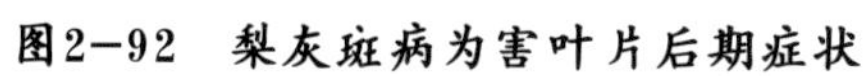

图2-92　梨灰斑病为害叶片后期症状

图2-93　梨灰斑病为害叶片后期叶背症状

图2-94　梨灰斑病为害叶片后期田间症状

【病　　原】*Phyllosticta pirina* 称梨叶点霉，属无性型真菌。

【发生规律】病菌以分生孢子器在病落叶上越冬，翌年条件适宜时产生分生孢子，借风雨传播，可进行再侵染。每年6月即可发病，7—8月为发病盛期，多雨年份发病重。

【防治方法】冬季清洁果园，及时清除病残叶，深埋或销毁减少越冬菌源。

发病前或雨季之前喷药预防(图2–95)，可喷施下列药剂：

图2–95　梨灰斑病为害叶片初期症状

倍量式波尔多液200 ~ 400倍液；

50%多菌灵可湿性粉剂700 ~ 800倍液；

70%甲基硫菌灵可湿性粉剂800倍液；

2%嘧啶核苷类抗生素水剂200 ~ 300倍液，间隔10 ~ 15天，一般年份喷施2 ~ 3次，多雨年份喷施3 ~ 4次。

13．梨斑纹病

【分布为害】全国各地均有发生。

【症　　状】主要为害叶片，多数从叶缘开始发病，初为褐色斑，逐渐扩展成淡褐色大斑，有明显的波状轮纹(图2–96和图2–97)。

图2-96 梨斑纹病为害叶片症状

图2-97 梨斑纹病为害叶片背面症状

14. 梨煤污病

【分布为害】全国各地均有发生。

【症　　状】为害果实、枝条，严重时也为害叶片，在果面产生深褐色或黑色煤烟状污斑，边缘不明显，可覆盖整个果面，一般用手擦不掉。初期病斑颜色较淡，与健部分界不明显，后期色泽逐渐加深，病健界线明显。新梢及叶面有时也产生煤污状斑(图2-98和图2-99)。

图2-98　梨煤污病为害幼果症状

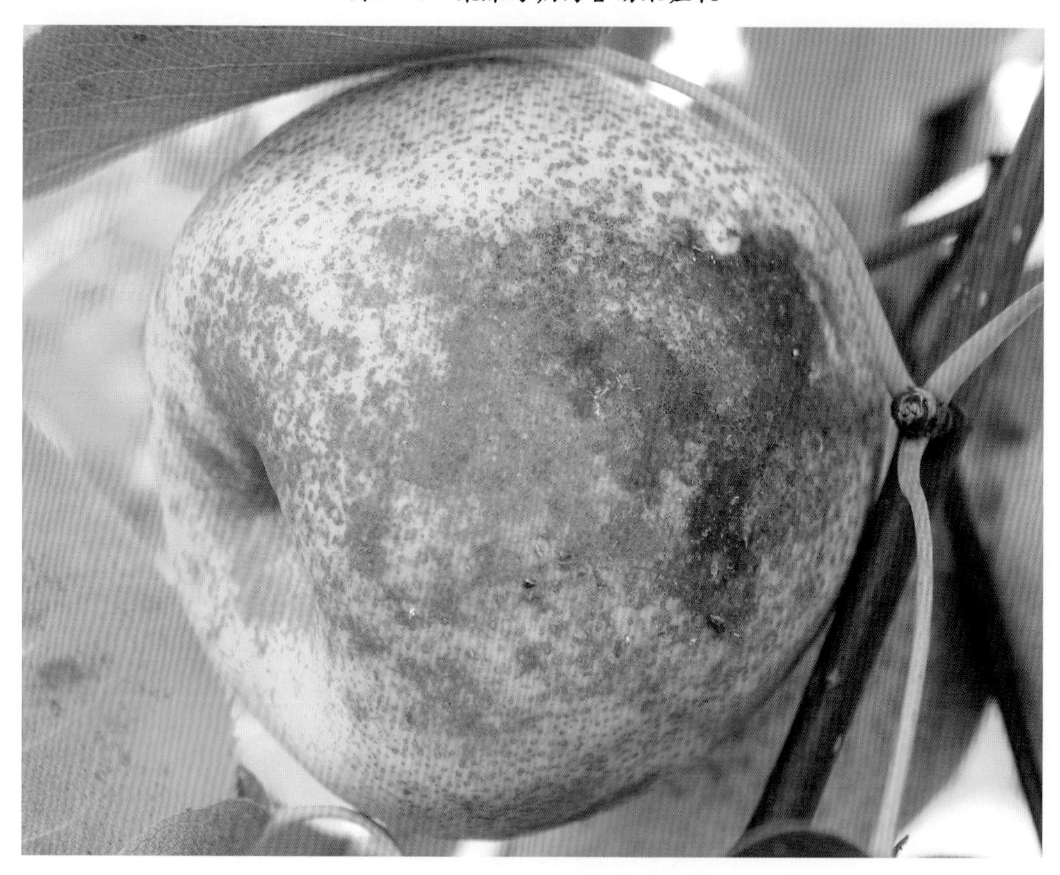

图2-99　梨煤污病为害果实症状

【病　　原】*Gloeodes pomigena* 称仁果黏壳孢，属无性型真菌。分生孢子器半球形，分生孢子椭圆形至圆筒形，无色，成熟时双细胞，两端尖，壁厚。病菌生长温度6～29℃，适温26℃，pH值=5～13能生长，最适pH值=9。

【发生规律】以分生孢子器在病枝上越冬。翌春，气温回升，分生孢子借风传播为害，进入雨季更严重。6—8月开始发病，以后进行再侵染。菌丝体多着生于果面，个别菌丝侵入果皮下层。在降雨较多年份，低洼潮湿，积水，地面杂草丛生，树冠郁闭，通风不良等果园中发病较重。梨木虱等为害时，若虫分泌黏液，也易诱发煤污病。

【防治方法】落叶后结合修剪，剪除病枝集中烧毁，减少越冬菌源。加强果园管理，雨季及时割除树下杂草，及时排除积水，降低果园湿度。修剪时，尽量使树膛开张，疏掉徒长枝，改善内膛通风透光条件，增强树势，提高抗病力。

发病初期，可喷施下列药剂：

50%甲基硫菌灵可湿性粉剂600～800倍液；

50%多菌灵可湿性粉剂500～600倍液；

50%苯菌灵可湿性粉剂800～1 500倍液，间隔10天左右喷1次，共2～3次。

15．梨叶脉黄化病

【分布为害】各国梨产区均有发生，病树新梢生长量减少50%。

【症　　状】主要为害叶片，致梨树生长量减半。在感病品种或指示植物上，5月末或6月初，在较小的叶脉上形成界线不很清晰的黄化区，一般仅短小的细脉发病，特别是在接穗第1年生长期间最为明显，有些类型形成红色斑驳状(图2–100和图2–101)。

图2–100　梨叶脉黄化病病叶

图2-101 梨叶脉黄化病田间为害症状

【病　　原】Pear stem pitting virus (PSPV)，称梨茎凹病毒。这种病毒在梨上普遍存在，黄脉和红色斑驳在梨上的并发症，可能由同一种病毒引起。

【发生规律】可以嫁接传染，也可机械传染到草本寄主上。带毒苗木、接穗、砧木是病害的主要侵染来源。把病芽和指示植物的芽，同时嫁接在一株砧木上，指示植物在嫁接当年即表现症状。

【防治方法】栽培无病毒苗木。剪取在37℃恒温下处理2～3周生长出的梨苗新梢顶端部分，进行组织培养，繁殖无毒的单株。

禁止在大树上高接繁殖无病毒新品种。禁止用无病毒的梨接穗在未经检毒的梨树上进行高接繁殖或保存。

加强梨苗检疫，防止病毒扩散蔓延。建立健全无病毒母本树的病毒检验和管理制度，把好检疫关，杜绝病毒侵入和扩散。

16．梨环纹花叶病

【分布为害】分布广泛。带毒梨树的干周生长量减少10%，树势衰弱且易遭冻害。

【症　　状】主要为害叶片，严重时也可为害果实。叶片产生淡绿色或浅黄色环斑或线纹斑。高度感病品种的病叶往往变形或卷缩。有些品种无明显症状，或仅有淡绿色或黄绿色小斑点组成的轻微斑纹(图2-102和图2-103)。阳光充足的夏天症状明显，而且在8月感病品种叶片上常出现坏死区域。偶尔也发生在果实上，但病果不变形，果肉组织也无明显损伤。阳光充足的夏天症状明显，而且感病品种在8月份叶片上常出现坏死区域。偶尔也发生在果实上，但病果不变形，果肉组织也无明显损伤。

图2-102　梨环纹花叶病为害叶片症状

图2-103　梨环纹花叶病为害植株症状

【病　　原】Pear ring mosaic virus (PRMV)，称梨环纹花叶病毒。病毒粒体曲线条状，致死温度52～55℃，稀释限点10^{-4}。

【发生规律】通过嫁接途径传染，随着带毒苗木、接穗、砧木等扩散蔓延。病树种子不带毒，因而用种子繁殖的实生苗也是无病毒的。未发现昆虫媒介。气候条件和品种影响症状的表现，干热夏天症状明显，在阴天或潮湿条件下，症状不明显。

【防治方法】加强梨苗检疫，防止病毒扩散蔓延。首先应建立健全无病毒母本树的病毒检验和管理制度，把好检疫关，杜绝病毒侵入和扩散。

禁止在大树上采用高接的方法，繁殖无病毒新品种。一般杂交育成的新品种，多数是无病毒的。禁止用无病毒的梨接穗在未经检毒的梨树上进行高接繁殖或保存，以免受病毒侵染；如需高接必须检测砧木或大树是否带毒，不要盲目进行高接，以免遭病毒感染。剪取在37℃恒温下处理2～3周伸长出的梨苗新梢顶端部分，进行组织培养，繁殖无毒的单株。

17．梨石果病毒病

【分布为害】又称梨石痘病，主要为害果实和树皮。梨树上为害性最大的病毒病害，果实发病后完全丧失商品价值。对发病品种是一类毁灭性病害。但在系统侵染的树上，症状严重度随年份不同而变化。带毒树长势衰退，一般减产30%～40%。

【症　　状】主要为害果实和树皮。首先在落花10～20天后的幼果上出现症状，在果表皮下产生暗绿色区域，病部凹陷(图2-104)。果实成熟后，皮下细胞变为褐色。病树新梢、枝条和枝干树皮开裂，其下组织坏死。在老树的死皮上产生木栓化凸起。病树往往对霜冻敏感。有时早春抽发的叶片出现小的浅绿色褪绿斑。

图2-104　梨石果病毒病为害果实症状

【病　　原】Pear stone pit virus (PSPV)，称梨石果病毒。病毒本身特性尚未研究清楚。

【发生规律】梨石果病毒病在西洋梨品种上的症状最明显，病毒主要通过嫁接传染，接穗或砧木带毒是病害的主要侵染来源。

【防治方法】选用无病砧木和接穗，避免用根蘖苗作砧木。严格选用无病毒接穗，是防治此病的有效措施。病树也不能用无病毒接穗高接换头。

加强梨园管理。采用配方施肥技术，适当增施有机肥，重点管好浇水，天旱及时浇水，雨后或雨季注意排水，增强树势，提高抗病力。果园发现病树应连根刨掉，以防传染。

18．梨红粉病

【分布为害】主要在果实生长后期和贮藏期发生，不严重。在常温库贮存时，常在梨黑星病斑上继发侵染。

【症　　状】主要为害果实，发病初期病斑近圆形，产生黑色或黑褐色凹陷斑，扩展可达数厘米，果实变褐软化，很快引起果腐。果皮破裂时上生粉红色霉层，即病菌分生孢子梗和分生孢子，最后导致整个果实腐烂(图2–105)。

图2–105　梨红粉病为害果实症状

【病　　原】*Trichothecium roseum* 称粉红单端孢，属半知菌亚门真菌。菌落初无色，后渐变粉红色，菌丝体由无色、分隔和分枝的菌丝组成。分生孢子梗细长，直立无色，不分枝，有分隔，于顶端以倒合轴式序列产生分生孢子。分生孢子卵形，双胞，顶端圆钝，至基部渐细，无色或淡红色。

【发生规律】红粉菌是一种腐生或弱寄生菌，病菌分生孢子分布很广，孢子可借气流传播，也可在选果，包装和贮藏期通过接触传染，伤口有利于病菌侵入。病菌一般在20～25℃发病快，降低温度对病菌有一定抑制作用。梨树生长后期发生，为害严重。

【防治方法】防治该病以预防为主，在采收、分级、包装、搬运过程中尽可能防止果实碰伤、挤伤。入贮时剔除伤果，贮藏期及时去除病果。

对包装房和贮藏窖应进行消毒或药剂熏蒸，注意控制好温度，使其利于梨贮藏而不利于病菌繁殖侵染。有条件的可采用果品气调贮藏法。如选用小型气调库、小型冷凉库、简易冷藏库等，采用机械制冷并结合自然低温的利用，对梨进行中长期贮藏可大大减少梨红粉病的发生。

近年该病在梨树生产后期发生为害严重，可在生产季节或近成熟期喷施下列药剂：

50%苯菌灵可湿性粉剂800～1 500倍液；

30%烯唑·多菌灵可湿性粉剂900～1 200倍液；

70%甲基硫菌灵可湿性粉剂1 000倍液，防治1次或2次。

19. 梨树木腐病

【分布为害】成年树的老果园发生普遍，能使树势衰弱，由于木质部腐朽，刮大风时，病枝容易折断，造成损失。

【症　　状】主要为害老树的主干和主枝。被害树的树势衰弱，严重时叶片变黄，早期落叶。病菌孢子从伤口侵入，在木质部扩展，使木质部腐朽，手捏易碎。最后从伤口处长出子实体，子实体为膏状物，黄褐色，圆头状或马蹄形，灰褐色至黑褐色，是该病的特征。此时木质部大部分已腐朽(图2–106)。

图2–106　梨树木腐病为害枝干症状

【病　　原】包括多种木腐菌，主要有截孢层孔菌 *Fomes truncatospora*、假红绿层孔菌 *Fomes marginatus*、李针层孔菌 *Phellinus pomaceus* 和木蹄层孔菌 *Pyropolyporus fomentarius*，均属担子菌亚门真菌。担子果平伏而反卷，贝壳形或近平伏，褐色至黑色，有同心环带，老后龟裂。边缘白色，波浪状，下侧无子实层。菌肉薄，近白色，渐变为肉桂色，年老的菌管内充满白色菌丝，管壁厚、完整。管口白色，后呈米黄色扩近圆形。孢子卵形，光滑，无色或近无色，顶端平截。菌丝无色，不分枝，无横隔。

【发生规律】病原以多年生菌丝体和子实体在病树上越冬。枝干内的菌丝体继续扩展为害，枝上的子实体产生大量的担孢子借风雨传播，从伤口侵入。老龄树、衰弱树、破肚树发病重。

【防治方法】病树伤口处长出的子实体应彻底刮除或摘净，及时烧毁，并在刮口处涂保护剂，已死或将死的老树应及时刨除，烧掉。增施肥料，增强树势，提高抗病性。尽量避免造成枝干的伤口。

药剂防治：大枝的锯口可用2%S-921抗菌剂20～30倍液或1%硫酸铜液消毒，然后涂波尔多液或抹蜡保护，促使伤口愈合，防止病原侵染。破肚树及树洞要及时用沥青、水泥或石灰混合填补，防止雨后积水。防治枝干害虫。

20．梨树疫病

【分布为害】主要发生在甘肃、内蒙古、青海、宁夏等梨树区。甘肃省发病较重，梨园病株率10%～30%，重病梨园达70%以上。

【症　　状】主要为害树干基部。病部树皮呈黑褐色，水渍状，形状不规则。病皮内部也呈黑色，质地较硬，有的病块可烂到木质部。后期病部失水，干缩下陷，病健交界处龟裂(图2-107和图2-108)。1～2年生幼树受害后，当年生枝叶萎蔫、焦枯，严重时全树变黑、枯死。定植后的3～4年幼树受害，长势衰弱，叶变小，呈紫红色，花期延迟，果实变小，常造成早期落叶、落果。病斑绕枝干一周后，全树即枯死。

图2-107　梨树疫病为害枝干初期症状

图2-108　梨树疫病为害枝干后期症状

【病　　原】*Phytophthara cactorum* 称恶疫霉，属鞭毛菌门真菌。无性世代增生游动孢子及厚垣孢子，有性世代产生卵孢子。病菌菌丝生长温度为10～30℃，最适温度为25℃。

【发生规律】病原以卵孢子、厚垣孢子或菌丝体在病组织内或土壤中越冬。靠雨水或灌溉水传播，从伤口侵入。梨树生长季节均可发病，7—9月扩展较快。高温、高湿是发病的主要因素。降雨次数多、雨量大或灌水多的阴湿地、低洼地、川地及土壤黏重的梨园发病较重。果园灌水方式不当，如漫灌和造成积水时间过长，杂草丛生，间作作物距离果树太近，往往发病重。1～3年生幼树易发病，以后发病较少。树干基部嫁接口、冻伤、冰雹伤、日灼伤、机械伤等伤口较多的梨园，该病常大发生。

【防治方法】选用抗病品种。高位嫁接，接口高出地面20cm。低位苗适当浅栽，使砧木露出地面，以防病菌从接口侵入。已深栽的梨树应扒土、晒接口，提高抗病能力。灌水要均匀，勿积水，改漫灌为从小渠分别引水灌溉；苗圃最好高畦栽培，减少灌水或雨水直接浸泡苗木基部；及时除草，果园内不种高秆作物；间作物与树干保持一定距离，防止遮阴。对树干上的病斑应及时刮治，或用刀尖在病部纵向划道，深达木质部。

在5月降雨前或灌水前，对树干基部喷洒下列药剂：

72%霜脲氰·代森锰锌可湿性粉剂500倍液；

69%烯酰吗啉·代森锰锌可湿性粉剂500倍液；

70%代森锌可湿性粉剂或75%百菌清可湿性粉剂500倍液，每15天喷1次，连喷2～3次。

经常在园内检查，发现病斑及时刮除，并将刮下的病皮集中带出园外烧掉。或用利刀在病部纵向划道，间隔0.5cm，越出病斑外1cm，深达木质部，然后涂抹843康复剂或80%乙膦铝30～50倍液。

21. 梨果软腐病

【分布为害】零星发生，但是果实伤口多、贮藏期温度高时发生较重。

【症　　状】多始于果实梗洼、萼底及表皮的刺伤口，果实表面出现浅褐色至红褐色圆斑，后扩展成黑褐色不规则形软腐病斑。高温时5～6天内可使病果全部软腐。在0℃条件下，冷藏60天后，染病果实全部腐烂，还能引起再侵染。病部长出大量灰白色菌丝体和黑色小点(图2-109)。

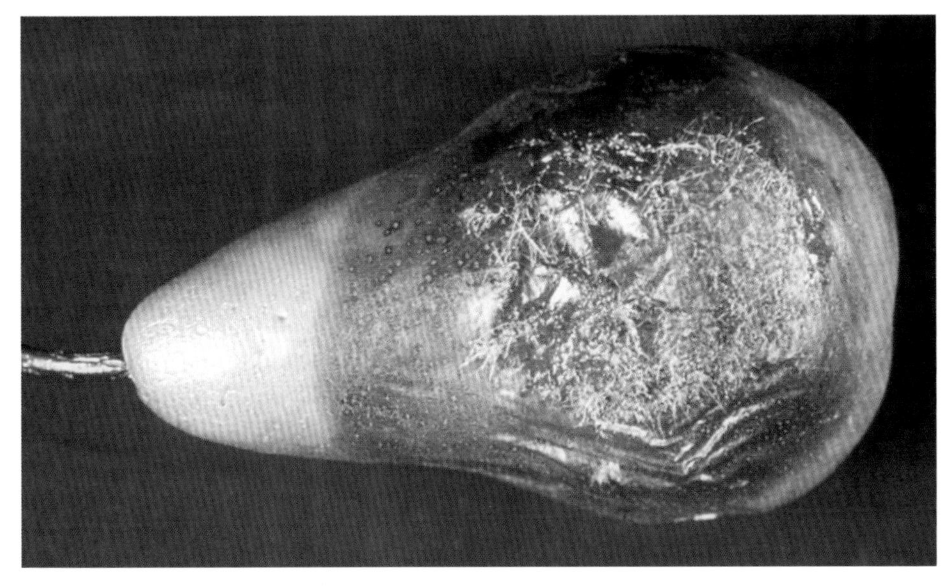

图2-109　梨软腐病为害果实症状

【病　　原】主要由匍枝根霉(*Rhizopus stolonifer*)和梨形毛霉(*Mucor piriformis*)引起，均属接合菌亚门真菌。匍枝根霉：匍匐菌丝爬行，弓状弯曲，无色。菌丝上不形成厚垣孢子。假根非常发达，根状褐色。孢囊梗直立，通常2～4根成束，较少单生或5～7根成束，不分枝，光滑或稍微粗糙，灰褐色至暗褐色。孢子囊球形或近球形，老熟后黑色。囊轴球形、近球形、钝圆锥形、卵形，壁光滑，灰褐色。子囊孢子大而明显，楔形。孢囊孢子球形、卵形、椭圆形，或其他不规则形状，多有棱角，条纹明显，灰色略带灰蓝色。接合孢子囊球形，有粗糙的凸起。梨形毛霉：菌丝白色转黄色。孢囊梗很少分枝。孢子囊白色转深褐色，壁有刺，易溶解；囊轴无色，平滑，洋梨形、卵形，偶尔球形。孢子无色，椭圆。

【发生规律】病原在2cm土层中或落果等有机物中越冬。果实采收后1～2个月菌源数量增加，进入冬季明显减少，通过接触或动物携带，以及雨水溅射传播，并可随病果转运进行远距离传播。通过伤口侵入，也可直接侵入。高湿的气候条件下病情迅速发展。

【防治方法】及时清除病果，保持果园、果窖清洁。采收、贮运过程中减少果实的伤口。不要在湿度大或阴雨天采摘果实，以减少传染。用纸单果包装，以减少二次侵染。落果宜单独存放，不要与采摘的健果放在一起。

必要时可用杀菌剂处理，采收前1个月开始喷施下列药剂：

1：2：200倍式波尔多液；

77%氢氧化铜可湿性粉剂500倍液；

50%琥胶肥酸铜可湿性粉剂500倍液；

14%络氨铜水剂300倍液；

70%甲基硫菌灵可湿性粉剂800倍液。尤其是晚春夏初降雨时喷药，效果更明显。

22．梨青霉病

【分布为害】主要分布于河北、山东、辽宁、河南等省。主要在果实贮藏期引起果实腐烂。

【症　　状】发病初期在果面伤口处，产生淡黄褐色至浅灰褐色圆形小病斑，扩大后，病组织水渍状，软腐，常下凹。条件适宜时，全果迅速腐烂。果肉呈烂泥状，有刺鼻的特殊霉味，果肉味苦。在潮湿条件下，后期病斑上常产生小瘤状霉块，初白色，后青绿色，上覆粉状物；有时瘤状霉块呈轮纹状排列(图2-110和图2-111)。在干燥条件下，很难出现霉块状病斑。病果失水干缩后，常仅留一层皱缩果皮。

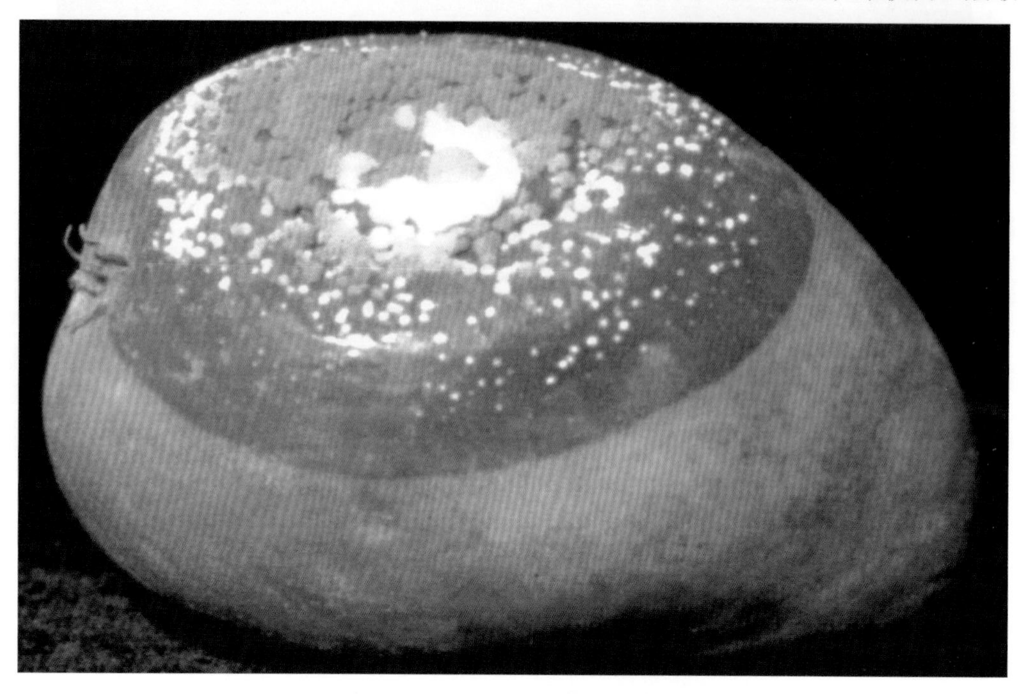

图2-110 梨青霉病为害果实症状

图2-111 梨青霉病为害果实后期霉状物

【病　　原】*Penicillium expansum* 称扩展青霉，属无性型真菌。菌落铺展粒绒状，具白色边缘后变褐，分生孢子梗细长直立，分隔无色，帚状分枝1～2次，小梗瓶状，形成相互纠结孢子链，分生孢子单胞，椭圆形或近球形，呈念珠状串生，分生孢子集结时呈青绿色。

【发生规律】病菌存在于各种贮藏场所，主要在贮藏期发病，成熟期在树上亦可发病。通过各种伤口以及皮孔侵入，在其他病害的病斑上可继发侵染。高温、高湿下发病较严重。病菌侵入后，经过一段高温，再放入低温(5℃左右)库中，也常发生。35℃以上时，病斑扩展很快；在1～2℃条件下贮藏，病斑仍能缓慢扩展。冬季低温时，病情发展慢。破伤果发病重，无伤果很少发病。

【防治方法】采收、包装、运输、贮藏各环节应剔除伤、病果，防止产生伤口，以减少病菌侵入途径。剔除病伤果实，在贮藏中及时去除病果，防止传染。

贮果前，包装房、果窖和盛果旧筐(箱)严格消毒：用硫磺熏蒸，20～25g/m^3，点燃后封闭48小时；亦可用1%～2%福尔马林、4%漂白粉熏蒸后封闭48～72小时，然后通风启用。

梨果贮藏期，果窖保持1～2℃低温和二氧化碳气体成分，以减缓发病。必要时可在贮藏前用：

50%多菌灵可湿性粉剂500倍液；

70%甲基硫菌灵可湿性粉剂800倍液；

45%噻菌灵悬浮剂1 000～2 000倍液，同时还可兼防贮藏期的真菌病害。

23. 梨树根癌病

【症　　状】又称梨冠瘿病。肿瘤多发生在表土下根颈部和主根与侧根连接处或接穗和砧木愈合的地方。瘤的形状一般为球形或扁球形，也可互相愈合成不规则形；根瘤大小差异很大，初生时呈乳白色或淡黄色，以后逐渐变为褐色至深褐色；木质化后变得坚硬，表面粗糙或凹凸不平。茎部瘤体椭圆形或不规则形，大小不一，幼嫩瘤淡褐色，表面粗糙不平，柔软海绵状；继续扩展，颜色逐年加深，内部组织木质化形成较坚硬的瘤(图2-112)。癌瘤的形成和生长导致根系不能正常生长发育，造成地上部植株发育迟缓，生长势弱，新梢短，但不直接造成植株死亡。

图2-112　梨树根癌病为害茎部症状

【病　　原】*Agrobacterium tumefaciens* 称癌肿野杆菌，属细菌。菌体短杆状，单生或链生，具1～3根极生鞭毛；有荚膜，无芽孢。革兰氏染色阴性，在琼脂培养基上菌落白色，圆形，光亮，透明；在液体培养基上微呈云状浑浊，表面有一层薄膜。

【发生规律】根癌细菌是一种土壤习居菌，在田间病株、残根烂皮、土壤内越冬。病原通过地下害虫为害造成的伤口侵入，雨水和灌溉水是传播的主要媒介，地下害虫、修剪工具、病残组织及污染有病原的土壤也可传病，带菌苗木或接穗是远距离传播的重要途径。不同砧木对根癌病的抗性不同，杜梨对根癌病的抗性较强，而酸梨对根癌病的抗性较弱。随着树龄的增大根癌病的发病加重。地势低，发病率高。碱性土壤有利发病。

【防治方法】禁止从病区调入苗木，选用无病苗木是控制病害蔓延的主要途径。选择无病土壤作为苗圃，避免重茬。对苗圃地要进行土壤消毒，可将定植穴土壤采用阳光暴晒或撒生石灰等方法进行消毒。加强肥水管理，可增强树势，提高树体抗病能力；适当增施酸性肥料，使土壤呈微酸性，抑制其发生扩展；增施有机肥，改善土壤结构；土壤耕作时尽量避免伤根；平地果园注意雨后排水，降低土壤湿度。

选用抗病砧木，嫁接时刀具用5%福尔马林或75%酒精消毒。

苗木消毒处理可用2%的石灰水、70%王铜可湿性粉剂800～1 000倍液、0.5%硫酸铜、50%代森铵水剂1 000倍液等药剂浸苗10～15分钟。

对1～3年生早酥梨苗可用3%中生菌素可溶液剂600～1 000倍液，或50%琥胶肥酸铜400倍液浸根4小时防治。

对于根癌病，挖开树基土壤，暴露根颈部即可找到患病部位。大部分根系都已发病时，要彻底清除病根，同时注意保护无病根，不要轻易损伤。清理患病部位后，要在伤口处涂抹杀菌剂，防止复发；对于较大的伤口，要糊泥或包塑料布加以保护；对于严重发病的树穴，要灌药杀菌或另换无病新土。所用药剂有29%石硫合剂水机100倍液、40%五氯硝基苯粉剂50～100倍液、80%乙蒜素乳油50倍液、27%春雷·溴菌腈（溴菌腈25%+春雷霉素2%）可湿性粉剂500～600倍液等。

二、梨树生理性病害

1. 梨日灼病

【症　　状】该病在梨叶、梨果上均可为害，在梨果上表现为日灼初期果实表皮呈黄白色，圆形或不规则形，后渐变褐色坏死斑块，果皮木栓化，果肉正常，但易导致畸形果、烂果和落果。梨叶上表现为局部褐色，并扩展蔓延到全叶，引起早期落叶(图2-113和图2-114)。日灼病发生部位主要在短果枝、中长果枝，新梢及徒长枝的基部或叶上。

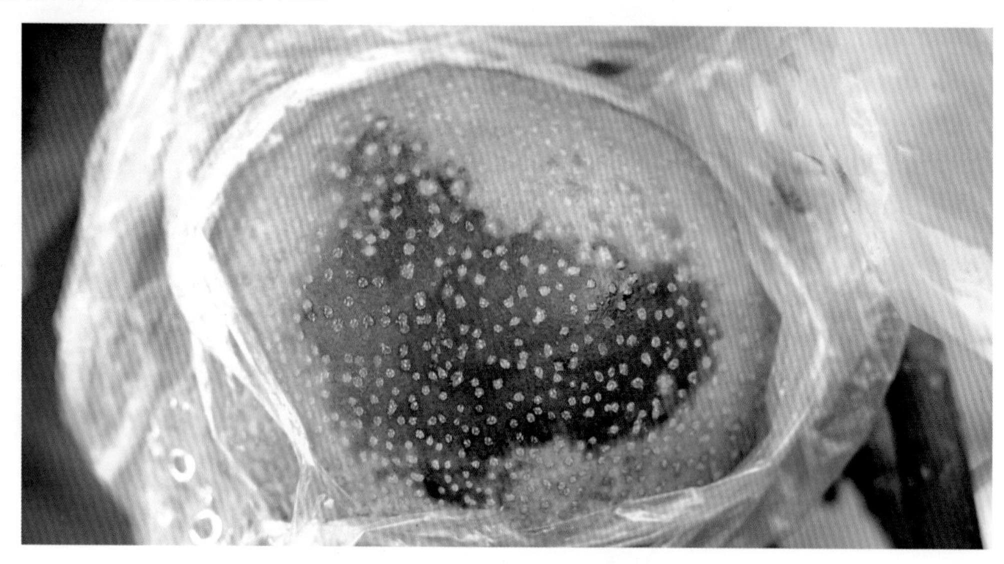

图2-113　梨日灼病为害果实症状

图2-114 梨日灼病为害叶片症状

【病　　因】一般认为是由于高温干燥引起叶片脱水而发生的干燥性病害，与叶片气孔机能钝化导致水分过度蒸发有关。土壤中水分的急剧变动，梅雨期后高温多日照，树势强弱，对梨树日灼病有影响；施氮、钾多的也容易引发该病。

【防治方法】果园在干旱时及时浇水，控制使用氮肥、钾肥，适当控制结果量。

2．梨裂果

【症　　状】裂果就是果肉纵向或横向裂开，轻的一条缝，重的多条缝，严重的裂果会使果实失去食用价值和商品价值，影响产量和经济效益(图2-115和图2-116)。裂果现象常发生在5—7月果实迅速膨大期。

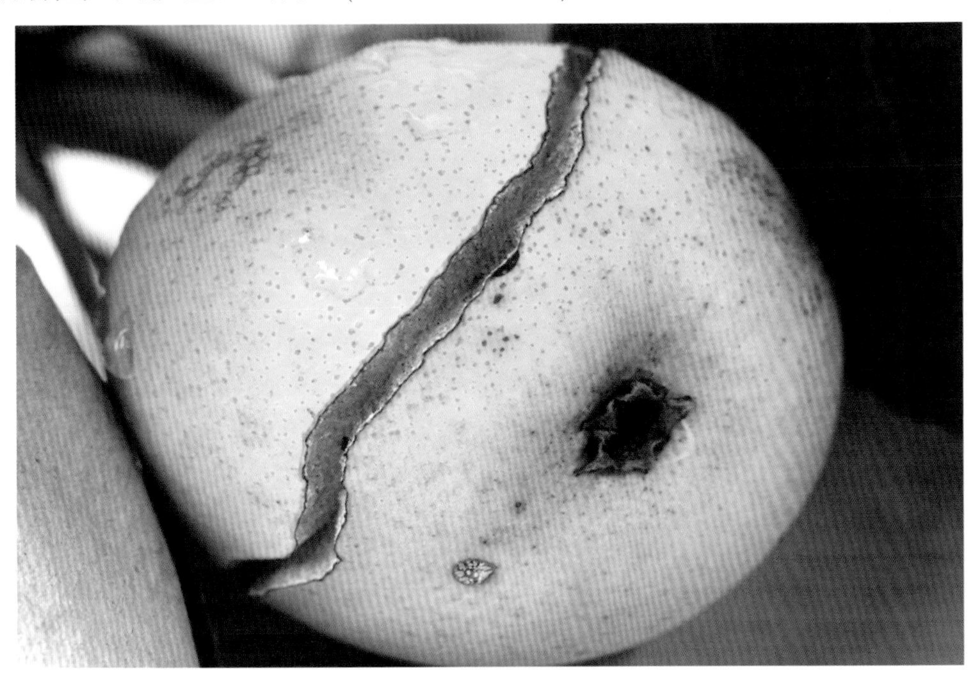

图2-115 梨裂果早期症状

图2-116 梨裂果后期症状

【病　　因】雨水过多，果肉组织发育过快，果皮表皮细胞发育慢，两者发育不均衡，引起表皮角质层龟裂；黑斑病病部组织停止生长而凹陷，引起梨果龟裂；氮肥过多，枝、叶生长过旺，果实表皮细胞薄、强度差，而果肉发育过快，引起表皮破裂；钾肥不足也可引起梨果龟裂 。

【防治方法】降雨过后及时清沟排渍，改善土壤通透性；适度夏剪，疏除徒长枝及过多郁闭枝，改善梨园通风透光条件；适时中耕除草，保持树盘根际土壤疏松状况，提高土壤含水量，增强土壤透气性，为根系创造良好的生长环境；树盘覆盖，减少土壤水分蒸发，确保土壤水分和营养供应均衡；平衡施肥，切忌氮肥施用过多，适时适量补充钾肥，一般5～6年生的梨树每株施硫酸钾100g左右或草木灰2～3kg，施在树根外30cm的地方。加强黑斑病防治，控制黑斑病对梨果的为害。套袋也可减轻黑斑病对梨果实的为害，从而降低裂果率。

3．梨果锈

【症　　状】在果实的表皮形成一层形状不规则、大小不一的一个或多个黄色斑块，严重时集中连片，多发生在果肩和果面(图2-117)；或以果实皮孔为主产生褐色斑点，也有的不在皮孔上，小的如针尖，大的如笔尖，有时稀疏，有时密布，多发生于胴部和萼洼部。

图2-117 梨果锈果实受害症状

【病　　因】胞薄、强度差，而果肉发育过快，引起表皮破裂；钾肥不足也可引起梨果龟裂。

【防治方法】加强栽培管理：在重施有机肥的基础上，进行配方施肥。每生产100kg果实，需要施入纯N、P、K各1kg，同时适量补充铁、锌、硼、钙等微肥。果园行间种草或树盘覆草。开展人工授粉、蜜蜂传粉，使得受精充分。精心疏花、疏果，选留果形端正、色泽光洁、果柄粗且长、生长在枝条两侧并有叶片遮覆的幼果。合理负载，盛果期树每亩产量控制在2 500～3 000kg。

精心修剪：在整形修剪上，对于改接的大树宜采用开心形，新栽的幼树也可采用纺锤形等树形。修剪要细致，并注意更新结果枝组，留壮枝结果，对细枝、弱枝、弱花芽和腋花芽一般疏掉，花枝应占总枝量的30%左右，对多余的花枝可进行破花修剪，以转化为翌年结果枝。

套袋前科学用药：由于幼果期是果锈发生的敏感期，因此，坐果后至套袋前应选择高效、对果皮无刺激或刺激性小的无公害杀菌杀虫剂，如代森锰锌、甲基硫菌灵、多菌灵、多抗霉素、吡虫啉等，喷药时雾化程度要细，喷药时间应在9:00—10:00或16:00—18:00进行，避开果面有露水的时候和烈日的中午。

幼果套袋技术：①套袋时间：在谢花后10～15天开始套袋，在第1次套小袋后40天，不去小袋，直接套大袋。也可只套1次3层纸袋，时间应在谢花后15～30天完成套袋任务。②套袋种类：套袋能阻止果锈的形成，最好购买正规纸袋。③严格套袋操作：套时袋要鼓起，果应在袋内悬空，袋口要封扎严密，以防大风甩落、透水、透药、果柄着锈、潜藏害虫等。

4．梨缺素症

【症　　状】

缺氮：在生长期轻度缺氮，叶色呈黄绿色，严重缺时，新梢基部老叶逐渐失绿转变为橙红色或紫色最后变为黄色，并不断向顶端发展，使新梢绿叶也变为黄色，同时，新生的叶片变小，易早落；叶柄与枝条成钝角，枝条细长而硬，皮色呈淡红褐色(图2–118和图2–119)。

图2–118　梨缺氮症状

图2–119　梨缺氮症黄化症

缺磷：当梨树磷供应不足时，光合作用产生的糖类物质不能及时运转，累积在叶片内，转变为花青素，使叶色呈紫红色，尤其是春夏季生长较快的枝叶，这种症状是缺磷的重要特征(图2–120)。

图2–120　梨缺磷症状

缺钾：当年生的枝条中下部叶片边缘先产生枯黄色，接着呈枯焦状，叶片常发生皱缩或卷曲。严重缺钾时，整个叶片会枯焦，挂在枝上，不易脱落，枝条生长不良，果实常呈不熟的状态(图2–121)。

图2–121　梨缺钾症状

缺钙：新梢嫩叶上形成褪绿斑，叶尖及叶缘向下卷曲，几天后褪绿部分变成暗褐色，并形成枯斑，这种症状可逐渐向下部叶扩展。果实缺钙易形成顶端黑腐。

缺镁：叶绿素减少，降低光合强度。梨树缺镁时呈现出失绿症，是先从枝上的基部叶开始的，失绿叶表现为叶脉间变为淡绿色或淡黄色，呈肋骨状失绿。枝条上部的叶呈深棕色，叶片上叶脉间可产生枯死斑。严重缺镁时，从枝条基部开始落叶(图2-122和图2-123)。

图2-122　梨缺镁叶片早期症状

图2-123　梨缺镁叶片后期症状

缺铁： 多从新梢顶部嫩叶开始发病，初期是叶肉失绿变黄，叶脉两侧仍保持绿色，叶片呈绿网纹状，较正常叶小。随着病情加重，黄化程度愈加发展，致使全叶呈黄白色，叶片边缘开始产生褐色焦枯斑(图2–124)，严重者叶焦枯脱落，顶芽枯死(图2–125)。

图2–124 梨缺铁叶片症状

图2–125 梨缺铁顶芽枯死症状

缺硼：梨树缺硼时，细胞分裂和组织分化都受影响，多在果肉的维管束部位发生褐色凹斑，组织坏死，味苦，形成缩果和芽枯(图2-126)。

图2-126　梨缺硼症状

缺锰：导致叶绿素减少，光合强度降低。主要表现为叶脉间失绿，即呈现肋骨状失绿。这种失绿从基部到新梢部都可发生(不包括新生叶)，一般多从新梢中部叶开始失绿，向上下两个方向扩展。叶片失绿后，沿中脉显示一条绿带(图2-127)。

图2-127　梨缺锰症状

缺锌：叶片狭小，叶缘向上或不伸展，叶呈淡黄绿色。节间缩短，细叶簇生成丛状。花芽减少，不易坐果。即使坐果，果小发育不良。

【病　　因】

缺氮：果园土壤瘠薄、管理粗放、缺肥和杂草多易发生缺氮症。叶片含氮量在2.5%～2.6%时即表现缺氮。

缺磷：土壤中疏松的砂土或有机质多的常缺磷。当土壤中含钙量多或酸度较高时，土壤中磷素被固定成磷酸钙或磷酸铁铝，不能被果树吸收。

缺钾：细沙土、酸性土及有机质少的土壤，或者在轻度缺钾土壤中偏施氮肥都易表现缺钾症。沙质土施石灰过多，可降低钾的可给性。

缺钙：当土壤酸度较高时，可使钙很快流失。如果氮、钾、镁较多，也容易发生缺钙症。

缺镁：在酸性土壤或沙质土壤中镁容易流失，或者当施钾或磷过多时都会发生缺镁症。在碱性土壤中则很少表现缺镁。

缺铁：春季干旱时由于水分蒸发，表层土壤中含盐量增加，又正值梨树旺盛生长期，需铁量较多，所以缺铁症发生较多，当进入雨季，土壤中盐分下降，可溶性铁相对增多，缺铁症明显减轻，甚至消失。地势低洼、地下水位高、土壤黏重、排水不良及经常灌水的果园发病较重。

缺硼：土壤瘠薄的山地、河滩沙地及沙砾地果园，硼易流失。早春干旱和钾、氮过多时，都能造成缺硼症。石灰质较多时，土壤中的硼易被固定。

缺锰：土壤为碱性时，使锰成不溶解状态，常可使梨树表现缺锰。土壤为强酸性时，常由于锰含量过多，而造成果树中毒。春季干旱，易发生缺锰症。

缺锌：土壤呈碱性时，有效锌减少，易表现缺锌症。大量施用磷肥可诱发缺锌症。淋溶强烈的酸性土(尤其是沙土)锌含量低，施用石灰时极易出现缺锌现象。

【防治方法】

合理施肥，增施有机肥料，种绿肥压青，改良瘠薄地，加强水土保持。

在有机肥不足的梨产区，可补充化肥及微量元素，可防治梨树的缺素症。

在雨季和秋梢生长期，树体需要大量氮素，可在树冠喷施0.3%～0.5%尿素溶液，可有效防止梨树缺氮。

对缺磷果树，可在展叶期叶面喷布磷酸二氢钾或过磷酸钙。因土壤碱性和钙质高造成的缺磷，需施入硫酸铵使土壤酸化，以提高土壤中磷的有效成分。

生长期每亩追施硫酸钾20～25kg或氯化钾15～20kg。叶面喷施0.2%～0.3%磷酸二氢钾2～3kg。可防止梨树缺钾。

在沙质地上穴施石膏、硝酸钙或氯化钙。叶面喷钙：在氮较多的地方，应喷氯化钙。喷施氯化钙和硝酸钙易造成药害，安全浓度为0.5%。对易发病树一般喷4～5次。均可防止梨树缺钙。

梨树轻度缺镁时，采用叶面喷洒含镁溶液，效果快，严重缺镁则以根施效果效好。根施：在酸性土壤中，为了中和碱度，可施镁石灰或碳酸镁，中性土壤中可施硫酸镁。根施效果慢，但持续期长。叶面喷施：一般在6—7月喷2%～3%硫酸镁3～4次，可以使病树好转。近年来施用氯化镁或硝酸镁，比施硫酸镁效果好，但要注意浓度，以免产生药害。

春季灌水洗盐，及时排除盐水，控制盐分上升。树体补铁：对发病严重的梨园，于发芽后喷0.5%硫酸亚铁。也可用强力树干注射器按病情程度注射0.05%～0.1%的酸化硫酸亚铁溶液来防止梨树缺铁。注射之前应先做剂量试验，以防发生药害。

梨树花期前后，大量施肥灌水，可减轻缩果现象。花前、开花期和落花后，喷3次0.5%的硼砂溶液。每株大树施150～200g硼砂，能有效的防止梨树缺硼，施后应立即灌水，以防产生药害。

叶面喷布硫酸锰，叶片生长期，可喷3次0.3%硫酸锰溶液。枝干涂抹硫酸锰溶液，可以促进新梢和新叶生长。土壤施锰，应在土壤含锰量极少时进行，一般将硫酸锰混合在其他肥料中施用。有效防止梨树缺锰。

落花后3周，用300mg/kg环烷酸锌乳剂或0.2%硫酸锌加0.3%尿素，再加0.2%石灰混喷，防止梨树缺锌。

三、梨树虫害

1．梨小食心虫

【分布为害】梨小食心虫(*Grapholitha molesta*)属鳞翅目小卷叶蛾科。分布全国各地，是最常见的一种食心虫。为害新梢时，多从新梢顶端叶片的叶柄基部蛀入髓部，由上向下蛀食，蛀孔外有虫粪排出和树胶流出，被害嫩梢的叶片逐渐凋萎下垂，最后枯死(图2–128)。为害果实时，幼虫蛀入果肉纵横蛀食，孔外排出较细虫粪，周围易变黑。果内道直向果心，果肉、种子被害处留有虫粪，常使果肉变质腐败、不能食用(图2–129)。

图2–128　梨小食心虫为害新梢症状

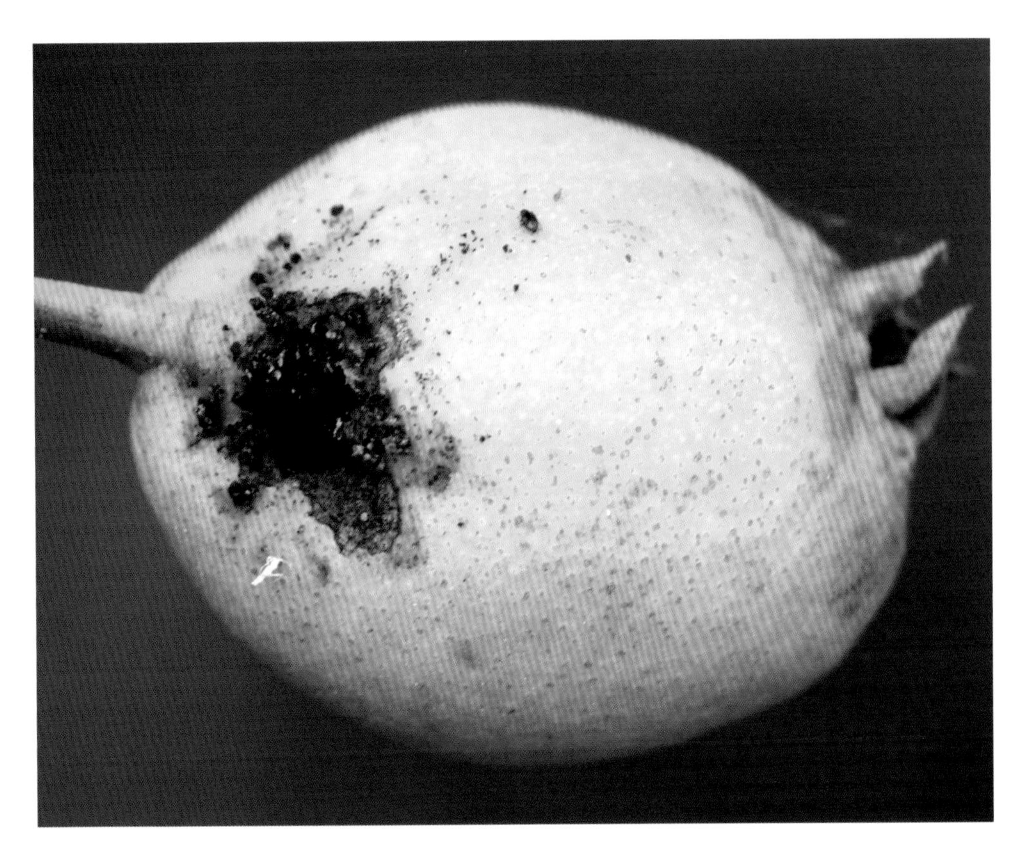

图2-129 梨小食心虫为害果实症状

【形态特征】成虫全体暗褐色或灰褐色。触角丝状，下唇须灰褐色上翘。前翅灰黑色，无光泽，翅面上有许多白色鳞片，后翅暗褐色(图2-130)。卵扁椭圆形，中央隆起，半透明；刚产卵乳白色，近孵时可见幼虫褐色头壳(图2-131)。末龄幼虫体淡红色至桃红色，腹部橙黄色，头褐色，前胸背板黄白色，透明，体背桃红色(图2-132)。越冬幼虫体为黄白色，腹足趾钩单序环式，腹部末端具有4~7根臀栉。蛹纺锤形，黄褐色。茧丝质白色，长椭圆形。

图2-130 梨小食心虫成虫

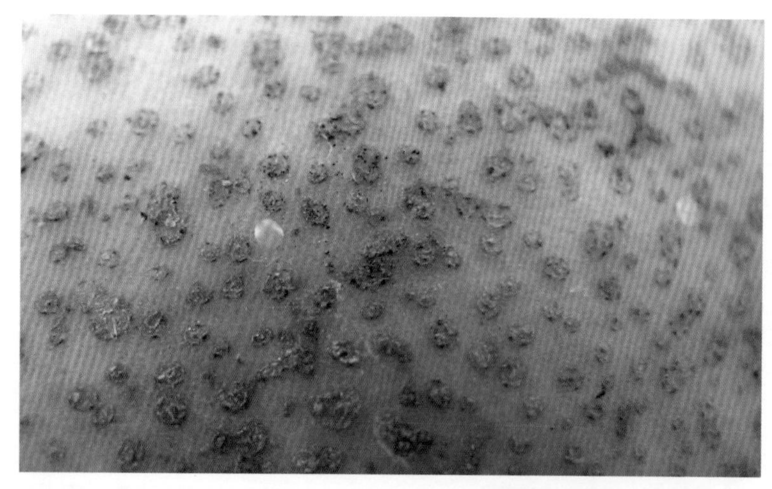

图2-131 梨小食心虫卵

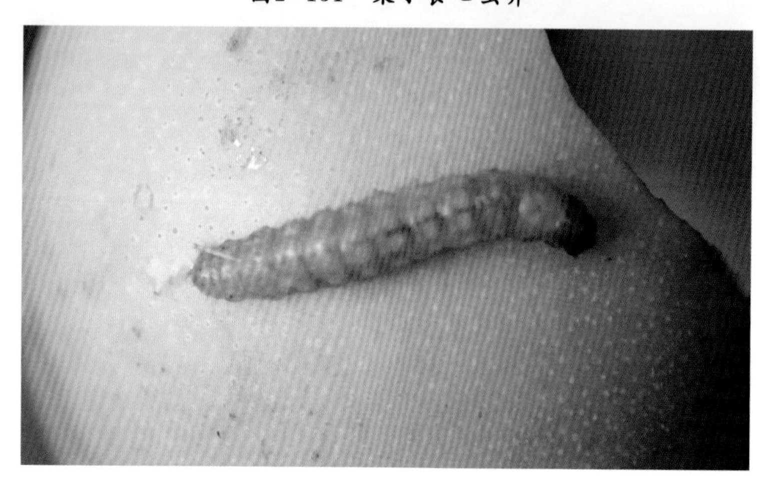

图2-132 梨小食心虫幼虫

【发生规律】华北地区一年发生3～4代，黄淮海地区4～6代，华南6～7代。以老熟幼虫在梨树和桃树的老翘皮下、根颈部、杈丫、剪锯口、石缝中、堆果场等处结茧越冬。越冬幼虫于翌年春季4月上旬开始化蛹，4月下旬越冬代成虫羽化，羽化盛期为5月下旬。6月下旬至8月上旬第1代成虫出现，继续在桃树上产卵。第2代成虫在7月中旬至8月下旬出现。8月下旬是为害梨果最重的时期，第3代成虫约在8月中旬至9月下旬出现，幼虫为害一段时间后滞育越冬。成虫多在上午8:00—9:00羽化，初出成虫白天静伏在枝叶上，傍晚活动交尾，并取食糖、蜜补充营养。对糖、醋、酒的气味有很强的趋性，对光也有一定的趋性。夜间产卵。幼虫有钻蛀嫩梢的习性，蛀入孔外有虫粪排出。被害梢蛀孔往外流胶。幼虫老熟后向果外咬一虫道直通果外，果面虫孔较大，叫做脱果孔。梨、桃混栽或相邻的果园，发生较重，反之较轻。多雨水、湿度大的季节和年份，有利于成虫繁殖，发生量大，为害也重。果肉松软，易于幼虫蛀食，往往在后期特别是接近成熟期，虫量多，为害加重。

【防治方法】新建园时尽可能避免桃、梨及其他果树混栽或栽植过近。早春发芽前，刮除老树皮，刮下的树皮集中烧毁。同时清扫果园中的枯枝落叶，集中烧掉，或深埋于树下，消灭越冬幼虫。及时拾取落地果实，集中深埋，切忌堆积在树下。人工摘除被害虫果，剪除被害桃、梨虫梢，立即集中深埋。

在成虫产卵高峰期，卵果率达0.5%～1%时，可用下列药剂：

30%辛硫磷·氟铃脲乳油1 500～2 000倍液均匀喷施。

25%灭幼脲悬浮剂750～1 500倍液；

5%氟啶脲乳油1 000～2 000倍液；

25g/L臭氟菊酯乳油2 500～4 000倍液；

20%抑食肼可湿性粉剂1 000倍液；

5%氟虫脲乳油800～1 000倍液等。

于卵孵盛期，幼虫蛀果前，可用下列药剂：

2.5%高效氯氟氰菊酯水乳剂2 500～3 000倍液；

4.5%高效氯氰菊酯乳油2 000～3 000倍液；

10%联苯菊酯乳油3 000～4 000倍液；

1.8%阿维菌素乳油2 000～4 000倍液；

8 000IU/mg苏云金杆菌可湿性粉剂400～500倍液均匀喷雾，虫口数量大时，间隔15天左右再喷1次，连续喷2～3次为宜。

2．梨星毛虫

【分　布】梨星毛虫(*Illiberis pruni*)属鳞翅目斑蛾科。分布于辽宁、河北、山西、河南、陕西、甘肃、山东等省的梨产区。以幼虫食害芽、花蕾、嫩叶等。幼虫出蛰后钻入花芽内为害，使花芽中空，变黑枯死；而后蛀食刚开绽的花芽，芽内花蕾、芽基组织被蛀空，花不能开放，部分被蛀花虽能张开，但歪扭不正，并有褐色伤口或孔洞。展叶后幼虫转移到叶片上吐丝，将叶片缀连成饺子状叶苞，幼虫在虫苞内为害(图2–133)。

图2–133　梨星毛虫为害叶片症状

【形态特征】成虫灰黑色，复眼紫黑至浓黑色，触角锯齿状，雄蛾短羽状，头胸部均有黑色绒毛，翅脉清晰可见，暗灰黑色，上生有许多短毛，翅缘为深黑色(图2-134)。卵扁平，椭圆形，初产乳白色(图2-135)，渐变黄白色，近孵化时变褐色。老幼虫体黄色，纺锤形，头小黑色缩于前胸(图2-136)。初孵幼虫淡紫色，2～3龄虫体暗黄色，纺锤形，背线为黑褐色，两侧各排列10个较大的黑斑，越冬幼虫外有丝茧(图2-137)。蛹纺锤形，初黄白色，后期变黑褐色(图2-138)。茧白色双层(图2-139)。

图2-134　梨星毛虫成虫

图2-135　梨星毛虫卵

图2-136 梨星毛虫幼虫

图2-137 梨星毛虫越冬幼虫

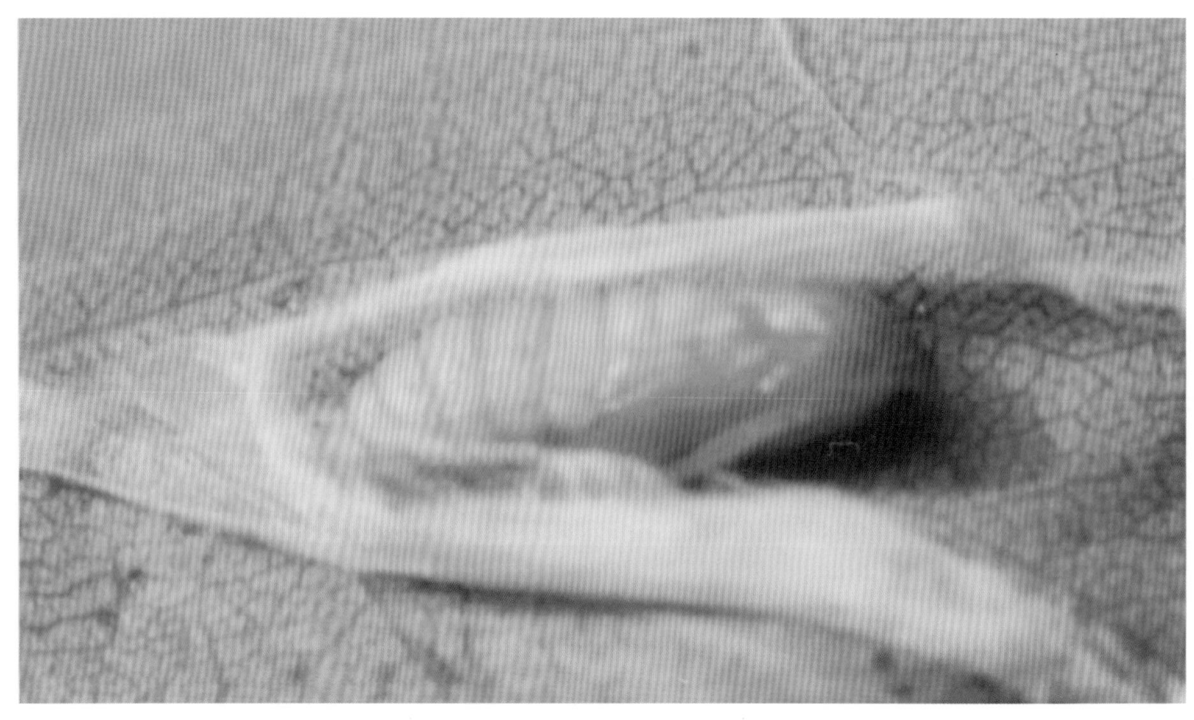

图2-138　梨星毛虫蛹

图2-139　梨星毛虫茧

【发生规律】我国东北、华北地区一年发生1代，河南西部和陕西关中地区一年发生2代。以低龄幼虫在树干老翘皮和裂缝下越冬。翌年4月上旬，花芽露绿时，幼虫开始出蛰，4月中旬花芽膨大至绽开时，钻入花芽内蛀食花蕾或芽基，为出蛰盛期。6月下旬至7月中旬出现成虫，7月上旬为羽化盛期，到7月下旬至8月上旬，陆续潜入越冬场所，休眠越冬。成虫飞翔力不强，白天潜伏在叶背不活动，多在傍晚或夜间交尾产卵，卵多产在叶片背面。当清晨气温较低时，成虫易被振落。幼虫孵化后，群集叶背，食害叶肉，经过1天左右分散为害。

【防治方法】早春幼虫出蜇前刮去树皮杀死幼虫。在早春果树发芽前，越冬幼虫出蛰前，对老树进行刮树皮，对幼树进行树干周围压土，刮下的树皮要集中烧毁。

抓住梨树花芽膨大期，幼虫出蛰盛期和幼虫孵化盛期，趁幼虫尚未进入为害前，及时喷药防治。可用下列药剂：

0.5%印楝素乳油1 000 ~ 1 500倍液；

25%灭幼脲悬浮剂1 500 ~ 2 000倍液；

5%氟铃脲乳油1 000 ~ 2 000倍液；

24%甲氧虫酰肼悬浮剂2 400 ~ 3 000倍液；

5%氟虫脲乳油500 ~ 800倍液；

5%虱螨脲乳油1 000 ~ 2 000倍液喷雾。

成虫发生期和第1代幼虫发生期，以杀死成虫、幼虫和卵，可用下列药剂：

25%溴氰菊酯乳油1 500 ~ 2 000倍液；

2.5%高效氟氯氰菊酯乳油1 000 ~ 1 500倍液；

1.5%精高效氯氟氰菊酯微囊悬浮剂1 000 ~ 2 000倍液；

1.8%阿维菌素乳油2 000 ~ 3 000倍液。

3．梨冠网蝽

【分布为害】梨冠网蝽(*Stephanitis nashi*)属半翅目网蝽科。在我国梨产区均有分布。成虫和若虫群集叶背面刺吸汁液，受害叶片正面初期呈现黄白色成片小斑点，严重时叶片苍白，叶背和下边叶面上常落有黑褐色带黏性的分泌物和粪便，并诱致煤污病发生(图2–140和图2–141)。

图2–140 梨冠网蝽为害梨叶正面症状

【形态特征】成虫体扁平暗褐色，头小，触角丝状(图2–142)。前翅布满网状纹，前翅叠起构成深褐色“X”形斑，前翅及前胸翼状片均半透明；后翅膜质，白色透明，翅脉暗褐色；前胸背板有纵向隆起，向后延伸如扁板状，盖住小盾片，两侧向外凸出。卵椭圆形，黄绿色，一端弯曲。初孵若虫乳白色半透明(图2–143)，渐变为淡绿色，然后变为褐色。

图2–141 梨冠网蝽为害梨叶背面症状

图2–142 梨冠网蝽成虫

图2-143 梨冠网蝽若虫

【发生规律】一年发生3～5代。以成虫潜伏在落叶下、树干翘皮、崖壁裂缝及果园四周灌木丛中越冬。越冬成虫在果树发芽后的4月上旬开始出蛰，4月下旬至5月上旬为出蛰高峰期。第1代成虫6月发生，第2代成虫7月上旬发生，第3代8月上旬发生，第4代8月底发生。全年为害最重时期为7—8月份，即第2～3代发生期。第4代成虫9月下旬至10月上旬开始飞向越冬场所，以10月下旬最多。成虫怕阳光，多隐匿在叶背面，夜间具有趋光性，遇惊后即纷纷飞去，成虫产卵于叶背主脉两侧组织内，叶面覆有黄褐色胶状分泌物。初孵若虫行动很迟缓，群集在叶背面，以后逐渐扩展为害，刺吸汁液和黑褐色粪便，呈现锈褐色，引起早期落叶。若虫经4次蜕皮转化为成虫。

【防治方法】成虫春季出蛰活动前，彻底清除果园内及附近的杂草、枯枝落叶，集中烧毁或深埋，消灭越冬成虫；秋、冬季节清扫落叶、清除杂草、刮粗皮、松土刨树盘、消灭越冬成虫，果实套袋。

掌握在4月中下旬越冬成虫出蛰盛期、5月下旬第1代若虫孵化盛期是防治关键，以叶背为防治重点，效果显著，对控制梨冠网蝽为害起很大作用。可用下列药剂：

1.8%阿维菌素乳油2 000～4 000倍液；

2.5%高效氯氟氰菊酯水乳剂3 000～4 000倍液；

10%氯氰菊酯乳油2 000～3 000倍液；

20%甲氰菊酯乳油2 000～3 000倍液均匀喷施，间隔10天喷1次，连喷2次。

4. 梨茎蜂

【分布为害】梨茎蜂(*Janus piri*)属膜翅目茎蜂科，是梨树主要害虫之一。该虫分布于北京、辽宁、河北、河南、山东、山西、四川、青海等省(市)。是梨树春梢期的重要害虫，早熟梨品种中，被害率高达62%～75%，尤其对幼龄树造成的为害最大，直接影响树冠扩大和树体的整形。成年树受害后影响结果枝的形成，从而造成减产。成虫和幼虫为害嫩梢和二年生枝条。成虫产卵时锯折嫩梢和叶柄，卵产于锯口下端组织内。卵所在处的表皮略隆起，被刺伤口呈小黑点，锯口上嫩梢萎蔫。卵孵化后幼虫由断梢部向下蛀食，被害枝不久枯死，成黑色枯桩(图2-144和图2-145)。

图2-144　梨茎蜂为害梨树新梢初期症状

图2-145　梨茎蜂为害梨树新梢后期症状

【形态特征】成虫体黑色，有光泽，前胸背板后缘两侧，中胸背中央与两侧，后胸背末端和翅基部均为黄色，触角丝状黑色，翅透明，翅脉黑褐色；足黄色，基节基部、腿节基部及跗节褐色(图2–146)。卵长椭圆形，乳白色，半透明，略弯曲。幼虫乳白色，体背扁平，多横皱纹，头胸部向下弯曲，尾端向上翘。蛹为裸蛹，初孵化乳白色，以后体色逐渐加深，羽化前变黑色(图2–147)。

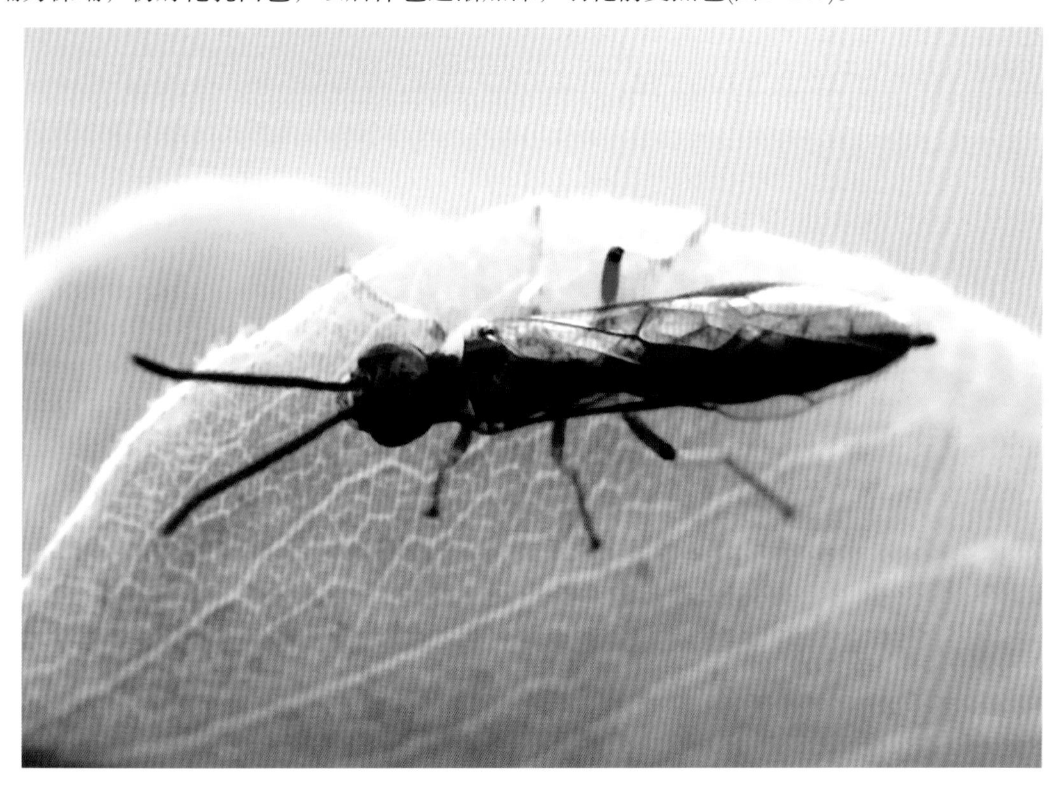

图2–146 梨茎蜂成虫

图2–147 梨茎蜂蛹

【发生规律】每年发生1代，北方以老熟幼虫在被害枝条蛀道内过冬，南方以蛹过冬。华北一般在3月间化蛹，4月羽化，7月大部分都已蛀入二年生枝条内，8月上旬停止食害，做茧越冬。4—6月为发生为害盛期。成虫从嫩梢上的羽化孔出来后，飞翔于枝丛中交尾、产卵。每日以12：00—14：00最为活跃，尤以晴天中午最活跃，有群栖性，日落后及早晨或阴雨天常数头群集树冠下部叶背上，此时，若受惊动也不起飞。

【防治方法】冬季剪除幼虫为害的枯枝，春季成虫产卵后，剪除被害梢，以杀死卵或幼虫。或用铁丝插入被害的二年生枝内刺死幼虫或蛹，减少越冬虫源。可在早晨或日落后，阴雨天捕杀栖息在叶背的成虫。

3月下旬梨茎蜂成虫羽化期，4月上旬梨茎蜂为害高峰期前，是防治梨茎蜂的关键时期。可用下列药剂：

20%甲氰菊酯乳油1 000～2 000倍液；

2.5%溴氰菊酯乳油1 500～2 000倍液，均匀喷雾。

5．梨大食心虫

【分布为害】梨大食心虫(*Nephopteryx pirivorella*)属鳞翅目螟蛾科。是梨树的主要害虫之一。全国各梨区普遍发生，其中，吉林、辽宁、河北、山西、山东、河南等省受害较重。常造成严重减产，特别是大发生年份，若防治不及时，导致毫无收成。以幼虫蛀食芽、花簇、叶簇和果实，为害时从芽基部蛀入，直达髓部，被害芽瘦瘪，造成芽枯死。幼果期蛀果后，蛀孔外有虫粪堆积(图2-148)，常用丝将果缠绕在枝条上，被害果果柄和枝条脱离，但果实不脱落。被害果实的果柄基部有白丝缠绕在枝上，被害果变黑、皱缩、干枯，至冬季仍悬挂在枝上，故称之为“吊死鬼”。

图2-148　梨大食心虫为害果实症状

【形态特征】成虫全体暗灰褐色，前翅有紫色光泽，距前翅基部2/5和1/4处，各有灰色横线1条；在翅中室上方有1个白斑；后翅灰褐色，外缘毛灰褐色。卵呈椭圆形，稍扁平，初产时为黄白色，经1～2天后变为红色。老熟幼虫头部和前胸背板为褐色，身体背面为暗红褐色至暗绿色，腹面色稍浅(图2–149)。蛹身体短而粗，初化蛹时虫体碧绿色，以后渐变为黄褐色。

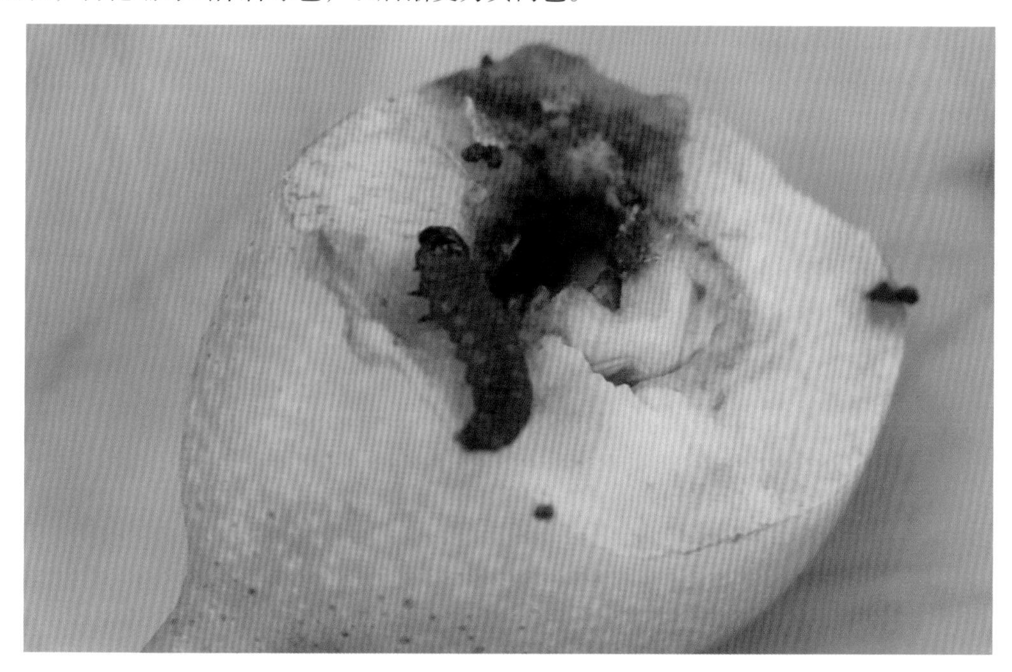

图2–149 梨大食心虫幼虫

【发生规律】在东北每年发生1代，山东和四川地区一年2代。各地均以幼龄幼虫在芽(主要是花芽)内结白茧越冬。春季花芽膨大期转芽为害，幼果期转果为害。转芽主要为害附近芽，越冬代成虫发生在6月上中旬至7月下旬，盛期在6月下旬。发生1代的幼虫即在最后受害芽内越冬，发生2代的幼虫为害1个芽后转果为害或孵化后幼虫直接蛀果为害，在果内老熟化蛹，蛹期发生在7月上旬至8月中旬，孵化后幼虫蛀到芽内结茧越冬。成虫昼伏夜出，趋光性弱，多在黎明时交尾，卵多散产于果实萼洼附近或芽腋间、果台、小枝等粗糙处。对黑光灯有趋性。越冬幼虫在梨花花芽鳞片间露绿时开始出蛰转芽，转芽主要为害附近芽。花序抽出后，幼虫在花序基部为害。待果实长到拇指大时幼虫即开始转入幼果为害。

【防治方法】梨树发芽前，结合修剪管理，彻底剪除或摘掉虫芽；摘除有虫花簇、虫果；果实套袋以保护优质梨。转果期及第1代幼虫期摘除虫果。

越冬幼虫出蛰为害芽、幼虫为害果和幼虫越冬前为害芽时，是药剂防治的最佳时期。可用下列药剂：

48%毒死蜱乳油1 000～1 500倍液；

2.5%高效氯氟氰菊酯水乳剂4 000～5 000倍液；

4.5%高效氯氰菊酯乳油1 000～2 000倍液；

2.5%高效氟氯氰菊酯乳油2 000～3 000倍液；

20%甲氰菊酯乳油2 000～3 000倍液；

10%联苯菊酯乳油3 000～4 000倍液；

25%灭幼脲悬浮剂750～1 500倍液；

5%氟啶脲乳油1 000～2 000倍液；

6%阿维·氯苯酰（氯虫苯甲酰胺4.3%+阿维菌素1.7%）悬浮剂2 000～3 000倍液；

8 000IU/μL苏云金杆菌悬浮剂200～400倍液；

14%氯虫·高氯氟（高效氯氟氰菊酯4.7%+氯虫苯甲酰胺9.3%）微囊悬浮剂3 000～5 000倍液；

25g/L溴氰菊酯2 500～5 000倍液；

1.8%阿维菌素乳油2 000～4 000倍液等均匀喷施。

6. 梨木虱

【分布为害】梨木虱(*Psylla pyri*)属同翅目木虱科。分布于华北、东北、西北地区及山东、河南、河北、安徽等省梨产区。北部果区为害严重，引起早期落叶，严重影响产量与质量。成虫、若虫在幼叶、果梗、新梢上群集吸食汁液，影响叶片生长而卷缩。在花蕾上寄生多时，不能开花，接着变黄、凋落。果面亦变黑粗糙，诱发煤污病，污染叶和果面，果实发育不良，果面污染率达50%以上(图2-150至图2-153)。

图2-150 梨木虱为害叶片症状

图2-151 梨木虱为害枝条症状

图2－152 梨木虱为害果实症状

图2－153 梨木虱为害梨树田间症状

【形态特征】成虫越冬型褐色，产卵期变红褐色，前翅后缘在臀区有明显的褐色斑(图2–154)；夏型黄色或绿色，体色变化较大，绿色者中胸背板大部为黄色，胸背有黄色纵条；夏型翅上均无斑纹，触角丝状。初孵若虫扁椭圆形，淡黄色，复眼红色；3龄后体扁圆形，绿色，翅芽稍有褐色，晚秋最末代若虫为褐色(图2–155)。越冬卵为长椭圆形，黄色；夏季卵初产乳白色。

图2–154 梨木虱成虫

图2–155 梨木虱若虫

【发生规律】辽宁省一年3代，河北、山东省4～6代，以成虫在树皮缝、树洞和落叶下越冬。在早春刚萌动时即出蛰活动，在枝条上吸食汁液，并分泌白色蜡质物，而后即行交尾和产卵，起始卵产在叶痕沟内，呈线状排列，花芽膨大时大量产卵，吐蕾期为产卵盛期，花期为第1代卵的孵化盛期，花后为若虫期。一般在9—10月，果实采收后即产生末代，此代羽化的成虫为越冬代成虫。越冬代成虫将卵产在1～2年生枝条的叶痕处，待发芽、开花后有利于初孵若虫就近取食。若虫喜欢在叶柄和叶丛基部(前期)、卷叶内、叶果粘贴处、果袋内、密闭果园的叶背面和其他阴暗处为害。在12月中旬气温降至-2℃时还有若虫在枝条上取食为害，并可产生分泌物，极少数若虫在1月上旬-3℃时还能生存。成虫在0℃左右(2月10日)即出蛰活动。若虫孵化后1～2天就从尾部分泌出一种无色透明的线状蜡质物，随即又分泌一种无色透明的黏稠液体附着在其周围，以后黏液逐渐增加而将若虫包埋。若虫只有在蜕皮时才爬出黏液，蜕皮后继续产生分泌物，使分泌物大量堆积，到一定程度后从叶上滴落到下部的叶、果或地面上，使果实被污染，质量降低。

【防治方法】早春刮树皮、清洁果园，并将刮下的树皮与枯枝落叶、杂草等物集中烧毁，以消灭越冬成虫，压低虫口密度。

梨木虱化学防治关键时期：①梨木虱出蛰盛期在2月底至3月初，出蛰盛期是第1代卵孵化的初始期。②5月下旬至6月上旬，成虫、低龄若虫发生高峰期。首选药剂有：

5%阿维菌素微乳剂4 000～8 000倍液；

20%噻虫胺悬浮剂2 000～2 500倍液；

40%螺虫乙酯悬浮剂8 000～8 890倍液；

0.5%苦参碱水剂800～1 000倍液；

4.5%高效氯氰菊酯乳油1 800～3 600倍液；

10%吡虫啉可湿性粉剂2 000～2 500倍液。

夏季防治，于5月下旬至6月上旬成虫、若虫发生高峰期，可选用下列药剂：

5%吡虫啉·阿维菌素乳油3 000～4 000倍液；

20%螺虫·呋虫胺悬浮剂2 000～3 000倍液；

10%吡虫啉可湿性粉剂2 000～2 500倍液；

24%阿维·毒死蜱乳油2 000～3 000倍液；

240g/L虫螨腈悬浮剂1 500～2 000倍液；

5%氯氰菊酯·吡虫啉乳油1 000～1 500倍液；

22.4%螺虫乙酯悬浮剂4 000～5 000倍液；

7.5%高效氯氰菊酯·吡虫啉乳油3 000～5 000倍液；

24%阿维·噻虫酯悬浮剂3 000～5 000倍液；

25%阿维·螺虫酯悬浮剂4 000～6 000倍液；

10.8%阿维·双甲脒乳油3 000～4 000倍液；

18%阿维·矿物油乳油4 000～5 000倍液；

7.5%阿维·氯氰菊酯乳油3 000～4 000倍液；

2.4%阿维·高效氯氰菊酯可湿性粉剂1 000～2 000倍液；

1%阿维菌素乳油3 000～4 000倍液；

3%啶虫脒乳油2 000倍液；

20g/L双甲脒乳油800～1 200倍液；

为提高药效，10天后再喷1次，效果较好。

7．梨圆蚧

【分布为害】梨圆蚧(*Diaspidiotus perniciosus*)属同翅目盾蚧科。此虫是梨树的主要害虫，在国内各地均有发生。主要为害枝条、果实和叶片。被害处呈红色圆斑，导致皮层木栓化，形成层坏死，严重时常发生早期落叶，枝梢干枯，甚至枯死。果实受害后，在虫体周围出现一圈红晕，虫多时呈现一片红色，严重时造成果面龟裂(图2-156至图2-158)。

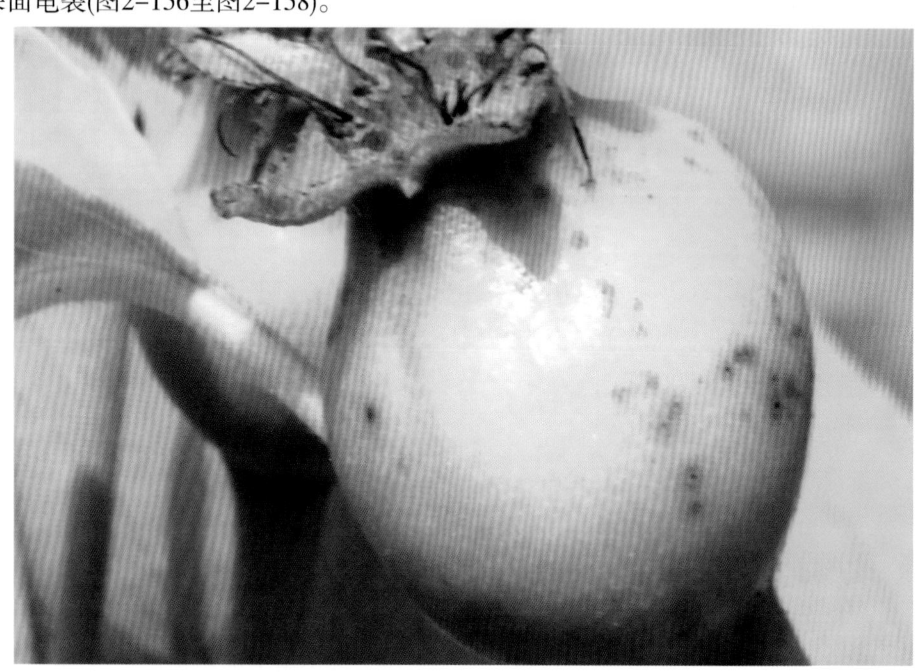

图2-156　梨圆蚧为害果实症状

图2-157　梨圆蚧为害果实初期症状

图2-158 梨圆蚧为害果实后期症状

【形态特征】成虫雌雄异体。雌成虫体扁圆形，橙黄色，体背覆盖灰白色圆形介壳，有同心轮纹，介壳中央稍隆起称壳点，黄色或褐色。雄成虫橙黄色，前翅乳白色，半透明；后翅退化为平衡棒，腹部橘黄色。雄虫介壳长椭圆形，灰白色，壳点偏向一边。初孵若虫扁椭圆形，淡黄色。至3龄时可区分雌雄。雌虫蜕3次皮，介壳圆形。雄虫蜕2次皮，介壳长椭圆形。雄虫化蛹，长锥形，淡黄色藏于介壳下(图2-159)。

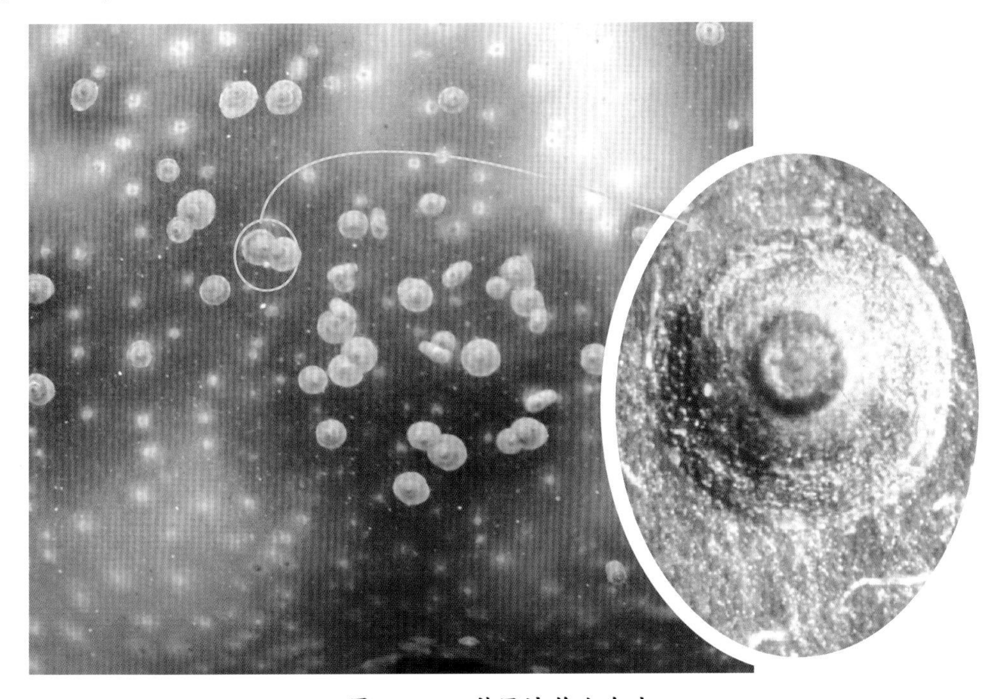

图2-159 梨圆蚧雄虫介壳

【发生规律】一年发生2代，多以2龄若虫在树枝上越冬，翌年春季树液流动后，越冬若虫开始为害。5月下旬雄虫开始羽化，至6月上旬羽化结束，越冬代雌虫自6月下旬开始胎生繁殖，7月上旬为产卵盛期，第1代雄虫羽化期为7月下旬至8月中旬，8月上旬为羽化盛期，8月下旬至10月上旬为第2代雌虫产卵期，9月上旬为产卵盛期，10月后以幼虫越冬。春季若虫很快钻出壳外在树上爬行，选择适宜场所固着为害。

【防治方法】在梨园最初点片发生，个别树的几个枝条发生严重的，可剪掉这些枝条，或用刷子刷死成、若虫，均可收到良好效果。果实套袋时，注意扎紧袋口，防止若虫爬入袋内为害。

树体休眠期喷药防治，应在梨树发芽前10～15天，喷洒95%机油乳油50～60倍液、45%松脂酸钠可溶性粉剂80～120倍液等杀死过冬若虫，效果很好。

越冬代雄成虫羽化盛期和1龄若虫发生盛期，是药剂防治的关键时期。可喷洒下列药剂：

522.5g/L毒死蜱·氯氰菊酯乳油1 000～2 000倍液；

4.5%高效氯氰菊酯乳油2 000～2 500倍液；

20%甲氰菊酯乳油2 000～3 000倍液；

25%噻嗪酮可湿性粉剂1 000～1 500倍液。

8．梨二叉蚜

【分布为害】梨二叉蚜(*Schizaphis piricola*)属同翅目蚜科，是梨树的主要害虫。全国各梨区都有分布，以辽宁、河北、山东和山西等梨区发生普遍。以成虫、若虫群集于芽、嫩叶、嫩梢上吸取梨汁液。早春若虫集中在嫩芽上为害。随着梨芽开绽而侵入芽内。梨芽展叶后，则转至嫩梢和嫩叶上为害。被害叶从主脉两侧向内纵卷成松筒状(图2–160和图2–161)。

图2–160　梨二叉蚜为害新梢症状

图2–161 梨二叉蚜为害叶片症状

【形态特征】无翅胎生雌蚜体绿、暗绿、黄褐色，常被白色蜡粉(图2–162)；头部额瘤不明显；口器黑色，复眼红褐色，触角略短于体长，腹管长圆筒状，尾片短圆锥形。有翅胎生雌蚜头胸部黑色，额瘤微突出，前翅中脉分两叉，足、腹管、尾片同无翅胎生雌蚜(图2–163)。卵椭圆形，初产淡黄褐色，后变黑色，有光泽。若虫体小，无翅，绿色，与无翅雌蚜相似(图2–164)。

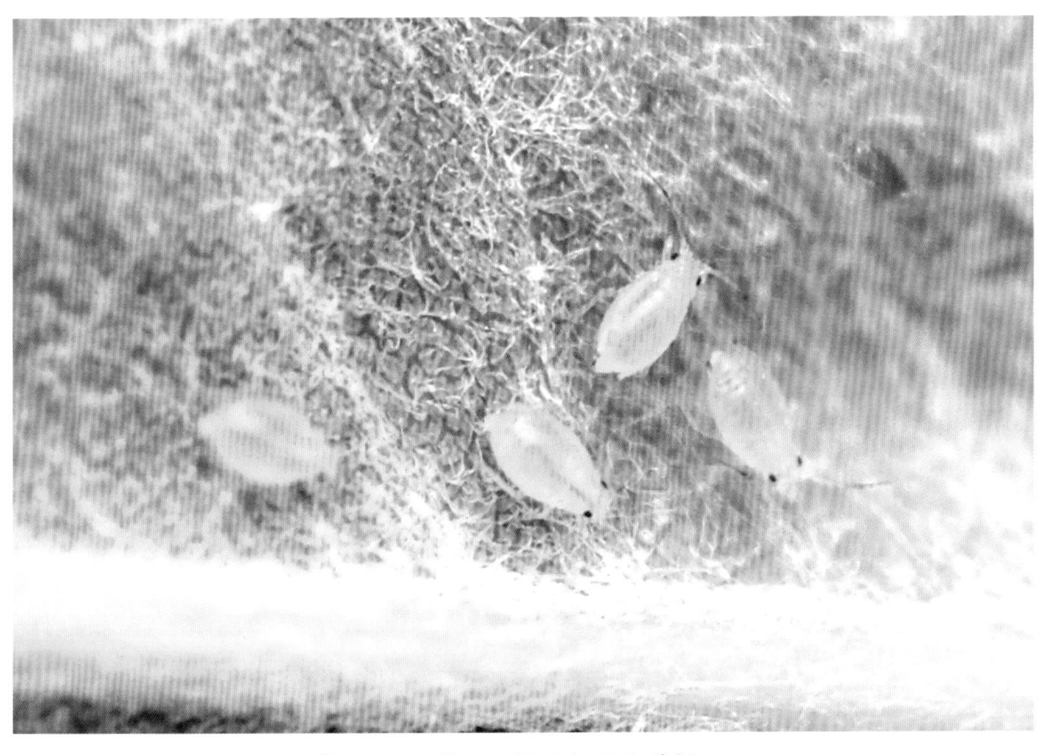

图2–162 梨二叉蚜无翅胎生雌蚜

图2-163 梨二叉蚜有翅胎生雌蚜

图2-164 梨二叉蚜若虫

【发生规律】一年发生20代左右。以卵在梨树芽腋内和树枝裂缝中越冬。翌年3月中下旬梨芽萌发时开始孵化，并以胎生方式繁殖无翅雌蚜。以枝顶端嫩梢、嫩叶最多。4月中旬至5月上旬为害最严重。5月中下旬产生有翅蚜，陆续迁到狗尾草上为害。9—10月又迁回梨树上为害、繁殖，产生有性蚜。雌雄交尾后，于11月开始在梨树芽腋产卵越冬。卵多散产于枝条、果台的皱缝处，以芽腋处较多，严重时常数十粒密集在一起。梨二叉蚜在春季为害较重，秋季为害远轻于春季。

【防治方法】在发生数量不大的情况下，早期摘除被害卷叶，集中处理，消灭蚜虫。

越冬卵基本孵化完毕、梨芽尚未开放至发芽展叶期，是防治梨蚜的关键时期。可用下列药剂：

50%抗蚜威可湿性粉剂1 500 ~ 2 000倍液；

2.5%高效氯氟氰菊酯乳油1 000 ~ 2 000倍液；

2.5%高效氯氰菊酯水乳剂1 000 ~ 2 000倍液；

2.5%溴氰菊酯乳油1 500 ~ 2 500倍液；

20%甲氰菊酯乳油2 000 ~ 3 000倍液；

1.8%阿维菌素乳油3 000 ~ 4 000倍液；

10%吡虫啉可湿性粉剂2 000 ~ 4 000倍液；

3%啶虫脒乳油2 000 ~ 2 500倍液；

10%烯啶虫胺可溶性液剂4 000 ~ 5 000倍液，均匀喷雾。

9．褐边绿刺蛾

【分布为害】褐边绿刺蛾(*Latoia consocia*)属鳞翅目刺蛾科。国内各地几乎都有发生。幼虫食叶，低龄啃食叶肉，稍大食成缺刻和孔洞，严重时食成光杆。

【形态特征】雌成虫体头部粉绿色；复眼黑褐色；触角褐色、丝状；雄虫触角近基部十几节为单栉齿状(图2-165)；胸部背面粉绿色；足褐色；前翅粉绿色，基角有略带放射状褐色斑纹，外缘有浅褐色线，缘毛深褐色；后翅及腹部浅褐色，缘毛褐色。卵扁椭圆形，浅黄绿色。幼虫头红褐色(图2-166)，前胸背板黑色，身体翠绿色，背线黄绿至浅蓝色，中胸及腹部第8节各有1对蓝黑色斑；后胸至第7腹节，每节有2对蓝黑色斑；亚背线带红棕色；每节着生棕色枝刺1对，刺毛黄棕色，并夹杂几根黑色毛；体侧翠绿色，间有深绿色波状条纹；自后胸至腹部第9节侧腹面均具刺凸1对，上着生黄棕色刺毛(图2-167)。蛹卵圆形，棕褐色。茧近圆筒形，棕褐色。

图2-165 褐边绿刺蛾成虫

图2-166　褐边绿刺蛾初孵幼虫

图2-167　褐边绿刺蛾幼虫

【发生规律】河南一年发生2代，在长江以南一年发生2～3代，以幼虫结茧越冬。翌年4月下旬至5月上中旬化蛹。5月下旬至6月成虫羽化产卵，6月至7月下旬为第1代幼虫为害期，7月中旬后第1代幼虫陆续老熟结茧化蛹；8月初第1代成虫开始羽化产卵，8月中旬至9月第2代幼虫活动为害，9月中旬以后陆续老熟结茧越冬。

【防治方法】结合果树冬剪，彻底清除或刺破越冬虫茧。在发生量大的年份，还应在果园周围的防护林上清除虫茧，夏季结合农事操作，人工捕杀幼虫。刺蛾的低龄幼虫有群集为害的特点，幼虫喜欢群集在叶片背面取食，被害寄主叶片往往出现白膜状，及时摘除受害叶片集中消灭，可杀死低龄幼虫。

幼虫发生初期，及时喷药防治，常用药剂有：

25%灭幼脲胶悬剂500～1 000倍液；

2.5%溴氰菊酯乳油3 500～4 500倍液；

50%辛硫磷乳油1 000～1 500倍液等，间隔10～15天，连喷2～3次。

10．丽绿刺蛾

【分布为害】丽绿刺蛾(*Parasa lepida*)属鳞翅目刺蛾科。分布于河北、河南、江苏、浙江、四川、云南等省。

【形态特征】成虫头顶和胸背绿色(图2-168)，中央有一条褐色纵线，腹背黄褐色，末端褐色较重；前翅绿色，基部尖长形黑棕色斑沿前缘紫，内边平滑弯曲；后翅淡黄色，外缘带褐色。幼虫体粉绿色(图2-169和图2-170)，背面稍白色，背中央有3条紫色或暗绿色带，体侧有1列带刺的瘤，前后瘤红色。茧圆形，红褐色(图2-171)。

图2-168　丽绿刺蛾成虫

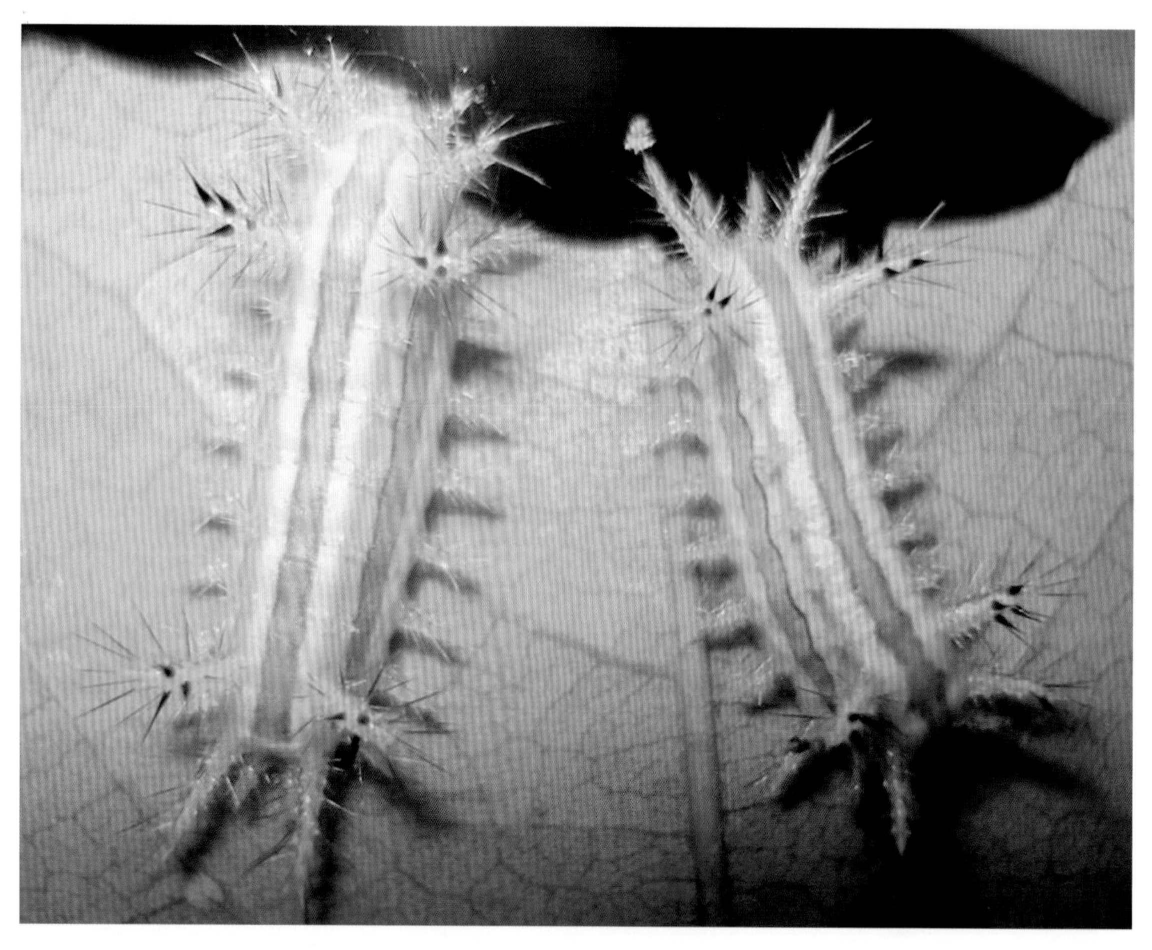

图2-169　丽绿刺蛾初孵幼虫

图2-170　丽绿刺蛾幼虫

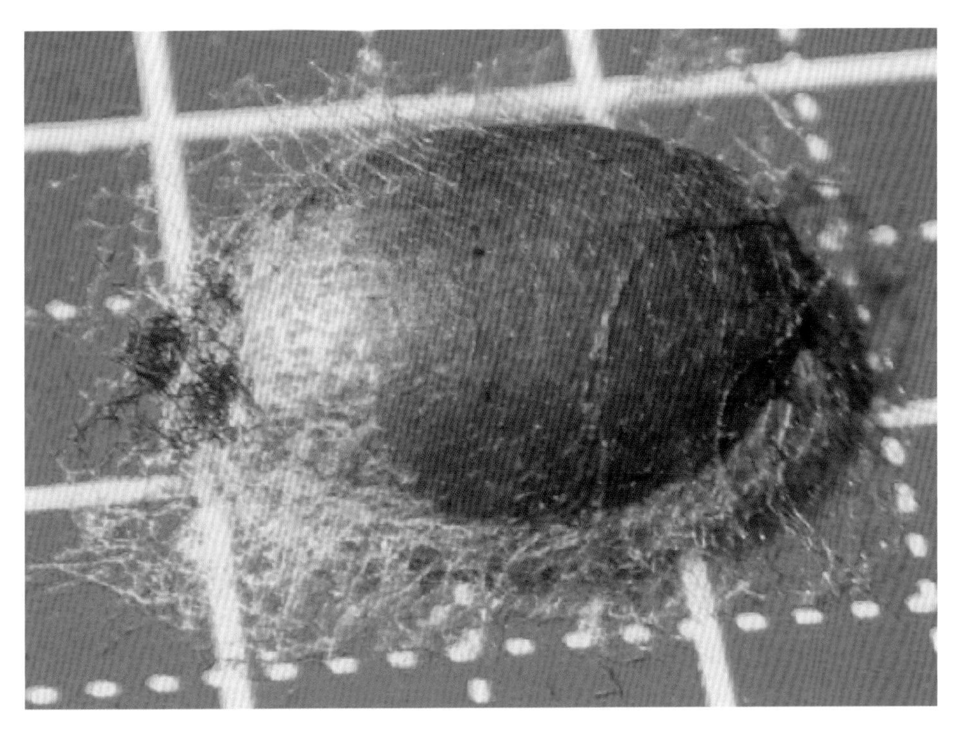

图2-171　丽绿刺蛾茧

【发生规律】参考褐边绿刺蛾。

【防治方法】参考褐边绿刺蛾。

11. 梨果象甲

【分布为害】梨果象甲(*Rhynchite foveipennis*)属鞘翅目象甲科。分布较广，在国内南北梨区均有分布。主要为害梨树嫩枝、花丛和幼果。成虫在产卵前，先咬伤果柄，而后在果面咬一小孔，把卵产在孔内。幼虫在果内孵化后，蛀食果肉和种子，致果萎缩脱落(图2-172)。

图2-172　梨果象甲为害梨果状

【形态特征】成虫体暗紫铜色，有金绿闪光；虫头喙先端稍弯，触角着生在喙前端1/3处；雌虫头喙略直，触角位于喙中间；前胸略呈球形，背面有1倒“小”字形凹陷；鞘翅上刻点粗大(图2-173)。卵椭圆形，初乳白色，渐变乳黄色。幼虫乳白色，体表多横皱。蛹初乳白色，渐变黄褐至暗褐色，体表被细毛，裸蛹。

图2-173 梨果象甲成虫

【发生规律】一年发生1代或两年发生1代。发生1代的以成虫在土中6cm左右的深处做土室越冬。两年发生1代的以幼虫在土中越冬，翌年以成虫在土中越冬，第三年出土为害。5月下旬至6月上旬为出土盛期，7月中旬前后出土结束。成虫产卵期自6月上旬至8月上旬，盛期在6月下旬至7月上旬。幼虫脱果入土，多在7月上旬至8月中旬。成虫出土后飞到树上取食为害，白天活动，晴朗无风高温时最活跃，有假死性，早晚低温时遇惊扰假死落地，高温时常落至半空即飞走。幼虫于果内为害20～30天老熟、脱果入土做土室，约经月余开始化蛹。

【防治方法】利用成虫假死习性，可在清晨进行摇树，集中捕杀成虫。秋冬浅耕，杀灭在土中越冬的成虫和幼虫。随时拾毁落果，可以消灭大量虫源，减轻来年为害。

在成虫尚未产卵前，喷施下列药剂：

50%马拉硫磷乳油1 000～2 000倍液；

2.5%溴氰菊酯乳油3 000～4 000倍液，以后视发生轻重程度，间隔10～15天防治1次，连续喷施2～3次。

12．梨金缘吉丁虫

【分布为害】梨金缘吉丁虫(*Lampra limbata*)属鞘翅目吉丁虫科。以华北、华东、西北地区及辽宁、河北、湖北等省发生较普遍。幼虫于枝干皮层内、韧皮部与木质部间蛀食，被害处外表常变褐至黑色，后期常纵裂，削弱树势，重者枯死，树皮粗糙者被害处外表症状不明显；成虫少量取食叶片为害不明显。

【形态特征】成虫全体翠绿色，具金属光泽，身体扁平，密布刻点(图2–174)；鞘翅边缘具金黄色微红的纵纹，状似金边。卵椭圆形，初乳白色，后渐变黄褐色。幼虫由乳白色渐变黄白色、无色(图2–175)。蛹为裸蛹，菱形，初乳白色，后变紫绿色，有光泽。

图2–174　梨金缘吉丁虫成虫

图2–175　梨金缘吉丁虫幼虫

【发生规律】江西一年发生1代，湖北、江苏1～2年1代，华北两年1代。以不同龄期幼虫于被害枝干皮层下或木质部蛀道内越冬。幼虫当年不化蛹。4月下旬有成虫羽化。成虫发生期一般在5月至7月上旬，盛期在5月下旬。6月上旬为幼虫孵化盛期。秋后老熟幼虫蛀入木质部越冬。成虫白天活动，高温时更活跃，受惊扰即飞行，早晚低温时受惊扰假死落地。初孵幼虫先在绿皮层蛀食，几天后被害处周围色变深。逐渐深入至形成层，行螺旋形蛀食，枝干被环蛀1周后常枯死。老熟后蛀入木质部做船底形蛹室于内化蛹。管理粗放，树势衰弱，伤口多的树，受害重。

【防治方法】加强栽培管理，增强树势，避免造成伤口，能提高树体的抗虫性和耐害力。结合冬季刮树皮，刮除在树皮浅层为害的幼虫。成虫发生期，利用其假死习性，组织人员于清晨振树捕杀成虫。

在成虫羽化初期，用药剂封闭枝干，从5月上旬开始。可用药剂有：

50%马拉硫磷乳油1 000～2 000倍液；

10%高效氯氰菊酯乳油1 000～2 000倍液；

10%醚菊酯悬浮剂800～1 500倍液等，灌注虫孔(每孔灌注3～10ml)，间隔10～15天，共用药2～3次。

13．梨瘿华蛾

【分布为害】梨瘿华蛾(*Sinitinea pyrigalla*)属鳞翅目华蛾科。在我国各梨区均有发生，以辽宁、河北、山西、山东和陕西等省产梨区发生普遍，管理粗放的果园受害重。枝条被害后发育受阻，影响树势，其上所结果实易被风吹脱落，对梨产量影响较大。幼虫蛀入枝梢为害，被害枝梢形成小瘤，幼虫居于其中咬食，由于多年为害的结果，木瘤接连成串，形似糖葫芦。在修剪差或小树多的果园里，为害尤显严重，常影响新梢发育和树冠的形成(图2–176)。

图2–176　梨瘿华蛾为害枝干症状

【形态特征】成虫体灰黄色至灰褐色，具银色光泽；复眼黑色，前翅近基部有2条褐色纹，靠外缘中部有1块褐色鳞片似黑斑，后翅灰褐色，无斑纹，前后翅缘毛较长；足灰褐色。卵圆筒形，初产橙黄色，近孵化时变为棕褐色，表面有纵纹。老熟时全体淡黄白色，头部小，胸部肥大。蛹初为淡褐色，将近羽化时头及胸部变为黑色，能明显看出发达的触角和翅伸长到腹部末端，腹末有两个向腹面的凸起。

【发生规律】在北方梨区一年发生1代，以蛹在被害瘤内越冬，梨芽萌动时成虫开始羽化，花芽膨大鳞片露白时为羽化盛期。羽化后成虫早晨静伏于小枝上，在晴天无风的午后即开始活动，卵散产于枝条粗皮、花芽叶芽和虫瘤等缝隙处，梨新梢生长期开始孵化，初孵幼虫爬行到刚抽出的幼嫩新梢蛀入为害，对新梢的生长，树冠的形成加大均有严重的影响。一般到6月被害处增生膨大形成瘿瘤，幼虫在瘤内生活取食，9月中下旬老熟，咬一羽化孔后于瘤内化蛹越冬。

【防治方法】彻底剪除被害虫瘤有良好效果，注意仅剪除里面有越冬蛹的一年生枝虫瘤即可。剪虫枝的防治措施应在大范围内进行，且连续3～4年彻底进行，可以实现区域性消除。

成虫发生期即花芽萌动期喷药防治，可选用下列药剂：

2.5%溴氰菊酯乳油1 500～2 000倍液；

10%高效氯氰菊酯乳油1 000～2 000倍液；

10%醚菊酯悬浮剂800～1 500倍液；

50%敌敌畏乳油800～1 000倍液，喷施1～2次，可收到良好效果。

若虫孵化期，可用下列药剂：

25%灭幼脲悬浮剂2 000倍液；

1.8%阿维菌素乳油3 000～5 000倍液，均有良好的防治效果。

14．白星花金龟子

【分布为害】白星花金龟子(*Potosia brevitarsis*)属鞘翅目花金龟子科。在南北梨区均有分布，在我国分布很广，成虫啃食成熟或过熟的果实，尤其喜食味甜的果实，常常数头或十余头群集在果实上或树干的烂皮、凹穴部位吸取汁液。果实被害后，常腐烂脱落，树体生长受到一定的影响，损失较严重(图2–177)。

图2–177　白星花金龟子为害症状

【形态特征】成虫体椭圆形，全体黑铜色，具古铜色光泽，前胸背板和鞘翅上散布众多不规则白绒斑约十多个，其间有一个显著的三角小盾片；鞘翅宽大，近长方形，触角深褐色，复眼突出。成虫群居，飞翔能力强。卵圆形至椭圆形，乳白色。幼虫头部褐色，胸足3对，身体向腹面弯曲呈“C”字形，背面隆起多横皱纹。老熟幼虫头较小，褐色，胴部粗胖，黄白或乳白色。蛹裸蛹，初黄白，渐变黄褐。

【发生规律】每年1代，以幼虫在土中越冬，5月上旬出现成虫，发生盛期为6—7月，9月为末期。成虫喜食成熟果实，尤其雨后数头或10余头群集在烂果皮上吸食汁液。成虫有假死性，对糖醋有较强的趋性，飞行力强。成虫寿命较长，交尾后多产卵于粪堆、腐草堆和鸡粪中。幼虫以腐草、粪肥为食，一般不为害果树根部，在地表幼虫腹面朝上，以背面贴地蠕动而行。成虫出蛰期很长，到9月仍有成虫活动，出蛰盛期为7—8月。成虫白天活动，对烂果汁有强烈趋性，常常几头群集在同一果实上取食，爬行迟缓，受惊后飞走或掉落地上。春夏季温湿度适宜及低洼重茬、施用大量未腐熟有机肥的地块发生重。

【防治方法】翻摊粪堆。成虫未羽化时，翻摊粪堆，放鸡啄食其内的幼虫和蛹。利用成虫的假死性和趋化性，于清早或傍晚，在树下铺塑料布，摇动树体，捕杀成虫。

利用成虫入土习性，在成虫出土羽化前，树下施药剂，可用25%辛硫磷微胶囊100倍液处理土壤。

在成虫发生期喷药防治。常用药剂有：

50%马拉硫磷乳油1 000～1 500倍液；

20%氰戊菊酯乳油2 000～2 500倍液；

25%喹硫磷乳油1 000～2 000倍液；

2.5%溴氰菊酯乳油2 000～3 000倍液。

15．梨眼天牛

【分布为害】梨眼天牛(*Bacchisa fortunei*)属鞘翅目天牛科。该虫分布全国各省。受害枝衰弱易被风折断，枯死，影响产量。以成虫、若虫为害，成虫活动力不强，常栖息叶背或小枝上，咬食叶背主脉基部的侧脉，呈褐色伤疤，也可咬食叶柄、叶缘、细嫩枝表皮。在被害处有很细的木质纤维和粪便排出，树下堆有虫粪，枝干上冒出虫粪为其典型特征，被害枝衰弱或死亡。

【形态特征】成虫体较小，略呈圆筒形，橙黄色；全体密被长竖毛和短毛，鞘翅蓝绿色或紫蓝色，有金属光泽；头部密布粗细不等的刻点，复眼上下叶完全分开，形成两对；前胸背板宽大于长，后胸背板两侧各有一个紫黑色斑块(图2-178)；雌虫体粗壮，腹末膨大，腹板中央有一纵纹。卵长圆形，初乳白色，后变黄白色，略弯曲，尾端稍细。老熟幼虫体呈长筒形，略扁平。初孵幼虫乳白色，随龄期增长体色渐深，呈淡黄色或黄色；头、前

图2-178　梨眼天牛成虫

胸背板黄褐色，胸足退化成刺疣状，腹部前7节背、腹面均有卵形瘤状凸起。蛹裸蛹，化蛹初期是黄白色，头与肢体较透明。

【发生规律】在陕西关中地区2年发生1代，以4龄以上的幼虫于所蛀的蛀道内越冬。翌年3月下旬开始活动为害，4月中旬老熟幼虫开始化蛹，成虫最早出现在5月上旬，成虫羽化后，在枝内停留2～5天才从坑道顶端一侧咬洞钻出。羽化盛期在5月中下旬，末期在6月中旬。成虫活动力不强，常栖息于叶背或小枝上，咬食叶背的主脉基部的侧脉，也可咬食叶柄、叶缘、细嫩枝表皮。产卵部位多选择直径15～25mm的枝条，树势弱，多位于东南方位，产卵前雌虫用上颚将枝条表皮咬成伤痕，在痕内的木质部和韧皮部之间产一粒卵。树势强，枝叶茂盛，雌虫多在树冠外围枝产卵。初孵幼虫取食韧皮部，2龄后开始向木质部蛀食，朝枝梢方向取食。在被害处有很细的木质纤维和粪便排出。至10月下旬停止取食，并用木屑粪便堵塞洞口进入越冬。

【防治方法】在成虫发生期，晴天中午前后捕捉树干基部及梢部成虫；6—7月成虫发生期进行人工捕捉，成虫白天不易飞动，特别在阴雨天，用棍敲打树干，即惊落地面，然后踏死。利用幼虫爬出的习性，在早晨或傍晚，对有新鲜虫粪的坑道口，掏除木屑捕杀幼虫。

熏杀幼虫：用棉球或软泡沫塑料蘸50%敌敌畏乳油塞入坑道内，道口用泥堵住。在枝条产卵伤痕处涂药，用煤油500g加入50%敌敌畏乳油50g配制成的煤油药剂，以毛笔涂抹。

成虫羽化盛期，喷施下列药剂：

10%高效氯氰菊酯乳油1 000～2 000倍液；

10%醚菊酯悬浮剂800～1 500倍液；

20%虫酰肼悬浮剂1 000～1 500倍液，毒杀初龄幼虫。高龄幼虫可由排粪孔注射上述药剂。

16．花壮异蝽

【分布为害】花壮异蝽(*Urochela luteovaria*)属半翅目蝽科。分布于东北、华北、西北等地，仅局部地区为害较重，是梨树的重要害虫之一。以成虫和若虫常群集枝干上吸食汁液，亦可为害果实和叶片，常使梢和叶片枯萎，严重时枝条枯死，排泄和分泌的油亮黏液常诱致煤污病发生，影响光合作用，削弱树势，果实被害多呈凹凸不平的畸形果，不能食用。

【形态特征】成虫体扁平，褐绿色，头部黑褐色，触角5节。前胸背板近前缘处有黑色“八”字纹(图2-179)。卵椭圆形，淡黄绿色，顶端有棒状刺3条，几十粒卵混于白色透明的胶状物中。若虫似成虫，无翅，初孵若虫黑色，腹部背面有几个黑斑，并散布许多小红点。

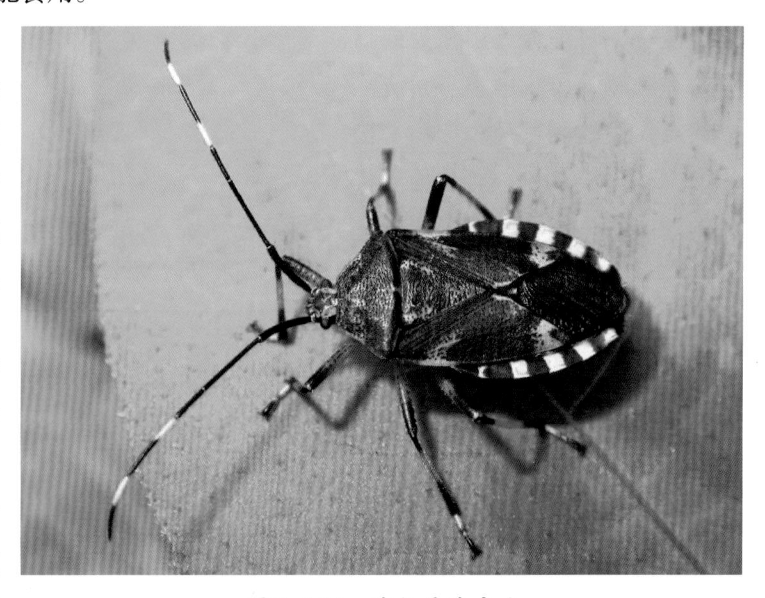

图2-179 花壮异蝽成虫

【发生规律】一年发生1代，以2龄若虫在树皮裂缝和翘皮下越冬。翌春4月中下旬，梨树发芽时开始活动，为害幼芽、花蕾、新梢、新叶和果实。白天若虫在树干阴面群集，夜晚活动为害，经4次脱皮后，于6月中下旬出现成虫，7月中下旬成虫大量出现。成虫畏热怕光，喜阴暗凉爽，在炎热的中午爬到枝阴面或叶背静伏，天气凉爽时分散到新梢、果实和1～4年生低龄枝段上取食为害。9月上中旬交尾产卵，卵产在粗皮裂缝中，卵期10天左右，于9月下旬开始孵化，10月初孵若虫大量出现，群集蜕一次皮后，以2龄若虫越冬。至10月陆续孵化完毕，成虫为害至10月陆续死亡。

【防治方法】秋后至早春越冬若虫活动前，结合防治其他病虫进行刮树皮，集中烧毁或深埋，消灭其中越冬幼虫；或堵塞树洞，消灭其中越冬若虫。8月中旬开始于枝干上束草诱集成虫产卵。夏季花壮异蝽在树枝阴面群集时，人工捕杀或喷药。

早春越冬若虫开始活动尚未分散时和夏季若虫群集枝干阴面时，喷药效果好，常用药剂有：

50%马拉硫磷乳油1 500～2 000倍液；

90%晶体敌百虫800～1 000倍液；

20%氰戊菊酯乳油2 000～3 000倍液；

2.5%氯氟氰菊酯水乳剂3 000～4 000倍液；

2.5%高效氯氟氰菊酯水乳剂3 000～4 000倍液；

10%氯氰菊酯乳油2 000～3 000倍液；

5%顺式氯氰菊酯乳油2 000～2 500倍液；

10%高效氯氰菊酯乳油3 000～4 000倍液；

2.5%溴氰菊酯乳油3 000～5 000倍液；

20%甲氰菊酯乳油3 000～4 000倍液，如混加洗衣粉500倍液效果更佳。

17．扁刺蛾

【分布为害】扁刺蛾(*Thosea sinenisi*)属鳞翅目刺蛾科。分布全国各地。幼虫主要为害叶片，1～2龄幼虫只咬食叶背表皮及叶肉，3龄以后将叶片咬食成缺刻，严重时将叶片全部蚕食光，仅残留叶柄及主脉。

【形态特征】雌成虫全体灰褐色，腹面及足色较深；触角丝状，基部十数节呈栉齿状(图2-180)。雄成虫栉齿发达，前翅灰褐色微带紫色，中室前有一条明显的暗紫色宽横带，自前缘近顶角处向后缘中部倾斜；雄虫中室直角有一个黑点，后翅暗灰色。卵扁平椭圆形，初为淡黄色，孵化前灰褐色。老熟幼虫背面呈弧形隆起，体扁椭圆形，全体绿色或黄绿色，背线白色，边缘蓝色；每节两侧生有短丛刺1对，体边缘每侧有11个瘤状凸起，第4节上有一个明显的红点(图2-181)。蛹体近椭圆形，初为乳白色，渐变黄色，最后呈黄褐色。茧椭圆形，暗褐色。

图2-180 扁刺蛾成虫

图2-181　扁刺蛾幼虫

【发生规律】北方一年发生1代，长江下游地区2代，少数3代。均以老熟幼虫在树下3～6cm土层内结茧以前蛹越冬。1代区5月中旬开始化蛹，6月上旬开始羽化、产卵，发生期不整齐，6月中旬至8月上旬均可见初孵幼虫，8月为害最重，8月下旬开始陆续老熟入土结茧越冬。2～3代区4月中旬开始化蛹，5月中旬至6月上旬羽化。第1代幼虫发生期为5月下旬至7月中旬。第2代幼虫发生期为7月下旬至9月中旬。第3代幼虫发生期为9月上旬至10月。以末代老熟幼虫入土结茧越冬。成虫多在黄昏羽化出土，昼伏夜出，羽化后即可交配，2天后产卵，多散产于叶面上。幼虫共8龄，6龄起可食全叶，老熟幼虫多夜间下树入土结茧。成虫有趋光性；白天隐伏在枝叶间、草丛中或其他荫蔽物下。幼虫孵化后，低龄期有群集性，并只咬食叶肉，残留膜状的表皮；大龄幼虫逐渐分散为害，从叶片边缘咬食成缺刻甚至吃光全叶；老熟幼虫迁移到树干基部、树杈处和地面的杂草间或土缝中作茧化蛹。

【防治方法】结合整枝、修剪、除草和冬季清园、松土等，清除枝干上、杂草中的越冬虫体，破坏地下的蛹茧，以减少下代的虫源。初孵幼虫分散为害前，可摘除带虫叶片。利用幼虫下树在土中结茧越冬，并对土壤质地有选择的习性，在春季组织人员挖茧。

对虫口密度较大的果园，在各代幼虫盛孵期，可用下列药剂喷雾防治：

90%晶体敌百虫或80%敌敌畏乳油800～1 000倍液；

50%马拉硫磷乳油1 000倍液；

20%氰戊菊酯乳油1 000倍液；

2.5%溴氰菊酯乳油2 000～3 000倍液；

25%灭幼脲胶悬剂500～1 000倍液。扁刺蛾幼虫对药剂较敏感，喷药时，应将药液喷至叶背虫体上。

18．梨刺蛾

【分布为害】梨刺蛾(*Narosoideus flavidorsalis*)属鳞翅目刺蛾科。分布在东北、华北、华东地区和广东省。幼虫食叶。低龄啃食叶肉，稍大食成缺刻和孔洞。

【形态特征】成虫体长13～16mm；雌虫触角丝状，雄虫双栉齿状；头、胸背黄色，腹部黄色具黄褐色横纹。前翅黄褐色，外线明显，深褐色，与外缘近平行；线内侧具黄色边带铅色光泽，翅基至后缘橙黄色；后翅浅褐色或棕褐色，缘毛黄褐色(图2–182)。末龄幼虫绿色，背线、亚背线紫褐色；各体节具横列毛瘤4个，其中，中后胸、腹部6、7节背面具1对长枝刺状，上生暗褐色刺(图2–183)。蛹黄褐色。茧椭圆形，暗褐色，外附着土粒。

图2–182　梨刺蛾成虫

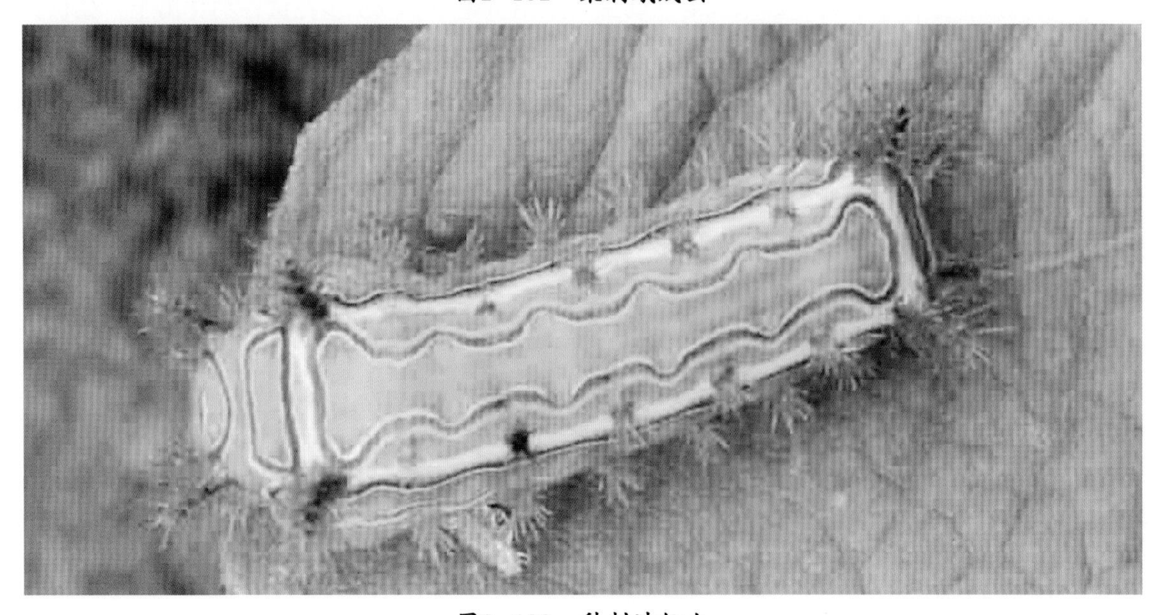

图2–183　梨刺蛾幼虫

【发生规律】一年发生1代。以老熟幼虫结茧在土中越冬，7—8月发生，卵多产在叶背，数十粒1块，8—9月进入幼虫为害期，初孵幼虫有群栖性，2～3龄后开始分散为害，9月下旬幼虫老熟后下树，寻找结茧越冬场地。

【防治方法】秋冬季摘虫茧或敲碎树干上的虫茧，减少虫源。

在幼虫盛发期喷洒下列药剂：

80%敌敌畏乳油1 000～1 200倍液；

50%辛硫磷乳油1 000～1 500倍液；

50%马拉硫磷乳油1 000～1 500倍液。

19. 梨尺蛾

【分布为害】梨尺蛾(*Yala pyricola*)属鳞翅目尺蛾科。分布于河北、山西、河南、安徽、山东等省，以幼虫为害花、叶和幼果，严重时可将梨叶全部吃光，受害树当年不能结果。花器受害，形成孔洞；叶片受害后，先出现孔洞和缺刻，随后出现大的缺刻，甚至将叶片吃光，仅留叶脉或叶柄。

【形态特征】成虫雌雄异型。雄虫有翅，全体灰黑色，触角羽毛状，复眼球形，灰黑色，前翅灰褐色，内横线、中横线和外横线明显，前缘有灰褐色微毛，后翅淡灰褐色，翅边缘多黑灰色长毛。雌虫无翅，全体灰色至灰褐色；复眼球形，灰黑色；触角丝状，深灰色；头胸部密布粗鳞，腹部略呈圆锥形密被鳞毛，末端有乳黄色交尾器露出尾部。卵圆或椭圆形，表面光滑，乳白色至黄褐色。老熟幼虫头部黑褐色，胸部灰黑色，具有较规则的暗色纵线与花纹；胸足褐色，幼虫身体颜色随龄期的增加而加深，全身颜色花纹逐渐明显并有规则(图2–184)。蛹体红褐色，腹端尖细，端分叉。

图2–184 梨尺蛾幼虫

【发生规律】一年发生2代，以蛹在土中越冬，翌春2—3月成虫羽化。在河北中南部梨区，成虫于2月下旬开始羽化，雄虫比雌虫先羽化1～2天，但出土时期几乎相同。雄虫飞行力很弱，白天潜伏在杂草间或树上，傍晚和夜间飞行、交尾。雌虫羽化出土后沿树干慢慢向上爬行，并寻觅适当场所潜伏。卵成堆产在枝干向阳面的粗皮缝中或枝杈的皱褶处。在5月上旬，老熟幼虫顺树干爬下，多集中在树干周围的土中做茧化蛹越冬，入土深度以10～13cm处为多。

【防治方法】秋冬结合园内耕翻土地拾蛹，或树盘下刨蛹。阻止雌蛾上树，在成虫羽化前，在每棵梨树下，堆一个50cm高的沙土堆并拍打光滑，再结合每日捕蛾和灭卵，效果很好。也可以在树干上绑塑料薄膜阻止雌蛾上树，收效很大。利用幼虫受振动吐丝下垂的特性，振树杀虫。

在幼虫发生期进行药剂防治，在3龄以前，施用下列药剂：

20%除虫脲悬浮剂5 000～8 000倍液；

1.8%阿维菌素乳油2 000～3 000倍液；

2.5%溴氰菊酯乳油1 500～2 000倍液；

4.5%高效氯氰菊酯乳油1 000～2 000倍液；

5.7%氟氯氰菊酯乳油1 000～2 000倍液；

5%除虫菊素乳油1 000～1 250倍液；

25%灭幼脲悬浮剂1 000～2 000倍液；

10%呋喃虫酰肼悬浮剂1 000～1 500倍液等。

20.梨瘿蚊

【分布为害】梨瘿蚊(*Contarinia pyrivora*)属双翅目瘿蚊科，异名梨蚜蛆。主要为害梨嫩叶，在梨叶正面叶缘吸食汁液，使叶片皱缩、变脆，并纵向向内卷成紧筒状，叶肉组织增厚，变硬发脆，直至变黑，枯萎脱落(图2–185)。

图2–185 梨瘿蚊为害叶片症状

【形态特征】雄成虫很小，体长1.2～1.3mm，翅展约3.5mm，体暗红色。头部小，前翅具蓝紫色闪光，平衡棒(后翅)淡黄色。足细长，淡黄色。雌虫体长较雄虫大，长1.4～1.8mm，翅展3.3～4.3mm，足较雄虫短。幼虫共4龄，长纺锤形，似蛆，1～2龄幼虫无色透明，3龄幼虫半透明(图2–186)，4龄幼虫乳白色，渐变橘红色(图2–187)。蛹为裸蛹、橘红色，蛹外有白色胶质茧。卵很小，初产时淡橘红色，孵化前橘红色。

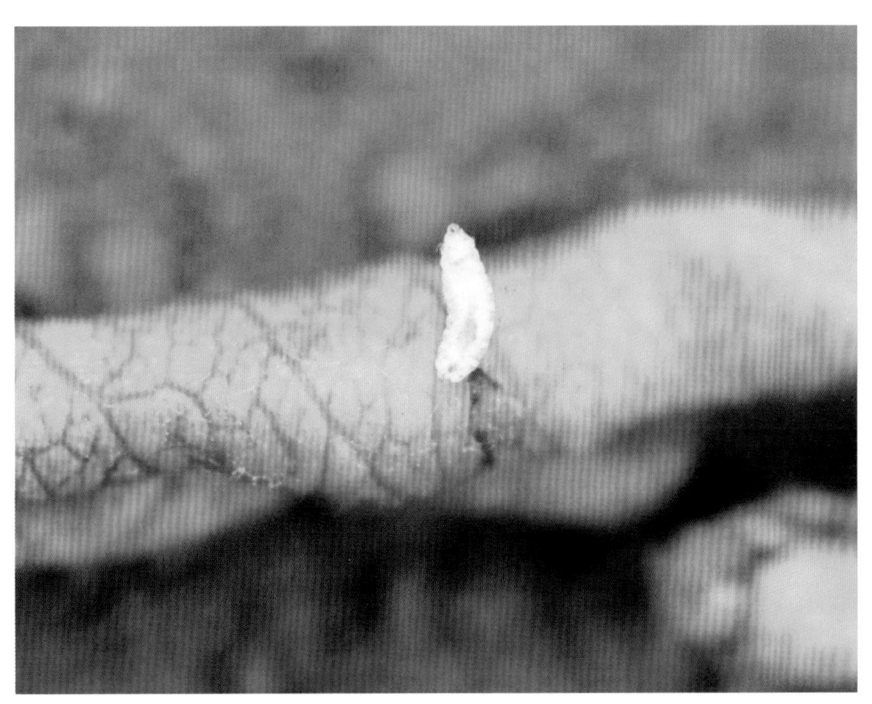

图2–186　梨瘿蚊3龄幼虫

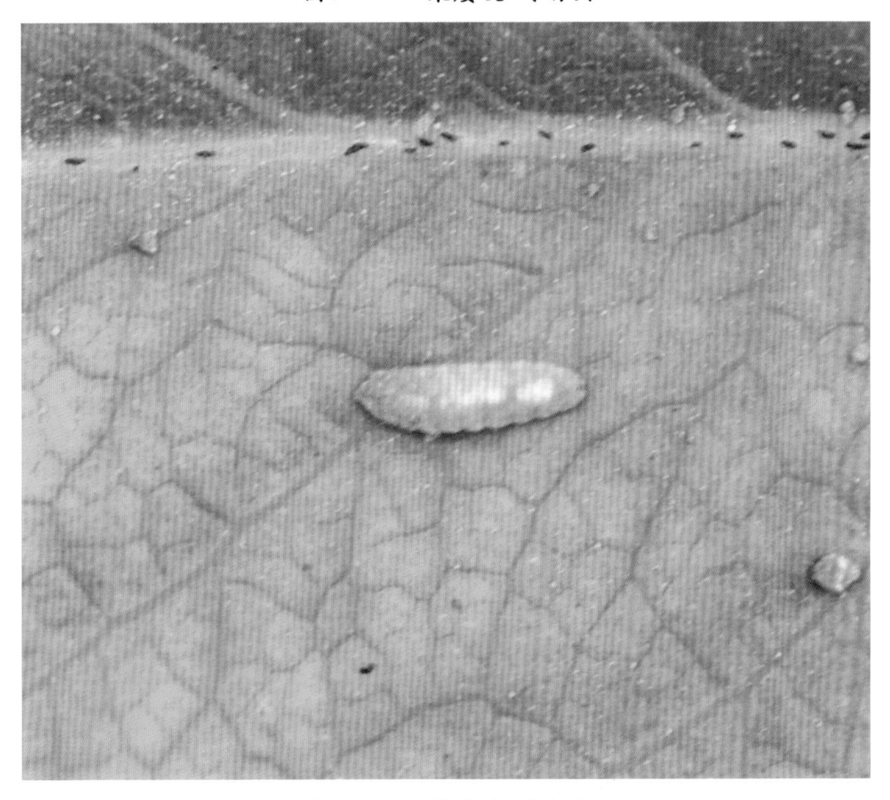

图2–187　梨瘿蚊4龄幼虫

【发生规律】一年发生2~3代，以老熟幼虫在树干翘皮裂缝或树冠下2~6cm的表土层中越冬。翌年3月化蛹出土，成虫产卵于嫩叶上。越冬代成虫盛发期为4月上旬，第一代成虫盛发期为5月上旬，第二代成虫盛发期为6月上旬。成虫卵多产在未展开的芽叶缝隙中，少数产在芽叶的表面上。卵孵化后，幼虫吸取梨叶汁液，将梨叶从叶外缘纵卷成紧筒，叶片变脆，幼虫经13天左右老熟，又入土化蛹，出土产卵。4—7月，由于降雨多、湿度大，闷热天气多，又正值梨树春梢和夏梢抽发，满足了梨瘿蚊生活条件，有利于此虫的发生和为害。

【防治方法】冬季深翻土地。及时摘除虫叶，集中烧毁。刮除枝干粗糙翘皮。

成虫羽化出土前(3月下旬至4月上旬)，树冠下地面撒施敌百虫或甲萘威毒土，或喷洒40.7%毒死蜱乳油600倍液杀幼虫和成虫。

在第1~2代老熟幼虫(4月下旬或5月下旬或6月中旬)高峰期，特别是降雨后，在树冠下地面喷洒下列药剂：

50%辛硫磷乳油500倍液；

48%毒死蜱乳油600~800倍液杀死幼虫和成虫。

在越冬代和第1代成虫产卵盛期(4月上旬和5月上旬)，在叶面喷施下列药剂：

10%吡虫啉可湿性粉剂1 500~2 000倍液；

52.25%毒死蜱·氯氰菊酯乳油1 500~2 000倍液；

48%毒死蜱乳油1 000~1 200倍液；

2.5%联苯菊酯乳油1 000~1 500倍液；

2%阿维菌素乳油2 000~3 000倍液；

20%氰戊菊酯乳油2 000倍液可防治初孵幼虫。

21．梨黄粉蚜

【分布为害】梨黄粉蚜(*Aphanostigma jakusuiensis*)属同翅目根瘤蚜科。异名梨黄粉虫、梨瘤蚜。该虫喜群集果实萼洼处为害，随着虫量的增加逐渐蔓延至整个果面。果实表面似有一堆堆黄粉，周围有黄褐环，即为成虫与其所产的卵堆及小若蚜。受害果实皮表面初期呈黄色稍凹陷的小斑，以后渐变黑色，向四周扩大呈波状轮纹，常形成具龟裂的大黑疤，甚至落果(图2-188)。

图2-188 梨黄粉蚜为害梨果症状

【形态特征】雌蚜体长0.7～0.8mm，卵圆形，麦黄色，无翅，体上有蜡腺，无腹管。有性型成蚜有雌雄两性，雌蚜体长0.5mm左右，雄蚜0.35mm左右，长椭圆形，鲜黄色，无翅及腹管。卵极小，长约0.3mm，椭圆形，麦黄色，常成堆似一团黄粉。幼虫与成蚜相似，但体形较小，淡黄色。

【发生规律】一年发生8～10代。以卵在树皮裂缝、果台残缺、剪锯口、梨潜皮蛾幼虫为害的翘皮下或枝干上的伤残处越冬。梨树开花时，卵孵化为干母，若蚜在翘皮下的幼嫩组织处取食树液，生长发育并繁殖。每代若虫逐步向外扩散，6月中下旬后，若蚜开始为害果实，7月中下旬至8月上中旬是为害果实的高峰期，8月下旬至9月上旬出现有性蚜，进入粗皮缝内产卵越冬。梨黄粉蚜喜欢温暖干燥的环境，气温19.5～23.0℃，相对湿度68%～78%，对其发生有利，高温低湿和低温高湿的环境均对其发生不利。梨果套袋后，黄粉蚜喜欢在套袋的袋口折叠缝内大量繁殖。梨黄粉蚜转移到果树上以后，喜在背阴处栖息为害，温暖干燥的气候环境有利于其发生繁殖。套袋果内的阴暗环境和6—7月干旱少雨的气候条件是其大发生的重要原因。

【防治方法】秋末至早春发芽前，刮除粗皮翘皮，并清除树上的残附物，集中烧毁，消灭越冬卵。对于套袋梨。套袋前将袋口浸药可有效地降低前期入袋为害率。

发芽前喷95%机油乳油1 000倍液，或3～5波美度石硫合剂，杀越冬卵。

蚜虫发生期喷施下列药剂：

1.8%阿维菌素乳油3 000～4 000倍液；

10%吡虫啉可湿性粉剂2 000～3 000倍液；

50%抗蚜威可湿性粉剂1 500～3 000倍液；

5%S-氰戊菊酯乳油2 000～2 500倍液。

22. 梨叶肿瘿螨

【分布为害】梨叶肿瘿螨(*Briophyes pyri*)属蜱螨目瘿螨科。异名梨潜叶壁虱，也表现为梨叶肿病、梨叶疹病等。分布在黑龙江、吉林、辽宁、河北、河南、山东、江苏、山西、宁夏、陕西、青海、新疆、四川等省(区)梨区都有发生。成虫、若虫均可为害，主要为害嫩叶，严重发生时，也能为害叶柄、幼果、果梗等部位。被害叶初期出现谷粒大小的淡绿色疱疹，而后逐渐扩大，并变为红色、褐色，最后变成黑色。疱疹多发生在主脉两侧和叶片的中部，常密集成行，嫩叶疱疹多时，使叶正面明显隆起，背面凹陷卷曲，严重时叶片早期脱落(图2-189)。削弱树势，影响花芽形成。

图2-189 梨叶肿瘿螨为害叶片症状

【形态特征】成虫体长约0.25mm，圆筒形，多为白色、灰白色或稍带红色。足2对生于体前端。体具许多环状纹；尾端具2根长刚毛。卵很小、卵圆形，半透明。若虫与成虫相似，身体较小。

【发生规律】一年发生多代，以成虫于芽鳞片下越冬。春季梨展叶后，越冬成虫从气孔侵入叶片组织内，使叶组织肿起。一般5月上旬开始出现疱疹，5月中下旬发生最重。6月高温季节，不利其繁殖，为害减轻。9月成虫从叶内脱出，潜入芽鳞片下越冬。

【防治方法】及时摘除虫叶，清除落叶和树上枯枝，集中销毁。

花芽膨大时喷5波美度石硫合剂，或含油量3%的柴油乳剂，有较好的效果。

春夏季发生为害期，可喷施下列药剂：

2%阿维菌素乳油2 500～3 500倍液；

5%氟虫脲乳油1 500～3 000倍液；

50%溴螨酯乳油2 000倍液；

5%噻螨酮乳油1 000～2 000倍液。发生严重时，可间隔7～10天再喷1次。

23．茶翅蝽

【分布为害】茶翅蝽(*Halyomorpha picus*)属半翅目蝽科。分布较广，全国各地均有分布。成虫和若虫吸食嫩叶、嫩梢和果实的汁液，果实被害后，呈凸凹不平的畸形果，近成熟时的果实被害后，受害处果肉变空，木栓化(图2-190)。

图2-190　茶翅蝽为害梨果症状

【发生规律】华北地区每年发生1代，华南每年发生2代。以成虫在墙缝、屋檐下、石缝里越冬。有的潜入室内越冬。在北方5月开始活动，迁飞到果园取食为害。成虫白天活动，交尾并产卵。成虫常产卵于叶片背面，每雌虫可产卵55～82粒。卵期6～9天。6月上旬田间出现大最初孵若虫，小若虫先群集在卵壳周围呈环状排列，2龄以后渐渐扩散到附近的果实上取食为害。田间的畸形桃主要由若虫为害所致，新羽化的成虫继续为害直至果实采收。9月中旬当年成虫开始寻找场所越冬，到10月上旬至入蛰高峰。

【防治方法】结合其他管理措施，随时摘除卵块及捕杀初孵若虫。在第一代若虫发生期，结合其他害虫的防治，喷施2.5%高效氯氟氰菊酯水乳剂3 000～4 000倍液；2.5%溴氰菊酯乳油3 000～5 000倍液，间隔10～15天喷一次，连喷2～3次，均能取得较好的防治效果。

四、梨树各生育期病虫害防治技术

(一)梨树病虫害综合防治历的制定

梨树病虫害发生普遍，严重地影响着梨的产量和品质。一般发生较为普遍的病害有梨黑星病、轮纹病等。为害比较严重的害虫有梨小食心虫、梨茎蜂、梨木虱等。我们在梨收获后，要总结梨树病虫发生情况，分析病虫发生特点，拟定翌年的病虫防治计划，及早采取防治方法。

下面结合大部分梨区病虫发生情况，概括地列出梨树病虫防治历表2-1，供使用时参考。

表2-1 梨树各生育期病虫害综合防治历

物候期	重点防治对象	其他防治对象	防治方法
休眠期	腐烂病、介壳虫	食心虫、蚜虫、蛹、梨木虱、轮纹病、黑星病等	刮树皮，清扫枝叶，药剂涂刷树干
萌芽期	腐烂病、介壳虫	食心虫、梨木虱、蚜虫、蛹、梨星毛虫、褐斑病等	喷施杀虫剂、杀菌剂等，刮治腐烂病
花期		生理落花、花腐病	喷洒植物激素、叶面肥
落花期	梨黑星病、梨木虱、介壳虫	梨星毛虫、梨尺蛾、梨茎蜂、蚜虫、黑斑病、轮纹病等、疏果定果、杂草	喷洒杀虫剂、杀菌剂、除草剂、植物激素、微肥
果实膨大期	梨黑星病、红蜘蛛、梨大食心虫、黑斑病	梨果象甲、梨木虱、介壳虫、茶翅蝽、轮纹病、炭疽病、杂草	喷洒杀虫剂、杀菌剂、杀螨剂、除草剂
果实成熟期	梨黑星病、食心虫、轮纹病	梨木虱、介壳虫、梨网蝽、炭疽病等	使用杀虫剂、杀菌剂
营养恢复期	腐烂病	梨木虱、介壳虫、轮纹病等	清除病叶、病果，使用保护性杀菌剂、杀虫剂

(二)梨树休眠期管理及病虫害防治技术

华北地区梨树从11月到翌年的3月处于休眠期(图2-191)，多数病虫也停止活动，许多病虫在残枝、叶、枝干上越冬。

图2-191 梨树休眠期生长情况

刮除主干、主枝等骨干枝粗老翘皮，并集中烧毁，消灭在树皮裂缝中越冬的害虫；彻底刮治腐烂病病斑，立即烧毁。通过冬季修剪，合理整形，培养优质丰产的树体结构。结合冬剪，疏除病虫枝，摘除病僵果，清扫落叶落果，并全树喷施一次铲除剂。梨树的花芽容易辨认，冬剪时对大年树疏除超前花芽，可按树龄、树势和立地条件，因地制宜，疏除过多的花芽。根据昼消夜冻，果园灌水，可消灭大量越冬害虫，有利于梨树安全越冬。

深翻土壤，特别是树基周围，注意深挖、暴晒，或翻土前土表喷洒50%辛硫磷乳油300倍液、48%毒死蜱乳油300～500倍液，用药液量500ml/株左右；同时用高浓度波尔多液涂刷树干，进行树体消毒，还可以刮除老皮，喷涂5波美度石硫合剂。冬季修剪时，最好在刀口处涂抹消毒剂，可用波尔多液等。

也可用下列药剂：50%福美双可湿性粉剂100～200倍液、29%石硫合剂水剂50～100倍液、50%硫黄悬浮剂200倍液、4%～5%柴油乳油，全树喷淋，对树基部及基部周围土壤也要喷施。

（三）梨树萌芽期管理及病虫害防治技术

3月下旬到4月上旬，梨树开始萌芽生长(图2–192)。

图2–192　梨树萌芽期生长情况

追肥灌水，上年秋季未施肥的果园，应在早春追肥，干旱时还应结合灌水进行。

早疏花蕾，在能辨清花芽和叶芽时，开始疏蕾，以集中营养供给所留花芽。在显蕾期，疏除腋花、次花和病虫花。

捕杀害虫，梨花芽萌动期是梨大食心虫、梨木虱、梨星毛虫、梨茎蜂、梨实蜂等害虫出蛰盛期，可摘除虫芽、虫梢，或进行人工捕杀。

摘除病芽，黑星病初发期，病芽鳞片松散不落，很容易辨别，可及时摘除病芽梢。

灌水防冻，梨花期易发生霜冻的果园，可在临近开花期浇一次透水，减轻霜冻为害。

花前复剪，大年时，对衰弱树上的超长花枝、细弱花枝、过量花枝进行花前复剪，疏掉过多的花芽，更新复壮，有利于优质丰产。

梨树腐烂病进入一年的盛发期，特别是一些老果园，要及早刮治；这时梨树白粉病、锈病、褐斑病开始侵染发生，梨大食心虫、梨尺蠖、梨星毛虫、蚜虫、螨类也开始发生；梨木虱、介壳虫严重的果园，也是防治的关键时期。要结合果园的病虫发生情况，采取喷药措施。

这一时期是刮治梨树腐烂病的重要时期，用锋利的刀子刮除病患部，并刮除一部分健康的树皮，深挖到木质部，而后涂抹药剂，可以用下列药剂：3%甲基硫菌灵糊剂200～300g/m^2、50%福美双可湿性粉剂50倍液+萘乙酸50mg/kg、1%戊唑醇糊剂250～300g/m^2、0.15%吡唑醚菌酯膏剂200～300g/m^2、29%石硫合剂水剂50倍液、14%络氨铜水剂10～20倍液、30%琥胶肥酸铜可湿性粉剂20～30倍液，涂抹病疤，最好外面再喷以1.26%辛菌胺醋酸盐水剂50～100倍液。

这一时期防治梨树腐烂病，也可以结合防治其他病虫，如蚜虫、螨、梨星毛虫、介壳虫、梨木虱、白粉病、锈病、褐斑病等，可以在腐烂病病斑刮净后，深刮到木质部，选1～2块较大的病斑，使用50%福美双可湿性粉剂60倍液+50mg/kg萘乙酸+25%三唑酮可湿性粉剂20倍液+40%毒死蜱乳油100倍液，混合均匀，如较稀可加入一些黏土或草木灰，成黏稠液体，涂抹于患部，而后用塑料布包扎，20～30天后解除。这一方法省工、高效，而且持效期长。

如白粉病、锈病较重，树上可以喷洒20%三唑酮悬浮剂300～500倍液。

该期如果介壳虫、梨木虱较多，可以结合其他病虫防治，混合使用：20%双甲脒乳油1 000倍液、20%甲氰菊酯乳油1 500倍液、1.8%阿维菌素乳油1 000～1500倍液+2.5%高效氯氟氰菊酯乳油1 500～2 000倍液等。

（四）梨树花期管理及病虫害防治技术

4月上中旬，华北大部分梨区进入开花期(图2-193)，由于花粉、花蕊对很多药剂敏感，一般不适于喷洒化学农药。但这一时期是疏花、保花、定花、定果的重要时期，要根据花量、树体长势、营养状况确定疏花定果措施，保证果树丰产与稳产。疏花措施，保花保果措施可以参考苹果疏花、保花、保果措施。

图2-193　梨树开花期生长情况

花期结合人工授粉，喷洒硼肥加葡萄糖，促进坐果。

肥水管理，由于梨树花期需水、肥量大，要在萌芽前浇一次透水，并结合灌水进行花前追肥。以速效氮肥为主，株施尿素0.15～0.25kg，或施果树全效专用肥0.25～0.5kg。

（五）梨树展叶至幼果期管理及病虫害防治技术

4月下旬到5月上中旬，梨花相继脱落(图2-194)，幼果开始生长，树叶也开始长大。

图2-194　梨树幼果期生长情况

消除虫果。摘除受梨大食心虫为害的果实，清除象鼻虫为害的落果。施肥，5月下旬应追施全年计划施用氮肥量的1/3～2/3，如有草木灰等钾肥，也可在此时施用，追肥之后要灌水、松土、除草。及时疏花疏果和夏季修剪。

在疏果的基础上，选留果柄粗壮、果形长、萼端紧闭而凸出的幼果，不留病虫果、小果、畸形果、萼片张开不凸出的幼果。酥梨在定果时，应注意选留萼片脱落的幼果。

预防落果(图2-195)，通过及早疏花疏果，追肥灌水，集中营养供给保留的幼果，喷施防落素等综合管理措施，预防6月落果。

图2-195 梨树生理落果症状

果实套袋(图2-196)，定果后应及早套袋，时间要求在果点尚未形成的花后15天即开始进行。

图2-196 梨果实套袋情况

追肥灌水，此期是梨树器官养分竞争期，对肥水的要求较高，适时追肥灌水，有利于防止落果和幼果发育。

夏季修剪，适当疏除影响树体生长发育的徒长枝、竞争枝，并通过拉枝变向等方法缓和树势，促进花芽形成。

5月下旬开始，每15天左右叶面喷施1次尿素(0.3%～0.4%)或磷酸二氢钾(0.2%～0.3%)，绿芬威或绿风95等叶面肥，连续喷2～3次。根据天气情况，可灌水1～2次，灌后中耕松土。

该期梨白粉病、锈病开始为害，梨黑星病、黑斑病、轮纹病、褐斑病也开始侵染为害；梨木虱第一代卵和若虫、梨茎蜂卵和幼虫、尺蠖幼虫进入为害盛期，介壳虫严重的果园也是防治的有利时期，其他害虫如梨星毛虫、蚜虫、食心虫、梨果象甲等都开始活动，需要防治。该时期一般情况下都需混合使用一次杀菌剂和杀虫剂。

为了减轻对幼果的影响，宜选用一些刺激性小、高效的杀菌剂，一般可以用下列药剂：70%代森锰锌可湿性粉剂1 000～1 500倍液+50%异菌脲可湿性粉剂1 000～1 200倍液、70%代森锰锌可湿性粉剂800～1 000倍液+25%三唑酮可湿性粉剂1 000倍液喷雾。

杀虫剂可以使用：48%毒死蜱乳油1 500～2 000倍液、20%甲氰菊酯乳油1 000～1 500倍液、20%灭多威乳油1 000～2 000倍液、1.8%阿维菌素乳油1 000倍液+2.5%氯氟氰菊酯乳油2 000倍液喷雾。

如果疏除一部分幼果，可以结合杀虫使用25%甲萘威可湿性粉剂600～800mg/kg+萘乙酸10mg/kg。这一时期，为保护幼果免受外界环境条件的影响，可以配合选用海藻胶水剂250倍液、0.1%二氧化硅水溶液、27%无毒高脂膜乳剂200倍液、0.3%～0.5%的石蜡乳液等喷雾。

(六)梨树果实膨大期病虫害防治技术

6月上中旬长枝基本停梢，光合作用功能提高，果实迅速膨大，花芽开始分化(图2-197)。此时也是培育优质大果和健壮花芽的关键时期，田间管理措施：开沟排水降温，确保根系活力。控制徒长枝，对生长偏旺的树枝，树冠上部密生的徒长枝应适当予以疏剪，以改善中下部光照；中下部抽生的徒长枝，予以拉枝拉开角度缓和生长，使养分向果实转移。生长正常树可不修剪，以免减弱树势。施好果实膨大肥，一般于6月中下旬进行。3年生结果树，树势正常、载果量合理，每株施三元复合肥0.25kg左右；树势弱、坐果多的要适当增加施肥量；生长偏旺或座果不多的不宜追肥。头年结果树，结果少一般可不施。

图2-197　梨果实膨大期生长情况

在这50～60天的时间内，如遇合适的条件，红蜘蛛、梨黑星病、梨木虱、梨黑斑病会随时严重发生，应注意调查与适时防治；这一段时间，病虫的发生特点很难区分，会有多种病虫混合发生，但也有所偏重，生产管理上要注意调查与分析，适时采取防治措施。

该期一般需要施药3～6次，可以用1：2：(160～200)倍式波尔多液与常用有机农药轮换使用，在阴雨天气最好使用波尔多液，雨过天晴、防治病虫的关键时期用有机合成农药。

防治梨黑星病、黑斑病等病害可以用杀菌剂：10%苯醚甲环唑水分散粒剂6 000～7 000倍液、70%甲基硫菌灵可湿性粉剂1 000～1 500倍液+70%代森锰锌可湿性粉剂800～1 000倍液、50%多菌灵可湿性粉剂1 000～1 500倍液+65%代森锌可湿性粉剂500～800倍液等。

如果天气干旱、高温，发现红蜘蛛的为害要及时防治。早期防治可用25%噻螨酮乳油800～1 500倍液、20%哒螨灵乳油1 000～1 500倍液；如果结合防治梨木虱、食心虫、梨星毛虫、梨虎等害虫，可以使用：5%噻螨酮乳油1 500～2 000倍液、50%辛硫磷乳油1 000倍液+20%甲氰菊酯乳油1 000～2 000倍液、25%倍硫磷可湿性粉剂1 500倍液+5%唑螨酯乳油1 000～2 000倍液、20%三唑磷乳油2 000倍液+5%联苯菊酯乳油3 000倍液等。

6月下旬到7月上旬是梨大食心虫卵、幼虫发生盛期，结合防治螨、其他害虫可以使用：1.8%阿维菌素乳油1 000～2 000倍液+5%联苯菊酯乳油1 000倍液、50%辛硫磷乳油1 000～2 000倍液+5%甲氨基阿维菌素苯甲酸酸盐乳油1 000～2 000倍液等喷雾。

(七)梨树果实成熟期管理及病虫害防治技术

7月下旬以后，梨陆续进入成熟期(图2–198)，果实进入成熟期对钾和磷的需求量开始增大，及时进行叶面喷洒磷酸二氢钾，可显著改善果实外观品质和内在品质。注意后期控水，避免偏施氮肥，必要时喷洒防落素，以及防治椿象、梨象甲等，或分期分批采收，减轻落果。为促进果实着色(普通梨或红色梨)和提高果实含糖量，除增钾补磷外，还可通过秋剪疏枝清膛，拉枝开角，改善树体光照条件，对优质果品大有好处。视果实成熟情况，分批采收，可大大减少采前落果。

图2–198　梨树成熟期生长情况

梨黑星病、轮纹病、炭疽病等开始侵染果实，该期高温、高湿、多雨，是病害流行的有利时机，应加强防治。7月下旬到8月上旬、8月中下旬是梨大食心虫、梨小食心虫的产卵、初孵幼虫发生盛期，应注意田间观察，适期防治。

一般要施药2～4次，于7月下旬、8月中下旬喷高效农药，其他时间注意轮换使用1：2：200倍式波尔多液、30%碱式硫酸铜300～400倍液。

防治梨黑星病、轮纹病、炭疽病等可用：50%多菌灵可湿性粉剂800～1 000倍液+70%代森锰锌可湿性粉剂800～1 000倍液、70%甲基硫菌灵可湿性粉剂1 000～1 500倍液+65%代森铵可湿性粉剂600～800倍液等喷雾。

防治梨食心虫，主要是杀卵和防治初孵幼虫可用：1.8%阿维菌素乳油1 000～2 000倍液+5%联苯菊酯乳油1 000倍液、5%甲氨基阿维菌素苯甲酸盐乳油1 000～2 000倍液+5%联苯菊酯乳油1 000倍液、50%辛硫磷·氰戊菊酯乳油1 000～2 500倍液喷雾。

(八)梨树营养恢复期管理及病虫害防治技术

进入9月以后，多数梨已经成熟、采摘，生长进入营养恢复期。

适时采收，试验证明，过早采收果品质量差，过晚采收不利于树体贮藏营养，影响来年开花结果。

叶面补氮，采果后到落叶前，每7～10天，叶面喷洒100～150倍液的尿素，对提高树体贮藏营养大有好处。

秋施基肥，于采收前后及时施肥，可以农家肥为主，配施无机肥。

束草诱虫，采收前于树干上束草，可引诱梨小食心虫、梨木虱、梨星毛虫、叶螨类潜伏越冬和梨黄粉蚜产卵，可在休眠期取草烧毁，消灭害虫。

晚秋清园，落叶后，清除地表落叶落果和杂草，集中深埋。如配合冬灌可大大降低梨园害虫的越冬虫量。

第三章 桃树病虫害

桃是重要的核果类果树，原产于我国，目前全世界桃树栽培面积约165万hm^2，产量约2 000万t，中国占比50%以上。在我国分布范围较广，栽种面积大，是深受人们青睐的营养佳品。

我国除黑龙江省外，其他各省、市、自治区都有桃树栽培，主要经济栽培地区在华北、华东各地区，较为集中的地区有山东、河北、河南、湖北、四川、北京、天津、陕西、甘肃、浙江、江苏。

我国已记载的桃树病虫害有200多种，一般发生年份减产20%～30%，流行年份可达50%以上，甚至绝收。其中病害有90多种，常见的病害有穿孔病、褐腐病、腐烂病、疮痂病、缩叶病、流胶病等。虫害有50多种，为害严重的有桃蛀螟、桃小食心虫、梨小食心虫、桃蚜、桑白蚧、桃红颈天牛等。生理性病害有20多种，其中缺素症是为害桃树生产的重要因素。

一、桃树病害

1. 桃疮痂病

【分布为害】我国各桃区均有发生，尤以北方桃区受害较重，在高温多湿的江浙一带发病最重。该病发病率为20%～30%，严重时可达40%～60%(图3-1)。

图3-1 桃疮痂病为害情况

【症　　状】主要为害果实，亦为害枝梢。新梢被害后(图3-2至图3-4)，呈现长圆形、浅褐色的病斑，后变为暗褐色，并进一步扩大，病部隆起，常发生流胶。枝梢发病，最初在表面产生边缘紫褐色、中央浅褐色的椭圆形病斑。后期病斑变为紫色或黑褐色，稍隆起，并于病斑处产生流胶现象。春天病斑变灰色，并于病斑表面密生黑色粒点，即病菌分生孢子丛。病斑只限于枝梢表层，不深入内部。病斑下面形成木栓质细胞。因此，表面的角质层与底层细胞分离，但有时形成层细胞被害死亡，枝梢便呈枯死状态。叶片受害，初期在叶背出现不规则红褐色斑，以后正面相对应的病斑亦为暗绿色，最后呈紫红色干枯穿孔。在中脉上则可形成长条状的暗褐色病斑。发病重时可引起落叶(图3-5和图3-6)。果实发病初期，果面出现暗绿色圆形斑点，逐渐扩大，至果实近成熟期，病斑呈暗紫或黑色，略凹陷，后呈略凸起的黑色痣状斑点，病菌扩展局限于表层，不深入果肉(图3-7和图3-8)。发病严重时，病斑密集，随着果实的膨大，果实龟裂。

图3-2　桃疮痂病为害枝条初期症状

图3-3　桃疮痂病为害枝条中期症状

图3-4 桃疮痂病为害枝条后期症状

图3-5 桃疮痂病为害叶片正面症状

图3-6 桃疮痂病为害叶片背面症状

图3-7　桃疮痂病为害果实初期症状

图3-8　桃疮痂病为害果实后期症状

【病　　原】无性世代*Fusicladium carpophilum* 称嗜果黑星孢，属无性型真菌；有性世代*Venturia carpophila* 称嗜果黑星菌，属于子囊菌门真菌(图3-9)。分生孢子梗短，簇生，暗褐色，有分隔，稍弯曲。分生孢子单生或呈短链状，单胞，偶有双胞，圆柱形至纺锤形或棍棒形，近无色或浅橄榄色，孢痕明显。病菌发育最适温度24~25℃，最低2℃，最高32℃。分生孢子萌发的温度为10~32℃，但以27℃为最适宜。

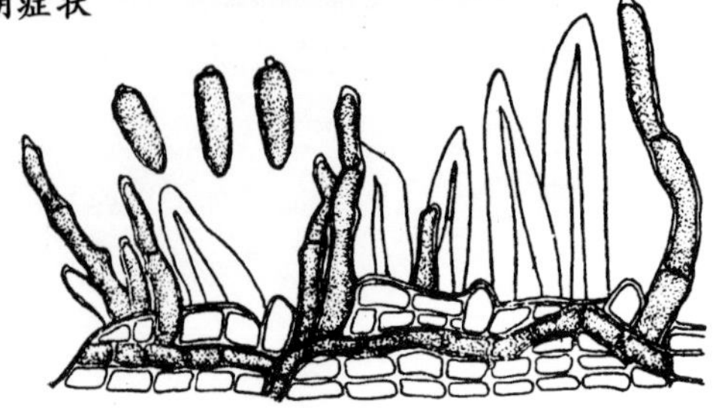

图3-9　桃疮痂病病菌分生孢子梗及分生孢子

【发生规律】以菌丝体在枝梢病组织中越冬。翌年春季，气温上升，病菌产生分生孢子，通过风雨传播，进行初侵染。病菌侵入后潜育期长，然后再产生分生孢子梗及分生孢子，进行再侵染。在我国南方桃区，5—6月发病最盛；北方桃园，果实一般在6月开始发病，7—8月发病率最高。春季和初夏及果实近成熟期多雨潮湿易发病。果园低湿，排水不良，枝条郁密，修剪粗糙等均能加重病害的发生。

【防治方法】秋末冬初结合修剪，认真剪除病枝。注意雨后排水，合理修剪，使桃园通风透光。坐果后套袋，以防病菌侵染。

萌芽前喷5波美度石硫合剂45%晶体石硫合剂30倍液，铲除枝梢上的越冬菌源。

落花后半个月是防治的关键时期(图3-10)，可用下列药剂：

图3-10　桃落花后疮痂病为害症状

70%甲基硫菌灵·代森锰锌可湿性粉剂800～1 000倍液；

3%中生菌素可湿性粉剂600～800倍液；

70%甲基硫菌灵可湿性粉剂800～1 000倍液；

75%百菌清可湿性粉剂800～1 000倍液；

80%代森锰锌可湿性粉剂800～1 000倍液；

40%氟硅唑乳油8 000～10 000倍液均匀喷施，以上药剂交替使用，效果更好。间隔10～15天喷药1次，共3～4次。

2．桃细菌性穿孔病

【分布为害】桃细菌性穿孔病是桃树的重要病害之一，在全国各桃产区都有发生，特别是在沿海、沿湖地区，常严重发生(图3-11)。

图3-11 桃细菌性穿孔病为害情况

【症　　状】主要为害叶片，也为害果实和枝。叶片受害，开始时产生半透明油浸状小斑点，后逐渐扩大，呈圆形或不规则圆形，紫褐色或褐色，周围有淡黄色晕环(图3-12至图3-14)。天气潮湿时，在病斑的背面常溢出黄白色较黏的菌脓，后期病斑干枯，在病、健部交界处，发生一圈裂纹，很易脱落形成穿孔。枝梢上有两种病斑：一种称春季溃疡，另一种称夏季溃疡。春季溃疡病斑油浸状，微带褐色，稍隆起；春末病部表皮破裂成溃疡。夏季溃疡多发生在嫩梢上，开始时环绕皮孔形成油浸状、暗紫色斑点，中央稍下陷，并有油浸状的边缘。该病也为害果实(图3-15)。

图3-12 桃细菌性穿孔病为害叶片初期症状

图3-13　桃细菌性穿孔病为害叶片中期症状

图3-14　桃细菌性穿孔病为害叶片后期症状

图3-15 桃细菌性穿孔病为害果实症状

【病　　原】*Xanthomonas campestris* pv. *pruni* 称油菜黄单胞菌李致病变种，属薄壁菌门黄单胞菌属。菌体短杆状，单根极生鞭毛，革兰氏染色阴性，好气性。病菌发育适温24～28℃，最高38℃，最低7℃，致死温度51℃。

【发生规律】病原细菌在春季溃疡病斑组织内越冬，次春气温升高后越冬的细菌开始活动，枝梢发病，形成春季溃疡。桃树开花前后，通过风雨和昆虫传播，从叶上的气孔和枝梢、果实上的皮孔侵入，进行初侵染。病害一般在5月上中旬开始发生，6月梅雨期蔓延最快，10—11月多在被害枝梢上越冬(图3-16)。夏季高温干旱天气，病害发展受到抑制，至秋雨期又有一次扩展过程。温度适宜，雨水频繁或多雾、重雾季节，发病重。温度高、湿度大时有利于该病的发生。果园郁闭、排水不良、土壤瘠薄板结、通风透光差、缺肥或偏施氮肥都会致树势弱，发病较重。管理粗放，树体衰弱，偏施氮肥，树体徒长均会加重该病的发生。

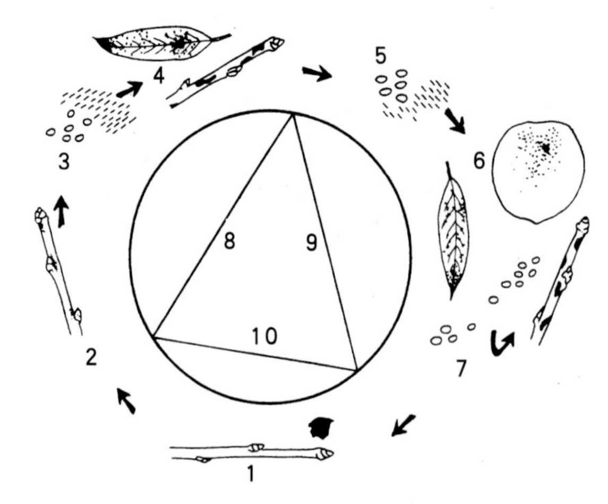

图3-16 桃细菌性穿孔病病害循环
1.在幼枝越冬　2.春天形成溃疡　3.风雨传播溃疡上的细菌　4.侵染
5.风雨传播细菌　6.侵染　7.晚期侵染　8.初循环　9.重复循环　10.冬眠

【防治方法】开春后要注意开沟排水，达到雨停水干，降低空气湿度。增施有机肥和磷钾肥，避免偏施氮肥。适当增加内膛疏枝量，改善通风透光条件，促使树体生长健壮，提高抗病能力。冬季清园修剪，彻底剪除枯枝、病梢，及时清扫落叶、落果等，集中烧毁，消灭越冬菌源。建园时避免与李、杏等其他核果类果树混栽。

芽膨大前期喷1：1：100倍式波尔多液、45%晶体石硫合剂30倍液、30%碱式硫酸铜胶悬剂300～500倍液等药剂杀灭越冬病菌。

展叶后至发病前是防治的关键时期，可喷施下列药剂：

1：1：100倍式波尔多液；

77%氢氧化铜可湿性粉剂400～600倍液；

30%碱式硫酸铜悬浮剂300～400倍液；

86.2%氧化亚铜可湿性粉剂2 000～2 500倍液；

50%王铜可湿性粉剂300～500倍液；

20%乙酸铜可湿性粉剂800～1 000倍液；

12%松脂酸铜乳油600～800倍液等，间隔10～15天喷药1次。

发病早期及时施药防治(图3–17)，可以用下列药剂：

图3–17 桃细菌性穿孔病为害初期症状

3%中生菌素可湿性粉剂400倍液；

2%宁南霉素水剂200～300倍液；

86.2%氧化亚铜悬浮剂1 500～2 000倍液等。

3．桃霉斑穿孔病

【分布为害】分布于各桃产区。

【症　　状】主要为害叶片和花果，叶片染病时(图3–18和图3–19)，病斑初为圆形，紫色或紫红色，逐渐扩大为近圆形或不规则形，后变为褐色。湿度大时，在叶背长出黑色霉状物即病菌子实体，有的延至脱落后产生，病叶脱落后才在叶上残存穿孔。花、果实染病，病斑小而圆，紫色，凸起后变粗糙，花梗染病，未开花即干枯脱落。枝干染病，新梢发病时以芽为中心形成长椭圆形病斑，边缘紫褐色，并发生裂纹和流胶。较老的枝条上形成瘤状物，瘤为球状，占枝条四周面积1/4～3/4。

图3-18　桃霉斑穿孔病为害叶片初期症状

图3-19　桃霉斑穿孔病为害叶片后期症状

【病　　原】*Clasterosporium carpophilum* 称嗜果刀孢霉，属无性型真菌。子座小，黑色，从子座上长出的分生孢子梗丛生，短小；分生孢子长卵形至梭形，褐色，具1～6个分隔(图3-20)。病菌发育温度7～37℃，适温为5～28℃。

【发生规律】以菌丝或分生孢子在被害叶、枝梢或芽内越冬，翌年，越冬病菌产生的分生孢子，借风雨传播，先从幼叶上侵入，产出新的孢子后，再侵入枝梢或果实，4月中下旬即见枝梢发病。低温多雨有利其发病。叶片在5—6月发病，随着下雨量增多，病害在树冠内扩大蔓延。病菌对枝条的侵染，至少要连续24小时的潮湿才能侵染成功。在一年当中，雨水多的时候就是病害出现高峰期。土壤缺肥易发病。

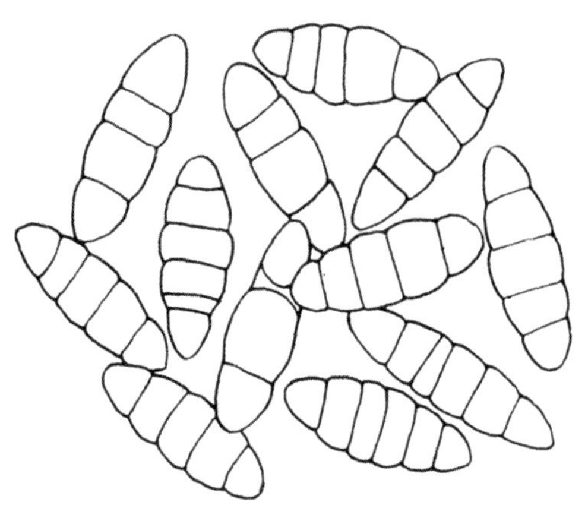

图3-20 桃霉斑穿孔病菌的分生孢子

【防治方法】加强桃园管理，增强树势，提高树体抗病力。对地下水位高或土壤黏重的桃园，要改良土壤，及时排水，合理整形修剪，及时剪除病枝，彻底清除病叶，集中烧毁或深埋，以减少菌源。

于早春喷洒下列药剂：

1∶1∶（100～160）倍式波尔多液；

30%碱式硫酸铜胶悬剂400～500倍液；

50%甲基硫菌灵可湿性粉剂800倍液+70%代森锰锌可湿性粉剂800倍液；

50%异菌脲可湿性粉剂1 000～1 500倍液+70%丙森锌可湿性粉剂800～1 000倍液。

4．桃褐斑穿孔病

【分布为害】各桃产区均有发生，近几年各地有加重发展的趋势，引起产量降低，并影响花芽形成。

【症　　状】主要为害叶片，也可为害新梢和果实。叶片染病(图3-21至图3-24)，初生圆形或近圆形病斑，边缘紫色，略带环纹，大小1～4mm；后期病斑上长出灰褐色霉状物，中部干枯脱落，形成穿孔，穿孔的边缘整齐，穿孔多时叶片脱落。新梢、果实染病，症状与叶片相似。

图3-21 桃褐斑穿孔病为害叶片初期症状

图3-22　桃褐斑穿孔病为害叶片背面初期症状

图3-23　桃褐斑穿孔病为害叶片中期症状

图3-24　桃褐斑穿孔病为害叶片后期症状

【病　　原】*Cercospora circumscissa* 称核果尾孢霉，属无性型真菌。有性世代*Mycosphaerella cerasella* 称樱桃球腔菌，属子囊菌亚门真菌。分生孢子梗浅褐色，具隔膜1~3个，有明显膝状屈曲，屈曲处膨大，向顶渐细；分生孢子橄榄色，倒棍棒形，有隔膜1~7个。子囊座球形或扁球形，生于落叶；子囊壳浓褐色，球形，多生于组织中，具短嘴口；子囊圆筒形或棍棒形；子囊孢子纺锤形。病菌发育温度7~37℃，适温25~28℃。

【发生规律】以菌丝体在病叶或枝梢病组织内越冬，翌春气温回升，降雨后产生分生孢子，借风雨传播，侵染叶片、新梢和果实。以后病部产生的分生孢子进行再侵染。低温多雨利于病害发生和流行。

【防治方法】加强桃园管理，桃园注意排水，增施有机肥，合理修剪，增强通透性。

落花后，病害发生初期时(图3-25)，喷洒下列药剂：

图3-25　桃褐斑穿孔病为害初期症状

70%代森锰锌可湿性粉剂500~800倍液+70%甲基硫菌灵可湿性粉剂800~1 000倍液；

75%百菌清可湿性粉剂600~800倍液+10%苯醚甲环唑水分散粒剂1 500~2 000倍液；

60%吡唑醚菌酯·代森联水分散粒剂1 000~2 000倍液；

50%代森锰锌·异菌脲可湿性粉剂600~800倍液；

18%烯肟菌酯·氟环唑悬浮剂900~1 800倍液，间隔7~10天防治1次，共防3~4次。

5. 桃炭疽病

【分布为害】炭疽病是我国桃树主要病害之一，分布于全国各桃产区，以南方桃区受害最重。近几年来严重为害桃树，直接影响桃产量和品质，部分品种发病后还引起大量的落花落叶落果，严重的全株死亡。

【症　　状】主要为害果实，也能侵害叶片和新梢。幼果果面呈暗褐色，发育停滞，萎缩硬化。果实将近成熟时染病，为圆形或椭圆形的红褐色病斑，显著凹陷，其上散生橘红色小粒点，并有明显的同心环状皱纹(图3–26)。新梢受害，初在表面产生暗绿色水渍状长椭圆的病斑，后渐变为褐色，边缘带红褐色，略凹陷，表面也长有橘红色的小粒点。叶片发病，产生近圆形或不整形淡褐色的病斑，病、健分界明显，后病斑中部褪色呈灰褐色或灰白色(图3–27和图3–28)。

图3–26 桃炭疽病为害果实症状

图3–27 桃炭疽病为害叶片初期症状

图3-28 桃炭疽病为害叶片后期圆形病斑症状

【病　　原】*Colletotrichum gloeosporioides* 称胶孢炭疽菌，属无性型真菌(图3-29)。分生孢子盘橘红色。其上集生分生孢子梗，线状，单胞，无色，顶端着生分生孢子。分生孢子长椭圆形，单胞，无色，内含2个油球，周围有胶状物质。病菌发育最适温度为25℃左右，最低12℃，最高33℃，致死温度为48℃10分钟。分生孢子萌发最适温度为26℃，最低9℃，最高34℃。

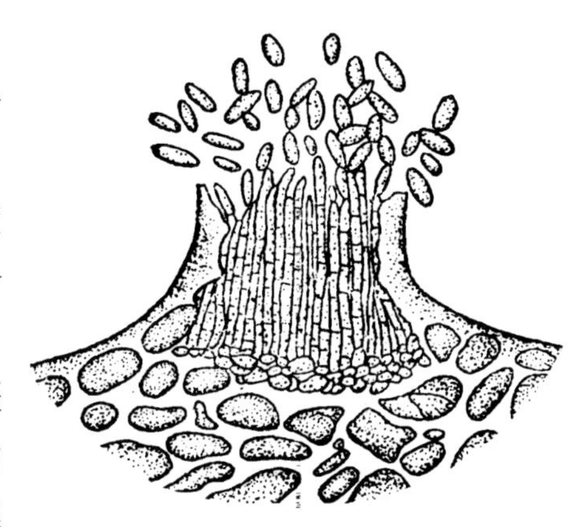

图3-29 桃炭疽病病菌分生孢子盘及分生孢子

【发生规律】以菌丝体在病梢组织内越冬，也可以在树上的僵果中越冬。第二年春季形成分生孢子，借风雨或昆虫传播，侵害幼果及新梢，引起初次侵染。以后于新生的病斑上产生孢子，引起再次侵染。我国长江流域，由于春天雨水多，病菌在桃树萌芽至花期前就大量蔓延，使结果枝大批枯死；到幼果期病害进入高峰期，使幼果大量腐烂和脱落。在我国北方，7—8月是雨季，病害发生较多。桃树开花期及幼果期低温多雨，有利于发病。果实成熟期，则以温暖、多云、多雾、高湿的环境发病重。生长过旺，种植过密，挂果超负荷均能发病重。

【防治方法】结合冬剪，剪除树上的病枝、僵果及衰老细弱枝；在早春芽萌动到开花前后及时剪除初发病的枝梢，对卷叶症状的病枝也应及时剪掉。搞好开沟排水工作，防止雨后积水；适当增施磷、钾肥；并注意防治害虫。果园内套袋时间要适当提早，以5月上旬前套完为宜。

萌芽前喷石硫合剂，或1∶1∶100倍式波尔多液，1～2次(展叶后禁喷)，铲除病源。

发芽后、谢花后是喷药防治的关键时期。可用下列药剂：

80%代森锰锌可湿性粉剂600～800倍液；

75%百菌清可湿性粉剂800倍液；

80%福美锌·福美双可湿性粉剂800倍液；

70%丙森锌可湿性粉剂800倍液等，间隔7～10天喷1次。

发病前期及时施药，可以用下列药剂：

80%代森锰锌可湿性粉剂600 ~ 800倍液+50%多菌灵可湿性粉剂800倍液；

10%苯醚甲环唑水分散粒剂2 000 ~ 3 000倍液；

25%溴菌腈乳油300 ~ 500倍液；

55%氟硅唑·多菌灵可湿性粉剂800 ~ 1 250倍液；

60%吡唑醚菌酯·代森联水分散粒剂1 000 ~ 2 000倍液；

70%甲基硫菌灵可湿性粉剂800 ~ 1 000倍液等均匀喷施。

6．桃褐腐病

【分布为害】桃褐腐病是桃树的重要病害之一。江苏、浙江和山东每年都有发生，北方桃园则多在多雨年份发生流行。

【症　　状】主要为害果实，也可为害花叶、枝梢。果实被害最初在果面产生褐色圆形病斑，果肉也随之变褐软腐。之后在病斑表面生出灰褐色绒状霉丛，常成同心轮纹状排列(图3-30)，病果腐烂后易脱落，但不少失水后变成僵果(图3-31)。花部受害自雄蕊及花瓣尖端开始，先发生褐色水渍状斑点，后逐渐延至全花，随即变褐而枯萎。新梢上形成溃疡斑，长圆形，中央稍凹陷，灰褐色，边缘紫褐色，常发生流胶。

图3-30　桃褐腐病病果前期症状

图3-31 桃褐腐病为害果实后期症状

【病　　原】*Monilinia fructicola* 称果生链核盘菌和*Monilinia laxa* 称核果链核盘菌，均属子囊菌门真菌(图3-32)。无性世代为*Moilia cinerea* 称灰丛梗孢，属半知菌亚门真菌。果生链核盘菌：分生孢子无色，单胞，柠檬形或卵圆形，在梗端连续成串生长。分生孢子梗较短，分枝或不分枝。子囊盘漏斗状，紫褐色具暗褐色柄。子囊盘内表生一层子囊，子囊圆筒形，内生8个子囊孢子，单列。子囊间长有侧丝，丝状，无色，有隔膜，分枝或不分枝。子囊孢子无色，单胞，椭圆形或卵形。核果链核盘菌：分生孢子无色，单胞，柠檬形或卵圆形。子囊盘具有长柄，柄暗褐色，盘紫褐色。盘内表生一层子囊，子囊圆筒，内生8个子囊孢子，单列。子囊间长有侧丝，有隔膜，分枝或不分枝。子囊孢子无色，单胞，椭圆形。病菌发育最适温度为25℃左右，在10℃以下，30℃以上，菌丝发育不良。分生孢子单生，单胞，椭圆形，无色。分生孢子在15～27℃下形成良好；在10～30℃下都能萌发，而以20～25℃为适宜。

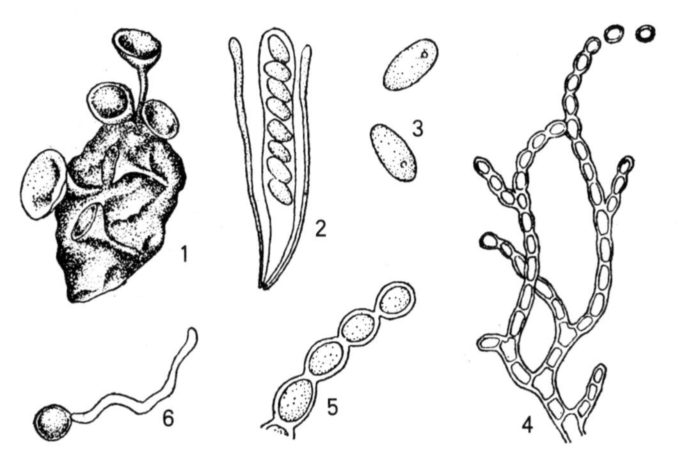

图3-32 桃褐腐病病菌
1.僵果及子囊盘 2.子囊及侧丝
3.子囊孢子 4.分生孢子梗及分生孢子链
5.分生孢子链的一部分 6.分生孢子萌发

【发生规律】主要以菌丝体在树上及落地的僵果内或枝梢的溃疡斑部越冬，翌春产生大量分生孢子，借风雨、昆虫传播，通过病虫伤、机械伤或自然孔口侵入。花期低温、潮湿多雨，易引起花腐。果实成熟期温暖多雨雾易引起果腐。病虫伤、冰雹伤、机械伤、裂果等表面伤口多，会加重该病的发生。树势衰弱，管理不善，枝叶过密，地势低洼的果园常发病较重(图3-33)。

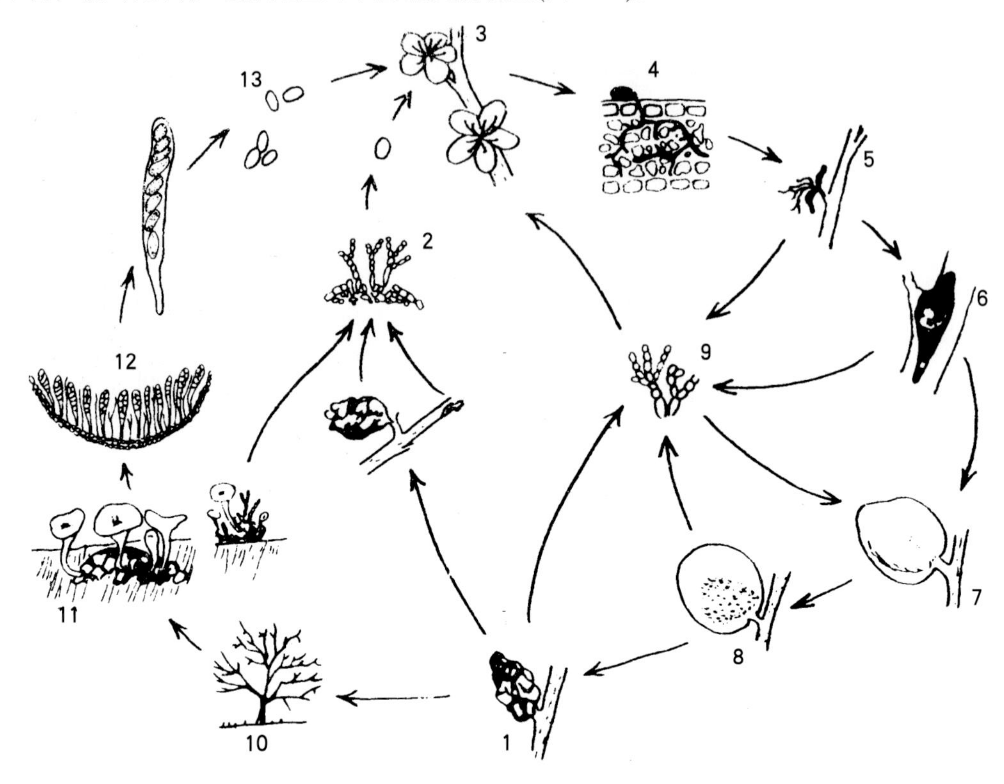

图3-33 桃褐腐病病害循环

1.树上越冬的僵果 2.从僵果和溃疡产生的分生孢子 3.花感染
4.形成孢子和侵染 5.花凋萎 6.枝凋萎 7.果感染 8.病菌形成孢子
9.产生的分生孢子 10.僵果 11.地面僵果产生子囊盘 12.子囊盘内的子囊 13.子囊孢子

【防治方法】结合冬剪彻底清除树上树下的病枝。及时防治害虫，如桃蛀螟、椿象、食心虫等，减少伤口，减轻为害。及时修剪和疏果，使树体通风透光。合理施肥，增强树势，提高抗病能力。采果后应立即摊开降温，晾干果面水分后装箱，可减少贮存运输中的病菌感染。

桃树萌芽前喷洒80%五氯酚钠加石硫合剂、1∶1∶100倍式波尔多液，铲除越冬病菌。

落花期是喷药防治的关键时期，可用下列药剂：

75%百菌清可湿性粉剂800倍液+70%甲基硫菌灵可湿性粉剂800～1 000倍液；

50%异菌脲可湿性粉剂1 000～2 000倍液+70%森锰锌可湿性粉剂800 倍液；

50%多菌灵可湿性粉剂800～1 000倍液+70%代森锰锌可湿性粉剂800 倍液；

24%腈苯唑悬浮剂2 500～3 200倍液+70%代森锰锌可湿性粉剂800 倍液；

25%戊唑醇水乳剂2 500～3 000倍液+70%代森锰锌可湿性粉剂800倍液；

10%苯醚甲环唑水分散粒剂1 000～2 000倍液+70%代森锰锌可湿性粉剂800 倍液；

75%肟菌·戊唑醇（戊唑醇50%+肟菌酯25%）水分散粒剂4 000～6 000倍液；

60%唑醚·代森联（代森联55% +吡唑醚菌酯5%）水分散粒剂1 500～2 000倍液；

38%唑醚·啶酰菌（啶酰菌胺25.2%+吡唑醚菌酯12.8%）水分散粒剂2 500～3 000倍液；

65%代森锌可湿性粉剂500倍液+50%腐霉利可湿性粉剂1 000～1 500倍液；

75%百菌清可湿性粉剂800倍液+50%苯菌灵可湿性粉剂1 000～1 500倍液等，发病严重的桃园可每15天喷1次药，采收前3周停喷。

7．桃树侵染性流胶病

【分布为害】桃流胶病是桃树的一种常见的严重病害，世界各核果栽培区均有分布，在我国南方桃区发生较重(图3-34)。

图3-34 桃树侵染性流胶病为害情况

【症　　状】主要为害枝干。一年生嫩枝染病，初产生以皮孔为中心的疣状小凸起，当年不发生流胶现象，翌年5月上旬病斑开裂，溢出无色半透明状稀薄而有黏性的软胶。被害枝条表面粗糙变黑，并以瘤为中心逐渐下陷，形成圆形或不规则形病斑，其上散生小黑点。多年生枝干受害产生“水泡状”隆起，并有树胶流出(图3-35至图3-41)。果实受害，由果核内分泌黄色胶质，溢出果面，病部硬化，有时龟裂(图3-42)。

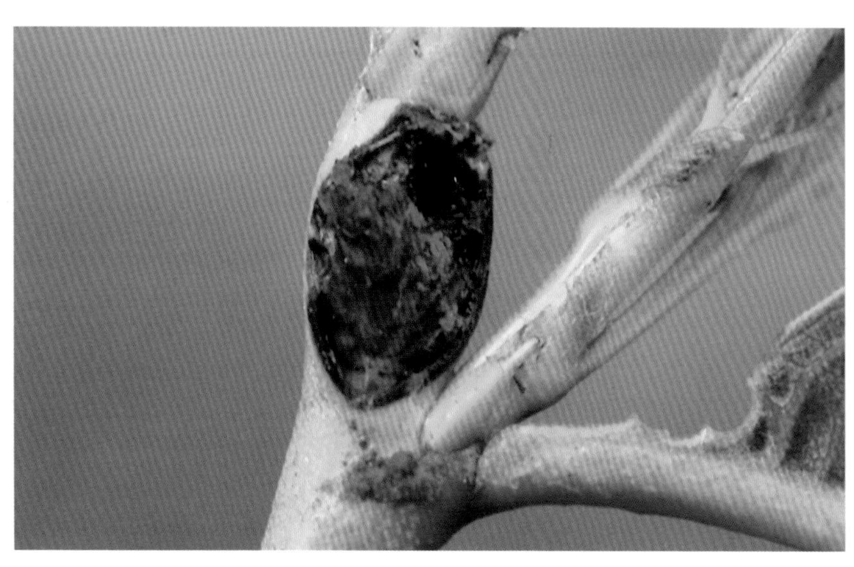

图3-35 桃树侵染性流胶病为害新梢初期症状

图3-36　桃树侵染性流胶病为害新梢后期症状

图3-37 桃侵染性流胶病为害枝条初期症状

图3-38　桃树侵染性流胶病为害枝条后期症状

图3-39　桃树侵染性流胶病为害枝干初期症状

图3-40　桃树侵染性流胶病为害枝干后期症状

图3-41　桃树侵染性流胶病为害树干症状

图3-42 桃树侵染性流胶病为害果实症状

【病　　原】*Botryosphaeria ribis* 称茶藨子葡萄座腔菌，属子囊菌门真菌。无性世代 *Fusicoccum aesculi* Corda 称七叶树壳梭孢，属无性型真菌。分生孢子座球形或扁球形，黑褐色，革质，孔口处有小凸起。分生孢子梗短，不分枝。分生孢子单胞，无色，椭圆形或纺锤形。子囊棍棒状，壁较厚，双层，有拟侧丝。子囊孢子单胞，无色，卵圆形或纺锤形，两端稍钝，多为双列。菌丝在15～35℃范围内均能生长，以25～35℃为适宜，4℃和40℃不能正常生长。

【发生规律】以菌丝体、分生孢子器在病枝里越冬，翌年3月下旬至4月中旬散发出分生孢子，随风、雨传播，经伤口和皮孔侵入。一年中该病有2个发病高峰，第1次在5月上旬至6月上旬，第2次在8月上旬至9月上旬。一般在直立生长的枝干基部以上部位受害严重；枝干分杈处易积水的地方受害重。土质瘠薄，肥水不足，负载量大，均可诱发该病。

【防治方法】增施有机肥，低洼积水地注意排水，合理修剪，减少枝干伤口。

桃树落叶后树干、大枝涂白，防止日灼、冻害，兼杀菌治虫。涂白剂配制方法：生石灰12kg，食盐2～2.5kg，大豆汁0.5kg，水36kg。先把优质生石灰用水化开，再加入大豆汁和食盐，搅拌成糊状即可。

早春发芽前将流胶部位病组织刮除(图3-43)，然后涂抹45%晶体石硫合剂30倍液，或喷3～5波美度石硫合剂，或1：1：100倍式波尔多液，铲除病原菌。

图3-43 桃树萌芽前期侵染性流胶病为害症状

生长期于4月中旬至7月上旬，每隔20天用刀纵、横划病部，深达木质部，然后用毛笔蘸药液涂于病部，全年共处理7次。可用下列药剂：

70%甲基硫菌灵可湿性粉剂800～1 000倍液；

80%乙蒜素乳油50～100倍液；

50%多菌灵可湿性粉剂800～1 000倍液；

50%苯菌灵可湿性粉剂1 000～1 500倍液；

1.5%多抗霉素水剂100倍液处理。

8．桃树腐烂病

【分布为害】桃树腐烂病在我国大部分桃区均有发生，是桃树上为害性很大的一种枝干病害。

【症　　状】主要为害主干和主枝(图3-44至图3-47)，造成树皮腐烂，致使枝枯树死。自早春至晚秋都可发生，其中，4—6月发病最盛。初期病部皮层稍肿起，略带紫红色并出现流胶，最后皮层变褐色枯死，有酒糟味，表面产生黑色凸起小粒点，湿度大时，涌出橘红色孢子角。剥开病部树皮，黑色子座壳尤为明显。当病斑扩展包围主干一周时，病树就很快死亡。

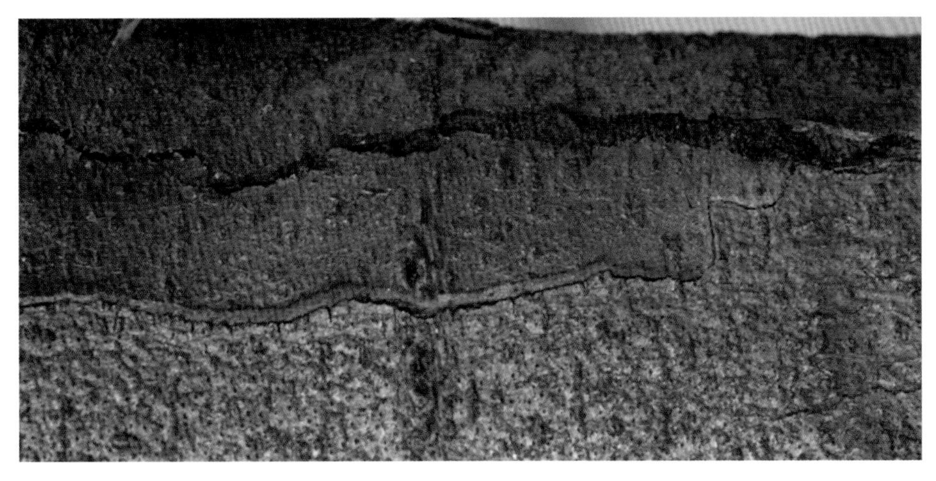

图3-44 桃树腐烂病为害症状

图3-45 桃树腐烂病病斑上的黄色孢子角

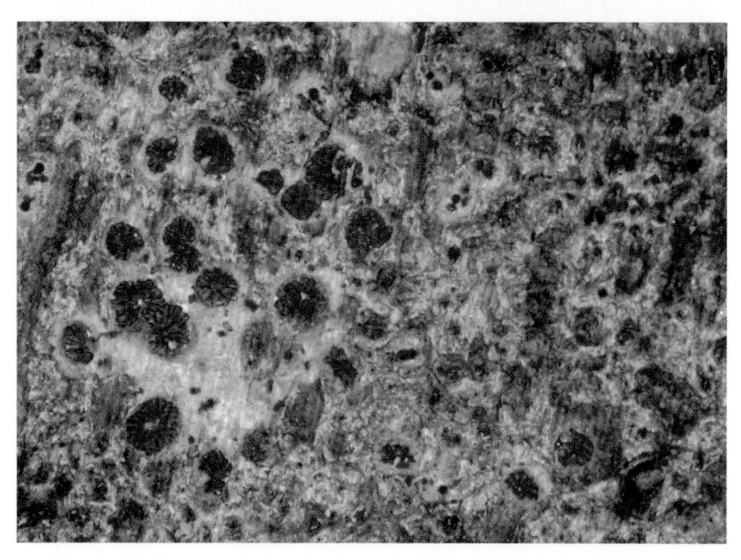

图3-46 桃树腐烂病病部表皮内的眼状小突

图3-47 桃树腐烂病为害整株症状

【病　　原】有性世代为 *Valsa leucostoma* 称核果黑腐皮壳，属子囊菌门真菌(图3–48)。无性世代为 *Cytospora leucostoma* 称核果壳囊孢，属无性型真菌。分生孢子器埋生于子座内，扁圆形或不规则形。分生孢子梗单胞，无色，顶端着生分生孢子。分生孢子单胞，无色，香蕉形，略弯，两端钝圆。子囊壳埋生在子座内，球形或扁球形，有长颈。子囊棍棒形或纺锤形，无色透明，基部细，侧壁薄，顶壁较厚。子囊孢子单胞，无色，微弯，腊肠形。病菌发育最适温度为28～32℃，最高37℃，最低5℃。孢子萌发最适温度为18～23℃，最高33℃，最低8℃。

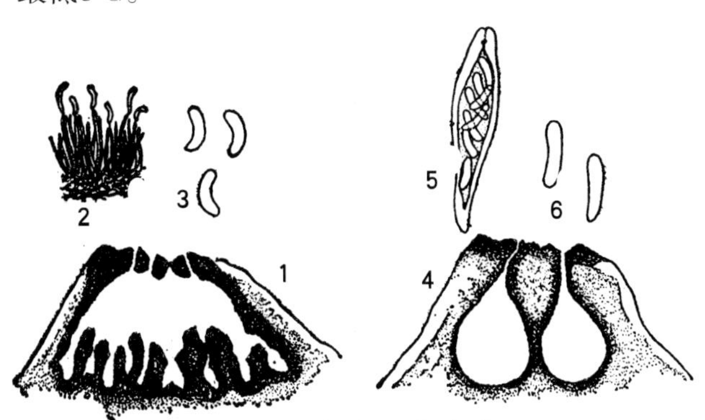

图3－48　桃树腐烂病病菌
1.分生孢子盘　2.分生孢子梗及分生孢子
3.分生孢子　4.子囊壳　5.子囊　6.子囊孢子

【发生规律】以菌丝体、子囊壳及分生孢子器在树干病组织中越冬，翌年3—4月产生分生孢子，借风雨和昆虫传播，自伤口及皮孔侵入。病斑多发生在近地面的主干上，早春至晚秋都可发生，春秋两季最为适宜，尤以4—6月发病最盛，高温的7—8月受到抑制，11月后停止发展。施肥不当及秋雨多，桃树休眠期推迟，树体抗寒力降低，易引起发病。结果过多，负载过重，树体衰弱，提前落叶，发病重。

【防治方法】冬季时，结合修剪剪除所有病桩，枯枝，病虫枝，挖除病死树并集中烧毁，从而降低来年初侵染源。适当疏花疏果，增施有机肥，及时防治造成早期落叶的病虫害。防止冻害。并做到雨季开沟排水，旱季及时灌水以增强树体抗逆力。

防止冻害比较有效的措施是树干涂白，降低昼夜温差，常用涂白剂的配方是生石灰12～13kg，加石硫合剂原液(20波美度左右)2kg，食盐2kg，加清水36kg；或生石灰10kg，豆浆3～4kg，对水10～50kg。涂白亦可防止枝干日烧。

在桃树发芽前刮去翘起的树皮及坏死的组织，然后喷施50%福美双可湿性粉剂300倍液。

生长期发现病斑，可刮去病部，涂抹下列药剂：

70%甲基硫菌灵可湿性粉剂1份＋植物油2.5份；

50%福美双可湿性粉剂50倍液；

50%多菌灵可湿性粉剂50～100倍液；

70%百菌清可湿性粉剂50～100倍液等，间隔7～10天再涂1次，防效较好。

9．桃缩叶病

【分布为害】全国各地均有发生。一种常见的春季病害，南方诸省发病较严重。病害流行年份引起春梢的叶片大量早期脱落，不仅影响当年产量，而且常引起二次萌芽展叶，削弱树势，对第2年的产量也有不良影响，严重的甚至引起植株过早衰亡。内陆干旱地区很少发生。

【症　　状】主要为害幼嫩组织，其中以嫩叶为主，嫩梢、花和幼果亦可受害。春季嫩叶刚从芽鳞抽出即可受害，表现为病叶变厚膨胀，卷曲变形，颜色发红。随叶片逐渐展开，卷曲加重，病叶肿大肥厚，皱缩扭曲，质地变脆，呈红褐色，上生一层灰白色粉状物(图3-49和图3-50)。枝梢受害呈黄绿色，病部肥肿，节间缩短，多形成簇生状叶片。严重时病梢扭曲，生长停滞，最后整枝枯死。

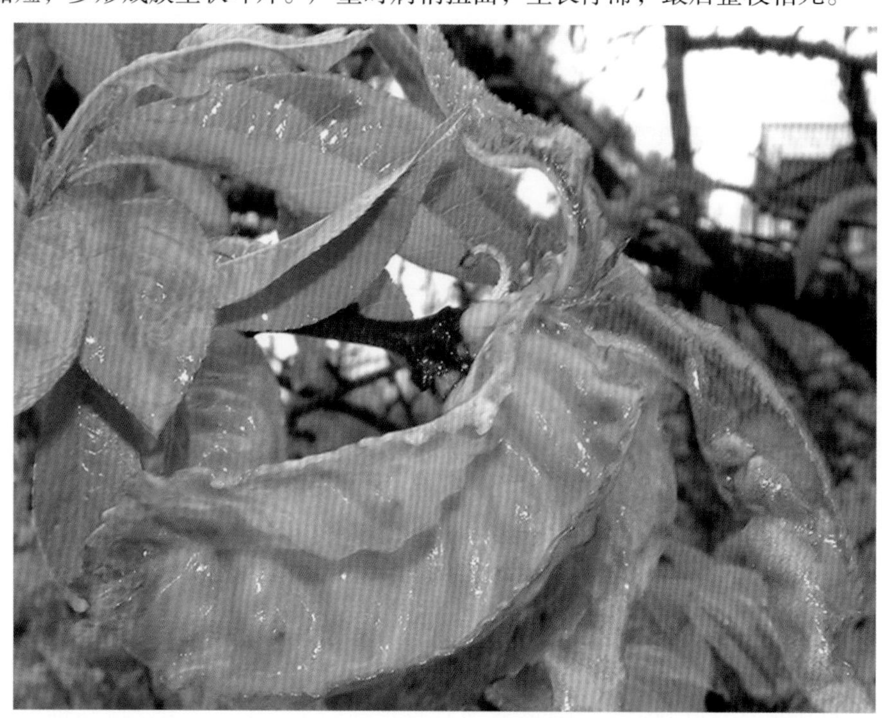

图3-49　桃缩叶病为害新梢症状

图3-50　桃缩叶病为害叶片症状

【病　　原】*Taphrina deformans* 称畸形外囊菌，属子囊菌亚门真菌(图3-51)。子囊裸生，栅栏状排列成子实层。子囊圆筒形，上宽下窄，顶端扁平。子囊孢子单胞，无色，圆形或椭圆形。芽孢子无色，单胞，卵圆形。病菌最适生长温度为20℃，最低10℃，最高为26～30℃。侵染最适温度为10～16℃。

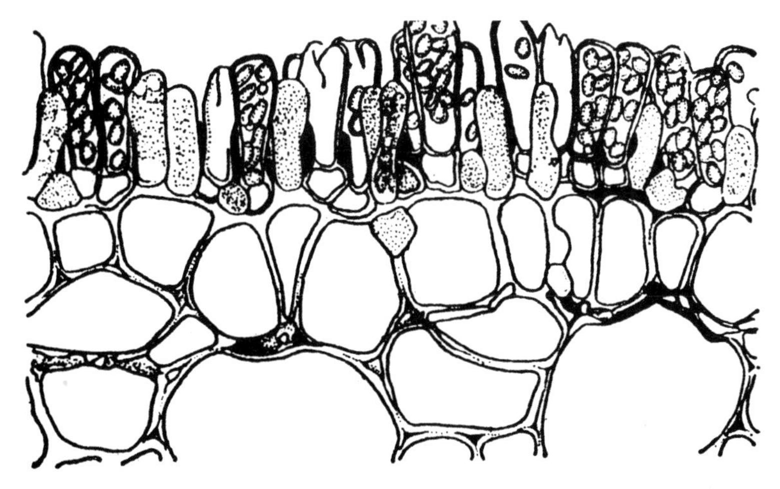

图3-51 桃缩叶病病菌子囊和子囊孢子

【发生规律】以子囊孢子在桃芽鳞片和树皮上越夏，以厚壁的芽孢子在土中越冬。翌年春桃树萌芽时，芽孢子萌发，直接从表皮侵入或从气孔侵入正在伸展的嫩叶，进行初侵染。一般不发生再侵染。一般在4月上旬展叶后开始发生，5月为发病盛期。春季桃芽膨大和展叶期，由于叶片幼嫩易被感染，如遇10～16℃冷凉潮湿的阴雨天气，往往促使该病流行(图3-52)。

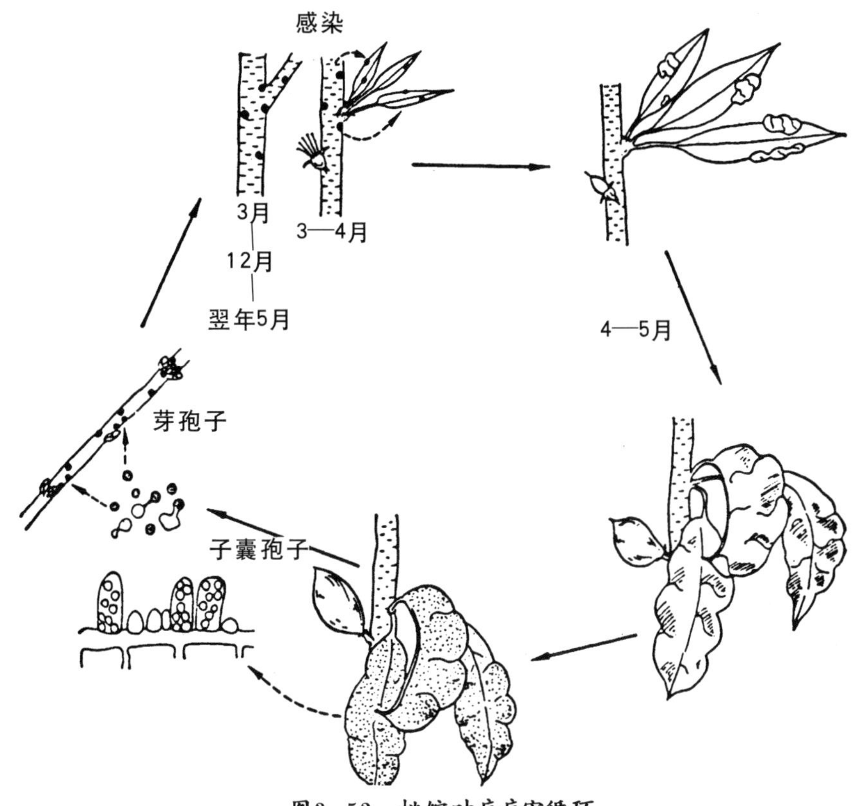

图3-52 桃缩叶病病害循环

【防治方法】做好土、肥、水管理，改善通风透光条件，发病严重桃园应及时追肥，灌水，促进树势，增强树体的抗病性。及时摘除病叶，集中烧毁。

果树休眠期，喷洒3～5波美度石硫合剂，铲除越冬病菌。桃花芽露红而未展开时是防治的关键时期。可喷施下列药剂：

5波美度石硫合剂；

1∶1∶100倍式波尔多液；

50%硫黄悬浮剂600倍液；

10%苯醚甲环唑水分散粒剂2 000倍液+70%代森锰锌可湿性粉剂800倍液；

70%甲基硫菌灵可湿性粉剂600～1 000倍液+70%代森锰锌可湿性粉剂800倍液；

50%多菌灵可湿性粉剂600～800倍液+70%代森锰锌可湿性粉剂800倍液，就能控制初侵染的发生，效果很好。

10．桃树根癌病

【分布为害】全国各地均有发生。多种果树苗木上一种重要的根部病害，果园发病株率为30%～50%，严重的达100%。

【症　　状】此病主要发生在根颈部，也发生于侧根和支根。根部被害后形成癌瘤(图3–53)。开始时很小，随植株生长不断增大。瘤的形状、大小、质地，决定于寄主。一般木本寄主的瘤大而硬，木质化；草本寄主的瘤小而软，肉质。瘤的形状不一致，通常为球形或扁球形，也可互相愈合成不定形。患病的苗木，根系发育不良，细根特少。地上部分的发育显著受到阻碍，结果生长缓慢，植株矮小。被害严重时，叶片黄化，早落。成年果树受害后，果实小，树龄缩短。但在发病初期，地上部的症状不明显。

图3–53　桃树根癌病苗木受害根部症状

【病　　原】*Agrobacterium tumefaciens*称根癌土壤杆菌，属原核生物界薄壁菌门土壤杆菌，属细菌。菌体短杆状，两端略圆，单生或链生，具1～4根周生鞭毛，有荚膜，无芽孢。发育最适温度为22℃，最高34℃，最低10℃，致死温度为51℃10分钟。

【发生规律】病菌在癌瘤组织的皮层内及土壤中越冬。通过雨水、灌溉水和昆虫进行传播。带菌苗不能远距离传播。病菌由伤口侵入，刺激寄主细胞过度分裂和生长形成癌瘤。潜育期2～3个月或1年以上。中性至碱性土壤有利发病，各种创伤有利于病害的发生，细菌通常从树的裂口或伤口侵入，断根处是细菌集结的主要部位。一般切接、枝接比芽接发病重。土壤黏重，排水不良的苗圃或果园发病较重。

【防治方法】栽种桃树或育苗忌重茬，也不要在原林(杨树、泡桐等)、果园(葡萄、柿等)地种植。嫁接苗木采用芽接法。避免伤口接触土壤，减少染病机会。适当施用酸性肥料或增施有机肥，以改变土壤特性，使之不利于病菌生长。田间作业中尽量减少机械损伤，加强防治地下害虫。

苗木消毒：病苗要彻底刮除病瘤，并用700IU/mL的链霉素加1%酒精作辅助剂，消毒1小时左右。将病劣苗剔除后用3%次氯酸钠液浸3分钟，刮下的病瘤应集中烧毁。对外来苗木应在未抽芽前将嫁接口以下部位，用10%硫酸铜液浸5分钟，再用2%的石灰水浸1分钟。

病瘤处理：在定植后的果树上发现病瘤时，先用快刀彻底切除癌瘤，然后用稀释100倍硫酸铜溶液消毒切口，再外涂波尔多液保护；也可用400UI链霉素涂切口，外加凡士林保护，切下的病瘤应随即烧毁。

土壤处理：用硫磺降低中性土和碱性土的碱性，病株根际灌浇乙蒜素进行消毒处理，对减轻为害都有一定作用。用80%二硝基邻甲酚钠盐100倍液涂抹根颈部的瘤，可防止其扩大绕围根颈。细菌素(含有二甲苯酚和甲酚的碳氢化合物)处理瘤有良好效果，可以在3年生以内的植株上使用。处理后3~4个月内瘤枯死，还可防止瘤的再生长或形成新瘤。

11．桃花叶病

【分布为害】桃花叶病属类病毒病，在我国发生较少，但近几年由于从国外广泛引种，带入此病，有蔓延的趋势。

【症　　状】桃树感病后生长缓慢，开花略晚，果实稍扁，微有苦味。早春发芽后不久，即出现黄叶，4—5月最多，但到7—8月病害减轻，或不表现黄叶。有的年份可能不表现症状，具有隐藏性。叶片黄化但不变形，只呈现鲜黄色病部或乳白色杂色，或发生褪绿斑点和扩散形花叶(图3-54)。少数严重的病株全树大部分叶片黄化、卷叶，大枝出现溃疡。高温适宜这种病株出现，尤其在保护地栽培中发病较重。

图3-54　桃花叶病为害叶片褪绿症状

【病　　原】Peach latent mosaic viroid (PLMVd) 称桃潜隐花叶类病毒。只寄生桃，扁桃无此病。桃潜隐花叶类病毒对热稳定，在各种组织中很快繁殖。桃潜隐花叶病是一种潜隐性病害，桃树感病后生长缓慢，开花略晚，果实稍扁，微有苦味。

【发生规律】桃花叶病主要通过嫁接传播，无论是砧木还是接穗带毒，均可形成新的病株，通过苗木销售带到各地。在同一桃园，修剪、蚜虫、瘿螨都可以传毒，在病株周围20m范围内，花叶相当普遍。高温适宜于病症的明显出现。

【防治方法】在局部地区发现病株及时挖除销毁，防止扩散。采用无毒材料(砧木和接穗)进行苗木繁育。若发现有病株，不得外流接穗。修剪刀具要消毒，避免传染。局部地块对病株要加强管理，增施有机肥，提高抗病能力。

蚜虫发生期，喷药防治蚜虫。可用以下药剂：

10%吡虫啉可湿性粉剂2 000 ~ 3 000倍液；

50%抗蚜威可湿性粉剂1 000 ~ 2 000倍液等。

12．桃树木腐病

【分布为害】分布广泛，老桃树上普遍发生的一种病害。被害桃树树势衰弱，叶色发黄，早期落叶，严重时全树枯死。

【症　　状】主要为害桃树的枝干和心材，致心材腐朽，呈轮纹状。染病树木质部变白疏松，质软且脆，腐朽易碎。病部表面长出灰色的病菌子实体，多由锯口长出，少数从伤口或虫口长出，每株形成的病菌子实体1个至数10个(图3–55)。以枝干基部受害重，常引致树势衰弱，叶色变黄或过早落叶，致产量降低或不结果。

图3–55　桃树木腐病为害枝干症状

【病　　原】*Fomes fulvus* 称暗黄层孔菌，属担子菌门真菌。子实体呈马蹄形或圆头状。菌盖木质坚硬，初期表面光滑，老熟后出现裂纹，初呈黄褐色至灰褐色，后变为暗褐色或浅黑褐色，边缘钝圆具毛。菌髓黄褐色。菌管圆形或多角形，孔口小，孔壁灰褐色较厚。担子排列成行，4个担孢子顶生，担孢子球形，单孢，无色。间胞纺锤形，混生于子实层中，基部深褐色，端部色淡(图3–56)。

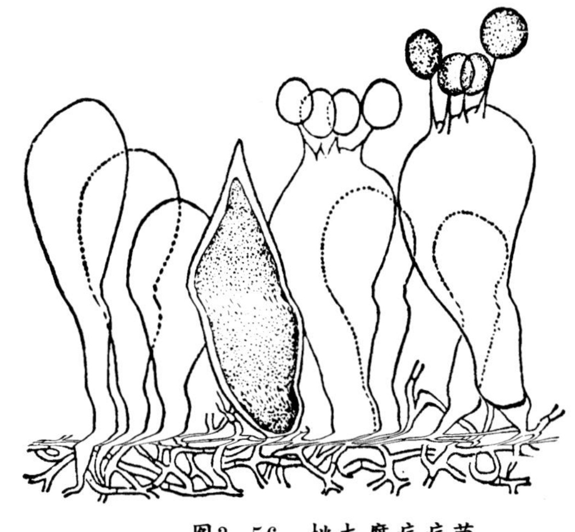

图3–56　桃木腐病病菌

【发生规律】病菌在受害枝干的病部产生子实体或担孢子，条件适宜时，孢子成熟后，借风雨传播飞散，经锯口、伤口侵入。老树、病虫弱树及管理不善、伤口多的桃园常发病重。

【防治方法】加强桃、杏、李园管理，发现病死及衰弱的老树，应及早挖除烧毁。对树势弱、树龄高的桃树，应采用配方施肥技术，恢复树势，以增强抗病力。

发现病树长出子实体后，应马上削掉，集中烧毁，并涂1%硫酸铜消毒。保护树体，千方百计减少伤口，是预防木腐病发生和扩展的重要措施，对锯口可涂上述硫酸铜消毒后，再涂波尔多液或煤焦油等保护，以促进伤口愈合，减少病菌侵染。

13．桃根结线虫病

【分布为害】我国南北桃产区都有分布，是影响桃树苗木生产的重要病害。

【症　　状】根结线虫病以在寄主植物根部形成根瘤为特征(图3–57)。根瘤开始较小，白色至黄白色，以后继续扩大，呈节结状或鸡爪状，黄褐色、表面粗糙，易腐败。发病植株的根较健康植株的根短，侧根和须很少，发育差。染病较轻的地上部分一般症状不明显，较重的叶片黄瘦，树叶缺乏生机，似缺肥状，长势差或极差。

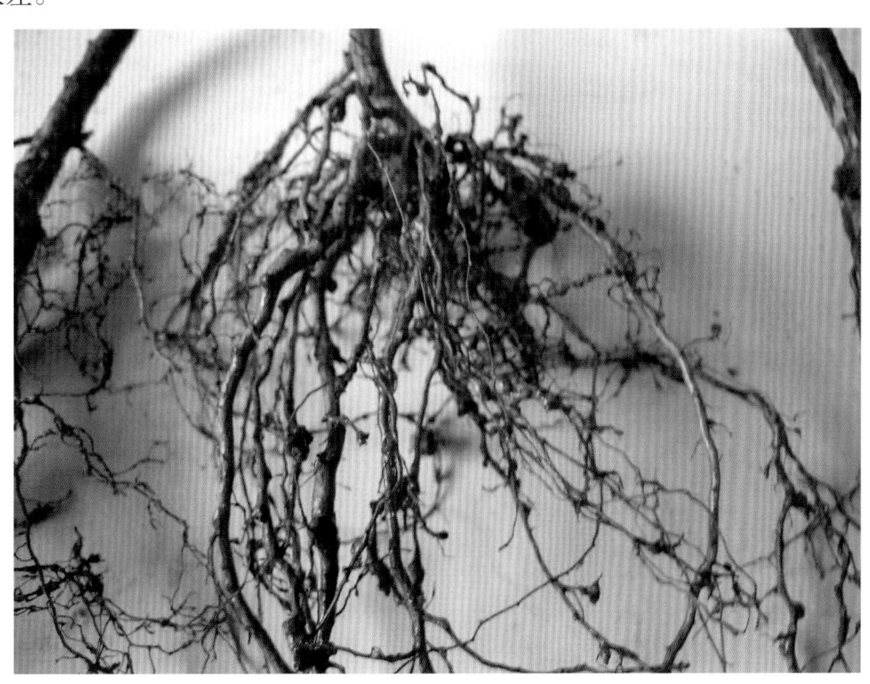

图3–57　桃根结线虫病为害根部症状

【病　　原】*Meloidogyne incognita* 称南方根结线虫。雌、雄异形。幼虫不分节，蠕虫状。成龄雌虫梨形或袋形，无色，可连续产卵2～3个月，停止产卵以后还能继续存活一段时间。雄虫体形较粗长，不分节，行动较迟缓，寿命短，仅几个星期。生长发育最适宜温度25～30℃，最低5℃，最高40℃。

【发生规律】以卵或2龄幼虫于寄主根部或土壤中越冬。次年2龄幼虫由寄主根端的伸长区侵入根内于生长锥内定居不动，并不断分泌刺激物，使细胞壁溶解，相邻细胞内含物合并，细胞核连续分裂，形成巨型细胞，形成典型根瘤。虫体也随着开始膨大，经第4次蜕皮后发育成为雌性成虫，并产卵继续繁衍。地势高而干燥、结构疏松、含盐量低且呈中性反应的沙质土壤易发病，土壤温度高发病重。连作地发病重，连作期限越长为害越严重。

【防治方法】忌重茬，实行轮作，与禾本科作物连茬一般发病轻。有条件的地方，还可采用淤灌或水旱轮作防病。鸡粪、棉籽饼等对线虫发生有较强抑制作用，碳铵、硫铵及未腐熟好的树叶、草肥则对线虫发生有促进作用，应少用或充分腐熟后施用。

药剂处理土壤。边开沟边施药、边掩土，可用5%阿维菌素乳油0.5～1L/亩，播种前7天处理土壤或生长期使用均可。

14．桃实腐病

【分布为害】各桃产区均有发生。主要为害桃果，严重影响桃产量和质量。

【症　　状】桃果实自顶部开始表现为褐色，并伴有水渍状，后迅速扩展，边缘变为褐色。感病部位的果肉也为黑色、变软、有发酵味(图3-58)。感染初期病果看不到菌丝，后期果实常失水干缩形成僵果，表面布满浓密的灰白色菌丝。

图3-58　桃实腐病为害果实症状

【病　　原】*Phomopsis amygdalina* 称扁桃拟茎点菌，属无性型真菌。菌丝体为灰白色，生长后期的老化菌丝为黑色。分生孢子器为圆锥形，病原的分生孢子梗不分枝。

【发生规律】病原以分生孢子器在僵果或落果中越冬。春天产生分生孢子，借风雨传播，侵染果实。果实近成熟时，病情加重。桃园密闭不透风、树势弱发病重。

【防治方法】注意桃园通风透光，增施有机肥，控制树体负载量。捡除园内病僵果及落地果，集中深埋或烧毁。

防治应重点在花期喷药，同时结合消除桃园病源。发病初期喷洒下列药剂：

50%腐霉利可湿性粉剂2 000倍液；

50%多菌灵可湿性粉剂700～800倍液；

70%甲基硫菌灵可湿性粉剂1 000～1 200倍液。每15天用药1次，共用2～3次。

15．桃黑斑病

【症　　状】主要为害果实，分3个阶段。初期果尖形成乳头状凸起，也可以形成圆球形或圆锥形。中期桃尖以后产生稀疏红点，形成红尖，而且红尖的下部往往有一黄色晕圈。红点密度逐渐增大，便形成红斑。有时乳突状由绿色变黄绿色，形成黄绿色的桃尖。末期桃尖组织坏死后，形成褐色病斑，并有不明显轮纹，其上很快产生黑色霉状物，后期病斑表面呈粉红色。在采收后继续发展，最后仍形成黑斑(图3–59)。

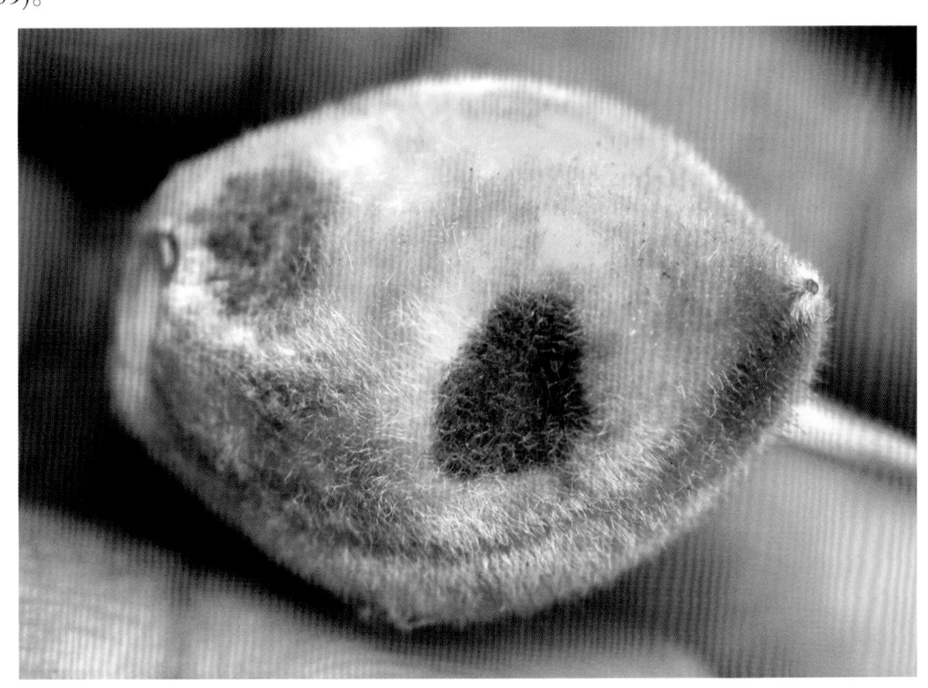

图3–59　桃黑斑病为害幼果症状

【病　　原】*Alternaria alternata* 称链格孢，属无性型真菌。分生孢子梗曲膝状，有多个孢痕，绿褐色至褐色，丛生，具隔3～5个。分生孢子为孔出孢子，形成长链，并分枝。孢子倒棍棒形至椭圆形，褐色至黑褐色，具纵横隔膜，分隔处稍缢缩。

【发生规律】病原在花芽鳞片上越冬，雌蕊及幼果果尖的黑斑带菌率在开花后逐渐增加。花瓣萎蔫带菌率明显增长。病原侵入期是从开花期开始，花瓣萎蔫期至盛花后40天左右形成侵染高峰。果实症状最早在7月中旬开始出现，大部分病果出现在7月下旬以后。一般在雨后4～15天发病重。密植树发病轻，非密植树发病重。成龄树发病重，树体上部病果较多。

【防治方法】幼果期雨后喷锌灰液(硫酸锌：生石灰：水比例为1：4：240)1～2次药，即有明显防治效果。

16．桃软腐病

【分布为害】全国各地均有发生。传染力很强，常引起贮藏、运输和销售中的大量烂果，损失严重，是桃采收后的主要病害。

【症　　状】果实最初出现茶褐色小斑点，后迅速扩大。2～3天后，病果呈淡褐色软腐状，表面长有浓密的白色细绒毛(图3-60)，几天后在绒毛丛中生出黑色小点，外观似黑霉(图3-61)。

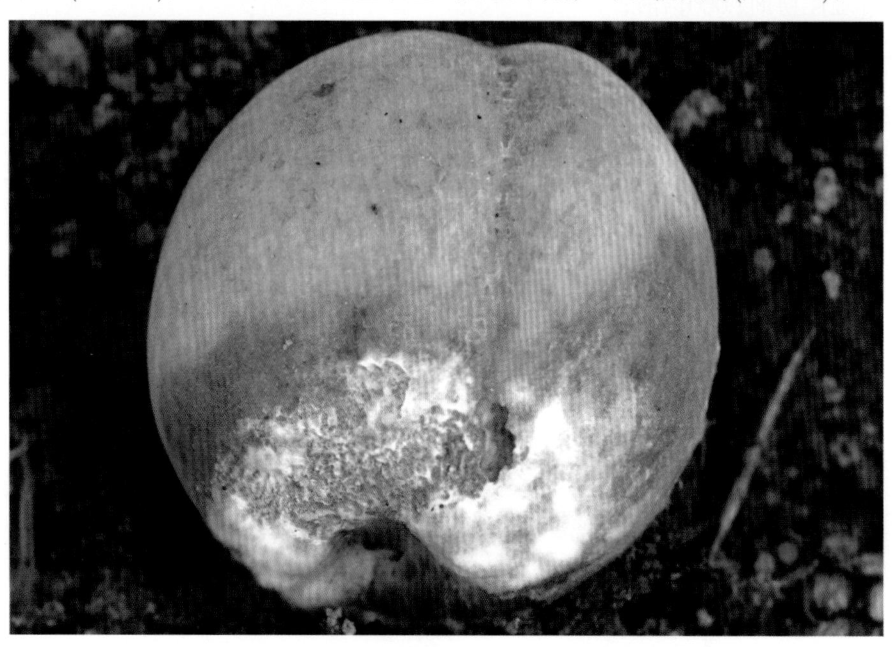

图3-60　桃软腐病为害果实初期症状

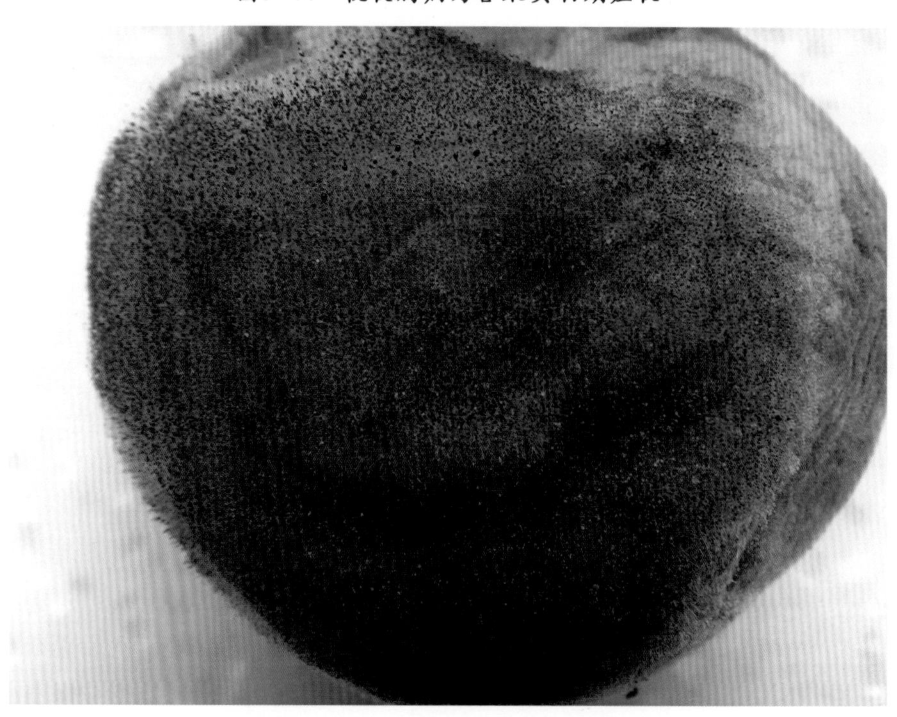

图3-61　桃软腐病为害果实后期症状

【病　　原】*Rhizopus stolonifer* 称葡枝根霉菌，属接合菌门真菌。菌丝体由分枝、不具横隔的白色菌丝组成，含有许多细胞核。孢囊黑褐色，内含孢囊孢子。孢囊孢子球形、椭圆形或卵形，带褐色，表面有纵向条纹。

【发生规律】病原通过伤口侵入成熟果实，孢囊孢子经气流传播。健果与病果接触也可传染。而且传染性很强。温度较高且湿度大时发展很快，4～5天后，病果即可全部腐烂。

【防治方法】桃果成熟后及时采收，在采、运、贮过程中，轻拿轻放，防止机械损伤。

注意在0～3℃波动低温下进行贮藏和运输。

用苯菌灵、脱乙酰壳多糖和氯硝氨等药剂浸果有一定的防治效果。

17．桃红叶病

【分布为害】20世纪80年代以来广泛发生，局部地区病害严重。目前已成为北方一些桃产区的重要病害。

【症　　状】春季萌芽期嫩叶红化，病叶背面红色，叶面粉红色，黄化或脉间失绿(图3-62)。随病情加重红色更加鲜艳。发病重的叶片红斑从叶尖向下逐渐焦枯，形成不规则的穿孔。受害严重的嫩芽往往不能抽生新梢，形成春季芽枯。进入5月中旬至8月显症轻或不显症，到了秋梢期气温下降时，新梢顶部又可出现红化症或红斑。不能抽生新梢致一年生枝局部或全部干枯，影响树冠扩展。树冠外围上部、生长旺盛的直立枝和延长枝发病较重。果实成熟迟，严重时果实出现果顶秃尖畸变、味淡。

图3-62　桃红叶病为害叶片症状

【病　　原】可能由多种病毒和植原体复合侵染引起。

【发生规律】可能是嫁接或虫传，病株在田间分布属中心式传播型，与生理病害特性不符，表现出传染性病害的分布特性。气温在20℃以下时，易发病。

【防治方法】严格选用无病接穗嫁接桃苗。加强田间检查，发现病苗拔除烧毁或深埋，以控制病害蔓延、发展。另外还要加强病树管理，大树轻微发病的，增施有机肥，适当重剪，增强树势，减轻为害。

春季发芽后喷0.005%～0.01%浓度的增产灵1～2次，以减轻病情。刨除丧失结果能力的重病树及幼树，改植健树。及时喷药防除蚜虫、叶蝉、红蜘蛛、椿象等刺吸式口器昆虫。

18．桃煤污病

【分布为害】分布广泛，桃树常见的表面孳生性病害，可降低果实经济价值，甚至引起死亡。

【症　　状】枝干被害处初现污褐色圆形或不规则形霉点，后形成煤烟状黑色霉层，部分或布满枝条。叶片正面产生灰褐色污斑，后逐渐转为黑色霉层或黑色煤粉层(图3-63和图3-64)，严重时叶片提早脱落。果实表面则布满黑色煤烟状物，严重降低果品价值(图3-65和图3-66)。

图3-63　桃煤污病为害叶片初期症状

图3-64　桃煤污病为害叶片后期症状

图3–65 桃煤污病为害果实初期症状

图3–66 桃煤污病为害果实后期症状

【病　　原】由多种真菌引起。主要有多主枝孢*Clasdosporium hergbrum*、大孢枝孢*Cladosporium macsrocarpum*、链格孢*Alternaria alternata*，均属无性型真菌。有性阶段形成子囊及子囊孢子。子囊孢子还可在子囊内或子囊外芽殖，产生芽孢子。病菌繁殖最适温度为20℃，最低为10℃，最高为26～30℃。侵染最适温度为10～16℃。

【发生规律】病原以菌丝体和分生孢子在病叶上、土壤内及植物残体上越过休眠期。春天产生分生孢子，借风雨或蚜虫、介壳虫、粉虱等昆虫传播蔓延。湿度大、通风透光差以及蚜虫等刺吸式口器昆虫多的桃园往往发病重。主要受介壳虫类的影响，以龟蜡蚧为主。因其繁殖量大，产生的排泄物多，且直接附着在果实表面，形成煤污状残留用清水难以清洗。

【防治方法】改变桃园小气候。使其通透性好，雨后及时排水，防止湿气滞留。及时防治蚜虫、粉虱及蚧壳虫，对于零星栽植的桃园可在严冬年份晚喷清水于树干，结冰后早晨用机械法把冰层振落，介壳虫也随之脱落。

11月落叶后连喷2遍5波美度的石硫合剂，能最大程度地消灭介壳虫以及其他越冬的病虫害。

生长季喷杀虫剂时加400倍液的柴油作为助剂。也可以在发芽前喷柴油·福美双·乐果100倍液。只要把介壳虫防治好，煤污病也就得到了有效防治。

发病初期喷施下列药剂：

50%多菌灵可湿性粉剂600倍液；

50%多菌灵·乙霉威可湿性粉剂1 500倍液。每15天喷洒1次，连续1～2次。及时防治蚜虫、粉虱及介壳虫。

19．桃根腐病

【症　　状】叶片焦边枯萎，嫩叶死亡，新梢变褐枯死，根部表现木质坏死腐烂，严重时整株死亡。急性症状：13:00—14:00后，地上部叶片突然失水干枯，病部仍保持绿色，4～5天青叶破碎，似青枯状，凋萎枯死。慢性症状：病情来势缓慢，初期叶片颜色变浅，逐渐变黄，最后显褐色干枯，有的呈水烫状下垂，一般出现在少量叶片上，或某一枝的上部叶片上，严重时，整株枝叶发病，过一段时间萎蔫枯死。发病重的植株，根部腐烂(图3–67)。

图3–67　桃根腐病为害地上部症状

【病　　原】*Fusarium oxysporum* 称尖镰孢菌，属半知菌亚门真菌。大孢子两头较尖，足孢明显。小孢子为单胞，卵圆或椭圆形。

【发生规律】病菌为土壤习居菌，营腐生生活，当根系生长衰弱时，抗病能力下降，病菌乘机侵入引起发病，发病高峰期在春季4—5月和秋季8—9月。土壤条件差，排水不良、通气性差，有机质含量低，沙质土壤或黏度大的土壤，根系发育不良，易引起发病。前茬栽过李树、杏树或其他苗木之类的土壤，病菌累积多，发病重。管理粗放，桃树生长势弱，抗病性差，发病重。

【防治方法】新栽植地区，应坚持深挖坑，增施有机肥，氮磷钾配合，为幼苗根系生长创造良好条件，尽可能减少发病。小树应促根发苗，大树要合理负载，防止树势衰弱，加强肥水管理，适时修剪，防止徒长和粗放管理。

对于上年已发病死亡的树穴，在定植前每穴用1～1.5kg消石灰杀菌消毒，或用敌克松、五氯硝基苯粉剂拌细土撒施进行消毒。

苗木定植前用50%多菌灵可湿性粉剂500～600倍液，或用64%恶霜灵·代森锰锌可湿性粉剂800倍液，蘸根消毒防治根腐病发生。

每年坚持树下用50%多菌灵可湿性粉剂600倍液灌施1～2次，预防病害发生。坚持全年检查，春秋为主，发现1株治疗1株，防止病害扩散。

二、桃树生理性病害

1．桃树非侵染性流胶病

【分布为害】我国各桃产区均有发生。植株流胶过多，会严重削弱树势，重者会引起死枝、死树，是很值得注意的问题。

【症　　状】主干和主枝受害初期，病部稍肿胀，早春树液开始流动时，从病部流出半透明黄色树胶，尤其雨后流胶现象更为严重。流出的树胶与空气接触后，变为红褐色，呈胶冻状，干燥后变为红褐色至茶褐色的坚硬胶块(图3–68)。病部易被腐生菌侵染，使皮层和木质部变褐腐烂，严重时枝干或全株枯死。叶片变黄、变小。果实由果核内分泌黄色胶质，溢出果面，病部硬化，严重时龟裂(图3–69)，不能生长发育，无食用价值。

图3–68　桃树非侵染性流胶病为害枝干症状

图3-69　桃树非侵染性流胶病为害果实症状

【病　　因】一般4—10月的雨季，特别是长期干旱后偶降暴雨，流胶病严重。树龄大的桃树流胶严重。各种原因造成的伤口多或修剪量过大，造成根冠失调都易发病；栽植过深、土壤板结、土壤偏碱、地势低洼、病虫为害重、施肥不当、负载量过大、枝条不充实都易引发流胶病。

【防治方法】栽植时宜选择地势较高、排水良好的沙壤土，土壤黏重的要深翻加沙改土，增加土壤透气性和有机质含量。冬春枝干涂白，防冻害和日灼。春季对于主干上的萌芽要及时掰除，防止修剪时造成的伤口引起流胶。6月以后至落叶前，不要疏枝，以免流胶。冬剪后对于大的伤口要及时涂抹杀菌剂。

2．桃裂果

【症　　状】多发生在桃果成熟期，有的在果顶到果梗方向发生纵裂，有的在果顶部发生不规则的裂纹，降低商品价值，且易腐烂。气压突然剧烈变化而使果肉膨胀，果皮开裂(图3-70和图3-71)。

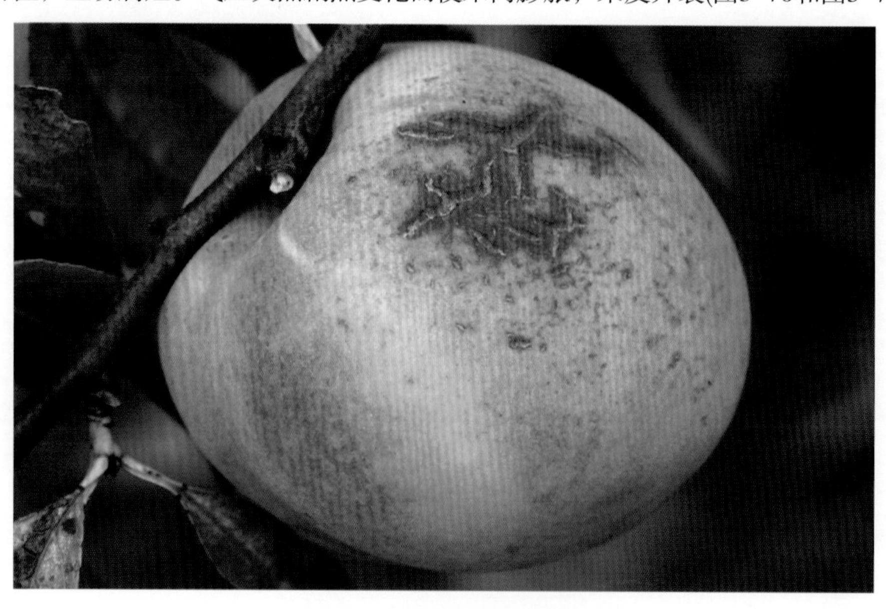

图3-70　桃裂果初期症状

图3−71 桃裂果后期症状

【病　　因】品种特性：肉质松脆的品种比肉质致密的品种容易裂果；偏圆形品种比长圆形品种易裂果；早、中熟品种比晚、迟熟品种易裂果。

环境条件：在硬核期前后(即桃核生长发育期间)遇到雨水过多，容易裂果；土壤地下水位过高，排水不良也会造成裂果。

培育管理：偏施氮肥，磷肥不足，造成桃树徒长，又不重视夏季修剪，容易造成裂果。

果实在成熟期，果汁渗透压增高，吸水性强，此期间如果降雨多或降雨时间长，易发生裂果。

【防治方法】桃果开裂后没有补救措施，可采取一些预防措施，如品种上选择不易裂果的品种，栽培管理上加强开沟排水，重视夏季修剪，施足磷肥、少施氮肥等。疏除徒长枝及过多郁闭枝，改善通风透光条件；适时中耕除草，保持树盘根际土壤疏松状况，提高土壤含水量，增强土壤透气性，为根系创造良好的生长环境；树盘覆盖，减少土壤水分蒸发，确保土壤水分和营养供应均衡。多雨年份及早采果，可分多次采收，树上不留过熟果。套袋也可减轻病菌对果实的为害，从而降低裂果率。

3．桃缩果病

【症　　状】其症状在果实长到蚕豆大时就表现出来，由暗绿色变为深绿色，并逐渐呈木栓化斑块而出现开裂，长成畸形果(图3−72)。同时还表现早春芽膨大，接着枯死并开裂。叶片厚而且畸形，新梢从上往下枯死，枯死部位的下方长出侧枝，呈丛枝状。

图3-72 桃缩果病症状

【病　　因】桃缩果病是桃树常见的生理病害，是因硼素供应不足所致。

【防治方法】主要是对病株进行补硼。在花期前后喷洒0.2%～0.3%的硼砂1～2次。结合施基肥加施硼砂，每亩施1.5～2kg，并与有机肥混合均匀施入，作用时间可长达3～4年。加强树体管理，增施有机肥，以增强树势，减少发病率。

4. 桃树缺素症

【症　　状】

(1)缺氮：枝条变硬，新梢生长短，严重缺氮时新梢停止生长，细弱而硬化，皮部呈浅红色或淡褐色。新梢下部老叶失绿变黄，叶柄、叶缘和叶脉有时变红，后期脉间叶肉产生红棕色斑点，斑点多。发病重时叶肉呈紫褐色坏死。叶肉红色斑点是缺氮的特征。在严重缺氮时，花芽较正常株少，花少。坐果少，果实小、味淡，但果实早熟，上色好。离核桃的果肉风味淡，含纤维多。果面不够丰满，果肉向果心紧靠。全树矮小。

(2)缺磷：枝条细而直立，分枝较少，呈紫红色。初期全株叶片呈深绿色。严重缺磷时，叶片转青铜色或发展为棕褐色或红褐色。新叶较窄，基部叶片出现绿色和黄绿色相间的斑纹。开花展叶时间延迟，花芽瘦弱而且少，坐果率低。果实成熟期推迟，果个小，着色不鲜艳，含糖量低，品质差。桃树生活力下降，生长迟缓(图3-73至图3-75)。

图3-73 桃树缺磷叶片症状

图3-74 桃树缺磷初期症状

图3-75　桃树缺磷后期症状

(3)缺钾：新梢细而长。从新梢中部的叶片初期叶缘枯焦，而叶肉组织仍然生长，表现为主脉皱缩、叶片上卷。最终叶缘附近出现褐色坏死斑，叶片背面多变红色。花芽减少。果小、色差、味淡，果顶易腐烂。生理落果严重。树势明显衰弱，严重时全树萎蔫(图3-76)。

图3-76　桃树缺钾症状

(4)缺铁： 新梢节间短，发枝力弱。严重缺铁时，新梢顶端枯死。新梢顶端的嫩叶变黄，叶脉两侧及下部老叶仍为绿色，后随新梢长大，全叶变为黄白色，并出现茶褐色坏死斑，6—7月病情严重的，新梢中、上部叶变小早落或呈光秃状。7—8月雨季病情趋缓，新梢顶端可抽出少量失绿新叶。花芽不饱满。果实品质变差，产量下降。数年后树冠稀疏，树势衰弱，致全树死亡(图3-77至图3-79)。

图3-77　桃树缺铁叶片症状

图3-78　桃树缺铁成年树症状

图3-79　桃树缺铁幼树症状

(5)缺锌： 病梢发芽较晚，以夏季涝灾后或雨量大时发生较多，新发病枝节间变短。主要表现在嫩梢上。在嫩梢上部形成许多细小、簇生的叶片，从枝梢最基部的叶片向上发展，叶片变窄，并发生不同程度皱叶，叶脉与叶脉附近淡绿色，失绿部位呈黄绿色乃至淡黄色，叶片薄似透明，质地脆，部分叶缘向上卷。缺锌严重的桃树近枝梢顶部节间呈莲座状，从下而上会出现落叶。果实小，果形不整，在大枝顶端的果显得果小而扁，成熟的桃果多破裂。品质低，产量低。

(6)缺钙： 幼树的根尖生长停滞，而皮层仍继续加厚，严重缺钙时，幼树逐渐死亡，在死根附近又长出许多新根，形成粗短多分枝的根群。初期幼叶除叶缘、叶尖为浅绿色外，其余部分均呈深绿色。发病后期，幼叶变黄，叶缘、叶尖或叶脉附近出现红褐色坏死斑，有时变形呈钩状，并大量脱落，造成枝梢顶枯。果实易裂果。

(7)缺铜： 新梢顶枯，新梢外观似萎蔫，最后向下枯死。初期茎尖停长，细而短，后期幼叶大量脱落，顶芽和顶梢枯死，病情逐渐向新梢中下部蔓延。在当年或翌年，经常从枯死部位以下发出许多新枝，呈丛状，但这些新枝也会因缺铜而产生枯顶，树皮粗糙和木栓化。幼叶叶尖和叶缘出现失绿，并产生不规则褐色坏死斑。果实有龟裂或流胶现象。

(8)缺锰：新梢生长矮化直至死亡。新梢上部叶片初期叶缘色呈浅绿色，并逐渐扩展至脉间失绿，呈绿色网纹状；后期仅中脉保持绿色，叶片大部黄化，呈黄白色。严重时，叶片叶脉间出现褐色坏死斑，甚至发生早期落叶。结果少，果实着色不好，品质差，重者有裂果现象。

(9)缺硼：新梢顶枯，并从枯死部位下方长出许多侧枝，呈丛枝状。枝干流胶，冬季易死亡，树皮粗糙，萌芽不正常，随后常变褐枯死。初期顶芽停长，幼叶黄绿色，其叶尖、叶缘或叶基出现枯焦，后期病叶凸起、扭曲甚至坏死早落。新生小叶厚而脆，畸形，叶脉变红，叶片簇生。果面上病斑坏死后，木栓化变成干斑；或果面上病斑呈水渍状，随后果肉褐变为海绵状。病重时有采前裂果现象。

【病　　因】

(1)缺氮：管理粗放、杂草多、氮肥施用不足或施肥不均匀都是造成缺氮的主要因素。在秋梢速长期或灌水过量时，桃树也易发生缺氮。

(2)缺磷：土壤中缺少磷元素或缺少有效磷、土壤水分少、pH值过高时，易出现缺磷。土壤施钙肥过多、偏施氮肥，易出现缺磷。

(3)缺钾：地温偏低、土壤酸性、土壤过湿或有机质含量少，易缺钾。结果过多，氮、钙、镁施用量过多易造成缺钾。光照不足会阻碍桃树对钾的吸收。

(4)缺铁：土壤pH值高、石灰含量高或土壤含水量高，均易造成缺铁。磷肥、氮肥施入过多，可导致树体缺铁。另外铜不利于铁的吸收，锰和锌过多也会加重缺铁失绿。

(5)缺锌：高磷土壤或施磷肥过量、土壤pH值高、极酸性土壤与沙质土壤、土壤中缺铜和缺镁都会引起缺锌。修剪过重、负载过大或伤根过多可引起缺锌。光照越强，果树对锌的需要量越多，在同一株树上阳面叶片的缺锌症状比阴面更为明显。夏季雨水多，排水不及时，致使土壤中可供锌减少。

(6)缺钙：土壤pH值偏高或偏低、土壤中氮素等过多易发生缺钙。夏季高温，植物对钙的吸收能力降低，不能满足快速生长对钙的需求。

(7)缺铜：碱性土壤以及土壤中含氮、磷、钙、铁、锌、锰过多时，易缺铜。

(8)缺锰：土壤呈碱性、干旱或偏施磷肥，易缺锰。

(9)缺硼：土壤瘠薄、干燥或偏碱，以及土壤中含钙、钾、氮多时，易缺硼。

【防治方法】

(1)缺氮：秋季多施有机肥。如发现缺氮，应及时追施速效氮肥，可用尿素进行叶面喷施，生育前期喷洒200～300倍液尿素液，秋季喷洒30～50倍尿素液。也可喷硫铵、氯化铵和碳酸氢铵等氮肥。

(2)缺磷：秋后施基肥时在有机肥中混入过磷酸钙，土壤酸性高引起有效磷不足的，可通过施石灰来增加有效磷含量。对碱性或石灰性土壤，可施用生理酸性肥料或有机肥等，以增加土壤有效磷。桃树出现缺磷时，可用1%过磷酸钙浸出液根外追施。

(3)缺钾：结合深翻，每株秋施有机肥40～50kg。在春季萌动期结合灌水，每株施草木灰20～30kg。此后在花期、展叶期和果实膨大期各喷施1次10%～20%草木灰浸出液或0.3%～0.5%磷酸二氢钾，以满足桃树对钾肥的需求。对弱枝和后部光秃枝进行适当回缩修剪，对短枝、过密枝、花束状枝，采取疏截等修剪措施。

(4)缺铁：施有机肥，增加土壤中有机质含量，改良土壤结构及理化性质。盐碱地桃园，注意做好浇水洗盐工作。注意各营养元素的平衡关系，容易缺铁的桃园，要注意控制氮肥与磷肥的施用量。酸性土壤施石灰不要过量，过量的钙会引起缺铁失绿症状。发病严重的桃树，在发芽前可喷施0.3%～0.5%硫酸亚铁溶液。

(5)缺锌：沙地、盐碱地及易缺锌的土壤要注意改良土壤，增施有机肥。在桃园中种植吸收锌能力强的绿肥植物如紫花苜蓿等，可以吸收利用土壤中难溶的锌，桃树生长期再将苜蓿收获后覆盖于果园行间，提高桃园土壤中的有效锌含量。秋施基肥时每株结果树施400～500g硫酸锌。发芽前10天左右，全树均匀喷4%～5%硫酸锌溶液，盛花期后3周左右，喷施0.3%～0.5%硫酸锌加0.3%尿素2～3次，每隔5～8天喷1次。

(6)缺钙：增施有机肥，合理整形修剪，花后2周喷氨钙宝600～800倍液或氨基酸钙600～800倍液。全年连续喷3～4次。

(7)缺铜：增施有机肥料，改良土质。结合秋施基肥，再混施硫酸铜，每株用量0.5～2.0kg。在休眠期，喷洒硫酸铜500～1 000倍液，花后喷洒硫酸铜2 000倍液。

(8)缺锰：及时进行叶面施肥，喷洒0.3%的硫酸锰溶液，也可土施硫酸锰，用量1～4kg/亩。

(9)缺硼：避免过多施用石灰肥料和钾肥。缺硼时在萌芽前、花前或盛花期喷洒0.1%～0.2%硼砂，也可在幼果期喷施，每隔半月喷1次，连续2～3次。

三、桃树虫害

1．桃蛀螟

【分布为害】桃蛀螟(*Dichocrocis punctiferalis*)属鳞翅目螟蛾科。在我国各地均有分布，长江以南为害桃果特别严重。以幼虫蛀食为害，为害桃果时，从果柄基部入果核，蛀孔处常流出黄褐色透明黏胶，周围堆积有大量红褐色虫粪，果实易腐烂(图3-80)。

图3-80　桃蛀螟为害桃果症状

1．桃蛀螟

【分布为害】桃蛀螟(*Dichocrocis punctiferalis*)属鳞翅目螟蛾科。在我国各地均有分布，长江以南为害桃果特别严重。以幼虫蛀食为害，为害桃果时，从果柄基部入果核，蛀孔处常流出黄褐色透明黏胶，周

图3-81　桃蛀螟成虫

图3-82　桃蛀螟幼虫

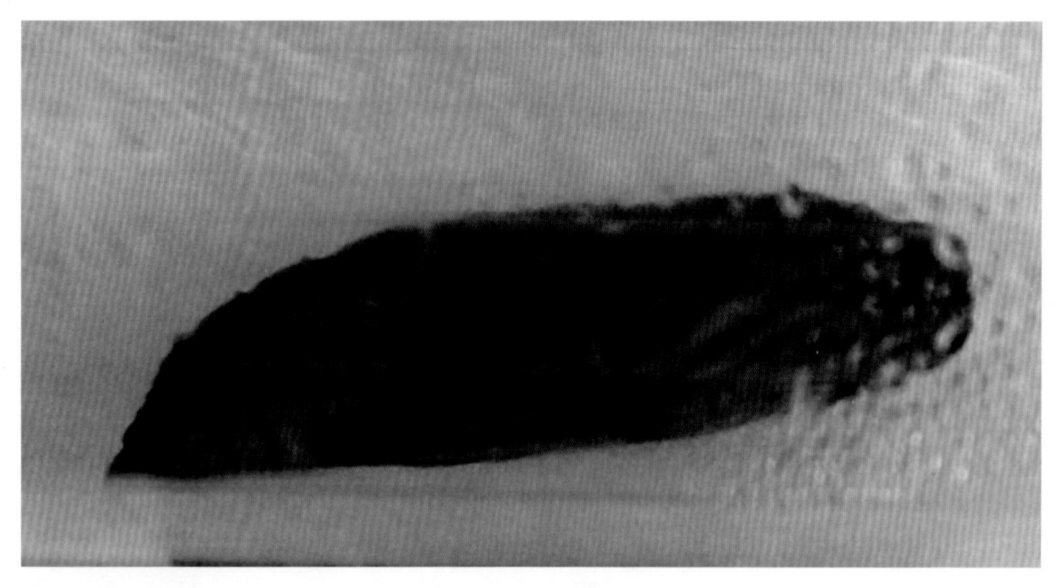

图3-83 桃蛀螟蛹

围堆积有大量红褐色虫粪，果实易腐烂(图3-80)。

【形态特征】成虫全体鲜黄色，前翅有25～28个黑斑，后翅10～15个(图3-81)。卵椭圆形，稍扁平，初产乳白色，后由黄色变为红褐色，表面具密而细小的圆形刺点。卵面满布网状花纹。幼虫体色多变，有淡褐色、浅灰色、暗红色等，腹面多为淡绿色，体表有许多黑褐色凸起(图3-82)。老熟幼虫体背多暗紫红色、淡灰褐色、淡灰蓝色等。蛹纺锤形，初为淡黄色，后变褐色(图3-83)。茧灰褐色。

【发生规律】桃蛀螟在华北地区一年发生2～3代，长江流域4～5代。以末代老熟幼虫在高粱、玉米、蓖麻残株及向日葵花盘和仓库缝隙中越冬。华北地区越冬代幼虫4月开始化蛹，5月上中旬羽化。第一代幼虫主要为害果树，第一代成虫及产卵盛期在7月上旬，第二代幼虫7月中旬为害春高粱。8月中下旬是第三代幼虫发生期，集中为害夏高粱，是夏高粱受害最重时期。9—10月第4代幼虫为害晚播夏高粱和晚熟向日葵。10月中下旬以老熟幼虫越冬。长江流域第2代为害玉米茎秆。成虫喜在枝叶茂密的桃树果实表面上产卵，两果相连处产卵较多。幼虫孵化以后，在果面上作短距离爬行，便蛀入果肉，并有转果为害习性。成虫白天伏于树冠内膛或叶背，夜间活动，对黑光灯有强烈趋性，成虫趋化性较强，羽化后的成虫必须取食补充营养才能产卵，主要取食花蜜。卵多单粒散产在寄主的花、穗或果实上，卵期4～8天。初孵幼虫即钻入花、果及穗中为害，3龄后拉网缀穗将内部籽粒吃空，对花蜜、糖醋液也有趋性。

【防治方法】冬季清除玉米、向日葵、高粱、蓖麻等遗株，在4月前期，冬季或早春刮除桃树老翘皮，清除越冬茧。桃果套袋，早熟品种在套袋前结合防治其他病虫害喷药1次，以消灭早期桃蛀螟所产的卵。生长季及时摘除被害果，集中处理，秋季采果前在树干上绑草把诱集越冬幼虫集中杀灭。

第1、第2代成虫产卵高峰期和幼虫孵化期是防治桃蛀螟的关键时期。可用下列药剂：

2.5%氯氟氰菊酯水乳剂4 000～5 000倍液；

4.5%高效氯氰菊酯乳油1 000～2 000倍液；

5.7%氟氯氰菊酯乳油1 500～2 500倍液；

10%联苯菊酯乳油3 000～4 000倍液；

25%灭幼脲悬浮剂750～1 500倍液；

5%氟啶脲乳油1 000～2 000倍液；

1%苦皮藤素水乳剂4 000～5 000倍液；

32 000IU/mg苏云金杆菌可湿性粉剂200～400倍液；

1.8%阿维菌素乳油2 000～4 000倍液，以保护桃果，间隔7～10天一次。一般早熟品种喷药2次，第1次5月下旬，第2次6月上中旬之间。中熟品种喷3次，第1次6月初，第2次6月中下旬之间，第3次7月上旬，如7月初采收，第3次不必喷。晚熟品种喷4次，第1次6月上中旬间，第2次6月下旬，第3次7月上中旬间，第4次7月下旬。

图3-84 桃小食心虫为害桃果流胶症状

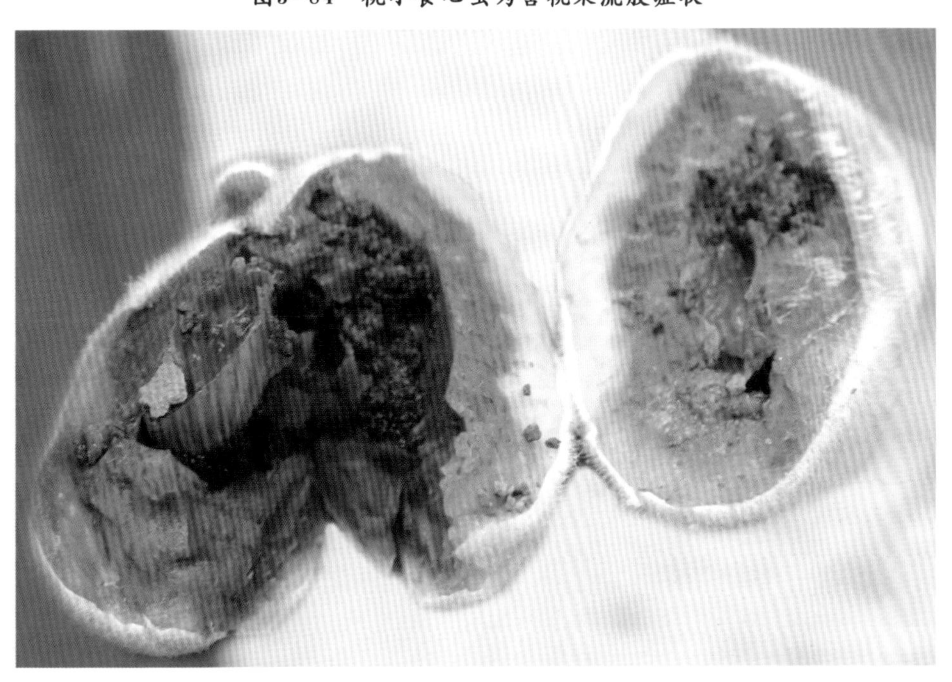

图3-85 桃小食心虫为害桃果呈“豆沙果”症状

图3-86 桃小食心虫为害桃果内部症状

2．桃小食心虫

【分布为害】桃小食心虫(*Carposina niponensis*)，属鳞翅目果蛀蛾科。主要分布在北方，为害苹果、桃、梨、山楂、枣等。以幼虫蛀果为害。幼虫孵化后蛀入果实，蛀果孔常有流胶点，不久干涸呈白色蜡质粉末。幼虫在果内串食果肉，并将粪便排在果内，幼果长成凹凸不平的畸形果，形成“豆沙馅”果(图3-84至图3-86)。幼虫老熟后，在果面咬一直径2～3mm的圆形脱果孔，虫果容易脱落。

图3-87 桃小食心虫成虫

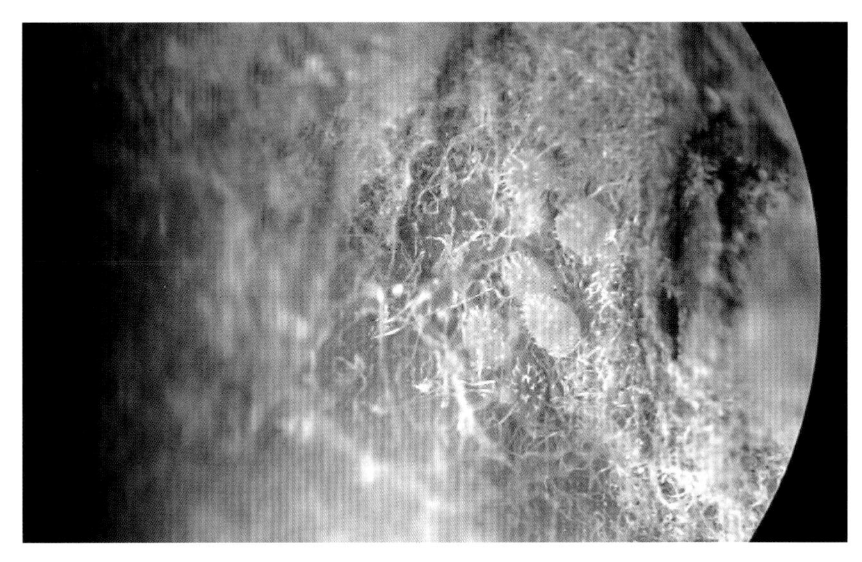

图3-88 桃小食心虫卵

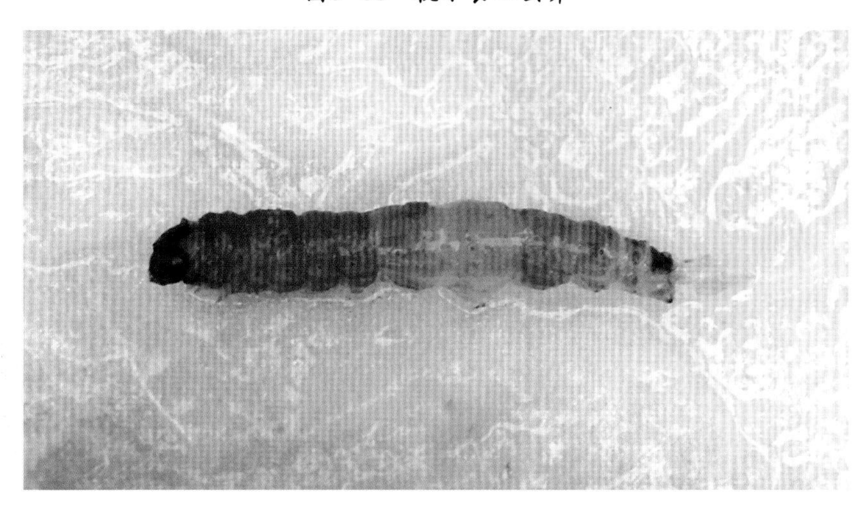

图3-89 桃小食心虫幼虫

【形态特征】成虫全体灰褐色，复眼红褐色，前翅前缘中央处有一个近似三角形的蓝黑色大斑，翅面散生一些灰白色鳞片，后缘有一些条纹(图3-87)；后翅灰色，缘毛长，浅灰色。卵椭圆形，中央隆起，表面有皱褶，初产时橙色，后变橙红色或鲜红色(图3-88)；近孵化时为暗红色。幼虫头黄褐色，全体桃红色，初龄幼虫黄白色(图3-89)。蛹黄褐色或黄白色，羽化前变为灰黑色。越冬茧扁圆形，由幼虫吐丝缀合土粒而成，质地紧密；夏茧纺锤形，端部有羽化孔，质地疏松。

【发生规律】桃小食心虫在辽宁每年发生1～2代，在河北、山东则多发生2代。以老熟幼虫在土中作茧越冬，绝大多数分布在树干周围1m范围，5～10cm深的表土中。翌年5月下旬至6月上旬幼虫从越冬茧钻出，6月中旬为出土盛期，雨后出土最多，在地面吐丝缀合细土粒作夏茧并化蛹。成虫多在夜间飞翔、不远飞，无趋光性。常停落在背阴处的果树枝叶及果园杂草上，羽化后2～3天产卵。卵多产于果实的萼洼、梗洼和果皮的粗糙部位，在叶片的背面、果台、芽、果柄等处也有卵产下。第1代孵化盛期在6月下旬至7月上旬。幼虫孵化后，在果面爬行不久，一般从果实胴部啃食果皮，然后蛀入果内，先在皮下串食果肉，果面出现凹陷的潜痕，造成畸形果。第2代孵化盛期在8月中旬左右，孵化的幼虫为害至9月脱果入土作茧越冬。

【防治方法】树盘覆地膜。成虫羽化前，可在树冠下地面覆盖地膜，以阻止成虫羽化后飞出。第一代幼虫脱果时，结合压绿肥进行树盘培土消灭一部分夏茧。果实受害后，及时摘除树上虫果和拾净落地虫果。

幼虫活动盛期在6月中下旬，是地面防治关键时机。后期世代重叠，发生2代地区8月上中旬是第二代卵孵化和幼虫害果盛期。

越冬幼虫出土期前，可用下列药剂：

50%辛硫磷乳油100倍液，喷洒地面，并浅混土；

50%二嗪磷乳油200～300倍液，喷洒地面，浅混土。

在成虫产卵高峰期，卵果率达0.5%～1%时，可用下列药剂：

25%灭幼脲悬浮剂750～1 500倍液；

5%氟铃脲乳油1 000～2 000倍液；

32 000IU/mg苏云金杆菌可湿性粉剂200～400倍液均匀喷雾。

在卵孵化盛期，可用下列药剂：

2.5%高效氯氟氰菊酯水乳剂4 000～5 000倍液；

10%氯氰菊酯乳油1 000～1 500倍液；

2.5%溴氰菊酯乳油1 500～2 000倍液；

20%甲氰菊酯乳油1 000～2 000倍液；

1.8%阿维菌素乳油2 000～4 000倍液；

1%甲氨基阿维菌素苯甲酸盐乳油3 000倍液均匀喷雾。喷药重点是果实，每代喷2次，间隔10～15天。

3．桃蚜

【分布为害】桃蚜(*Myzus persicae*) 属同翅目蚜科。分布全国各地。以成虫、若虫、幼虫群集新梢和叶片背面为害，被害部分呈现小的黑色、红色和黄色斑点，使叶片逐渐变白，向背面扭卷成螺旋状，引起落叶，新梢不能生长，影响产量及花芽形成，削弱树势。蚜虫排泄的蜜露，常造成烟煤病(图3–90至图3–92)。

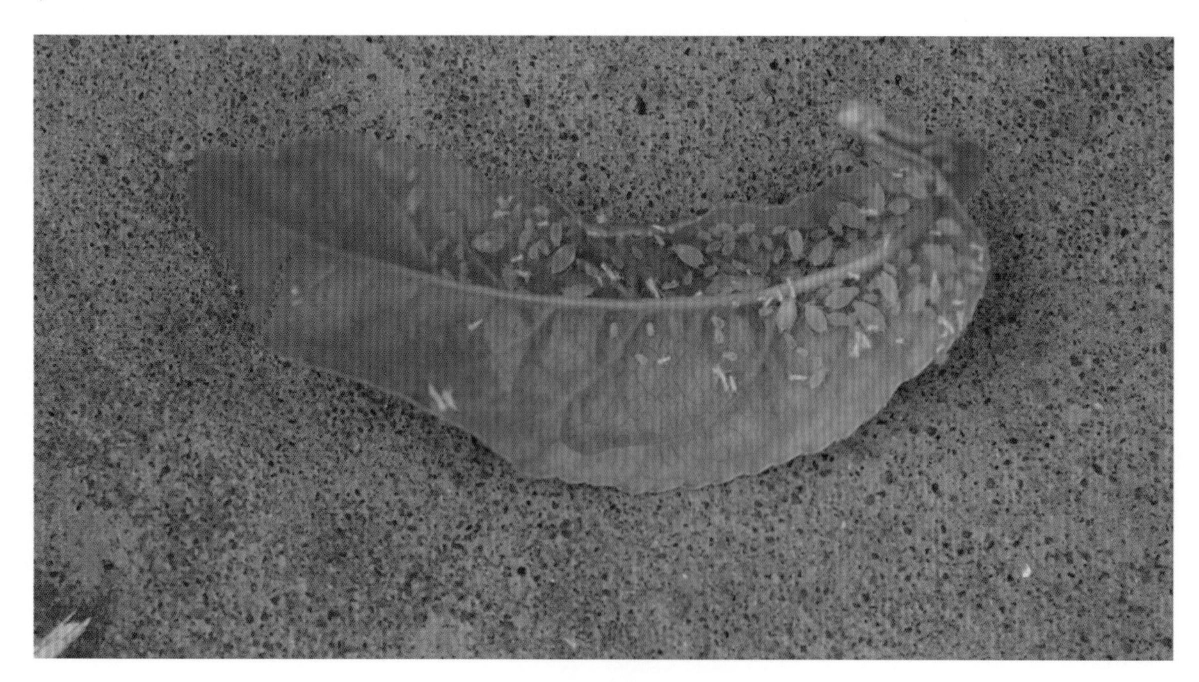

图3–90　桃蚜为害叶片症状

图3-91 桃蚜为害新梢症状

图3-92 桃蚜为害整株症状

【形态特征】有翅孤雌蚜体色不一，有绿色、黄绿色、淡褐色、赤褐色等；翅透明，脉淡黄色。头黑色，额瘤显著；腹管绿色，端部色深，长圆筒形，尾片圆锥形，近端部绕缩，侧面各有3根刚毛(图3-93)。无翅孤雌蚜体色不一，有绿色、黄绿色、杏黄色及赤褐色(图3-94)。若虫与无翅胎生雌蚜体形相似，体色不一。卵长椭圆形，初产淡绿色，渐变灰黑色，有光泽。

图3-93　桃蚜有翅孤雌蚜

图3-94　桃蚜无翅孤雌蚜

【发生规律】北方每年发生20～30代，南方30～40代。生活周期类型属乔迁式。桃蚜是一种转移寄主生活的蚜虫，但也有少数个体终年生活在桃树上不转移寄主。在我国北方主要以卵在桃树的枝条芽腋间、裂缝处、枝条上的干卷叶里越冬，少数以无翅胎生雌蚜在风障菠菜上或窖藏的秋菜上越冬。以卵在桃树上越冬的，翌年早春桃芽萌发至开花期，卵开始孵化，群集在嫩芽上，吸食汁液，3月下旬至4月，以孤雌胎生方式繁殖为害。梢嫩叶展开后，群集叶背面为害。被害叶向背面卷缩，并排泄黏液，污染枝梢、叶面，抑制新梢生长，引起落叶。桃叶被害严重时向背面反卷，叶扭曲畸形，5月下旬为害最为严重。虫体大、中、小同时存在。夏季有翅蚜陆续迁至烟草、蔬菜等寄主上，10月有翅蚜陆续迁回到桃树上越冬。一般冬季温暖，春暖早而雨水均匀的年份有利于大发生，高温和高湿均不利于发生，数量下降。因此，春末夏初及秋季是桃蚜为害严重的季节。桃树施氮肥过多或生长不良，均有利于桃蚜为害。

【防治方法】合理整形修剪，加强土、肥、水管理，清除枯枝落叶，刮除粗老树皮。结合春季修剪，剪除被害枝梢，集中烧毁。在桃树行间或果园附近，不宜种植烟草、十字花科蔬菜等作物。

早春桃芽萌动、越冬卵孵化盛期至低龄幼虫发生期，是防治桃蚜的关键时期。可用下列药剂：

5%啶虫脒·高效氯氰菊酯乳油1 000～1 500倍液；

50%抗蚜威可湿性粉剂2 000～3 000倍液；

2.5%氯氟氰菊酯乳油1 000～2 000倍液；

2.5%高效氯氟氰菊酯乳油1 000～2 000倍液；

5%氯氰菊酯乳油3 000～4 000倍液；

2.5%溴氰菊酯乳油1 500～2 500倍液；

5.7%氟氯氰菊酯乳油1 000～2 000倍液；

20%甲氰菊酯乳油2 000～3 000倍液；

1.5%精高效氯氟氰菊酯悬浮剂1 500～2 000倍液；

10%溴氰菊酯乳油800～1 000倍液；

1.8%阿维菌素乳油3 000～4 000倍液；

0.3%苦参碱水剂800～1 000倍液；

0.3%印楝素乳油1 000～1 500倍液；

10%氯噻啉可湿性粉剂4 000～5 000倍液；

10%吡虫啉可湿性粉剂2 000～4 000倍液；

30%松脂酸钠水乳剂100～300倍液；

10%烯啶虫胺可溶液性剂4 000～5 000倍液，用药时加入0.1%～0.2%洗衣粉可有效提高杀虫效果。在为害严重的年份，需喷施2次。

4．桃粉蚜

【分布为害】桃粉蚜(*Hyalopterus amygdali*)属同翅目蚜科。南北各桃产区均有发生，以华北、华东、东北各地区为主。春夏之间经常和桃蚜混合发生为害桃树叶片。成虫、若虫群集于新梢和叶背刺吸汁液，受害叶片呈花叶状，增厚，叶色灰绿或变黄，向叶背后对合纵卷，卷叶内虫体被白色蜡粉。严重时叶片早落，新梢不能生长。排泄蜜露常致煤污病发生(图3–95和图3–96)。

图3–95 桃粉蚜为害叶片症状

图3-96　桃粉蚜为害新梢症状

【形态特征】有翅孤雌蚜：体长约2mm，翅展约6mm，头胸部暗黄色，胸瘤黑色，腹部黄绿色或浅绿色；被有白色蜡质粉，复眼红褐色。无翅胎生雌蚜：复眼红褐色；腹管短小，黑色；尾片长大，黑色，圆锥形，有曲毛5～6根；胸腹无斑纹，无胸瘤，体表光滑，缘瘤小(图3-97)。卵椭圆形，初黄绿后变黑色，有光泽；若蚜体小，与无翅胎生雌蚜相似，体绿色被白粉(图3-98)。

图3-97　桃粉蚜无翅胎生雌蚜

图3-98 桃粉蚜若蚜

【发生规律】每年发生10～20代，江西南昌20多代，北京10余代，生活周期类型属乔迁式。以卵在桃、杏、李等果树枝条小枝杈、腋芽及裂皮缝处越冬。次年桃树萌芽时，卵开始孵化，初孵幼虫群集叶背和嫩尖处为害。5月上中旬繁殖为害最盛，6—7月大量产生有翅蚜，迁飞到芦苇等禾本科植物上为害繁殖，10—11月又迁回到桃树上，产生性蚜，交尾后产卵越冬。

【防治方法】合理整形修剪，加强土、肥水管理，清除枯枝落叶，刮除粗老树皮。结合春季修剪，剪除被害枝梢，集中烧毁。在桃树行间或果园附近，不宜种植烟草、白菜等农作物，以减少蚜虫的夏季繁殖场所。

芽萌动期喷药防治桃粉蚜的效果最好，越冬卵孵化高峰期喷施2.5%溴氰菊酯乳油2 000～3 000倍液、20%氰戊菊酯乳油2 000～2 500倍液。

抽梢展叶期，喷施10%吡虫啉可湿性粉剂2 000～3 000倍液，每年1次即可控制为害。

为害期喷药，可参考桃蚜。在药液中加入表面活性剂(0.1%～0.3%的中性洗衣粉或0.1%害立平)，增加黏着力，可以提高防治效果。

5．桑白蚧

【分布为害】桑白蚧(*Pseudaulacaspis pentagona*)，属同翅目盾蚧科。分布遍及全国，是为害最普遍的一种介壳虫。以若虫和成虫群集于主干、枝条上，以口针刺入皮层吸食汁液，也有在叶脉或叶柄、芽的两侧寄生，造成叶片提早硬化(图3-99至图3-101)。

图3-99 桑白蚧为害枝干症状

图3-100 桑白蚧为害枝干枯死症状

图3-101 桑白蚧为害果实症状

【形态特征】雌成虫介壳白色或灰白色，近扁圆，背面隆起，略似扁圆锥形，壳顶点黄褐色，壳有螺纹，壳下虫体为橘黄色或橙黄色，扁椭圆形(图3–102)。雄虫若虫阶段有蜡质壳，白色或灰白色，狭长，羽化后的虫体橙黄色或粉红色，翅一对，膜质(图3–103)。初孵若虫淡黄，体长椭圆形，扁平。卵长椭圆形，初产粉红，近孵化时变橘红色。雄虫有蛹阶段，裸蛹，橙黄色。

图3–102 桑白蚧雌成虫

图3–103 桑白蚧若虫

【发生规律】一年发生代数由北往南递增，黄河流域2代，长江流域3代，海南、广东为5代，华北地区每年发生2代，均以受精雌虫在枝干上越冬。4月下旬开始产卵，卵产于介壳下，产卵后干缩而死。产卵期长短与气温高低成反比，雌成虫产卵后死于介壳内，呈紫黑色。初孵若虫活跃喜爬，5～11小时后固定吸食，不久即分泌蜡质盖于体背，逐渐形成介壳。雌若虫3次蜕皮变成无翅成虫，雄若虫2次蜕皮后化蛹。若虫5月初开始孵化，自母体介壳下爬出后在枝干上到处乱爬，几天后，找到适当位置即固定不动，并开始分泌蜡丝，蜕皮后形成介壳，把口器刺入树皮下吸食汁液。雌虫2次蜕皮后变为成虫，在介壳下不动吸食，雄虫第2次蜕皮后变为蛹，在枝干上密集成片。6月中旬成虫羽化，6月下旬产卵，第2代雌成虫发生在9月间，交配受精后，在枝干上越冬。低地地下水位高，密植郁蔽多湿的小气候有利其发生。枝条徒长，管理粗放的桃园发生也多。

【防治方法】做好冬季清园，结合修剪，剪除受害枝条，刮除枝干上的越冬雌成虫，并喷一次3波美度石硫合剂，消灭越冬虫源，减少翌年为害。

抓住第1代若虫发生盛期，趁虫体未分泌蜡质时，用硬毛刷或细钢丝刷刷掉枝干上的若虫。剪除受害严重的枝条。之后喷洒3～5波美度石硫合剂、95%机油乳油50倍液。

在各代若虫孵化高峰期，尚未分泌蜡粉介壳前，是药剂防治的关键时期。可用下列药剂：

3%苯氧威乳油1 000～1 500倍液；

2.5%氯氟氰菊酯乳油1 000～2 000倍液；

4.5%高效氯氰菊酯乳油2 000～2 500倍液；

20%氰戊菊酯乳油1 000～2 000倍液；

20%甲氰菊酯乳油2 000～3 000倍液；

2.5%氟氯氰菊酯乳油2 500～3 000倍液；

10%吡虫啉可湿性粉剂1 500～2 000倍液，均匀喷雾。在药剂中加入0.2%的中性洗衣粉，可以提高防治效果。

或在介壳形成初期，用25%噻嗪酮可湿性粉剂1 000～1 500倍液、45%松脂酸钠可溶性粉剂80～120倍液、95%机油乳油200倍液喷雾，防效显著。

6. 桃红颈天牛

【分布为害】桃红颈天牛(*Aromia bungii*)，属鞘翅目天牛科。在全国各桃产区均有分布，北起辽宁、内蒙古，西至甘肃、陕西、四川，南至广东、广西，东达沿海等地。幼虫为害主干或主枝基部皮下的形成层和木质部浅层部分，造成树干中空，皮层脱离，虫道弯弯曲曲塞满粪便，有的也从排粪孔排出大量粪便，排粪处也有流胶现象，造成树势衰弱，枝干死亡(图3-104和图3-105)。

图3-104 桃红颈天牛为害桃树枝干症状

图3-105　桃红颈天牛为害桃树枝干排粪状

【形态特征】雌成虫全体黑色有亮光，腹部黑色有绒毛，头、触角及足黑色，前胸背棕红色(图3-106)；前胸背板前缘与后缘各生有1对小凸起，两侧有大型凸起。雄成虫体小而瘦。卵长椭圆形，乳白色。老熟幼虫乳白色，前胸较宽广，体两侧密生黄棕色细毛(图3-107)。蛹初为乳白色，后渐变为黄褐色。

图3-106　桃红颈天牛成虫

图3-107 桃红颈天牛幼虫

【发生规律】华北地区2~3年发生1代，以幼虫在树干蛀道内越冬。翌年3—4月恢复活动，在皮层下和木质部钻不规则的隧道，成虫于5—8月出现；各地成虫出现期自南至北依次推迟。福建和南方各省于5月下旬成虫盛见；湖北于6月上中旬成虫出现最多；成虫终见期在7月上旬；河北成虫于7月上中旬盛见；山东成虫于7月上旬至8月中旬出现；北京7月中旬至8月中旬为成虫出现盛期。

【防治方法】成虫出现期，利用午间静息枝条的习性，进行人工捕捉，特别在雨后晴天，成虫最多。有在早熟桃上补充营养的习性，也可利用早熟烂桃诱捕。

在成虫产卵盛期至幼虫孵化期，可用下列药剂：

75%硫双威可湿性粉剂1 000~2 000倍液；

2.5%氯氟氰菊酯乳油1 000~3 000倍液；

10%高效氯氰菊酯乳油1 000~2 000倍液；

10%醚菊酯悬浮剂800~1 500倍液；

5%氟苯脲乳油800~1 500倍液；

20%虫酰肼悬浮剂1 000~1 500倍液；

15%吡虫啉微囊悬浮剂3 000~4 000倍液，均匀喷洒离地1.5m范围内的主干和主枝，10天后再重喷1次，杀灭初孵幼虫效果显著。

7．桃潜叶蛾

【分布为害】桃潜叶蛾(*Lyonetica clerkella*)，属鳞翅目潜叶蛾科。分布华北、西北、华东等地。以幼虫潜入桃叶为害，在叶组织内串食叶肉，造成弯曲的隧道，并将粪粒充塞其中，造成早期落叶(图3-108)。

图3-108 桃潜叶蛾为害叶片症状

【形态特征】成虫体银白色，触角丝状，黄褐色，长于体，基节的眼罩白色。前翅狭长，银白色，外端部有一金黄色鳞片组成的卵形斑，后翅灰白色，缘毛长。越冬型成虫翅前部和后部色较深，中间稍浅，中室椭圆形斑比夏型成虫色深，为深褐色(图3-109)。卵扁椭圆形，无色透明，乳白色，孵化前变为褐色。幼虫胸淡绿色，体稍扁(图3-110)。蛹长椭圆形，细长淡绿色，腹末具2个圆锥形凸起(图3-111)。茧扁枣核形，白色。

图3-109 桃潜叶蛾成虫

图3-110　桃潜叶蛾幼虫

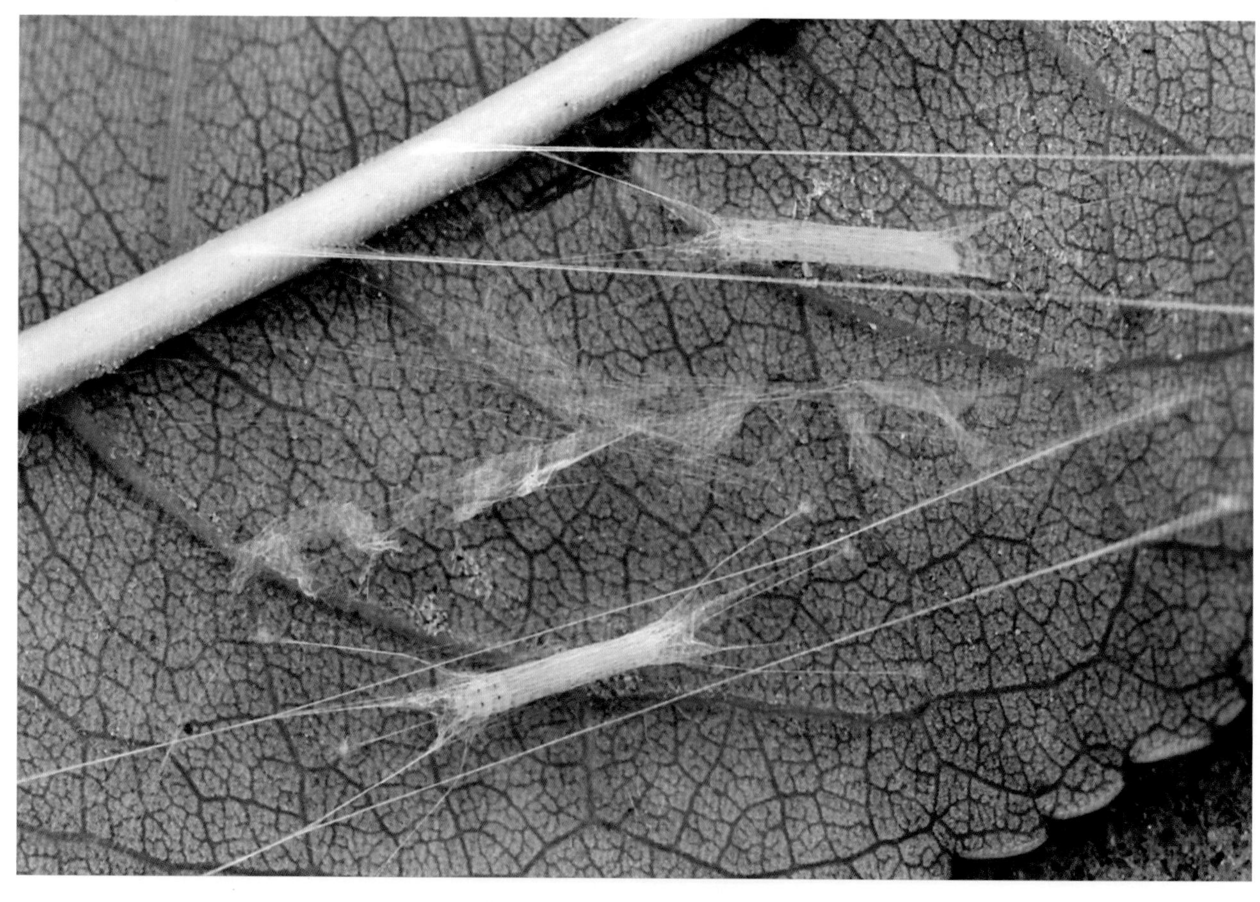

图3-111　桃潜叶蛾蛹

【发生规律】各地发生代数不一，河北昌黎5～6代。以成虫在树皮缝内或落叶、杂草丛中越冬。翌年4月桃展叶后，成虫羽化，夜间活动产卵于叶下表皮内，幼虫孵化后，在叶组织内潜食为害，串成弯曲隧道，并将粪粒充塞其中，叶的表皮不破裂，可由叶面透视。叶受害后枯死脱落。幼虫老熟后在叶内吐丝结白色薄茧化蛹。5月上中旬发生第一代成虫，以后每月发生1代，最后1代发生在11月上旬。严重为害，幼虫老熟后钻出，在叶背面结茧化蛹。虫口密度大时幼虫脱出后吐丝下垂，随风飘附在枝、干的背阴面结茧化蛹。10—11月羽化的成虫即潜入树皮下、树下落叶和草丛中准备越冬。

【防治方法】在越冬代成虫羽化前，彻底清扫桃园内的落叶和杂草，集中烧毁，消灭越冬代蛹或成虫。

蛹期和成虫羽化期是药剂防治的关键时期。可用药剂有：

1%甲氨基阿维菌素苯甲酸盐乳油2 000～4 000倍液；

2.5%氯氟氰菊酯水乳剂2 000～4 000倍液；

2.5%高效氯氟氰菊酯水乳剂2 000～4 000倍液；

4.5%高效氯氰菊酯乳油800～1 000倍液；

2.5%溴氰菊酯乳油1 500～2 500倍液；

25%灭幼脲悬浮剂1 000～2 000倍液；

20%杀铃脲悬浮剂5 000～6 000倍液；

5%氟铃脲乳油1 000～2 000倍液；

32 000IU/mg苏云金杆菌可湿性粉剂200～400倍液；

5%虱螨脲乳油1 500～2 500倍液；

1.8%阿维菌素乳油2 000～4 000倍液。

8．桃小蠹

【分布为害】桃小蠹(*Scolytus seulensis*)属鞘翅目小蠹甲科。近几年在河北部分桃产区为害严重。成虫、幼虫蛀食枝干韧皮部和木质部，蛀道于其间，常造成枝干枯死或整株死亡(图3–112)。

图3–112　桃小蠹为害桃树枝干状

【形态特征】成虫体黑色，鞘翅暗褐色有光泽(图3-113)；触角锤状；体密布细刻点，鞘翅上有纵刻点列、较浅，沟间有稀疏竖立的黄色刚毛列。卵乳白色，圆形。幼虫乳白色，肥胖，无足。蛹长与成虫相似，初乳白色后渐深。

图3-113 桃小蠹成虫

【发生规律】每年发生1代，以幼虫于坑道内越冬。翌春老熟幼虫于坑道端蛀圆筒形蛹室化蛹，羽化后咬圆形羽化孔爬出。6月成虫出现，秋后以幼虫在坑道端越冬。成虫有假死性，迁飞性不强，就近在半枯枝或幼龄桃树嫁接未愈合部产卵。孵化后的幼虫分别在母坑道两侧横向蛀子坑道，略呈“非”字形，初期互不相扰近于平行，随虫体增长坑道弯曲且混乱交错。

【防治方法】加强果园管理，增强树势，可减少发生为害。结合修剪，彻底剪除有虫枝和衰弱枝，集中处理效果很好。

在成虫产卵前，可用下列药剂：

2.5%氯氟氰菊酯乳油1 000～3 000倍液；

10%高效氯氰菊酯乳油1 000～2 000倍液；

10%醚菊酯悬浮剂800～1 500倍液喷洒，毒杀成虫效果良好，间隔15天喷1次，喷2～3次即可。

9．黑蚱蝉

【分布为害】黑蚱蝉(*Cryptotympana atrata*) 属同翅目蝉科。在全国各地，华南、西南、华东、西北及华北大部分地区都有分布，尤其以黄河故道地区虫口密度为最大。雌虫产卵时其产卵瓣刺破枝条皮层与木质部，造成产卵部位以上枝梢失水枯死，严重影响苗木生长(图3-114)。成虫刺吸枝条汁液。

图3–114 黑蚱蝉为害桃枝状

【形态特征】成虫体黑色有光泽，局部密生金色纤毛，前后翅透明，基部呈烟褐色，脉纹黄褐色(图3–115)。雌虫腹末有坚硬发达的产卵器，雄虫腹部第1～2节腹面有1对膜状的鸣器，故能发出刺耳的叫声。卵长椭圆形，米粒状，乳白色，有光泽(图3–116)。若虫黄褐色，具翅芽，能爬行。老熟若虫体黄褐色，体壁坚硬，有光泽(图3–117和图3–118)。

图3–115 黑蚱蝉成虫

图3-116　黑蚱蝉卵

图3-117　黑蚱蝉老熟若虫

图3-118 黑蚱蝉壳

【发生规律】4年或5年发生1代，以卵和若虫分别在被害枝内和土中越冬。越冬卵于6月中下旬开始孵化，7月初结束。当夏季平均气温达到22℃以上(豫西地区在6—7月)，老龄若虫多在雨后的傍晚，从土中爬出地面，顺树干爬行，老熟若虫出土时刻为20:00至翌日6:00，以21:00—22:00出土最多，当晚蜕皮羽化出成虫。雌虫7－8月先刺吸树木汁液，进行一段补充营养，之后交尾产卵，选择嫩梢产卵，产卵时先用腹部产卵器刺破树皮，然后产卵于木质部内。经产卵受害枝条，产卵部位以上枝梢很快枯萎。枯枝内的卵须落到地面潮湿的地方才能孵化。若虫在地下生活4年或5年，每年6－9月蜕皮1次，共4龄。1～2龄若虫多附着在侧根及须根上，而3～4龄若虫多附着在比较粗的根系上，且以根系分叉处最多。若虫在土壤中越冬，蜕皮和为害均筑一个椭圆形土室。

【防治方法】结合冬剪和早春修剪，在卵孵化入土前剪除产卵枝并集中烧毁。冬季或早春结合灌溉、施肥、深翻园土以消灭在土中生活的若虫。

在5月若虫未出土前，用48%毒死蜱乳油200倍液，每株用8～10kg药液泼淋树盘。

对虫口密度较大的果园，在成虫盛发期，早上喷洒下列药剂：

20%甲氰菊酯乳油1 500～2 000倍液；

2.5%溴氰菊酯乳油2 000～2 500倍液；

2.5%氯氟氰菊酯乳油1 000～3 000倍液；

10%高效氯氰菊酯乳油1 000～2 000倍液，可获得良好防治效果。

10．桃仁蜂

【分布为害】桃仁蜂(*Eurytoma maslovskii*)属膜翅目广肩小蜂科。分布于山西、辽宁等省。幼虫在发育桃核内蛀食，桃仁多被食尽，仅残留部分种皮。被害果逐渐干缩成僵果，或早期脱落。

【形态特征】成虫体黑色，前翅部分透明，中间褐色，翅脉简单，近前缘有1条褐色粗脉，后翅无色透明，前半翅有起伏，不光滑，后半光滑(图3-119)。卵长椭圆形，略弯曲，乳白色，近透明，近孵化时呈淡黄色。幼虫乳白色，纺锤形，略扁，稍弯曲。蛹纺锤形，乳白色，后变黄褐色，羽化前为黑褐色。

图3-119 桃仁蜂成虫

【发生规律】每年发生1代，以老熟幼虫在被害果仁内越冬。翌年4月间开始化蛹，5月中旬成虫羽化，幼虫孵化后在桃仁内取食，至7月幼虫老熟，即在桃核内越夏、越冬。

【防治方法】秋季至春季桃树萌芽前后，彻底清理桃园。成虫羽化前彻底清除受害果，集中深埋或烧毁。

在4月下旬至5月上旬，成虫盛发期，喷施下列药剂：

20%氰戊菊酯乳油1 000 ~ 1 500倍液；

2.5%溴氰菊酯乳油1 000 ~ 3 000倍液；

20%甲氰菊酯乳油1 000 ~ 2 000倍液；

10%虫螨腈乳油2 000 ~ 3 000倍液；

1.8%阿维菌素乳油3 000 ~ 4 000倍液；

10%吡虫啉可湿性粉剂1 500 ~ 2 000倍液，间隔10 ~ 15天喷1次，连喷2 ~ 3次。

11．小绿叶蝉

【分布为害】小绿叶蝉(*Empoasca flavescens*)属同翅目叶蝉科。在全国各省发生普遍，以长江流域发生为害较重。以成虫、若虫吸食汁液为害。早期吸食花萼、花瓣，落花后吸食叶片，被害叶片出现失绿的白色斑点，严重时全树叶片呈苍白色，提早落叶，使树势衰弱。受害严重的果树，全树叶片一片苍白，落叶提前，造成树势衰弱。过早落叶，有时还会造成秋季开花，严重影响来年的开花结果(图3-120和图3-121)。

图3-120 小绿叶蝉为害桃叶初期症状

图3-121 小绿叶蝉为害桃叶后期症状

【形态特征】成虫全体淡黄色、黄绿色或暗绿色。头顶钝圆，其顶端有一黑点，黑点外围有一白色晕圈；前翅淡白色半透明，翅脉黄绿色，后翅无色透明，翅脉淡黑色(图3-122)。若虫共5龄(图3-123)，全体淡黑色，复眼紫黑色，翅芽绿色。卵呈长椭圆形，一端略尖，乳白色，半透明。

图3-122 小绿叶蝉成虫

图3-123 小绿叶蝉若虫

【发生规律】每年发生4～6代，以成虫在桃园附近的松、柏等常绿树以及杂草丛中越冬。第2代3月上中旬先在早期发芽的杂草和蔬菜上生活，待桃树现蕾萌芽时，开始迁往桃上为害，谢花后大多数集中到桃树上为害。全年以7—9月桃树虫口密度最高。9月间发生最后1代成虫，桃树落叶后迁入越冬场所越冬。成虫在天气温和晴朗时行动活跃，清晨或傍晚及有风雨时不活动，在气温较低时活动性较差，早晨是防治的有利时机。若虫喜群集叶片背面，受惊时很快横向爬动分散。

【防治方法】成虫出蛰前及时刮除翘皮，清除落叶及杂草，减少越冬虫源。

化学防治。在以下3个关键时期喷药防治：谢花后的新梢展叶生长期、5月下旬第一代若虫孵化盛期和7月下旬至8月上旬第二代若虫孵化盛期。可以选用如下药剂：

10%吡虫啉可湿性粉剂2 000 ~ 3 000倍液；

5%高效氯氰菊酯乳油2 000 ~ 3 000倍液；

20%氰戊菊酯乳油2 000 ~ 2 500倍液；

2.5%溴氰菊酯乳油2 500 ~ 3 000倍液；

1.8%阿维菌素乳油3 000 ~ 4 000倍液。

12. 茶翅蝽

【分布为害】茶翅蝽(*Halyomorpha picus*)属半翅目蝽科。分布较广，全国各地均有分布。成虫和若虫吸食嫩叶、嫩梢和果实的汁液，果实被害后，成为凸凹不平的畸形果，近成熟时的果实被害后，受害处果肉变空，木栓化(图3-124和图3-125)。

图3-124 茶翅蝽为害桃幼果症状

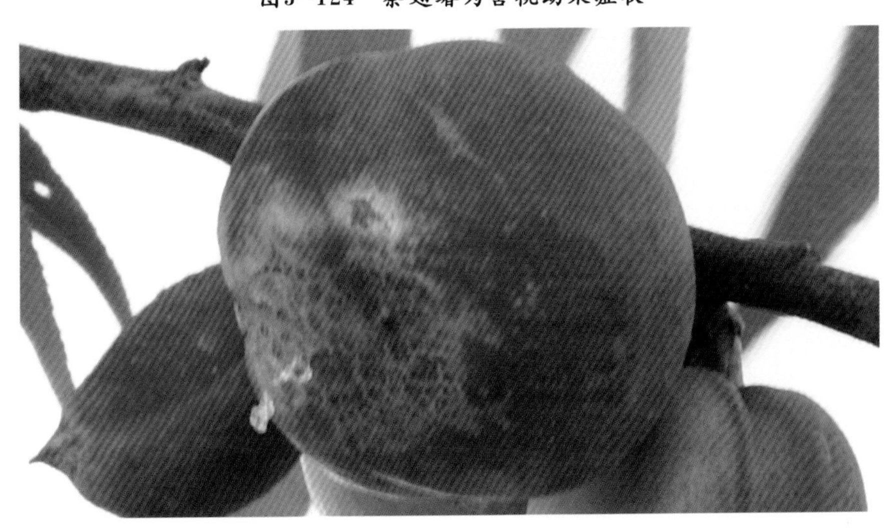

图3-125 茶翅蝽为害桃成熟果症状

【形态特征】成虫扁椭圆形，灰褐色，略带紫红色；前翅革质有黑褐色刻点(图3-126)。卵扁鼓形，初灰白色，孵化前黑褐色。若虫无翅，前胸背两侧各有刺凸，腹部各节背部有黑斑，两侧各有一黑斑，共8对(图3-127)。

图3-126　茶翅蝽成虫

图3-127　茶翅蝽若虫及卵

【发生规律】华北地区每年发生1代，华南每年发生2代。以成虫在墙缝、屋檐下、石缝里越冬。有的潜入室内越冬。在北方5月开始活动，迁飞到果园取食为害。成虫白天活动，交尾并产卵。成虫常产卵于叶片背面，每雌虫可产卵55～82粒。卵期6～9天。6月上旬田间出现大最初孵若虫，小若虫先群集在卵壳周围呈环状排列，2龄以后渐渐扩散到附近的果实上取食为害。田间的畸形桃主要由若虫为害所致，新羽化的成虫继续为害直至果实采收。9月中旬当年成虫开始寻找场所越冬，到10月上旬至入蛰高峰。上年越冬成虫在6月上旬以前产卵，到8月初以前羽化为成虫，可继续产卵，经过若虫阶段，再羽化为成虫越冬。

【防治方法】结合其他管理措施，随时摘除卵块及捕杀初孵若虫。

在第一代若虫发生期，结合其他害虫的防治，喷施下列药剂：

2.5%高效氯氟氰菊酯水乳剂3 000～4 000倍液；

2.5%溴氰菊酯乳油3 000～5 000倍液；

20%甲氰菊酯乳油1 500～2 000倍液；

10%氯氰菊酯乳油1 500～2 000倍液，间隔10～15天喷一次，连喷2～3次，均能取得较好的防治效果。

13．朝鲜球坚蚧

【分布为害】朝鲜球坚蚧(*Didesmoccus koreanus*)属同翅目蜡蚧科。分布于东北、华北、华东及河南、陕西、宁夏、四川、云南、湖北、江西等省(区)。以若虫和雌成虫集聚在枝干上吸食汁液，被害枝条发育不良，出现流胶，树势严重衰弱，树体不能正常生长和花芽分化，严重时枝条干枯，一经发生，常在1～2年内蔓延全园，如防治不利，会使整株死亡(图3-128和图3-129)。

图3-128　朝鲜球坚蚧为害整株症状

图3-129　朝鲜球坚蚧为害枝条症状

【形态特征】雌成虫：介壳近半球形，暗红褐色，雌虫壳尾端略凸出并有一纵裂缝，表面覆有薄层蜡质，略呈光泽，背面有凹下小点，排列不整齐(图3-130)。雄成虫：介壳长扁圆形，白色，两侧有两条纵斑纹，介壳末端为钳状并有褐色斑点2个。虫体淡粉红色或淡棕色，胸部赤褐色，口器退化，有前翅一对细长，半透明，前缘淡红，翅面有细微刻点。卵长椭圆形，半透明，腹面向内弯，背面略隆起。初产时为白色，后渐变粉红色，近孵化时在卵的前端呈现红色眼点。初孵若虫长椭圆形扁平，淡褐至粉红色被白粉。蛹赤褐色；雄虫有蛹期，裸蛹，长扁圆形，足及翅芽为淡褐色。茧长椭圆形，灰白半透明，扁平背面略拱，有2条纵沟及数条横脊，末端有1条横缝。

图3-130　朝鲜球坚蚧雌成虫

【发生规律】一年发生1代，以2龄若虫固着在枝条上越冬，外覆有蜡被。翌年3月上中旬开始活动，另找地点固着，群居在枝条上取食，不久便逐渐分化为雌、雄性。雌性若虫于3月下旬又蜕皮1次，体背逐渐变大呈球形。雄性若虫于4月上旬分泌白色蜡质形成介壳，再蜕皮化蛹于其中，4月中旬开始羽化为成虫。4月下旬到5月上旬雌雄成虫羽化并交配，交配后的雌虫体迅速膨大，逐渐硬化，5月上旬开始产卵，5月中旬为若虫孵化盛期。初孵若虫爬行寻找适当场所，以枝条裂缝处和枝条基部叶痕中为多。6月中旬后蜡质又逐渐形成白色蜡层，包在虫体四周。此时发育缓慢，雌雄难分。越冬前蜕皮1次，蜕皮包于2龄若虫体下，到12月开始越冬。雌虫能孤雌生殖。全年4月下旬至5月上中旬为害最盛。

【防治方法】冬春季节结合冬剪，剪除有虫枝条并集中烧毁。也可在3月上旬至4月下旬期间，即越冬幼虫从白色蜡壳中爬出后到雌虫产卵而未孵化时，用草团或软布等擦除越冬雌虫，并注意保护天敌。

对人工防治剩余的雌虫需抓住两个关键时期。

早春防治：在发芽前结合防治其他病虫，先喷1次5波美度石硫合剂，或用50%噻嗪酮可湿性粉剂1 000倍液然后在果树萌芽后至花蕾露白期间，即越冬幼虫自介壳爬出40%左右并转移时，再喷1次2.5%溴氰菊酯乳油1 500 ~ 2 000倍液等，喷药最迟在介壳变硬前进行。或喷95%机油乳油400 ~ 600倍液，5波美度石硫合剂，5%重柴油乳油或3.5%煤焦油油剂或洗衣粉200倍液。

若虫孵化期防治：在6月上中旬连续喷药2次，第一次在孵化出30%左右时，第二次与第一次间隔1周。可用20%甲氰菊酯乳油1 000倍液、2.5%溴氰菊酯乳油1 000 ~ 1 500倍液，防治效果均较好。上述药剂中混合1%的中性洗衣粉可提高防治效果。

14．梨小食心虫

【分布为害】梨小食心虫(*Grapholitha molesta*)属鳞翅目小卷叶蛾科。分布全国各地，是最常见的一种食心虫。为害新梢时，多从新梢顶端叶片的叶柄基部蛀入髓部，由上向下蛀食，蛀孔外有虫粪排出和树胶流出，被害嫩梢的叶片逐渐凋萎下垂，最后枯死(图3–131和图3–132)。

图3–131　梨小食心虫为害新梢初期症状

图3-132　梨小食心虫为害新梢后期症状

【形态特征】参考梨树虫害——梨小食心虫。

【发生规律】参考梨树虫害——梨小食心虫。

【防治方法】参考梨树虫害——梨小食心虫。

15. 白星花金龟

【分布为害】白星花金龟(*Potosia brevitarsis*)属鞘翅目花金龟科。在南北桃区均有分布，在我国分布很广。成虫啃食成熟或过熟的果实，尤其喜食风味甜的果实，常常数十头或十余头群集在果实上或树干的烂皮、凹穴部位吸取汁液。果实被伤害后，常腐烂脱落，树体生长受到一定的影响，损失较严重(图3-133)。

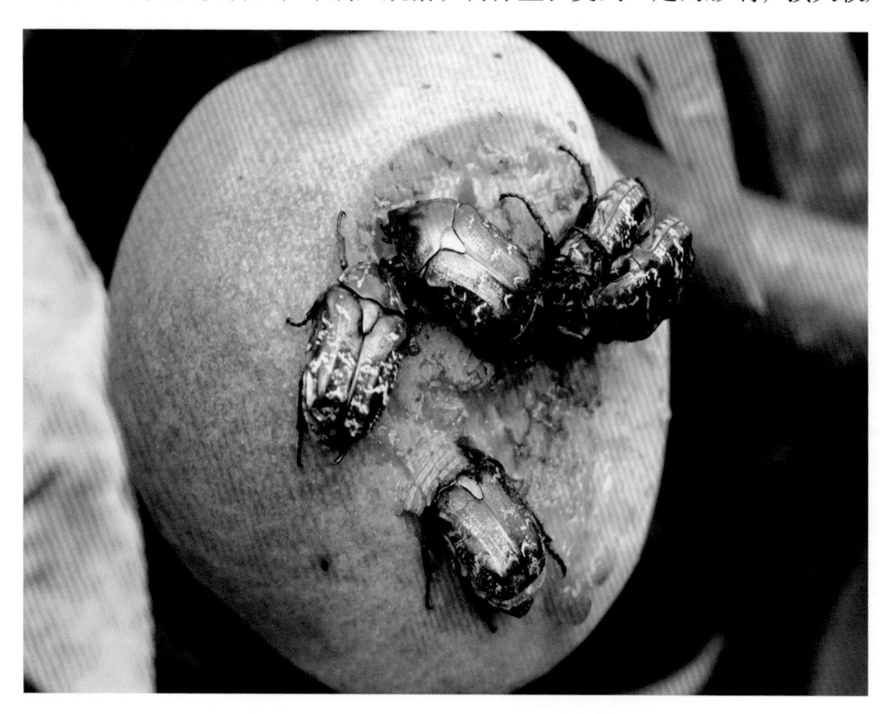

图3-133　白星花金龟为害果实症状

【形态特征】参考梨树虫害——白星花金龟。

【发生规律】参考梨树虫害——白星花金龟。

【防治方法】参考梨树虫害——白星花金龟。

16．苹小卷叶蛾

【分布为害】苹小卷叶蛾(*Adoxophyes orana*)属鳞翅目卷叶蛾科。在国内大部分果区有分布，黄河、长江流域一带，常年密度较大。幼虫为害果树的芽、叶、花和果实，小幼虫常将嫩叶边缘卷曲，以后吐丝缀合嫩叶(图3–134至图3–136)；大幼虫常将2～3张叶片平贴，或将叶片食成孔洞或缺刻，将果实啃成许多不规则的小坑洼。

图3–134　苹小卷叶蛾幼虫及为害症状

图3–135　苹小卷叶蛾为害叶片前期症状

图3-136 苹小卷叶蛾为害叶片后期症状

【形态特征】参考苹果虫害——苹小卷叶蛾。

【发生规律】参考苹果虫害——苹小卷叶蛾。

【防治方法】参考苹果虫害——苹小卷叶蛾。

17．二斑叶螨

【分　　布】二斑叶螨(*Tetranvchus urticae*)属真螨目叶螨科。国内分布较普遍，在华北、西北、华南等地区均有分布，近几年为害加重。

【为害特点】以幼螨、若螨、成螨群集在寄主叶背取食，刺穿细胞，吸食汁液和繁殖。叶片受害初期，在叶主脉两侧出现许多细小失绿斑点，随着为害程度加重，叶片严重失绿，呈现苍灰色并变硬变脆，引起落叶，严重影响树势(图3-137)。

图3-137 二斑叶螨为害叶片症状

【形态特征】雌成螨呈椭圆形，体色变化较大，主要有浅绿色、浅黄色、橙红色等；体背两侧各有一个“山”形褐斑，背毛13对，老熟时体色为橙黄色或洋红色(图3–138)。雄成螨体略小呈菱形，尾端尖，浅绿色或黄绿色。卵圆球形，有光泽，初产时无色透明，后变为红黄色。幼螨半球形，淡黄色或无色透明，足3对，眼红色，体背上无斑或斑不明显。若螨体椭圆形，黄绿色、浅绿色或深绿色，足4对，眼红色，体背 2 个斑点。

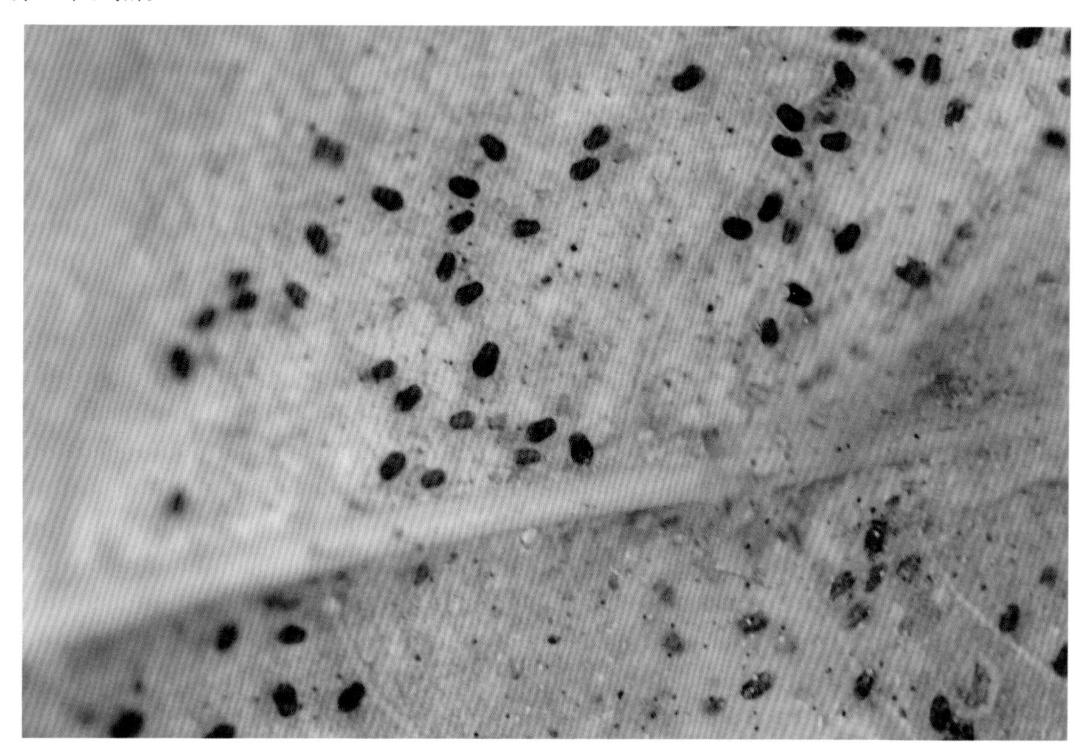

图3–138　二斑叶螨雌成虫

【发生规律】在南方每年发生20代以上，北方12～15代。高温干旱年代发生代数增加。以受精雌成螨在树干翘皮下、粗皮裂缝内、果树根际周围土壤缝隙、落叶和杂草下群集越冬。3月下旬至4月中旬，越冬雌成螨开始出蛰。4月底至5月初为第1代卵孵化盛期。上树后先在徒长枝叶片上为害，然后再扩展至全树冠。7月，螨量急剧上升，进入大量发生期，其发生高峰为8月中旬至9月中旬，进入10月，当气温降至17℃以下时，出现越冬雌成螨。

【防治方法】春季防治，越冬卵量大时，果树发芽前喷洒95%机油乳油50倍液杀越冬卵。

根据田间发生规律，全年有3个防治适期，4月上旬为越冬卵盛孵期，5月上旬为第1代夏卵孵化末期和6—7月害螨扩散为害初期，是压低越冬代基数的关键时期。可用下列药剂：

5%阿维菌素·哒螨灵乳油3 000倍液；

50%苯丁锡可湿性粉剂1 000～1 500倍液；

20%哒螨灵可湿性粉剂2 000～4 000倍液；

25%三唑锡可湿性粉剂1 500～2 000倍液；

20%四螨嗪悬浮剂2 000～2 500倍液；

73%炔螨特乳油2 000～3 000倍液；

5%噻螨酮乳油1 500～2 000倍液；

1.8%阿维菌素乳油2 000～3 000倍液。

18．褐刺蛾

【分布为害】褐刺蛾(*Setora postornata*)属鳞翅目刺蛾科。幼虫取食叶肉，仅残留表皮和叶脉；大龄幼虫将叶片食成缺刻状。

【形态特征】成虫复眼黑色，头和胸部绿色，雌虫触角丝状，褐色，雄虫触角基部2/3为短羽毛状；胸部中央有1条暗褐色背线。前翅大部分绿色，基部暗褐色，外缘部灰黄色，其上散布暗紫色鳞片，内缘线和翅脉暗紫色，外缘线暗褐色；后翅灰黄色。卵椭圆形，初产时乳白色，渐变为黄绿至淡黄色，数粒排列成块状。末龄幼虫体圆柱状，略呈长方形。初孵化时黄色，长大后变为绿色；头黄色，甚小，常缩在前胸内；前胸盾上有2个横列黑斑，腹部背线蓝色；胴部第2节至末节每节有4个毛瘤，其上生一丛刚毛，第4节背面的1对毛瘤上各有3～6根红色刺毛，腹部末端的4个毛瘤上生蓝黑色刚毛丛，呈球状；背线绿色，两侧有深蓝色点；蛹椭圆形，肥大，黄褐色(图3-139)。

图3-139　褐刺蛾幼虫

【发生规律】每年发生2～4代，以老熟幼虫在树干附近土中结茧越冬。越冬幼虫于5月上旬开始化蛹，5月底、6月初开始羽化产卵。6月中旬开始出现第1代幼虫，至7月下旬老熟幼虫结茧化蛹。8月上旬成虫羽化，8月中旬为羽化产卵盛期。8月下旬出现幼虫，大部分幼虫于9月底10月初老熟结茧越冬，10月中下旬还可见个别幼虫活动。如果夏天气温过高，气候过于干燥，则有部分第1代老熟幼虫在茧内滞育。到6月再羽化，出现一年1代的现象。成虫白天在树荫、草丛中停息。初孵幼虫能取食卵壳，每龄幼虫均能啮食蜕。4龄以前幼虫取食叶肉，留下透明表皮，以后可咬穿叶片形成孔洞或缺刻。4龄以后多沿叶缘蚕食叶片，仅残留主脉；老熟后沿树干爬下或直接坠下，然后寻找适宜的场所结茧化蛹或越冬。

【防治方法】结合冬季修剪，如发现枝干上越冬茧，要及时采集。冬季土壤深翻，挖除土壤中越冬茧，清除干基周围表土等处越冬茧并集中烧毁。低龄幼虫喜群集为害，结合桃园中田间作业，及时剪除群集在一起的低龄幼虫并集中销毁。

幼虫低龄期及时喷施下列药剂：

8 000IU/mg苏云金杆菌可湿性粉剂1 000倍液；

25%灭幼脲悬浮剂2 000倍液；

4.5%氯氟氰菊酯乳油3 000倍液；

10%联苯菊酯乳油4 000～5 000倍液。

19. 中国绿刺蛾

【分布为害】中国绿刺蛾(*Latoia sinica*)属鳞翅目刺蛾科。幼虫啃食寄主植物的叶，造成缺刻或孔洞，严重时常将叶片吃光。

【形态特征】成虫头和胸绿色，前翅基部褐色，外绿黄色，有褐色边，呈曲线状，其他为绿色，后翅和腹部黄色(图3-140)。卵扁平椭圆形。幼虫头小，棕褐色，缩在前胸下面，体黄绿色，前胸盾具1对黑点，背线红色(图3-141)。蛹短粗，初淡黄，后变黄褐色。茧扁椭圆形，暗褐色。

图3-140 中国绿刺蛾成虫

图3-141 中国绿刺蛾幼虫

【发生规律】北方每年发生1代，江西2代，以前蛹在茧内越冬。1代区5月陆续化蛹，成虫6—7月发生，幼虫7—8月发生，老熟后于枝干上结茧越冬。2代区4月下旬至5月中旬化蛹，5月下旬至6月上旬羽化，第1代幼虫发生期为6—7月，7月中下旬化蛹，8月上旬出现第1代成虫。第2代幼虫8月底开始陆续老熟结茧越冬，但有少数化蛹羽化发生第3代，9月上旬发生第2代成虫，第3代幼虫11月老熟于枝干上结茧越冬。成虫昼伏夜出，有趋光性，羽化后即可交配、产卵，卵多成块产于叶背，每块有卵数十粒呈鱼鳞状排列。低龄幼虫有群集性，稍大分散活动为害。

【防治方法】结合冬季修剪，如发现枝干上越冬茧，要及时采集。冬季土壤深翻，挖除土壤中越冬茧，清除干基周围表土等处越冬茧集中烧毁。低龄幼虫喜群集为害，结合桃园田间作业，及时剪除群集在一起的低龄幼虫并集中销毁。

幼虫低龄期及时喷施下列药剂：

8 000IU/mg苏云金杆菌可溶性粉剂1 000倍液；

25%灭幼脲悬浮剂2 000倍液；

2.5%氯氰菊酯乳油 3 000倍液；

10%联苯菊酯乳油 4 000 ~ 5 000倍液。

20．双齿绿刺蛾

【分布为害】双齿绿刺蛾(*Latoia hilarata*)属鳞翅目刺蛾科。各地均有发生。以低龄幼虫多群集叶背取食下表皮和叶肉，残留上表皮和叶脉呈半透明斑，数日后干枯常脱落；3龄后陆续分散食叶成缺刻或者孔洞，严重时常将叶片吃光。

【形态特征】成虫体长9 ~ 11mm，前翅斑纹极似褐边绿刺蛾，本种前翅基斑略大，外缘棕褐色，边缘为波状条纹，三度曲折，可与褐边绿刺蛾区分(图3–142)。卵扁平椭圆形，黄绿色，数十粒排成鱼鳞状。幼虫老熟时体黄绿色；前胸背面有1对黑斑，胸、腹部各节亚背线及气门上线均着生瘤状枝刺，其中，以中后胸及腹部第6节、第7节亚背线上着生的枝刺较大，前3对枝刺上着生黑色刺毛；腹部第1 ~ 5节气门上线上着生的枝刺比亚背线上的枝刺大；腹部末端有4簇黑色毛丛(图3–143)。蛹体椭圆形，肥大；初乳白色至淡黄色，后色渐深，羽化前胸部背面淡黄绿色，触角、足及腹部黄褐色，前翅暗绿色，翅脉暗褐色。茧椭圆形，扁平，淡褐色。

图3–142　双齿绿刺蛾成虫

图3-143 双齿绿刺蛾幼虫

【发生规律】每年发生1代，以老熟幼虫在枝条上结茧越冬。7月上旬至7月下旬羽化。7—8月是幼虫发生期。

【防治方法】结合果树冬剪，彻底清除或刺破越冬虫茧。在发生量大的年份，还应在果园周围的防护林上清除虫茧。夏季结合农事操作，人工捕杀幼虫。

幼虫发生初期喷施下列药剂：

20%虫酰肼悬浮剂1 500倍液；

5%丁烯氟虫腈乳油1 500倍液；

20%丁硫克百威乳油2 000～3 000倍液；

25%灭幼脲悬浮剂1 500～2 000倍液。

21．桃天蛾

【分布为害】桃天蛾(*Marumba gaschkewitschii*)属鳞翅目天蛾科。各地均较常见，但密度一般不高。幼虫食叶，常仅残留粗脉和叶柄。

【形态特征】成虫触角枯黄，前翅黄褐色，外线、中线及内线棕褐色，端线色较深，与亚端线之间有棕色区(图3-144)，后角有相连接的棕黑色斑两块；前翅反面基部至中室呈粉红色，外线与亚端线之间黄褐色；后翅枯黄略带粉红色，翅脉褐色，后角有黑色斑；后翅反面粉红色，各线棕褐，后角色深。卵馒头形，初产时翠绿色透明，有光泽，孵化时深绿色(图3-145)。幼虫体绿色，横褶上着生黄白色颗粒。

1龄幼虫头近似圆形；尾角上生有稀疏黑刺；腹部后边逐渐粗大；腹部第1节小“八”字形纹与胸部横纹相连接，大“八”字形纹与腹部第2节小“八”字形纹相连接(图3-146)。蛹黑褐色，腹末端有短刺(图3-147)。

图3-144 桃天蛾成虫

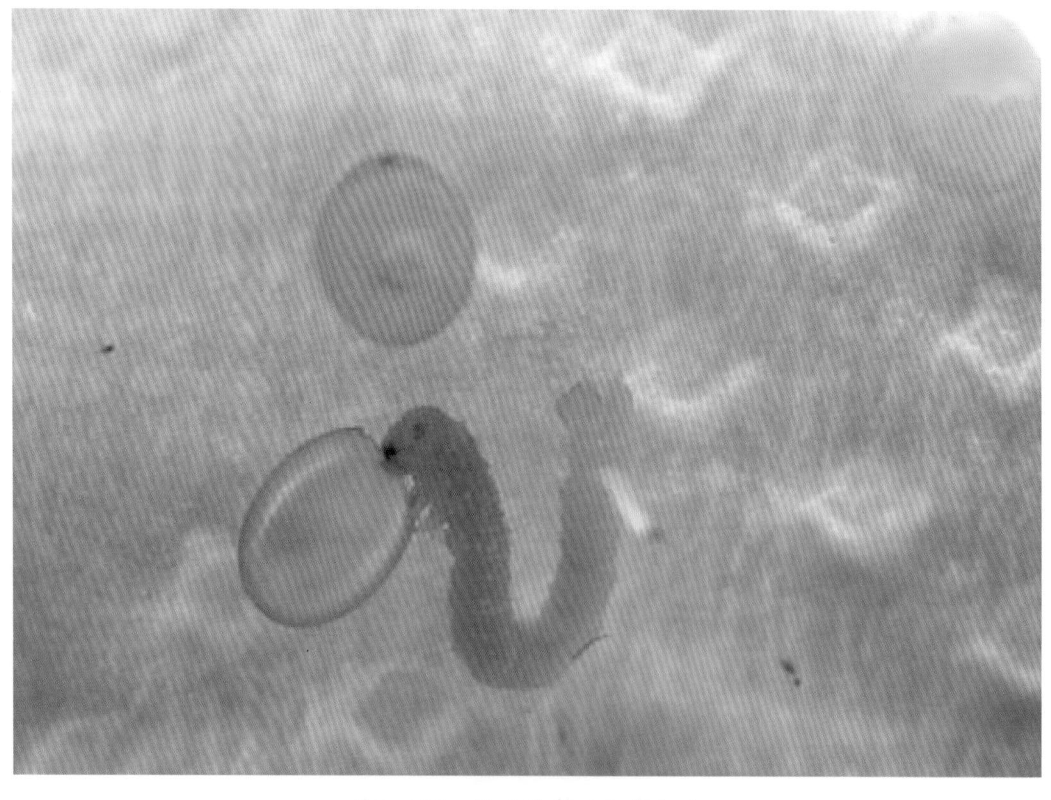

图3-145 桃天蛾卵及初孵幼虫

图3-146 桃天蛾幼虫

图3-147 桃天蛾蛹

【发生规律】东北地区一年发生1代，河北、山东、河南发生2代，江西发生3代，均以蛹于土中越冬。成虫昼伏夜出，黄昏开始活动，有趋光性。老熟幼虫多于树冠下疏松的土内化蛹。

【防治方法】冬季翻耕树盘挖蛹，将在土中越冬的蛹翻至土表，使其被鸟类啄食或晒干。幼虫发生期，发现有幼虫为害时，应仔细检查被害叶周围的枝叶上有无幼虫，如有，则应及时消灭。

3龄幼虫达到3～5头/m^2时，用下列药剂：

2.5%溴氰菊酯乳油2 000～2 500倍液；

20%氰戊菊酯乳油2 000～3 000倍液；

4.5%氯氟氰菊酯乳油1 500～2 000倍液，均匀喷雾。

22．桃白条紫斑螟

【分布为害】桃白条紫斑螟(*Calguia defiguralis*)属鳞翅目螟蛾科。幼虫食叶，初龄幼虫啮食下表皮和叶肉，稍大在梢端吐丝拉网缀叶成巢，常数头至10余头群集巢内食叶成缺刻与孔洞，随虫龄增长虫巢扩大，叶柄被咬断者成枯叶于巢内，丝网上黏附许多虫粪。

【形态特征】成虫体灰色至暗灰色，各腹节后缘淡黄褐色；触角呈丝状，雄虫鞭节基部有暗灰色至黑色长毛丛略呈球形；前翅暗紫色，基部2/5处有1条白横带，有的个体前缘基部至白带亦为白色；后翅灰色外缘色暗。卵扁长椭圆形，初淡黄白色渐变淡紫红色。幼虫头灰绿色有黑斑纹，体多为紫褐色，前胸盾灰绿色，背线宽黑褐色，两侧各具2条淡黄色云状纵线，故体侧各呈3条紫褐纵线，臀板暗褐色或紫黑色；低、中龄幼虫多淡绿色至绿色，头部有浅褐色云状纹，背线宽深绿色，两侧各有2条黄绿色纵线(图3–148)。蛹头胸和翅芽翠绿色，腹部黄褐色，背线深绿色，尾节背面呈三角形凸起，暗褐色，臀棘6根。茧纺锤形，丝质，灰褐色。

图3–148　桃白条紫斑螟幼虫

【发生规律】每年发生2～3代，在树冠下表土中结茧化蛹越冬，少数于树皮缝和树洞中越冬，越冬代成虫发生期5月上旬至6月中旬，第1代成虫发生期7月上旬至8月上旬。第1代幼虫5月下旬开始孵化，6月下旬开始老熟入土结茧化蛹，蛹期15天左右。第2代卵期10～13天，7月中旬开始孵化，8月中旬开始老熟入土结茧化蛹越冬。前期由于防治蚜虫、食心虫喷药，田间很少见到为害。早熟桃采收以后，为害逐渐加重，幼虫发生期很不整齐，在1个梢上可见到多龄态幼虫共生。幼虫老熟后入土结茧化蛹。

【防治方法】春季越冬幼虫羽化前，翻树盘消灭越冬蛹。结合修剪、剪除虫巢，集中烧掉或深埋。

幼虫发生期喷药防治，可用下列药剂：

25%灭幼脲悬浮剂2 000倍液；

20%甲氰菊酯乳油2 000～3 000倍液；

2.5%溴氰菊酯乳油2 000～3 000倍液；

10%联苯菊酯乳油4 000～5 000倍液；

4 000IU/mg苏云金杆菌悬乳剂300倍液，均匀喷雾。

23．桃剑纹夜蛾

【分布为害】桃剑纹夜蛾(*Acronicta incretata*)属鳞翅目夜蛾科。国内分布广泛。以低龄幼虫群集叶背啃食叶肉呈纱网状，幼虫稍大后将叶片食成缺刻，并啃食果皮，大发生时常啃食果皮，使果面上出现不规则的坑洼。

【形态特征】成虫体长18～22mm，前翅灰褐色，有3条黑色剑状纹，1条在翅基部呈树状，2条在端部，翅外缘有1列黑点。卵表面有纵纹，黄白色。幼虫体长约40mm，体背有1条橙黄色纵带，两侧每节有1对黑色毛瘤，腹部第1节背面为一凸起的黑毛丛(图3-149)。蛹体棕褐色，有光泽，1～7腹节前半部有刻点，腹末有8个钩刺。

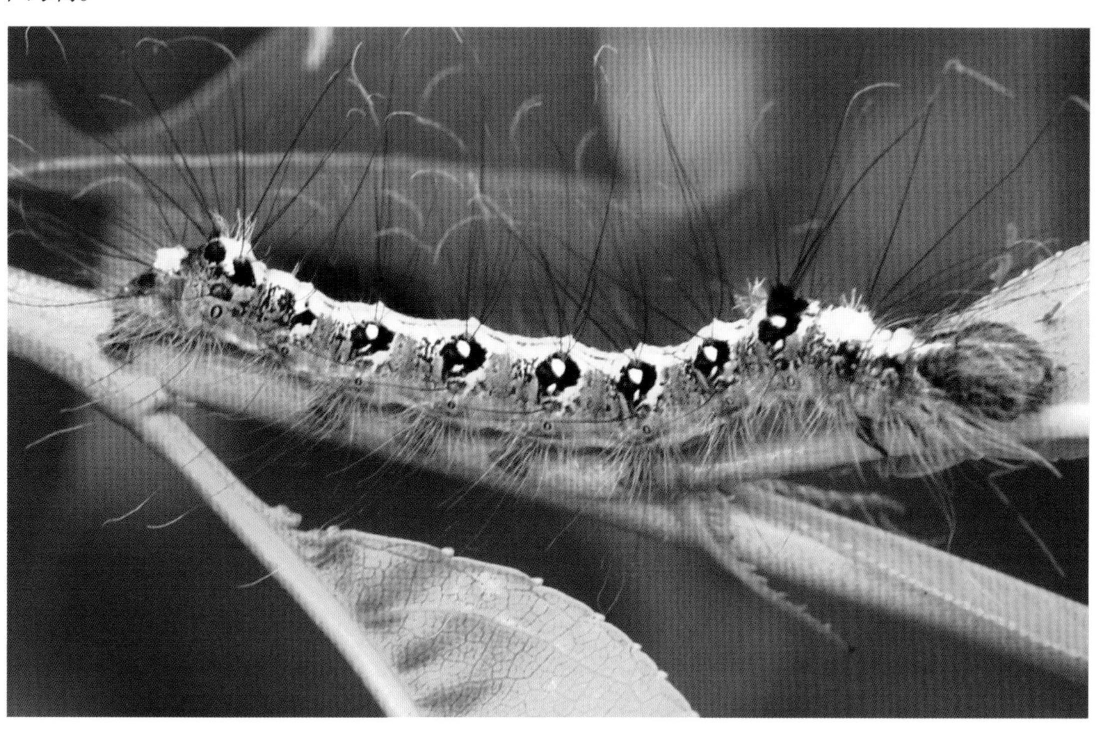

图3-149 桃剑纹夜蛾幼虫

【发生规律】一年发生2代。以蛹在地下土中或树洞、裂缝中作茧越冬。越冬代成虫发生期在5月中旬—6月上旬，第1代成虫发生期在7—8月。卵散产在叶片背面叶脉旁或枝条上。

【防治方法】虫量少时不必专门防治。

发生严重时，可喷洒下列药剂：

5%顺式氰戊菊酯乳油5 000～8 000倍液；

30%氟氰戊菊酯乳油2 000～3 000倍液；

10%醚菊酯悬浮剂800～1 500倍液；

20%抑食肼可湿性粉剂1 000倍液；

8 000IU/mg苏云金杆菌可湿性粉剂400～800倍液；

0.36%苦参碱水剂1 000～1 500倍液等。

24．桃瘿螨

【分布为害】桃瘿螨(*Eriphyes catacriae*)属节肢动物门真螨目瘿螨属。主要为害1～2年生桃树的枝条、芽、花及果实。造成严重减产，甚至绝产。受害枝多为深褐色，纤细而短，呈失水状，芽小而干瘪，紧贴枝条，芽尖为褐色，有的枯焦甚至死亡。叶片上形成褪绿斑，后期叶片向正面纵卷，直至叶片枯黄坠落。果实在花脱落两周后开始显症，果面出现不规则暗绿色病斑，随着果实膨大病部茸毛逐渐变褐倒伏、脱落，幼螨在桃毛基部为害，使皮下组织坏死，停止生长，形成凹陷(图3-150)，致使果实发育受阻，严重畸形，病部出现深绿色凹陷。后期果实呈着色不匀的猴头状，果肉深绿色，严重的木质化。果实成熟期发生裂果。

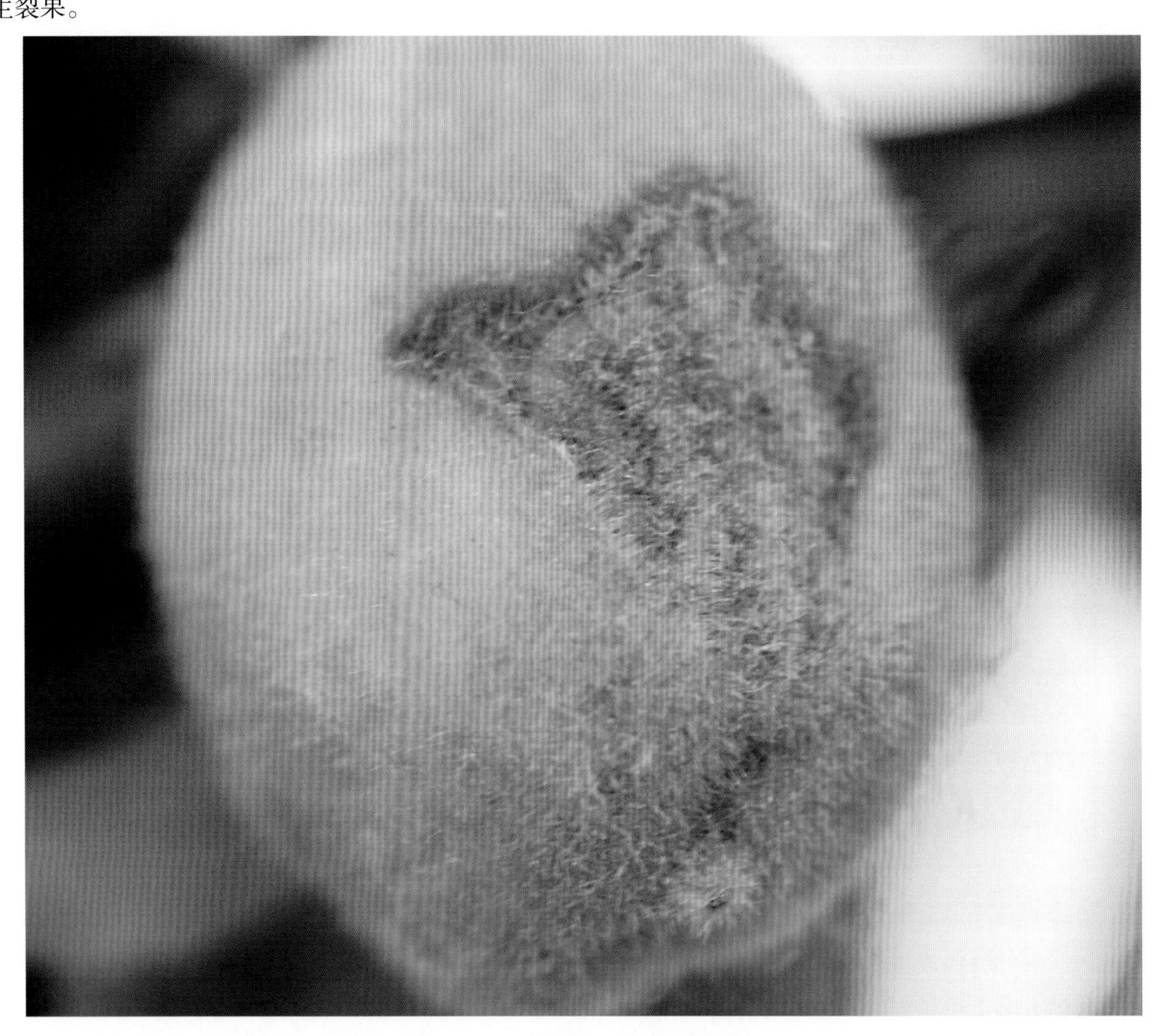

图3-150　桃瘿螨为害果实症状

【形态特征】雌螨淡黄色，喙斜下伸。无前叶突，盾板上各纵线俱在，背中线不明显，后端呈箭头状；背瘤位于盾后缘。大体背、腹环数近似，体环上具圆锥形微瘤。

【发生规律】以成螨或若螨在1～2年生枝条的芽上越冬。3月下旬桃瘿螨出蛰为害，桃树开花时越冬瘿螨的为害进入盛期并产卵，花落后卵大量孵化为若螨，刺吸刚形成的幼桃。

【防治方法】夏季整形用牵拉的方法使树冠开展，保证内膛枝条接受更多的阳光，促使枝条健壮，芽多而饱满。冬季修剪时须剔除因瘿螨为害而形成的纤细而干枯的枝条。早春、结果期合理灌水，适期施肥，保证开花、授粉良好，果实生长期营养充分。

药剂防治：为害严重的果园，冬前对落叶枝条喷洒杀螨剂，如克螨特等，以减少越冬基数。早春花芽膨大前喷3～4波美度石硫合剂，消灭出蛰的越冬瘿螨。落花后(5月上旬)再喷1次。

果实生长初期(6月初)喷1次杀螨剂，如1.8%阿维菌素乳油2 000～2 500倍液，果实生长中期再喷1次。

四、桃树各生育期病虫害防治技术

(一)桃树病虫害综合防治历的制定

桃树有许多病虫害为害严重。在病害中以细菌性穿孔病和褐腐病发生最普遍，为害最严重；缩叶病在桃树萌芽期低温多雨年份常严重发生；炭疽病在一些地区的早熟桃品种上发生严重；腐烂病可造成桃树枝干死亡，局部果园发生严重；流胶病在各地发生普遍，严重削弱树势，是桃树的重要病害；另外，桃疮痂病等也常为害。在桃树害虫中，以桃蛀螟、桃小食心虫、桃蚜、叶螨为害较重。

在桃收获后，要认真总结桃树病虫害发生情况，分析病虫害的发生特点，拟订明年的病虫害防治计划，及早采取防治方法。

结合河南省大部分桃区病虫发生情况，概括列出病虫防治历如表3-1所示，供参考。

表3-1 桃树各生育期病虫害综合防治历

物候期	重点防治对象	其他防治对象	防治方法
休眠至萌芽前期	越冬病虫害	食心虫、越冬蚜虫、叶螨、褐腐病、缩叶病等	刮树皮，清理病残枝叶，药剂涂抹树干
开花期		生理落花	使用植物激素、微肥等
落花展叶期	褐腐病、缩叶病、桃蚜	细菌性穿孔病、流胶病、炭疽病、腐烂病、螨、生理落果	使用杀虫剂、杀菌剂、植物激素、微肥
幼果期	桃蚜、缩叶病、梨小食心虫	细菌性穿孔病、褐腐病、炭疽病、疮痂病、叶螨	使用杀虫剂、保护性和治疗性杀菌剂
果实膨大期	褐腐病、食心虫、叶螨	细菌性穿孔病、缩叶病、疮痂病、流胶病	调查虫情、病情，适期使用化学防治
成熟期	褐腐病、穿孔病、食心虫、叶螨	炭疽病、疮痂病、褐锈病	调查虫情、病情，选择化学防治
营养恢复期	细菌性穿孔病、叶螨	褐腐病、流胶病、褐锈病等	及时调查，使用杀虫剂、杀菌剂保护叶片和枝梢

(二)桃树休眠期至萌芽前期管理及病虫害防治技术

华北地区桃树从10月中下旬到翌年3月处于休眠期(图3-151)，多数病虫也停止活动，一些病虫在病残枝、叶、树干上越冬。

图3-151　桃树休眠期生长情况

桃树休眠期管理主要是整枝修剪、深翻清园、防治病虫害。

(1)整枝修剪：短截修剪对象是以长果枝结果的桃树，长果枝顶端一般不结果，中部花芽多而结果，因此，要剪去其顶端的不结果部分，长势较弱的长果枝要重短截，长势旺盛的长果枝要轻短截。长果枝中一般应保留斜生或水平状态的枝条，疏除直立枝或下垂枝。对结果多年已趋衰老的长枝应短截回缩更新，使其重新抽发生长枝，再形成中、短果枝。疏枝修剪一般对象是幼树和旺树，疏枝后可明显缓和树势，促其提早结果。幼树主要应疏除下垂枝、细弱枝、竞争枝和徒长枝。成年结果桃树的树冠已经定形，可采取截短与疏枝相结合的办法，控制其上强下弱，主要疏剪密生枝、细弱枝、重叠枝、病虫枝、直枝和徒长枝。

结合冬剪剪除病虫枝，桃树穿孔病病菌在枝梢的溃疡斑中越冬，桃树缩叶病病菌、疮痂病病菌等均在病芽、病梢内越冬。另外，桑白蚧、桃蚜卵也是在枝梢上越冬，冬剪时要仔细修剪，剪除这些病虫枝。

(2)深翻清园：对土层浅薄的桃园，在定植后2～3年内要扩穴深翻改土，以改善桃树根系的生长条件。要施好过冬肥，施肥数量视树龄、长势和生长条件等而定，但基肥数量应占全年施肥量的60%以上。同时要清除地面上的病虫枝和枯枝落叶，并进行集中烧毁，以减少病源(图3-152和图3-153)。

图3-152 桃园清理

图3-153 桃园翻耕

(3)防治病虫害：很多害虫是在粗老皮内越冬的，特别是桃树上的重要害虫桃蛀螟、梨小食心虫等，因此，在冬季刮除粗老树皮，可大大降低下一年的虫源基数，减轻虫害的发生。应及时喷洒5波美度石硫合剂和0.3%五氯酚钠，防治越冬病虫害。桃树主干主枝须涂白(图3-154)，有流胶病的植株要先刮除流胶后用石硫合剂浆涂白，配制比例：晶体石硫合剂一包，生石灰1.5kg，清水5kg。3月上中旬气温回升，天气变暖，病虫开始活动，这时期桃树尚未发芽，可喷施一次广谱性铲除剂，一般效果较好，可以铲除越冬病原菌和一些蚜虫、螨类、食心虫等害虫和害螨。药剂有3～5波美度石硫合剂或50%硫磺悬浮剂200倍液、4%～5%柴油乳油，进行全树喷淋，对树基部及基部周围土壤也要喷施。桃树发芽较早，为防止冻害，可以在上述药液中混加黄腐酸盐1 000倍液。

图3-154　桃树枝干涂白防治越冬病虫

（三）桃树开花期管理及病虫害防治技术

3月下旬至4月上旬，华北地区大部分品种的桃树进入开花期(图3-155)。由于花粉、花蕊对很多药剂敏感，一般不适合喷洒化学农药。但这一时期是疏花、保花、疏果、定果的重要时期，要根据花量、树体长势、营养状况，确定疏花定果措施，保证果树丰产与稳产。

图3-155　桃树开花期生长情况

(1)疏花措施：桃的花芽多且许多品种坐果结实率高，特别是成年树坐果极易超越负载量。结果过多必然产生大量小果，降低果实品质和果实利用率，应注意及时疏花、疏果，一般在盛花期后疏花效果最好。在盛花后10天以内，喷施萘乙酸20mg/kg、40mg/kg、60mg/kg 3个浓度，疏花率分别为26.6%、30.1%和58.4%；在盛花后2周喷萘乙酸20mg/kg、40mg/kg、60mg/kg 3个浓度，疏花率分别为20.8%、23.6%和35.7%。

(2)保花保果措施：由于桃树开花较早，在生产中常因为阴雨、大风、寒冷天气而影响正常的开花与授粉；或由于上年花芽形成时受到某些因素的影响，花芽较少。一般要采取措施，提高授粉率，减少落花，从而保证高产与稳产。同时，花期采取措施保花最为简捷有效。因为桃树落花后、花后3～4周和5月下旬的3个落果期，导致落果的原因多数是未被授粉或受精胚发育停止。所以，该期施用激素、微肥，促进开花授粉，是保花保果的关键时期。根据开花情况、天气情况，一般可在花期人工放蜂，盛花期喷洒0.3%～0.5%硼砂溶液+0.3%尿素溶液，或用0.3%～0.5%硼砂溶液+0.1%砂糖溶液，在中心花开放6%～7%时喷洒一次，可以起到保花效果，并能促使花粉萌发、防治桃缩果病。另外，于花期到幼果期喷洒2，4-滴20mg/kg、三十烷醇1～2mg/kg、赤霉素20～50mg/kg，可以提高花粉萌发率，促进坐果。也可以在花期配合喷施丰产素3 000倍液或爱多收3 000倍液等。

(四)桃树落花至展叶期管理及病虫害防治技术

4月中下旬，桃花相继败落(图3-156)，幼果将开始生长，树叶也开始长大。桃细菌性穿孔病、桃缩叶病、桃树流胶病、桃树腐烂病、蚜虫开始发生为害，桃褐腐病、炭疽病、疮痂病等开始侵染，叶螨也开始活动，生产上应以刮治流胶病及防治缩叶病、蚜虫为主，考虑兼治其他病虫害。

图3-156　桃树落花至展叶期生长情况

防治桃树流胶病，可以刮除病斑、胶块，而后用80%乙蒜素乳油100倍液、50%硫黄悬浮剂250倍液混合，涂刷病斑，以杀灭越冬病菌。

防治缩叶病、流胶病等病害的发生与侵染，又要减少药剂对幼果的影响，可以使用50%多菌灵可湿性粉剂1 000～2 000倍液+70%代森锰锌可湿性粉剂800～1 000倍液、70%甲基硫菌灵可湿性粉剂1 000～1 500倍液+75%百菌清可湿性粉剂1 000～1 500倍液、50%苯菌灵可湿性粉剂1 500～2 500倍液+65%代森锌可湿性粉剂600～1 000倍液，最好混合加入0.3%～0.5%硼砂、0.1%～0.5%尿素、0.1%硫酸锌等微肥和赤霉素20～50mg/kg、1.8%复硝酚钠水剂2 000倍液等激素物质。

防治蚜虫，可用20%氟啶虫酰胺悬浮剂3 000～5 000倍液、1.5%苦参碱可溶液剂3 000～4 000倍液、10%联苯菊酯乳油4 000～5 000倍液喷雾。

（五）桃树幼果期管理及病虫害防治技术

5月桃树正值生理落果和幼果快速生长阶段，新梢易旺长(图3-157)，病虫害开始大发生，夏剪、疏果、套袋及病虫害防治等工作必须及时进行，确保植株健壮生长。

图3-157　桃树幼果期生长情况

夏剪：通过对桃树进行摘心、剪枝、控枝等工作调整树形、树势，防止新梢与果实争夺营养而导致生理落果大发生。一般当直立新梢生长到20cm左右时将枝条顶端的小段嫩叶梢连同嫩叶一起摘心，并将主枝附近向上生长的竞争枝、过密枝和内膛徒长枝等进行疏除。依树势强弱而增加或减少摘心次数。

疏果：疏果是提高当年果实品质的重要措施之一。通过疏果，控制坐果量，使桃树合理负载。一般成年桃树每株数量控制在220～250个。一般长果枝留2果，中、短果枝留1果，疏除背上果、基部果、小果、畸形果、病虫果。疏果时间因各品种坐果特性和成熟期有所不同，坐果率高的品种可从5月中旬开始，留果量应根据树的大小、强弱灵活掌握。掌握下部少留，中、上部多留，内膛少留，外围多留的原则。

套袋：套袋有利于改善果品质量，减少农药对果品的残留污染，控制病虫为害(图3-158)。坐果率高和硬核期生理落果轻的品种宜早套袋，坐果率低和硬核期生理落果较重的品种应晚些套袋。套袋要先里后外、先上后下进行，套袋前必须全面进行一次防病治虫，喷药后一星期内套袋完毕，超过7天的应补喷一次。

图3-158 桃幼果期套袋情况

病虫害防治：该期蚜虫一般发生严重，桃缩叶病、褐腐病、流胶病发生较重，桃颈红天牛、桑白蚧、叶螨、茶翅蝽、炭疽病、细菌性穿孔病也开始发生，食心虫第1代幼虫开始蛀食嫩梢。应注意虫情，合理混用下述农药。

防治该期病害可用50%多菌灵可湿性粉剂800～1 200倍液+70%代森锰锌可湿性粉剂800倍液、70%甲基硫菌灵可湿性粉剂1 000～1 500倍液+65%代森锌可湿性粉剂600～800倍液、50%乙烯菌核利可湿性粉剂1 000～2 000倍液+65%代森铵可湿性粉剂600～800倍液、50%苯菌灵可湿性粉剂1 000～1 500倍液喷雾。并注意轮换使用15%络氨铜水剂300～500倍液。

使用杀虫剂，应以防治蚜虫、食心虫为主，兼治叶螨，并注意杀卵效果。可用2.5%氯氟氰菊酯水乳剂4 000～5 000倍液、4.5%高效氯氰菊酯乳油1 000～2 000倍液、5.7%氟氯氰菊酯乳油1 500～2 500倍液、20%甲氰菊酯乳油2 000～3 000倍液、25%灭幼脲悬浮剂750～1 500倍液、5%氟铃脲乳油1 000～2 000倍液、1.8%阿维菌素乳油2 000～4 000倍液等喷雾。

该期可喷施20%多效唑可湿性粉剂，以1 000～1 500mg/kg为宜，可以抑制新梢生长，增大桃的单重。

（六）桃树果实膨大期管理及病虫害防治技术

夏季是一年中生长和结果的重要时期，大多数品种果实迅速生长膨大(图3-159)，抓好夏季管理工作是争得良好的生长、夺取桃树优质高效丰产的关键，其主要措施如下。

图3-159 桃果膨大期生长情况

(1)定量生产，合理留果，争取大果优质：桃子生产必须优质优价，一般来说，幼年桃树每棵树留果100～150个；成年树每棵树留果200～250个。留果方法：一般长果枝留2个果，中果枝留1个果，短果枝3个枝留1个果。留果部位中长果枝留中部果，短果枝留梢部果。

(2)及时夏剪：保果健树，幼年树夏季整枝要进行3～4次，主要目的通过夏季整枝加强骨干枝培养，控制竞争枝、各部位的徒长枝，把良好生长势转化为树冠的迅速扩大，并促进枝组及果枝的形成。盛果期的树，夏季整枝要进行2～3次，经过夏剪解决生长和结果矛盾，改善透风透光、平衡各枝组生长，提高叶片的光能，为果实膨大制造足够的养分。

(3)施好膨大肥：采后肥、膨大肥应在5月底或6月初抓好土壤墒情及时施下，用优质的硫酸钾复合肥或腐熟的菜饼加磷肥，一般每棵树开半环状浅沟于树冠外围均匀撒入0.3～0.5kg，并及时覆土，若土壤干旱还应在施肥部位浇透水。

(4)畅通沟系：做好排灌工作，桃树的生长特点是既怕水，又忌干旱。桃园应做到行间排灌水通畅；除了排水良好外，在干旱时必须及时灌水，特别是桃中晚品种，在果实膨大期如缺水遇到高温干旱，会严重影响产量和质量，必须及时进行漫灌，如缺水严重的桃园可覆盖杂草、柴草或稻草，提高抗旱效果，必要时进行人工灌溉。

(5)病虫害的防治：夏季雨水增多，尤其在梅雨季节里，温湿度变化大，桃树的各种病虫害容易发生，在前阶段防治的基础上，继续抓好防治措施。该期叶螨、食心虫、卷叶蛾是主要害虫，病害以褐腐病、疮痂病、桃树缩叶病较重，生产管理上应注意调查；及时防治。

该期一般温暖、干旱，应注意防治红蜘蛛，注意观察桃蛀螟和梨小食心虫的产卵、幼虫发生情况，适时防治。施药时应注意二者的结合，可用20%甲氰菊酯乳油3 000～4 000倍液等喷雾。如有红蜘蛛发生，早期可用73%炔螨特乳油1 500～2 500倍液+25%联苯菊酯乳油3 000～4 000倍液等喷雾。杀菌剂可以参考前期用药。

在果实膨大期喷250倍液的PBO促控剂，可起到促进果实膨大、增糖增色、防止裂果的作用。在6月对

3～4年生树，每株施多效唑4g，要求均匀撒施于树冠下面。使用后枝条生长放缓，节间缩短，花芽分化整齐。

(七)桃树成熟期管理及病虫害防治技术

6月中下旬以后，桃开始成熟采摘(图3-160)。以疏为主，疏掉过密旺枝，对需要保留的旺枝留1～2个副梢修剪。保留的副梢达30cm时摘心，新梢达50cm时摘心，侧生枝组的带头枝生长直立时可用拉枝的办法调为45°～70°。7月上旬对晚熟品种追肥，施尿素、硫酸钾各15kg/亩。

图3-160 桃果成熟期生长情况

这时多高温、多雨，桃褐腐病、炭疽病发生严重，梨小食心虫对中晚熟品种为害严重，应注意适时防治，同时还要兼治桃疮痂病、细菌性穿孔病等病害。

杀虫剂主要在食心虫的卵期、初孵幼虫期喷施，药剂有2.5%氯氟氰菊酯水乳剂4 000～5 000倍液、4.5%高效氯氰菊酯乳油1 000～2 000倍液、20%甲氰菊酯乳油2 000～3 000倍液、25%灭幼脲悬浮剂750～1 500倍液、20%抑食肼可湿性粉剂1 000倍液、5%氟虫脲乳油800～1 000倍液、1.8%阿维菌素乳油2 000～4 000倍液。

如果叶螨发生较重，可喷洒5%噻螨酮乳油2 500倍液等。该期在虫螨防治时，必须兼顾考虑。

杀菌剂使用上，应以防治炭疽病、褐腐病为主，可喷洒50%多菌灵可湿性粉剂800～1 000倍液+70%代森锰锌可湿性粉剂600～1 000倍液。

(八)桃树营养恢复期管理及病虫害防治技术

7月以后，桃相继成熟、采摘，这时树势较弱，开始进入营养恢复期(图3-161)。这段时间是桃树营养积累和花芽分化的关键时期，管理好坏直接影响到桃树的越冬防寒能力及第二年的生长结果。因此，桃树秋季管理非常重要。

图3-161 桃树营养恢复期生长情况

早、中熟品种采果后早施肥，特别是结果过多的树林更应早施，迟熟品种采果前施。基肥施入量应占全年施肥总量的60%～70%。施肥种类以优质有机肥混合适量的氮、磷、钾复合肥及微肥为主。按照每生产100kg桃果需有机肥200kg、0.7kg有效氮、0.5kg磷、1kg钾计算。施肥后应及时灌水，此外，尚可结合喷药进行根外追肥，补充营养。

对树冠内的交叉枝、重叠枝、病虫枝、细弱枝等予以疏除。常采用短截枝梢的方法，一般是对生长中等的长果枝适当短截，让其结果，并选靠近骨干枝的新梢进行重短截，使其抽生新的结果枝。同时对枝组回缩，促进下部单芽抽生强枝。

及时防涝。结合中耕除草，把树盘整理成外低内高的形式，防止树盘内积水烂根，对于地势较低的果园挖好排水沟，及时排水防涝。

施肥后灌冻水，根据土壤墒情，水量要足，要湿透干土层。浇冻水不宜太晚，不得迟于11月中旬。这期间桃穿孔病等较重，导致大量落叶，有时还有叶螨发生，桃树流胶病发生严重，一般要持续到8月。这期间除应不断使用保护剂1：1：(160～200)倍式波尔多液，还应注意及时喷药治疗，可用50%多菌灵可湿性粉剂800～1 500倍液、15%三唑酮可湿性粉剂1 000～1 500倍液、12.5%烯唑醇可湿性粉剂1 500～2 000倍液等。

第四章 山楂病虫害

我国地域辽阔，可供山楂栽培的区域很广，中国山楂主要产于山东、陕西、山西、河南、江苏、浙江、辽宁、吉林、黑龙江、内蒙古、河北等地，栽培面积达50万亩，年产量已达60万t。按地理位置、气候特点和栽培方式等情况，大致可分为吉辽、京津冀、鲁苏、中原、云贵高原5个山楂产区。其中，京津冀和苏鲁两产区为山楂重要生产基地。京津冀产区包括北京、天津及河北北部，以燕山山区为集中产地。苏鲁产区包括山东中部、东部和苏北，以泰沂山区为集中产区，为我国山楂产量最集中产区。我国山楂栽培历史虽久，但多为半栽培状态，管理粗放，产量低，产品质量差，某些果园病虫严重近于荒芜。

目前，已发现的山楂病害有20多种，其中，发生普遍、为害较重的有山楂白粉病、花腐病、枯梢病等。山楂上发生的虫害有50多种，主要有山楂叶螨、桃小食心虫、梨小食心虫、山楂萤叶甲等。

一、山楂病害

1．山楂白粉病

【分布为害】山楂白粉病是山楂重要病害之一。分布于吉林、辽宁、山东、河北、河南、山西、北京等省(直辖市)的山楂产区。

【症　　状】主要为害新梢、幼果和叶片。由发病嫩芽抽发新梢时，病斑迅速扩延到幼叶上，出现褪绿黄色斑块，很快在正反两面产生绒絮状白色粉层(图4-1至图4-4)，病梢生长瘦弱，节间缩短，叶片窄小扭曲纵卷，严重时枝梢枯死(图4-5)。幼果在落花后发病，先在近果柄处出现病斑并布满白色粉层(图4-6至图4-8)，果实向一侧弯曲，病斑蔓延至果面易早期脱落。

图4-1　山楂白粉病为害叶片初期症状

图4-2　山楂白粉病为害叶片中期症状

图4-3　山楂白粉病为害叶片中期叶背症状

图4-4　山楂白粉病为害叶片后期症状

图4-5　山楂白粉病为害新梢症状

图4-6　山楂白粉病为害果实初期症状

图4-7　山楂白粉病为害果实中期症状

图4–8 山楂白粉病为害果实后期症状

【病　　原】有性世代为 *Podosphaera oxyacanthae* f.sp. *crataegicola*，称蔷薇科叉丝单囊壳，属子囊菌门真菌；无性世代为 *Oidium crataeg* 称山楂粉孢霉，属无性型真菌。闭囊壳暗褐色，球形，顶端具刚直的附属丝，顶端二叉状分枝，基部暗褐色，上部色较淡，具分隔。闭囊壳内具1个子囊，短椭圆形或拟球形，无色，内含子囊孢子8个，子囊孢子椭圆形或肾脏形。分生孢子梗不分枝，分生孢子念珠状串生，无色，单胞。子囊孢子萌发温度为11 ~ 14℃，17 ~ 21℃为分生孢子侵染的适宜温度，超过23℃不利于白粉病的发生。

【发生规律】以闭囊壳在病叶上越冬。翌春雨后由闭囊壳释放子囊孢子，先侵染根蘖，在病部产生大量分生孢子，借气流传播，再重复侵染。5—6月新梢速长期和幼果期此病发展很快，为发病盛期，7月以后减缓，10月停止发生。春季温暖干旱、夏季多雨凉爽的年份病害易流行。

【防治方法】冬春刨树盘，翻耕树行，铲除自生根蘖、野生山楂树，清除残叶、病枝、落叶、落果，集中烧毁或深埋。控制好肥水，不偏施氮肥，不使园地土壤过分干旱，合理疏花、疏叶。

山楂发芽展叶后，发病前，可以喷施保护剂，以防止病害的侵染发病，可用下列药剂：

1∶2∶240倍式波尔多液；

75%百菌清可湿性粉剂800 ~ 1 000倍液；

70%代森锰锌可湿性粉剂600 ~ 800倍液；

65%丙森锌可湿性粉剂600 ~ 800倍液；

30%碱式硫酸铜胶悬剂300 ~ 500倍液；

53.8%氢氧化铜悬浮剂600 ~ 800倍液，均匀喷施。

山楂白粉病发病前期，应及时施药防治，最好将保护剂和治疗剂混用，防止病害进一步扩展(图4–9)。4月中下旬(花蕾期)、5月下旬(座果期)和6月上旬(幼果期)各喷施1次，可用下列药剂：

图4-9 山楂白粉病为害初期

70%代森锰锌可湿性粉剂600～800倍液+20%三唑酮乳油800～1 000倍液；

75%百菌清可湿性粉剂800倍液+12.5%烯唑醇可湿性粉剂2 000倍液；

30%醚菌·啶酰菌悬浮剂2 000～4 000倍液；

70%代森锰锌可湿性粉剂600～800倍液+70%甲基硫菌灵可湿性粉剂500倍液；

50%多菌灵可湿性粉剂600倍液+65%代森锌可湿性粉剂500倍液；

75%百菌清可湿性粉剂800倍液+40%氟硅唑乳油5 000倍液等。

病害发生中期时，可以用下列药剂：

15%三唑酮可湿性粉剂600～1 000倍液；

40%氟硅唑乳油4 000～6 000倍液；

12.5%烯唑醇可湿性粉剂1 000～2 000倍液；

10%苯醚甲环唑水分散粒剂1 500～3 000倍液；

5%已唑醇悬浮剂800～1 500倍液；

25%丙环唑乳油1 000～2 000倍液；

25%咪鲜胺乳油800～1 000倍液，均匀喷施。

2. 山楂花腐病

【分布为害】山楂花腐病是山楂的重要病害之一。分布于辽宁、吉林、河北、河南等省山楂产区。病害流行年份、病叶率可达70%左右，病果率高达90%以上，常造成绝产。

【症　　状】主要为害花、叶片、新梢和幼果。嫩叶初现褐色斑点或短线条状小斑，后扩展成红褐至棕褐色大斑，潮湿时上生灰白色霉状物，病叶即焦枯脱落。新梢上的病斑由褐色变为红褐色，环绕枝条一周后，导致新梢枯死。花期病菌从柱头侵入，使花腐烂(图4-10和图4-11)。幼果上初现褐色小斑点，后色变暗褐腐烂，表面有黏液，酒糟味，病果易脱落(图4-12至图4-15)。

图4-10　山楂花腐病为害花器初期症状

图4-11　山楂花腐病为害花器后期症状

图4-12　山楂花腐病为害果实初期症状

图4-13　山楂花腐病为害果实中期症状

图4-14　山楂花腐病为害果实后期症状

图4-15　山楂花腐病为害成熟果症状

【病　　原】有性世代为*Monilinia johusonii*，称山楂褐腐菌，属子囊菌门真菌。子囊盘肉质，初为淡褐，成熟时灰褐色。子囊棍棒状，无色，子囊间有侧丝，子囊孢子椭圆形或卵圆形，单胞，无色。无性世代为 *Monilia* sp.，称丛梗隐孢，属无性型真菌。分生孢子单胞，柠檬状串生，孢子串有分枝。

【发生规律】以菌丝体在落地僵果上越冬，4月下旬在潮湿的病僵果上，开始产生大量子囊孢子，借风力传播，在病部产生分生孢子进行重复侵染。5月上旬达到高峰，到下旬即停止发生。低温多雨，叶腐、花腐大流行。高温高湿则发病早而重。

【防治方法】晚秋彻底清除树上僵果，干腐的花柄等病组织，扫除树下落地的病果、病叶及腐花并耕翻树盘，将带菌表土翻下，以减少病源。

地面撒药，4月底以前在树冠下的树盘地面上，喷五氯酚钠1 000倍液，也可撒3：7的硫磺石灰粉 3～3.5kg/亩。

开花前发病初期，可喷施下列药剂：

70%代森锰锌可湿性粉剂600～800倍液；

75%百菌清可湿性粉剂800～1 000倍液；

70%甲基硫菌灵可湿性粉剂800～1 000倍液+50%福美双可湿性粉剂500倍液，可控制花腐。

落花后可喷施下列药剂：

25%多菌灵可湿性粉剂500～1 000倍液；

50%异菌脲可湿性粉剂1 000～1 500倍液；

70%甲基硫菌灵可湿性粉剂800～1 000倍液，能有效控制果腐。

3．山楂枯梢病

【分布为害】枯梢病是严重影响山楂生产的重要病害之一，在山东、山西、辽宁、河北等省均有发生。主要造成果枝花期枯萎，枯梢率达15%～30%。

【症　　状】主要为害果桩。染病初期，果桩由上而下变黑，干枯，缢缩，与健部形成明显界限；后期，病部表皮下出现黑色粒状凸起物(图4-16和图4-17)；后突破表皮外露，使表皮纵向开裂。翌春病斑向下延伸，当环绕基部时，新梢即枯死。其上叶片初期萎蔫，后干枯死亡(图4-18和图4-19)。

图4-16　山楂枯梢病为害新果桩症状

图4-17 山楂枯梢病为害老果桩症状

图4-18 山楂枯梢病为害新梢初期症状

图4-19 山楂枯梢病为害新梢后期症状

【病　　原】*Fusicoccum viticolum* 称葡萄生壳梭孢菌，属无性型真菌。分生孢子器矮烧瓶状，单生于子座内。分生孢子无色，单胞，梭形。

【发生规律】以菌丝体或分生孢子器在二、三年生果桩上越冬，翌年6—7月，遇雨释放分生孢子，侵染为害，多从二年生果桩侵入，形成病斑。老龄树、弱树、修剪不当及管理不善发病重。

【防治方法】合理修剪；采收后及时深翻土地、同时沟施基肥，早春发芽前半月，每株追施碳酸氢铵1～1.5kg或尿素0.25kg，施后浇水。

铲除越冬菌源，发芽前喷3～5波美度石硫合剂、45%晶体石硫合剂30倍液，以铲除越冬病菌。

5—6月，进入雨季后喷施下列药剂：

36%甲基硫菌灵悬浮剂600～700倍液；

50%多菌灵可湿性粉剂800～1 000倍液；

50%苯菌灵可湿性粉剂1 000～1 500倍液；

60%噻菌灵水分散粒剂800～1 500倍液，间隔15天喷1次，连续防治2～3次。

4．山楂腐烂病

【症　　状】症状分溃疡型和枯枝型。溃疡型多发生于主干、主枝及丫杈等处。发病初期，病斑红褐色，水渍状，略隆起，形状不规则，后病部皮层逐渐腐烂，颜色加深，病皮易剥离(图4-20)。枝枯型多发生在弱树的枝上、果台、干桩和剪口等处。病斑形状不规则，扩展迅速，绕枝一周后，病部以上枝条逐渐枯死(图4-21)。

图4-20　山楂腐烂病为害枝干溃疡型症状

图4-21　山楂腐烂病为害枝干枝枯型症状

【病　　原】有性世代为*Valsa* sp，称黑腐皮壳菌，属子囊菌门真菌；无性世代为*Cytospora* sp，称壳囊孢菌，属无性型真菌。

【发生规律】以菌丝体、分生孢子器、孢子角及子囊壳在病树皮内越冬。翌春，孢子自剪口、冻伤等伤口侵入，当年形成病斑，经20～30天形成分生孢子器。病菌的寄生能力很弱，当树势健壮时，病菌可较长时间潜伏，当树体或局部组织衰弱时，潜伏病菌便扩展为害。在管理粗放、结果过量、树势衰弱的园内发病重。

【防治方法】加强栽培管理。增施有机肥，合理修剪，增强树势，提高抗病能力。早春于树液流动前清除园内死树，剪除病枯枝、僵果台等，携出园外集中烧毁。

发芽前全树喷施5%菌毒清水剂300倍液。

治疗枝干处病斑。刮除病斑后用下列药剂：

5%菌毒清水剂50倍液+50%多菌灵可湿性粉剂800倍液；

70%甲基硫菌灵可湿性粉剂800倍液+2%嘧啶核苷类抗生素水剂10～20倍液涂刷病斑，可控制病斑扩展。

5．山楂叶斑病

【分布为害】在山楂产区均有分布，一般年份山楂叶斑病发病率20%，严重年份高达40%以上，到9月底内膛叶基本落光。

【症　　状】山楂叶斑病主要有斑点型和斑枯型，主要为害叶片。斑点型：叶片初期病斑近圆形，褐色，边缘清晰整齐，直径2～3mm，有时可达5mm，后期病斑变为灰色，略呈不规则形，其上散生小黑点，即分生孢子器，一处叶上有病斑数个，最多可达几十个，病斑多时可互相连接，呈不规则形大斑，病叶变黄，早期脱落(图4–22和图4–23)。斑枯型：叶片病斑褐色至暗褐色，不规则形，直径5～10mm。发病严重时，病斑连接成大型斑块，易使叶片枯焦早落(图4–24)，后期在病斑表面散生较大的黑色小粒点(图4–25)，即分生孢子盘。

图4–22　山楂叶斑病斑点型初期症状

图4-23 山楂叶斑病斑点型中期症状

图4-24 山楂叶斑病斑枯型初期症状

图4-25　山楂叶斑病斑枯型后期症状

【病　　原】*Phyllosticta crataegicola* 称山楂生叶点霉菌，属无性型真菌。

【发生规律】病菌以分生孢子器在病叶中越冬。次年花期条件适宜时产生分生孢子，随风雨传播进行初侵染和再侵染。一般于6月上旬开始发病，8月中下旬为发病盛期。老弱树发病较重、降雨早、雨量大、次数多的年份发病较重，特别是7—8月的降雨对病害发生影响较大。地势低洼、土质黏重、排水不良等有利于病害发生。

【防治方法】秋末、冬初清扫落叶，集中深埋或烧毁，减少越冬菌源。加强栽培管理，改善栽培条件，提高树体抗病能力。

自6月上旬开始，每隔15天左右喷药1次，连续喷药3~4次。发病前喷施下列药剂：

75%百菌清可湿性粉剂800~1 000倍液；

50%多菌灵可湿性粉剂1 000~1 500倍液；

70%代森锰锌可湿性粉剂800~1 000倍液。

发病初期可喷施下列药剂：

50%异菌脲可湿性粉剂1 000倍液；

50%苯菌灵可湿性粉剂1 000~1 500倍液；

40%腈菌唑水分散粒剂6 000~7 000倍液；

70%甲基硫菌灵可湿性粉剂1 000~2 000倍液；

10%苯醚甲环唑水分散粒剂2 500~3 000倍液等。

6．山楂轮纹病

【分布为害】山楂轮纹病分布在我国各产区，以华北、东北、华东果区发病较重。一般果园发病率为20%～30%，重者可达50%以上。

【症　　状】主要为害枝干和果实。病菌侵染枝干，多以皮孔为中心，初期出现水渍状的暗褐色小斑点，逐渐扩大形成圆形或近圆形褐色瘤状物。病部与健部之间有较深的裂开，后期病组织干枯并翘起，中央凸起处周围出现散生的黑色小粒点。果实进入成熟期陆续发病，发病初期在果面上以皮孔为中心出现圆形、黑至黑褐色小斑，逐渐扩大成轮纹斑。略微凹陷，有的短时间周围有红晕，下面浅层果肉稍变褐、湿腐。后期外表渗出黄褐色液，烂得快，腐烂时果形不变(图4–26和图4–27)。整个果烂完后，表面长出粒状小黑点，散状排列。

图4–26　山楂轮纹病为害果实初期症状

图4–27　山楂轮纹病为害果实后期症状

【病　　原】有性世代为*Physalospora piricola*，称梨生囊壳孢，属子囊菌门真菌。无性世代为*Macrophoma Kawatsukai*，称轮纹大茎点菌，属无性型真菌。子囊壳在寄主表皮下产生，黑褐色，球形或扁球形，具孔口。子囊长棍棒状，无色，顶端膨大，壁厚透明，基部较窄。子囊孢子单胞，无色，椭圆形。分生孢子器扁圆形或椭圆形，具有乳头状孔口，内壁密生分生孢子梗。分生孢子梗棍棒状，单细胞，顶端着生分生孢子。分生孢子单胞，无色，纺锤形或长椭圆形。

【发生规律】病菌以菌丝体或分生孢子器在病组织内越冬，是初次侵染和连续侵染的主要菌源。于春季开始活动，随风雨传播到枝条和果实上。在果实生长期，病菌均能侵入，其中，从落花后的幼果期到8月上旬侵染最多。侵染枝条的病菌，一般从8月开始以皮孔为中心形成新病斑，翌年病斑继续扩大。果园管理差，树势衰弱，重黏壤土和红黏土，偏酸性土壤上的植株易发病，被害虫严重为害的枝干或果实发病重。

【防治方法】加强肥水管理，休眠期清除病残体。

在病菌开始侵入发病前(5月上中旬至6月上旬)，重点是喷施保护剂，可以施用下列药剂：

80%福美双·福美锌可湿性粉剂600倍液；

75%百菌清可湿性粉剂600倍液；

70%代森锰锌可湿性粉剂400～600倍液；

65%丙森锌可湿性粉剂600～800倍液，均匀喷施。

在病害发生前期，应及时进行防治，以控制病害的为害。可以用下列药剂：

50%异菌脲可湿性粉剂600～800倍液；

75%百菌清可湿性粉剂600倍液+10%苯醚甲环唑水分散粒剂2 000～2 500倍液；

70%代森锰锌可湿性粉剂400～600倍液+12.5%腈菌唑可湿性粉剂2 500倍液；

60%腈菌唑·代森锰锌可湿性粉剂800～1 000倍液；

12.5%腈菌唑可湿性粉剂2 500倍液等，在防治中应注意多种药剂的交替使用。

7．山楂花叶病

【分布为害】山楂花叶病在我国各山楂产区均有发生，以陕西、河南、山东、甘肃、山西等省发生最重。

【症　　状】主要表现在叶片上，发病初期，叶片上出现大型褪绿斑块，鲜黄色，后为白色，幼叶沿叶脉变色，老叶上常出现大型坏死斑(图4–28和图4–29)。

图4–28　山楂花叶病为害叶片症状

图4-29　山楂花叶病为害叶片背面症状

【病　　原】Camellia yellow spot virus(CYSV)，称山茶叶黄斑病毒。

【发生规律】病毒主要靠嫁接传播，无论砧木或接穗带毒，均可形成新的病株。树体感染病毒后，全身带毒，终生为害。萌芽后不久即表现症状，4—5月发展迅速，其后减缓，7—8月基本停止发展，甚至出现潜隐现象，9月初病树抽发秋梢后，症状又重新开始发展，10月又急剧减缓，11月完全停止。

【防治方法】选用无病毒接穗和实生砧木，采集接穗时一定要严格挑选健株。在育苗期加强苗圃检查，发现病苗及时拔除销毁。对病树应加强肥水管理，增施农家肥料，适当重修剪。干旱时应灌水，雨季注意排水。

春季发病初期(图4-30)，可喷洒下列药剂预防：

图4-30　山楂花叶病为害初期症状

1%香菇多糖水剂500～1 000倍液；

10%混合脂肪酸水乳剂100倍液；

20%盐酸吗啉胍·乙酸铜可湿性粉剂1 000倍液；

5%氨基寡糖素水剂500～1 000倍液；

20%盐酸吗啉胍可湿性粉剂500～1 000倍液；

2%宁南霉素水剂200～300倍液，间隔10～15天喷1次，连续3～4次。

8. 山楂青霉病

【分布为害】山楂青霉病是贮藏后期常见的一种传染性病害，分布普遍。

【症　　状】主要为害果实。果实发病主要由伤口(刺伤、压伤、虫伤、其他病斑)开始。发病部位先局部腐烂，湿软，表面黄白色，呈圆锥状深入果肉，条件适合时发展迅速，发病十余天后全果腐烂。空气潮湿时，病斑表面生出小瘤状霉块，初为白色，后变青绿色，上面被覆粉状物。腐烂果肉有特殊的霉味(图4-31和图4-32)。

图4-31　山楂青霉病为害果实初期症状

图4-32 山楂青霉病为害果实后期症状

【病　　原】*Penicillium expansum* 称扩展青霉，属无性型真菌。分生孢子梗直立，具分隔；梗顶念珠状串生分生孢子，分生孢子无色，单胞，圆形或扁圆形。分生孢子集聚时呈青绿色。

【发生规律】主要发生在贮藏运输期间，病菌经伤口侵入致病，也可由果柄和萼凹处侵入，很少经果实皮孔侵入。病菌孢子能忍耐不良环境条件，随气流传播；分生孢子落到果实伤口上，便迅速萌发，侵入果肉，使果肉软腐。气温25℃左右，病害发展最快；0℃时孢子虽不能萌发，但侵入的菌丝能缓慢生长，果腐继续扩展；靠近烂果的果实，如表面有刺伤，烂果上的菌丝会直接侵入而引起腐烂。

【防治方法】选择无伤口的果实入贮，在采收、分级、装箱、搬运过程中，尽量防止刺伤、压伤、碰伤。伤果、虫果及时处理，勿长期贮藏，以减少损失。

药剂处理：采收后，用50%苯菌灵可湿性粉剂1 500～2 000倍液、50%多菌灵可湿性粉剂1 000倍液、45%噻菌灵悬浮剂3 000～4 000倍液等药液浸泡5分钟，晾干后再贮藏，有一定的防效。

二、山楂生理性病害

山楂日灼

【症　　状】山楂日灼病主要为害果实和枝干。枝干最初呈水渍状，继而呈现深浅不一的云状斑纹。在长期延续高温和日光炽晒后，皮层渐转为黄褐色、褐色以至紫色，使韧皮组织死亡褐变、干枯纵裂与健部分离。果实组织幼嫩，骤遇烈日高温，经中午2～3小时暴晒，使幼果阳面组织坏死、褐变(图4-33)。轻者灼伤面小，伤层浅，随内层新生组织局部的生成，至成熟前伤层翘裂自崩；重者灼伤面大，伤层深，若影响到维管束时，日灼后2～3天内，果柄开始变黄以致幼果脱落。

图4-33　山楂日灼症状

【病　　因】山楂果实日灼病与幼果期骤然高温低湿有直接关系，特别是进入6月中旬，幼果遇到33℃以上高温、空气相对湿度70%以下的天气时，就可能发生日灼病。花期喷布赤霉素，发病率显著增加。枝干日灼病多发生于冠顶无枝、叶遮荫的主侧枝背上。幼树枝干光滑，皮层薄嫩，易遭日灼伤害。沙壤地山楂树容易受害。

【防治方法】6月高温期及时供水，弥补树上部分因蒸腾加剧散失的水分，继而蒸发散热，使果实表面温度有所减缓，并可增加果园湿度，幼果的灼伤相应减轻。山区果园可推广树盘覆草，减轻山楂日灼病。

在高温天气对果实、枝干喷施石灰或滑石粉100倍液，可使幼果增加反光降低温度，减轻日灼病的为害。

三、山楂虫害

1．山楂叶螨

【分布为害】山楂叶螨(*Tetranychus viennensis*)属蜱螨目叶螨科。分布于东北、西北、华北及江苏北部等地区。以成虫、若虫吸食芽、花蕾及叶片汁液。花蕾、花严重受害后变黑，芽不能萌发而死亡，花不能开花而干枯。叶片受害，叶螨在叶背主脉两侧吐丝结网，在网下停息、产卵和为害，使叶片出现很多失绿的小斑点，随后斑点扩大连片(图4-34和图4-35)，变成苍白色，严重时叶片焦黄脱落。

图4-34　山楂叶螨为害叶片症状

图4-35　山楂叶螨为害叶片背面症状

【形态特征】雌成虫体椭圆形，体背前方隆起。雌成虫分冬、夏两型，冬型体色朱红色，夏型暗红色(图4-36)。雄虫略小，尾部较尖，淡黄绿色，取食后变淡绿色，老熟时橙黄色，体背两侧有黑绿色斑纹。卵雌成虫圆球形、光滑，前期产的卵橙红色，后期产的卵橙黄色，半透明。幼虫体卵圆形、黄白色，取食后淡绿色。若虫前期若虫卵圆形，体背开始出现刚毛，淡橙黄色至淡翠绿色，体背两侧有明显的黑绿色斑纹。后期若虫翠绿色，与成虫体形相似，可辨别雌雄。

图4-36　山楂叶螨雌成螨

【发生规律】山楂叶螨每年发生5～9代，以受精的冬型雌成虫在主枝、主干的树皮裂缝内及老翘皮下越冬，在幼龄树上多集中到树干基部周围的土缝里越冬，也有部分在落叶、枯草或石块下越冬。翌年春天，当芽膨大时开始出蛰，先在内膛的芽上取食、活动，到4月中下旬，为出蛰高峰期，出蛰成虫取食1周左右开始产卵。若虫孵化后，群集于叶背吸食为害。5月上旬为第一代幼螨孵化盛期。6月中旬到7月中旬繁殖最快，为害最重，常引起大量落叶。成虫于9月上旬以后陆续发生越冬雌虫，潜伏越冬，雄虫死亡。

【防治方法】清洁果园和刮树皮可有效地减少山楂叶螨的越冬基数。于秋末，雌成螨越冬前，树干绑缚杂草，早春取下集中烧毁。

果树发芽前的防治：在叶螨虫口密度很大的果园，在早春及时刮翘树皮，或用粗布、毛刷刮除越冬成虫或卵。果树发芽前喷施杀螨剂，对螨卵、成虫都有较好的杀灭效果。花后展叶期，第1代成螨产卵盛期，喷施下列药剂：

5%噻螨酮乳油2 000～2 500倍液；

1.8%阿维菌素乳油2 000～3 000倍液。

在6月下旬至7月上中旬叶螨发生盛期，可喷施下列药剂：

73%炔螨特乳油2 000～3 000倍液；

5%唑螨酯悬浮剂2 000～3 000倍液；

10%苯螨特乳油1 000～2 000倍液；

15%杀螨特可湿性粉剂1 000～2 000倍液；

15%哒螨灵乳油2 250 ~ 3 000倍液；

10%四螨·哒螨灵悬浮剂1500 ~ 2500倍液；

20%甲氰菊酯乳油2 000 ~ 2 500倍液等。

2．山楂萤叶甲

【分布为害】山楂萤叶甲(*Lochmaea crategi*)属鞘翅目叶甲科。主要分布在河南、山西、陕西。成虫咬食叶片呈缺刻，并啃食花蕾。初孵幼虫爬行至幼果即蛀入果内为害食空果肉(图4–37)。

图4–37 山楂萤叶甲为害果实症状

【形态特征】成虫体长椭圆形，尾部略膨大，橙黄色；复眼黑褐色，微突起；鞘翅上密生刻点(图4–38)。卵近球形，土黄色，近孵化时呈淡黄白色。幼虫长筒形，尾端渐细，米黄色。蛹内壁光滑，椭圆形，初淡黄色。

图4–38 山楂萤叶甲成虫

【发生规律】一年发生1代，以成虫于树冠下土层中越冬。4月中旬出土为害，5月上旬为产卵盛期。5月下旬落花期幼虫孵化开始蛀果为害，6月下旬老熟入土化蛹。

【防治方法】越冬成虫出土前，清除田间枯枝落叶，减少越冬虫源。

4月上旬，成虫出土期施药防治，可用下列药剂：

480g/L毒死蜱乳油1 000 ~ 1 500倍液；

5%氯氰菊酯乳油2 000 ~ 3 000倍液；

10%吡虫啉可湿性粉剂2 000 ~ 3 000倍液；

50%辛硫磷乳油1 000 ~ 2 000倍液。

3．食心虫

【为害症状】为害山楂的食心虫主要有桃小食心虫(*Carposina niponensis*)和梨小食心虫(*Grapholitha molesta*)，均以幼虫蛀果为害。幼虫孵出后蛀入果实，蛀果孔常有流胶点，幼虫在果内串食果肉，并将粪便排在果内，幼果长成凹凸不平的畸形果，形成“豆沙馅”果。幼虫发育老熟后，从果内爬出，果面上留一个圆形脱果孔，孔径约火柴棒粗细(图4–39和图4–40)。

图4–39 桃小食心虫为害果实症状

图4-40 梨小食心虫为害果实症状

【形态特征】可分别参考桃树虫害——桃小食心虫，梨树虫害——梨小食心虫。

【发生规律】可分别参考桃树虫害——桃小食心虫，梨树虫害——梨小食心虫。

【防治方法】可分别参考桃树虫害——桃小食心虫，梨树虫害——梨小食心虫。

4．山楂花象甲

【为害症状】山楂花象甲(*Anthonomu* sp.)属鞘翅目象甲科。成虫取食嫩芽、枝叶、花蕾、花和幼果，并在花蕾上咬孔产卵；幼虫在花蕾内咬食花蕊和子房，使花不能开放。啃食幼果，致使果面凹凸不平，果实畸形。

图4-41 山楂花象甲成虫

【形态特征】成虫雌体浅赤褐色，体表被有灰白色和浅棕色鳞毛(图4-41)；头小，在头顶上有1个“Y”形白纹，复眼黑色，喙赤褐色，触角膝状；胸部背面密生小刻点及灰白色鳞片，中胸小盾片白色，鞘翅上有2条横纹，胸足各腿节具1个齿状刺突。卵略呈蘑菇形，初为乳白色，后变为浅褐色。老龄幼虫体乳白色或浅黄色，前胸背板色略深；腹部各节背面有3个横褶，体背疏生淡褐色细毛，胸足退化。蛹为裸蛹，黄褐色。

【发生规律】一年发生1代。以成虫在树干老翘皮下或树下落叶、杂草中越冬。越冬成虫于4月中旬开始出蛰，4月中下旬出蛰盛期。成虫先取食嫩芽，展叶后取食嫩叶，一般在叶背咬食叶肉，残留上表皮形成“小天窗”。成虫白天气温高时活动。成虫产卵时先在花蕾基部咬一小孔，深达花柱处，然后产卵于孔内，分泌黏液封住孔口；每个花蕾只产1粒卵。成虫产卵后继续为害花蕾，导致花蕾脱落。越冬成虫约在6月初陆续死亡。幼虫在5月上旬孵化，受害花蕾脱落时，幼虫已近老熟。5月底至6月上旬幼虫在落地花蕾内化蛹，6月上旬成虫开始羽化。当年出现的成虫主要为害幼果，一个果实可有数个被害孔。被害果生长缓慢，果面出现龟裂。6月中下旬开始越夏、越冬。

【防治方法】及时清扫落地花蕾，集中深埋或烧掉，消灭幼虫和蛹。

成虫产卵之前，即花序分离期，可喷施下列药剂：

480g/L毒死蜱乳油1 000 ~ 1 500 倍液；

40% 辛硫磷乳油1 000 ~ 2 000倍液。

5．山楂绢粉蝶

【分布为害】山楂绢粉蝶(*Aporia crataegi*)属鳞翅目粉蝶科。在国内东北、华北、西北各地及四川等省均有分布，以北部果区受害较重。

【为害特点】以幼虫为害叶片、芽、花等，春季果树发芽时初孵幼虫常群集为害花芽和花蕾，蛀成孔洞或吃光，大幼虫可将叶片吃光只留叶柄。

【形态特征】成虫体黑色披白色鳞片；触角末端淡黄白色；头、胸部及各足的腿节均杂有灰白色细毛；翅白色，但雌虫翅具灰白色，翅脉黑色(图4–42)。卵鲜黄色，瓶形，上端似瓶口。幼虫略呈圆筒形；头部黑色，疏生白色长毛和较多的黑色短毛；体躯各节有许多小黑点，并疏生白色长毛，气门黑色，略呈椭圆形(图4–43)。蛹有两型，一为黑蛹型，体黄白色，具许多黑色斑点，头、口器、足和触角皆黑色；另一为黄蛹型，体黄色(图4–44)，黑斑点较少而小，体亦比黑蛹型小。

图4–42 山楂绢粉蝶成虫

图4-43　山楂绢粉蝶幼虫

图4-44　山楂绢粉蝶蛹

【发生规律】一年1代，以2～3龄幼虫在虫巢内越冬，春季发芽时开始活动，常群集为害芽、花器和叶片。5龄幼虫即离巢分散为害，5—6月老熟并化蛹，蛹多在树枝、树干及叶柄处。5月下旬开始出现成虫，成虫白天活动，晴天活跃，常飞舞在树冠间，吸食花蜜，羽化后不久即交尾，产卵。产卵于叶片上，常数十粒乃至百余粒结成块，排列不整齐，初孵幼虫群集为害，发育很慢。虫巢叶干枯后不落。全年以4、5月为害最重。

【防治方法】落叶后摘除虫巢，消灭越冬幼虫。利用幼虫假死习性，人为振摇树枝，将幼虫振落，集中消灭。

越冬幼虫出蛰盛期，可用下列药剂：

40%辛硫磷乳油1 000～2 000倍液；

50%马拉硫磷乳油1 000～2 000倍液；

10%溴氰菊酯·马拉硫磷乳油2 000～2 500倍液；

20%甲氰菊酯乳油1 000～2 000倍液；

10%联苯菊酯乳油3 000～4 000倍液；

2.5%溴氰菊酯乳油2 000～3 000倍液等，喷雾防治。注意轮换用药，减轻抗药性。

6．山楂喀木虱

【分布为害】山楂喀木虱(*Cacopsylla idiocrataegi*)，属同翅目木虱科。分布在吉林、辽宁、河北、山西等省。初孵若虫多在嫩叶背取食，后期孵出的若虫在花梗、花苞处甚多，被害花萎蔫、早落。大龄若虫多在叶裂处活动取食，被害叶扭曲变形、枯黄早落(图4–45)。

图4–45 山楂喀木虱为害叶片症状

【形态特征】成虫初羽化时草绿色，后渐变为橙黄色至黑褐色；头顶土黄色，两侧略凹陷；复眼褐色，单眼红色；触角土黄色，端部5节黑色；前胸背板窄带状，黄绿色，中央具黑斑；中胸背面有4条淡色纵纹；翅透明，翅脉黄色，前翅外缘略带色斑。卵略呈纺锤形，顶端稍尖，具短柄；初产时乳白色，渐变为橘黄色。若虫共5龄；末龄若虫草绿色(图4–46)，复眼红色，触角、足、喙淡黄色，端部黑色；翅芽伸长；背中线明显，两侧具纵、横刻纹。

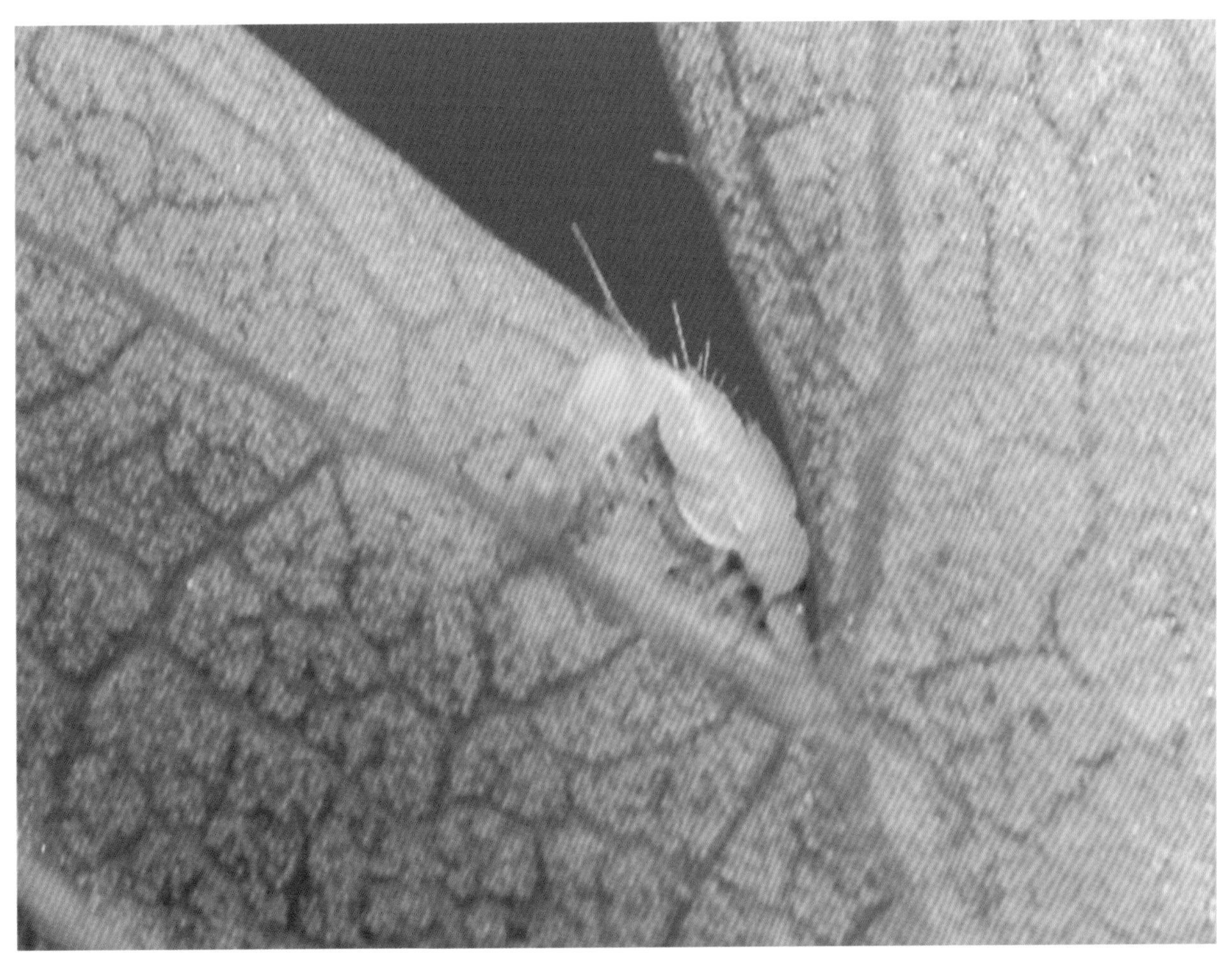

图4-46 山楂喀木虱若虫

【发生规律】辽宁一年发生1代，以成虫越冬，翌年3月下旬平均温度达5℃时，越冬成虫出蛰为害，补充营养，4月上旬交尾，卵产于叶背或花苞上。初孵若虫多嫩叶背面取食，尾端分泌白色蜡丝。5月下旬若虫，成虫羽化，成虫善跳，有趋光性及假死性。

【防治方法】早春刮树皮、清洁果园，并将刮下的树皮与枯枝落叶、杂草等物集中烧毁，以消灭越冬成虫、压低虫口密度。

在3月下旬至4月上旬成虫出蛰盛期喷洒下列药剂：

25%噻嗪酮乳油2 000～2 500倍液；

522.5g/L氯氰菊酯·毒死蜱乳油1 500～2 000倍液；

现蕾期喷药杀若虫，可用下列药剂：

10%吡虫啉可湿性粉剂2 000～3 000倍液；

1.8%阿维菌素乳油3 000～5 000倍液。

7. 舟形毛虫

【分布为害】舟形毛虫(*Phalera flavescens*)，属鳞翅目舟蛾科。在东北、华北、华东、中南、西南地区及陕西省各地均有发生。初孵幼虫仅取食叶片上表皮和叶肉，残留下表皮和叶脉，被害叶片呈网状；2龄幼虫为害叶片，仅剩叶脉；3龄以后可将叶片全部吃光，仅剩叶柄，造成二次开花，严重损害树势(图4-47)。

图4-47　舟形毛虫为害叶片症状

【形态特征】参考苹果虫害——舟形毛虫。

【发生规律】参考苹果虫害——舟形毛虫。

【防治方法】参考苹果虫害——舟形毛虫。

第五章 李树病虫害

李树原产于中国，是中国栽培历史悠久的落叶果树。我国是世界上最大的李生产国，据2017年相关资料报道，我国李子种植面积约190万hm^2，产量达到619万t。

李在我国主要分布于南方地区，包括广东、广西、福建、四川等省份，北方地区主要分布于河北和辽宁一带。

李的果实不仅美味、芳香、多汁、酸甜适口，而且有着丰富的营养物质，是优良的鲜食水果。在李的果肉中含有丰富的糖、酸、单宁、蛋白质、脂肪、碳水化合物、钙、磷、铁，此外还含有维生素A、维生素B、维生素C等。这些成分都是人体健康不可缺少的营养物质。

李与杏、樱桃、草莓等水果在我国一直被视为“小杂果”，很长时间不被重视，也没有得到很好的发展。但是，20世纪80年代后期以来，在国家对果树资源重视下，李树得到了迅速的发展，从发展态势和经济效益上已占据了重要地位。

李树的病虫害是制约李树丰产与丰收的重要因素，已发现的病虫害有100多种，一般年份损失10%～20%，流行年份可达50%～60%。其中，病害有30多种，为害较严重的有李红点病、褐腐病、细菌性穿孔病、炭疽病等；虫害有70多种，分布较广泛的有李实蜂、李小食心虫、桑白蚧等。

一、李树病害

1．李红点病

【分布为害】李红点病在国内李树栽植区均有分布，为害较重。南方以四川、重庆、云南、贵州等省市发生较多。引起李树早期落叶，影响产量甚大，重病园减产40%以上。

【症　　状】为害果实和叶片。叶片染病时，先出现橙黄色、稍隆起的近圆形斑点，后病部扩大，病斑颜色变深，出现深红色的小粒点(图5-1)。后期病斑变成红黑色，正面凹陷，背面隆起，上面出现黑色小点。发病严

图5-1　李红点病为害叶片初期症状

重时，病叶干枯卷曲，引起早期落叶(图5–2)。果实受害，果面产生橙红色圆形病斑，稍凸起，边缘不明显，初为橙红色，后变为红黑色，散生深色小红点。

图5–2 李红点病为害叶片后期症状

【病　　原】*Polystigma rabrum* 称红疔座霉，属子囊菌门真菌。无性世代 *Polystigmina rubra* 称多点霉菌，属无性型真菌。子囊壳近球形，红褐色，埋生在子座内，顶端具乳头状凸起，孔口外露。子囊倒棒状，无色。子囊孢子圆柱形至长椭圆形，单胞，无色，正直或略弯。分生孢子器椭圆形，埋生于子座内，器壁橙红色。分生孢子线形，弯曲或一端呈钩状，无色，单胞。

【发生规律】以子囊壳在病落叶上越冬，翌年李树开花末期，子囊孢子借风雨传播。此病从展叶期至9月都能发生，病害始见于4月底，流行于5月中旬，7月病叶转为红斑点，尤其在雨季发生严重。地势低洼、土壤黏重、管理粗放、树势弱的果园易染病。

【防治方法】加强果园管理，低洼积水地注意排水，降低湿度，减轻发病。冬季彻底清除病叶、病果，集中深埋或烧毁。

在李树开花末期至展叶期，喷施下列药剂：

1∶2∶200倍式波尔多液；

30%琥胶肥酸铜可湿性粉剂200～300倍液；

15%络氨铜水剂300～500倍液。

从李树谢花至幼果膨大期，连续喷施下列药剂：

65%代森锌可湿性粉剂500～600倍液+50%多菌灵可湿性粉剂500倍液；

80%代森锰锌可湿性粉剂500倍液+50%异菌脲可湿性粉剂8 000倍液；

75%百菌清可湿性粉剂1 000倍液+40%氟硅唑乳油5 000倍液；

70%代森锰锌可湿性粉剂800倍液+10%苯醚甲环唑水分散粒剂2 500倍液等，间隔10天左右喷1次，遇雨要及时补喷，可有效防治李红点病。

2．李袋果病

【分布为害】李袋果病在我国东北和西南高原地区发生较多。

【症　　状】主要为害果实，也为害叶片、枝干。在落花后即显症，初呈圆形或袋状，后变狭长略弯曲，病果表面平滑，浅黄至红色，失水皱缩后变为灰色、暗褐色至黑色，冬季宿留树枝上或脱落(图5–3和图5–4)。病果无核，仅能见到未发育好的雏形核。叶片染病，在展叶期变为黄色或红色，叶面肿胀皱缩不平，变脆(图5–5)。枝梢受害，呈灰色，略膨胀，弯曲畸形、组织松软；病枝秋后干枯死亡，发病后期湿度大时，病梢表面长出一层银白色粉状物。第二年在这些枯枝下方长出的新梢易发病。

图5–3　李袋果病为害果实初期症状

图5–4　李袋果病为害果实后期症状

图5-5 李袋果病为害叶片症状

【病　　原】*Taphrina pruni* 称李外囊菌，属子囊菌门真菌。菌丝多年生，子囊形成在叶片角质层下，细长圆筒状或棍棒形，足细胞基部宽。子囊孢子球形，能在囊中产出芽孢子。

【发生规律】主要以芽孢子或子囊孢子附着在芽鳞片外表或芽鳞片间越冬，也可在树皮裂缝中越冬。当李树萌芽时，越冬的孢子也同时萌发，产生芽管，进行初次侵染。早春低温多雨，延长萌芽期，病害发生严重。病害始见期于3月中旬，4月下旬至5月上旬为发病盛期。一般低洼潮湿地、江河沿岸、湖畔低洼旁的李园发病较重。

【防治方法】注意园内通风透光，栽植不要过密。合理施肥、浇水，增强果树抗病能力。在病叶、病果、病枝梢表面尚未形成白色粉状层前及时摘除，集中深埋。冬季结合修剪等管理。剪除病枝，摘除宿留树上的病果，集中深埋。

掌握李树开花发芽前，可喷洒下列药剂：

29%石硫合剂水剂50～100倍液；

1：1：100等量式波尔多液；

77%氢氧化铜可湿性粉剂500～600倍液；

30%碱式硫酸铜悬浮剂剂400～500倍液；

45%晶体石硫合剂30倍液，以铲除越冬菌源，减轻发病。

自李芽开始膨大至露红期，可选用下列药剂：

65%代森锌可湿性粉剂400倍液+50%苯菌灵可湿性粉剂1 500倍液；

70%代森锰锌可湿性粉剂500倍液+70%甲基硫菌灵可湿性粉剂500倍液等，每10～15天喷1次，连喷2～3次。

3．李侵染性流胶病

【分布为害】李侵染性流胶病是李树常见的一种严重病害，在我国李产区均有发生。

【症　　状】主要为害枝干。一年生嫩枝染病，初产生以皮孔为中心的疣状小凸起，渐扩大，形成瘤状凸起物，其上散生针头状小黑粒点，即病菌分生孢子器。被害枝条表面粗糙变黑，并以瘤为中心逐渐下陷(图5-6和图5-7)。严重时枝条凋萎枯死。多年生枝干受害产生“水泡状”隆起，并有树胶流出(图5-8和图5-9)。

图5-6 李侵染性流胶病为害枝干初期症状

图5-7 李侵染性流胶病为害枝干后期症状

图5-8　李侵染性流胶病为害主干初期症状

图5-9　李侵染性流胶病为害主干后期症状

【病　　原】有性世代为 *Botryosphaeria dothidea* 称茶藨子葡萄座腔菌，属子囊菌亚门真菌。无性世代为 *Fusicoccum aesculi* 称七叶树壳梭孢，属无性型真菌。子座球形或扁球形，黑褐色，革质。分生孢子梗短，不分枝。分生孢子单胞，无色，椭圆形或纺锤形。子囊腔成簇，呈葡萄状。子囊棍棒状，壁较厚，双层，有拟侧丝。子囊孢子单胞，无色，卵圆形或纺锤形，两端稍钝，多为双列。

【发生规律】以菌丝体、分生孢子器在病枝里越冬，翌年3月下旬至4月中旬散发出分生孢子，随风雨传播，主要经伤口侵入，也可从皮孔及侧芽侵入。一年中有2个发病高峰，第1次在5月上旬至6月上旬，第2次在8月上旬至9月上旬，以后就不再侵染为害。因此，防治此病以新梢生长期为好。

【防治方法】加强果园管理，增强树势。增施有机肥，低洼积水地注意排水，改良土壤，盐碱地要注意排盐，合理修剪，减少枝干伤口。预防病虫伤口。

药剂防治可参考桃树病害——桃树侵染性流胶病。

4．李疮痂病

【分布为害】我国各果产区均有发生，主要分布在河北、吉林、辽宁、山东、浙江、江苏、安徽、陕西、四川、广东、广西等省(区)，尤以北方果区、高温多湿的江浙一带发病最重。

【症　　状】主要为害果实，亦为害枝梢和叶片。果实发病初期，果面出现暗绿色圆形斑点，逐渐扩大，至果实近成熟期，病斑呈暗紫或黑色，略凹陷(图5-10)。发病严重时，病斑密集，聚合连片，随着果实的膨大，果实龟裂。新梢和枝条被害后，呈现长圆形、浅褐色病斑，之后变为暗褐色(图5-11至图5-13)，并进一步扩大，病部隆起，常发生流胶。病健组织界限明显。叶片受害，在叶背出现不规则形或多角形灰绿色病斑，后转色暗或紫红色，最后病部干枯脱落而形成穿孔，发病严重时可引起落叶。

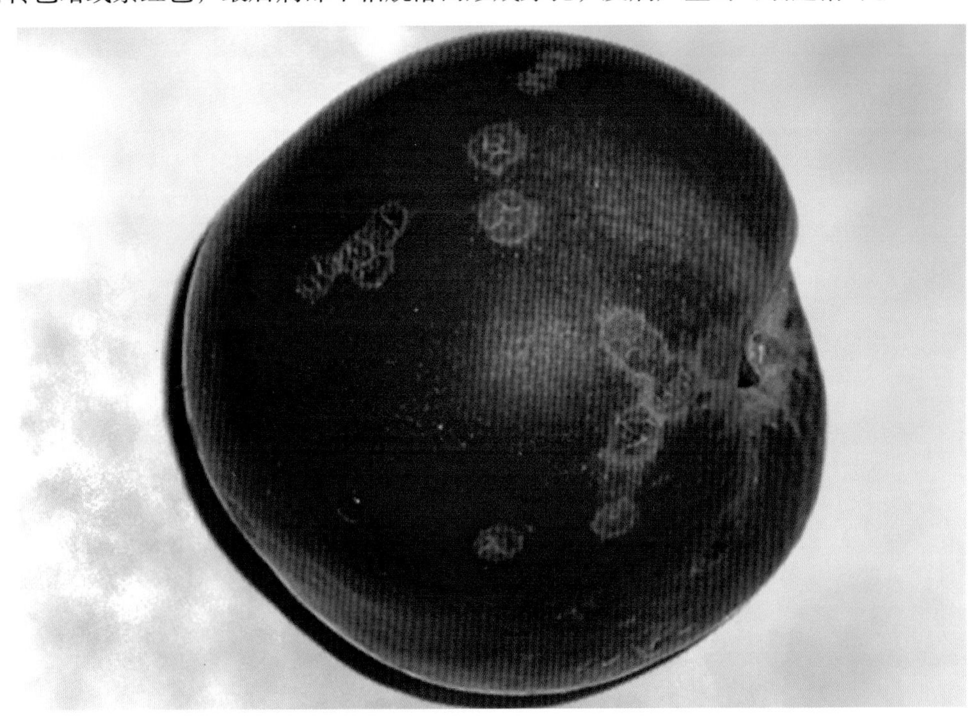

图5-10　李疮痂病为害果实症状

图5-11　李疮痂病为害新梢初期症状

图5-12　李疮痂病为害新梢后期症状

图5-13　李疮痂病为害枝条症状

【病　　原】无性世代*Fusicladium carpophilum* 称嗜果黑星孢（异名为*Cladosporium carpophilum* 称嗜果枝孢菌），属半知菌类真菌；有性世代*Venturia carpophila* 称嗜果黑星菌，属于子囊菌门真菌。分生孢子梗短，簇生，不分枝或偶有一次分枝，暗褐色，有分隔，稍弯曲。分生孢子单生或呈短链状，单胞，偶有双胞，圆柱形至纺锤形或棍棒形，有些孢子稍弯曲，近无色或浅橄榄色，孢痕明显。病菌发育适温24～25℃，最低为2℃，最高为32℃，菌丝在培养基上生长缓慢。

【发生规律】以菌丝体在枝梢病组织中越冬。翌年春季，气温上升，病菌产生分生孢子，通过风雨传播，进行初侵染。分生孢子萌发后直接突破表皮或从叶背气孔侵入，在我国南方果园，5—6月发病最盛；北方果园，果实一般在6月开始发病，7—8月发病率最高。果园低湿，排水不良，枝条郁密等均能加重病害的发生。

【防治方法】秋末冬初结合修剪，认真剪除病枝、枯枝，清除僵果、残桩，集中烧毁或深埋。注意雨后排水，合理修剪，使果园通风透光。

早春发芽前将流胶部位病组织刮除，然后涂抹45%晶体石硫合剂30倍液，或喷3～5波美度石硫合剂，或用1∶1∶100等量式波尔多液，铲除病原菌。

生长期于4月中旬至7月上旬，每隔20天用刀纵、横划病部，深达木质部，然后用毛笔蘸药液涂于病部。可用下列药剂：

70%甲基硫菌灵可湿性粉剂600～800倍液+50%福美双可湿性粉剂300倍液；

80%乙蒜素乳油50倍液；

1.5%多抗霉素水剂100倍液处理。

5. 李树腐烂病

【分布为害】李树腐烂病在我国大部分李产区均有发生，尤其是北方李产区，因受冻害，腐烂病发生较重。染病的李树表现为枝条枯死，大枝及树干形成溃疡斑，严重削弱树势。发病严重时可使整株死亡。

【症　　状】主要为害主干和主枝，造成树皮腐烂，致使枝枯树死。病害多发生在主干基部，病初期病部皮层稍肿起，略带紫红色并出现流胶，最后皮层变褐色枯死(图5-14)，有酒糟味，表面产生黑色突起小粒点。树势衰弱时，则病斑很快向两端及两侧扩展，终致枝干枯死(图5-15)。

图5-14　李树腐烂病为害枝条症状

图5-15　李腐烂病为害主干症状

【病　　原】有性世代为 *Valsa leucostoma*，称核果黑腐皮壳，属无性型真菌；无性世代为 *Cytospora leucostoma*，称核果壳囊孢，属子囊菌亚门真菌。分生孢子器埋生于子座内，扁圆形或不规则形，孢子器内具多个腔室，呈迷宫状。分生孢子梗单胞，无色，顶端着生分生孢子。分生孢子单胞，无色，香蕉形，略弯，两端钝圆。子囊壳埋生在子座内，球形或扁球形。子囊棍棒形或纺锤形，无色透明，基部细，侧壁薄，顶壁较厚。子囊孢子单胞，无色，微弯，腊肠形。菌丝生长的温度范围是5～37℃，适温为28～32℃。分生孢子萌发适温为23℃，子囊孢子为18℃。

【发生规律】以菌丝体、子囊壳及分生孢子器在树干病组织中越冬，翌年3—4月产生分生孢子，借风雨和昆虫传播，自伤口及皮孔侵入。早春至晚秋都可发生，春秋两季最为适宜，尤以4—6月发病最盛，高温的7—8月受到抑制，11月后停止发展。施肥不当及秋雨多，休眠期推迟，树体抗寒力降低，易引起发病。果园表土层浅、低洼排水不良、虫害多、负载过量等，常发病重。

【防治方法】合理负载，要适当疏花疏果。增施有机肥，及时防治造成早期落叶的病虫害。避免、减少枝干的伤口，并对已有的伤口妥善保护，促进愈合。防止冻害和日烧。

防止冻害比较有效的措施是树干涂白，降低昼夜温差，常用涂白剂的配方是生石灰12～13kg，加石硫合剂原液(20波美度左右)2kg，加食盐2kg，对清水36kg；或者生石灰10kg，加豆浆3～4kg，对水10～50kg。涂白亦可防止枝干日烧。

在李树发芽前刮去翘起的树皮及坏死的组织，然后喷洒50%福美双可湿性粉剂300倍液。

生长期发现病斑，可刮去病部，涂抹70%甲基硫菌灵可湿性粉剂1份加植物油2.5份、50%多菌灵可湿性粉剂50～100倍液、70%百菌清可湿性粉剂50～100倍液等药剂，间隔7～10天再涂1次，防效较好。

6．李褐腐病

【分布为害】李褐腐病是李树的重要病害之一。江淮流域每年都有发生，北方果园则多在多雨年份发生流行。褐腐病在春季开花展叶期如遇低温多雨，引起严重的腐烂和叶枯；在生长后期如遇多雨潮湿天气，引起果腐，使果实丧失经济价值。

【症　　状】为害花叶、枝梢及果实，其中，以果实受害最重。花部受害自雄蕊及花瓣尖端开始，先发生褐色水渍状斑点，后逐渐延至全花，随即变褐而枯萎。天气潮湿时，病花迅速腐烂，表面丛生灰霉，若天气干燥时则萎垂干枯，残留枝上，长久不脱落。嫩叶受害，自叶缘开始，病部变褐萎垂，最后病叶残留枝上。在新梢上形成溃疡斑，病斑长圆形，中央稍凹陷，灰褐色，边缘紫褐色，常发生流胶。果实被害最初在果面产生褐色圆形病斑，如环境适宜，病斑在数日内便可扩及全果，果肉也随之变褐软腐。之后在病斑表面生出灰褐色绒状霉丛，常呈同心轮纹状排列，病果腐烂后易脱落，但不少失水后变成僵果，悬挂枝上经久不落(图5-16和图5-17)。

图5-16　李褐腐病为害果实前期症状

图5-17 李褐腐病为害果实后期症状

【病　　原】有性世代为*Monilinia laxa*，称粒果链粒盘菌，属子囊菌亚门真菌。无性世代为*Monila cinerea*，称灰丛梗孢菌，属无性型真菌。分生孢子萌发的温度范围是10～30℃，最适温度24～26.5℃。病菌生长的最适温度24～25℃，10℃以上就能形成孢子，开始侵染。

【发生规律】以菌丝体在树上及落地的僵果内或枝梢的溃疡斑部越冬，翌春产生大量分生孢子，借风雨、昆虫传播，通过病虫伤、机械伤或自然孔口侵入。在适宜条件下，病部表面产生大量分生孢子，引起再次侵染。花期低温、潮湿多雨，易引起花腐。高湿温暖有利于病害的流行。果实成熟期温暖多雨雾易引起果腐。树势衰弱，管理不善，枝叶过密，地势低洼的果园发病常较重。

【防治方法】结合冬剪彻底清除树上树下的病枝、病叶、僵果，集中烧毁。秋冬深翻树盘，将病菌埋于地下。及时防治害虫，减少伤口。及时修剪和疏果，搞好排水设施，合理施肥，增强树势。

李树萌芽前喷施80%五氯酚钠加石硫合剂、1∶1∶100等量式波尔多液，铲除越冬病菌。

落花期是喷药防治的关键时期。可用下列药剂：

75%百菌清可湿性粉剂800倍液+70%甲基硫菌灵可湿性粉剂800～1 000倍液；

75%百菌清可湿性粉剂800倍液+50%异菌脲可湿性粉剂1 000～ 2 000倍液；

50%多菌灵可湿性粉剂1 000倍液；

65%代森锌可湿性粉剂500倍液+50%腐霉利可湿性粉剂1 000倍液；

50%苯菌灵可湿性粉剂1 500倍液等，发病严重的李园可每15天喷1次药，采收前3周停喷。

7．李细菌性穿孔病

【分布为害】穿孔病分布范围较广，常造成大量落叶、落果，削弱树势，影响产量，甚至导致枝梢枯死。

【症　　状】主要为害叶片，叶片发病初期，产生多角形水渍状斑点，以后扩大为圆形或不规则形褐色病斑，边缘水渍状，后期病斑干枯、脱落，形成穿孔。病叶极易早期脱落(图5–18)。果实发病，先在果皮上产生水渍状小点，后病斑中心变褐色，最终可形成近圆形、暗紫色、边缘具水渍状的晕环，中间稍凹陷，表面硬化、粗糙的病斑。空气干燥时，病部常发生裂纹，病果易提前脱落。

图5-18　李细菌性穿孔病为害叶片症状

【病　　原】*Xanthomonas campestris* pv. *pruni* 称野油菜黄单胞杆菌桃李致病变种，属细菌。菌体短杆状，单根极生鞭毛，革兰氏染色阴性，好气性。发育适温25℃，最高38℃，最低7℃，致死温度为51～52℃ 10分钟。

【发生规律】病原细菌主要在春季溃疡病斑组织内越冬，次春气温升高后越冬的细菌开始活动，开花前后，从病组织溢出菌脓，通过风雨和昆虫传播，从叶上的气孔和枝梢、果实上的皮孔侵入，进行初侵染。病害一般在5月上中旬开始发生，6月梅雨期蔓延最快。夏季高温干旱天气，病害发展受到抑制，至秋雨期又有一次扩展过程。温暖多雨的气候，有利于发病，大风和重雾，能促进病害的盛发。果园地势低洼、偏施氮肥等发病重。

【防治方法】加强果园综合管理，增强树势，提高抗病能力。合理整形修剪，改善通风透光条件。冬夏修剪时，及时剪除病枝，清扫病叶，集中烧毁或深埋。

在芽膨大前，全树喷施下列药剂杀灭越冬病菌：

1∶1∶100等量式波尔多液；

45%晶体石硫合剂30倍液；

30%碱式硫酸铜胶悬剂300～500倍液等。

展叶后至发病前是防治的关键时期，可喷施下列药剂：

1∶1∶100等量式波尔多液；

77%氢氧化铜可湿性粉剂400～600倍液；

30%碱式硫酸铜悬浮剂300～400倍液；

86.2%氧化亚铜可湿性粉剂2 000～2 500倍液；

47%春雷霉素·氧氯化铜可湿性粉剂300～500倍液；

12%松脂酸铜乳油600～800倍液等，间隔10～15天喷药1次。

发病早期及时施药防治，可以用下列药剂：

10%多抗霉素可湿性粉剂1 000～1 500倍液；

3%中生菌素可湿性粉剂300～400倍液；

2%宁南霉素水剂200～300倍液；

86.2%氧化亚铜悬浮剂1 500～2 000倍液等。

8．李褐斑穿孔病

【症　　状】主要为害叶片，也可为害新梢和果实。叶片染病，初生圆形或近圆形病斑，边缘紫色，略带环纹；后期病斑上长出灰褐色霉状物，中部干枯脱落，形成穿孔，穿孔的边缘整齐，穿孔多时叶片脱落(图5-19和图5-20)。新梢、果实染病，症状与叶片相似。

图5-19　李褐斑穿孔病为害叶片前期症状

图5-20　李褐斑穿孔病为害叶片后期症状

【病　　原】*Cercospora circumscissa* 称核果尾孢霉，属无性型真菌。分生孢子梗浅橄榄褐色，具隔膜1～3个，有明显膝状屈曲，屈曲处膨大，向顶渐细；分生孢子橄榄色，倒棍棒形，有隔膜1～7个。子囊座球形或扁球形，生于落叶上；子囊壳浓褐色，球形，多生于组织中，具短嘴口；子囊圆筒形或棍棒形，子囊孢子纺锤形。

【发生规律】以菌丝体在病叶或枝梢病组织内越冬，翌春气温回升，降雨后产生分生孢子，借风雨传播，侵染叶片、新梢和果实。以后病部产生的分生孢子进行再侵染。低温多雨有利于病害发生和流行。

【防治方法】加强管理。注意排水，增施有机肥，合理修剪，增强通透性。

落花后，喷洒下列药剂：

70%代森锰锌可湿性粉剂500～600倍液；

75%百菌清可湿性粉剂700～800倍液；

50%混杀硫悬浮剂500倍液，7～10天后再防治1次。

发病初期，施用下列药剂：

70%甲基硫菌灵可湿性粉剂1 000倍液+75%百菌清可湿性粉剂700～800倍液；

75%百菌清可湿性粉剂800倍液+50%异菌脲可湿性粉剂1 000～ 2 000倍液；

65%代森锌可湿性粉剂500倍液+50%腐霉利可湿性粉剂1 000倍液等，间隔7～10天防治1次，共防3～4次。

二、李树生理性病害

1．李果锈病

【症　　状】主要发生在幼果期，在李果面上产生类似金属锈状的木栓层，影响果品的商品价值(图5-21和图5-22)。

图5-21　李果锈病为害幼果症状

图5-22 李果锈病为害成果症状

【病　　因】在幼果期，喷施含铜的波尔多液，常可导致果锈发生，霜害、病害、机械损伤等也可引发果锈。另外，叶果摩擦，喷药时压力过大可直接破坏果实表面的角质层，使其产生果锈。

【防治方法】改善树体通风透光状况，疏花疏果，增强树势，可防止果锈严重发生。

花后喷施40%多菌灵胶悬剂600～1 000倍液，每隔10天左右喷1次，共2～3次，可代替波尔多液防治多种病害。

2．李缺铁症

【症　　状】多以新梢顶端的嫩叶开始表现症状，叶肉黄绿，叶脉仍为绿色，严重缺铁时，全树叶片黄化，结果量少，新梢枯死(图5-23和图5-24)。

图5-23 李缺铁初期症状

图5-24 李缺铁后期症状

【病　　因】土壤pH值高、石灰含量高或土壤含水量高，均易造成缺铁。磷肥、氮肥施入过多，可导致树体缺铁。另外，铜不利于铁的吸收，锰和锌过多也会加重缺铁失绿。

【防治方法】施有机肥，增加土壤中有机质含量，改良土壤结构及理化性质。盐碱地果园，注意做好浇水洗盐工作。注意各营养元素的平衡关系，容易缺铁的果园，要注意控制氮肥与磷肥的施用量。酸性土壤施石灰不要过量，过量的钙会引起缺铁失绿症状。发病严重的李树，在发芽前可喷施0.3%～0.5%硫酸亚铁溶液。

3．李缺锌症

【症　　状】在嫩梢上部形成许多细小、簇生的叶片，从枝梢最基部的叶片向上发展，叶片变窄，并发生不同程度皱叶(图5-25)，叶脉与叶脉附近淡绿色，失绿部位呈黄绿色乃至淡黄色，叶片薄似透明，质地脆，部分叶缘向上卷。缺锌严重的桃树近枝梢顶部节间呈莲座状叶，从下而上会出现落叶。果实小，果形不整，在大枝顶端的果显得果小而扁，品质低，产量低。

图5-25 李缺锌小叶症状

【病　　因】高磷土壤或施磷肥过量、土壤pH值高、极酸性土壤与砂土土壤、土壤中缺铜和缺镁都会引起缺锌。修剪过重、负载过大或伤根过多可引起缺锌。光照越强，果树对锌的需要量越多，在同一株树上阳面叶片的缺锌症状比阴面更为明显。夏季雨水多，排水不及时，致使土壤中可供锌减少。

【防治方法】砂地、盐碱地及易缺锌的土壤要注意改良土壤，增施有机肥。在果园中种植吸收锌能力强的绿肥植物如紫花苜蓿等，可以吸收利用土壤中难溶的锌，生长期再将苜蓿收获后覆盖于果园行间，提高果园土壤中的有效锌含量。秋施基肥时每株结果树施400～500g硫酸锌。发芽前10天左右，全树均匀喷施4%～5%硫酸锌液，盛花期后3周左右，喷施0.3%～0.5%硫酸锌加0.3%尿素2～3次，每隔5～8天喷1次。

4．李日烧病

【症　　状】主要发生在果实上，病斑较大，淡红紫色，圆形，稍凹陷，边缘呈不规则形，病斑中央较深，呈轮纹状褐变，果形变化不大(图5–26和图5–27)。

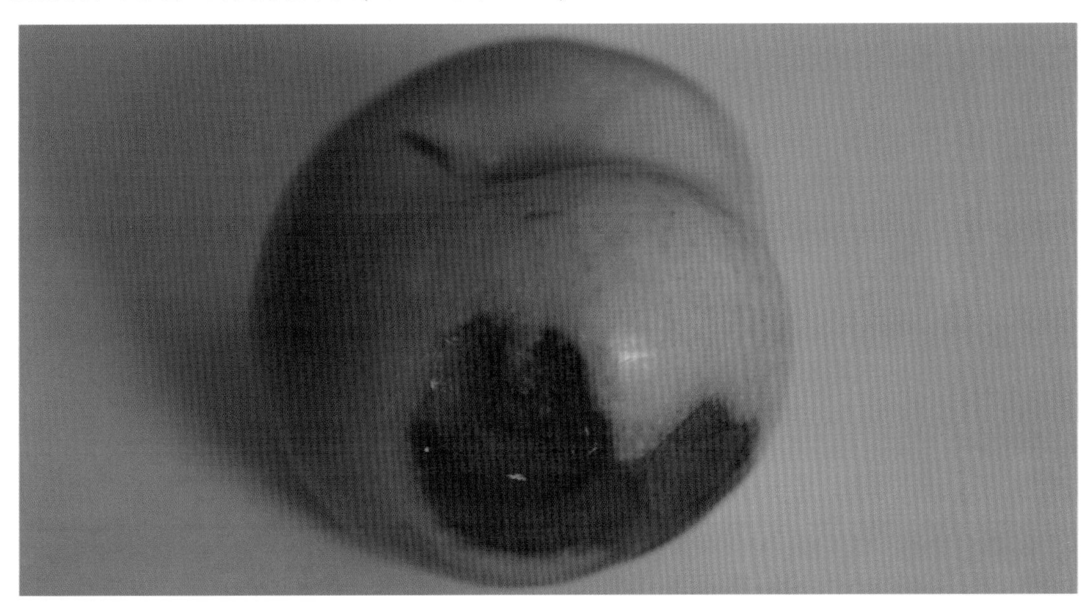

图5–26　李日烧病前期症状

图5–27　李日烧病后期症状

【病　　因】李日烧病是一种生理性病害，是由于降雨后迅速晴天高温所致。受害严重的果实一般都暴露在阳光直射的地方，在树冠上的分布也是在东南和南面较多。

【防治方法】在高温多雨季节，降雨后适当遮阴可避免果实发生日烧。

三、李树虫害

1．李小食心虫

【分布为害】李小食心虫(*Grapholitha funebrana*)属鳞翅目卷蛾科，是为害李果的主要害虫。分布于东北、华北、西北各果产地区。幼虫蛀食果实，蛀果前在果面上吐丝结网，幼虫于网下啃咬果皮再蛀入果实内，从蛀入孔流出果胶。被害果实发育不正常，果面逐渐变成紫红色，提前落果(图5-28)。

图5-28　李小食心虫为害果实症状

【形态特征】成虫身体背面灰褐色，腹面铅灰色；前翅长方形，烟灰色，翅面密布白点，近顶角及外缘的白点排列成整齐的横纹；后翅浅褐色(图5-29)。卵圆形，扁平，稍隆起，初产卵白而透明，孵化前转黄白色。老熟幼虫体玫瑰红或桃红色，腹面颜色较淡，头和前胸背板黄褐色，上有20个深褐色小斑点，腹部末端具有浅黄色臀板，腹部末端具有臀栉5 ~ 7齿(图5-30)。蛹初化蛹为淡黄色，后变褐色。茧纺锤形，污白色。

图5-29　李小食心虫成虫

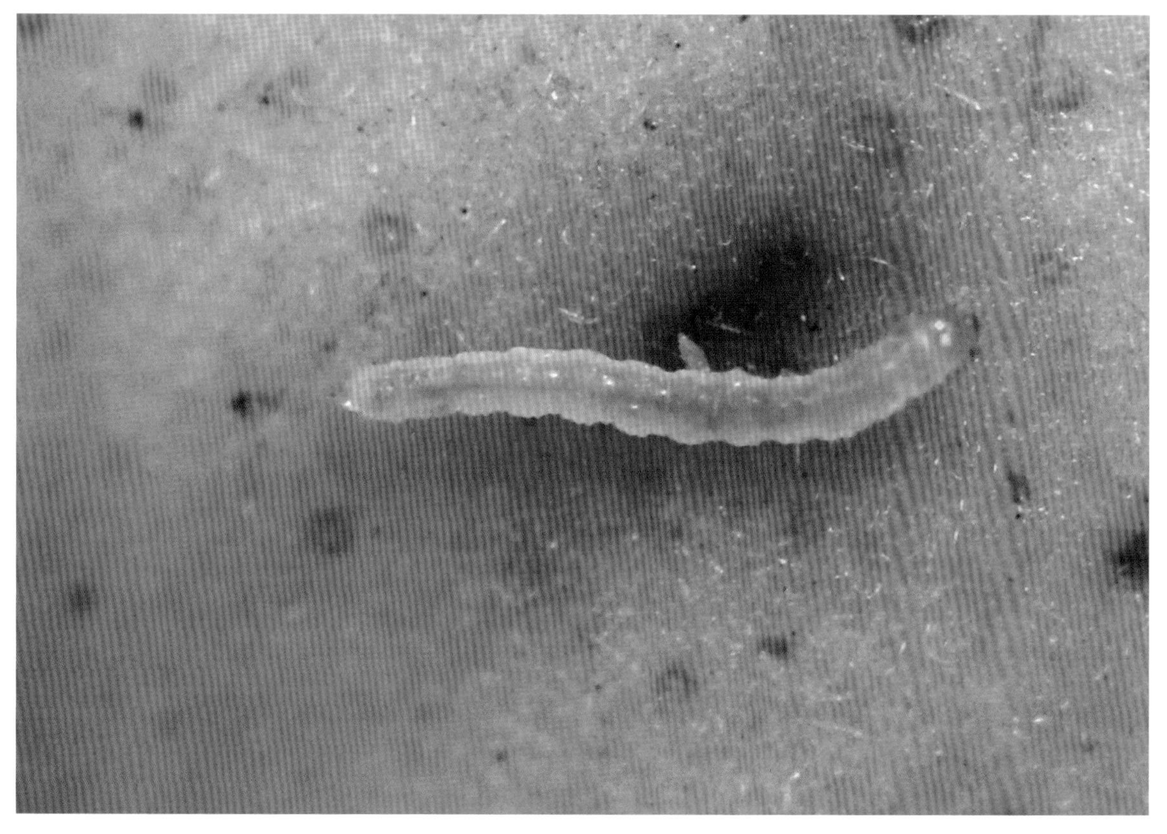

图5-30　李小食心虫幼虫

【发生规律】每年发生1～4代，以老熟幼虫在树干周围土中、杂草等地被下及树皮缝中结茧越冬。李树花芽萌动期于土中越冬者多破茧上移至地表1cm处再结茧。各地幼虫发生期：3代区5月中旬出现越冬幼虫，第1代7月上旬，第2代7月下旬；4代区4月上旬至5月上旬出现越冬幼虫，第1代6月上旬至7月上旬，第2代6月下旬至8月中旬，第3代8月上旬至9月上旬。第3代、第4代幼虫多从果梗基部蛀入，被害果多早熟脱落；末代幼虫老熟后脱果结茧越冬。

【防治方法】树冠下培土，4月下旬，在李树开花前(此时李小食心虫已全部化蛹，但尚未羽化)，在树干周围65cm范围内培土10cm并踩实，可将刚羽化的成虫闷死。

成虫羽化前李树开花前和卵孵化盛期各喷药1次，可用药剂有：

80%敌敌畏乳油800 ~ 1 000倍液；

4 000IU/mg苏云金杆菌悬乳剂200 ~ 300倍液；

50%辛硫磷乳油1 000 ~ 1 500倍液；

48%毒死蜱乳油800 ~ 1 000倍液；

2.5%溴氰菊酯乳油2 000 ~ 4 000倍液等，但注意药剂交替使用。

2．李枯叶蛾

【分布为害】李枯叶蛾(*Gastropacha quercifolia*) 属鳞翅目枯叶蛾科。分布于东北、华北、西北、华东、中南等地区。幼虫咬食嫩芽和叶片，常将叶片吃光(图5-31)，仅残留叶柄，严重影响树体生长发育。

图5-31　李枯叶蛾为害叶片症状

【形态特征】成虫全体赤褐色至茶褐色。头部色略淡，中央有一条黑色纵纹；前翅外缘和后缘略呈锯齿状；后翅短宽，外缘呈锯齿状(图5-32)。卵近圆形，绿至绿褐色、带白色轮纹。幼虫稍扁平，暗褐至暗灰色，疏生长短毛。蛹深褐色，外被暗灰色或暗褐色丝茧，上覆有幼虫的体毛(图5-33)。茧长椭圆形，丝质，暗褐至暗灰色。

图5-32　李枯叶蛾成虫

图5-33　李枯叶蛾幼虫

【发生规律】东北一年发生1代，河南2代，以低龄幼虫伏在枝上和皮缝中越冬。翌春李树发芽后出蛰食害嫩芽和叶片，常将叶片吃光仅残留叶柄；6月中旬至8月产生成虫。卵多产于枝条上，幼虫孵化后食叶，发生1代者幼虫达2～3龄便伏于枝上或皮缝中越冬；发生2代者幼虫为害至老熟结茧化蛹、羽化，第2代幼虫达2～3龄便进入越冬状态。成虫体扁，体色与树皮色相似，停息时两翅合拢，形态似枯叶状，故不易发现。

【防治方法】结合果园管理或修剪，捕杀幼虫，就地消灭。

越冬幼虫出蛰盛期及第一代卵孵化盛期后是施药的关键时期，可用下列药剂：

50%马拉硫磷乳油1 000～1 500倍液；

20%菊・马(氰戊菊酯・马拉硫磷)乳油2 000～3 000倍液；

20%甲氰菊酯乳油 2 000～2 500倍液；

1.8%阿维菌素乳油3 000～4 000倍液等。

3. 李实蜂

【分布为害】李实蜂(*Hoplocampa fulvicornis*) 属膜翅目叶蜂科。在华北、华中、西北等李果产区均有发生。从花期开始，幼虫蛀食花托、花萼和幼果，常将果肉、果核食空，将虫粪堆积在果内，造成大量落果(图5–34)。

图5–34 李实蜂蛀食幼果孔洞症状

【形态特征】成虫为黑色小蜂(图5–35)，口器为褐色；触角丝状，雌蜂暗褐色，雄蜂深黄色；中胸背面有“乂”字形纹；翅透明，棕灰色，雌蜂翅前缘及翅脉为黑色。卵椭圆形，乳白色。幼虫黄白色(图5–36)。蛹为裸蛹，羽化前变黑色。

图5-35 李实蜂成虫

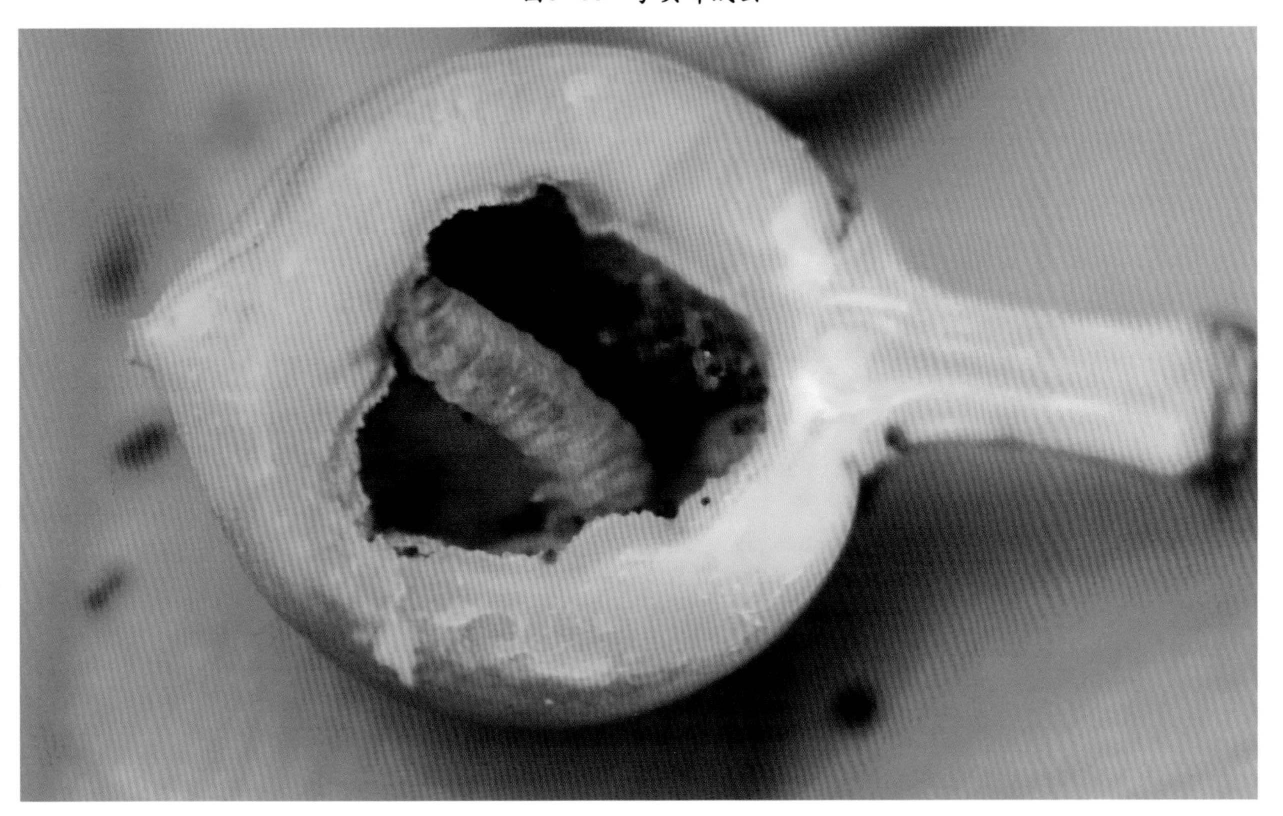

图5-36 李实蜂幼虫及为害幼果症状

【发生规律】一年发生1代，以老熟幼虫在土壤内结茧越冬，休眠期达10个月。翌年3月下旬，李树萌芽时化蛹，李树花期成虫羽化，成虫产卵于李树花托或花萼表皮下。幼虫孵出后爬入花内，蛀入果核内部为害，无转果习性，果内被蛀空，堆积虫粪，幼虫老熟后落地结茧越夏并越冬休眠。

【防治方法】在被害果脱落前，将其摘除，集中处理，消灭幼虫。李实蜂的防治关键时期是花期。

于成虫产卵前，喷洒50%敌敌畏乳油或50%杀螟硫磷乳油1 000倍液，毒杀成虫。李树始花期和落花后，各喷施1次，可用下列药剂：

30%乙酰甲胺磷乳油1 000～1 500倍液；

5%顺式氯氰菊酯乳油2 000～3 000倍液；

10%氯氰菊酯乳油2 000～2 500倍液；

20%氰戊菊酯乳油2 500～3 000倍液，注意喷药质量，只要均匀、周到、细致，就会收到很好的防治效果。

4．桃蚜

【分布为害】桃蚜(*Myzus persicae*)，属同翅目蚜科。分布于全国各地。以成虫、若虫群集新梢和叶片背面为害，被害部分呈现小的黑色、红色和黄色斑点，使叶片逐渐变白，向背面扭卷呈螺旋状(图5–37)，引起落叶，新梢不能生长，影响产量及花芽形成，削弱树势(图5–38和图5–39)。蚜虫排泄的蜜露，常造成烟煤病。

图5–37　桃蚜为害李叶片症状

图5–38　桃蚜为害李顶梢症状

图5-39 桃蚜为害李新梢症状

【形态特征】参考桃树虫害——桃蚜。

【发生规律】参考桃树虫害——桃蚜。

【防治方法】参考桃树虫害——桃蚜。

5．桃粉蚜

【分布为害】桃粉蚜(*Hyalopterus amygdali*)，属同翅目粉蚜科。在南北各桃产区均有发生，以华北、华东、东北各地为主。春夏之间经常和桃蚜混合发生为害叶片。成虫、若虫群集于新梢和叶背刺吸汁液，受害叶片呈花叶状，增厚，叶色灰绿或变黄，向叶背后对合纵卷，卷叶内虫体被白色蜡粉。严重时叶片早落，新梢不能生长。排泄蜜露常致煤污病(图5-40和图5-41)。

图5-40 桃粉蚜为害李叶片症状

图5-41 桃粉蚜为害李新梢症状

【形态特征】参考桃树虫害——桃粉蚜。

【发生规律】参考桃树虫害——桃粉蚜。

【防治方法】参考桃树虫害——桃粉蚜。

6．桑白蚧

【分布为害】桑白蚧(*Pseudaulacaspis pentagona*)，属同翅目盾蚧科。分布遍及全国，是为害最普遍的一种介壳虫。以若虫和成虫群集于主干、枝条上，以口针刺入皮层吸食汁液，也有在叶脉或叶柄、芽的两侧寄生，造成叶片提早硬化(图5-42和图5-43)。

图5-42 桑白蚧为害李枝条症状

图5-43 桑白蚧为害李枝干症状

【形态特征】参考桃树虫害——桑白蚧。

【发生规律】参考桃树虫害——桑白蚧。

【防治方法】参考桃树虫害——桑白蚧。

7. 金毛虫

【分布为害】金毛虫(*Prothesia similes xanthocampa*)，属鳞翅目毒蛾科。国内分布较普遍。幼虫喜食嫩叶，将叶咬食成缺刻或孔洞，甚至食光或仅剩叶脉。

【形态特征】成虫全体白色，复眼黑色，前翅后缘近臀角处有一块褐色斑纹；雌蛾腹部末端有黄毛；雄蛾腹部后半部均有黄毛(图5-44)。卵球形，灰黄色，数十粒排成带状卵块，表面覆有雌虫腹末脱落的黄毛(图5-45)。幼虫老熟时体黄色，头黑褐色，背线红色，体背各节有两对黑色毛瘤，腹部第一、第二节中间两个毛瘤合并成横带状毛块(图5-46)。蛹褐色，茧灰白色，覆有幼虫体毛。

图5-44 金毛虫成虫

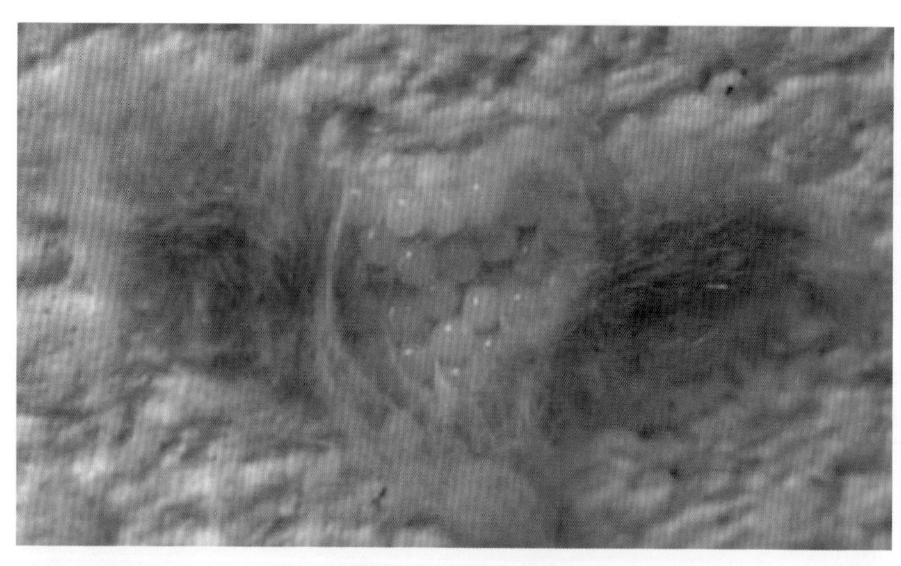

图5-45 金毛虫卵

图5-46 金毛虫幼虫

【发生规律】一年发生2～3代。以低龄幼虫在枝干裂缝和枯叶内作茧越冬。翌春，越冬幼虫出蛰为害嫩芽及嫩叶，5月下旬至6月中旬出现成虫，第2代幼虫在8月上旬，第3代幼虫在9月中旬，10月上旬第3代幼虫寻找合适场所结茧越冬。雌蛾将卵数十粒聚产在枝干上，外覆一层黄色绒毛。刚孵化的幼虫群集啃食叶肉，长大后即分散为害叶片。第2代成虫出现在7月下旬至8月下旬，经交尾产卵，孵化的幼虫取食不久，即潜入树皮裂缝或枯叶内结茧越冬。

【防治方法】在越冬前(即10月上旬)在树干上绑草把，引诱幼虫潜伏越冬。早春可解除集中处理。也可刮除树皮，清扫果园落叶，消灭越冬幼虫。在发生为害初期，及时摘除卵块。小幼虫群集为害未分散之前，摘掉虫叶，杀灭幼虫。

幼虫发生为害期，可喷施下列药剂：

8 000IU/mg苏云金杆菌可湿性粉剂400～600倍液；

25%灭幼脲悬浮剂2 000～2 500倍液；

20%抑食肼可湿性粉剂1 000倍液；

20%甲氰菊酯乳油1 000 ~ 2 000倍液；

5%顺式氰戊菊酯乳油1 000 ~ 2 000倍液；

10%醚菊酯悬浮剂800 ~ 1 500倍液；

20%氰戊菊酯乳油1 000 ~ 2 000倍液；

2.5%氯氟氰菊酯乳油2 000 ~ 3 000倍液。

虫口数量大时喷洒下列药剂：

52.25%氯氰菊酯·毒死蜱乳油1 000倍液；

10%吡虫啉可湿性粉剂2 000 ~ 3 000倍液。

四、李树各生育期病虫害防治技术

李树有许多病虫害为害严重。在李果实收获后，要认真总结李树病虫害发生情况，分析病虫害的发生特点，拟订翌年的病虫害防治计划，及早采取防治方法。

(一)李树休眠期管理及病虫害防治技术

华北地区李树从10月中下旬到第二年的3月处于休眠期(图5–47)，多数病虫也停止活动，一些病虫在病残枝、叶、树干上越冬。

图5–47　李树休眠期生长情况

李树休眠期管理主要是整枝修剪、深翻清园、防治病虫害。

冬季修剪，对挂果多的树，要注意抬高角度；对它的发育枝可以轻剪缓放，使其多结果，待结果后及时回缩，以免树的下部光秃；还要注意结果枝组的培养，除结果枝外，要在下部留预备枝，以控制或调节枝组的结果范围，也有利于更新。

清洁果园，凡剪、锯下来的树杈，均应及时清除出园。全园翻耕，疏松土壤，破坏地下越冬害虫生存环境；剪除病虫枯枝，对周围杂草全部铲除，将枯枝、落叶、病虫枝、杂草集中烧毁。

对树干进行刷白；刮除树上流胶，用80%乙蒜素乳油100倍液涂抹病部；萌芽前，全园喷1次29%石硫合剂水剂50～100倍液，减少病源；开好排水沟，防止渍水等措施都可减少病虫基数。

肥料准备，将堆好的厩肥、圈肥运到树下。

(二)李树萌芽开花期管理及病虫害防治技术

3月下旬到4月上旬，华北地区大部分品种的李树进入萌芽开花期(图5-48)。由于花粉、花蕊对很多药剂敏感，一般不适合喷洒化学农药。但这一时期是疏花、保花、疏果、定果的重要时期，要根据花量、树体长势、营养状况，确定疏花定果措施，保证果树丰产与稳产。

图5-48 李树开花期生长情况

对上一年秋天没施基肥的树，应于本月土壤解冻时立即补施。一般结果树每株施圈肥100kg左右，幼树每株施25～30kg。施肥量，一般应随树龄的增长而逐渐增加。整修好灌水渠道，以防跑水。

树芽膨大时，开始喷29%石硫合剂水剂50～100倍液，以防治越冬害虫。要求将整个树体全面喷施，要使枝芽全喷到药。

疏花措施，花芽多且许多品种坐果结实率高，特别是成年树坐果极易超越负载量。结果过多必然产生大量小果，降低果实品质和果实利用率，应注意及时疏花、疏果，一般在盛花期后疏花效果最好。

保花保果措施，由于开花较早，在生产中常因为阴雨、大风、寒冷天气而影响正常的开花与授粉；或由于去年花芽形成时受到某些因素的影响，花芽较少。一般要采取措施，提高授粉率，减少落花，从而保证高产与稳产。同时，花期采取措施保花最为简捷有效。根据开花情况、天气情况，一般可在花期人工放蜂，盛花期喷布0.3% ~ 0.5%硼砂溶液+0.3%尿素溶液，或0.3% ~ 0.5%硼砂溶液+0.1%砂糖溶液，在中心花开放6% ~ 7%时喷洒一次，可以起到保花效果，并能促使花粉萌发、防治桃缩果病。

李树开花前，为防治金龟子、李实蜂等害虫，应该喷一次杀虫剂：5%顺式氯氰菊酯水乳剂2 000 ~ 3 000倍液、10%氯氰菊酯乳油2 000 ~ 2 500倍液、20%氰戊菊酯乳油2 500 ~ 3 000倍液。

(三)李树幼果期管理及病虫害防治技术

5月正值生理落果和幼果快速生长阶段，新梢易旺长(图5-49)，病虫害开始大发生，夏剪、疏果及病虫害防治等工作必须及时进行，万万不可大意。

图5-49 李树幼果期生长情况

用沟施法追施化肥，沟深10cm、宽15cm，盛果期平均每株追施磷肥1 ~ 1.5kg。施肥后及时覆土。枝条过密处，应疏去一部分以利于通风透光。人工除草或使用化学除草剂，将杂草除净。

对落果不严重的品种如一串铃李等进行疏果。留果的距离，按照果型大小，以互不影响而能错开生长为标准。要先疏果形不正和有伤的果。预备枝上不要留果。疏果要细致、周密，不要漏疏。

病虫防治，在树体枝干上发现天牛幼虫的排粪孔时，要及时进行刮治。在树干上涂白，防治吉丁虫卵。同时要注意食心虫的防治，可喷施下列药剂：40%马拉硫磷乳油1 000～1 500倍液、20%菊·马（氰戊菊酯·马拉硫磷）乳油、2 000～2 500倍液、20%甲氰菊酯乳油1 000～2 000倍液等。

防治蚜虫，生产中可以用下列杀虫剂：50%氟啶虫胺腈水分散粒剂1 500～2 000倍液、20%氰戊菊酯乳油2 000～4 000倍液、20%甲氰菊酯乳油2 000～3 000倍液、0.5%苦参碱水剂1 000～2 000倍液、1.8%阿维菌素乳油2 000～4 000倍液等喷雾。

防治李红点病，可喷施下列药剂：50%多菌灵可湿性粉剂500倍液、50%异菌脲可湿性粉剂1 000倍液、40%氟硅唑乳油8 000倍液、10%苯醚甲环唑水分散粒剂2 500倍液等。

防治李褐腐病，喷施下列药剂：70%甲基硫菌灵可湿性粉剂800～1 000倍液、50%多菌灵可湿性粉剂1 000倍液、50%腐霉利可湿性粉剂1 000倍液、50%苯菌灵可湿性粉剂1 500倍液等。

（四）李树果实成熟期管理及病虫害防治技术

6月中下旬以后，李开始成熟采摘(图5–50)。夏剪第一次摘心后新生的副梢长到60cm左右时摘心。发育枝长到0.8～1m长时摘心，或留至副梢处；没有副梢的，可以轻剪，以充实枝条，如过多则应疏去一部分；如果枝条不过密，不妨碍膛内通风透光，则应尽量少疏多控制。

图5–50　李树果实成熟期生长情况

防治病虫，该时期为害较重的病虫有食心虫、褐腐病等，可参考上述药剂防治。

此时，各品种的李子相继成熟，要求果实的上色面达到4/5即达九成熟时进行采收。

(五)李树果实采收后管理及病虫害防治技术

7月以后，李相继成熟、采摘，这时树势较弱，开始进入营养恢复期(图5-51)。这段时间是营养积累和花芽分化的关键时期，管理好坏直接影响到李树的越冬防寒能力及第二年的生长结果。

图5-51 李树果实采收后生长情况

清洁果园把修剪下来的枝、叶清理干净并运至园外。此时正是大青叶蝉产卵期，要注意观察和防治。新梢完全停止生长时，每亩施钾肥1kg左右、磷肥1 ~ 1.5kg。

树体保护刮皮、涂白，防治过冬的病虫。

第六章　杏树病虫害

杏树属于蔷薇科落叶乔木，原产于我国新疆，现已广泛分布到华北各地，主要产区集中在河北、北京、内蒙古、辽宁和甘肃等地，初步统计面积为67万hm^2，产量约80万t。

杏树的病虫害是制约其丰产与丰收的重要因素，已发现的病虫害有100多种，一般年份损失10%～20%，流行年份可达50%～60%。其中，病害有30多种，为害较严重的有杏疔病、疮痂病、褐腐病、细菌性穿孔病等；虫害有70多种，分布较广泛的有杏象甲、杏仁蜂、桃蚜、桑白蚧等。

一、杏树病害

1. 杏疔病

【分布为害】杏疔病是杏树的主要病害，主要分布在我国北方杏产区。

【症　　状】主要为害新梢、叶片，也为害花和果实。发病新梢生长缓慢。节间短粗，叶片簇生。病梢表皮初为暗褐色，后变为黄绿色，病梢常枯死。叶片变黄、增厚，呈革质。以后病叶变红黄色，向下卷曲。最后病叶变黑褐色，质脆易碎，但成簇留在枝上不易脱落(图6–1和图6–2)。花受害后不易开放，花蕾增大，萼片及花瓣不易脱落。果实染病后生长停止，果面有淡黄色病斑，其上散生黄褐色小点。后期病果干缩，脱落或挂在枝上。

图6–1　杏疔病为害新梢症状

图6-2 杏疔病整株受害状

【病 原】*Polystigma deformans* 称杏疔座霉，属子囊菌亚门真菌(图6-3)。子座生于叶内，扩散型，橙黄色，上生黑色圆点状分生孢子器。性孢子线形，弯曲，单胞，无色。子囊壳近球形。子囊棍棒形，内生8个子囊孢子；子囊孢子单胞，无色，椭圆形。

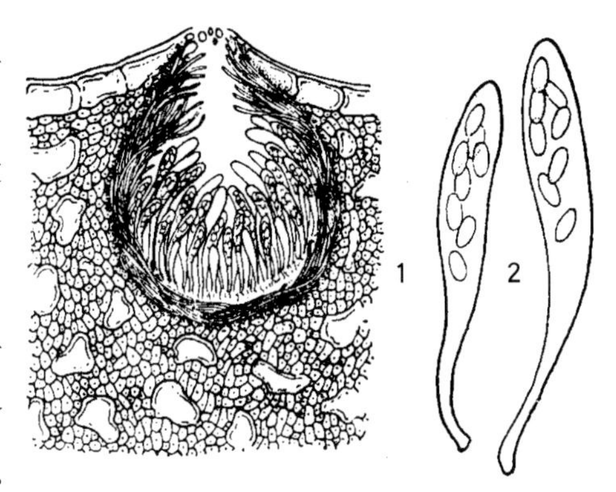

图6-3 杏疔病病菌
1.子囊壳；2.子囊及子囊孢子

【发生规律】以子囊壳在病叶上越冬，第2年春天子囊孢子从子囊中释放出来，借风雨或气流传播到幼芽上，遇到适宜条件很快萌发并侵入幼枝。随着幼芽及新叶的生长，菌丝在组织内蔓延，继而侵染叶片。5月间出现症状，新梢长到10～20cm时症状最明显。该病一年只发生1次，没有第2次侵染。

【防治方法】在秋、冬结合树形修剪，剪除病枝、病叶，清除地面上的枯枝落叶，并烧毁。生长季节出现症状时亦进行清除，连续清除2～3年，可有效地控制病情。

在杏树冬季修剪后到萌芽前(3月上中旬)，对树体全面喷5波美度石硫合剂。

对没有彻底清除病枝的地区，可在杏树展叶时喷下列药剂：

1∶1.5∶200倍式波尔多液；

30%碱式硫酸铜悬浮剂300～500倍液；

70%甲基硫菌灵可湿性粉剂800～1 000倍液，间隔10～15天喷1次，防治1～2次，效果良好。连续2～3年全面清理病枝、病叶的杏园可完全控制杏疔病。

2. 杏褐腐病

【分布为害】杏褐腐病主要分布于河北、河南等地区。多雨年份，如蛀果害虫严重，褐腐病常流行发生，引起大量烂果、落果。

【症　　状】可侵害花、叶及果实，尤以果实受害最重。花器受害，变褐萎蔫，多雨潮湿时迅速腐烂，表面丛生灰霉。嫩叶受害，多自叶缘开始变褐，迅速扩展全叶，使叶片枯萎下垂，如霜害状。幼果至成熟期均可发病，尤以近成熟期发病最严重(图6–4)。病果最初产生褐色圆形病斑，果肉变褐软腐，病果腐烂后易脱落，也可失水干缩变成褐色或黑色僵果，悬挂在树上经久不落(图6–5和图6–6)。

图6–4　杏褐腐病为害果实初期症状

图6–5　杏褐腐病为害果实中期症状

图6-6 杏褐腐病为害果实后期症状

【病　　原】无性世代为*Monilia cinerea*，称灰丛梗孢，属无性型真菌；有性世代为*Monilia laxa*，称核果链核盘菌，属子囊菌门真菌。子囊盘漏斗状或盘状，柄褐色，盘色较浅；子囊圆筒形；子囊孢子无色，椭圆形。分生孢子无色，椭圆形或柠檬形。病菌生育温限1～30℃，25℃最适。

【发生规律】以菌丝体在僵果和病枝溃疡处越冬。第二年春季，病菌在僵果和病枝处产生分生孢子，依靠风雨和昆虫传播，引起初侵染。分生孢子萌发后，由皮孔和伤口侵入树体。在适宜的条件下，继续产生分生孢子，引起再侵染。从5月中旬果实着色期开始发病，迅速蔓延，至5月下旬达发病高峰。多雨高湿条件适于病害发生。

【防治方法】在春、秋两季，彻底清除僵果和病枝，并集中烧毁。秋季深翻土壤，将有病枝条和树体深埋地下或烧毁。防止果实产生伤口，及时防治害虫，以减少虫伤，防止病菌从伤口侵入。

早春发芽前喷5波美度石硫合剂。

在落花以后幼果期，可喷施下列药剂：

65%代森锌可湿性粉剂400～500倍液；

80%代森锰锌可湿性粉剂600～800倍液；

72%福美锌可湿性粉剂400～600倍液；

75%百菌清可湿性粉剂600～800倍液，能有效地控制病情蔓延，间隔10～15天喷1次，连续3次。

于果实近成熟时，可喷施下列药剂：

50%苯菌灵可湿性粉剂1 000～1 500倍液；

70%甲基硫菌灵可湿性粉剂800～1 000倍液。

3．杏细菌性穿孔病

【分布为害】杏细菌性穿孔病是杏树常见的叶部病害，在全国各杏产区均有发生。

【症　　状】主要侵染叶片，也能侵染果实和枝梢。叶片发病，开始在叶背产生水渍状淡褐色小斑点，扩大后呈圆形或不规则形病斑，紫褐色至黑褐色，周围具有水渍状黄绿色晕圈；后期病斑干枯，与周围健康组织交界处出现裂纹，脱落穿孔(图6–7至图6–10)。枝条发病后，形成春季和夏季两种溃疡斑。春季溃疡斑发生在上年夏季长出的枝条上，形成暗褐色小疱疹，常造成枝条枯死，病部表皮破裂后，病菌溢出菌液，传播蔓延。夏季溃疡斑发生在当年生嫩梢上以皮孔为中心形成暗紫色水渍状斑点，后变成褐色，圆形或椭圆形，稍凹陷，边缘呈水渍状病斑，不易扩展，很快干枯。果实受害，病斑黑褐色，边缘水浸状，最后病斑边缘开裂翘起。

图6–7　杏细菌性穿孔病为害叶片初期症状

图6–8　杏细菌性穿孔病为害叶片初期叶背症状

图6-9 杏细菌性穿孔病为害叶片中期症状

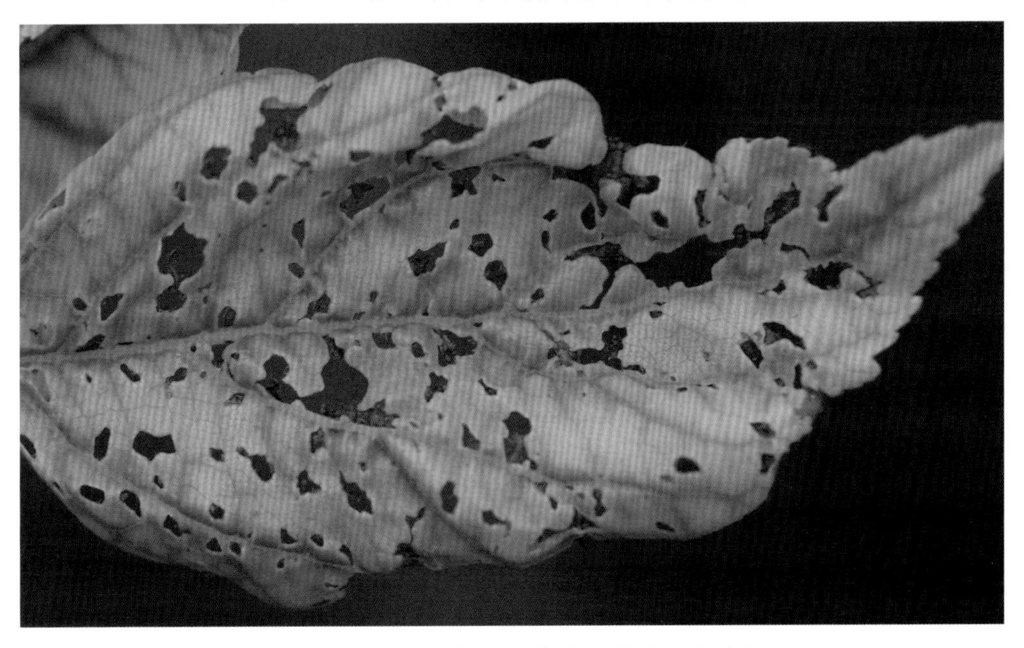

图6-10 杏细菌性穿孔病为害叶片后期症状

【病　　原】*Xanthomonas campestris* pv. *pruni* 称野油菜黄单胞菌桃李致病变种，属薄壁菌门细菌。菌体短杆状，极生单鞭毛，有荚膜，无芽孢。革兰氏染色阴性。发育最适温度为24～28℃，最高38℃，最低7℃，致死温度51℃。

【发生规律】病菌在被害枝条组织中越冬，翌春病组织内细菌开始活动，杏树开花前后，病菌从病组织中溢出，借风雨或昆虫传播，经叶片的气孔、枝条的芽痕和果实的皮孔侵入。春季溃疡是该病的主要初侵染源。夏季气温高，湿度小，溃疡斑易干燥，外围的健全组织很容易愈合。该病一般于5月出现，

7—8月发病严重。果园地势低洼，排水不良，通风、透光差，偏施氮肥发病重。

【防治方法】加强果园管理，增强树势。注意排水，增施有机肥，避免偏施氮肥，合理修剪，使杏园通风透光，以增强树势，提高树体抗病力。清除越冬菌源，秋后结合冬季修剪，剪除病枝，清除落叶，集中烧毁。

发芽前喷29%石硫合剂水剂100倍液或45%晶体石硫合剂30倍液、1∶1∶100倍式波尔多液、30%碱式硫酸铜悬浮剂400～500倍液。

展叶后至发病前(5－6月)是防治的关键时期，可喷施下列药剂：

3%中生菌素可湿性粉剂300～400倍液；

33.5%喹啉铜悬浮剂1 000～1 500倍液；

2%宁南霉素水剂500～600倍液；

86.2%氧化亚铜悬浮剂1 500～2 000倍液等，间隔7～10天喷1次，共喷2～4次。

4．杏黑星病

【分布为害】杏黑星病主要分布在我国北方地区。

【症　　状】主要为害果实，也可侵害枝梢和叶片。果实发病多在果实肩部，先出现暗绿色圆形小斑点，发生严重时病斑聚合连片呈疮痂状，至果实近成熟时病斑变为紫黑色或黑色，随果实增大果面往往龟裂(图6–11至图6–13)。枝梢染病后，出现浅褐色椭圆形斑点(图6–14)，边缘带紫褐色，后期变为黑褐色稍隆起，并常流胶，表面密生黑色小粒点。叶片发病多在叶背面叶脉之间，初时出现不规则形或多角形灰绿色病斑，渐变褐色或紫红色，最后病斑干枯脱落形成穿孔，严重时落叶。

图6–11　杏黑星病为害果实初期症状

图6-12 杏黑星病为害果实中期症状

图6-13 杏黑星病为害果实后期症状

图6-14　杏黑星病为害枝梢症状

【病　　原】无性世代*Fusicladium carpophilum* 称嗜果黑星孢，属无性型真菌；有性世代*Venturia carpophila* 称嗜果黑星菌，属子囊菌门真菌。分生孢子梗短，簇生，不分枝，暗褐色，有分隔，稍弯曲。分生孢子单生或呈短链状，单胞。

【发生规律】以菌丝体在杏树枝梢的病部越冬。翌年4—5月产生分生孢子，经风雨传播。分生孢子萌发产生的芽管，可以直接穿透寄主表皮的角质层而入侵。一般从6月开始发病，7—8月为发病盛期。多雨、高温利于发病。春夏季降雨多少是决定该病能否大发生的主要条件。果园低洼潮湿或枝条郁闭，通风透光不良可促进该病发生。

【防治方法】秋冬季结合修剪清除树上病枝梢，集中烧毁，减少菌源。生长季适当整枝修剪，剪除徒长枝，增进树冠内通风透光，降低湿度，减轻发病。

春季萌芽前喷29%石硫合剂水剂100倍液、45%晶体石硫合剂30倍液，清除枝梢上的越冬菌源。

落花后15天是防治的关键时期，可选用下列药剂：

70%甲基硫菌灵·代森锰锌可湿性粉剂800～1 000倍液；

3%中生菌素可湿性粉剂600～800倍液；

75%百菌清可湿性粉剂800～1 200倍液＋70%甲基硫菌灵可湿性粉剂800～1 000倍液；

80%代森锰锌可湿性粉剂800～1 200倍液＋50%多菌灵可湿性粉剂800～1 000倍液；

80%代森锰锌可湿性粉剂800～1 200倍液＋70%甲基硫菌灵可湿性粉剂800～1 000倍液，均匀喷施。

病害发生初期(图6-15)，可喷施下列药剂：

图6－15　杏黑星病为害初期症状

50%苯菌灵可湿性粉剂1 500～1 800倍液；

50%嘧菌酯水分散粒剂5 000～7 000倍液；

25%吡唑醚菌酯乳油1 000～3 000倍液；

10%苯醚甲环唑水分散粒剂1 500～2 000倍液；

40%氟硅唑乳油8 000～10 000倍液；

40%腈菌唑水分散粒剂6 000～7 000倍液；

30%氟菌唑可湿性粉剂2 000～3 000倍液；以上药剂交替使用，效果更好。间隔10～15天喷药1次，共3～4次。

5．杏树腐烂病

【症　　状】主要为害枝干。症状分溃疡型和枝枯型两种，基本与苹果树腐烂病相同(图6–16)。天气潮湿时，从分生孢子器中涌出的卷须状孢子角呈橙红色，秋季形成子囊壳。

图6－16　杏树腐烂病枝枯型症状

【病　　原】有性世代为*Valsa japonica*，称日本黑腐皮壳，属子囊菌门真菌。无性世代为*Cytospora* sp，系一种壳囊孢，属无性型真菌。子座直径3～5mm，子囊壳球形，具长喙；子囊圆筒形或棍棒形；子囊孢子圆筒形，稍弯曲。

【发生规律】以菌丝、分生孢子座在病部越冬。翌春产生分生孢子角，经雨水冲溅放射出分生孢子，随风雨、昆虫传播，从伤口侵入，潜伏为害。杏树腐烂病从初春至晚秋均可发生，以4－6月发病最盛。地势低洼，土壤黏重；施肥不足或不当，尤其是磷钾肥不足、氮肥过多，以及树体郁闭、负载量过大或受冻害均易诱发腐烂病。

【防治方法】加强栽培管理，增强树势，注意疏花疏果，使树体负载量适宜，减少各种伤口。

及时治疗病疤。主要有刮治和划道涂治。刮治是在早春将病斑坏死组织彻底刮除，并刮掉病皮四周的一些好皮。涂治是将病部用刀纵向划0.5cm宽的痕迹，然后于病部周围健康组织1cm处划痕封锁病菌以防扩展。刮皮或划痕后可涂抹50%福美双可湿性粉剂50倍液+2%平平加(煤油或洗衣粉)、3%甲基硫菌灵糊剂200～300g/m^2、70%甲基硫菌灵可湿性粉剂30倍液。

6．杏树侵染性流胶病

【症　　状】主要发生在枝干上，枝条也有发生。初期病部膨胀，随后陆续分泌出褐色透明的树胶(图6-17和图6-18)。流胶严重的枝干，树皮干裂，布满胶质块，干枯坏死，树势衰弱，甚至整枝枯死。当年新梢被害，以皮孔为中心，产生大小不等的病斑，亦有流胶现象。

图6－17　杏树侵染性流胶病为害枝干初期症状

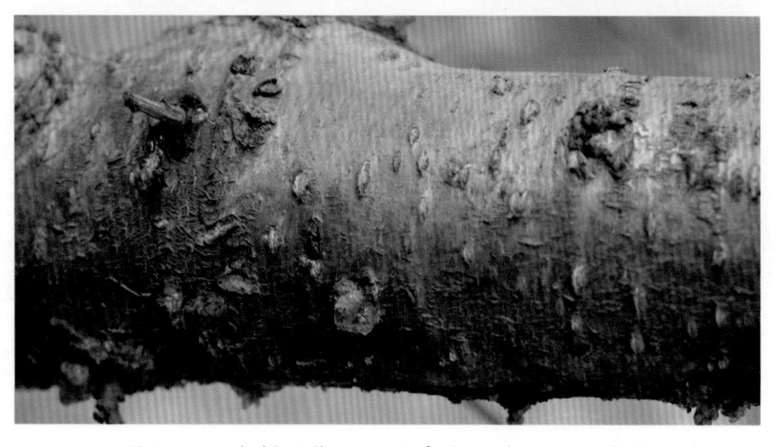

图6－18　杏树侵染性流胶病为害枝干后期症状

【病　　原】有性世代*Botryosphaeria dothidea* 称葡萄座腔菌，属子囊菌门真菌。无性世代*Fusicoccum aesculi* Corda 称七叶树壳梭孢。子座球形或扁球形，黑褐色，革质。分生孢子梗短，不分枝。分生孢子单胞，无色，椭圆形或纺锤形。子囊腔成簇。子囊棍棒状，壁较厚，双层，有拟侧丝。子囊孢子为单胞，无色，卵圆形或纺锤形，两端稍钝，多为双列。

【发生规律】以菌丝体、分生孢子器在病枝里越冬，次年3月下旬至4月中旬散发分生孢子，随风雨传播，主要经伤口侵入，也可从皮孔及侧芽侵入。一年中有两个发病高峰，第1次在5月上旬至6月上旬，第2次在8月上旬至9月上旬，以后就不再侵染为害。因此防治此病以新梢生长期为好。雨季，特别是长期干旱后偶降暴雨，流胶病严重。

【防治方法】加强果园管理，增强树势。增施有机肥，低洼积水地注意排水，改良土壤，盐碱地要注意排盐，合理修剪，减少枝干伤口。预防病虫伤。

早春发芽前将流胶部位病组织刮除，然后涂抹45%晶体石硫合剂30倍液，或喷29%石硫合剂50～100倍液，或用1：1：100等量式波尔多液，铲除病原菌。

生长期于4月中旬至7月上旬，每隔20天用刀纵横划病部，深达木质部，然后用毛笔蘸药液涂于病部。可用下列药剂：

70%甲基硫菌灵可湿性粉剂800～1 000倍液+65%代森锌可湿性粉剂300～500倍液；

80%乙蒜素乳油50～100倍液；

1.5%多抗霉素水剂60～100倍液。

7．杏炭疽病

【症　　状】主要为害果实，开始产生淡褐色圆形病斑，逐渐扩展为凹陷病斑，病斑周围黑褐色，中央淡褐色(图6–19和图6–20)。后期病斑中间出现粉红色黏稠状物，全果发病后期呈干缩状。

图6–19　杏炭疽病为害果实初期症状

图6-20　杏炭疽病为害果实后期症状

【病　　原】*Colletotrichum gloeosporioids* 称胶孢炭疽孢，属无性型真菌。分生孢子梗为单线状，单胞，无色。分生孢子长椭圆形，单胞，无色，内含2个油球。

【发生规律】病菌主要以菌丝体在病梢组织内越冬，也可以在树上的僵果中越冬。第二年春季形成分生孢子，借风雨、昆虫传播，侵害幼果及新梢，引起初次侵染。以后于新生的病斑上产生孢子，引起再次侵染。感染只限于降雨期间，雨水多，病害严重。幼果期病害进入高峰期，使幼果大量腐烂和脱落。在我国北方，7－8月是雨季，病害发生较多。管理粗放、留枝过密、树冠郁闭、树势衰弱、排水不良、土壤黏重的果园，发病较重。

【防治方法】清除病枝病果，结合冬剪，剪除树上的病枝、僵果及衰老细弱枝组；结合春剪，在早春芽萌动到开花前后及时剪除初发病的枝梢，对卷叶症状的病枝也应及时剪掉，然后集中深埋或烧毁，以减少初侵染来源。加强栽培管理，搞好开沟排水工作，防止雨后积水，以降低园内湿度。

果树萌芽前，喷29%石硫合剂50～100倍液、1：1：100倍式波尔多液，间隔1周再喷1次(展叶后禁喷)，铲除病源。

开花前，喷布下列药剂：

70%甲基硫菌灵可湿性粉剂1 000～1 500倍液；

50%多菌灵可湿性粉剂600～800倍液；

75%百菌清可湿性粉剂800～1 000倍液；

50%克菌丹可湿性粉剂400～500倍液，每隔10～15天喷洒1次，连喷3次。

落花后的喷药保护幼果是防治关键，常用药剂有：

65%代森锌可湿性粉剂500～600倍液+50%多菌灵可湿性粉剂500～600倍液，间隔10～15天喷药1次，共3～4次。

8. 杏树根癌病

【症　　状】主要发生在根颈部，也发生于侧根和支根。根部被害后形成癌瘤。开始时很小，随植株生长不断增大。瘤的形状不一致，通常为球形或扁球形(图6–21)。瘤的大小不等，小的如豆粒，大的如胡桃、拳头，最大的直径可达数寸(1寸≈0.0333m)至1尺(1尺≈0.333m)。在苗木上，癌瘤绝大多数发生于接穗与砧木的愈合部分。初生时为乳白色或略带红色，光滑，柔软。后逐渐变呈褐色乃至深褐色，木质化而坚硬，表面粗糙或凹凸不平。患病的苗木根系发育不良，细根特别少。地上部分的发育显著受到阻碍，结果生长缓慢，植株矮小。被害严重时，叶片黄化，早落。成年果树受害后，果实小，树龄缩短。

图6–21　杏树根癌病为害苗木根部症状

【病　　原】*Agrobacterium tumefaciens* 称根癌土壤杆菌，属原核生物界薄壁菌门细菌。菌体短杆状，两端略圆，单生或链生，具1~4根周生边毛，有荚膜，无芽孢。革兰氏染色阴性。

【发生规律】病菌在癌瘤组织的皮层内及土壤中越冬。通过雨水、灌溉水和昆虫进行传播。带菌苗木能远距离传播。病菌由伤口侵入，刺激寄主细胞过度分裂和生长形成癌瘤。潜育期2~3个月或一年以上。

病害的发生与土壤温度、湿度及酸碱度密切相关。22℃左右的土壤温度和60％的土壤湿度最适合病菌的侵入和瘤的形成。中性至碱性土壤有利发病，pH值≤5的土壤，即使病菌存在也不发生侵染。土壤黏重，排水不良的苗圃或果园发病较重。

【防治方法】栽种杏树或育苗忌重茬。应适当施用酸性肥料或增施有机肥如绿肥等，以改变土壤特性，使之不利于病菌生长。田间作业中要尽量减少机械损伤，同时加强防治地下害虫。加强植物检疫工作，杜绝病害蔓延。发现病苗及时烧掉。

苗木消毒。仔细检查，病苗要彻底刮除病瘤，并用700IU/ml的链霉素加1％酒精作辅助剂，消毒1小时左右。将病劣苗剔除后用3％次氯酸钠浸3分钟，刮下的病瘤应集中烧毁。对外来苗木应在未抽芽前将嫁接口以下部位，用10％硫酸铜液浸5分钟，再用2％的石灰水浸1分钟。

药剂防治病瘤，可用80％二硝基邻甲酚钠盐100倍液涂抹根颈部的瘤，防止其扩大围绕根颈。

9．杏黑粒枝枯病

【症　　状】主要为害一年生的果枝。病枝一般在花芽尚未开花时干枯，花芽周围生有椭圆形病斑，黑褐色，波状轮纹，有树脂状物溢出，发病芽上部的枝条枯死。近开花时病斑明显，进入盛花期病斑褐色至黑褐色，有小黑粒点(图6–22)。发病晚的花后枯死。

图6－22　杏黑粒枝枯病为害枝条症状

【病　　原】有性世代为*Nectria galligena*，称仁果干癌丛赤壳菌，属子囊菌门真菌。无性世代为*Cylindrosporium mali*，称仁果干癌柱孢霉，属无性型真菌。

【发生规律】病原以菌丝和分生孢子在病部越冬，翌年7月下旬分生孢子从病部表面破裂处飞散出来，成熟的孢子8—9月进行传播蔓延，经潜伏后于翌年早春时发病。

【防治方法】选用抗病品种。采收后，冬季彻底剪除被害枝，并集中深埋或烧毁。

药剂防治：8月下旬至9月上旬喷施下列药剂：

77%氢氧化铜可湿性粉剂500～600倍液；

30%琥胶肥酸铜可湿性粉剂200～300倍液。间隔10～14天喷1次，连续3～4次。

10．杏干枯病

【症　　状】小杏树或树苗易染病，呈枯死状。初在树干或枝的树皮上产生稍凸起的软组织，逐渐变褐腐烂，散发出酒糟气味，后病部凹陷，表面多处出现放射状小凸起，遇雨或湿度大时，出现红褐色丝状物，剥开病部树皮，可见椭圆形黑色小粒点(图6–23)。壮树病斑四周呈癌肿状，弱树多呈枯死状。小枝染病，秋季生出褐色圆形斑，不久则枝尖枯死。

图6–23　杏干枯病为害枝干症状

【病　　原】有性世代*Botryosphaeria dothidea*葡萄座腔菌，属子囊菌门真菌。子座散生，初埋生，后突破表皮外露，黑色，枕形。子囊壳球形或近球形。子囊棱形，无色透明，单胞，椭圆形，双列。

【发生规律】病菌在树干或枝条内越冬，春天孢子由冻伤、虫伤或日灼处伤口侵入，系一次性侵染，以后病部生出子囊壳，病斑从早春至初夏不断扩展，盛夏病情扩展缓慢或停滞，入秋后再度扩展。小树徒长期易发病。

【防治方法】科学施肥，合理疏果，确保树体健壮，提高抗病力。用稻草或麦秆等围绑树干，严防冻害，通过合理修剪，避免或减少日灼，必要时，在剪口上涂药，防止病原侵入。

药剂防治：及时剪除病枝，用刀挖除枝干受害处，并涂药保护，可用10波美度石硫合剂。

二、杏树虫害

1. 杏象甲

【分布为害】杏象甲(*Rhynchites faldermanni*)，属鞘翅目卷象科。在我国东北、华北、西北等果产区均有发生。成虫取食幼芽嫩枝、花和果实，产卵于幼果内，并咬伤果柄。幼虫在果实内蛀食，使受害果早落(图6–24)。

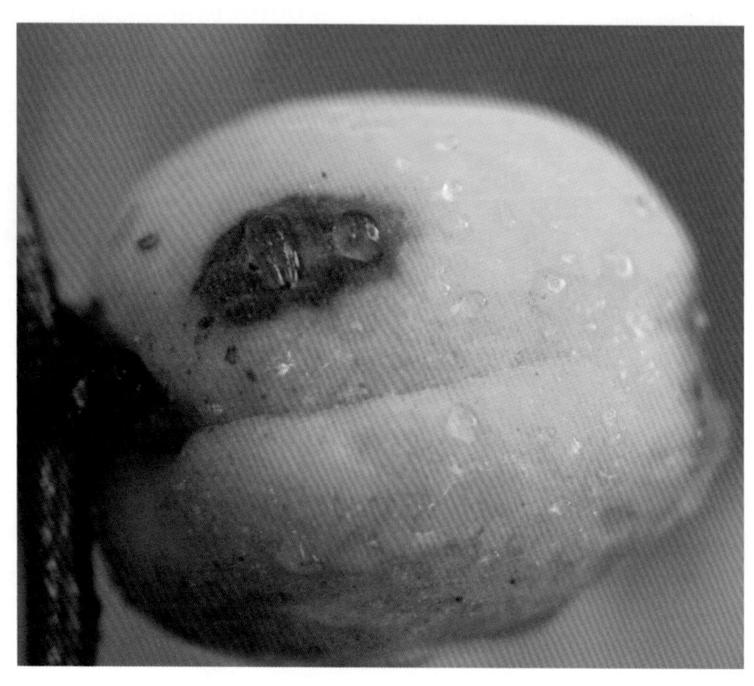

图6–24 杏象甲为害果实症状

【形态特征】成虫(图6–25)体椭圆形，紫红色具光泽，有绿色反光，体密布刻点和细毛；前胸背板“小”字形凹陷不明显；鞘翅略呈长方形，后翅半透明灰褐色。卵椭圆形，初产乳白色，近孵化变黄色，表面光滑微具光泽。幼虫乳白色微弯曲，老熟幼虫体表具横皱纹。蛹裸蛹，椭圆形，初乳白渐变黄褐色，羽化前红褐色。

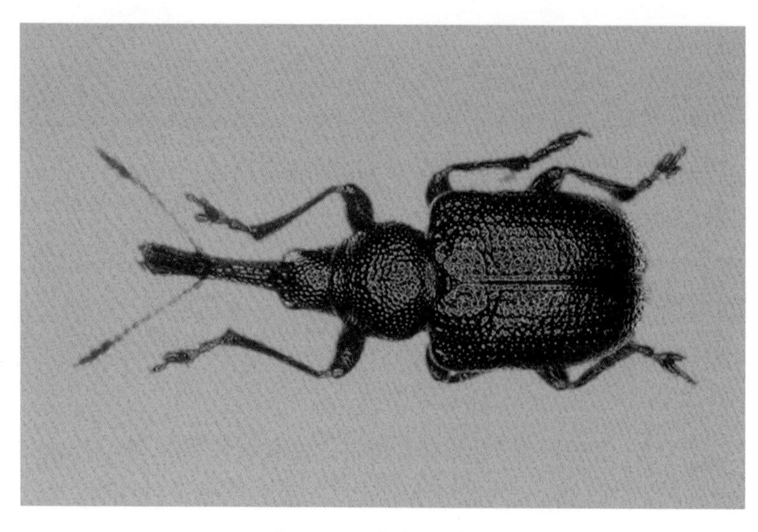

图6–25 杏象甲成虫

【发生规律】每年发生1代。以成虫在土中、树皮缝或杂草内越冬，翌年杏花开时成虫出现，成虫常停息在树梢向阳处，受惊扰假死落地，为害7～15天后开始交配、产卵，幼虫期20余天，老熟后脱果入土。

【防治方法】成虫出土期(3月底至4月初)清晨振树，及时捡拾落果。

成虫出土盛期，可用下列药剂：

50%辛硫磷乳油0.8～1L/亩，对水50～90kg倍液均匀喷于树冠下。

也可喷施下列药剂：

1.8%阿维菌素乳油1 000～1 500倍液；

2.5%溴氰菊酯乳油1 500～2 500倍液，间隔15天喷洒1次，连喷2～3次。

2．杏仁蜂

【分布为害】杏仁蜂(*Euryoma samaonovi*)，属膜翅目广肩小蜂科。在我国辽宁、河北、河南、山西、陕西、新疆等省(区)的杏产区均有发生。雌蜂产卵于初形成的幼果内，幼虫啮食杏仁，被害的杏脱落或在树干上干缩(图6–26)。

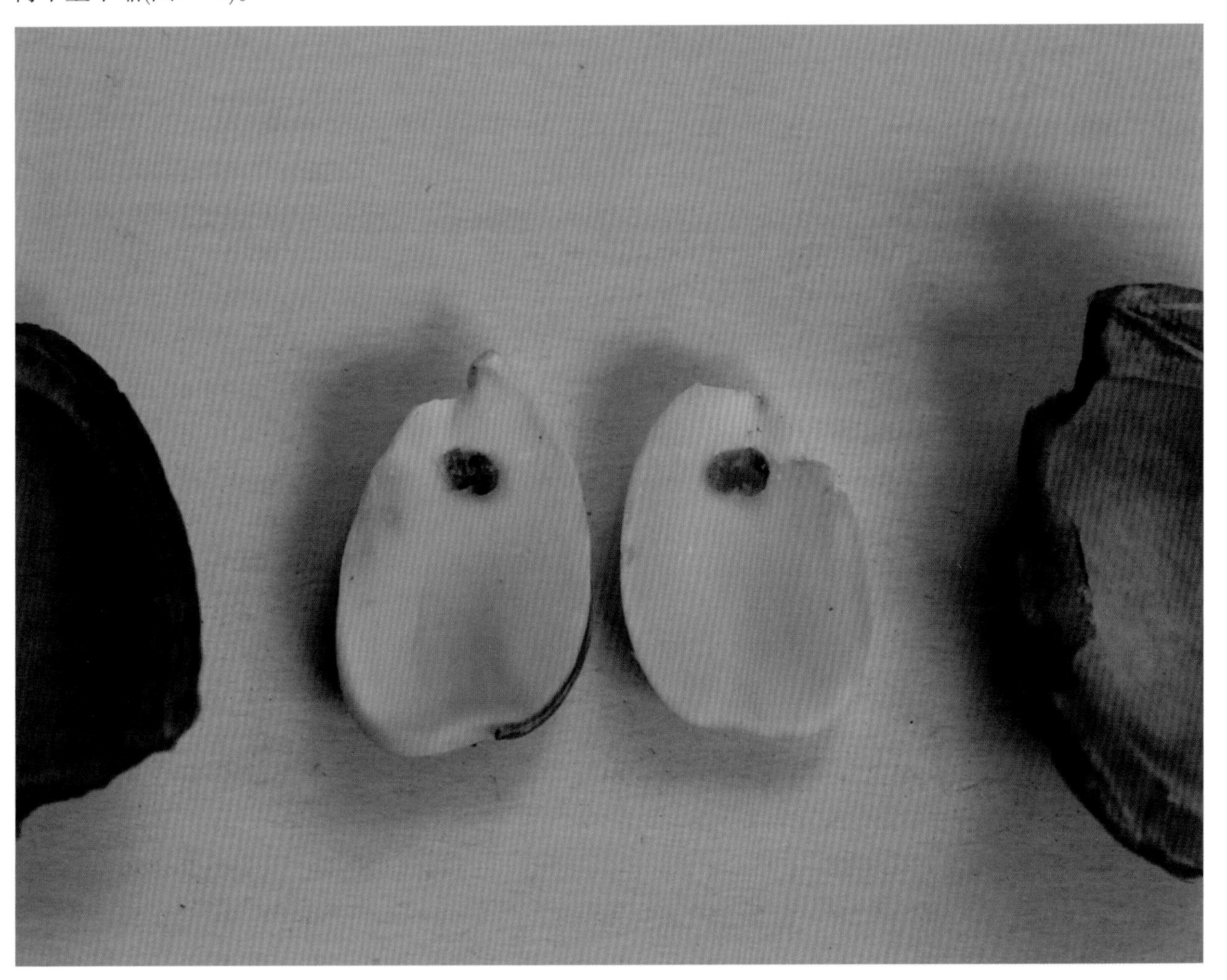

图6－26 杏仁蜂为害杏仁症状

【形态特征】成虫为黑色小蜂，雌成虫头大黑色，复眼暗赤色，胸部及胸足的基节黑色，腹部橘红色，有光泽(图6–27)。雄成虫有环状排列的长毛，腹部黑色。卵白色，微小。幼虫乳白色，体弯曲。初化蛹为乳白色，其后显现出红色的复眼。

图6-27　杏仁蜂成虫

【防治方法】秋冬季收集园中落杏、杏核，并振落树上的干杏，集中烧毁，可基本消灭杏仁蜂。

早春发芽前越冬幼虫出土期，可用40%敌·马(敌百虫·马拉硫磷)粉剂或5%辛硫磷粉剂5～8kg/亩直接在树冠下施于土中。

成虫羽化期，树体喷洒下列药剂：

50%辛硫磷乳油1 000～1 500倍液；

20%甲氰菊酯乳油2 000～3 000倍液；

2.5%溴氰菊酯乳油2 000～2 500倍液；

2.5%氯氟氰菊酯乳油1 500～2 000倍液，间隔7～10天喷1次，共喷2次。

3．桃粉蚜

【分布为害】桃粉蚜(*Hyalopterus amygdali*)，属同翅目粉蚜科。在南北各桃产区均有发生，以华北、华东、东北各地为主。春夏之间经常和桃蚜混合发生为害叶片。成虫、若虫群集于新梢和叶背刺吸汁液，受害叶片呈花叶状，增厚，叶色灰绿或变黄，向叶背后对合纵卷，卷叶内虫体被白色蜡粉。严重时叶片早落，新梢不能生长。排泄蜜露常致烟煤病(图6-28和图6-29)。

图6-28　桃粉蚜为害杏叶片症状

图6-29 桃粉蚜为害杏新梢症状

【形态特征】参考桃树虫害——桃粉蚜。

【发生规律】参考桃树虫害——桃粉蚜。

【防治方法】参考桃树虫害——桃粉蚜。

4. 桑白蚧

【分布为害】桑白蚧(*Pseudaulacaspis pentagona*)，属同翅目盾蚧科。分布遍及全国，是为害最普遍的一种介壳虫。以若虫和成虫群集于主干、枝条上，以口针刺入皮层吸食汁液，也有在叶脉或叶柄、芽的两侧寄生，造成叶片提早硬化(图6-30和图6-31)。

图6-30 桑白蚧为害杏枝条症状

图6-31 桑白蚧为害杏枝干症状

【形态特征】参考桃树虫害——桑白蚧。

【发生规律】参考桃树虫害——桑白蚧。

【防治方法】参考桃树虫害——桑白蚧。

5．桃小食心虫

【分布为害】桃小食心虫(*Carposina niponensis*) 属鳞翅目果蛀蛾科。主要分布在我国北方。以幼虫蛀果为害。幼虫孵出后蛀入果实，蛀果孔常有流胶点，不久干涸呈白色蜡质粉末。幼虫在果内串食果肉并将粪便排在果内，幼果长成凹凸不平的畸形果，形成“豆沙馅”果(图6-32)。幼虫老熟后，在果面咬直径2～3mm的圆形脱果孔，虫果容易脱落。

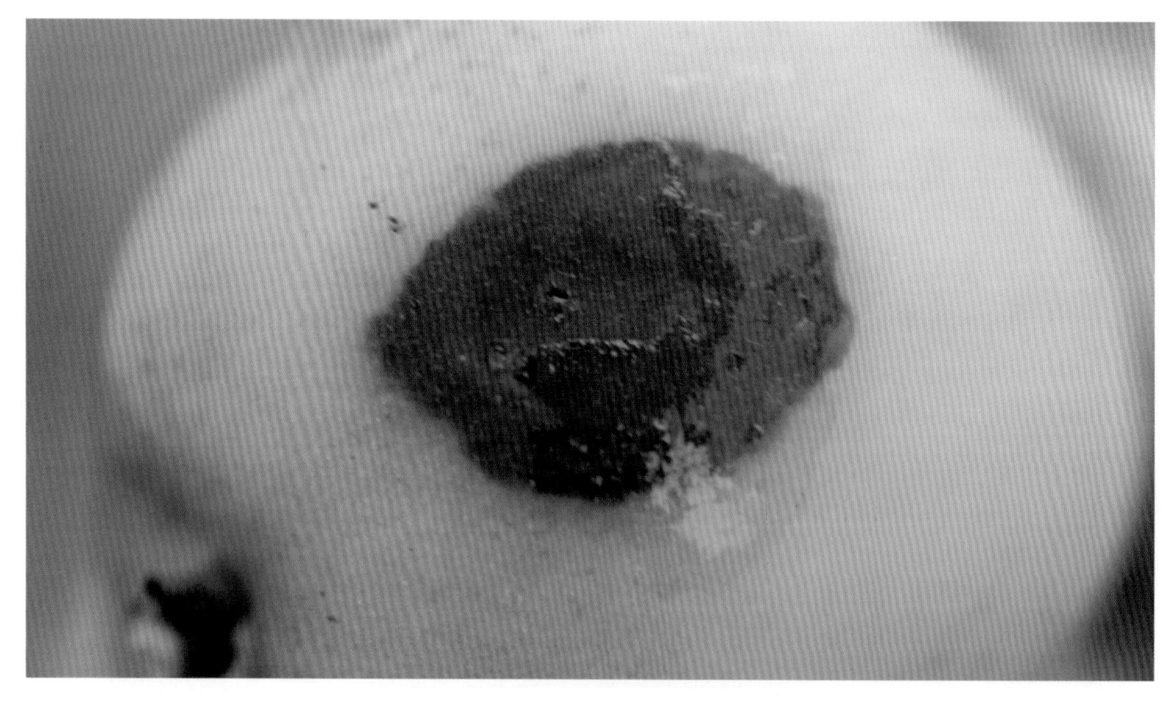

图6-32 桃小食心虫为害杏果实症状

【形态特征】参考桃树虫害——桃小食心虫。

【发生规律】参考桃树虫害——桃小食心虫。

【防治方法】参考桃树虫害——桃小食心虫。

6. 桃蚜

【分布为害】桃蚜(*Myzus persicae*) 属同翅目蚜科。分布于全国各地。以成虫、若虫群集新梢和叶片背面为害，被害部分呈现小的黑色、红色和黄色斑点，使叶片逐渐变白，向背面扭卷成螺旋状，引起落叶新梢不能生长，影响产量及花芽形成，削弱树势。蚜虫排泄的蜜露，常造成煤污病(图6-33)。

图6-33 桃蚜为害杏叶片症状

【形态特征】参考桃树虫害——桃蚜。

【发生规律】参考桃树虫害——桃蚜。

【防治方法】参考桃树虫害——桃蚜。

7. 黑蚱蝉

【分布为害】黑蚱蝉(*Cryptotympana atrata*) 属同翅目蝉科。分布于全国各地，华南、西南、华东、西北及华北大部分地区都有分布，尤其以黄河故道地区虫口密度为最大。雌虫产卵时其产卵瓣刺破枝条皮层与木质部，造成产卵部位以上枝梢失水枯死，严重影响苗木生长(图6-34)。成虫刺吸枝条汁液。

图6-34　黑蚱蝉为害杏枝条症状

【形态特征】参考桃树虫害——黑蚱蝉。

【发生规律】参考桃树虫害——黑蚱蝉。

【防治方法】参考桃树虫害——黑蚱蝉。

8. 朝鲜球坚蚧

【分布为害】朝鲜球坚蚧(*Didesmoccus koreanus*) 属同翅目蚧科。分布于东北、华北、华东及河南、陕西、宁夏、四川、云南、湖北、江西等省(区)。以若虫和雌成虫集聚在枝干上吸食汁液，被害枝条发育不良，出现流胶，树势严重衰弱，树体不能正常生长和花芽分化，严重时枝条干枯，一经发生，常在1～2年内蔓延全园，如防治不及时，会使整株死亡(图6-35和图6-36)。

图6-35　朝鲜球坚蚧为害杏枝干症状

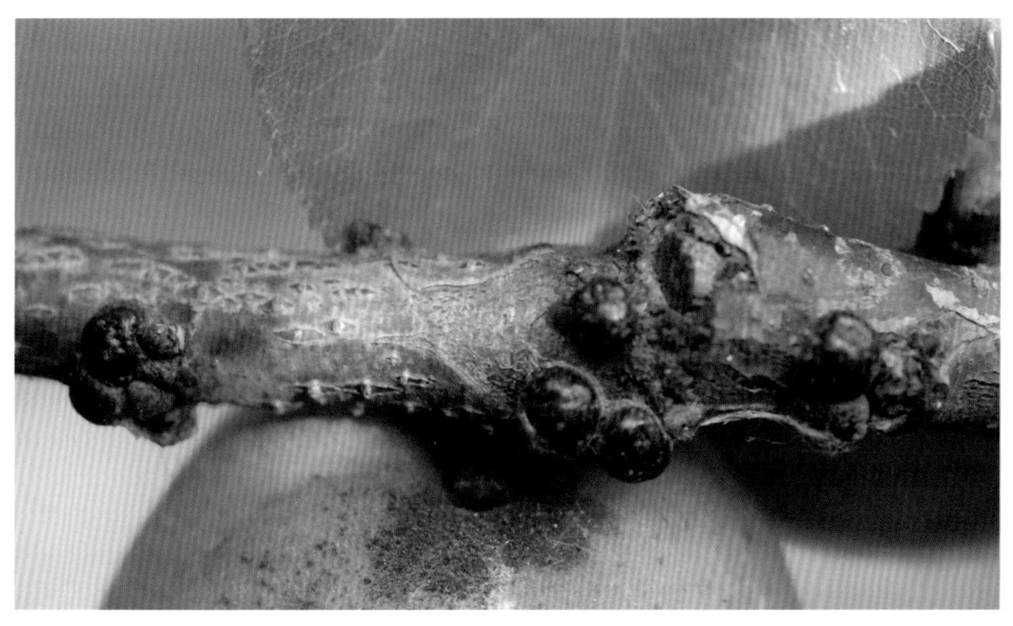

图6-36 朝鲜球坚蚧为害杏枝条症状

【形态特征】参考桃树虫害——朝鲜球坚蚧。

【发生规律】参考桃树虫害——朝鲜球坚蚧。

【防治方法】参考桃树虫害——朝鲜球坚蚧。

9. 杏星毛虫

【分布为害】杏星毛虫(*Illiberis psychina*)属鳞翅目斑蛾科，在我国普遍存在。幼虫主要靠食芽、花、叶为生，春天开始活动后，为害刚萌动的幼芽，严重的导致枯死。待发芽后，开始为害花和叶，食叶呈现缺刻和孔洞，严重的将叶片吃光(图6-37)。

图6-37 杏星毛虫为害新叶症状

【形态特征】成虫体黑褐具蓝色光泽，翅半透明，布黑色鳞毛，翅脉、翅缘黑色，雄虫触角羽毛状，雌虫短锯齿状(图6-38)。卵椭圆形，扁平，中部稍凹陷，白至黄褐色。幼虫体胖近纺锤形，背暗赤褐色，腹面紫红色；头小，黑褐色，大部分缩于前胸内，取食或活动时伸出；腹部各节具横列毛瘤6个，中间4个大，毛瘤中间生很多褐色短毛，周生黄白长毛；前胸盾黑色，中央具1淡色纵纹，臀板黑褐色，臀棘黑色10余齿。蛹椭圆形，淡黄至黑褐色。茧椭圆形，丝质稍薄淡黄色，外常附泥土、虫粪等。

图6-38　杏星毛虫成虫

【发生规律】各地均每年发生1代，主要以初龄幼虫在裂缝中和树皮缝、枝杈及枯枝叶下结茧越冬。树体萌动时开始出蛰，最初先蛀食幼芽，后为害蕾、花及嫩叶，此间如遇寒流侵袭，则返回原越冬场所隐蔽。越冬代幼虫5月中下旬老熟，第1代幼虫于6月中旬始见，7月上旬结茧越冬。5月中旬老熟幼虫开始结茧化蛹，一般在树干周围的各种被物下、皮缝中。6月上旬成虫羽化交配产卵，多产在树冠中、下部老叶背面，块生，卵粒互不重叠，中间有空隙。幼虫啃食叶片表皮或叶肉，被害叶呈纱网状斑痕，受惊扰吐丝下垂。

【防治方法】加强果园管理，增强树势，合理修剪，发现有结茧的枝叶及时剪除，减少虫源，结合修剪，清理果园，将病残枝及落叶集体烧毁。休眠期可在树上涂白。

在果树休眠期用80%敌敌畏乳油或25%喹硫磷乳油200倍液封闭剪口、锯口，可消灭大部分越冬幼虫。

利用该虫白天下树潜伏的习性，树干周围喷洒48%毒死蜱乳油500～800倍液。

越冬幼虫出蛰盛期及第一代卵孵化盛期可用下列药剂：

50%马拉硫磷乳油1 000～1 500倍液；

25%氯氟氰菊酯乳油2 000～3 000倍液；

2.5%溴氰菊酯乳油2 500～3 500倍液，均匀喷洒。

10．果剑纹夜蛾

【分布为害】果剑纹夜蛾(*Acronicta strigosa*) 属鳞翅目夜蛾科。分布于黑龙江、辽宁、山西、福建、四川、贵州、云南、广西等省(区)。初龄幼虫食叶的表皮和叶肉，似纱网状，3龄后把叶吃成长圆形孔洞或缺刻，还可啃食幼果果皮。

【形态特征】成虫头部和胸部暗灰色；腹部背面灰褐色，头顶两侧、触角基部灰白色；前翅灰黑色，后缘区暗黑，黑色基剑纹、中剑纹、端剑纹明显，基线、内线为黑色双线波浪形外斜；环状纹灰色具黑边；肾状纹灰白色内侧发黑；前缘脉中部至肾状纹具1条黑色斜线；端剑纹端部具2个白点，端线列由黑点组成；后翅淡褐色。足黄灰黑色，跗节具黑斑(图6-39)。卵白色透明似馒头。幼虫共5龄，体绿色或红褐色，头部褐色具深斑纹，额黑色，额片白色，触角和唇基大部分白色，上唇和上颚黑褐色；前胸盾呈倒梯形，深褐色；背线红褐色，亚背线赤褐色；气门筛白色；胸足黄褐色，腹足绿色，端部具橙红色带(图6-40)。蛹纺锤形，深红褐色，具光泽。茧纺锤形，丝质薄，茧外多黏附碎叶或土粒。

图6－39　果剑纹夜蛾成虫

图6-40 果剑纹夜蛾幼虫

【发生规律】 山西一年发生3代，东北、华北地区一年发生2代，以蛹在地上、土中或树缝中越冬。一般越冬蛹于4月下旬开始羽化，5月中旬进入盛期，第1代成虫于6月下旬至7月下旬出现，7月中旬进入盛期，第2代于8月上旬至9月上旬羽化，8月上中旬为盛期，幼虫在8—9月发生为害。成虫昼伏夜出，具趋光性和趋化性，羽化后经补充营养后交配产卵。老熟幼虫爬到地面结茧或不结茧化蛹。

【防治方法】秋末深翻树盘消灭越冬虫蛹；用糖醋液或黑光灯、高压汞灯诱杀成虫。

成虫、幼虫发生初期可喷洒下列药剂：

52.25%氯氰菊酯·毒死蜱乳油1 500 ~ 2 000倍液；

20%氯·马乳油或20%甲氰菊酯乳油2 000 ~ 3 000倍液；

2.5%溴氰菊酯乳油或20%氰戊菊酯乳油3 000 ~ 3 500倍液；

10%联苯菊酯乳油4 000 ~ 5 000倍液等。

11．绿尾大蚕蛾

【分布为害】绿尾大蚕蛾(*Actoas selene ningpoana*)，属鳞翅目大蚕蛾科。在国内分布广泛，在我国河北、河南、江苏、江西、浙江、湖南、湖北、安徽、广西、四川、台湾等省(区)均有分布。幼虫食叶，低龄幼虫食叶成缺刻或孔洞，稍大时可把全叶吃光，仅残留叶柄或粗脉。

【形态特征】成虫体粗大，体被白色絮状鳞毛而呈白色(图6-41)。头部两触角间具紫色横带1条，触角黄褐色，羽状；复眼大，球形黑色；胸背肩板基部前缘具暗紫色横带1条；翅淡青绿色，基部具白色絮状鳞毛，翅脉灰黄色较明显，缘毛浅黄色；前、后翅中部中室端各具椭圆形眼状斑1个，斑中部有1条透明横带，从斑内侧向透明带依次由黑、白、红、黄四色构成，黄褐色外缘线不明显。卵扁圆形，初绿色，近孵化时褐色。幼虫体黄绿色粗壮，被污白细毛(图6-42)。体节近6角形，着生肉突状毛瘤，毛瘤上具白色刚毛和褐色短刺。蛹椭圆形，紫黑色，额区具1浅斑。茧椭圆形，丝质粗糙，灰褐至黄褐色。

图6-41 绿尾大蚕蛾成虫

图6-42 绿尾大蚕蛾高龄幼虫

【发生规律】一年发生2代，以茧蛹附在树枝或地被物下越冬。翌年5月中旬羽化、交尾、产卵。第1代幼虫于5月下旬至6月上旬发生，7月中旬化蛹。7月下旬至8月为一代成虫发生期。第2代幼虫8月中旬始发，为害至9月中下旬，陆续结茧化蛹越冬。成虫昼伏夜出，有趋光性，日落后开始活动，虫体大而笨拙，但飞翔力强。卵一般产在叶背或枝干上，有时雌蛾跌落树下，把卵产在土块或草上。初孵幼虫群集取食，2龄、3龄后分散，取食时先把1叶吃完再为害邻叶，残留叶柄，幼虫行动迟缓，食量大。幼虫老熟后于枝上贴叶吐丝结茧化蛹。第2代幼虫老熟后下树，附在树干或其他植物上吐丝结茧化蛹越冬。

【防治方法】秋后至发芽前清除落叶、杂草，并摘除树上虫茧，集中处理。利用黑光灯诱蛾，并结合管理注意捕杀幼虫。

在幼虫3龄前，可用下列药剂：

1.8%阿维菌素乳油1 000～2 000倍液；

2.5%溴氰菊酯乳油2 000～3 000倍液，均匀喷施。

三、杏树各生育期病虫害防治技术

杏树有许多病虫害为害严重。在杏果收获后，要认真总结杏树病虫害发生情况，分析病虫害的发生特点，拟订翌年的病虫害防治计划，及早采取防治方法。

(一)杏树休眠期病虫害防治技术

在该时期(图6–43)许多为害杏树的病菌、害虫，均在枯枝落叶及荒草中越冬，成为翌年的新病虫源。因此，应将杏园及其附近的枯枝落叶、僵果、杂草清扫干净，集中起来沤肥或烧毁。

图6–43　杏树越冬休眠期生长情况

秋施基肥。杏树冬季休眠期较短，花后到果实的成熟时间比其他树种短，果实膨大与抽生新梢同时，因此要求前期必须有充足的营养物质供应。根外喷布2～3次0.5%尿素混加50mg/L赤霉素，能预防叶片早衰，提高养分贮备能力。对杏园秋冬深翻，疏松土壤、改善土壤。在“小雪”前后进行冬灌，以促翌年春季延迟开花，能预防春霜为害，提高坐果率。

树干涂白。杏树冬季树干涂白，不但防治日灼和冻害，而且兼治树干病虫。涂白剂的配制比例为生石灰10份、石硫合剂2份、食盐1～2份、黏土2份、水36～40份，可加杀虫剂。

(二)杏树萌芽开花期病虫害防治技术

春天万物复苏，杏树开始萌芽开花(图6–44)，所以早春管理是非常重要的。

图6–44 杏树萌芽开花期生长情况

对冬季已修剪的树，进行复剪，进一步理顺主从关系，对幼树中过于旺盛的直立枝条和角度小的主枝，应通过拉枝等方法，适当开张角度。秋天没有施基肥的杏园，补施有机肥。开花前15天灌一次透水，进行树干涂白、地下覆盖，可延迟花期，免受霜冻为害。灌水可结合施肥进行。杏树开花早，易遭晚霜危害。可利用自动烟雾防霜器进行防霜。早春土壤化冻后，需整修树盘，捡拾树下干枯杏核，消灭虫源。疏花蕾、疏花，遇阴雨或低温天气要进行人工授粉，花期喷0.2%尿素+0.2%硼砂液。

在花芽萌动前后，喷1次3～5波美度石硫合剂。消灭虫卵，随着花芽的萌动，用药量逐渐减少。杏开花时不能打药。

谢花后每隔15天喷药1次，连续喷2～3次，可用80%代森锰锌可湿性粉剂800～1 000倍液、50%多菌灵可湿性粉剂800～1 000倍液、70%甲基硫菌灵可湿性粉剂1 000～1 500倍液，预防病害。

可用下列药剂预防虫害：2.5%溴氰菊酯乳油2 000～2 500倍液、10%吡虫啉可湿性粉剂2 500～3 000倍液、25%灭幼脲悬浮剂1 500～2 000倍液。

(三)杏树展叶幼果期病虫害防治技术

花后追肥、灌水，以氮肥为主；摘心、疏枝；硬核期疏果、定果和施果实膨大肥，以钾肥为主，配施氮、磷肥(图6–45和图6–46)。

图6-45 杏树展叶期生长情况

图6-46 杏树幼果期生长情况

防治杏疮痂病，可用下列药剂：70%甲基硫菌灵可湿性粉剂800～1 000倍液、50%多菌灵可湿性粉剂800～1 000倍液、65%代森锌可湿性粉剂500～800倍液。

防治金龟子、蚜虫、食心虫，可用下列药剂：2.5%溴氰菊酯乳油2 500倍液、20%氰戊菊酯乳油3 000倍液、

1.8%阿维菌素乳油2 000～4 000倍液、20%甲氰菊酯乳油2 000～3 000倍液。

（四）杏树果实膨大成熟期病虫害防治技术

杏果膨大时(图6–47)，要注意夏季修剪(摘心、疏枝)；树势较弱、盛果期树可加入0.3%尿素或磷酸二氢钾。杏果成熟(图6–48)，要及时采收。

图6–47 杏果膨大期生长情况

图6–48 杏果成熟期生长情况

防治穿孔病，可用下列药剂：20%春雷霉素水分散粒剂2 000 ~ 3 000倍液、3%中生菌素可湿性粉剂300 ~ 400倍液、33.5%喹啉铜悬浮剂1 000 ~ 1 500倍液。

防治炭疽病、褐腐病等病害，可用下列药剂：50%苯菌灵可湿性粉剂1 000 ~ 1 500倍液、65%代森锌可湿性粉剂400 ~ 500倍液。

防治蚜虫、卷叶蛾，可用下列药剂：2.5%高效氯氟氰菊酯乳油1 000 ~ 2 000倍液、2.5%溴氰菊酯乳油1 500 ~ 2 500倍液、1.8%阿维菌素乳油3 000 ~ 4 000倍液。

（五）杏树采果后新梢生长花芽分化期病虫害防治技术

对采果后的杏树科学管理，可以减少病虫害的发生，促进树体的合理生长和花芽的进一步分化，提高花芽的数量和质量，为来年的丰产打下良好的基础。

采果后对幼旺枝拉枝开角，缓和树势促进成花。对新梢继续进行二次摘心，以促发分枝，培养枝组。剪除树冠内的病虫枝、交叉枝、重叠枝、细弱枝、徒长枝，以减少树体养分消耗，加速花芽的形成。采果后追施氮、磷、钾复合肥一次。结合喷药进行叶面喷肥，喷施0.3%磷酸二氢钾 + 0.2%尿素混合液，以增加树体的营养积累，提高花芽的数量和质量。杏采收后应全园中耕，结合施肥深翻一次。可改良土壤结构，促进根系生长，提高抗寒力，减少害虫越冬基数，有利于杏树越冬。

采果后结合病虫害防治进行叶面喷施0.2% ~ 0.3%磷酸二氢钾；长势强旺的树进行叶面喷施多效唑。

采收后应适时喷药防治病虫。主要防治刺蛾类、介壳虫类及红颈天牛、杏仁蜂等。发现树叶上发生杏疔病时要及时将其剪除，必要时喷洒杀菌剂治病保叶，促进树体健壮生长。

第七章 樱桃病虫害

中国樱桃，俗称小樱桃，又名樱桃。隶属蔷薇科李亚科李属，起源于我国，广泛分布于我国西南及华北地区，迄今有3 000年的栽培历史，是我国古老的栽培果树之一，也是当今世界4大樱桃栽培种之一。由于其树姿秀丽，花朵清香，果实璀璨晶莹、营养丰富，成熟时(4—5月成熟)正值鲜果淡季，有“果中珍品”和“春果第一枝”的美誉，一直以来深受消费者喜爱。樱桃成熟时颜色鲜红，玲珑剔透，味美形娇，营养丰富，医疗保健价值颇高。2018年全国樱桃种植面积达270万亩，产量80余万t。其中山东、陕西、辽宁、河南、甘肃、河北、山西、云南、贵州、四川、江苏、安徽等省种植较多。

为害樱桃树的主要病虫害有50多种，其中，病害有10多种，虫害有30多种，为害较重的有桑白蚧、刺蛾、桃红颈天牛、樱桃实蜂、樱桃瘤头蚜、梨小食心虫等，以及炭疽病、叶斑病、细菌性穿孔病、流胶病等，应采取综合措施加以防治。

一、樱桃病害

1. 樱桃褐斑穿孔病

【分布为害】樱桃褐斑穿孔病分布在江苏、河北等地。

【症　　状】主要为害叶片，叶面初生针头状大小带紫色的斑点，渐扩大为圆形褐色斑，病部长出灰褐色霉状物。后病部干燥收缩，周缘产生离层，常由此脱落成褐色穿孔，边缘不整齐(图7–1至图7–4)。病

图7–1　樱桃褐斑穿孔病为害叶片初期症状

图7-2　樱桃褐斑穿孔病为害叶片中期症状

图7-3　樱桃褐斑穿孔病为害叶片中期叶背症状

图7-4　樱桃褐斑穿孔病为害叶片后期症状

斑上具黑色小粒点，即病菌的子囊壳或子座。亦为害新梢和果实，病部均生出灰褐色霉状物。

【病　原】有性世代为 *Mycosphaerella cerasella*，称樱桃球腔菌，属子囊菌门真菌；无性世代为 *Pseudocercospora circumscissa*，称核果假尾孢，属无性型真菌。子囊壳浓褐色，球形，多生于组织中，具短嘴口；子囊棍棒形束状并列，顶端钝圆，基部略细，无色；子囊孢子纺锤形，无色，多2列并生。分生孢子梗十几根丛生；分生孢子淡褐色，鞭状，略弯曲，具3～9个隔膜。

【发生规律】病菌以菌丝体在病叶、病枝梢组织内越冬，翌春气温回升，降雨后产生分生孢子，借风雨传播，侵染叶片以及枝梢和果实。此后，病部多次产生分生孢子，进行再侵染。低温多雨利于病害的发生和流行。

【防治方法】冬季结合修剪，彻底清除枯枝落叶及落果，减少越冬菌源；修剪时疏除密生枝、下垂枝、拖地枝，改善通风透光条件；增施有机肥料，避免偏施氮肥，提高抗病能力。

果树发芽前，喷施一次29%石硫合剂水剂50～100倍液。

发病严重的果园要以防为主，可在落花后，喷施下列药剂：

70%甲基硫菌灵可湿性粉剂800～1 000倍液；

50%多菌灵可湿性粉剂800～1 000倍液；

70%代森锰锌可湿性粉剂600～800倍液；

3%中生菌素可湿性粉剂500～600倍液；

间隔7～10天防治1次，共喷施3～4次。

在采果后，全树再喷施一次药剂。

2．樱桃褐腐病

【症　状】主要为害叶、果、花。叶片染病，多发生在展叶期，初在病部表面产生不明显褐斑，后扩及全叶，上生灰白色粉状物。幼果染病(图7–5)，表面初现褐色病斑，后扩及全果，致果实收缩，成为畸形果(图7–6和图7–7)，病部表面产生灰白色粉状物，即病菌分生孢子(图7–8)。病果多挂在树梢上，成为僵果(图7–9)。花染病，花器于落花后变成淡褐色，枯萎，长时间挂在树上不落，表面生有灰白色粉状物。

图7–5　樱桃褐腐病为害果实初期症状

图7-6　樱桃褐腐病为害果实中期症状

图7-7　樱桃褐腐病为害果实严重时症状

图7-8　樱桃褐腐病为害果实后期症状

图7–9 樱桃褐腐病为害后期形成僵果

【病 原】有性世代为 *Monilinia fructicda*，称樱桃链核盘菌，属子囊菌亚门真菌。子囊盘钟状或漏斗形，中央凹陷；子囊无色，圆筒形；子囊孢子单胞，无色，卵圆形。无性世代为 *Monilia cinerea*，称灰丛梗孢，属无性型真菌。分生孢子梗丛生；分生孢子单胞，无色，椭圆形。

【发生规律】病菌主要以菌核在病果中越冬，也可以菌丝在病僵果中越冬。翌年4月，从菌核上生出子囊盘，形成子囊孢子，借风雨传播。落花后遇雨或湿度大易发病，树势衰弱，管理粗放，地势低洼，通风透光不好有利于发病。

【防治方法】及时收集病叶和病果，集中烧毁或深埋，以减少菌源。合理修剪，改善樱桃园通风透光条件，避免湿气滞留。

开花前或落花后，可用下列药剂：

70%甲基硫菌灵可湿性粉剂800 ~ 1 000倍液；

50%多菌灵可湿性粉剂600 ~ 800倍液；

50%腐霉利可湿性粉剂1 500 ~ 2 000倍液；

50%异菌脲可湿性粉剂1 000 ~ 1 500倍液；

77%氢氧化铜可湿性粉剂500 ~ 800倍液；

80%代森锰锌可湿性粉剂500 ~ 600倍液等，均匀喷施。

3. 樱桃侵染性流胶病

【症 状】侵染性流胶病是樱桃的一种重要病害，其症状分为干腐型和溃疡型流胶两种。干腐型流胶病，多发生在主干、主枝上，初期病斑不规则，呈暗褐色，表面坚硬，常引发流胶，后期病斑呈长条型，干缩凹陷，有时周围开裂，表面密生小黑点。溃疡型流胶病，病部树体有树脂生成，但不立即流出，而存留于木质部与韧皮部之间，病部微隆起，随树液流动，从病部皮孔或伤口处流出。病部初为无色略透明或暗褐色，坚硬(图7–10至图7–12)。

图7-10 樱桃侵染性流胶病为害枝条症状

图7-11 樱桃侵染性流胶病为害枝干初期症状

图7-12 樱桃侵染性流胶病为害枝干后期症状

【病　　原】*Botryosphaeria dothidea* 称葡萄座腔菌，属子囊菌门真菌。溃疡型流胶病也是由子囊菌亚门的葡萄座腔菌引起，该菌为弱寄生菌，具有潜伏侵染的特性。

【发生规律】分生孢子和子囊孢子借风雨传播，4—10月都可侵染，多以伤口侵入，前期发病重。该菌为弱寄生菌，只能侵害衰弱树和弱枝，树势越弱发病越重。具有潜伏侵染的特性。枝干受虫害、冻害、日灼伤及其他机械损伤的伤口是病菌侵入的重要入口。分生孢子靠雨水传播。从春季树液流动，病部就开始流胶，6月上旬以后发病逐渐加重，雨季发病最重。

【防治方法】加强果园管理，合理建园，改良土壤。大樱桃适宜在砂质壤土和壤土上栽培，加强土、肥、水管理，提高土壤肥力，增强树势。合理修剪，一次疏枝不可过多，对大枝也不宜疏除，避免造成较大的剪锯口伤，避免流胶或干裂，削弱树势。树形紊乱，非疏除不可时，也要分年度逐步疏除大枝，掌握适时适量为好。樱桃树不耐涝，雨季防涝，及时中耕松土，改善土壤通气条件。刮治病斑。病斑仅限于表层，在冬季或开春后的雨雪天气后，流胶较松软，用镰刀及时刮除，同时在伤口处涂80%乙蒜素乳油50倍液或50%福美双可湿性粉剂50倍液，再涂波尔多液保护，或直接涂石硫合剂进行防治。

药剂防治可参考桃树侵染性流胶病。

4．樱桃细菌性穿孔病

【症　　状】主要为害叶片，也为害果实和枝条。叶片受害，开始时产生半透明油浸状小斑点，后逐渐扩大，呈圆形或不规则圆形，紫褐色或褐色，周围有淡黄色晕环。天气潮湿时，在病斑的背面常溢出黄白色胶黏的菌脓，后期病斑干枯，在病、健部交界处，产生一圈裂纹，仅有一小部分与叶片相连，很易脱落形成穿孔(图7-13)。枝梢受害后，产生两种不同类型的病斑：一种称春季溃疡，另一种称夏季溃疡。春季溃疡在上一年夏末秋初病菌就已感染，病斑油浸状，微带褐色，稍隆起；第二年春季逐渐扩展成为较大的褐色病斑，中央凹陷，病组织内有大量细菌繁殖。春末病部表皮破裂，溢出黄色的菌脓。夏季溃疡在夏季发生于当年抽生的嫩梢上，开始时环绕皮孔形成油浸状、暗紫色斑点，以后斑点扩大，圆形或椭圆形，褐色或紫黑色，周缘隆起，中央稍下陷，并有油浸状的边缘。

图7-13　樱桃细菌性穿孔病为害叶片后期症状

【病　　原】*Xanthomonas campestris* pv. *pruni* 称野油菜黄单胞菌桃李致病变种，属薄壁菌门细菌。菌体短杆状，单根极生鞭毛，革兰氏染色阴性，好气性。

【发生规律】病原细菌主要在春季溃疡病斑组织内越冬，次春气温升高后越冬的细菌开始活动，樱桃开花前后，从病组织溢出菌脓，通过风雨和昆虫传播，从叶上的气孔和枝梢、果实上的皮孔侵入，进行初侵染。在多雨季节，初侵染发病后又可以溢出新的菌脓进行再侵染。病害一般在5月上中旬开始发生，6月梅雨期蔓延最快。夏季高温干旱天气，病害发展受到抑制，至秋雨期又有一次扩展过程。温暖多雨的气候，有利于发病，大风和重雾，能促进病害的盛发。

【防治方法】加强果园管理，增施有机肥和磷钾肥，增强树势，提高抗病能力。土壤黏重和雨水较多时，改土防水。合理整形修剪，改善通风透光条件。冬夏修剪时，及时剪除病枝，清扫病叶，集中烧毁或深埋。

药剂防治可参考桃细菌性穿孔病。

5．樱桃炭疽病

【分布为害】樱桃炭疽病是樱桃的一种常见病害，分布于浙江、江西、湖南等省。

【症　　状】主要为害果实，也可为害叶片和枝梢。果实发病，常发生于硬核期前后，发病初期出现暗绿色小斑点，病斑扩大后呈圆形、椭圆形凹陷，逐渐扩展至整个果面，使整果变黑，收缩变形以致枯萎。天气潮湿时，在病斑上长出橘红色小粒点(图7–14和图7–15)。叶片受害，病斑呈灰白色或灰绿色近圆形病斑，病斑周围呈暗紫色(图7–16和图7–17)，后期病斑中部产生黑色小粒点，呈同心轮纹排列。枝梢受害，病梢多向一侧弯曲，叶片萎蔫下垂，向正面纵卷成筒状。

图7–14　樱桃炭疽病为害果实初期症状

图7-15 樱桃炭疽病为害果实后期症状

图7-16 樱桃炭疽病为害叶片初期症状

图7-17 樱桃炭疽病为害叶片后期症状

【病　　原】*Glomerella cingulata* 称围小丛壳，属子囊菌门真菌。病菌发育温度为10～30℃，以25℃为最适。

【发生规律】病菌主要以菌丝在病梢组织或树上僵果中越冬。翌春3月上中旬至4月中下旬，产生分生孢子，借风雨传播，侵染新梢和幼果。5月初至6月发生再侵染。

【防治方法】冬季清园。结合冬季整枝修剪，彻底清除树上的枯枝、僵果、落果，集中烧毁，以减少越冬病源。加强果园管理。注意排水、通风透光，降低湿度，增施磷、钾肥，提高植株抗病能力。

萌芽期，喷施1：1：100倍式波尔多液或29%石硫合剂水剂50～100倍液。

落花后可选用下列药剂：

70%甲基硫菌灵可湿性粉剂 600～800倍液+80%代森锰锌可湿性粉剂 600～800倍液；

50%多菌灵可湿性粉剂 600～1 000倍液+80%代森锰锌可湿性粉剂 600～800倍液；

10%苯醚甲环唑水分散粒剂1 500～2 000倍液；

40%氟硅唑乳油8 000～10 000倍液；

5%己唑醇悬浮剂800～1 500倍液；

40%腈菌唑水分散粒剂6 000～7 000倍液；

50%咪鲜胺锰盐可湿性粉剂1 000～1 500倍液；喷雾防治。间隔5～7天喷1次，连喷2～3次。

6．樱桃叶斑病

【症　　状】主要为害叶片。初在叶脉间形成褐色或紫色近圆形的坏死病斑，叶背产生粉红色霉，后病斑融合可使叶片大部分枯死造成落叶(图7-18和图7-19)。有时叶柄和果实也能受害，产生褐色斑。

图7-18　樱桃叶斑病为害叶片正面症状

图7-19 樱桃叶斑病为害叶片背面症状

【病　　原】该病是由一种真菌侵染而引发的病害。

【发生规律】病菌以子囊壳等在病叶上越冬。翌年春季产生分生孢子进行初侵染和再侵染。一般4月即可发病，6月梅雨季节为发病盛期。凡果园管理粗放、排水不良、树冠郁闭的发病较重。

【防治方法】扫除落叶，消灭越冬病源。加强综合管理，改善园地条件，增强树势，提高树体抗病力。及时开沟排水，疏除过密枝条，改善樱桃园通风透光条件，避免园内湿气滞留。

药剂防治可参考樱桃褐斑穿孔病。

7．樱桃腐烂病

【分布为害】樱桃腐烂病在我国大部分樱桃种植区均有发生，是为害樱桃很重的枝干病害(图7-20)。

图7-20 樱桃腐烂病整枝受害症状

【症　　状】主要为害主干和主枝，造成树皮腐烂，致使枝枯树死。自早春至晚秋都可发生，其中4—6月发病最盛。初期病部皮层稍肿起，略带紫红色并出现流胶，最后皮层变褐色枯死，有酒糟味，表面产生黑色凸起小粒点(图7-21和图7-22)。

图7-21　樱桃腐烂病为害枝条枝枯症状

图7-22　樱桃腐烂病病枝条皮层褐变症状

【病　　原】 有性世代为*Valsa leucostoma*，称核果黑腐皮壳，属子囊菌门真菌。无性世代为*Cytospora leucostoma* 称核果壳囊孢，属无性型真菌。分生孢子器埋生于子座内，扁圆形或不规则形；分生孢子梗单胞，无色，顶端着生分生孢子；分生孢子单胞，无色，香蕉形，略弯，两端钝圆；子囊壳埋生在子座内，球形或扁球形，有长颈；子囊棍棒形或纺锤形，无色透明，基部细，侧壁薄，顶壁较厚；子囊孢子单胞，无色，微弯，腊肠形。

【发生规律】 以菌丝体、子囊壳及分生孢子器在树干病组织中越冬，翌年3—4月产生分生孢子，借风雨和昆虫传播，自伤口及皮孔侵入。病斑多发生在近地面的主干上，早春至晚秋都可发生，春秋两季最为适宜，尤以4—6月发病最盛，高温的7—8月受到抑制，11月后停止发展。施肥不当及秋雨多，树体抗寒力降低，易引起发病。

【防治方法】 适当疏花疏果，增施有机肥，及时防治造成早期落叶的病虫害。

在樱桃发芽前刮去翘起的树皮及坏死的组织，然后向病部喷施50%福美双可湿性粉剂300倍液。

生长期发现病斑，可刮去病部，涂抹下列药剂：

70%甲基硫菌灵可湿性粉剂1份，加植物油2.5份；

50%多菌灵可湿性粉剂50～100倍液；

70%百菌清可湿性粉剂50～100倍液等，间隔7～10天再涂1次，防效较好。

8．樱桃花叶病

【分布为害】樱桃花叶病属类病毒病，在我国发生较少，但近几年由于从国外广泛引种，带入此病，有蔓延的趋势。

【症　　状】感病后生长缓慢，开花略晚，果实稍扁，微有苦味。早春发芽后不久，即出现黄叶，4—5月最多，叶片黄化但不变形，只呈现鲜黄色病部或乳白色杂色，或发生褪绿斑点和扩散形花叶(图7–23)。高温适宜这种病株出现，尤其在保护地栽培中发病较重。

图7－23　樱桃花叶病褪绿症状

【病　　原】Prunus nicrotic ringspot virus (PNRSV)，称樱桃坏死斑，属李坏死环斑病毒。

【发生规律】主要通过嫁接传播，无论是砧木还是接穗带毒，均可形成新的病株，通过苗木销售带到各地。修剪、蚜虫、瘿螨都可以传毒，在病株周围20m范围内，花叶相当普遍。高温有助于病症的明显出现。

【防治方法】在局部地区发现病株及时挖除销毁，防止扩散。采用无毒材料(砧木和接穗)进行苗木繁育。若发现有病株，不得外流接穗。修剪工具要消毒，避免传染。局部地块对病株要加强管理，增施有机肥，提高抗病能力。

蚜虫发生期，喷药防治蚜虫。可用药剂有：

10%吡虫啉可湿性粉剂2 000～3 000倍液；

50%抗蚜威可湿性粉剂1 500～2 000倍液等。

在病害发生初期，可喷施下列药剂：

20%盐酸吗啉胍·乙酸铜可湿性粉剂500～600倍液；

10%混合脂肪酸水乳剂200～300倍液；

0.5%香菇多糖水剂250～300倍液；

5%氨基寡糖素水剂300～500倍液；

均匀喷洒叶面，间隔7～10天喷1次，连续喷施2～3次。

9．樱桃黑腐病

【症　　状】主要为害成熟的果实，发病初期，果实变软，很快呈暗褐色软腐，用手触摸果皮即破，果汁流出，病害发展到中后期，在病果表面长出许多白色菌丝和细小的黑色点状物，即病菌的孢子囊(图7-24)。

图7-24　樱桃黑霉病为害果实症状

【病　　原】*Rhizopus nigricans* 称黑根霉菌，属接合菌亚门真菌。孢囊梗直立不分枝，淡褐色；孢子囊球形或椭圆形，褐色或黑色；孢囊孢子近球形或卵形，褐色。

【发生规律】病菌是一种喜温的弱寄生菌，孢子主要借气流传播，通过果实表面的伤口侵入，病果与健果接触也能传播。高温高湿有利于该病害的发生。

【防治方法】适时采收，避免伤口，减少病菌侵染。采收后及时清除伤果和病果。

樱桃近成熟期，喷施下列药剂：

50%腐霉利可湿性粉剂1 000 ~ 1 500倍液；

50%多菌灵可湿性粉剂800 ~ 1 000倍液；

50%异菌脲可湿性粉剂1 000 ~ 1 500倍液；

70%甲基硫菌灵可湿性粉剂700 ~ 800倍液。

10．樱桃树木腐病

【症　　状】在枝干部的冻伤、虫伤、机械伤等各种伤口部位，散生或群聚生病菌小型子实体(图7–25)，外部症状如膏药状或覆瓦状(图7–26)。被害木质部形成不明显的白色腐朽。

图7–25　樱桃树木腐病受害初期症状

图7–26　樱桃树木腐病枝干受害后期症状

【病　　原】*Schizophyllum commune* 称普通裂褶菌，属担子菌门真菌。

【发生规律】病菌以菌丝体在被害木质部潜伏越冬，翌年春季气温上升至7～9℃时继续向健部蔓延活动，16～24℃时扩展较迅速，当年夏秋季散布孢子，自各种伤口侵染为害。衰弱树、濒死树易感病。伤口多而衰弱的树发病较重。

【防治方法】加强果园管理，增强树势。对重病树、衰老树、濒死树，要及时挖除烧毁。在园内增施肥料，合理修剪。经常检查树体，发现病菌子实体迅速连同树皮刮除，并涂1%硫酸铜液消毒。保护树体，减少伤口。伤口要涂抹波尔多液、煤焦油或1%硫酸铜液。

11．樱桃黑色轮纹病

【症　　状】主要为害叶片，发病初期，叶片上初生圆形或不规则形的褐色小斑，后病斑扩大，变为茶褐色，有明显的轮纹，上生黑色霉层(图7–27和图7–28)。

图7–27　樱桃黑色轮纹病为害叶片症状

图7–28　樱桃黑色轮纹病为害叶片背面症状

【病　　原】*Altenaria cerasi* 称樱桃链格孢菌，属无性型真菌。

【发生规律】病菌主要以分生孢子在病叶等病残体上越冬，翌年春季条件适宜时，分生孢子借风雨传播，进行初侵染，后又在病斑上产生分生孢子进行多次再侵染。树体营养不良，生长势衰弱，伤口多易发病，湿度大，地势低洼的果园发病重。

【防治方法】选用抗病品种，加强果园管理，合理修剪，增施有机肥，增强树势。

发病初期，可喷施下列药剂：

50%异菌脲可湿性粉剂1 000 ~ 1 500倍液+70%代森锰锌可湿性粉剂600 ~ 800倍液；

10%苯醚甲环唑水分散粒剂2 000 ~ 3 000倍液+65%代森锌可湿性粉剂500 ~ 600倍液；

70%代森锰锌可湿性粉剂800 ~ 1 000倍液+70%甲基硫菌灵可湿性粉剂1 000 ~ 2 000倍液；

70%代森锰锌可湿性粉剂800 ~ 1 000倍液+50%多菌灵可湿性粉剂1 000 ~ 1 500倍液；

50%苯菌灵可湿性粉剂1 000 ~ 1 500倍液，发生严重时，可间隔10 ~ 15天再喷1次。

二、樱桃生理性病害

1．樱桃日灼症

【症　　状】主要发生在果实上，果面出现淡褐色近圆形斑，边缘不明显，果实表面先皱缩后逐渐凹陷，整个果实呈棕黑色，并有酒糟味，严重的果实变为干果，失去商品价值(图7–29)。

图7–29　樱桃日灼症果实受害症状

【病　　因】日灼病多发生在果实着色成熟期，其原因是树体缺水，供应果实水分不足引起，这与土壤湿度、施肥、光照及品种有关。当根系吸水不足，叶片蒸发量大，渗透压升高，叶内含水量低于果实时，果实里的水分容易被叶片夺走，致果实水分失衡出现障碍则发生日灼。

【防治方法】最好选择地势高、耕作层深厚、土质好、肥力高、透气性好、能排能灌的地块建园。冬春季要增施充分腐熟的有机肥，以提高植株的抗病能力。避免过多施用速效氮肥，以培养稳健的树势。少雨时要进行灌溉，最好是滴灌，使果园土壤经常保持湿润。

2．樱桃缺铁症

【症　　状】新梢节间短，发枝力弱。严重缺铁时，新梢顶端枯死。新梢顶端的嫩叶变黄，叶脉两侧及下部老叶仍为绿色，后随新梢长大，全叶变为黄白色，并出现茶褐色坏死斑，病情严重的，新梢中上部叶变小早落或呈光秃状。果实品质变差，产量下降。数年后树冠稀疏，树势衰弱，致全树死亡(图7–30和图7–31)。

图7–30　樱桃缺铁初期症状

图7–31　樱桃缺铁后期症状

【病　　因】土壤pH值高、石灰含量高或土壤含水量高，均易造成缺铁。磷肥、氮肥施入过多，可导致树体缺铁。另外铜不利于铁的吸收，锰和锌过多也会加重缺铁失绿。

【防治方法】施有机肥，增加土壤中有机质含量，改良土壤结构及理化性质。盐碱地果园，注意做好浇水洗盐工作。注意各营养元素的平衡关系，容易缺铁的果园，要注意控制氮肥与磷肥的施用量。酸性土壤施石灰不要过量，过量的钙会引起缺铁失绿症状。发病严重的樱桃树，在发芽前可喷施0.3%～0.5%硫酸亚铁液。

3．樱桃裂果

【症　　状】多发生在果实成熟期，有的自果顶到果梗方向发生纵裂，有的在果顶部发生不规则的裂纹，降低商品价值，且易腐烂。气压突然剧烈变化而使果肉膨胀，果皮开裂(图7–32)。

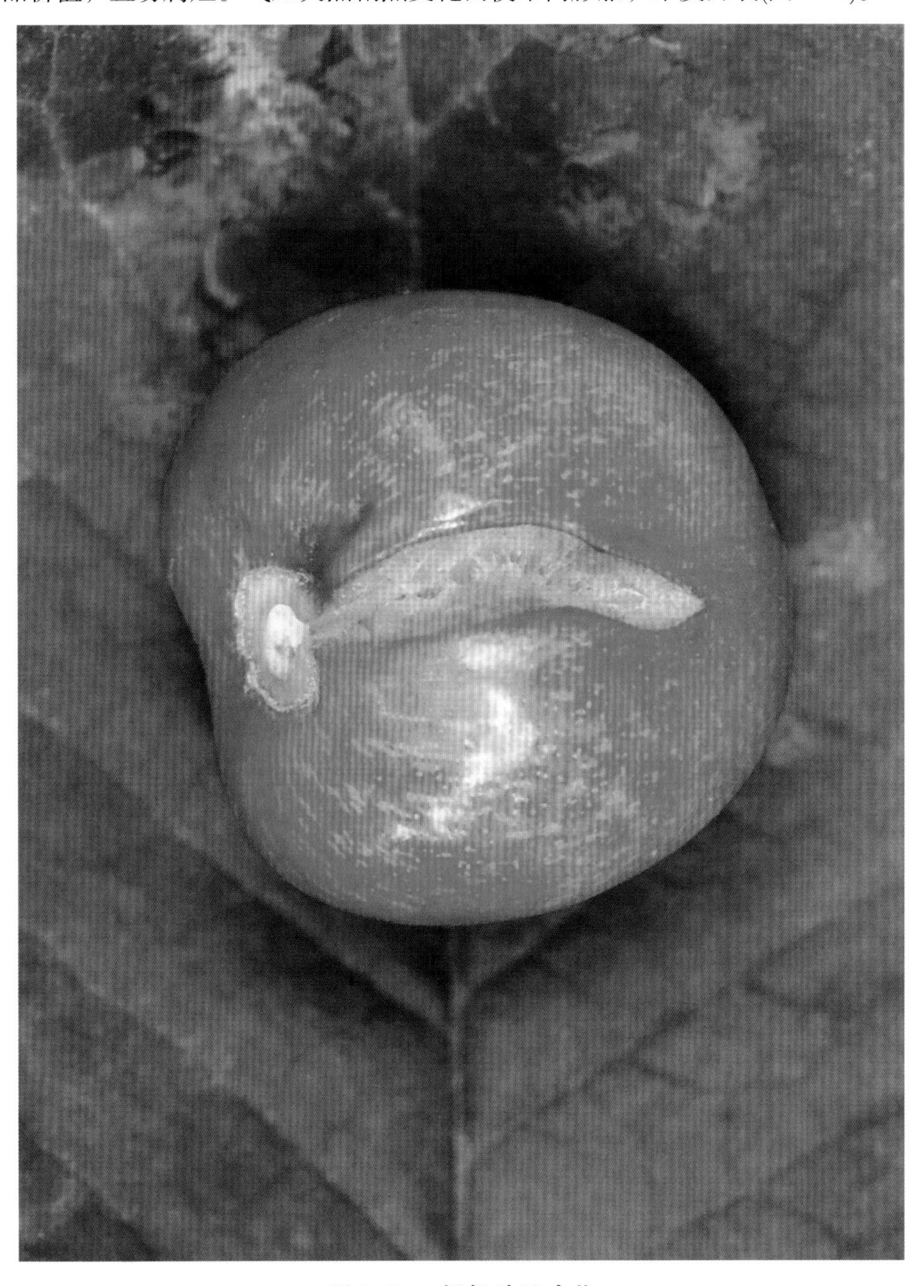

图7–32　樱桃裂果症状

【病　　因】在果实成熟期遇到雨水过多，容易裂果；土壤地下水位过高，排水不良也会造成裂果。偏施氮肥，磷肥不足，造成树体徒长，如不重视夏季修剪，容易造成裂果。果实在成熟期，果汁渗透压增高，吸水性强，如此期间降雨多或降雨时间长，易发生裂果。

【防治方法】加强开沟排水，重视夏季修剪，施足磷肥、少施氮肥等。疏除徒长枝及过多郁闭枝，改善通风透光条件；适时中耕除草，保持树盘根际土壤疏松状况，提高土壤含水量，增强土壤透气性，为根系创造良好的生长环境；树盘覆盖，减少土壤水分蒸发，确保土壤水分和营养供应均衡。多雨年份及早采果，可分多次采收，树上不留过熟果。

三、樱桃虫害

1. 樱桃实蜂

【分布为害】樱桃实蜂(*Fenusa* sp)，属膜翅目叶蜂科，是近几年在我国樱桃上发现的新害虫，在陕西、河南有发生。以幼虫蛀食樱桃果实，受害严重的树，虫果率达50%以上。被害果内充满虫粪。后期果顶早变红色，早落果。

【形态特征】成虫头部、胸部和腹背黑色，复眼黑色，3单眼橙黄色；触角丝状，9节，第一、第二节粗短黑褐色，其他节浅黄褐色，唇基、上颚、下颚均褐色；中胸背板有“X”形纹；翅透明，翅脉棕褐色。卵长椭圆形，乳白色，透明。老熟幼虫头淡褐，体黄白色，腹足不发达，体多褶皱和突起(图7-33)。茧皮革质，圆柱形。蛹淡黄色至黑色。

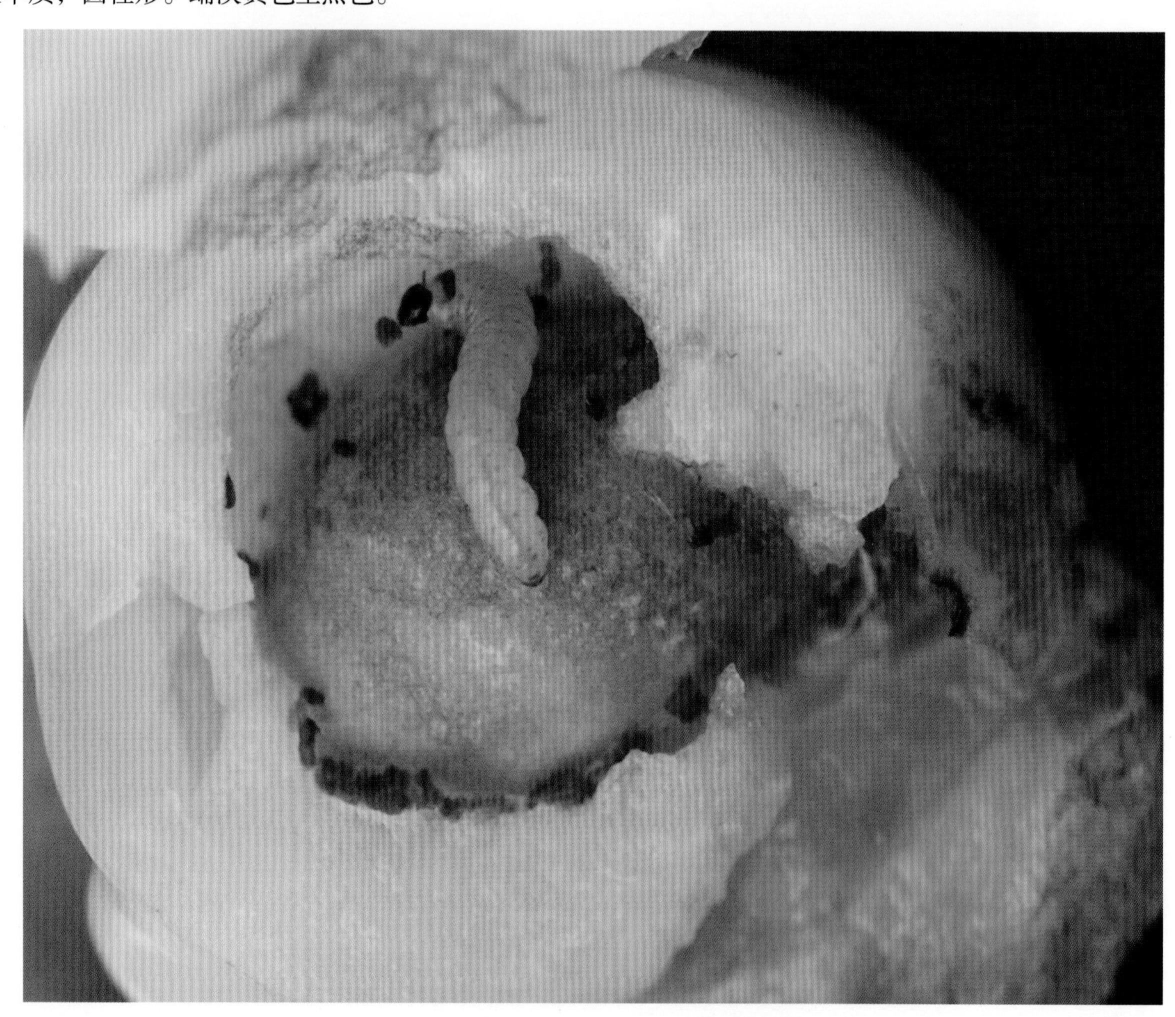

图7-33 樱桃实蜂幼虫及为害果实症状

【发生规律】一年发生1代，以老龄幼虫结茧在土下滞育，12月中旬开始化蛹，翌年3月中下旬花期羽化。产卵于花萼下，初孵幼虫从果顶蛀入，5月中旬脱果入土结茧滞育。成虫羽化盛期为樱桃始花期，早晚及阴雨天栖息于花冠上，取食花蜜补充营养，中午交尾产卵，大多数的卵产在花萼表皮下，幼虫老熟后从果柄附近咬一脱果孔落地，钻入土中结茧越冬。

【防治方法】因大部分老龄幼虫入土越冬，可于出土前在树盘5～8cm处深翻，减少越冬虫源。4月中旬幼虫尚未脱果时，及时摘除虫果深埋。

樱桃开花初期，喷施下列药剂：

40%辛硫磷乳油1 000～1 500倍液；

2.5%溴氰菊酯乳油2 000～3 000倍液等，防治羽化盛期的成虫。

4月上旬卵孵化期，孵化率达5%时，可喷施下列药剂：

5.7%氟氯氰菊酯乳油1 500～2 500倍液；

2.5%高效氟氯氰菊酯乳油2 000～3 000倍液；

20%甲氰菊酯乳油2 000～3 000倍液；

10%联苯菊酯乳油3 000～4 000倍液等。

2．樱桃瘿瘤头蚜

【分布为害】樱桃瘿瘤头蚜(*Tuberocephalus higansakurae*)，属同翅目蚜科。分布在浙江、北京、河南、河北等省、市。主要为害樱桃叶片，叶片受害后向正面肿胀凸起，形成花生壳状的伪虫瘿，初略呈红色，后变枯黄，5月底发黑、干枯(图7–34和图7–35)。

图7–34 樱桃瘿瘤头蚜为害叶片初期症状

【形态特征】无翅孤雌蚜：头部呈黑色，胸、腹背面为深色，各节间色淡，节间处有时呈淡色；体表粗糙，有颗粒状构成的网纹；额瘤明显，内缘圆外倾，中额瘤隆起；腹管呈圆筒形，尾片短圆锥形，有曲毛3～5根。有翅孤雌蚜：头、胸呈黑色，腹部呈淡褐色；腹管后斑大，前斑小或不明显(图7–36)。

图7-35 樱桃瘿瘤头蚜为害叶片后期症状

图7-36 樱桃瘿瘤头蚜无翅孤雌蚜、有翅孤雌蚜

【发生规律】一年发生多代。以卵在幼嫩枝上越冬，春季萌芽时越冬卵孵化成干母，于3月底在樱桃叶端部侧缘形成花生壳状伪虫瘿，并在瘿内发育、繁殖，虫瘿内4月底出现有翅孤雌蚜并向外迁飞。10月中下旬产生性蚜并在樱桃幼嫩枝上产卵越冬。

【防治方法】加强果园管理。结合春季修剪，剪除虫瘿，集中烧毁。

从果树发芽至开花前，越冬卵大部分已孵化，及时往果树下喷药防治。药剂可选用：

3%啶虫脒乳油1 500～3 000倍液；

10%吡虫啉可湿性粉剂2 000～2 500倍液；

48%毒死蜱乳油1 000～2 000倍液；

50%抗蚜威可湿性粉剂1 500～2 000倍液；

10%烯啶虫胺可溶性液剂4 000～5 000倍液；

1.8%阿维菌素乳油3 000～4 000倍液；

2.5%溴氰菊酯乳油1 500～2 500倍液，喷雾防治。

3．梨小食心虫

【分布为害】梨小食心虫(*Grapholitha molesta*)，属鳞翅目小卷叶蛾科。分布于全国各地，是最常见的一种食心虫。为害新梢时，多从新梢顶端叶片的叶柄基部蛀入髓部，由上向下蛀食，蛀孔外有虫粪排出和树胶流出，被害嫩梢的叶片逐渐凋萎下垂，最后枯死(图7–37)。

图7－37 梨小食心虫为害樱桃新梢症状

【形态特征】参考梨树虫害——梨小食心虫。

【发生规律】参考梨树虫害——梨小食心虫。

【防治方法】参考梨树虫害——梨小食心虫。

4．山楂叶螨

【分布为害】山楂叶螨(*Tetranychus viennensis*)，属蜱螨目叶螨科。分布于东北、西北、华北及江苏北部等地区。以成虫、若虫吸食芽、花蕾及叶片汁液。花、花蕾严重受害后变黑，芽不能萌发而死亡，花不能开放而干枯。叶片受害，叶螨在叶背主脉两侧吐丝结网，在网下停息、产卵和为害，使叶片出现很多失绿的小斑点，随后斑点扩大连片(图7–38和图7–39)，变成苍白色，严重时叶片焦黄脱落。

图7–38 山楂叶螨为害樱桃叶片症状

图7–39 山楂叶螨为害樱桃叶片背面症状

【形态特征】参考山楂虫害——山楂叶螨。

【发生规律】参考山楂虫害——山楂叶螨。

【防治方法】参考山楂虫害——山楂叶螨。

5. 桑褶翅尺蛾

【分布为害】桑褶翅尺蛾(*Zamacra excavata*)，属鳞翅目尺蛾科。分布于我国东北、华北、华东等地。以幼虫食害花蕾、叶片为主，3～4龄食量最大，严重时可将叶片全部吃光，影响树势(图7–40)。

图7-40 桑褶翅尺蛾为害樱桃叶片症状

【形态特征】成虫：雌蛾体灰褐色；头部及胸部多毛；触角丝状；翅面有赤色和白色斑纹；前翅内、外横线外侧各有一条不太明显的褐色横线，后翅基部及端部灰褐色，近翅基部处为灰白色，中部有一条明显的灰褐色横线，静止时四翅皱叠竖起，后足胫节有距2对，尾部有2簇毛。雄蛾全身体色较雌蛾略暗，触角羽毛状；腹部瘦，末端有成撮毛丛，其特征与雌蛾相似。卵椭圆形，初产时深灰色，光滑；4～5天后变为深褐色，带金属光泽；孵化前由深红色变为灰黑色。老熟幼虫体黄绿色(图7-41)；头褐色，两侧色稍淡；前胸侧面黄色，气门黄色，围气门片黑色；胸足淡绿，端部深褐色；腹部绿色，端部褐色。蛹椭圆形，红褐色，末端有2个坚硬的刺。茧灰褐色，表皮较粗糙。

图7-41 桑褶翅尺蛾幼虫

【发生规律】一年发生1代，以幼虫在树干基部树皮上作茧化蛹越冬，3月下旬成虫羽化，4月上中旬刺槐发芽时幼虫孵化，5月中下旬老熟幼虫开始化蛹。成虫有假死性，受惊后即坠落地上，雄蛾尤其明显，成虫飞翔力不强。成虫羽化产卵沿枝条排列成长块，很少散产，初产卵时为红褐色，后变灰绿色。幼虫共4龄，颜色多变，1龄虫为黑色，2龄虫为红褐色，3龄虫为绿色。1～2龄虫一般昼伏夜出，3～4龄虫昼夜为害，幼虫在小枝上停落时呈“？”形，且受惊后吐丝下垂。幼虫多集中在树干基部附近深3～15cm的表土内化蛹，入土后4～8小时内吐丝，结一黄白色至灰褐色椭圆形茧，茧多贴在树皮上，幼虫在茧内进入预蛹期。

【防治方法】可于秋末中耕消灭越冬虫蛹；清扫果园和寄主附近杂草，并加以烧毁，以消灭其上幼虫或卵等。3月中旬至4月中旬集中烧毁卵枝，雨后燃柴草诱杀成虫。用黑光灯诱杀成虫。

化学药剂防治对低龄幼虫和成虫，可选用下列药剂：

2.5%溴氰菊酯乳油2 000～3 000倍液；

1 600IU/mg苏云金杆菌可湿性粉剂1 200～1 600倍液；

20%氰戊菊酯乳油2 000～4 000倍液；

40%辛硫磷乳油1 500～2 000倍液；

20%除虫脲悬浮剂1 000～2 000倍液等。

一般情况下，在防治的关键时期间隔10天左右连喷2次药即可达到很好的防治效果。

6．桑白蚧

【分布为害】桑白蚧(*Pseudaulacaspis pentagona*)，属同翅目盾蚧科。分布遍及全国，是为害最普遍的一种介壳虫。以若虫和成虫群集于主干、枝条上，以口针刺入皮层吸食汁液，也有在叶脉或叶柄、芽的两侧寄生，造成叶片提早硬化(图7–42)。

图7–42　桑白蚧为害樱桃枝干症状

【形态特征】参考桃树虫害——桑白蚧。

【发生规律】参考桃树虫害——桑白蚧。

【防治方法】参考桃树虫害——桑白蚧。

7. 桃小蠹

【分布为害】桃小蠹(*Scolytus seulensis*)，属鞘翅目小蠹甲科。近几年在河北部分果树产区为害严重。成虫、幼虫蛀食枝干韧皮部和木质部，蛀道于其间，常造成枝干枯死或整株死亡(图7–43)。

图7–43 桃小蠹为害樱桃枝干症状

【形态特征】参考桃树虫害——桃小蠹。

【发生规律】参考桃树虫害——桃小蠹。

【防治方法】参考桃树虫害——桃小蠹。

8. 朝鲜球坚蚧

【分布为害】朝鲜球坚蚧(*Didesmoccus koreanus*)，属同翅目蚧科。分布于东北、华北、华东及河南、陕西、宁夏、四川、云南、湖北、江西等省份或地区。以若虫和雌成虫聚集在枝干上吸食汁液，被害枝条发育不良，出现流胶，树势严重衰弱，树体不能正常生长和花芽分化，严重时枝条干枯，一经发生，常在1～2年内蔓延全园，如防治不利，会使整株死亡(图7–44)。

【形态特征】参考桃树虫害——朝鲜球坚蚧。

【发生规律】参考桃树虫害——朝鲜球坚蚧。

【防治方法】参考桃树虫害——朝鲜球坚蚧。

图7-44　朝鲜球坚蚧为害樱桃枝条症状

9．桃潜叶蛾

【分布为害】桃潜叶蛾(*Lyonetica clerkella*)，属鳞翅目潜叶蛾科。分布华北、西北、华东等地。以幼虫潜入樱桃叶片为害，在叶组织内串食叶肉，造成弯曲的隧道，并将粪粒充塞其中，造成早期落叶(图7-45)。

图7-45　桃潜叶蛾为害樱桃叶片症状

【形态特征】参考桃树虫害——桃潜叶蛾。

【发生规律】参考桃树虫害——桃潜叶蛾。

【防治方法】参考桃树虫害——桃潜叶蛾。

10．黑蚱蝉

【分布为害】黑蚱蝉(*Cryptotympana atrata*)，属同翅目蝉科。分布于全国各地，华南、西南、华东、西北及华北大部分地区，尤其在黄河故道地区虫口密度为最大。雌虫产卵时其产卵瓣刺破枝条皮层与木质部，造成产卵部位以上枝梢失水枯死，严重影响苗木生长(图7–46)。成虫刺吸枝条汁液。

图7–46 黑蚱蝉为害樱桃枝条症状

【形态特征】参考桃树虫害——黑蚱蝉。

【发生规律】参考桃树虫害——黑蚱蝉。

【防治方法】参考桃树虫害——黑蚱蝉。

第八章　枣树病虫害

枣树在中国的培育历史已超过4 000年，枣果至今仍是中国北方的主要水果之一。

2017年，我国枣树种植面积达到了325万hm²，年产量852.2万t。其中，山东、河北、山西、陕西、新疆、河南是我国枣主产区，对全国枣的贡献率达90%以上。近年在甘肃、四川等省(区)发展也较快。

枣树病虫害有40多种，其中，病害有20多种，虫害有20多种。老枣区枣疯病、枣尺蠖成灾，炭疽病、缩果病、锈病、龟蜡蚧、枣黏虫等为害也较重，导致树体老化，严重影响了枣树生产的发展。

一、枣树病害

1. 枣锈病

【分布为害】枣锈病是枣树重要的病害，全国分布广泛，尤以河南、山东、河北等省发生更为严重。

【症　　状】仅为害叶片，发病初期在叶片背面散生淡绿色小点，后逐渐凸起成黄褐色锈斑，多发生在叶脉两侧及叶尖和叶基，后期破裂散出黄褐色粉状物(图8-1)。叶片正面，在与夏孢子堆相对处出现许多黄绿色小斑点，叶面呈花叶状，逐渐失去光泽，最后干枯早落(图8-2)。

图8-1　枣锈病为害叶片背面症状

图8-2 枣锈病为害叶片正面症状

【病 原】*Phakopsora zizyphivulgaris* 称枣层锈菌，属担子菌门真菌(图8-3)。夏孢子堆形状不规则；夏孢子球形或椭圆形，黄色或淡黄色，表面生短刺；冬孢子堆比夏孢子堆小，近圆形或不规则形，稍凸起，但不突破表皮；冬孢子长椭圆形或多角形，单胞，平滑，顶端壁厚，下端稍薄，上部栗褐色，基部淡色。

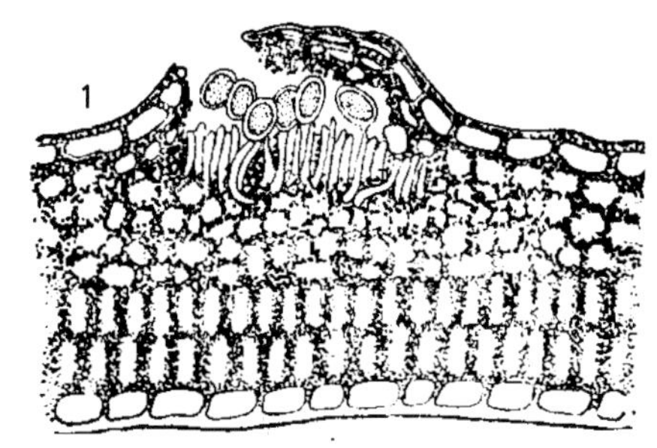

图8-3 枣锈病病菌
1.夏孢子堆 2.夏孢子

【发生规律】主要是以夏孢子堆在落叶上越冬，为来年发病的初侵染来源。翌年夏孢子借风雨传播到新生叶片上，在高湿条件下萌发。一般从7月上旬开始出现症状，8月下旬至9月初夏孢子堆大量出现，通过风雨传播不断引起再侵染，使病害加重。7—8月的雨早、雨多发病严重。地势低洼易积水、行间郁闭、同时间作高秆作物的枣园，枣锈病重，落叶、落果严重。

【防治方法】合理密植，修剪过密枝条，以利通风透光，增强树势，雨季及时排水，防止果园过湿，行间不种高秆作物和西瓜、蔬菜等经常灌水的作物。落叶后至发芽前，彻底清扫枣园内落叶，集中烧毁或深翻掩埋土中，消灭初侵染来源。

6月中旬，夏孢子萌发前，喷施下列药剂进行预防：

80%代森锰锌可湿性粉剂600～800倍液；

65%代森锌可湿性粉剂500～600倍液等。

在7月中旬枣锈病的盛发期喷药防治，可用下列药剂：

80%代森锰锌可湿性粉剂600～800倍液；

25%三唑铜可湿性粉剂1 000 ~ 1 500倍液；

10%苯醚甲环唑水分散粒剂1 000 ~ 1 500倍液；

12.5%烯唑醇可湿性粉剂1 000 ~ 2 000倍液；

20%萎锈灵乳油600 ~ 800倍液；

22.5%啶氧菌脂悬浮剂1 200 ~ 1 800倍液。

2. 枣疯病

【分布为害】枣疯病是枣树的一种毁灭性病害，在全国大部分枣区均有发生，在河北、北京、山西、陕西、河南、安徽、广西等枣区发生较严重。

【症　　状】枣疯病的发生，一般是先从一个或几个枝条开始，然后再传播到其他枝条，最后扩展至全株，但也有整株同时发病的。症状特点是枝叶丛生，花器变为营养器官(图8-4)，花柄延长成枝条，花瓣、萼片和雄蕊肥大、变绿、延长成枝叶，雌蕊全部转化成小枝(图8-5)。病枝纤细，节间变短，叶小而萎黄，一般不结果。病树健枝能结果，但其所结果实大小不一，果面凹凸不平，着色不匀，果肉多渣，汁少味淡，不堪食用。后期病根皮层变褐腐烂，最后整株枯死(图8-6和图8-7)。

图8-4　枣疯病为害花器叶变症状

图8-5　枣疯病为害丛枝症状

图8-6 枣疯病为害后期症状

图8-7 枣疯病冬季落叶后症状

【病　　原】主要是植原体(Phytoplasma)。

【发生规律】疯枣树是枣疯病主要的侵染来源，病原体在活着的病株内存活。北方枣产区自然传病媒介主要是3种叶蝉，即凹缘菱纹叶蝉、橙带拟菱纹叶蝉和红闪小叶蝉。地势较高，土地瘠薄，肥水条件差的山地枣园病重；管理粗放，杂草丛生的枣园病重。

【防治方法】加强枣园肥水管理，对土质差的进行深翻扩穴，增施有机肥，改良土壤，促进枣树生长，增强抗病能力，可减缓枣疯病的发生和流行。枣产区尽量实行枣粮间作，避免病株和健株根的接触，以阻止病害传播。发现病苗应立即刨除；严禁病苗调入或调出；及时刨除病树；及时去除病根蘖及病枝，减少初侵染来源。

于早春树液流动前和秋季树液回流至根部前，注射1 000万单位土霉素100mL/株或0.1%四环素500mL/株。

以4月下旬、5月中旬和6月下旬为最佳喷药防治传毒害虫时期，全年共喷药3～4次。可喷施下列药剂：

20%氰戊菊酯乳油1 000～2 000倍液；

2.5%溴氰菊酯乳油2 000～2 500倍液；

10%联苯菊酯乳油2 000～2 500倍液等。

3．枣炭疽病

【分布为害】枣炭疽病是枣生产中重要的病害之一，分布于河南、山西、陕西、安徽等省。以河南灵宝大枣和新郑枣受害最重。一般为害年份产量损失为20%～30%，发病重的年份损失高达50%～80%。

【症　　状】主要为害果实，也可侵染枣吊、枣叶、枣头及枣股。染病果实着色早，在果肩或果腰处出现淡黄色水渍状斑点，逐渐扩大成不规则形黄褐色斑块，中间产生圆形凹陷病斑，病斑扩大后连片，呈红褐色，引起落果(图8–8至图8–11)。在潮湿条件下，病斑上长出许多黄褐色小凸起。剖开病果，果核变黑，味苦，不能食用。轻病果虽可食用，但均带苦味，品质变劣。叶片受害后变黄绿早落，有的呈黑褐色焦枯状悬挂在枝头(图8–12和图8–13)。

图8–8　枣炭疽病为害果实初期症状

图8-9 枣炭疽病为害果实中期症状

图8-10 枣炭疽病为害果实后期症状

图8-11　枣炭疽病为害果实后期症状

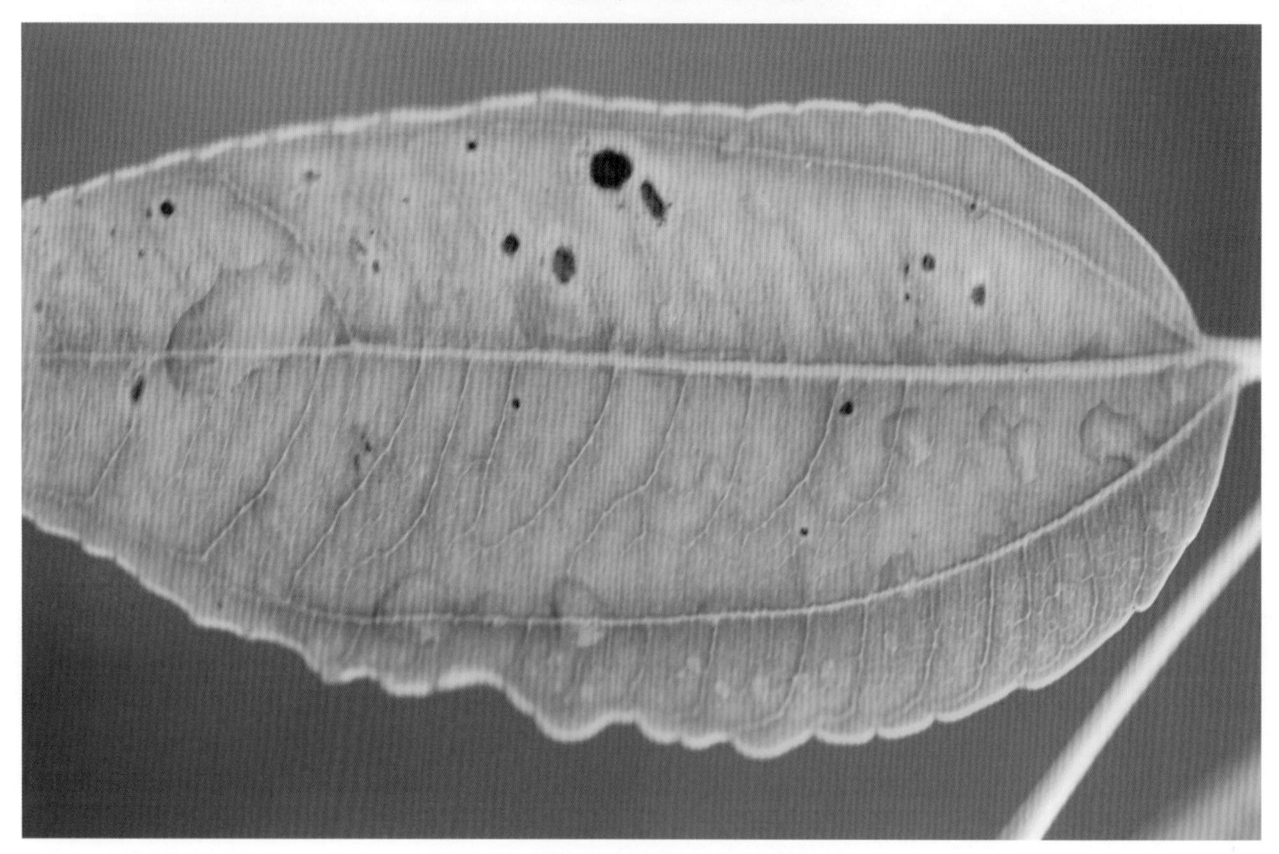

图8-12　枣炭疽病为害叶片初期症状

图8-13 枣炭疽病为害叶片后期症状

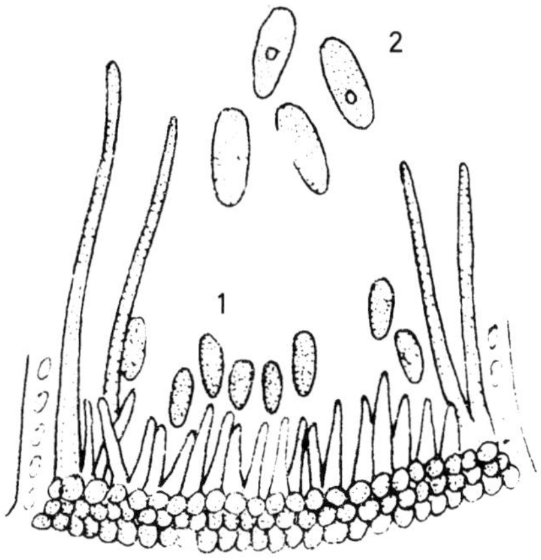

【病　　原】*Colletotrichum gloeosporioides* 称胶孢炭疽菌，属无性型真菌(图8-14)。分生孢子盘位于表皮下，分生孢子长圆形或圆筒形，无色，单胞，中央有1～2个油点。

【发生规律】以菌丝体在枣吊、枣股、枣头和僵果中越冬，其中以枣吊和僵果的带菌量为最高。翌年春季雨后，越冬病菌形成分生孢子盘，涌出分生孢子，遇水分散，随风雨传播，或昆虫带菌传播。枣果、枣吊、枣叶、枣头等从5月即可能被病菌侵入，带有潜伏病菌，到7月中下旬才开始发病，出现病果。8月雨季，发展快。降雨早，连阴天时，发病早而重。

图8-14 枣炭疽病病菌
1.分生孢子盘 2.分生孢子

【防治方法】摘除残留的越冬老枣吊，清扫掩埋落地的枣吊、枣叶，并进行冬季深翻；再结合修剪剪除病虫枝、枯枝，以减少侵染来源。增施农家肥料，可增强树势，提高植株的抗病能力。

于发病期前的6月下旬喷施一次杀菌剂消灭树上病源，可选用下列药剂：

75%百菌清可湿性粉剂600～800倍液；

77%氢氧化铜可湿性粉剂400～600倍液；

1∶2∶200倍式波尔多液；

于7月下旬至8月下旬，间隔10天喷药1次，可选用下列药剂：

50%苯菌灵可湿性粉剂500～600倍液；

40%氟硅唑乳油8 000～10 000倍液；

70%甲基硫菌灵可湿性粉剂800～1 000倍液；

50%多菌灵可湿性粉剂800～1 000倍液等，保护果实，至9月上中旬结束喷药。

4．枣缩果病

【分布为害】枣缩果病是枣树的一种新病害，常与炭疽病混合发生，目前已成为威胁枣果产量和品质的重要病害。分布于河北、河南、山东、山西、陕西、安徽、甘肃、辽宁等省。发生日趋严重，病果率10%～50%，严重年份达90%以上，甚至绝收。病果失去食用价值。

【症　　状】为害枣果，引起果腐和提前脱落。病果初在肩部或腹部出现淡黄色晕环，逐渐扩大，稍凹呈不规则淡黄色病斑。进而果皮水渍状，表现为浸润型，散布针刺状圆形褐点；果肉为土黄色、松软，外果皮暗红色、无光泽。病部组织发软萎缩，果柄暗黄色，提前形成离层而早落。病果小、皱缩、干瘪，组织呈海绵状坏死，味苦，不堪食用(图8-15至图8-18)。

图8-15　枣缩果病为害果实前期症状

图8-16　枣缩果病为害果实中期症状

图8-17 枣缩果病为害果实后期症状

图8-18 枣缩果病为害果实后期田间症状

【病　　原】枣缩果病由多种病原单独或复合侵染引起的一类果实病害。主要病原菌有七叶树壳梭孢(*Fusicoccum aesculi*)、头状茎点霉(*Phoma glomerata*)、链格孢(*Alternaria alternate*)，均属于无性型真菌。

【发生规律】在华北地区，一般于枣果变白至着色时发病。枣果开始着色时发病，8月上旬至9月上旬是发病盛期。降水量大，发病高峰提前。一旦遇到阴雨连绵或夜雨昼晴天气，此病就容易暴发成灾。

【防治方法】秋冬季节彻底清除枣园病果烂果，集中处理。大龄树，在枣树萌芽前刮除并烧毁老树皮。增施有机肥和磷、钾肥，少施氮肥，合理间作，改善枣园通风透光条件。雨后及时排水，降低田间湿度。

加强对枣树害虫，特别是刺吸式口器和蛀果害虫，如桃小食心虫、介壳虫、椿象等害虫的防治，可减少伤口，有效减轻病害发生。前期喷施杀虫剂，以防治食芽象甲、叶蝉、枣尺蠖为主；后期8—9月结合杀虫，施用氯氰菊酯等杀虫剂与烯唑醇混合喷雾，对枣缩果病的防效可达95%以上。

根据气温和降雨情况，7月下旬至8月上旬喷第一次药，间隔10天左右再喷2～3次药。目前比较有效的药剂有：

50%多菌灵可湿性粉剂600～800倍液+80%代森锰锌可湿性粉剂750～800倍液；

70%甲基硫菌灵可湿性粉剂1 000～1 200倍液；

10%苯醚甲环唑水分散粒剂2 000～3 000倍液等。喷药要均匀，雾点要细，使果面全部着药，遇雨及时补喷。

5. 枣焦叶病

【分布为害】该病分布于我国河南、甘肃、安徽、浙江、湖北等部分枣区，其中，河南新郑枣区最为严重。

【症　　状】主要表现在叶、枣吊上。发病初期出现灰色斑点，局部叶绿素解体，之后病斑呈褐色，周围呈淡黄色，半个月后病斑中心出现组织坏死，叶缘淡黄色，由病斑连成焦叶，最后焦叶呈黑褐色，叶片坏死，部分出现黑色小点(图8-19)。

图8-19　枣焦叶病为害叶片症状

【病　　原】无性世代为*Gloeosporium frucrigenum*，称果盘长孢，属无性型真菌。有性世代为*Glomerella cinglata*，称围小丛壳菌，属子囊菌亚门真菌。

【发生规律】主要以无性孢子在树上越冬，靠风力传播，由气孔或伤口侵染。5月中旬平均气温21℃、空气相对湿度61%时，越冬病菌开始为害新生枣吊，多在弱树多年生枣股上出现，这些零星发病树即是发病中心。7月气温27℃、空气相对湿度75%～80%时，病菌进入流行盛期。8月中旬以后，成龄枣叶感病率下降，但二次萌生的新叶感病率颇高。9月上中旬感病停止。在河南新郑枣区，6月中旬个别叶发病，7—8月为发病盛期。树势弱、冠内枯死枝发病重。发病高峰期降水次数多，病害蔓延速度快。水肥条件差，有间作作物病害发生较重。前期投入不足，未施或少施基肥的枣园，水肥条件差，焦叶病发生严重。尤其是岗地、土壤偏沙性，有机质含量少，保水、保肥能力差，枣树生长势差，抵抗病害能力下降，病害发生较重。

【防治方法】冬季清园，打掉树上宿存的枣吊，收集枯枝落叶，集中焚烧灭菌。萌叶后，除去未发叶的枯枝，以减少传染源。加强肥水管理，增强树势。雨季防止枣园积水，保持根系良好的透气性，也能减轻或防止该病的发生。

从6月上旬开始，喷施下列药剂：

70%甲基硫菌灵可湿性粉剂800～1 000倍液；

50%多菌灵可湿性粉剂500～800倍液；

77%氢氧化铜悬浮剂400～500倍液；

2%宁南霉素水剂200～300倍液等，间隔10～15天喷1次，连喷3次，即可控制该病发生。

于落花后喷施下列药剂：

25%咪鲜胺乳油1 000～2 000倍液；

10%苯醚甲环唑水分散粒剂2 000～3 000倍液，间隔15天喷1次，连喷3～4次。

6．枣灰斑病

【症　状】主要为害叶片，叶片感病后，病斑暗褐色，圆形或近圆形。后期中央变为灰白色，边缘褐色，其上散生黑色小点，即为病原菌的分生孢子器(图8-20和图8-21)。

图8-20　枣灰斑病为害叶片前期症状

图8-21　枣灰斑病为害叶片后期症状

【病　　原】*Phyllosticta* sp. 称叶点霉菌，属无性型真菌(图8-22)。分生孢子器扁球形；分生孢子椭圆形或不规则形。

【发生规律】病原菌以分生孢子器在病叶上越冬。翌年春季，分生孢子于湿润天气借风雨传播，引起侵染。多雨年份发病重。

【防治方法】秋后清扫落叶，集中烧毁或深埋，减少侵染源。

发病初期，可选用下列药剂：

70%甲基硫菌灵可湿性粉剂800～1 000倍液；

50%多菌灵可湿性粉剂800～1 000倍液；

50%嘧菌酯水分散粒剂5 000～7 000倍液；

25%吡唑醚菌酯乳油1 000～3 000倍液；

24%腈苯唑悬浮剂2 500～3 000倍液；

50%异菌脲可湿性粉剂1 000～1 500倍液等，喷雾防治。

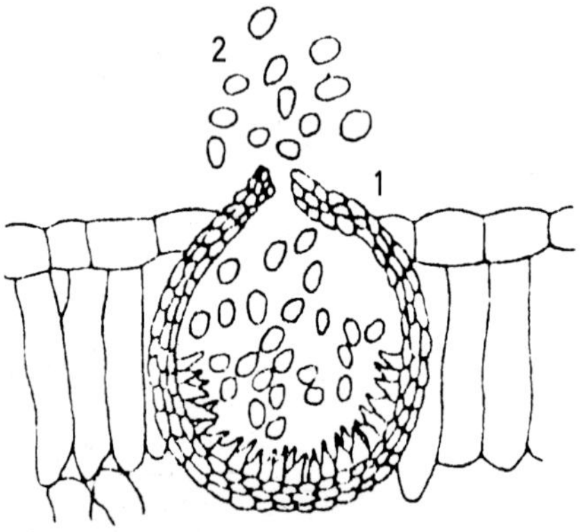

图8-22　枣灰斑病病菌
1.分生孢子器　2.分生孢子

7. 枣叶斑病

【分布为害】在浙江、河南、山东、湖南等地枣区均有发生，近年来发生较严重。病重时造成叶片早落，影响坐果，出现幼果早落。

【症　　状】主要为害叶片，初期在叶片上出现灰褐色或褐色圆形斑点，边缘有黄色晕圈，病情严重时，叶片黄化早落，妨碍枣树花期的授粉、受精过程，并出现落花、落果现象(图8-23和图8-24)。

【病　　原】*Conithyrium aleuritis* 称枣叶橄榄色盾壳霉；*C. fuckelii* 称枣叶斑点盾壳霉，均属无性型真菌。

【发生规律】病菌以分生孢子在病叶中越冬。枣树花期开始染病，在春季和夏季雨水多的季节易发

图8-23　枣叶斑病为害叶片初期症状

图8-24　枣叶斑病为害叶片后期症状

此病。

【防治方法】秋、冬季进行清园，清扫并焚烧枯枝落叶，消灭越冬病原菌。

在萌芽前枣园喷施29%石硫合剂水剂50～100倍液。

5—7月，喷施下列药剂：

50%多菌灵可湿性粉剂800倍液；

70%甲基硫菌灵可湿性粉剂800～1 000倍液；

40%腈菌唑水分散粒剂6 000～7 000倍液；

25%丙环唑乳油500～1 000倍液；

1.5%多抗霉素可湿性粉剂200～500倍液，间隔7～10天喷1次，连喷2～3次，可有效地控制该病的发生。

8．枣树腐烂病

【症　　状】主要侵害衰弱树的枝条。病枝皮层开始变红褐色，渐渐枯死，以后从枝皮裂缝处长出黑色突起小点，即为病原菌的子座(图8-25)。

图8-25　枣树腐烂病为害枝条症状

【病　　原】无性世代*Cytospora* sp. 称壳囊孢，属半知菌亚门真菌。分生孢子器生于黑色子座内，多室，不规则形。分生孢子小，香蕉形或腊肠形，无色。

【发生规律】病原菌以菌丝体或子座在病皮内越冬，第二年春后形成分生孢子，通过风雨和昆虫等传播，经伤口侵入。该菌为弱寄生菌，先在枯枝、死节、干桩、坏死伤口等组织上潜伏，然后侵染活组织。枣园管理粗放、树势衰弱，则容易感染。

【防治方法】加强管理，多施农家肥，增强树势，提高抗病力。彻底剪除树下的病枝条，集中烧毁，以减少病害的侵染来源。

轻病枝可先刮除病部，然后用80%乙蒜素乳油50倍液、50%福美双可湿性粉剂100～150倍液涂抹，消毒保护。

9．枣花叶病

【症　　状】为害枣树嫩梢叶片，受害叶片变小，叶面凹凸不平、皱缩、扭曲、畸形，呈黄绿相间的花叶状(图8-26和图8-27)。

【病　　原】Jujube mosaic virus (JMV)称枣树花叶病毒。

【发生规律】此病主要通过叶蝉和蚜虫传播，嫁接也能传病。天气干旱，叶蝉、蚜虫数量多，发病就重。

图8-26 枣花叶病为害叶片初期症状

图8-27 枣花叶病为害叶片后期症状

【防治方法】加强栽培管理，增强树势，提高抗病能力。嫁接时不从病株上采接穗，发病重的苗木要烧毁，避免扩散。

从4月下旬枣树发芽期开始喷药，可喷施下列药剂防治媒介叶蝉：

50%辛硫磷乳剂1 000 ~ 1 500倍液；

20%异丙威乳油500～800倍液；

2.5%溴氰菊酯乳油2 000～2 500倍液；

10%联苯菊酯乳油2 000～3 000倍液等。

喷施10%吡虫啉可湿性粉剂2 000～3 000倍液或50%抗蚜威可湿性粉剂1 500～2 500倍液等药剂防治蚜虫，间隔10～15天喷1次，全年共喷药3～4次。

10．枣壳梭孢软腐病

【分布为害】枣壳梭孢软腐病在各枣区均有发生。主要引起果实腐烂和提早脱落。在8—9月枣果膨大发白即将着色时大量发病。一般年份病果率为20%～30%，流行年份可达50%以上，甚至使枣果绝收。

【症　　状】主要侵害枣果、枣吊、枣头等部位。枣果前期受害则先在前部或后部出现浅黄色不规则的变色斑，病斑逐渐扩大并有凹陷或皱褶，颜色逐渐变成红褐色至黑褐色，打开果实可见果肉呈浅土黄色小病斑，严重时整个果肉呈褐色。后期受害果面出现褐色斑点，渐渐扩大为椭圆形病斑，果肉呈软腐状，严重时全果软腐(图8-28和图8-29)。一般枣果出现症状2～3天后就提前脱落。当年的病果落地后，在潮湿条件下，病部可长出许多黑色小粒点。越冬病僵果的表面产生大量黑褐色球状凸起。

图8-28　枣壳梭孢软腐病为害枣果初期症状

图8-29 枣壳梭孢软腐病为害枣果后期症状

【病 原】该病的有性世代为*Botryosphaeria berengerianade*，称葡萄座腔菌，属子囊菌门真菌(图8-30)。无性世代为*Fusicoccum aesculi*，属无性型真菌。分生孢子器扁圆形或椭圆形，有乳头状孔口。器壁黑褐色，炭质，其内壁密生分生孢子梗，分生孢子梗丝状，单胞，顶端着生分生孢子。分生孢子椭圆形或纺锤形，单胞，无色。

图8-30 枣壳梭孢软腐病病菌
1.分生孢子器 2.分生孢子

【发生规律】病原以菌丝、分生孢子器或分生孢子在病僵果和枯死的枝条上越冬。第2年分生孢子借风雨、昆虫等传播，从伤口、自然孔口或直接穿透枣果的表皮层侵入。病原在6月下旬落花后的幼果期开始侵染，但不发病而处于潜伏状态，到8月下旬至9月上旬枣果近成熟期才发病。阴雨多的年份病害发生早且重，尤其8月中旬至9月上旬若连续降雨，病害就会暴发成灾。

【防治方法】搞好清园工作。消除落地僵果，对发病重的枣园或植株，结合修剪剪除枯枝、病虫枝，集中烧毁，以减少病源。加强栽培管理，对发病的枣园，增施腐熟的农家肥，增强树势，提高抗病能力。枣行间种低秆作物以使枣树间通风透光，降低湿度，减少发病。

春季发芽前树体喷21%过氧乙酸水剂400～500倍液，消灭越冬病源。

生长期于7月初喷第1次药，至9月上旬可用杀菌剂喷3次，药剂选用：

68.75%恶唑菌酮·代森锰锌水分散粒剂1 500～2 000倍液；

50%多菌灵可湿性粉剂600～800倍液+50%克菌丹可湿性粉剂400～500倍液；

50%甲基硫菌灵可湿性粉剂800～1 000倍液；

50%异菌脲可湿性粉剂1 000～1 500倍液；

60%噻菌灵水分散粒剂1 500～2 200倍液；

50%嘧菌酯水分散粒剂1 500～2 000倍液；

30%苯甲·吡唑酯悬浮剂2 500～3 000倍液；

80%戊唑醇水分散粒剂5 000～6 000倍液，间隔15天左右与波尔多液交替喷施，注意雨后补喷。

11．枣枝枯病

【症　　状】当年生营养枝发病后先出现变色病斑，6—7月新生枝条发病后出现长圆形或纺锤形乳白色的小凸起，后逐渐变褐色(图8-31)。疣点中间裂开，可见乳白色物。春天疣点增大，遇雨或环境潮湿的情况下，从中挤出乳白色卷丝状分生孢子角。

图8-31　枣枝枯病为害新梢症状

【病　　原】*Fusicoccum* sp. 称壳梭孢菌，属无性型真菌。分生孢子器球形至扁球形，黑色；分生孢子梭形或纺锤形，单胞，无色。

【发生规律】病原以菌丝或分生孢子在病组织中越冬。翌年分生孢子借风雨或昆虫传播，通过枝条上的皮孔或伤口侵入寄生。大树发病重，小树发病轻；树势越弱，发病越重。土壤瘠薄、土壤积水、管理粗放及破坏性间作的枣园，病害发生较重。此病的发生还与枝叶害虫和其他病害密切相关，龟蜡介壳虫和煤污病为害严重的枣林，该病的发生也特别严重。

【防治方法】结合修剪除去病、虫枯枝，可减少发病来源。加强管理，增施农家肥料，提高土壤肥力，增强抗病力。雨季应注意排涝，避免积水，并应防治其他病虫害。

二、枣树生理性病害

1. 枣裂果病

【症　　状】果实将近成熟时，如连日下雨，果面裂开缝(图8–32)，果肉稍外露，随之裂果腐烂变酸，不堪食用。果实开裂后，利于炭疽病菌及其他病原菌的侵入，从而加速果实的腐烂变质。

图8–32　枣裂果病症状

【病　　因】夏季高温多雨，果实接近成熟时果皮变薄等因素引起。枣树裂果还与缺钙有关，树体缺钙则裂果严重。

【防治方法】生产上要适时浇水，保持田间小气候有较大的湿度，防止久旱逢雨后温度、湿度的急剧变化而诱发裂果；控制生长后期水分的供应，雨后及时排水。保持良好的树体结构，通风透光条件较好，有利于雨后枣果表面迅速干燥。

若发生裂果病，从7月下旬开始，每隔10～20天喷洒1次3 000mg/kg氯化钙水溶液，连续喷洒3次，亦可明显降低枣裂果现象的发生。要及时喷洒70%甲基硫菌灵可湿性粉剂800～1 000倍液、50%多菌灵可湿性粉剂800～1 000倍液等杀菌剂，防止病菌的侵入，减少经济损失。

2．枣树缺铁症

【症　　状】又称黄叶病，常发生在盐碱地或石灰质地过高的地方，以及园地较长时间渍害，以苗木和幼树受害最重。新梢上的叶片变黄或黄白色，而叶脉仍为绿色，严重时顶端叶片焦枯(图8-33)。

图8-33　枣树缺铁症状

【病　　因】土质碱性，含有大量碳酸钙以及土壤湿度过大时，植株无法吸收，易缺铁。含锰、锌过多的酸性土壤，铁易变为沉淀物，不利于植物根系吸收。土壤黏重，排水差，地下水位高的低洼地，春季多雨，入夏后急剧高温干旱，均易引起缺铁黄化。

【防治方法】改良土壤，释放被固定的铁元素，是防治黄叶病的根本性措施；春旱时用含盐低的水灌浇压碱，减少土壤含盐量；采用喷灌或滴灌，不能采用大水漫灌；雨季注意排水，保持果园不积水，土壤通气性良好。

发病重果园，发芽前喷0.3%～0.5%硫酸亚铁溶液或在生长季节喷0.1%～0.2%的硫酸亚铁溶液或柠檬酸铁溶液，间隔20天喷1次。

三、枣树虫害

1．枣尺蠖

【分布为害】枣尺蠖(*Sucra jujuba*)，属鳞翅目尺蛾科。我国所有枣区均有分布，在河北、山东、河南、山西、陕西5大产枣区常猖獗成灾。以幼虫为害枣芽、枣吊、花蕾、新梢和叶片等绿色部分。将叶片吃成缺刻，芽被咬成孔洞但未被全部吃光时，展叶后很多叶片有孔洞。严重时嫩芽被吃光，甚至将芽基部啃成小坑，造成大幅度减产，甚至绝收(图8-34和图8-35)。

【形态特征】成虫雌雄异型。雄体灰褐色(图8-36)，触角橙褐色羽状，前翅内、外线黑褐色波状，中线色淡不明显；后翅灰色，外线黑色波状；前后翅中室端均有黑灰色斑点一个。雌体被灰褐色鳞毛(图8-37)，无翅，头细小，触角丝状，足灰黑色。卵扁圆形，初淡绿色，表面光滑有光泽，后转为灰黄色，孵

图8-34 枣尺蠖为害新叶症状

图8-35 枣尺蠖为害植株症状

化前呈暗黑色。初孵幼虫灰黑色；2龄幼虫头黄色有黑点；3龄幼虫全身有黄、黑、灰间杂的纵条纹(图8-38和图8-39)。蛹纺锤形，初绿色，后变黄至红褐色。

图8-36 枣尺蠖雄成虫

图8-37 枣尺蠖雌成虫

图8-38 枣尺蠖低龄幼虫

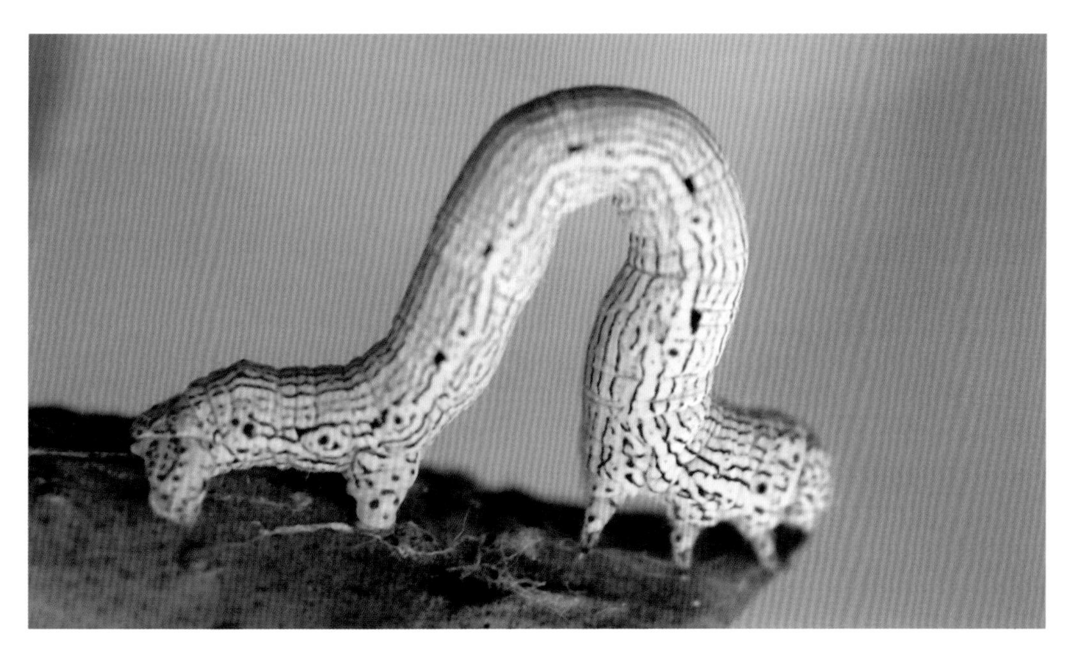

图8-39 枣尺蠖高龄幼虫

【发生规律】一年发生1代，以蛹分散在树冠下土中越冬，靠近树干部位较集中。成虫羽化在3月中旬至5月上旬，盛期在3月下旬至4月中旬。枣树萌芽期卵开始孵化，盛期在枣吊旺盛生长期。5龄幼虫食量最大。成虫具趋光性。雌蛾羽化后，由于无翅不能飞翔，只能沿树干爬上树。雄蛾羽化后飞到树上，白天多静止潜伏，天黑时雄蛾飞翔活跃，寻找雌蛾交尾，交尾后，当天即可产卵。幼虫孵化时，先将卵壳咬破，出壳后即可爬行吐丝。初孵幼虫食量小，随着虫龄的增长，食量猛增，暴食为害枣叶、嫩芽，甚至枣吊和枣花。

【防治方法】晚秋和早春翻树盘消灭越冬蛹，孵化前刮树皮消灭虫卵。卵孵化盛期至幼龄幼虫期是防治的关键时期。田间防治指标为百股平均有幼虫7.5头。可用下列药剂：

0.5%甲氨基阿维菌素苯甲酸盐微乳剂1 000~1 500倍液；

8 000IU/mg苏云金杆菌可湿性粉剂200 ~ 400倍液；

25%灭幼脲悬浮剂1 000 ~ 2 000倍液；

20%抑食肼可湿性粉剂1 000倍液；

5%高效氯氰菊酯乳油1 500 ~ 2 000倍液；

2.5%溴氰菊酯乳油1 000 ~ 1 500倍液，间隔10天喷1次，直至卵孵化完成。

2. 枣龟蜡蚧

【分布为害】枣龟蜡蚧(*Ceroplastes japonicus*)，属同翅目蜡蚧科。广泛分布于我国各地，其中，以山东、山西、河北、湖北、江苏、浙江、福建、陕西关中东部等地区比较严重。成虫、若虫和幼虫刺吸枝条和叶片，吸食汁液并大量分泌排泄物使枝条或叶片生黑色霉菌污染枝叶(图8-40)，影响光合作用，被害枝衰弱，严重时枝条死亡或造成枣头、枣股枯死，也可造成幼果脱落而减产(图8-41)。

【形态特征】雌成虫体椭圆形，紫红色，背覆灰白色蜡质介壳，表面有龟状凹纹，周缘具8个小突起(图8-42)。雄成虫体棕褐色，触角鞭状，翅透明有两条明显脉纹。卵椭圆形，初产时浅橙黄色，半透明而有光泽，后渐变深，近孵化时为紫红色。初孵化若虫体扁平，椭圆形(图8-43)。仅雄虫在介壳下化蛹，为裸蛹，纺锤形，棕褐色，翅芽色淡。

图8-40 枣龟蜡蚧为害叶片症状

图8-41 枣龟蜡蚧为害枝条症状

图8-42 枣龟蜡蚧雌成虫

图8-43 枣龟蜡蚧初孵若虫

【发生规律】一年发生1代，以受精雌成虫固着在小枝条上越冬，以当年枣头上最集中。翌年3—4月间开始取食，4月中下旬虫体迅速膨大，取食最烈。6月是产卵期，卵产在母壳下。6月下旬至7月上旬相继孵化。若虫为害至7月末，雌雄分化，8月下旬至9月中旬雄虫羽化，交尾后死亡。雌虫9月中旬前后，陆续转移到小枝上继续为害，虫体增大，蜡壳加厚，11月进入越冬。初孵若虫出壳后，一般都沿着枝干向上爬行，到达叶片和嫩枝后，多数在叶面和叶背面固定为害，以在叶脉两侧固定为多。初孵若虫出壳后不久，背面即开始分泌蜡粉，若虫固定后十多天，体表则被星芒状蜡壳所覆盖。

【防治方法】休眠期结合冬季修剪剪除虫枝，用刷子或木片刮刷枝条上成虫。

防治的关键时期有2个：第1次在6月底至7月初，卵孵化的初期；第2次在7月中旬左右，卵孵化高峰期。可用下列药剂：

48%毒死蜱乳油1 000 ~ 1 500倍液；

20%氰戊菊酯乳油2 000 ~ 3 000倍液；

20%甲氰菊酯乳油2 000 ~ 3 000倍液；

25%噻嗪酮可湿性粉剂1 000 ~ 1 500倍液；

99%矿物油100 ~ 200倍液喷雾；

22.4%螺虫乙酯悬浮剂3 700 ~ 4 600倍液。

3．枣黏虫

【分布为害】枣黏虫(*Ancylis sativa*)又称枣镰翅小卷蛾，属鳞翅目卷蛾科。分布于河北、河南、山东、山西、陕西、江苏、湖南、安徽、浙江等地。枣树展叶时，幼虫吐丝缠缀嫩叶取食，轻则将叶片吃成大小缺刻，重则将叶片吃光(图8-44)。幼果期蛀食幼果，造成大量落果(图8-45)。

【形态特征】成虫体灰褐黄色，前翅褐黄色，翅面中央有黑褐色纵线纹3条，后翅灰色(图8-46)。卵椭圆形或扁圆形，初产时乳白色，后变为淡黄色、黄色、杏黄色。幼虫共5龄，初孵幼虫头部黄褐色，胴部黄白色，随取食变成绿色，老熟幼虫头部淡褐色，有黑褐色花斑(图8-47)。蛹纺锤形，初时绿色，逐渐变为黄褐色，羽化前为深褐色。

图8-44 枣黏虫为害叶片症状

图8-45 枣黏虫为害果实症状

图8-46 枣黏虫成虫

图8-47 枣黏虫幼虫

【发生规律】一年发生3～4代，有世代重叠现象，以蛹在粗皮裂缝、树洞、干枝橛和劈缝中越冬。越冬蛹于3月中旬开始羽化，盛期在4月上旬，末期4月下旬。3月下旬开始产卵，盛期4月上旬，末期6月上旬。幼虫于4月上旬孵化，盛期4月下旬至5月上旬，5月下旬为为害严重期。

【防治方法】冬闲刮树皮、堵树洞消灭越冬蛹。

在各代幼虫孵化盛期进行喷药防治。重点是第1代幼虫初、盛期即枣树发芽初、盛期进行喷药，是消灭枣黏虫的关键期。可用下列药剂：

2.5%溴氰菊酯乳油2 500～3 000倍液；

30%氰戊菊酯乳油2 000～3 000倍液；

1.8%阿维菌素乳油3 000～4 000倍液；

1%甲氨基阿维菌素苯甲酸盐微乳剂3 000～4 000倍液；

80%敌百虫可溶粉剂700倍液。

4．枣瘿蚊

【分布为害】枣瘿蚊(*Contaria* sp.)，属双翅目瘿蚊科。分布于河北、陕西、山东、山西、河南等地枣产区。幼虫为害嫩叶，叶受害后红肿，纵卷，叶片增厚，先变为紫红色，最终变黑褐色，并枯萎脱落(图8–48)。

图8–48　枣瘿蚊为害嫩叶症状

【形态特征】雌成虫体似小蚊，前翅透明，后翅退化为平衡棒。雄成虫体小，触角发达，长过体半。卵白色微带黄，长椭圆形。幼虫乳白色，蛆状。茧丝质白色。蛹略呈纺锤形，初化蛹乳白色，后渐变黄褐色。

【发生规律】一年发生5～6代，以幼虫于树冠下土壤内做茧越冬，翌年5月中下旬羽化为成虫，第1～4代幼虫盛发期分别在6月上旬、6月下旬、7月中下旬、8月上中旬，8月中旬出现第5代幼虫，9月上旬枣树新梢停止生长时，幼虫开始入土做茧越冬。

【防治方法】清理树上、树下虫枝、叶、果，并集中烧毁，减少越冬虫源。

4月中下旬枣树萌芽展叶时，喷施下列药剂：

25%灭幼脲悬乳剂1 000～1 500倍液；

522.5g/L毒死蜱·氯氰菊酯乳油2 500～3 000倍液；

10%氯氰菊酯乳油2 000～3 000倍液；

2.5%溴氰菊酯乳油2 000～4 000倍液；

25%噻嗪酮可湿性粉剂1 000～1 500倍液，间隔10天喷1次，连喷2～3次。

5．枣锈壁虱

【分布为害】枣锈壁虱(*Epitrimerus zizyphagus*)，属蜱螨目瘿螨科。在河南、河北、山东、山西枣产区均有发生。在河南新郑、内黄枣区近年发生严重。以成虫和若虫为害叶、花蕾、花、果实和绿色嫩枝。叶片受害加厚变脆，沿主脉向叶面卷曲合拢，后期叶缘焦枯，容易脱落。花蕾受害后，逐渐变褐色，并干枯脱落。果实受害后，出现褐色锈斑，果个较小，严重时凋萎脱落(图8–49)。

图8–49　枣锈壁虱为害枣果症状

【形态特征】成虫呈胡萝卜形，初为白色，后为淡褐色，半透明。卵圆形，极小，初产时白色，半透明，后变为乳白色。若虫与成虫相似，白色，初孵时半透明。

【发生规律】一年发生3代以上，以成虫或老龄若虫在枣股芽鳞内越冬，一年有3次为害高峰，分别在4月下旬、6月下旬和7月中旬，每次持续10～15天。8月上旬开始转入芽鳞缝隙越冬。雨水多的年份发生较轻，干旱年份发生重。大雨可以冲掉枣叶上的部分卵、若虫和成虫。一般平地沙壤土发生重，沙岗地发生轻。

【防治方法】在发芽前(芽体膨大时效果最佳)，喷施1次3～5波美度的石硫合剂，可杀灭在枣股上越冬的成虫或老龄若虫。

枣树发芽后20天内(5月上中旬)，正值枣锈壁虱出蛰为害初期尚未产卵繁殖时，及时喷施下列药剂：

45%石硫合剂结晶粉300～500倍液；

24%螺螨酯悬浮剂600～800倍液；

50g/L虱螨脲乳油1 500～2 500倍液；

1.8%阿维菌素乳油2 000～4 000倍液；

15%哒螨灵乳油2 000～2 500倍液，15天后再喷1次。

6．枣奕刺蛾

【分布为害】枣奕刺蛾(*Phlossa conjuncta*)，属鳞翅目刺蛾科。分布于河北、辽宁、山东、江苏、安徽、浙江、湖南、湖北、广东、四川、台湾、云南等地。以幼虫取食叶片，低龄幼虫取食叶肉，稍大后即可取食全叶(图8–50)。

图8–50　枣奕刺蛾为害叶片症状

【形态特征】成虫全体褐色，雌蛾触角丝状，雄蛾触角短双栉状，头小，复眼灰褐色；胸背上部鳞毛稍长，中间微显红褐色；腹部背面各节有似“人”字形的褐红色鳞毛；前翅基部褐色，中部黄褐色，近外缘处有两块近似菱形的斑纹彼此连接，靠前缘一块为褐色，靠后缘一块为红褐色，横脉上有1个黑点；后翅为灰褐色(图8–51)。卵椭圆形，扁平，初产时鲜黄色，半透明。初孵幼虫体筒状，浅黄色，背部色稍深；老熟幼虫头褐色，较小，体背面有蓝色斑，连结成金钱状斑纹(图8–52)；在胸背前3节上有3对、体节中部1对，腹末2对皆为红色长枝刺，体的两侧周围各节上有红色短刺毛丛1对。蛹椭圆形，扁平，初化蛹时黄色，渐变浅褐色，羽化前变为褐色，翅芽为黑褐色。茧椭圆形，较坚实，土灰褐色。

【发生规律】一年发生1代，以老熟幼虫在树干根颈部附近土内7～9cm深处结茧越冬。6月上旬开始化蛹。6月下旬开始羽化为成虫。7月上旬幼虫开始为害，为害严重期在7月下旬至8月中旬，自8月下旬开始，幼虫逐渐老熟，下树入土结茧越冬。成虫有趋光性。白天静伏叶背，有时抓住叶悬系倒垂，或两翅做支撑状，翘起身体，不受惊扰。卵产于叶背，成片排列。初孵幼虫爬行缓慢，集聚较短时间即分散叶背面为害。初期取食叶肉，留下表皮，虫体大即取食全叶。

图8-51 枣奕刺蛾成虫

图8-52 枣奕刺蛾幼虫

【防治方法】结合果树冬剪，彻底清除或刺破越冬虫茧。在发生量大的年份，还应在果园周围的防护林上清除虫茧。夏季结合农事操作，人工捕杀幼虫。

在幼虫发生初期喷施下列药剂：

50g/L氟虫脲可分散液剂1 500～2 000倍液；

25%灭幼脲悬浮剂1 500～2 000倍液；

4.5%高效氯氰菊酯乳油2 500～3 000倍液。

第九章 葡萄病虫害

葡萄原产于欧洲、西亚和北非一带。2017年，我国的种植面积约70.33万hm^2，产量1 308.3万t。葡萄适应性很强，全国各地均有栽培，我国主要产于新疆、河北、陕西、山东、甘肃、辽宁、河南等地。

全世界已报道的葡萄病虫害较多，我国已报道的有170多种，其中病害有80多种，霜霉病、白腐病、炭疽病、黑痘病等分布较广，为害较重；害虫有80多种，斑衣蜡蝉、二星叶蝉、葡萄瘿螨等是葡萄生产上的主要虫害。

一、葡萄病害

1. 葡萄霜霉病

【分布为害】葡萄霜霉病在世界各葡萄产区均有发生。在我国沿海、长江流域及黄河流域，此病广泛流行。生长早期发病可使新梢、花穗枯死(图9-1)；中后期发病可引起早期落叶或大面积枯斑而严重削弱树势，影响下一年产量(图9-2)。病害引起新梢生长低劣、不充实，易受冻害，引起越冬芽枯死。

图9-1 葡萄霜霉病为害田间初期情况

图9-2 葡萄霜霉病为害田间后期情况

【症　　状】主要为害叶片，也为害新梢、叶柄、卷须、幼果、果梗及花序等幼嫩部分。叶片受害，初期在叶片正面产生半透明油渍状的淡黄色小斑点，边缘不明显；随后逐渐变成淡绿色至黄褐色的多角形大斑，后变黄枯死。在潮湿的条件下，叶片背面形成白色的霜霉状物(图9-3至图9-10)。发病严重时，造成叶片脱落，从而降低果粒糖分的积累和越冬芽的抗寒力。新梢、叶柄及卷须受害，产生水浸状、略凹陷的褐色病斑，潮湿时产生白色霜霉状物。幼果从果梗开始发病，受害幼果呈灰色，果面布满白色霉层(图9-11)。病粒易脱落，留下干的梗疤。部分穗轴或整个果穗也会脱落。

图9-3 葡萄霜霉病为害叶片正面初期症状

图9-4　葡萄霜霉病为害叶片背面初期症状

图9-5　葡萄霜霉病为害叶片正面中期症状

图9-6 葡萄霜霉病为害叶片背面中期症状

图9-7 葡萄霜霉病为害叶片正面后期症状

图9-8　葡萄霜霉病为害叶片背面后期症状

图9-9　葡萄霜霉病为害田间中期症状

图9-10　葡萄霜霉病为害田间后期症状

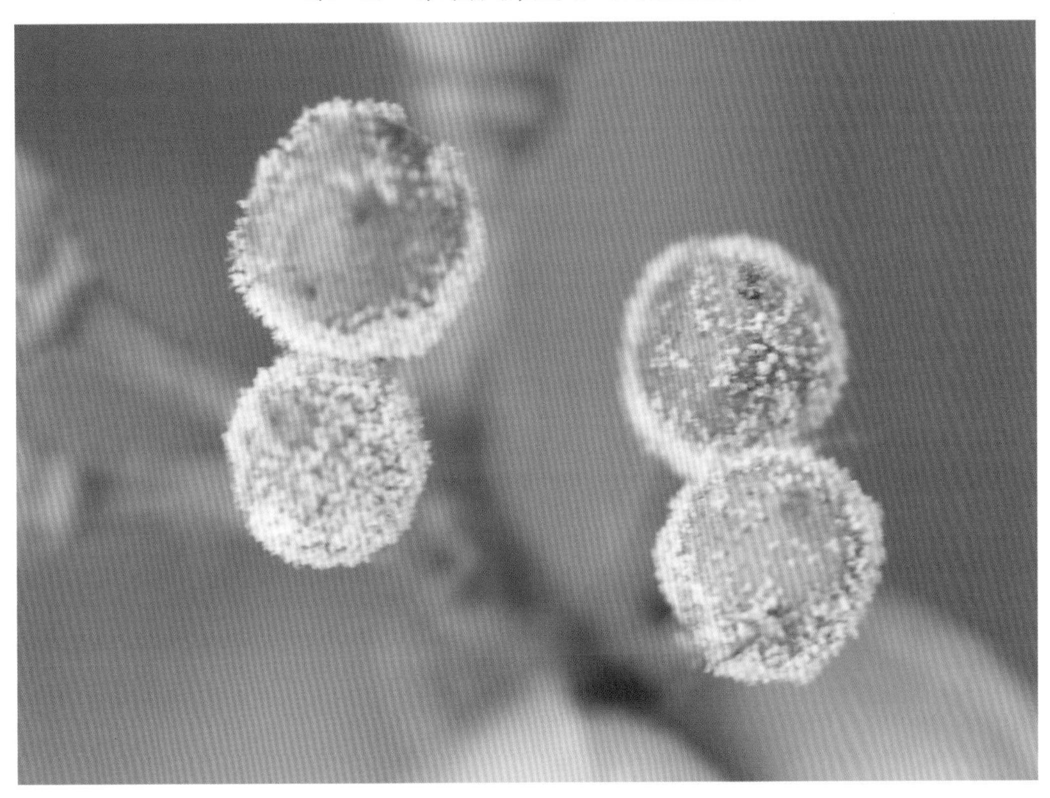

图9-11　葡萄霜霉病为害幼果症状

【病　　原】*Plasmopara viticola* 称葡萄单轴霉卵菌(图9-12)。菌丝管状。孢子囊椭圆形，透明，着生在树枝状的孢囊梗上。孢囊梗一般4～6枝，呈束状，无色，单轴分枝3～6次，分枝处成直角，分枝末有2～3个短的小梗，圆锥状，末端钝，孢子囊即着生在小梗上。每个孢子囊产生4～8个游动孢子，有双鞭毛，能游动。游动孢子为单细胞，呈肾形。孢子囊形成温度为9～36.8℃，最适温度为18～22℃。游动孢子在12～23℃经24小时萌发。卵孢子萌芽适温为16～24℃。

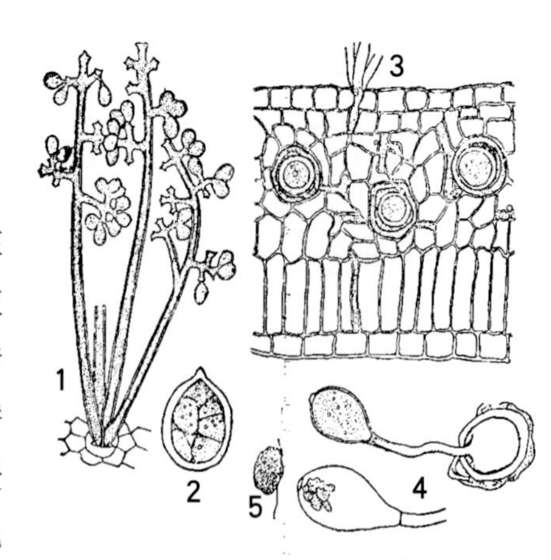

图9-12 葡萄霜霉病病菌
1.分生孢子梗和分生孢子
2.分生孢子 3.被害组织中卵孢子
4.卵孢子萌发 5.游动孢子

【发生规律】病菌以卵孢子在病组织中越冬，或随病叶遗留在土壤中越冬。越冬后的卵孢子，在降水量达10mm以上，土温15℃左右时即可萌发，产生芽孢囊，再由芽孢囊产生游动孢子，借风雨传播到寄主叶片上，通过气孔侵入。病菌侵入寄主后，经过一定的潜育期，即产生游动孢子囊，游动孢子囊萌发产生游动孢子，进行再侵染。在整个生长季节可以进行多次再侵染(图9-13)。在长江以南地区，全年有2～3次发病高峰，第一次在梅雨季节，第二次在8月中下旬；个别年份在9月中旬至10月上旬还会出现一次高峰。浙江杭州一般在9月上旬开始发病，10月上旬为发病盛期。沈阳地区一般在7—8月开始发病，9—10月为发病盛期。葡萄霜霉病的流行与天气条件有密切关系，多雨、多雾露、潮湿、冷凉的天气利于霜霉病的发生。

果园地势低洼，栽植过密，栅架过低，荫蔽，通风透光不良，偏施氮肥，树势衰弱等均有利于发病。

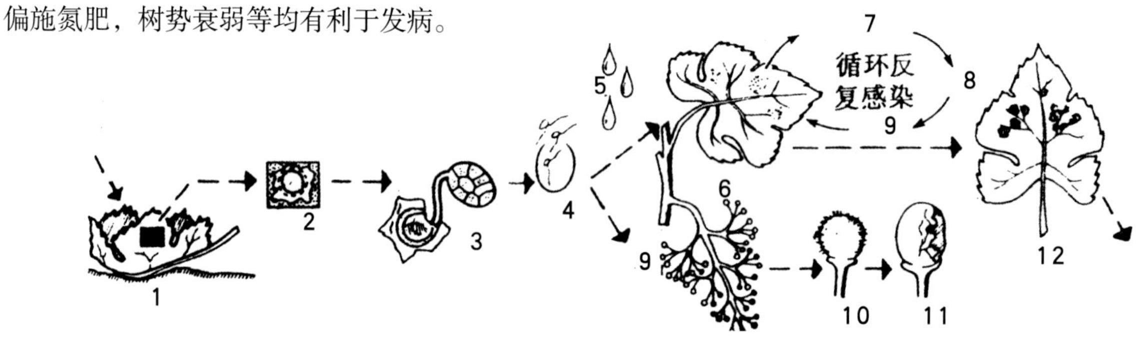

图9-13 葡萄霜霉病病害循环
1.病叶中的病原菌 2.卵孢子 3.萌发形成芽孢囊 4.释放游动孢子 5.雨水
6.幼嫩组织被侵染 7.形成子实体 8.形成孢子囊 9.游动孢子 10.灰霉果
11.果实腐烂 12.病叶脱落

【防治方法】结合冬季修剪进行彻底清园，剪除病、弱枝梢，清扫枯枝落叶，集中烧毁；秋冬季深翻耕，雨后及时排出积水。加强葡萄园的管理，春、夏、秋季修剪病枝、病蔓、病叶，锄掉园中杂草，排水要好，适当增施磷、钾肥。

葡萄发芽前，可在植株和附近地面喷1次3～5波美度的石硫合剂，以杀灭菌源，减少初侵染。

从6月上旬坐果初期开始，喷施下列药剂进行预防：

75%百菌清可湿性粉剂600～800倍液；

80%代森锰锌可湿性粉剂600～800倍液；

70%丙森锌可湿性粉剂400～600倍液；

86.2%氧化亚铜可湿性粉剂800～1 000倍液；

77%氢氧化铜可湿性粉剂600～700倍液等。

在病害发生初期(图9-14)，可用下列药剂：

10%多抗霉素可湿性粉剂800～1 000倍液；

图9-14 葡萄霜霉病发病初期症状

68.75%恶唑菌酮·代森锰锌可分散粒剂800～1 200倍液；
68%精甲霜灵·代森锰锌水分散粒剂550～660倍液；
60%吡唑醚菌酯·代森联水分散粒剂1 000～2 000倍液；
66.8%丙森锌·缬霉威可湿性粉剂700～1 000倍液；
25%烯酰吗啉·松脂酸铜水乳剂800～1 000倍液；
69%烯酰吗啉·代森锰锌可湿性粉剂1 000～1 500倍液；
50%氟吗啉·三乙膦酸铝可湿性粉剂800～1 500倍液；
50%嘧菌酯水分散粒剂5 000～7 000倍液；
58%甲霜灵·代森锰锌可湿性粉剂300～400倍液；
50%甲霜灵·乙膦铝可湿性粉剂750～1 000倍液；
72%甲霜灵·百菌清可湿性粉剂800～1 000倍液，喷雾时要注意叶片正面和背面都要喷洒均匀。
病害发生中期(图9-15)，可用下列药剂：

图9-15 葡萄霜霉病发病中期症状

25%烯肟菌酯乳油2 000～3 000倍液；

10%氰霜唑悬浮剂2 000～2 500倍液；

12.5%噻唑菌胺可湿性粉剂1 000倍液；

25%甲霜灵·霜霉威可湿性粉剂600～800倍液；

23.4%双炔酰菌胺悬浮剂1 500～2 000倍液；

25%烯肟菌胺·霜脲氰可湿性粉剂2 250～4 500倍液；

80%三乙膦酸铝可湿性粉剂400～600倍液；

50%烯酰吗啉可湿性粉剂800～1 500倍液。为防止病菌产生抗药性，杀菌剂应交替使用。

2. 葡萄黑痘病

【分布为害】葡萄黑痘病是葡萄重要病害之一，分布广，发生普遍，在我国几乎所有的葡萄产区均有发生。以北方沿海和春夏多雨潮湿的长江流域及黄河故道地区发生最为严重(图9-16和图9-17)。

图9-16　葡萄黑痘病为害新梢症状

图9-17　葡萄黑痘病为害果实症状

【症　　状】主要为害叶片、新梢、叶柄、果柄和果实。嫩叶发病初期，叶面出现红褐色斑点，周围有褪绿晕圈，逐渐形成圆形或不规则形病斑，病斑中部凹陷，呈灰白色，边缘呈暗紫色，后期常干裂穿孔(图9-18至图9-21)。新梢、叶柄、果柄发病形成长圆形褐色病斑，后期病斑中间凹陷开裂，呈灰黑色，边缘紫褐，数斑融合，常使新梢上段枯死(图9-22至图9-26)。在粗枝蔓上，病斑成为较大的溃疡，中部淡色并可裂开。幼果发病，果面出现深褐色斑点，逐渐形成圆形病斑，四周紫褐色，中部灰白色，形如鸟眼，表面硬化，有时龟裂(图9-27至图9-29)。多个病斑可连成大斑，病斑仅限于果表，不深入果内，但果味酸，丧失食用价值。

图9-18　葡萄黑痘病为害叶片初期症状

图9-19　葡萄黑痘病为害叶片中期症状

图9-20　葡萄黑痘病为害叶片后期症状

图9-21　葡萄黑痘病为害后期田间症状

图9-22 葡萄黑痘病为害叶柄及新梢症状

图9-23 葡萄黑痘病为害茎蔓初期症状

图9-24　葡萄黑痘病为害茎蔓后期症状

图9-25　葡萄黑痘病为害果柄初期症状

图9-26 葡萄黑痘病为害果柄后期症状

图9-27 葡萄黑痘病为害果粒初期症状

图9-28 葡萄黑痘病为害果粒中期症状

图9-29 葡萄黑痘病为害果粒后期症状

【病　　原】有性世代为*Elsinoe ampelina*，称痂囊腔菌，属子囊菌门真菌。无性世代为*Sphaceloma ampelinum*称葡萄痂圆孢，属无性型真菌(图9-30)。分生孢子盘黑，半埋生于寄主组织中。产孢细胞圆筒形，短小密集，无色单胞。分生孢子无色，单胞，卵形或长圆形，稍弯，中部缢缩。子囊孢子在温度2～32℃萌发，侵染组织后生成病斑，并形成分生孢子。菌丝在10～40℃范围内均可以生长，以30℃最适宜。

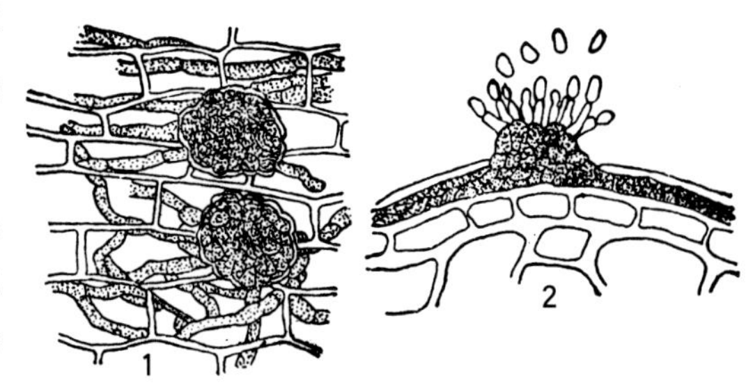

图9-30　葡萄黑痘病病菌
1.菌丝及菌丝层　2.分生孢子及分生孢子盘

【发生规律】以菌丝体或分生孢子盘、分生孢子在病枝梢、叶痕或病残组织上越冬，次年春季气温升高，葡萄开始萌芽展叶时，产生新的分生孢子，借风雨传播(图9-31)。一般在3月下旬至4月上中旬，葡萄开始萌动、展叶、开花，病菌即可开始初侵染，以后在病部产生分生孢子，进行多次再侵染。6月中下旬以后，气温升高，如有较多的降雨，植株可受到严重为害，此时是盛发高峰期。葡萄在秋季又有一次生长旺季，大量抽出新的枝梢，黑痘病又出现一个发病高峰期。雨水多、湿度大则为害重。果园低洼、排水不良、通风透光差或偏施氮肥导致徒长或成熟期延迟，易发病。栽培管理粗放，枝叶郁闭，肥料不足或肥料配比不当等都会诱发病害。

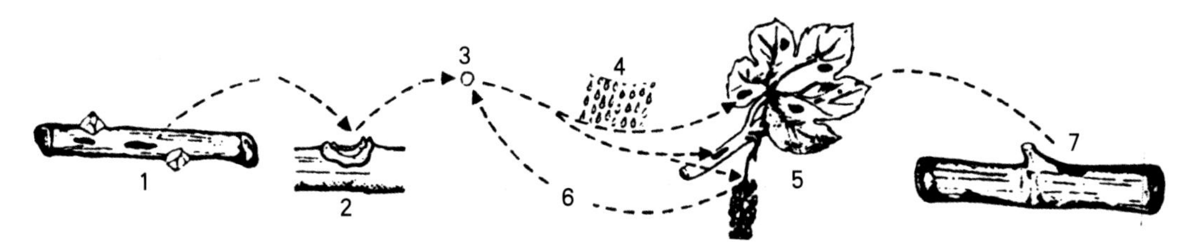

图9-31　葡萄黑痘病病害循环
1.病菌在枝条上越冬　2.病菌萌发　3.分生孢子　4.雨水
5.侵染幼嫩组织　6.重复侵染　7.枝条上的病菌

【防治方法】合理施肥，不偏施氮肥。结合夏季修剪，及时绑蔓，去除副梢、卷须和过密的叶片。及时清除地面杂草和杂物，保持地面清洁。适当疏花疏果，控制果实负载量。果穗及时套袋，隔离病菌，进行幼果保护，增施腐熟的有机肥，保证树体营养全面，健壮生长。注意氮肥的用量，防止贪青旺长。

葡萄芽鳞膨大，但尚未出现绿色组织时，喷洒铲除剂，如29%石硫合剂水剂50～100倍液。

葡萄开花前，可用下列药剂：

70%丙森锌可湿性粉剂800～1 000倍液；

70%代森联可湿性粉剂800～1 000倍液；

75%百菌清可湿性粉剂600～700倍液；

65%代森锌可湿性粉剂500～600倍液；

77%氢氧化铜可湿性粉剂1 000～1 500倍液；

70%代森锰锌可湿性粉剂800～1 000倍液等，喷施。

葡萄开花后病害发生初期(图9-32)，可喷施下列药剂：

70%甲基硫菌灵可湿性粉剂800～1 000倍液；

3%中生菌素可湿性粉剂600～800倍液；

25%嘧菌酯悬浮剂800～1 250倍液；

图9-32　葡萄黑痘病为害初期症状

80%代森锰锌可湿性粉剂600～800倍液；

75%肟菌·戊唑醇水分散粒剂5 000～6 000倍液等。

在病害发生中期(图9-33和图9-34)，可用下列药剂：

图9-33　黑痘病为害叶片中期症状

40%氟硅唑乳油8 000～10 000倍液；

50%咪鲜胺锰盐可湿性粉剂1 500～2 000倍液；

40%噻菌灵可湿性粉剂1 000～1 500倍液；

10%苯醚甲环唑水分散粒剂2 000倍液；

图9-34 葡萄黑痘病为害果穗中期症状

12.5%烯唑醇可湿性粉剂2 000～3 000倍液；

50%腐霉利可湿性粉剂800～1 000倍液等。若遇下雨，要及时补喷。控制了春季发病高峰，还应注意控制秋季发病高峰。

3. 葡萄白腐病

【分布为害】葡萄白腐病是葡萄重要病害之一。主要发生在我国东北、华北、西北和华东北地区。在北方产区一般年份果实损失率为15%～20%，病害流行年份果实损失率可达60%以上，甚至绝收。在南方高温高湿地区，该病为害也相当严重(图9-35)。

图9-35 葡萄白腐病为害情况

【症　　状】主要为害果穗、穗轴、果粒、枝蔓和叶片。果穗受害，多发生在果实着色期，先从近地面的果穗尖端开始发病，在穗轴和果梗上产生淡褐色、水渍状、边缘不明显的病斑，进而病部皮层腐烂，手捻极易与木质部分离脱落，并有土腥味(图9–36)。果粒受害，多从果柄处开始，而后迅速蔓延到果粒，使整个果粒呈淡褐色软腐，严重时全穗腐烂，病果极易受震脱落，重病园地面落满一层，这是白腐病发生的最大特点(图9–37至图9–39)。枝蔓多在有机械损伤或接近地面的部位发病，最初出现水浸状、红褐色、边缘深褐色病斑，以后逐渐扩展成沿纵轴方向发展的长条形病斑，色泽也由浅褐色变为黑褐色，病部稍凹陷，病斑表面密生灰色小粒点(图9–40)。叶片受害，先从植株下部近地面的叶片开始，多在叶尖、叶缘或有损伤的部位形成淡褐色、水渍状、近圆形或不规则形的病斑，并略具同心轮纹，其上散生灰白色至灰黑色小粒点，且以叶脉两边居多，后期病斑干枯易破裂(图9–41)。

图9–36　葡萄白腐病为害穗轴症状

图9–37　葡萄白腐病为害果粒初期症状

图9-38　葡萄白腐病为害果粒中期症状

图9-39　葡萄白腐病为害果粒后期症状

图9-40　葡萄白腐病为害枝蔓症状

图9-41　葡萄白腐病为害叶片症状

【病　　原】*Coniothyrium diplodiella* 称白腐盾壳霉，属无性型真菌(图9-42)。分生孢子器球形，灰褐至暗褐色，底部壳壁凸起呈丘状；分生孢子梗单孢，不分枝。分生孢子初无色，后渐变为暗褐色，单胞，卵圆形至梨形。分生孢子的萌发和侵入虽然可在13～40℃范围内进行，但以26～30℃时萌发率最高。

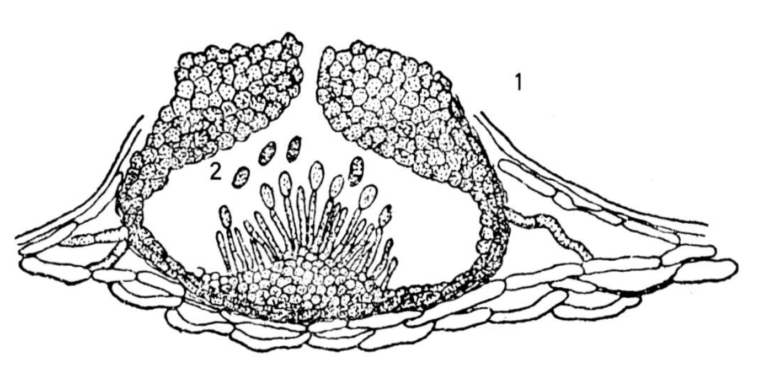

图9-42　葡萄白腐病病菌
1.分生孢子器　2.分生孢子

【发生规律】以分生孢子器和菌丝体随病残组织在地表和土中越冬，也能在枝蔓病组织上越冬。分生孢子靠雨水溅散传播，经伤口或皮孔侵入而形成初次侵染。高温高湿的气候条件，是病害发生和流行的主要因素。华东地区于6月上中旬开始发病；华北地区在6月中下旬开始发病；东北地区则在7月开始发病。发病盛期都在采收前的雨季(7—8月)。幼果期开始发病，着色期及成熟期感病较多。在我国北部葡萄主产区，7—8月高温多雨湿度大，特别是遇暴风雨或冰雹，常引起白腐病的大流行。肥水供应不足，管理粗放，其他病虫害防治不力，病虫及机械损伤较多的果园，白腐病发生较重；地势低洼，土质黏重，排水不良，土壤瘠薄，杂草丛生，或修剪不适，枝叶过于郁闭的果园，由于田间湿度大、透光性差，亦利于白腐病的发生。

【防治方法】在秋冬季结合休眠期修剪，彻底清除病果穗、病枝蔓，刮除可能带病菌的老树皮；然后将清扫的病残体集中焚毁；果园土壤进行1次深耕翻晒。生长季节摘除病果、病蔓、病叶。尽量减少不必要的伤口。增施有机肥料，合理调节负载量，注意雨后及时排水，降低田间湿度，花后对果穗进行套袋，以保护果实。

对重病果园要在发病前用50%福美双可湿性粉剂1份、硫黄粉1份、碳酸钙1份混匀后撒在葡萄园地面上，每亩撒1～2kg，可减轻发病。

在葡萄发芽前，喷施一次下列药剂：

29%石硫合剂水剂50～100倍液；

对越冬菌源有较好的铲除效果。

生长季节，葡萄开花后，病害发生前期，可用下列药剂进行预防：

75%百菌清可湿性粉剂700～800倍液+70%甲基硫菌灵可湿性粉剂800倍液；

25%嘧菌酯悬浮剂800～1 250倍液。

病害发生初期(图9-43)，可用下列药剂：

25%嘧菌酯悬浮剂800～1 250倍液；

35%丙环唑·多菌灵悬浮剂1 400～2 000倍液；

40%氟硅唑乳油8 000～10 000倍液；

30%戊唑醇·多菌灵悬浮剂800～1 200倍液；

40%克菌丹·戊唑醇悬浮剂1 000～1 500倍液；

80%戊唑醇水分散粒剂8 000～9 000倍液；

10%苯醚甲环唑水分散粒剂2 500～3 000倍液等，均匀喷施，间隔10～15天再喷1次，多雨季节防治3～4次。

图9-43　葡萄幼果期白腐病为害症状

4．葡萄炭疽病

【分布危害】葡萄炭疽病是在葡萄近成熟期引起果实腐烂的重要病害之一，在我国各葡萄产区均有分布，长江流域及黄河故道各省市普遍发生，南方高温多雨的地区发生最普遍。高温多雨的地区，早春也可引起葡萄花穗腐烂，严重时可减产30%～40%(图9-44)。

图9-44　葡萄炭疽病为害情况

【症　　状】主要为害果粒，造成果粒腐烂。严重时也可为害枝干、叶片。果实着色后，近成熟期显现症状，果面出现淡褐或紫色斑点，水渍状，圆形或不规则形，渐扩大，变褐色至黑褐色，腐烂凹陷。天气潮湿时，病斑表面涌出粉红色黏稠点状物，呈同心轮纹状排列。病斑可蔓延到半个至整个果粒，腐烂果粒易脱落(图9–45至图9–48)。嫩梢、叶柄或果枝发病，形成长椭圆形病斑，深褐色。果实近成熟时，穗轴上有时产生椭圆形病斑，常使整穗果粒干缩。卷须发病后，常枯死，表面长出红色病原物。叶片受害多在叶缘部位产生近圆形或长圆形暗褐色病斑(图9–49)。空气潮湿时，病斑上亦可长出粉红色的分生孢子团。

图9–45　葡萄炭疽病为害果实初期症状

图9–46　葡萄炭疽病为害果实中期症状

图9-47　葡萄炭疽病为害果实后期症状

图9-48　葡萄炭疽病为害果实后期产生分生孢子

图9-49 葡萄炭疽病为害叶片症状

【病　　原】*Colletotrichum gloeosporioides* 称胶孢炭疽菌，属无性型真菌(图9-50)。分生孢子盘黑色。分生孢子梗无色，单胞，圆筒形或棍棒形。分生孢子无色，单胞，圆筒形或椭圆形。15℃开始形成分生孢子，适宜温度20～30℃，超过36～40℃，孢子不能形成；有雨、露、雾的条件有利于孢子形成。分生孢子萌发适温28～32℃，分生孢子在9℃以下或45℃以上不能萌发。

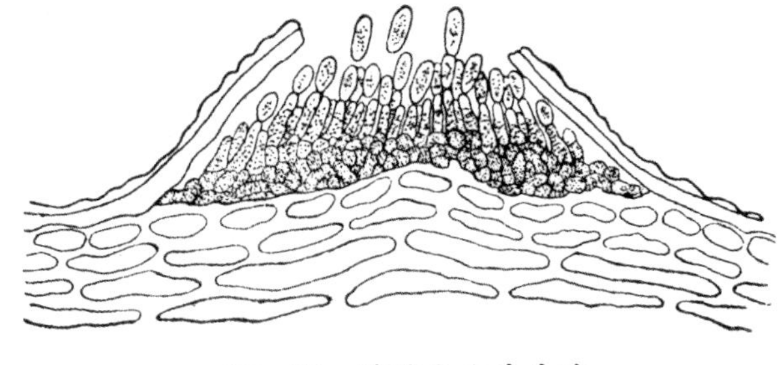

图9-50 葡萄炭疽病病菌分生孢子盘和分生孢子

【发生规律】病菌主要以菌丝潜伏在一年生枝蔓表层组织和叶痕等部位越冬。残留在架面的病枝、病果也是重要的侵染源。第二年春季，越冬病菌产生分生孢子，随风雨、昆虫传播到寄主体，发生初侵染。在南方，花期遇连续降雨潮湿天气，花穗遭受侵染，从幼果期开始侵染，至果实着色近成熟时发病。在果实近成熟期高温、多雨、湿度高的地区，果穗发病严重。广东地区，3月中下旬至4月上中旬是炭疽病病菌侵染花穗引起花腐的时期，5月下旬至6月中下旬，雨水较多，温度较高，葡萄抗性开始降低，田间陆续发病，一直延续到果实采收完。四川地区5月上中旬开始发病，7月上旬至8月中旬为发病高峰期。华东地区，如上海，炭疽病于6月上旬初见于叶片发病；果实的发病盛期，早熟品种为6月下旬至7月上旬，晚熟品种为7月下旬至8月上旬。夏季多雨，发病常严重。留果过多，施用氮肥过多，架式过低，蔓叶过密，通风透光不良，都有利于发病。沙土发病轻，黏土发病重，地势低洼、积水或空气不流通发病重。

【防治方法】收获后及时清除损伤的嫩枝及损伤严重的老蔓，增强园内的通透性。结合修剪清除留在植株上的副梢、穗梗、僵果、卷须等，并把落于地面的果穗、残蔓、枯叶等彻底清除。及时摘心、绑蔓，使果园通风透光良好。注意合理施肥，雨后要搞好果园的排水工作，防止园内积水。做到有机肥与无机肥结合，氮、磷、钾肥相搭配。

春季幼芽萌动前喷洒3～5波美度石硫合剂加0.5%五氯酚钠。

在葡萄发芽前后，可喷施1：0.7：200倍式波尔多液、80%代森锰锌可湿性粉剂300～500倍液、29%石硫合剂水剂100倍液。

葡萄落花期，病害发生前期，可喷施下列药剂：

50%多菌灵可湿性粉剂600～800倍液；

80%代森锰锌可湿性粉剂600～800倍液；

70%丙森锌可湿性粉剂600～800倍液等。

6月中旬葡萄幼果期是防治的关键时期(图9-51)，可用下列药剂：

图9-51　葡萄幼果期炭疽病发生前期症状

35%丙环唑·多菌灵悬浮剂1 400～2 000倍液；

25%咪鲜胺乳油800～1 500倍液；

40%腈菌唑可湿性粉剂4 000～6 000倍液；

40%氟硅唑乳油8 000～10 000倍液；

10%苯醚甲环唑水分散粒剂2 000～3 000倍液；

25%丙环唑乳油2 000～2 500倍液；

30%苯醚甲环唑·丙环唑乳油3 000～4 000倍液；

50%咪鲜胺锰盐可湿性粉剂800～1 200倍液；

43%戊唑醇悬浮剂2 000～2 500倍液；

60%噻菌灵可湿性粉剂1 500～2 000倍液；

均匀喷施，间隔10～15天，连喷3～5次。

5．葡萄灰霉病

【分布为害】灰霉病是一种严重影响葡萄生长和贮藏的重要病害。目前，在河北、山东、辽宁、四川、上海等地发生严重。春季是引起花穗腐烂的主要病害，流行时感病品种花穗被害率达70%以上。成熟的果实也常因此病在贮藏、运输和销售期间发生腐烂(图9–52和图9–53)。

图9–52　葡萄灰霉病为害幼果症状

图9–53　葡萄灰霉病为害果实症状

【症　　状】主要为害花序、幼果和已成熟的果实，有时亦为害新梢、叶片和果梗。花序受害，似热水烫状，后变暗褐色，病部组织软腐，表面密生灰霉，被害花序萎蔫，幼果极易脱落(图9–54)。新梢及叶片上产生淡褐色，不规则形的病斑，亦长出鼠灰色霉层(图9–55和图9–56)。花穗和刚落花后的小果穗易受侵染，发病初期受害部呈淡褐色水渍状，很快变暗褐色，整个果穗软腐(图9–57和图9–58)，潮湿时病穗上长出一层鼠灰色的霉层。成熟果实及果梗被害，果面出现褐色凹陷病斑，很快整个果实软腐，长出鼠灰色霉层，果梗变黑色，不久在病部长出黑色块状菌核(图9–59至图9–61)。

图9-54　葡萄灰霉病为害花序症状

图9-55　葡萄灰霉病为害叶片症状

图9—56　葡萄灰霉病为害新梢症状

图9—57　葡萄灰霉病为害幼果症状

图9—58　葡萄灰霉病为害果穗症状

图9-59　葡萄灰霉病为害果实初期症状

图9-60　葡萄灰霉病为害果实中期症状

图9-61　葡萄灰霉病为害果实后期症状

【病　　原】*Botrytis cinerea* 称灰葡萄孢，属无性型真菌。分生孢子梗细长，灰黑色，呈不规则的树状分枝。分生孢子单胞，无色，椭圆形或卵圆形。菌核褐色，形状不规则。在5～30℃条件下该菌均可生长，适温范围为15～25℃，以20℃对其生长最为有利；5～10℃时，菌丝生长缓慢；30℃时，菌丝生长完全受到抑制。

【发生规律】以菌核、分生孢子和菌丝体随病残组织在土壤中越冬。翌春在条件适宜时，分生孢子通过气流传播到花穗上。初侵染发病后又长出大量新的分生孢子，靠气流传播进行多次再侵染(图9-62)。该病有两个明显的发病期，第一次发病在5月中旬至6月上旬(开花前及幼果期)，主要为害花及幼果，造成大量落花落果；第二次发病期在果实着色至成熟期。多雨潮湿和较凉的天气条件适宜灰霉病的发生。春季葡萄花期，不太高的气温又遇上连阴雨天，空气潮湿，最容易诱发灰霉病的流行，常造成大量花穗腐烂脱落；排水不良，土壤黏重，枝叶过密，通风透光不良均能促进发病。管理粗放，施肥不足，机械损伤、虫伤多的果园发病也较重。

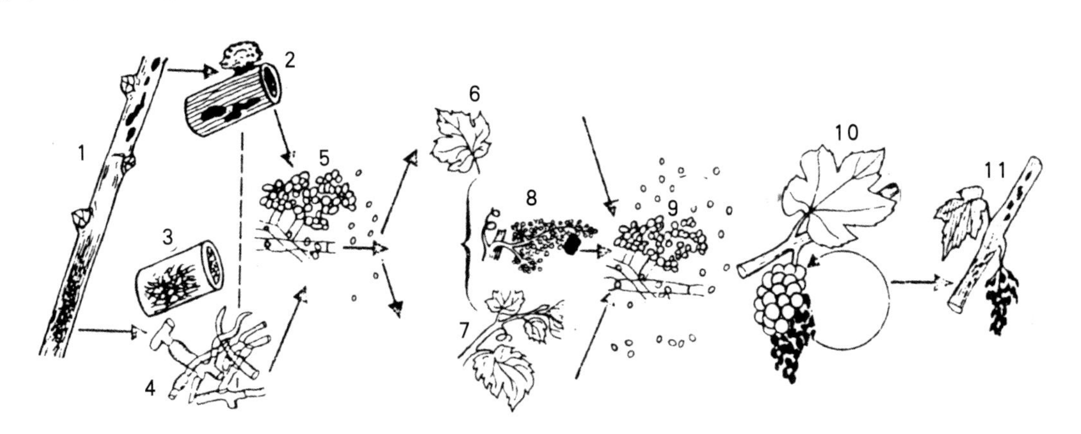

图9-62　葡萄灰霉病病害循环

1.病菌在枝条上越冬　2～3.病菌萌发　4.分生孢子梗　5.分生孢子　6.新叶　7.新梢　8.花序　9.分生孢子梗及分生孢子　10.重复侵染叶片和果实　11. 病菌在枝条上越冬

【防治方法】彻底清园，消灭病残体上越冬的菌核，春季发病后，摘除病花穗减少再侵染菌源。适当增施磷、钾肥，控制速效氮肥的使用，防止枝梢徒长，适当修剪，增加通风透光，降低田间湿度等，有较好的控病效果。

春季开花前，喷洒1：1：200等量式波尔多液、50%多菌灵可湿性粉剂500倍液或70%甲基硫菌灵可湿性粉剂600倍液等，喷1~2次，有一定的预防效果。

4月上旬葡萄开花前，可喷施下列药剂进行预防：

80%代森锰锌可湿性粉剂600~800倍液；

65%代森锌可湿性粉剂500~600倍液等。

在病害发生初期(图9–63)，可用下列药剂：

图9–63 葡萄灰霉病为害初期症状

40%嘧霉胺悬浮剂1 000~1 200倍液；

30%苯醚甲环唑·丙环唑乳油3 000~5 000倍液；

50%腐霉利可湿性粉剂800~1 500倍液；

50%嘧菌环胺水分散粒剂625~1 000倍液；

25%咪鲜胺乳油1 000~1 500倍液；

60%噻菌灵可湿性粉剂500~600倍液；

50%异菌脲可湿性粉剂1 000~1 500倍液；

50%苯菌灵可湿性粉剂1 000~1 500倍液喷施，间隔10~15天，连喷2~3次。

6．葡萄褐斑病

【分布为害】葡萄褐斑病分布广泛，在我国各葡萄产区均有发生和为害，以多雨潮湿的沿海和江南各省发病较多(图9–64)。多雨年份和管理粗放的果园易发生，特别是葡萄采收后忽视防治易引起病害大量发生，造成病叶早落，削弱树势，影响产量。

图9-64 葡萄褐斑病为害情况

【症　　状】仅为害叶片。病斑定形后，直径3～10mm 的称大褐斑病；直径2～3mm的称小褐斑病。大褐斑病：初期在叶片表面产生许多近圆形、多角形或不规则的褐色小斑点，以后病斑逐渐扩大。叶背面病斑周缘模糊，淡褐色，后期病斑上生灰色或深褐色的霉状物。病害发展到一定程度时，病叶干枯破裂而早期脱落(图9-65至图9-67)。小褐斑病：病斑较小，近圆形或不规则形，大小一致，边缘深褐色，中部颜色稍浅，后期病斑背面长出一层较明显的黑色霉状物(图9-68至图9-70)。

图9-65 葡萄大褐斑病为害叶片初期症状

图9-66　葡萄大褐斑病为害叶片中期症状

图9-67　葡萄大褐斑病为害叶片后期症状

图9-68 葡萄小褐斑病为害叶片初期症状

图9-69 葡萄小褐斑病为害叶片中期症状

图9-70　葡萄小褐斑病为害叶片后期症状

【病　　原】大褐斑病病原 *Psedocercospora vitis* 称葡萄假尾孢，属无性型真菌(图9-71)。子座小，球形。分生孢子梗紧密成束，孢梗束下部紧密，上部散开。分生孢子梗暗褐色，不分枝，多个隔膜，曲膝状，具齿突。分生孢子顶生，褐色至暗褐色，倒棍棒形，具喙，直立或稍弯曲。

小褐斑病病原 *Cercospora rossleri* 称座束梗尾孢，属半知菌亚门真菌(图9-72)。子座无色，半球形。分生孢子梗疏散不成束，暗褐色，直或稍弯曲，隔膜多，近顶端膝曲状，孢痕明显。分生孢子圆筒形或椭圆形，直或稍弯曲，暗褐色。

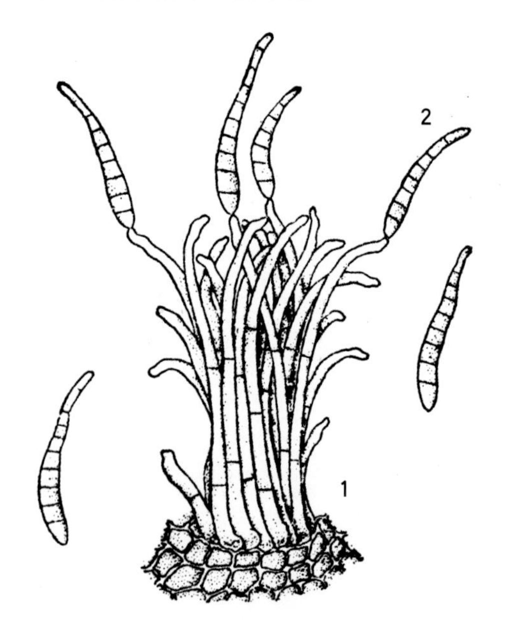

图9-71　葡萄大褐斑病病菌
1.孢梗束　2.分生孢子

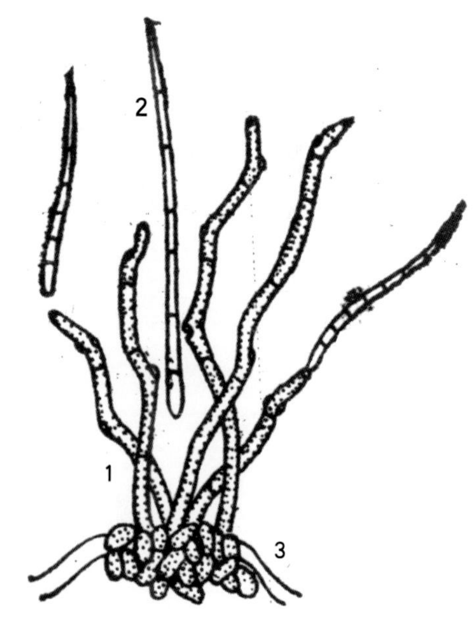

图9-72　葡萄小褐斑病病菌
1.分生孢子梗　2.分生孢子 3.寄生角质层

【发生规律】病菌以菌丝体和分生孢子在病叶上越冬。翌年春天，气温升高遇降雨或潮湿条件，越冬菌或分生孢子梗束产生新的分生孢子，借气流或风雨传播到叶片上，由叶背气孔侵入。发病时期一般5—6月开始，7—9月为盛期。降雨早而多的年份发病重，干旱年份发病晚而轻，壮树发病轻，弱树发病重。发病通常自下部叶片开始，逐渐向上蔓延，在高温、高湿条件下病害发生最盛。葡萄园管理粗放、不注意清园或肥料不足，树势衰弱易发病。果园地势低洼、潮湿、通风不良、挂果负荷过大发病重。

【防治方法】因地制宜采用抗病品种。秋后结合深耕及时清扫落叶烧毁，改善通风透光条件；合理施肥、灌水，增强树势，提高抗病力。生长中后期摘除下部黄叶、病叶，以利通风透光，降低湿度。

春季萌芽后可喷施下列药剂，减少越冬菌源：

80%代森锰锌可湿性粉剂500～800倍液；

50%多菌灵可湿性粉剂1 000～1 500倍液；

75%百菌清可湿性粉剂800～1 000倍液；

70%甲基硫菌灵可湿性粉剂800～1 000倍液；

65%代森锌可湿性粉剂500～800倍液。

展叶后6月中旬，即发病初期(图9–73)，可用下列药剂：

图9－73　葡萄褐斑病为害叶片初期田间症状

10%苯醚甲环唑水分散粒剂3 000～5 000倍液；

25%丙环唑乳油3 000～5 000倍液；

50%氯溴异氰脲酸可溶性粉剂1 500倍液；

50%嘧菌酯水分散粒剂5 000～7 000倍液；

25%吡唑醚菌酯乳油1 000～3 000倍液；

12.5%烯唑醇可湿性粉剂2 500～4 000倍液；

24%腈苯唑悬浮剂2 500～3 200倍液；

40%腈菌唑水分散粒剂6 000～7 000倍液；

25%戊唑醇水乳剂2 000～2 500倍液等，均匀喷施，间隔10～15天，连喷2～3次，防效显著。

7．葡萄黑腐病

【分布为害】在各葡萄产区都有发生，在我国比较炎热和潮湿的地区发生较重。

【症　　状】主要为害果实、叶片、叶柄和新梢等部位。叶片染病，叶脉间出现红褐色近圆形小斑，病斑扩大后中央灰白色，外部褐色，边缘黑色(图9–74和图9–75)。近成熟果实染病，病部初呈紫褐色小斑点，逐渐扩大，边缘褐色，中央灰白色略凹陷；病部继续扩大，导致果实软腐，干缩变为黑色或灰蓝色僵果(图9–76至图9–78)。新梢染病出现深褐色椭圆形微凹陷病斑。

图9–74　葡萄黑腐病为害叶片正面症状

图9–75　葡萄黑腐病为害叶片背面症状

图9-76 葡萄黑腐病为害果实初期症状

图9-77 葡萄黑腐病为害果实中期症状

图9-78　葡萄黑腐病为害果实后期腐烂症状

【病　　原】有性世代为*Guignardia bidwellii*，称葡萄球座菌，属子囊菌门真菌。无性世代为 *Phoma uvicola*，称葡萄黑腐茎点霉，属半知菌亚门真菌(图9-79)。子囊壳黑色球形，顶端具扁平或乳凸状开口，中部由拟薄壁组织组成。子囊为棍棒形或圆筒状。子囊孢子透明，卵形或椭圆形，直或稍向一侧弯曲，一端呈圆形，无分隔。分生孢子器球形或扁球形，顶部孔口凸出于寄主表皮外。分生孢子器壁较薄，暗褐色。分生孢子单胞，无色，椭圆形或卵圆形。分生孢子在7～37℃均可萌发，22～24℃最适宜萌发。

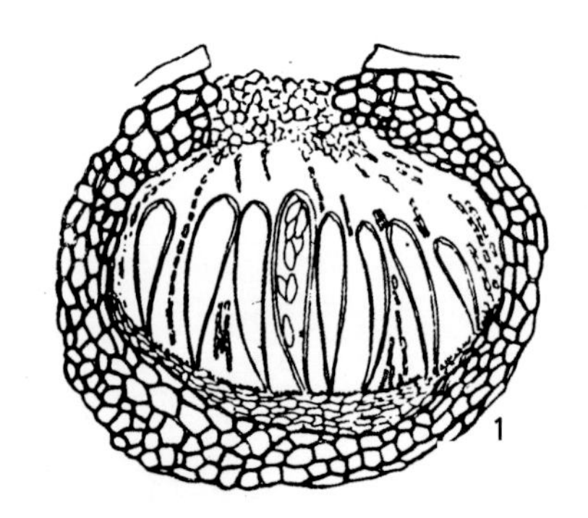

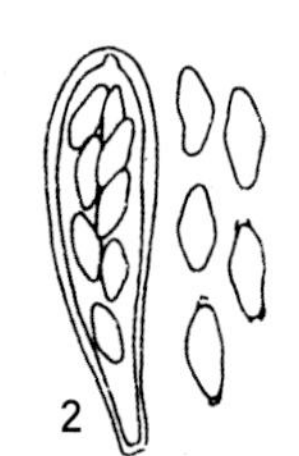

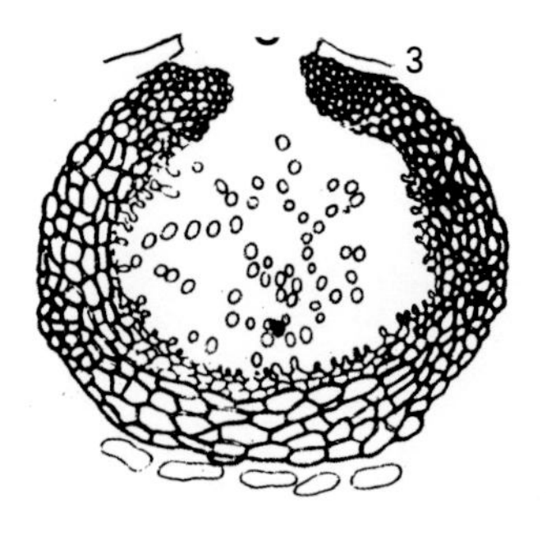

图9-79　葡萄黑腐病病菌
1.子囊壳　2.子囊和子囊孢子
3.分生孢子器

【发生规律】主要以分生孢子器、子囊壳或菌丝体在病果、病蔓、病叶等病残体上越冬，翌年春末气温升高，释放出分生孢子或子囊孢子，靠雨水溅散或昆虫及气流传播(图9-80)。高温、高湿利于该病发生。8—9月高温多雨适其流行。一般6月下旬至采收期都能发病，果实着色后，近成熟期更易发病。管理粗放、肥水不足、虫害发生多的葡萄园易发病。

【防治方法】清除病残体，减少越冬菌源，翻耕果园

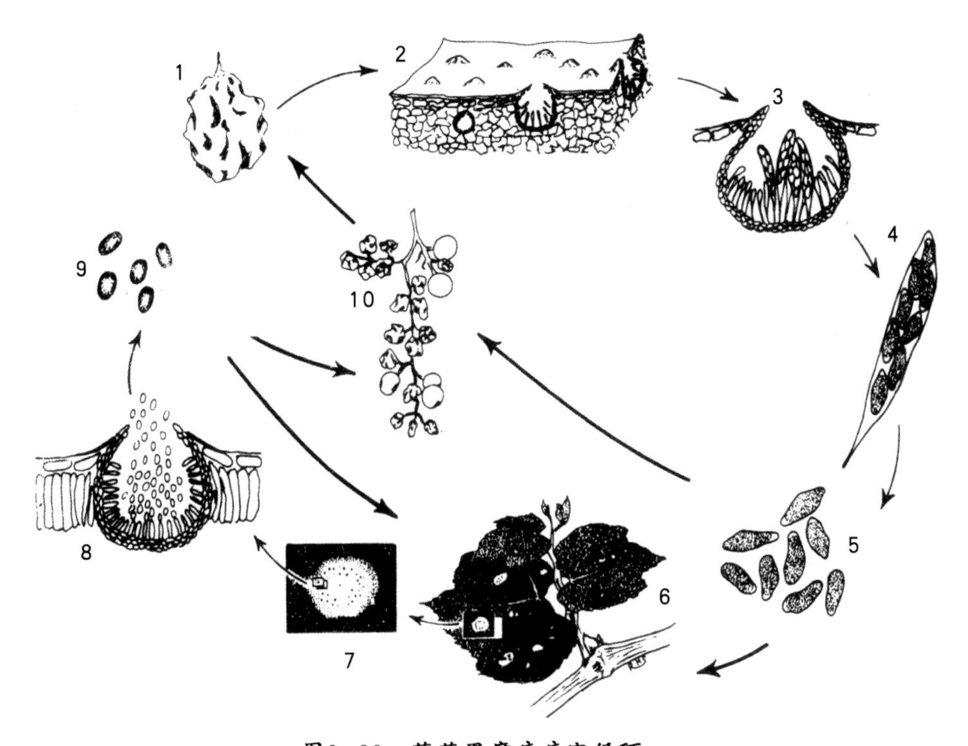

图9-80 葡萄黑腐病病害循环
1.病菌在地面和病残体上越冬 2.带子囊壳的僵果 3.子囊壳和子囊孢子
4.子囊 5.子囊孢子 6.侵染新梢和叶片 7.黑色子实体 8.分生孢子器和分生孢子
9.分生孢子 10.侵染果实

土壤。发病季节及时摘除并销毁病果病枝梢，及时排水，降低园内湿度，改善通风透光条件，加强肥水管理。果实进入着色期，套袋防病。

发芽前喷29%石硫合剂水剂50～100倍液或45%晶体石硫合剂20～30倍液。

在开花前、谢花后和果实膨大期(病菌为害果实初期)各喷1次药剂(图9-81)，可用下列药剂：

图9-81 葡萄黑腐病为害果实初期症状

1：0.7：200倍式波尔多液；

50%多菌灵可湿性粉剂600～800倍液；

70%甲基硫菌灵可湿性粉剂800～1 000倍液；

70%代森锰锌可湿性粉剂500～600倍液；

75%百菌清可湿性粉剂600～800倍液；

50%苯菌灵可湿性粉剂1 000～1 500倍液；

10%苯醚甲环唑水分散粒剂2 000～3 000倍液等。

8．葡萄房枯病

【分布为害】主要分布在河南、安徽、江苏、山东、河北、辽宁、广东等地。

【症　　状】主要为害果梗、穗轴、叶片和果粒，初期小果梗基部的病斑呈深红黄色，边缘具褐色晕圈，病斑逐渐扩大，色泽变褐。当病斑绕梗一周时，小果梗干枯缢缩。穗轴发病初期表现褐色病斑，逐渐扩大变黑色而干缩，其上长有小黑点。穗轴僵化后以下的果粒全部变为黑色僵果，挂在蔓上不易脱落。叶片发病，初为圆形褐色斑点，逐渐扩大变成中央灰白色，外部褐色，边缘黑色的病斑。果粒发病，最初由果蒂部分失水萎蔫，出现不规则的褐色斑，逐渐扩大到全果，变紫、变黑，干缩成僵果，果梗、穗轴褐变，干燥枯死，长时间残留树上，是房枯病的主要特征(图9–82至图9–84)。

图9–82　葡萄房枯病为害果穗初期症状

图9-83 葡萄房枯病为害果穗中期症状

图9-84 葡萄房枯病为害成熟果穗后期症状

【病　原】有性世代为 *Physalospora baccae*，称葡萄囊孢壳菌，属子囊菌门真菌。无性世代为 *Macrophoma faocida*，称葡萄房枯大茎点霉，属无性型真菌(图9-85)。子囊壳为扁球形，黑褐色。子囊无色，圆柱形。子囊孢子无色，单胞，椭圆形。分生孢子器椭圆形，暗褐色。分生孢子梗短小，圆筒状，单胞，无色。分生孢子为椭圆形，单胞，无色。分生孢子在24～28℃经4小时萌发。子囊孢子在25℃经5小时也可萌发。病菌适应温限为9～40℃，在15～35℃都能发病。

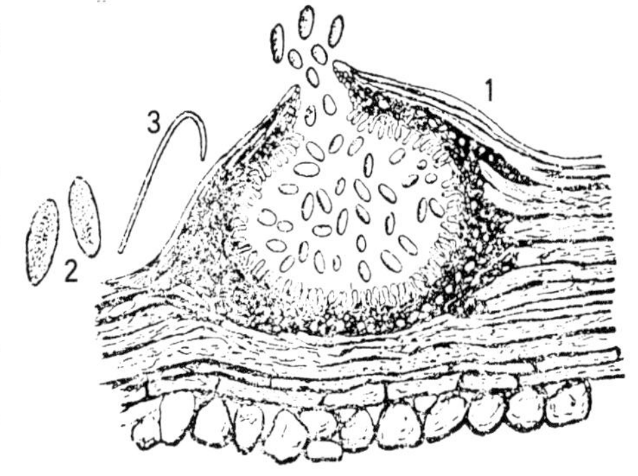

图9-85 葡萄房枯病病菌
1.分生孢子器 2.分生孢子 3.侧丝

【发生规律】病菌以分生孢子器、子囊壳或菌丝等在病果或病枝叶上越冬。翌年5—6月释放出分生孢子或子囊孢子，靠风雨传播侵染，多雨高温最易发病。一般年份6—7月开始发病，近成熟时发病最重。植株营养不良及结果过多，土壤过湿等均易发病；管理粗放，植株生长势弱、郁闭潮湿的葡萄园发病重。

【防治方法】秋季要彻底清除病枝、病叶、病果等，注意排水，及时剪副梢，改善通风透光条件，降低湿度。增施有机肥，多施磷、钾肥，培育壮树，提高抗病能力。雨季谨防园地大量积水而形成高湿的发病环境，降低发病概率。秋季葡萄落叶后，及时将园内病果、病叶和病虫枝蔓集中烧毁或深埋，消灭越冬菌源。

葡萄上架前喷洒下列药剂减少越冬病源：

3~5波美度石硫合剂；

75%百菌清可湿性粉剂600~800倍液；

50%多菌灵可湿性粉剂800~1 000倍液；

70%甲基硫菌灵可湿性粉剂500~1 000倍液；

70%代森锰锌可湿性粉剂600~800倍液。

展叶后果穗形成期开始，可喷施下列药剂：

70%代森锰锌可湿性粉剂800倍液+70%甲基硫菌灵可湿性粉剂500~600倍液；

50%福美双可湿性粉剂1 000~1 500倍液+50%多菌灵可湿性粉剂500~600倍液；

80%福美双·福美锌可湿性粉剂1 500~2 000倍液+50%苯菌灵可湿性粉剂800倍液等。每隔10~15天喷1次，共喷4~5次，能有效控制葡萄房枯病的发生。

9．葡萄白粉病

【分布为害】分布于各葡萄产区。以河北、山东、陕西的秦岭北麓等葡萄产区受害较重，在广东及华东等地偶有发生。

【症　　状】为害叶片、枝梢及果实等部位，叶片受害，在叶正面产生不规则形大小不等的褪绿色或黄色小斑块，病斑正反面均可见覆有一层白色粉状物(图9–86)，严重时白粉状物布满全叶(图9–87)，叶面不平，逐渐卷缩枯萎脱落。新梢、果梗及穗轴受害时，初期表面首先出现不规则斑块并覆有白色粉状物，可使穗轴、

图9–86　葡萄白粉病为害叶片初期症状

图9-87 葡萄白粉病为害叶片后期症状

果梗变脆，枝梢生长受阻。幼果受害时先出现褪绿斑块，果面出现星芒状花纹，其上面覆盖一层白粉状物(图9-88)，病果停止生长或畸形，果肉味酸。

图9-88 葡萄白粉病为害果实症状

【病　　原】*Uncinula necator* 称葡萄钩丝壳菌，属子囊菌门真菌(图9-89)。菌丝白色蔓延在寄主表皮外。分生孢子念珠状串生，单胞，椭圆形或卵圆形。子囊壳圆球形，黑褐色，外有钩针状附属丝，子囊壳内有多个椭圆形的子囊，子囊内有4～6个子囊孢子，子囊孢子单胞。

【发生规律】以菌丝体在被害组织内或芽鳞间越冬，翌年在适宜的环境条件下产生分生孢子，通过气流传播进行初侵染，初侵染发病后只要条件适宜，可产生大量分生孢子不断进行再侵染(图9-90)。一般于5月下旬至6月上旬开始发病，6月中下旬至7月下旬为发病盛期。干旱的夏季和温暖而潮湿、闷热的天气利于白粉病的大发生。栽培过密，施氮肥过多，修剪、摘副梢不及时，枝梢徒长，通风透光状况不良的果园，植株表皮脆弱，发病较重；植株如受干旱影响，表皮细胞压低，也易受白粉病菌侵染发病较重。此外，嫩梢、嫩叶、幼果易发病。

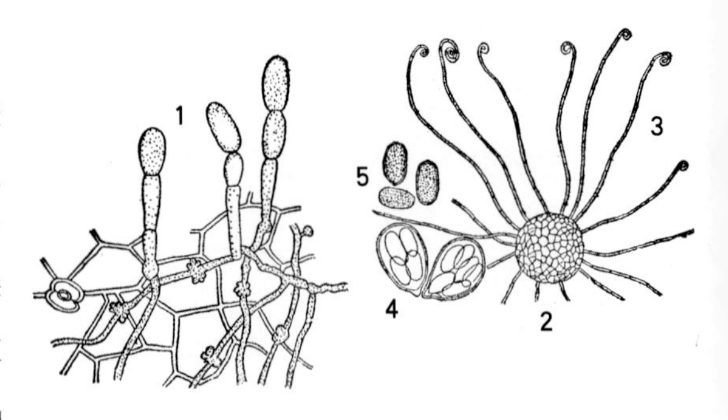

图9-89 葡萄白粉病病菌
1.分生孢子 2.子囊壳
3.附属丝 4.子囊 5.子囊孢子

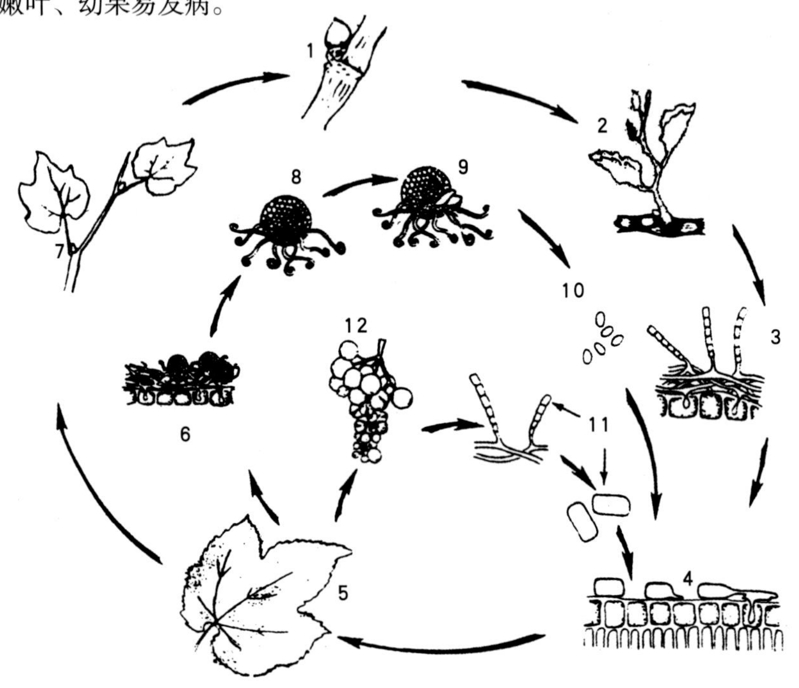

图9-90 葡萄白粉病病害循环
1.病菌越冬 2.病菌萌发侵染叶片 3.形成分生孢子 4.再侵染幼嫩组织
5.病菌在叶面上形成分生孢子 6.子囊壳在病叶上形成 7.幼芽被侵染 8. 子囊壳
9.子囊和子囊孢子 10.子囊孢子 11.分生孢子 12.病菌侵染果穗

【防治方法】秋后剪除病梢，清扫病叶、病果及其他病菌残体。注意开沟排水，控制施氮肥，多施农家肥，早施和重施磷、钾肥，增强抗病力。及时摘心绑蔓，剪除副梢及卷须，保持通风透光良好。适时套袋。

在葡萄发芽前喷一次3~5波美度石硫合剂，减少越冬菌源。

发芽后可用下列药剂再喷一次进行预防：

0.2~0.3波美度石硫合剂；

75%百菌清可湿性粉剂600~800倍液；

70%甲基硫菌灵可湿性粉剂800~1 000倍液等。

开花前和幼果期各喷1次，可用下列药剂：

15%三唑酮可湿性粉剂1 000~1 500倍液；

40%氟硅唑乳油6 000～8 000倍液；
12.5%烯唑醇可湿性粉剂1 000～2 000倍液；
10%苯醚甲环唑水分散粒剂1 500～2 000倍液；
5%己唑醇悬浮剂800～1 500倍液；
5%亚胺唑可湿性粉剂600～700倍液；
25%丙环唑乳油1 000～2 000倍液；
25%咪鲜胺乳油500～1 000倍液；
25%腈菌唑乳油1 500～2 500倍液；
50%嘧菌酯水分散粒剂5 000～7 000倍液；
40%苯甲·吡唑酯悬浮剂1 500~2 500倍液；
30%氟菌唑可湿性粉剂2 000～3 000倍液；
6%氯苯嘧啶醇可湿性粉剂1 000～1 500倍液；
2%嘧啶核苷类抗生素水剂200～300倍液等。

10．葡萄穗轴褐枯病

【分布为害】分布于东北、山东、河北、河南、湖南、上海、西北等葡萄产区。为害花序和幼果，在病害流行年份的某些品种上病穗率可高达30%～50%，在辽宁、河北唐山等产区发病严重的葡萄园病穗率达50%以上，严重影响产量。

【症　　状】主要发生在幼穗的穗轴上，果粒发病较少，穗轴老化后不易发病。发病初期，幼果穗的分枝穗轴上产生褐色的水浸状小斑点，并迅速向四周扩展，使整个分枝穗轴变褐枯死，不久失水干枯，变为黑褐色，有时在病部表面产生黑色霉状物，果穗随之萎缩脱落(图9-91至图9-93)。幼果粒发病，形成圆形、深褐色至黑色小斑点，病变仅限于果粒表皮，随着果粒膨大病斑变成疮痂状，当果粒长到中等大小时，病痂脱落，对果实发育无明显影响。

图9-91　葡萄穗轴褐枯病为害穗轴症状

图9-92 葡萄穗轴褐枯病为害穗轴中期症状

图9-93 葡萄穗轴褐枯病为害果穗症状

【病　　原】*Alternaria viticola* 称葡萄生链格孢，属无性型真菌。分生孢子梗丛生，直立，上端有时呈曲状，有分隔，褐色至暗褐色，分生孢子梗顶端色较淡。分生孢子单生或串生，倒棍棒状，淡褐色至深褐色，砖格状分隔，喙较长。

【发生规律】以菌丝体或分生孢子在病残组织内越冬，也可在枝蔓表皮或芽鳞片间越冬。翌年开花前后形成分生孢子，借风雨传播，侵染幼嫩的穗轴组织，引起初侵染。春季开花前后，遇低温多雨天气，有利于病害发生。地势低洼、偏施氮肥、通风透光不良、管理不善的果园以及老弱树发病重。

【防治方法】控制氮肥用量，增施磷、钾肥，同时搞好果园通风透光、排涝降湿等工作。及时剪去病果、病蔓，集中烧毁或深埋；掰掉的副梢、卷须、叶片也要及时妥善处理。篱架栽培的葡萄，应适当提高结果部位，清除杂草，及时合理地绑蔓、打杈、摘心，疏散枝蔓，保持通风透光。适当摘剪果穗，控制新梢生长，有利于恢复树势。避免风吹枝、蔓、叶、果穗相互摩擦折损。注意葡萄分枝、叶片不要与地面直接接触。

在葡萄发芽前，喷3波美度石硫合剂、50%硫悬浮剂50～100倍液。

于萌芽后4月下旬、开花前5月上旬、开花后5月下旬各喷1次杀菌剂。使用的药剂有：

80%代森锰锌可湿性粉剂800～1 000倍液；

50%多菌灵可湿性粉剂800～1 000倍液；

70%甲基硫菌灵可湿性粉剂1 000～1500倍液；

50%异菌脲可湿性粉剂1 000～2 000倍液；

40%醚菌酯悬浮剂800～1 000倍液等，可杀菌保护花芽叶芽，防治花期及幼果期病害。

11. 葡萄蔓枯病

【分布为害】在河南、山东、山西等省葡萄产区均有发生，该病一经发生，常连续发生2～3年，降雨多的年份葡萄蔓常枯死。

【症　　状】主要为害枝蔓或新梢。蔓基部近地表处易染病，初期病斑红褐色，略凹陷，后扩大成黑褐色大斑(图9-94至图9-96)。秋天病蔓表皮纵裂为丝状，易折断。主蔓染病，病部以上枝蔓生长衰弱或枯死。叶色变黄，叶缘卷曲，新梢枯萎，叶脉、叶柄及卷须常生黑色条斑。幼果发病产生灰黑色病斑，果穗发育受阻。果实后期发病与房枯病相似，唯黑色小点粒更为密集。

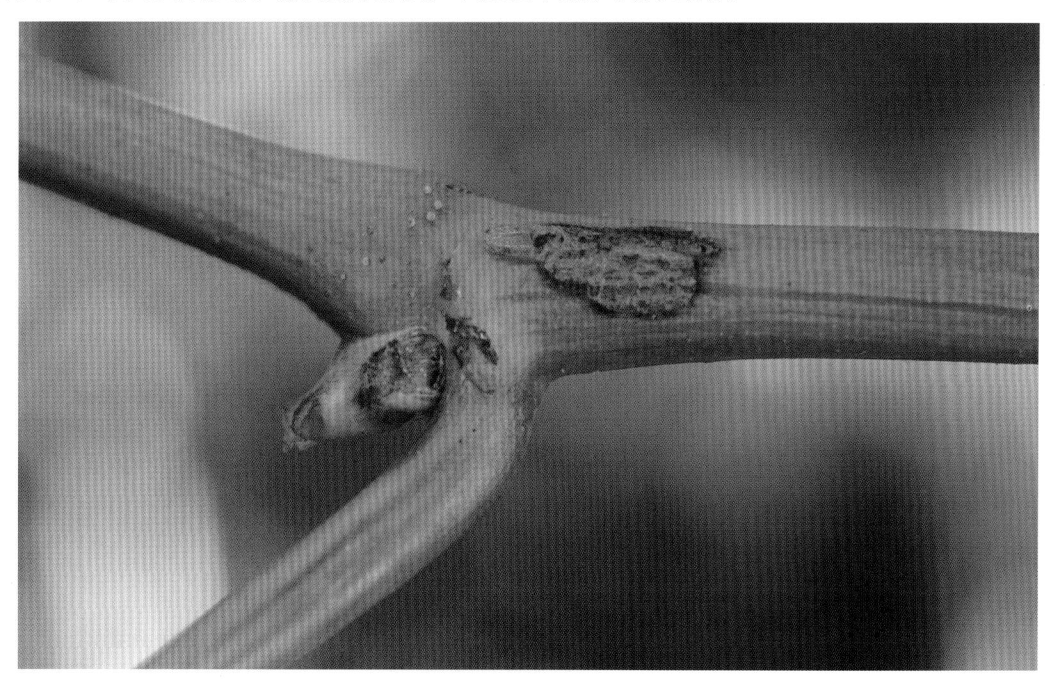

图9-94　葡萄蔓枯病为害枝蔓初期症状

图9-95　葡萄蔓枯病为害枝蔓中期症状

图9-96　葡萄蔓枯病为害枝蔓后期症状

【病　　原】有性世代为*Cryptosporella viticola*，称葡萄生小隐孢壳菌，属子囊菌门真菌。无性世代为*Phomopsis viticola*，称葡萄拟茎点霉，属半知菌亚门真菌(图9-97)。分生孢子器黑褐色，烧瓶状，埋生在子座中，分生孢子有两型。Ⅰ型为长纺锤形至圆柱形，略弯曲，单胞，无色。Ⅱ型丝状，多呈钩形。

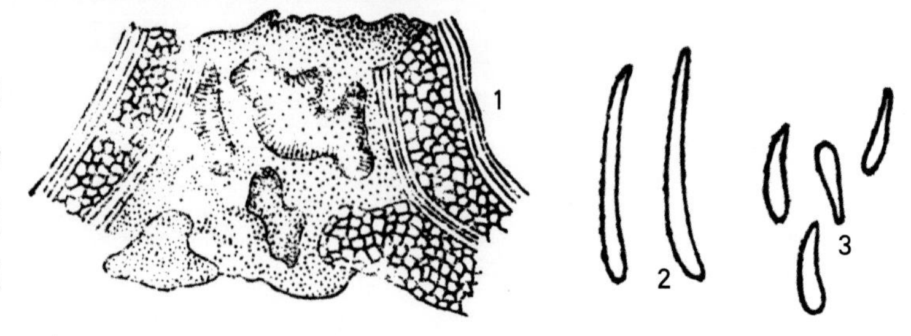

图9-97　葡萄蔓枯病病菌
1.分生孢子器　2.丝状分生孢子　3.长椭圆形分生孢子

【发生规律】以分生孢子器或菌丝体在病蔓上越冬，翌年5—6月释放分生孢子，借风雨传播，在具水滴或雨露条件下，分生孢子经4～8小时即可萌发，经伤口或由气孔侵入，引起发病。多雨或湿度大的地区、植株衰弱、冻害严重的葡萄园发病重。地势低洼、土质黏重、排水不良、土层薄、肥水不足、长势弱的果园，以及管理粗放，虫伤、冻伤多或患有其他根部病害的葡萄树发病均较严重。

【防治方法】加强葡萄园管理，增施有机肥，疏松或改良土壤，雨后及时排水，注意防冻。

及时检查枝蔓，发现病斑后，轻者用刀刮除病斑，重者剪掉或锯除，伤口用29%石硫合剂水剂50～100倍液或45%晶体石硫合剂30倍液消毒。

在5—6月及时喷施下列药剂：

75%百菌清可湿性粉剂500～600倍液；

10%苯醚甲环唑水分散粒剂2 000～3 000倍液；

77%氢氧化铜可湿性粉剂500～800倍液；

30%琥胶肥酸铜可湿性粉剂500～600倍液；

15%络氨铜水剂350～500倍液等。主要喷老蔓基部，以后结合其他病害的防治，对可能受侵染的枝蔓再喷药1～2次。

12. 葡萄环纹叶枯病

【症　　状】主要为害叶片，病害初发时，叶片上出现黄褐色、圆形小病斑，周边黄色，中央深褐色，可见轻微环纹。病斑逐渐扩大后，同心轮纹较为明显。病斑在叶片中间或边缘均可发生，一般一片叶上同时出现多个病斑(图9-98至图9-100)。天气干燥时，病斑扩展迅速，多呈灰绿色或灰褐色水浸状大斑，后期病斑中部长出灰色或灰白色霉状物，即病菌的分生孢子梗和分生孢子。病斑相连形成大型斑，严重时3～4天扩至全叶，致叶片早落。受害严重叶片叶脉边缘可见黑色菌核。

图9-98 葡萄环纹叶枯病为害叶片中期症状

图9-99　葡萄环纹叶枯病为害叶片背面中期症状

图9-100　葡萄环纹叶枯病为害叶片后期症状

【病　　原】*Cristulariella moricola* 称桑生冠毛菌，属无性型真菌。分生孢子梗最初为针状芽体，后呈指状，直立，无色；成熟的分生孢子梗为尖塔状，白色，直立于病斑表面。分生孢子梗的上部生长球状芽体。小孢子柄瓶梗状或直管状，在其上产生小孢子，小孢子圆形，无色。菌核初白色，后转为黑色，颗粒状，形状不定。

【发生规律】病菌一般以菌核和分生孢子在病组织内越冬，作为翌年病害的初侵染源。在早春气候适宜时形成分生孢子，借雨水传播，侵染幼嫩叶片。葡萄近收获期易感病。多雨潮湿，冷凉，少日照，病害易流行。

【防治方法】葡萄收获后，清除葡萄园内枯枝落叶等病残体，集中销毁。注意修剪，保持通风透光良好，降低园内湿度。

发病初期，可结合白腐病和炭疽病等病害防治，在枝叶上喷施下列药剂：

50%腐霉利可湿性粉剂2 000～2 500倍液；

50%异菌脲可湿性粉剂1 000～1 500倍液；

50%乙烯菌核利可湿性粉剂1 500倍液等均匀喷施，间隔10～15天1次，连喷3～4次，对病害有较好的防治效果。

13．葡萄扇叶病

【分布为害】在世界各葡萄产区均有发生。表现为病株衰弱、寿命短，平均减产达30%～50%。

【症　　状】扇叶株系：主要症状为叶片变小。叶基部的裂刻扩展增大，呈平截状。叶片边缘的锯齿伸长，主脉聚缩，全叶呈现不对称等畸形。有些品种的叶片出现褪绿斑驳。新梢和叶柄有时变成扁平的带状，或在一个节上生出两个芽，节间缩短。黄色花叶株系：在新梢叶片上出现鲜明的黄色斑点，逐渐扩散成为黄绿相间的花斑叶。已黄化的叶片，秋季呈日烧状并发白，叶缘部分常变褐色。镶脉株系：镶脉症状多出现在夏季初期和中期。发病时，沿叶脉形成淡绿色或黄色带状斑纹，但叶片不变形(图9-101至图9-103)。

图9-101　葡萄扇叶病扇叶症状

图9-102　葡萄扇叶病黄色花叶症状

图9-103　葡萄扇叶病镶脉症状

【病　　原】Grapevine fanleaf virus (GFLV)称葡萄扇叶病病毒，属于线虫传多面体病毒属(Nepovirus)。目前已知有3个致毒株系，即扇叶株系(Fanleaf strain)、黄色花叶株系(Yellow mosaic strain)和镶脉株系(Veinbanding strain)。

【发生规律】病毒存在于葡萄根、幼叶和果皮中，可由几种土壤线虫传播，通过嫁接亦能传毒。介体线虫的成虫和幼虫都可传毒，传毒与得毒时间相同。病毒和线虫间具有专化性。获毒时间相当短，在病株上饲食数分钟便能带毒。线虫的整个幼虫期都可带毒和传毒，但蜕皮后不带毒。葡萄扇叶病毒远距离传播主要由调运带毒苗木导致。其他线虫传播的多角体病毒能通过各自的虫媒传给葡萄和杂草。

【防治方法】培育葡萄无病毒母本树，繁殖和栽培无病毒苗木。实行植物检疫、建立健全植物检疫制度，是防止葡萄扇叶病继续传播的一项重要措施。清除发病株，减少病毒源。定植前施足腐熟有机肥，生长期合理追肥，细致修剪、摘梢和绑蔓，增强树体抗病力。

进行土壤消毒。在扇叶病严重发生的地区或葡萄园，土壤中有传毒线虫存在，应对土壤进行消毒处理。可用溴甲烷30kg/亩，施用深度为50～75cm，间距为165cm，施后覆盖塑料薄膜；或用1，3–二氯丙烷，用量为93～155L/亩，施用深度75～90cm。

及时防治各种害虫，尤其是可能传毒的昆虫，如叶蝉、蚜虫等。可采用下列药剂：

10%吡虫啉可湿性粉剂1 000～1 500倍液；

50%抗蚜威可湿性粉剂1 500～2 000倍液，减少传播机会。

防治线虫，用5%克线磷颗粒剂200～300倍液，浸根5～30分钟，可杀灭线虫，防止传毒。

14．葡萄轮斑病

【分布为害】在各地均有发生。

【症　　状】主要为害叶片，初在叶面上出现红褐色圆形或不规则形病斑，后扩大为圆形或近圆形，叶面具深浅相间的轮纹(图9–104)，湿度大时，叶背面长有浅褐色霉层，即病菌分生孢子梗和分生孢子。

图9–104　葡萄轮斑病为害叶片症状

【病　　原】*Acrospermun viticola* 葡萄生扁棒壳，属子囊菌门真菌。子囊长圆筒形，无色，无侧丝。8个子囊孢子并列排列于子囊内。子囊孢子线状，无性阶段产生菌丝，形成淡黄褐色的分生孢子梗，分生孢子梗具隔膜1～3个，顶端生稍膨大轴细胞1个。分生孢子椭圆形或圆筒形，具隔膜1～4个，淡黄色。

【发生规律】病菌以子囊壳在落叶上越冬，翌年夏天温度上升、湿度增高时散发出子囊孢子，经气流传播到叶片，从叶背气孔侵入，发病后产出分生孢子进行再侵染。北部葡萄产区7月下旬或8月上旬开始发病，9—10月为发病盛期。高温高湿是该病发生和流行的重要条件，管理粗放、植株郁闭、通风透光差的葡萄园发病重。

【防治方法】认真清洁田园，加强田间管理。

展叶后6月中旬，即发病初期，可用下列药剂：

70%甲基硫菌灵可湿性粉剂800～1 000倍液；

53.8%氢氧化铜悬浮剂1 000～1 200倍液；

10%苯醚甲环唑水分散粒剂3 000～5 000倍液；

25%丙环唑乳油3 000～5 000倍液；

5%已唑醇悬浮剂1 000～1 200倍液；

50%异菌脲可湿性粉剂1 000～1 500倍液；

50%氯溴异氰脲酸可溶性粉剂1 500～2 000倍液等，均匀喷施，间隔10～15天喷施1次，连喷2～3次，防效显著。

15．葡萄枝枯病

【症　　状】主要为害枝条，严重时也可为害穗轴、果实和叶片。当年生枝条染病多见于叶痕处，病部呈暗褐色至黑色，向枝条深处扩展，直达髓部，致病枝枯死(图9–105和图9–106)。邻近健康组织仍可生长，形成不规则瘤状物，染病枝条节间短缩，叶片变小。果实上的病斑暗褐色或黑褐色，圆形或不规则形(图9–107)。

图9–105　葡萄枝枯病为害枝蔓初期症状

图9-106　葡萄枝枯病为害枝蔓后期症状

图9-107　葡萄枝枯病为害果实症状

【病　　原】*Phomopsis viticda* 称葡萄生拟茎点霉，属半知菌亚门真菌。分生孢子器单腔，生于子座表面，子座不明显，分生孢子梗短小。分生孢子有椭圆形和丝状两种形态。

【发生规律】以分生孢子器或菌丝体在病蔓上越冬，翌年5—6月释放分生孢子，借风雨传播，在具水滴或雨露条件下，分生孢子经4～8小时即可萌发，经伤口或由气孔侵入，引起发病。潜育期30天左右，后经1～2年才现出症状，因此该病一经发生，常连续2～3年。多雨或湿度大的地区、植株衰弱、冻害严重的葡萄园发病重。

【防治方法】加强葡萄园管理，增施有机肥，疏松或改良土壤，雨后及时排水，注意防冻。及时检查枝蔓，发现病部后，轻者用刀刮除病斑，重者剪掉或锯除，伤口用29%石硫合剂水剂50～100倍液或45%晶体石硫合剂30倍液消毒。

可结合防治葡萄其他病害，在发芽前喷一次29%石硫合剂水剂50～100倍液。

在5—6月及时喷施下列药剂：

1：0.7：200倍式波尔多液；

77%氢氧化铜可湿性粉剂500倍液；

30%琥胶肥酸铜可湿性粉剂500倍液；

15%络氨铜水剂350倍液等，间隔10～15天喷施1次，连喷2～3次。

16．葡萄果锈病

【分布为害】葡萄果锈病主要由茶黄螨为害引起。发生在果实上，形成条状或不规则锈斑。锈斑只局限在果皮表面，为表皮细胞木栓化所形成，严重时果粒开裂，种子外露(图9-108和图9-109)。

图9-108　葡萄果锈病为害果实初期症状

图9-109 葡萄果锈病为害果实后期症状

【病　　原】茶黄螨(*Polyphagotarsonemus latus*)，成螨个体很小，雌螨体躯阔卵形，腹部末端平截，淡黄至橙黄色，半透明，有光泽。雄螨近六角形，腹部末端圆锥形。卵椭圆形，无色透明。幼螨近椭圆形，淡绿色。若螨是一静止阶段，外面罩有幼螨的表皮。

【发生规律】茶黄螨以雌成螨在枝蔓缝隙内或土壤中越冬。葡萄上架发芽后逐渐开始活动，落花后转移到幼果上刺吸为害，使果皮产生木栓化愈伤组织，变色形成果锈。

【防治方法】在葡萄萌芽前喷一次29%石硫合剂水剂50～100倍液，杀灭越冬雌成螨。

在幼果发病初期喷杀螨剂可防治果锈，有效药剂有：

10%联苯菊酯乳油2 500～3 000倍液；

1.8%阿维菌素乳油2 000～3 000倍液；

15%哒螨灵乳油1 000～2 000倍液；

5%唑螨酯悬浮剂1 000～2 000倍液；

20%甲氰菊酯乳油1 000～1 500倍液等，间隔10～15天喷1次，连喷3次，为提高防治效果，可在药液中混加增效剂或洗衣粉等，并采用淋洗式喷药。

17．葡萄煤污病

【分布为害】主要分布在黑龙江、吉林、辽宁、河北、陕西、河南、江苏等地。严重影响果实质量。

【症　　状】煤污病虽然不会引起果粒的腐烂，但果粒长大开始变软时，果面出现小黑点，散生像蝇粪状，果粉消失，有损外观。新梢也长出小黑点(图9-110和图9-111)。

【病　　原】*Leptothyrium pomi* 称仁果细盾霉，属无性型真菌。分生孢子梗双胞，下部细胞暗褐色，圆筒形，螺旋状弯曲，上部细胞无色，在顶部通常有两个形成分生孢子的细胞。分生孢子着生处色泽较浓。分生孢子无色，平滑，双胞，隔膜处细。病菌生长温度为10～28℃，适温为20～25℃，黑色菌丝体

图9-110　葡萄煤污病为害叶片症状

图9-111　葡萄煤污病为害果实症状

形成温度为15～28℃，适温为25℃。

【发生规律】受害果粒、枝梢上的小黑点，是菌核似的菌丝体组织，菌丝体组织所形成的分生孢子是初侵染源。果粉为薄片结晶状物，菌丝分泌分解酶将果粉分解，菌丝体随即覆盖果面。随着果粉消失范围逐渐扩大，菌丝相继蔓延，这种情况肉眼即能分辨出来。气候不良，降雨天数多，葡萄园湿重时病害发生多。

【防治方法】因地制宜采用抗病品种。秋后彻底清扫果园，烧毁或深埋落叶，减少越冬病源。生长期注意排水，适当增施有机肥，增强树势，提高植株抗病力，生长中后期摘除下部黄叶、病叶，以利通风透光，降低湿度。

发病初期喷施下列药剂：

50%氯溴异氰尿酸可溶性粉剂1 000～1 500倍液；

30%碱式硫酸铜悬浮剂400～500倍液；

70%代森锰锌可湿性粉剂500～600倍液；

75%百菌清可湿性粉剂600～700倍液；

36%甲基硫菌灵悬浮剂800～1 000倍液；

50%多菌灵可湿性粉剂700～1 000倍液，间隔10～15天喷1次，连续防治3～4次。

18．葡萄苦腐病

【分布为害】在局部地区发生，为害不严重，主要为害葡萄成熟果粒。

【症　　状】主要为害果实，严重时也可为害枝干。果实受害，从果梗侵袭果粒，浅色果粒发病后变褐色，常出现环纹排列的分生孢子盘。果粒表面粗糙，2～3天内，果粒软化，易脱落。有时果粒有苦味，苦腐病由此而得名。不脱落的果粒则继续变干，牢固地固着在穗上，苦味不明显。发病重时，整个果穗皱缩、枯干(图9-112和图9-113)。为害当年生枝蔓，发病初期，使其基部第1、第2节的表皮颜色逐渐变为浅褐色，叶柄基部也逐渐变为灰褐色，后失水皱缩，逐渐下垂，萎蔫而枯干，不脱落。新梢受害基部逐渐变为灰白色，病部后期长出黑色小粒点，此为病菌的分生孢子盘。随后病斑逐渐蔓延到穗柄、果穗。

图9-112　葡萄苦腐病为害果粒症状

图9-113 葡萄苦腐病为害果穗症状

【病 原】*Melanconium fuligineum* 称煤色黑盘孢菌，属无性型真菌。分生孢子盘散生或群生。分生孢子梗透明，有隔膜，不规则分枝。分生孢子黑色，光滑，薄壁，单胞，圆筒形、纺锤形或卵形，基部平，上端钝。子囊壳无子座，近球形，埋生于寄主表皮组织内，多单生，呈黑色。子囊棍棒状，无色，前端有顶环。子囊孢子长椭圆形，无色，单胞。侵染发生的温度为12～30℃，其中28～30℃最合适。

【发生规律】主要以分生孢子盘及菌丝体在病枝蔓、病果、病叶等残体上越冬，春末条件适宜时，分生孢子通过雨滴溅散或昆虫传播进行初侵染。初侵染发病后，寄主发病部位又形成新的分生孢子盘和分生孢子，可进行多次再侵染。在生长季有2次发病高峰，第1个高峰在6月底至7月初，主要为害一年生枝和叶片，多数在新梢基部开始木栓化时发病；第2个发病高峰主要为害果实，多数发生在葡萄着色以后，发病较快，可使产量受到很大损失。

【防治方法】秋冬季结合其他病害的防治，彻底搞好清园工作，剪除病枝梢、清除病落果、落叶、集中焚毁。生长季发现病枝、病叶、病果，及时剪除处理。

药剂防治：清园后喷29%石硫合剂水剂100倍液。

生长季节，结合防治其他病害，喷施下列药剂：

21%过氧乙酸水剂400～500倍液；

50%多菌灵可湿性粉剂800～1 000倍液；

1：0.7：200倍式波尔多液，均可有效地控制此病的发展蔓延。

19．葡萄酸腐病

【分布为害】近几年在我国已成为葡萄的重要病害。为害严重的果园，损失达30%～80%，甚至绝收。

【症　　状】①烂果，即发现有腐烂的果粒，如果是套袋葡萄，在果袋的下方有一片深色湿润；②有类似于粉红色的小蝇子(醋蝇)出现在烂果穗周围；③有醋酸味；④正在腐烂、流汁液的烂果，在果实内可以见到白色的小蛆；⑤果粒腐烂后，腐烂的汁液流出来，会造成汁液经过的地方(果实、果梗、穗轴等)腐烂；⑥果粒腐烂后，果粒干枯(图9–114)。

图9–114　葡萄酸腐病为害果实症状

【病　　原】醋酸细菌、酵母菌、多种真菌、果蝇幼虫等。

【发生规律】通常是由醋酸细菌、酵母菌、多种真菌、果蝇幼虫等多种微生物混合引起的。严格地分析，酸腐病不是真正的一次病害，应属于二次侵染病害。首先是由于伤口的存在，从而成为真菌和细菌存活和繁殖的初始因素，并且引诱醋蝇来产卵。醋蝇身体上有细菌存在，在其爬行、产卵的过程中传播细菌。引起酸腐病的真菌是酵母菌。首先葡萄上有伤口，而后醋蝇在伤口处产卵并同时传播细菌，醋蝇卵孵化、幼虫取食同时造成腐烂，之后醋蝇指数增长，引起病害的流行。品种的混合栽植，尤其是不同成熟期的品种混合种植，能增加酸腐病的发生。机械损伤(如冰雹、风、蜂、鸟等造成的伤口)或病害(如白粉病、裂果等) 造成的伤口容易引来病菌和醋蝇，从而造成发病。雨水、喷灌和浇灌等因素造成空气湿度过大、叶片过密、果穗周围和果穗内的高湿度会加重酸腐病的发生和为害。

【防治方法】选用抗病品种。尽量避免在同一果园种植不同成熟期的品种。葡萄园要经常检查，发现病粒及时摘除，集中深埋；增加果园的通透性；葡萄的成熟期尽量避免灌溉；合理使用或不要使用激素类药物，避免果皮伤害和裂果；避免果穗过紧；合理使用肥料，尤其避免过量使用氮肥等。早期防治白粉病等病害，减少病害伤口，幼果期使用安全性好的农药，避免果皮过紧或果皮伤害等。

二、葡萄生理性病害

1．葡萄日灼症

【症　　状】主要发生在果穗上。果粒发生日灼时，果面出现淡褐色近圆形斑，边缘不明显，果实表面先皱缩后逐渐凹陷，整个果实呈棕黑色(图9-115)，并有酒臭味，严重的果实变为干果，失去商品价值。卷须、新梢尚未木质化的顶端幼嫩部位也可遭受日灼伤害，致梢尖或嫩叶萎蔫变褐色(图9-116和图9-117)。硬核期的浆果较易发生此病，以朝西向南的果粒表面为多。

图9-115　葡萄日灼症果实受害症状

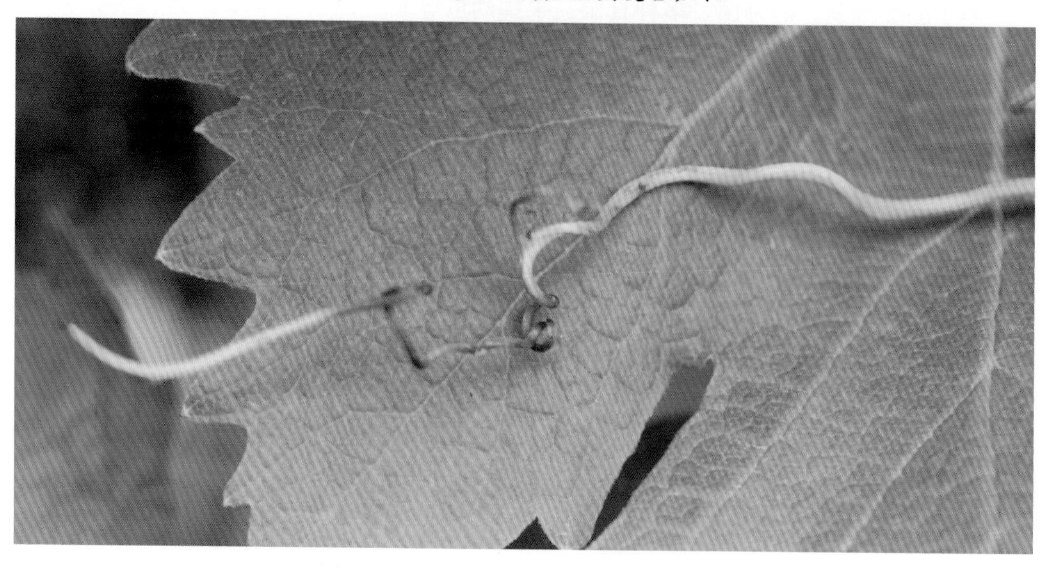

图9-116　葡萄日灼症卷须受害症状

图9-117 葡萄日灼症叶片受害症状

【病　　因】日灼病多发生在6月中旬至7月上旬果穗着色成熟期裸露于阳光下的果穗上，是由于树体缺水、供应果实水分不足引起，这与土壤湿度、施肥、光照及品种有关。当根系吸水不足，叶蒸发量大，渗透压升高，叶内含水量低于果实时，果实里的水分容易被叶片夺走，致果实水分失衡，出现障碍，发生日灼。当根系发生沤根或烧根时，也会出现这种情况。生产上大粒品种易发生日灼。有时荫蔽处的果穗，因修剪、打顶、绑蔓等移动位置或气温突然升高植株不能适应时，新梢或果实也可能发生日灼。

【防治方法】最好选择地势高、耕作层深厚、土质好、肥力高、透气性好、能排能灌的地块建设葡萄园。冬春季要增施充分腐熟的有机肥，以提高植株的抗病能力。避免过多施用速效氮肥，以培养稳健的树势。做好排水及灌溉工作，春雨、梅雨、秋雨、台风、暴雨对葡萄正常生长不利，雨期四周要开沟排水，做到雨停沟干。少雨时要进行灌溉，最好是滴灌，使果园土壤经常保持湿润。夏季修剪时，在果穗附近要适当多留叶片，以防果穗受暴晒。其他部位过多的叶片要适当摘除，以免向果实争夺水分。套袋能减轻日灼病的发生，同时也能减少其他病虫为害，减少农药、尘土等污染，还能改善葡萄色泽，增进品质，提高商品价值。套袋时间以果粒长到绿豆大时为宜。套袋前喷1次杀菌剂，待药液风干后套上经杀菌剂浸过的葡萄专用纸袋，扎紧袋口。采收前20天摘袋。

2. 葡萄裂果

【症　　状】在葡萄果实接近采收期间，常有裂果发生，降低品质，造成减产甚至绝收，影响经济效益。果皮连同果肉纵向开裂，容易滋生微生物引起霉变(图9-118和图9-119)。

图9-118　葡萄裂果初期症状

图9-119　葡萄裂果后期症状

【病　　因】主要是由于土壤水分失调引起，即前期土壤过于干旱，果皮组织伸缩性较小，后期如遇连续降雨，或土壤浇水过多，果粒水分骤然增多，果实膨压增大使果粒纵裂。在灌溉条件差，地势低洼及土质黏重的果园，生理裂果发生较重。有的生理裂果是由于浆果排列过于紧密，果粒间相互挤压，或因果皮韧性差而发生。

【防治方法】选用抗性品种。为预防裂果，一要注意品种选择，建园时要选择不易裂果的优良品种。对于大棚栽培的易裂果品种，可采完果后再揭顶膜，这样可在降大雨时及时拉盖顶膜，控制棚内土壤湿度，避免降雨引起土壤水分急增而引起裂果。在透气性良好的沙质壤土上建园，葡萄浆果不仅品质好、着色快、抗病，也不易裂果。果实生长后期增施有机肥和钾肥，控制氮肥。增施有机肥能够改良土壤结构，减少土壤水分含量大幅波动。充足的钾肥能增强果皮组织机械强度，从根本上减轻裂果的发生。在硬核期增施钾肥能减轻裂果，并提高含糖量，增强抗病能力。同时应该控制后期氮肥的施用，因为氮肥使果皮变得薄嫩，容易产生裂果。适时灌水，雨后及时排水，经常中耕松土，保持土壤中含水量相对稳定。果实生长后期，干旱需浇水时，避免大水漫灌。加强夏季管理，通过疏枝、疏穗调节负载量，使梢距保持在12cm左右，叶果比(15～20)：1，壮枝留2穗果，中庸枝留1穗果，弱枝不留果穗。及时去副穗，掐穗尖，使果穗大小适中。

3．葡萄转色病

【症　　状】葡萄产区常见的一种生理病害，其症状与病毒侵染引起的无味果病相似。患转色病的葡萄枝条多数为瘪条，心髓粗虚而不实，似葵花秆瓤；周围木质化组织极薄而松散，枝软不坚。果粒皱缩，不转色，内含极酸的水，失去商品价值。患转色病的葡萄，有的是单穗，有的是单枝，严重者是全株。单穗发病，为单穗过大，没掐穗尖或穗轴受损；单枝发病，留穗过多，果粒膨大后，篱架多在1～3节位被果穗坠弯折枝条，营养物质从主茎输送艰难；全株发病，地上、地下因素比较复杂(图9–120)。

图9–120　葡萄转色病为害果粒症状

【病　　因】春季出土时，由于修剪不当，猛撅强拉，人为对枝条造成创伤，伤流过多，损失营养物质量大造成。全树徒长，一是缺少修剪，二是修剪方法不当，对幼树为培养主茎快速生长，专打杈不打顶，促使节间增长、心髓粗，因枝条木质化欠佳，抗性弱，有的严冬被冻死或半死半活。棚架葡萄枝梢超过架面下垂时，茎蔓弯曲输送营养受阻，果穗易患转色病。果粒膨大期干旱，果枝与穗轴受损，果皮增厚微皱，果粒酸而不甜，果皮似牛皮，大减风味。氮肥与水分过多，全树贪青生长，早熟品种不早熟，中晚熟品种至秋不着色，果粒虽不皱缩，但始终不着色，酸而不甜。冬季埋土不达标准的茎蔓内部组织被冻害受损，春季伤流较重，结果后输送营养不畅通，易引发转色病。

【防治方法】选留结果母枝要科学，尽量选当年生枝作下年结果母枝，剪掉邻近冬剪时留下的母枝。做到不光秃，结果枝不外移。重视夏季修剪。果穗间应留间隙，对大果穗要剪副穗，减少单穗重量，严防果穗坠弯折枝条，保持通风透光。对上年患病树，壮枝留1穗，中枝不留穗，将弱枝剪掉，以利集中营养恢复树势。

患转色病的枝条，主蔓为瘪茎，结果枝大部分为瘪条，因此需更新主茎。冬剪时要仔细观察从何处剪掉瘪茎，接枝最少要有3～4节充分木质化成熟段。对绑缚创伤肿瘤枝，应立即剪掉，重新选留枝蔓。多年老茎蔓较粗，不利于下架埋土防寒，因茎粗弓得太高，埋土费力，如强迫压低易纵裂或折伤，应据树势不断更新主茎，隔几年更新一次。葡萄果粒膨大期注意磷钾肥的施用，这是预防转色病的重要措施。

4．葡萄缺镁症

【症　　状】主要从植株基部老叶发生，初叶脉间褪绿，后叶脉间发展成黄化斑点，多由叶片内部向叶缘扩展引起叶片黄化，叶肉组织坏死，仅留叶脉保持绿色，界线明显(图9-121和图9-122)。生长初期症状不明显，进入果实膨大期后逐渐加重，坐果量多的植株果实还未成熟便出现大量黄叶，黄叶一般不早落。缺镁对果粒大小和产量影响不大，但果实着色差、成熟推迟、糖分低、品质降低。

图9-121　葡萄缺镁症叶片受害初期症状

图9-122　葡萄缺镁症叶片受害后期症状

【病　　因】主要是由于土壤中置换性镁不足，多因有机肥不足或质量差造成土壤供镁不足引起。此外，在酸性土壤中镁元素较易流失，施钾过多也会影响镁的吸收，造成缺镁。

【防治方法】增施优质有机肥。

在葡萄开始出现缺镁症时，叶面喷3%～4%硫酸镁，隔20～30天喷1次，共喷3～4次，可减轻病症。缺镁严重土壤，应考虑和有机肥混施硫酸镁100kg/亩。

5．葡萄缺钾症

【症　　状】在生长季节初期缺钾，叶色浅，幼嫩叶肉的边缘出现坏死斑点，在干旱条件下，坏死斑分散在叶脉间组织上，叶缘变干，往上卷或往下卷，表面不平(图9-123和图9-124)。夏末，新梢基部直接受光的老叶，变成紫褐色或暗褐色，先从叶脉间开始，逐渐覆盖全叶的正面。严重缺钾的植株，果穗少而小，穗粒紧，色泽不均匀，果粒小。

图9-123　葡萄缺钾初期症状

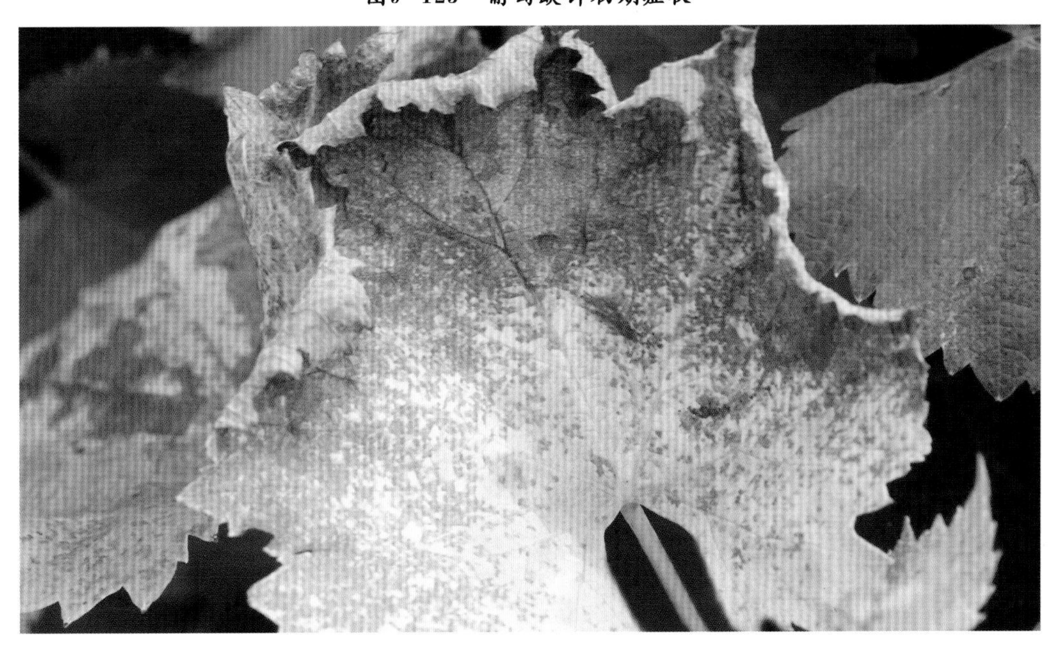

图9-124　葡萄缺钾后期症状

【病　　因】在细沙土、酸性土以及有机质少的土壤中，易表现缺钾症。在沙质土中施石灰过多，可降低钾的可给性，在轻度缺钾的土壤中施氮肥时，刺激果树生长，更易表现缺钾症。

【防治方法】增施有机肥，如土肥或草秸。果园缺钾时，于6—7月可在叶面喷50倍草木灰水溶液，或500倍液硫酸钾或300倍液磷酸二氢钾，树体内钾素含量很快增高，叶片和果实都可能恢复正常。根部施肥，每株施草木灰0.5kg或硫酸钾80～100g，也可施氯化钾。

6．葡萄缺铁症

【症　　状】根系发育不良。新梢生长明显减少，花穗及穗轴变为浅黄色，坐果少。叶的症状最初出现在迅速展开的幼叶，叶脉间黄化，叶呈鲜黄色，具绿色脉网，也包括很少的叶脉。当缺铁严重时，更多的叶面变黄，甚至白色。叶片严重褪绿部位常变褐色和坏死(图9–125和图9–126)。花穗和穗轴变浅黄色，坐果不良。结果少或不结果，即使坐果，果粒发育不良。

图9–125　葡萄缺铁初期症状

图9–126　葡萄缺铁后期症状

【病　　因】黏土、土壤排水不良、土温过低或含盐量增高都容易引起铁的供应不足。尤其是春季寒冷、湿度大或晚春气温突然升高，新梢生长速度过快等因素易诱发缺铁。

【防治方法】冬季修剪后，可用25%的硫酸亚铁涂抹枝条，每升水加硫酸亚铁250g。葡萄萌芽前，在架的两侧开沟施入硫酸亚铁，每株200g，与有机肥混合后施用更好。用有机铁喷雾，如黄腐酸铁等，在落花后开始，7～10天喷1次，连续2～3次；也可以喷布0.5%硫酸亚铁溶液加0.15%的柠檬酸，使用浓度为硫酸亚铁5g/L水溶液，或喷叶绿保400～600倍液，酌情每10～20天可再喷1次。

7．葡萄缺硼症

【症　　状】缺硼时，叶、花、果实都会出现一定的症状。主要在上部叶片或副梢各叶脉间或叶缘出现浅黄色褪绿斑，严重者畸形或引致叶缘焦枯(图9–127)，7月中下旬开始落叶。缺硼严重的，花序小、花蕾数少，开花时，花冠只有1～2片从基部开裂，向上弯曲，其他部分仍附在花萼上包住雄蕊。花冠不裂开，而变成赤褐色，留在花蕾上，最后脱落，其花粉的发芽率显著低于健康植株，因而影响受精引起落花。若在果粒增大期缺硼，果肉内部分裂组织枯死变褐，硬核期缺硼，果实周围维管束和果皮外壁枯死变褐，成为石葡萄。

图9–127　葡萄缺硼症状

【病　　因】品种间抗性有差异。土壤pH值高达7.5～8.5或易干燥的沙性土容易缺硼。此外，根系分布浅或受线虫侵染削弱根系，阻碍根系吸收功能，也容易出现缺硼症。

【防治方法】及时防治葡萄根瘤蚜及纹羽病。施足充分腐熟有机肥，采用配方施肥技术，尤其在3月中下旬应施入硼砂。方法：在离树干30～90cm处，撒施34%～48%硼砂25～28g，隔3年撒1次。注意氮磷钾三元素施肥平衡，不滥施氮钾肥，适当施磷肥。早春天气干旱，葡萄容易缺硼，要及时灌水，缺硼土壤在花期前后天气干旱少雨时适当灌水施肥可减轻缺硼落粒现象。花前3周叶面喷硼砂液，用量为34%～48%硼砂6g/L。花后半个月喷0.3%硼酸液，并加入1∶1∶200倍式石灰。

8. 葡萄缺锌症

【症　　状】在夏初副梢旺盛生长时，常见叶斑驳，新梢和副梢生长量少，叶稍弯曲，叶肉褪绿而叶脉浓绿，叶片基部裂片发育不良，无锯齿或少锯齿，叶柄洼浅(图9-128)。缺锌可严重影响坐果和果粒的正常生长，果穗往往生长散乱，果粒较正常少，果粒大小不一，有正常的、细小的、非常细小的同时存在。有核的葡萄，细小和不发育的果粒中种子数量少甚至没有，不发育的果粒保持坚硬、色绿，不成熟(图9-129)。

图9-128　葡萄缺锌叶片症状

图9-129　葡萄缺锌果穗症状

【病　　因】锌与植物生长激素、叶绿体和淀粉的形成，新梢节间的伸长，叶片正常的生长，花粉发育以及果粒的充分生长均有关系。如果土壤含磷高或施用了大量的氮和磷，也往往会引起果树缺锌。

【防治方法】冬春修剪后，用硫酸锌涂抹结果母枝。使用浓度为：每升水加硫酸锌(含锌36%)117g，把硫酸锌慢慢地加入水中，并快速搅拌，使其完全溶解。

花前2～3周喷碱式硫酸锌，要使整个果穗和叶背面保持湿润，此法亦可促进坐果。硫酸锌喷雾液配制方法：将480g硫酸锌(含锌36%)和360g生石灰加入100L水中。石灰作为安全剂中和溶液，防止烧叶，这种混合液通常被称为碱性硫酸锌。也可花后半月喷0.1%硫酸锌水溶液。

结合秋季施基肥，拌入硫酸锌2～3kg/亩或锌铁混合肥3～5kg/亩，可保持后效3～5年。

三、葡萄虫害

1．二星叶蝉

【分布为害】二星叶蝉(*Erythroneura apicalis*)，属同翅目叶蝉科。分布于辽宁、河北、河南、山东、山西、陕西、安徽、江苏、浙江、湖北、湖南等省。主要以成虫和若虫在叶背面吸食为害。叶片被害初期呈点状失绿，叶面出现小白点，随着为害加重，各点相连成白斑，直至全叶苍白，影响光合作用和枝条发育，早期落叶(图9–130)。

图9–130　二星叶蝉为害葡萄叶片症状

【形态特征】成虫全体淡黄白色，复眼黑色，散生淡褐色斑纹(图9–131)；头前伸呈钝三角形，其上有2个黑色圆斑；前翅半透明，淡黄白色，翅面有不规则形状的淡褐色斑纹。卵长椭圆形，稍弯曲，初为乳白色，渐变为橙黄色。若虫有黑色翅芽，初孵化时为白色(图9–132)，以后逐渐变红褐色或黄白色。

图9-131　二星叶蝉成虫

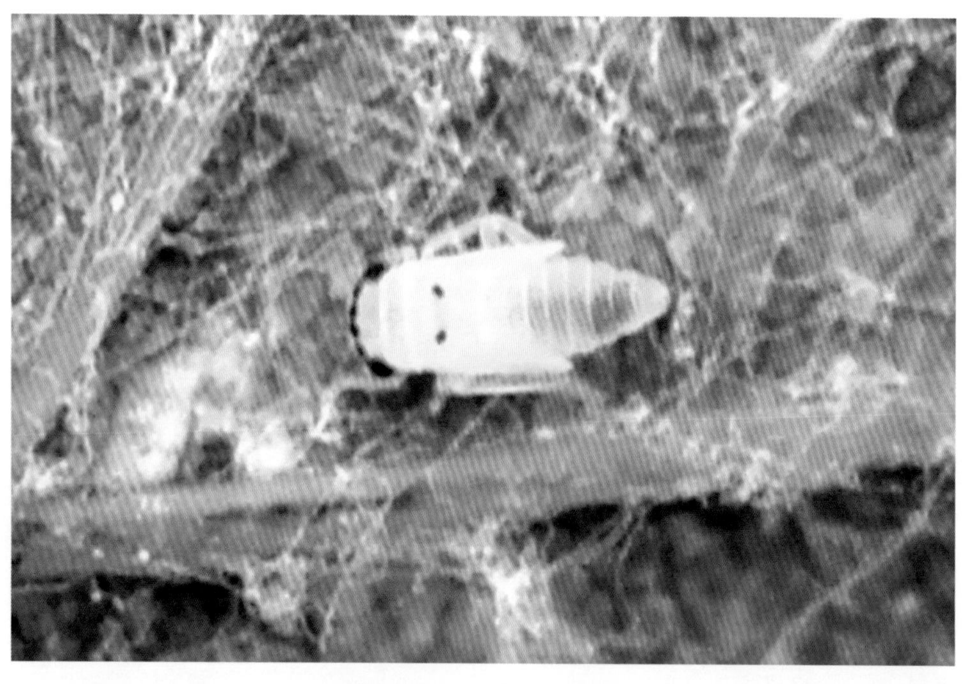

图9-132　二星叶蝉若虫

【发生规律】在河北北部一年发生2代，山东、山西、河南、陕西一年发生3代。以成虫在果园杂草丛、落叶下、土缝、石缝等处越冬。翌年3月末4月初葡萄未发芽时，成虫开始活动。5月初葡萄展叶后才转移其上为害并产卵，5月中旬第1代若虫出现，多是黄白色，6月中旬孵化的幼虫多为红褐色，第1代成虫在6月上中旬。7月上中旬开始孵化成若虫。第2代成虫以8月上中旬发生最多，为害也较重。

【防治方法】秋后彻底清除葡萄园内落叶和杂草，集中烧毁或深埋，消灭其越冬场所。生长期，使葡萄枝叶分布均匀，及时摘心、绑蔓、去副梢，使葡萄园通风透光，减轻为害。葡萄开花以前，第1代若虫盛发期是防治二星叶蝉的关键时期。

葡萄开花以前，第1代若虫发生期比较整齐，可用药剂有：

25%噻虫嗪悬浮剂2 000～3 000倍液；

100g/L联苯菊酯乳油1 000～2 000倍液。

发生量较大时，可喷施下列药剂：

10%吡虫啉可湿性粉剂5 000倍液；

3%啶虫脒乳油2 000倍液；

2.5%氯氟氰菊酯乳油4 000～4 500倍液；

10%高效氯氰菊酯乳油1 000～2 000倍液；

20%氰戊菊酯乳油2 500倍液；

2.5%溴氰菊酯乳油1 000～1 500倍液等。

2．葡萄瘿螨

【分布为害】葡萄瘿螨(*Eriophyes vitis*)在我国大部分葡萄产区均有分布，在辽宁、河北、山东、山西、陕西等地为害严重。成螨、若螨在叶背刺吸汁液，初期被害处呈现不规则的失绿斑块。斑块状表面隆起，叶背面产生灰白色绒毛(图9-133和图9-134)，后期斑块逐渐变成锈褐色，称毛毡病，被害叶皱缩变硬、枯焦。严重时也能为害嫩梢、嫩果、卷须和花梗等，使枝蔓生长衰弱。

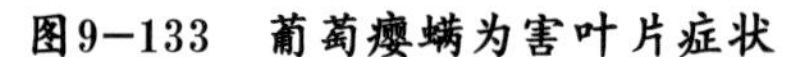

图9-133 葡萄瘿螨为害叶片症状

图9-134 葡萄瘿螨为害叶片叶背症状

【形态特征】雌成螨体似胡萝卜，前期乳白色、半透明(图9-135)。雄成螨体型略小。背盾板似三角形，背盾板上有数条纵纹，背瘤位于盾板后缘的略前方，有纵轴，背毛向前斜伸。幼螨共2龄，淡黄色，与成螨无明显区别。卵椭圆形，淡黄色。无蛹期。

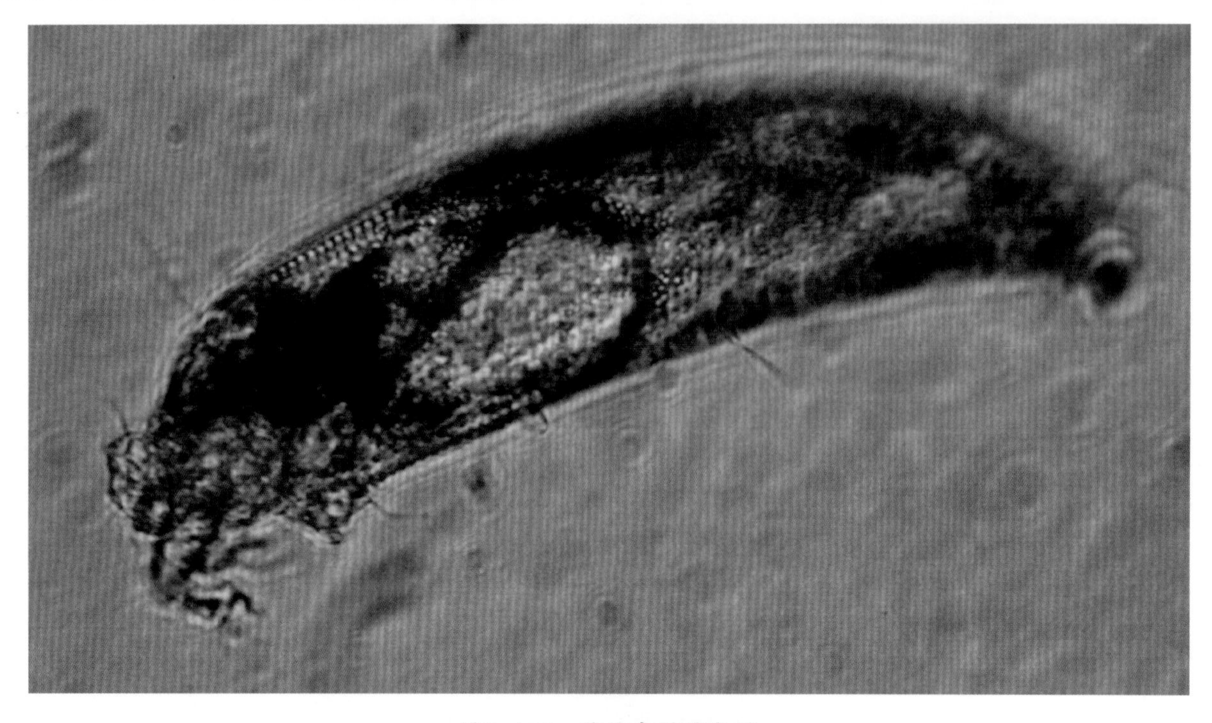

图9-135　葡萄瘿螨雌成螨

【发生规律】一年发生多代，成螨群集在芽鳞片内茸毛处，或在枝蔓的皮孔内越冬。翌年春季随着芽的萌动，从芽内爬出，随即钻入叶背茸毛间吸食汁液，并不断扩大繁殖为害。全年以6—7月为害最重，秋后成螨陆续潜入芽内越冬。

【防治方法】冬春彻底清扫果园，收集被害叶片并深埋。在葡萄生长初期，发现有被害叶片时，也应立即摘掉烧毁，以免继续蔓延。早春葡萄芽萌动时，葡萄生长期瘿螨发生初期是防治葡萄瘿螨的关键时期。

早春葡萄芽萌动时，喷3～5波美度石硫合剂，或用50%硫黄悬浮剂200～300倍液，或用45%晶体石硫合剂30倍液，以杀死潜伏在芽内的瘿螨。

葡萄生长季节，发现有瘿螨为害时，可喷施下列药剂：

50%四螨嗪悬浮剂2 000倍液；

15%乙螨唑悬浮剂6 820～8 200倍；

20%双甲脒乳油1 000～1 500倍液；

5%唑螨酯悬浮剂2 000～3 000倍液；

1.8%阿维菌素乳油2 000～3 000倍液；

10%浏阳霉素乳油3 000～4 000倍液，全株喷洒，使叶片正反面均匀着药。

在发生严重的园区，可喷施下列药剂：

15%哒螨灵乳油1 000～2 000倍液；

73%炔螨特乳油2 500～3 000倍液；

5%噻螨酮乳油1 500～2 000倍液；

50%苯丁锡可湿性粉剂1 000～1 500倍液等。

3．斑衣蜡蝉

【分布为害】斑衣蜡蝉(*Lycorma delicatula*)，属同翅目蜡蝉科。分布广泛。以若虫、成虫刺吸枝蔓、叶片的汁液。叶片被害后，形成淡黄色斑点，严重时造成叶片穿孔、破裂(图9–136和图9–137)。为害枝蔓，使枝条变黑(图9–138)。

图9–136 斑衣蜡蝉为害叶片症状

图9–137 斑衣蜡蝉为害新梢症状

图9-138　斑衣蜡蝉为害枝蔓症状

【形态特征】成虫体暗褐色，被有白色蜡粉(图9-139)。头顶向上翘起，呈短角状，前翅革质，基半部灰褐色，上部有黑斑20多个，后翅基部鲜红色，有黑斑7～8个，中部白色，端部黑色。卵长圆形，褐色，卵块上覆一层土灰色粉状分泌物。若虫与成虫相似，初孵化时白色，1～3龄体变黑色，体上有许多小白斑(图9-140)。第4龄若虫体背呈红色，翅芽显露(图9-141)。

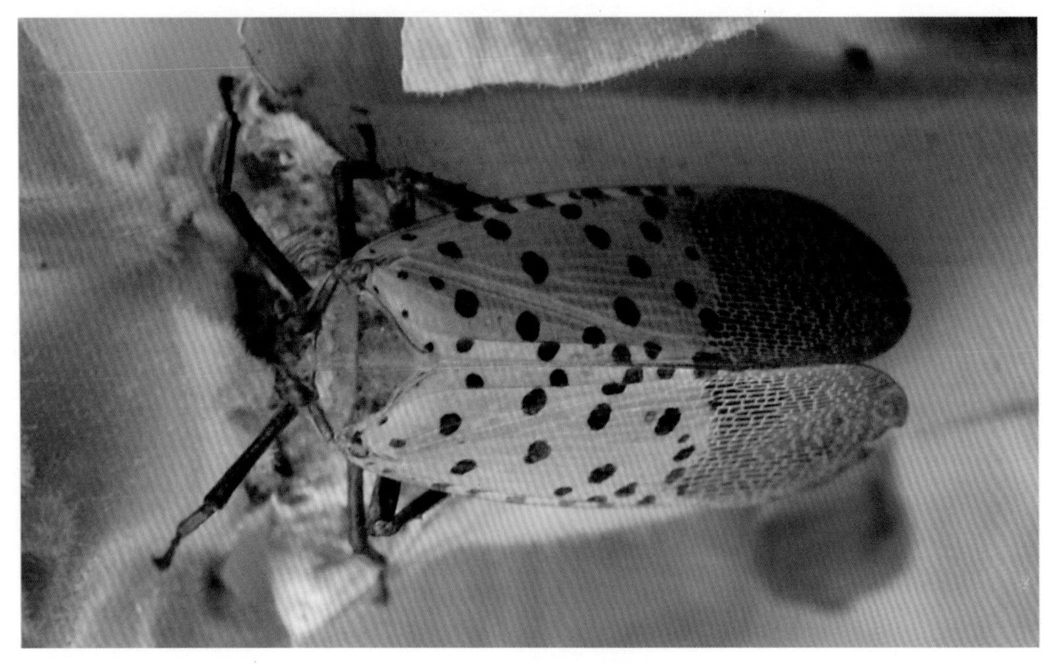

图9-139　斑衣蜡蝉成虫

图9-140　斑衣蜡蝉幼龄若虫

图9-141　斑衣蜡蝉4龄若虫

【发生规律】每年发生1代，以卵在枝蔓、架材和树干、枝杈等部位越冬。翌年4月上旬以后陆续孵化为幼虫，蜕皮后为若虫。6月下旬出现成虫，8月交尾产卵。成虫则以跳助飞，多在夜间交尾活动为害。从4月中下旬至10月，为若虫和成虫为害期。8—9月为害最重。

【防治方法】结合枝蔓的修剪和管理将枝蔓和架材上的卵块清除或碾碎，消灭越冬卵，减少翌年虫口密度。幼虫发生盛期是防治斑衣蜡蝉关键时期。

在幼虫大量发生期，喷施下列药剂：

10%氯氰菊酯乳油1 000～2 000倍液；

2.5%溴氰菊酯乳油2 000～2 500倍液；

45%辛硫磷乳油1 000～1 500倍液等，于幼虫期防治，可收到良好效果。

对成虫、若虫混合发生期，可用下列药剂：

10%吡虫啉可湿性粉剂1 000～2 000倍液；

3%啶虫脒乳油1 000～1 500倍液等。由于虫体特别，若虫被有蜡粉，所用药液中如能混用含油量0.3%～0.4%的柴油乳剂或黏土柴油乳油，可显著提高防效。

4．东方盔蚧

【分布为害】东方盔蚧(*Parthenolecanium orientalis*)，属同翅目蜡蚧科。以若虫和成虫为害枝叶和果实。常排泄出无色黏液，落在枝叶和果穗上，严重发生时，致使枝条枯死(图9–142和图9–143)。

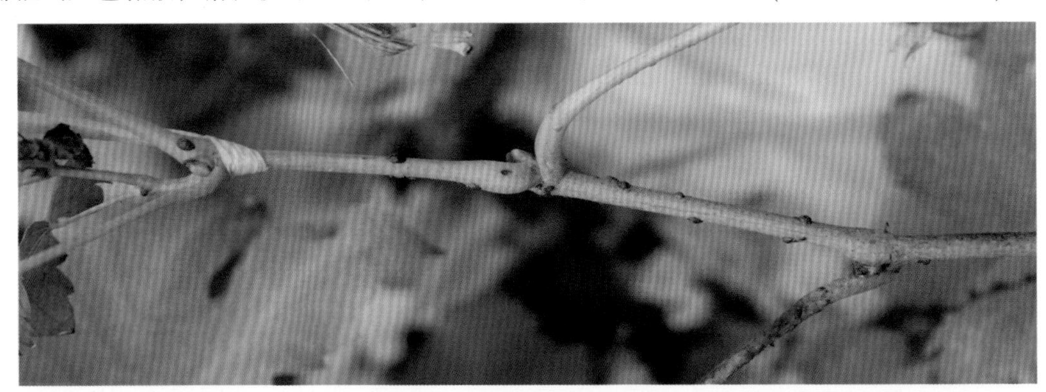

图9–142　东方盔蚧为害枝条症状

图9–143　东方盔蚧为害果实症状

【形态特征】雌成虫黄褐色或红褐色，扁椭圆形，体背边缘有横列的皱褶，排列规则，似龟甲状(图9-144)。雄成虫体红褐色，头部红黑，触角丝状，前翅土黄色。卵长椭圆形，淡黄白色，近孵化时呈粉红色，卵上微覆蜡质白粉。若虫扁平，黄或黄褐色，背面稍隆起椭圆形，若虫越冬前变棕褐色，越冬后体背隆起，蜡线消失，分泌大量白色蜡粉。

图9-144　东方盔蚧雌成虫

【发生规律】在山东、河南每年发生2代，以2龄若虫在枝干裂缝、老皮下及叶痕处越冬。葡萄萌芽期开始活动，4月虫体膨大，5月上旬产卵于介壳下，5月中下旬葡萄始花期若虫孵化，5月下旬到6月初为孵化盛期。6月中下旬蜕皮，2龄时转移到光滑枝蔓、叶柄、穗轴、果粒上固定，继续为害。7月上中旬第1代成虫产卵，下旬孵化，仍先在叶上为害，9月中旬以后转到枝蔓越冬。

【防治方法】果园附近防栽植风林，不要栽植刺槐等寄主林木。冬季清园，将枝干翘皮刮掉。春季葡萄发芽前剥掉裂皮喷药可减少越冬若虫；第1代若虫出壳盛期是防治的关键时期。

春季葡萄发芽前剥掉裂皮，使虫体暴露出来，然后喷洒45%晶体石硫合剂30倍液，杀灭越冬若虫。

5月下旬至6月上旬第1代若虫出壳盛期，7月上中旬成虫产卵期，各喷施1次。可用下列药剂：

10%吡虫啉可湿性粉剂2 000～3 000倍液；

25%辛硫磷·高效氯氰菊酯乳油1 500～2 000倍液；

95%机油乳油100～300倍液；

20%双甲脒乳油800～1 600倍液；

48%毒死蜱乳油1 000～1 500倍液；

45%马拉硫磷乳油1 500～2 000倍液;

20%甲氰菊酯乳油2 000～3 000倍液；

25%噻虫嗪水分散粒剂4 000～5 000倍液；

25%噻嗪酮可湿性粉剂1 000～1 500倍液等。

5．葡萄透翅蛾

【分布为害】葡萄透翅蛾(*Paranthrene regalis*)，属鳞翅目透翅蛾科。国内分布广泛。幼虫蛀食嫩梢和1～2年生枝蔓，致使嫩梢枯死或枝蔓受害部肿大呈瘤状，内部形成较长的孔道，妨碍树体营养的输送，使叶片枯黄脱落(图9–145和图9–146)。

图9–145 葡萄透翅蛾为害枝蔓症状

图9–146 葡萄透翅蛾为害新梢症状

【形态特征】成虫全体黑褐色，头的前部及颈部黄色(图9–147)；触角紫黑色，前翅赤褐色，前缘及翅脉黑色；后翅透明。雄蛾腹部末端左右有长毛丛1束。卵椭圆形，略扁平，紫褐色。幼虫共5龄，全体略呈圆筒形(图9–148)，老熟时带紫红色，前胸背板有倒“八”形纹，前方色淡。蛹红褐色，圆筒形。

【发生规律】一年发生1代，以老熟幼虫在葡萄枝蔓内越冬。翌年4月底5月初，越冬幼虫开始化蛹。5—6月，成虫羽化。在7月上旬之前，幼虫在当年生的枝蔓内为害；7月中旬至9月下旬，幼虫多在二年生以上的老蔓中为害。10月以后幼虫进入老熟阶段，继续向植株老蔓和主干集中，在其中短距离地往返蛀食髓部及木质部内层，使孔道加宽，并刺激为害处膨大成瘤，形成越冬室，之后老熟幼虫便进入越冬阶段。

图9－147　葡萄透翅蛾成虫

图9－148　葡萄透翅蛾幼虫

【防治方法】结合冬剪，剪除有虫枝蔓，集中烧毁，以消灭越冬幼虫。及时清除葡萄园周围的乌蔹莓等杂草。生长季节，发现被害新梢要及时剪除。葡萄盛花期，即成虫羽化盛期是防治葡萄透翅蛾的关键时期。

在葡萄盛花期为成虫羽化盛期，但花期不宜用药，应在花后3～4天，喷施下列药剂：

2.5%溴氰菊酯乳油2 000～3 000倍液；

50%杀螟硫磷乳油1 000～1 500倍液；

20%氰戊菊酯乳油2 000～3 000倍液；

50%亚胺硫磷乳油1 000～1 500倍液；

25%灭幼脲悬浮剂1 000～2 000倍液；

20%除虫脲悬浮剂1 500～3 000倍液；

50%马拉硫磷乳油1 000～2 000倍液；

10%氯氰菊酯乳油2 000～3 000倍液。

受害蔓较粗时，可用铁丝从蛀孔插入虫道，将幼虫刺死；也可塞入浸有50%敌敌畏乳油100～200倍液或90%晶体敌百虫50倍液的棉球，然后用泥封口。

6．葡萄天蛾

【分布为害】葡萄天蛾(*Ampelophaga rubiginosa*)，属鳞翅目天蛾科。主要分布在东北地区和河北、山东、河南、山西、陕西、江苏、湖北、湖南、江西等省。以幼虫取食叶片，常将叶片食成缺刻(图9-149)，甚至将叶片吃光，仅留叶柄，削弱树势，影响产量和品质。

图9-149　葡萄天蛾为害叶片症状

【形态特征】成虫体肥大呈纺锤形，翅茶褐色，背面色暗，腹面色淡，近土黄色(图9-150)；体背中央自前胸到腹端有1条灰白色纵线；触角短栉齿状，前翅各横线均为暗茶褐色；前缘近顶角处有一暗色三角形斑；后翅周缘棕褐色，中间大部分为黑褐色，缘毛色稍红。卵球形，表面光滑。淡绿色，孵化前淡黄绿色。幼虫体绿色，背面色较淡(图9-151)。体表布有横条纹和黄色颗粒状小点。蛹长纺锤形，初为绿色，以后背面呈棕褐色，腹面暗绿色。

图9-150 葡萄天蛾成虫

图9-151 葡萄天蛾幼虫

【发生规律】北方一年发生1～2代，南方发生2～3代，各地均以蛹在土内越冬。1代区6—7月发生成虫；3代区4—5月发生第1代，6—7月发生第2代，8—9月发生第3代。6月中旬田间始见幼虫，多于叶背主脉或叶柄上栖息，7月下旬陆续老熟入土化蛹，8月上旬开始羽化，8月中旬发生第2代幼虫，9月下旬幼虫老熟入土化蛹越冬。

【防治方法】捕捉幼虫，在葡萄天蛾幼虫为害的树下有大量虫粪，很容易发现。冬春北方结合防寒和解除防寒翻土时将蛹拣出杀死，南方可在翻树下土时结合挖蛹，消灭部分越冬蛹。幼龄幼虫期是防治葡萄天蛾的关键时期。

在幼龄幼虫期，虫口密度大时，可喷施下列药剂：

8 000 IU/mg苏云金杆菌可湿性粉剂300～500倍液；

80%敌敌畏乳油1 000～1 500倍液；

45%辛硫磷乳油1 000～2 000倍液；

50%马拉硫磷乳油1 000～1 500倍液；

50%杀螟硫磷乳油1 000～2 000倍液；

25%灭幼脲悬浮剂1 000～1 500倍液；

2.5%溴氰菊酯乳油1 500～3 000倍液等。

7. 葡萄十星叶甲

【分布为害】葡萄十星叶甲(*Oides decempunctata*)，属鞘翅目叶甲科。在我国各葡萄产区均有分布。以成虫和幼虫为害叶片、芽，将叶片咬成孔洞(图9-152)，严重时将叶肉全吃光，仅留下一层薄的茸毛及叶脉、叶柄，芽被啃食不能发育。

【形态特征】成虫土黄色，椭圆形，似瓢虫；头小，常隐于前胸下；触角淡黄色，末端4或5节为黑褐色；前胸背板有许多小刻点；两鞘翅上共有黑色圆形斑点10个(图9-153)。卵椭圆形，初为黄绿色，后渐变为暗褐色。幼虫体扁而肥，近长椭圆形，黄褐色。蛹为裸蛹，金黄色。

图9-152 葡萄十星叶甲为害叶片症状

图9-153 葡萄十星叶甲成虫

【发生规律】一年发生1～2代。以卵在根系附近土中和落地下越冬；1代在5月下旬开始孵化，6月上旬为盛期，6月底陆续老熟入土，7月上中旬开始羽化，8月上旬至9月中旬为产卵期，直到9月下旬陆续死亡。2代区越冬卵4月中旬孵化，5月下旬化蛹，6月中旬羽化，8月上旬产卵；8月中旬至9月中旬二代卵孵化，9月上旬至10月中旬化蛹，9月下旬至10月下旬羽化，并产卵越冬。

【防治方法】冬春季结合清园，清除果园的枯枝、落叶，集中烧毁。

喷药时间应在幼虫孵化盛末期、幼虫尚未分散前进行。可用药剂有：

45%辛硫磷乳油1 000～1 500倍液；

10%氯氰菊酯乳油2 000～3 000倍液；

2.5%溴氰菊酯乳油2 000～2 500倍液；

20%氰戊菊酯乳油2 000～3 000倍液。

8. 葡萄根瘤蚜

【分布为害】葡萄根瘤蚜(*Phylloxera vitifolii*)主要为害根部和叶片。根部受害，须根端部膨大，出现小米粒大小、呈菱形的瘤状结，在主根上形成较大的瘤状凸起(图9–154)。叶上受害，叶背形成许多粒状虫瘿(图9–155)。

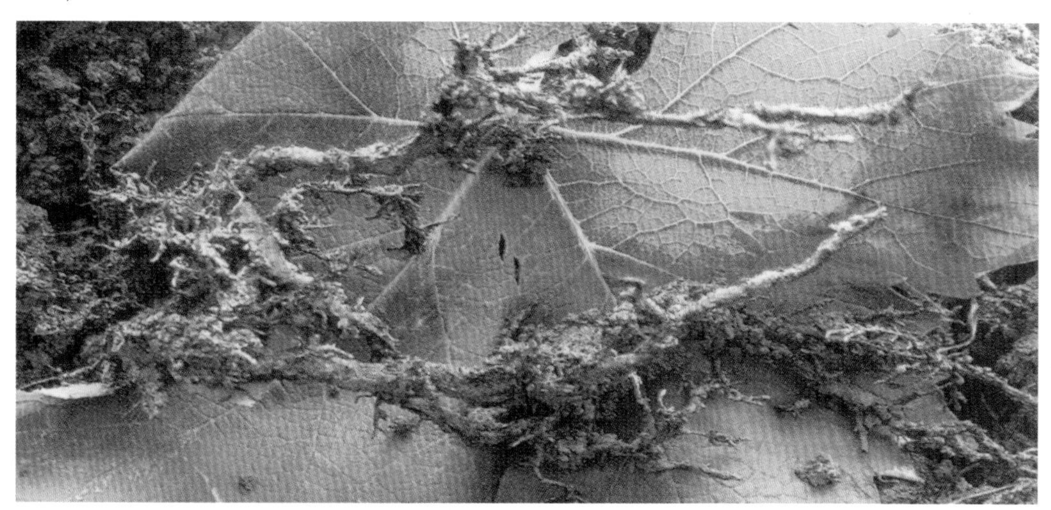

图9–154 葡萄根瘤蚜为害根部症状

图9–155 葡萄根瘤蚜为害叶片症状

【形态特征】由于生活习性及环境条件不同，葡萄根瘤蚜的形态有很大的变化，可分为根瘤型(图9-156)、叶瘿型、有翅型和有性型。根瘤型：成虫，卵圆形，鳞毛黄色，或黄褐色，头部颜色稍深，足和触角黑褐色，体背面各节有许多黑色瘤状凸起，各凸起上各生1～2根刺毛。卵长椭圆形，初为淡黄色，后渐变为暗黄色。幼虫初为淡黄色，触角及足呈半透明，以后体色略深，复眼由3个单眼组成，红色，足变黄色。叶瘿型：成虫近圆形，黄色，体背有微细的凹凸皱纹，无黑色瘤状凸起，全体生有短刺毛，腹部末端有长刺毛数根。卵长椭圆形，淡黄色，较根瘤型卵色浅而明亮，卵壳较薄。幼虫初孵出时与根瘤型幼虫相似，仅体色较浅。有翅型：成虫长椭圆形，前宽后狭，初羽化时淡黄色，继而橙黄色。中、后胸红褐色，触角及足黑褐色，翅灰白色透明，上有半圆型小点，前翅前缘有翅痣，后翅前缘有钩状翅针，静止时翅平叠于体背。初龄若虫同根瘤型，2龄体较狭长，体背黑色瘤状凸起明显，触角较粗。3龄体侧有黑褐色翅芽，身体中部稍凹入而腹部膨大，若虫成熟时，胸部呈淡黄色半透明状。有性型：由有翅型产下卵孵化而成，小卵孵化成雄蚜，大卵孵化成雌蚜，身体长圆形，黄褐色无翅，较小。雌雄蚜交尾后，产冬卵。冬卵深绿色。

图9-156　葡萄根瘤蚜根瘤型

【发生规律】每年发生8代，以初龄若虫在表土和粗根缝处越冬。翌年4月开始活动，5月上旬产生第1代卵，5月中旬至6月底和9月两个时期发生最重。有翅若虫于7月上旬始见，9月下旬至10月为盛期，延至11月上旬，有翅蚜虫极少钻出地面。干旱年份易造成大量发生为害。土壤疏松，物理性状好，团粒结构好，便于蚜虫迁移繁殖，发生为害严重。

【防治方法】检疫苗木时，要特别注意根系所带泥土有无蚜卵、若虫和成虫，一旦发现，立即进行药剂处理。

土壤处理：发现有根瘤蚜虫的葡萄园，可用45%辛硫磷乳油0.5 kg，加细土50kg进行毒土处理。

已发生根瘤蚜的葡萄园，在5月上中旬，可用50%抗蚜威可湿性粉剂2 000～3 000倍液或40%氧化乐果乳油1 500倍液灌根，每株灌药液500ml；或70%吡虫啉水分散粒剂1 500～2 000倍液灌根；或利用大水灌溉，阻止根瘤蚜的繁殖。

9．康氏粉蚧

【分布为害】康氏粉蚧(*Pseudococcus comstocki*)，属同翅目粉蚧科。分布在全国各地。以若虫和雌成虫刺吸芽、叶、果实、枝干及根部的汁液，嫩枝和根部受害常肿胀且易纵裂而枯死(图9-157和图9-158)。

图9-157 康氏粉蚧为害枝蔓症状

图9-158 康氏粉蚧为害果实症状

【形态特征】雌成虫扁平，椭圆形，体粉红色(图9-159)，表面被有白色蜡质物，体缘具有17对白色蜡丝。雄成虫体紫褐色，翅1对透明，后翅退化成平衡棒。卵椭圆形，浅橙黄色。若虫初孵化时扁平，椭圆形，浅黄色。蛹仅雄虫有蛹期，浅紫色。茧长椭圆形，白色棉絮状。

图9-159　康氏粉蚧雌成虫

【发生规律】一年发生3代，以卵在树体裂缝、翘皮下及树干基部附近土缝处越冬。萌芽时越冬若虫开始活动，第1代若虫盛发期为5月中下旬，6月上旬至7月上旬陆续羽化，第2代若虫6月下旬至7月下旬孵化，盛期在7月上中旬，8月上旬至9月上旬羽化为成虫，交配产卵。第3代若虫8月下旬开始孵化，8月下旬至9月上旬进入盛期，9月下旬开始羽化，交配产卵越冬。

【防治方法】冬季刮除枝蔓上的裂皮，用硬毛刷子清除越冬卵囊，集中烧毁。

早春喷施5%轻柴油乳油、3~5波美度石硫合剂，杀灭虫卵。芽萌动时全树喷施40%杀扑磷乳油1 000倍液，消灭越冬孵化的若虫。

在若虫孵化盛期进行药剂防治，第1代若虫发生期即果实套袋前是药剂防治的关键期，常用药剂有：

3%啶虫脒乳油1 500~3 000倍液等。为提高杀虫效果，可在药液中混入0.1%~0.2%的洗衣粉。

10．葡萄长须卷叶蛾

【分布为害】葡萄长须卷叶蛾(*Sparganothis pilleriana*)，属鳞翅目卷蛾科。主要分布于黑龙江、吉林、辽宁等省。幼虫卷缀叶片如筒状，在其中蚕食。

【形态特征】成虫前翅黄色或淡黄色，有金属光泽，翅上有3条明显的横带，褐色或暗褐色，中带由前缘的1/3斜伸到后缘的1/2处，端纹宽大，外缘界线不清，外缘区呈黄褐带；后翅较小，灰褐色；唇须特别长，直向前伸(图9–160)。雌蛾唇须稍短，前翅颜色淡且横带不甚明显。卵初产时淡绿色，渐变淡黄，孵化时变深褐色，卵壳透明，卵粒较小，椭圆形。初孵幼虫淡黄色，头部黑色(图9–161)，老熟时暗绿色，头部及前胸背板黑褐色(图9–162)，胸背各节横向排列4个毛瘤，臀棘8枚。蛹长椭圆形，暗棕色，臀棘8枚，末端弯曲。

图9–160 葡萄长须卷叶蛾成虫

图9–161 葡萄长须卷叶蛾初孵幼虫

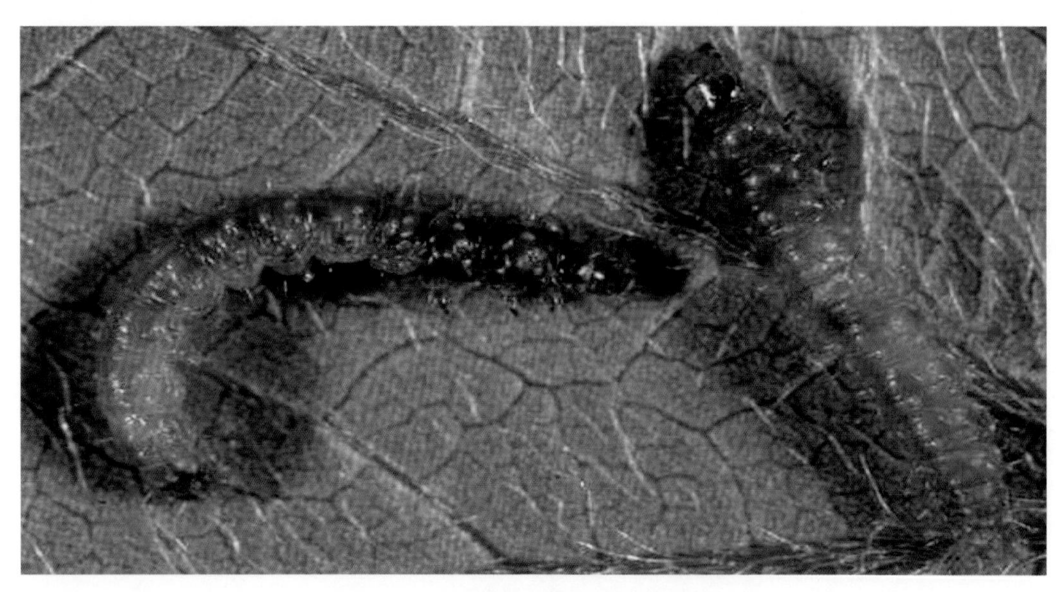

图9-162　葡萄长须卷叶蛾高龄幼虫

【发生规律】东北地区一年发生1代。以幼龄幼虫于地表落叶、杂草等被物下结茧越冬。成虫昼伏夜出，羽化后不久即交配、产卵。低龄时多在梢顶幼叶簇中吐少量丝，并潜伏其中为害，稍大便吐丝卷叶为害。食料不足时常转移为害。老熟幼虫于卷叶内结茧化蛹。幼虫受惊后有迅速倒退或弹跳的习性。

【防治方法】幼虫卷叶后，可摘除卷叶，消灭幼虫。

成虫产卵盛期，或幼虫孵化盛期喷施下列药剂：

25%灭幼脲悬浮剂800倍液；

4.5%高效氯氰菊酯乳油1 500倍液。

11．葡萄虎蛾

【分布为害】葡萄虎蛾(*Seudyra subfava*)属鳞翅目虎蛾科。国内分布于黑龙江、河北、山西、陕西、云南。幼虫食叶成缺刻，或孔洞，严重时仅残留粗脉或叶柄。

【形态特征】成虫头胸部紫棕色，腹部杏黄色，背面中央有1纵列棕色毛簇达第7腹节后缘(图9-163)，前翅灰黄色带紫棕色散点，前缘色稍浓，后缘及外线以外暗紫色，其上带有银灰色细纹，外线以内的后缘部分色浓。幼虫前端较细后端较粗，第8腹节稍有隆起。头部橘黄色，有黑色毛片形成的黑斑，体黄色，散生不规则的褐斑，毛突褐色(图9-164)。蛹暗红褐色。体背、腹面满布微刺；头部额较突出。

图9-163　葡萄虎蛾成虫

【发生规律】在辽宁、华北每年2代。以蛹于土中越冬，多在葡萄根附近或架下尤其腐烂木头下较多。幼虫常群集食叶成

图9-164　葡萄虎蛾幼虫

孔洞与缺刻。幼虫受触动时口吐黄水。

【防治方法】结合葡萄埋土与出土挖越冬蛹。结合整枝捕捉幼虫。

幼虫期喷25%灭幼脲悬浮剂或50g/L氟虫脲可分散液剂2 000倍液。

12. 白星花金龟

【分布为害】白星花金龟(*Potosia brevitarsis*)，属鞘翅目花金龟科。在我国分布很广。成虫啃食成熟或过熟的果实，尤其喜食风味甜的果实，常常数十头群集在果实上或树干的烂皮、凹穴部位吸取汁液。果实被伤害后，常腐烂脱落，树体生长受到一定的影响，损失较严重(图9-165)。

图9-165　白星花金龟成虫为害果实症状

【形态特征】参考梨树虫害——白星花金龟。

【发生规律】参考梨树虫害——白星花金龟。

【防治方法】参考梨树虫害——白星花金龟。

13．斑喙丽金龟

【分布为害】斑喙丽金龟(*Adoretus tenuimaculatus*)，属鞘翅目丽金龟科。成虫可以取食多种植物，食叶成缺刻或孔洞，食量较大。幼虫为害苗木根部，化蛹深度较浅。

【形态特征】成虫体褐色或棕褐色，腹部色较深。全体密被乳白色披针形鳞片，光泽较暗淡(图9-166)；体狭长，椭圆形；头大，唇基近半圆形，前缘高高折翘，头顶隆拱，复眼圆大，上唇下缘中部呈“T”形，延长似喙；前胸背板甚短阔，前后缘近平行；前胸腹板垂突尖而突出，侧面有一凹槽；小盾片三角形；鞘翅有3条纵肋纹可辨；卵长椭圆形，乳白色。幼虫体乳白色；头部棕褐色；肛腹片后部的钩状刚毛较少，排列均匀，前部中间无裸区。蛹前圆后尖，乳黄或黄褐色；腹末端有褐色尾刺。

图9-166 斑喙丽金龟成虫

【发生规律】在河北、山东一年发生1代，江西一年发生2代。以幼虫越冬。成虫昼伏夜出，夜间取食、交配、产卵，黎明陆续潜土，有假死和群集为害习性。

【防治方法】参考梨树虫害——白星花金龟。

14．台湾黄毒蛾

【分布为害】台湾黄毒蛾(*Porthesia taiwanese*)，属鳞翅目毒蛾科。幼虫食叶成缺刻或孔洞，成虫群集吸食葡萄果实汁液。

【形态特征】成虫雌蛾稍大，头、触角、胸以及前翅黄色；复眼圆，赤色。前胸背部和前翅内缘有黄色密生的细毛(图9-167)；触角羽状；前翅中央从前缘至内缘有2条白色横带。后翅内缘及基部密生有淡黄色的长毛，腹部末端有橙黄色的毛块。卵球形，初产浅黄色，孵化前暗褐色，卵块呈带状。幼虫体橙黄色，头褐色，体节上有毒毛，背部中央生有赤色纵线(图9-168)。蛹圆锥形，色浅，有光泽。茧黄褐色，丝质，有鳞毛。

图9-167 台湾黄毒蛾成虫

图9-168 台湾黄毒蛾幼虫

【发生规律】在台湾一年发生8～9代，周年可见各生长期个体。夏季24～34天完成一代，冬季65～83天完成一代。6—7月为发生盛期。卵期3～19天。幼虫期13～55天，蛹期8～19天，初孵幼虫群栖于植株上，3龄后逐渐分散。成虫有趋光性。

【防治方法】在卵期仔细检查叶背，发现卵块摘下集中销毁；在幼虫期，利用其假死性，在地上铺上薄膜，摇动树枝，收集掉落的幼虫并销毁。利用成虫的趋光性，在发生盛期用黑光灯诱杀。

幼龄幼虫发生数量多时，喷施80%敌百虫可溶液剂800～1 000倍液或5%高效氯氰菊酯水乳剂2 500～3 000倍液等药剂。

15. 旋目夜蛾

【分布为害】旋目夜蛾(*Spiredonia retorla*)，属鳞翅目夜蛾科。在国内分布广泛。为吸果害虫，成虫喙端膜质状，缺乏刺穿健康果皮能力，从果皮伤口或坏腐处吸食果汁，果实被害后加速腐烂、脱落。

【形态特征】雄成虫紫棕至黑色，前翅有蝌蚪形黑斑，斑尾部上旋与外线相连；外线至外缘也有4条波状暗色横线，上端不达前缘；前翅基部有弧形横线，后翅基部约有1/3色稍暗。雌蛾褐至灰褐色；颈板黑色，1～6腹节背面各有1黑色横斑，向后逐小，余部红色，翅上斑纹明显(图9-169)。卵近球形，底面略凹陷，灰白色。幼虫细长，第1、2腹节常弯曲成尺蠖形。头部褐色，颅侧区有黑色宽纵带，并有不规则暗褐色斑点；体灰褐至暗褐色，满布黑色不规则斑点，构成身体许多纵条纹，背线、亚背线及气门线黑褐色，气门线尤显著，气门上下线灰褐色。蛹红褐色。下额末端与前翅末端约平齐，达第4腹节。

图9-169　旋目夜蛾成虫

【发生规律】成虫吸果汁，北方夏秋季较重。幼虫为害叶片，将身体伸直，紧贴枝干或树皮栖息。老熟幼虫在枯叶中化蛹。

【防治方法】果实接近成熟期套袋。注意清除果园附近的野生寄主。山区、近山区新建果园，宜栽晚熟品种，避免零星种植和混栽多种果树。

幼虫发生期，可用下列药剂：

80%敌百虫可溶液剂1 000～2 000倍液；

5%高效氯氟氰菊酯水乳剂1 500～2 500倍液；

20%氰戊菊酯乳油1 500～2 000倍液等。

16. 雀纹天蛾

【分布为害】雀纹天蛾(*Theretra japonica*)，属鳞翅目天蛾科。低龄幼虫将叶食成缺刻与孔洞，稍大常将叶片吃光，残留叶柄和粗脉。

【形态特征】成虫体背棕褐色，触角背面灰色，腹面棕黄色；头、胸两侧有白色鳞片，肩片内缘有2条橙黄色纵纹，胸背中部有淡色纵带，两侧有橙黄色纵带；前翅灰黄色，后缘近基部白色(图9-170)，由顶角向右缘方向伸有6条暗褐色斜条纹，中室端有1个小黑点，外缘色较淡；后翅黑褐色，有黄褐色亚端带，后角附近有橙灰色三角斑，外缘灰褐色。卵椭圆形，淡绿色。老熟幼虫体青绿色或褐色，第1、2腹节背面各有黄色眼斑1对(图9-171)。蛹茶褐色，被细刻点(图9-172)。

图9-170　雀纹天蛾成虫

图9-171　雀纹天蛾幼虫

【发生规律】在北京一年发生1代，南昌4代，各地均以蛹越冬。成虫昼伏夜出，有趋光性，喜食花蜜。

【防治方法】参考葡萄虫害——葡萄天蛾。

图9-172 雀纹天蛾蛹

17．葡萄沟顶叶甲

【分布为害】葡萄沟顶叶甲(*Scelod ontalezoisii*)，属鞘翅目叶甲总科。主要分布于亚洲东南部，在我国分布于河北、山东、陕西、江苏、浙江、湖北、湖南、江西、福建、广东、广西、海南、贵州、云南和台湾。成虫啃食葡萄地上部分，叶片被咬成许多长条形孔洞，重者全叶呈筛孔状而干枯；取食花梗、穗轴和幼果造成伤痕而引起大量落花、落果，使产量和品质降低，葡萄在整个生长期均可受害；幼虫生活于土中，取食须根和腐殖质。

【形态特征】成虫体长椭圆形，宝蓝色或紫铜色，具强金属光泽，足跗节和触角端节黑色(图9-173)；头顶中央有1条纵沟，唇基与额之间有1条浅横沟，复眼内侧上方有1条斜深沟；鞘翅基部刻点大，端部的细小，中部之前刻点超过11行；后足腿节粗壮。卵长棒形稍弯曲，半透明，淡乳黄色。幼虫老熟时头淡棕色，胴部淡黄色，柔软肥胖多皱，有胸足3对。蛹为裸蛹，初黄白色，近羽化前蓝黑色。

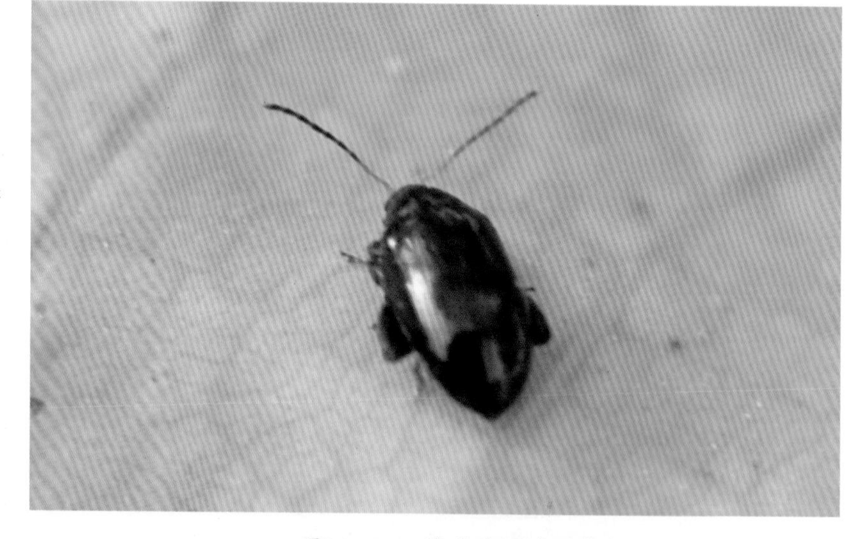

图9-173 葡萄沟顶叶甲成虫

【发生规律】每年发生1代，以成虫在葡萄根际土壤中越冬。翌春4月上旬葡萄发芽期成虫出蛰为害，4月中旬葡萄展叶期为出蛰高峰。5月上旬开始交尾，5月中下旬产卵。5月下旬至6月上旬孵化为幼虫，在土壤中生活，6月下旬筑土室化蛹，越冬代成虫陆续死亡。6月底至7月初当年成虫开始羽化，取食为害至秋末落叶时入土越冬。全年中5月上旬和8月下旬为两个成虫高峰期。

【防治方法】利用成虫假死性，振落收集杀死。6—7月刮除老翘皮，清除葡萄叶沟顶甲卵。冬季深翻树盘土壤20cm以上；开沟灌水或稀尿水，阻止成虫出土和使其窒息死亡。

春季越冬成虫出土前，在树盘土壤施4.5%甲敌粉1.5kg/亩或 50%辛硫磷乳剂500倍液或制成毒土；还可用3%杀螟硫磷粉剂1.5~2kg/亩施后浅锄。虫量多时在7—8月还可增施1次，杀灭土中成虫、幼虫。

春季葡萄萌芽期和5—6月幼果期进行。可选用下列药剂：

2.5%溴氰菊酯乳油2 000 ~ 3 000倍液；

5%顺式氰戊菊酯乳油2 000 ~ 2 500倍液；

45%辛硫磷乳油1 000 ~ 1 500倍液；

48%毒死蜱乳油1 000 ~ 1 500倍液；

52.25g/L毒死蜱·氯氰菊酯乳油1 500 ~ 2 000倍液；

80%敌百虫可溶液剂800 ~ 1 000倍液等，对成虫均有良好效果。

四、葡萄各生育期病虫害防治技术

（一）葡萄病虫害综合防治历的制定

在葡萄栽培中，有许多病虫为害严重。在多种病害中以霜霉病、白腐病、黑痘病、炭疽病为害重，部分地区葡萄灰霉病、褐斑病、蔓割病、房枯病等也常造成较大为害。虫害以葡萄瘿螨发生较为严重和普遍，其他如葡萄短须螨、葡萄二星叶蝉等也时有发生。

在葡萄收获后，要认真地总结病虫害发生和为害情况，分析病虫害发生特点，拟订明年的病虫害防治计划，及早采取防治方法。

下面结合河南省大部分葡萄产地病虫害发生情况，概括地列出葡萄树病虫害防治历(表9-1)。

表9-1 葡萄各生育期病虫害综合防治历

物候期	重点防治对象	其他防治对象	防治方法
休眠期	各种越冬病虫害	白腐病、炭疽病、黑痘病、霜霉病	彻底清洁田园，修剪、清除病虫枝叶，深埋或烧毁
萌芽前期		黑痘病、蔓割病、褐斑病、白粉病、瘿螨	喷洒石硫合剂、五氯酚钠等，铲除病菌
展叶及新梢生长期	白粉病、黑痘病、介壳虫、二星叶蝉、瘿螨	褐斑病、白腐病、霜霉病、灰霉病、透翅蛾、葡萄虎蛾	喷洒波尔多液、石硫合剂0.3～0.5波美度、胶悬铜等保护剂
开花期		生理落花、落果、缺肥	使用植物激素与微肥
落花后期	黑痘病、灰霉病、白粉病、害螨	炭疽病、褐斑病、蔓割病、毛毡病、斑衣蜡蝉	及时调查、防治，以施保护剂为主
幼果期	白粉病、霜霉病、黑痘病、害螨	房枯病、白腐病、蔓割病、褐斑病、斑衣蜡蝉、透翅蛾	注意观察，及时治疗，应保护剂和治疗剂混用
成熟期	白腐病、炭疽病、房枯病、二星叶蝉	灰霉病、霜霉病、黑痘病、葡萄天蛾	及时使用杀菌剂、杀虫剂保护与治疗
营养恢复期	霜霉病	褐斑病、蔓割病、炭疽病、二星叶蝉、葡萄、天蛾、虎蛾	不断喷洒波尔多液或胶悬铜，对病虫害及时治疗

（二）葡萄休眠期管理病虫害防治技术

华北地区葡萄树从10月下旬到翌年3月处于休眠期(图9–174)，树体停止生长，多数病菌也停止活动，开始在病残枝、叶、蔓上越冬。这一时期应结合修剪，清扫枯枝、落叶、病蔓，将其集中烧毁或深埋，减少越冬病源。除继续冬季修剪外，还要进行埋土防寒，一般在冬剪后土壤封冻前完成，以当地土壤上冻前10～15天埋土防寒较为适宜。即修剪后，将枝蔓下架并顺一个方向捆好，避免扭伤枝芽，然后全部覆土厚10cm。结合施基肥浇透水，也叫封冻水，这次水既可防止冬春干旱又便于取土防寒，有利于葡萄安全越冬。

图9–174　葡萄休眠期生长情况

（三）葡萄萌芽前期管理病虫害防治技术

3月下旬到4月上旬(图9–175)，葡萄开始萌芽，进行一次彻底的清理，要将园中的杂草、枯枝、干叶、干病果穗、果粒以及残留在铁丝上绑缚新梢的杂物等，全部清除出园，焚烧或深埋，减少园内的病原体和虫源数量。

图9–175　葡萄萌芽期生长情况

葡萄园内积水容易造成土壤中缺氧，根系呼吸困难，影响生长，对葡萄园的所有沟系进行一次全面的清理，及时清沟排水，理顺葡萄园内和周边的水路。做到雨天不积水，雨后地就干。

在芽膨大期，每株用人粪尿2.5～5kg开环状沟施入并盖土，以促进芽分化；对已萌芽，要去弱留壮，抹去密、挤、瘦、弱和生长部位不宜萌发及萌发晚的芽；对于2芽或3芽，应抹去其中的1～2个。

气温已开始回升变暖，病菌、害虫开始活动。这一时期葡萄尚未发芽，可以喷施一次广谱性保护剂，一般效果较好，能够铲除越冬病原菌、害虫。可喷洒下列药剂：29%石硫合剂水剂20～100倍液、45%晶体石硫合剂200～300倍液等，全面喷洒枝、蔓及基部周围的土表。

（四）葡萄展叶及新梢生长期管理及病虫害防治技术

4月中下旬到5月上旬，葡萄开始萌芽展叶(图9–176)，新梢开始迅速生长(图9–177)。

图9－176　葡萄展叶期生长情况

图9－177　葡萄新梢生长期生长情况

在新梢长到10cm以下时抹去嫩梢为抹芽，长到10cm以上时抹梢。及时摘除卷须和绑蔓。当新梢长到25~30cm时，应把新梢均匀、不交叉地绑在架上。随着新梢的生长，注意绑蔓的角度，强旺枝、大枝角度要大；弱枝、小短枝角度要小些。5月上旬，开花前7天到初花期摘心为宜。结果枝摘心一般从花序往上数5~10片叶，发育枝摘心可留8~15片叶。摘心后萌发的副梢只留顶部1~2个梢，且留2片叶反复摘心，其余全部疏除。结果枝果穗以下副梢全部疏除，果穗以上副梢留1片叶摘心。

葡萄从展叶到开花对氮素需求量大，新梢旺盛生长和浆果膨大期吸收磷素多，在整个生长季都吸收钾素，并且随着浆果膨大，钾素吸收量增加。根据这个特点，掌握好几个追肥时期，并注意中耕除草。

萌芽后到开花前，即5月上旬，新梢生长、花序继续分化需大量养分，尤其花期对磷肥的吸收量大。此时追肥应以氮、磷肥为主，配合适量钾肥。施后适量灌水，花期喷0.3%硼砂+0.2%尿素液，提高坐果率。浆果生长期，即6月中旬，枝叶、果实迅速生长。花芽开始分化，所需营养更多。此期追肥以磷、钾肥为主，配合氮肥，人粪尿、磷酸氢二铵、腐熟饼肥均可，并适量灌水。

这一时期许多病菌开始产孢子、侵染、为害新梢，如黑痘病、白粉病、灰霉病等，需要防治的害虫有介壳虫、二星叶蝉、瘿螨等，应注意使用保护剂，必要时喷洒治疗剂。

这一阶段，一般应喷洒1~3次保护剂，可用下列药剂：1：0.7：(160~240)倍式波尔多液、30%碱式硫酸铜悬浮剂400~600倍液喷雾。

如果往年白粉病发病较重，可用一次0.3~0.5波美度石硫合剂；对于巨峰葡萄或往年灰霉病发病较重的葡萄树，除用上述保护剂外，还应在 5 月上旬临近葡萄开花前喷洒1次：70%代森锰锌可湿性粉剂800~1 000倍液、70%甲基硫菌灵可湿性粉剂1 000~2 000倍液、75%百菌清可湿性粉剂1 000倍液等。

防治二星叶蝉、介壳虫，可喷施下列杀虫剂：45%辛硫磷乳油1 000~1 500倍液、20%氰戊菊酯乳油3 000倍液、50%杀螟硫磷乳剂1 000倍液。

若瘿螨发生量大时，可喷施：15%哒螨灵乳油3 000~4 000倍液、73%炔螨特乳油2 500~3 000倍液、5%噻螨酮乳油1 500~2 000倍液等。

（五）葡萄落花后期管理及病虫害防治技术

5月下旬到6月上旬，葡萄花期相继结束，幼果开始形成(图9–178)。树势弱、花序多的树可疏除过多的花序，较弱枝的双穗果可疏去一个花序。

这一时期天气一般白天温暖、晚上凉湿，葡萄灰霉病进入第一个为害盛期，白粉病、黑痘病开始为害，有时发生严重。其他病害，如炭疽病、褐斑病进入侵染盛期。防治上应针对病情及时治疗，并注意使用保护剂。

这一时期应注意蓟马、绿盲蝽、透翅蛾、葡萄虎蛾及红蜘蛛等害虫的发生量，如有发生，应及时喷药防治。

该期一般使用1~2次保护性杀菌剂，如喷洒下列杀菌剂：1：0.7：(160~200)倍式波尔多液、30%碱式硫酸铜悬浮剂。并结合病情、天气情况，可用有机合成保护剂与治疗剂混合喷施：70%代森锰锌可湿性粉剂800倍液、50%异菌脲可湿性粉剂1 000倍液、75%百菌清可湿性粉剂800倍液、15%三唑酮可湿性粉剂600~1 000倍液、50%多菌灵可湿性粉剂600~800倍液、60%乙霉·多菌灵（乙霉威30%+多菌灵30%）可湿性粉剂800~1 000倍液等。

防治蓟马、绿盲蝽，可喷施下列药剂：22%氟啶虫胺悬浮剂1 000~1 500倍液、10%虫螨腈乳油2 000倍液、1.8%阿维菌素乳油4 000倍液、1%苦皮藤素水乳剂30~40mL/亩。

图9-178　葡萄落花期病虫为害情况

防治葡萄透翅蛾，可喷施下列药剂：2.5%溴氰菊酯乳油3 000倍液、45%辛硫磷乳油1 000～1 500倍液、50%杀螟硫磷乳油1 000倍液、25%灭幼脲悬浮剂2 000倍液、20%除虫脲悬浮剂3 000倍液。可兼治葡萄虎蛾。

防治害螨，可喷施下列药剂：5%噻螨酮乳油2 000倍液、20%双甲脒乳油1 000～1 500倍液、73%炔螨特乳油2 000倍液、20%四螨嗪乳油2 000倍液、20%三唑锡乳油2 000倍液、50g/L溴螨酯乳油1 000～2 000倍液等。

(六)葡萄幼果至膨大期管理及病虫害防治技术

6月中下旬到7月上旬，葡萄生长旺盛，一般品种幼果进入迅速膨大生长期(图9-179和图9-180)。新梢陆续停止生长，氮、磷、钾肥配合追肥，追后浇水，不仅可以提高当年产量，增进浆果品质，而且对翌年丰产有积极作用，但应注意采前1～3周宜轻浇，以防裂果。浆果着色期，即6月下旬，浆果开始着色。此时追肥以磷、钾肥为主，配合少量氮肥。

果穗套袋。一般选择阴天或晴天的10：00前16：00后时段，避开中午高温。雨后晴天不能当天套袋，应在第二天进行，减少日灼病或气灼病的发生。方法：将袋口充分展开，并将袋底角口完全张开，然后轻轻上套，使果穗居于纸袋中央，将果袋口铁丝固定在穗柄上，注意不能扭伤果穗。

如气温较高，白粉病一般发生较重，有些果园也有霜霉病发生，黑痘病发生常导致落果，其他病害如炭疽病也开始侵染和部分发病。

该阶段病害防治的主要任务是预防各种病害的蔓延。

保护剂的选用要根据天气而定，阴雨天气可以使用下列药剂：30%碱式硫酸铜悬浮剂400～500倍液、77%氢氧化铜可湿性粉剂400～600倍液、1：0.5：(160～240)倍式波尔多液、70%代森锰锌可湿性粉剂800倍液。

图9-179　葡萄幼果期生长情况

图9-180　葡萄膨大期生长情况

如天气晴朗无雨干旱，可以使用75%百菌清可湿性粉剂800～1 000倍液等。该季节一般需喷洒保护剂2～4次，视天气与病情，一般5～8天喷1次。

如田间白粉病发生较重，可以结合其他病害的防治，及时喷洒下列药剂：50%甲基硫菌灵·硫磺悬浮剂500～600倍液、50%多菌灵·硫磺悬浮剂400～600倍液、15%三唑酮可湿性粉剂500～800倍液、70%代森锰锌可湿性粉剂600～1 000倍液、75%百菌清可湿性粉剂600～1 000倍液等，并可以兼治黑痘病、白腐病、炭疽病等。

如遇霜霉病、毛毡病的发生，也要采取措施及时防治，防止扩展为害。

（七）葡萄成熟期管理及病虫害防治技术

7—8月，华北地区多数品种葡萄相继成熟，开始采摘(图9-181)。该期葡萄生长势有所降低，天气多为阴雨连绵，空气湿度大，为病虫发生盛期，生产上务必注意防治，保证丰产。

图9-181 葡萄成熟期生长情况

合理管理枝蔓保持田间环境卫生。夏剪，摘除老叶。果穗以下3～4片老叶全部摘除，疏去过密、荫蔽的枝条，提高光合作用和树体抗性。

为提高葡萄浆果的耐贮藏性，可在采收前一个月内连续喷施两次钙素叶面肥(如0.3%～0.5%的硝酸钙溶液等)，可以明显提高葡萄浆果中钙的含量，从而提高葡萄品质及耐贮藏性，对预防裂果也有一定的作用。

这一时期，葡萄炭疽病、白腐病、房枯病、灰霉病、黑痘病、霜霉病等都有大面积发生的可能，生产上要加强预防和治疗。要将保护剂与治疗剂交替使用，视天气和病情，间隔5～10天喷1次。

发现病情，及时治疗，防治炭疽病、白腐病、黑痘病等，可用下列药剂：50%甲・福(甲霜灵・福美双)可湿性粉剂400～600倍液、50%多菌灵可湿性粉剂500～800倍液、70%代森锰锌可湿性粉剂600～1 000倍液等。

防治灰霉病还可以使用下列药剂：50%异菌脲可湿性粉剂800～1 000倍液、50%腐霉利可湿性粉剂800～1 000倍液。

如该期发现霜霉病为害，可以喷施下列药剂：25%甲霜灵可湿性粉剂500～800倍液、40%唑醚・氰霜唑水分散粒剂4 500～5 000倍液、50%甲霜灵・代森锰锌可湿性粉剂400～600倍液等。

这一时期发生较严重的害虫有金龟子、叶蝉、绿盲蝽等，生产上务必注意防治，保证丰产。

防治金龟子，喷施下列药剂：80%敌敌畏乳油1 000倍液、2.5%氯氟氰菊酯乳油2 000倍液、50%马拉硫磷乳油1 000倍液。

防治叶蝉、绿盲蝽，喷施下列药剂：10%吡虫啉可湿性粉剂5 000倍液、3%啶虫脒乳油2 000倍液、4%高效氯氰菊酯乳油1 000～1 500倍液、20%氰戊菊酯乳油2 500倍液、2.5%溴氰菊酯乳油1 000～1 500倍液、22%氟啶虫胺腈悬浮剂1 000~1 500倍液等。

（八）葡萄营养恢复期病虫害防治技术

8月以后，华北地区葡萄大部分已经成熟采摘。葡萄长势开始恢复，天气潮湿、多雨，开始湿凉。该期霜霉病、褐斑病等仍发生较重，应按上述方法及时防治。同时注意不断使用保护剂，确保正常的营养恢复，为下一年葡萄丰产打好基础。

葡萄采收后，叶片制造的营养物质，一部分供应新梢生长和花芽发育，另一部分输送到根部和枝蔓储备越冬。因此，葡萄采后对植株的培育管理直接关系到翌年的产量。葡萄园的采后管理应做好以下几点：

采后补肥：葡萄采收后，要及时施足、施好采后肥。肥料以速效氮肥为主，一般每亩施人粪尿500kg加碳酸铵15kg，宜开沟浅施。结果多、树势弱的葡萄园，应增施三元复合肥或果树专用肥15kg。化肥不能一次使用太多，而且要注意使用方法，否则会烧根。次年应增加追肥次数和分量。

合理修剪：在施肥的同时，应对枝蔓进行合理修剪。多留粗壮的枝蔓，少留细弱的枝蔓，剪除过密枝、病虫枝和细弱枝。

中耕松土：葡萄园因频繁开展采摘、喷药等工作，土壤易被踏实，采后要及时中耕松土，深度以25cm为宜。

防治病虫：秋季葡萄园的主要病虫害有霜霉病和二星叶蝉、透翅蛾等。

防治霜霉病可用下列药剂：70%三乙膦酸铝・代森锰锌可湿性粉剂700倍液、75%百菌清可湿性粉剂600倍液。

防治二星叶蝉和透翅蛾，可用20%甲氰菊酯乳油1 500倍液。

第十章 草莓病虫害

根据国家统计局数据显示，近年来我国草莓种植面积呈持续增长态势，由2007年的7.936万hm² 增长至2017年的14.13万hm²。在消费的驱动下，我国草莓产量增长明显，由2007年的187.18万t增长至2017年的375.3万t左右。中国目前几乎所有省、自治区、直辖市都有种植草莓，其中主要产地分布在辽宁、河北、山东、江苏、上海、浙江等东部沿海地区，近几年四川、安徽、新疆、北京等地区发展也很快。

草莓的病虫害有100多种，其中，病害有20多种，生理性病害有10多种，虫害有20多种，发生为害较普遍的有草莓灰霉病、白粉病、枯萎病、轮斑病、角斑病、畸形果、缺素症、药害、斜纹夜蛾、蓟马、蜗牛、野蛞蝓等。

一、草莓病害

1．草莓灰霉病

【分布为害】灰霉病为草莓主要病害。分布广泛，发生普遍。北方主要在保护地内发生，南方露地亦可发病(图10−1)。

图10−1 草莓灰霉病为害情况

【症　　状】主要为害花器、果柄、果实、叶片。花器染病时(图10-2)，花萼上初呈水渍状针眼大的小斑点，后扩展成近圆形或不规则形较大病斑，导致幼果湿软腐烂，湿度大时，病部产生灰褐色霉状物。果柄受害，先产生褐色病斑，湿度大时，病部产生一层灰色霉层(图10-3)。果实顶柱头呈水渍状病斑，继而演变成灰褐色斑，空气潮湿时病果湿软腐化，病部生灰色霉状物，天气干燥时病果呈干腐状，最终造成果实坠落(图10-4至图10-6)。叶片受害初产生水渍状病斑，扩大后病斑呈不规则形，湿度大时，病部可产生灰色霉层，发病严重时，病叶枯死(图10-7和图10-8)。

图10-2　草莓灰霉病为害花器症状

图10-3　草莓灰霉病为害果柄症状

图10-4 草莓灰霉病为害果实初期症状

图10-5 草莓灰霉病为害果实中期症状

图10-6　草莓灰霉病为害果实后期症状

图10-7　草莓灰霉病为害叶片前期症状

图10-8 草莓灰霉病为害叶片后期症状

【病　　原】*Botrytis cinerea* 称灰葡萄孢，属无性型真菌。分生孢子梗丛生，直立，淡色至褐色。分生孢子卵形或椭圆形，单生或顶生，无色至淡褐色，单胞。分生孢子萌发的温度范围较宽，最适温度为13～25℃。

【发生规律】以菌丝或菌核在病残体和病株上越冬。翌年产生分生孢子，随气流、风雨传播。病菌以花器侵染为主，可直接侵入，也可从伤口侵入。在适温条件下，伤口侵入发病速度快且严重。借风雨及病果间的互相接触引起再侵染。低温、高湿利于病害发生与流行。偏施氮肥发病重。

【防治方法】经常剔除烂果、病残老叶，并将其深埋或烧毁，减少病原菌的再侵染。及时摘除病叶、病花、病果及黄叶，保持棚室干净，通风透光，适当降低密度，选择透气，排灌方便的砂壤土；避免施用氮肥过多；地膜覆盖，防止果实与土壤接触，避免感染病害。合理轮作，提倡与水稻、玉米和豆类等轮作，不与黄瓜、番茄和辣椒等容易发生灰霉病的蔬菜轮作。

定植前撒施25%多菌灵可湿性粉剂5～6kg/亩，而后耙入土中。

移栽或育苗整地前，可用下列药剂：

65%甲基硫菌灵·乙霉威可湿性粉剂400～600倍液+50%克菌丹可湿性粉剂400～600倍液；

50%多菌灵·乙霉威可湿性粉剂600～800倍液；

25%嘧霉胺悬浮剂120～150g/亩，对棚膜、土壤及墙壁等表面喷雾，进行消毒灭菌。

草莓开花前开始喷药防治，选用下列药剂：

70%甲基硫菌灵可湿性粉剂800～1 000倍液+75%百菌清可湿性粉剂600～800倍液；

50%腐霉利可湿性粉剂1 000～2 000倍液；

50%乙烯菌核利可湿性粉剂600～800倍液；

40%嘧霉胺悬浮剂800～1 200倍液；

1 000亿个/g枯草芽孢杆菌可湿性粉剂500～800倍液；

50%啶酰菌胺水分散粒剂1 000～1 500倍液；

38%唑醚·啶酰菌水分散粒剂40～60g/亩；

50%异菌脲可湿性粉剂1 500～2 000倍液；

50%嘧菌环胺水分散粒剂800～1 000倍液；

40%双胍三辛烷基苯磺酸盐可湿性粉剂1 000～1 500倍液，间隔7～10天喷1次，共喷3～4次，重点喷花果。

防治大棚或温室草莓灰霉病，采用熏蒸法，可用下列药剂：

15%腐霉·多菌灵烟剂300～500g/亩；

20%腐霉·百菌清烟剂300～400g/亩；

10%腐霉利烟剂200～250g/亩；

45%百菌清烟剂1kg/亩熏烟，间隔7～10天熏1次，连续或与其他防治法交替使用2～3次，防治效果较理想。

2．草莓蛇眼病

【分布为害】蛇眼病分布较广，常与叶部病害混合发生，保护地和露地均可发生。严重时发病率可达40%～60%(图10–9)。

图10–9 草莓蛇眼病为害情况

【症　　状】主要为害叶片、果柄、花萼。叶片染病后，初形成小而不规则的红色至紫红色病斑(图10–10)，病斑扩大后，中心变成灰白色圆斑，边缘紫红色，似蛇眼状(图10–11和图10–12)，后期病斑上产生许多小黑点。果柄、花萼染病后，形成边缘颜色较深的不规则形黄褐至黑褐色斑，干燥时易从病部断开。

【病　　原】*Ramularia tulasnei* 称杜拉柱隔孢，属无性型真菌。分生孢子梗丛生，分枝或不分枝，基部

图10-10 草莓蛇眼病为害叶片初期症状

图10-11 草莓蛇眼病为害叶片后期症状

图10-12 草莓蛇眼病为害叶片眼斑症状

子座不发达。分生孢子圆筒形至纺锤形，无色，单胞，或具隔膜1～2个。

【发生规律】病菌以菌丝或分生孢子在病斑上越冬。翌春产生分生孢子或子囊孢子进行传播和初次侵染，后病部产生分生孢子进行再侵染。病苗和表土上的菌核是主要传播载体。秋季和春季光照不足，天气阴湿发病重。

【防治方法】控制施用氮肥，以防徒长，适当稀植，发病期注意多放风，应避免浇水过量。收获后及时清理田园，叶集中烧毁。发病严重时，采收后全部割叶，随后加强中耕、施肥、浇水，促使及早长出新叶。

发病前期，可喷施下列药剂：

75%百菌清可湿性粉剂500～600倍液；

77%氢氧化铜可湿性粉剂500～600倍液；

80%代森锰锌可湿性粉剂600～800倍液等。

发病初期，喷淋下列药剂：

30%琥胶肥酸铜可湿性粉剂500～600倍液；

10%苯醚甲环唑水分散粒剂2 000～3 000倍液；

40%氟硅唑乳油5 000～7 000倍液；

70%甲基硫菌灵可湿性粉剂800～1 000倍液；

50%异菌脲可湿性粉剂1 000～1 500倍液；

50%苯菌灵可湿性粉剂1 500～1 800倍液，间隔10天喷1次，共喷2～3次，采收前3天停止用药。

3．草莓白粉病

【分布为害】草莓白粉病是草莓的重要病害，尤其大棚草莓受害严重。发生严重时，病叶率达45%以上，病果率达50%以上(图10–13)。

图10–13 草莓白粉病为害情况

【症　　状】主要为害叶片、叶柄、花、梗及果实。叶片受侵染初期在叶背及茎上产生白色近圆形星状小粉斑，后向四周扩展成边缘不明显的连片白粉，严重时整片叶布满白粉，叶缘也向上卷曲变形，叶质变脆；后期呈红褐色病斑，叶缘萎缩，最后病叶逐渐枯黄(图10–14至图10–17)。叶柄受害覆有一层白粉(图10–18)。花蕾受害不能开放或开花不正常。果实早期受害，幼果停止发育，其表面明显覆盖白粉，严重影响浆果质量(图10–19至图10–21)。

【病　　原】*Podosphaera aphanis* 称羽衣草单囊壳菌，属子囊菌门真菌。菌丝体外生，具1个子囊，子囊含8个子囊孢子且与菌丝相互联结。

【发生规律】北方以闭囊壳随病残体留在地上或塑料大棚瓜类作物上越冬；南方多以菌丝或分生孢子在寄主上越冬或越夏，成为翌年初侵染源，借气流或雨水传播。经7天成熟，形成分生孢子飞散传播，进行再侵染。一般10月上中旬(盖膜前)初发，至12月下旬盛发。最初发生在匍匐茎抽生及育苗期，保护地栽培发生更严重，其发生发展主要与温度和相对湿度有关，发生的适温为20℃左右，空气湿度为80%～100%，往往在经历较高的相对湿度以后出现发病高峰。种植在塑料棚、温室或田间的草莓，湿度大利于流行，尤其当高温干旱与高温高湿交替出现，又有大量白粉菌菌源时易大流行。

【防治方法】在草莓定植缓苗后至扣棚前，彻底摘除老、残、病叶，带出田外烧毁或深埋。生长季节及时摘除地面上的老叶及病叶、病果，并集中深埋，切忌随地乱丢；要注意园地的通风条件，雨后要及时排水。

图10-14 草莓白粉病为害叶片初期症状

图10-15 草莓白粉病为害叶片初期叶背症状

图10-16 草莓白粉病为害叶片后期症状

图10-17 草莓白粉病为害叶片后期叶背症状

图10-18　草莓白粉病为害叶柄症状

图10-19　草莓白粉病为害青果症状

图10-20　草莓白粉病为害成熟果实症状

图10-21 草莓白粉病为害果实后期症状

在草莓生长前期，未感染白粉病时，可用下列药剂：

80%代森锰锌可湿性粉剂800 ~ 1 000倍液；

75%百菌清可湿性粉剂600 ~ 800倍液；

50%灭菌丹可湿性粉剂400 ~ 500倍液。选用保护性强的杀菌剂喷雾，具有长期的预防保护效果。

在草莓生长中后期，白粉病发生时(图10-22)，可用下列药剂：

30%醚菌酯 · 啶酰菌胺悬浮剂1 000 ~ 2 000倍液；

12.5%烯唑醇可湿性粉剂1 500 ~ 2 000倍液；

10%苯醚甲环唑水分散粒剂2 000 ~ 3 000倍液；

40%氟硅唑乳油8 000 ~ 9 000倍液；

12.5%腈菌唑乳油2 000 ~ 4 000倍液；

50%苯菌灵可湿性粉剂1 000 ~ 1 500倍液；

60%噻菌灵可湿性粉剂1 500 ~ 2 000倍液；

50%嘧菌酯水分散粒剂5 000 ~ 7 500倍液；

图10-22 草莓白粉病为害初期田间症状

25%粉唑醇悬浮剂20～40g/亩；

30%氟菌唑可湿性粉剂2 000～3 000倍液；

20%吡唑醚菌酯水分散粒剂40～50g/亩；

100亿芽孢/g枯草芽孢杆菌可湿性粉剂120～150g/亩；

2%嘧啶核苷类抗生素水剂200～400倍液；

4%四氟醚唑水乳剂1 000～1 500倍液；

30%醚菌·啶酰菌悬浮剂35～50ml/亩；

30%醚菌酯可湿性粉剂1 500～2 500倍液等内吸性强的杀菌剂喷雾防治。

棚室栽培草莓可采用烟雾法，即用硫黄熏烟消毒，定植前几天，将草莓棚密闭，每100m^{3}用硫黄粉250g、锯末500g掺匀后，分别装入小塑料袋分放在室内，于晚上点燃熏一夜，此外，也可用45%百菌清烟剂，每亩一次使用200～250g，分放在棚内4～5处，用香或卷烟点燃，发烟时闭棚，熏一夜，次晨通风。

4．草莓轮斑病

【分布病害】草莓轮斑病是草莓的主要病害，分布广泛，发生普遍，在保护地、露地种植时都发生，以春秋季发病较重。

【症　　状】主要为害叶片，发病初期在叶片上产生红褐色的小斑点，逐渐扩大后，病斑中间呈灰褐色或灰白色，边缘褐色，外围呈紫黑色，病健分界处明显(图10-23和图10-24)。在叶尖部分的病斑常呈“V”字形扩展(图10-25)，造成叶片组织枯死。发病严重时，病斑常常相互联合，致使全叶片变褐枯死(图10-26)。

图10-23 草莓轮斑病为害叶片前期症状

图10-24 草莓轮斑病为害前期叶背症状

图10-25　草莓轮斑病为害叶片“V”字形斑

图10-26　草莓轮斑病为害叶片后期症状

【病　　原】*Dendrophoma abscurans*称草莓刺环毛孢，属无性型真菌。分生孢子器生于寄主角皮层下，球形，具孔口，暗褐至黑色，散生或集生。分生孢子梗无色，有分枝。分生孢子无色，单胞，圆筒形。

【发生规律】以菌丝体或分生孢子器在病组织内越冬。翌春，气候条件适宜时产生分生孢子进行初次侵染，随气流、雨水、农事操作传播，进行多次侵染。多发生于12月至翌年4月。连作地发病重，田间积水或植株过密的地块病害发生亦较重。新叶时期极易受侵染，其次是叶片湿度大时也容易受侵染，特别是整株淹没灌溉和潮湿多雨期。

【防治方法】及时发现和控制病情，及时清除销毁病叶。收获后及时清洁田园，将病残体集中于田外烧毁埋葬，消灭越冬病菌。

新叶时期使用适量的杀菌剂预防。可用下列药剂：

50%多菌灵可湿性粉剂500～700倍液；

80%代森锰锌可湿性粉剂600～800倍液；

70%甲基硫菌灵可湿性粉剂800～1 000倍液，在移栽前浸苗10～20分钟，晒干后移植。

发病初期，可喷施下列药剂：

50%异菌脲可湿性粉剂1 000～2 000倍液+50%敌菌灵可湿性粉剂400～600倍液；

70%甲基硫菌灵可湿性粉剂800～1 000倍液+65%代森锌可湿性粉剂500～600倍液；

25%吡唑醚菌酯乳油2 000～3 000倍液；

10%苯醚甲环唑水分散粒剂2 000～3 000倍液，间隔10天左右喷施1次，连续防治2～3次。

5．草莓炭疽病

【分布病害】主要为害匍匐茎、叶柄、叶片、果实。叶片受害，初产生黑色纺锤形或椭圆形溃疡斑，稍凹陷(图10–27)；匍匐茎和叶柄上的病斑成为环形圈，扩展后病斑以上部分萎蔫枯死，湿度高时病部可见肉红色黏质孢子堆。随着病情加重，全株枯死(图10–28和图10–29)。根茎部横切面观察，可见自外向内发生局部褐变(图10–30)。浆果受害，产生近圆形病斑，淡褐至暗褐色，软腐状并凹陷，后期可长出肉红色黏质孢子堆(图10–31)。

图10–27　草莓炭疽病为害叶片症状

图10-28　草莓炭疽病为害叶柄症状

图10-29　草莓炭疽病为害果柄症状

图10-30　草莓炭疽病为害根部症状

图10-31　草莓炭疽病为害果实症状

【病　　原】*Colletotrichum fragariae*，称草莓炭疽菌，属无性型真菌。菌落圆形，呈地毯状平铺，初期为白色，逐渐变为橄榄绿，最终变为灰黑色；菌丝由白色至灰白色，渐变为深灰色絮状或绒状；分生孢子盘呈垫状凸起，暗褐色至黑色，圆形至椭圆形；分生孢子梗无色，单胞，圆筒形或棍棒形，短小；分生孢子圆柱形或圆筒状、单胞、无色、两头钝圆，内含2～3个油球。有性世代为 *Glomerella fragariae*，称球壳目小丛壳，属子囊菌亚门真菌。子囊壳球形、褐色；子囊长棒状；子囊孢子单胞，无色，弯月形，两端较尖。

【发生规律】病菌以分生孢子在病组织或落地病残体中越冬，主要借助于雨水等传播。翌年现蕾期开始在近地面幼嫩部位侵染发病。盛夏高温雨季此病易流行。一般从7月中旬到9月底发病，气温高的年份发病时间可延续到10月。连作田发病重，老残叶多或氮肥过量植株柔嫩或密度过大造成郁闭易发病。

【防治方法】避免苗圃地多年连作，尽可能实施轮作。注意清园，及时摘除病叶、病茎、枯老叶等带病残体。连续出现高温天气时灌“跑马水”，并用遮阳网遮阳降温。

注意喷药预防苗床应在匍匐茎开始伸长时进行喷药保护，可喷施下列药剂：

40%多菌灵悬浮剂500～800倍液+70%代森联水分散粒剂500～600倍液；

70%甲基硫菌灵可湿性粉剂800～1 000倍液+80%代森锰锌可湿性粉剂800～1 000倍液；

30%碱式硫酸铜悬浮剂700～800倍液等。定植前1周左右，在苗床再喷药1次，再将草莓苗移栽到大田，可减少防治面积和传播速度。

大田见有发病中心时，可选用下列药剂：

60%噻菌灵可湿性粉剂1 500～2 000倍液+80%福美双·福美锌可湿性粉剂800～1 200倍液；

10%苯醚甲环唑水分散粒剂1 500～2 000倍液；

40%氟硅唑乳油8 000～10 000倍液；

5%己唑醇悬浮剂800～1 500倍液；

40%腈菌唑水分散粒剂6 000～7 000倍液；

50%咪鲜胺锰盐可湿性粉剂1 000～1 500倍液；

6%氯苯嘧啶醇可湿性粉剂1 000～1 500倍液；

2%嘧啶核苷类抗生素水剂200～400倍液喷雾，间隔5～7天，喷药3～4次。注意交替用药，延缓抗药性的产生；喷药液要均匀，药液量要喷足，棚架上最好也要喷到，可提高防病效果。

6．草莓褐斑病

【分布为害】主要为害叶片，发病初期在叶上产生紫红色小斑点，逐渐扩大后，中间呈灰褐色或白色，边缘褐色，外围呈紫红色或棕红色，病健交界明显，叶部分的病斑常呈“V”形扩展(图10–32)，有时呈“U”形病斑(图10–33和图10–34)，造成叶片组织枯死，病斑多互相愈合，致使叶片变褐枯黄。后期病斑上可生不规则轮状排列的褐色至黑褐色小点，即分生孢子器(图10–35)。

图10–32 草莓褐斑病叶片上“V”形病斑

图10-33 草莓褐斑病叶片上的“U”形病斑

图10-34 草莓褐斑病叶背上的“U”形病斑

图10-35 草莓褐斑病为害叶片后期症状

【病　　原】*Dendrophoma obscuans* 称暗拟茎点霉，属无性型真菌。分生孢子器淡褐色，球形，具孔口。分生孢子梗内生于器壁上，呈树状分枝。无色。分生孢子近椭圆形，一端较尖细，单胞，无色。

【发生规律】以菌丝体和分生孢子器在病叶组织内或随病残体遗落土中越冬，成为翌年初侵染源。越冬病菌产生分生孢子，借雨水溅射传播进行初侵染，后病部不断产生分生孢子进行多次再侵染，使病害逐步蔓延扩大。4月下旬均温17℃，相对湿度达80%时即可发病，5月中旬后逐渐扩展，5月下旬至6月进入盛发期，7月下旬后，遇高温干旱，病情受抑，但如遇温暖多湿，特别是时晴时雨反复出现，病情又扩展。

【防治方法】发现病叶及时摘除，加强田间管理，通风透光，合理施肥，增强抗逆能力。

草莓移栽时摘除病叶后，并用70%甲基硫菌灵可湿性粉剂500倍液浸苗15～20分钟，待药液晾干后栽植。

田间在发病初期，喷洒下列药剂：

70%甲基硫菌灵可湿性粉剂800～1 000倍液+80%代森锰锌可湿性粉剂700～900倍液；

50%异菌脲可湿性粉剂1 000～1 500倍液；

10%苯醚甲环唑水分散粒剂1 500～2 000倍液；

50%苯菌灵可湿性粉剂1 500～2 000倍液；

50%嘧菌酯水分散粒剂5 000～7 000倍液；

25%吡唑醚菌酯乳油2 000～3 000倍液；

40%腈菌唑水分散粒剂6 000～7 000倍液；

1.5%多抗霉素可湿性粉剂200～500倍液，间隔10天左右喷施1次，连续防治2～3次，以后根据病情喷药，有一定防治效果。

7. 草莓黑斑病

【症　　状】主要侵害叶片、叶柄、茎和浆果。一般发病是在叶面上产生黑色不定形病斑，略呈轮纹状(图10-36)，病斑中央呈灰褐色，有蜘蛛网状霉层，病斑外常有黄色晕圈。在叶柄及匍匐茎上发病常呈褐色小凹斑，当病斑围绕一周时，柄或茎部因病部缢缩干枯易折断。贴地果染病较多，浆果上的病斑为黑色，上有灰黑色烟灰状霉层，病斑仅在皮层一般不深入果肉(图10-37)，但因黑霉层污染而使浆果丧失商品价值。

图10-36　草莓黑斑病为害叶片症状

图10-37　草莓黑斑病为害果实症状

【病　　原】*Alternaria alternata* 称链格孢，属无性型真菌。分生孢子梗深色，单枝，顶端串生分生孢子，分生孢子暗色，手镏弹形或纺锤形，有1～6个横隔，0～3个纵隔，顶端有一指状细胞。

【发生规律】病菌以菌丝体等在植株上或落地病组织上越冬。借种苗传播，环境中的病菌孢子也可引起侵染发病。高温高湿天气有利于黑斑病的侵染和蔓延，田间小气候潮湿有利于发病。重茬田发病加重。

【防治方法】及早摘除病老叶片并集中烧毁；清扫园地，烧毁腐烂枝叶，生长季及时摘除病老残叶及染病果实，并销毁。

发病初期，可用下列药剂：

10%多抗霉素可湿性粉剂400～600倍液；

2%嘧啶核苷类抗生素水剂300～500倍液；

70%甲基硫菌灵可湿性粉剂1 000～1 200倍液；

24%腈苯唑悬浮剂2 500～3 200倍液，间隔7天喷施1次，连喷2～3次。采收前3天停止用药。

8．草莓紫斑病

【症　　状】主要为害叶、叶柄、果梗和花萼。叶片受害后产生紫褐色无光泽小斑，逐渐扩大成不规则病斑，病斑中央与周缘颜色变化不大，病斑有沿叶脉分布的倾向，严重发病时叶面布满病斑，后期全叶黄褐色至暗褐色，直至枯死(图10–38和图10–39)。在病部枯死部分长出褐色小粒点，叶柄和果梗染病后，出现黑褐色凹陷病斑，病部组织变脆，易折断。

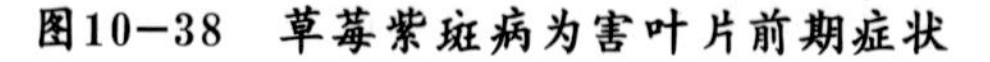

图10–38　草莓紫斑病为害叶片前期症状

图10–39　草莓紫斑病为害叶片后期症状

【病　　原】*Marssonina potenillae* 称凤梨盘二孢，属无性型真菌。分生孢子盘在叶面散生或聚生。

【发生规律】病菌以子囊壳或分生孢子器在植株病组织或落地病残体上越冬。春季释放出子囊孢子或分生孢子借空气扩散传播，侵染发病，也可由带病种苗进行远距离传播。早春和晚秋雨露较多的天气有利发病。

【防治方法】注意清园，尽早摘除病老叶片，减少病源传染。加强田间肥水管理，使植株生长健壮，减少氮肥使用量，避免徒长。

于发病初期，喷施下列药剂：

50%多菌灵可湿性粉剂600～800倍液；

70%甲基硫菌灵可湿性粉剂1 000～1 500倍液；

50%苯菌灵可湿性粉剂1 500～2 000倍液等。

9．草莓黄萎病

【症　　状】草莓黄萎病在我国辽宁丹东等地区已成为严重病害。开始发病时首先侵染外围叶片、叶柄，叶片上产生黑褐色小型病斑，叶片失去光泽，从叶缘和叶脉间开始变成黄褐色萎蔫，干燥时枯死。新叶感病表现出无生气，变灰绿或淡褐色下垂，继而从下部叶片开始变成青枯状萎蔫直至整株枯死(图10-40)。被害株叶柄、果梗和根茎横切面可见维管束的部分或全部变褐。根在发病初期无异常，病株死亡后地上部分变黑褐色腐败。当病株下部叶子变黄褐色时，根便变成黑褐色而腐败，有时在植株的一侧发病，而另一侧健在，呈现所谓“半身枯萎”症状，病株基本不结果或果实不膨大。

图10-40　草莓黄萎病为害植株症状

【病　　原】*Verticillium dahliae* 称大丽轮枝孢，属无性型真菌。菌丝体无色，分生孢子梗直立，呈轮状分枝，轮枝顶端或顶枝着生分生孢子，分生孢子长卵圆形，单胞无色，孢壁增厚形成黑褐色的厚垣孢子，许多厚壁细胞结合成近球形微菌核，黑色。

【发生规律】病菌以菌丝体、厚壁孢子或拟菌核在病残体内在土中越冬，一般可存活6 ~ 8年，带菌土壤是病害侵染的主要来源。病菌从草莓根部侵入，并在维管束里移动上升扩展引起发病，母株体内病菌还可沿匍匐茎扩展到子株引起子株发病。在多雨夏季，此病发生严重。在病田育苗、采苗或在重茬地、茄科黄萎病地定植发病均重。在发病地上种植水稻，保持水渍状态，虽不能根除此病，但可以减轻为害。

【防治方法】实行3年以上轮作，避免连作重茬。清除病残体，及时销毁。夏季进行太阳能消毒土壤。栽种无病健壮秧苗，无病母株匐茎的先端着地以前就切取，插入无病土壤中，使其生根，作为母株育苗即可。

草莓移栽时，用下列药剂：

40%氟硅唑乳油8 000 ~ 10 000倍液等浸根，栽后可用上述药剂灌根。

大田发病初期，可用下列药剂：

50%多菌灵可湿性粉剂700 ~ 800倍液+50%福美双可湿性粉剂500 ~ 600倍液；

70%甲基硫菌灵可湿性粉剂800 ~ 1 200倍液灌根。

10．草莓病毒病

【症　　状】在我国草莓主栽区有4种病毒，即草莓斑驳病毒、草莓轻型黄边病毒、草莓镶脉病毒和草莓皱缩病毒。草莓斑驳病毒：单独侵染时，草莓无明显症状，但病株长势衰退，与其他病毒复合侵染时，可致草莓植株严重矮化，叶片变小，产生褪绿斑，叶片皱缩扭曲。草莓轻型黄边病毒：植株稍微矮化，复合侵染时引起叶片黄化或失绿(图10–41)，老叶变红，植株矮化，叶缘不规则上卷，叶脉下弯或全叶扭曲。草莓镶脉病毒：植株生长衰弱，匍匐茎抽生量减少；复合侵染后叶脉皱缩，叶片扭曲，同时沿叶脉形成黄白色或紫色病斑(图10–42)，叶柄也有紫色病斑，植株极度矮化，匍匐茎发生量减少。草莓皱缩病毒：植株矮化，叶片产生不规则黄色斑点，扭曲变形，匍匐茎数量减少，繁殖率下降，果实变小(图10–43)；与斑驳病毒复合侵染时，植株严重矮化。

图10–41　草莓轻型黄边病毒为害叶片症状

【病　　原】由多种病毒单独或复合侵染引起。主要有草莓斑驳病毒(SMOV)、草莓轻型黄边病毒(SMYEV)、草莓皱缩病毒(SCrV)和草莓镶脉病毒(SVBV)。

【发生规律】病毒主要在草莓种株上越冬，通过蚜虫传毒；但在一些栽培品种上并不表现明显的症状，在野生草莓上则表现明显的特异症状。病毒病的发生程度与草莓栽培年限成正比，品种间抗性有差异，但品种抗性易退化。重茬地由于土壤中积累的传毒线虫及昆虫的数量增多，发生加重。

图10-42 草莓镶脉病毒为害叶片症状

图10-43 草莓皱缩病毒为害花器症状

【防治方法】选用抗病品种。发展草莓茎尖脱毒技术，建立无毒苗培育供应体系，栽植无毒种苗。严格剔除病种苗。加强田间检查，一经发现立即拔除病株并烧掉。

蚜虫是主要的传染源，在蚜虫为害初期，可喷施下列药剂：

10%吡虫啉可湿性粉剂2 000～3 000倍液；

50%抗蚜威可湿性粉剂1 500～2 000倍液等。

发病初期，开始喷洒下列药剂：

20%盐酸吗啉胍·乙酸铜可湿性粉剂500～1 000倍液；

20%盐酸吗啉胍可湿性粉剂400～600倍液；

10%混合脂肪酸水乳剂200～300倍液；

0.5%香菇多糖水剂250～300倍液；

2%宁南霉素水剂300～400ml/亩；

2%氨基寡糖素水剂200～300倍液，间隔10～15天喷施1次，连续防治2～3次。

11. 草莓芽线虫病

【症　　状】主要为害叶芽以及花、花蕾、花托，新叶歪曲成畸形，叶色变浓，光泽增加，植株活力降低，易受真菌、细菌等病菌的侵染；严重受害则植株萎蔫，芽和叶柄变成黄色或红色。主芽受害后腋芽可以生长，造成植株芽的数量明显增多；为害花芽时，轻者使花蕾、萼片以及花瓣变成畸形，严重时，花芽退化、消失，不开花或者坐果差；被害植株不能抽生花序，不结果，严重的甚至造成绝收(图10–44)。

图10–44　草莓芽线虫病为害植株症状

【病　原】为害草莓的线虫有10余种之多。但寄生在草莓芽上的主要是草莓芽线虫(*Aphelenchoides besseyi*)和南方根结线虫(*Meloidogune infognita*)。

【发生规律】草莓芽线虫的初侵染源主要是种苗携带，连作地主要是土壤中残留的芽线虫再次为害所致。在田间芽线虫主要在草莓的叶腋、生长点、花器上寄生，靠雨水和灌溉水传播。夏秋季常造成严重为害。南方根结线虫以卵或2龄幼虫随病残体遗留在土壤中越冬，病土、病苗和灌溉水是主要传播途径。翌春条件适宜时，雌虫产卵，孵化后以2龄幼虫为害形成根结。草莓重茬、杂草丛生、低洼漫灌等环境有利于芽线虫发生。

【防治方法】培育无虫苗，切忌从被害园繁殖种苗。繁殖种苗时，如发现有被害症状的幼苗及时拔除烧毁，必要时进行检疫，严防传播。发病重的地块进行2～3年轮作。加强夏季苗圃的管理，消除病残体及杂草，集中烧毁。

草莓栽植前，将休眠母株在46～55℃热水中浸泡10分钟，可消除线虫；或用50%多菌灵·辛硫磷乳油800倍液浸洗后，摊开晾干水分种植。每亩用50%棉隆可湿性粉剂1.0～1.5kg，与细土或砂拌和成毒土，于栽前15天撒入穴中，浇水覆无病虫土。

在花芽分化前7天用药防治，可用下列药剂：

1.8%阿维菌素乳油0.5～1.5L/亩；

35%威百亩水剂4～6L/亩，对水100kg，浇灌有效。

定植成活期，可用下列药剂：

1.8%阿维菌素乳油3 000～4 000倍液；

50%辛硫磷乳油500～1 000倍液，间隔7～10天喷施1次，连喷2次。

12．草莓根腐病

【分布为害】根腐病是草莓的常见病，各地均有分布，以冬季和早春发生严重。近几年有发展的趋势，尤其是平原、湖滨连作草莓种植区已渐成常见病。一般发病率在10%以下，严重时达50%以上，能造成死苗，对产量有明显影响。

【症　　状】主要表现在根部。发病时由细小侧根或新生根开始，初出现浅红褐色不规则的斑块，颜色逐渐变深呈暗褐色(图10–45)。随病害发展全部根系迅速坏死变褐。地上部分先是外叶叶缘发黄、变褐、坏死至卷缩，病株表现缺水状，逐渐向心叶发展至全株枯黄死亡(图10–46)。

图10–45　草莓根腐病为害根部症状

图10–46　草莓根腐病为害植株地上部症状

【病　　原】*Phytophthora fragariae* 称草莓疫霉，属疫霉属卵菌。

【发生规律】病菌主要以卵孢子在地表病残体或土壤中越夏。卵孢子在土壤中可存活多年，条件适宜时即萌发形成孢子囊，释放出游动孢子，进行再侵染。在田间也可通过病株土壤、水、种苗和农具带菌传播。发病后病部长出大量孢子囊，借灌溉水或雨水传播蔓延。本病为低温病害，地温高于25℃则不发病或发病轻。一般春秋多雨年份，排水不良或大水漫灌地块，发病重。在闷湿情况下极易发病，重茬连作地，植株长势衰弱，发病重。

【防治方法】合理轮作。轮作是减少病原积累的主要途径，最好与十字花科、百合科蔬菜轮作。草莓生长期和采收后，及时清除田间病株和病残体，集中烧毁。选择地势较高、排水良好、肥沃的砂质壤土田块。定植前，深翻晒土，采取高垄地膜栽培。合理施肥，提高植株抗病力。栽培后及时浇水或叶面喷水，提高成活率。严禁大水漫灌，避免灌后积水，有条件的可进行滴灌或渗灌。

种苗处理。从外地引进的种苗应及时摊开防止发热烧苗，栽前用50%多菌灵可湿性粉剂+50%辛硫磷乳油800倍液浸洗后，摊开晾干后种植。也可用50%敌磺钠可溶粉剂、50%甲基立枯磷可湿性粉剂、70%恶霉灵可湿性粉剂2～3kg/亩，拌细土50～60kg，沟施或穴施。

定植成活期，可用下列药剂：

75%百菌清可湿性粉剂500～800倍液；

80%代森锰锌可湿性粉剂600～800倍液，间隔10天喷施1次，连喷2次。

开花盖膜前，行间撒施石灰，或喷施58%甲霜灵·代森锰锌可湿性粉剂500～800倍液，在发现病株的田块采用淋根。

13．草莓疫霉果腐病

【分布为害】草莓疫霉果腐病是草莓结果中后期的一种常见病害，果实受害率一般为15%，严重的达30%以上，可造成极大的经济损失。

【症　　状】主要为害果实。青果被害，病部有淡褐色水烫状斑，并迅速扩大蔓延至全果面，果实变为黑褐色，后干枯、硬化如皮革。成熟果实染病，病部稍稍褪色，失去光泽，白腐软化呈水浸状，似开水烫过，产生臭味(图10-47和图10-48)。

图10-47　草莓疫霉果腐病为害果实前期症状

图10–48 草莓疫霉果腐病为害果实后期症状

【病　　原】*Phytophthora cactorum* 称恶疫霉、*P. citrophthora* 称柑橘褐腐疫霉和 *P. citricola* 称柑橘生疫霉。三种病原菌均属疫霉属。

【发生规律】病菌以卵孢子在病果、病根等病残物或土壤中越冬，翌春条件适宜时产生孢子囊，孢子囊遇水释放游动孢子，借病苗、病土、雨水或灌溉水传播。当气温升到20℃以上、湿度大时发生发展较快，以4—5月发生较重。地势低洼，土壤黏重，偏施氮肥发病重。

【防治方法】从无病田繁殖育苗，培育健壮秧苗，增强植株的抗病能力。加强栽培管理，低洼积水地注意排水，合理施肥，不偏施氮肥。实行水旱轮作2～3年，谨防连作。认真选择园地定植，草莓地宜选择地势较高、排灌方便的沙质壤土。

从花期开始，喷施下列药剂：

50%甲霜灵·王铜可湿性粉剂600～800倍液；

70%三乙膦酸铝·代森锰锌可湿性粉剂500～600倍液；

58%甲霜灵·代森锰锌可湿性粉剂800～1 000倍液；

64%恶霜灵·代森锰锌可湿性粉剂500倍液；

70%甲霜灵·福美双可湿性粉剂500～600倍液；

69%代森锰锌·烯酰吗啉可湿性粉剂1 000～2 000倍液，间隔10天左右喷施1次，连续防治3～4次。

14．草莓青枯病

【分布为害】主要发生在定植初期。最初发病时下位叶1～2片凋萎，叶柄下垂如烫伤状，烈日下更为严重。夜间可恢复，发病数天后整株枯死(图10–49)。根系外表无明显症状，但将根冠纵切，可见根冠中央有明显褐化现象。发病初期叶柄变紫红色，植株生长不良，发病严重时基部叶凋萎脱落，最后整株枯死。叶柄基部感病后则叶片呈青枯状凋萎。根部感病不会出现青枯，横切根茎可见维管束环状褐变并有白色浑浊黏液溢出。

图10-49 草莓青枯病为害植株症状

【病 原】*Ralstonia solanacearum* 称青枯劳尔氏菌，属薄壁菌门细菌。菌体短杆状，单细胞，两端圆，单生或双生，极生鞭毛1～3根，革兰氏染色阴性。

【发生规律】病原细菌主要随病残体残留于草莓园或在病株上越冬，通过雨水和灌溉水传播，带病草莓苗也可带菌，从伤口侵入，病菌具潜伏侵染特性，有时长达10个月以上。病菌发育温度范围为10～40℃，最适温度30～37℃。久雨或大雨后转晴发病重。

【防治方法】严禁用罹病田做育苗圃；栽植健康苗，连续种植2年，病菌感染率下降。避免和茄科作物连作。施用充分腐熟的有机肥或草木灰。

发病初期开始喷洒或浇灌，可用下列药剂：

3%中生菌素可湿性粉剂300～400倍液；

77%氢氧化铜可湿性粉剂500～800倍液；

47%春雷霉素·王铜可湿性粉剂700～900倍液；

50%氯溴异氰尿酸可溶性粉剂1 200～1 500倍液；

20%噻唑锌悬浮剂600～800倍液；

20%噻森铜悬浮剂500～800倍液，间隔7～10天喷施1次，连续防治2～3次。

15. 草莓枯萎病

【症 状】多在苗期或开花至收获期发病。发病初期心叶变黄绿或黄色，有的卷缩或产生畸形叶，引起病株叶片失去光泽，植株生长衰弱，在3片小叶中往往有1～2片畸形或小叶化，且多发生在一侧(图10-50)。老叶呈紫红色萎蔫，后叶片枯黄至全株枯死(图10-51)。剖开根冠，可见叶柄、果梗维管束变成褐色至黑褐色。根部变褐后纵剖镜检可见很长的菌丝。

图10-50 草莓枯萎病为害植株前期症状

图10-51 草莓枯萎病为害植株后期症状

【病　　原】*Fusarium oxysporum* f.sp. fragariae 称尖镰孢菌草莓专化型，属无性型真菌。

【发生规律】病原菌主要以菌丝体和厚垣孢子随病残体遗落土中或未腐熟的带菌肥料及种子上越冬。病土和病肥中存活的病原菌，成为第2年主要初侵染源。病原菌在病株分苗时进行传播蔓延，从根部自然裂口或伤口侵入，在根茎维管束内生长发育，通过堵塞维管束和分泌毒素，破坏植株正常输导机能而引起萎蔫。连作，土质黏重，地势低洼，排水不良，地温低，耕作粗放，土壤过酸，施肥不足，偏施氮肥，施用未腐熟肥料，均能引起植株根系发育不良，都会使病害加重。

【防治方法】从无病田分苗，栽植无病苗；栽培草莓田与禾本科作物进行3年以上轮作，最好能与水稻等水生作物轮作，效果更好；发现病株及时拔除，集中烧毁或深埋，病穴施用生石灰消毒。

发病初期喷药，常用药剂有：

50%多菌灵可湿性粉剂600～700倍液；

70%代森锰锌可湿性粉剂500倍液；

50%苯菌灵可湿性粉剂1 500倍液，喷淋茎基部，每隔15天左右喷施1次，共喷5～6次。

16．草莓菌核病

【症　　状】主要为害果实。果实及果柄染病，始于果柄，并向果面蔓延，致未成熟果实似水烫过，受害果实上可产生白霉，后在霉层上可产生黑色菌核(图10-52和图10-53)。

图10-52　草莓菌核病为害果实症状

图10-53　草莓菌核病为害后期果实产生的菌核

【病　　原】*Sclerotinia sclerotiorum* 称核盘孢，属子囊菌门真菌。菌核球形至豆瓣形或鼠粪状；子囊盘杯形，展开后盘形，盘浅棕色，内部较深；子囊圆筒形或棍棒状，内含8个子囊孢子；子囊孢子椭圆形或梭形，单胞，无色。

【发生规律】以菌核在土中越冬或越夏。北方菌核多在3—5月萌发；子囊孢子萌发后产出芽管，芽管与寄主接触处膨大，形成附着器，再从附着器下边生出很细的侵入丝，穿过寄主的角质层侵入。菌核无休眠期，但抗逆性很强。温度18～22℃，有光照及足够水湿条件，菌核即萌发，产生菌丝体或子囊盘。菌核萌发时先产生小凸起，约经5天伸出土面形成子囊盘，开盘经4～7天放射孢子，后凋萎。湿度是子囊孢子萌发和菌丝生长的限制因子，相对湿度高于85%子囊孢子方可萌发，也利于菌丝生长发育。

【防治方法】深翻土地，使菌核不能萌发。实行轮作，培育无病苗。清除田间杂草，注意通风排湿，降低田间湿度，减少病害传播蔓延。

田间发病初期，可采用以下药剂及时施药防治：

25%嘧菌酯悬浮剂1 500～2 000倍液；

66%甲基硫菌灵·乙霉威可湿性粉剂1 000～1 500倍液；

25%多菌灵可湿性粉剂350～400g/亩；

50%腐霉利可湿性粉剂1 000～2 000倍液；

50%异菌脲可湿性粉剂1 000～2 000倍液；

40%菌核净可湿性粉剂800～1 000倍液，视病情间隔7～10天喷施1次，连续防治3～4次。

17. 草莓软腐病

【症　　状】主要为害茎和果实。茎部发病多出现在生长期，近地面茎部先出现水渍状污绿色斑块，后扩大为圆形或不规则形褐斑，病斑周围有浅色窄晕环，病部微隆起。果实感病主要在成熟期，多自果实的虫伤、日灼伤处开始发病。初期病斑为圆形褪绿小白点，继变为污褐色斑。随果实着色，扩展到全果，但外皮仍保持完整，内部果肉腐烂水溶，恶臭(图10–54)。

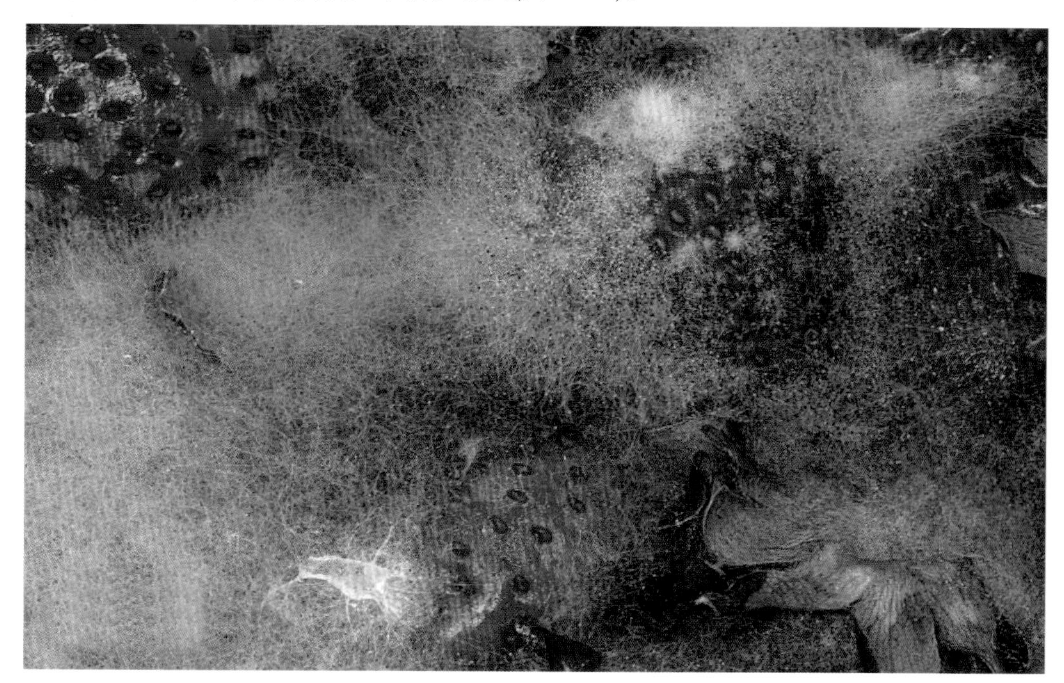

图10–54　草莓软腐病病果症状

【病　　原】*Rhiropus stolonifer* 称匍枝根霉，属接合菌门真菌。

【发生规律】病菌随病残体在土壤中越冬，借雨水、灌溉水及昆虫传播，由伤口侵入，伤口多时发病重。病菌侵入后，分泌果胶酶溶解中胶层，导致细胞解离，细胞内水分外溢，而引起病部组织腐烂。雨水、露水对病菌传播、侵入具有重要作用，阴雨天或露水未落干时整枝打杈，或虫伤多发病重。地势低洼、土质黏重、雨后积水或大水漫灌均易诱发本病。

【防治方法】收获后及早清理病残物烧毁和深翻晒土，整治排灌系统，高畦深沟。勿施用未充分腐熟的粪肥，浅灌勤灌，严防大水漫灌或串灌。做好果实遮蔽防止日灼。

发病初期可采用以下杀菌剂或配方进行防治：

77%氢氧化铜可湿性粉剂500～600倍液；

30%琥胶肥酸酮可湿性粉剂400～600倍液；

20%喹菌酮可湿性粉剂1 500～2 000倍液；

2%春雷霉素水剂500倍液+75%百菌清可湿性粉剂600～800倍液；

3%中生菌素可湿性粉剂300～400倍液，对水喷雾，间隔7天喷施1次，连喷2～3次。

18．草莓细菌性叶斑病

【症　　状】又称角斑病，主要为害叶片。初侵染时在叶片下表面出现水浸状红褐色不规则形病斑，病斑扩大时受细小叶脉所限，呈多角形叶斑。病斑照光呈透明状，但以反射光看时呈深绿色。病斑逐渐扩大后融合成一片，渐变淡红褐色而干枯；湿度大时叶背可见溢有菌脓，干燥条件下形成薄膜，病斑常在叶尖或叶缘处，叶片发病后常干缩破碎。严重时使植株生长点变黑枯死(图10-55和图10-56)。

图10-55　草莓细菌性叶斑病为害叶片症状

图10-56　草莓细菌性叶斑病为害叶片背面症状

【病　　原】*Xanthomonas fragariae* 称草莓黄单胞菌，属薄壁菌门细菌。

【发生规律】病原菌在土壤里及病残体上越冬。在田间通过灌溉水，雨水及虫伤或农事操作造成的伤口传播蔓延，病原菌从叶缘处水孔或叶面伤口侵入，后进入维管束向上下扩展。发病适温为25～30℃，高温多雨，连作或早播，地势低洼，灌水过量，排水不良，肥料少或未腐熟，人为伤口和虫伤多，发病重。

【防治方法】适时定植；选用生长势强抗病品种，施用充分腐熟的有机肥；加强管理，苗期小水勤浇，降低土温。及时防治害虫，减少植株伤口，减少病菌传播途径；发病时及时清除病叶、病株，并带出田外烧毁，病穴施药或生石灰。高温干旱时应科学灌水，以提高田间湿度，减轻蚜虫、灰飞虱为害与传毒。

移植前清除种苗及重病株，并用70%甲基硫菌灵可湿性粉剂500倍液、50%多菌灵可湿性粉剂500倍液浸苗15～20分钟，待药液干后移栽。

发病初期开始喷药，建议使用下列药剂：

2%嘧啶核苷类抗生素水剂200倍液；

2%春雷霉素水剂500倍液；

30%碱式硫酸铜悬浮剂500倍液；

47%春雷霉素·王铜可湿性粉剂800倍液；

84%王铜水分散粒剂1 000～1 500倍液；

30%琥胶肥酸铜可湿性粉剂300～400倍液；

3%中生菌素可湿性粉剂300～500倍液，间隔7～10天防治1次，连续防治3～4次。采收前3天停止用药。

二、草莓生理性病害

1. 草莓畸形果

【症　　状】果实生长不良，呈鸡冠状或扁平状等(图10-57和图10-58)。

图10-57　草莓畸形果症状

图10-58　草莓畸形果症状

【病　　因】草莓品种本身性器官败育，雄蕊发育不良，雌雄器官发育不一致，引起授粉不良而产生畸形果。大棚内缺乏蜜蜂等访花昆虫，或者温度低等不良环境影响，导致授粉不佳。高温、低温或高湿都可引起草莓畸形果，开花授粉期，温度超过30℃，花粉发育不良；温度0℃以下可引起柱头变黑，丧失受精能力。花期喷药能抑制花粉发芽，当日开的花受影响最大。

【防治方法】选用育性高的品种，选用无毒苗，花芽分化好，则花多，果个大，畸形果少，生产上一般要求定植前2周，采取断根、遮阳、控氮、去老叶等措施，促进花芽分化。

开花坐果期应经常通风排湿、降温，白天温度一般保持在22～25℃，夜间保持8℃以上，相对湿度控制在50%。采用无滴膜，防止水滴冲刷柱头。栽植无病毒苗，采用地膜覆盖等农业措施，尽量不用药或减少用药。病虫严重时应在花前或花后用药，开花期严禁喷药，必要时用烟雾剂熏蒸处理。花期中午11:00－12:00是花药开裂高峰期，采用人工辅助授粉，如用软毛笔授粉，效果良好。疏除次花和畸形小果。

2．草莓心叶日灼症

【症　　状】多发生在雨后暴晴，根系较弱的植株上，表现为中心嫩叶在初展或未展之时叶缘急性干枯死亡，干死部分褐色或黑褐色(图10-59和图10-60)。由于叶缘细胞死亡，而其他部分细胞迅速长大，所以受害叶片多数像翻转的酒杯或汤匙，受害叶片明显变小。

图10-59　草莓心叶日灼初期症状

图10-60　草莓心叶日灼后期症状

【病　　因】受害株根系发育较差，新叶过于柔嫩，特别是雨后暴晴，易发生；另一个原因是经常喷洒赤霉素，阻碍了根的发育，加重发病。

【防治方法】壮苗移栽。精细整地，保证土壤密接。慎用赤霉素，尤其不要多次过量使用。若数日阴天后天气骤晴，可用碎麦秸、稻草覆盖草莓。

移栽后要立即灌水，以后每天小水勤浇直至成活。成活后中耕2～4次。若天气久晴，日照强烈，可在10:00－15:00采用遮阳网覆盖。

3．草莓缺素症

草莓在生长发育过程中，需要吸收多种营养元素，一旦某种元素缺乏，植株就会表现出相应的缺素症状，应及时采取补救措施。

(1)缺氮： 叶片逐渐由绿色变为淡绿色或黄色，局部枯焦而且比正常叶片略小。老叶的叶柄和花萼呈微红色，叶色较淡或呈锯齿状亮红色(图10–61)。

图10–61　草莓缺氮症状

(2)缺磷： 植株生长发育不良，叶、花、果变小，叶片呈青铜色至暗绿色，近叶缘处出现紫褐色斑点(图10–62)。

图10–62　草莓缺磷症状

(3)缺钾： 小叶中脉周围呈青铜色，叶缘灼伤状或坏死，叶柄变紫色，随后坏死；老叶的叶脉间出现褐色小斑点；果实颜色浅、味道差(图10-63)。

图10-63 草莓缺钾果实症状

(4)缺钙： 多出现在开花前现蕾时，新叶端部及叶缘变褐，呈灼伤状或干枯，叶脉间褪绿变脆(图10-64)，小叶展开后不能正常生长，根系短，不发达，易发生硬果。

图10-64 草莓缺钙症状

(5)缺镁： 最初上部叶片边缘黄化和变褐枯焦，进而叶脉间褪绿并出现暗褐色斑点，部分斑点发展为坏死斑。枯焦加重时，茎部叶片呈现淡绿色并肿起，枯焦现象随着叶龄的增长和缺镁程度的加重而加重。

(6)缺铁： 幼叶黄化、失绿，开始叶脉仍为绿色，叶脉间变为黄白色。严重时，新长出的小叶变白，叶片边缘坏死或小叶黄化(图10-65)。

图10-65 草莓缺铁症状

(7)缺硼： 叶片短缩呈环状，畸形，有皱纹，叶缘褐色(图10-66)。老叶叶脉间失绿，叶上卷。匍匐蔓发生很慢，根少。花小，授粉和结实率低，果实畸形或呈瘤状、果小种子多，果品质量差。

图10-66 草莓缺硼症状

(8)缺铜： 新叶脉间失绿，出现花白斑。

(9)缺锌： 老叶变窄，特别是基部叶片缺锌越重，窄叶部分越伸长。严重缺锌时，还会出现新叶黄化，叶脉微红，叶片边缘有明显锯齿形边。

(10)缺钼： 叶片均匀地由绿转淡，随着缺钼程度的加重，叶片上出现焦枯、叶缘卷曲现象。

【病　　因】一般土壤贫瘠、施肥不足、管理粗放、杂草多的地块易发生缺氮症。当土壤中含磷少或在含钙多、酸度高条件下磷素不能被吸收时，易发生缺磷现象。疏松的沙土或有机质多的土壤也可能缺磷。只要叶片中含磷量低于0.2%即出现缺磷症。沙土、有机肥、钾肥少的土壤或氮肥施用过量，产生拮抗作用时即发生缺钾现象。当土壤中pH值达到8时，即导致草莓根尖死亡，生长受到严重限制。植株幼嫩部位很需要铁，老叶中的铁又难于转移到新叶中去，新叶的叶绿素形成受到影响，则出现黄化性缺铁症。沙土或钾肥用量过多，妨碍对镁的吸收利用即发生缺镁现象。土壤干燥或土壤溶液浓度高，影响对钙的吸收和利用时易发生缺钙现象。

【防治方法】

(1)缺氮： 施足底肥，以满足其生长发育的需要。发现缺氮，每亩追施硝酸铵11.5kg或尿素8.5kg，并立即浇水；花期用0.3%～0.5%尿素溶液叶面喷施1～2次，或用0.3%尿素溶液在头茬果坐果30天后每隔7～10天喷施1次。

(2)缺磷： 在植株开始出现缺磷症状时，及时用1%过磷酸钙浸出液或0.1%～0.2%磷酸二氢钾溶液每隔7～10天喷1次，连喷2～3次。

(3)缺钾： 增施有机肥料，生长期每亩追施硫酸钾7.5kg左右；发现缺钾，及时用0.1%～0.2%磷酸二氢钾溶液每隔7～10天喷1次，连喷2～3次。

(4)缺钙： 适时浇水，保持土壤湿润。发现缺钙，及时用0.2%～0.3%氯化钙或用0.3%～0.5%硝酸钙溶液叶面喷施。严重缺钙时，每亩可用47%生化黄腐酸钙2kg，浇水时顺沟冲施。

(5)缺镁： 平衡施肥，防止过量施用氮、钾肥；发现缺镁，及时用1%～2%硫酸镁溶液叶面喷施，一般每隔10天左右喷1次，连喷2～3次。

(6)缺铁： 增施有机肥料，及时排水，保持土壤湿润。发现缺铁，及时用0.2%～0.5%硫酸亚铁溶液叶面喷施。

(7)缺硼： 适时浇水，保持土壤湿润。发现缺硼，及时用0.15%硼砂溶液叶面喷施。

(8)缺铜： 整地时，每亩施用0.7～1kg硫酸铜作基肥；生长期发现缺铜，用0.1%～0.2%硫酸铜溶液叶面喷施，一般每隔5～7天喷1次，连喷2～3次。

(9)缺锌： 增施有机肥，改良土壤。发现缺锌，及时用0.05%～0.1%硫酸锌溶液叶面喷施。

(10)缺钼： 发现缺钼，及时用0.03%～0.05%钼酸铵溶液叶面喷施。

4．草莓冻害

【症　　状】一般在秋冬和初春期间气温骤降时发生，有的叶片部分冻死干枯，有的花蕊和柱头受冻后柱头向上隆起干缩，花蕊变黑褐死亡，幼果停止发育干枯僵死(图10-67和图10-68)。

【病　　因】草莓生长期间，气温长时间过低或骤降，植株易受害。越冬时绿色叶片在-8℃以下的低温中可大量冻死，影响花芽的形成、发育和来年的开花结果。在花蕾和开花期出现-2℃以下的低温，雌蕊和柱头即发生冻害。通常是越冬前降温过快而使叶片受冻；而早春回温过快，促使植株萌动生长和

图10-67　草莓花蕊受冻害症状

图10-68　草莓果实受冻害症状

抽蕾开花，这时如果有寒流来临，冷空气突然袭击骤然降温，即使气温不低于0℃，由于温差过大，花器抗寒力极弱，不仅使花朵不能正常发育，往往还会使花蕊受冻变黑死亡。

【防治方法】清除受冻花果。应及时清除受冻的花、果及花序，以免受冻组织发霉病变，诱发次生病害，同时减少植株养分损失，促进植株恢复生长，如有必要可喷施一次预防性杀菌剂。

加强肥水管理。少施氮肥，适量增加磷钾肥的施用。也可以增加叶面肥的施用。坚持通风换气。由于气温较低，在大棚内充满了对草莓有害的气体(主要是氨气、亚硝酸气)，所以在中午温度较高的时候及时通风换气。

晚秋控制植株徒长，越冬及时覆盖防寒。早春不要过早去除覆盖物，在初花期于寒流来临之前要及时加盖地膜防寒或熏烟防晚霜为害。若在晚秋冬季和初春遇冷空气影响，气温下降到0℃以下时，必须及时增加覆盖内膜，必要时可覆盖两层内膜，或在大棚内增设加温设施，以防冻害。

三、草莓虫害

1. 同型巴蜗牛

【分布为害】同型巴蜗牛(*Bradybaena similaris*)，属柄眼目蜗牛科。分布于我国黄河流域、长江流域及华南各省。初孵幼螺取食叶肉，留下表皮，稍大个体则用齿舌将叶、茎秆磨成小孔或将其吃断，严重者将苗咬断，造成缺苗。

【形态特征】成虫体形与颜色多变，扁球形，成体爬行时体长约33mm，体外一扁圆形螺壳，具5～6个螺层，顶部螺层增长稍慢，略膨胀，螺旋部低矮，体部螺层生长迅速，膨大快(图10-69)。头发达，上有2对可翻转缩回的触角。壳面红褐色至黄褐色，具细致而稠密生长线。卵圆球状，初乳白后变浅黄色，近孵化时呈土黄色，具光泽。幼贝体较小，形似成虫。

图10-69 同型巴蜗牛成虫

【发生规律】一年发生1代，以成贝、幼贝在菜田、绿肥田、灌木丛及作物根部、草堆石块下及房前屋后等潮湿阴暗处越冬，壳口有白膜封闭。第2年3月初逐渐开始取食，4—5月间成贝交配产卵，可为害多种植物幼苗。夏季干旱或遇不良气候条件，便隐蔽起来，常常分泌黏液形成蜡状膜将口封住，暂时不吃不动。干旱季节过后，又恢复活动继续为害，最后转入越冬状态。每年以4—5月和9月的产卵量较大。11月下旬进入越冬状态。

【防治方法】采用清洁田园、铲除杂草、及时中耕、排干积水等措施。秋季耕翻，使部分越冬成贝、幼贝暴露于地面冻死或被天敌啄食，卵被晒爆裂。用树叶、杂草、菜叶等在菜田做诱集堆，天亮前集中捕捉。撒石灰带保苗，在沟边、地头或作物间撒石灰带，用生石灰50～75kg/亩，保苗效果良好。

在为害初期，施用6%杀螺胺颗粒剂0.5～0.6kg/亩，拌细沙5～10kg，均匀撒施，最好在雨后或傍晚。施药后24小时内如遇大雨，药粒易冲散，需酌情补施。

也可用10%四聚乙醛颗粒剂400～500g/亩撒于田间。当清晨蜗牛未潜入土时，用硫酸铜800～1 000倍液，或氨水70～100倍液，或1%食盐水喷洒防治。

2．野蛞蝓

【分布为害】野蛞蝓(*Agriolimaz agrestis*)，属柄眼目蛞蝓科。主要分布于江南各省(区)及河南、河北、新疆、黑龙江等地，近年来北方塑料大棚内常有发生。取食草莓叶片，造成孔洞；排泄粪便，造成污染；或刮食草莓果实，影响商品价值。

【形态特征】成虫体长梭形(图10–70)，柔软、光滑而无外壳，体表暗黑色、暗灰色、黄白色或灰红色。触角2对，暗黑色，下边一对短，称前触角，有感觉作用；口腔内有角质齿舌。体背前端具外套膜，为体长的1/3，边缘卷起，其内有退化的贝壳，上有明显的同心圆线，即生长线。呼吸孔在体右侧前方，其上有细小的色线环绕。卵椭圆形，韧而富有弹性，白色透明可见卵核，近孵化时色变深。初孵幼虫体淡褐色；体形同成体。

图10–70　野蛞蝓成虫及为害果实症状

【发生规律】以成虫体或幼体在作物根部湿土下越冬。5—7月在田间大量活动为害，入夏气温升高，活动减弱，秋季气候凉爽后，又活动为害。成虫产卵期可长达160天。野蛞蝓雌雄同体，异体受精，亦可同体受精繁殖。野蛞蝓怕光，强光下2～3小时即死亡，因此均夜间活动，从傍晚开始出动，晚上10:00—11:00达高峰，清晨之前又陆续潜入土中或隐蔽处。耐饥力强。阴暗潮湿的环境易于大发生。

【防治方法】提倡高畦栽培、破膜提苗、地膜覆盖栽培，采用清洁田园、铲除杂草、及时中耕、排干积水等措施，破坏栖息和产卵场所。进行秋季耕翻，使部分越冬虫暴露地面冻死或被天敌啄食，卵被晒爆裂。施用充分腐熟的有机肥，创造不适于野蛞蝓发生和生存的条件。

药剂防治可参考同型巴蜗牛。

3．肾毒蛾

【分布为害】肾毒蛾(*Cifuna locuples*)，属鳞翅目毒蛾科。分布范围北起黑龙江、内蒙古，南至台湾、广东、广西、云南，东近国境线，西自陕西、甘肃折入四川、云南，并再西延至西藏。以幼虫取食叶片，吃成缺

图10–71　肾毒蛾为害叶片症状

刻、孔洞，严重时将叶片吃光，仅剩叶脉(图10–71)。

【形态特征】参考大豆虫害——豆毒蛾。

【发生规律】长江流域每年发生3代。以幼虫在枯枝落叶或树皮缝隙等处越冬。在长江流域，4月开始为害，5月幼虫老熟化蛹，6月第1代成虫出现。成虫具有趋光性，常产卵于叶片背面。幼虫3龄前群聚叶背剥食叶肉，吃成网状或孔洞状。3龄以后分散为害，4龄幼虫食量大增，5～6龄幼虫进入暴食期，蚕食叶片。老熟幼虫在叶背吐丝结茧化蛹。

【防治方法】清除田间枯枝落叶，减少越冬幼虫数量。掌握在各代幼虫分散为害之前，及时摘除群集为害虫叶，杀灭低龄幼虫。

幼虫在3龄以前多群聚，不甚活动，抗药力弱。掌握这个时机喷下列药剂：

20%除虫脲悬浮剂2 000～3 000倍液；

25%灭幼脲悬浮剂2 000～2 500倍液；

1%阿维菌素乳油3 000～4 000倍液；

2.5%溴氰菊酯乳油2 000～3 000倍液；

10%联苯菊酯乳油2 000～2 500倍液；

30%氰戊菊酯乳油2 500～3 000倍液。

4．棕榈蓟马

【分布为害】棕榈蓟马(*Thrips palmi*)，属缨翅目蓟马科。以成虫和若虫唑吸寄主心叶、嫩芽、花器和幼果

图10-72　棕榈蓟马为害叶片症状

图10-73　棕榈蓟马为害花器症状

的汁液，被害的生长点萎缩变黑，出现丛生现象，叶片受害后在叶脉间留下灰色斑，并可连成片，叶片上卷，心叶不能展开，植株矮小，发育不良(图10-72和图10-73)。

【形态特征】成虫体细长，褐色至橙黄色，头近方形，复眼稍凸出，单眼3个，红色，三角形排列，单眼前鬃1对，位于前单眼之前，单眼间鬃1对，位于单眼三角形连线的外缘，即前单眼的两侧各1根(图10-74)；触

角7节；翅狭长，周缘具长毛；前翅前脉基半部有7根鬃，端半部有3根鬃，前胸盾片后缘角上有2对长鬃。卵长椭圆形，黄白色，在被害叶上有针点状白色卵痕，卵孵化后卵痕为黄褐色。若虫黄白色，复眼红色，初孵若虫

图10-74 棕榈蓟马成虫

极微细，体白色，1、2龄若虫无翅芽和单眼，体色逐渐由白转黄；3龄若虫(前蛹)翅芽伸达第3、4腹节；4龄若虫称伪蛹，体色金黄，不取食，翅芽伸达腹部末端。

【发生规律】广东一年发生20～21代，周年繁殖，世代严重重叠。多以成虫在茄科、豆科蔬菜或杂草上、土块下、土缝中、枯枝落叶间越冬，少数以若虫越冬。第二年气温升至12℃时越冬成虫开始活动。4月初在田间发生，7月下旬至9月进入发生为害高峰，秋瓜收获后成虫向越冬寄主转移。成虫具迁飞性和喜嫩绿习性，爬行敏捷、善跳，有趋蓝色特性，多在节瓜嫩梢或瓜毛丛中取食，部分在叶背为害，以孤雌生殖为主。卵孵化多在傍晚。初孵若虫有群集性，1～2龄若虫在嫩叶上或幼瓜的毛丛中活动取食，2龄末期若虫有自然落地习性，从土缝中钻入地下3～5cm处静伏后蜕皮成前蛹经数日再蜕皮成伪蛹。此虫较耐高温，在15～32℃条件下均可正常发育，土壤含水量18%最适宜，夏秋两季发生较严重。

【防治方法】清除田间残株落叶、杂草，消灭虫源，春季适期早播、早育苗，采用营养方法育苗，加强水肥管理等栽培技术，促进植株生长，栽培时采用地膜覆盖，可减少出土成虫为害和幼虫落地入土化蛹。

当每嫩叶上有虫2～3头时进行防治。药剂可选用：

10%吡虫啉可湿性粉剂2 000～3 000倍液；

480g/L毒死蜱乳油1 000～2 000倍液；

2.5%溴氰菊酯乳油2 000～3 000倍液；

25%噻虫嗪水分散粒剂3 000～4 000倍液，均匀喷雾，间隔7～10天喷1次，连续防治2～3次。

5. 斜纹夜蛾

【分布为害】斜纹夜蛾(*Prodenia litura*)，属鳞翅目夜蛾科。在长江流域及其以南地区密度较大，黄河、淮河流域可间歇成灾。幼虫以食叶为主，也咬食嫩茎、叶柄，大发生时，常把叶片和嫩茎吃光，造成严重损失(图10-75)。

【形态特征】成虫头胸灰褐色或白色，下唇须灰褐色，各节端部有暗褐色斑，胸部背面灰褐色，被

鳞片及少数毛。前翅褐色，亚基线灰黄色，波浪形，外横线灰色，波浪形，在第2肘脉后方向外弯；肾纹黑褐色，内侧灰黄色；后翅银白色，半透明，微闪紫光，翅脉及外缘淡褐色，横脉纹不显，缘毛白色(图10–76)。卵粒半球形，初产黄白色，后转淡绿，孵化前紫黑色。幼虫共6龄，老熟幼虫头部黑褐色，

图10–75 斜纹夜蛾为害叶片症状

图10–76 斜纹夜蛾成虫

图10-77 斜纹夜蛾幼虫

胸腹部颜色因寄主和虫口密度不同而异：土黄色、青黄色、灰褐色或暗绿色，背线、亚背线及气门下线均为灰黄色及橙黄色(图10-77)。蛹赤褐色。

【发生规律】每年发生4～9代，华北大部分地区以蛹越冬，少数以老熟幼虫入土作室越冬；在华南地区无滞育现象，终年繁殖；在黄河流域，8—9月是严重为害时期；华中地区，7—8月发生量大，为害最重。成虫终日均能羽化，以18:00—21:00为最多。羽化后白天潜伏于作物下部、枯叶或土壤间隙内，夜晚外出活动，取食花蜜作为补充营养，然后才能交尾产卵，未取食者只能产数粒。成虫飞翔力强，受惊后可做短距离飞行。初孵幼虫群集为害，啃食叶肉留下表皮，呈窗纱透明状，也有吐丝下垂随风飘散的习性。老熟幼虫入土作土室化蛹，入土深度一般为1～3cm，土壤板结时可在枯叶下化蛹。

【防治方法】及时翻犁空闲田，铲除田边杂草。在幼虫入土化蛹高峰期，结合农事操作进行中耕灭蛹，降低田间虫口基数。在斜纹夜蛾化蛹期，结合抗旱进行灌溉，可以淹死大部分虫蛹，降低基数。在斜纹夜蛾产卵高峰期至初孵期，采取人工摘除卵块和初孵幼虫为害叶片，带出田外集中销毁。

掌握在卵块孵化到3龄幼虫前喷洒药剂防治，此期间幼虫正群集叶背面为害，尚未分散，且抗药性低，药剂防效高。可用下列药剂：

1.8%阿维菌素乳油2 000倍液；

5%甲氨基阿维菌素苯甲酸盐水分散粒剂3～4g/亩；

5%氟啶脲乳油2 000倍液；

10%虫螨腈悬浮剂1 500倍液；

4.5%高效氯氰菊酯乳油1 000倍液；

2.5%溴氰菊酯乳油1 000倍液；

48%毒死蜱乳油1 000倍液，采取挑治与全田喷药相结合的办法，重点防治田间虫源中心。由于幼虫白天不出来活动，喷药宜在午后及傍晚进行。间隔7～10天喷施1次，连用2～3次。

第十一章 石榴病虫害

石榴原产于伊朗、阿富汗等国家。2 000多年前石榴沿丝绸之路传入我国，因其营养丰富、药用价值高、保健功能强，越来越受到人们的重视，消费群体不断增加，产业迅猛发展。据资料统计，2017年，中国石榴栽植面积约12万hm^2，产量为169.71万t，在我国南北各地除极寒地区外，均有栽培分布。其中，以陕西、安徽、山东、江苏、河南、四川、云南及新疆等地较多。

据调查，为害石榴的病虫害有30多种，其中，病害有十几种，为害较重的有干腐病、早期落叶病、叶枯病等，虫害有20多种，为害较重的有棉蚜、石榴茎窗蛾、石榴绒蚧、石榴木蠹蛾、石榴巾夜蛾等。

一、石榴病害

1．石榴干腐病

【分布为害】在我国各产区均有发生，采收期病果率10%左右，严重者达60%以上。贮藏期也可造成大量烂果。

【症　　状】主要为害果实，也侵染花器、果苔、新梢。花瓣受害部分变褐，花萼受害初期产生黑褐色椭圆形凹陷褐色小病斑，有光泽，病斑逐渐扩大变浅褐色，组织腐烂，后期产生暗色颗粒体。幼果受害，一般在萼筒处产生不规则形，像豆粒大小浅褐色病斑，逐渐向四周扩展直到整个果实腐烂，颜色由浅到深，形成中间黑边缘浅褐界限明显的病斑。成熟果发病后较少脱落，果实腐烂不带湿性，后失水变为僵果，红褐色(图11–1至图11–4)。枝干受害，秋冬产生灰黑色不规则病斑，翌春变成油渍状，后期开裂，病皮翘起，剥离，严重时枝干枯死(图11–5)。

【病　　原】无性世代为*Zythia versoniana*，称石榴鲜壳孢，属无性型真菌。分生孢子器丛生于果皮内，红色，球形，切面内壁红色，外壁淡绿黄色；分生孢子梗束生内壁上，杆状；分生孢子梭形或纺锤形，无色，单胞。有性世代为 *Nectriella versoniana*，称石榴小赤壳菌，属子囊菌门真菌。子囊壳褐色表生，内壁上生满菌丝；子囊梭形至棍棒状，顶壁厚，无侧丝；子囊孢子梭形，无色。

【发生规律】以菌丝或分生孢子存在于病果、病果苔、病枝内越冬。可从花蕾、花器、果实侵入，有伤口时，发病率高而且发病快。翌年4月中旬产生新的孢子器，是此病的主要传播病源；主要靠雨水传播，从寄主的伤口或自然裂口侵入。一般年份发病始期在5月中下旬，7月中旬进入发病高峰期，末期在8月下旬。在适温范围内主要由6—7月的降水量和田间湿度决定病情的轻重。地势低洼，土壤瘠薄，管理不良，树势弱的园区或是降雨不均的年份，发病较多。

图11–1　石榴干腐病为害果实初期症状

图11–2　石榴干腐病为害果实中期症状

图11-3　石榴干腐病为害果实中期症状(横切面)

图11-4　石榴干腐病为害果实后期症状

图11–5　石榴干腐病为害枝干症状

【防治方法】冬季结合修剪将病枝、烂果等清除干净；夏季要随时摘除病落果，深埋或烧毁；注意保护树体，防止受冻或受伤；平衡施肥、人工授粉、抹钟状花蕾、合理修剪。

冬季清园时喷29%石硫合剂水剂50～100倍液、30%碱式硫酸铜悬浮剂400～500倍液。

从3月下旬至采收前15天，喷施下列药剂：

1∶1∶160倍式波尔多液；

50%多菌灵可湿性粉剂800～1 000倍液+80%代森锰锌可湿性粉剂600～800倍液；

47%春雷霉素·王铜可湿性粉剂700～1 000倍液；

50%甲基硫菌灵可湿性粉剂1 000～1 500倍液；

10%苯醚甲环唑水分散粒剂2 000～3 000倍液；

50%苯菌灵可湿性粉剂1 000～1 500倍液等药剂，间隔10～15天喷1次，连喷4～5次。

2．石榴早期落叶病

【分布为害】早期落叶病是叶斑病的总称，从病斑特征上可分为褐斑病、圆斑病和轮纹病等数种，其中以褐斑病为害最为严重。国内以南方分布较普遍。病害严重时，造成早期大量落叶，使树势早衰，花芽少和产量降低(图11–6)。

【症　　状】褐斑病主要为害叶片和果实，引起前期落果和后期落叶。叶片受害后，初为褐色小斑点，扩展后呈近圆形，边缘黑色至黑褐色，微凸，中间灰黑色斑点，叶片背面与正面的症状相同(图11–7至图11–9)。果实上的病斑近圆形或不规则形(图11–10)，黑色稍凹陷，亦有灰色绒状小粒点，果着色后病斑外缘呈淡黄白色。

圆斑病的病斑，初为圆形或近圆形，褐色或灰色斑点(图11–11和图11–12)。

轮纹病斑的叶呈褐色或暗褐色并有显著轮纹，多发生于叶片边缘，少数发生于叶的中部。空气潮湿时，叶背面常有黑色霉状物出现(图11–13至图11–15)。

图11-6　石榴早期落叶病为害症状

图11-7　石榴褐斑病为害叶片初期症状

图11-8　石榴早褐斑病为害叶片中期症状

图11-9　石榴褐斑病为害叶片后期症状

图11-10　石榴褐斑病为害果实症状

图11-11　石榴圆斑病为害叶片症状

图11-12 石榴圆斑病为害叶片背面症状

图11-13 石榴轮纹病为害叶片前期症状

图11-14 石榴轮纹病为害叶片背面前期症状

图11-15 石榴轮纹病为害叶片后期症状

【病　　原】褐斑病菌 *Cercospora punicae* 称叶角斑尾孢菌，属无性型真菌。子座球形，褐色，分生孢子梗束生，无色至淡褐色，0～1个隔膜，有小型孢子痕；分生孢子圆筒至倒棒状，2～8个隔膜，淡褐色。

【发生规律】病菌在带病的落叶上越冬，翌年4月形成分生孢子。5月开始发病，6月下旬到7月中旬为发病高峰，7月下旬到8月上旬受害叶片脱落。

【防治方法】冬季清园时，清除病残叶、枯枝，集中烧毁，以减少菌源。合理浇水，雨后及时排水，防止湿气滞留，增强抗病力。

在发芽前喷施29%石硫合剂水剂50～100倍液；发芽后喷洒140倍等量式波尔多液。

开花盛期(5月下旬)开始喷药，间隔10天左右喷施1次，连喷6～8次。有效药剂有：

70%甲基硫菌灵可湿性粉剂800～1 000倍液+70%丙森锌可湿性粉剂600～800倍液；

50%多菌灵可湿性粉剂800～1 000倍液+80%代森锰锌可湿性粉剂600～800倍液；

50%异菌脲可湿性粉剂1 500～2 000倍液；

50%嘧菌酯水分散粒剂5 000～7 000倍液；

40%腈菌唑水分散粒剂6 000～7 000倍液等，喷药时要注意喷匀喷细，不能漏喷，叶片正面、背面均要喷到。

3．石榴叶枯病

【症　　状】主要为害叶片，病斑圆形至近圆形，多从叶尖开始，褐色至茶褐色，后期病斑上生出黑色小粒点，即病原菌的分生孢子盘(图11-16和图11-17)。

【病　　原】*Monochaetia pachyspora* 称厚盘单毛孢，属无性型真菌。分生孢子纺锤形，两端细胞无色，中间细胞黄褐色，顶生1～2根附属丝。

【发生规律】以分生孢子盘或菌丝体在病组织中越冬，翌年产生分生孢子，借风雨传播，进行初侵染和多次再侵染。夏秋季多雨或石榴园湿气滞留易发病。

图11-16 石榴叶枯病为害叶片前期症状

图11-17 石榴叶枯病为害叶片后期症状

【防治方法】保证肥水充足，调节地温促根壮树，疏松土壤，抑制杂草，免于耕作。适当密植，利于通风透光。

发病初期，喷洒下列药剂：

1：1：200倍式波尔多液；

50%苯菌灵可湿性粉剂1 000～1 500倍液；

1.5%多抗霉素可湿性粉剂200～500倍液；

5%亚胺唑可湿性粉剂600～700倍液；

25%烯肟菌酯乳油2 000～3 000倍液；

25%吡唑醚菌酯乳油1 000～3 000倍液；

325g/L苯甲·嘧菌酯悬浮剂1 500～2 000倍液，间隔10天左右喷施1次，防治3～4次。

4．石榴煤污病

【症　　状】主要为害叶片和果实，一般在叶片形成后就会发生。病树的枝干、叶片上挂满一层煤烟状的黑灰(图11–18)，用手摸时有黏性。病树发芽稍晚，树势弱，正常花少，产量低，果实皮色青黑(图11–19)。

图11－18　石榴煤污病为害叶片症状

图11－19　石榴煤污病为害果实症状

【病　　原】*Capnodium* sp.称煤炱菌，属子囊菌亚门真菌。菌丝体由细胞组成，呈串珠状，多生有刚毛，有时也生附着枝；子囊座瓶状，表生，座壁也由球形细胞组成。

【发生规律】以菌丝体在病部越冬，借风雨或介壳虫活动传播扩散。该病发生主要原因是昆虫在寄主上取食，排泄粪便及其分泌物，此外通风透光不良、温度高，湿气滞留发病重。

【防治方法】发现介壳虫、蚜虫等刺吸式口器害虫为害时，及时喷洒下列药剂：

0.9%阿维菌素乳油2 000～3 000倍液；

48%毒死蜱乳油1 000～1 500倍液。

必要时喷洒下列药剂：

5%亚胺唑可湿性粉剂500～600倍液；

40%氟硅唑乳油8 000～9 000倍液；

25%腈菌唑乳油5 000～7 000倍液，间隔10天左右喷施1次，连喷2～3次。

5．石榴疮痂病

【症　　状】主要为害果实和花萼。病斑初呈水渍状，渐变为红褐色、紫褐色直至黑褐色，单个病斑圆形至椭圆形，后期病斑融合成不规则疮痂状，粗糙，严重的龟裂(图11-20)。湿度大时，病斑内产生淡红色粉状物，即病原菌的分生孢子盘和分生孢子。

图11-20　石榴疮痂病为害果实症状

【病　　原】*Sphaceloma punicae*称石榴痂圆孢，属无性型真菌。

【发生规律】病菌以菌丝体在病组织中越冬，春季气温高、多雨、湿度大，病部产生分生孢子，借助风雨或昆虫传播，经过几天的潜育，形成新病斑，又产生分生孢子进行再侵染。秋季阴雨连绵时，病害还会再次发生或流行。

【防治方法】清洁果园。发现病果及时摘除，减少初侵染源。

花后及幼果期喷洒下列药剂：

1∶1∶160倍式波尔多液；

50%苯菌灵可湿性粉剂1 500 ~ 1 800倍液+70%代森锰锌可湿性粉剂500 ~ 600倍液；

50%甲基硫菌灵可湿性粉剂500 ~ 800倍液；

60%唑醚·代森联水分散粒剂1 000~2 000倍液；

10%苯醚甲环唑水分散粒剂2 500 ~ 3 000倍液；

80%代森锰锌可湿性粉剂400 ~ 600倍液等。

6．石榴焦腐病

【症　　状】果实上或蒂部初生水渍状褐斑，后逐渐扩大变黑(图11-21)，后期产生很多黑色小粒点，即病原菌的分生孢子器。

图11-21　石榴焦腐病为害果实症状

【病　　原】无性世代为 *Botryodiplodia theobromae*，称可可球二孢，属无性型真菌；有性世代为 *Botryosphaeria rhodina*，称柑橘葡萄座腔菌，属子囊菌亚门真菌。

【发生规律】病菌以分生孢子器或子囊在病部或树皮内越冬，条件适宜时产生分生孢子和子囊孢子，借助风雨传播。

【防治方法】精心养护，及时浇水施肥，增强抗病力。

必要时可选用下列药剂：

1∶1∶160倍式波尔多液；

50%多菌灵可湿性粉剂800倍液+80%代森锰锌可湿性粉剂800倍液；

70%甲基硫菌灵可湿性粉剂700倍液等喷雾防治。

7．石榴病毒病

【分布为害】在我国各产区均有发生，其中，以陕西、河南、山东等地发生最重。有些果园的病株率高达30%以上，为害较严重。

【症　　状】主要表现在叶片上，病叶上出现黄色斑点。沿叶脉变色，主脉及侧脉变色，脉间多小黄斑，有时有坏死斑，落叶较少(图11–22)。

图11—22 石榴病毒病花叶型症状

【病　　原】石榴花叶病毒(Pomegranate mosaic virus， PoMv)；李坏死环斑病毒中的石榴花叶株系(Prunus nicrotic ringspot virus， PNRSV)；(Pomegranate mosaic strain ，PMS)。

【发生规律】病毒主要靠嫁接传播，无论砧木还是接穗带毒，均可形成新的病株。此外，菟丝子可以传毒。萌芽后不久即表现症状，4—5月发展迅速，7—8月基本停止发展，甚至出现潜隐现象，11月完全停止。树势衰弱时，症状较重；幼树比成株易发病；幼叶表现症状，而老叶不发生病斑；发病树逐年衰弱。高温多雨，症状较重，持续时间长。土壤干旱，水肥不足时发病重。

【防治方法】发现病苗及时拔除销毁。对病树应加强肥水管理，增施农家肥料，适当重修剪。干旱时应灌水，雨季注意排水。大树轻微发病的，增施有机肥，适当重剪，增强树势，减轻为害。

春季发病初期，可喷洒下列药剂预防：

10%混合脂肪酸水乳剂100倍液；

20%盐酸吗啉胍·乙酸铜可湿性粉剂1 000倍液；

5%氨基寡糖素水剂300～500倍液；

1%香菇多糖水剂500～700倍液；

2%宁南霉素水剂200～300倍液，间隔10～15天喷施1次，连续3～4次。

二、石榴生理性病害

1. 石榴日灼

【症　　状】发生在果肩至果腰朝阳部位。初期果皮失去光泽，隐现出油渍状浅褐斑，继而变为褐色、赤褐色至黑褐色大块斑，病健组织界限不明显。后期病部稍凹陷，脱水而坚硬，中部常出现米粒状灰色疱皮。剥开坏死果皮观察，内果皮变褐，子实体的外层灼死，汁少味劣，果实畸形，且容易引发煤污病(图11-23)。

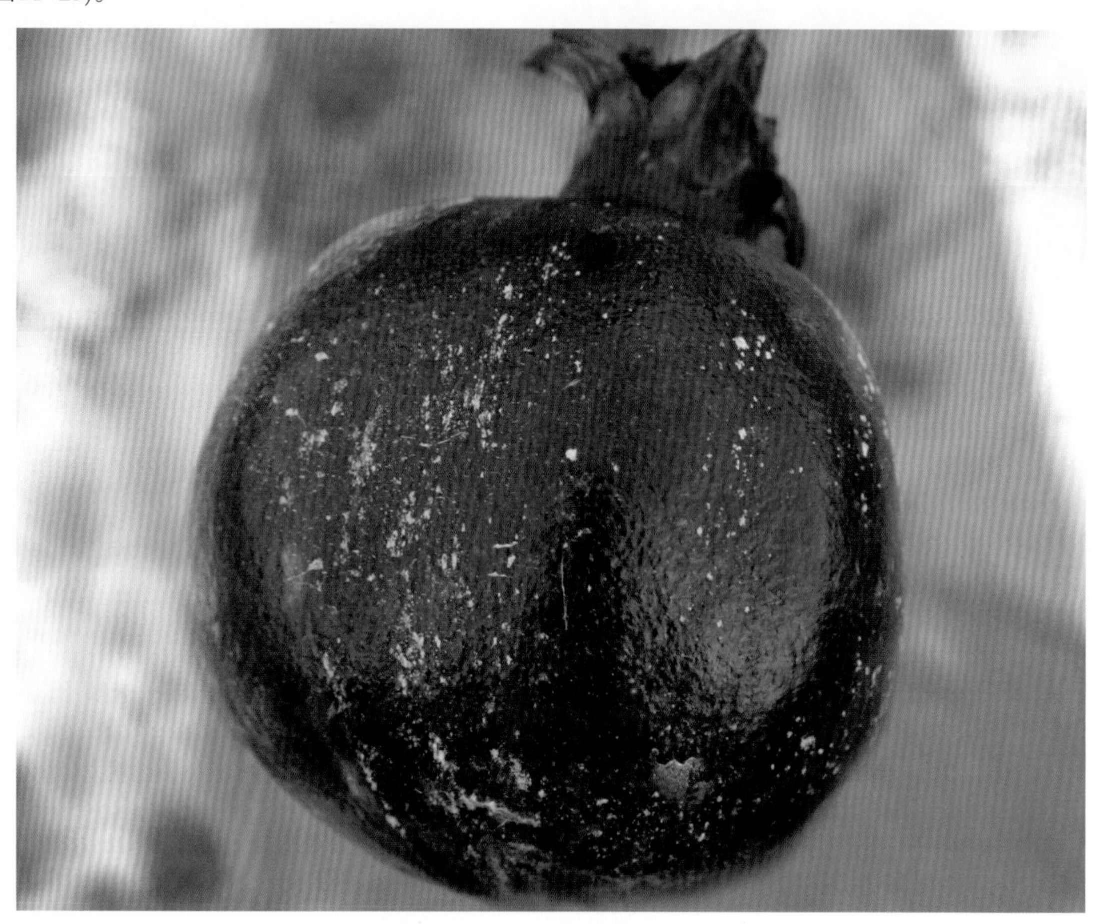

图11-23　石榴日灼症状

【病　　因】夏季强光直接照射果面，导致局部蒸腾作用加快，温度升高或持续时间长易发生日灼。7—8月易发病。

【防治方法】选用抗日灼品种。修剪时果实附近适当增加留叶，遮盖果实，防止烈日暴晒。加强灌水和土壤耕作，促进根系活动，保证石榴对水分的需要。幼果期，尽力疏去树冠顶部和晒面外层暴露在阳光下的小果，以免其抢养分长大后成为日灼果。

密切注意天气变化，如有可能出现炎热易发生日灼的天气，于中午前喷洒0.2%～0.3%磷酸二氢钾，有一定的预防作用。

2. 石榴裂果

【分布为害】裂果是石榴生产中普遍存在的一个突出问题，从幼果期至成熟期均能发生，尤以果实采收前10～15天最为严重。裂果率低的年份一般为10%，高的年份高达30%～75%；果实开裂后易腐烂，不能保鲜储存，商品价值和食用价值降低或丧失。

【症　　状】裂果多数以果实中部横向开裂为主，伴以纵向开裂，严重的有横、纵、斜向混合开裂的，少数以纵向开裂为主(图11–24)。

图11–24　石榴裂果症状

【病　　因】石榴的外果皮质地致密，中果皮疏松，内果皮与心室连生。在果实发育前期，外果皮延展性好，不易裂果。果实近成熟期，因经夏季久旱、高温、干燥和日光直射，外果皮组织受到损害，果皮老化失去弹性，丹宁含量增加，质地变脆，分生能力变弱。但此时，中果皮生长能力仍较强，种子生长旺盛，籽粒迅速膨大的张力导致果皮内外生长速度不一致，使果皮开裂，发生裂果。持久干旱又缺乏灌溉，突然降水或灌溉，根系迅速吸水输导至植株的根、茎、叶、果实各个器官，种子的生长速度明显高于处于老化且基本停止生长的外果皮，当外果皮承受不住时，导致果皮开裂。沿黄地区石榴裂果发生的严重时期一般始于8月下旬，以果实采收前10～15天，即9月上中旬最为严重，直至9月中下旬的采收期。早熟品种裂果期提前，8月上旬即出现较为严重的裂果现象。树冠的外围较内膛、朝阳比背阴裂果重，果实的阳面裂口多，机械损伤部位易裂果。

【防治方法】选用抗裂果的品种，石榴裂果与品种特性有关。一般成熟期早、果形扁圆、果皮薄且易衰老的品种易裂果；成熟晚、青皮、铜壳、果皮厚而粗糙、锈色的品种不易裂果。

合理修剪，改善园内通风透光条件，促进石榴着色和防止裂果。冬剪时，疏掉或回缩一部分较大的交叉枝和重叠枝，调整好各级骨干枝的从属关系，间疏和回缩外围密生结果枝、细弱下垂枝；夏季修剪，主要是抹芽、摘心和剪枝等。对无用枝和密生枝芽要及早抹除，及时疏除无用的徒长枝，有空间的无用枝可以通过摘心、扭梢使其转化为结果枝。

果园覆盖，果实生长前期，在树盘内覆盖塑料薄膜或农作物秸秆，有利于保持土壤水分，防止园地板结，减少石榴裂果。另外，在石榴园内间种绿肥、豆类或其他矮秆经济作物，亦有同样效果。

合理灌溉，应本着少量、均衡、多次和适当控制的原则。生产上，一般在幼果快速增长或膨大期，每隔10～15天要灌1次水；临近雨季，逐步增加灌水次数，并每隔7～10天给树冠喷1次水，以增加园内空气湿度，湿润果皮，增强果皮对连续阴雨、高湿环境的适应性，防止裂果发生；在果实快要成熟前，停止浇水。

合理施肥，应以有机肥为主，配方施足磷、钾肥，尽量少施氮肥。果实膨大期，用0.3%磷酸二氢钾溶液或0.5%氯化钙溶液叶面喷施，有利于增强果皮的韧性，防止裂果发生。

合理化控，在石榴果实发育的中后期，用25mg/L赤霉素溶液喷洒果面，可使裂果减少30%。另外，在石榴果实萼洼处，贴上用10～30mg/L赤霉素溶液浸泡过的布条，或者喷洒0.3%多效唑溶液，或者喷洒20～25mg/L乙烯利溶液，亦有减轻或防止裂果的作用。

果实套袋，一般在幼果期进行，兼有防病、防虫、防裂果的作用。套袋对温、湿度的剧烈变化具有一定的缓冲作用，可以保护果皮，减少干旱干燥期日光对果皮的灼伤和持续高温对果皮韧性的损伤，从而防止裂果。

3．石榴冻害

【症　　状】受冻的果树根、主茎冻死，其地上部停止萌芽、生长，最后部分或全部死亡(图11–25和图11–26)。

图11–25　石榴冻害部分枝条枯死症状

图11-26 石榴冻害全株死亡症状

【病　　因】11月中旬突然出现强烈降温天气，果树萌芽前，天气又突然降温或持续低温，加速了冻伤程度。栽培的品种抗寒性差，是发生冻害的内因。其为害程度与降温幅度、持续时间、降温陡度有关。降温幅度和陡度大，低温持续时间长，受害重。

【防治方法】加强栽培管理，提高树体抗寒、抗冻能力。要注意前期促、后期控。7月以后要少施氮肥，控制后期浇水，防止后期徒长。重视秋施基肥，增强光合作用，不仅可促进花芽分化，提高来年坐果率，还可以增强树体的抗冻性。

覆草、秸秆或地膜、灌水、根部培土、树干包草、主干和主枝涂白或喷白等。①覆盖法。在树冠下的地面上覆草、秸秆或地膜，不仅能防止果树受冻，而且可以起到保墒的作用。②在封冻之前，用稻草或麦秸将果树主干、主枝包裹捆绑。可有效地阻隔寒风侵袭，从而减轻冻害，达到果树安全越冬的目的。③10月下旬，水、生石灰、食盐、石硫合剂、植物油按30：8：2：1.5：0.2的比例混合拌匀后，涂抹在树干上，或喷防冻液。不仅可防止和减轻冻害，还能抵制病菌侵入，消灭越冬害虫。④封冻前浇冻水。11月上旬果树灌水可以提高果树抗寒能力，使冬寒期间地温保持稳定，果树的冻害程度就会大大减轻，同时还能起到冬水春用，防止春旱。

三、石榴虫害

1. 棉蚜

【分布为害】棉蚜(*Aphis gossypii*)，属同翅目蚜科。成虫、若虫均以口针刺吸汁液，大多栖息于花蕾上，为害幼嫩叶及生长点，造成叶片卷缩(图11-27和图11-28)。

图11-27　棉蚜为害石榴新梢症状

图11-28 棉蚜为害石榴花蕾症状

【形态特征】有翅胎生雌蚜体呈黄色、浅绿色或绿色至蓝黑色；前胸背板及腹部呈黑色，腹部背面两侧有3～4对黑斑，触角6节，短于身体。无翅胎生雌蚜体夏季以黄绿色居多，春秋两季为深绿色或蓝黑色(图11–29)；体表覆以薄蜡粉；腹管为黑色，较短，呈圆筒形，基部略宽，上有瓦状纹。卵椭圆形，初产时呈橙黄色，后变为漆黑色，有光泽。若蚜共5龄，体呈黄绿色或黄色，也有蓝灰色。有翅若蚜于第一次蜕皮出现翅芽，蜕皮4次后变成成蚜。

图11–29 棉蚜无翅胎生蚜

【发生规律】在长江流域以卵在石榴、花椒、木槿、鼠李等木本寄主的枝条上，或夏枯草等草本植物的基部越冬。在南方一年四季都可生长繁殖。棉蚜的繁殖能力很强，当5天平均气温稳定在6℃以上就开始繁殖，越冬卵孵化为“干母”，孤雌胎生几代雌蚜，称为“干雌”，繁殖2～3代后产生有翅蚜。春天气候干燥，很适于棉蚜繁殖，故石榴树往往受到严重为害。秋末冬初天气转冷时，有翅蚜迁回到越冬寄主上，雄蚜和雌蚜交配、产卵过冬，卵多产于芽腋处。

【防治方法】冬季清园。越冬卵数目多时，可喷95%的机油乳剂，能兼治介壳虫。

越冬卵孵化及为害期，选晴天进行防治，可选用下列药剂：

10%吡虫啉可湿性粉剂2 000～3 000倍液；

50%抗蚜威可湿性粉剂1 000～2 000倍液；

2.5%氯氟氰菊酯乳油1 000～2 000倍液；

2.5%高效氯氟氰菊酯乳油1 000～2 000倍液；

5%氯氰菊酯乳油5 000～6 000倍液；

2.5%高效氯氰菊酯水乳剂1 000～2 000倍液；

2.5%溴氰菊酯乳油1 500～2 500倍液；

对水进行喷雾防治。

2．石榴茎窗蛾

【分布为害】石榴茎窗蛾(*Herdonia osacesalis*)，属鳞翅目网蛾科。为石榴树主要害虫之一，主要蛀食枝梢，削弱树势，造成枝梢枯死，降低结果率(图11–30)。

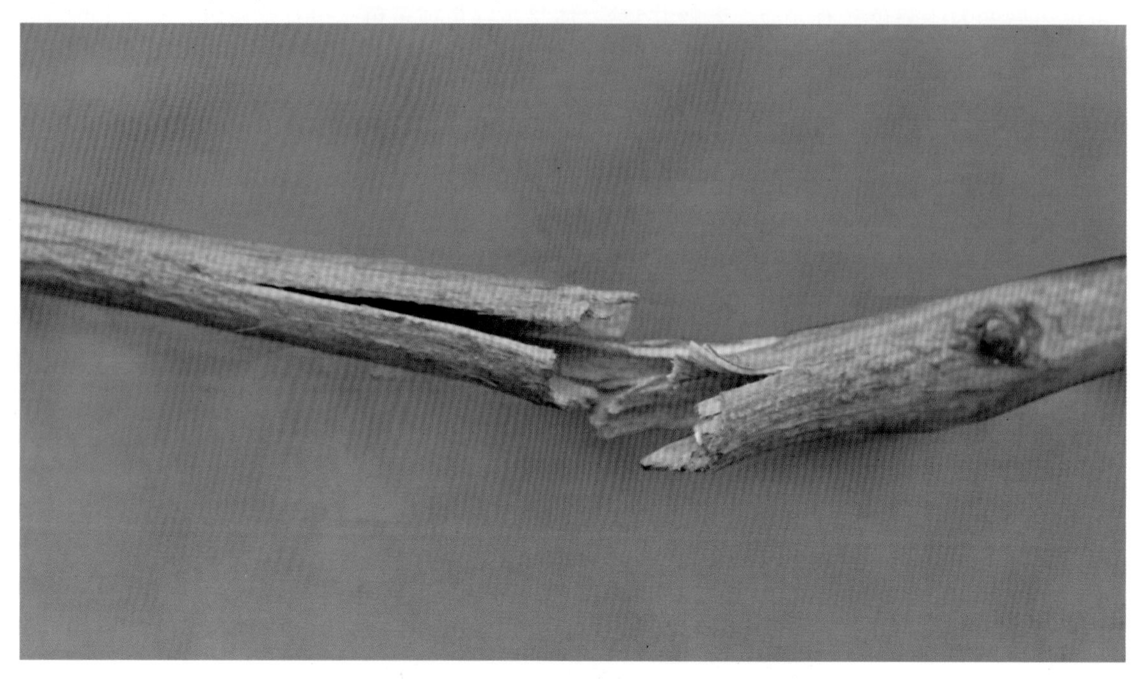

图11–30 石榴茎窗蛾为害枝条状

【形态特征】成虫呈乳白色，微黄，前、后翅大部分透明，有丝光(图11–31)；前翅顶角略弯成镰刀形，顶角下微呈粉白色，前翅前缘有10～16条短纹；后翅外缘略褐，具3条褐色横带。卵瓶状，初产时呈白色，后变为枯黄，孵化前呈橘红色。老熟幼虫体呈淡青黄色至土黄色，头部呈褐色，前胸背板呈淡褐色(图11–32)。

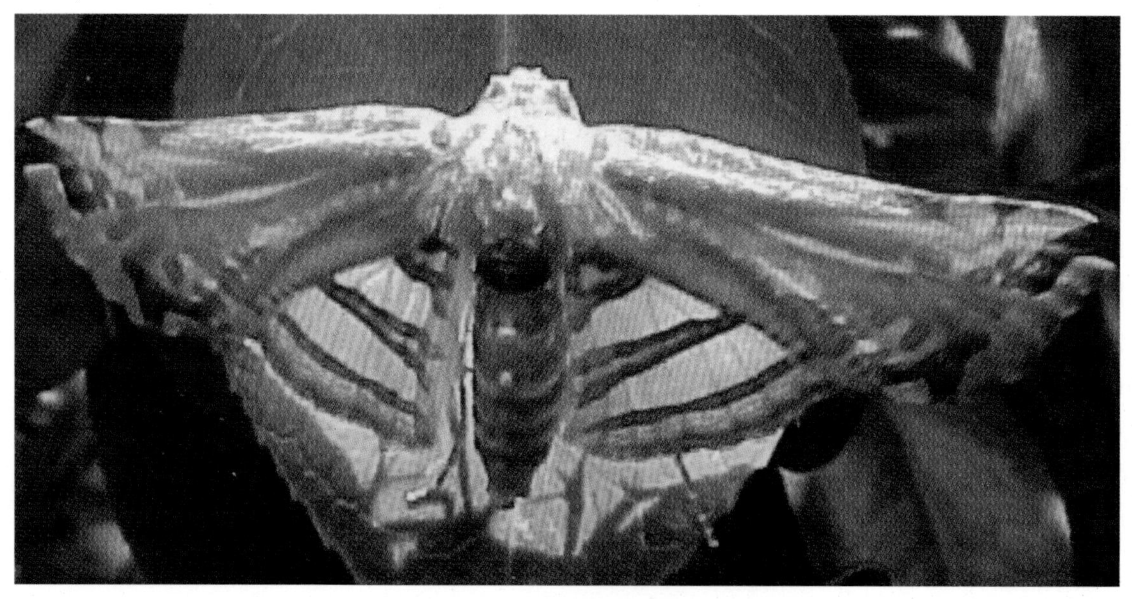

图11–31 石榴茎窗蛾成虫

【发生规律】一年发生1代，以幼虫在被害枝的蛀道内越冬，翌年3月底越冬幼虫继续为害。5月上旬老熟幼虫在蛀道内化蛹，5月中旬为化蛹盛期。6月上旬开始羽化，6月中旬为羽化盛期。田间7月初出现

图11-32 石榴茎窗蛾幼虫

症状，幼虫向下蛀达木质部，每隔一段距离向外开一排粪孔，随虫体增长，排粪孔间距加大，至秋季蛀入2年生以上的枝内，多在2～3年生枝交接处虫道下方越冬。

【防治方法】结合冬季修剪(落叶后发芽前)剪除虫蛀枝梢或春季发芽后，剪除枯死枝烧毁，消灭越冬幼虫。7月间剪除萎蔫的枝梢，消灭初孵幼虫。

6月中旬羽化盛期树上喷药消灭成虫、卵及初孵幼虫，每隔7天左右喷1次，连续防治3～4次。药剂可选用：

20%氰戊菊酯乳油1 000～2 000倍液；

2.5%溴氰菊酯乳油2 500～3 000倍液；

90%晶体敌百虫800～1 000倍液；

50%辛硫磷乳油1 000～1 500倍液。幼虫蛀入枝条后，查找幼虫排粪孔，对最下面的孔用注射器注入80%敌敌畏乳油500～800倍液后，用泥封堵，消灭枝条内的幼虫。

3．石榴绒蚧

【分布为害】石榴绒蚧(*Eriococcus lagerostroemiae*)，属同翅目绒蚧科。分布于北京、天津、江苏、山东、山西、浙江、湖南、湖北等地。寄生于植株枝干和芽腋处，吸食汁液。受害树枝瘦弱叶黄，树势衰弱，极易滋生煤污病，受害严重的树会整株死亡。

图11-33 石榴绒蚧雌成虫及为害状

【形态特征】雌虫体长卵圆形(图11-33)；活的虫体多为暗紫色或紫红色；老熟成虫被包于白色毡状的蜡囊中，大小如稻米粒。雄成虫长形，呈紫红色。卵呈圆形，紫红色。若虫椭圆形，紫红色，四周具刺突。

【发生规律】一年发生3～4代，以末龄若虫在2～3年生枝皮层的裂缝、芽鳞处及老皮内越冬，翌年4月上中旬出蛰，吸食嫩芽、幼叶汁液，以后转移至枝条表面为害。5月上旬成虫交配，各代若虫孵化期分别在5月底至6月初，7月中下旬，8月下旬至9月上旬。10月初若虫开始越冬。

【防治方法】苗木插条要严格进行消毒杀虫，消毒杀虫药物同萌芽前处理。

4月上中旬萌芽前，全树均匀喷洒3～5波美度石硫合剂，或喷施下列药剂：

1.8%阿维菌素乳油1 000～2 000倍液；

45%马拉硫磷乳油1 500～2 000倍液。

各代若虫孵化期喷施下列药剂：

2.5%氯氟氰菊酯乳油1 000～3 000倍液；

20%甲氰菊酯乳油1 000～2 000倍液；

25%噻嗪酮可湿性粉剂1 000～1 500倍液等。

4．石榴木蠹蛾

【分布为害】石榴木蠹蛾(*Zeuzera coffeae*)，属鳞翅目木蠹蛾科。以幼虫为害枝干，受害枝上的叶片凋萎枯干，最后脱落。遇到大风，受害枝易折断(图11–34)。

图11–34 石榴木蠹蛾为害枝条状

【形态特征】成虫体灰白色(图11–35)，前胸背板有2～3对黑纹呈环状排列，前翅密生有光泽的黑色斑点。幼虫体较大，前胸背板黑斑分开呈翼状，腹末臀板为暗红色(图11–36)。蛹红褐色(图11–37)。

【发生规律】一年发生2代，以幼虫在枝条内越冬。第1代成虫于5月上中旬出现。第1代幼虫为害的枝条6—7月出现症状；第2代成虫于8月初至9月底出现。成虫产卵于基部，卵孵化后，幼虫从梢上部蛀入，

图11-35 石榴木蠹蛾成虫

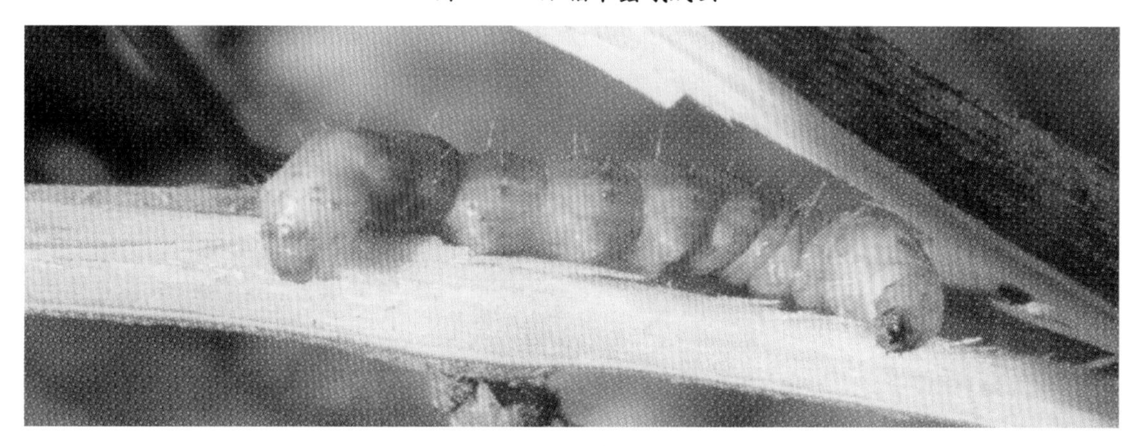

图11-36 石榴木蠹蛾幼虫

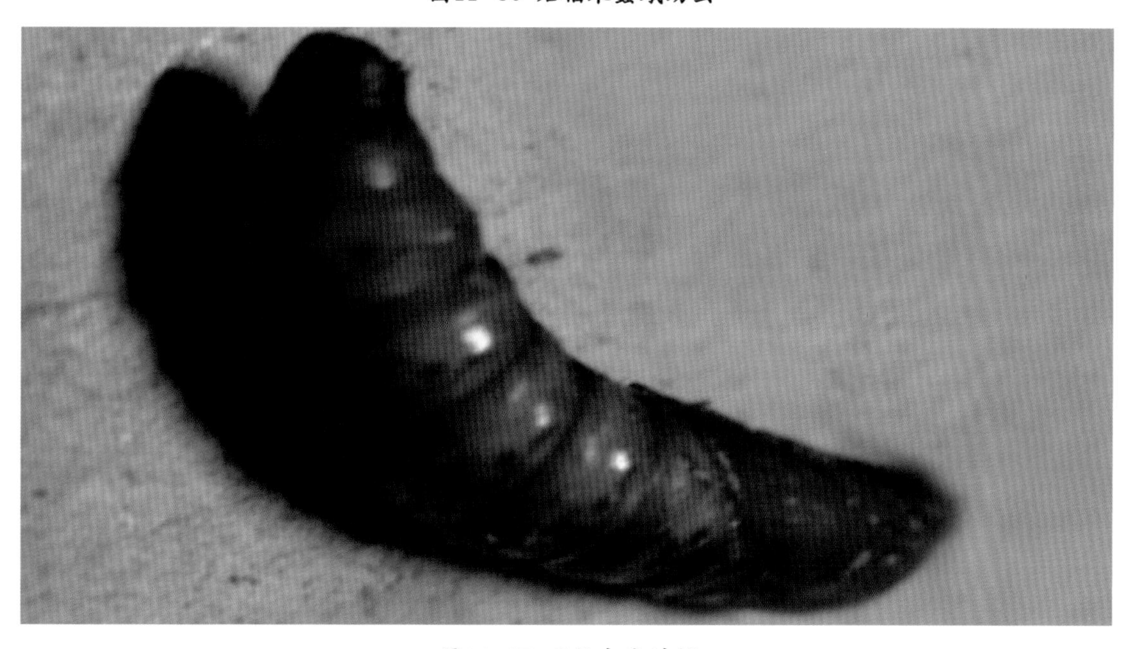

图11-37 石榴木蠹蛾蛹

在皮层与木质部之间为害，后蛀入髓部并向上蛀食成直蛀道。老熟后在枝内化蛹。

【防治方法】灯光诱杀。石榴木蠹蛾成虫具有趋光性，可在石榴园内安装黑光灯诱杀成虫。

在幼虫蛀入后见有新鲜虫粪排出时，用80%敌敌畏乳油10倍液注入孔内，然后用泥将孔封死。

幼虫孵化期，可用下列药剂：

2.5%氯氟氰菊酯乳油1 000～3 000倍液；

10%高效氯氰菊酯乳油1 000～2 000倍液；

10%醚菊酯悬浮剂800～1 500倍液；

5%氟虫脲乳油800～1 500倍液；

20%虫酰肼悬浮剂1 000～1 500倍液。

5．石榴巾夜蛾

【分布为害】石榴巾夜蛾(*Parallelia stuposa*)，属鳞翅目夜蛾科。以幼虫为害石榴嫩芽、幼叶和成叶，发生较轻时咬成许多孔洞和缺刻，发生严重时能将叶片吃光，最后只剩主脉和叶柄。

【形态特征】成虫体呈褐色(图11–38)，前翅中部有一灰白色带，中带的内、外均为黑棕色，顶角有2个黑斑；后翅呈暗棕色，中部有一白色条带。卵呈灰色，形似馒头。老熟幼虫头部呈灰褐色(图11–39)；体背呈茶褐色，布满黑褐色不规则斑纹。蛹呈黑褐色，覆以白粉。茧呈灰褐色，表面粗糙。

图11–38 石榴巾夜蛾成虫

【发生规律】一年发生代数因地域不同而有差异，一年发生2代的，以蛹越冬。5月底至6月初第1代成虫就大量出现，产卵于树干上。6月下旬可发现幼虫。以幼虫为害石榴芽叶为主，白天静止，夜间取食，一般是果园外围受害重，而中间受害轻。8月是第2代幼虫的严重为害期。到深秋的9月底至10月，老熟幼虫在树下附近的土中化蛹越冬。

【防治方法】成虫有较强的趋光性，在各代成虫盛发期，结合其他害虫的防治，在上半夜均可用黑光灯进行诱杀。清除果园附近的灌木、杂草以及其他幼虫的寄主，冬季进行翻地，可消灭一部分越冬的虫蛹。

幼虫为害严重时，可适当选用下列药剂：

图11-39 石榴巾夜蛾幼虫

2.5%氯氟氰菊酯乳油2 000～3 000倍液；

5%顺式氯氰菊酯乳油2 000～2 500倍液；

2.5%溴氰菊酯乳油2 000～3 000倍液等，喷雾防治。

6．玫瑰巾夜蛾

【分布为害】玫瑰巾夜蛾(*Parallelia arctotaenia*)，属鳞翅目夜蛾科。在国内分布广泛，以幼虫取食嫩叶、花蕾和花瓣，造成叶片花朵残缺不全或花蕾开花异常。幼虫停栖于枝上时，常呈拱立或竖立体态。

【形态特征】成虫体暗灰褐色，前后翅中部有条白色带，翅的臀角处还可见一斜列小白斑(图11-40)。卵球形，黄白色。幼虫绿褐色被有赭色细点；老熟幼虫体头顶有2块黄白色斑，腹部第1节背面的一对黄白色小斑(图11-41)。蛹红褐色，被有紫灰色蜡粉(图11-42)；尾节有多数隆起线。

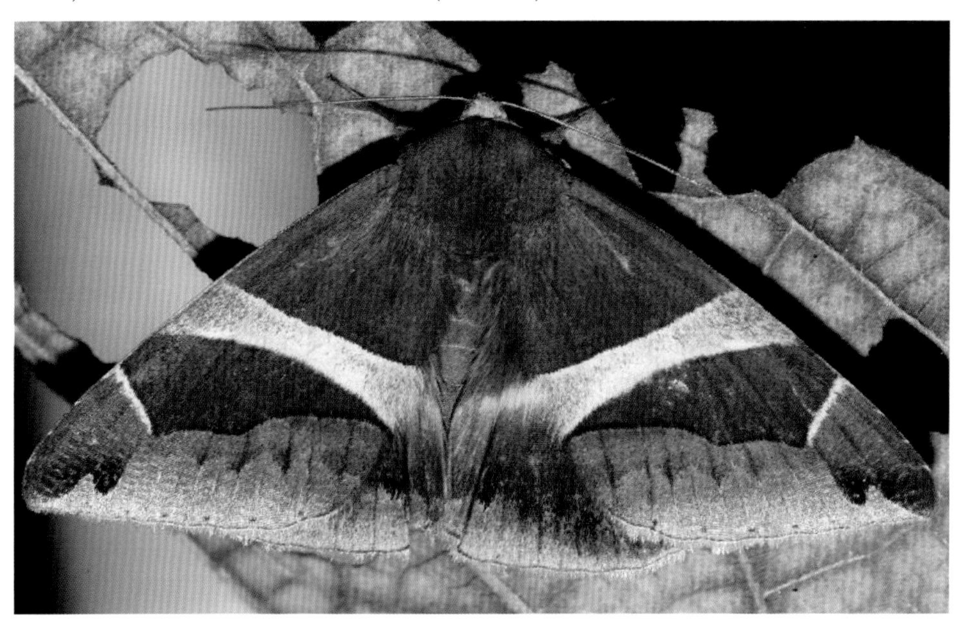

图11-40 玫瑰巾夜蛾成虫

图11-41 玫瑰巾夜蛾幼虫

图11-42 玫瑰巾夜蛾蛹

【发生规律】一年发生2～4代，以蛹在土中越冬。翌年4－5月成虫羽化，散产卵于叶背，每叶产卵1粒。成虫昼伏夜出，具趋光性。由于世代重叠，在5—10月均可发现其幼虫为害。幼虫虫体常竖立拟态枝条状而不易被发现。老熟幼虫在土中、落叶中或叶片上吐丝结茧化蛹。最后一代老熟幼虫于10月下旬以蛹在土中越冬。

【防治方法】参考石榴巾夜蛾。

第十二章 柿树病虫害

中国是柿的原产国，也是世界上柿树栽培面积最大和柿果产量最多的国家。我国的柿树种植面积72万hm²，产量305万t。柿树原产于我国长江和黄河流域，是我国栽培较广的果树树种，品种资源丰富，栽培历史已有3 000多年。柿树适宜生长在年平均气温10℃以上、年降水量在450mm以上的地区。主要分布在广西、河北、河南、陕西、山东、福建、安徽、广东等省区。

柿树适应性强，对土质选择不严，无论山地、丘陵、平原、河滩，肥地、瘠地，黏土、沙土均能得到相当产量。

柿树的病虫害有40多种，其中，病害有20多种，虫害有20多种，主要有角斑病、炭疽病、黑星病及柿长绵粉蚧、柿绒蚧、柿星尺蠖、柿血斑叶蝉等。

一、柿树病害

1．柿炭疽病

【分布为害】该病在我国发生很普遍。在华北、西北、华中、华东各省区都有发生(图12-1)。

图12-1 柿炭疽病为害情况

【症　　状】主要为害果实，也可为害新梢、叶片。果实发病初期，在果面上先出现针头大、深褐色或黑色小斑点，后病斑扩大呈近圆形、凹陷病斑(图12-2和图12-3)；病斑中部密生轮纹状排列的灰色至黑色小粒点(分生孢子盘)；空气潮湿时病部涌出粉红色黏稠物(分生孢子团)。新梢发病初期，产生黑色小圆斑，后扩大成椭圆形的黑褐色斑块，中部凹陷纵裂，并产生黑色小粒点，新梢易从病部折断，严重时病斑以上部位枯死(图12-4)。叶片受害时，先在叶尖或叶缘开始出现黄褐斑，逐渐向叶柄扩展，病叶常从叶尖焦枯，叶片易脱落(图12-5)。

图12-2　柿炭疽病为害果实初期症状

图12-3　柿炭疽病为害果实后期症状

图12-4 柿炭疽病为害新梢症状

图12-5 柿炭疽病为害叶片症状

【病　　原】 *Gloeosporium kaki* 称柿盘长孢菌，属无性型真菌(图12-6)。分生孢子梗聚生于分生孢子盘内，无色，具一至数个隔膜，顶端着生分生孢子。分生孢子无色，单胞，圆筒形或长椭圆形。病菌发育的最适温度为25℃，最低9℃，最高35～36℃。

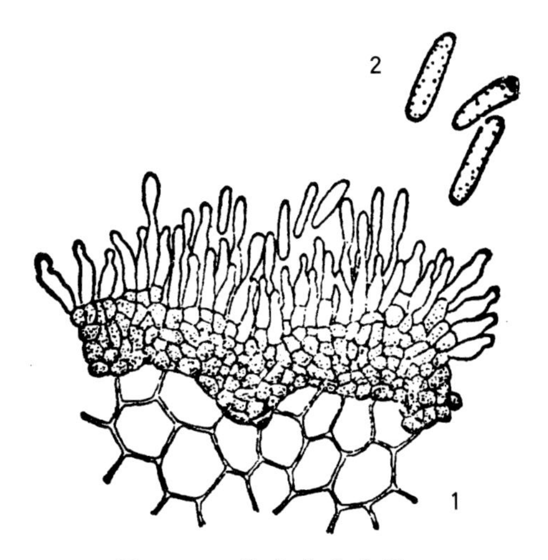

图12-6 柿炭疽病病原
1.分生孢子盘 2.分生孢子

【发生规律】主要以菌丝体在枝梢病组织内越冬，也可以分生孢子在病果、叶痕和冬芽中越冬，翌年初春即可产生分生孢子进行初次侵染。分生孢子主要借助风雨、昆虫传播。枝梢发病一般始于6月上旬；果实发病时期一般始于6月下旬直至采收期。发病重时7月下旬果实开始脱落。多雨季节为发病盛期，夏季多雨年份发病重，土质黏重，排水不良，偏施氮肥，树势生长不良，病虫为害严重的柿园发病严重。

【防治方法】改善园内通风透光条件，降低田间湿度。多施有机肥，增施磷、钾肥，不偏施氮肥。冬季结合修剪，彻底清园，剪除病枝梢，摘除病僵果；生长季及时剪除病梢、摘除病果，减少再侵染菌源。

在发芽前，喷1次0.5～1波美度石硫合剂，以减少初次侵染源。

生长季6月中旬至7月中旬，病害发生初期(图12-7)，喷药防治，可用药剂有：

70%甲基硫菌灵可湿性粉剂800～1 000倍液+80%代森锰锌可湿性粉剂600～800倍液；

50%多菌灵可湿性粉剂500～800倍液+80%福美锌・福美双可湿性粉剂500～800倍液；

40%噻菌灵可湿性粉剂1 500～2 000倍液+65%代森锌可湿性粉剂600～800倍液；

10%苯醚甲环唑水分散粒剂1 500～2 000倍液；

40%氟硅唑乳油8 000～10 000倍液；

图12-7 柿炭疽病为害初期症状

40%腈菌唑水分散粒剂6 000 ~ 7 000倍液；

50%咪鲜胺锰盐可湿性粉剂1 000 ~ 1 500倍液；

60%唑醚·代森联水分散粒剂1 000 ~ 1 500倍液；

2%嘧啶核苷类抗生素水剂200 ~ 300倍液等，间隔10 ~ 15天再喷1次。

2. 柿角斑病

【分布为害】该病在我国发生很普遍，在华北、西北、华中、华东各省区以及云南、四川、台湾等省都有发生。

【症　　状】叶片受害初期正面出现不规则形黄绿色病斑，边缘较模糊，斑内叶脉变为黑色。以后病斑逐渐加深成浅黑色，10多天后病斑中部褪成浅褐色。病斑扩展由于受叶脉限制，最后呈多角形，其上密生黑色绒状小粒点，有明显的黑色边缘(图12-8和图12-9)。柿蒂发病时，呈淡褐色，形状不定，由蒂的尖端逐渐向内扩展。蒂两面均可产生绒状黑色小粒点，落叶后柿子变软，相继脱落，而病蒂大多残留在枝上。

【病　　原】*Cercospora kaki* 称柿尾孢，属无性型真菌(图12-10)。分生孢子梗短杆状，不分枝，稍弯曲，尖端较细，不分隔，淡褐色。分生孢子棍棒状，直或稍弯曲，上端稍细，基部宽，无色或淡黄色。病菌发育最适温度为30℃左右，最高40℃，最低10℃。

【发生规律】以菌丝体在病蒂、病叶内越冬，翌年6—7月产生大量分生孢子，通过风雨传播，进行初次侵染。阴雨较多的年份，发病严重。一般于7月中旬开始发病，8月为发病盛期。如6—8月降雨早、雨日多、雨量大，有利于病菌侵染，发病早；否则发病向后推迟。另外，靠近砧木君迁子的柿树发病较重。

图12-8 柿角斑病为害叶片症状

图12-9 柿角斑病为害叶片叶背症状

【防治方法】增施有机肥料，改良土壤，促使树势生长健壮，以提高抗病力。注意开沟排水，以降低果园湿度，减少发病。彻底摘除树上残存的柿蒂，剪去枯枝烧毁，以清除病源。

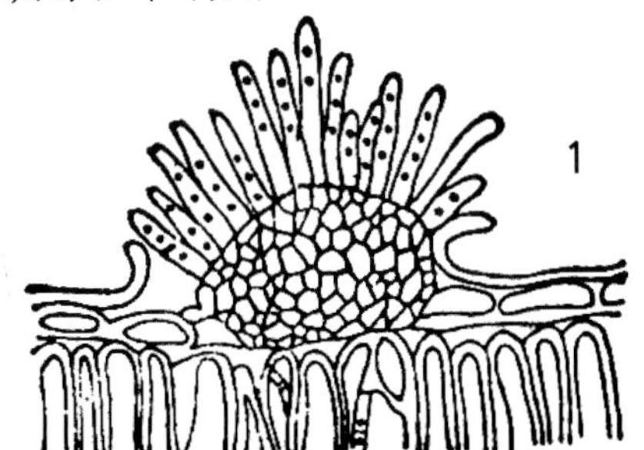

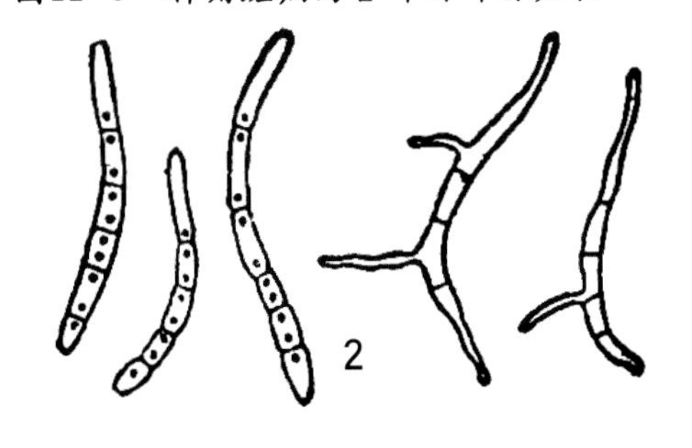

图12-10 柿角斑病病原
1.分生孢子梗及孢子座 2.分生孢子及其萌发

可在柿芽刚萌发、苞叶未展开前喷等量式波尔多液或30%碱式硫酸铜悬浮剂400倍液；苞叶展开时喷施80%代森锰锌可湿性粉剂350倍液。

喷药保护要抓住关键时间，一般为6月下旬至7月下旬，即落花后20～30天。可选用下列药剂：

70%甲基硫菌灵可湿性粉剂1 000～1 500倍液+75%百菌清可湿性粉剂600～800倍液；

25%多菌灵可湿性粉剂600～1 000倍液+70%代森锰锌可湿性粉剂800～1 000倍液；

50%异菌脲可湿性粉剂1 000～1 500倍液+50%敌菌灵可湿性粉剂500～600倍液；

50%嘧菌酯水分散粒剂5 000～7 000倍液；

25%烯肟菌酯乳油2 000～3 000倍液；

25%吡唑醚菌酯乳油1 000～3 000倍液；

10%苯醚甲环唑水分散粒剂1 500～2 000倍液；

5%亚胺唑可湿性粉剂600～700倍液；

40%腈菌唑水分散粒剂6 000～7 000倍液；

间隔8～10天再喷1次。

3．柿圆斑病

【分布为害】柿圆斑病是柿树重要病害之一。该病分布于河北、河南、山东、山西、陕西、四川、江苏、浙江、北京等省或直辖市。

【症　　状】主要为害叶片，也能为害果实、柿蒂。叶片染病，初生圆形小斑点，叶面浅褐色，边缘不明显，后病斑转为深褐色，中部稍浅，外围边缘黑色(图12-11)，病叶在变红的过程中，病斑周围现出黄绿色晕环(图12-12)，后期病斑上长出黑色小粒点，严重者仅7～8天病叶即变红脱落，留下柿果。柿果亦逐渐转红、变软，大量脱落。柿蒂染病，病斑圆形褐色，病斑小。

图12-11　柿圆斑病为害叶片初期症状

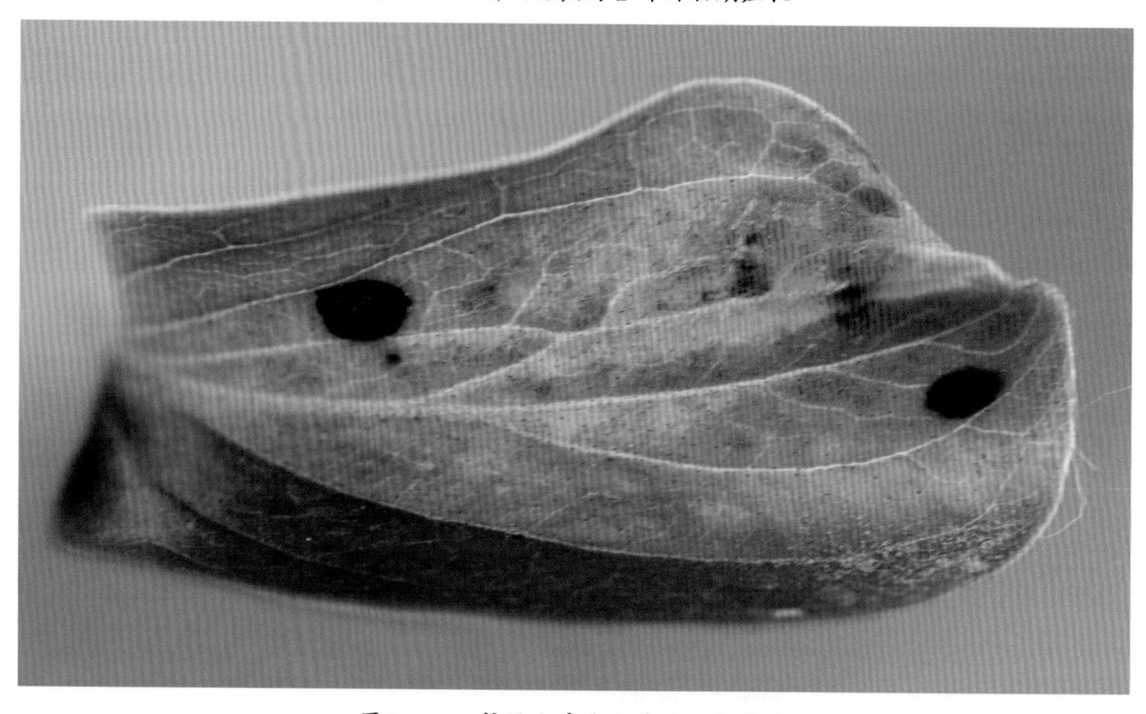

图12-12　柿圆斑病为害叶片后期症状

【病　　原】*Mycosphaerella nawae* 称柿叶球腔菌，属子囊菌门真菌(图12-13)。子囊果洋梨形或球形，黑褐色，顶端具孔口。子囊生于子囊果底部，圆筒状或香蕉形，无色。子囊孢子无色，双胞，纺锤形，具1隔膜，分隔处稍缢缩。分生孢子无色，圆筒形至长纺锤形。菌丝的发育适温为20～25℃，最高35℃，最低10℃。

【发生规律】以未成熟的子囊壳在病叶上越冬，翌年6月中旬至7月上旬子囊壳成熟，并喷发出子囊孢子，通过风雨传播，萌发后从气孔侵入。

一般于8月下旬至9月上旬开始出现症状，9月下旬病斑数量大增，10月上中旬病叶大量脱落。弱树和弱枝上的叶片易感病，而且病叶变红快、脱落早，地力差或施肥不足，均可导致树势衰弱，发病往往比较严重。

【防治方法】秋末冬初及时清除柿园的大量落叶，集中深埋或烧毁，以减少初侵染源。增施基肥，干旱柿园及时灌水。改良土壤，合理修剪，雨后及时排水，促进树势健壮生长，增强抗病能力。

春季柿树发芽前要全树喷洒1次29%石硫合剂水剂50～100倍液，以铲除越冬病菌。

可于6月上旬(柿落花后20～30天)，喷洒下列药剂：

1∶5∶500倍式波尔多液；

30%碱式硫酸铜悬浮剂400～500倍液；

80%代森锰锌可湿性粉剂600～800倍液；

75%百菌清可湿性粉剂600～800倍液；

70%甲基硫菌灵可湿性粉剂800～1 000倍液；

65%代森锌可湿性粉剂500～600倍液；

50%异菌脲可湿性粉剂1 000～1 500倍液；

50%苯菌灵可湿性粉剂1 500～1 800倍液；

25%吡唑醚菌酯乳油1 000～3 000倍液；

40%腈菌唑水分散粒剂6 000～7 000倍液；

25%丙环唑乳油500～1 000倍液。如降雨频繁，半月后再喷1次

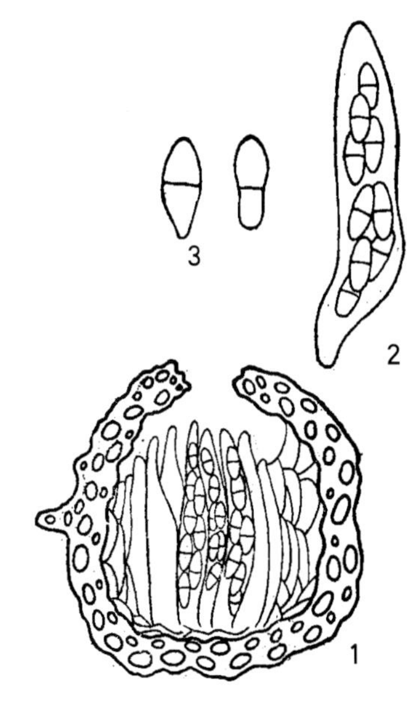

图12-13 柿圆斑病病原
1.子囊果 2.子囊 3.子囊孢子

4. 柿黑星病

【症 状】主要为害叶、果和枝梢。叶片染病(图12-14至图12-16)，初在叶脉上生黑色小点，后沿脉蔓延，扩大为多角形或不定形，病斑漆黑色，周围色暗，中部灰色，湿度大时背面现出黑色霉层。枝梢染病，初生淡褐色斑，后扩大成纺锤形或椭圆形，略凹陷，严重的自此开裂呈溃疡状或折断。果实染病，病斑圆形或不规则形，稍硬化呈疮痂状，也可在病斑处裂开，病果易脱落(图12-17至图12-20)。

图12-14 柿黑星病为害叶片初期症状

图12-15　柿黑星病为害叶片中期症状

图12-16　柿黑星病为害叶片后期症状

图12-17 柿黑星病为害幼果初期症状

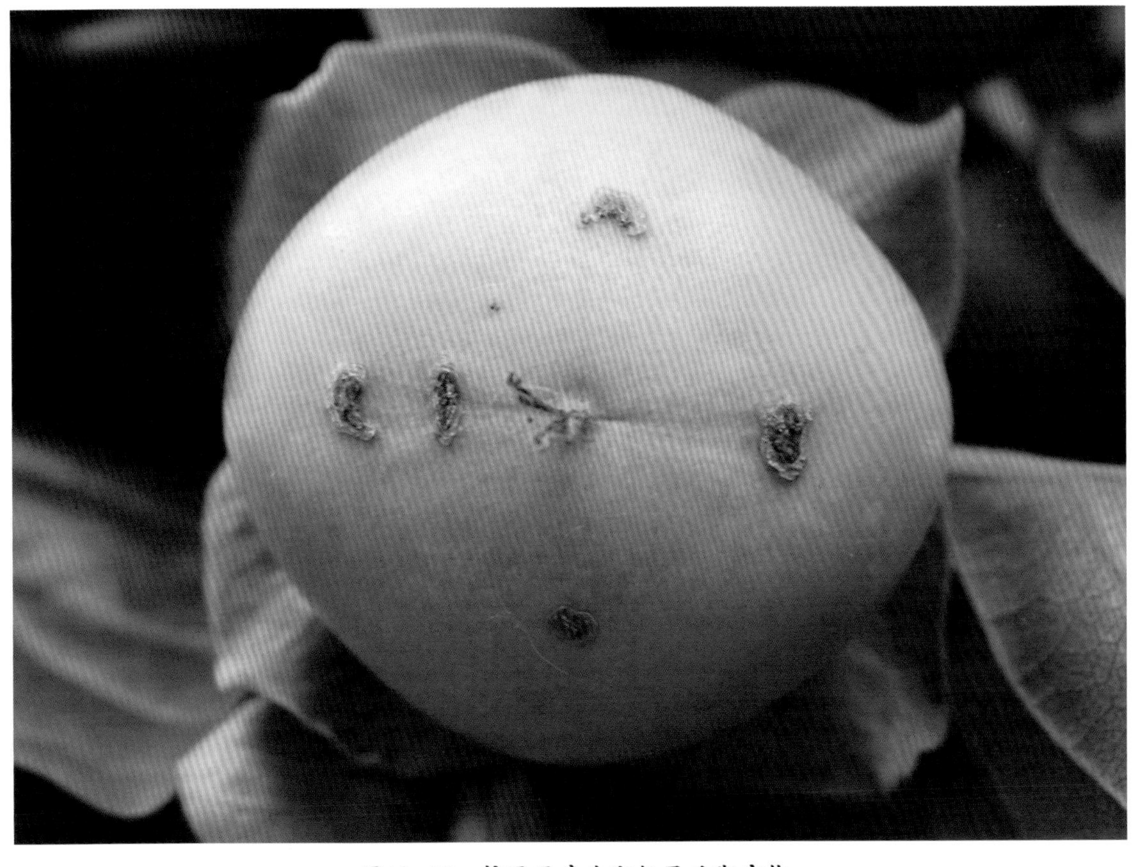

图12-18 柿黑星病为害幼果后期症状

图12-19 柿黑星病为害果实初期症状

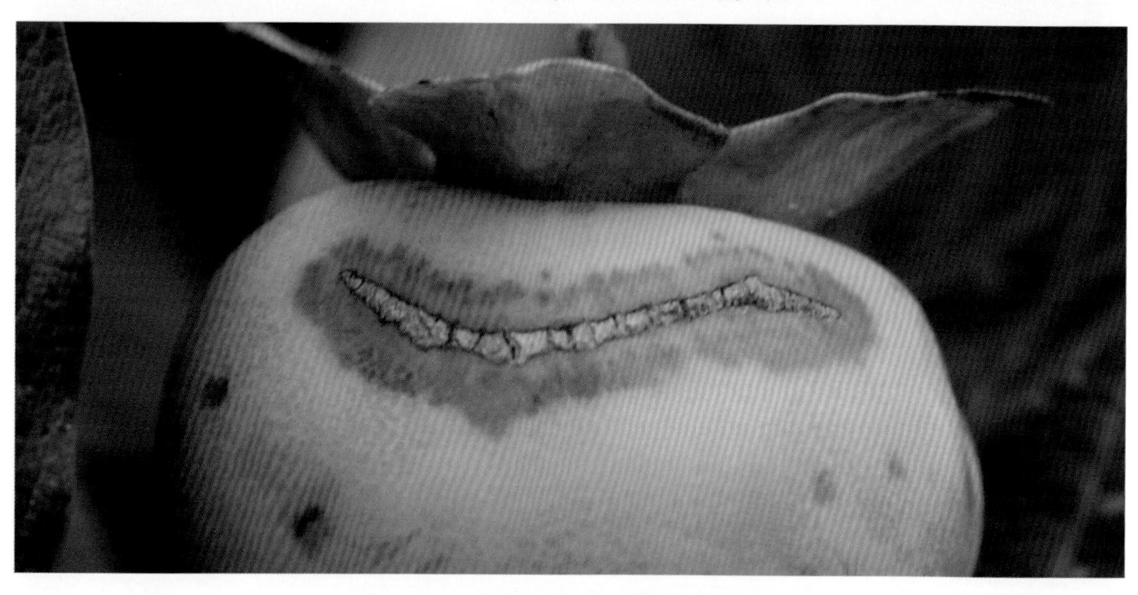

图12-20 柿黑星病为害果实后期症状

【病　　原】*Fusicladium kaki* 称柿黑星孢，属无性型真菌。分生孢子梗线形，十多根丛生，稍弯曲，暗色，具1～2个隔膜；分生孢子长椭圆形或纺锤形，褐色，具1～2个细胞。

【发生规律】以菌丝或分生孢子在新梢的病斑上，或在病叶、病果上越冬。翌年，孢子萌发直接侵入，5月间病菌形成菌丝后产生分生孢子，借风雨传播，潜育期7～10天，进行多次再侵染，扩大蔓延。

【防治方法】清洁柿园，秋末冬初及时清除柿园的大量落叶，集中深埋或烧毁，以减少初侵染源。增施基肥，干旱柿园及时灌水。

在萌芽前喷洒5波美度石硫合剂或1:5:400倍式波尔多液1～2次。

生长季节一般掌握在6月上中旬，柿树落花后，喷洒下列药剂：

50%多菌灵可湿性粉剂600～800倍液+70%代森锰锌可湿性粉剂500～600倍液；

50%苯菌灵可湿性粉剂1 000～1 500倍液+50%克菌丹可湿性粉剂400～500倍液；

50%嘧菌酯水分散粒剂1 000～2 000倍液；

25%吡唑醚菌酯乳油1 000～3 000倍液；

10%苯醚甲环唑水分散粒剂1 500～2 000倍液；

40%氟硅唑乳油8 000～10 000倍液；

40%腈菌唑水分散粒剂6 000～7 000倍液；

6%氯苯嘧啶醇可湿性粉剂1 000～1 500倍液。

在重病区第1次喷药后半个月再喷1次，则效果更好。

5．柿叶枯病

【症　　状】主要为害叶片，病斑初为褐色、不规则形，后变灰褐色或铁灰色，边缘暗褐色(图12–21)，后期于病部产生黑色小粒点(分生孢子盘)。发病严重时，引起早期落叶。

图12–21　柿叶枯病为害叶片症状

【病　　原】*Monochaetia diospvri* 称盘单毛孢，属无性型真菌。分生孢子盘内产生分生孢子。分生孢子纺锤形，有4个隔膜，中间3个细胞暗褐色，两端细胞无色，顶端有2～3根毛。

【发病规律】以菌丝或分生孢子盘在病组织内越冬。次年7月中旬生出分生孢子，经风雨传播为害。

【防治方法】彻底摘除树上残存的柿蒂，剪去枯枝烧毁，以清除病源。

4月下旬，结合田间病情开始喷药防治，可用50%多菌灵可湿性粉剂600～800倍液+80%代森锰锌可湿性粉剂800～1 000倍液、70%甲基硫菌灵可湿性粉剂1 000～1 500倍液+75%百菌清可湿性粉剂600～800倍液、50%异菌脲可湿性粉剂1 000倍液等，间隔8～10天再喷1次，连喷2～3次。

6. 柿灰霉病

【症　　状】主要为害叶片，也可为害果实、花器。幼叶的叶尖及叶缘失水呈淡绿色，接着呈褐色(图12-22)。病斑的周缘呈波纹状；潮湿天气下，病斑上产生灰色霉层。幼果的萼片及花瓣上也生有同样的霉层(图12-23和图12-24)。果实受害，表面产生小黑点。

图12-22　柿灰霉病为害叶片症状

图12-23　柿灰霉病为害萼片前期症状

图12-24　柿灰霉病为害萼片后期症状

【病　　原】*Botrytis cinerea* 称灰葡萄孢，属无性型真菌。分生孢子梗灰褐色；树枝状分枝，分枝末端集生圆形、无色、单胞的分生孢子。

【发生规律】病原以分生孢子及菌核在被害部越冬。通过气流传播。发生条件5—6月园内排水、通风差的密植园，施氮肥过多的软弱徒长枝受害重。低温、降雨多的年份发病多。

【防治方法】注意果园排水，避免密植。防止枝梢徒长，对过旺的枝蔓进行夏剪，增加通风透光，降低园内湿度。采果时应避免和减少果实受伤，避免阴雨天和露水未干时采果。去除病果，防止二次侵染。入库后，适当延长预冷时间。努力降低果实湿度，再进行包装贮藏。

花前开始喷杀菌剂，可用下列药剂：

50%腐霉利可湿性粉剂1 000～1 500倍液+80%代森锰锌可湿性粉剂800～1 000倍液；

50%异菌脲可湿性粉剂1 000～1 500倍液；

40%嘧霉胺悬浮剂1 000～2 000倍液；

50%嘧菌环胺水分散粒剂600～1 000倍液；

1.5%多抗霉素可湿性粉剂200～500倍液；

40%双胍三辛烷基苯磺酸盐可湿性粉剂1 000～1 500倍液，间隔7天喷1次，连续2～3次。

7. 柿煤污病

【症　　状】主要侵害柿树的叶片和果实。在叶片正面和果实上，布满一层黑色的煤粉状物，影响光合作用(图12-25)。煤粉状物有时可以剥落或被暴雨冲刷掉。

图12-25　柿煤污病为害果实症状

【病　　原】*Capnodium* sp. 称煤炱菌，属无性型真菌。菌丝暗褐色，串珠状，匍匐于叶面。分生孢子形态多样，单胞、双胞或砖格状。分生孢子器直立，长棍棒状，分生孢子椭圆形，淡渴色，单胞。分生孢子器也有近球形的。

【发生规律】以菌丝在病叶、病枝等上越冬。龟蜡蚧的幼虫大量发生后，以其排泄出的黏液和分泌物为营养，诱发煤污病菌大量繁殖，6月下旬至9月上旬是龟蜡蚧的为害盛期，此时高温、高湿有利于此病的发生。

【防治方法】冬季清除果园内落叶、病果，集中烧毁，减少病虫越冬基数；疏除徒长枝、背上枝、过密枝，使树冠通风透光，同时注意除草和排水。

发病初期药剂防治，可选用下列药剂：

70%甲基硫菌灵可湿性粉剂1 000倍液+80%代森锰锌可湿性粉剂800倍液；

80%克菌丹水分散粒剂600～1000倍液；

50%苯菌灵可湿性粉剂1 500倍液等。

8．柿干枯病

【症　　状】主要为害定植不久的幼树，多在地面以上10～30cm处发生。春季在一年生病梢上形成椭圆形病斑，多沿边缘纵向裂开而下陷，与树分离，当病部老化时，边缘向上卷起，致病皮脱落，病斑环绕新梢一周时，出现枝枯，则可致幼树死亡，病斑上产生黑色小粒点(图12–26)，即病菌分生孢子器。湿度大时，从分生孢子器中涌出黄褐色丝状孢子角。病斑从基部开始变深褐色，向上方蔓延，病斑红褐色。

图12–26　柿干枯病为害枝干症状

【病　　原】有性世代为 *Botryosphaeria dothidea*，称葡萄座腔菌，属子囊菌门真菌。无性世代为 *Phomopsis truncicola*，称茎生拟茎点霉，属无性型真菌。

【发生规律】病菌主要以分生孢子器或菌丝在病部越冬。翌春遇雨或灌溉水，释放出分生孢子，借水传播蔓延，从枝干枯损处侵入，可长期腐生生存。树势弱及结果过多的树第二年发病较多。冻害也易引发该病。

【防治方法】及时清除修剪下的树枝，以防病菌生存。冬季涂白，防止冻害及日灼；剪除带病枝条，加强栽培管理，保持树势旺盛。

在分生孢子释放期，每半个月喷洒一次，可用下列药剂：

40%多菌灵悬浮剂或36%甲基硫菌灵悬浮剂500倍液；

50%甲基硫菌灵·硫磺悬浮剂800倍液。

二、柿树生理性病害

柿子日灼症

【症　　状】多发生在果实上，尤以西南方向发病较为突出。果实将要着色时，在白天强烈阳光照射下，果实肩部或胴部及斜生果迎光面的中下部果面，被烤晒成灰白色圆形或不规整形灼伤斑(图12-27和图12-28)。受害轻时，被烤伤的仅限于果皮表层；受害重时，皮下浅层果肉也变为褐色，果肉坏死，木栓化。

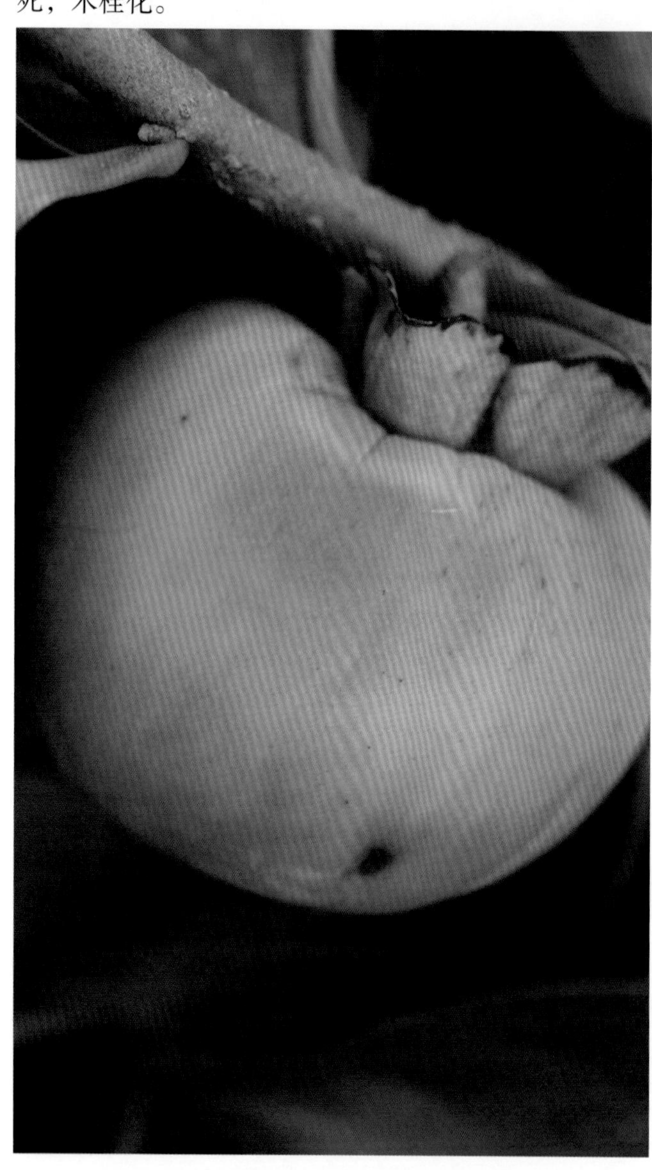

图12-27　柿子日灼症果实受害初期症状

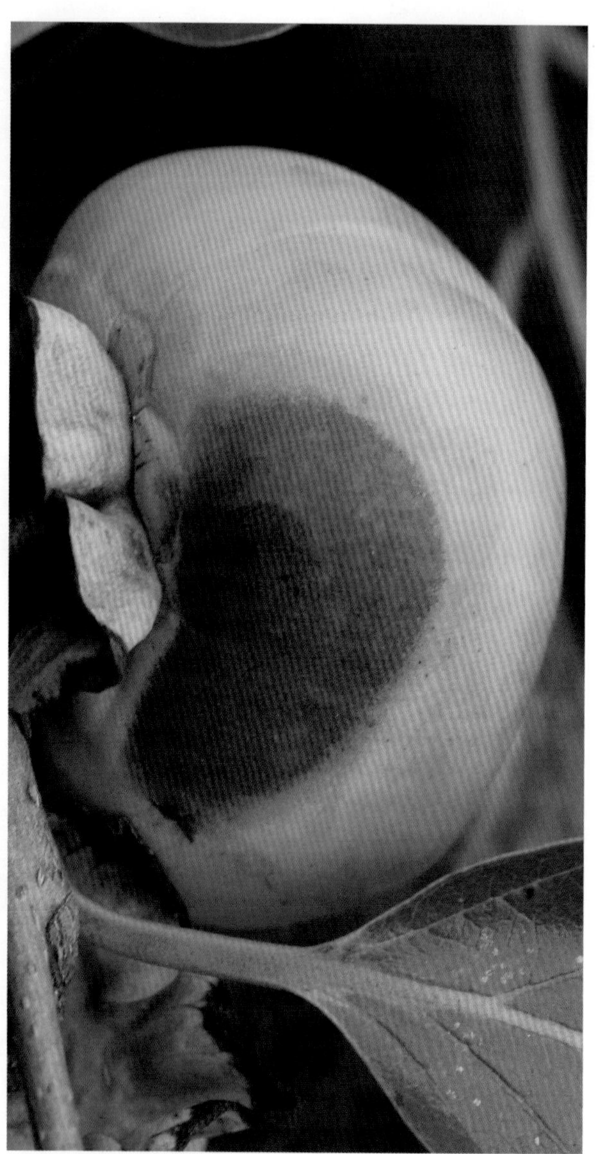

图12-28　柿子日灼症果实受害后期症状

【病　　因】夏季强光直接照射果面。由于强烈日光直接照射使果实组织坏死，产生的坏死斑。

【防治方法】夏季干旱时，要在叶片明显萎蔫前浇水，尤其果实膨大期，必须及时灌水。增施有机肥，改善土壤结构，促进根系发展，增强树体的耐热性。避免果实强光暴晒。夏秋季修剪要多用拉枝、别枝、扭梢、摘心等技术，使枝叶比例适当。全树树冠喷0.2%～0.3%磷酸二氢钾或0.1%硫酸锌或其他微肥，均可提高果实抗性，起到防止或减轻日灼的作用。

三、柿树害虫

1．柿蒂虫

【分布为害】柿蒂虫(*Stathmopoda massinissa*)，属鳞翅目举肢蛾科。分布于华北、华中及河南、山东、陕西、安徽、江苏等地。近年来在河北中南部柿产区发生日趋严重，尤其在山区栽植分散、管理粗放的园区，柿蒂虫蛀果率达50%～70%，有的园区甚至绝产。主要以幼虫为害果实(图12-29)，多从柿蒂处蛀入，蛀孔处有虫粪并用丝缠绕，幼果被蛀早期干枯，大果被蛀比正常果早变黄20多天，俗称黄脸柿或红脸柿。被害果早期变黄，变软脱落，致使小果干枯，大果不能食用，造成减产。

图12-29 柿蒂虫为害果实症状

【形态特征】成虫：雌蛾头部黄褐色，略有金属光泽，复眼红褐色，触角丝状；全体呈紫褐色，但胸部中央为黄褐色；前后翅均狭长，端部缘毛较长；前翅前缘近顶端处有1条由前缘斜向外缘的黄色带状纹；足和腹部末端呈黄褐色；后足长，静止时向后上方伸举。卵乳白色，近椭圆形；卵壳表面有细微小纵纹，上部有白色短毛。幼虫(图12-30)：老熟幼虫头部黄褐色，前胸背板及臀板暗褐色，胴部各节背面呈淡暗紫色；中、后胸背面有“X”字形皱纹，并在中部有1横列毛瘤，毛瘤上有白色细长毛；胸足淡黄色。蛹全体褐色，化蛹于污白色的茧内。茧椭圆形，污白色(图12-31)。

【发生规律】一年发生2代。以老熟幼虫在树皮裂缝里或树干基部附近土里结茧过冬。越冬幼虫于4月中下旬化蛹，5月上旬成虫开始羽化，盛期在5月中旬。5月下旬第1代幼虫开始为害幼果，6月下旬至7月上旬幼虫老熟，一部分老熟幼虫在被害果内，一部分在树皮裂缝下结茧化蛹。第1代成虫在7月上旬到

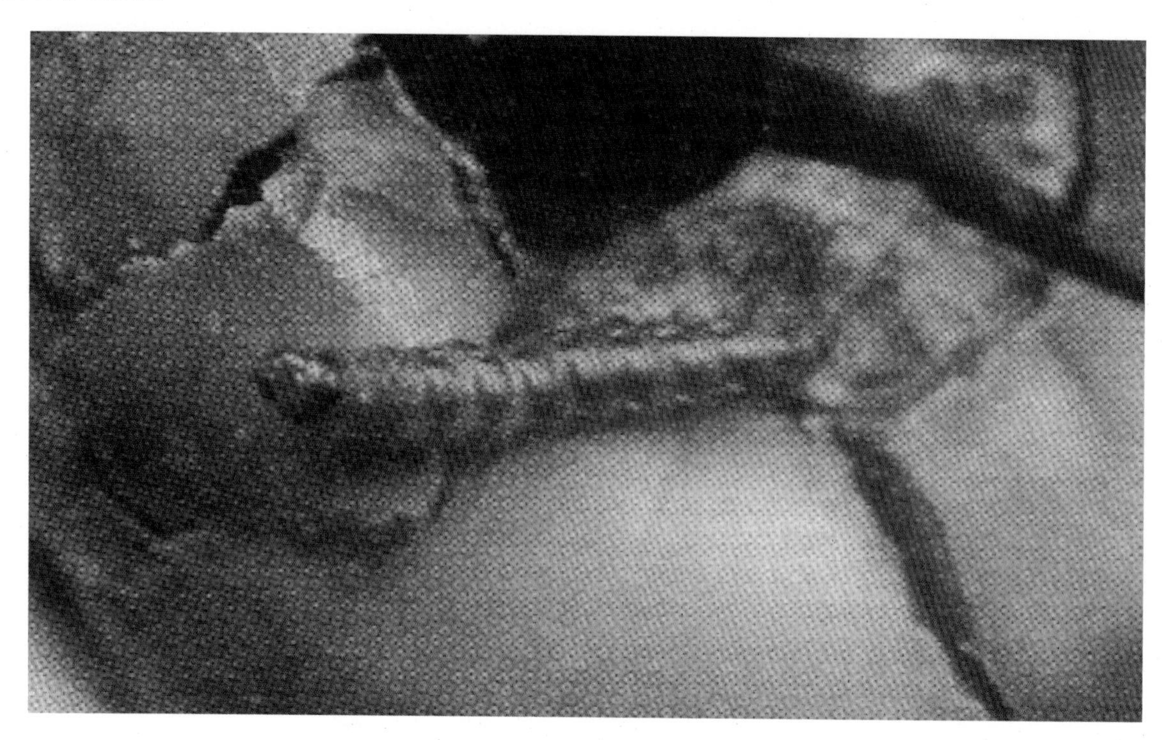

图12-30 柿蒂虫幼虫

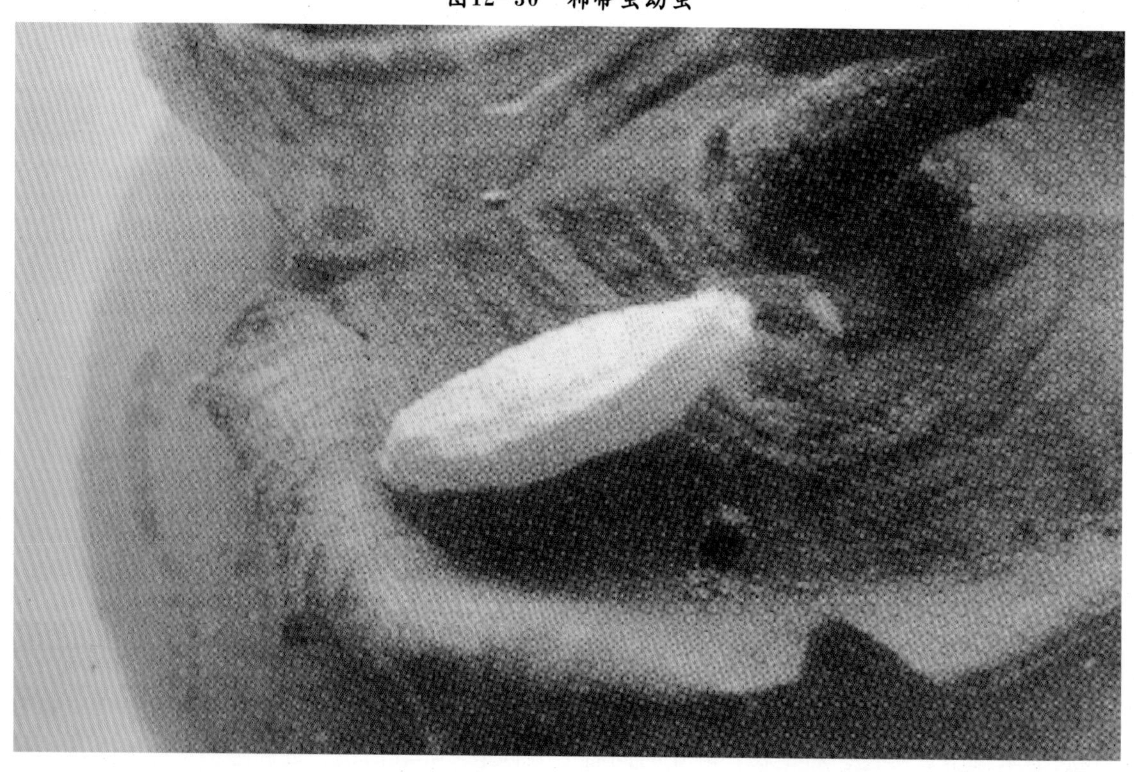

图12-31 柿蒂虫茧

7月下旬羽化，盛期在7月中旬。第2代幼虫自8月上旬至柿子采收期陆续为害柿果。自8月上旬以后，幼虫陆续老熟越冬。成虫白天多静伏在叶片背面或其他阴暗处，夜间活动，交尾产卵。卵多产在果蒂与果梗的间隙处。第1代幼虫孵化后，多自果蒂与果梗相连处蛀入幼果内为害，粪便排于蛀孔外。第2代幼虫一般在柿蒂下为害果肉，被害果提前变红、变软、脱落。多雨高温的天气，幼虫转果较多，造成大量落果。

【防治方法】冬季或早春刮除树干上的粗皮和翘皮，清扫地面的残枝、落叶、柿蒂等与皮一起集中烧毁，以消灭越冬幼虫。在幼虫为害期及时连同被害果的果柄、果蒂全部摘除，幼虫脱果越冬前，在树干及主枝上束草诱集越冬幼虫，冬季在刮皮时将草解下烧毁。

越冬代成虫羽化初期，清除树冠下杂草后，在树冠下地面撒施4%敌·马(敌百虫·马拉硫磷)粉剂0.4～0.7kg，10天后再施药1次，毒杀越冬幼虫、蛹及刚羽化的成虫。

5月下旬至6月上旬、7月下旬至8月中旬，正值幼虫发生高峰期，应各喷2次药，每次药间隔10～15天。如虫量大，应增加防治次数。可用下列药剂：

20%甲氰菊酯乳油2 000～3 000倍液；

2.5%溴氰菊酯乳油3 000～5 000倍液；

50%马拉硫磷乳油1 000～2 000倍液等，着重喷果实、果梗、柿蒂，毒杀成虫、卵及初孵化的幼虫，均可收到良好的防治效果。

2. 柿长绵粉蚧

【为害特点】柿长绵粉蚧(*Phenacous pergandei*)，属同翅目粉蚧科。以雌成虫、若虫吸食叶片、枝梢的汁液，排泄蜜露诱发煤污病(图12-32)。

【形态特征】成虫雌体椭圆形扁平(图12-33)，黄绿色至浓褐色，触角9节、丝状，3对足，体表布白蜡粉，体缘具圆锥形蜡突10多对，成熟时后端分泌出白色绵状长卵囊，形状似袋。雄体淡黄色似小蚊，触角近念珠状上生绒毛；前翅白色透明较发达，具1条翅脉分成2叉；后翅退化成平衡棒。卵淡黄色，近圆形。初孵若虫体长椭圆形，体淡黄色，半透明，被蜡粉很少，足和触角发达；2、3龄若虫体色淡黄色，被透明蜡质。

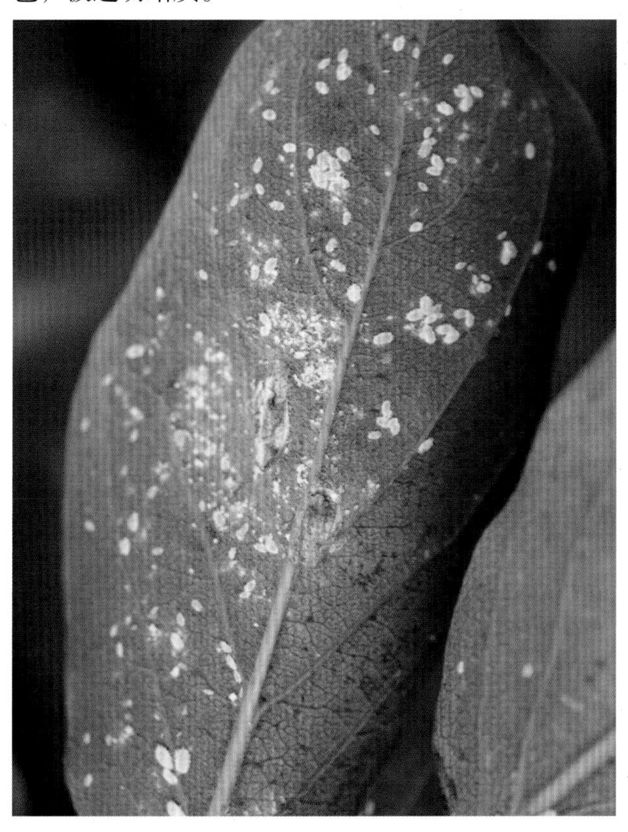

图12-32 柿长绵粉蚧为害叶片症状

图12-33 柿长绵粉蚧雌成虫

【发生规律】一年发生1代，以3龄若虫在枝条上结大米粒状的白茧越冬。翌春寄主萌芽时开始活动。雄虫蜕皮成前蛹，再蜕1次皮变为蛹；雌虫不断取食发育，4月下旬羽化为成虫。交配后雄虫死亡，雌虫爬至嫩梢和叶片上为害，逐渐长出卵囊，至6月陆续成熟卵产在卵囊中。6月中旬开始孵化，6月下旬至7月上旬为孵化盛期。初孵若虫爬向嫩叶，多固着在叶背主脉附近吸食汁液，9月上旬第1次蜕皮，10月第2次蜕皮后转移到枝干上，多在阴面群集结茧越冬，常相互重叠堆集成团。5月下旬至6月上中旬为害重。

【防治方法】越冬期结合防治其他害虫刮树皮，用硬刷刷除越冬若虫。

落叶后或发芽前喷洒3～5波美度石硫合剂、45%晶体石硫合剂20～30倍液、5%柴油乳剂，杀死越冬若虫。

若虫出蛰活动后和卵孵化盛期，喷施下列药剂：

480g/L毒死蜱乳油1 000～1 500倍液；

3%苯氧威乳油1 000～1 500倍液；

2.5%氯氟氰菊酯乳油1 000～2 000倍液；

20%氰戊菊酯乳油1 000～2 000倍液；

20%甲氰菊酯乳油2 000～3 000倍液；

25%噻嗪酮可湿性粉剂1 000～1 500倍液。特别是对初孵转移的若虫效果很好。如能混用含油量1%的柴油乳剂有明显增效作用。

3．柿星尺蠖

【分布为害】柿星尺蠖(*Percnia giraffata*)，属鳞翅目尺蛾科。分布于河北、河南、山西、山东、四川、安徽、台湾等地，常造成严重灾害。初孵幼虫啃食背面叶肉，并不把叶片吃透，形成孔洞，幼虫长大后分散为害将叶片吃光，或吃成大缺口。影响树势，造成严重减产。

【形态特征】成虫体长约25mm，复眼黑色，触角黑褐色；雌蛾丝状，雄蛾短羽状；头部及前胸背黄色，胸背有4个黑斑，前、后翅均为白色，翅面分布许多不规则、大小不等的黑斑，以外缘黑斑较密，前翅顶角几乎成黑色(图12–34)；腹部金黄色，腹背每节两侧各有一个灰褐色斑纹，腹面各节均有不规则黑色横纹。卵椭圆形，初产时翠绿色，近孵化时变为黑褐色。初孵幼虫黑色。老熟幼虫头部黄褐色，有许多白色颗粒状凸起，单眼黑色，背线为暗褐色宽带，两侧为黄色宽带，背面有椭圆形黑色眼状花纹一对，为明显特征；眼纹外侧还有一月牙形黑纹，故又称“大头虫”(图12–35)。蛹暗赤褐色。

图12–34　柿星尺蠖成虫

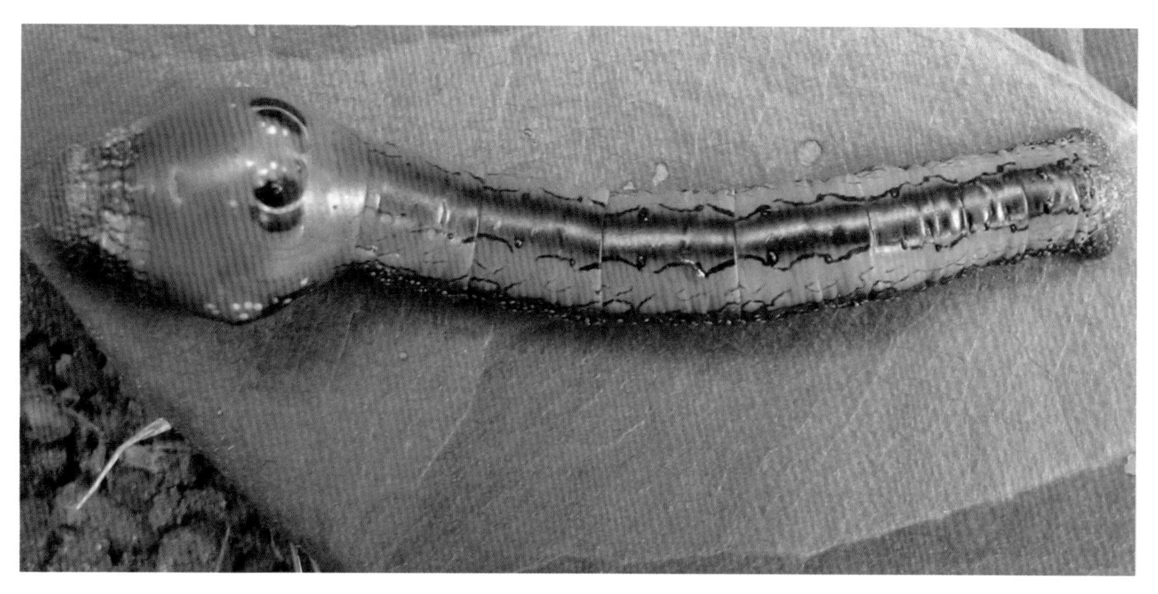

图12-35 柿星尺蠖幼虫

【发生规律】在华北每年发生2代，以蛹在树下土中越冬。越冬蛹于5月下旬至7月中旬羽化为成虫，成虫羽化后不久即交尾，交尾后1~2天即开始产卵，成虫羽化盛期在6月下旬至7月上旬。产卵期在6月上旬开始，第1代幼虫孵化盛期在7月上中旬，幼虫为害盛期在7月中下旬。7月下旬老熟入土化蛹，蛹期15天左右，7月末成虫羽化，8月中旬为羽化盛期。第2代幼虫为害盛期在8月末至9月上中旬，9月中下旬老熟入土化蛹，10月上旬全部化蛹越冬。成虫有趋光性和弱趋水性，白天双翅平放，静止树上或石块上，晚间21:00—23:00时活动较多，幼虫化蛹多在阴暗的地方和较松软、潮湿的土壤里。

【防治方法】秋末或初春结合翻树盘挖蛹。幼虫发生期振落捕杀。

于低龄幼虫期喷药防治，特别是第1代幼虫孵化期，可喷施下列药剂：

90%晶体敌百虫800~1 000倍液；

50%杀螟硫磷乳油1 000~1 500倍液；

50%辛硫磷·敌百虫乳油1 500~2 000倍液；

20%氰戊菊酯乳油800~1 000倍液；

20%甲氰菊酯乳油1 000~2 000倍液；

4.5%高效氯氰菊酯乳油1 000~2 000倍液；

10%醚菊酯悬浮剂800~1 500倍液；

20%抑食肼可湿性粉剂1 000倍液。

4．柿血斑叶蝉

【为害特点】柿血斑叶蝉(*Erythroneura* sp.)，属同翅目叶蝉科。分布于黄河及长江流域的柿产区。以成虫或若虫群集叶背面叶脉附近，刺吸汁液，使叶面出现失绿斑点，严重为害时整个叶片呈苍白色，微上卷(图12-36和图12-37)。

【形态特征】成虫全体浅黄白色，头部向前呈钝圆锥形突出，具淡黄绿色纵条斑2个，复眼浅褐色；前胸背板前缘有2个浅橘黄色斑，后缘具同色横纹，至前胸背板中央现一浅色“山”字形斑纹(图12-38)；小盾片基部有橘黄色“V”字形斑，横刻痕明显。卵白色，长形略弯。若虫体与成虫相似，体略扁平，黄色，体毛白色明显，前翅芽深黄色(图12-39)。初孵若虫淡黄白色，复眼红褐色。

图12-36　柿血斑叶蝉为害叶片初期症状

图12-37　柿血斑叶蝉为害叶片后期症状

图12-38　柿血斑叶蝉成虫

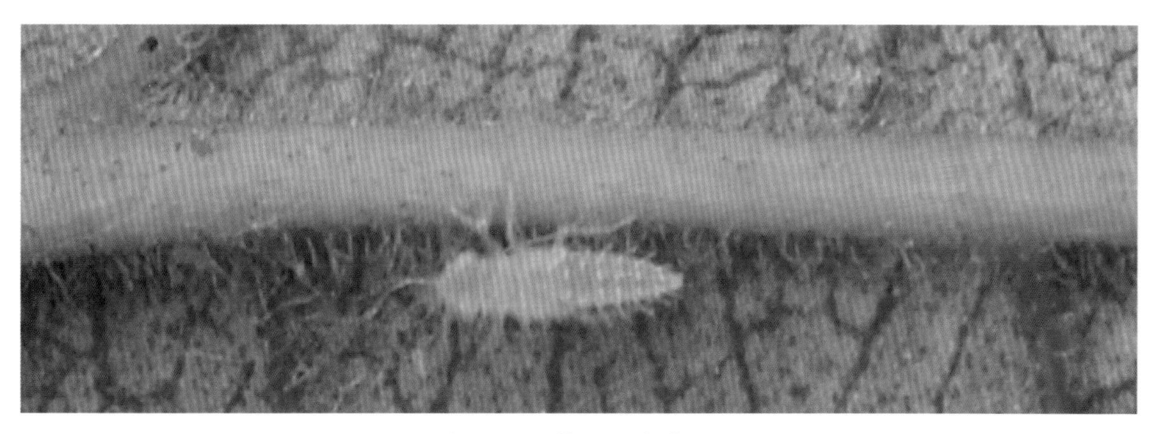

图12-39 柿血斑叶蝉若虫

【发生规律】一年发生3代以上，以卵在当年生枝条的皮层内越冬。翌年4月柿树展叶时孵化。5月上中旬出现成虫，不久交尾产卵。卵散产在叶背面叶脉附近。6月上中旬孵化。7月上旬第2代成虫出现。初孵若虫先集中叶片的主脉两侧，吸食汁液，不活跃。

随着龄期增长食量增大，逐渐分散为害。受害处叶片正面呈现褪绿斑点，严重时斑点密集成片，叶呈苍白色甚至淡褐色，造成早期落叶。

【防治方法】成虫出蛰前及时刮除翘皮，清除落叶及杂草，减少越冬虫源。

掌握在越冬代成虫迁入果园后，各代若虫孵化盛期及时喷洒下列药剂：

50%马拉硫磷乳油1 500~2 000倍液；

20%菊·马(氰戊菊酯·马拉硫磷)乳油2 000~3 000倍液；

2.5%溴氰菊酯乳油2 000~2 500倍液；

10%吡虫啉可湿性粉剂2 000~3 000倍液；

25%噻虫嗪水分散粒剂4 000~6 000倍液；

均能收到较好效果。

5．柿广翅蜡蝉

【为害特点】柿广翅蜡蝉(*Ricania sublimbata*)，属同翅目广翅蜡蝉科。分布在黑龙江、山东、河南、浙江等省。以成虫、若虫刺吸枝条、叶的汁液，产卵于当年生枝条内，致使产卵部位以上枝条枯死(图12-40)。

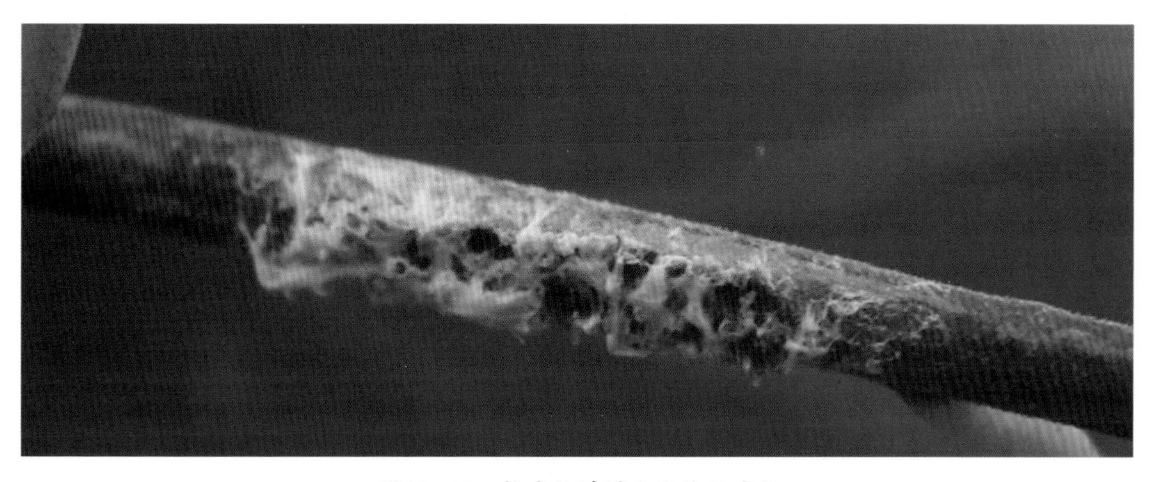

图12-40 柿广翅蜡蝉为害枝条症状

【形态特征】成虫体淡褐色略显紫红，被覆稀薄淡紫红色蜡粉(图12–41)；前翅宽大，底色暗褐至黑褐色，被稀薄淡紫红色蜡粉，而呈暗红褐色；前缘外1/3处有一纵向狭长半透明斑，斑内缘呈弧形；后翅淡黑褐色，半透明，前缘基部略呈黄褐色，后缘色淡。卵长椭圆形，微弯，初产乳白色，渐变淡黄色。若虫体近卵圆形，翅芽处宽。初龄若虫(图12–42)，体被白色蜡粉，腹末有4束蜡丝呈扇状，尾端多向上前弯而蜡丝覆于体背。

图12–41　柿广翅蜡蝉成虫

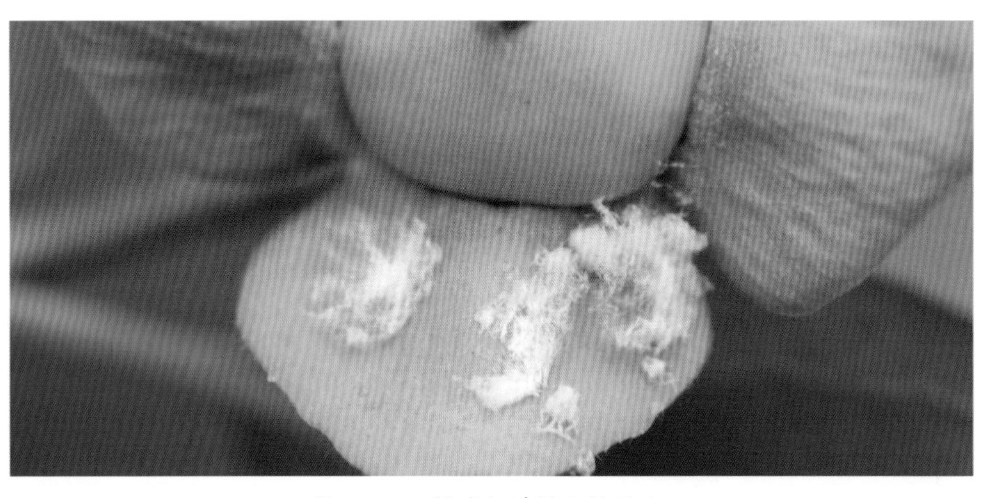

图12–42　柿广翅蜡蝉初孵若虫

【发生规律】一年发生1～2代，以卵在枝条内越冬，翌年5月间孵化，为害至7月底羽化为成虫，8月中旬进入羽化盛期，成虫经取食后交配、产卵，8月底田间始见卵，9月下旬至10月上旬进入产卵盛期，10月中下旬结束。成虫白天活动，善跳、飞行迅速，喜于嫩枝、芽、叶上刺吸汁液。

【防治方法】冬春结合修剪剪除有卵块的枝条，集中深埋或烧毁，以减少虫源。

在低龄若虫发生期喷药防治，可喷施下列药剂：

20%氰戊菊酯乳油1 000～2 000倍液；

21%增效氰戊菊酯・马拉硫磷乳油5 000～6 000倍液；

50%辛硫磷乳油1 500～2 000倍液；

10%吡虫啉可湿性粉剂2 000～3 000倍液等。因该虫被有蜡粉，在上述药剂中加0.3%～0.5%柴油乳剂，可提高防效。

6. 柿梢鹰夜蛾

【为害特点】柿梢鹰夜蛾(*Hypocala moorei*)，属鳞翅目夜蛾科。分布于河北、山东、北京、四川、贵州、云南等地。主要以幼虫为害苗木，蚕食刚萌发的嫩芽和嫩梢，并将梢顶嫩叶用丝纵卷缀合为害，使苗木不能正常生长。

【形态特征】成虫头、胸部灰色有黑点和褐斑，触角褐色，下唇须灰黄色，向前下斜伸，状似鹰嘴；前翅灰褐色，有褐点，前半部在内线以内棕褐色，内、外线及后半部明显，亚端线黑色，中部外突，后翅黄色，中室有一黑斑，外缘有一黑带，后缘有二黑纹；腹部黄色，各节背部有黑纹(图12-43)。卵馒头形，有明显的放射状条纹，横纹不显；顶部有淡褐色花纹两圈。老熟幼虫体色变化很大。有绿、黄、黑3种色型。多数为绿色型，此型头和胴部绿色；黄色型，头部黑色，胴部黄色，两侧有两条黑线；黑色型，头部橙黄色，全体黑色，气门线由断续的黄白色斑组成(图12-44)。蛹棕红色，外被有土茧。

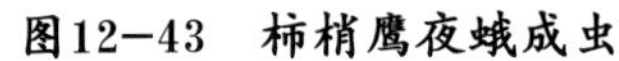

图12-43 柿梢鹰夜蛾成虫

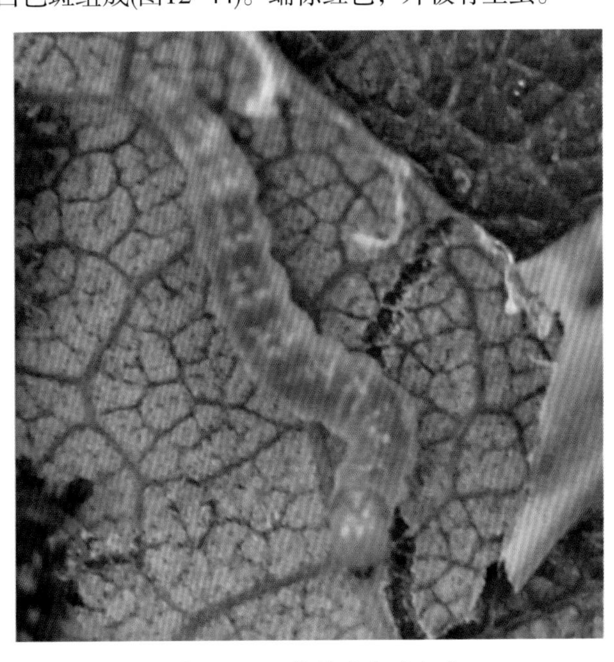

图12-44 柿梢鹰夜蛾幼虫

【发生规律】一年发生2代，以老熟幼虫在土内化蛹越冬。5月中旬羽化。交尾产卵于叶背、叶柄或芽上，卵散产。5月下旬孵化后蛀入芽内或新梢顶端，吐丝将顶端嫩叶粘连，潜身在内，蚕食嫩叶。经1个月后入土化蛹。6月中下旬羽化，飞翔力不强，白天常静伏叶背。6月下旬至7月上旬发生第二代幼虫，8月中旬以前入土化蛹开始越冬。

【防治方法】发生数量不多时，可人工捕杀幼虫。

发现大量幼虫为害时，可用下列药剂：

2.5%溴氰菊酯乳油2 000～3 000倍液；

20%杀铃脲悬浮剂500～1 000倍液等，均匀喷施。

7. 柿绒蚧

【分布为害】柿绒蚧(*Eriococcus kaki*)，属同翅目绒蚧科。分布于河北、河南、山东、山西、陕西、安徽、广东、广西、天津、北京等地。轻者被害株率达40%～50%，重者达80%以上，造成柿树严重的落花落果，树势减弱，严重影响了柿树正常的生长结实。若虫和成虫群集为害，嫩枝被害后，出现黑斑，轻者生长细弱(图12–45)，重者干枯，难以发芽。叶脉受害后亦有黑斑，严重时叶畸形，早落。为害果实时，在果肩或果实与蒂相接处，被害处出现凹陷，由绿变黄，最后变黑(图12–46和图12–47)。

图12–45　柿绒蚧为害枝干症状

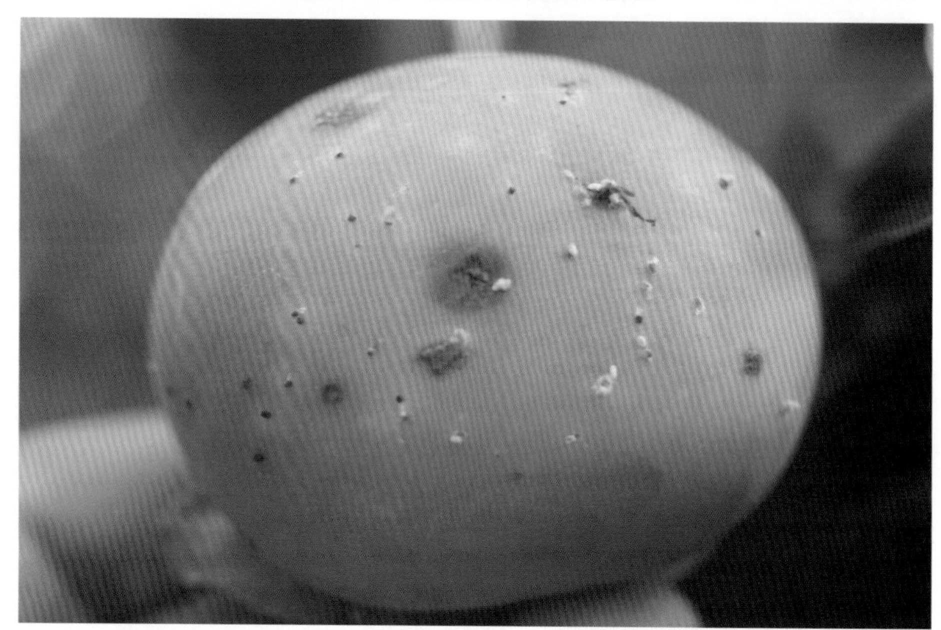

图12–46　柿绒蚧为害果实初期症状

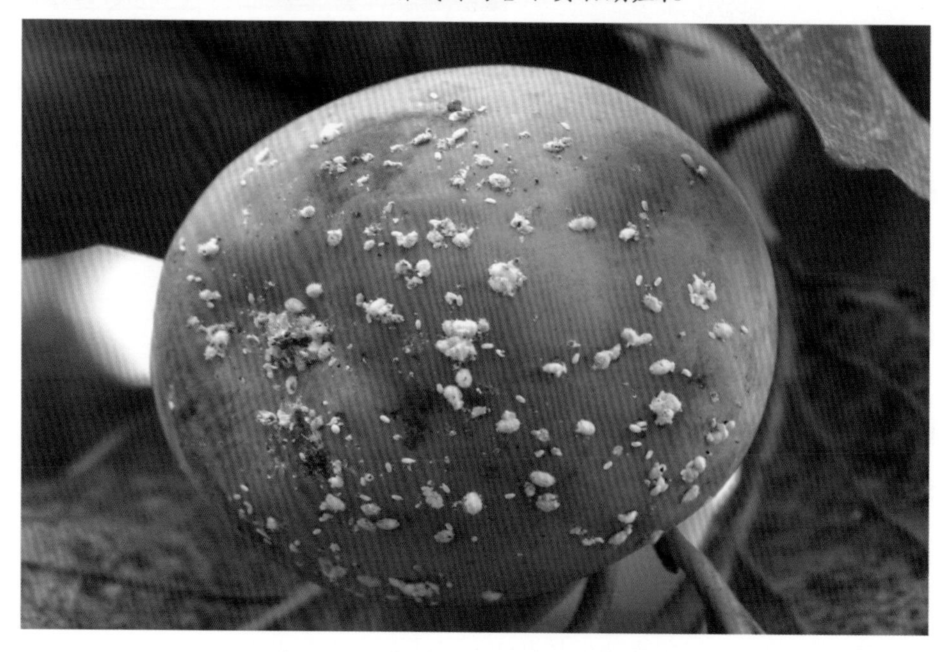

图12–47　柿绒蚧为害果实后期症状

【形态特征】雌成虫体节明显，紫红色。触角3节，体背面有刺毛；腹部边缘有白色弯曲的细毛状蜡质分泌物，虫体背面覆盖白色毛毡状介壳；正面隆起，前端椭圆形；尾部卵囊由白色絮状物构成，表面有稀疏的白色蜡毛。雄成虫体细长，紫红色；翅1对，透明；介壳长椭圆形。卵圆形，紫红色，表面覆有白色蜡粉，藏于卵囊中。若虫卵圆形或椭圆形，体侧有若干对长短不一的刺状物。初孵化时血红色(图12-48)，随着身体增长，经过1次蜕皮后变为鲜红色，而后转为紫红色。雄蛹壳椭圆形，扁平，由白色绵状物构成。

图12-48 柿绒蚧若虫

【发生规律】在河北、河南、山东、山西、陕西一年发生4代，广西一年发生5～6代，以初龄若虫在2～5年生枝的皮缝中、柿蒂上越冬。山东4月中下旬若虫出蛰，爬至嫩枝、叶上为害，5月中下旬羽化交配，雌体背面形成卵囊并开始产卵在其内，虫体缩向前方。各代卵孵化盛期：1代6月上中旬，2代7月中旬，3代8月中旬，4代9月中下旬。前期为害嫩枝、叶，后期主要为害果实。第3代为害最重，被害嫩枝呈现黑斑以致枯死，叶畸形早落，果实现黄绿小点，严重的凹陷变黑或木栓化，幼果易脱落。10月中旬以第4代若虫转移到枝、柿蒂上越冬。

【防治方法】认真彻底清园。秋冬季节结合冬灌，进行一次全面、仔细清园。剪除虫枝，集中烧毁，树干刷白。

早春喷布4～5波美度石硫合剂或5%柴油乳剂，或45%晶体石硫合剂20～30倍液，或煤油洗衣粉混合液，主干及枝条要全面喷洒至流水，彻底消灭越冬害虫。

在各代虫卵孵化的盛末期进行喷药，可使用的药剂有：

2.5%溴氰菊酯乳油3 000 ~ 3 500倍液；

80%敌敌畏乳油800 ~ 1 000倍液；

5%S–氰戊菊酯乳油1 000 ~ 2 000倍液；

50%马拉硫磷乳油1 000 ~ 2 000倍液；

90%晶体敌百虫800 ~ 1 000倍液等。

8．龟蜡蚧

【分布为害】龟蜡蚧(*Ceroplastes japonicus*)，属同翅目蜡蚧科。广泛分布于我国各地，其中，以山东、山西、河北、湖北、江苏、浙江、福建、陕西关中东部等地区比较严重。成虫、若虫用刺吸枝条和叶片，吸食汁液并大量分泌排泄物，使枝条或叶片招生黑色霉菌污染枝叶(图12–49)，影响光合作用，被害枝衰弱，严重时枝条死亡，也可造成幼果脱落而减产。

图12–49　龟蜡蚧为害柿树叶片症状

【形态特征】参考枣树虫害——枣龟蜡蚧。

【发生规律】参考枣树虫害——枣龟蜡蚧。

【防治方法】参考枣树虫害——枣龟蜡蚧。

第十三章 板栗病虫害

目前，全球板栗生产国家主要集中在亚洲，中国是全球最大的板栗生产国家，年产量占据全球板栗产量比重的80%以上。板栗是中国栽培历史悠久的果树之一，栽培分布面积极广，北起吉林、辽宁，南至广东、云南等省(区)。绝大部分栽培在丘陵山谷、缓坡和河滩地。主要产栗大省有河北、山东、辽宁、湖北、河南、安徽等省，据统计资料，2018年全国板栗种植面积34.39万hm^2，年产栗子198.8万t。

板栗病虫害有50多种，其中病害有20多种，发生较重的有干枯病、溃疡病、炭疽病、枯枝病等；虫害有30多种，发生较重的有栗瘿蜂、栗大蚜、栗实象甲等。

一、板栗病害

1．板栗干枯病

【分布为害】板栗干枯病为世界性病害，在欧美各国广为流行，几乎毁灭了所有的栗林，造成巨大损失。我国板栗被世界公认为是高度抗病的树种。近年来，板栗干枯病在四川、重庆、浙江、广东、河南等地均有发生，在部分地区已造成严重为害。

【症　　状】主要为害主干和枝条，发病初期病部表皮出现圆形或不规则形的褐色病斑，病部皮层组织松软、稍隆起，有时流出黄褐色汁液，剥开病皮可见病部皮层组织溃烂，木质部变红褐色，水浸状，有浓酒糟味，以后病斑不断增大，可侵染树干一周，并上下扩展(图13-1和图13-2)。小枝受害，多发生在枝杈部位，仔细观察枝条就会发现环缢状的病斑，有的不抽新梢或抽梢很短，不久整个枝干枯死(图13-3)。

图13-1　板栗干枯病为害主干症状

图13-2　板栗干枯病为害枝条症状

图13-3　板栗干枯病为害整株症状

栗树发芽后不久，有时会出现枝条新叶萎蔫现象，有的小枝并不立即死亡，仅是发芽较晚，且叶小而黄，严重时叶边缘焦枯。

【病　　原】 *Cryphonectria parasitica* 称寄生隐丛赤壳，属子囊菌门真菌。无性世代产生分生孢子器，生于子座中，形状不规则，多个子囊壳深浅不同地埋生于一个子座中，具有长颈。子囊无色，棍棒形，内含8个子囊孢子。子囊孢子双胞，无色透明，椭圆至卵形，中间分隔处稍缢缩。在5～35℃下，菌丝均能生长，在15～30℃下生长良好，最适温度为25～30℃。

【发生规律】病菌以子座和扇状菌丝层在病皮内越冬，分生孢子和子囊孢子均能侵染，分生孢子于5月开始释放，借雨水、昆虫、鸟类传播从伤口侵入；子囊孢子于3月上旬成熟释放，借风传播，也从伤口侵入寄主。新病斑始现于3月底或4月初，扩展很快，至10月逐渐停止。栗园管理不善、过度修枝、人畜破坏，都会引起树势衰退而诱发此病。

【防治方法】禁止将病区的苗木、接穗运往无病区，可阻止有毒菌系的侵染。加强栗园管理，适时施肥、灌水、中耕、除草，以增强树势，提高抗病力，并及时防治蛀干害虫，严防人畜损伤枝干，减少伤口侵染。及时剪除病死枝，对病皮、病枝应带出栗园，彻底烧毁，防止病菌在园内飞散传播。

刮除主干和大枝上的病斑，深达木质部，涂抹下列药剂：

3%甲基硫菌灵糊剂200～300g/m^2；

1%戊唑醇糊剂250～300g/m^2；

80%乙蒜素乳油200～400倍液，并涂波尔多液作为保护剂。

发芽前，喷1次29%石硫合剂水剂50～100倍液，在树干和主枝基部涂刷50%福美双可湿性粉剂80～100倍液。

4月中下旬，可用50%福美双可湿性粉剂100～200倍液喷树干。发芽后，再喷1次1.26%辛菌胺醋酸盐水剂50～100倍液，保护伤口不被侵染，减少发病概率。

2. 板栗溃疡病

【症　　状】又称芽枯病，主要为害新梢和嫩芽。初春，刚萌发的芽呈水浸状变褐枯死(图13-4和图13-5)。幼叶受害产生水浸状暗绿色的不规则病斑，后变为褐色，周围有黄绿色的晕圈(图13-6)，病斑扩大后，蔓延到叶柄。最后叶片变褐并内卷，花穗枯死脱落。

图13-4　板栗溃疡病为害新梢症状

图13-5　板栗溃疡病为害幼芽症状

图13-6　板栗溃疡病为害叶片症状

【病　　原】*Pseudomonas syringae* pv. *castaneae* 称丁香假单胞杆菌栗溃疡病致病变种，属薄壁菌门细菌。

【发生规律】病原细菌在病组织内越冬，板栗萌芽期开始侵染，在病部增殖的细菌经雨水向其他部位传染，展叶期为发病高峰期。大风天气发病较重。

【防治方法】发现病芽、病枝及时剪除、销毁。

栗树萌芽前，涂抹下列药剂：

1∶1∶20等量式波尔多液；

29%石硫合剂水剂50～100倍液；

30%碱式硫酸铜悬浮剂300～400倍液等，减少越冬病源。

病害发生初期，可用下列药剂：

77%氢氧化铜可湿性粉剂500～800倍液；

47%春雷霉素·氧氯化铜可湿性粉剂700～1 000倍液；

50%氯溴异氰尿酸可溶性粉剂1 200～1 500倍液等，喷施。

3．板栗炭疽病

【分布为害】在各栽培地区均有发生。田间引起大量果实腐烂，也为害新梢和叶片，贮藏不善种仁腐烂不能食用，造成重大损失。

【症　　状】主要为害芽、枝梢、叶片。叶片上病斑不规则形至圆形(图13-7)，褐色或暗褐色，常有红褐色的细边缘，上生许多小黑点；芽被害后，病部发褐腐烂，新梢最终枯死；小枝被害，易遭风折，受害栗蓬主要在基部出现褐斑(图13-8和图13-9)。受害栗果主要在种仁上发生近圆形、黑褐色或黑色的坏死斑，之后果肉腐烂，干缩，外壳的尖端常变黑。

图13-7　板栗炭疽病为害叶片症状

图13-8　板栗炭疽病为害栗蓬初期症状

图13-9　板栗炭疽病为害栗蓬后期症状

【病　　原】*Colletorichum gloeosporioides* 称胶孢炭疽菌，属无性型真菌。分生孢子盘埋生于表皮下，成熟后突破表皮，涌出分生孢子；分生孢子盘内平行排列一层圆柱形或倒钻形的分生孢子梗，顶端着生分生孢子，常成团，呈绯红色，单胞，长卵圆形，两端含两个油球。

【发生规律】以菌丝体在活体的芽、枝内潜伏越冬；地面上的病叶、病果均为越冬场所。条件合适时，10—11月便可长出子囊壳，翌年4—5月小枝或枝条上长出黑色分生孢子盘，分生孢子由风雨或昆虫传播，经皮孔或自表皮直接侵入。采后栗蓬、栗果大量堆积，若不迅速散热，腐烂严重。

【防治方法】结合冬季修剪，剪除病枯枝，集中烧毁；喷施多硫悬浮剂、多菌灵，或半量式波尔多液等药剂，特别是4–5月控制产生大量菌源。

冬季清园后喷施1次50%多菌灵可湿性粉剂600～800倍液。

4—5月间和8月上旬，各喷1次下列药剂：

40%苯醚·甲硫可湿性粉剂1 000～1 500倍液；

30%苯醚·多菌灵可湿性粉剂1 000～1 500倍液；

65%代森锌可湿性粉剂800倍液。

严格掌握采收的各个环节，适时采收，待栗蓬呈黄色，出现十字状开裂时，拾栗果与分次打蓬。采收期每2～3天打蓬1次，因不成熟栗果易失水腐烂。打蓬后当日拾栗果，上午10:00时以前拾果较好，重量损失少。

注意贮藏。采后将栗果迅速摊开散热，以产地沙藏较为实际。埋沙时，可先将沙以50%噻菌灵可湿性粉剂1 000倍液湿润，贮温以5～10℃较宜。

4. 板栗枝枯病

【分布为害】在板栗产区均有分布。

【症　　状】引起枝枯，在病部散生或群生小黑点，初埋生于表皮下，后外露(图13–10)。

图13—10　板栗枝枯病为害枝条症状

【病　　原】*Coryneum kunzei* var. *castaneae* 称棒盘孢枝枯菌，属无性型真菌。分生孢子盘垫状，黑色。分生孢子褐色，棒状，两端稍细，直或弯曲，具6～8个横隔。

【发生规律】病菌多以菌丝体、子座在病组织中越冬，借风雨、昆虫及人为活动传播，从伤口和皮孔侵入。树势衰弱的树枝易发病。

【防治方法】加强栽培管理，增强树势，提高抗病能力，是预防该病发生的根本措施。采收后深翻扩穴，并适当追施氮、磷、钾肥。加强修剪，促使通风透光，防止结果部位外移，控制大小年。及时剪除病梢，集中烧毁。

早春于发芽前用3～5波美度石硫合剂或21%过氧乙酸水剂400～500倍液喷雾，铲除越冬病菌。

5—6月，雨季开始时喷施下列药剂：

50%多菌灵可湿性粉剂800～1 000倍液；

36%甲基硫菌灵悬浮剂600～700倍液；

50%苯菌灵可湿性粉剂1 000～1 500倍液，间隔15天喷1次，连续2～3次。

5．板栗木腐病

【分布为害】主要分布在河北迁西、武安，以及山西、河南等地。

【症　　状】栗树主干或大枝上侧生大型子实体，使受害部木质腐朽，严重时导致风折。子实体常呈覆瓦状着生，质韧，白色或灰白色，上具绒毛或粗毛，肩状或肾状，边缘向内卷(图13-11)。

图13-11　板栗木腐病为害枝干症状

【病　　原】*Schizophyllum commune* 称裂褶菌，*Phellinus pomaceae* 称苹果木层孔菌，均属担子菌门真菌。

【发生规律】多发生于衰老及有伤口大树的干基和大侧枝上。管理粗放、树龄大、伤口多的栗园发病常严重。

【防治方法】加强栗园管理，及时挖除重病树、衰老树，带出园外烧毁。

经常检查树体，发现子实体后马上连周围5cm树皮刮除烧毁，并在病部涂1%硫酸铜液消毒。

保护树体，减少产生各种伤口，对管理中产生的较大伤口可涂波尔多液、煤焦油或1%硫酸铜液。

二、板栗虫害

1．栗实象甲

【为害特点】栗实象甲(*Curculio davidi*)，属鞘翅目象甲科。又名栗实象鼻虫，成虫取食嫩枝和幼果，在栗蓬上咬孔，并产卵其中；幼虫在果内为害，幼蓬受害后易脱落，后期幼虫为害种仁，果内有虫粪，幼虫脱果后种皮上留有圆孔，被害果易霉烂(图13–12)。

图13–12 栗实象甲为害栗果症状

【形态特征】成虫体黑褐色(图13–13)；头管细长，尤以雌性凸出，超过体长；触角膝状，着生于头管的1/3～1/2处；前胸背板及鞘翅上有由白色鳞片组成的斑块，翅长2/5处有1条白色横纹；腹部灰白色。卵椭圆形，初产时透明，近孵化时为乳白色。幼虫乳白色至淡黄色，头部黄褐色，无足，体常弯曲(图13–14)。蛹乳白至灰白色，近羽化时灰黑色。

图13–13 栗实象甲成虫

【发生规律】长江流域以北地区2年发生1代。以老熟幼虫在树冠下的

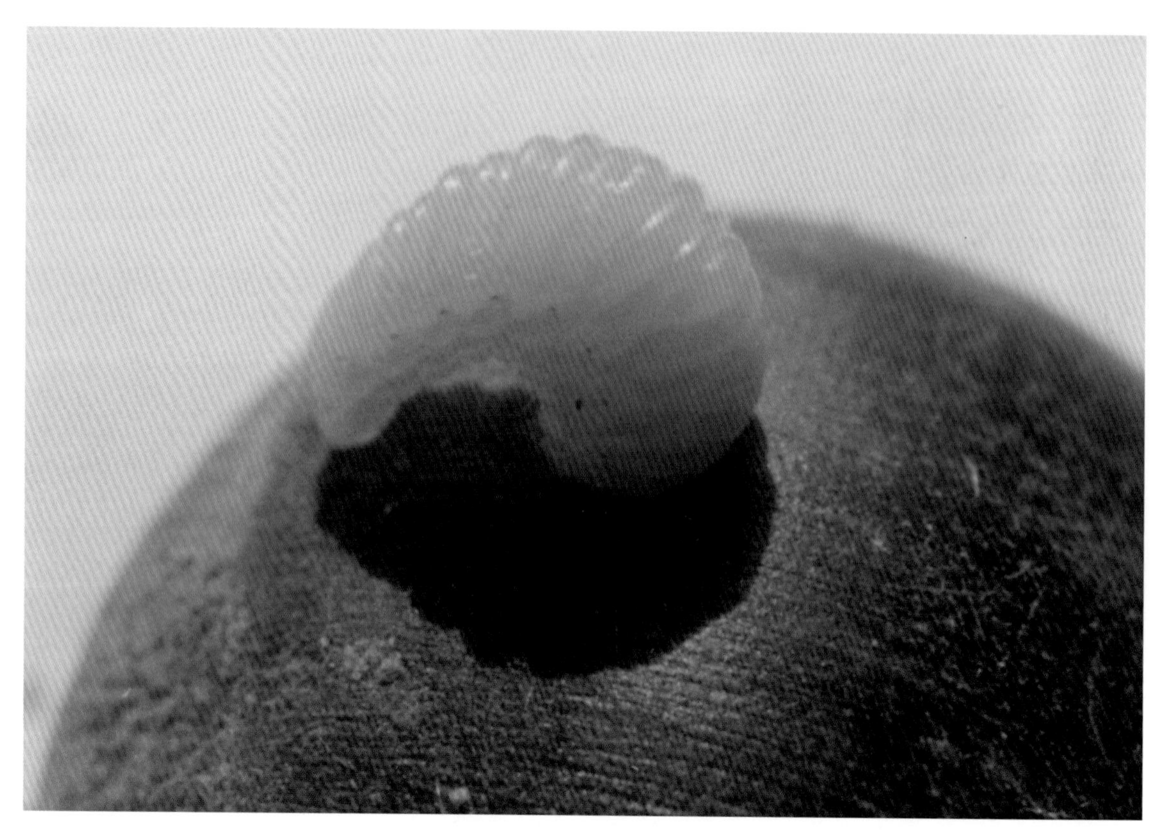

图13-14 栗实象甲幼虫

土中越冬。夏季化蛹，8月羽化为成虫，成虫羽化后先在土室内潜伏5 ~ 10天，而后钻出地面，成虫常在雨后1 ~ 3天大量出土。先到栗树上取食嫩枝补充营养，产卵期在8月上旬，盛期在8月中下旬。成虫白天活动，假死性强。幼虫期1个月左右，早期被害果往往脱落，后期被害果不脱落，幼虫老熟蛀一圆孔脱出。幼虫孵化后即取食种仁，幼虫脱果后入土做土室越冬，后期蛀入果实的幼虫采收期仍在果内，采收后在堆积场脱果入土作土室越冬。

【防治方法】冬季深翻树下土壤，破坏越冬环境以杀死幼虫。板栗采收要及时、干净，防止幼虫在栗园中随脱果入土越冬。

7—8月，成虫发生期，树上喷施农药以杀死成虫。可喷下列药剂：

50%杀螟硫磷乳油800 ~ 1 500倍液；

2.5%溴氰菊酯乳油2 000 ~ 3 000倍液；

5%高效氯氟氰菊酯微乳剂1 200 ~ 1 660倍液。

2．栗瘿蜂

【分布为害】栗瘿蜂(*Dryocosmus kuriphilus*)，属膜翅目瘿蜂科。分布于河北、河南、山西、陕西、江西、安徽、浙江、江苏、湖北、湖南、云南、福建、北京等省或直辖市。严重地区枝条受害率为70% ~ 90%，严重影响栗树发育，造成减产。以幼虫为害栗树芽、新梢、叶片，形成形状各异的虫瘿。被害芽不能长出枝条，直接膨大形成瘤状虫瘿，在虫瘿上长出畸形小叶。在叶片主脉上形成的虫瘿为叶瘿，瘿形较扁平，虫瘿呈绿色和紫红色，到秋季变成枯黄色，每个虫瘿上留下1个或数个圆形出蜂孔。自然干枯的虫瘿在1 ~ 2年内不脱落。栗树受害严重时，虫瘿布满树梢，很少长出新梢，不能结实，树势逐渐衰弱，枝条枯死，导致整株成片死亡(图13-15至图13-17)。

图13-15 栗瘿蜂为害叶片前期症状

图13-16 栗瘿蜂为害叶片中期症状

图13-17　栗瘿蜂为害叶片后期症状

【形态特征】成虫体黑褐色，具光泽(图13-18)，头横阔，与胸幅等宽，触角丝状，14节，每节着生稀疏细毛；柄节、梗节较粗，第3节较细，其余各节粗细相似；胸部光滑，中胸背板侧缘略具饰边，背面近中央有2条对称的弧形沟；小盾片近圆形，向上隆起，略具饰边，表面有不规则刻点，并被疏毛。卵椭圆形，乳白色，表面光滑。老熟幼虫体乳白色(图13-19)，近老熟时为黄白色。蛹体较圆钝，胸部背面圆形突出，初化的蛹乳白色，近羽化时全体黑褐色。

图13-18　栗瘿蜂成虫

图13-19 栗瘿蜂幼虫

【发生规律】每年发生1代，以低龄幼虫在寄主芽内越冬。每年3月中下旬栗芽萌动时，越冬幼虫开始活动，被害处逐渐肿大为瓢形、扁粒状的虫瘿。5月幼虫老熟化蛹，江苏5月上旬，山东5月上中旬，河北、北京5月下旬至6月中旬。6月中旬至7月上旬成虫羽化，开始产卵，幼虫孵出后在芽内为害，在被害处形成椭圆形小室，并于其内越冬。管理粗放、地势低洼、向阳背风的栗园受害一般都较重。

【防治方法】加强综合管理，合理修剪，使树体通风透光，减少发生。利用天敌防治害虫，冬季结合修剪，除去虫瘿枝条，并将剪下的枝条笼罩放置林内，待寄生蜂羽化后再拿出栗园集中烧毁。5月底以前彻底摘除当年新生虫瘿，消灭越冬幼虫。

药剂喷杀刚出蛰的成虫。由于栗瘿蜂卵产在芽内，幼虫及蛹生活在瘿瘤中，只有成虫在外活动，以8:00—12:00最多。所以，只有成虫期喷药才有效。栗瘿蜂成虫抗药能力差，对拟除虫菊酯类农药十分敏感，根据晴朗无风出蜂多、活动弱的特点，及时喷药。可用药剂种类和浓度：

40%辛硫磷乳油1 000 ~ 2 000倍液；

50%杀螟硫磷乳油1 000 ~ 1 500倍液；

45%马拉硫磷乳油1 000 ~ 2 000倍液；

1.8%阿维菌素乳油2 000 ~ 4 000倍液，间隔10 ~ 15天喷1次，连喷2 ~ 3次，防治效果较好。

3．栗大蚜

【分布为害】栗大蚜(*Lachnus tropicalis*)，属同翅目大蚜科。在各产区均有分布。以成虫、若虫群集枝梢上或叶背面和栗蓬上吸食汁液为害，影响枝梢生长和果实成熟，常导致树势衰弱。

【形态特征】有翅胎生雌蚜体黑色，被细短毛，腹部色较浅；翅色暗，翅脉黑色，前翅中部斜向后角处具白斑2个，前缘近顶角处具白斑1个。无翅胎生雌蚜体黑色被细毛，头胸部窄小略扁平，占体长

1/3，腹部球形肥大，足细长(图13-20)。卵长椭圆形，初暗褐色，后变黑色具光泽。若虫多为黄褐色，与无翅胎生雌蚜相似，但体较小，色淡，后渐变深褐色至黑色，体平直近长椭圆形。

图13-20　栗大蚜无翅胎生雌蚜

【发生规律】一年发生多代，以卵在枝干皮缝处或表面越冬，阴面较多，常数百粒单层排在一起。翌年4月孵化，群集在枝梢上繁殖为害，5月产生有翅胎生雌蚜，迁飞扩散至嫩枝、叶、花及栗蓬上为害繁殖，常数百头群集吸食汁液，到10月中旬产生有性雌、雄蚜，交配产卵在树缝、伤疤等处，11月上旬进入产卵盛期。

【防治方法】冬季刮皮消灭越冬卵。

早春发芽前，树上喷施5%柴油乳剂或黏土柴油乳剂，减少越冬虫卵。

越冬卵孵化后即为害期，及时喷洒下列药剂：

50%抗蚜威可湿性粉剂1 500～2 000倍液；

10%吡虫啉可湿性粉剂2 000～3 000倍液；

10%氯氰菊酯乳油2 000～3 000倍液；

20%高氯·马乳油2 000～4 000倍液；

25g/L氯氟氰菊乳油2 500～3 000倍液等。

4．角纹卷叶蛾

【分布为害】角纹卷叶蛾(*Archips xylosteana*)，属鳞翅目卷蛾科。分布在东北、华北等果区。幼虫常吐丝将单张叶片先端横卷或纵卷成筒状，筒两端开放，幼虫转移频繁(图13-21)。

图13-21 角纹卷叶蛾为害叶片症状

【形态特征】成虫前翅棕黄色，斑纹暗褐色带有紫铜色；基斑呈指状出自翅基后缘上；中带上窄下宽，近中室外侧有一黑斑；端纹扩大呈三角形，顶角处有一黑色斑(图13-22)。卵扁椭圆形，灰褐色至灰白色，外被有胶质膜。老熟幼虫头部黑色(图13-23)，前胸盾前半部黄褐色，后半部黑褐色，胸足黑褐色，臀栉8齿，胴部灰绿色。蛹黄褐色。

图13-22 角纹卷叶蛾成虫

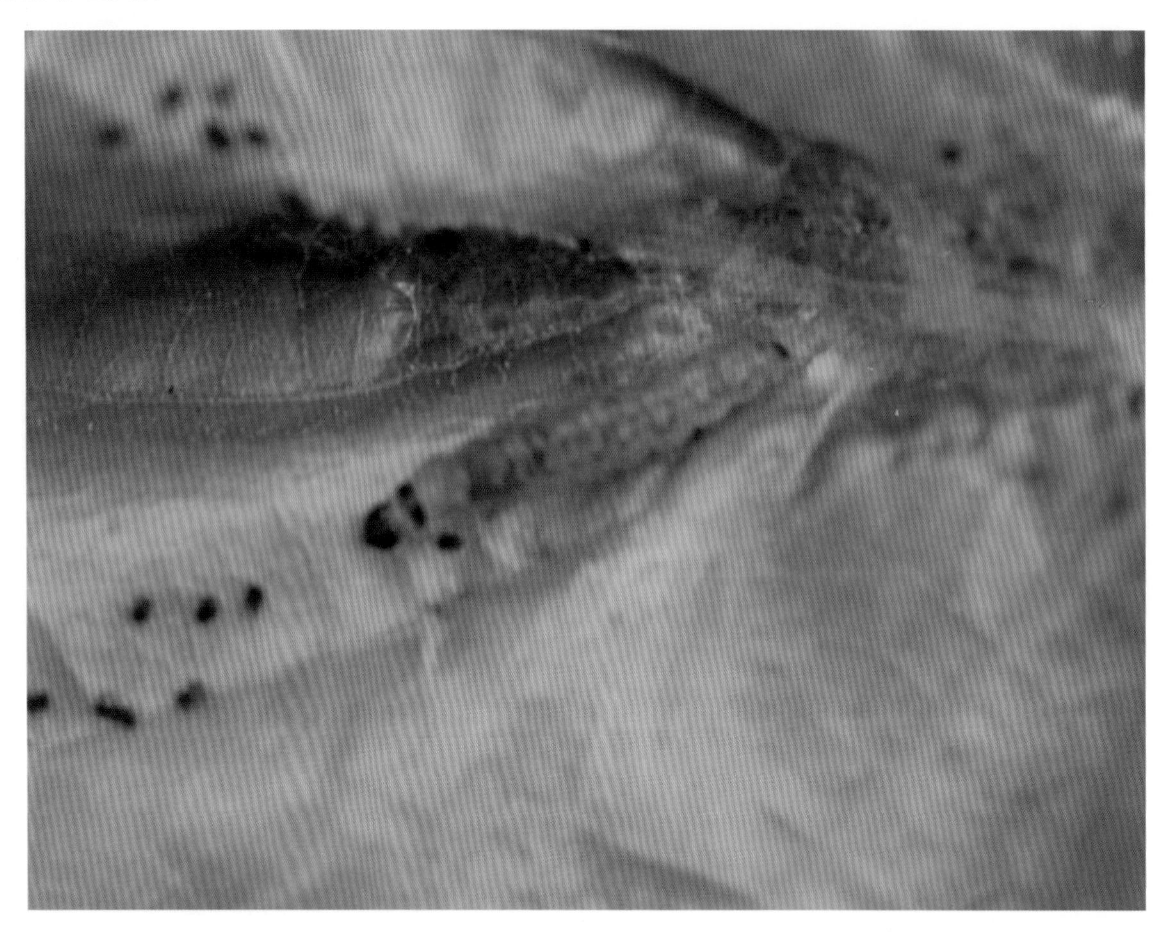

图13-23 角纹卷叶蛾幼虫

【发生规律】在东北、华北一年发生1代，以卵块在枝条分叉处或芽基部越冬。4月下旬至5月中旬卵孵化，初孵幼虫常爬到枝梢顶端群集为害，稍大后则吐丝下垂，分散为害。6月下旬老熟幼虫在卷叶中化蛹，羽化后产卵越冬。

【防治方法】结合冬剪，剪除越冬卵块。

在冬卵孵化盛期喷药防治初孵幼虫，可选用下列药剂：

20%灭幼脲悬浮剂2 000~3 000倍液；

50%马拉硫磷乳油1 000~2 000倍液；

40%辛硫磷乳油1 500~2 000倍液；

1.8%阿维菌素乳油2 000~4 000倍液等。

5．板栗透翅蛾

【分布为害】板栗透翅蛾(*Aegeria molybdoceps*)，属鳞翅目透翅蛾科。在河北、山东、江西等栗区均有发生。以幼虫串食枝干皮层，主干下部受害重，被害处呈黄褐色，原蛀道为黑褐色。新梢提早停止生长，叶片枯黄早落，部分大枝枯死。

【形态特征】成虫体形似黄蜂；触角两端尖细，基半部橘黄色，端半部赤褐色，顶端具1毛束，头部、下唇须、中胸背板及腹部1、4、5节皆具橘黄色带；翅透明，翅脉及缘毛茶褐色。卵淡褐色，扁卵圆形，一头较齐。老熟幼虫污白色(图13-24)，头部褐色，前胸背板淡褐色，具1褐色倒“八”字纹，臀板褐色，尖端稍向体前弯曲。蛹体黄褐色，体形细长，两端略下弯。

图13-24　板栗透翅蛾幼虫及为害枝干状

【发生规律】一年发生1代，极少数两年完成1代。以2龄幼虫或少数3龄以上幼虫在枝干老皮缝内越冬。3月中下旬出蛰，7月中旬末老熟幼虫开始作茧化蛹，8月上中旬作茧化蛹盛期，8月中旬成虫开始产卵，8月下旬至9月中旬产卵盛期。8月下旬卵开始卵化，9月中下旬为孵化盛期，10月上旬2龄幼虫开始越冬。

【防治方法】刮树皮，清除卵和初孵幼虫。适时中耕除草，及时防治病虫，避免在树体上造成伤口，增强树势，均可减少为害。

3月上旬，幼虫出蛰时，可用80%敌敌畏乳油50g加1～1.5kg煤油，混合均匀涂干。

在成虫产卵前(8月前)树干涂白以阻止成虫产卵，对控制为害，可起到一定作用。

6．栗实蛾

【为害特点】栗实蛾(*Laspeyresia splendana*)，属鳞翅目卷蛾科。幼虫取食栗蓬，稍大蛀入果内为害。有的咬断果梗，致栗蓬早期脱落(图13-25)。

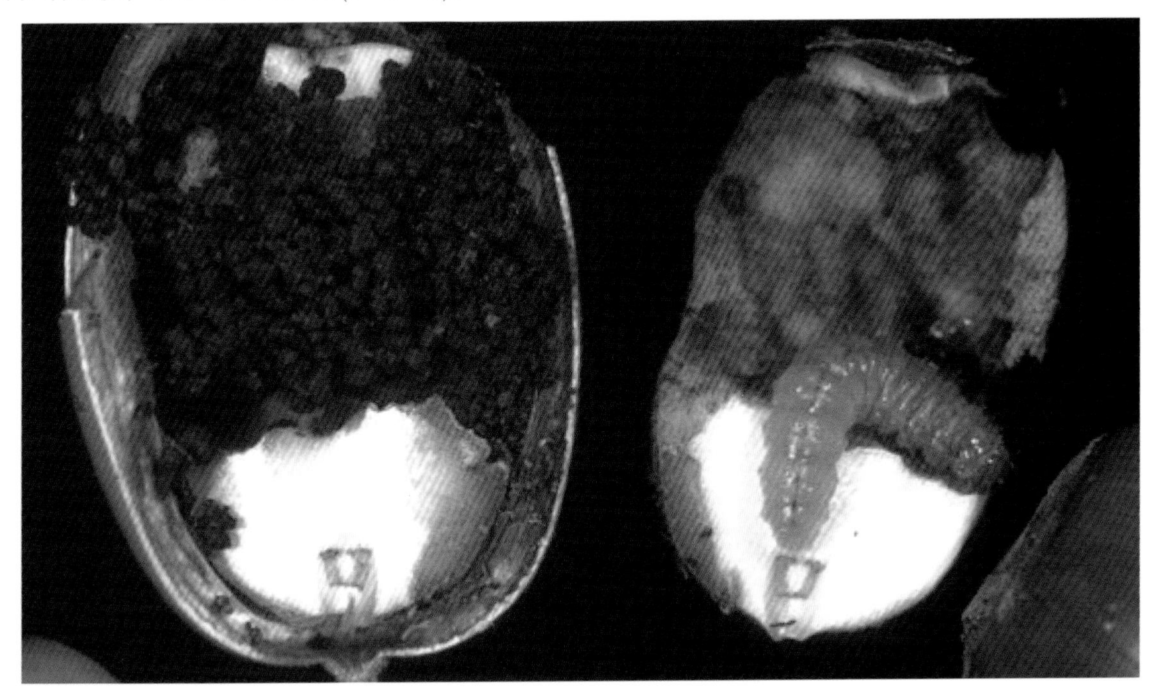

图13-25　栗实蛾为害果实症状

【形态特征】成虫体银灰色，前、后翅灰黑色，前翅前缘有向外斜伸的白色短纹，后缘中部有4条斜向顶角的波状白纹；后翅黄褐色，外缘为灰色(图13–26)。卵扁圆形，略隆起，白色半透明。幼虫体圆筒形(图13–27)，头黄褐色，前胸盾及臀板淡褐色，胴部暗褐至暗绿色，各节毛瘤色深，上生细毛。蛹稍扁平，黄褐色。

图13–26 栗实蛾成虫

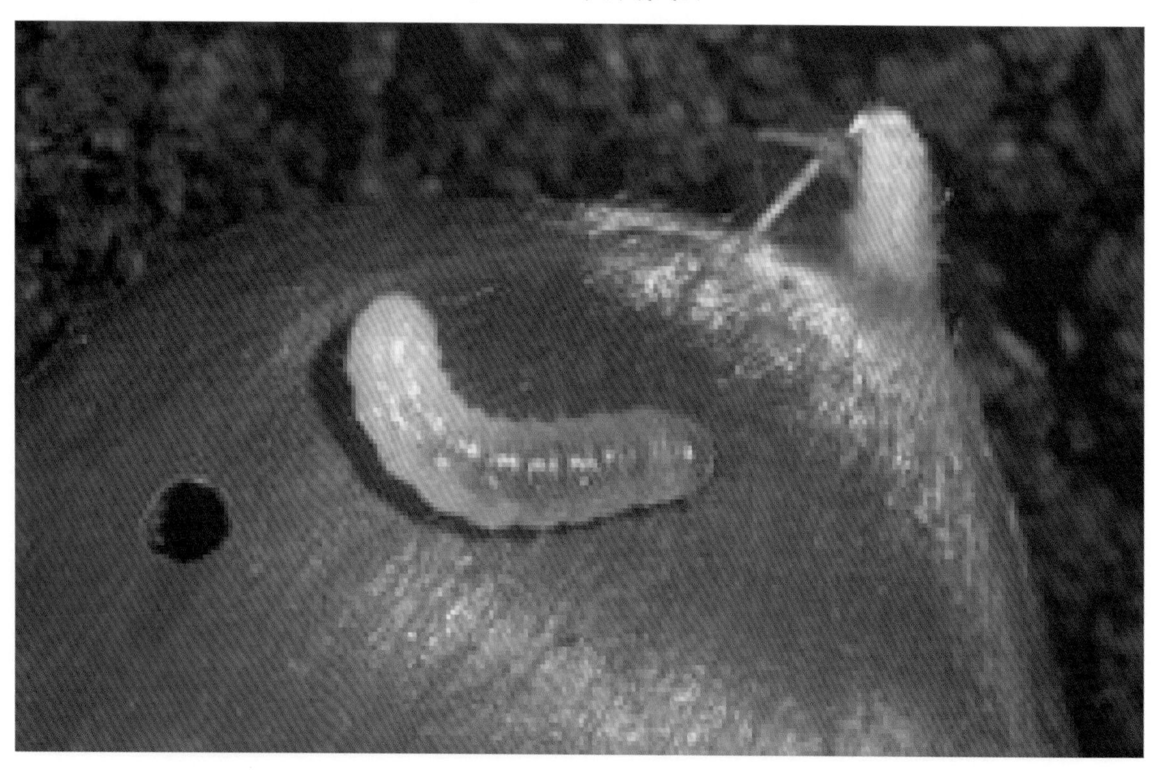

图13–27 栗实蛾幼虫

【发生规律】一年发生1代，以老熟幼虫结茧在落叶或杂草中越冬。翌年6月化蛹，7月中旬后进入羽化盛期。成虫白天静伏在叶背，晚上交配产卵，卵多产在栗蓬刺上和果梗基部。7月中旬为产卵盛期，7月下旬幼虫孵化；9月上旬大量蛀入栗实内，9月下旬至10月上中旬幼虫老熟后，将种皮咬成不规则孔脱出，落入地面落叶、杂草、残枝中，结茧越冬。

【防治方法】加强管理适时采收，清理果园。果实成熟后及时采收，拾净落地栗蓬。11月中旬至次年4月上旬均可火烧栗园内的落叶杂草，消灭越冬幼虫。

在7月中下旬，全树喷施下列药剂：

50%杀螟硫磷乳油1 000～2 000倍液；

10%联苯菊酯乳油1 000～2 000倍液；

20%氰戊菊酯乳油1 000～2 000倍液；

20%高氯・马乳油1 000～1 500倍液等。

7. 银杏大蚕蛾

【分布为害】银杏大蚕蛾(*Dictyoploca japonica*)，属鳞翅目大蚕蛾科。幼虫食叶，造成缺刻和孔洞，重者将叶片吃光，造成树冠光秃，影响树木正常生长，甚至死亡。

【形态特征】成虫体色灰褐至紫褐色(图13–28)，雄蛾体深褐色，雌蛾体红褐色，前翅内横线赤褐色，外横线暗褐色，两线近后缘相接近，中间有较宽的淡色区，中室端部有月牙形透明斑，在翅后面有眼珠形斑，周围有白色及暗褐色轮纹，顶角前缘处有黑色斑，后角有白色月牙形纹；后翅从基部到外横线有较宽的红色区，中室端有1个大眼斑，外围有灰橙色圆圈及银白色线2条。卵短圆柱形，灰褐色，有不规则形深褐色花纹。幼虫体型肥大，1～2龄幼虫灰黑色，具黑色毛，3龄以后具黄绿色或褐色刺毛(图13–29)，5龄以后作茧化蛹。蛹黄褐色，羽化前，蛹由黄色变为褐色。茧初为银白色，后渐变成褐色，椭圆形，质地较硬，呈纱笼状；顶端有圆形开口。

图13–28　银杏大蚕蛾成虫

图13-29 银杏大蚕蛾幼虫

【发生规律】一年发生1代。以卵在枝干上越冬。3月底到4月初板栗树萌芽展叶时卵开始孵化，1龄幼虫即上树群集为害嫩叶。幼虫一般7龄，少有8龄。每个龄期约一周，整个幼虫期约60天。4月中旬进入2龄期，4月下旬至5月中旬为3~5龄期，食量增加，5龄食量最大，占全部取食量的70%以上，为害最重。进入6月上中旬，幼虫老熟后即爬至1~3m高的灌木枝干、矮墙或石缝中结茧，蜕皮化蛹，8月底、9月初羽化成虫，成虫期约10天，交尾产卵后死亡，卵堆积在一起越冬。成虫有趋光性。初孵幼虫稍群栖后即分散取食，老熟后缀叶于内结茧化蛹，有的爬到杂草中及灌木上结茧化蛹。

【防治方法】早春结合修剪，刮除越冬卵。捕杀成虫。注意保护天敌。7—9月结合管理摘除茧蛹。

幼虫3龄前抵抗力弱，并有群集性的特点，为防治最佳适期，可及时喷施下列药剂：

25%灭幼脲悬浮剂500~1 000倍液；

1.8%阿维菌素乳油3 000~4 000倍液；

0.3%苦参碱可溶性液剂1 000~1 500倍液。

8．栗皮夜蛾

【分布为害】栗皮夜蛾(*Characoma ruficirra*)，属鳞翅目夜蛾科。该虫是板栗的主要害虫，栗蓬受害率常达20%左右，严重时达50%以上。分布于山东、河北、河南、江西等省，已蔓延成灾。幼虫多从蓬刺缝隙和基部蛀进蓬内，蛀食栗蓬和栗实，粪便排在蛀孔处的丝网上。被害蓬基本全被吃空，蓬刺变黄，干枯脱落(图13-30)。

图13-30　栗皮夜蛾为害栗蓬症状

【形态特征】成虫体长8～10mm，翅展14～21mm，体淡灰色；触角丝状；复眼黑色；前胸背、侧面及胸背面鳞片隆起；前翅淡灰褐色，外缘线与中横线间灰白色，其间近前缘处有一黑色半圆形大斑，近后缘处有黑色眼状斑，斑上有一弯曲似眉毛的短线，内横线为平行的黑色双线；后翅淡灰色。卵半球形，平底，顶端有一圆形凸起，周围有放射状隆起线；初产时乳白色，后变橘黄色，孵化时变灰白色。初孵幼虫淡褐色，后变褐色或绿褐色；前胸背板深褐色；中后胸背面有6个毛片，横向排成直线，中央2个毛片明显呈矩形；腹部第1～7节背面有4个毛片排列成梯形；臀板深褐色；腹足趾钩为三序缺环。蛹体形较粗短，体节间多带白粉，背面深褐色，化蛹于黄褐色丝茧中。茧白色，丝茧外覆黄褐色绒毛。

【发生规律】一年发生3代，以蛹在落地栗苞刺束间的茧内越冬。翌年5月上旬成虫开始羽化，5月中下旬出现第1代卵，5月下旬幼虫开始孵化，6月上旬为孵化盛期，6月中下旬达为害盛期，6月下旬开始化蛹，7月中旬为化蛹盛期。7月上旬开始羽化成虫并出现第2代卵，7月下旬达产卵盛期，7月中旬幼虫开始孵化，7月下旬至8月上旬达为害盛期，8月中旬化蛹，8月下旬为化蛹盛期。9月上旬为成虫羽化盛期，并见第3代幼虫，10月中旬至11月中旬陆续结茧化蛹越冬。成虫一般羽化后3天进行交尾，白天潜藏在阴凉处，夜间活动产卵。第1代幼虫多在栗蓬上咬断蓬刺，碎屑堆在蛀孔周围，后蛀孔入果，一般转移为害2～3个栗幼果。幼虫脱出后，幼果易干枯脱落。有的幼虫先吐丝黏连新梢和栗芽为害，然后转到幼蓬为害。第2代幼虫先啃食蓬刺，被害刺尖逐渐发黄变干，以后幼虫渐向蓬皮发展，使蓬刺一簇簇发黄变干，经7～10天以后，开始蛀入蓬内为害栗实，直达蓬心，蛀食一空。幼虫老熟后转移相邻栗蓬柄间，咬断部分蓬刺做成蛹道，在其中做白色丝茧化蛹。特别干旱的天气对成虫羽化极为不利，山下部、山中部的板栗比山上部的板栗受害重；纯栗林比混交林、散生树受害重；浅山栗树比高山栗树受害重；矮冠栗树比高冠栗树受害重；树冠中下部比上部受害重。

【防治方法】彻底剪掉受害栗苞，集中烧毁，减少虫源。刮树皮消灭越冬幼虫。同时清除栗园内枯枝落叶，砍除栗园周围的橡树丛，以减少寄主。

掌握在第1、第2代卵孵盛期，喷施下列药剂：

480g/L毒死蜱乳油1 000～1 500倍液；

1.8%阿维菌素乳油2 000倍液，间隔10～15天，连喷2～3次，重点喷栗树的中下部栗苞，效果显著。

第十四章　核桃病虫害

核桃，与扁桃、腰果、榛子并称为“世界四大坚果”。中国是核桃的原产地之一和传统出口国家，在国际贸易市场上占有重要地位，出口居世界第2位。2017年我国核桃种植面积300.5万hm^2，产量达到了385万t。目前，我国核桃总面积达400.5万hm^2，占全国经济林总面积的14.95%。目前我国已经形成了四大栽培区域：即西南区（包括云南、四川、贵州、重庆、西藏、广西）、大西北区（包括新疆、陕西、甘肃、山西、青海、宁夏）、东部沿海区（包括黑龙江、吉林、辽宁、北京、河北、天津、山东、安徽、江苏、江西、浙江、福建）、中部区（包括河南、湖北、湖南）。我国核桃主产地包括云南、陕西、河北、辽宁、新疆、山西、四川、河南、山东以及甘肃等10个省。

为害核桃的主要病虫害有50多种，其中病害有30多种，为害较重的有核桃腐烂病、枝枯病、黑斑病和炭疽病等；虫害有20多种，为害较重的有举肢蛾、木橑尺蠖、云斑天牛、食叶害虫等。由于各地环境、气候、管理措施的差异，重点防治的对象也不尽相同，在制定防治方法时，尽量抓好地面防治，把害虫控制在上树以前。

一、核桃病害

1．核桃炭疽病

【分布为害】核桃炭疽病在河南、山东、河北、山西、陕西、四川、江苏、辽宁等地均有不同程度的发生，在新疆核桃上为害较严重。

【症　　状】主要为害果实，亦为害叶、芽、嫩枝，苗木及大树均可受害。果实受害后，病斑初为黑褐色，近圆形，后变黑色凹陷，由小逐渐扩大为近圆形或不规则形。发病条件适宜病斑扩大后，整个果实变暗褐色，最后腐烂，变黑，发臭，果仁干瘪(图14-1)。叶片感病后发生黄色不规则病斑，在叶脉两侧呈长条状枯斑，在叶缘发病呈枯黄色病斑。严重时全叶变黄造成早期落叶(图14-2)。

【病　　原】有性世代为*Glomerella cingulata*，称围小丛壳，属子囊菌门真菌。无性世代为*Gloeosporium rufomaculans*，称盘长孢状刺盘孢，属无性型真菌。子囊壳褐色，球形或梨形，具喙，子囊平行排列在壳内，无色，棍棒状，内生8个子囊孢子，单胞无色，圆筒形，略弯曲。分生孢子盘在果实的表皮下，褐色。分生孢子圆柱形，单胞无色。

【发生规律】以菌丝体在病果、病叶、病枝和芽鳞中越冬，翌年4－5月形成分生孢子，借风雨及昆虫传播，从伤口和自然孔口侵入。一般7月至9月初均能发病，8月上旬开始产生孢子，8月底为发病和分生孢子流行高峰期，9月初采果前果实迅速变黑，品质大大下降。如果雨水早而多，则发病重。在平地或地下水位高、株行距小、树冠郁密、通风透光不良的条件下，发病较重。核桃园附近有苹果树的发病重。

【防治方法】及时从园中捡出落地病果，扫除病落叶，结合冬剪，剪除病枝，集中烧毁。栽植早实

图14-1　核桃炭疽病为害果实症状

图14-2　核桃炭疽病为害叶片症状

矮冠品种时，注意合理密植和株行距间通风透光良好。

发芽前喷洒29%石硫合剂水剂50～100倍液，消灭越冬病菌。展叶期和6—7月间各喷洒1∶0.5∶200倍式波尔多液1次。

开花后3周开始喷药，可用下列药剂：

50%多菌灵可湿性粉剂600倍液+50%福美双可湿性粉剂500倍液；

50%多·福·锰锌(多菌灵20%+福美双20%+代森锰锌10%)可湿性粉剂1 000～1 500倍液；

70%甲基硫菌灵可湿性粉剂800～1 000倍液+75%百菌清可湿性粉剂600倍液，间隔10～15天喷1次，连喷2～3次。

病害发生初期，可喷施下列药剂：

50%多菌灵可湿性粉剂500～800倍液；

10%苯醚甲环唑水分散粒剂2 500～3 000倍液；

40%氟硅唑乳油8 000～10 000倍液；

5%己唑醇悬浮剂800～1 500倍液；

40%腈菌唑水分散粒剂6 000～7 000倍液；

50%咪鲜胺锰络化合物可湿性粉剂1 000～1 500倍液；

6%氯苯嘧啶醇可湿性粉剂1 000～1 500倍液等。

2．核桃枝枯病

【分布为害】核桃枝枯病在河南、山东、河北、陕西、山西、江苏、浙江、云南、黑龙江、吉林、辽宁等省均有发生和为害。

【症　　状】多发生在1～2年生枝条上，造成大量枝条枯死，影响树体发育和核桃产量。该病为害枝条及枝干，尤其是1～2年生枝条，病菌先侵害幼嫩的短枝(图14–3)，从顶端开始渐向下蔓延直至主干。被害枝条皮层初呈暗灰褐色，后变为浅红褐色或深灰色，大枝病部下陷，病死枝干的木栓层散生很多黑色小粒点(图14–4)。受害枝上叶片逐渐变黄脱落，枝皮失绿变成灰褐色，逐渐干燥开裂，病斑围绕枝条一周，枝干枯死，甚至全树死亡(图14–5)。

图14–3　核桃枝枯病为害枝条初期症状

图14-4　核桃枝枯病为害枝条后期症状

图14-5　核桃枝枯病为害枝干症状

【病　　原】有性世代为 *Melanconium juglandis*，称核桃黑盘壳菌，属子囊菌门真菌。无性世代为 *Melanconium juglandinum*，称核桃圆黑盘孢，属无性型真菌。分生孢子盘埋生在寄主表皮下，后突破表皮露出；分生孢子梗密生在分生孢子盘上，不分枝，浅灰色或无色；分生孢子卵圆形至椭圆形，多两端钝圆，有的一端略尖，暗褐色，单胞。子囊壳埋生在子座里，子囊孢子双胞，隔膜在细胞中部，浅色或无色。

【发生规律】以分生孢子盘或菌丝体在枝条、树干的病部越冬。翌春条件适宜时产生的分生孢子借风雨、昆虫从伤口或嫩梢进行初次侵染，发病后又产生孢子进行再次侵染。5—6月发病，7—8月为发病盛期，至9月后停止发病。空气湿度大和多雨年份发病较重，受冻和抽条严重的幼树易感病。该菌属弱性寄生菌，生长衰弱的核桃树枝条易发病，春旱或遭冻害年份发病重。

【防治方法】加强核桃园栽培管理，增施肥水，增强树势，提高抗病能力。彻底清除病株、枯死枝，集中烧毁。核桃剪枝应在展叶后落叶前进行，休眠期间不宜剪锯枝条，引起伤流而死枝死树。

冬季或早春树干涂白。涂白剂配方：生石灰12.5kg，食盐1.5kg，植物油0.25kg，硫磺粉0.5kg，水50kg。

刮除病斑。如发现主干上有病斑，可用利刀刮除病部，并用1%硫酸铜伤口消毒后，涂刷下列药剂：

50%福美双可湿性粉剂30～50倍液；

29%石硫合剂水剂50～100倍液；

2%春雷霉素水剂600～800倍液；

3%甲基硫菌灵糊剂5～6倍液；

1.6%噻霉酮涂抹剂80～120g/m²；

30%戊唑·多菌灵400～800倍液。

生长季节可喷施下列药剂：

70%代森锰锌可湿性粉剂800～1 000倍液+70%甲基硫菌灵可湿性粉剂800～1 000倍液；

45%代森铵水剂800～1 000倍液+50%多菌灵可湿性粉剂500～800倍液；

70%代森锰锌可湿性粉剂800～1 000倍液+50%异菌脲可湿性粉剂800～1 000倍液，间隔10～15天喷1次，共喷2～3次，以上药剂应交替使用。

3．核桃黑斑病

【分布为害】核桃黑斑病遍及河南全省，在其他各省核桃产地也有发生。常造成核桃幼果腐烂，引起落果。

【症　　状】主要为害叶片、新梢、果实及雄花。在嫩叶上病斑褐色，多角形，在较老叶片上病斑呈圆形，中央灰褐色，边缘褐色，有时外围有黄色晕圈，中央灰褐色部分有时形成穿孔，严重时病斑互相连接(图14–6和图14–7)。有时叶柄也可出现边缘褐色，中央灰色，外围有黄晕圈病斑，枝梢上病斑长形，褐色，稍凹陷，严重时病斑包围枝条使上部枯死(图14–8和图14–9)。果实受害初期表面出现小而稍隆起的油浸状褐色软斑，后迅速扩大渐凹陷变黑，外围有水渍状晕纹，果实由外向内腐烂至核壳(图14–10至图14–12)。

图14–6　核桃黑斑病为害叶片初期症状

图14-7　核桃黑斑病为害叶片后期症状

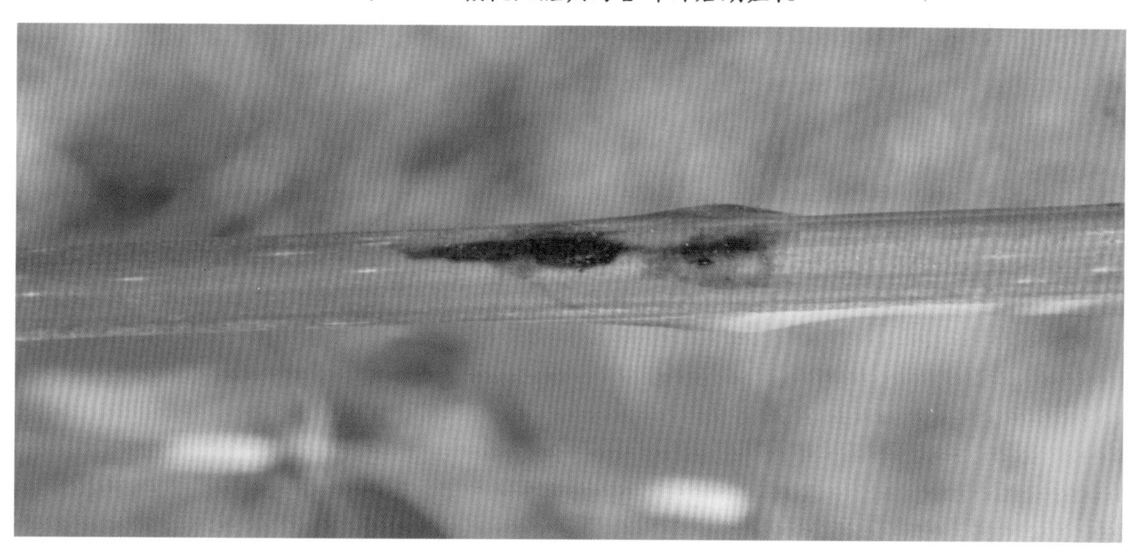

图14-8　核桃黑斑病为害新梢前期症状

图14-9　核桃黑斑病为害新梢后期症状

图14-10　核桃黑斑病为害果实前期症状

图14-11　核桃黑斑病为害果实中期症状

图14-12　核桃黑斑病为害果实后期症状

【病　　原】*Xanthomonas campestris* pv. *juglandis* 称野油菜黄单胞杆菌胡桃致病变种，属薄壁菌门细菌。菌体短杆状，极生1鞭毛。生长适温为28～32℃，最高37℃，最低5～7℃。

【发生规律】病原细菌在感病果实、枝梢、芽或茎的病斑上越冬，翌春细菌自病斑内溢出，借风雨和昆虫传到叶、果及嫩枝上，也可入侵花粉后借花粉传播。细菌自气孔、皮孔、蜜腺及各种伤口侵入。发病与雨水关系密切，雨后病害常迅速蔓延。展叶及花期最易感病。温度高湿度大的雨季发病高峰期在核桃展叶期至开花期最易感染4—8月为发病期可反复侵染多次，以后抗病逐渐加强。核桃举肢蛾蛀食后的虫果伤口处，很易受病菌侵染。树冠稠密、通风不良，容易发生病害。

【防治方法】选择抗病品种，加强肥水管理，山区注意刨树盘，蓄水保墒，保持树体健壮生长，增强抗病能力。及时清除病叶、病果、病枝和核桃采收后脱下的果皮，集中烧毁或深埋。

谨防蛀果害虫核桃举肢蛾，在幼虫发生期，可用20%溴氰菊酯乳油2 000～2 500倍液喷雾防治，减少蛀果，减轻病害。

核桃发芽前喷洒1次29%石硫合剂水剂50～100倍液；展叶时喷洒1：0.5：200半量式波尔多液或47%王铜可湿性粉剂300～500倍液。

落花后7～10天为侵染果实的关键时期，可喷施下列药剂：

1%中生菌素水剂200～300倍液；

30%琥胶肥酸铜可湿性粉剂500～600倍液；

50%氯溴异氰尿酸可溶性粉剂1 200～2 000倍液等，间隔10～15天喷1次，连喷2～3次。

4．核桃腐烂病

【分布为害】该病在西北、华北各省及安徽等省的核桃产区均有发生和为害。受害重的核桃林，株发病率可达80%以上。病树的大枝逐渐枯死，严重时整株死亡。

【症　　状】主要为害枝干树皮，因树龄和感病部位不同，其病害症状也不同。大树主干感病后，病斑初期隐藏在皮层内，俗称"湿囊皮"(图14-13)。树皮纵裂，沿树皮裂缝流出黑水，干后发亮，好似刷了一层黑漆。幼树主干和侧枝受害后，病斑初期近于梭形，呈暗灰色，水浸状，微肿起，用手指按压病部，流出带泡沫的液体，有酒糟气味(图14-14)。病斑沿树干纵横方向发展，后期病斑皮层纵向开裂，流出大量黑水，当病斑环绕树干一周时，导致幼树侧枝或全株枯死。

图14-13　核桃腐烂病为害主干症状

图14-14　核桃腐烂病为害整株症状

【病　　原】*Cytcospora juglandicola* 称胡桃壳囊孢，属无性型真菌。分生孢子器埋生在寄主表皮的子座中。分生孢子器形状不规则，多室，黑褐色具长颈，成熟后突破表皮外露。分生孢子单胞，无色，香蕉状。

【发生规律】以菌丝体或子座及分生孢子器在病部越冬。翌春核桃树液流动后，遇有适宜发病条件，产出分生孢子，分生孢子通过风雨或昆虫传播，从嫁接口、伤口等处侵入，病害发生后逐渐扩展。生长期可发生多次侵染。春秋两季为一年的发病高峰期，特别是在4月中旬至5月下旬为害最重。一般在核桃树管理粗放，土层瘠薄，排水不良，肥水不足，树势衰弱或遭受冻害及盐害的核桃树易感染此病。

【防治方法】对于土壤结构不良、土层瘠薄、盐碱重的果园，应先改良土壤，促进根系发育良好。并增施有机肥料。合理修剪，及时清理剪除病枝、死枝、刮除病皮，集中销毁。增强树势，提高抗病能力。

早春发芽前、6—7月和9月，在主干和主枝的中下部喷2～3波美度的石硫合剂，50%福美双可湿性粉剂50～100倍液，铲除核桃腐烂病。

刮治病斑，在病斑外围1.5cm左右处划一“隔离圈”，深达木质部，然后在圈内相距0.5～1.0cm。划交叉平行线，再涂药保护。常用药剂有4～6波美度的石硫合剂、50%福美双可湿性粉剂50倍液等，亦可直接在病斑上敷3～4cm厚的稀泥，超出病斑边缘3～4cm，用塑料纸裹紧即可。

5．核桃枯梢病

【症　　状】主要为害枝梢，受害后，病斑呈红褐色至深褐色，棱形或长条形，后期失水凹陷，其上密生红褐色至暗色小点(图14-15和图14-16)，即病原菌的分生孢子器，后造成枝梢枯死。也能为害果实和叶片，叶片枯黄脱落，果实腐烂。

图14-15　核桃枯梢病为害枝梢症状

图14-16　核桃枯梢病为害叶片症状

【病　　原】*Phomopsis macrospora* 称大孢拟茎点菌，属无性型真菌。子座不明显，分生孢子器褐色，扁球形或不规则形，有孔口。在同一分生孢子器中有时能产生两种无色、单胞的分生孢子：一种孢子椭圆形或纺锤形；另一种孢子细长形，一端稍弯，有时呈钩状。也可单独产生一种类型的分生孢子。

【发生规律】病菌以分生孢子和子囊孢子在病组织内越冬。翌年春季气温回升、雨量适宜，两种孢子借雨水传播，并从枝干的皮孔或受伤组织侵入，产生病斑后又形成分生孢子，借雨水传播进行多次再侵染，病菌有潜伏特性，即核桃枝干在当年生长期内，病菌已侵入体内，但无症状表现，而当植株遇到不良环境条件，生理失调时，才表现出明显的溃疡斑。一般早春低温，干旱、风大、枝条伤口多等情况容易感病。

【防治方法】清除病枯枝，集中烧毁，可减少感病来源。加强林园管理，深翻、施肥，增强树势，提高抗病能力。树干刷涂白剂。

4—5月及8月各喷洒50%甲基硫菌灵可湿性粉剂200倍液、80%乙蒜素乳油200倍液，都有较好的防治效果。

刮除病斑治疗。用刀刮去病斑树皮至木质部，或将病斑纵横深划几道口子，然后涂刷29%石硫合剂水剂50倍液、用1%硫酸铜液或50%福美双可湿性粉剂50～100倍液等药液进行消毒处理。

6．核桃白粉病

【症　　状】发病初期，叶面有褪绿的黄色斑块，后在叶片的正反面出现明显的片状薄层白粉，即病菌的菌丝、分生孢子梗和分生孢子。秋后，在白粉层中出现褐色至黑色小颗粒。严重时，嫩叶停止生长，叶片变形扭曲和皱缩(图14-17至图14-19)，嫩芽不能展开，影响树体正常生长。幼苗受害后，造成植株矮小，顶端枯死，甚至全株死亡。

【病　　原】有两种：木通叉丝壳 *Microsphaera akebiae* 和胡桃球针壳 *Phyllactinia juglandis*，均属子囊菌门真菌。木通叉丝壳闭囊壳球形，黑褐色。附属丝5～16根，顶端呈4～6次叉状分枝。闭囊壳内生

图14-17　核桃白粉病为害叶片初期症状

图14-18　核桃白粉病为害叶片中期症状

图14-19　核桃白粉病为害叶片后期症状

2～8个子囊，子囊卵形，子囊孢子4～8个。子囊孢子椭圆形，单胞无色。胡桃球针孢闭囊壳也呈球状，表面轮生针状附属丝5～18根，基部膨大呈球形，内生子囊5～45个，子囊圆筒形，内生2个子囊孢子。子囊孢子单胞无色。

【发生规律】两种白粉菌均以闭囊壳在病落叶上越冬。翌春遇雨放射出子囊孢子，侵染发病后病斑产生大量分生孢子，借气流传播，进行多次再侵染，5—6月进入发病盛期，7月以后该病逐渐停滞下来。春旱年份或管理不善、树势衰弱发病重。

【防治方法】秋末清除病落叶、病枝，集中销毁。加强管理，合理灌水施肥，控制氮肥用量，增强树体抗性。

发芽前喷施1波美度石硫合剂，减少菌源。发病初期可喷洒下列药剂：

20%三唑酮乳油1 000倍液；

12.5%腈菌唑乳油3 000倍液；

40%氟硅唑乳油6 000～8 000倍液；

10%苯醚甲环唑水分散粒剂1 500～2 000倍液；

6%氯苯嘧啶醇可湿性粉剂1 000～1 500倍液。

二、核桃虫害

1. 核桃举肢蛾

【分布为害】核桃举肢蛾(*Atrijuglans hetaohei*)，属鳞翅目举肢蛾科。分布于河南、河北、山西、陕西、甘肃、四川、贵州等核桃产区。幼虫蛀入果实后蛀孔出现水珠，初期透明，后变为琥珀色。幼虫在表皮内纵横穿食为害，虫道内充满虫粪，一个果内幼虫可达几头。被害处果皮发黑，并逐渐凹陷、皱缩，使整个果皮全部变黑，皱缩变成黑核桃，有的果实呈片状或条状黑斑。核桃仁发育不良，表现干缩而黑，故又称为“核桃黑”。早期钻入硬壳内的部分幼虫可蛀种仁，有的蛀食果柄，破坏维管束组织，引起早期落果。有的被害果全部变黑干缩在枝条上。

【形态特征】雌蛾体长5～8mm，翅展13mm；雄虫较小，全体黑褐色，有光泽；复眼红色，触角丝状，下唇须发达，从头部前方向上弯曲；头部褐色被银灰色大鳞片；腹部有黑白相间的鳞毛；前翅黑褐色，端部1/3处有一月牙形白斑，后缘基部1/3处有一椭圆白斑；后翅褐色，有金光(图14-20)；足白色有褐斑，后足较长，静止时向侧后上方举起，故称举肢蛾。卵长圆形，初产时为乳白色，后渐变为黄白色、黄色或淡红色，孵化前呈红褐色。初孵幼虫体乳白色，头部黄褐色；老熟幼虫体淡黄白色，各节均有白色刚毛，头部暗褐色。蛹纺锤形，被蛹，黄褐色。茧椭圆形，褐色。

图14-20 核桃举肢蛾成虫

【发生规律】在河南一年发生2代，以老熟幼虫在树冠下1～3cm深的土内、石块与土壤间或树干基部皮缝内结茧越冬。第2年6月上旬至7月化蛹，6月下旬为化蛹盛期。6月下旬至7月上旬为羽化盛期。7月中旬开始咬穿果皮脱果入土结茧越冬。第2代幼虫蛀果时核壳已经硬化，主要在青果皮内为害，8月上旬至9月上旬脱果结茧越冬。一般深山区被害重，川边河谷地和浅山区受害轻；阴坡比阳坡受害重；沟里比沟外重；荒坡地比耕地受害重；5—6月干旱的年份发生较轻，成虫羽化期多雨潮湿的年份发生严重。

【防治方法】冬、春细致春耕翻树盘，消灭土中越冬成虫或虫蛹。7月上旬摘除树上被害果并集中处理。

成虫羽化出土前，可用50%辛硫磷乳油或25%喹硫磷乳油200～300倍液树下喷洒，然后浅锄或盖一薄层土。

以5月下旬至6月上旬和6月中旬至7月上旬为两个防治关键期。可用下列药剂：

2.5%高效氯氰菊酯乳油2 000～3 000倍液；

2.5%溴氰菊酯乳油2 000～3 000倍液；

20%甲氰菊酯乳油2 500～3 000倍液；

40%辛硫磷乳油1 000～2 000倍液；

50%杀螟硫磷乳油1 000～2 000倍液，喷洒树冠和树干，间隔10～15天喷1次，连喷2～3次，可杀死羽化成虫、卵和初孵幼虫。

2．木橑尺蠖

【分布为害】木橑尺蠖(*Culcula panterinaria*)，属鳞翅目尺蛾科。分布于河北、河南、山东、山西、陕西、四川、台湾、北京等省(市)。主要以幼虫为害叶片，小幼虫将叶片吃成缺刻与孔洞，是一种暴食性害虫，3～5天即可将叶片全部吃光而留下叶柄，群众又称其为“一扫光”。此虫发生密度大时大片果园叶片吃光，造成树势衰弱，核桃大量减产(图14-21)。

图14-21　木橑尺蠖为害叶片症状

【形态特征】成虫体白色，头棕黄，复眼暗褐，触角雌丝状，雄虫短羽状；胸背有棕黄色鳞毛，中央有一浅灰色斑纹；前后翅均有不规则的灰色和橙色斑点，中室端部呈灰色不规则块状，在前后翅外线上各有一串橙色和深褐色圆斑，但隐显差异大；前翅基部有一个橙色大圆斑(图14-22)；雌虫腹部肥大，末端具棕黄色毛丛；雄虫腹瘦，末端鳞毛稀少。卵椭圆形初绿渐变灰绿，近孵化前黑色，数10粒成块上覆棕黄色鳞毛。幼虫体色似树皮，体上布满灰白色颗粒小点。蛹初绿色后变黑褐色，表面光滑。

图14-22 木橑尺蠖成虫

【发生规律】在山西、河南、河北每年发生1代。以蛹隐藏在石堰根、梯田石缝内以及树干周围土内3cm深处越冬，也有在杂草、碎石堆下越冬的。次年5月上旬羽化为成虫，7月中下旬为盛期，8月底为末期。7月上旬孵化出幼虫，幼虫爬行很快，并能吐丝下垂借风力转移为害。8月中旬老熟幼虫坠地上，少数幼虫顺树干下爬或吐丝下垂着地化蛹。5月降雨较多，成虫羽化率高，幼虫发生量大，为害严重。

【防治方法】用黑光灯诱杀成虫或清晨人工捕捉，也可在早晨成虫翅受潮湿时扑杀。成虫羽化前在虫口密度大的地区组织人工于早春、晚秋挖蛹，集中杀死。

在3龄前用药防治，各代幼虫孵化盛期，特别是第1代幼虫孵化期，喷施下列药剂：

50%杀螟硫磷乳油1 000～1 500倍液；

50%辛硫磷乳油1 200～1 500倍液；

45%马拉硫磷乳油800～1 000倍液；

2.5%氯氟氰菊酯乳油2 000～3 000倍液；

20%甲氰菊酯乳油1 000～2 000倍液；

10%联苯菊酯乳油2 000～4 000倍液；

20%氰戊菊酯乳油1 000～2 000倍液等。

3．云斑天牛

【分布为害】云斑天牛(*Batocera horsfiedi*)，属鞘翅目天牛科。在我国各地均有发生。幼虫先在树皮下蛀食皮层、韧皮部，后逐渐深入木质部蛀成粗大的纵的或斜的隧道，破坏输导组织；树干被害后流出黑水(图14–23)，从蛀孔排出粪便和木屑，树干被蛀空而使全树衰弱或枯死，成虫啃食新枝嫩皮，使新枝枯死。严重受害树可使整枝或整株枯死。

图14–23　云斑天牛为害枝干症状

【形态特征】成虫体黑色或黑褐色，密披灰色绒毛，前胸背中央有一对肾形白色毛斑，小盾片披白毛；鞘翅白斑形状不规则，一般排成2～3行，每行由2～4块小斑组成(图14–24)。雌虫触角较身体略长，雄虫触角超过体长3、4节，触角从第3节起，每节下沿都有许多细齿，雄虫尤为显著；前胸背板平坦，侧刺突向后弯曲，肩刺上翘，鞘翅基部密布瘤状颗粒，两鞘翅的后缘有一对小刺。卵长椭圆形，略扁、稍弯曲，土黄色，表面坚韧光滑。幼虫体略扁，淡黄白色(图14–25)，头部扁平，半截缩于胸部。蛹初乳白色，后变黄褐色。

图14–24　云斑天牛成虫

图14–25　云斑天牛幼虫

【发生规律】2 ~ 3年发生1代，以成虫或幼虫在蛀道中越冬。越冬成虫于5—6月咬破羽化孔钻出树干，在树干或斜枝下面产卵，6月中旬进入孵化盛期，初孵幼虫把皮层蛀成三角形蛀道，木屑和粪便从蛀孔排出，致树皮外胀纵裂。深秋时节，蛀休眠室休眠越冬，翌年4月继续活动，8—9月老熟幼虫在肾状蛹室里化蛹。后越冬于蛹室内，第3年5—6月才出树。3年一代者，第4年5—6月成虫出树。

【防治方法】果园内及附近最好不种植桑树，以减少虫源。结合修剪除掉虫枝，集中处理。利用成虫有趋光性，不喜飞翔，行动慢，受惊后发出声音的特点，在5—6月成虫发生盛期及时捕杀成虫，消灭在产卵之前。

成虫发生期结合防治其他害虫，喷洒残效期长的触杀剂，如50%辛硫磷乳油800倍液、40%乐果乳油800倍液，枝干上要喷周到。

毒杀幼虫：蛀入木质部的幼虫可从新鲜排粪孔注入药液，如50%辛硫磷乳油10 ~ 20倍液、50%杀螟腈乳剂500倍液、80%敌敌畏乳油100倍液，每孔最多注10ml药液，然后用湿泥封孔，杀虫效果很好。

成虫发生期，可喷施下列药剂：

2.5%氯氟氰菊酯乳油1 000 ~ 3 000倍液；

10%高效氯氰菊酯乳油1 000 ~ 2 000倍液；

10%醚菊酯悬浮剂800 ~ 1 500倍液；

15%吡虫啉微囊悬浮剂3 000 ~ 4 000倍液等。

4．草履蚧

【分布为害】草履蚧(*Drosicha corpulenta*)，属同翅目硕蚧科。近年来草履蚧的为害日趋严重，致使树势衰弱，面积减少，产量下降。若虫早春上树后，群集嫩芽上吸食叶汁液，大龄若虫喜于两年生枝上刺吸为害，常导致枯萎，不能萌发成梢(图14–26)。

图14–26　草履蚧为害枝干症状

【形态特征】雌成虫无翅(图14–27)，扁平，椭圆形，背面灰褐色，腹面黄褐色，触角和足为黑色，第一节腹面生丝状口器。雄虫体有翅(图14–28)，淡红色。若虫体形似雌成虫，较小、色深(图14–29)。卵椭圆形，近孵化时呈褐色，包裹于白色绵状卵囊中。

图14-27 草履蚧雌成虫

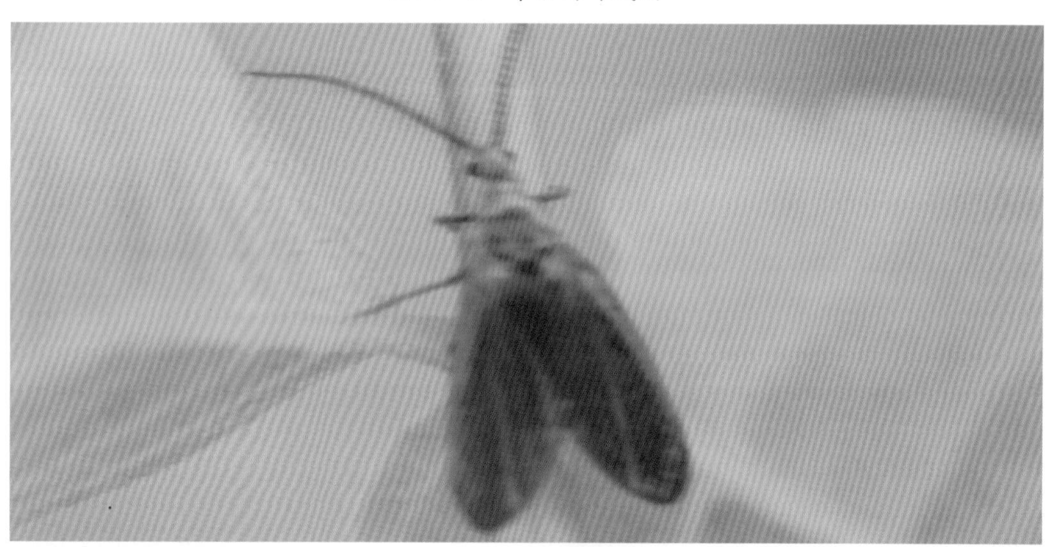

图14-28 草履蚧雄成虫

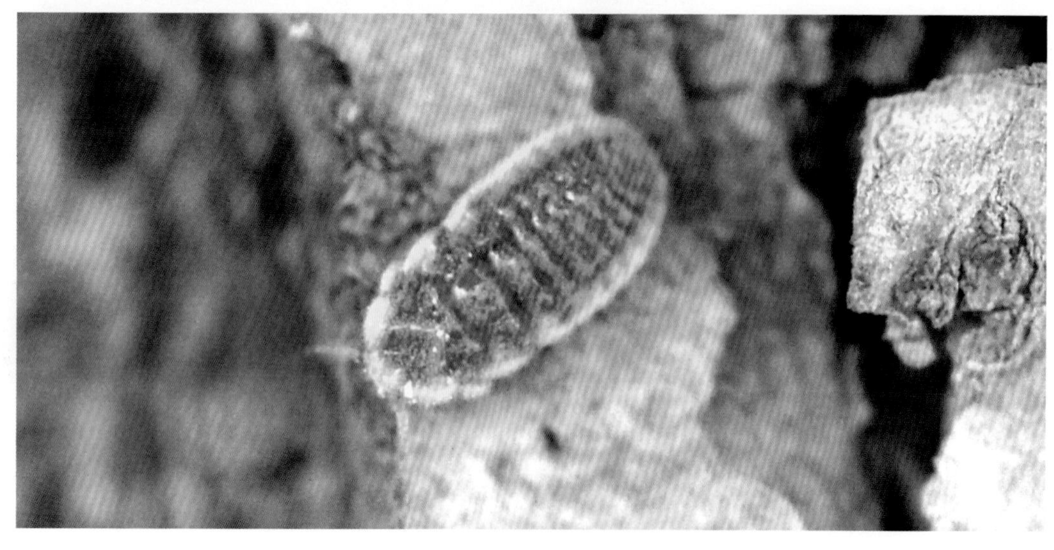

图14-29 草履蚧雌若虫

【发生规律】一年发生1代，以卵在距树干基部附近5～7cm深的土中越冬，翌年2月下旬开始孵化，初孵幼虫在卵囊中或其附近活动，一般年份3月上旬天气稍暖即开始出土爬到树上，沿树干成群爬到幼枝嫩芽上吸食汁液，若天气寒冷，傍晚下树钻入土缝等处潜伏，也有的藏于树皮裂缝中，次日中午前后温度高时再上树活动取食。4月下旬在树皮裂缝中分泌白色蜡毛化蛹，雌虫交尾后，5月上旬羽化成虫；雌若虫蜕皮3次变为成虫，5月中旬开始下树，钻入树干基部附近5～7cm深的土中分泌出绵状囊并产卵于卵囊中，产卵后雌成虫干缩死亡，以卵越夏越冬。

【防治方法】结合秋施基肥、翻树盘管理措施，收集树干周围土壤中的卵囊集中烧毁；5月中旬雌成虫下树产卵前，在树干基部周围挖半径100cm，深15cm的浅坑，放置树叶、杂草，诱集成虫产卵。

2月初若虫上树前，刮除树干基部粗皮并涂粘虫胶带，阻止若虫上树。粘虫胶可用废机油或柴油1.0kg加热后放入0.5kg松香料配制；也可刷涂用1.8%阿维菌素乳油1份与废机油10份充分搅拌均匀配成的药油；在树干周围反漏斗式绑塑料薄膜效果也很好。

1月下旬对树干基部喷洒48%毒死蜱乳油150倍液，杀死初孵若虫。

5．核桃缀叶螟

【分布为害】核桃缀叶螟(*Locastra muscosalis*)，属鳞翅目螟蛾科。分布在华北、西北和中南等地。初龄幼虫群居在叶面吐丝结网，稍长大，由一窝分为几群，把叶片缀在一起，使叶片呈筒形，幼虫在其中食害，并把粪便排在里面，最初卷食复叶，复叶越卷越多最后成团状。

【形态特征】成虫全体黄褐色(图14–30)；触角丝状，复眼绿褐色；前翅色深，稍带淡红褐色；后翅灰褐色，接近外缘颜色逐渐加深。卵球形，密集排列成鱼鳞状(图14–31)。老熟幼虫头黑褐色(图14–32)，有光泽；前胸背板黑色，背中线较宽，杏红色，全体疏生短毛。蛹深褐色至黑色。茧深褐色，扁椭圆形(图14–33)。

图14–30　核桃缀叶螟成虫

图14-31　核桃缀叶螟卵

图14-32　核桃缀叶螟幼虫

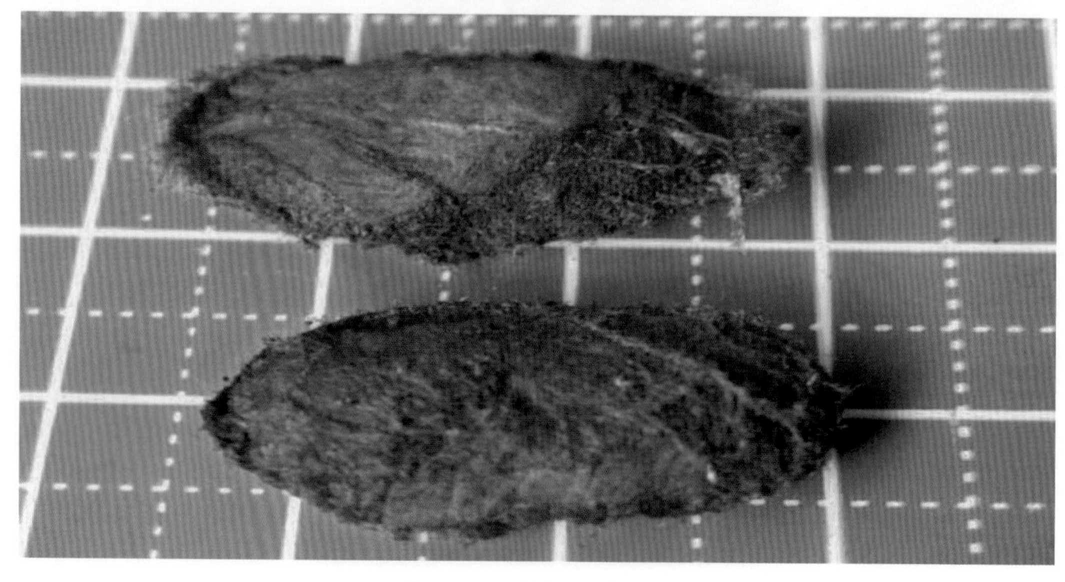

图14-33　核桃缀叶螟茧

【发生规律】一年发生1代，以老熟幼虫在根茎部及土中结茧越冬。翌年6月中旬越冬幼虫开始化蛹，化蛹盛期在6月底至7月中旬，末期在8月上旬。6月下旬开始羽化出成虫，7月中旬为羽化盛期，末期在8月上旬。7月上旬孵化幼虫，7月末至8月初为盛期。8—9月入土越冬。

【防治方法】挖除虫茧：虫茧在树根旁或松软土里比较集中，在封冻前或解冻后挖虫茧。幼虫多在树冠上部和外围结网卷叶为害，可以用钩镰把虫枝砍下，消灭幼虫。

在7月中下旬幼虫为害初期，喷施下列药剂：

50%杀螟硫磷乳油1 000 ~ 2 000倍液；

40%辛硫磷乳油1 000 ~ 2 000倍液；

90%晶体敌百虫800 ~ 1 000倍液等。

6．芳香木蠹蛾

【分布为害】芳香木蠹蛾(*Cossus cossus orientalis*)，属鳞翅目木蠹蛾科。分布于东北、华北、西北、华东各地核桃产区。以幼虫为害树干根颈部和根部的皮层和木质部，被害树叶片发黄，叶缘焦枯，树势衰弱，根颈部皮层剥离，敲击树皮有内部空的感觉，根颈部有虫粪露出，剥开皮有很多虫粪和成群的幼虫。为害严重时，造成核桃整株枯死。

【形态特征】成虫体灰褐色，触角单栉状(图14-34)，中部栉齿宽，末端渐小；翼片及头顶毛丛鲜黄色，翅基片、胸部背面土褐色；后胸具1条黑横带；前翅灰褐色，基半部银灰色，前缘具8条短黑纹，中室内3/4处及稍向外具2条短横线；翅端半部褐色，横条纹多变化。雌蛾触角单栉状，体翅灰褐色。卵近卵圆形，表面有纵脊与横道，初乳白色，孵化前暗褐色。幼虫体略扁，背面紫红色有光泽，体侧红黄色，腹面淡红至黄色，头紫黑色(图14-35)。蛹暗褐色，刺较粗，后列短不达气门，刺较细。茧长椭圆形(图14-36)。

图14-34　芳香木蠹蛾成虫

图14-35　芳香木蠹蛾幼虫

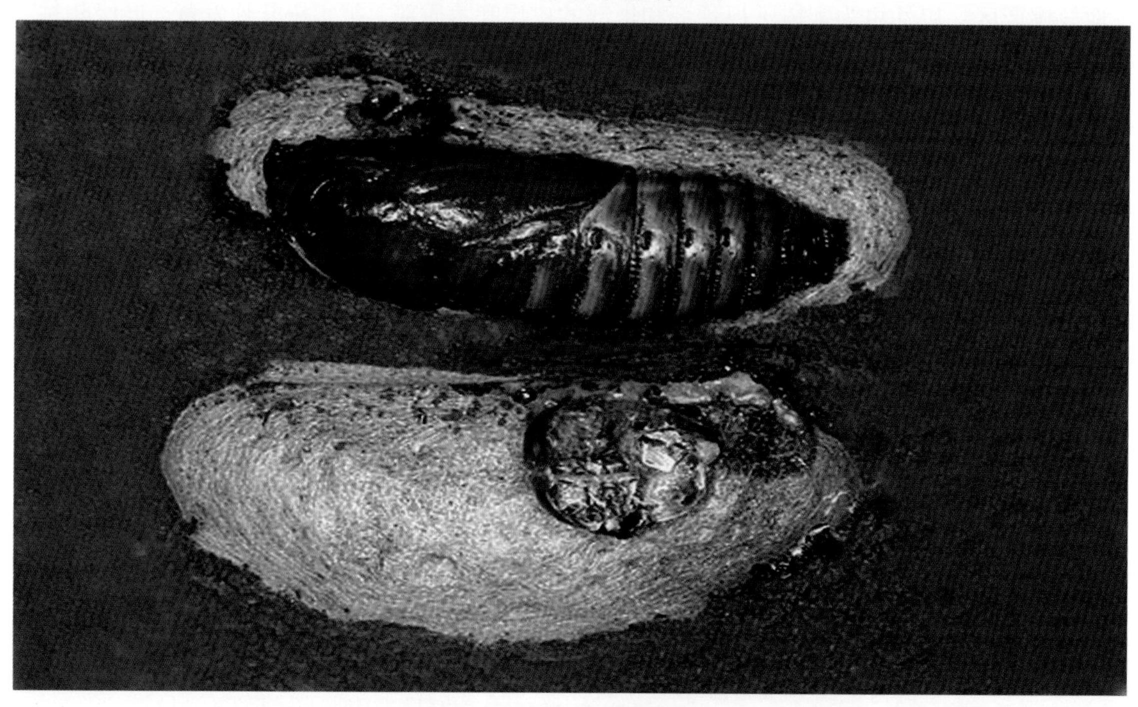

图14-36　芳香木蠹蛾蛹及茧

【发生规律】东北、华北2年1代，以幼虫于树干内或土中越冬。常数头乃至数十头在一起过冬，挖出后常是一窝幼虫。4—6月陆续老熟结茧化蛹，在根颈蛀成粗大虫孔。5月中旬开始羽化，6—7月为成虫盛发期。羽化后次日开始交配、产卵，多产在干基部皮缝内，堆生或块生，每堆有卵数10粒。初孵幼虫群集蛀入皮内，多在韧皮部与木质部之间及边材部筑成不规则的隧道，常造成树皮剥离，至秋后越冬。第2年春季分散蛀入木质部内为害，隧道多从上向下，至秋末越冬，两年1代者有的钻出树外在土中越冬。第3年4—6月陆续化蛹羽化。三年1代者幼虫第3年7月上旬至9月上中旬老熟幼虫蛀至边材，于皮下蛀羽化孔或爬出于外在土中先结薄茧，幼虫蜷曲居内越冬。第4年春化蛹羽化。

【防治方法】在树干基部有被害状处挖出幼虫杀死。严冬季节，把被虫蛀伤植株的树皮剥去，用火烧掉。树干涂白剂，防止成虫产卵为害。

毒杀幼虫。可用48%毒死蜱乳油或50%敌敌畏乳油，50%杀螟硫磷乳油，50%辛硫磷乳油100倍液，

80%晶体敌百虫20 ~ 30倍液，25%喹硫磷乳油30 ~ 50倍液，56%磷化铝片剂每孔1/5片，注入虫道而后用泥堵住虫孔，以毒杀幼虫。

抓住成虫产卵喜欢在树干基部2m以下的特征，向树干喷施下列药剂：

4.5%高效氯氰菊酯乳油3 000 ~ 4 000倍液；

2.5%溴氰菊酯乳油2 000 ~ 4 000倍液；

20%氰戊菊酯乳油1 000 ~ 2 000倍液；

20%甲氰菊酯乳油1 000 ~ 2 000倍液；

40%辛硫磷乳油1 000 ~ 2 000倍液，毒杀卵和初孵幼虫。

7．核桃叶甲

【分布为害】核桃叶甲(*Gastrolina depressa thoracica*)，属鞘翅目叶甲科。分布地区，从东北南部到华北各省，南至江西、四川、云南等地。以成虫、幼虫群集取食叶肉，受害叶呈网状，很快变黑枯死。

【形态特征】成虫体扁平略呈长方形，青蓝色至紫蓝色(图14–37)；头部有粗大的点刻；前胸背板的点刻不显著，两侧黄褐色，且点刻较粗；鞘翅点刻粗大，纵列于翅面，有纵横棱纹，翅基部两侧较隆起，翅边缘有折缘。卵黄绿色。初龄幼虫体黑色，老熟幼虫胴部暗黄色，前胸背板淡红色，以后各节背板淡黄色，沿气门上线有凸起。蛹黑褐色，胸部有灰白纹，背面中央为黑褐色，腹末有幼虫蜕的皮。

图14–37 核桃叶甲成虫

【发生规律】一年发生1代，以成虫在地面被覆盖物中及树干基部的皮缝过冬。华北地区翌年5月初开始活动，成虫群集嫩叶上，将嫩叶食为网状，有的破碎。成虫特别贪食，腹部膨胀成鼓囊状，露出鞘翅一半以上，仍不停取食。产卵于叶背。幼虫孵化后群集叶背取食，使叶呈现一片枯黄。6月下旬幼虫老熟，以腹部末端附于叶上，倒悬化蛹。经4 ~ 5天后成虫羽化，进行短期取食后即潜伏越冬。

【防治方法】冬季人工刮树干基部老皮，消灭越冬成虫，或在次年该虫上树为害期捕捉成虫。

幼虫发生期，可喷施下列药剂：

90%晶体敌百虫800 ~ 1 000倍液；

80%敌敌畏乳油800 ~ 1 000倍液；

50%辛硫磷乳油1 000 ~ 1 500倍液等。

8．核桃黑斑蚜

【分布为害】核桃黑斑蚜(*Chromaphis juglandicola*)，属同翅目斑蚜科，是在辽宁、山西、北京等地发现的核桃新害虫。在山西省核桃产区普遍发生。以成蚜、若蚜在核桃叶背及幼果上刺吸为害。

【形态特征】一龄若蚜体长椭圆形，胸部和腹部第一节至第七节背面每节有4个灰黑色椭圆形斑，第八腹节背面中央有一较大横斑；第三、第四龄若蚜灰黑色斑消失；腹管环形。有翅孤雌蚜成蚜体淡黄色，尾片近圆形。第三、第四龄若蚜在春秋季腹部背面每节各有一对灰黑色环形腹管。雌成蚜无翅、淡黄绿至橘红色；头和前胸背面有淡褐色斑纹，中胸有黑褐色大斑；腹部第三至第五节背面有1个黑褐色大斑。雄成蚜头胸部灰黑色，腹部淡黄色(图14–38)。卵长卵圆形，初产时黄绿色，后变黑色，光亮，卵壳表面有网纹。

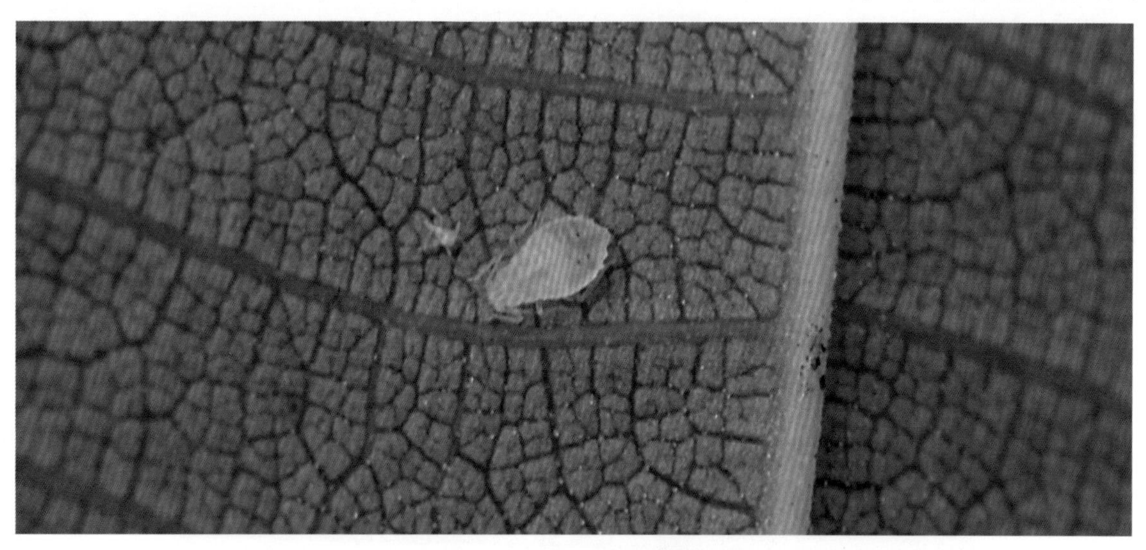

图14–38　核桃黑斑蚜无翅蚜

【发生规律】在山西省，每年发生15代左右，以卵在枝杈、叶痕等处在树皮缝中越冬。第二年4月中旬越冬卵孵化盛期，孵出的若蚜在卵旁停留约1小时后，开始寻找膨大树芽或叶片刺吸取食。4月底5月初干母若蚜发育为成蚜，孤雌卵胎生产生有翅孤雌蚜。该蚜1年有2个为害高峰，分别在6月和8月中下旬至9月初。成蚜较活泼，可飞散至邻近树上。成蚜、若蚜均在叶背及幼果为害。8月下旬至9月初开始产生性蚜，9月中旬性蚜大量产生，雌蚜数量是雄蚜的2.7 ~ 21倍。交配后，雌蚜爬向枝条，选择合适部位产卵，以卵越冬。

【防治方法】在为害高峰前每复叶蚜量达50头以上时，喷施下列药剂：

480g/L毒死蜱乳油1 500 ~ 2 000倍液；

50%抗蚜威可湿性粉剂1 500 ~ 3 000倍液；

2.5%氯氟氰菊酯乳油1 000 ~ 2 000倍液；

2.5%溴氰菊酯乳油1 500 ~ 2 500倍液；

5.7%氟氯氰菊酯乳油1 000 ~ 2 000倍液；

1.8%阿维菌素乳油3 000 ~ 4 000倍液；

10%氯噻啉可湿性粉剂4 000 ~ 5 000倍液；

10%吡虫啉可湿性粉剂2 000 ~ 4 000倍液；

30%松脂酸钠水乳剂100 ~ 300倍液；

10%烯啶虫胺可溶液剂4 000 ~ 5 000倍液，有很好的防治效果。

第十五章　柑橘病虫害

中国是柑橘的重要原产地之一，柑橘资源丰富，优良品种繁多，有4 000多年的栽培历史。

近年来我国柑橘产业规模持续增长，已超越苹果成为我国栽培面积和产量最高的水果。2018年我国柑橘种植面积达为243.573万hm^2，产量达4 138.1万t，是我国栽培面积及产量最大的水果。我国柑橘种植分布在16个省份，柑橘生产集中度逐年提高，广西、湖南、江西、四川、湖北是我国主要的柑橘产区。

我国已知的柑橘病害有150多种，其中，脚腐病、树脂病、疮痂病、炭疽病、黑星病、黄斑病、溃疡病、黄龙病、绿(青)霉病等为害较重。为害柑橘的害虫已知的有200多种，主要有螨类、蚧类、粉虱、蚜虫、潜叶蛾、卷叶蛾、吸果夜蛾、实蝇等。

一、柑橘、柚子病害

1．柑橘疮痂病

【分布为害】柑橘疮痂病是柑橘重要病害之一，在全国的柑橘种植区都有发生，尤以江浙等省的产区发生严重。

【症　　状】主要为害叶片、新梢和果实，尤其易侵染幼嫩组织。叶片染病，初生蜡黄色油渍状小斑点，后渐扩大，形成灰白色至暗褐色圆锥状疮痂，后病斑木质化凸起，叶背突出，叶面凹陷，病斑不穿透叶片，散生或连片，病害发生严重时叶片扭曲、畸形(图15-1和图15-2)。新梢染病，与叶片症状相似，枝梢与正常枝相比较为短小，有扭曲状。幼果染病，果面密生茶褐色小斑，后扩大在果皮上形成黄褐色圆锥形，木质化的瘤状突起。近成熟果实发病，病斑小不明显。

图15-1　柑橘疮痂病为害叶片初期症状

图15-2　柑橘疮痂病为害果实后期症状

【病　　原】*Sphaceloma fawcettii* 称柑橘痂圆孢，属无性型真菌(图15-3)。分生孢子盘散生或聚生，近圆形；分生孢子梗无色或灰色；分生孢子单胞，无色，长椭圆形或卵圆形。生长最适温度15～23℃，最高温度为28～32℃。

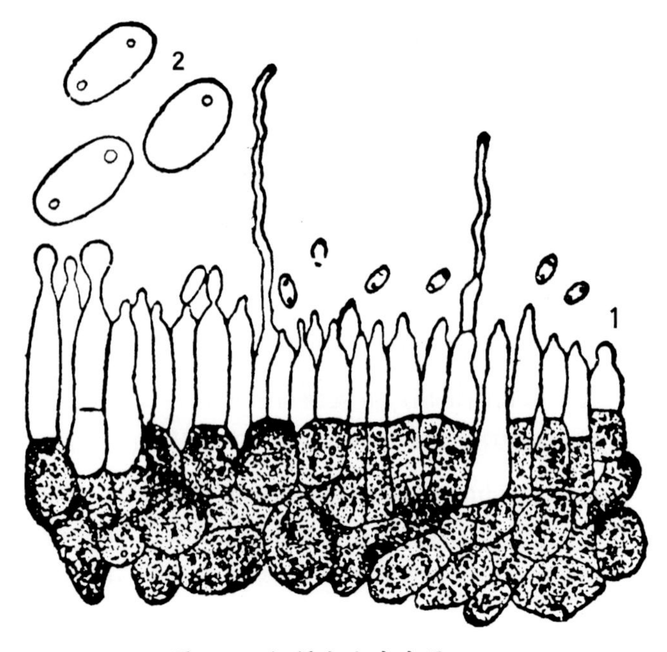

图15-3 柑橘疮痂病病原
1.分生孢子盘　2.分生孢子

【发生规律】以菌丝体在病组织内越冬，翌春阴雨多湿，病菌开始活动，产生分生孢子，借风雨或昆虫传播，侵染新梢和嫩叶，约10天后，产生新的分生孢子进行再侵染，为害新梢、幼果。果实通常在5月下旬到6月上中旬感病。以春梢、幼龄树受害较重。在柑橘感病时期雨水越多，发病越重。通常新抽出的幼叶尚未展开前及谢花后不久的幼果期最易发病。

【防治方法】合理修剪、整枝，增强通透性，降低湿度；控制肥水，促使新梢抽发整齐；结合修剪和清园，彻底剪除树上残枝、残叶；并清除园内落叶，集中烧毁。

对外来苗木实行严格检疫或将新苗木用50%苯菌灵可湿性粉剂800倍液、50%多菌灵可湿性粉剂800倍液浸30分钟。

在每次抽梢开始时及幼果期均要喷药保护。在春梢与幼果时各喷1次药，共喷2次即可。第1次在春芽萌动长至1～2mm时，保护新梢；第2次是在落花2/3时，以保护幼果。可选用的药剂有：

75%百菌清可湿性粉剂800～1 000倍液；

80%代森锰锌可湿性粉剂300～500倍液；

70%代森联水分散粒剂500～700倍液；

77%氢氧化铜可湿性粉剂600～800倍液等。

在新叶和幼果生长初期，可喷施下列药剂：

68.75%恶唑菌酮·代森锰锌可分散粒剂1 000～1 500倍液；

60%吡唑醚菌酯·代森联水分散粒剂1 000～2 000倍液；

25%溴菌腈微乳剂1 500～2 500倍液；

12.5%烯唑醇可湿性粉剂1 500～2 000倍液；

10%苯醚甲环唑水分散粒剂1 000～2 000倍液；

20%噻菌铜悬浮剂500～1 000倍液；

25%嘧菌酯悬浮剂800～1 250倍液；

25%咪鲜胺乳油1 000～1 500倍液；

10%苯醚甲环唑水分散粒剂1 500～2 000倍液；

50%苯菌灵可湿性粉剂500～600倍液；

5%亚胺唑可湿性粉剂600～700倍液等。

2. 柑橘炭疽病

【分布为害】炭疽病是柑橘的重要病害之一，在我国各产区普遍发生，以广东、广西、湖南及西部柑橘产区为害较重。可引起落叶(图15-4)、枯枝、幼果腐烂及将近成熟期枯萎落果，一般落果率为20%左右，最高达70%。贮藏期可引起果实大量腐烂，降低柑橘的商品价值。

图15-4 柑橘炭疽病为害幼苗情况

【症　状】可为害地上部的各个部位。叶片受害症状分叶斑型及叶枯型两种。叶斑型(图15-5至图15-7)：症状多出现在成长叶片、老叶边缘或近边缘处，病斑近圆形，稍凹陷，中央灰白色，边缘褐色至深褐色；潮湿时可在病斑上出现许多朱红色带黏性的小液点，干燥时为黑色小粒点，排列成同心轮状或呈散生。叶枯型(图15-8)：症状多从叶尖开始，初期病斑呈暗绿色，渐变为黄褐色，叶卷曲，常大量脱落。枝梢症状分为两种：急性型：发生于连续阴雨时刚抽出的嫩梢，似开水烫伤状，后生橘红色小液点(图15-9)。慢性型：多自叶柄基部腋芽处发生，病斑椭圆形淡黄色，后扩大为长梭形，一周后变灰白枯死，上生黑色小点。幼果初期症状为暗绿色凹陷不规则病斑，后扩大至全果，湿度大时，出现白色霉层及红色小点，后变成黑色僵果。成熟果发病，一般从果蒂部开始，初期为淡褐色(图15-10)，以后变为褐色凹陷而腐烂。泪痕型：受害果实的果皮表面有许多条如眼泪一样的红褐色小凸点组成的病斑。也可为害柚子，症状同上。

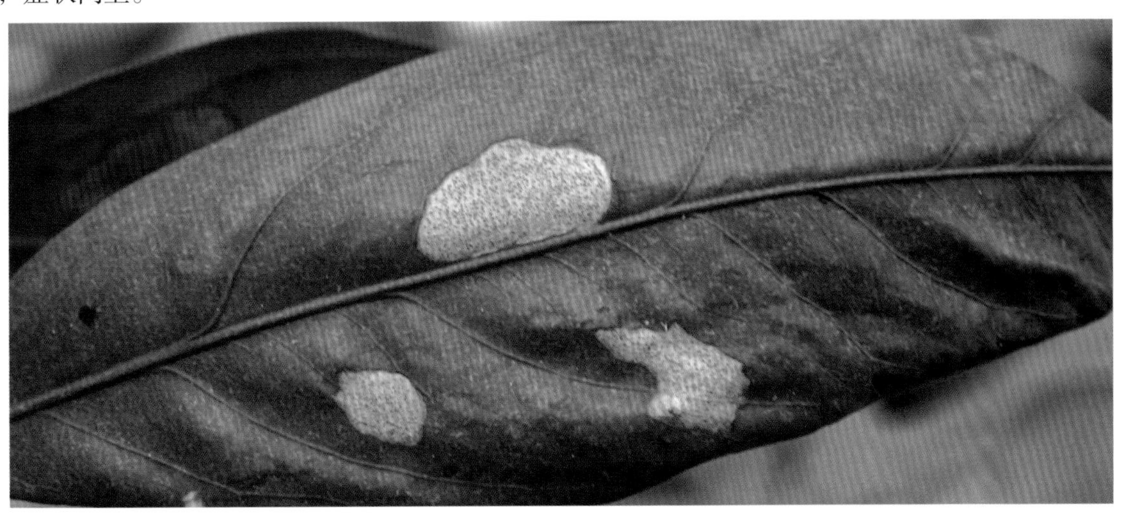

图15-5 柑橘炭疽病为害叶片叶斑型症状

图15-6　柑橘炭疽病为害叶片叶斑型叶背症状

图15-7　柑橘炭疽病为害叶片叶斑型叶缘受害症状

图15-8　柑橘炭疽病为害叶片叶枯型症状

图15–9　柑橘炭疽病为害枝梢急性型初期症状

图15–10　柑橘炭疽病为害果实症状

【病　　原】*Colletotrichum gloeosporioides* 称盘长孢状刺盘孢菌，属无性型真菌(图15–11)。分生孢子盘埋生在寄主表皮下，后外露，湿度大时涌出赭红色分生孢子团，分生孢子盘一般不产生刚毛，分生孢子梗不分隔，呈栅栏状排列，无色，圆柱形。分生孢子圆筒形，稍弯，无色，单胞。生长适温为21～28℃，最低9～15℃，最高35～38℃，分子孢子发芽在20℃左右，在有自由水的条件下，4小时开始萌发。

【发生规律】病菌以菌丝体或分生孢子在病组织上越冬，翌春温湿度适宜时产出分生孢子，借风雨或昆虫传播，可以直接侵入寄主组织，或通过气孔和伤口侵入，引起发病。华南、闽南4—5月春梢开始发病，6—8月为发病盛期。湖南、浙江5月中下旬开始发病，8月上中旬至9月下旬为盛期。在高温多湿条件下发病，一般春梢生长后期开始发病，夏、秋梢期盛发。栽培管理不善，在缺肥、缺钾或偏施氮肥、干旱或排水不良、果园密度大通风透光差、遭受冻害以及潜叶蛾和其他病虫为害严重的橘园，均能助长病害发生。在温度适宜发病季节，降雨次数多、时间长，或阴雨绵绵，有利于病害流行。

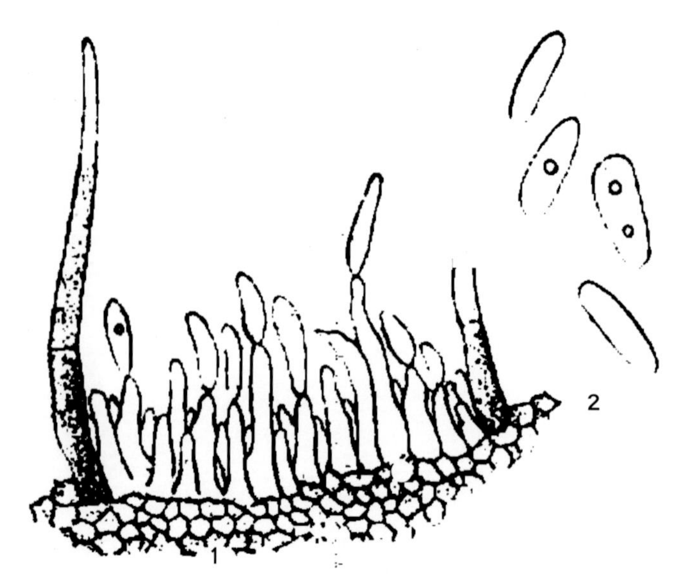

图15-11 柑橘炭疽病病菌
1.分生孢子盘 2.分生孢子

【防治方法】加强橘园管理，重视深翻改土；增施有机肥，防止偏施氮肥，适当增施磷、钾肥；雨后排水；及时清除病残体，集中烧毁或深埋，以减少菌源；修去树冠上衰弱枝、交叉枝、扫帚枝。

冬季清园时喷施1次0.8～1波美度石硫合剂，同时可兼治其他病害。

在病害发生前期，可喷施下列药剂：

65%代森锌可湿性粉剂600～800倍液；

50%代森铵水剂800～1 000倍液；

70%丙森锌可湿性粉剂600～800倍液；

25%多菌灵可湿性粉剂500～800倍液；

50%多菌灵·代森锰锌可湿性粉剂500～800倍液；

80%代森锰锌可湿性粉剂600～1 000倍液；

50%甲基硫菌灵可湿性粉剂600～800倍液等。

在春、夏、秋梢及嫩叶期、幼果期各喷药1次，可喷施下列药剂：

25%嘧菌酯悬浮剂800～1 250倍液；

80%甲基硫菌灵·福美双可湿性粉剂1 100～1 600倍液；

35%丙环唑·多菌灵悬乳剂840～1 240倍液；

50%苯菌灵可湿性粉剂1 000～1 500倍液；

10%苯醚甲环唑水分散粒剂1 500～2 000倍液；

25%溴菌腈·多菌灵可湿性粉剂300～500倍液；

50%硫菌灵可湿性粉剂500～800倍液；

60%噻菌灵可湿性粉剂1 500～2 200倍液；

40%氟硅唑乳油8 000～10 000倍液；

5%己唑醇悬浮剂800～1 500倍液；

40%腈菌唑水分散粒剂6 000～7 000倍液；

50%咪鲜胺锰盐可湿性粉剂1 000～1 500倍液等。

3．柑橘、柚子黄龙病

【分布为害】柑橘、柚子黄龙病是我国柑橘、柚子生产中为害最大的病害。主要发生在广东、广西、福建和台湾等地区，四川、云南、贵州、江西、湖南和浙江也有发生。

【症　　状】枝、叶、花、果及根部均可显症，尤以夏、秋梢症状最明显(图15-12)。发病初期，部分新梢叶片黄化，树冠顶部新梢先黄化(图15-13)，逐渐向下发展，经1～2年后全株发病，3～4年后失去经济价值。叶肉变厚、硬化、叶表无光泽，叶脉肿大，有些肿大的叶脉背面破裂，似缺硼状(图15-14和图15-15)。病树开花早而多，花瓣较短小，肥厚，淡黄色，无光泽。根部症状主要表现为腐烂，其严重程度与地上枝梢相对称(图15-16)。果实受害，畸形，着色不均，常表现为“红鼻子”果(图15-17)。也可为害柚子，症状同上(图15-18和图15-19)。

图15-12　柑橘黄龙病为害情况

图15-13　柑橘黄龙病为害新梢症状

图15-14　柑橘黄龙病为害叶片初期症状

图15-15　柑橘黄龙病为害叶片后期症状

图15-16　柑橘黄龙病为害后期症状

图15-17　柑橘黄龙病病果

图15-18　柚子黄龙病为害新梢症状

图15-19　柚子黄龙病为害叶片黄化症状

【病　　原】*Candidatus Liberibacter asiaticus*称亚洲韧皮杆菌，属薄壁菌门原核生物。病原体多呈圆形或椭圆形，少数呈不规则形。菌体双层膜。外层膜厚薄不均匀。

【发生规律】病菌在树体内，通过嫁接和柑橘木虱传播。5月下旬开始发病，8—9月最严重。春、夏季多雨，秋季干旱时发病重；施肥不足，果园地势低洼，排水不良，树冠郁闭，发病重；木虱为害严重的，黄龙病发生亦重。4～8年生的树发病重。

【防治方法】加强检疫。杜绝病苗、病穗传入无病区和新建的橘园。对幼龄树，在生长季节的4—8月，每月施1次稀薄水肥，年施肥4～6次。对结果树，每年要施好萌芽肥、稳果肥、壮果肥和采果肥。同时，也要科学地进行水分管理，要保证水分及时、适量供应。

播种前砧木种子用50～52℃热水预浸5分钟，再用55～56℃温水浸泡50分钟。接穗选自无病毒的高产优质母树，用1 000mg/kg盐酸四环素液浸泡2小时，取出后用清水洗净再嫁接。

防治传病媒介柑橘木虱，嫩梢抽发期可用下列药剂：

21%噻虫嗪悬浮剂3 000～4 000倍液，或22.4%螺虫乙酯悬浮剂4 000～5 000倍液，4.5%联苯菊酯水乳剂1 500～2 500倍液，100g/L吡丙醚乳油1 000～2 000倍液。

病树立即挖除。

4．柑橘溃疡病

【分布为害】溃疡病在我国柑橘种植区普遍发生，以广东、广西、湖南和福建等地发生较重。发生严重时引起落叶、落果，植株生长不良，影响产量和品质。

【症　　状】主要为害叶片、果实和枝梢。叶片染病，初在叶背产生黄色或暗黄绿色油渍状小斑点，后叶面隆起，呈米黄色海绵状物；后隆起部破碎呈木栓状或病部凹陷，形成褶皱；后期病斑淡褐色，中央灰白色，并在病健部交界处形成一圈褐色釉光；凹陷部常破裂呈放射状(图15-20)。果实染病，与叶片上症状相似(图15-21)；病斑只限于在果皮上，发生严重时会引起早期落果。枝梢染病，初生圆形水渍状小点，暗绿色，后扩大灰褐色，木栓化，形成大而深的裂口，最后数个病斑融合形成黄褐色不规则形大斑，边缘明显(图15-22和图15-23)。

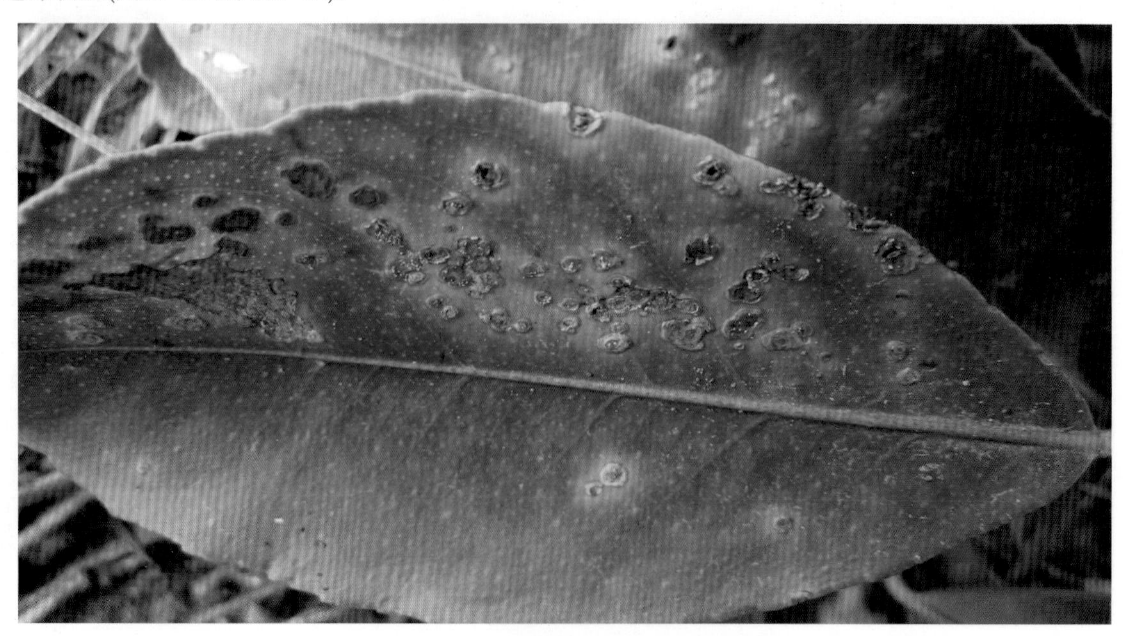

图15-20　柑橘溃疡病为害叶片症状

图15-21 柑橘溃疡病为害果实后期症状

图15-22 柑橘溃疡病为害枝梢初期症状

图15-23 柑橘溃疡病为害枝梢后期症状

【病　　原】*Xanthomonas campestris* pv. *citri* 称野油菜黄单胞菌柑橘致病变种，属细菌(图15-24)。菌体短杆状；具极生单鞭毛，有荚膜；无芽孢，革兰氏染色阴性。

【发生规律】病菌在病叶、病枝或病果内越冬，翌春遇水从病部溢出，通过雨水、昆虫、苗木、接穗和果实进行传播，从寄主气孔、皮孔或伤口侵入。病菌有潜伏侵染性，有的柑橘外观健康却有病菌侵染，有的柑橘秋梢受侵染，冬季不显症状，春季才显症状。从3月下旬至12月病害均可发生，一年可发生3个高峰期。春梢发病高峰期在5月上旬，夏梢发病高峰期在6月下旬，秋梢发病高峰期在9月下旬，其中以6—7月夏梢和晚夏梢受害最重。在气温25～30℃条件下，雨量越多，病害越重。暴风雨和台风过后，易发病。潜叶蛾、恶性食叶害虫、凤蝶等幼虫及台风不仅是病害的传病媒介，而且其造成的伤口，有利于病菌侵染，加重病害的发生。栽培管理不当，如氮肥过多、品种混栽、夏梢控制不当，有利发病。

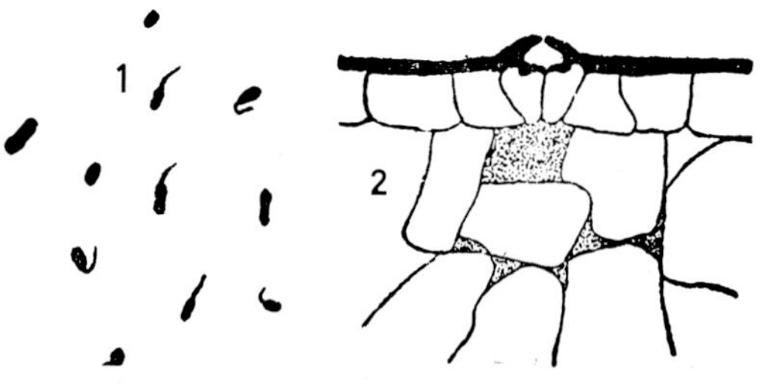

图15-24 柑橘溃疡病病菌
1.病原细菌 2.被害组织内的病原物

【防治方法】加强栽培管理。不偏施氮肥，增施钾肥；控制橘园肥水，保证夏、秋梢抽发整齐。结合冬季清园，彻底清除树上与树下的残枝、残果或落地枝叶，集中烧毁或深埋；控制夏梢，抹除早秋梢，适时放梢；及时防治害虫。

培育无病苗木，在无病区设置苗圃，所用苗木、接穗进行消毒，可用72%农用链霉素可溶性粉剂1 000倍液加1%酒精浸30～60分钟，或用0.3%硫酸亚铁浸泡10分钟。

冬季清园时或春季萌芽前喷45%晶体石硫合剂50～70倍液。

春季开花前及落花后的10天、30天、50天，夏、秋梢期在嫩梢展叶和叶片转绿时，各喷药1次。可用药剂有：

20%噻菌铜胶悬剂300 ~ 500倍液；

20%乙酸铜水分散粒剂800 ~ 1 200倍液；

70%王铜可湿性粉剂1 000 ~ 1 200倍液；

20%噻唑锌悬浮剂300 ~ 500倍液；

77%氢氧化铜可湿性粉剂400 ~ 500倍液；

86.2%氧化亚铜可湿性粉剂800 ~ 1 000倍液；

12%松脂酸铜乳油300 ~ 600倍液；

4%春雷霉素可湿性粉剂600 ~ 800倍液；

30%碱式硫酸铜悬浮剂300 ~ 400倍液；

3%中生菌素可湿性粉剂800 ~ 1 000倍液；

30%王铜悬浮剂600 ~ 800倍液；

47%春雷霉素·王铜可湿性粉剂470 ~ 750倍液等。

5．柑橘、柚子脂点黄斑病

【分布为害】柑橘、柚子脂点黄斑病在各产区均有发生，管理水平低，树势弱的果园发病重，受害严重时引起大量落叶。

【症　　状】主要为害柑橘成熟叶片，有时也可为害果实和小枝，常见有两种症状。一种是黄斑型：发病初期在叶背生1个或数个油浸状小黄斑(图15-25)，随叶片长大，病斑逐渐变成黄褐色或暗褐色，形成疮痂状黄色斑块。另一种是褐色小圆斑型(图15-26和图15-27)：初在叶面产生赤褐色略凸起小病斑，后稍扩大，中部略凹陷，变为灰褐色圆形至椭圆形斑，后期病部中央变成灰白色，边缘黑褐色略凸起，在灰白色病斑上可见密生的黑色小粒点，即病原菌的子实体。果实受害，果面产生褐色的斑点，后逐渐扩大，至整个果面。也可为害柚子，症状同上(图15-28)。

图15-25　柑橘脂点黄斑病为害叶片黄斑型初期症状

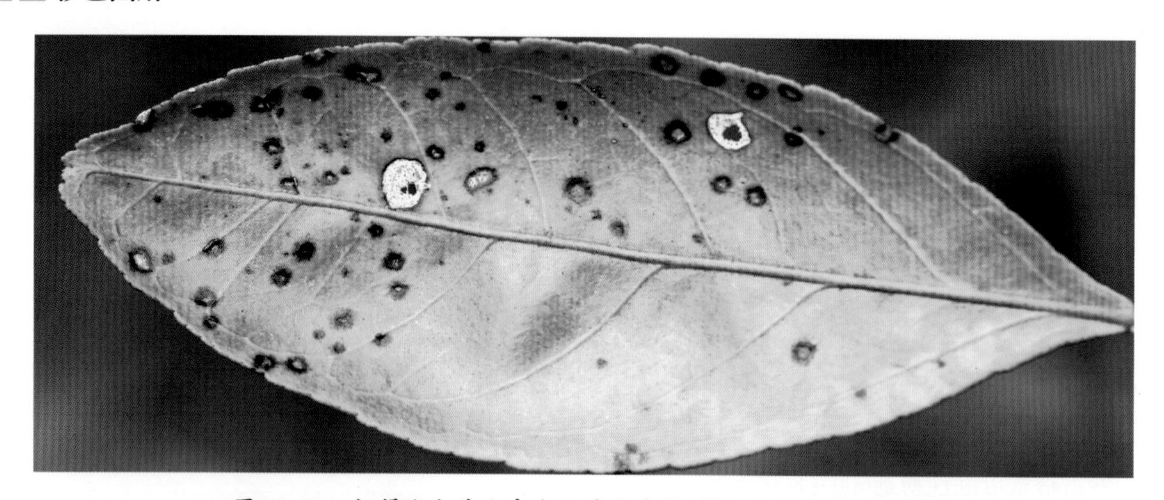

图15-26　柑橘脂点黄斑病为害叶片症状(褐色小圆斑型，正面)

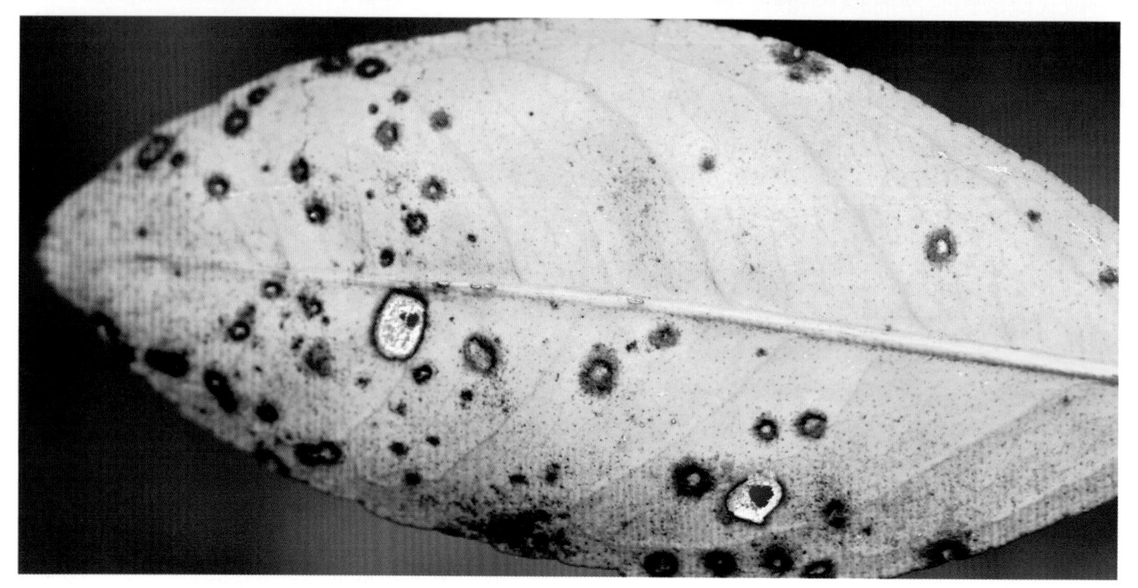

图15-27　柑橘脂点黄斑病为害叶片症状(褐色小圆斑型，背面)

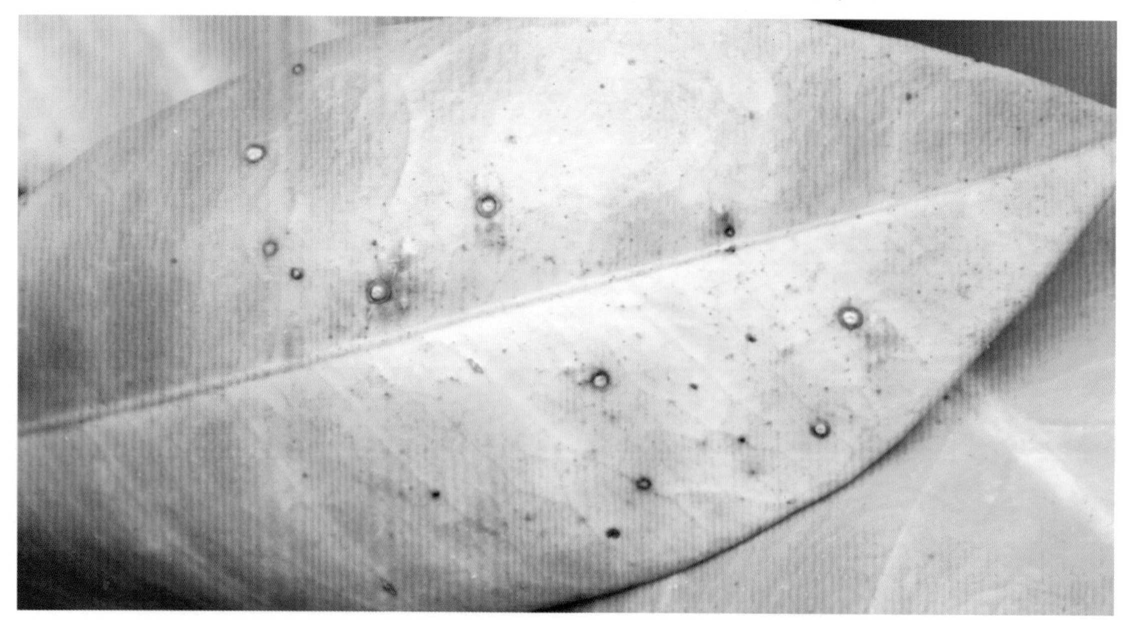

图15-28　柚子脂点黄斑病为害叶片症状

【病　　原】*Mycosphaerella citri* 称柑橘球腔菌，属子囊菌门真菌。子囊座近球形，丛生，黑褐色，有孔口。子囊倒棍棒形，成束状着生在子囊座上。子囊孢子在子囊内排列成两行，无色，长卵形。生长适温为10～35℃，最适温度为20℃。孢子发芽温度5～35℃，适温为15～25℃。

【发生规律】病菌以菌丝体或分生孢子在落叶的病斑或树上的病叶中越冬，翌春遇有适宜温湿度开始产生孢子，通过风雨传播，附着在柑橘的新叶上，孢子发芽后侵入叶片，致新梢上叶片染病。5月上旬始发，6月中下旬进入盛期，9月后停滞或病叶脱落。一般春梢叶片重于夏秋梢，老树弱树易发病。冬季清园不到位，老病叶多的果园，当年发生病害就会严重。果园管理粗放，树冠郁闭，树势弱，则发病重，落叶多。

【防治方法】加强橘园管理，增施有机肥，及时松土、排水，增强树势，提高抗病力。及时清除地面的落叶，集中深埋或烧毁。

第1次喷药可结合疮痂病防治，在落花后，喷施下列药剂：

50%多菌灵可湿性粉剂600～800倍液；

80%代森锰锌可湿性粉剂600～800倍液；

70%甲基硫菌灵可湿性粉剂800～1 000倍液；

77%氢氧化铜可湿性粉剂800～1 000倍液；

65%代森锌可湿性粉剂500～600倍液；

70%丙森锌可湿性粉剂600～800倍液等，间隔15～20天喷1次，连喷2～3次。

6．柑橘、柚子黑星病

【分布为害】黑星病又叫黑斑病，各产区均有发生。果实被害最严重。果实被害后，不但降低品质，而且在贮运时病斑还会发展，造成腐烂，损失很大。

【症　　状】主要为害果实，症状分黑星型和黑斑型两类。

黑星型(图15-29)：病斑圆形，红褐色，后期病斑边缘略隆起，呈红褐色至黑色，中部略凹陷，为灰褐色，常长出黑色粒状的分生孢子器。果上病斑达数十个时，可引起落果。

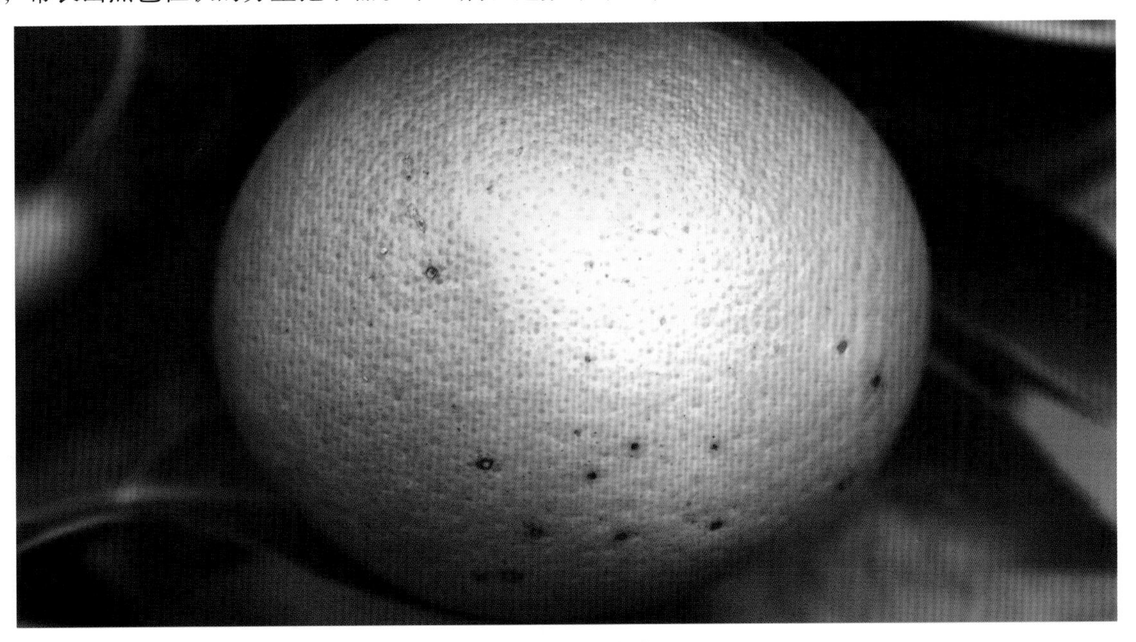

图15-29　柑橘黑星病病果黑星型

黑斑型(图15-30)：初期斑点为淡黄色或橙黄色，以后扩大形成不规则的黑色大病斑，中央部分有许多黑色小粒点。病害严重的果实，表面大部分可以被许多互相联合的病斑所覆盖。叶片上的病斑与果实上的相似(图15-31)。也可为害柚子，症状同上(图15-32至图15-34)。

图15-30　柑橘黑星病为害叶片症状

图15-31　柑橘黑星病为害叶背症状

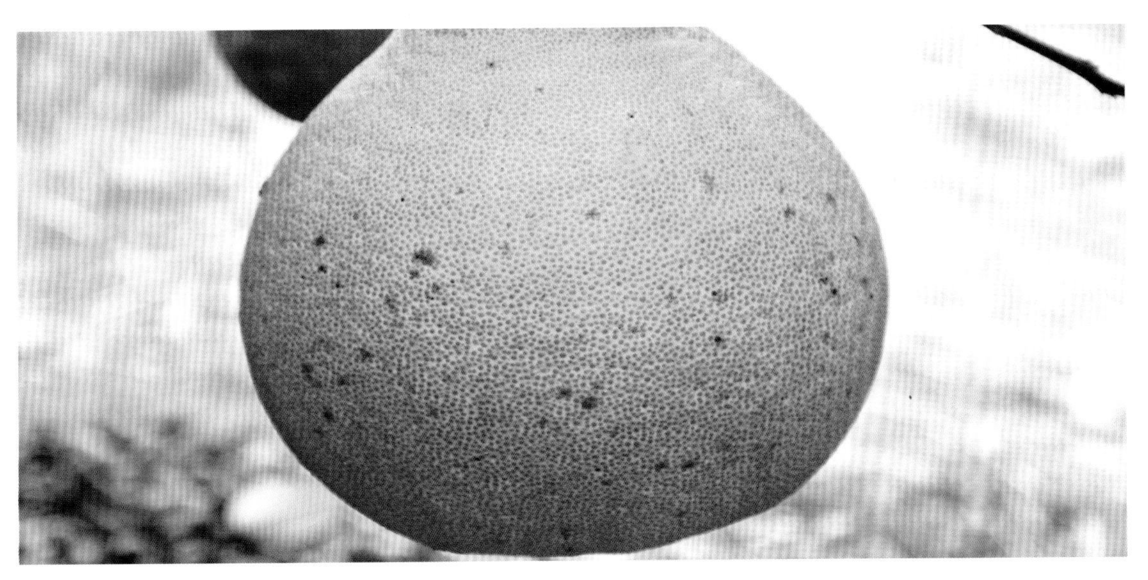

图15-32　柚子黑星病病果黑星型初期症状

图15-33　柚子黑星病病果黑星型后期症状

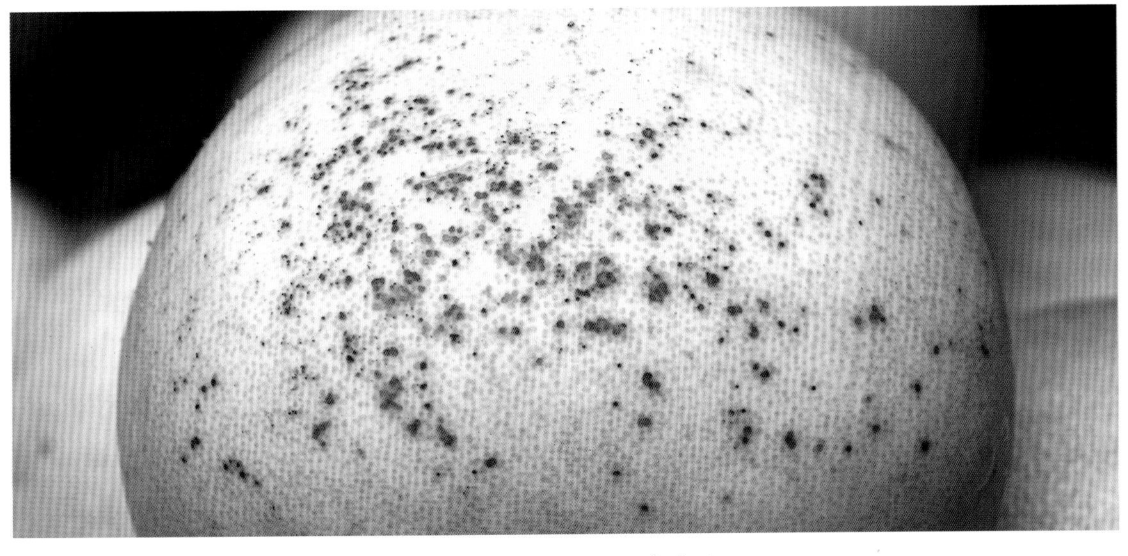

图15-34　柚子黑星病病果

【病　　原】无性世代为 *Phoma citricarpa* 称柑果茎点菌，属无性型真菌。分生孢子器球形至扁球形，黑褐色，分生孢子卵形至椭圆形，单胞，无色。有性世代为 *Guignardia citricarpa*，称柑果黑腐菌，属子囊菌门真菌(图15-35)。

【发生规律】病菌以菌丝体或分生孢子器在病果或病叶上越冬，翌春条件适宜时散出分生孢子，借风雨或昆虫传播，芽管萌发后进行初侵染。病菌侵入后不马上表现症状，只有当果实近成熟时才现病斑，并可产生分生孢子进行再侵染。春季温暖高湿发病重；树势衰弱，树冠郁密，低洼积水地，通风透光差的橘园发病重。不同柑橘种类和品种间抗病性存在差异。柑类和橙类较抗病，橘类抗病性差。

【防治方法】加强橘园栽培管理。采用配方施肥技术，调节氮、磷、钾比例；低洼积水地注意排水；修剪时，去除过密枝叶，增强树体通透性，提高抗病力；清除初侵染源，秋末冬初结合修剪，剪除病枝、病叶，并清除地上落叶、落果，集中销毁，同时喷洒1～2波美度石硫合剂，铲除初侵染源。

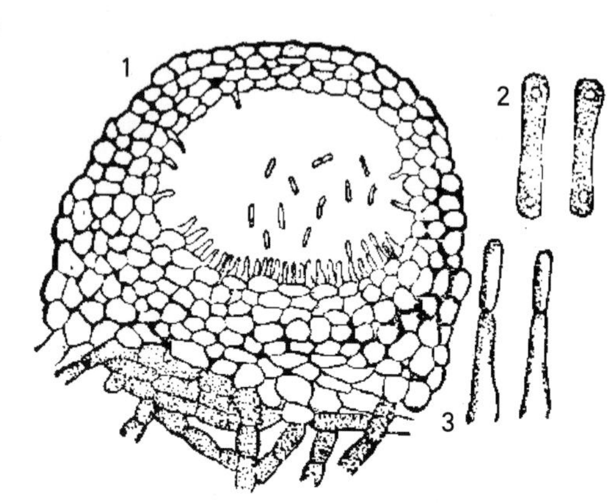

图15-35　柑橘黑星病病菌
1.分生孢子器　2.分生孢子梗　3.分生孢子

柑橘落花后，开始喷洒下列药剂：

50%多菌灵可湿性粉剂800～1 000倍液；

80%代森锰锌可湿性粉剂500～800倍液；

40%多菌灵·硫磺悬浮剂600～800倍液；

50%多菌灵·乙霉威可湿性粉剂1 000～1 500倍液；

50%甲基硫菌灵可湿性粉剂500～800倍液；

30%王铜悬浮液700～900倍液；

50%苯菌灵可湿性粉剂1 000～1 500倍液，间隔15天喷1次，连喷3～4次。

7．柑橘青霉病和绿霉病

【分布为害】青霉病和绿霉病分布普遍，是柑橘贮运期间最严重的病害(图15-36)。

图15-36　柑橘青霉病贮藏期为害情况

【症　　状】这两种病害的症状相似：发病初期，多从果蒂或伤口处发病，在果实表面出现水渍状病斑，呈褐色软腐，后长出白色霉层，以后又在其中部长出青色或绿色粉状霉层，霉层带以外仍存在水渍。状环纹，病斑后期可深入果肉，导致全果腐烂。不同之处：青霉病以开始贮藏时发生较多，不会附着包装纸，能闻到发霉气味(图15-37至图15-39)。绿霉病以贮藏中后期发生较多，仅长在果皮上，霉层常附着在包装纸上，能闻到一股芳香气味(图15-40)。

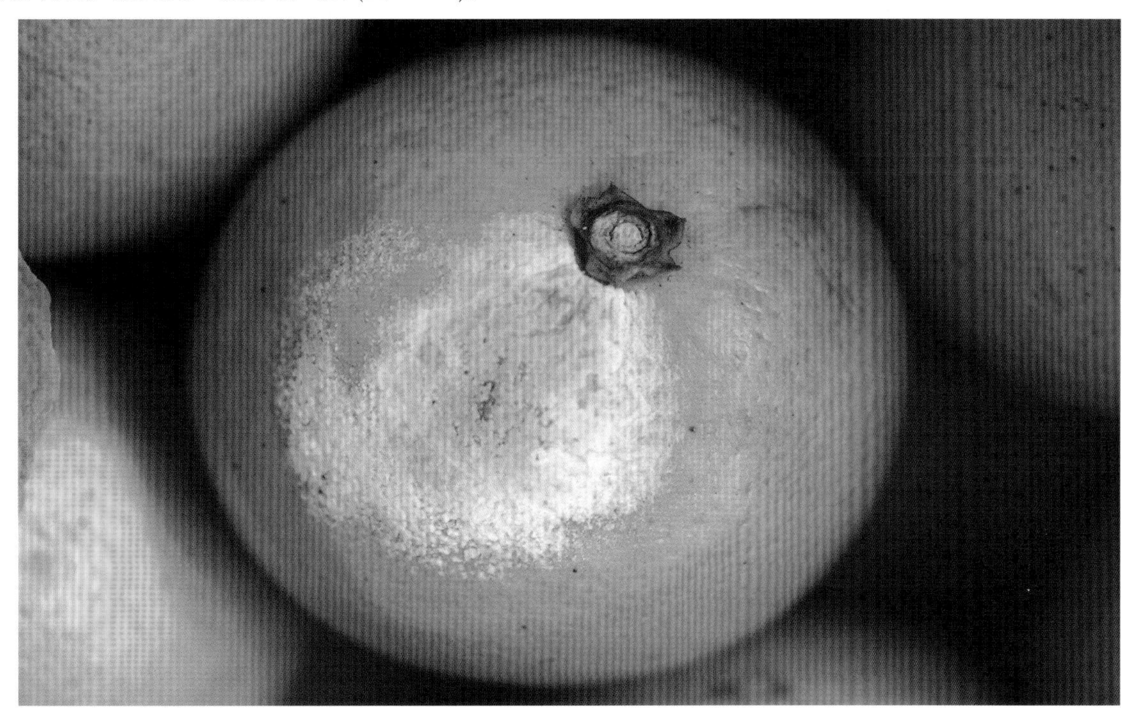

图15-37　柑橘青霉病初期病果

图15-38　柑橘青霉病后期病果

图15-39 柑橘绿霉病初期病果

图15-40 柑橘绿霉病后期病果

【病　　原】*Penicillium italicum* 称意大利青霉，引起青霉病；*P. digitatum* 称指状青霉，引起绿霉病，均属无性型真菌。意大利青霉菌落产孢处淡灰绿色，分生孢子梗集结成束，无色，具隔膜，先端数回分枝呈帚状；分生孢子初圆筒形，后变椭圆形或近球形。指状青霉菌落暗黄绿色，后变橄榄灰色；分生孢子梗同上；分生孢子无色，单胞，卵形至圆柱形。

【发生规律】这两种病菌腐生于各种有机物上，产生分生孢子，借气流传播，通过各种伤口侵入为害，也可通过病健果接触传染。柑橘贮藏初期多发生青霉病；贮藏后期多发生绿霉病。相对湿度在95%～98%时利于发病；采收时果面湿度大，果皮含水多发病重。

【防治方法】采收、包装和运输中尽量减少伤口。不宜在雨后、重雾或露水未干时采收。注意橘果采收时的卫生。要避免拉果剪蒂、果柄留得过长及剪伤果皮。

贮藏库及其用具消毒。贮藏库可用10g/m³硫磺密闭熏蒸24小时，或与果篮、果箱、运输车箱一起用70%甲基硫菌灵可湿性粉剂200～400倍液或50%多菌灵可湿性粉剂200～400倍液消毒。

采收前7天，喷洒下列药剂：

70%甲基硫菌灵可湿性粉剂1 000～1 500倍液；

50%苯菌灵可湿性粉剂1 500～2 000倍液；

50%多菌灵可湿性粉剂1 000～2 000倍液。

采后3天内，可用下列药剂：

50%甲基硫菌灵可湿性粉剂500～1 000倍液；

50%多菌灵可湿性粉剂500～1 000倍液；

50%咪鲜胺锰盐可湿性粉剂1 000～2 000倍液；

25%嘧菌酯悬浮剂800～1 250倍液；

80%甲基硫菌灵·福美双可湿性粉剂1 100～1 600倍液；

35%丙环唑·多菌灵悬乳剂840～1 240倍液；

10%苯醚甲环唑水分散粒剂1 500～2 000倍液；

45%噻菌灵悬浮剂3 000～4 000倍液浸果，预防效果显著。

8．柑橘、柚子树脂病

【分布为害】在我国各柑橘、柚子产区均有分布。

【症　　状】橘树染病后致枝叶凋萎或整株枯死。枝干染病，有流胶和干枯两种类型。流胶型：病部初期呈灰褐色水渍状，组织松软，皮层具细小裂缝，后期流有褐色胶液(图15-41)，边缘皮层干枯或坏死翘起，致木质部裸露。干枯型：皮层初呈红褐色、干枯稍凹陷，有裂缝、皮层不易脱落，病健部相接处具明显隆起界线，流胶不明显(图15-42和图15-43)。果实染病，表面散生黑褐色硬质凸起小点，有的很多密集成片，呈砂皮状(图15-44和图15-45)，果心腐烂比果皮快，当果皮1/3～1/2腐烂时，果心已全部腐烂，故又叫“穿心烂”。也可为害柚子，症状同上(图15-46和图15-47)。

图15-41　柑橘树脂病为害枝梢症状(流胶型)

图15-42　柑橘树脂病为害枝梢症状(干枯型)

图15-43　柑橘树脂病为害枝干后期症状(干枯型)

图15-44 柑橘树脂病为害果实初期症状

图15-45 柑橘树脂病为害果实后期症状

图15-46　柚子树脂病为害枝干症状

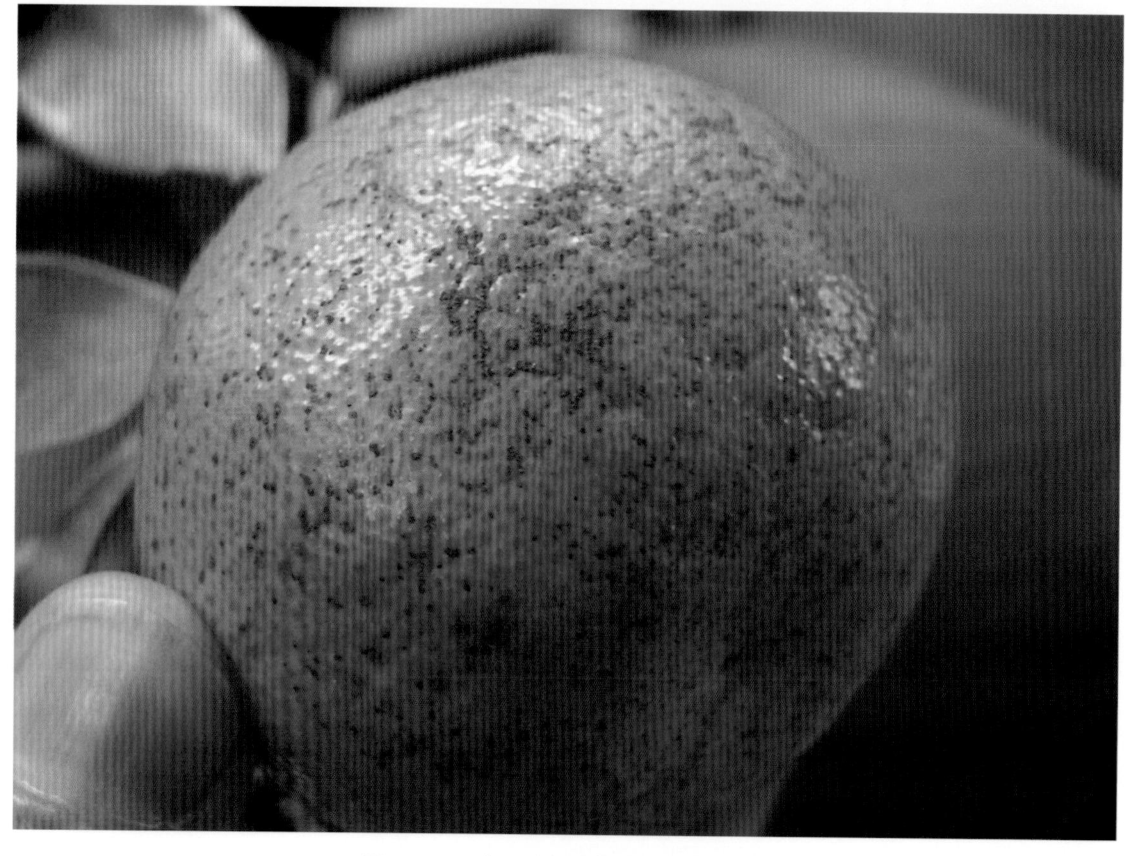

图15-47　柚子树脂病为害果实症状

【病　原】该病有性世代为*Diaporthe medusaea*，称柑橘间座壳，属于子囊菌门真菌。无性世代为*Phomopsis citri*，称柑橘拟茎点霉，属无性型真菌(图15–48)。子囊壳球形，单生或簇生、多埋藏于韧皮部黑色子座中；子囊长棍棒状，无柄，无色。子囊孢子梭形，无色，双胞。分生孢子器球形至不规则形，具孔口。分生孢子具两型：Ⅰ型为卵型，单胞无色，内含1～4个油球；Ⅱ型孢子丝状或钩状，单胞，无色。

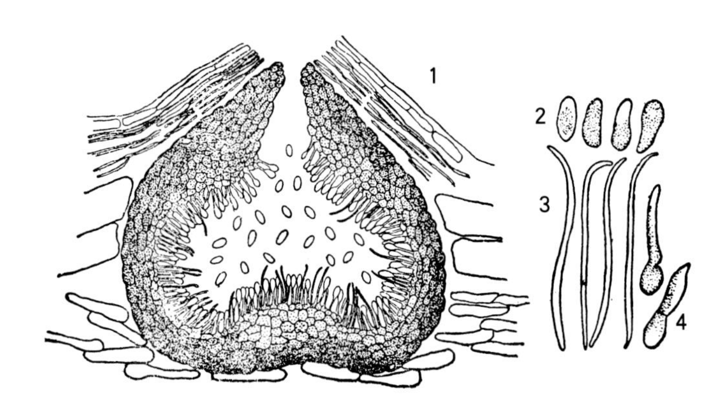

图15–48　柑橘树脂病病菌
1.分生孢子器　2.圆形分生孢子
3.丝状分生孢子　4.孢子萌发

【发生规律】以菌丝或分生孢子器在枝干上病部越冬，翌春产出分生孢子借昆虫或风雨传播，经伤口侵入。在浙江一带柑橘产区5–6月或9—10月是发病盛期，遇冻害、涝害，引起树势衰弱，发病重。管理粗放，肥料供应不足，施肥不及时或配合不当，园中积水，以及天牛、吉丁虫等为害重，均利于发病。

【防治方法】加强管理，主要是防冻、防涝、避免日灼及各种伤口，以减少病菌侵染。剪除病枝，收集落叶，集中烧毁或深埋。

可于春芽萌发期喷1次0.8∶0.8∶100等量式波尔多液，喷洒时注意主干及大枝部分。

认真刮除病枝或病干上病皮，病部伤口涂抹下列药剂：

36%甲基硫菌灵悬浮剂100倍液；

50%苯菌灵可湿性粉剂200倍液；

50%咪鲜胺锰盐可湿性粉剂1 000～2 000倍液；

10%苯醚甲环唑水分散粒剂1 500～2 000倍液；

25%嘧菌酯悬浮剂800～1 250倍液。若施药后再用无色透明乙烯薄膜包扎伤口，防效更佳。

必要时结合防治炭疽病、疮痂病，于发病初期喷下列药剂：

80%代森锰锌可湿性粉剂400～600倍液+70%甲基硫菌灵可湿性粉剂1 000～2 000倍液；

80%代森锰锌可湿性粉剂400～600倍液+60%多菌灵盐酸盐可湿性粉剂800～1 000倍液。

9．柑橘脚腐病

【分布为害】主要为害根颈部，地上部也可受害。根颈部染病(图15–49)，初期病部褐色，湿腐，具酒糟气味，流有胶液。后期如天气干燥，病部常干裂，条件适宜时，病斑迅速扩展，严重的环绕整个树干，致橘树死亡(图15–50)。果实发病时，先为圆形的淡褐色病斑，后渐变为褐色水渍状软腐，长出白色菌丝(图15–51)，有腐臭味，病健部明显，干燥时病斑比较干韧。

图15–49 柑橘脚腐病为害根颈部症状

图15-50　柑橘脚腐病整株受害症状

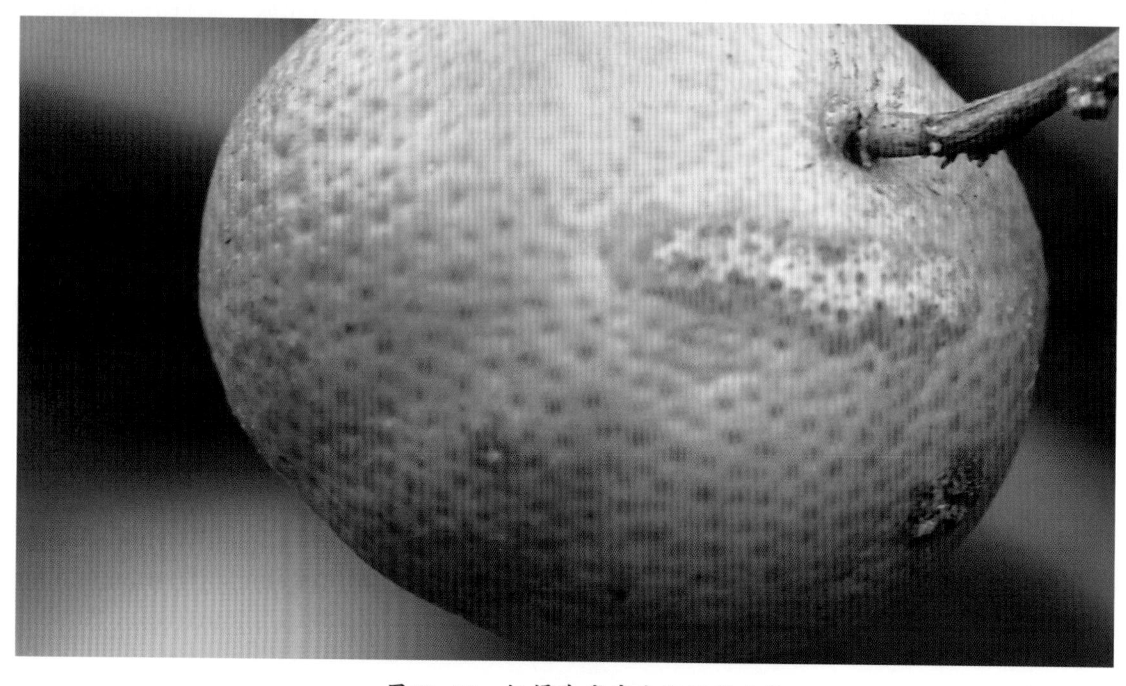

图15-51　柑橘脚腐病为害果实症状

【病　　原】*Phytophthora citrophthora* 称柑橘疫霉；国内已知有12种病原菌，有时为单一病原菌，有时是两种或以上病原菌引起发病。孢囊梗长，孢子囊顶生、间生或侧生，卵圆形或球形。厚垣孢子球形。藏卵器间生或侧生。卵孢子球形，蜜黄色。

【发生规律】以厚垣孢子和卵孢子在土壤中或以菌丝体在病组织内越冬。借雨水飞溅传播，病菌萌发产生芽管，侵入寄主为害，后病部菌丝产生孢子囊及游动孢子，进行再侵染。高温多雨季节发病重；地势低洼、排水不良、树冠郁闭、通风透光差，发病重。

【防治方法】选用抗病砧木是防治此病的根本措施。嫁接时，适当提高嫁接口位置，不宜定植太深。加强管理，低洼积水地注意排水，合理修剪，增强通透性，避免间作高秆作物。

发现病树，及时将腐烂皮层刮除，并刮掉病部周围健全组织0.5~1cm，然后于切口处涂抹下列药剂：

10%等量式波尔多液；

2%～3%硫酸铜液；

80%三乙膦酸铝可湿性粉剂100～200倍液；

25%甲霜灵可湿性粉剂400～500倍液。

10. 柑橘煤污病

【分布为害】全国柑橘产区普遍发生。影响叶片生长，幼果易腐败，果品质量下降。

【症　　状】主要为害叶片、枝梢及果实，初期仅在病部生一层暗褐色小霉点，后期逐渐扩大，直至形成绒毛状黑色或暗褐色霉层，并散生黑色小点，即病菌的闭囊壳或分生孢子器(图15-52和图15-53)。

图15-52　柑橘煤污病为害叶片前期症状

图15-53　柑橘煤污病为害叶片后期症状

【病　　原】由多种真菌引起，包括*Capnodium citri*称柑橘煤炱；*Meliola butleri*称巴特勒小煤炱；*Chaetothyrium spinigerum*称刺盾炱等，均属子囊菌门真菌(图15-54)。其中常以柑橘煤炱为主，菌丝丝状、暗褐色，具分枝。子囊壳球形，子囊长卵形，内生子囊孢子8个，子囊孢子长椭圆形，具纵横隔膜，呈砖格状。分生孢子器筒形，生于菌丝丛中，暗褐色，分生孢子长圆形，单胞，无色。

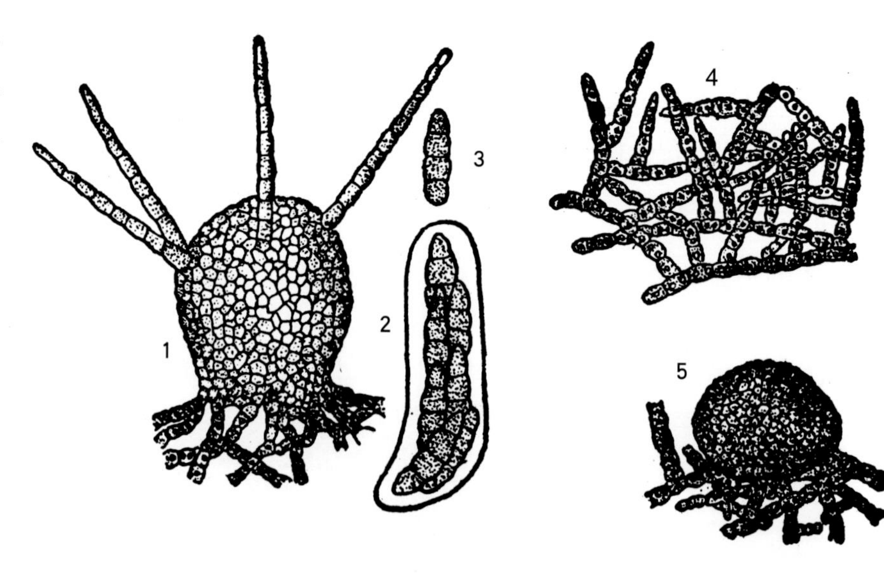

图15-54　柑橘煤污病病菌
1.子囊壳　2.子囊　3.子囊孢子
4.菌丝　5.分生孢子器

【发生规律】以菌丝体或分生孢子器及闭囊壳在病部越冬，翌春由霉层上飞散孢子借风雨传播，并以蚜虫、介壳虫、粉虱的分泌物为营养，辗转为害。荫蔽潮湿及管理不善的橘园，发病重。

【防治方法】及时防治介壳虫、粉虱、蚜虫等刺吸式口器害虫，加强橘园管理。

发病初期，喷施下列药剂：

40%克菌丹可湿性粉剂400倍液；

0.5∶1∶100倍式波尔多液；

90%机油乳剂200倍液；

50%多菌灵可湿性粉剂600～800倍液。

11．柑橘黑腐病

【症　　状】主要为害果实。果面近脐部变黄，似成熟果，后病部变褐，呈水渍状，不断扩大，呈不规则状，四周紫褐色，中央色淡，湿度大时，病部表面长出白色气生菌丝，后转为墨绿色，致果瓣腐烂，果心空隙长出墨绿色绒状霉菌，严重的果皮开裂。幼果染病，多发生在果蒂部，后经果柄向枝上蔓延，造成枝条干枯，致幼果变黑或成僵果早落(图15-55和图15-56)。

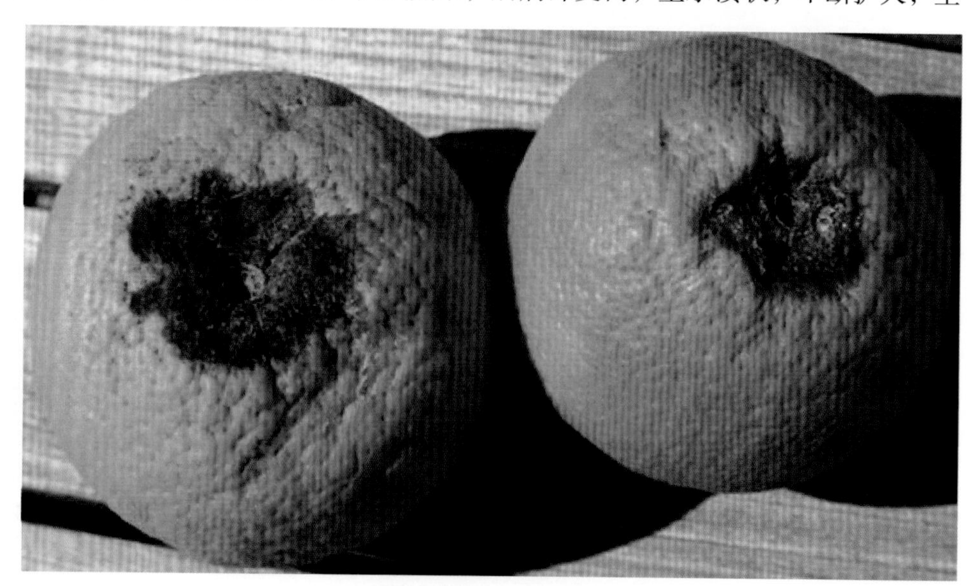

图15-55　柑橘黑腐病为害果实初期症状

图15-56 柑橘黑腐病为害果实后期症状

【病　　原】*Alternaria citri* 称柑橘链格孢，属无性型真菌。分生孢子梗束状，一般不分枝，暗褐色，弯曲，具隔1～7个。分生孢子卵形或纺锤形，长椭圆形至倒棍棒状，暗褐色，表面光滑或具小粒点，具横隔膜1～6个，纵隔膜0～5个，横分隔处略缢缩。

【发生规律】以分生孢子随病果遗落地面或以菌丝体潜伏在病组织中越冬，翌年产生分生孢子进行初侵染，幼果染病后产出分生孢子，通过风雨传播进行再侵染。适合发病气温28～32℃，橘园肥料不足或排水不良、树势衰弱、伤口多发病重。

【防治方法】加强橘园管理，在花前、采果后增施有机肥，做好排水工作，雨后排涝，干旱时及时浇水，保证水分均匀供应。及时剪除过密枝条和枯枝，及时防虫，以减少人为伤口和虫伤。

发病初期，可喷施下列药剂：

75%百菌清可湿性粉剂600～800倍液；

70%代森锰锌可湿性粉剂500～600倍液。

12. 柑橘裂皮病

【分布为害】在柑橘各产区均有发生，主要为害枳、枳橙等柑橘品种。夏橙呈快速蔓延的趋势，其中病株率为100%的夏橙园约占30%。病树树势弱，产量很低。

【症　　状】新梢少或部分小枝枯死，叶片小或叶脉附近绿色叶肉黄化，似缺锌状，病树树势弱但开花多，落花落果严重。枝条纤细，丛生，树冠矮化。砧木部分树皮纵向开裂，翘起延至根部，皮层剥落，木质部外露呈黑色(图15-57)。

图15-57 柑橘裂皮病为害树干症状

【病　　原】Citrus exocortis viroid (CEVD) 称柑橘裂皮类病毒。柑橘裂皮类病毒无蛋白质衣壳，是低分子核酸。

【发生规律】病株和隐症带菌树是初侵染源，可通过苗木或接穗传播外，也可通过工具、农事操作及菟丝子传病。柑橘裂皮病在以枳、枳橙和蓝普来檬做砧木的柑橘树上严重发病，而用酸橙和红橘做砧木的橘树在侵染后不显症，成为隐症寄主。

【防治方法】利用茎尖嫁接脱毒法，培育无病苗木。严格实行检疫，防止病害传播蔓延。新建橘园应注意远离有病的老园，严防该病传播蔓延。

操作前后用5%～20%漂白粉或25%福尔马林溶液加2%～5%氢氧化钠溶液或5%次氯酸钠浸洗嫁接刀、枝剪、果剪等工具和手1～2秒，进行消毒，以防接触传染。

13．柑橘赤衣病

【分布为害】赤衣病在江西、浙江及台湾等地均有发生。在热带高温地区发生较严重。

【症　　状】主要为害枝条或主枝，发病初期仅有少量树脂渗出，后干枯龟裂，其上着生白色蛛网状菌丝(图15-58)，湿度大时，菌丝沿树干向上、下蔓延，围绕整个枝干，病部转为淡红色，病部以上枝叶凋萎脱落，影响生长发育，降低产量，严重发病时会使整株枯死。

图15-58　柑橘赤衣病为害树干症状

【病　　原】*Corticium salmonicolor* 称鲑色伏革菌，属担子菌门真菌。子实体系蔷薇色薄膜，生在树皮上。担子棍棒形或圆筒形，顶生2～4个小梗；担孢子单细胞，无色，卵形，顶端圆，基部具小凸起。无性世代产出球形无性孢子，单细胞，无色透明，孢子集生为橙红色。

【发生规律】病菌以菌丝或白色菌丛在病部越冬，翌年，随橘树萌动菌丝开始扩展，并在病疤边缘或枝干向阳面产出红色菌丝，孢子成熟后，借风雨传播，经伤口侵入，引起发病。在温暖、潮湿的季节发生较烈，尤其多雨的夏秋季，遇高温或橘树枝叶茂密发病重。橘树管理不善、郁闭阴暗处容易发生。

【防治方法】冬季彻底清园，剪除病枝，带出园外集中烧毁，减少病源。在夏秋雨季来临前，修剪枝条或徒长枝，使通风良好，减少发病条件。搞好雨季清沟排水，降低地下水位，以防止橘树根系受渍害，并降低橘园湿度。合理施肥，改重施冬肥为巧施春肥，早施、重施促梢壮果肥，补施处暑肥，适施采果越冬肥。

春季橘树萌芽时，用8%～10%的石灰水涂刷树干。

及时检查树干，发现病斑马上刮除后，涂抹10%硫酸亚铁溶液保护伤口。

每年从4月上旬开始，抢在发病前喷施保护剂。一定要将药液均匀地喷洒到橘树中下部内膛的树干、枝条背阴面，每周1次，连续施药3～4次。药剂可选用：

50%氯溴异氰尿酸可溶性粉剂2 000～2 500倍液；

30%王铜悬浮剂700～1 000倍液；

77%氢氧化铜可湿性粉剂600～800倍液；

50%苯菌灵可湿性粉剂1 500～2 000倍液；

50%甲基硫菌素・硫磺悬浮剂500～600倍液，对轻度感病枝干，可刮除病部，涂石硫合剂原液，并在干后再涂抹石蜡。

14．柑橘根结线虫病

【分布为害】柑橘根结线虫病在浙江、广东、福建等地均有发生。

【症　　状】主要为害根部，病原线虫寄生在根皮与中柱之间，致根组织过度生长形成大小不等的根瘤。新生根瘤，乳白色，后变黄褐色至黑褐色，根瘤多长在细根上，染病严重的产生次生根瘤及大量小根，致根系盘结，形成须根团；老根瘤多腐烂，病根坏死。根系受害后，树冠现出枝梢短弱，叶片变小，结果率降低，果实小，叶片似缺素，生长衰退等症状，根受害严重的叶片黄化，叶缘卷曲或花多，无光泽，似缺水，后致叶片干枯脱落或枝条枯萎乃至全株死亡(图15-59)。

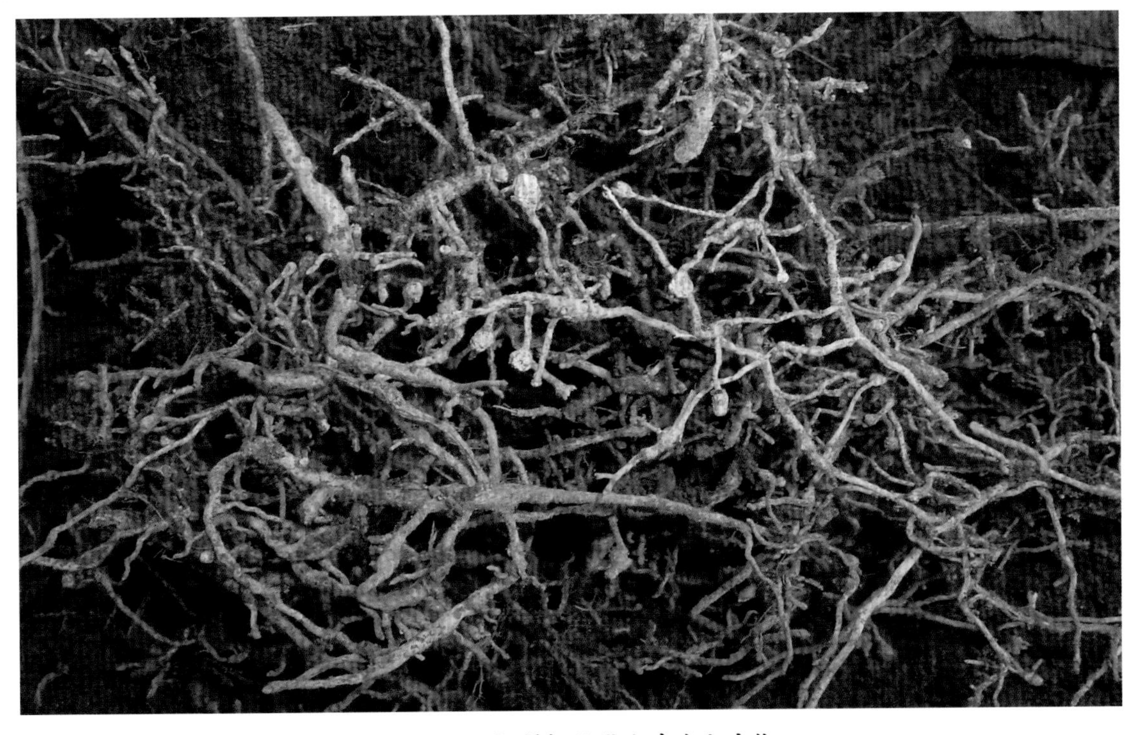

图15-59　柑橘根结线虫病为害症状

【病　　原】*Tylenchulus semipenetrans* 称柑橘根结线虫，属植物寄生线虫。雄虫线形，吻针退化，有直立精巢1个，交接刺1对，无抱片，具引带。雌虫初龄线形，成熟雌体肥大，前端尖细，刺入根皮内不动，后端露在根外，钝圆膨大至梨囊状，阴门斜向腹面尾前。

【发生规律】主要以卵或雌虫越冬，翌年当外界条件适宜时，在卵囊内发育成熟的卵孵化为1龄幼虫藏于卵内，后蜕皮破卵壳而出，形成能侵染的2龄幼虫在土壤中活动，遇有嫩根后即侵入，在根皮与中柱之间为害，刺激根部组织在根尖部形成不规则的瘤状物。在根瘤内生长发育的幼虫再经3次蜕皮则发育为成虫。雌雄虫成熟后开始交尾产卵，该线虫在华南一带完成上述循环约50天，一年可发生多代，可进行多次再侵染。初侵染源来自病根和土壤，病苗是重要传播途径，水流是短距离传播的媒介，此外，带有病原线虫的肥料、农具、人畜也可传播。该病在通气良好砂质土中发病重。

【防治方法】培育无病苗木，前作最好选择水稻田或禾本科作物。

对发病轻的苗木，用50℃温水浸根10分钟，也可用50%辛硫磷乳油500倍液浸根1分钟，然后栽植。

病区播种育苗或栽植新柑橘时，施80%二溴氯丙烷1.5～2kg/亩，加水400～500kg喷淋土壤，耙碎后开穴栽植。

橘园中发现零星病株要马上防治。把树冠下6cm左右深的表土挖开，浇灌50%辛硫磷乳油300～500倍液，然后覆土闷杀效果好。

15. 柑橘蒂腐病

【症　　状】柑橘蒂腐病有两种，即黑色蒂腐病和褐色蒂腐病，都是柑橘重要的采后贮运病害，每年都造成严重的经济损失。

黑色蒂腐病：又称焦腐病，此病多发生在果实采收后，病菌从果柄及蒂部伤口侵入。发病初期果蒂周围的果皮出现水渍状、浅褐色软腐的病斑。随后病斑迅速扩展，边缘呈波浪状、病部呈暗紫褐色，极软，果皮易破裂。同时，病菌很快从蒂部向果心蔓延，直至脐部。病果肉黑色，味苦，不堪食用。后期病部密生小黑粒，此为病原菌的分生孢子器。

褐色蒂腐病：开始时环绕蒂部出现水渍状浅褐色，逐渐变成深褐色，病部渐向脐部扩展，边缘呈波纹状，最后可使全果腐烂(图15-60)。病部果皮较坚韧，用手指轻压病部，有革质柔韧感。病果内部腐烂较果皮腐烂速度快。在病部表面，有时有白色菌丝体，并散生黑色小粒，此为分生孢子器。

图15-60　柑橘褐色蒂腐病为害果实症状

【病　　原】黑色蒂腐病菌：*Diplodia natalensis* 称蒂腐色二孢，属无性型真菌。分生孢子器分生或聚生，洋梨形或扁圆形，黑色，光滑，革质，有孔口。分生孢子梗单生，圆柱形。分生孢子椭圆形，暗褐色。褐色蒂腐病菌：*Phomopsis cytosporella*，属无性型真菌。

【发生规律】柑橘黑色蒂腐病：病菌来源于树冠上枯死的病枝梢，病菌通过雨滴溅散到果实上，病菌潜伏在萼洼与果皮之间。在适宜的条件下，病菌通过伤口特别是果蒂剪口侵入。

柑橘褐色蒂腐病：病菌在病枯枝、病树干及死树皮上越冬，这些越冬的病菌成为翌年病害的主要侵染来源。当果蒂形成离层的时候，病菌从蒂中部的维管束侵入或从果柄的剪口侵入，在贮藏运输期间，若温度高，湿度大，便容易引致严重的蒂腐病。

【防治方法】加强田间栽培管理增强树势，提高植株的抗病力；适当修剪，剪除树上的病枝、枯枝，减少病害的初次侵染来源；防止果实受伤，采收时要防止果实遭受机械损伤；库房及用具消毒。果实进库前10～15天，对库房或地窖进行消毒，注意通风换气。

果实采前喷药，果实采收前7～10天喷药，可用下列药剂：

80%代森锰锌可湿性粉剂1 000倍液；

50%甲基硫菌灵可湿性粉剂1 000～1 500倍液；

50%多菌灵可湿性粉剂1 500倍液，可较有效预防果实贮藏期中该病的发生。

果实防腐处理，果实采收后1～3天内用药剂处理，可用下列药剂：

25%抑霉唑乳油1 000～1 500倍液；

45%噻菌灵悬浮剂450～600倍液；

14%咪鲜胺·抑霉唑乳油600～800倍液；

70%甲基硫菌灵可湿性粉剂1 000倍液浸果，可减轻发病。

16. 柑橘酸腐病

【分布为害】酸腐病是柑橘贮藏期常见病害之一，用塑料薄膜包装的果实更易发生。

【症　　状】果实染病后，出现橘黄色圆形斑。病斑在短时间内迅速扩大，使全果软腐，病部变软，果皮易脱落。后期出现白色黏状物，为气生菌丝及分生孢子，整个果实出水腐烂并发生酸败臭味(图15-61)。

图15-61　柑橘酸腐病为害果实的症状

【病　　原】*Geotrichum candidum* 称白地霉，属无性型真菌。分生孢子梗侧生于菌丝上，分枝少，无色。分生孢子节状，单胞，无色。

【发生规律】病菌从伤口侵入，故首先在伤口附近出现病斑。由果蝇传播及接触传染，本病具较强的传染力。在密闭条件下容易发病。

【防治方法】参照柑橘青霉病与绿霉病的防治方法，及时清除烂果与流出的汁液。

17.柑橘地衣病

【症　　状】地衣是一类菌藻共生物，呈青灰色或灰绿色的叶状体组织附生于果树的枝干上，呈圆形膏药状紧贴于枝干树皮上，不易剥离，青灰色或灰绿色(图15-62)。

图15-62　柑橘地衣病为害枝干症状

【病　　原】地衣是真菌(子囊菌)和藻类的共生物，属低等植物。

【发生规律】地衣发生的主要因素是温度、湿度和树龄，其他如果园的地势、土质以及栽培管理等都有密切关系。在温暖潮湿的季节，繁殖蔓延快，一般在10℃左右开始发生，晚春和初夏期间(4—6月)发生最盛，为害最重，夏季高温干旱，发展缓慢，秋季继续生长，冬季寒冷，发展缓慢甚至停止生长。幼树和壮年树，生长旺盛，所以发生较少，老龄树生长势衰弱，且树皮粗糙易被附生，故受害严重。

【防治方法】加强栽培管理，采果后，清洁果园，及时修剪整枝，增强园内通风透光，降低果园湿度；科学施用肥料，增强果树长势。

适度药剂防治：采用挑治法和刮疗法。于春季雨后，用竹片或削刀刮除枝干上的地衣和苔藓，然后用药治疗。刮除下来的地衣和苔藓必须收集烧毁。用10%～15%的石灰水涂刷。

或用下列药剂喷施：

30%王铜悬浮剂500倍液；

1%～1.5%硫酸亚铁溶液；

1：1：100等量式波尔多液。

二、柑橘生理性病害

1. 柑橘日灼病

【症　　状】此病因受高温和强烈的阳光照射引致果皮组织灼伤。在果实尚未成熟时，果顶受害部分黄褐色，发育停滞。在果实成熟时，受害部位果皮出现暗褐色，果皮生长停滞，表面粗糙，干疤坚硬，果形不正。果实轻度受害，灼伤部位只限于果皮(图15-63)；受害重的，灼伤部位的中央为木栓状，伤及汁胞，汁胞下缩、粒化，汁少而味淡，品质低劣。

图15-63　柑橘日灼病果实受害状

【病　　因】该病在高温季节、气候干燥、日照强烈时容易发生。一般于7月开始出现，8—9月发生最多，尤其是西南方向的果实和幼年结果树的顶生果实，因日照时间长，受害程度最重。西向的坡地果园或无防护林的暴露果园也较严重发生。

【防治方法】在开园种植时，应在园的西南方向营造防护林以减少烈日照射。选用发生日灼病较少的品种。种植温州蜜柑早熟品系时，宜选用软枝型品系，并适当密植。

幼龄结果树在生理落果结束时促放夏梢，以梢遮果，可减轻日灼程度。温州蜜柑抹春梢保果，应适当保留部分春梢营养枝。在果园行间间种高秆绿肥，或提倡园内生草法管理，以调节果园小气候。在高温干旱期利用水源定期喷水保持土壤水分，提高相对湿度，降低气温。在8—9月检查果园，发现受害果实，可用白纸粘贴受害部位或涂石灰乳，对轻度受害的果实可恢复正常。

2. 柑橘果实干疤病

【症　　状】主要发生在果实上，初期仅发生于果皮油胞层上，以后逐渐扩展深入果皮的白皮层，最后直至果肉，使果肉变质，发生异味(图15-64)。病果蒂缘下陷，褐色，果皮上出现网状、片状、点状等不规则的褐斑。病果被次生性病菌侵入后，可发生果实腐烂。

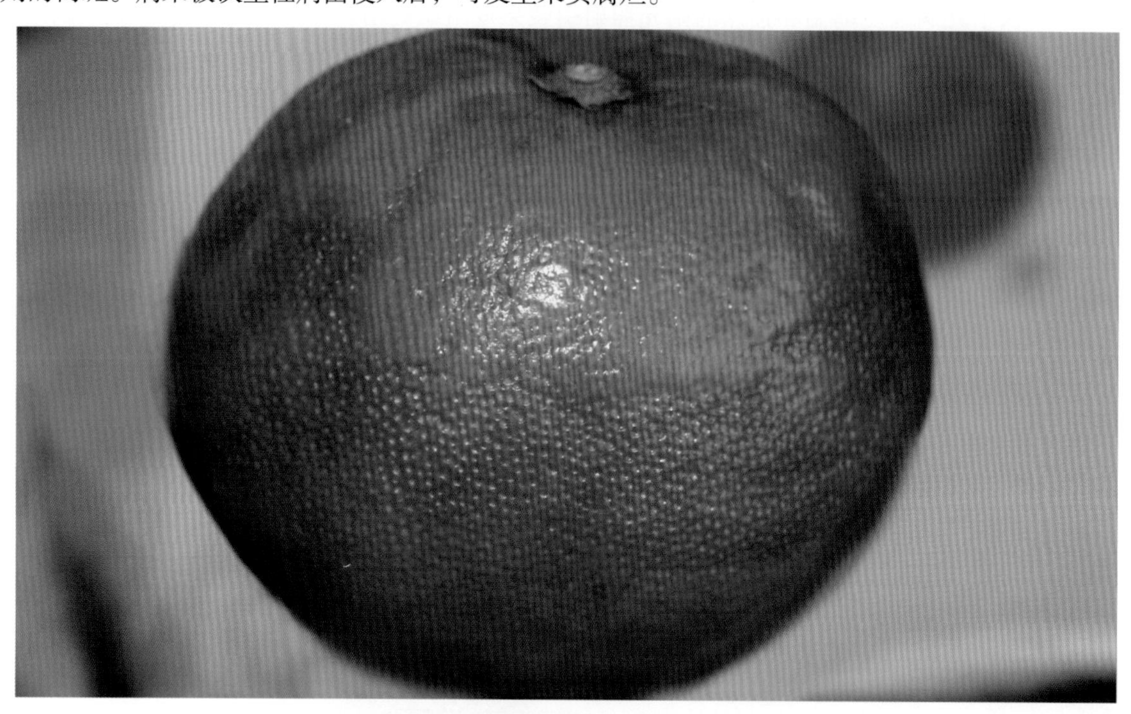

图15-64　柑橘果实干疤病为害果实症状

【病　　因】此病发生与柑橘品种有关。果皮细密光滑、柔软及蜡质层薄的甜橙类发病较严重；果皮较粗糙、蜡质层较厚的品种发病较轻。温度4～9℃时贮藏果发病重；1～3℃和10～12℃发病较轻。此外，果实迟采收、贮藏时二氧化碳浓度极微时此病发生多。

【防治方法】依据品种的成熟期，适当提早采收，以减少发病。

控制温度。采果后果实经保鲜处理后，在常温下“发汗”，在室温下贮藏1个月，再调控温湿度和适当提高二氧化碳浓度贮藏，可减少此病发生。

保鲜处理后进行薄膜袋单果包装，也可用保鲜纸包装保湿，或用水果保鲜剂浸果，能有效降低该病的发生。

3. 柑橘裂果病

【症　　状】首先在果实近顶部开裂，随后果皮纵裂开口，瓤瓣亦相应破裂，露出汁胞，有的横裂或不规则开裂，形似开裂的石榴，最后脱落(图15-65)。

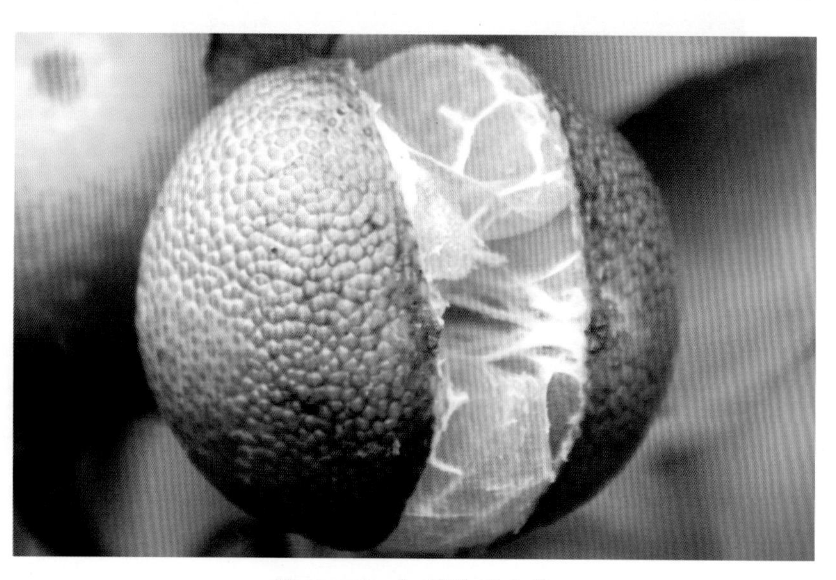

图15-65　柑橘裂果症状

【病　　因】裂果主要是由于土壤缺少水分和水分供应不均衡，久旱骤雨引起的。干旱时果皮软而收缩，雨后树体大量吸收水分，果肉增长快，而果皮的生长尚未完全恢复，增长速度比果肉慢，致使果皮受果肉汁胞迅速增大的压力影响而裂开。一般出现在9—10月，11月时有发生。

【防治方法】结合当地气候条件，选择裂果少或不裂果的品种种植。加强栽培管理，果园进行深耕改土，以施用有机肥为主，实行氮磷钾合理搭配的配方施肥和结合适量微肥，提高土壤肥力，创造密、广、深的根群，增强树体抗逆能力，减少裂果发生。

8月进行树冠地面覆盖杂草绿肥，减少土壤水分蒸发；提倡生草法栽培，改善和调节土壤含水量的稳定；壮果期均衡供应水分和养分，是防止裂果的重要措施。

4．柑橘缺氮

【症　　状】新梢纤细，叶片小而薄，淡绿色至黄白色，落花落果严重。严重缺氮，新梢叶片全部发黄(图15-66)，开花结果少或几乎不开花。植株下部老叶先发生不同程度黄化，最后全叶脱落。长期缺氮，树体矮小，枝枯，果小，果皮苍白光滑，常早熟，风味差。

图15-66　柑橘缺氮症状

【病　　因】土壤缺乏氮素，氮肥又施用不足；夏季降水量大，轻沙土壤保肥力差，致使土壤氮素大量流失；果园积水，土壤硝化作用不良，致使可给态氮减少，或根群受伤吸收能力降低；施钾素过量，酸性土壤一次施用石灰过多，影响了氮素的吸收；大量施用未腐熟的有机肥，土壤微生物在其分解过程中，消耗了土壤中原有的氮素，造成柑橘吸收氮素量减少而表现暂时性缺氮。

【防治方法】经常注意施用适量的氮肥。若在结果期间缺氮，应立即使用速效氮。沙质重的土壤应多施有机肥，改良土壤，促进根系强大，提高吸收能力。在采用青料压绿改土时，应在青绿料中施入石灰粉。搞好果园排灌系统，避免雨天积水。在瘦瘠土壤开垦新园，种植前应施好基肥，并坚持年年深翻改土，增施有机质肥料，可有效避免缺氮和其他缺素症。

5．柑橘缺硼

【症　　状】成叶和老叶从叶脉开始黄化，终至全叶暗淡黄化，无光泽，向后卷曲，叶肉较厚，主、侧脉木栓化，严重时开裂，叶肉有暗褐色斑点；缺硼伴随缺锰时，出现叶柄断裂。嫩梢顶芽呈水渍状枯萎，嫩叶发生不定形水渍状黄斑，扭曲畸形，有的在叶背主脉基部有水渍状黑点，易脱落。幼果果皮上发生乳白色微凸起小斑，严重时出现下陷黑斑，中果皮和果心充塞胶质，常引起幼果大量脱落(图15-67)。严重缺硼时，叶片大量早落，枝条枯死，有时整株干枯。

图15-67　柑橘缺硼症状

【病　　因】在酸性红壤土，因高温多雨的淋失造成普遍缺硼，而沙性土缺失更为严重。过多地施用氮、磷、钙肥，或土壤中含钙过多，均易引起缺硼。高温干旱季节和降雨过多，均会降低根系对硼素的吸收能力，特别是在多雨季节过后接着干旱，常会突然引起缺硼。

【防治方法】施用硼肥。将硼肥混入人粪尿中，在树冠下挖沟施入，盖上部分有机肥再覆上土。避免过多施用氮、磷、钙肥。特别是有机质含量低的土壤，更应注意不可过多施用氮、磷、钙肥。但是适当施用钙肥，降低土壤酸性对柑橘吸收硼有利。应当施用堆厩肥，或含硼较高的农家肥及绿肥。一般在清园期和谢花期各叶面喷施硼肥一次，可有效地防治缺硼症。

三、柑橘虫害

1．柑橘全爪螨

【分布为害】柑橘全爪螨(*Pananychus citri*)属蜱螨目叶螨科，是在我国柑橘产区普遍发生的最严重的害虫之一。在大部分柑橘产区均有分布，以云、贵、川和鄂西北、湘西日照较少的柑橘产区发生为害较为严重。成、若、幼螨以口针刺吸叶、果、嫩枝、果实的汁液。被害叶面出现灰白色失绿斑点，严重时在春末夏初常造成大量落叶、落花、落果(图15-68和图15-69)。

图15-68 柑橘全爪螨为害叶片初期症状

图15-69 柑橘全爪螨为害叶片后期症状

【形态特征】雌成螨体椭圆形，背面有瘤状凸起，深红色，背毛白色着生在毛瘤上(图15-70)。雄体略小鲜红色，后端狭长呈楔形。卵球形略扁，红色有光泽，后渐退色。幼螨体色较淡。若螨与成螨相似(图15-71)。

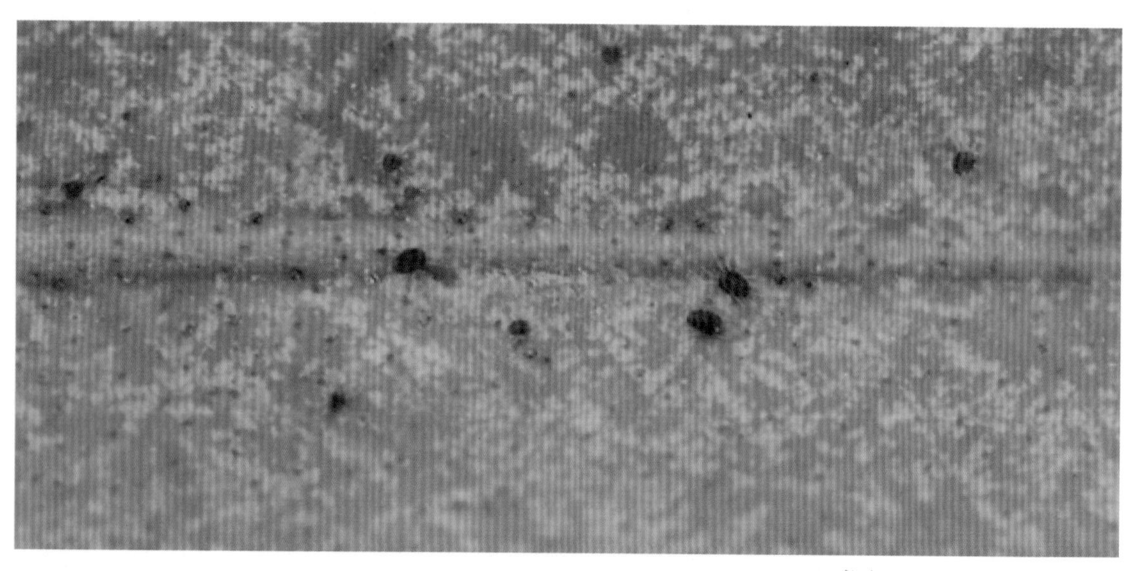

图15-70 柑橘全爪螨雌成螨

图15-71 柑橘全爪螨若螨

【发生规律】每年发生15~18代，世代重叠。以卵、成螨及若螨在枝条裂缝处或叶背越冬。早春3月上旬开始活动为害，4—5月嫩叶展开时达高峰，6—7月气温较高，虫口密度下降，9—11月气温下降，虫口又复上升，为害严重。一年中春秋两季发生严重。温度高，晴天多，湿度低，枝梢生长速度慢，有利于该螨的大发生和为害。修剪不合理，内膛的纤弱枝太多，枝叶量过度，大小年结果显著，生长势较弱，管理较差的果园，叶螨发生为害严重。

【防治方法】结合冬季修剪，剪除叶螨为害的僵叶，减少越冬虫源。适度修剪，增施有机肥，增强树势，合理间作，不与桃、梨、桑等混栽。

防治的关键时期有3个：①春梢抽生时，越冬卵孵化盛期；②柑橘开花后，温度、湿度都适宜生育繁殖，若螨、成螨混发期，必须重点防治；③11—12月，月均温均较低，可选择一些在温度低时仍能发挥药效的药剂，如机油乳剂、石硫合剂等。开花前有螨叶率65%，平均每叶有螨2头；花后有螨叶率85%，平均每叶5头；盛花期每叶或每果3～5头，且天敌数量少，不足控制红蜘蛛，应用药防治。

在柑橘春梢大量抽发期，越冬卵孵化盛期(图15–72)，可用下列药剂：

图15–72 柑橘全爪螨为害新梢症状

5%唑螨酯悬浮剂1 000～2 000倍液；

110g/L乙螨唑悬浮剂5 000～7 500倍液；

500g/L溴螨酯乳油800～1 600倍液；

20%四螨嗪悬浮剂1 000～2 000倍液；

20%双甲脒乳油1 000～1 500倍液；

25%三唑锡可湿性粉剂1 000～2 000倍液；

73%炔螨特乳油2 000～3 000倍液；

5%噻螨酮乳油1 600～2 500倍液；

21%氰戊菊酯·马拉硫磷乳油3 000～4 000倍液；

30%甲氰菊酯·毒死蜱乳油1 500～2 000倍液；

7.5%甲氰菊酯·噻螨酮乳油750～1 000倍液；

24%螺螨酯悬浮剂4 000～6 000倍液；

27%联苯菊酯·哒螨灵乳油800～1 000倍液；

25%甲氰菊酯·三唑锡悬浮剂2 000～3 000倍液；

10%甲氰菊酯·哒螨灵乳油1 000～1 500倍液，均匀喷雾。

柑橘开花后，若螨、成螨混发期，可用下列药剂：

10%阿维菌素·苯丁锡乳油1 000～2 000倍液；

10.5%阿维菌素·哒螨灵微乳剂1 000～2 000倍液；

10%四螨嗪·哒螨灵悬浮剂1 500～2 500倍液；

13%唑螨酯·炔螨特水乳剂1 000～1 500倍液；
10%四螨嗪·三唑锡悬浮剂1 000～1 500倍液；
36%噻螨酮·炔螨特乳油1 500～2 000倍液；
20%噻嗪酮·哒螨灵乳油800～1 000倍液；
73%哒螨灵·矿物油乳油2 000～3 000倍液；
15.5%甲维盐·哒螨灵乳油1 500～2 000倍液；
20%氟铃脲·炔螨特微乳剂1 000～1 500倍液；
16%哒螨灵·三唑锡可湿性粉剂1 000～1 500倍液；
34%哒螨灵·矿物油乳油2 000～3 000倍液；
20%哒螨灵·单甲脒悬浮剂1 200～1 800倍液；
73%柴油·炔螨特乳油1 000～2 000倍液；
10%苯丁锡·哒螨灵乳油1 500～2 000倍液；
21%苯丁锡·丙溴磷乳油840～1 050倍液；
1.8%阿维菌素乳油2 000～4 000倍液；
12.15%阿维菌素·三唑锡可湿性粉剂1 500～2 000倍液；
5.1%阿维菌素·四螨嗪可湿性粉剂1 000～1 500倍液；
11.2%阿维菌素·三唑磷乳油1 000～1 500倍液；
5%噻螨酮·阿维菌素乳油1 000～2 000倍液；
40%阿维菌素·炔螨特乳油1 000～2 000倍液；
3.5%阿维菌素·氟虫脲乳油700～1 500倍液，均匀喷雾，药剂要交替使用，以免产生抗药性。

11—12月，可喷施95%机油乳剂100～200倍液、29%石硫合剂1波美度减少越冬卵、若螨、成螨。

2．柑橘木虱

【分布为害】柑橘木虱(*Diaphorina citri*)，属同翅目木虱科。分布在广东、广西、福建、云南、四川、贵州、湖南、江西和浙江等省(区)。局部地方对柑橘能造成毁灭性灾害。成虫、若虫刺吸芽、幼叶、嫩梢及叶片汁液，被害嫩梢幼芽干枯萎缩，新叶黄化扭曲畸形(图15-73)。若虫排出的白色分泌物落在枝叶上，能引起煤污病，影响光合作用。柑橘木虱是作为柑橘黄龙病的主要传播媒介，需要重点防治。

图15-73　柑橘木虱受害叶片症状

【形态特征】成虫体青灰色，具褐色斑纹，被有白粉(图15-74)；头部灰褐色，前端尖，前方的两个颊锥凸出；前翅狭长，半透明，散布褐色斑纹；翅缘色较深，后翅无色透明。雌螨产卵期呈橘红色，腹部纺锤形。卵近圆形，初产时乳白色，后为橙黄色，孵化前为橘红色(图15-75)。若虫扁椭圆形背面稍隆起，体黄色，共5龄(图15-76)。

图15-74 柑橘木虱成虫

图15-75 柑橘木虱卵

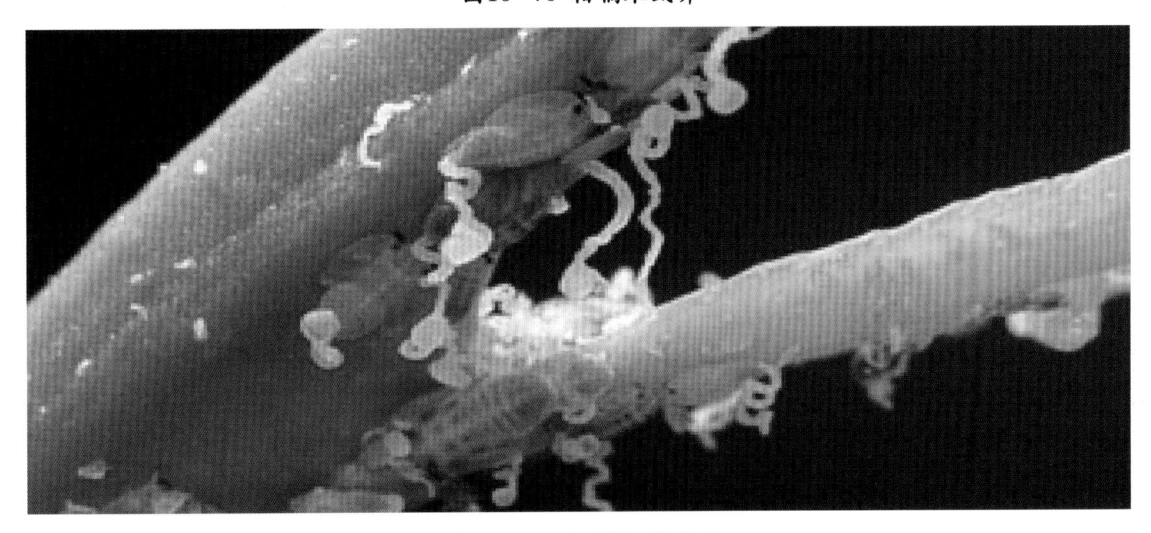

图15-76 柑橘木虱若虫

【发生规律】浙江南部一年发生6~7代，以成虫在叶背越冬；台湾、福建、广东、四川发生8~14代，世代重叠，全年可见各虫态。翌年3-4月开始活动为害，并在新梢嫩芽上产卵繁殖，以后各次抽梢均可受害。每年可出现3次高峰：第一次在3月中旬至4月上中旬，春梢发芽，成虫开始大量产卵繁殖；第二次在5月下旬至6月下旬，第1代成虫在夏梢的嫩芽、嫩梢上产卵；第三次在7月底至9月，第6~7代主要发生在生长势较强的幼年树或整株橘树秋季大枝重截后旺发晚秋的成年树上。以秋梢期为害最重，秋芽常枯死。

【防治方法】橘园种植防护林，增加荫蔽度可减少发生。加强栽培管理，使新梢抽发整齐，并摘除零星枝梢，以减少木虱产卵繁殖场所。砍除失去结果能力的衰弱树，减少虫源。

根据柑橘木虱各代若虫的发生期与春、夏、秋“三梢”抽发期密切相关的特点，在防治技术上要重点抓住“三梢”抽发期这一防治适期，一般宜掌握新梢萌芽至芽长5cm时开展第1次防治。若虫口基数较高，且抽梢不整齐造成抽梢较长时，还需防治2~3次，间隔7~10天。一般情况下，春梢防治1次，夏梢1~2次，秋梢2~3次，全年防治4次以上，可基本控制柑橘木虱的为害。

可喷洒下列药剂：

20%双甲脒乳油800~1 600倍液；

10%吡虫啉可湿性粉剂1 500~2 000倍液；

5%丁烯氟虫腈悬浮剂1 500~2 000倍液；

25%噻虫嗪水分散粒剂3 000~5 000倍液；

20%啶虫脒可溶性液剂3 000~5 000倍液；

1.8%阿维菌素乳油2 500~3 000倍液；

25%噻嗪酮可湿性粉剂1 000~2 000倍液；

50%丁醚脲可湿性粉剂1 500~2 000倍液；

20%甲氰菊酯乳油1 000~3 000倍液；

80亿孢子/ml金龟子绿僵菌CQMa421可分散油悬浮剂1 000~2 000倍液；

21%噻虫嗪悬浮剂3 360~4 200倍液；

100g/L吡丙醚乳油1 000~1 500倍液；

2.5%高效氟氯氰菊酯水乳剂1 500~2 500倍液；

25%喹硫磷乳油1 500~2 500倍液；

22.4%螺虫乙酯悬浮剂4 000~5 000倍液；

25g/L联苯菊酯乳油800~1 200倍液；

10%高氯·吡丙醚微乳剂1 500~2 500倍液；

26%联苯·螺虫脂悬浮剂5 000~6 000倍液；

30%螺虫·吡丙醚悬浮剂3 000~5 000倍液；

40%啶虫·毒死蜱微乳剂2 667~3 200倍液；

35%螺虫·噻嗪酮悬浮剂2 000~3 000倍液；

25%吡丙·噻嗪酮悬浮剂1 500~2 500倍液

20%阿维·螺虫脂悬浮剂3 500~4 500倍液；

34%啶虫·毒死蜱乳油1 500~2 500倍液；

51.5%高氯·毒死蜱乳油1 000~2 000倍液；

522.5g/L氯氰·毒死蜱乳油1 000~1 500倍液。必要时加入等量消抗液，可提高防效。

3. 橘蚜

【分布为害】橘蚜(*Toxoptera citricidus*)，属同翅目蚜科。在各柑橘栽培区均有发生。成虫和若虫群集在柑橘嫩梢、嫩叶、花蕾和花上取食汁液，使新叶卷缩、畸形幼果和花蕾脱落，并分泌大量蜜露，诱发煤污病，枝叶发黑(图15-77和图15-78)。

图15-77 橘蚜为害新梢症状

图15-78 橘蚜为害果实症状

【形态特征】成虫：无翅胎生雌蚜，漆黑色有光泽(图15-79)，触角丝状，腹管长管状。有翅胎生雌蚜与无翅胎生雌蚜相似，体深褐色；翅白色透明，翅脉色深，翅痣淡黄褐色，前翅中脉分3叉。卵椭圆形，初产时淡黄色，后为黄褐色，最后变为漆黑无光泽。若虫与无翅胎生雌蚜相似，体褐色，有翅若蚜3龄出现翅芽。

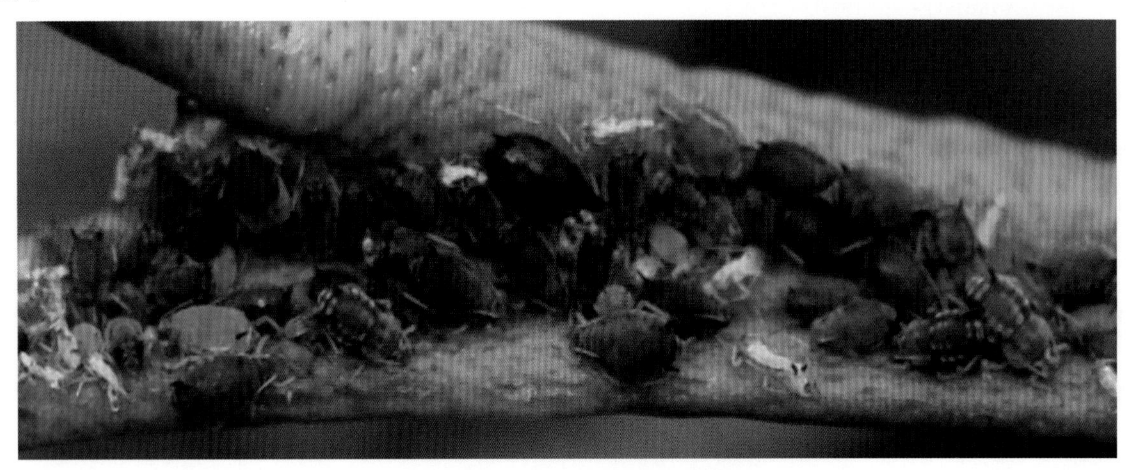

图15-79 橘蚜无翅胎生雌蚜

【发生规律】每年发生10～20代，以老龄若虫或无翅胎生雌蚜在树上越冬，有的以卵在叶背越冬。翌年3月下旬至4月上旬越冬卵孵化为无翅若蚜为害春梢嫩枝、叶，春梢成熟前达到高峰。8—9月为害秋梢嫩芽、嫩枝，影响次年产量，以春末夏初和秋初繁殖最快，为害最重。至晚秋产生有性蚜交配，11月下旬至12月产卵越冬。

【防治方法】冬夏剪除被害及有虫、卵的枝梢，并刮杀枝干上的越冬蚜卵。夏秋梢抽发时，结合摘心和抹芽，去除零星新梢，打断其食物链，减少虫源。

田间新梢有蚜率达25%左右时喷药防治，可用下列药剂：

10%吡虫啉可湿性粉剂3 000倍液；

37%高氯・马乳油2 500～4 000倍液；

45%马拉硫磷乳油1 500～2 000倍液；

7.5%高氯・啶虫脒微乳剂500～1 500倍液；

10%烯啶虫胺水剂4 000～5 000倍液；

30%啶虫・毒死蜱水乳剂1 000～1 500倍液；

17.5%哒螨灵・吡虫啉可湿性粉剂1 500～1 800倍液；

25%吡蚜酮可湿性粉剂2 000～3 000倍液；

20%吡虫啉・三唑锡可湿性粉剂1 000～2 000倍液；

25%噻虫嗪水分散粒剂8 000～12 000倍液；

25g/L溴氰菊酯乳油1 500～2 000倍液；

20%甲氰菊酯乳油2 000～3 000倍液；

2.5%高效氯氟氰菊酯水乳剂3 000～4 000倍液；

95%矿物油乳油100～200倍液；

1.5%苦参碱水溶液3 000～4 000倍液；

20%啶虫脒可湿性粉剂16 000～20 000倍液。

4．柑橘矢尖蚧

【分布为害】矢尖蚧(*Unaspis yanonensis*)，属同翅目盾蚧科。国内分布在辽宁、北京、山西、陕西、甘肃、青海、四川、云南等地，但黄河以北，冬季只能在温室中存活；四川、贵州、浙江、福建北部一带橘园，密度较大。若虫和雌成虫刺吸枝干、叶和果实的汁液，被害处四周变成黄绿色，严重者叶片干枯卷缩(图15-80)，枝条枯死，果实不易着色，果小味酸。

图15-80　柑橘矢尖蚧为害叶片症状

【形态特征】 雌成虫介壳棕褐至黑褐色(图15-81)，边缘灰白色，介壳质地较硬、略弯曲，形似箭头。雄蚧壳狭长，粉白色绵絮状，淡黄色。雄成虫深红色，具发达的前翅(图15-82)。卵椭圆形，橙黄色。1龄若虫草鞋形橙黄色，触角和足发达；2龄扁椭圆形，淡黄色，触角和足均消失。蛹长形，橙黄色。

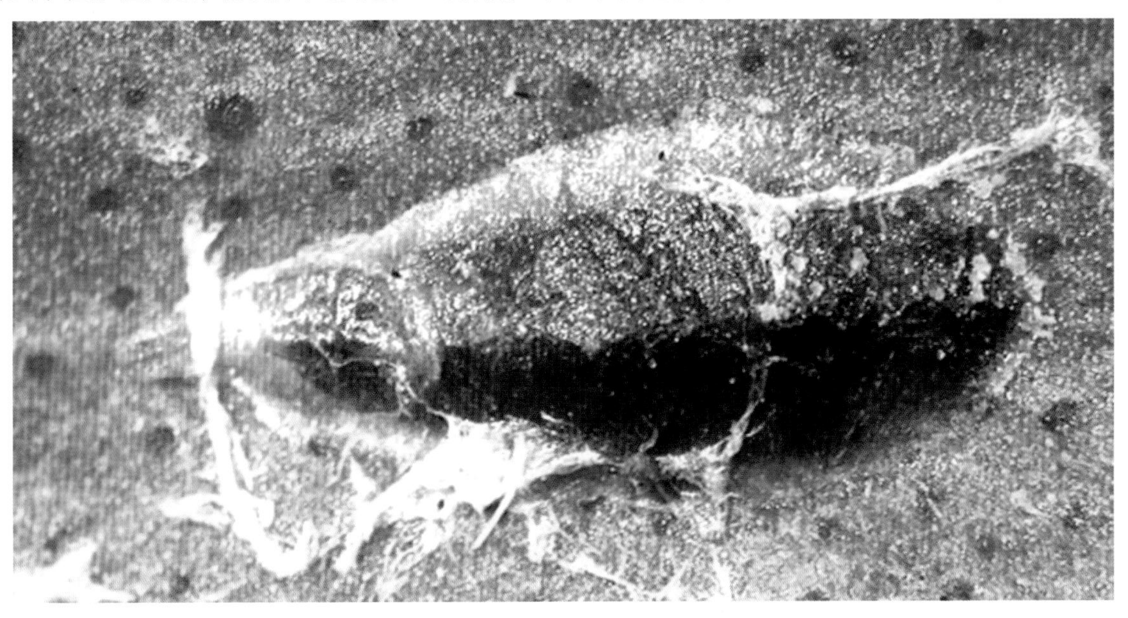

图15-81　柑橘矢尖蚧雌蚧壳

图15-82　柑橘矢尖蚧雄虫群聚状

【发生规律】每年可发生2～3代，以受精雌虫越冬为主，少数以若虫及蛹越冬。第1代幼蚧5月上旬初见，孵化高峰期为5月中旬，第2代幼蚧盛发高峰期在7月下旬，第3代幼蚧盛发高峰期在9月中旬。初孵若虫行动活泼，经1～2小时后，即定居在寄主上吸食。次日体上开始分泌绵絮状蜡质。虫体居于蜕皮壳下继续成长，经蜕皮变为雌成虫。雄若虫1龄之后即分泌绵絮状蜡质介壳，常群集成片。在橘园中是中心分布，常由一处或多处生长旺盛且荫蔽的柑橘树上开始发生。然后向周围扩散蔓延至整个橘园，山坡呈现出中心点至片的延伸，一般大面积成灾的情况较少；树完全封闭的虫口密度大，受害重；树势弱且管理差的受害也重。

【防治方法】加强综合管理，使通风透光良好，增强树势提高抗病虫能力。剪除蚧虫严重枝，放空地上待天敌飞出后再行烧毁。亦可刷除枝干上密集的蚧虫。

抓住卵孵盛期适期防治幼蚧，尤其是第1代卵孵化较整齐，是全年防治最佳时期。可用下列药剂：

30%噻嗪酮·毒死蜱乳油1 500～2 500倍液；

22.5%啶虫脒·二嗪磷乳油1 000～1 500倍液；

10%吡丙醚乳油1 000～1 500倍液；

40%机油·毒死蜱乳油800～1 250倍液；

30%吡虫啉·噻嗪酮悬浮剂2 000～3 000倍液；

25%噻嗪酮悬浮剂1 000～2 000倍液；

20%啶虫脒·毒死蜱乳油800～1 000倍液；

6%阿维菌素·啶虫脒水乳剂1 000～2 000倍液；

25%噻虫嗪水分散粒剂4 000～5 000倍液；

52.25%氯氰菊酯·毒死蜱乳油800～1 000倍液；

0.5%烟碱·苦参碱500～1 000倍液；

20%噻嗪酮·哒螨灵乳油800～1 000倍液；

20%噻嗪酮·杀扑磷乳油800～1 000倍液；

70%吡虫啉水分散粒剂30 000～40 000倍液；

48%毒死蜱乳油1 000～1 500倍液，均匀喷雾，间隔10～15天喷洒1次，连喷2～3次。化学农药和矿物油乳油混用效果更好，对已分泌蜡粉或蜡壳者亦有防效。

5．褐圆蚧

【分布为害】褐圆蚧（*Chrysomphalus aonidum*），属同翅目盾蚧科。在我国各柑橘产区都有发生，尤以华南和闽南产区发生普遍而严重。可为害叶片、枝梢和果实。受害叶片褪绿，出现淡黄色斑点；果实受害后表面不平，斑点累累，品质低下(图15-83)；为害严重时导致树势衰弱，大量落叶落果，新梢枯萎，甚至造成树体死亡。

【形态特征】雌成虫介壳为圆形，呈紫褐色(图15-84)，边缘为淡褐色或灰白色，由中部向上渐宽，高高隆起，壳点在中央，呈脐状；雌成虫体呈倒卵形，为淡黄色。雄成虫介壳椭圆形或卵形，色泽与雌成虫介壳相似；雄成虫体呈淡橙黄色，足、触角、交尾器及胸部背面均为褐色，有翅1对，透明。卵呈长圆形，淡橙黄色。若虫呈卵形，淡橙黄色，共二龄。

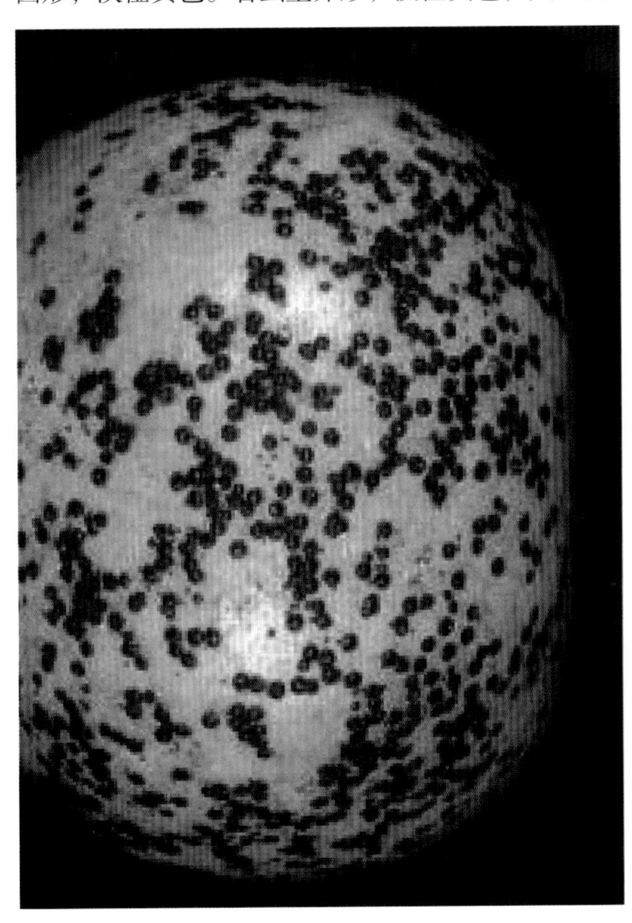

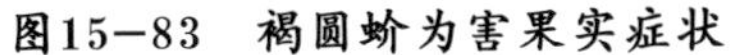

图15-83 褐圆蚧为害果实症状

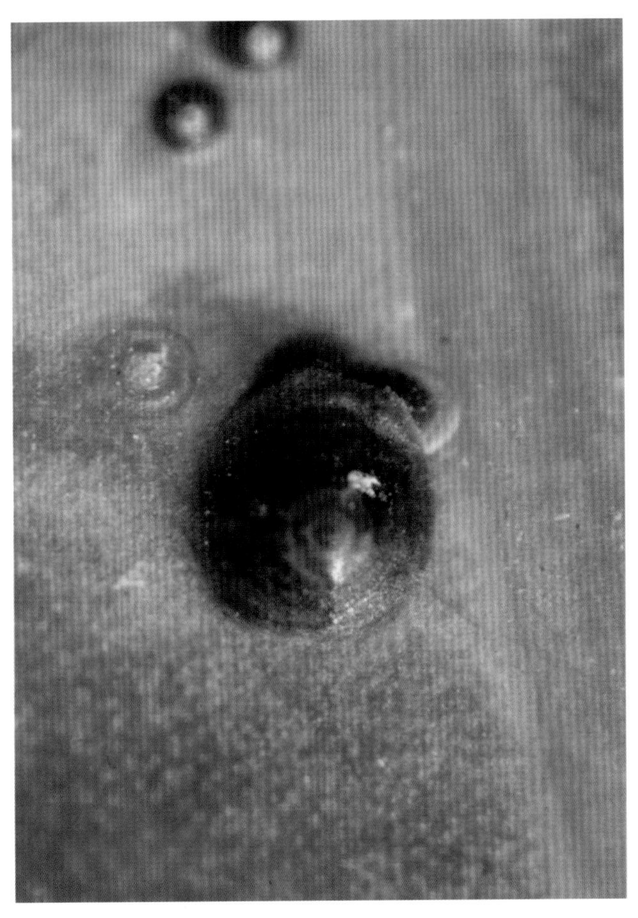

图15-84 褐圆蚧雌成虫介壳

【发生规律】一年发生3~6代，后期世代重叠严重，主要以若虫越冬。卵产于介壳下母体的后方，经数小时至2~3天后孵化为若虫。初孵若虫活动力强，转移到新梢、嫩叶或果实上取食。经1~2天后固定，并以口针刺入组织为害。雌虫若虫期蜕皮2次后变为雌成虫；雄虫若虫期共2龄，经前蛹和蛹变为成虫。各代1龄若虫的始盛期为5月中旬、7月中旬、9月下旬及11月下旬，以第2代的种群增长最大。若虫孵化后从介壳边缘爬出，在叶面爬行，经数小时即固定。在孵化后至固定为害前，这一阶段称为游荡若虫。游荡若虫生活力较强，在没有食料时，也可存活6~13天，活动最适温度是26~28℃。游荡若虫喜在叶及成熟的果实上定居为害。

【防治方法】合理修剪，剪除虫枝。使用选择性农药，注意保护和利用天敌。

防治指标为5-6月10%的叶片(或果实)有虫；7—9月10%的果实发现有若虫2头/果。可用药剂参考矢尖蚧。

6. 红圆蚧

【分布为害】红圆蚧(*Aonidiella aurantii*)，属同翅目盾蚧科。分布广泛，在部分地区已成为柑橘的主要害虫。成虫和若虫在寄主的枝干、叶片和果实上吸取汁液(图15-85)，影响植株的树势、产量和品质，严重时造成落叶、落果、枯枝。

【形态特征】雌成虫介壳近圆形，呈橙红色；有壳点2个，呈橘红色或橙红色，不透明(图15-86)；雌成虫呈肾形，呈淡橙黄色。雄虫介壳椭圆形，有壳点1个，圆形，呈橘红色或黄褐色；雄成虫体呈橙黄色，眼呈紫色，有足3对，尾部有一针状交尾器。卵椭圆形，呈淡黄色至橙黄色。若虫初孵时为黄色，椭圆形，有触角及足。2龄若虫足和触角均消失，体渐圆，近杏仁形，呈橘黄色。后变为肾形，叶橙红色。

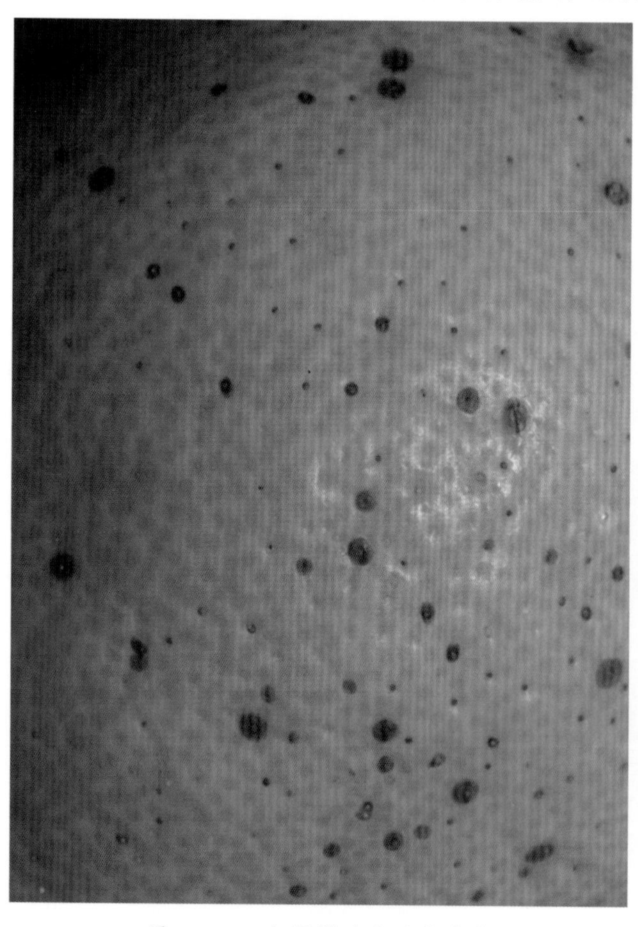

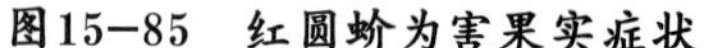

图15-85 红圆蚧为害果实症状

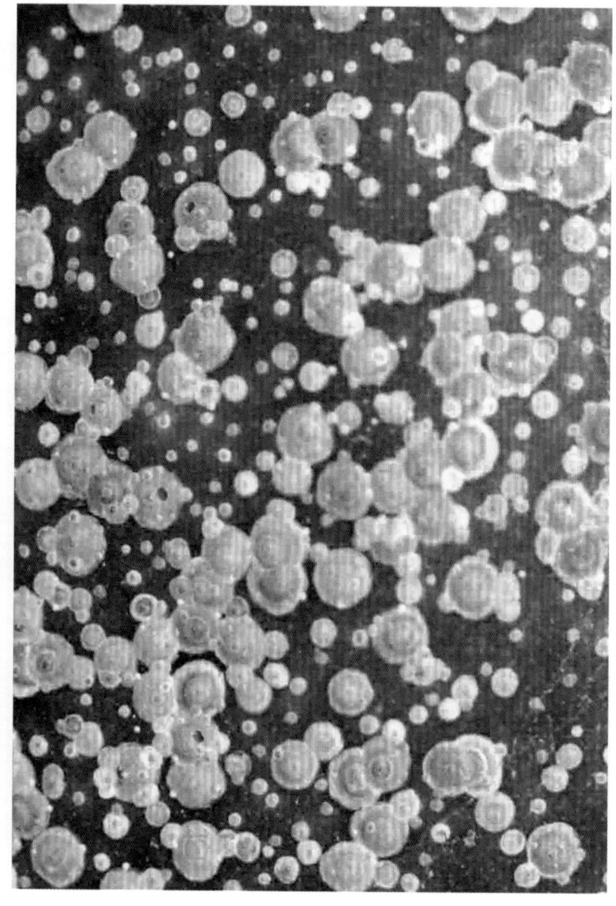

图15-86 红圆蚧雌成虫介壳

【发生规律】一年发生3～4代，世代重叠明显，以受精雌成虫和若虫在枝叶上越冬。6月上中旬胎生第1代若虫，至8月中旬变为成虫；9月上旬胎生第2代若虫，至10月中旬变为成虫。初孵若虫在母体下停留一段时间后，开始固定，雌虫喜欢固定在叶片的背面，雄虫则以叶片正面较多。若虫固定后1～2小时即开始分泌蜡质，形成介壳。

【防治方法】可参考矢尖蚧。

7．潜叶蛾

【分布为害】潜叶蛾(*Phyllocnistis citrella*)，属鳞翅目潜蛾科。分布在江苏、台湾、海南、广东、广西、云南、四川。在各发生地区，密度相当高，除直接为害外，还可传播溃疡病菌。幼虫为害新梢嫩叶，潜入表皮下取食叶肉，形成弯曲隧道，内留有虫粪(图15-87)。被害叶卷缩、硬化，易脱落。也可为害新梢和果实，症状同叶片(图15-88至图15-90)。

图15-87 潜叶蛾为害柑橘叶片症状

图15-88 潜叶蛾为害柑橘新梢症状

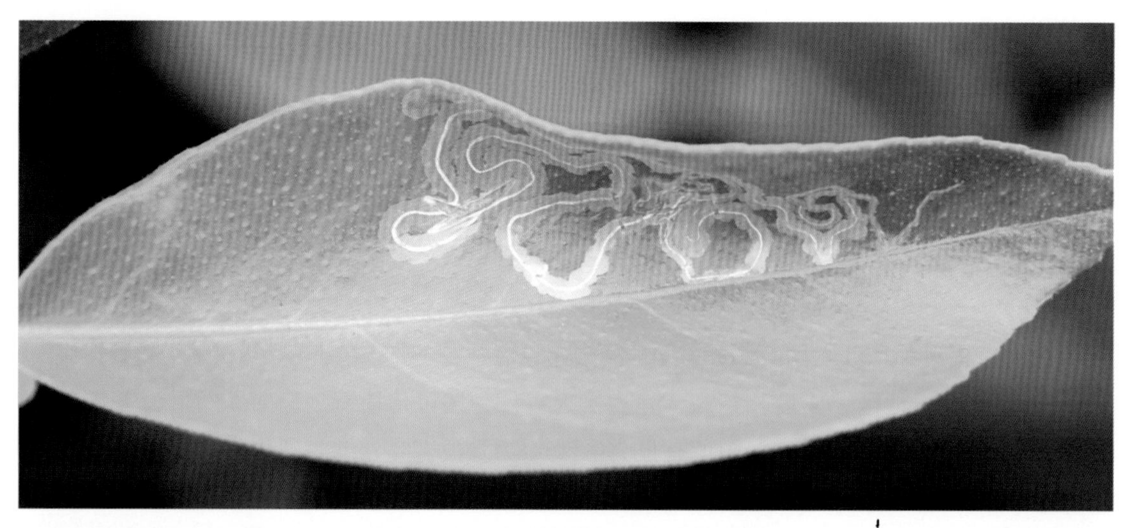

图15-89　潜叶蛾为害柚子叶片症状

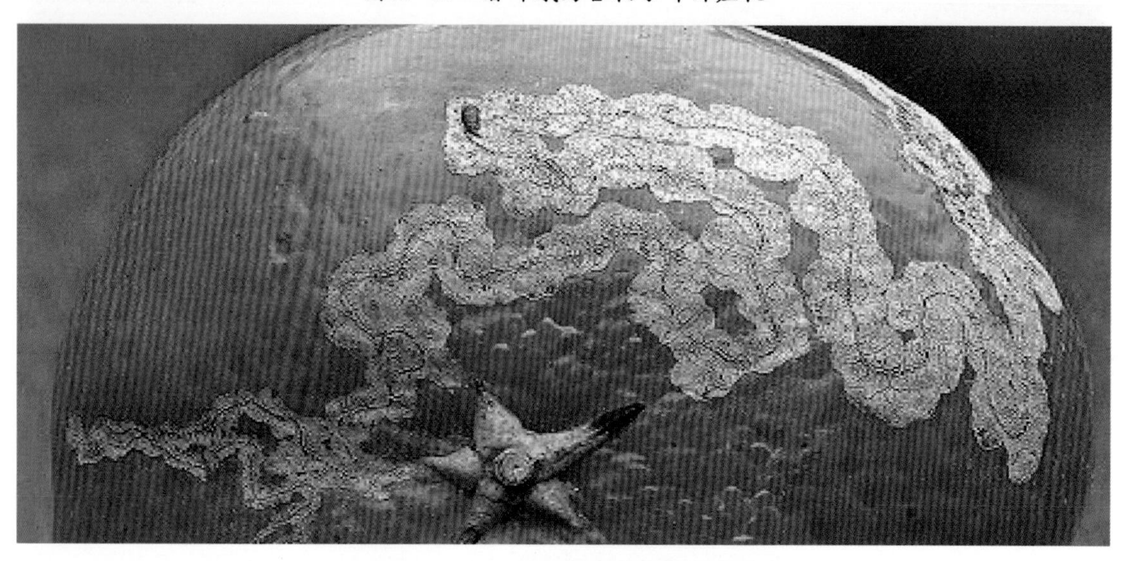

图15-90　潜叶蛾为害柑橘果实症状

【形态特征】成虫银白色，触角丝状，前翅披针形，中部有黑褐色“Y”形斜纹，后翅针叶状(图15-91)。卵椭圆形，白色透明。幼虫体扁平黄绿色，头三角形，老熟幼虫体扁平，纺锤形(图15-92)。蛹纺锤形，初为淡黄色，后变为深黄褐色(图15-93)。茧黄褐色，很薄。

图15-91　潜叶蛾成虫

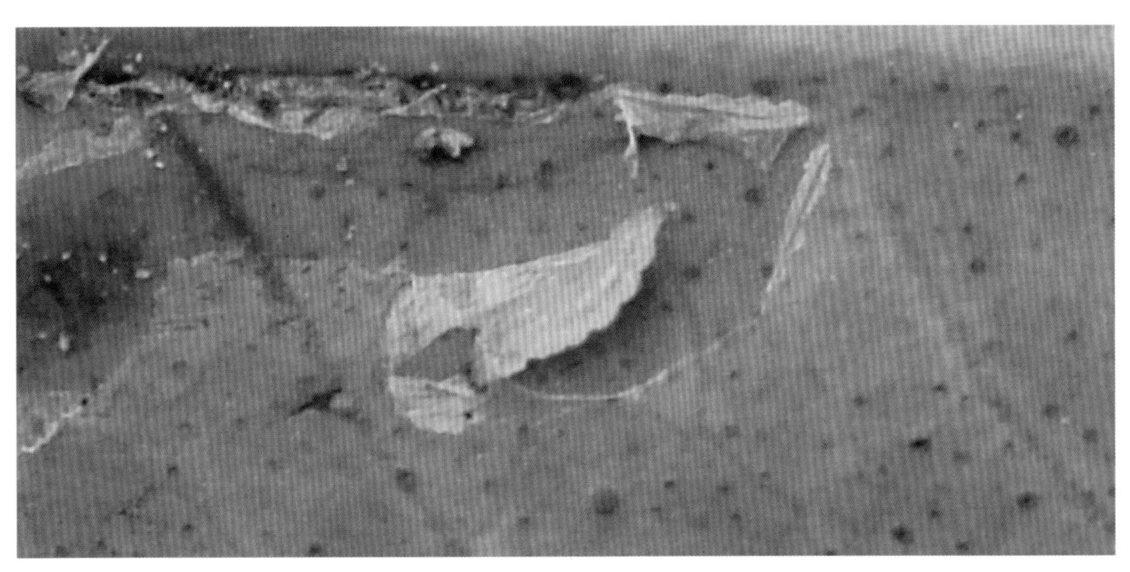

图15-92 潜叶蛾幼虫

图15-93 潜叶蛾蛹

【发生规律】浙江每年发生9～10代，广东、广西15～16代，世代重叠，多以幼虫和蛹越冬。成虫和卵盛发后的10天左右，便是幼虫盛发期。在南亚热带橘区，2月初孵幼虫为害春梢嫩叶；每年抽梢5～6次，幼虫有4～5个高峰期；在中、北热带橘区，3—4月开始活动，4月下旬至5月上旬幼虫为害柑橘嫩梢。成虫多于清晨羽化，羽化后即行交尾。成虫白天潜伏于叶背等处，晚间产卵。幼虫孵出后即潜入嫩叶、嫩梢表皮下取食为害。老熟后即停止取食，在叶片边缘卷曲处化蛹。

【防治方法】冬季剪除在枝梢上越冬的幼虫和蛹，春季和初夏早期摘除零星发生为害的幼虫和蛹。及时抹芽控梢，摘除过早或过晚的新梢，通过水、肥管理使夏、秋梢抽发整齐健壮。

一般在新梢萌发不超过3mm或新叶受害率达5%左右开始喷药，重点应在成虫期及低龄幼虫期进行。可用下列药剂：

10%吡虫啉可湿性粉剂2 000倍液；

20%氰戊菊酯乳油2 000～2 500倍液；

52.25%氯氰菊酯·毒死蜱乳油1 000～1 250倍液；

1.8%阿维菌素乳油4 000 ~ 5 000倍液；

5%虱螨脲乳油1 500 ~ 2 500倍液；

5%氟啶脲乳油2 000 ~ 3 000倍液；

6.3%阿维菌素·高效氯氰菊酯可湿性粉剂3 000 ~ 5 000倍液；

5%氟虫脲可分散液剂750 ~ 1 250倍液；

40%杀铃脲悬浮剂5 000 ~ 7 000倍液；

30%乙酰甲胺磷乳油1 000 ~ 1 500倍液；

4.5%高效氯氰菊酯乳油2 250 ~ 3 000倍液；

3%啶虫脒乳油1 000 ~ 2 000倍液；

2.5%溴氰菊酯乳油1 500 ~ 2 500倍液；

2.5%联苯菊酯乳油2 500 ~ 3 000倍液；

25%除虫脲可湿性粉剂2 000 ~ 1 000倍液；

20%氰戊菊酯·氧乐果乳油1 500 ~ 3 000倍液；

20.5%阿维菌素·除虫脲悬浮剂2 000 ~ 4 000倍液；

20%甲氰菊酯乳油1 500 ~ 2 000倍液，均匀喷雾，间隔5 ~ 10天喷1次，连喷2 ~ 3次，重点喷洒树冠外围和嫩芽嫩梢。

8．拟小黄卷叶蛾

【为害特点】拟小黄卷叶蛾(*Adoxophyes cyrtosema*)，属鳞翅目卷蛾科。以幼虫为害新梢、嫩叶、花和幼果，吃成千疮百孔(图15–94)，引起幼果大量脱落，成熟果腐烂。

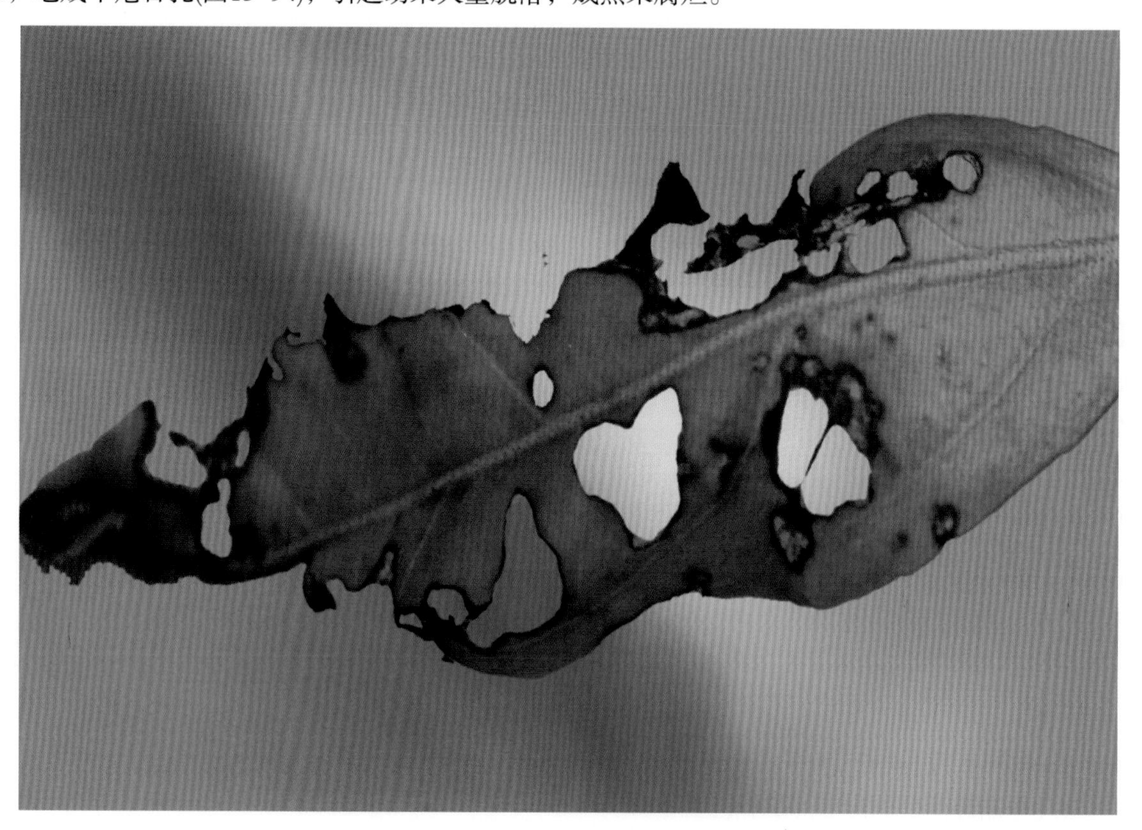

图15–94　拟小黄卷叶蛾为害叶片症状

【形态特征】成虫体黄色，前翅色纹多变。雄虫前翅黄色，具前缘褶；前翅自前缘近基角1/4处有一细而不明显伸至内缘1/3处的褐色斜纹，近前缘1/3处有一较宽伸达内缘中部的黑褐色斜纹，前缘2/3处有一直达臀角斜纹，翅顶内侧有1个浓黑的三角形斑块，后翅淡黄色。卵椭圆形，常排列成鱼鳞状块，初淡黄渐变深黄，孵化前黑色。一龄幼虫头部为黑色，其余各龄幼虫均为黄色，体黄绿色。蛹纺锤形，初化蛹时青绿色，但腹部呈淡褐色，半天后渐呈深黄褐色；胸部背面蜕裂线明显。

【发生规律】在广州地区每年发生8~9代，福州7代，世代重叠，以幼虫在叶苞及卷叶内越冬，少数以蛹或成虫越冬。越冬幼虫于3月上旬化蛹，3月中旬羽化产卵，初孵幼虫3月下旬至4月上旬盛发，4—5月幼虫大量为害花和幼果，引致大量落果；6—8月幼虫主害嫩叶；9—11月为害成熟果，引起采果前大量腐烂和脱落。成虫昼伏夜出，有趋光、趋化性。幼虫较活泼，受惊扰常吐丝下垂，有转移习性。

【防治方法】冬季剪除虫枝，清除枯枝落叶和杂草，集中处理，减少虫源。摘除卵块和虫果及卷叶团。

谢花期及幼果期喷药防治幼虫，可用下列药剂：

80%敌敌畏乳油800~1 000倍液；

50%杀螟硫磷乳油800~1 000倍液；

90%晶体敌百虫800~900倍液；

20%氰戊菊酯乳油1 000~2 000倍液；

2.5%氯氟氰菊酯乳油2 000~3 000倍液，如混入0.3%茶枯或0.2%中性洗衣粉可提高防效。

9．柑橘小实蝇

【分布为害】柑橘小实蝇(*Bactrocera dorsalis*)，属双翅目实蝇科。分布在福建、广东、湖北、四川、台湾、海南、广西、云南。成虫产卵于果实内，幼虫于果内蛀食，常造成果实未熟先黄腐烂或脱落。

【形态特征】成虫全体黄色与黑色相间，胸部背面大部分黑色，但黄色的“U”字形斑纹十分明显，翅透明，翅脉黄褐色，前缘中部至翅端有灰褐色带状斑(图15-95)。卵梭形，乳白色。幼虫体蛆形黄白色。蛹椭圆形，淡黄色(图15-96)。

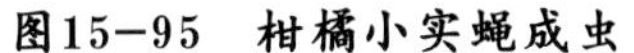

图15-95 柑橘小实蝇成虫

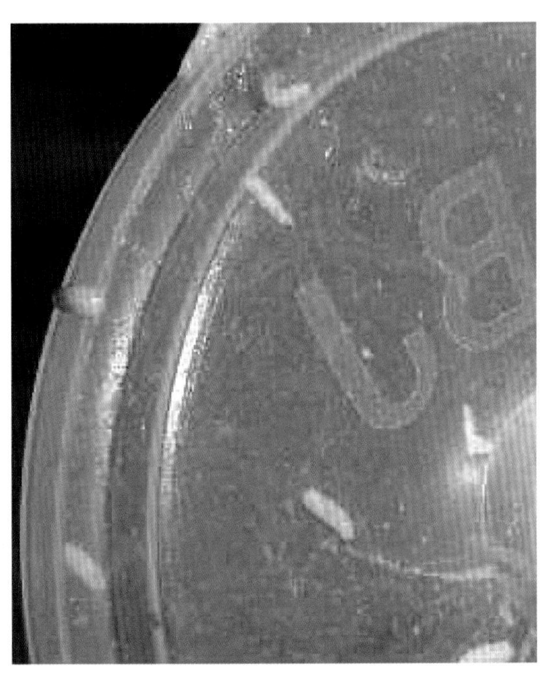

图15-96 柑橘小实蝇幼虫及蛹

【发生规律】每年发生3~8代，无严格的越冬过程，生活史不整齐，各虫态常同时存在。成虫上午羽化，8:00前后最盛。全年5—9月虫口密度最高。

【防治方法】羽化前深翻使之不能羽化出土。

成虫羽化期地面喷撒1.5%辛硫磷粉剂4~5kg/亩，杀灭羽化的成虫。

成虫产卵前，喷洒下列药剂：

90%敌百虫晶体800~1 000倍液；

80%敌敌畏乳油1 000~1 500倍液；

25%亚胺硫磷乳油500~800倍液；

20%氰戊菊酯乳油1 000~2 000倍液；

20%甲氰菊酯乳油2 000~2 500倍液，加3%~5%的糖以诱集毒杀成虫。间隔4~5天喷1次，连续喷2~3次效果很好。

10．柑橘大实蝇

【分布为害】柑橘大实蝇(*Bactrocera minax*)，属双翅目实蝇科。分布于我国四川、贵州、湖南、广西、云南、台湾、江苏。以幼虫为害果瓤，造成果实腐烂和落果(图15–97)。

图15–97　柑橘大食蝇为害果实症状

【形态特征】成虫体黄褐色(图15–98)，复眼金绿色，中胸背板正中有“人”字形深茶褐色斑纹，两侧各具1条较宽的同色纵纹，腹部5节长卵形，基部较狭，腹背中央纵贯1条黑纵纹，第3腹节前缘有1条黑横带，同纵纹交成“十”字形于腹背中央，翅透明，前缘中央和翅端有棕色斑。卵长椭圆形，一端稍尖，微弯曲，乳白色两端稍透明。幼虫体蛆形乳白色(图15–99)，胸部11节，口钩黑色常缩入体内。蛹椭圆形，黄褐色。

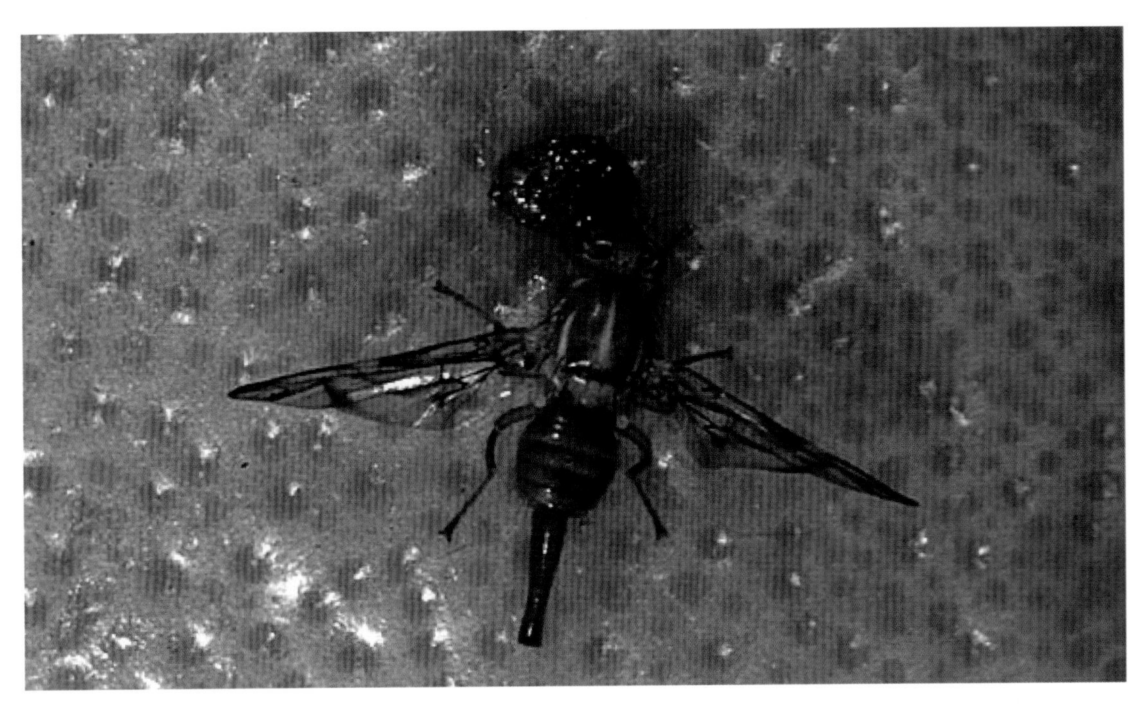

图15-98 柑橘大实蝇成虫

图15-99 柑橘大实蝇幼虫

【发生规律】一年发生1代，以蛹在3～7cm土层中越冬，翌年4—5月羽化，6—7月交配、产卵，卵产在果皮下，幼虫共3龄，均在果内为害。老熟幼虫于10月下旬，随被害果落地或事先爬出入土化蛹。雨后初晴利于羽化，一般在上午羽化出土，出土后在土面爬行一会，就开始飞翔。新羽化成虫一周内不取食，经20多天性成熟，在晴天交配，下午至傍晚活跃，把卵产在果顶或赤道面之间，产卵处呈乳状凸起。

【防治方法】参考柑橘小实蝇。

11．柑橘凤蝶

【分布为害】柑橘凤蝶(*Papilio xuthus*)，属鳞翅目凤蝶科。幼虫食芽叶，初龄幼虫食成缺刻与孔洞，稍大幼虫常将叶片吃光，只残留叶柄(图15-100)。

图15-100　柑橘凤蝶为害叶片症状

【形态特征】成虫有春型和夏型两种。春型比夏型体略小，雌略大于雄，色彩不如雄艳，两型翅上斑纹相似，体淡黄绿至暗黄；前翅黑色近三角形，近外缘有8个黄色月牙斑，翅中央从前缘至后缘有8个由小渐大的黄斑；后翅黑色(图15-101)。卵近球形(图15-102)，初黄色，后变深黄，孵化前紫灰至黑色。幼虫黄绿色。1龄幼虫黑色，刺毛多；2～4龄幼虫黑褐色(图15-103和图15-104)。蛹体鲜绿色，有褐点(图15-105)。

【发生规律】每年发生3～6代，以蛹在枝上、叶背等隐蔽处越冬。广东各代成虫发生期：越冬代3—4月，第1代4月下旬至5月，第2代5月下旬至6月，第3代6月下旬至7月，第4代8—9月，第5代10—11月，以第6代蛹越冬。成虫白天活动，善于飞翔，中午至黄昏前活动最盛，喜食花蜜。幼虫共5龄，老熟后多在隐蔽处吐丝做茧，以臀足趾钩抓住丝垫，然后吐丝在胸腹间环绕成带，缠在枝干等物上化蛹(此蛹称缴蛹)越冬。

图15-101　柑橘凤蝶成虫

图15-102　柑橘凤蝶卵

图15-103　柑橘凤蝶低龄幼虫

图15-104 柑橘凤蝶高龄幼虫

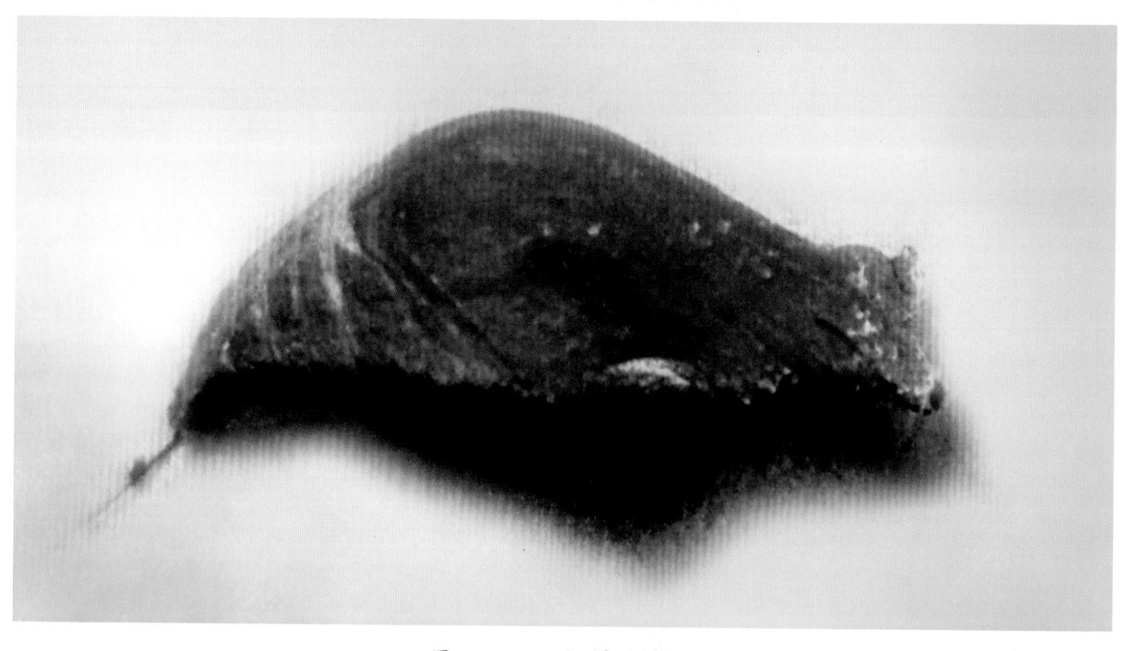

图15-105 柑橘凤蝶蛹

【防治方法】捕杀幼虫和蛹。

于幼虫幼龄期，喷洒下列药剂：

40%敌百虫·马拉硫磷乳油1 500～2 000倍液；

40%菊·杀(氰戊菊酯·杀螟硫磷)乳油1 000～1 500倍液；

90%敌百虫晶体800～1 000倍液；

10%溴氰菊酯·马拉硫磷乳油1 000～2 000倍液；

80%敌敌畏乳油800～1 000倍液；

50%杀螟硫磷乳油1 000～1 500倍液。

12．山东广翅蜡蝉

【分布为害】山东广翅蜡蝉(*Ricania shantungensis*)，属同翅目广翅蜡蝉科。以成虫、若虫刺吸枝条、叶的汁液为害，卵产于当年生枝条内，致产卵部以上枝条枯死(图15-106和图15-107)。

图15-106　山东广翅蜡蝉为害枝条症状

图15-107　山东广翅蜡蝉为害叶脉症状

【形态特征】成虫体呈淡褐色略显紫红，被稀薄淡紫红色蜡粉；前翅宽大，底色暗褐至黑褐色，被稀薄淡紫红蜡粉而呈暗红褐色，有的杂有白色蜡粉而呈暗灰褐色；后翅呈淡黑褐色，半透明，前缘基部略呈黄褐色，后缘色淡(图15-108)。卵长椭圆形，微弯，初产时为乳白色，后变为淡黄色。若虫体近卵圆形，翅芽外宽，近似成虫；初龄若虫，体被白色蜡粉，腹末有4束蜡丝呈扇状，尾端多向上前弯而蜡丝覆于体背(图15-109)。

图15-108　山东广翅蜡蝉成虫

图15-109　山东广翅蜡蝉初孵若虫

【发生规律】一年发生1代，以卵在枝条内越冬，翌年5月孵化，为害至7月底羽化，8月中旬进入羽化盛期，成虫经取食后交尾产卵，8月底开始产卵，9月下旬至10月上旬进入产卵盛期，10月中下旬产卵结束。成虫白天活动，善跳、飞行迅速，喜于嫩枝、芽、叶上刺吸汁液。卵多产于枝条光滑部的木质部内，外覆白色蜡丝状分泌物。

【防治方法】冬春结合修剪，剪除有卵块的枝条，集中深埋或烧毁。

若虫期，选用下列药剂：

48%毒死蜱乳油1 000～1 500倍液；

10%吡虫啉可湿性粉剂2 000～3 000倍液；

25%噻嗪酮可湿性粉剂1 000～2 000倍液，喷雾防治。由于该虫被有蜡粉，药液中如混用含油量0.3%～0.4%的柴油乳剂或黏土柴油乳剂，可显著提高防效。

13．嘴壶夜蛾

【分布为害】嘴壶夜蛾*Oraesia emarginata*，属鳞翅目夜蛾科。在我国各柑橘产区均有分布。成虫以锐利、有倒刺的坚硬口器刺入果皮，吸食果肉汁液，果面留有针头大的小孔，果肉失水呈海绵状，被害部变色凹陷，以后腐烂脱落。

【形态特征】成虫头部和足呈淡红褐色，腹部背面为灰白色，其余多为褐色。口器深褐色，角质化，先端尖锐，有倒刺10余条。雌蛾触角丝状(图15–110)，前翅呈茶褐色，有“N”字形花纹，后缘呈缺刻状。雄蛾触角栉齿状(图15–111)，前翅色泽较浅。卵呈扁球形，初产时为黄白色，1天后出现暗红色花纹，卵壳表面有较密的纵向条纹。幼虫老熟时全体黑色(图15–112)，各体节有一大斑和数目不等的小黄斑组成亚背线，另有不连续的小黄斑及黄点组成的气门上线。蛹为红褐色(图15–113)。

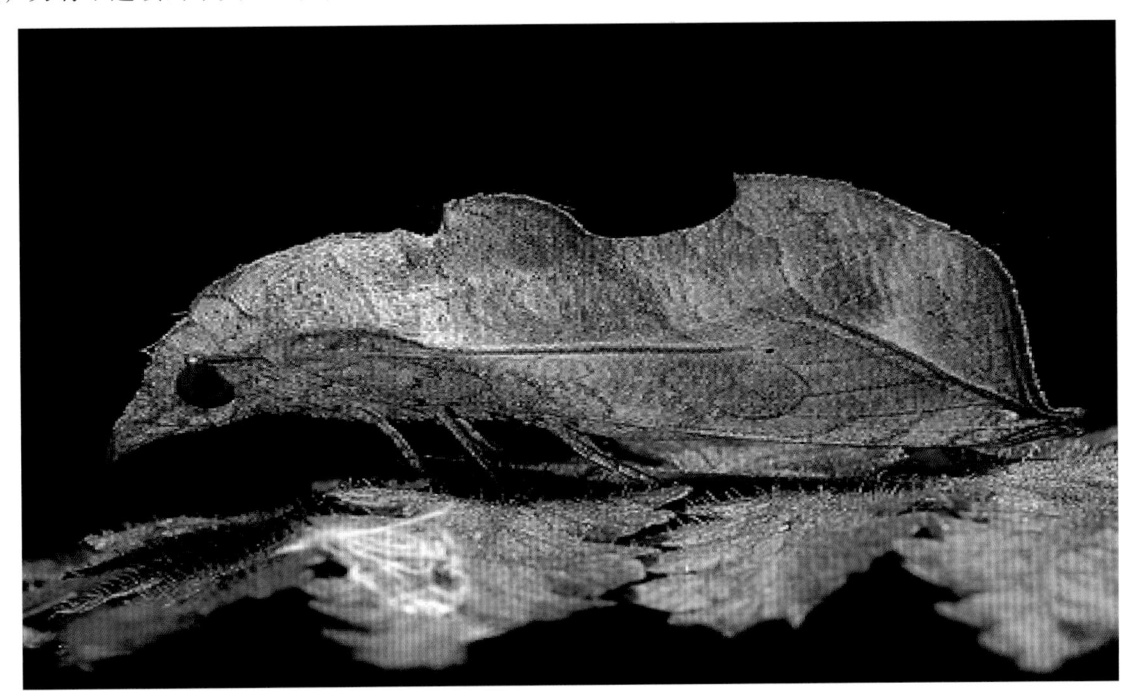

图15–110 嘴壶夜蛾雌成虫

图15–111 嘴壶夜蛾雄成虫

图15-112 嘴壶夜蛾幼虫

图15-113 嘴壶夜蛾蛹

【发生规律】一年发生4～6代，以蛹和老熟幼虫越冬。田间发生很不整齐，幼虫全年可见，但以9—10月发生量较多。成虫略具假死性，对光和芳香味有趋性。白天分散在杂草、作物、篱笆、树干等处潜伏，夜间进行取食和产卵等活动。幼虫老熟后在枝叶间吐丝黏合叶片化蛹。

【防治方法】合理规划果园。山区、半山区地区发展柑橘时应成片大面积种植，并尽量避免混栽不同成熟期的品种或多种果树。铲除柑橘园内及周围1 000m范围内的木防己和汉防己。

拒避或毒杀。每树用5～10张吸水纸，每张滴香茅油1ml，傍晚时挂于树冠周围；或用塑料薄膜包住萘丸，上刺小孔数个，每株树挂4～5粒。

毒饵诱杀。用瓜果片浸5%丁烯氟虫腈悬浮剂1 200倍液、2.5%溴氰菊酯乳油3 000倍液制成毒饵，挂在树冠上诱杀嘴壶夜蛾成虫。

开始为害时喷洒下列药剂：

5.7%氟氯氰菊酯乳油2 000～2 500倍液；

2.5%氯氟氰菊酯乳油2 000～3 000倍液；

5%丁烯氟虫腈悬浮剂1 500～2 000倍液；

2.5%溴氰菊酯乳油2 000～3 000倍液，喷洒树冠，每隔15～20天喷药1次。采果前20天停喷。

14．鸟嘴壶夜蛾

【分布为害】鸟嘴壶夜蛾*Oraesia excavata*，属鳞翅目夜蛾科。在我国分布于华北地区，河南、陕西、安徽、江苏、浙江、福建、广东、台湾、广西、湖南、湖北、云南等省或自治区。成虫在果实上刺吸果汁，引起果腐烂；幼虫啃食叶片，造成缺刻或孔洞，严重时吃光叶片。

【形态特征】成虫头部、前胸及足赤橙色，中、后胸为褐色，腹部背面呈灰褐色，腹面为橙色，前翅为紫褐色，后翅为淡褐色(图15-114)；前翅翅尖向外缘凸出、外缘中部向外弧形凸起和后缘中部的弧形内凹均较嘴壶夜蛾更为显著。卵呈扁球形，底部平坦，初产时为黄白色，1～2天后色泽变灰，并出现棕红色花纹。幼虫初孵时为灰色，后变为灰绿色。老熟时为灰褐色或灰黄色，似枯枝(图15-115)。蛹体呈暗褐色，腹末较平截(图15-116)。

图15-114 鸟嘴壶夜蛾成虫

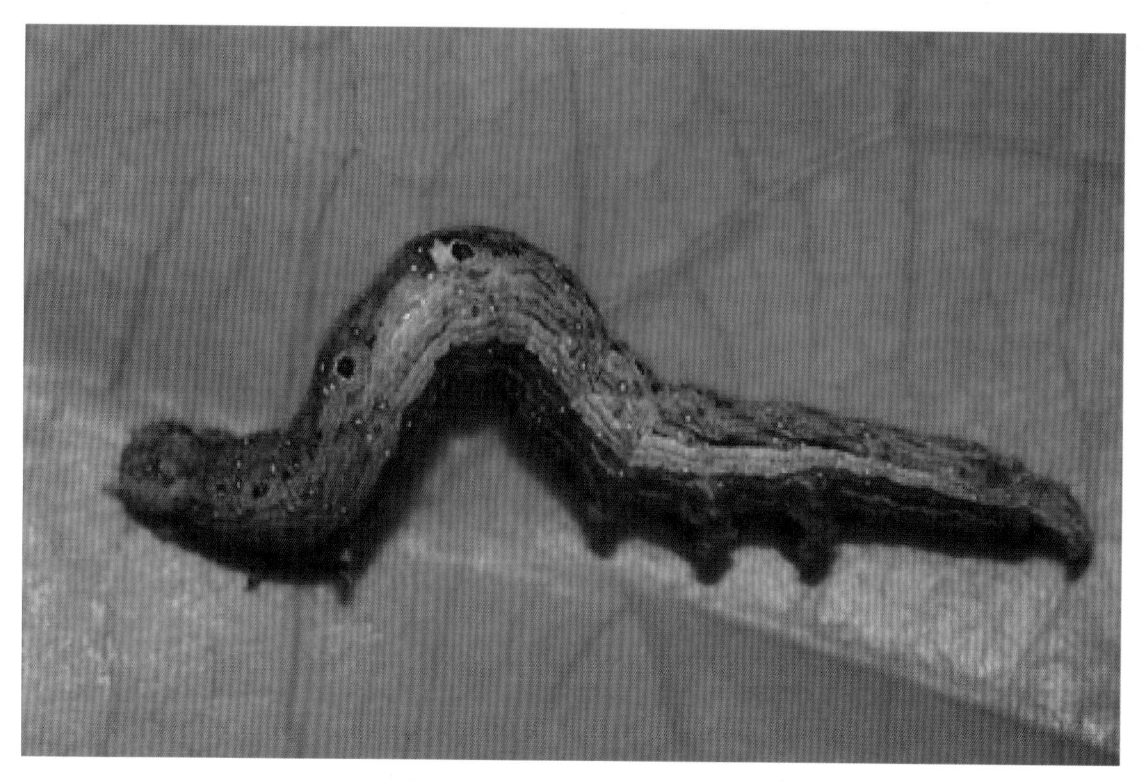

图15-115　鸟嘴壶夜蛾幼虫

图15-116　鸟嘴壶夜蛾蛹

【发生规律】一年发生4代，以幼虫和成虫越冬。卵多散产于果园附近背风向阳处木防己的上部叶片或嫩茎上。幼虫行动敏捷，有吐丝下垂习性，白天多静伏于荫蔽处，夜间取食。成虫在天黑后飞入果园为害，喜食好果。成虫有明显的趋光性、趋化性(芳香和甜味)，略有假死性。

【防治方法】参考嘴壶夜蛾。

15. 柑橘恶性叶甲

【分布为害】柑橘恶性叶甲*Clitea metallica*，属鞘翅目叶甲科。成虫食嫩叶、嫩茎、花和幼果；幼虫食嫩芽、嫩叶和嫩梢，分泌物和粪便污染致幼叶枯焦脱落。除叶片外，成虫还将幼果咬成孔洞，轻者果实造成伤痕，重者引起幼果大量脱落，影响产量和品质。

【形态特征】成虫长椭圆形，蓝黑色有光泽(图15-117)，头、胸和鞘翅均为蓝黑色，具金属光泽，口器黄褐色，触角基部至复眼后缘具一倒“八”字形沟纹，触角丝状黄褐色，前胸背板密布小刻点，鞘翅上有纵刻点列10行，胸部腹面黑色，足黄褐色，后足腿节膨大，中部之前最宽，超过中足腿节宽的2倍，腹部腹面黄褐色。卵长椭圆形，乳白至黄白色，外有一层黄褐色网状黏膜(图15-118)。幼虫头黑色，体草黄色。前胸盾半月形，中央具1纵线分为左右两块，中、后胸两侧各生1个黑色凸起，胸足黑色，体背分泌黏液粪便黏附背上。蛹椭圆形，初黄白后橙黄色，腹末具1对叉状凸起。

图15-117 柑橘恶性叶甲成虫

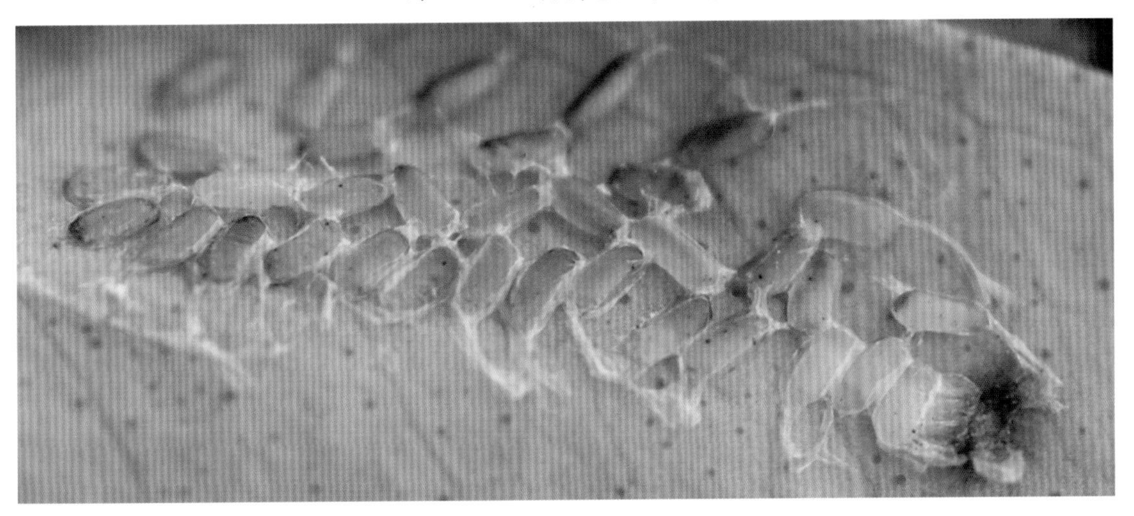

图15-118 柑橘恶性叶甲卵

【发生规律】浙江、湖南、四川和贵州一年发生3代，江西和福建3～4代，广东6～7代，均以成虫在树皮缝、地衣、苔藓下及卷叶和松土中越冬。春梢抽发期越冬成虫开始活动，3代区一般在3月底开始活动，各代发生期：第1代4月上旬至6月上旬，第2代6月下旬至8月下旬，第3代(越冬代)9月上旬至翌年3月下旬。广东越冬成虫2月下旬开始活动，各代发生期：第1代3月上旬至6月上旬，第2代4月下旬至7月下旬，第3代6月上旬至9月上旬，第4代7月下旬至9月下旬，第5代9月中旬至10月中旬，第6代11月上旬，部分发生早的可发生第7代。均以末代成虫越冬。全年以第1代幼虫为害春梢最重，后各代发生甚少，夏、秋梢受害不重。成虫能飞善跳，有假死性，卵产在叶上，以叶尖(正、背面)和背面叶缘较多。初孵幼虫取食嫩叶叶肉残留表皮，幼虫共3龄，老熟后爬到皮缝中、苔藓下及土中化蛹。

【防治方法】清除霉桩、苔藓、地衣，堵树洞，消除越冬和化蛹场所。树干上束草诱集幼虫化蛹，羽化前及时解除烧毁。

利用成虫的假死习性，在成虫盛发期于柑橘树下铺上塑料薄膜等，再猛摇动树干使成虫假死掉在薄膜上收集烧毁。利用老熟幼虫沿树干下爬入土化蛹的习性，在其幼虫化蛹前在树干上捆扎带泥稻草绳诱其幼虫入内化蛹，在羽化前解下稻草绳烧毁。

初花期即柑橘恶性叶甲卵盛孵期是防治的关键时期，可喷洒下列药剂：

90%晶体敌百虫800～1 000倍液；

20%甲氰菊酯乳油2 000～3 000倍液；

2.5%溴氰菊酯乳油2 000～2 500倍液；

20%氰戊菊酯乳油1 000～2 000倍液，均有良好效果。隔7～10天1次，连喷2次。

16．柑橘花蕾蛆

【分布为害】柑橘花蕾蛆*Contarinia citri*，属双翅目瘿蚊科。成虫在花蕾上产卵，幼虫孵化后为害花器，使被害花器变形变色(图15–119)，外形较正常的花蕾短，横径显著膨大，花瓣上常出现有绿色小点，有虫花蕾不能开花结果，形成残花枯落。

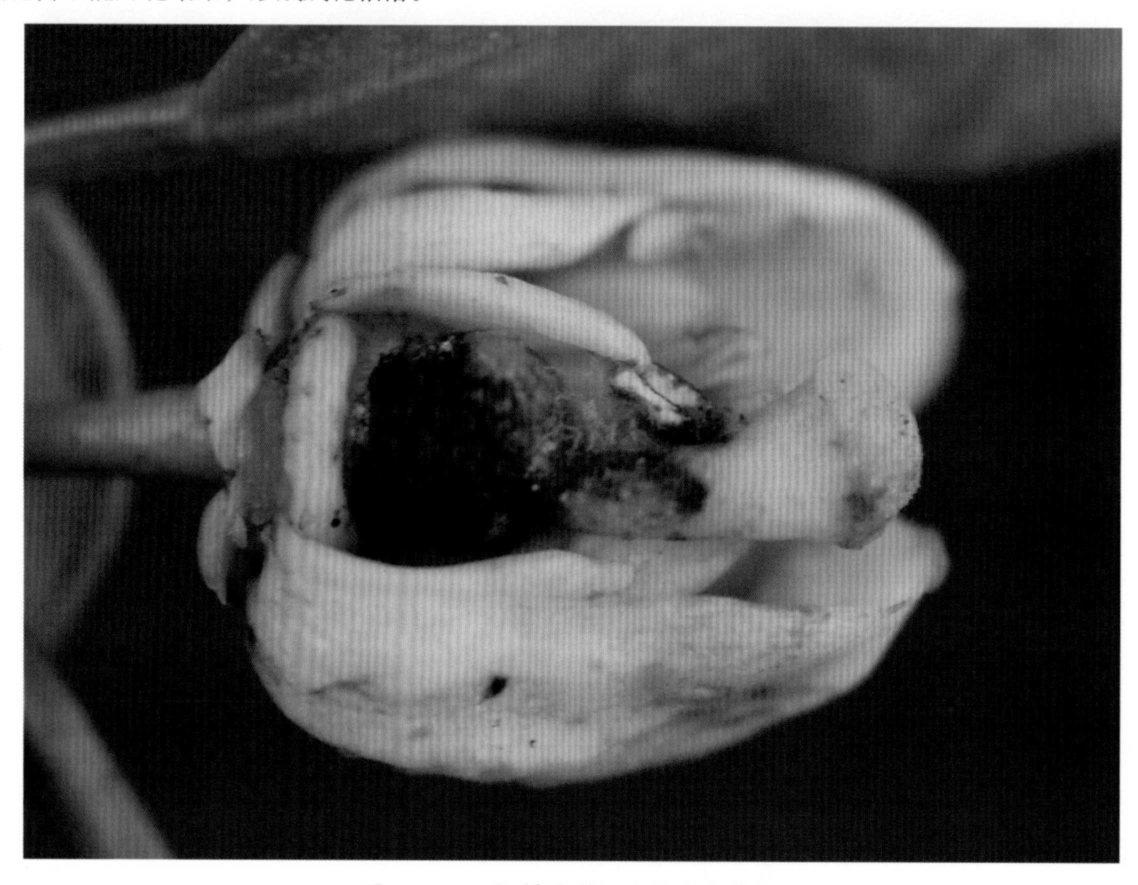

图15–119　柑橘花蕾蛆为害花器症状

【形态特征】成虫雌体黄褐色，被细毛；触角念珠状，14节，每节环生刚毛；前翅膜质透明，被黑褐色细毛，后翅退化为平衡棒。足细长；雄成虫体灰黄色，触角鞭节各亚节呈哑铃状，形似2节，球部环生刚毛；余同雌。卵椭圆形无色透明，外包一层胶质于卵末端引成细丝。幼虫体长纺锤形橙黄色；前胸腹面具1个褐色“Y”形剑骨片(图15-120)。蛹初乳白后变黄褐色，复眼和翅芽黑褐色。

图15-120 柑橘花蕾蛆幼虫

【发生规律】一年发生1代，少数2代，均以老熟幼虫在土中结茧越冬，在树冠周围30cm内外、6cm土层内虫口密度最大。3月越冬幼虫脱茧上移至表层，重新做茧化蛹，3—4月羽化出土，雨后最盛。花蕾露白时成虫大量出现并产卵于花蕾内，散产或数粒排列成堆。幼虫在花蕾内为害10余天老熟脱蕾入土结茧，一年发生1代者即越冬。一年发生2代者在晚橘现蕾期羽化，花蕾露白时产卵于蕾内，第2代幼虫老熟后脱蕾入土结茧越冬。阴雨天脱蕾入土最多。成虫多于早、晚活动，以傍晚最盛，飞行力弱，羽化后1~2天即可交配产卵。一般阴湿低洼橘园发生较多，壤土、砂壤土利于幼虫存活发生较多，3—4月多阴雨有利于成虫发生，幼虫脱蕾期多雨有利于幼虫入土。

【防治方法】冬季深翻或春季浅耕树冠周围土壤，及时摘除被害花蕾集中处理，可减少下一代或翌年虫源。

成虫出土前地面施药毒杀成虫，可用5%甲萘威粉剂或1.5%辛硫磷粉剂、4%二嗪磷粉剂、5%倍硫磷粉剂等地面喷粉，隔7天再喷1次。幼虫脱蕾入土前也可地面撒药毒杀幼虫。

现蕾前期树冠喷药毒杀成虫。可喷洒下列药剂：

90%晶体敌百虫800~1 000倍液；

80%敌敌畏乳油600~800倍液；

50%杀螟硫磷乳油1 000~1 500倍液，以及菊酯类及其复配剂常用浓度。

17．黑刺粉虱

【分布为害】黑刺粉虱*Aleurocanthus spiniferus*，属同翅目粉虱科。分布于我国江苏、安徽、湖北、台湾、海南、广东、广西、云南、四川、云南等地。成、若虫刺吸叶、果实和嫩枝的汁液。被害叶出现失绿黄白斑点，随为害的加重斑点扩展成片，进而全叶苍白早落(图15-121)。果实被害风味品质降低，幼果受害严重时常脱落。排泄蜜露可诱致煤污病发生。

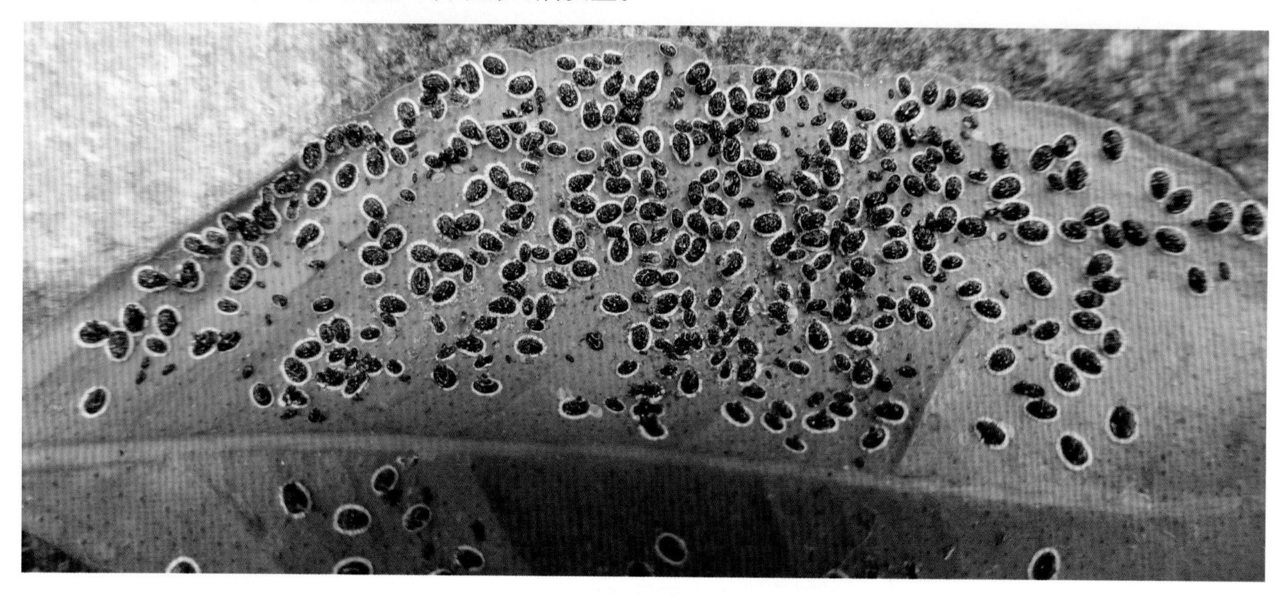

图15-121　黑刺粉虱为害叶片症状

【形态特征】成虫体橙黄色，薄覆白粉；复眼肾形红色；前翅紫褐色上有7个白斑；后翅小，淡紫褐色(图15-122)。卵新月形，基部钝圆具1小柄，直立附着在叶上，初乳白色后变淡黄，孵化前灰黑色。若虫体黑色，体背上具刺毛14对，体周缘分泌有明显的白蜡圈(图15-123)；共3龄，初龄椭圆形淡黄色，体背生6根浅色刺毛，体渐变为灰至黑色有光泽，体周缘分泌一圈白蜡质物；2龄黄黑色，体背具9对刺毛，体周缘白蜡圈明显。蛹椭圆形，初乳黄渐变黑色。蛹壳椭圆形，漆黑有光泽，壳边锯齿状，周缘有较宽的白蜡边，背面显著隆起。

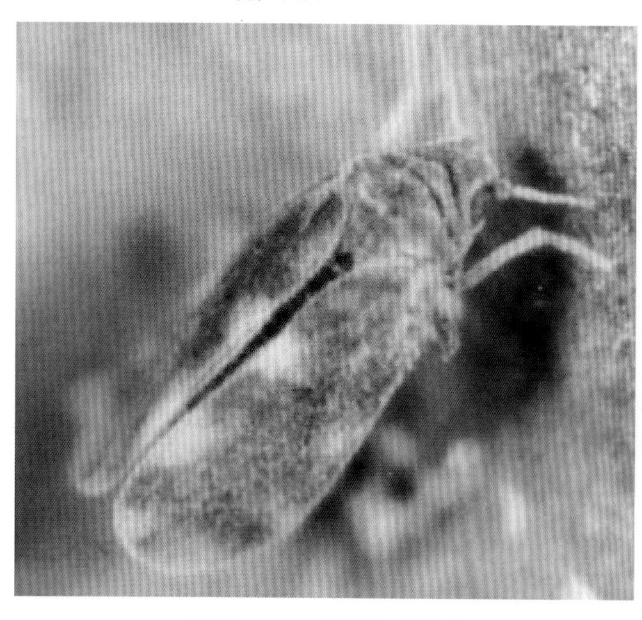

图15-122　黑刺粉虱成虫

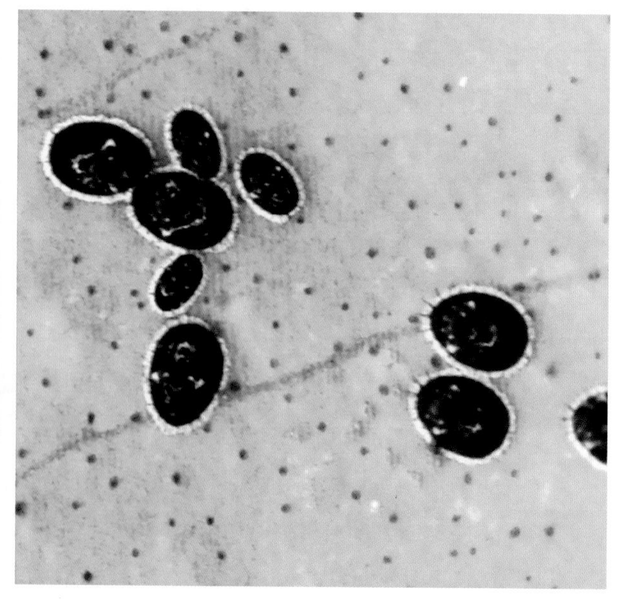

图15-123　黑刺粉虱若虫

【发生规律】在安徽、浙江一年发生4代，福建、湖南和四川4～5代，均以若虫于叶背越冬。越冬若虫3月间化蛹，3月下旬至4月羽化。世代不整齐，从3月中旬至11月下旬田间各虫态均可见。各代若虫发生期：第1代4月下旬至6月，第2代6月下旬至7月中旬，第3代7月中旬至9月上旬，第4代10月至翌年2月。成虫喜较阴暗的环境，多在树冠内膛枝叶上活动，卵散产于叶背，散生或密集呈圆弧形。初孵若虫多在卵壳附近爬动吸食，共3龄，若虫每次蜕皮壳均留叠体背。

【防治方法】加强管理，合理修剪，使通风透光良好，可减轻发生与为害。

早春发芽前结合防治蚧壳虫、蚜虫、红蜘蛛等害虫，喷洒含油量5%的柴油乳剂或黏土柴油乳剂，毒杀越冬若虫。

1～2龄时施药效果好，可喷洒下列药剂：

50%马拉硫磷乳油1 000～2 000倍液；

50%杀螟硫磷乳油1 000～1 500倍液；

10%联苯菊酯乳油5 000～6 000倍液；

25%噻嗪酮可湿性粉剂2 000～3 000倍液。3龄及其以后各虫态的防治，最好用含油量0.4%～0.5%的矿物油乳剂混用上述药剂，可提高杀虫效果。

18．红蜡蚧

【分布为害】红蜡蚧*Ceroplastes rubens*，属同翅目蜡蚧科。各柑橘产区均有分布。在四川、浙江、贵州等省柑橘常受害成灾。该虫多聚集于枝梢上吸取汁液，叶片及果梗上亦有寄生。柑橘受害后，抽梢量减少，枯枝增多，诱发煤污病，妨碍光合作用，影响果实品质，产量减少(图15–124和图15–125)。

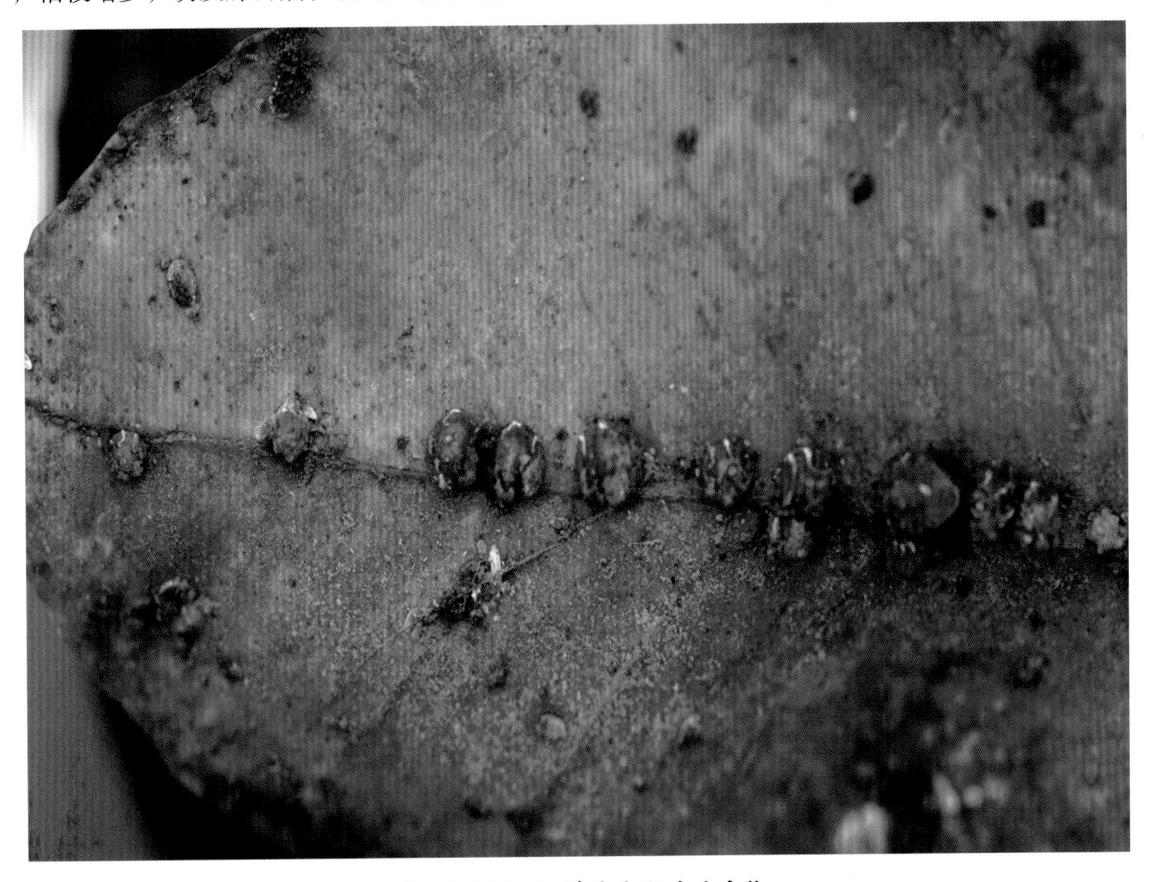

图15–124　红蜡蚧为害叶片症状

图15-125　红蜡蚧为害新梢症状

【形态特征】雌成虫椭圆形，背面盖有很厚蜡质蚧壳，初为粉红色，随虫体老熟渐变为暗红色；蚧壳中央隆起，呈半球形，顶部凹陷，形似脐状，4个气门处有弯曲的白色蜡带(图15-126)，虫体紫红色，半球形，体边缘在气门处陷入很深。口器发达，位于前足之间，3对足均小。雄成虫暗红色，口器及单眼黑色。翅1对，白色，半透明，卵椭圆形，淡红色，两端稍细。初孵若虫，扁平椭圆形，红褐色，腹部末端有2长毛。眼紫褐色。第2龄时呈椭圆形稍凸起，紫红色，体表被白色蜡质。第3龄时，体长圆形，蜡壳加厚。前蛹和蛹的蜡壳均为暗紫红色。茧椭圆形，暗红色。

图15-126　红蜡蚧雌成虫

【发生规律】一年发生1代，以受精雌虫越冬。5月中旬成虫产卵，5月下旬至6月上旬为产卵盛期。初孵若虫活动半小时左右渐渐固定，将口针插入寄主组织吸取汁液，固定后2～3天开始分泌白色蜡质，覆盖体背，以后随虫龄增大，分泌物也逐渐加厚，至成虫老熟或雄虫化蛹时为止。雌虫腹面除气孔周围外，不产生分泌物。雄虫化蛹时，从下面分泌一层较薄的白色蜡质物，使和虫体背面的介壳连合成茧，在其中化蛹。

【防治方法】冬、夏季修剪时，剪除虫枝，集中烧毁，加强橘园管理，增强树势。

6月上旬新叶嫩梢上若虫密布如白色星点，是药剂防治的关键时期。随蜡壳加厚，抗药力增强，药剂防治的效果降低。药剂参考矢尖蚧。

19．绣线菊蚜

【分布为害】绣线菊蚜*Aphis citricola*，属于同翅目蚜科。分布于浙江、江苏、江西、四川、贵州、云南、广东、广西、重庆、福建、台湾等省(区)、市。

【为害症状】成虫和若虫群集在柑橘的芽、嫩梢、嫩叶、花蕾和幼果上吸食汁液。在嫩叶上多群集在叶背为害。幼芽受害后，分化生长停滞，不能抽梢；嫩叶受害后，叶片向背面横向卷曲；梢被害后，节间缩短。花和幼果受害后，严重的会造成落花落果。绣线菊蚜的分泌物，能诱发煤污病，影响光合作用，产量降低，果品质量差(图15-127)。

图15-127 绣线菊蚜为害新梢症状

【形态特征】无翅胎生雌蚜体淡黄绿色，与幼小的嫩叶同色，体表有网状纹，腹管圆筒形，尾片圆锥形(图15-128)。有翅胎生雌蚜胸部暗褐色至黑色，腹部绿色(图15-129)。触角第三节有小圆形次生感觉圈5～10个，体表光滑。绣线菊蚜头部前缘中央突出，与桃蚜凹入形状显著不同，尾片大约呈圆柱形，仅基部稍宽。

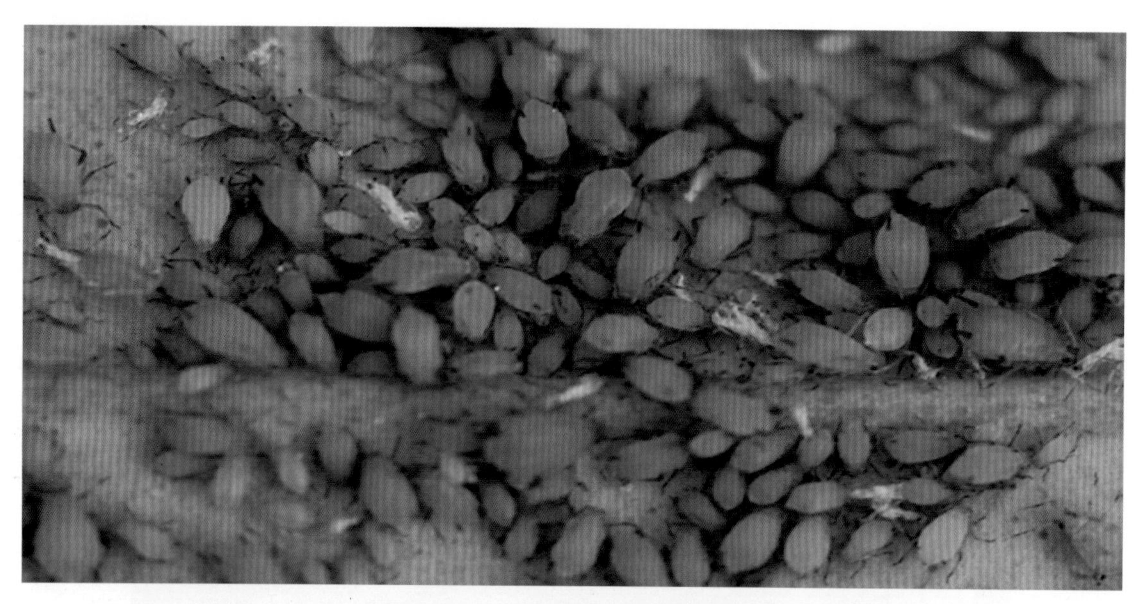

图15-128 绣线菊蚜无翅胎生雌蚜

图15-129 绣线菊蚜有翅胎生雌蚜

【发生规律】每年发生18代左右，以成虫越冬。在温度较低的地区，秋后产生两性蚜，于雪柳等树上产卵，少数也能在柑橘树上产卵，春季孵出无翅干母，并产生胎生有翅雌蚜。柑橘树上春芽伸展时开始飞到柑橘树上为害，春叶硬化时虫数暂时减少，夏芽萌发后又急剧增加，盛夏雨季时又一度减少，秋芽时再度大发生，一直到初冬。

【防治方法】冬春结合修剪，剪除在秋梢和冬梢上越冬的卵和虫；在各次抽梢发芽期，抹除抽生不整齐的新梢，切断其食物链。

药剂防治参考苹果虫害——绣线菊蚜。

20. 潜叶甲

【分布为害】潜叶甲*Podagricomela migricollis*，属鞘翅目叶甲科，又叫潜叶跳甲，分布于重庆、浙江、湖南、江苏、福建、江西、湖北、四川、广西和广东，仅为害柑橘类，以山地柑橘园发生较重。成虫取食叶背面的叶肉和嫩芽，仅留下叶面表皮，使被害叶上留下很多透明斑；幼虫潜入叶内取食叶肉，使叶上出现宽短亮泡状或长形弯曲的蛀道(图15-130)。受害严重时引起落叶、落花、落果。

图15-130 潜叶甲为害叶片症状

【形态特征】成虫体椭圆形；头和复眼均为黑色，触角丝状，11节，基部3节黄褐色，其余节黑色，前胸背板黑色，有光泽，多小刻点；鞘翅橘黄色，每鞘翅纵列刻点行11列，较清楚可见9列；足黑色，后足腿节膨大；腹部枯黄色，雄虫腹板末端3裂状，中央凹，雌虫腹板末端圆形，中央不凹。卵椭圆形，米黄色至黄色，表面具网状纹，覆盖着黑褐色粪便，横粘在叶上。老熟幼虫体深黄色；头部色较淡，边缘略带淡红黄色(图15-131)；触角3节，蛹淡黄色至深黄色，椭圆形。头部弯向腹面。

图15-131 潜叶甲幼虫

【发生规律】在重庆、江西、浙江和福建，每年发生1代，或有第2代幼虫发生的记载，一般第2代卵不能发育。以成虫在柑橘、龙眼、水松、柳或榕等树干的翘皮裂缝、伤口、地衣、苔藓下或树周围松土中越冬、越夏。一般在3月下旬至4月中下旬，越冬成虫开始活动，爬上春梢为害，产卵于嫩叶上，4月中旬至5月是幼虫为害盛期，5月至6月上旬为当年羽化成虫为害期，6月以后气温升高，成虫潜伏越夏，后转入越冬。成虫能飞善跳，喜群集，有假死性，常栖息在树冠下部嫩叶背面，以食嫩叶为主，叶柄、花蕾和果柄也可受害，被害叶背面的叶肉被啃掉，仅剩下表皮。卵单粒散产，黏附在嫩叶边缘或叶背面，以叶缘上为多。幼虫孵化后约在1小时内从叶背边缘或叶背面钻入表皮下食叶肉，并向中脉行进，蛀出宽短或弯曲的隧道，在新鲜的隧道中央可见到1条黑色的排泄物。叶片大量遭受破坏，极易脱落老熟，幼虫潜入树冠下松土层内2～4cm处，构筑土室化蛹。

【防治方法】在冬春季结合清园，除掉树干上的霉桩、地衣、苔藓等成虫藏身之地。在4—5月受害叶脱落后应及时扫集、烧毁，以消灭暂留在落叶中的幼虫。利用成虫的假死习性，在成虫盛发为害期，地面铺塑料薄膜，振动树冠，收集落下的成虫，集中烧毁。成虫和幼虫为害春梢和早夏梢，可在越冬成虫活动期和产卵高峰期各喷药一次。

药剂种类参考柑橘恶性叶甲的防治药剂。

21．玉带凤蝶

【分布为害】玉带凤蝶*Papilio polytes*，属鳞翅目凤蝶科。在全国各柑橘产区均有分布，长江以南极为常见。幼虫食叶成缺刻和孔洞。

【形态特征】成虫体黑色。雄蝶前翅外缘有黄白色斑点9个，后翅中部有黄白色斑7个，横贯前后翅，形似玉带(图15-132)。雌蝶有两种：一种与雄蝶相似，但后翅近外缘处有半月形的深红色小形斑点数个，或于臀角上有一深红色眼状纹。另一种后翅外缘内方有横列的深红色半月形斑6个，中部有4个大黄白斑(图15-133)。卵圆球形，初产时黄白色，后变深黄色。1龄幼虫黄白色，2龄幼虫黄褐色(图15-134)，3龄幼虫黑褐色，4龄幼虫油绿色(图15-135)，5龄幼虫绿色。头部黄褐色。后胸前缘有一齿状黑线纹，中间有4个紫灰色斑点。蛹体体色不一，有灰褐、灰黄、灰黑或绿色等。

图15-132　玉带凤蝶雄成虫

图15-133 玉带凤蝶雌成虫

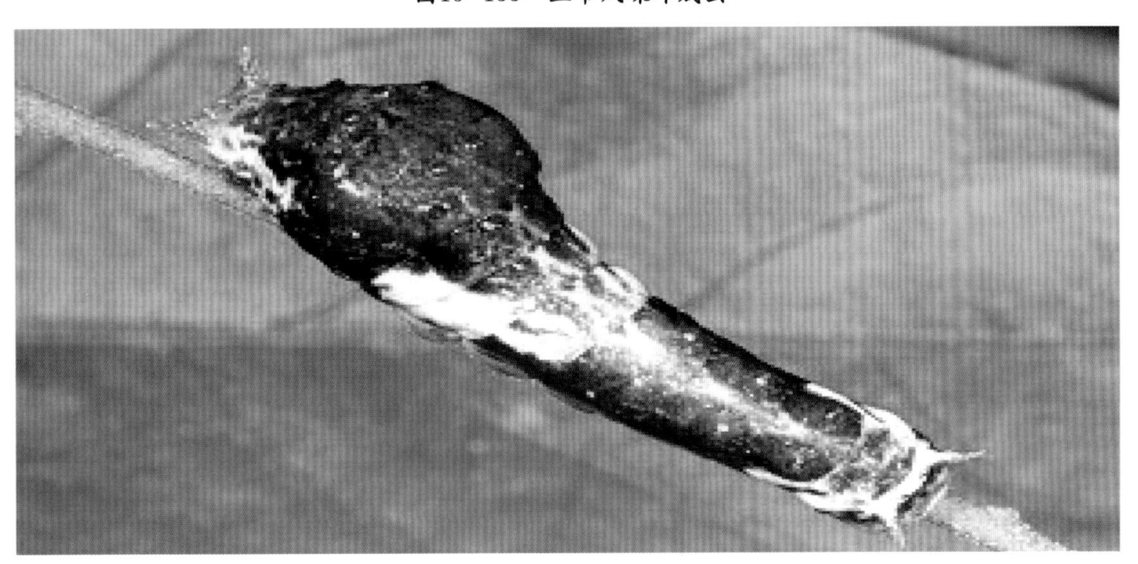

图15-134 玉带凤蝶2龄幼虫

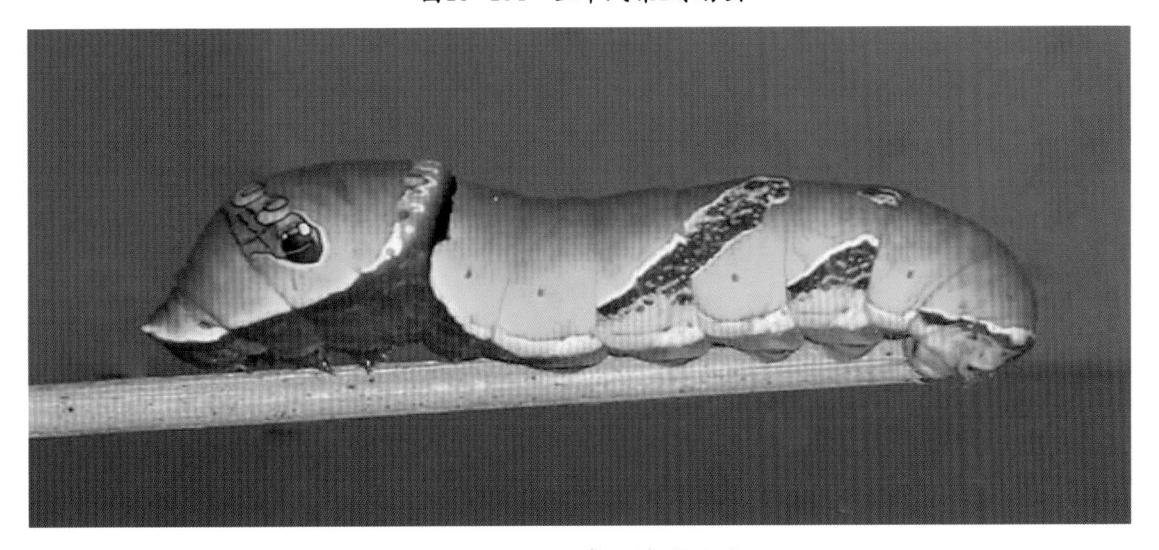

图15-135 玉带凤蝶4龄幼虫

【发生规律】河南一年发生3～4代，浙江、四川、江西4～5代，福建、广东5～6代。成虫、幼虫习性与柑橘凤蝶相似。以蛹在枝干及柑橘叶背等隐蔽处越冬。

【防治方法】参考柑橘凤蝶。

22．八点广翅蜡蝉

【分布为害】八点广翅蜡蝉*Ricania speculum*，属同翅目蜡蝉科。分布在山西、河南、陕西、江苏、浙江、四川、湖北、湖南、广东、广西、云南、福建、台湾等地。成、若虫喜于嫩枝和芽、叶上刺吸汁液；卵产于当年生枝条内，影响枝条生长，重者产卵部以上枯死，削弱树势(图15-136)。

图15-136　八点广翅蜡蝉为害枝梢症状

【形态特征】成虫体黑褐色，疏被白蜡粉(图15-137)；触角刚毛状，短小；单眼2个，红色；翅革质密布纵横脉呈网状，前翅宽大，略呈三角形，翅面被稀薄白色蜡粉，翅上有6～7个白色透明斑；后翅半透明，翅脉黑色，分布于脉间；腹部和足褐色。卵长卵形，初乳白渐变淡黄色。若虫体略呈菱形，翅芽处最宽，暗黄褐色，布有深浅不同的斑纹，体疏被白色蜡粉，腹部末端有4束白色绵毛状蜡丝，呈扇状伸出(图15-138)。

图15-137　八点广翅蜡蝉成虫

图15-138　八点广翅蜡蝉若虫

【发生规律】一年发生1代，以卵在寄主的当年生枝梢内越冬。若虫在5月下旬至6月上中旬孵化，群集于嫩枝、叶上为害，并能为害柑橘幼果，4龄开始分散吸汁，为害至7月下旬开始老熟羽化，8月中旬前后为羽化盛期，成虫经20余天取食后开始交配，8月下旬至10月下旬为产卵期，9月中旬至10月上旬为盛期。白天活动为害，若虫有群集性，常数头在一起排列枝上，爬行迅速善于跳跃；成虫飞行力较强且迅速，卵产于当年生枝条木质部内，以枝背面光滑处落卵较多，产卵孔排成一纵列，孔外带出部分木丝并覆有白色绵毛状蜡丝。

【防治方法】结合管理，特别注意冬春修剪，剪除有卵块的枝集中处理，减少虫源。

药剂防治参考山东广翅蜡蝉。

23. 碧蛾蜡蝉

【分布为害】 碧蛾蜡蝉(*Ceisha distinctissima*)，属同翅目蜡蝉科。主要分布在山东、江苏、上海、浙江、江西、湖南、福建、广东、广西、海南、四川、贵州、云南等省(区)、市。成虫、若虫刺吸寄主植物枝、茎、叶的汁液，严重时枝、茎和叶上布满白色蜡质，致使树势衰弱，造成落花。

【形态特征】 成虫体黄绿色，顶短，向前略突，侧缘脊状褐色(图15-139)。额长大于宽，有中脊，侧缘脊状带褐色。喙粗短，伸至中足基节。唇基色略深。复眼黑褐色，单眼黄色。前胸背板短，前缘中部呈弧形前突达复眼前沿，后缘弧形凹入，背板上有2条褐色纵带；中胸背板长，上有3条平行纵脊及2条淡褐色纵带。腹部浅黄褐色，覆白粉。前翅宽阔，外缘平直，翅脉黄色，脉纹密布似网纹，红色细纹绕过顶角经外缘伸至后缘爪片末端。后翅灰白色，翅脉淡黄褐色。足胫节、跗节色略深。静息时，翅常纵叠成屋脊状。卵纺锤形，乳白色。老熟若虫体长形，体扁平，腹末截形，绿色，全身覆以白色棉絮状蜡粉(图15-140)，腹末附白色长的绵状蜡丝。

【发生规律】 一年发生代数因地域不同而有差异，大部地区一年发生1代，以卵在枯枝中越冬。第二年5月上中旬孵化，7—8月若虫老熟，羽化为成虫，至9月受精雌成虫产卵于小枯枝表面和木质部。广西等地年发生两代，以卵越冬，也有以成虫越冬的。第1代成虫6—7月发生。第2代成虫10月下旬至11月

图15-139　碧蛾蜡蝉成虫

图15-140　碧蛾蜡蝉若虫

发生，一般若虫发生期3～11个月。

【防治方法】剪去枯枝，防止成虫产卵。加强橘园管理，改善通风透光条件，增强树势。出现白色绵状物时，用木竿或竹竿触动致使若虫落地捕杀。

药剂防治可参考山东广翅蜡蝉。

24．柑橘粉虱

【分布为害】柑橘粉虱(*Dialeurodes citri*)，属同翅目粉虱科。分布于我国江苏、浙江、湖南、福建、台湾、广东、海南、广西、云南、四川。以幼虫群集于叶背刺吸汁液，粉虱产生分泌物易诱发煤污病(图15-141)，影响光合作用，致发芽减少，树势衰弱。

图15-141 柑橘粉虱为害叶片症状

【形态特征】成虫体淡黄色，全体覆有白色蜡粉，复眼红褐色，翅白色(图15-142)。卵椭圆形，淡黄色，具短柄附着于叶背。幼虫淡黄绿色，椭圆形，扁平，体周围有小突起17对，并有白色蜡丝呈放射状。蛹椭圆形，淡黄绿色。

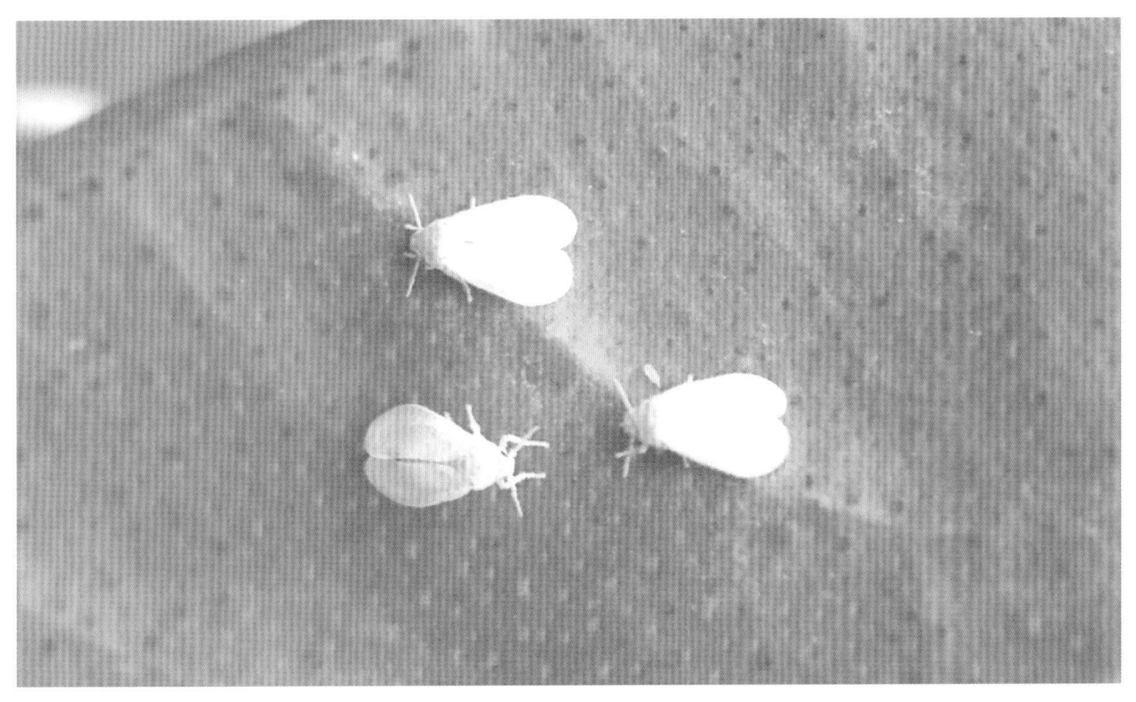

图15-142 柑橘粉虱成虫

【发生规律】浙江一年发生3代，以老熟幼虫或蛹在叶背越冬。成虫白天活动，雌虫交尾后在嫩叶背面产卵，每雌产130粒左右。未经交尾亦能产卵繁殖，但后代全是雄虫。幼虫孵化后经数小时即在叶背固定，后渐分泌白色棉絮状蜡丝，虫龄增蜡丝也长。幼虫以树丛中间徒长枝和下部嫩叶背面发生最多。

【防治方法】参考黑刺粉虱。

25. 柑橘灰象甲

【分布为害】柑橘灰象甲(*Sympiexomia citri*)，属鞘翅目象虫科。主要分布于我国江苏、福建、广东、海南、广西、四川。成虫为害春梢新叶。叶片被吃成残缺不全，幼果果皮被啮食，果面呈不整齐的凹陷缺刻或残留疤痕，俗称“光疤”，重者造成落果(图15-143)。

图15-143 柑橘灰象甲为害叶片症状

【形态特征】成虫体密被淡褐色和灰白色鳞片(图15-144)。头管粗短，背面漆黑色，中央纵列1条凹沟，从喙端直伸头顶，其两侧各有1浅沟，伸至复眼前面，前胸长略大于宽，两侧近弧形，背面密布不规则瘤状凸起，中央纵贯宽大的漆黑色斑纹，纹中央具1条细纵沟，每鞘翅上各有10条由刻点组成的纵行纹，行间具倒伏的短毛，鞘翅中部横列1条灰白色斑纹，鞘翅基部灰白色。雌成虫鞘翅端部较长，合成近“V”字形，腹部末节腹板近三角形。雄成虫两鞘翅末端钝圆，合成近“U”形，末节腹板近半圆形，无后翅。卵长筒形而略扁，乳白色，后变为紫灰色。末龄幼虫体乳白色或淡黄色，头部黄褐色，头盖缝中间明显凹陷，背面中间部分略呈心脏形，有刚毛3对，两侧部分各生1根刚毛，于腹面两侧骨化部分之间，位于肛门腹方的一块较小，近圆形，其后缘有刚毛4根。蛹淡黄色。

图15-144 柑橘灰象甲成虫

【发生规律】福建一年发生1代，少数两年完成1代，以成虫和幼虫越冬。成虫刚出土时不太活泼，假死性强。幼虫孵化后即落地入土，深度为10～50cm，取食植物幼根和腐殖质。

【防治方法】4月中旬成虫盛发期利用成虫假死性，在树下铺塑料布，然后振动树枝，将掉落的成虫集中烧毁，连续2次，可以基本消除其为害。

物理防治：春季3月中旬成虫上树前用胶环包扎树干，或直接将胶涂在树干上，防止成虫上树，并逐日将诱集在胶环下面的成虫消灭。但要注意胶环有效持续时间，及时更换新环。

药剂防治：成虫上树前或上树后产卵前防治，喷施下列药剂：

35%伏杀硫磷乳油500～800倍液；

10%高效氯氰菊酯乳油2 000～3 000倍液；

2%阿维菌素乳油4 000～8 000倍液；

2.5%溴氰菊酯乳油2 000～4 000倍液，对成虫有显著效果。

26．褐天牛

【分布为害】褐天牛(*Nadezhdiella cantori*)，属鞘翅目天牛科。以幼虫蛀食枝干并向外开出数个通气排粪孔，排出粪屑。受害枝干千疮百孔，易枯死或风折，早期受害后出现叶黄、梢枯。为害严重时，柑橘树生长缓慢，树势衰弱，影响果品产量和品质。

【形态特征】成虫初羽化时褐色，后渐变为黑褐色，有光泽，被灰黄色短绒毛；头胸背面稍带黄褐色(图15-145)；头顶至额中央有一深沟，触角基瘤隆起。雄虫触角超过体长1/2～2/3，雌虫触角较体略短。前胸背板除前后两端各具1～2条横脊外，余呈脑状皱纹，被灰黄色绒毛，两侧各具刺状凸起1个；鞘翅刻点细密，肩角隆起。卵圆形，黄褐色。老熟幼虫体乳白色，前胸背板前方有横列成4段的黄褐色宽带，位于中央的2段较长，两侧较短，有胸足3对；中胸腹面、后胸及腹部第1～7节的背腹两面均有移动器。蛹体乳白色或淡黄色，翅芽达腹部第3节末端。

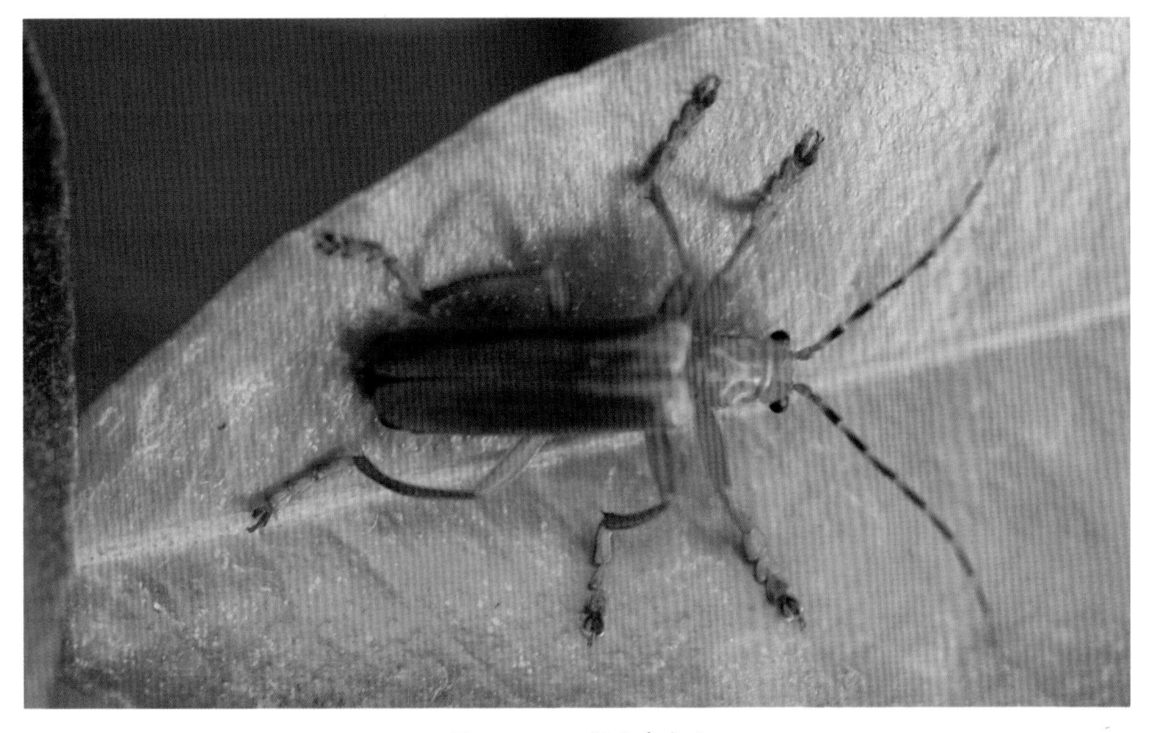

图15-145 褐天牛成虫

【发生规律】在四川两年1代，以幼虫和成虫在树干内越冬。成虫在4月下旬至7月陆续出现，6月前后为盛发期。成虫羽化后，在蛀孔内隐藏数日或数月，方出外活动。时间的长短，视外界的气温高低而异。成虫寿命长达1至数月。5—7月晴天闷热的傍晚，成虫在树干上爬行，交尾产卵。雌成虫交尾后数小时至30余天产卵，卵产在离地面33cm以上的树干缝穴或伤疤内，卵期5～15天。初孵幼虫，先蛀食树皮，2月以后蛀入木质部，蛀道一般向上；成熟幼虫在化蛹前吐出一种石灰质的物质作室化蛹。蛹期约1个月。

【防治方法】在成虫盛发期，针对天牛活动习性，进行人工捕杀。夏至前后，在天牛产卵部位及低龄幼虫为害处用刀刮杀。

用塑料薄膜袋盛上80%敌敌畏乳油10倍液，袋口扎以竹管，将药液压入由下至上的第3～4个洞内。其他药剂防治参考苹果虫害——桑天牛。

27. 柑橘锈壁虱

【分布为害】柑橘锈壁虱(*Eriophyes oleivorus*)又称柑橘锈瘿螨、柑橘锈螨、锈蜘蛛、黑皮柑。以若螨、成螨为害果实、叶片和嫩梢，在果面、叶面背面以刺吸式口器刺入吸食汁液。叶片被害后其背面出现黑褐色网状纹，提早落叶，影响树势(图15-146)，被害叶背面初呈黄褐色，后变黑褐色，重者变为黑色。果实被害初期呈灰绿色，失去光泽，以后变成红色或黑褐色，果皮粗糙，果实品质低劣(图15-147)。

图15-146 柑橘锈壁虱为害叶片症状

图15-147 柑橘锈壁虱为害果实症状

【形态特征】成螨体长0.1～0.16mm，楔形或胡萝卜形，初呈淡黄色，以后渐变为橙黄色或橘黄色，头小，向前方伸出，具螯肢和须肢各1对，头胸部背面平滑，足2对，腹部有许多环纹。卵为圆球形，表面光滑，灰白色透明。若螨的形体似成螨，较小，腹部光滑，环纹不明显，腹末尖细，具足2对。一龄若螨体灰白色，半透明；二龄若螨体淡黄色。

【发生规律】柑橘锈壁虱年发生代数，随地区及气候不同而异，一年发生18～20代。有显著的世代重叠现象。冬季以成螨在柑橘腋芽鳞片间隙或秋梢叶内和因病虫引起的卷叶内越冬。越冬雌成虫于3—4月开始活动，产卵繁殖，以后逐渐转向新梢，聚集于叶背的主脉两侧为害，5—6月蔓延至果面上。6月下旬起繁殖迅速，7—10月为发生盛期，多时1张叶片、1个果实上有虫、卵数百至1 000余头(粒)。9月以后，部分虫口转至当年生秋梢上为害，直到11月中、下旬仍可见较多的虫口在叶片与果实上取食。在7—9月的干旱条件下，常猖獗成灾。6—9月是防治该螨的关键时期。

【防治方法】高温干旱季节，灌水抗旱；增施有机质腐熟肥，改善果园生态条件，增强树体的抗虫能力；冬季清园，剪除枯病枝、残弱枝，树干刷石灰水一次，以消灭越冬虫源。

5—10月及时检查虫情，如平均每叶或每果有锈壁虱10头左右，或发现个别果实呈现暗灰状态并迅速蔓延时，应立即喷药。第一次喷药后4～7天再检查1次，如虫口较多就要连续喷药3～4次。可用下列药剂：

50g/L虱螨脲乳油1 500～2 500倍液；

25%除虫脲可湿性粉剂3 000～4 000倍液；

5%唑螨酯悬浮剂800～1 000倍液；

45%石硫合剂结晶粉300～500倍液；

95%矿物油乳油100～200倍液；

5%氟虫脲可分散液剂6 250～10 000倍液；

40%毒死蜱乳油800～1 500倍液；

25%苯丁锡可湿性粉剂1 000～1 600倍液；

2%阿维菌素乳油4 000～8 000倍液。

28. 吹绵蚧

【分布为害】吹绵蚧(*Icerya purchasi*)，属同翅目硕蚧科。分布在辽宁、河北、山西、陕西、山东、河南、江苏、浙江、安徽、四川、福建、台湾、湖北、湖南、江西、广东、广西、云南。以若虫和雌成虫群集枝、芽、叶上吸食汁液，排泄蜜露诱致煤污病发生，削弱树势，重者枯死(图 15-148)。

图15-148 吹绵蚧为害叶片症状

【形态特征】雌成虫椭圆形或长椭圆形，橘红色或暗红色(图15-149)，体表有黑色短毛，腹面平坦，中胸、后胸上的凸起显著，四周有淡黄色绵状蜡块，并有银白色蜡质和纤维状蜡丝；眼发达；触角11节；足3对，较强劲。雄成虫细长，胸部黑色，腹部橘红色；翅狭长，灰褐色，前翅1对，翅面有翅脉2条和白色纵线2条；后翅退化成匙形的拟平衡棒，腹部末端有钩刺3~4个。卵长椭圆形，初产时橙黄色，后变为橘红色，包藏在卵囊内。雌若虫三龄，雄若虫二龄。各龄若虫均为椭圆形；眼、触角和足均为黑色；初龄若虫体红色(图15-150)，触角6节，末端顶部膨大，有4根长毛；腹部末端有1对长毛；二龄若虫背面红褐色，上覆盖有草黄色粉状蜡质，并散生有黑色毛。三龄若虫体红褐色，均属雌性，体表布满蜡粉和蜡丝；触角9节，体较丰满，体上黑毛发达；雄虫第二次蜕皮即化蛹。雄蛹橘红色；茧长椭圆形，质地疏松，外被有薄的白色蜡粉。

图15-149　吹绵蚧雌成虫

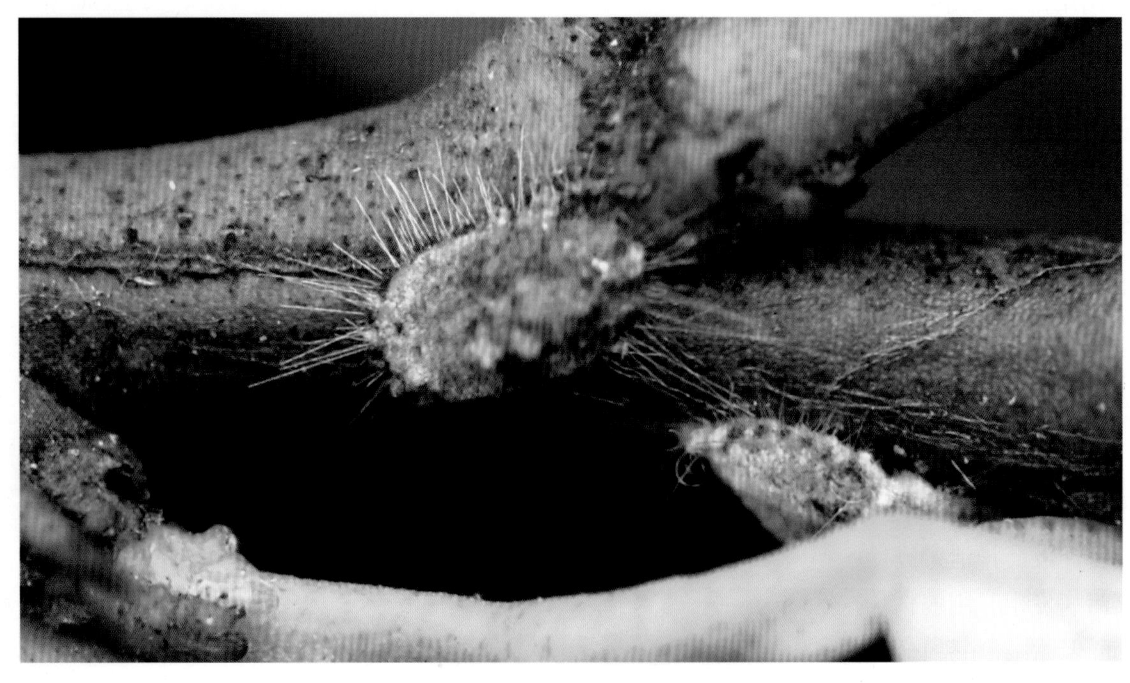

图15-150　吹绵蚧若虫

【发生规律】华东与中南地区一年发生2～3代，四川3～4代，以若虫和雌成虫或南方以少数带卵囊的雌虫越冬。发生期不整齐。3月开始产卵，5月上中旬进入盛期，5月下旬至6月上旬若虫盛发，6月中旬始见成虫，7月中旬最多；2代卵发生期为7月上旬至8月中旬，7月中旬出现若虫，早的当年可羽化，少数可产卵，多以2代若虫越冬。初龄若虫在叶背主脉两侧定居，2龄后转移到枝干上群集为害，雌成虫定居后不再移动，成熟后分泌卵囊产卵于内，每雌可产卵数百至2 000粒。雄虫少，多营孤雌生殖，但越冬代雄虫较多，常在树缝隙、叶背及土中结茧化蛹。越冬代雌、雄成虫交配后产卵甚多，常在5—6月成灾。天敌有澳洲瓢虫、大红瓢虫、小红瓢虫及寄生菌等。

【防治方法】剪除虫枝或刷除虫体。

休眠期喷3～5波美度石硫合剂、45%晶体石硫合剂30倍液、松脂合剂10倍液。

药剂防治若虫分散转移期施药最佳，虫体无蜡粉和蚧壳，抗药力最弱。可用下列药剂：

25%亚胺硫磷乳油400～600倍液；

25%喹硫磷乳油1 000倍液，每隔10天喷1次，连续喷2～3次；化学农药和矿物油乳剂混用效果更好，对已分泌蜡粉或蜡壳者亦有防效。

29. 蓟马

【分布为害】蓟马(*Scirtothrips citri*)，属缨翅目蓟马科。为害嫩枝、嫩叶、花和幼果等。嫩叶受害后叶片扭曲变形，叶肉增厚，叶片变硬容易碎裂、脱落，在叶脉两侧会呈现银白色。为害幼果，锉伤果皮组织，待果实长大后出现银白色疤痕(图15-151)。

图15-151 蓟马为害柚子果实症状

【形态特征】成虫纺锤形，体长约1mm，淡橙黄色，体表有细毛。触角8节，头部刚毛较长。前翅有纵脉1条，翅上缨毛很细，腹部较圆。卵肾脏形。幼虫共2龄，1龄幼虫体小，颜色略淡；2龄幼虫大小与成虫相近，无翅，老熟时琥珀色，椭圆形。幼虫经预蛹(三龄)和蛹(四龄)羽化为成虫。

【发生规律】蓟马在气温较高的地区一年可发生7～8代，以卵在秋梢新叶组织内越冬。次年3—4月越冬卵孵化为幼虫，在嫩叶和幼果上取食。田间4—10月均可见，但以谢花后至幼果期为害最烈。成虫将卵产于嫩叶、嫩枝和幼果组织内，产卵处呈淡黄色，每雌一生可产卵25～75粒。秋季当气温降到17℃以下时便停止发育。

【防治方法】冬季清除田间杂草，减少越冬虫源。适时灌溉，尤其是发生早春干旱要及时灌水。保护利用天敌昆虫，捕食性的螨类、蜘蛛、蝽类等都是蓟马的天敌。

在低龄若虫高峰期防治，尤其在柑橘开花至幼果期加强监测，当谢花后或幼果有虫时，即应开始施药防治。可以喷洒下列药剂：

5%丁烯氟虫腈悬浮剂2 500倍液；

10%吡虫啉可湿性粉剂3 000～4 000倍液；

25%噻虫嗪水分散粒剂2 500倍液；

2.5%高效氯氟氰菊酯乳油3 000倍液；

20%甲氰菊酯乳油2 000～3 000倍液；

2.5%溴氰菊酯乳油3 000～4 000倍液等。

第十六章 香蕉病虫害

香蕉原产于亚洲东南部热带、亚热带地区。我国香蕉主要分布在广东、广西、福建、台湾、云南和海南，贵州、四川、重庆也有少量栽培。2017年，我国栽培面积为35.1万hm^2，年产量达1 246.63万t。

香蕉是我国南部重要的经济作物，其病虫害是影响产量和品质的重要因素之一。香蕉病害主要有20多种，其中，为害较重的有香蕉束顶病、炭疽病、黑星病、花叶心腐病、褐缘灰斑病等。为害香蕉的害虫有20多种，主要有香蕉交脉蚜、香蕉弄蝶、香蕉假茎象鼻虫等。

一、香蕉病害

1. 香蕉束顶病

【分布为害】香蕉束顶病是香蕉的重要病害之一，在我国广东、广西、福建、海南、云南及台湾等省(区)均有发生。一般发病率可达10%～30%，严重时高达50%～80%。

【症　　状】新长出的叶片，一片比一片短而窄小(图16-1)，植株矮缩，叶片硬直并成束长在一起。病株老叶颜色比健株的黄些，新叶则比健株的较为浓绿。叶片硬而脆，很易折断。在嫩叶上有许多与叶脉平行的淡绿和深绿相间的短线状条纹，叶柄和假茎上也有，蕉农称为“青筋”(图16-2)。病株分蘖多，根头变紫色，无光泽，大部分根腐烂或变紫色，不发新根。染病蕉株一般不能抽蕾。为害严重时，植株死亡(图16-3)。

图16-1 香蕉束顶病为害新叶症状

图16-2　香蕉束顶病为害叶柄症状

图16-3　香蕉束顶病为害后期植株症状

【病　　原】Banana bunchy top virus (BBTV)，称香蕉束顶病毒。病毒粒体球形。

【发生规律】病毒在园内主要借香蕉交脉蚜传播，远距离传播则通过病株吸芽调运。病毒不能借汁液摩擦及土壤传播。任何有利于蚜虫猖獗发生的环境条件都有利发病。一般在雨水少、天气干旱的年份蕉蚜发生多，发病较重。在下雨多、天气潮湿的年份蚜虫死亡较多，病害发生较少，发病高峰一般在4—5月，其次在9—10月。

【防治方法】选种无病蕉苗，新蕉区最好用组培苗。增施磷钾肥；合理轮作，彻底挖除病株，挖前先喷药杀蚜，铲除蕉园附近蚜虫的寄主，并于每年开春后清园时喷药杀死蚜虫。

及时喷药消灭蕉园中的交脉蚜。一般在3—4月和9—11月喷药防治，可喷下列药剂：

50%抗蚜威可湿性粉剂1 500～2 000倍液；

10%吡虫啉可湿性粉剂1 500～2 000倍液；

20%氰戊菊酯乳油2 500～3 000倍液。

病害发生初期及时喷药防治，可用下列药剂：

2%宁南霉素水剂250～300倍液；

3.95%三氮唑核苷水剂500～600倍液；

0.5%菇类蛋白多糖水剂300～500倍液；

5%菌毒清水剂200～400倍液；

1.5%植病灵(十二烷基硫酸钠·硫酸铜·三十烷醇)乳剂800～1 000倍液，喷雾、灌根或注射。

2．香蕉炭疽病

【分布为害】香蕉炭疽病分布比较广，在福建、台湾、广东、广西等省（区）普遍发生，主要为害成熟或近熟的果实，尤其是储运期的果实最为严重。

【症　　状】主要为害蕉果。初在近成熟(图16-4和图16-5)或成熟的果面上现“梅花点”状淡褐色小点，后迅速扩大并连合为近圆形至不规则形暗褐色稍下陷的大斑或斑块，其上密生带黏质的针头大小点，随后病斑向纵横扩展，果皮及果肉亦变褐腐烂，品质变坏，不堪食用。干燥天气，病部凹陷干缩。果梗和果轴发病，同样长出黑褐色不规则病斑，严重时全部变黑干缩或腐烂，后期亦产生朱红色黏质小点。

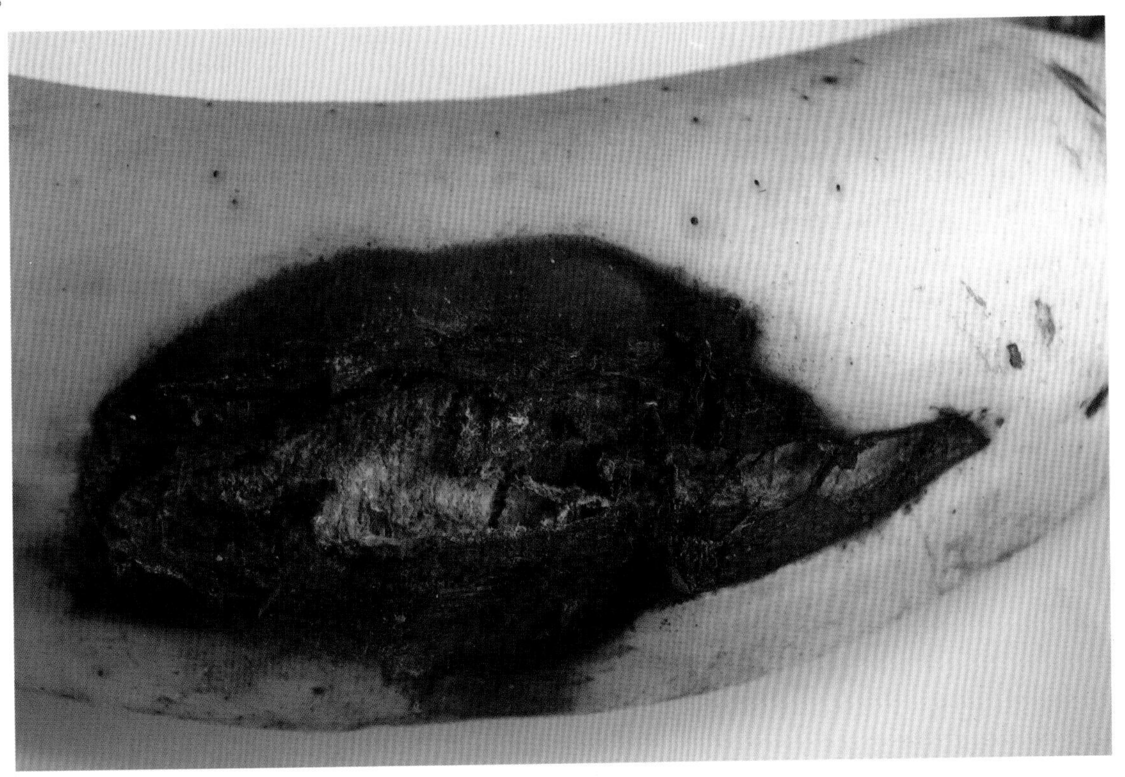

图16-4　香蕉炭疽病为害成熟果前期症状

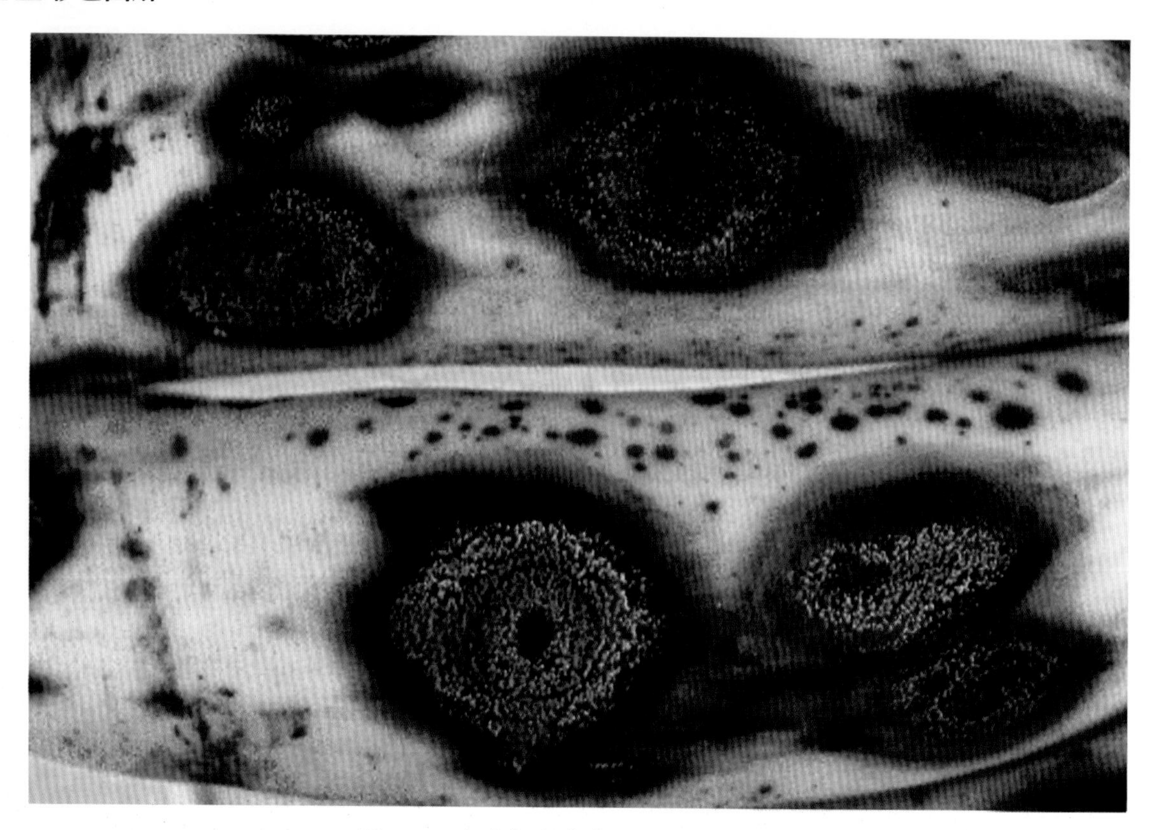

图16-5 香蕉炭疽病为害果实后期症状

【病　　原】*Colletotrichum musae*，称香蕉刺盘孢，属无性型真菌。分生孢子盘圆形；分生孢子长椭圆形，单胞，无色，聚集一起时呈粉红色。

【发生规律】病菌以菌丝体和分生孢子盘在病叶和病残体上存活越冬。翌年分生孢子及菌丝体产生的分生孢子由风雨或昆虫传播到青果上，萌发芽管侵入果皮内，并发展为菌丝体。每年4—10月为该病的多发期，在高温多雨季节发病尤为严重。分生孢子辗转传播，不断进行重复侵染。成熟果实在贮运期间还可以通过接触传染。一般香蕉产区温度较高，在多雨雾重的天气和园圃潮湿的条件下，或贮运期气温高、湿度大往往发病严重。

【防治方法】选种高产、优质的抗病品种，加强水肥管理，增强植株长势，提高抗病力。及时清除和烧毁病花、病轴和病果，并在结果始期进行套袋，可减少病菌侵染。采收应选择晴天，采果及贮运时要尽量避免损伤果实。

结果初期，喷施下列药剂：

50%多菌灵可湿性粉剂500～600倍液；

80%代森锰锌可湿性粉剂800～1 000倍液；

75%百菌清可湿性粉剂600～800倍液等预防。

在病害发生初期，可用下列药剂：

50%甲基硫菌灵可湿性粉剂1 000～1 200倍液；

25%腈苯唑悬浮剂2 000～3 000倍液；

25%吡唑醚菌酯乳油1 000～1 500倍液；

77%氢氧化铜可湿性粉剂1 000倍液等，间隔10～15天喷药1次，连喷3～4次。如遇雨则隔7天左右喷1次，重点喷果实及附近叶片。

3．香蕉黑星病

【分布为害】香蕉黑星病是香蕉产区的常见病害，为害日益加重。

【症　　状】主要为害叶片和青果，也为害成熟果。叶片发病，在叶面及中脉上散生或群生许多小黑粒，后期小黑粒周围呈淡黄色，中部稍下陷，病斑密集成块斑，叶片变黄而凋萎(图16-6和图16-7)。青果发病，多在果肩弯背部分生许多小黑粒，果面粗糙，随后许多小黑粒聚集成堆。果实成熟时，在每堆小黑粒周围形成椭圆形的褐色小斑；不久病斑呈暗褐色或黑色，周缘呈淡褐色，中部组织腐烂下陷，其上有小黑粒凸起(图16-8)。

图16-6 香蕉黑星病为害叶片后期症状

图16-7 香蕉黑星病为害叶片初期症状

图16-8 香蕉黑星病为害果实症状

【病　　原】*Macrophoma musae*，称香蕉大茎点菌，属无性型真菌。分生孢子器褐色，圆锥形，顶部有一细孔；分生孢子单胞，椭圆形或卵形，无色或淡褐色，其中一端长有一根细线状的附属丝。

【发生规律】病菌以分生孢子器或分生孢子在蕉园枯叶残株上越冬。第二年雨后分生孢子靠雨水飞溅传到叶片再侵染，叶片的病菌随雨水流溅向果穗。叶片上斑点可见因雨水流动路径而呈条状分布。9月下旬至10月上旬旱季时潜育期19天，进入12月至翌年1—2月低温干旱时长达69天，全年以8—12月受害重。夏秋季节若多雨高湿有利于发病。苗期较抗病，挂果后期果实最易感病，高温多雨季节病害易流行。

【防治方法】注意果园卫生，经常清除销毁病叶残株。不偏施氮肥，增施有机肥和钾肥，提高植株抗病力；疏通蕉园排灌沟渠，避免雨季积水；抽蕾挂果期，用纸袋或塑料薄膜套果，减少病菌侵染。套袋前后各喷1～2次杀菌剂，效果更好。

在叶片发病前期，喷施下列药剂进行预防：

75%百菌清可湿性粉剂800～1 000倍液；

50%多菌灵可湿性粉剂800～1 000倍液；

50%甲基硫菌灵·硫磺悬浮剂500～600倍液；

36%甲基硫菌灵悬浮剂1 000～1 500倍液等。

在叶片发病初期或在抽蕾后蕉叶未开前，可用下列药剂：

40%戊唑醇·咪鲜胺水乳剂1 000～1 500倍液；

25%腈菌唑乳油2 500～3 000倍液；

25%丙环唑·咪鲜胺乳油1 000～1 500倍液；

25%吡唑醚菌酯乳油1 200～2 000倍液；

25%苯醚甲环唑乳油2 000～3 000倍液；

30%苯醚甲环唑·丙环唑乳油1 500～2 000倍液；

25%氟硅唑水分散粒剂4 000～5 000倍液；

25%丙环唑乳油2 000～2 500倍液；

70%甲基硫菌灵可湿性粉剂800～1 000倍液，喷病叶或果实。间隔10～15天，连续喷3次。

4. 香蕉花叶心腐病

【分布为害】香蕉花叶心腐病现已成为香蕉重要病害之一。在我国广东、广西、福建、云南等地均有该病发生。广东的珠江三角洲为重发病区，有些蕉园发病率高达90%以上。

【症　　状】属全株性病害。病株叶片出现褪绿黄色条纹，呈典型花叶斑驳状，尤以近顶部1～2片叶最明显，叶脉稍肿凸(图16-9和图16-10)。花器受害呈现斑驳症状(图16-11)。假茎内侧初现黄褐色水渍状小点，后扩大并连合成黑褐色坏死条纹或斑块。早发病幼株矮缩甚至死亡；成株感病则生长较弱，多不能结果，即使结实也难长成正常蕉果。当病害进一步发展时，心叶和假茎内的部分组织出现水渍状病区，以后坏死，变黑褐色腐烂。纵切假茎可见病区呈长条状坏死斑，横切面呈块状坏死斑。有时根茎内也发生腐烂。

图16-9 香蕉花叶心腐病为害新叶症状

图16-10 香蕉花叶心腐病为害叶片症状

图16-11 香蕉花叶心腐病为害花序症状

【病　　原】Cucumber mosaic virus banana strain(CMN-Bs)，称黄瓜花叶病毒香蕉株系。粒体呈球形多面体状。

【发生规律】蕉园内病害近距离传播主要靠蚜虫，也可以通过汁液摩擦或机械接触方式传播；远距离传播则借带病芽的调运。幼嫩的组培苗对该病极敏感，感病后1～3个月即可发病，吸芽苗则较耐病，且潜育期较长。温暖而较干燥有利于蚜虫繁殖活动的年份往往发病较重。每年发病高峰期为5—6月。幼株较成株易感病。蕉园及其附近栽植茄、瓜类作物的园圃较多发病。高湿多雨的春植园一般较少发病。在温暖干燥年份，本病发生较为严重。

【防治方法】严禁从病区挖取球茎和吸芽作繁殖种苗用的材料。培育和使用脱毒的组培苗。种组培苗的宜早(3月间)勿迟，也不宜秋植；宜选6～8片的大龄苗定植。清除园内及附近杂草，避免园内及其附近种瓜、茄类作物。挖出的病株、蕉头和吸芽可就地斩碎、晒干，然后搬出园外烧毁。

苗期要加强防虫防病工作，10～15天喷1次50%抗蚜威可湿性粉剂1 500倍液杀蚜虫，同时加喷一些助长剂(如叶面宝等)和防病毒剂(如1.5%植病灵1 000倍液或0.1%硫酸锌液)，提高植株的抗病力，尤其是高温干旱季节。

及时铲除田间病株和消灭传病蚜虫。发现病株要在短时间内尽快全部挖除；在挖除病株前后，可用下列药剂：

50%抗蚜威可湿性粉剂1 500～2 000倍液；

5%鱼藤酮乳油1 000～1 500倍液；

2.5%溴氰菊酯乳油2 500～5 000倍液；

10%吡虫啉可湿性粉剂3 000～4 000倍液；

2.5%氯氟氰菊酯乳油2 500～3 000倍液，喷洒病株和病穴。

5．香蕉褐缘灰斑病

【分布为害】香蕉褐缘灰斑病又称香蕉尾孢菌叶斑病，在我国各香蕉产区普遍发生。主要为害叶片，引起蕉叶干枯，造成植株早衰，发病重者减产50%～75%(图16-12)。

图16-12 香蕉褐缘灰斑病为害情况

【症　　状】该病通常先发生于下部叶片，后渐向上部叶片扩展，病斑最初为点状或短线状褐斑，先见于叶背，然后扩展成椭圆形或长条形黄褐色至黑褐色病斑，或多数病斑融合成不规则形黑褐色大斑。融合后病斑周围组织黄化。在同一叶片上，通常叶缘发病较重，病斑由叶缘向中脉扩展，重者可使整张叶片枯死(图16-13和图16-14)。

图16-13 香蕉褐缘灰斑病为害叶片初期症状

图16-14 香蕉褐缘灰斑病为害叶片中期症状

【病　　原】无性世代为 *Pseudocercospora musae*，称香蕉假尾孢菌，属无性型真菌。分生孢子梗褐色，丛生；分生孢子细长，无色，有0～6个分隔。有性世代为 *Mycospherella musicola*，称香蕉生球腔菌，属子囊菌门真菌。子囊壳黄褐色，卵圆形；子囊椭圆形，有拟侧丝；子囊孢子长椭圆形至纺锤形，有3个隔膜。

【发生规律】病菌以菌丝在寄主病斑或病株残体上越冬。春季产生的分生孢子或子囊孢子借风雨传播，蕉叶上有水膜且气温适宜时，侵入气孔细胞及薄壁组织。每年4—5月初见发病，6—7月高温多雨季节病害盛发，9月后病情加重，枯死的叶片骤增，10月底以后随降雨量和气温下降，病害发展速度减慢。在夏季高温多雨有利于该病的发生流行。过度密植、偏施氮肥、排水不良的蕉园发病较重。

【防治方法】及时清除蕉园的病株残体、减少初侵染源。多施磷、钾肥，不要偏施氮肥。水田蕉园应挖深沟，雨季及时排水。控制种植密度。

在发病前期，喷施下列药剂进行预防：

75%百菌清可湿性粉剂800～1 000倍液；

80%代森锰锌可湿性粉剂800倍液等。

在发病初期或从现蕾期前1个月起进行喷药防治。常用的药剂有：

70%甲基硫菌灵可湿性粉剂800倍液+0.02%洗衣粉；

25%多菌灵可湿性粉剂800倍液+0.04%柴油；

70%甲基硫菌灵可湿性粉剂800倍液+0.02%洗衣粉；

25%多菌灵可湿性粉剂800倍液+0.04%柴油；

25%丙环唑乳油2 000～3 000倍液；

25%腈菌唑乳油2 000～4 000倍液；

12.5%烯唑醇可湿性粉剂1 000～2 000倍液；

25%嘧菌酯悬浮剂1 000～1 500倍液；

24%腈苯唑悬浮剂1 000～1 200倍液；

12.5%氟环唑悬浮剂1 000～2 000倍液；

25%丙环唑·多菌灵悬乳剂800～1 200倍液；

25%吡唑醚菌酯乳油1 000～3 000倍液；

30%苯醚甲环唑·丙环唑乳油1 000～2 000倍液；

40%氟环唑·多菌灵悬浮剂1 500～2 000倍液；

10%苯醚甲环唑水分散粒剂2 000～3 000倍液；

25%咪鲜胺乳油1 500～2 000倍液等，每隔10～20天喷1次，全株喷雾3～5次效果好。

6．香蕉枯萎病

【症　　状】香蕉枯萎病属维管束病害。内部症状表现假茎和球茎维管束黄色到褐色病变，呈斑点状或线状，后期贯穿成长条形或块状。根部木质导管变为红棕色，一直延伸到球茎内，后呈黑褐色而干枯。外部症状表现为叶片倒垂型黄化和假茎基部开裂型黄化两种。叶片倒垂型黄化(图16–15)：发病蕉株下部及靠外的叶鞘先出现特异性黄化，叶片黄化先在叶缘出现，后逐渐扩展到中脉，黄色部分与叶片深绿色部分形成鲜明对比。染病叶片很快倒垂枯萎，由黄色变褐色而干枯，形成一条枯干倒挂着枯萎的叶片(图16–16和16–17)。假茎基部开裂型黄化：病株先从假茎外围的叶鞘近地面处开裂，渐向内扩展，层层开裂直到心叶，并向上扩展，裂口褐色干腐，最后叶片变黄，倒垂或不倒垂，植株枯萎相对较慢。

图16–15　香蕉褐缘灰斑病为害叶片后期症状

图16-16 香蕉枯萎病叶片倒垂型黄化症状

图16-17 香蕉枯萎病整株枯萎症状

【病　　原】*Fusarium oxysporum* f.sp. *cubense*，称尖镰孢菌古巴专化型，属无性型真菌。可产生大小两种类型分生孢子。大型分生孢子镰刀型，无色，有3～5个隔膜；小型分生孢子单胞或双胞，卵形或圆形。

【发生规律】该病菌从根部侵入导管，产生毒素，使维管束坏死。蕉苗、流水、土壤、农具等均可带病。病苗种植和水沟丢弃病株是该病蔓延的主要原因。病菌在土壤中寄生时间长，几年甚至20年。酸性土壤有利于该菌的滋生。排水不良及伤根促进该病发生。每年10—11月为发病高峰。蕉园有明显的发病中心。

【防治方法】避免病土育苗。加强检疫。

土壤消毒。15%恶霜灵水剂或25%多菌灵可湿性粉剂与土壤按1：200比例配制成药土后撒入苗床或定植穴中。

发病初期灌根。发现零星病株时，可用下列药剂灌根：

53.8%氢氧化铜干悬浮剂500～800倍液；

23%络氨铜水剂500～600倍液；

20%甲基立枯磷乳油1 000～1 500倍液；

70%恶霉灵可湿性粉剂1 000～2 000倍液，每株500～1 000ml，每隔5～7天1次，连续2～3次。

7．香蕉冠腐病

【分布为害】香蕉冠腐病是香蕉采后及运输期间发生的重要病害。发病严重时果腐率达18.3%，轴腐率高达70%～100%，往往造成重大的经济损失。

【症　　状】病菌最先从果轴切口侵入，造成果轴腐烂并延伸至果柄，致使果柄腐烂。受为害的果皮爆裂，果肉僵死，不易催熟转黄。成熟的青果受害时，发病的蕉果先从果冠变褐，后期变黑褐色至黑色，病部无明显界限，以后病部逐渐从冠部向果端延伸。空气潮湿时病部上产生大量白色絮状霉状物，即病原菌的菌丝体和子实体，并产生粉红色霉状物，此为病原菌的分生孢子(图16–18)。

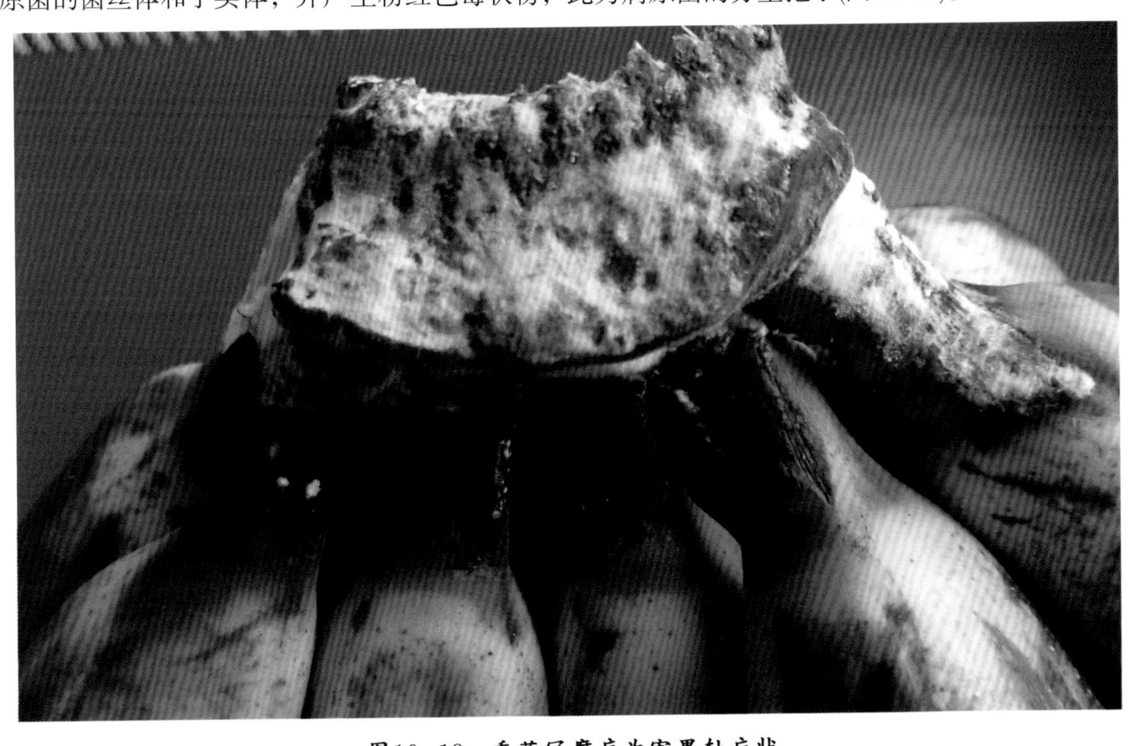

图16–18　香蕉冠腐病为害果轴症状

【病　　原】包括3种镰刀菌：串珠镰孢(*Fusarium moniliforme*)、半裸镰孢(*F. semitectum*)和双胞镰孢(*F. dimerum*)，均属无性型真菌。

【发生规律】香蕉去轴分梳以后，切口处留下大面积伤口，成为病原菌的入侵点。香蕉运输过程中，由于长期沿用的传统采收、包装、运输等环节常导致果实伤痕累累，加上夏秋季节北运车厢内高温高湿，常导致果实大量腐烂。香蕉产地贮藏时，聚乙烯袋密封包装虽能延长果实的绿色寿命，但高温、高湿及二氧化碳的小环境极易诱发冠腐病。雨后采收或采前灌溉的果实也极易发病。成熟度太高的果实在未到达目的地已黄熟，也常引起北运途中大量烂果。

【防治方法】预防本病的关键是尽量减少贮运各环节中造成的机械伤。降低果实后期含水量，采收前10天内不能灌溉，雨后一般应隔2～3日晴天后才能收果。

采收后马上用下列药剂：

50%多菌灵可湿性粉剂500～600倍液；

50%咪鲜胺锰盐可湿性粉剂1 000～2 000倍液；

25%异菌脲悬浮剂1 000～1 500倍液；

16%咪鲜胺·异菌脲悬浮剂400～500倍液；

45%噻菌灵悬浮剂600～800倍液；

50%双胍辛胺可湿性粉剂1 000～1 500倍液，进行浸果处理，然后进行包装。袋内充入适量二氧化碳可减少冠腐病的发生。

选用冷藏车运输。可明显降低冠腐病的发生，冷藏温度一般控制在13～15℃。

8．香蕉灰纹病

【症　　状】主要为害叶片，多从叶缘水孔侵入，初呈暗褐色，水渍状，半圆形或椭圆形，大小不一。病斑扩展后多个连接成大斑，内下方呈淡灰褐色，上方呈暗褐色，边缘暗黑色，外缘有明显的黄色波浪形晕圈，斑内呈轮纹状，斑背有灰褐色霉状物(图16-19)。

图16-19 香蕉灰纹病为害叶片症状

【病　　原】*Cordana musae*，称香蕉暗色双胞菌，属无性型真菌。分生孢子梗细长，褐色有分隔；分生孢子双胞，椭圆形，有横隔膜1个。

【发生规律】病菌主要以菌丝体在寄主病部或病株残体上越冬。分生孢子靠风雨传播，落在寄主叶面后开始发芽，然后自表皮侵入。该病多发生于温湿度较高的季节，每年5—6月为发病盛期。果园密度较高，地势低洼，排水不良时发病较重。

【防治方法】加强田间管理，合理施肥，增强抗病能力，注意排水。发现病叶及时剪除，防止蔓延。

发病初期，可用下列药剂：

80%代森锰锌可湿性粉剂800～1 000倍液；

16%咪鲜胺·异菌脲悬浮剂600～800倍液；

12%腈菌唑乳油8 000～10 000倍液；

12.5%腈菌唑·咪鲜胺乳油600～800倍液；

50%苯菌灵可湿性粉剂600～800倍液；

10%苯醚甲环唑水分散粒剂2 000～2 500倍液，间隔10天喷施1次，连喷2～3次。

9. 香蕉煤纹病

【症 状】该病多发生于叶面叶缘，初呈短椭圆形褐斑，后病斑逐渐扩大并融合成不规则形斑块，中央灰褐色，斑边外缘淡黄色，斑面有污褐色云纹状轮纹，其上仍可见原来各单个灰白色病斑，潮湿时斑面生暗色霉状物。有时病菌还为害果实冠部和果把主轴基部弯曲处，病斑初期为黑色，后转变为灰黑色(图16–20)。

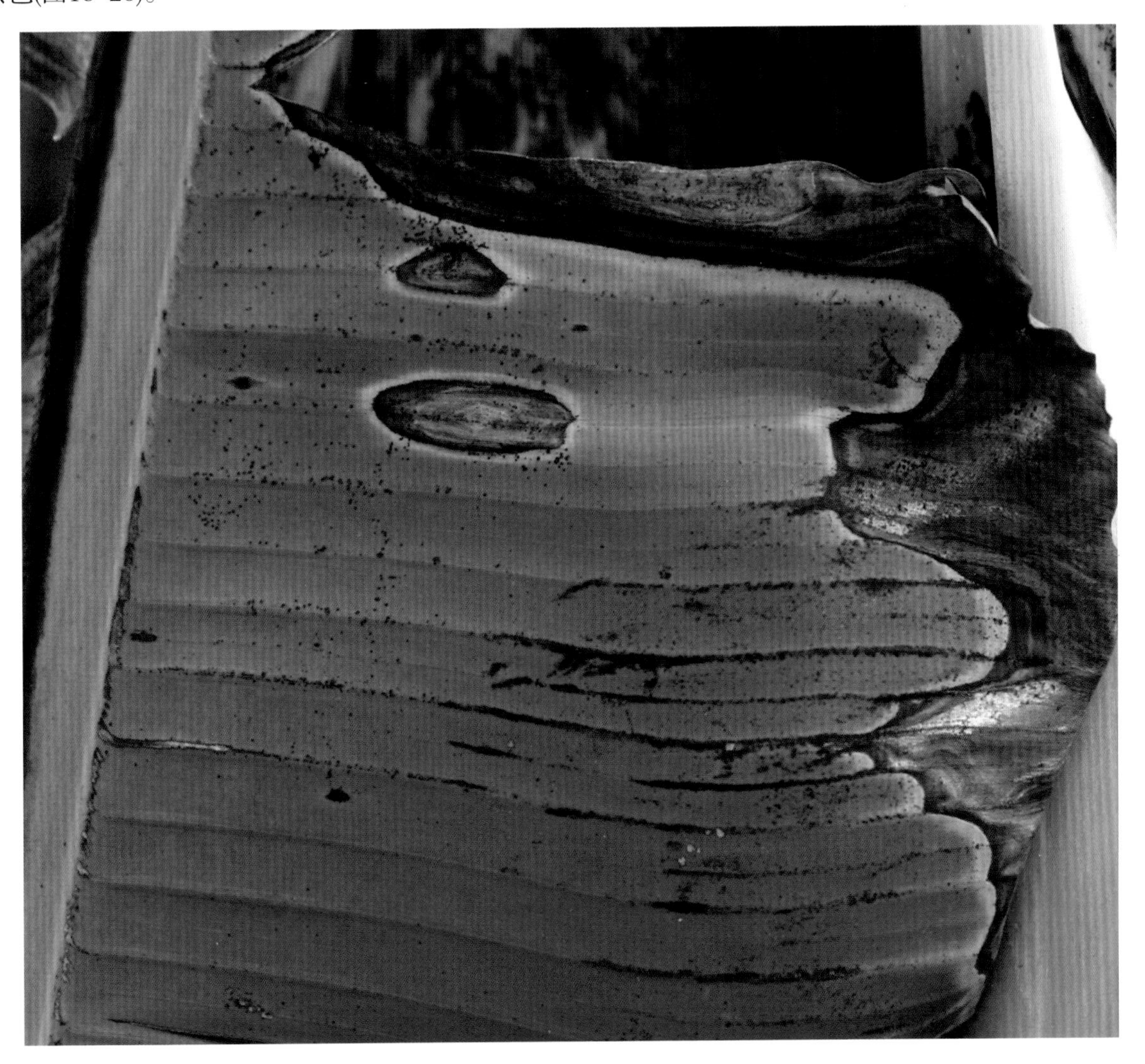

图16–20 香蕉煤纹病为害叶片症状

【病　　原】*Corynespora torulosa* 称簇生棒孢菌，属无性型真菌。分生孢子梗褐色，单生或2～4根丛生，直立，从寄主气孔或坏死细胞间长出，有分隔；分生孢子橄榄色；成熟孢子5～8个细胞，生长孢子3～12个横隔膜，中部较膨大，端部细胞渐小。

【发生规律】病原菌以菌丝体或分生孢子在寄主病部或落到地面上的病残体上越冬，翌春分生孢子或由菌丝体长出的分生孢子借风雨传播蔓延，在香蕉叶上萌发长出芽管从表皮侵入引起发病，后病部又产生分生孢子进行再侵染。每年4—5月初见发病，6—7月高温多雨季节病害盛发，9月后病情加重，枯死的叶片骤增。发病严重程度与当年的降水量、雾露天数关系密切；种植密度过大，偏施氮肥，排水不良的蕉园发病严重；矮秆品种的抗病性较差。

【防治方法】加强栽培管理，合理施肥，注意不偏施氮肥，但应增施钾肥；合理排灌，尤其应及时排除蕉园积水，使植株生长健壮，以提高植株抗病能力。及时割除植株上的病枯叶，清除蕉园杂草，清理园内地面病残叶并集中烧毁，使园内通风透光，减少病原和传播机会。

在病害发生初期喷药防治，药剂可选用：

50%多菌灵可湿性粉剂800倍液；

65%甲基硫菌灵·乙霉威可湿性粉剂1 500～2 000倍液；

24%腈苯唑悬浮剂1 000～1 200倍液；

12.5%氟环唑悬浮剂1 000～2 000倍液；

25%丙环唑乳油1 000～1 500倍液；

10%苯醚甲环唑水分散粒剂2 000～3 000倍液，每隔10～15天喷1次，防治2～3次。

二、香蕉生理性病害

香蕉冻害

华南地区蕉区处于亚热带区域，冬季低温、霜冻所造成的冻害对广东、广西、福建蕉区的影响很大。

【症　　状】霜冻轻的年份，刚展开的嫩叶靠近叶缘出现零星的白斑，长椭圆形，病健部交界极明显；老熟叶片中脉和近中脉叶面出现大量近圆形、下陷的小圆斑(图16-21)。寒害则对香蕉植株茎叶外观无明显影响，但蕉果催熟后呈暗黄色、无光泽(图16-22)。

图16-21　香蕉冻害植株受害症状

图16-22 香蕉冻害果实受害症状

【病　　因】冻害和低温程度、低温持续时间、地势、品种、管理水平等多方面因素有关。香蕉在月平均气温10℃时植株生长和果实品质就会受到影响，可造成抽蕾期孕育着的花蕾不能正常抽出；5℃时即可使叶片冻伤；温度在2.8℃以下，香蕉植株可被冻死；香蕉果实比叶片易发生冻害，幼果比成熟度高的果实易冻伤；从低温持续的时间来说，持续时间越长，冻害就越严重；从地形来说，北坡或山窝低洼地的蕉园受冻程度重；肥水管理好的蕉园，植株贮藏养分多，抗寒力较强。

【防治方法】采用春植或秋植的方法避开寒害。春植时采用具有一定叶数、茎粗、多根的壮苗，在当年2月中旬至3月上旬种植，加强植后肥水管理，可在8月下旬抽蕾，12月中旬之前收果；秋植的时间宜在8—9月，翌年5月抽蕾，9月下旬可收获，产量较高，且避过每年的寒害。

加强冬期管理，保证蕉苗顺利过冬，秋冬高肥，多施有机肥，钾肥，可提高植株的抗寒能力，在霜冻到来之前，应向蕉园灌水，晚间保证有水层保温，从而减轻冻害。1m以下的蕉苗可用稻草或蕉叶覆盖在植株的顶部及蕉头附近的土壤，也可减轻冻害。用聚乙烯薄膜袋套果，可提高袋内温度，减轻冻害。

冻害发生以后，应及时加强灾后管理，特别是肥水管理，可减少灾害损失。

三、香蕉虫害

1．香蕉弄蝶

【分布为害】香蕉弄蝶(*Erionota torus*)，属鳞翅目弄蝶科，是蕉园的重要害虫，主要分布于广西、广东、海南、福建、台湾、云南、贵州、湖南等地。以幼虫吐丝卷叶结成叶苞，藏于其中取食蕉叶，发生严重时，蕉株叶苞累累，蕉叶残缺不全，甚至只剩下中脉，阻碍生长，影响产量(图16-23)。

图16-23 香蕉弄蝶为害叶片症状

【形态特征】雄成虫体黑褐色或茶褐色(图16-24)，头胸部密被灰褐色鳞毛；触角端部膨大呈钩状，前翅近基部被灰黄色鳞毛，翅中部有2个近长方形大黄斑，近外缘有1个近方形小黄斑，前后翅缘毛均呈白色。卵圆球形而略扁，卵壳表面有放射状白色线纹，初产时黄色，渐变红色(图16-25)。幼虫体被白色蜡粉(图16-26)；头黑色，略呈三角形。蛹为被蛹，圆筒形，淡黄色，被有白色蜡粉(图16-27)。

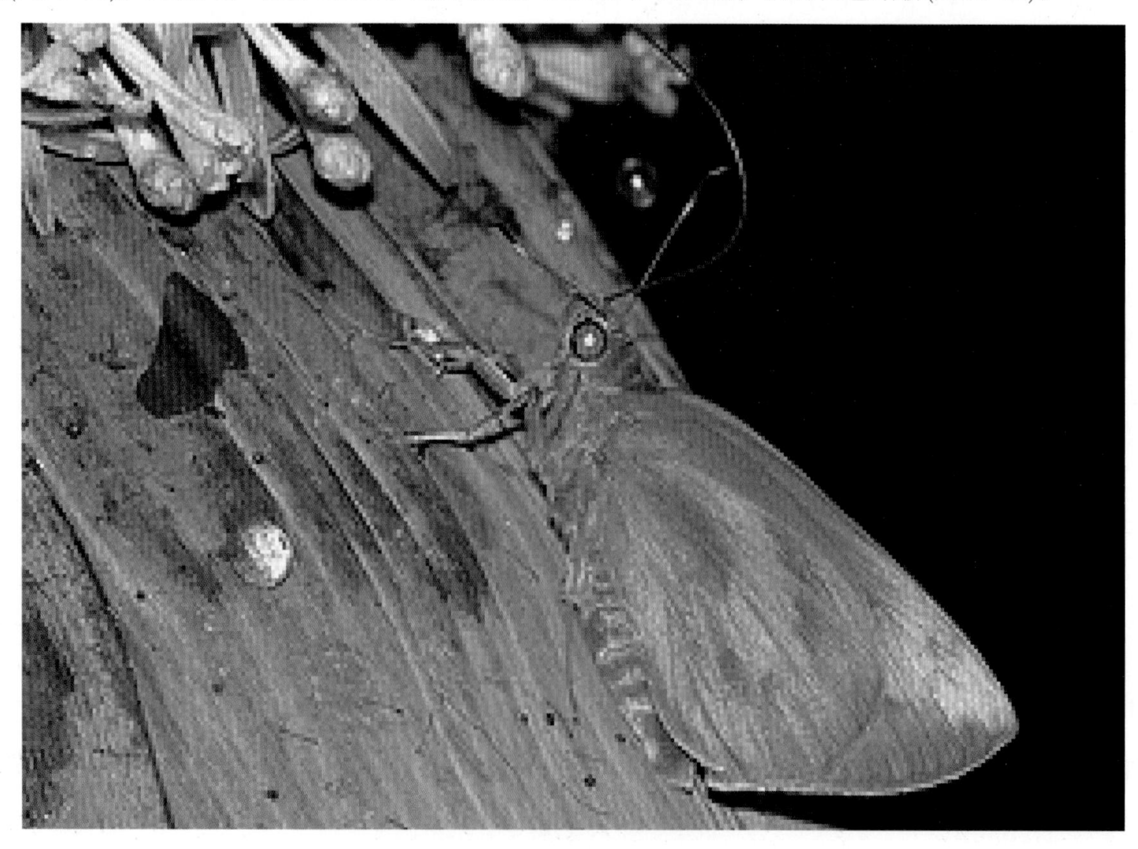

图16-24 香蕉弄蝶成虫

图16-25 香蕉弄蝶卵

图16-26 香蕉弄蝶幼虫

图16-27 香蕉弄蝶蛹

【发生规律】一年发生4～5代，以幼虫在蕉叶卷苞中越冬。翌年2—3月开始化蛹，3—4月成虫羽化，各代重叠发生。成虫于清早或傍晚活动，卵多在早晨孵化，幼虫体表分泌有大量的白粉状物，幼虫吐丝把叶片卷成筒状而成虫苞，藏身其中，边食边卷，幼虫为害期多在每年6—10月，其中6—8月虫口数量最多。

【防治方法】重点消灭越冬幼虫，认真清理蕉园，采集虫苞集中处理。在发生为害的高峰时期，也可采用人工摘除虫苞或用小枝条打落虫苞的方法，集中杀死其中幼虫、蛹。

掌握幼虫低龄期，可用下列药剂：

90%晶体敌百虫或80%敌敌畏乳油800～1 000倍液；

5%灭幼脲乳油1 500～2 000倍液；

10%氯氰菊酯乳油或2.5%溴氰菊酯乳油2 000～2 500倍液；

48%毒死蜱乳油1 000～1 500倍液；

苏云金杆菌粉(含活芽孢1×10^{10}个/g)500～1 000倍液；

5%伏虫隆乳油1 500～2 000倍液；

2.5%氯氟氰菊酯乳油2 500～3 000倍液，叶面喷雾，杀死幼虫。

2．香蕉交脉蚜

【分布为害】香蕉交脉蚜(*Pentalonia nigronervosa*)，属同翅目蚜科。在我国华南各蕉区均有分布，主要传播香蕉束顶病。交脉蚜刺吸为害蕉类植物，使植株长势受影响，更严重的是因吸食病株汁液后能传播香蕉束顶病和香蕉花叶心腐病，对香蕉生产有很大的为害性(图16–28和图16–29)。

图16–28 香蕉交脉蚜为害心叶症状

图16-29 香蕉交脉蚜为害茎基部症状

【形态特征】香蕉交脉蚜有翅蚜体深红，复眼红棕色，触角、腹管和足的腿节、胫节的前端呈暗红色，头部明显长有角瘤，触角6节，并在其上有若干个圆形的感觉孔，腹管圆筒形，前翅大于后翅。孤雌生殖，卵胎生，幼虫要经过4个龄期以后，才变成有翅或无翅成虫(图16-30)。

图16-30 香蕉交脉蚜无翅成虫

【发生规律】每年发生20代以上。冬季蚜虫在叶柄、球茎、根部越冬；到春季气温回升，蕉树生长季节，蚜虫开始活动、繁殖。主要借风进行远距离传播，近距离传播则通过爬行或随吸芽、土壤、工具及人工传播。一年中10—11月一般为蚜虫发生高峰期。广东蕉蚜盛发期是4月左右和9—10月。干旱年份发生量多，且有翅蚜比例高，多雨年份则相反。

【防治方法】一旦发现患病植株，立即喷洒杀虫剂，彻底消灭带毒蚜虫，再将病株及其吸芽彻底挖除，以防止蚜虫再吸食毒汁而传播。

春季气温回升、蚜虫开始活动至冬季低温到来蚜虫进入越冬之前，应及时喷药杀虫。有效的药剂有：

5%鱼藤酮乳油1 000～1 500倍液；

40%速灭威乳油1 000～1 500倍液；

10%吡虫啉可湿性粉剂1 000～2 000倍液；

2.5%氯氟氰菊酯乳油2 500～3 000倍液；

50%抗蚜威可湿性粉剂1 000～1 500倍液；

2.5%溴氰菊酯乳油1 500～2 000倍液。

3．香蕉假茎象鼻虫

【分布为害】香蕉假茎象鼻虫(*Odoiporus longicollis*)，属鞘翅目象甲科。在我国广东、广西、贵州、福建、台湾、海南等省(区)均有分布。严重发生时，蕉株被害率高达60%～90%，受害重的蕉树果穗瘪小，品质差，商品价值很低。主要以幼虫蛀食假茎、叶柄、花轴，造成大量纵横交错的虫道，妨碍水分和养分的输送，影响植株生长(图16–31)。受害株往往枯叶多，生长缓慢，茎秆细小，结果少，果实短小，植株易受风折断。

图16–31 香蕉假茎象鼻虫为害症状

【形态特征】成虫体长圆筒形，全身黑色或黑褐色，有蜡质光泽，密布刻点(图16-32)；头部延伸成筒状略向下弯，触角所在处特别膨大，向两端渐狭；触角膝状；鞘翅近基部稍宽，向后渐狭，有显著的纵沟及刻点9条；腹部末端露出鞘翅外，背板略向下弯，并密生灰黄褐色绒毛。卵乳白色，长椭圆形，表面光滑。老熟幼虫体乳白色(图16-33)，肥大，无足；头赤褐色，体多横皱。蛹乳白色，头喙可达中足胫节末端，头的基半部具6对赤褐色刚毛，3对长，3对短。

图16-32 香蕉假茎象鼻虫成虫

图16-33 香蕉假茎象鼻虫幼虫

【发生规律】在华南地区一年发生4代，世代重叠，各地整年都有发生。在广东自3月初至10月底之间发生数量较多。以幼虫在假茎内越冬。成虫畏阳光，由隧道钻出后，常藏匿于受害的蕉茎最外1、2层干枯或腐烂叶鞘下；有群聚性，尤其夏季或冬季，常见成群聚藏于蕉茎近根部处的干枯叶鞘中，被害严重的蕉园，枯叶多，结实少，受害重者茎部腐烂终至死亡，或使穗梗不能抽出。

【防治方法】冬季清园，在10月间砍除采果后的旧蕉身；对一般植株要在冬季自下而上检查假茎，清除虫害叶鞘，深埋土中或投入粪池沤肥。每年在春暖后至清明前，结合除虫进行圈蕉，可以减少虫害株；在8—10月割除蕉身外部腐烂的叶柄、叶鞘亦能消除成虫和幼虫。

每年4—5月和9—10月，在成虫发生的两个高峰期，于傍晚喷洒杀螟丹、杀虫双等杀虫剂，自上而下喷淋假茎，毒杀成虫。未抽蕾植株可在“把头”处放3.6%杀虫丹颗粒剂10g/株、5%辛硫磷颗粒剂3～5g/株毒杀蛀食的幼虫。

可用48%毒死蜱或50%辛硫磷乳油1 000倍液，于1.5m高假茎偏中髓6cm处注入150ml药液/株。

在蕉园蕉身上端叶柄间，或在叶柄基部与假茎连接的凹陷处，放入少量80%敌敌畏乳油800倍液、25%杀虫双水剂500倍液、48%毒死蜱乳油700倍液自上端叶柄淋施。

4．香蕉冠网蝽

【分布为害】香蕉冠网蝽(*Stephanitis typical*)，属半翅目网蝽科。主要分布在福建、台湾、广东、广西和云南等省(区)。以成虫及若虫在叶片背面吸食汁液，吸食点呈淡黄色斑点，严重时叶片呈黯淡灰黄色(图16–34)。

图16–34　香蕉冠网蝽为害叶片症状

【形态特征】成虫羽化时呈银白色，后逐渐转变为灰白色，前翅膜质近透明，长椭圆形，具网状纹，后翅狭长无网纹，有毛；头小，呈棕褐色；在前胸背两侧及头顶部分有一块白色膜突出，上具网状纹，似“花冠”，具刺吸式口器(图16–35)。卵长椭圆形，稍弯曲，顶端有一卵圆形的灰褐卵盖，初产时无色透明，后期变为白色。若虫共有5龄，1龄若虫为白色，以后体色变深，身体光滑，体刺不明显，老熟若虫前胸背板盖及头部，具翅芽，头部黑褐色，复眼紫红色(图16–36)。

图16–35 香蕉冠网蝽成虫

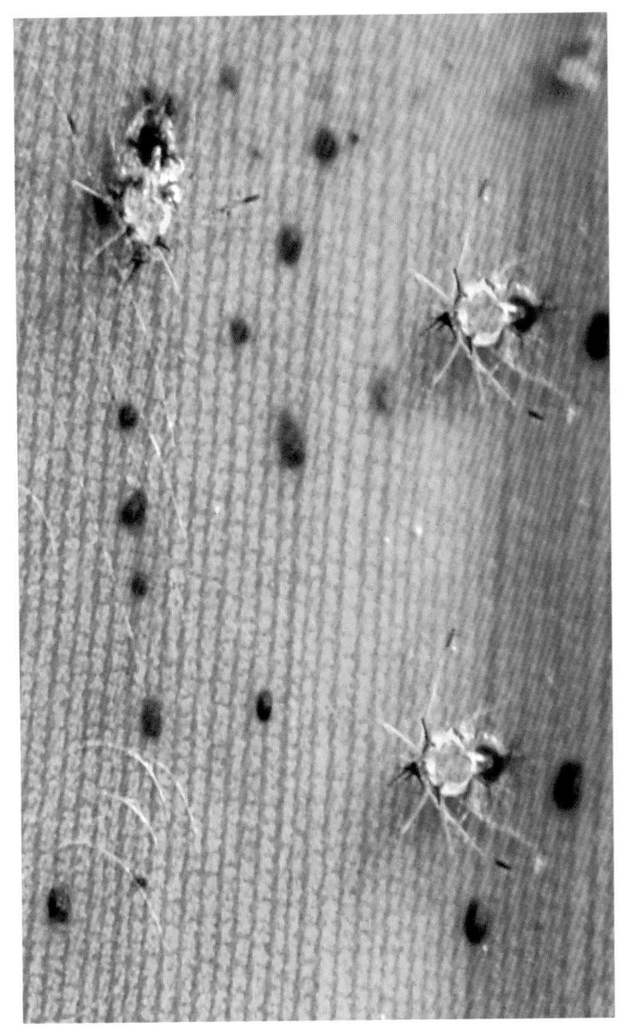

图16–36 香蕉冠网蝽若虫

【发生规律】在广州地区，一年发生6～7代，世代重叠，无明显越冬期。4—11月为成虫羽化期。成虫产卵于叶背的叶肉组织内，并分泌紫色胶状物覆盖保护。卵孵化后栖叶背取食；成虫则喜欢在蕉株顶部1～3片嫩叶叶背取食和产卵为害。小于15℃低温时成虫静伏不动，在夏秋季发生较多，旱季为害较为严重，台风、暴雨对其生存有明显影响。

【防治方法】剪除严重受害叶片，消灭成群虫源。

发生为害初期，可用下列药剂喷施叶背：

90%晶体敌百虫800～1 000倍液；

48%毒死蜱乳油1 000～1 500倍液；

50%马拉硫磷乳油1 000～1 500倍液；

20%三唑磷乳油1 000～2 000倍液。

第十七章 菠萝病虫害

菠萝，别名凤梨，属凤梨科凤梨属多年生单子叶常绿草本果树，原产于南美洲的巴西、阿根廷、巴拉圭等热带雨林地区，现广泛分布于南北纬30°之间。菠萝原产于美洲热带的巴西，16世纪中期由葡萄牙的传教士带到澳门，然后引进到广东各地，后在广西、福建、台湾等省(区)栽种，经过长期的选育，陆续培育出许多优良品种。中国是菠萝主产国之一，国家统计局最新数据显示，2018年我国菠萝面积达7万hm^2，产量达162.5万t。海南、广东、广西、福建和云南5个菠萝主产区中，广东菠萝种植面积最多，一直在全国居于领先地位，其种植面积占全国菠萝种植面积的比重一直在45%以上。

菠萝主要病虫害有30多种，其中，病害主要有凋萎病、黑腐病、叶斑病、黑心病等；害虫主要有菠萝粉蚧、蛴螬、白蚁等。

一、菠萝病害

1．菠萝凋萎病

【分布为害】菠萝凋萎病又名菠萝根腐病，当地称为“菠萝瘟”，在海南、广东、广西、福建及台湾等地均有发生。

【症　　状】植株发病后，叶片变软下垂，叶色淡绿至红色，基部腐烂，最后全株枯死(图17-1)。地上部表现为发病初期基部叶片变黄发红(图17-2)，皱缩，失去光泽，叶缘向内卷曲，以后叶尖干枯，叶片凋萎(图17-3)，植株停止生长。随着病情发展，由根尖腐烂发展到根系的部分或全部腐烂，植株枯死。

图17-1　菠萝凋萎病为害植株枯死症状

图17-2 菠萝凋萎病为害叶片症状

图17-3 菠萝凋萎病为害叶片凋萎症状

【病　　原】该病的病原目前尚无统一的认识，多数人认为是菠萝粉蚧传染的病毒，由菠萝凋萎病病毒(Pineapple mealybug wilt- associated virus，PMWaV)所致。其病原病毒属甜菜黄化病毒组(Clostero virus)Ⅱ型病毒，弯杆形。

【发生规律】本病的初侵染源是带有菠萝粉蚧(若虫和卵)越冬的病株、其他寄主植物和种苗。此虫行动迟缓，在田间植株之间的迁移主要借助几种蚂蚁。当病株接近枯死前，由蚂蚁将菠萝粉蚧搬迁到邻近健株上传播为害。冬季天气转冷时粉蚧又在植株基部和根上越冬。一般高温、干旱的秋季和冬季易发病，但低温、阴雨的春季也常见发病。在广西9—11月和翌年3—4月，广东10—12月，海南省多发生于11月至翌年1—2月。一般植株生长旺盛、肥水管理水平较高、过度密植的地块易发病且较重。山腰洼地易积水、山坡陡土壤冲刷严重、根系外露和保水性能差的砂质土，根系易枯死凋萎。如蛴螬、白蚁、蚯蚓等吸食地下根部可加重凋萎病的发生。

【防治方法】改良园地环境，注意选用种植园地，加强管理，采用高畦种植，避免果园积水和水土流失，对高岭土和黏重土应增施有机肥料，改良土壤通气性，促进根系生长，及时挖除病株并烧毁。

首先严格注意不用病苗繁殖，其次及时扑灭菠萝粉蚧。定植时用下列药剂：

50%马拉硫磷乳油800倍液；

80%敌敌畏乳油1 000倍液浸种苗5～10分钟消毒，倒置晾干后种植。

在8—9月虫量多时用下列药剂：

1.8%阿维菌素乳油2 000倍液；

25%喹硫磷乳油800倍液，或春、秋、冬用松脂合剂10～20倍液喷杀。

药肥处理：发现病株，可及时选用上述药剂加50%甲基硫菌灵可湿性粉剂400倍液和1%～2%尿素混合喷洒，以促进黄叶转绿。

2. 菠萝心腐病

【分布为害】菠萝心腐病主要发生在福建、广西、广东和台湾等省（区），常见于新种植的菠萝园。该病一旦发生，迅速蔓延扩展，常造成整片苗发病和严重的死苗现象。

【症　　状】菠萝心腐病主要为害幼龄植株，也为害成株和果实。幼株被害初期叶片仍呈青绿色，仅叶色稍变暗、无光泽，但心叶黄白色，容易拔脱，肉眼一般不易察觉。以后病株叶色逐渐褪绿，变为黄色或红黄色，叶尖变褐色干枯，此时叶基部产生浅褐色、乃至黑色水渍状腐烂，腐烂组织变成奶酪状，病健交界处呈深褐色。随着次生菌入侵，腐烂组织常发出臭味，最终全株死亡(图17–4)。潮湿时，受害组织上产生白色霉层，即病原菌的菌丝体和孢子囊。成株主要是根系受害，变黑腐烂(图17–5)，心叶褪绿，较老叶片枯萎。病株的果实体小、味淡(图17–6)。绿果能被邻近病株溅散的病菌侵染，产生灰白色湿腐斑块，后迅速扩展使整个果实腐烂。

图17–4　菠萝心腐病为害幼株后期症状

图17–5 菠萝心腐病为害成株症状

图17–6 菠萝心腐病为害果实症状

【病　　原】由多种疫霉引起，均属鞭毛菌门真菌。樟疫霉(*Phytophthora cinnamomi*)，孢子囊呈卵圆至椭圆形，有乳头状凸起。柑橘褐腐疫霉(*P. citrophthora*)，孢囊梗不规则分枝；孢子囊卵形、长卵形或不规则形，基部钝圆，乳突较明显。烟草疫霉(*P. nicotianae*)气生菌丝较茂盛，基生菌丝扭曲，粗细不均，有时呈珊瑚状；厚垣孢子球形；孢囊梗不分枝或简单合轴分枝；孢子囊近球形、卵形，基部钝圆；藏卵器球形，壁光滑，卵孢子球形，满器；雄器围生，近球形。棕榈疫霉(*P. palmivora*)，厚垣孢子顶生，球形，孢囊梗合轴分枝或不规则分枝；孢子囊多为卵形，少数长卵形、倒梨形，基部钝圆，个别呈楔状；卵孢子球形，几乎满器。

【发生规律】病菌能在田间病株和病田土壤中存活和越冬。带菌的种苗是此病的主要来源，含菌土壤和其他寄主植物也能提供侵染菌源。田间主要借助风雨和流水而传播，进行重复侵染，病害得以蔓延扩大。寄生疫霉和棕榈疫霉主要从植株根茎交界处的幼嫩组织侵入叶轴而引起心腐；樟疫霉由根尖侵入，经过根系到达茎部，引起根腐和心腐。在高湿条件下从病部产生孢子囊和游动孢子，借助风雨溅散和流水传播，使病害在田间迅速蔓延。高温多雨季节，特别是秋季定植后遇暴雨，往往发病较重。雨天定植的田块发病严重。使用病苗、连作、土壤黏重或排水不良的田块一般发病早且较严重。在广东3—5月梅雨季节及8—10月台风雨季发病较多。

【防治方法】该病在多雨季节，尤以种后不久多雨发生特别严重，所以种前必须注意选用壮苗，同时经过一定的干燥时期，然后下种。特别注意排水，并避免在低洼多湿地方种植。避免叶片基部受伤，在中耕除草时要小心。合理施肥，勿偏施或过施氮肥。

病区植前要进行种苗处理，先剥去种苗基部几片叶片，然后用25%多菌灵可湿性粉剂800～1 000倍液浸苗基部10～15分钟，倒置晾干后，再行种植。

及早发现，拔除病株补植，换土并撒石灰，发病初期，可用下列药剂：

40%三乙膦酸铝可湿性粉剂400倍液；

722g/L霜霉威盐酸盐水剂 60～100ml/亩；

56%唑醚·霜脲氰（吡唑醚菌酯8%＋霜脲氰48%）水分散粒剂21～28g/亩；

58%甲霜灵·代森锰锌可湿性粉剂800倍液；

64%恶霜灵·代森锰锌可湿性粉剂600倍液，喷施，以防病害蔓延扩大。病苗则及时拔除烧毁。病穴的土壤要清除换上新泥，再撒施石灰消毒，然后补种好苗。

3. 菠萝黑腐病

【病害分布】菠萝黑腐病又称凤梨基腐病，在我国主要菠萝产区广东、海南、广西和福建等省都有发生，是果实成熟及贮藏过程中的重要病害。也可侵害幼苗，引起苗腐。发病率高达30%～40%。

【症　　状】主要发生于成熟的果实上。被害果面出现水渍状软斑，与健康组织有明显的分界，病斑逐渐扩大到整个果实，形成黑色大斑块。果肉变黑腐烂，并发出酸臭味。病菌可侵害幼苗，引起苗腐。开始外叶枯黄，逐渐至内部叶片，用手拔时全部叶片与地下部分脱离，病菌还可从顶芽伤口侵入，侵害嫩叶基部引起心腐(图17–7)。茎腐：引致茎基部腐烂及根部变黑腐烂(图17–8)；病部都呈黑色并散发出异味，植株后期柔软组织坏死，仅存纤维组织，造成植株倒伏死亡(图17–9)。叶片受害，初期叶片病斑为褐色小点，在湿度较大的情况下迅速扩大成不规则水渍状或黑褐色大斑(图17–10)，最后在其上生成灰白色霉层。在干旱的情况下，病斑则会变成草黄色，边缘黑褐色，严重时造成全叶枯黄。

【病　　原】奇异长喙壳(*Ceratocystis paradoxa*)，属子囊菌门真菌，子囊壳长颈外露，即肉眼所见的刺毛状物。无性世代为奇异根串珠霉(*Thielaviopsis paradoxa*)，属无性型真菌。子囊壳基部膨大成球形，有细长的颈，顶部裂成须状，黑色，肉眼看去像刺毛。子囊孢子单胞、无色、椭圆形。厚垣孢子串生，球形或椭圆形，初黄褐色，后为黑褐色，表面有刺突。内生孢子长方形或短圆筒形，无色，分生于浅色生殖菌丝中，排列成串，成熟时依次溢出。

图17-7 菠萝黑腐病为害植株基部症状

图17-8 菠萝黑腐病为害幼株症状

图17-9　菠萝黑腐病为害茎基部症状

图17-10　菠萝黑腐病为害叶片症状

【发生规律】本病以菌丝体或厚壁孢子在土壤或病组织中越冬。侵害途径主要是借雨水溅射或气流、昆虫传播，病菌从伤口侵入致病；遇寄主、条件都适宜时，即萌发芽管，从伤口侵染，引起发病。鲜果在运输、贮藏期间，通过伤口接触传染而蔓延扩展。果园排灌不良，造成积水，容易导致苗腐；在潮湿的情况下，有伤口的种苗易感染发病；雨天摘除顶芽，病菌易从伤口侵入，摘除顶芽太迟，伤口大难愈合，果实受害机会多。冬菠萝遭低温霜冻，运输途中鲜果被压伤或抛伤，采收后堆聚受日灼等增加发病。温度23～29℃，果实黑腐发展最快。较甜的品种比较酸的品种病重。

【防治方法】加强菠萝园栽培管理，注意果园排水，减少发生苗腐。果园发现病苗要及时进行防治或拔除。发现病果及时从果堆中捡出，避免接触传染。收获运输及贮藏期间，果实应小心轻放，避免造成机械损伤。不可在雨天收果，晴天收果也不宜堆放过厚，贮藏室要通风干燥。

灭菌防腐：采果后，可用50%多菌灵可湿性粉剂1 000倍液或70%甲基硫菌灵可湿性粉剂1 000～1 500倍液浸果柄切口顶端1分钟，晾干后再贮运，或在果柄新鲜切口处涂10%安息酸酒精预防感染。

适时晴天摘除顶芽，如果因下雨或打顶除芽伤口大，可用50%多菌灵可湿性粉剂或70%甲基硫菌灵可湿性粉剂1 000倍液喷涂伤口进行保护。

选用壮苗：种苗须经2～3天阴干后才可定植，或用50%多菌灵可湿性粉剂1 500倍液浸泡10分钟后定植。

4．菠萝枯斑病

【病害分布】菠萝枯斑病在福建、广东、广西和海南等省或自治区均有发生。主要为害叶片，造成枯叶(图17-11)。

图17-11 菠萝枯斑病为害情况

【症　　状】该病主要发生在植株中下部的叶片上，常引起大量枯叶。病斑多发生在叶尖或中部，呈椭圆形或不规则形，浅褐色，凹陷，边缘深褐色，病健交界明显，后期病斑中部多碎裂，呈枯斑状(图17-12至图17-14)。病斑中央着生有突破表皮的黑色小点，此为病菌的分生孢子盘。

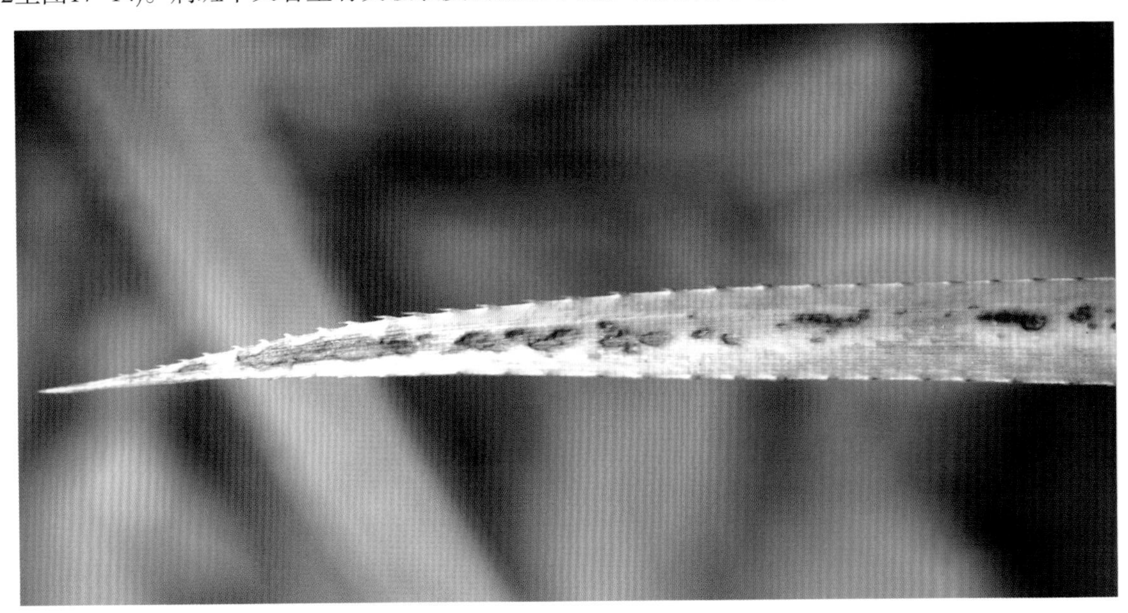

图17-12 菠萝枯斑病为害叶片初期症状

图17-13　菠萝枯斑病为害叶片中期症状

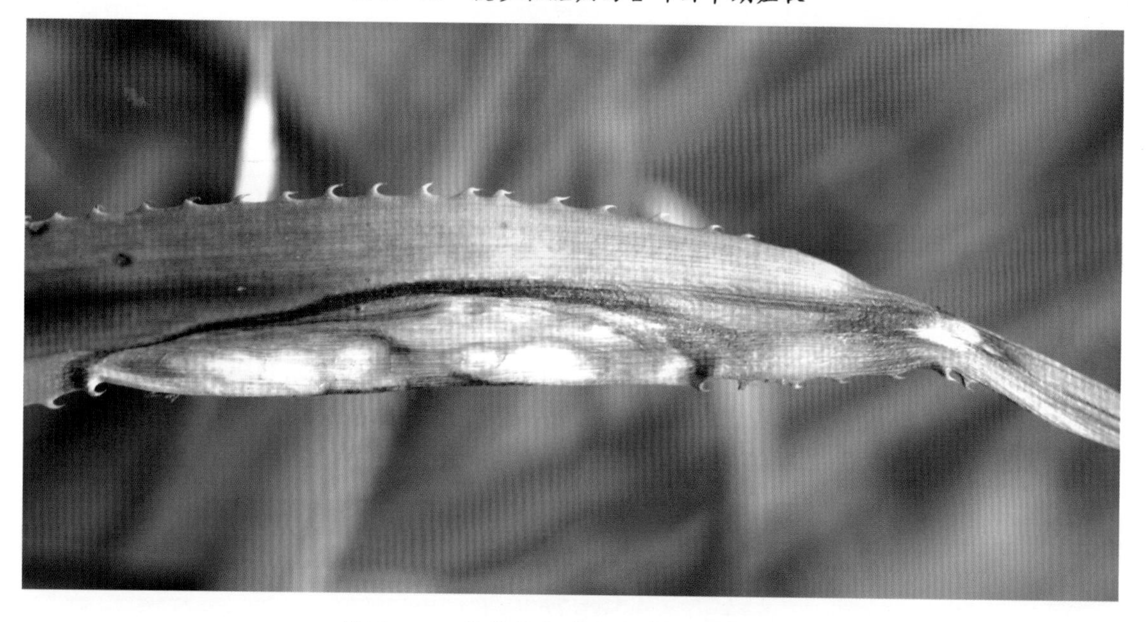

图17-14　菠萝枯斑病为害叶片后期症状

【病　　原】*Annellolacinia dinemasporioides* 称盘环裂毛孢菌，属无性型真菌。分生孢子盘黑色或暗褐色，圆形或椭圆形。分生孢子圆筒形或长椭圆形，稍弯曲，单胞无色，有1~3个油球，多为2个，两端各有一根附属丝，附属丝不分叉。

【发生规律】病菌主要以菌丝体在病叶组织内越冬，翌年可产生分生孢子，随风雨、昆虫传播侵染嫩叶。该病在高温高湿的条件下发生较多，故在夏、秋季发病较重。管理粗放的果园发病较重。

【防治方法】加强栽培管理，可使菠萝生长健壮，提高抗病能力。

在抽叶期进行喷药保护，间隔15天喷药1次，连喷2~3次。可用下列药剂：

50%咪鲜胺锰盐可湿性粉剂2 000倍液；

50%多菌灵可湿性粉剂600倍液；

40%氟硅唑乳油6 000~8 000倍液。

5. 菠萝圆斑病

【症　状】主要为害叶片，造成枯叶。病斑为圆形或椭圆形，不凹陷，边缘淡褐色，中央灰色。病斑中央表皮下埋生黑色小点，此为病菌的分生孢子器(图17–15和图17–16)。

图17—15　菠萝圆斑病为害叶片初期症状

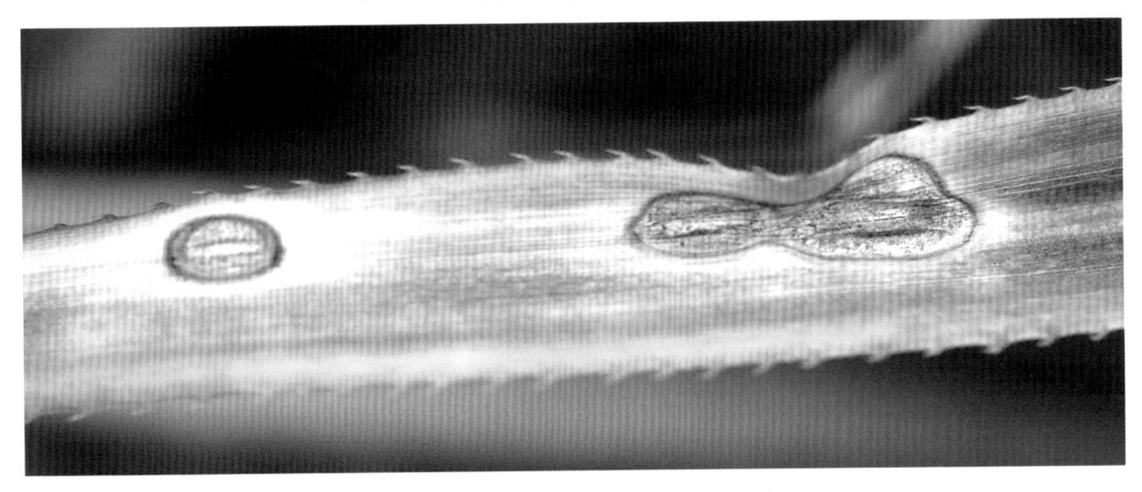

图17—16　菠萝圆斑病为害叶片后期症状

【病　原】*Phomopsis ananassae* 称凤梨拟茎点霉，属无性型真菌。分生孢子器点状，单生或合生，埋于表皮下，黑褐色，圆形或不规则形。A 型分生孢子无色、单胞、纺锤形或椭圆形，具有2个油球；B 型分生孢子无色、单胞、线状、弯曲。

【发生规律】病菌以菌丝体在病叶上越冬。在翌年多雨潮湿季节，病菌自分生孢子器大量涌出，借风雨及昆虫传播。病菌的寄生性较弱，必须在寄主植物生长衰弱时或在有伤口的情况下才能侵入，因此，病害的发生与栽培管理关系密切，管理粗放，长势差的果园发病重。

【防治方法】加强栽培管理，提高抗病能力。做好防霜冻工作，低温来临前培土、灌水、盖草防冻，减少病害发生。

在抽叶期进行喷药保护，每隔15天喷药1次，连喷2～3次。有效药剂有：

50%咪鲜胺锰盐可湿性粉剂2 000倍液；

25%丙环唑乳油1 000倍液。

二、菠萝生理性病害

菠萝冻害

【症　　状】0℃或0℃以下低温，菠萝叶组织结冰而受害，受害叶似开水烫伤，失去膨压，很快变白干枯(图17-17)。轻霜冻只在叶尖和叶片出现白斑，重霜冻则受害部分坏死。

图17-17　菠萝冻害症状

【病　　因】连续低于5℃以下的低温7天，最低温度为1℃以下，菠萝植株及叶片均受严重冻害，叶面和株心有结冰现象，叶片大部分干枯死亡，部分生长点冻坏，心叶腐烂，果实受冻黑心、变质霉烂。

【防治方法】因地制宜进行寒害保护、确保安全越冬是菠萝稳产高产的重要措施。

选择最低月平均气温大于13℃、极端最低气温大于2℃、历年寒流寒害的积寒小于10℃的地区发展菠萝生产，并选择坐北朝南、不沉积冷气的地段栽培。选择抗寒性强的菠萝种类或品种，以提高自身的抗冻能力，减轻冻害。

采取适度密植、增施钾肥、越冬前重施有机肥与重培土、覆盖等栽培措施减轻灾害。

当温度下降到菠萝冻害临界温度以上1～2℃时，可在菠萝园内用杂草、谷壳、木屑、草皮等熏烟防寒。要使熏烟防寒取得好效果，应使用发烟量大、烟雾较浓的发烟剂人造烟雾弹，如硝酸铵加木屑等。

冻前务必使植株生长健壮充实，不要过多施用氮肥。冬季施肥时要厚培土以使根茎不裸露，能大大增强抗寒能力，减轻受害程度，且翌年春生长恢复亦快。

对受冻严重的菠萝园应及早翻种更新。更新区应强调施足基肥，每株施入土杂肥500g以上。根据冻害调查，新植1～2年生苗抗寒力较强，受害较轻，恢复生长快。故培育壮苗更新扩种，加快更新速度，增加新苗面积，减少老弱苗面积。

三、菠萝虫害

1. 菠萝粉蚧

【分布为害】菠萝粉蚧(*Dysmicoccus brevipes*)，又名菠萝洁粉蚧，属同翅目粉蚧科，是菠萝的重要害虫。国内该虫主要分布于粤、桂、琼、台、闽等省(区)。成虫、若虫吸食菠萝叶片、茎、根、果及幼苗汁液。受害叶片自下而上褪色呈现黄、红、紫色，严重时全部叶片变色、软化、下垂枯萎，最后全株枯死(图17-18和图17-19)；受害根变为黑褐色，逐渐腐败，致使植株长势衰弱；受害果，轻者果皮失去光泽，同时伴随着煤烟病的发生，重者萎缩；幼苗受害后发育不良，甚至枯萎。

图17-18　菠萝粉蚧为害根部症状

图17-19　菠萝粉蚧为害果实症状

【形态特征】雌成虫体被大量白色蜡粉、边缘有蜡质突出，触角7或8节，有17对刺孔群，臀瓣具2根中等大的圆锥状刺。细管状腺分布在腹部6～8节，其边缘的成群分布，后足胫节较跗节约长2倍，雌虫体色有桃色及灰色两型，以桃色的为多。雄成虫体微小，呈黄褐色，具透明的翅，平置体背上，腹端有一对细长的蜡质物。卵椭圆形，初产时黄色，后变黄褐色，与雌虫分泌的软的白色蜡质物混合成不规则的绵状，附于寄主植物上，每块具1～12粒卵。若虫共3龄。1龄若虫触角6节，腹部背面的三孔腺及毛，各节均具一列，腹端的一对长毛比后足跗节略短，后足跗节比后足胫节稍长。2龄若虫触角6节，腹部背面三孔腺散生，后足跗节与胫节几乎等长，腹端的一对长毛比后足跗节略长或等长。3龄若虫触角7节，后足跗节比胫节稍短，腹端的一对长毛明显地较后足跗节上的毛长。蛹位于丝状蜡质物所形成的茧囊中。茧形不规则，多为长形，附于植物上。

【发生规律】一年发生5～6代，雌成虫只有吸取寄主植物汁液后，卵巢才能成熟而生殖，其成熟所需时间与食物及气温有关，在高温期于多汁部位被吸食的成熟迅速。每年有2次高峰，3月下旬至5月出现小高峰，9—11月呈持续高峰。孤雌生殖，以胎生为主亦有卵生，或卵生与胎生交互进行的现象，胎生产下的若虫常群集在母体下，以后逐渐分散，找到适宜部位后即固着吸食为害，亦有在母体附近静止不动或在母体上反复爬行的，若虫期在夏季一般为30天，在冬季达2个月。蚁类喜食粉蚧的排泄物，当这些排泄物被食尽后，对粉蚧生长繁殖有利，此外蚁类还可搬运传播粉蚧及驱逐粉蚧的天敌，因而蚁类对粉蚧的发生起了有利的作用。菠萝粉蚧的发生与雨水关系密切，暴雨对粉蚧有冲刷作用；大雨或连续下雨，因叶片基部积水亦可将此部位的虫体淹死。

【防治方法】园地开垦时清除野生杂草及灌木。当发现中心虫株时对该株及吸芽萌芽一并铲除，然后在中心株周围50～60cm范围内撒上生石灰200～300g，可提高防治效果。

每定植穴结合施基肥施生石灰100g，既能杀灭该虫的传播媒介蚂蚁，又能降低红壤土酸度，有利于菠萝生长。

对引进的外地种苗剥除老叶并砍去最基部的老头，定植前用下列药剂灌心：

50%马拉硫磷乳油800倍液；

1.8%阿维菌素乳油2 000～4 000倍液。

或用下列药剂：

20%高效顺反氯马乳油3 000～4 000倍液；

10%吡虫啉可湿性粉剂1 000～1 500倍液，浸泡苗基部10分钟。

2．蛴螬

【分布为害】蛴螬是鞘翅目金龟甲总科幼虫的总称。其成虫通称金龟子。蛴螬在我国分布很广，各地均有发生。为害菠萝的主要是铜绿丽金龟(*Anomala carpulenta*)。蛴螬的食性很杂，是多食性害虫。主要在地下为害，咬断幼苗根茎，切口整齐，造成幼苗枯死，或蛀食块根、块茎，造成孔洞，使作物生长衰弱，影响产量和品质。同时，被蛴螬造成的伤口有利于病菌的侵入，诱发其他病害。

【形态特征】成虫略小，头、前胸背板、小盾片和鞘翅铜绿色(图17-20)，发光。雄虫腹面黄褐色，雌虫腹面黄白色。产卵乳白色，长椭圆形。老熟幼虫(图17-21)肛腹片后部覆毛区中间的刺毛列由长针状刺毛组成，每列多为15～18根，两列刺毛尖大部彼此相遇和交叉，两刺毛列平行，只后端稍岔开些，刺毛列前边远没有达到钩毛群的前缘。蛹乳白色，后变淡黄色。

图17-21 铜绿丽金龟幼虫

图17-20 铜绿丽金龟成虫

【发生规律】每年发生1代，以幼虫越冬。每年4月，当土壤温度为8℃时，蛴螬到土面活动。土壤温度为15～20℃时，蛴螬最为猖狂，6月，土壤温度上升到24℃以上时，幼虫钻入深土中。冬季温度降到6℃以下，到深土层中越冬。在多雨季节和有机质丰富的土壤中为害加重。它们潜伏在土壤中，咬食菠萝的根系。

【防治方法】多施腐熟的有机肥料，合理控制灌溉，或及时灌溉，促使蛴螬向土层深处转移，避开幼苗最易受害时期。

在6－8月，结合根外追肥，有幼虫为害时，可用下列药剂：

40%阿维菌素·辛硫磷乳油1 000～2 000倍液；

48%毒死蜱乳油1 000～1 500倍液；

40%辛硫磷乳油1 000～1 500倍液；

30%毒死蜱·辛硫磷乳油1 000～2 000倍液，喷施菠萝株蔸，杀死蛴螬。

3．蟋蟀

【分布为害】蟋蟀(*Teleogryllus emma*)，属直翅目蟋蟀科。穴居性，常在地下、地面或砖石缝中活动，为害植物根、茎、叶、种子和果实等，多于夜间取食，咬食植物近地面的柔嫩部分(图17－22)，造成缺苗。

图17－22 蟋蟀为害菠萝果实症状

【形态特征】雄体长22～24mm，雌体长23～25mm，体黑褐色，头顶黑色，复眼四周、面部橙黄色，从头背观两复眼内方的橙黄纹"八"字形；前胸背板黑褐色，1对羊角形深褐色斑纹隐约可见，侧片背半部深色，前下角橙黄色；中胸腹板后缘中央具小切口。雄前翅黑褐色具油光，长达尾端，发音镜近长方形，前缘脉近直线略弯，镜内1条弧形横脉把镜室一分为二，端网区有数条纵脉与小横脉相间成小室；4条斜脉，前2条短小，亚前缘脉具6条分枝；后翅发达如长尾盖满腹端；后足胫节背方具5～6对长刺，6个端距，跗节3节，基节长于端节和中节，基节末端有长距1对，内距长。雌前翅长达腹端，后翅发达伸出腹端如长尾。产卵管长于后足股节(图17–23)。

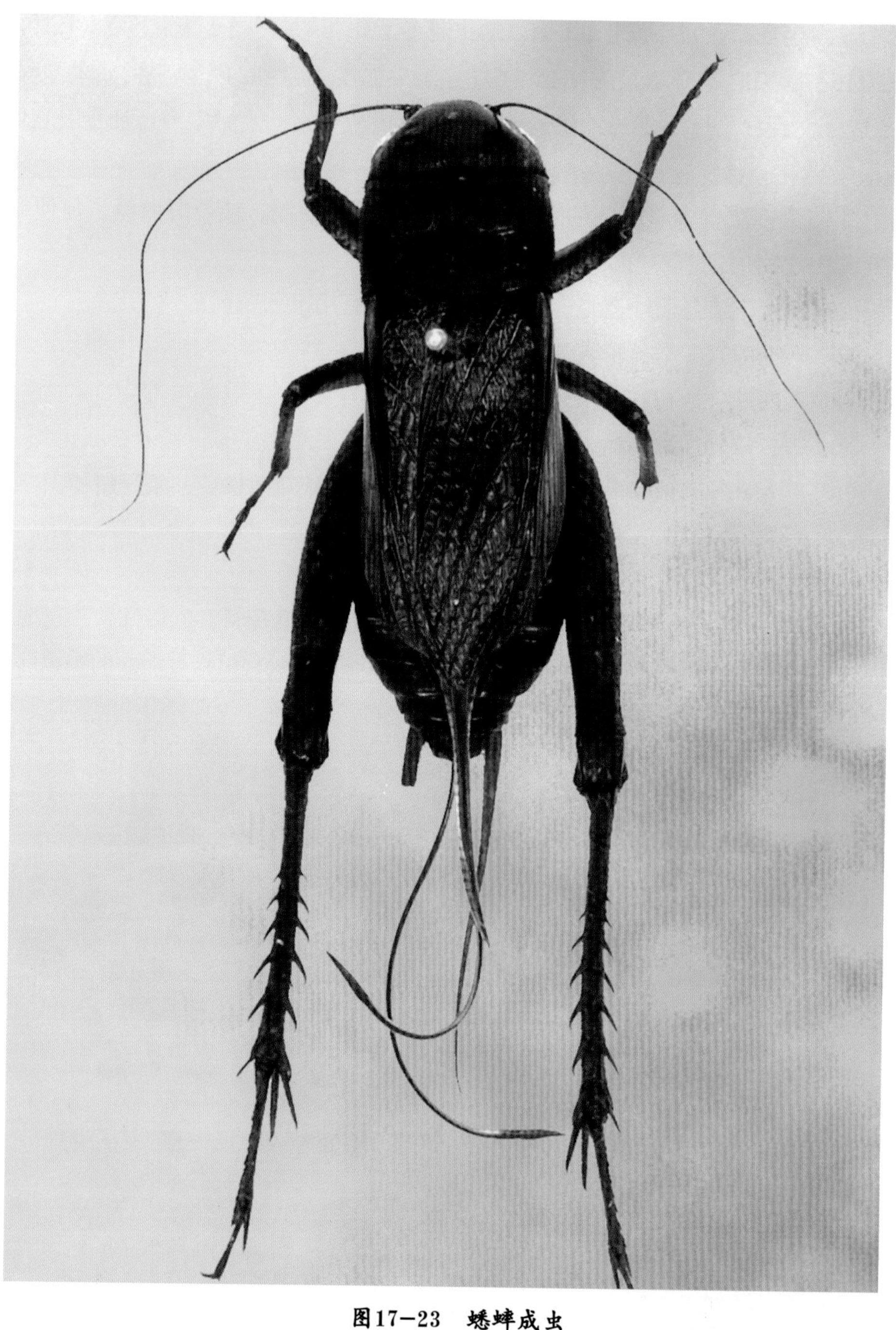

图17–23　蟋蟀成虫

【发生规律】每年发生1代，以卵在土中越冬。卵单产，产在杂草多而向阳的田埂、坟地、草堆边缘的土中。越冬卵于10月产下，第二年4—5月孵化为若虫。若虫蜕皮6次(6个龄期)，每次3～4天，共需20～25天羽化为成虫。雄虫筑土穴与雌虫同居。喜栖息于阴凉、土质疏松、较湿的环境中。虫口过于密集时常自相残杀。

【防治方法】灯光诱杀成虫。

毒饵诱杀：菠萝幼株期，用50%辛硫磷乳油25～40ml/亩，拌30～40kg炒香的麦麸或豆饼或棉籽饼，拌时要适当加水，然后撒施于田间。

在害虫多时，可用48%毒死蜱乳油1 500倍液或90%晶体敌百虫800倍液喷雾。

第十八章 龙眼病虫害

龙眼属常绿大乔木，树体高大，喜温忌冻，年均温20～22℃较适宜，对低温敏感；较耐旱，对土壤适应性强。龙眼原产于我国南部及西南部，2018年我国龙眼种植面积约470万亩、产量203万t，主要分布于广西、广东、海南、福建和台湾等省(区)，此外，在四川、云南和贵州也有小规模栽培。

龙眼病虫害有60多种，其中，病害有20多种，虫害有40多种，为害较重的病害有鬼帚病、炭疽病、煤污病、叶斑病、酸腐病、地衣和苔藓等；虫害有荔枝蝽、瘿螨、龙眼角颊木虱、蚧壳虫、白蛾蜡蝉、龙眼鸡、稻绿蝽、龙眼蚁舟蛾、大蓑蛾等。

一、龙眼病害

1. 龙眼鬼帚病

【分布为害】该病在广东、广西、福建、台湾等省区的龙眼上是个重要病害，近年来有逐步加重的趋势。该病以春梢萌发和花穗开放期，症状最为明显，为害高峰期在3—4月，花穗受害后基本不能结果，发病株率达到30%以上，为害穗率一般5%～20%，重的达40%～60%，个别达100%。

【症　　状】龙眼鬼帚病梢上的幼叶狭小、色绿、叶缘卷曲，不能伸开，严重时整张叶片呈线状。成长中的病叶呈波浪状，叶面凹凸不平，叶缘向叶背卷曲，叶脉黄绿色，呈明脉现象，叶肉大小不平，出现不规则的黄绿色斑纹，叶柄常扁化稍变宽。发病严重时，叶片畸形不能展开，不久便全部脱落成为秃枝。这些无叶秃枝的节间缩短，成为一丛无叶枝群，像扫帚一样，故名“鬼帚病”或“丛枝病”(图18-1)。花穗受害节间缩短，致使整个花穗丛生成簇状，也像扫帚一样(图18-2)。花蕾密集一起，畸形膨大，花量多，但发育不正常，病花常早落或提前或延期开花，偶能结果，但果小，果肉淡而无味，不堪食用。病穗干枯后不易脱落，常悬挂在枝梢上。

图18-1　龙眼鬼帚病为害新叶症状

【病　　原】龙眼鬼帚病病原是一种线状病毒，即龙眼鬼帚病毒(Longan witches broom virus)。

图18-2　龙眼鬼帚病为害花穗症状

病毒可以通过嫁接传播，在自然界则通过介体昆虫——荔枝蝽和龙眼角颊木虱进行传播。

【发生规律】种子和苗木可带病，种子带病率一般为1%～5%，高者达10%。可通过嫁接传染，嫁接在2年生砧木上的病枝，经过7～8个月的潜育期后即可发病。远距离传播主要是通过带病的接穗和苗木进行。一年中春梢萌发或花穗开放，带病的植株症状常十分明显。荔枝蝽和龙眼角颊木虱是该病传播的媒介昆虫。荔枝蝽成虫及若虫传毒率为18%～45%，其中成虫传毒范围和传毒时间远超过若虫；龙眼角颊木虱成虫传毒率为22%～37%。角颊木虱一年发生多代，4—6月病梢多，是传毒盛期。龙眼品种对该病抗性有差异。管理粗放的果园发病较重。果园管理不良，树势衰弱，荔枝蝽蟓等刺吸式口器害虫为害多，植株容易发病。

【防治方法】采取以培育无病苗木为主的综合防治措施。严格实行检疫，禁止病苗、病接穗和带病种子传入新区(无病区)和新果园。培育无病苗木，用无病、品质优良的母本树的种子或接穗育苗，严禁从病树上高压苗木。淘汰老果园。

加强栽培管理。结合修剪、疏花疏果等作业，发病轻的植株可及时剪除病枝、病穗，集中烧毁，同时加强肥水管理，在龙眼生长期，注意适时适量施肥，采果前后在施用氮肥的同时，合理施用磷、钾肥使树势健壮，提高抗病力。

在冬季叶面喷药，喷洒2～3次，可用下列药剂：

0.1%硫酸锌和20%盐酸吗啉胍·乙酸铜混合液800倍液；

0.1%硫酸锌和20%盐酸吗啉胍可湿性粉剂500～1 000倍液，间隔10～15天喷1次。

在春季，春梢和花穗萌动前，树冠喷洒一次，可用下列药剂：

5%氨基寡糖素水剂500～1 000倍液；

2%宁南霉素水剂200～300倍液；

0.1%硫酸锌混合液，10～15天喷1次。

龙眼果园要做好传播介体昆虫的防治，加强对荔枝蝽、龙眼角颊木虱的防治是防治龙眼鬼帚病的重要环节。荔枝蝽2龄若虫期是比较好的防治时期，这个时期也是龙眼角颊木虱第1代若虫盛发时期，防治可以用：

10%吡虫啉可湿性粉剂2 000～3 000倍液；

52.25%毒死蜱·氯氰菊酯乳油1000倍液；

48%毒死蜱乳油1 000倍液；

2.5%溴氰菊酯乳油或20%氰戊菊酯乳油3 000倍液。

2. 龙眼炭疽病

【分布为害】龙眼炭疽病是龙眼常见病害，主要为害幼龄树和老年树的嫩叶，也侵染成年树、老年树的嫩梢、花穗和果实；发病严重时，可引起幼苗部分枯死，结果树落花落果，直接影响龙眼的产量和品质。

【症　　状】叶片发病为害较重的主要是龙眼育苗期苗木。苗木染病后长势衰弱，叶片早落，影响嫁接成活率。初期在细嫩叶片正面形成暗褐色、背面灰绿色的病斑，后红褐色，边缘灰白色，其中分布不规则的小黑点。在雨季，病斑扩展连成大斑，迅速传播。叶片发病常见的有两种类型：一种病斑圆形，褐色(图18–3)；另一种呈不规则形褐色，多发生于叶尖，后期变灰色，其中分布不规则的小黑点；潮湿时产生橙色黏质小粒。该病亦可为害小枝，致小枝上端的叶片干枯死亡。果实发病，以接近成熟时较易发病。主要发生于基部，病斑圆形、褐色，果肉变味腐烂。潮湿时产生橙色黏质小粒。花穗感病后，呈水渍状，变褐腐烂，花朵脱落或花穗变褐干枯。病菌亦可侵入花朵，使其变褐，干枯脱落。

图18–3　龙眼炭疽病为害叶片症状

【病　　原】无性世代为 *Colletotrichum gloeosporioides*，称胶孢刺盘菌，属无性型真菌。分生孢子盘褐色，具黑色刚毛，分生孢子圆柱形，两端钝圆，无色，单胞。有性世代为 *Glomerella cingulata* 称围小丛壳菌，属子囊菌亚门真菌。子囊棍棒形，单层壁；子囊孢子无色肾形，稍弯。

【发生规律】以菌丝或分生孢子在病枝、叶片病斑中越冬。翌年分生孢子在气温13～38℃、有雨水时萌发，形成初次侵染。主要靠雨水传播。高温、高湿和光照不足的环境常易造成该病的大发生流行。一般在春秋季多雨季节发生流行，冬季低温及夏秋季干旱均不利于发生。在果实着色期前后，最易发病。若遇连续降雨3～5天，开始发病。发病初期常于树冠中下部及树冠背阳面首先出现病果，病果率2%～3%。若不及时防治，迅速蔓延为害。管理粗放，树势衰弱的果园发病较重。

【防治方法】采果后，结合秋、冬季修剪，做好清园工作。改善果园的通透性，同时把树冠下部带病的枝条剪去，清除枯枝、落叶、烂果，集中烧毁。加强管理，合理施肥，增施磷、钾肥，增强树势及树体抗病力。

春季育苗田6月上中旬开始施药，间隔10天，连续2～3次，雨季及时喷药保护。药剂可选用50%多菌灵可湿性粉剂1 000倍液。幼年树以保梢为主。

春季回暖后，花蕾前喷洒1次70%氧氯化铜可湿性粉剂600倍液。10～15天后根据天气情况，必要时用70%甲基硫菌灵可湿性粉剂800倍液再喷1～2次。

从龙眼第一次生理落果后(6月10日)开始第一次用药，以后每隔7天用药1次，共用药4次，喷药液量以叶面滴水为度，尽量喷及叶背。可用下列药剂：

75%百菌清可湿性粉剂800倍液；

50%多菌灵可湿性粉剂800倍液；

80%代森锰锌可湿性粉剂800～1 000倍液；

30%王铜悬浮剂300～600倍液；

77%氢氧化铜可湿性粉剂700～800倍液等。

采后果实处理。在病害常发地区，根据贮运及销售距离远近、时间长短等，进行果实保鲜防腐处理。此项工作可结合防霜疫霉病及防酸腐病一起进行，在上述两病用药的基础上，加入50%咪鲜胺锰盐可湿性粉剂1 000～1 500倍液、50%抑霉唑乳油500～1 000倍液、25%腈苯唑悬浮剂1 000倍液、70%甲基硫菌灵可湿性粉剂1 000倍液，浸果1～2分钟，晾干后分别包装。

3．龙眼叶枯病

【症　　状】发病位于龙眼枝条的中下部成熟叶片，叶尖处最先发病，沿叶缘两侧或一侧扩展蔓延。病部先为灰白色逐步转为深褐色大斑，严重的超过叶面2/3。叶面病斑与健部近交界处可见深褐色波纹状，病健部分界明显，最后叶尖及附近叶缘焦枯或呈倒“V”字形焦枯，引起叶片枯死或提早脱落(图18-4)。病部产生大量密集小黑点，为病原子实体。

图18-4　龙眼叶枯病为害叶片症状

【病　　原】桂圆拟茎点霉 (*Phomopsis guiyuan*)和龙眼拟茎点霉 (*Phomopsis longanae*)，2种病原均属无性型真菌。

【发生规律】以分生孢子器、分生孢子或菌丝体在病叶或落叶上越冬，成为翌年病害传播的主要侵染源。病菌主要借助风、雨传播。地上落叶和树上的病叶产生分生孢子是翌年病害发生的初侵染源。高湿(相对湿度95%～100%)和较高温度(20～28℃)是发病的重要因素。病害在3月中旬开始发生，延续至5月下旬，8月下旬至10月有一次再侵染及扩展过程。当年春季气温回升稳定通过20℃5～7天，叶片便能见到病斑。春雨绵绵或雾气浓重时病害普遍发生，病斑霉点多且厚，一遇晴天霉层便干缩或散落。发病期间病部产生的分生孢子可借助气流和风雨反复再侵染；气温升到30℃以上，病斑扩展缓慢，每年盛夏病斑不再扩展；从幼龄到老龄树都会发病，青壮年树发病较重(可能与树冠荫蔽有关)；老叶比新叶发病重；受伤叶片远比健叶重；树冠荫蔽的树比透光、通风良好的树发病重；叶色浓绿比淡绿发病重；风口附近的树叶片易擦伤比房前屋后风小的发病重；不同品种发病有明显差异，乌龙岭、红核子发病较轻，赤壳、油潭本发病较重。

【防治方法】加强管理，以增强树势，提高抗病力。结合压梢、疏花疏果，去掉病枝、弱枝和荫蔽枝，并和果园残枝败叶一起集中烧毁或深埋，为防治此病最经济有效措施。

在叶枯病发生严重的地区，病害发生初期，进行药剂防治。可用下列药剂：

75%百菌清可湿性粉剂600～700倍液+70%甲基硫菌灵可湿性粉剂800～1 000倍液；

70%代森锰锌可湿性粉剂500～700倍液+50%多菌灵可湿性粉剂500～800倍液；

40%氟硅唑乳油6 000～8 000倍液；

10%苯醚甲环唑水分散粒剂2 000～3 000倍液，对发病较重的树，间隔10～15天施药1次，连喷2～3次。以上药剂应交替使用，能有效控制病害扩展蔓延。

4. 龙眼灰斑病

【症　　状】主要为害叶片，发病叶片出现近圆形至不规则形较小病斑，多从叶尖或叶缘开始，后扩大为灰褐色病斑，上生黑色小粒点，即病原菌分生孢子盘(图18-5)。

图18-5 龙眼灰斑病为害叶片症状

【病　　原】*Pestalotiopsis pauciseta* 称疏毛拟盘多毛孢，属半知菌亚门真菌。

【发生规律】病原以菌丝体或分生孢子盘在病部或落叶上越冬。湿度适宜时产生分生孢子，借风雨传播，从伤口侵入，进行初侵染和多次再侵染。湿度高，土壤黏重，排水不良，遭受冻害，湿气滞留，易发病。老果园，栽培管理差，树势弱及虫害严重的果园发病重。

【防治方法】采果后清除病叶，集中烧毁。加强栽培管理，增施有机肥，及时排除果园积水，对衰老果树进行更新修剪。

发病初期喷施下列药剂：

70%代森锰锌可湿性粉剂600～800倍液；

40%百菌清悬浮剂500～600倍液；

30%氧氯化铜悬浮剂400～600倍液；

50%咪鲜胺锰盐可湿性粉剂1 000～1 500倍液；

45%三唑酮·福美双可湿性粉剂600～800倍液；

10%苯醚甲环唑水分散粒剂1 000～2 000倍液；

25%丙环唑乳油1 500～2 000倍液；

50%异菌脲可湿性粉剂1 500～2 000倍液，均匀喷施，间隔10～15天再喷1次。

5．龙眼白星病

【症　　状】为害成叶，初于叶面生出针头大小，圆形褐色小斑点，扩大后叶面病斑呈圆形，灰白色斑点，病斑周围具有明显褐色边缘，其上生数个黑色小粒点(分生孢子器)。叶背病斑灰褐色，边缘不明显，有时病斑周围有黄晕(图18-6和图18-7)。

图18-6　龙眼白星病为害叶片初期症状

图18-7 龙眼白星病为害叶片后期症状

【病　　原】*Phyllosticta* sp. 称对点霉，属无性型真菌。分生孢子器埋生于寄主表皮下叶肉中，后突破表皮外露，分生孢子器暗褐色、膜质、圆球形、具孔口、略微突出；分生孢子圆形、无色、单胞。

【发生规律】以分生孢子器、分生孢子或菌丝体在病叶或落叶上越冬。分生孢子是初侵染和辗转传播的主要来源，借风雨传播，萌发后侵入为害成叶或老叶。自春季至初冬均能发病，而以夏、秋雨季发病最盛，严重时常造成早期落叶，影响树势。凡是栽培管理粗放，荫蔽潮湿，排水不良，害虫多，树势衰弱的果园发病较重。

【防治方法】加强栽培管理，增强树势，可以减少病害的发生。注意果园清洁卫生，清除枯枝落叶并烧毁，以减少菌源。

发病严重的果园或老树，可于发病期连续喷药1～2次，每次喷药间隔期为10～15天。可用下列药剂：

70%甲基硫菌灵可湿性粉剂800～1 000倍液；

50%多菌灵可湿性粉剂600～800倍液；

50%异菌脲可湿性粉剂1 000～1 500倍液；

6%氯苯嘧啶醇可湿性粉剂1 000～1 500倍液。

6．龙眼地衣

【症　　状】地衣是一类菌藻共生物，呈青灰色或灰绿色的叶状体组织附生于果树的枝干上，根据其外形特征通常分为壳状地衣、叶状地衣和枝状地衣3种类型。壳状地衣呈圆形膏药状紧贴于枝干树皮上，不易剥离，青灰色或灰绿色(图18-8)。叶状地衣呈不规则叶片状、扁平，有时边缘卷曲，表面为灰绿色。常多个连接成不规则的鳞状薄片，极易剥离。枝状地衣直立或下垂，呈树枝状或丝状并可以分枝，附着于枝干上，呈淡绿色。

图18-8 龙眼地衣为害枝干壳状

【病　　原】地衣是真菌(子囊菌)和藻类的共生物，属低等植物。

【发生规律】地衣发生的主要因素是温度、湿度和树龄，其他如果园的地势、土质以及栽培管理等都有密切关系。在温暖潮湿的季节，繁殖蔓延快，一般在10℃左右开始发生，晚春和初夏期间(4—6月)发生最盛，为害最重，夏季高温干旱，发展缓慢，秋季继续生长，冬季寒冷，发展缓慢甚至停止生长。幼树和壮年树，发生较少，老龄树生长势衰弱，且树皮粗糙易被附生，故受害严重，此外，果园土壤黏重、地势低洼、排水不良、荫蔽潮湿，以及管理粗放、杂草丛生、施肥不足等，易遭受地衣为害。

【防治方法】加强栽培管理，搞好采后果园清洁卫生，及时修剪整枝，增强园内通风透光，降低果园湿度；科学施用肥料，培肥地力，增强果树长势。

适度药剂防治：采用挑治法和刮疗法。于春季雨后，用竹片或削刀刮除枝干上的地衣和苔藓，然后用药治疗。刮除下来的地衣和苔藓必须收集烧毁。用10%～15%的石灰乳涂刷，或选用30%王铜悬浮剂500倍液或1%～1.5%硫酸亚铁溶液或1：1：100波尔多液喷施。

二、龙眼虫害

1．龙眼角颊木虱

【分布为害】龙眼角颊木虱(*Cornegenapsylla sinica*)，属同翅目木虱科。是为害龙眼新梢的重要害虫。其成虫在芽、嫩梢及叶片上吸食为害，若虫固定在叶背吸食，并形成下陷的虫瘿，叶面布满钉状凸起，为害严重时，叶片皱缩变黄，削弱树势，影响新梢抽生和叶片正常生长(图18-9和图18-10)。

图18-9 龙眼角颊木虱为害叶片初期症状

图18-10 龙眼角颊木虱为害叶片后期症状

【形态特征】成虫体粗壮，背面黑色，腹面黄色，头短而宽，颊锥极发达，呈圆锥状向前方平伸；触节10节，触角末端有一对细的叉状刚毛；翅透明，前翅具“K”字形黑褐色斑；腹部粗壮，锥形。卵长椭圆形；前端尖细并延伸成一条长丝，后端钝圆，并具短柄固定在植物组织上。初产时乳白色，近孵化时褐色。若虫共4龄，初孵的若虫体浅黄色后变黄色，复眼红色，体扁平，椭圆形，周缘有蜡丝；3龄若虫翅芽显露，4龄若虫前后翅芽重叠，体背有黄褐色斑纹。

【发生规律】一年发生4～5代，以若虫在被害叶背虫洞内越冬。翌年2月下旬越冬若虫开始为害，3月中旬田间出现老熟若虫。4月上旬为老熟若虫盛期且成虫开始羽化。4月中旬田间开始出现第一代卵，4月下旬进入卵盛期，第一代若虫开始孵化，5月上旬进入孵化盛期。5月下旬田间出现第一代老熟若虫，6月上旬第一代成虫羽化并进入第二代卵期，以后出现世代重叠。成虫多在白天羽化，羽化后在叶面缓缓爬行，经1天后交尾。交尾后一般第3天开始产卵，卵产于龙眼树嫩梢、顶芽、叶柄及嫩叶背面等处。散产或聚散不定。成虫在午间气温较高时较活跃，遇惊动能飞翔，成虫常在嫩芽、嫩叶上栖息取食。

【防治方法】加强果园管理。采果后尤其在冬季，结合清园清除病虫枝叶落果，集中烧毁。防止偏施氮肥，增施钾肥，使抽梢一致，新梢老熟快，可减轻木虱为害。花末幼果期结合疏花疏果及时剪除被角颊木虱严重为害的春梢。

龙眼抽梢期正好是角颊木虱成虫盛发期，这时的嫩梢叶片是木虱产卵的寄主场所，树冠嫩叶颜色呈红色，叶片上的卵粒大多数还没孵化。在嫩梢叶片颜色转变为淡绿色时，龙眼角颊木虱处在若虫孵化期(低龄若虫期)，是药剂防治的最佳适期。可用药剂有：

48%毒死蜱乳油1 000～1 500倍液；

2.5%氟氯氰菊酯乳油3 000～4 000倍液；

1.8%阿维菌素乳油3 000倍液；

10%吡虫啉可湿性粉剂1 500～2 000倍液；

2.5%噻嗪酮可湿性粉剂2 500倍液；

35%吡虫啉·杀虫单可湿性粉剂1 000倍液；

25%噻嗪酮·杀虫单可湿性粉剂1 000倍液；

52.25%毒死蜱·氯氰菊酯乳油2 000倍液；

0.36%苦参碱水剂800～1 200倍液，喷施，对卵、若虫、成虫均有明显杀伤作用，杀虫效果较好。

2．荔枝蝽

【分布为害】荔枝蝽(*Tessaratoma papillosa*)，属半翅目蝽科。是荔枝、龙眼上的主要害虫。

【为害特点】其成虫、若虫刺吸荔枝、龙眼的幼芽、嫩梢、花、果的汁液，被害花轴不结果，被害果枯萎脱落，被害嫩梢枯萎，枝体受害后大量落叶落花落果。同时放射臭液使嫩叶、花蕊及果实有灼伤状，变黄褐色，造成落花、落果、叶片枯萎，对产量影响很大(图18-11)。

图18-11　荔枝蝽为害龙眼花轴症状

【形态特征】可参考荔枝虫害——荔枝蝽。

【发生规律】一年发生1代，以成虫在荔枝、龙眼或附近杂果或屋檐下越冬。翌年早春温度15～16℃开始活动取食，并交尾产卵，产卵盛期在4月中旬至5月中旬，卵历期20℃为20天、25℃为12天、27℃为9天。若虫初孵后有群集性，数小时后分散为害，若虫盛孵高峰期为4月下旬至5月初，成虫羽化盛期为6月下旬至8月。荔枝蝽的发生与温度关系密切，当年冬季和翌年春季温度偏高且丰产年份，翌年将发生量大，为害重，反之则发生少、为害轻。

【防治方法】在冬季或初春低温时期(10℃以下)，飞翔能力低时进行，采用人工突然猛力摇曳树枝使越冬成虫坠地，后用竹耙拍死集中处理。另外，有的果农还在产卵盛期间采用人工摘除卵块以减少虫源。

防治此虫选择在越冬成虫开始恢复活动时，即3月上中旬越冬成虫大量进入果园时喷杀成虫。

喷药应掌握好时机，以在开花之前，越冬成虫交尾产卵之前，以及若虫盛孵后未展出翅膀之前，或成虫集中树冠为害时，喷药防治效果最好。喷药时要连片同时进行防成虫飞逃。

5月上中旬喷药防治若虫。可选用下列药剂：

4.5%高效氯氰菊酯乳油2 000～2 500倍液；

2.5%氯氟氰菊酯乳油3 000～4 000倍液；

2.5%溴氰菊酯乳油2 000～4 000倍液；

2.5%三氟氯氰菊酯乳油2 000～3 000倍液；

16%氯氰菊酯·马拉硫磷乳油1 000～2 000倍液；

16%高效氯氰菊酯·敌百虫乳油600～1 000倍液；

50%顺式氯氰菊酯乳油2 000～2 500倍液；

10%氯氰菊酯乳油2 000～3 000倍液；

2.5%高效氯氟氰菊酯乳油2 000～4 000倍液；

10%高效氯氰菊酯·毒死蜱微乳剂800～1 200倍液；

5%丁烯氟虫腈悬浮剂1 000～1 500倍液；

52.25%毒死蜱·氯氰菊酯乳油2 000倍液；

4.5%高效顺反氯氰菊酯乳油2 500～3 500倍液喷雾，防治1～2次即可。注意开花期严禁喷洒农药，花期和幼果期更不宜使用高毒农药。

3．瘿螨

【分布为害】瘿螨(*Eriophyes litchii*)，异称毛毡病、毛蜘蛛。以成螨、若螨吸食荔枝嫩叶、花穗和果实汁液，受害部位畸形，形成毛毡病斑。常引起落叶、落果、枯梢、僵果，导致树势衰弱和减产，严重时全株枯死(图18-12和图18-13)。

【形态特征】成螨体极微小，体形狭长，体长0.15～0.19mm，一般肉眼很难看见，乳白色或淡黄色，前体近三角形，表面长滑，具刚毛2根；头小向前伸出，其端有螯肢和须肢各一对；足2对，腹部具有若干环节，腹末有长毛1对；体末端渐细，臀部具长毛2根，末端具伪足1对。卵圆形，乳白色至淡黄色，半透明光滑。若螨形似成螨，初孵化时虫体灰白色，半透明，随着若螨发育渐变为淡黄色，后体环纹不明显，尾端尖细，不具生殖板。

【发生规律】一年发生10～16代，世代重叠，以成螨和若螨在毛瘿中越冬，翌年3月初开始活动，3—5月和10—11月是为害高峰期，3—5月重于10—11月。从瘿螨为害初期到深褐色斑块形成历时70～

图18-12　瘿螨为害叶片症状

图18-13　瘿螨为害叶背症状

110天。毛瘿形成30~60天时，瘿块内虫口密度最高，老叶瘿块几乎找不到瘿螨。瘿螨的发生量与温湿度关系密切，温度24~30℃、相对湿度80%以上时，种群数量上升最快。管理粗放、土壤干旱、肥料不足、修剪不够、枝梢多的果园发生严重。树势弱，枝条过密，阴枝多和树冠下部或中部嫩梢受害较重。

【防治方法】经常认真检查，发现瘿螨毛毡病树叶就彻底剪除；每年收果后，要认真清园，把病虫枝、枯枝、交叉枝、重叠枝、密生枝、纤细枝，彻底剪除，并烧毁。修剪能改善树体结构，培育良好的树冠，增强抵抗能力。铲除杂草，改善环境条件，增施磷钾肥和有机肥，防止大量单一施用氮素化肥形成又浓又绿的树冠，做好防旱抗涝等工作。

及时喷药防治。剪除病虫枝后，可用48%毒死蜱乳油800倍液对全园树冠喷雾。

在每次嫩梢转绿时期及时喷药防治，可用下列药剂：

50%溴螨醇乳油3 000倍液；

1.8%阿维菌素乳油1 500倍液；

20%哒螨灵·噻嗪酮可湿性粉剂3 000倍液；

10%氯氰菊酯乳油1 500倍液；

20%双甲脒乳油1 000倍液；

20%唑螨酯悬浮剂2 000倍液；

48%毒死蜱乳油800倍液，喷杀。间隔20～25天喷1次，连喷2～3次。

在夏季用0.1～0.3波美度、冬季用0.5～1波美度的石硫合剂或35%杀螨特乳油600～1 000倍液喷杀，用73%克螨特乳油3 500倍液喷雾效果显著。

果园熏烟。坚持一年四季结合清园和积制土皮灰熏烟。方法是在每次新梢转绿的阶段，在荔枝园中，按园的大小，分3～5点适当均匀分散，烧制土皮灰时在其中加入鲜桉枝叶(细叶桉的枝叶更好)微火熏蒸烟雾，有熏蒸触杀瘿螨和驱逐在荔枝新梢为害的作用。或用木屑或谷壳加入适量的中粗砂和乐果农药微火熏蒸烟雾。熏蒸触杀，方法是用50kg的木屑或谷壳加入10kg的中粗沙和0.2kg毒死蜱乳油对水10kg，充分拌和，在傍晚18:00—20:00，适当均匀分散3～5堆微火熏烟，5天1次，连续3～4次效果极为显著。

4．荔枝叶瘿蚊

【分布为害】荔枝叶瘿蚊*Mayetiola* sp.，属双翅目瘿蚊科。成虫产卵于嫩叶背面，孵化后幼虫钻入嫩叶组织内取食并发育形成疱状凸起，初期出现水渍状点痕，后点痕逐渐向叶片的上下两面同时隆起形成小瘤状的虫瘿(图18-14和图18-15)。虫瘿大量发生时明显抑制叶片光合作用，引起叶片干枯、提早脱落，导致树势衰退。

图18-14 荔枝叶瘿蚊为害叶片初期症状

图18-15 荔枝叶瘿蚊为害叶片后期症状

【形态特征】雌成虫体长1.5～2.1mm，纤弱、足细长，似小蚊状，头小于胸，触角细长，念珠状，各节环生刚毛；前翅灰黑色半透明，腹部暗红色；雄成虫体长1～1.8mm，触角哑铃形，各节除环生刚毛外还长有环状丝。卵为椭圆形，无色透明。幼虫前期无色透明，老熟时橙红色，体长2～2.8mm，头小腹末大，前胸腹面有一黄褐色的"Y"形骨片。蛹体长1.8mm，裸蛹，初期橙红色，后渐变为暗红色，即将羽化前复眼、触角及翅均为黑色。

【发生规律】一年发生6～7代，世代重叠。幼虫在被害叶片的虫瘿内越冬，每年2月中下旬，在虫瘿内发育至高龄的越冬幼虫离瘿坠入土中化蛹，3月中下旬羽化出土并交尾产卵。在同一年份，春梢比秋梢受害重，而夏梢、冬梢受害轻。果园偏施氮肥，荔枝叶片组织柔软，老熟期延长，叶瘿蚊入侵率高，因而受害也重；成龄投产荔枝园比幼龄树果园受害严重；在茂密的荔枝园和发梢次数多的苗木及幼树上受害较重；同一植株靠近地面或内膛荫枝的叶片受害率高，树冠内膛和下层抽生的新梢受害较多；果园荫蔽、通风透光性差，则受害重。

【防治方法】针对荔枝叶瘿蚊的发生与为害特点，在防治上，新区要重视检疫，虫区采取以农业防治为主，辅以化学防治的综合防治措施，可取得很好的效果。

果园修剪，减少虫源。一是每年果实采收后，即着手进行修剪，对于重叠枝、交叉枝、内膛枝、病枝、纤弱枝、枯枝实行疏枝，使枝梢分布均匀，通风透光，提高光合作用，促进新梢的萌发，减少瘿蚊的为害。

在早春根据测报，于2月下旬至3月上旬在越冬代幼虫盛发期，每亩用3%辛硫磷颗粒剂5kg混合20kg细砂或泥粉，均匀撒施于树冠下土表并浅耕园土，使药剂混入土壤，以触杀入土化蛹的老熟幼虫或刚羽化出土的成虫。

在新梢萌发后幼叶展开前及时喷药，即从嫩叶展开呈红色至叶片转色接近成熟时，可选用下列药剂：

50%辛硫磷乳油500倍液；

40%毒死蜱乳油1 000～1 500倍液；

52.25%毒死蜱·氯氰菊酯乳油1 500倍液；

10%顺式氯氰菊酯乳油2 000倍液，间隔10天1次，连续喷药2次，对防治春、夏、秋梢的新叶上未产卵的成虫和新入侵的幼虫，都有较好的效果。

5．白蛾蜡蝉

【分布为害】白蛾蜡蝉(*Lawana imitate*)，属同翅目蛾蜡蝉科。分布于广东、广西、福建、云南、海南、台湾等省(区)。以成虫和若虫密集在枝条和嫩梢上吸食汁液，成虫刺伤枝条产卵，使树势生长衰弱，枝条干枯，引致落果或果实品质变劣。其排泄物可引起煤污病，影响树势，降低果实商品价值(图18–16)。

图18–16　白蛾蜡蝉为害枝干症状

【形态特征】白蛾蜡蝉成虫体长19～20mm，黄白色或淡绿色，被白色蜡粉(图18–17)；头圆锥形，触角刚毛状，位于复眼的下方；前翅膜质较厚，网状呈屋脊状；后翅白色，膜质薄而柔软，半透明；静止时，四翅合成屋脊形覆盖于体背上。卵长椭圆形，白色，十粒至数百粒数行纵列成长条状。若虫体被白色绵絮状蜡质，翅芽向体后侧平伸，末端平截(图18–18)。

图18–17　白蛾蜡蝉成虫

图18-18　白蛾蜡蝉若虫

【发生规律】广州地区每年发生2代，以成虫在寄主茂密的枝叶丛间越冬。每年3—4月，越冬成虫开始活动、交尾产卵，卵集中产于嫩梢或叶柄组织中，常20～30粒排成长方形条块状。初孵若虫有群集性，全身被有白色蜡粉，受惊即四散跳跃逃逸。第1代孵化盛期在3月下旬至4月中旬；若虫盛发期在4月下旬至5月初；成虫盛发期5—6月。第2代孵化盛期于7—8月；若虫盛发期7月下旬至8月上旬；9—10月陆续出现成虫，9月中下旬为第2代成虫羽化盛期，至11月若虫发育为成虫；然后随着气温下降成虫转移到茂密枝叶间越冬。成虫善跳能飞，但只作短距离飞行。卵产在枝条、叶柄皮层中，产卵处稍微隆起，表面呈枯褐色。若虫有群集性，初孵若虫常群集在附近的叶背和枝条。随着虫龄增大，虫体上的白色蜡絮加厚，且略有三五成群分散活动；若虫善跳，受惊动时便迅速弹跳逃逸。在生长茂密、通风透光差和间种黄豆的果园，夏秋雨季多的阴雨期间，白蛾蜡蝉发生较多。

【防治方法】每年采果后至春梢萌发前，采取“去密留疏，去内留外，去弱留强”的原则，加强修剪，并把病虫枝集中烧毁。控制冬梢萌发，既可防止树体养分大量消耗、影响翌年开花结果，又可减少害虫的食料来源，从而降低虫口基数。

在初孵若虫阶段，取食前虫体都无蜡粉及分泌物，对药剂较为敏感，此时喷施药剂是防治的最好时机。可用下列药剂：

40%毒死蜱乳油1 000倍液；

18%杀虫双水剂400～600倍液；

50%杀虫单可溶性粉剂600倍液；

52.25%毒死蜱·氯氰菊酯乳油1 500～2 000倍液；

2.5%溴氰菊酯乳油2 500～3 000倍液；

10%吡虫啉可湿性粉剂2 000倍液；

50%马拉硫磷乳油600～800倍液，再混入0.2%洗衣粉。间隔7天喷1次，共喷洒2次。在采收前20天内严禁喷洒。

6．龙眼鸡

【分布为害】龙眼鸡(*Fulgora candelaria*)，属同翅目蜡蝉科。在国内分布明显偏南，大致以北纬26° 为北限，局部地方密度颇高。成虫、若虫以口针从栓缝插入树干和枝梢皮层吸食汁液，被刺吸后皮层渐次出现小黑点。数量多，发生严重时，能使树势衰弱，枝条枯干(图18–19)，落果或果实品质低劣。其排泄物可引致煤污病。

图18–19　龙眼鸡为害枝条症状

【形态特征】成虫体色艳丽，头额延伸如长鼻，额突背面红褐色，腹面黄色，散布许多白点；复眼大，暗褐色；单眼1对红色，位于复眼正下方(图18–20)；触角短；前翅绿色，外半部约有14个圆形黄斑，翅基部有1条黄赭色横带，近中部处有两条交叉的黄赭色横带，有时中断；后翅橙黄色，顶角黑褐色。卵近白色，将孵化时为灰黑色，倒桶形，背面中央有纵堤，前端有一锥形凸起，有椭圆形的卵盖，卵块上被有白色蜡粉。初龄若虫体酒瓶状，黑色；头部略呈长方形，前缘稍凹陷，背面中央具一纵脊，两侧从前缘至复眼有弧形脊；胸部背板有3条纵脊和许多白蜡点，腹部两侧浅黄色，中间黑色。

图18–20　龙眼鸡成虫

【发生规律】一年发生1代，以成虫静伏枝杈下侧越冬。第二年3月上中旬恢复活动，4月后飞翔活跃，5月为交尾盛期，交尾后7～14天开始产卵，卵多产在2m左右高的树干平坦处和枝条上。每雌虫一般产1卵块，每块有卵60～100粒，数行纵列成长方形，并被有白色蜡粉。卵期19～30天，平均25天左右。6月卵陆续孵出若虫，初孵若虫静伏在卵块上1天后才开始分散活动。9月出现新成虫。若虫善弹跳，成虫善跳能飞。一旦受惊扰，若虫便弹跳逃逸，成虫迅速弹跳飞逃。

【防治方法】结合荔枝蝽等重要害虫，进行综合防治。越冬期捕捉成虫。卵期结合修剪、疏梢刮除卵块。若虫期扫落若虫，放鸡鸭啄食。

掌握在若虫初孵期喷药防治，可用下列药剂：

90%晶体敌百虫800～1 000倍液；

2.5%溴氰菊酯乳油3 000～4 000倍液；

4.5%高效氯氰菊酯乳油2 000倍液等均有效。

7．木毒蛾

【分布为害】木毒蛾(*Lymantria xylina*)，属鳞翅目毒蛾科。主要为害叶片，受害重的龙眼树每片叶上有幼虫2～3头，一般龙眼树每穗幼虫1～2头。受害轻的龙眼树叶片被吃得残缺不全；受害重的叶片和果实全部被吃光，只剩下枝条(图18-21)。

图18-21　木毒蛾为害叶片症状

【形态特征】成虫翅黄白色，前翅内横线仅在翅前缘处明显，中横线宽，灰棕色；前后翅缘毛灰棕色与灰白色相间；足被黑毛，仅基节端部及腿节外侧被红色长毛；中、后足胫节各具端距2枚；腹部密被黑灰色毛，1～4腹节背面被红毛(图18-22)。卵扁圆形，灰白到微黄色。卵块灰褐色到黄褐色，长牡蛎形。末龄幼虫体色有黑灰色和黄褐色两种；头黄色，具褐斑，冠缝两侧有“八”字形黑斑。蛹棕褐色到深褐色；前胸背面有一大撮白毛及数小撮黄毛(图18-23)。

图18-22 木毒蛾成虫

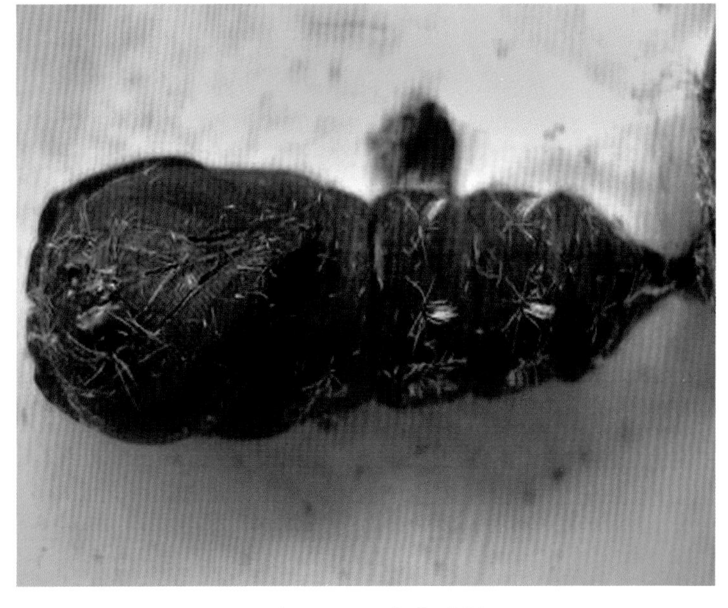

图18-23 木毒蛾蛹

【发生规律】一年发生1代，以完成胚胎发育的卵块在枝条上、树干上及梯田的堰缝、石缝等处越冬。木毒蛾幼虫盛发期在4月中旬。幼虫一般7龄，初孵幼虫于卵块上待一段时间后，便群集于叶片上为害。幼虫受惊吐丝下垂，可借风传播扩散，2龄后分散取食，4龄后虫体增长显著，食量剧增，5月为害最重。5月中旬开始化蛹，盛期在5月下旬至6月上旬初，6月中旬结束。5月底开始羽化，羽化盛期在6月上旬，6月下旬结束。成虫有较强的趋光性。刚羽化的成虫，雄虫能长时间在树林间盘旋飞舞求偶，雌成虫活动力弱，停于蛹壳附近不动，等候雄虫来交尾。卵多数产于枝条上。产卵时腹部蠕动，摩擦鳞片，并将腹部末端的黄褐色鳞片盖于卵块表面。卵产出即开始胚胎发育，幼虫在卵壳内滞育并越冬。气候变暖，天气干旱可使木毒蛾增殖期缩短，猖獗为害期延长，造成该虫泛滥成灾。

【防治方法】在幼虫群集为害尚未分散之前，大约4月中旬前及时连叶带虫剪下杀死；秋后或早春在幼虫未孵化前，结合整形修剪，收集枝条、树干和土、石隙间的卵块。将其置于远离果园的纱笼中，保护寄生蜂正常羽化，飞回果园，并消灭孵化幼虫。

诱杀成虫。在羽化盛期，用黑光灯或频振式杀虫灯诱杀成虫，降低田间落卵量和幼虫发生量，达到控制木毒蛾为害目的。

在4月下旬至5月上旬，喷施下列药剂：

40%毒死蜱乳油1 000倍液；

25%灭幼脲可湿性粉剂1 000倍液；

2.5%溴氰菊酯乳油1 500倍液；

4.5%高效氯氰菊酯乳油2 000倍液等。

用药剂防治时，注意喷药应在傍晚以前效果最好，喷药要均匀，主干上也应喷药。在幼虫大量发生为害时，由于该虫卵孵化期较长要分2次进行喷药防治。由于木毒蛾容易对人体皮肤造成伤害，在防治时，一定要做好个人防护工作。

第十九章 荔枝病虫害

我国是世界上荔枝栽培面积最广、产量最大的国家，商业栽培历史悠久，主要集中在海南、广东、广西、福建、四川和云南等6个省（区）。从栽培面积看，荔枝为我国热区第一大水果，在全国水果中排第5位。2018年，中国荔枝种植面积为55.17万hm^2，荔枝产量达到302.81万t。

荔枝病虫害有40多种，其中，为害荔枝的病害有霜疫霉病、炭疽病、褐斑病、灰斑病等；为害荔枝的虫害主要有荔枝蝽、龙眼角颊木虱、白蛾蜡蝉、瘿螨、卷叶蛾等。

一、荔枝病害

1. 荔枝霜疫霉病

【分布为害】霜疫霉病是荔枝的重要病害，主要为害嫩梢、花穗、果实，严重时造成嫩梢干枯、落花、落果、烂果，影响荔枝产量和鲜果品质以及贮藏和外销。近年来，该病害的发生尤为严重，造成了相当大的经济损失。

【症　　状】主要为害近成熟的果实，有时也为害青果和叶片。果实受害，初期果皮出现褐色、不规则形病斑，随后迅速扩大至全果，变为黑褐色(图19–1)，果肉腐烂，具有酒味，流出褐色汁液。中后期病部长出白色霉状物。叶片受害，先在叶面生淡绿色至黄绿色小斑点，扩大后变淡黄绿色，不规则形病斑，天气潮湿时病部长出白色霉状物(图19–2)。

图19–1　荔枝霜疫霉病为害果实症状

图19-2 荔枝霜疫霉病为害叶片症状

【病　　原】*Peronophythora litchii* 称荔枝霜疫霉菌，属鞭毛菌门真菌。孢子囊无色至淡褐色，柠檬状，顶端有明显的乳头状凸起。有性阶段产生卵孢子，球形，无色至淡黄色，壁光滑，内有一个卵质体。病菌在11～33℃均可形成孢子囊，在22～25℃时形成的孢子囊最多，孢子囊在8～22℃均能萌发形成游动孢子，但在26～30℃则直接萌发成芽管。

【发生规律】病菌以菌丝体在病组织上越夏和越冬，第二年春夏之交产生孢子囊，借雨水传播为害，果实近成熟时，遇久雨的天气则发病重，枝叶繁茂、结果多的树，发病较重，同一果树的树冠下部隐蔽处果实发病重，成熟或近成熟的果实比青果易发病。雨水多、日照少，常导致荔枝霜疫霉病大发生。荔枝霜疫霉病的发生流行与前一年发生程度的当年温湿度关系密切，气候条件适宜如雨日多、湿度大或果实成熟期连续雨日，将有利于该病的流行。

【防治方法】采用科学用肥，合理修剪，适时控放秋梢，控制冬梢。冬季清除果园枯枝落叶、杂草及树上烂果等，予以深埋或集中烧毁，结合深翻，把病果和病叶埋于土中。适时修剪树冠，使枝梢分布均匀，改善园圃通透性，增光调温；整治园内排灌系统，确保雨后不留积水，旱时能顺利供水，提高根系活力；重施有机肥，尤其抓好采收前后的施肥攻梢，恢复树势，培育健壮结果母枝。

药剂防治：预防应在发病前或刚零星发病时就开始喷药，通常在花蕾发育期、始花期各喷药1次，如病情重应隔7～10天加喷1次；果期应从幼果开始喷至转色时止，隔10～15天1次，连喷3～4次或更多，喷后遇雨要抢晴补喷。可用下列药剂：

44%精甲霜灵·百菌清悬浮剂500～800倍液；

68%精甲霜灵·代森锰锌水分散粒剂800～1 000倍液；

72%霜脲氰·代森锰锌可湿性粉剂500～700倍液；

50%烯酰吗啉·福美双可湿性粉剂1 000～1 500倍液；

56%嘧菌酯·百菌清悬浮剂500～1 000倍液；

60%吡唑醚菌酯·代森联水分散粒剂1 000～2 000倍液；

50%氟吗啉·三乙膦酸铝水分散粒剂625～830倍液；

50%烯酰吗啉可湿性粉剂1 500～2 000倍液；

10%氰霜唑悬浮剂2 000～2 500倍液；

25%嘧菌酯悬浮剂1 250～1 600倍液；

23.4%双炔酰菌胺悬浮剂1 000～2 000倍液，在花蕾期、幼果期和果实近成熟期各喷药1次。几种药剂交替使用，可有效地控制病害并减少其产生抗药性，延长药剂的使用期。

采果后，供贮藏的果实可在产地立即用甲霜灵或乙膦铝1‰＋噻菌灵(或咪鲜胺锰盐)1‰药液浸泡片刻，若用冰水溶解杀菌剂浸果(在5～10℃药液中浸泡5～10分钟)，使预冷和防腐处理同时进行，效果更好，果实晾干后运回冷库继续预冷，果温降低于7～8℃时，再在冷库内选果包装。

2. 荔枝炭疽病

【分布为害】荔枝炭疽病是荔枝幼龄树的重要病害，常引起严重发病，病株率达50.3%～92.6%；病叶率一般为31.4%～43.6%，多的达62.3%～81.5%，严重影响幼龄树的生长发育。

【症　　状】主要为害幼龄树和老年树嫩叶和叶片，也侵染成年树、老年树的嫩梢、花穗、幼果和果实，发病严重时，可引起幼苗部分枯死，造成结果树落花、落果。叶片上的症状分急性型和慢性型两种。慢性型：病斑多从叶尖开始，亦有从叶缘、叶内发生的，在嫩叶已充分张开，但还未转绿时开始发病。初在叶尖出现黄褐色小病斑，随后迅速向叶基部扩展，呈烫伤状病斑，严重时，整个叶片的1/2～4/5均呈褐色的大斑块，健部和病部界线分明。严重时，病叶向内纵卷，易脱落(图19-3)。急性型：一般多在未转绿时的嫩叶边缘或叶内开始发病，初为针尖状褐色斑点，后变为黄褐色的椭圆形或不规则形的凹陷病斑，初期有不明显轮纹，后期呈黑褐色，病部易破裂。嫩梢：顶部先开始呈萎蔫状，然后枯心，病部呈黑褐色，后期整条嫩梢枯死。花枝受害，花穗变褐枯死。果实：在幼果时开始发病，先出现黄褐色小点，后呈深褐色，水渍状，健部和病部界限不明显，后期病部生黑色小点。一般只侵染果皮，后期果肉腐烂，味变酸。

图19-3 荔枝炭疽病为害叶片症状

【病　　原】*Colletotrichum gloeosporioides*，称盘长孢状刺盘孢，属无性型真菌。分生孢子盘生于病部表皮下，成熟时突破表皮。分生孢子梗圆柱形，在分生孢子盘内排列成一层，无色，单胞，顶生分生孢子；分生孢子无色，单胞，长椭圆筒形，两端较圆或一端稍尖，内含两个油球。

【发生规律】该病病菌以菌丝体和卵胞子在病叶、病果及土壤中越冬，为翌年的初侵染病源。该病发生与残留菌量及雨水关系密切，特别是荔枝的花期、果实成熟期如遇雨水多、湿度大或连续几天的降雨，最易诱发该病流行。每年的花期和果实成熟期为该病发生高峰期。叶片发病始于4月中旬，4月下旬至5月上旬为第一次发病高峰期，5月下旬至6月上旬为第二次发病高峰期。8月下旬至9月上旬以后，病害发生较轻。即春、夏梢发病重，秋梢发病轻。如8—9月遇阴雨天气，则可能出现第三次高峰期，秋梢也会严重感病。果实于4月下旬开始感病，一般早熟品种发病少，迟熟品种发病较多。地势低洼、排水不良、荫蔽不通风透光的果园，发病较重。

【防治方法】加强栽培管理。注意深翻改土，增施磷钾肥和有机肥，切忌偏施氮肥，以增强树势，提高树体本身的抗病力。冬季彻底清园，剪除病叶、枯梢，集中烧毁。结合防治其他病虫害，喷施一次0.8～1波美度的石硫合剂，春、夏梢发病时，及早剪除病叶、病梢、病果，并喷洒杀菌剂防治。

适时喷药保护。在春、夏、秋梢抽出后，叶片展开但还未转绿时，应抓紧喷药。保果可在4月中下旬或幼果5～10mm大时开始喷药，每隔7～10天喷1次，连喷2～3次，可收到明显的防治效果。药剂可选用：

80%代森锰锌可湿性粉剂500～600倍液+70%甲基硫菌灵可湿性粉剂800～1 000倍液；

80%代森锰锌可湿性粉剂500～600倍液+50%多菌灵可湿性粉剂800～1 000倍液；

75%百菌清可湿性粉剂600倍液+50%咪鲜胺锰盐可湿性粉剂1 000～1 500倍液；

10%苯醚甲环唑水分散粒剂1 000～2 000倍液；

62%多菌灵·代森锰锌可湿性粉剂500～700倍液；

24%腈苯唑悬浮剂1 000倍液，交替喷洒，这样可防止产生抗药性。4月上中旬重点保护春梢，此期又是荔枝蝽猖獗期，可结合杀虫混合喷药，能收到防病灭虫的良好效果。

3．荔枝溃疡病

【分布为害】荔枝溃疡病又叫干癌病，是目前荔枝果园常见的一种新病害，是荔枝树干及长势衰弱树上的多年生枝条的重要病害，感染严重时影响开花结果。

【症　　状】为害叶片，初期在叶背面出现黄色油渍状小点，以后逐渐扩大成近圆形。病斑穿透叶片两面略凸起，组织木栓化，粗糙，中央凹陷破裂呈灰褐色火山口状。病斑周围有黄色晕圈，有时几个病斑联在一起，形成不规则形的大病斑，病叶提早脱落(图19–4)。树皮无光泽，色不鲜明，以后逐渐皱缩，树皮粗糙龟裂，随着病斑逐渐扩大加深，部分皮层翘起、剥落。枝梢上的病斑与病叶上的相似，近圆形、椭圆形或联合成不规则形，浅黄色或黄褐色，显著凸起，但周围无黄色晕圈。严重时病害延及木质部，当病斑扩展环绕枝条时，使患部以上枝条叶片变黄逐渐脱落，致使树势衰弱，甚至整枝枯死(图19–5)。发病时先从主干开始，蔓延到主枝，扩展到2年生以上大枝，1年生枝条出现这种病状较少。

【病　　原】可考参柑橘病害——柑橘溃疡病。

【发生规律】病原潜伏在病斑组织内越冬。第二年春雨期间，借风、雨、昆虫和枝叶接触而传播，由气孔、皮孔或伤口侵入。嫩梢长到3～12cm时是病菌侵入的盛期，潜叶蛾为害造成伤口是感染本病的重要途径。高温多湿是溃疡病发生的有利条件，在浦北县5—9月是一年中发病较严重的时期。在地势低洼、果园荫蔽、管理粗放、树势衰弱、树皮有伤口的情况下，常使病情加重。

图19-4　荔枝溃疡病为害叶片症状

图19-5　荔枝溃疡病为害枝干症状

【防治方法】加强栽培技术管理，对发病的果树，应做好树盘的中耕除草，挖沟排水，增施有机肥和磷、钾肥，及时追施促梢保梢肥，培育健壮枝梢，增强树势，减轻发病。及时剪除并集中园外烧毁。对较为荫蔽的树冠，放梢前及时整枝，改善树体的通风透光条件，促进生长，提高树体的抗病能力。

在荔枝生长季节，均有天牛、蝗虫等害虫为害，造成伤口，病菌极易侵入，使病害加重，防治要做到防病先治虫。治虫应掌握害虫发生初期时用药或结合喷药保梢保花保果，注意树干和枝条的喷洒，防治害虫咬食为害树皮。

对2～3年生幼树，当树枝干出现粗糙皮层时，用麻绳布或粗毛巾抹除粉末后，结合用杀虫剂52.25%毒死蜱·氯氰菊酯乳油1 000倍液加5%多菌灵·乙霉威可湿性粉剂800倍液或47%春雷霉素·氧氯化铜可湿性粉剂1 000倍液，均匀喷洒树冠枝条和主干。

对发病较重的大枝，先用小刀刮除病斑，再用麻绳布或毛巾布抹除粉末后，用47%春雷霉素·氧氯化铜可湿性粉剂300倍液加黄泥土拌成浆或用1：1：10比例配制而成的波尔多液+90%敌百虫晶体10g加少许生盐(作黏着剂)拌匀成浆，涂刷树干、大树和有病小枝，每隔15天1次，连续3次或多次涂药直至病状消失。

药物防治和涂干治疗。对2～3年生幼树，结合用药杀虫，加入75%百菌清可湿粉剂700倍液或40%多菌灵·硫磺悬乳剂400倍液，均匀喷洒树冠枝条和主干。对发病较重的大树主枝，先用小刀刮除病斑，用毛巾抹除干净，用0.5：0.5：5波尔多液加90%敌百虫晶体10g加少许食盐拌匀成浆，涂刷树干、大枝和有病小枝，每隔15～20天1次，连用3次或多次直至病状消失。

4. 荔枝地衣

【分布为害】地衣是荔枝枝干上的常见附生物。大量地衣附生于荔枝上将影响新梢萌发，使树体提早衰老，同时成为病虫害隐匿和滋生场所。

【症　　状】地衣是一类菌藻共生物，呈青灰色或灰绿色的叶状体组织附生于果树的枝干上，根据其外形特征通常分为壳状地衣、叶状地衣和枝状地衣3种类型。壳状地衣呈圆形膏药状紧贴于枝干树皮上，不易剥离，青灰色或灰绿色。叶状地衣呈不规则叶片状、扁平，有时边缘卷曲，表面为灰绿色。常多个连接成不规则的鳞状薄片，极易剥离。枝状地衣直立或下垂，呈树枝状或丝状并可以分枝，黏附于枝干上，呈淡绿色(图19-6)。

图19-6　地衣为害荔枝枝干症状

【病　　原】参考龙眼病害——龙眼地衣。

【发生规律】参考龙眼病害——龙眼地衣。

【防治方法】参考龙眼病害——龙眼地衣。

5. 荔枝藻斑病

【分布为害】荔枝藻斑病又叫白藻病，是荔枝与龙眼上的一种常见病害，该病还可为害茶树及其他多种果木和经济林木，主要为害老龄树。

【症　　状】主要发生在成叶和老叶上。初在叶面生针头大黄褐色的小斑点，呈圆形或不规则形，逐渐扩大后形成不规则形的黑色斑点，边缘丛生不整齐的毛毡状斑。毛毡状斑微隆起，表面有略呈放射状的细纹(图19-7)。后期病斑逐渐老化，呈灰绿色或橙黄色，并带有毛绒状物，藻斑大小不等。嫩叶受害时，在叶片中脉常形成梭形或短条状黑色斑，病斑中央灰白色。

图19-7 荔枝藻斑病为害叶片症状

【病　　原】藻斑病的病原为寄生性红锈藻(*Cephaleuros virescena*)。病部表面毛毡状结构为红锈藻的营养体，由二叉分枝的丝网构成。由营养体侵入病部皮层组织。在叶内，红锈藻的细胞呈链状，相互连接成丝状体，延伸在叶片组织细胞间。丝状体有分隔，细胞短，橙黄色。表面的毛状物为子囊梗的孢子囊。孢子囊梗红褐色，有分隔，毛发状，末端膨大成头状，上生8～12条叉状小梗，每一小梗顶端着生一椭圆形或球形、单胞、红褐色的孢子囊。游动孢子近椭圆形，双鞭毛，侧生，无色。

【发生规律】病菌以营养体的形式在病组织中越冬。翌年5—6月，在高温潮湿的气候条件下产生孢子囊，借风雨传播。成熟的孢子囊易脱落，在水中散放出游动孢子，落在叶上萌发芽管，由叶片气孔侵入为害。在嫩枝上，侵入外部皮层，使病部略膨大，为其他病菌的入侵提供了有利条件。病部再产生孢子囊和游动孢子传播，进行再次侵染。温暖高湿的环境有利于该病的发生。管理粗放及树势较差的果园发病率较高。

【防治方法】加强果园管理，增施腐熟有机肥，合理灌溉，增强树势，提高树体抗病力。适当修剪，剪除枯枝病叶，改善通风透光。注意排水措施，保持果园适当的温湿度，结合修剪，清理果园，将病残物清除烧毁，减少病源。必要时改良土壤。因地制宜的选择较抗病品种。

在4月下旬至6月上旬病害发生期施药防治。药剂可选用：

45%结晶石硫合剂150倍液；

25%溴菌腈可湿性粉剂300～500倍液；

30%琥胶肥酸铜悬浮剂500～600倍液。

6．荔枝枯斑病

【症　　状】为害成年叶和老叶。病斑产生于叶面或叶缘，初期为褐色小斑点，后逐渐扩大呈圆形、近圆形和不规则形大斑块，中央灰白色，上生小黑粒，边缘褐色(图19-8和图19-9)。

图19-8　荔枝枯斑病为害叶片初期症状

图19-9　荔枝枯斑病为害叶片后期症状

【病　　原】*Ophiobolus* sp.称蛇孢腔菌，属无性型真菌。

【发生规律】病菌主要靠风、雨传播。夏季高湿多雨时病害严重，常造成落叶。种植管理粗放、果园荫蔽、排水不良都会诱导病害严重发生。

【防治方法】加强栽培管理，合理施肥，增施有机肥，搞好果园排水。以促进根系生长；适度修剪整枝，增强通风透光，以提高植株抗病性。搞好果园卫生，采收后要及时搞好清园工作，将清除的枯枝落叶和病枝病叶集中烧毁，以减少菌源。

对病重果园和老树，要加强夏秋季节的果园检查；在发病初期开始喷药，间隔10~15天施药，连续喷药2～3次。药剂可选用：

70%甲基硫菌灵可湿性粉剂800～1 000倍液+75%百菌清可湿性粉剂600～700倍液；

50%多菌灵可湿性粉剂500～800倍液；

50%异菌脲可湿性粉剂1 000～1 500倍液；

10%苯醚甲环唑水分散粒剂2 000～3 000倍液；

12.5%腈菌唑可湿性粉剂2 500倍液；

40%氟硅唑乳油6 000～8 000倍液，以上药剂应交替使用。

二、荔枝虫害

1．荔枝蝽

【分布为害】荔枝蝽(*Tessaratoma papillosa*)属半翅目蝽科，是荔枝、龙眼上的主要害虫。其成虫、若虫刺吸幼芽、嫩梢、花、果的汁液，花轴不结果，果实枯萎脱落，嫩梢枯萎，同时排放臭液使嫩叶、花蕊及果实有灼伤状，变黄褐色，造成落花、落果、叶片枯萎，对产量影响很大。

【形态特征】成虫体盾形、黄褐色，胸部被白色蜡粉(图19–10)，有4节黑褐色触角，臭腺口在后胸侧板前方处；雌雄辨别的典型特征是雌虫腹部第七节腹面中央有一纵缝。卵近圆球形(图19–11)，初产时淡绿色，近孵化时紫红色。若虫体椭圆形；体色红至深蓝色，腹部中央及外缘深蓝色。若虫臭腺开口于腹部背面(图19–12)；二龄幼虫体橙红色；头部、触角及前胸户角、腹部背面外缘为深蓝色；三龄幼虫体橙红色，后胸外缘被中胸及腹部第一节外缘包围；四龄幼虫中胸背板两侧翅芽明显，其长度伸达后胸后缘；五龄幼虫颜色较浅，中胸背面两侧翅芽伸达第三腹节中间；第一腹节退化；羽化时，全体被白色蜡粉。

图19–10　荔枝蝽成虫

图19-11 荔枝蝽卵

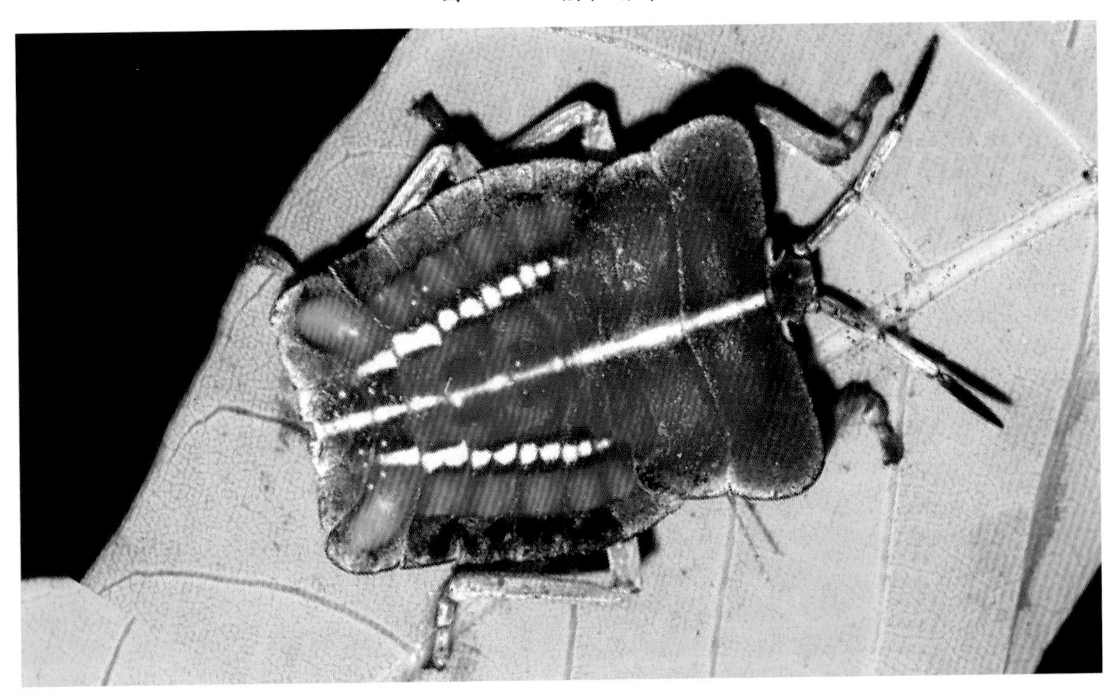

图19-12 荔枝蝽若虫

【发生规律】参考龙眼虫害——荔枝蝽。

【防治方法】参考龙眼虫害——荔枝蝽。

2. 荔枝瘿螨

【分布为害】荔枝瘿螨(*Eriophyes litchii*)又称毛毡病、毛蜘蛛，主要为害荔枝，龙眼次之。以成螨、若螨吸食荔枝嫩叶、花穗和果实汁液，受害部位畸形，形成毛毡病斑。常引起落叶、落果、枯梢、僵果，导致树势衰弱和减产，严重时全株枯死(图19-13和图19-14)。

图19-13 荔枝瘿螨为害叶片初期症状

图19-14 荔枝瘿螨为害叶片后期症状

【形态特征】成螨体极微小，体形狭长，体长0.15～0.19mm，一般肉眼很难看见，乳白色或淡黄色，前体近三角形，表面长滑，具刚毛2根；头小向前伸出，其端有螯肢和须肢各1对；足2对，腹部具有若干环节，腹末有长毛1对；体末端渐细，臀部具长毛2根，末端具伪足1对。卵圆形，乳白色至淡黄色，半透明光滑。若螨形似成螨，初孵化时虫体灰白色，半透明，随着若螨发育渐变为淡黄色，后体环纹不明显，尾端尖细，不具生殖板。

【发生规律】参考龙眼虫害——瘿螨。

【防治方法】参考龙眼虫害——瘿螨。

3．荔枝叶瘿蚊

【分布为害】荔枝叶瘿蚊(*Mayetiola* sp)，属双翅目瘿蚊科，是一种荔枝梢期害虫。

【为害特点】该虫对荔枝新梢的为害率达30%以上，已明显威胁荔枝产业的发展。成虫产卵于嫩叶背面，孵化后幼虫钻入嫩叶组织内取食并发育形成疱状凸起，初期出现水渍状点痕，后点痕逐渐向叶片的上下两面同时隆起形成小瘤状的虫瘿(图19-15和图19-16)。虫瘿大量发生时明显抑制叶片光合作用，引起叶片干枯、提早脱落，导致树势衰退。

图19-15　荔枝叶瘿蚊为害叶片初期症状

图19-16　荔枝叶瘿蚊为害叶片后期症状

【形态特征】参考龙眼虫害——荔枝叶瘿蚊。

【发生规律】参考龙眼虫害——荔枝叶瘿蚊。

【防治方法】参考龙眼虫害——荔枝叶瘿蚊。

4．绿额翠尺蠖

【分布为害】绿额翠尺蠖(*Thalassodes proquadraria*)，属鳞翅目尺蛾科，是我国南方地区为害荔枝、龙眼的重要害虫。其幼虫大量吞食新梢嫩叶，使荔枝花穗无法抽出或直接取食花穗，导致荔枝无法成果或在挂果期蚕食荔枝功能叶，造成荔枝大量落果，严重威胁荔枝生产(图19-17)。

图19-17　绿额翠尺蠖为害叶片症状

【形态特征】雄成虫体长20～23mm，雌虫略大，前后翅白色，间有灰黑色小点，自前缘至后缘有3条黄褐色波状纹，近外缘的一条最明显，雌蛾蛹角丝状，雄蛾触角羽状(图19-18)。卵椭圆形，蓝绿色，孵化前黑色，卵粒堆叠呈块状，上覆有黄褐色绒毛。幼虫体色有深褐色、灰褐色或青绿色(图19-19)，体色随环境而异；幼虫体细长，老熟前体长60～72mm；头部密布棕色小斑点，在第6及第10腹节各有腹足一对，休息时用腹足固定身体，甚似一枝条，不易被人发现；行动时，身体弯成一环，一屈一伸，似以尺量物，故称“尺蠖”。蛹被蛹，棕黄色，头顶有两个角状小凸起(图19-20)。

图19-18　绿额翠尺蠖成虫

图19-19 绿额翠尺蠖幼虫

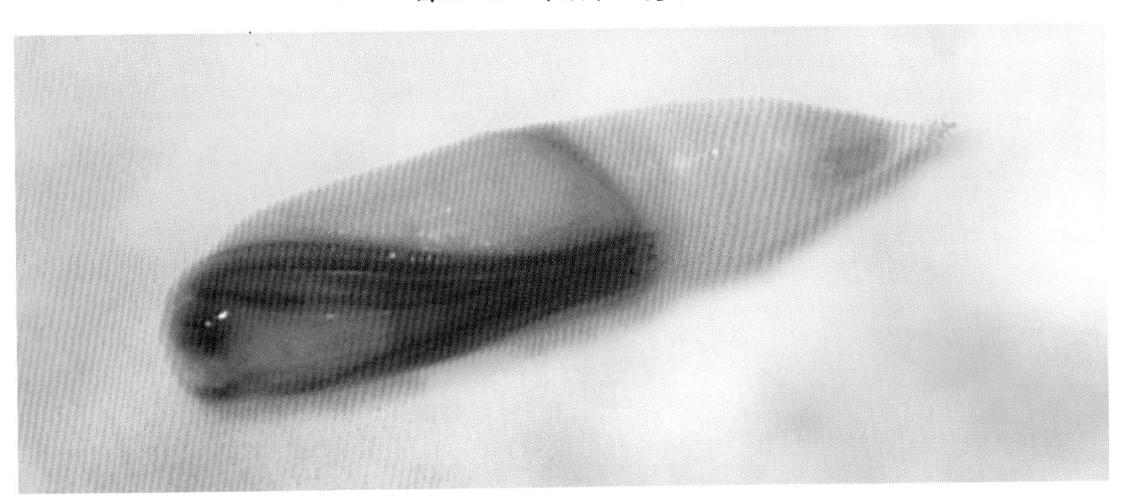

图19-20 绿额翠尺蠖蛹

【发生规律】在广东一年发生4代，以蛹在土中越冬，越冬成虫3月上旬出现。第一代幼虫4月初至5月中旬发生，第二代幼虫6月中旬至7月初发生，第三代幼虫7月上旬至9月上旬发生，第四代幼虫9月下旬至11月初发生。成虫多于雨后夜间羽化出土，夜出活动，飞翔力强，有趋光性。羽化后1~3天交尾产卵，成虫寿命约5天。1龄幼虫取食叶肉残留表皮，2~3龄食叶呈缺刻，4龄后食量剧增，每虫每天可取食8~10片叶，老熟幼虫吐丝下垂或沿树干爬到疏松的土壤中化蛹，入土深度1~3cm。

【防治方法】搞好冬季清园，剪除虫害枝，减少越冬虫源。在人力所及的条件下，人工刮除卵块，人工捕杀幼虫，安装黑光灯诱杀成虫，减少虫源。

及时消灭幼虫。防治初龄幼虫可用下列药剂：

20%氰戊菊酯乳油3 000倍液；

1.8%阿维菌素乳油1 000~2 000倍液；

48%毒死蜱乳油1 000倍液；

2.5%溴氰菊酯乳油2 000~2 500倍液。

老熟幼虫抗药性很强，不易用药杀死，可于其入土化蛹时于树冠周围表土撒施3%辛硫磷颗粒剂5kg/亩，以杀死羽化出土的成虫。

5．龟背天牛

【分布为害】龟背天牛(*Aristobia testudo*)，属鞘翅目天牛科。幼虫钻蛀荔枝、龙眼枝条，隐蔽生活于蛀就的坑道，影响植株的水肥输导，致受害枝黄化，树势衰弱，致植株死亡。成虫羽化后补充营养，多啃食当年生的枝条皮层，呈环状剥皮，致枝梢干枯死亡。为害严重时，树冠出现大量干枯的枝梢(图19-21)。

图19-21　龟背天牛为害荔枝枝干症状

【形态特征】成虫体大，长形，体长20～30mm，宽8～11mm，基色黑，鞘翅上满布橙黄色斑块，有黑色条纹将橙黄色斑块围成龟背状纹(图19-22)。雌虫触角与翅鞘等长，雄虫触角长超过翅端2～3节；触角第一节、第二节黑色，其余各节火黄色，第三节端部环生有相当长的黑色簇毛，第四、第五节端部亦生有一圈黑色绒毛，但远较第三节的簇毛短而少。卵长椭圆形，乳白色，长约4.5mm。幼虫圆筒形，略扁，乳白色，胸足退化，代以各体节的背面和腹面凸起的移动器在坑道内上下移动；前胸背板上有“山”字形的黄褐纹；老熟时体长约60mm。蛹为乳白色的裸蛹，老熟时变黑色。

图19-22　龟背天牛成虫

【发生规律】龟背天牛在广西每年发生1代。成虫期6—9月，卵期10天，10月至次年6月为幼虫期，蛹期20天。通常成虫于8月取食产卵，在树冠下1m内枝丫上，成虫用上颚咬伤皮层，伤口呈半月形，卵产在伤口上，每伤口1粒，用黄色胶状物覆盖。9月后成虫陆续死亡。幼虫8—9月盛孵，在枝条上取食为害，开始取食皮层，1月越冬进入木质部取食，由上而下形成坑道，每隔一定距离咬穿皮层与外界通气，孔口常有虫粪排出，跌落树冠下相应位置。至6月幼虫相继老熟化蛹，化蛹前幼虫大量取食，排出粪便，转身向上咬宽坑道，用虫粪和木屑堵塞两端形成蛹室，在其中化蛹。

【防治方法】冬季清园时剪除病虫枝，主干或根部有虫应全株挖除，集中烧毁，减少虫源。4—8月是天牛的产卵期，检查发现树皮裂缝中有虫卵立即用小刀刮掉。5—6月是成虫盛发期，晴天中午捕杀成虫效果最好。冬春期间是幼虫化蛹期，检查发现蛀道，可塞泥浆封口，防止成虫羽化出洞。为害期在蛀道内塞入蘸有敌敌畏的棉球，毒杀幼虫。

6月中下旬，龟背天牛成虫发生前或发生初期，选用涂白剂于树冠内1m树丫上表面涂刷，驱避成虫为害及产卵。涂白剂用生石灰10份、硫磺粉1份、食盐0.5份、水30份配制而成。如加入少量内吸性杀虫剂，驱避效果更好。

经常留意从散落地面的虫粪、木屑追踪树上的蛀孔，用钢丝通刺蛀道后灌注80%敌敌畏乳油30倍液熏杀蛀道内幼虫，并以黏泥封闭孔口，效果甚佳。

7月中旬至8月上旬成虫产卵盛期，选用内吸性强的杀虫剂对果树枝干及产卵伤痕进行喷雾，既可减少成虫啃食，又能毒杀初孵幼虫。药可用下列药剂：

4.5%高效氯氰菊酯乳油1 500倍液；

20%甲氰菊酯乳油1 000倍液；

52.25%毒死蜱·氯氰菊酯乳油1 500倍液；

50%马拉硫磷乳油1 000倍液；

2.5%溴氰菊酯乳油2 000倍液，喷洒荔枝枝梢，杀死成虫。

6．荔枝蒂蛀虫

【分布为害】荔枝蒂蛀虫(*Conopomorpha sinensis*)，属鳞翅目细蛾科，是荔枝、龙眼上的主要害虫。幼虫为害荔枝果实、花穗、嫩梢。幼果被害，幼虫蛀食果核皮层，导致落果；果实着色期被害，幼虫只为害果蒂，遗留虫粪，影响果品质量（如图19-23），也可能造成落果，影响产量；幼虫也为害花穗、嫩叶，致使花穗、嫩叶枯萎。

图19－23 荔枝蒂蛀虫为害荔枝果实症状

【形态特征】成虫体长4～5mm，翅展9～11mm，灰黑色，腹部腹面白色；前翅基部有两条白纹，中部由5条白纹成“W”形纹，静止时，两前翅并拢，相接呈“爻”字纹；翅尖有一黑色小圆纹，端部第5条白斜纹与翅尖黑纹之间为橙黄色区，中域有丫字纹，橙黄色区有3个银白色光泽斑，这一特征与蛀食叶片中脉而不蛀果的近缘种尖细蛾相区别；后翅灰黑（如图19-24）。腹部各节侧面有黑色斜纹。卵细小，椭圆形，黄白色半透明，卵壳上有微突。幼虫扁筒形，黄白色，背中浅黄褐色，在果肉内取食时，体呈乳白色；胸足3对，腹足4对，臀板三角形，末端尖。蛹纺锤形，淡黄色，羽化前灰黑色（如图19-25）；头顶有一破茧器，触角伸出腹末部分为第7~10腹节的2倍。茧扁平、椭圆形，白色丝质，多结于叶面。

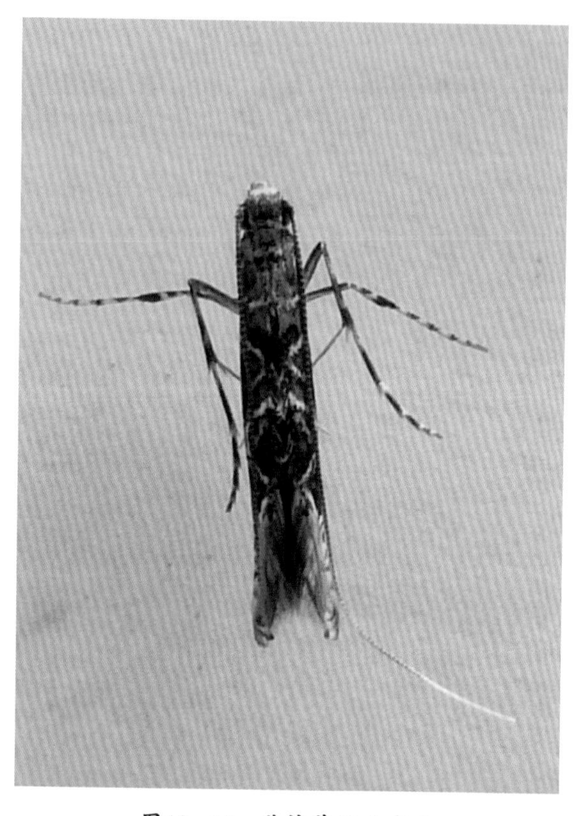

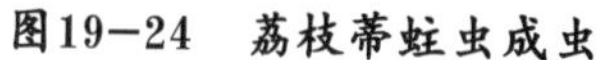
图19-24 荔枝蒂蛀虫成虫

图19-25 荔枝蒂蛀虫蛹

【发生规律】福建一年发生9~11代，广西玉林一年发生12代，广东广州一年发生11代，世代重叠，以幼虫在冬梢或荔枝早熟品种花穗近顶端轴内越冬。在广东，2~4代主要为害荔枝果实，4~6代为害龙眼果实，7~10代主要为害秋梢，10~11代进入越冬。成虫夜间羽化，有明显的趋嫩性和趋果性，喜欢在荫蔽、潮湿、通风透光差的果实产卵，在幼果期，卵散产于幼果中下部，在果实成熟前，产于果肩附近果皮凹陷处（龟裂缝间），在嫩梢上则产于小叶柄与复叶柄之间，在叶片上则产于嫩叶叶背中脉附近。初孵幼虫自卵壳底面直接蛀入寄主，整个取食物均在蛀道内，不外出，不转果，虫粪留在核内不外排。幼虫老熟后，从蛀道爬出，在果穗附近的叶片正面吐丝结茧化蛹，少数吐丝下垂至树冠下部或地面落叶、杂草化蛹。

【防治方法】适时放秋梢，控制冬梢，阻断其食物来源的连接，减少冬春季虫源。幼果期及时收集落地果集中烧毁，减少下一代虫源。

适时喷药防治。根据预测预报，在每代成虫羽化率30%和80%时各喷药一次，杀灭成虫和初孵幼虫，抑制卵的孵化。可选用药剂：52.25%农地乐乳油1 000~1 500倍液、20%甲氰菊酯（灭扫利）乳油1 500倍液、4.5%高效氯氰菊酯乳油1 000~1 500倍液、2.5%高效氯氟氰菊酯乳油1 000~1 500倍液等。

第二十章 枇杷病虫害

我国是世界枇杷最大生产国，我国枇杷总面积已达13万hm^2以上，总产量55.93万t。枇杷属亚热带树种，产于我国四川、陕西、湖南、湖北、浙江等省。

枇杷病虫害有30多种，其中病害主要有灰斑病、斑点病、轮斑病、炭疽病、花腐病、褐腐病、胡麻色斑病、干腐病等；虫害有星天牛、桑天牛、黄毛虫、梨小食心虫、介壳虫、扁刺蛾、黄刺蛾、斜纹夜蛾等。

一、枇杷病害

1. 枇杷灰斑病

【症　　状】叶斑型：发病初期，病斑呈圆形，浅黄褐色；温、湿度合适时，病部迅速扩大，常常数个小病斑连接成不规则的大病斑，病斑边缘清晰，中央常呈灰白色，散生着小黑点(图20-1和图20-2)。

焦叶型：多发于新梢幼叶，受害后，叶尖、叶缘常迅速焦枯，类似高温灼伤(图20-3)。树冠重更新后，枝干裸露部位萌蘖最易出现焦枯症状。果实感病初期，出现褐腐症状，后期病部明显凹陷，并产生小黑点(图20-4)。

图20-1　枇杷灰斑病叶斑型初期症状

图20-2　枇杷灰斑病叶斑型中期症状

图20-3　枇杷灰斑病为害叶片焦叶型症状

图20-4　枇杷灰斑病为害果实症状

【病　　原】*Pestalotia eriobotrifolia* 称枇杷大斑盘多毛孢菌，属无性型真菌。分生孢子盘黑色。分生孢子成熟后随分生孢子角从盘内挤出。分生孢子纺锤形，顶细胞圆锥形，无色，顶生3根附属丝，基细胞无色，具一根附属丝。

【发生规律】病菌以分生孢子及菌丝体在病叶或病果的残体上越冬。翌年3—4月，越冬后的分生孢子、菌丝体和子座上产生新的分生孢子，以及分生孢子器吸水后溢出的分生孢子，通过气流或借风雨传播，发生初次侵染。潜育一段时间后在成熟新叶上产生病斑，而后露出分生孢子盘，释放出分生孢子，重复侵染夏梢和秋梢嫩叶。条件适宜时，分生孢子终年不断产生。根据观察结果，苏南地区枇杷春梢始病期为5月上中旬。5月下旬，当果实成熟后，病菌开始为害果实。无论叶片或果实，受过日光灼伤的部位或是因风害发生擦伤的部位都很容易感染灰斑病菌。春、夏、秋梢均能受灰斑病的为害，但以春梢受害最重。秋后至冬季，凡受过严重病害侵染的叶片大多会脱落，受害轻的仍会留在树上，它们共同成为翌年的初次侵染源。

【防治方法】结合冬季修剪，剪除病叶、病枝，清除病果、落叶，集中深埋或烧毁，以减少越冬菌源。降雨季节要搞好清沟排水，防止果园积水，保持土壤疏松，增加土壤供氧，提高植株抗病能力。春季深耕扩穴改土，合理施肥培土，促进植株生长健壮。

在枇杷生长期特别是春夏秋三次嫩梢抽生至生长期，可用以下药剂防治：

70%甲基硫菌灵可湿性粉剂800～1 000倍液+75%百菌清可湿性粉剂500～800倍液；

50%异菌脲可湿性粉剂1 000～1 500倍液；

50%腐霉利可湿性粉剂600倍液；

50%咪鲜胺锰盐可湿性粉剂1 000～1 500倍液；

40%氟硅唑乳油6 000～8 000倍液，前一年发病较重的感病品种果园，在春夏秋梢抽生初期可各用药2次，10～15天一次。喷药要均匀，雾滴要细，喷头从树冠下朝上喷，以确保喷药质量。

2. 枇杷胡麻色斑点病

【症　　状】叶片上先出现圆形病斑，暗紫色，边缘赤紫色，后逐渐变为灰白色或灰色，中央散生黑色小粒点，即分生孢子盘。病斑大小1～3mm，起初表面平滑，随后略变粗糙；叶背的病斑呈淡黄色(图20-5和图20-6)。发病严重时，许多小病斑联合成大的不规则形病斑，引起叶片枯死脱落。叶脉上的病斑为纺锤形。

图20-5　枇杷胡麻色斑点病为害叶片初期症状

图20-6 枇杷胡麻色斑点病为害叶片后期症状

【病　　原】枇杷虫形孢 *Entomosporium eriobotryae*，属无性型真菌。分生孢子盘灰褐色，分生孢子无色，虫形，4个细胞成“十”字形排列。

【发生规律】病菌以分生孢子盘、菌丝体和分生孢子在病叶或落叶上越冬。春末夏初，越冬病原或新产生的分生孢子通过风雨或人为传播，由伤口或自然孔口侵入寄主体内，引起初侵染，环境条件适宜时扩展蔓延。该病在全年中均能传播，感病时间长，尤其是春季温暖多雨的梅雨季节和阴雨连绵的秋季，更易感病，幼芽萌发前后为发病高峰期。该病菌的发育起点温度较低，侵染发育适温为10～15℃；气温超过20℃明显下降。刮台风下雨时也易发生。地势低洼、排水不良，或土壤板结、透气性差、生长衰弱、栽培管理不善的苗圃地，发病较多。

【防治方法】做好冬季清园工作，清除杂草和落叶，减少初侵染源；早春要及时发现和消灭发病中心，拔除并集中烧毁或深埋病苗、病叶，以减少病源，防止病害扩展蔓延。新植果园地四周应开沟排水，搞好排灌工作；苗圃地以土质疏松、排水良好、土壤pH值=5.5～7.5的田地为宜。科学施肥，应多施腐熟的有机肥和磷、钾肥，适当控制氮肥的施用量，可以达到苗木生长健壮，增强其抗病性，防止植株生长较嫩绿而降低对病菌的抵抗力。

药剂防治：新叶长出后或发病初喷施下列药剂：

0.3%～0.5%等量式波尔多液；

50%甲基硫菌灵可湿性粉剂800～1 000倍液；

25%嘧菌酯悬浮剂1 000～1 500倍液；

50%异菌脲可湿性粉剂1 000～1 500倍液；

10%苯醚甲环唑水分散粒剂2 000～3 000倍液。每隔10～15天喷1次，连喷1～2次。

3．枇杷斑点病

【症　　状】只为害叶片。病斑初期为赤褐色小点，后逐渐扩大，近圆形，中央灰黄色，外缘赤褐色，多数病斑愈合后呈不规则形，后期病斑上生有较细密的小黑点，即分生孢子器，有时排列呈轮纹状。发病严重时可造成早期落叶(图20-7至图20-9)。

图20-7 枇杷斑点病为害叶片初期症状

图20-8 枇杷斑点病为害叶片中期症状

图20-9 枇杷斑点病为害叶片后期症状

【病　　原】枇杷叶点霉菌*Phyllosticta eriobatryae*，属无性型真菌。分生孢子器暗褐色，球形。分生孢子长椭圆形，无色。

【发生规律】病菌以分生孢子器和菌丝体在病叶上越冬。翌年3—4月，分生孢子器吸水后，分生孢子自孔口溢出，借风雨传播，侵入寄主为害。一年内可多次侵染，在梅雨季节发病最重。

【防治方法】选用抗病品种，冬季要将落地的病叶和病果全部清除干净，集中烧毁。加强果园管理。

降雨季节要搞好清沟排水，防止土壤渍水，增加土壤供氧，提高抗病能力。春季深耕扩穴改土，合理施肥培土，促进植株生长健壮。采果后剪掉衰弱枝、枯枝、病虫枝，密生枝，交叉枝及强势的徒长枝。果实采收后，自枝条基部10cm处进行短截。这样可减轻郁闭，增强树冠光照与通风。

药剂防治：春、夏、秋三次嫩梢抽生至生长期，可用下列药剂：

70%甲基硫菌灵可湿性粉剂800～1 000倍液+80%代森锰锌可湿性粉剂600～800倍液；

65%代森锌可湿性粉剂500～600倍液+50%异菌脲可湿性粉剂1 000～1 500倍液；

25%吡唑醚菌酯乳油1 000～2 000倍液；

40%腈菌唑水分散粒剂6 000～7 000倍液等。如果以其中2～3种交替使用，则效果更好。

4．枇杷角斑病

【症　　状】病斑以叶脉为界，呈多角形，多数愈合成不规则的大斑。病斑赤褐色，周围往往有黄色晕圈(图20–10)，以后长出黑色霉状小粒点，即病菌的分生孢子梗和分生孢子。

图20–10　枇杷角斑病为害叶片症状

【病　　原】*Cercospora eriobotryae* 称枇杷尾孢菌，属无性型真菌。初生分生孢子梗直立，单胞，淡褐色。老熟时先端稍弯曲，颜色变深，有隔膜1～5个。分生孢子无色，鞭状，直或弯曲，有隔膜3～8个，每个细胞内含有1～3个油球。

【发生规律】病菌以菌丝体及分生孢子在病叶上越冬，该病终年为害，翌年3—4月产生分生孢子，借雨水传播，引起初次侵染。在长江中下游产区，3月中下旬至7月中旬、9月上旬至10月底是该病严重发生期。较温暖的地区会造成再次侵染，在干旱的条件下发病较严重，土壤瘠薄、排水条件差、管理粗放、树势较弱的果园发病较严重。

【防治方法】因地制宜的选择较抗病品种。加强果园管理，增施腐熟有机肥，合理灌溉，增强树势，提高树体抗病力。科学修剪，剪除病残枝及茂密枝，调节通风透光，雨季注意果园排水，保持果园适当的温湿度。

化学防治。在新叶长出后喷施下列药剂：

70%甲基硫菌灵可湿性粉剂800～1 000倍液+65%代森锌可湿性粉剂800～1 000倍液；

80%代森锰锌可湿性粉剂500～600倍液+50%苯菌灵可湿性粉剂1 000～1 500倍液；
50%异菌脲可湿性粉剂1 000～1 500倍液；
50%嘧菌酯水分散粒剂5 000～7 000倍液；
25%烯肟菌酯乳油2 000～3 000倍液；
25%吡唑醚菌酯乳油1 000～3 000倍液；
40%腈菌唑水分散粒剂6 000～7 000倍液；
间隔10～15天喷1次，连喷2～3次。

5．枇杷炭疽病

【症　　状】初在果面形成淡褐色水浸状圆形斑点，后变成茶褐色至暗褐色圆形或椭圆形病斑，病部凹陷，密生淡红色小点，后变黑色小点，排列成同心轮纹状，果实软腐，最后干缩成僵果(图20-11和图20-12)。叶片病斑常是突发性的，灰褐色、病部表面凹陷(图20-13)。芽和嫩梢也会发生类似病斑，芽梢枯萎。刚嫁接的幼苗发病很急，病苗迅速枯萎。

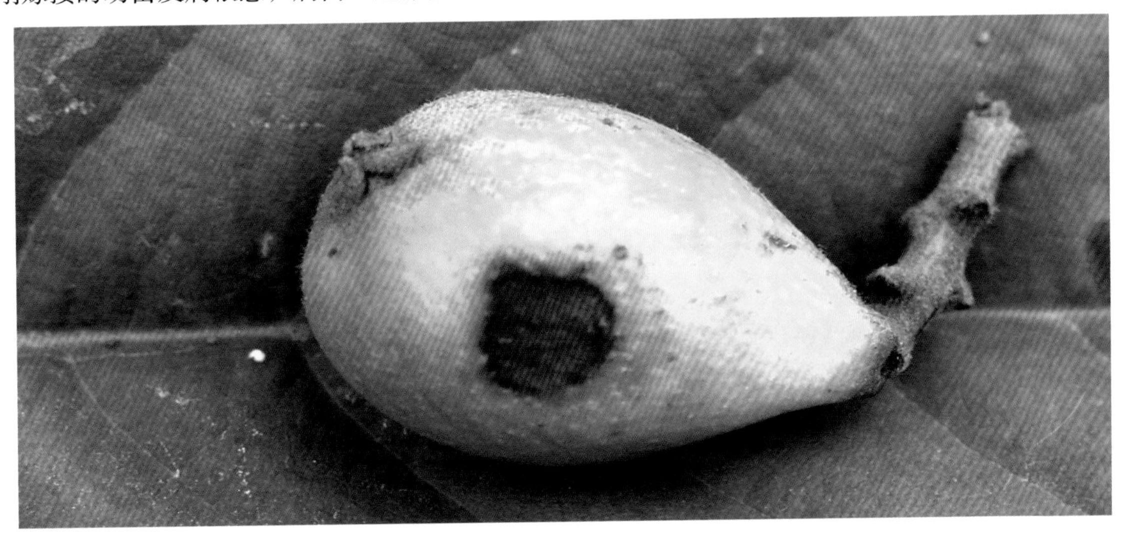

图20-11　枇杷炭疽病为害果实初期症状

图20-12　枇杷炭疽病为害果实后期症状

图20-13 枇杷炭疽病为害叶片症状

【病　原】*Glomerella cingulata* 称围小丛壳菌，属子囊菌门真菌。子囊壳聚生，棍棒形，含子囊孢子8个，壁可消解。子囊孢子单胞，无色，稍弯曲，长圆形至椭圆形。分生孢子盘黑色，散生。无性世代为 *Colletotrichum gloeosporioides* 称盘长孢状刺盘孢，属无性型真菌。分生孢子梭形，无色，单胞，有2～3个油球。

【发生规律】病菌以菌丝体在病果及病枝梢上越冬，翌年春季产生新的分生孢子，随风雨或昆虫传播侵染。6—9月病害发生较多，在果实成熟期病害有加重的趋势。果实和幼苗易感病。高温高湿利于发病。园地低洼，偏施氮肥，枝叶密闭，梅雨季节或大风冰雹后多发病。

【防治方法】加强果园管理，增施腐熟有机肥，合理灌溉，增强树势，提高树体抗病力。科学修剪，剪除病残枝及茂密枝，雨季注意果园排水措施，保持果园适当的温、湿度，清理果园，将病残物集体烧毁，减少病源。适时采收，在采收和贮运期间避免果实受伤，减少为害。

在果树的抽梢期、花期和幼果期进行喷药保护，可用下列药剂：

70%甲基硫菌灵可湿性粉剂800～1 000倍液+75%百菌清可湿性粉剂500～600倍液；

10%苯醚甲环唑水分散粒剂1 500～2 000倍液；

40%氟硅唑乳油8 000～10 000倍液；

40%腈菌唑水分散粒剂6 000～7 000倍液；

25%咪鲜胺乳油800～1 000倍液；

50%咪鲜胺锰盐可湿性粉剂1 000～1 500倍液；

可10～15天后再喷施1次。

6．枇杷轮纹病

【症　状】主要为害叶片，多从叶缘发病，病斑半圆形至近圆形，淡褐色至褐色，后期中部变灰褐至灰白色，边缘暗褐色，且微现轮纹，斑面散生针头大小黑粒(病菌分生孢子器)，发病严重时导致叶枯、早落(图20-14至图20-16)。

图20-14 枇杷轮纹病为害叶片初期症状

图20-15 枇杷轮纹病为害叶片中期症状

图20-16 枇杷轮纹病为害叶片后期症状

【病　　原】*Ascohyta eriobotryae* 称壳二孢菌，属无性型真菌。

【发生规律】病菌以分生孢子盘、菌丝体和分生孢子在病叶或落叶上越冬。翌年3—4月，越冬后的病菌或新产生的分生孢子，借风雨传播，引起初侵染。土壤贫瘠，排水不良，栽培管理粗放的果园发病较重。

【防治方法】做好清园工作，剪除病叶、枯枝并集中烧毁。

在夏、秋梢展叶期喷药保护，间隔7～10天喷1次，连续2～3次。可选用的药剂有：

50%咪鲜胺锰盐可湿性粉剂1 000～2 000倍液；

80%代森锰锌可湿性粉剂800～1 000倍液+50%多菌灵可湿性粉剂600～800倍液；

70%甲基硫菌灵·福美双可湿性粉剂800～1 000倍液；

50%腈菌唑·代森锰锌可湿性粉剂800～1 000倍液；

12.5%腈菌唑可湿性粉剂2 500倍液等。

二、枇杷生理性病害

1. 枇杷日灼

【症　　状】树干发病常出现在阳光直射部位，初期树皮韧皮部干腐变褐凹陷，逐渐变黑甚至发焦，后期病皮龟裂起翘。果实上，初表现为针点大小不等凹陷褐色小点，随病情加重病斑逐渐扩大，凹陷逐渐加深(图20–17)。

图20–17　枇杷日灼果实受害症状

【病　　因】枇杷日灼病属于非侵染性病害，是因高温强日照使枇杷树皮、叶片和果实受害。土质黏重、排水不良、地势低洼的枇杷园容易产生裂果；土层浅而瘠薄，漏水漏肥的沙土、石骨子土的枇杷园容易干旱，如果灌溉条件差，则容易发生萎蔫与日灼；果实成熟后期遇高温干旱强日照，果面温度容易升高，水分供应不足，容易造成萎蔫和日灼症状，基本上在2～3天的高温晴天后即大量发生，发生后即使灌水遮阴也不能逆转。高温日照越强，萎蔫和日灼发生越严重。

【防治方法】避免在日照强烈的地方建园；选用抗日灼枇杷品种；加强施肥管理，增加枇杷叶片，提高抗高温能力；在枇杷果实转色前疏果套袋；遇高温天气，于中午前对树冠喷水，或在枇杷树上搭遮阳网，能有效防止果实日灼病。

均衡的水分管理是防止裂果与萎蔫日灼的关键。在加强肥水管理的同时，可在4月幼果迅速膨大期追施1次肥、以速效肥为好、亦可进行根外追肥1～2次、用0.3%尿素＋1%～2%过磷酸钙浸出液或0.3%尿素＋0.1%磷酸二氢钾喷雾；高温干旱时可进行树冠喷水，保护果实。土壤施肥时应注意控制氮肥，增施磷、钾肥和有机肥。

2．枇杷栓皮病

【症　　状】枇杷果实栓皮部，俗称“燥皮”“脆皮果”“和尚头”“癞头疤”。幼果发病，果面呈油渍状，色泽比未受害部位深绿发暗，随着幼果的发育，病斑逐步变成栓皮干燥，呈黄褐色，果实成熟时，果面的健部为橙黄色，而病部则呈黄白色或灰白色栓皮斑疤，并有爆裂的细屑，故称“栓皮病”(图20–18)。

图20–18　枇杷栓皮病为害果实症状

【病　　因】枇杷果实栓皮病是幼果的局部果面遭受霜雪冻害后形成的生理性病害。当果面凝聚的霜雪(主要是凝霜)融化时，由于局部温度急剧降低，导致果皮细胞冻伤，之后，冻伤部位愈合成栓皮化。

【防治方法】在易于发病的园地和品种，及早给幼果套上双层袋，可有效避免果实发病。

喷水：于每次霜冻夜晚19:00至次日上午7:00，每隔半小时喷水洗霜(因下雪天不宜喷水，改用塑料薄膜遮盖)，平时则不喷水、不盖膜。

熏烟：霜冻夜用柴草和草皮泥为熏烟材料，每亩分6堆进行熏烟。

束枝：于每次霜冻或下雪前，将3年生枝序为1束，用绳子束裹。待雪后或霜后的翌日上午8:00解开束裹。雪天还应及时摇雪，以免枝折。

盖膜：于霜冻或下雪前，树冠用白色塑料薄膜遮盖，待霜、雪过后取下薄膜。

三、枇杷虫害

1．枇杷瘤蛾

【分布为害】枇杷瘤蛾(*Melanographia flexilineata*)，属鳞翅目瘤蛾科，俗称枇杷黄毛虫，是我国南方枇杷的最主要害虫，在皖南山区为害较重。严重时，受害枇杷当年新叶全被吃光，老叶仅存叶脉，致使树势衰弱，产量锐减(图20–19)。

图20–19　枇杷瘤蛾为害叶片症状

【形态特征】成虫体灰色，散布暗褐色点；前翅近基部、中室中部、上角及下角各有一小簇竖鳞，中部有3条黑色的曲折横纹，外缘上有2个排列整齐的黑色锯齿形斑(图20–20)。卵扁圆形，淡黄色，表面有刻纹。幼虫全体黄色，各体节侧面和背面具瘤状凸起3对，排列横列，各凸起上着生刚毛，第3腹节背面的一对瘤状凸起为黑色(图20–21)。老熟幼虫在叶背上结茧化蛹，茧为三角形，上端有一角凸，蛹淡褐色。

图20-20 枇杷瘤蛾成虫

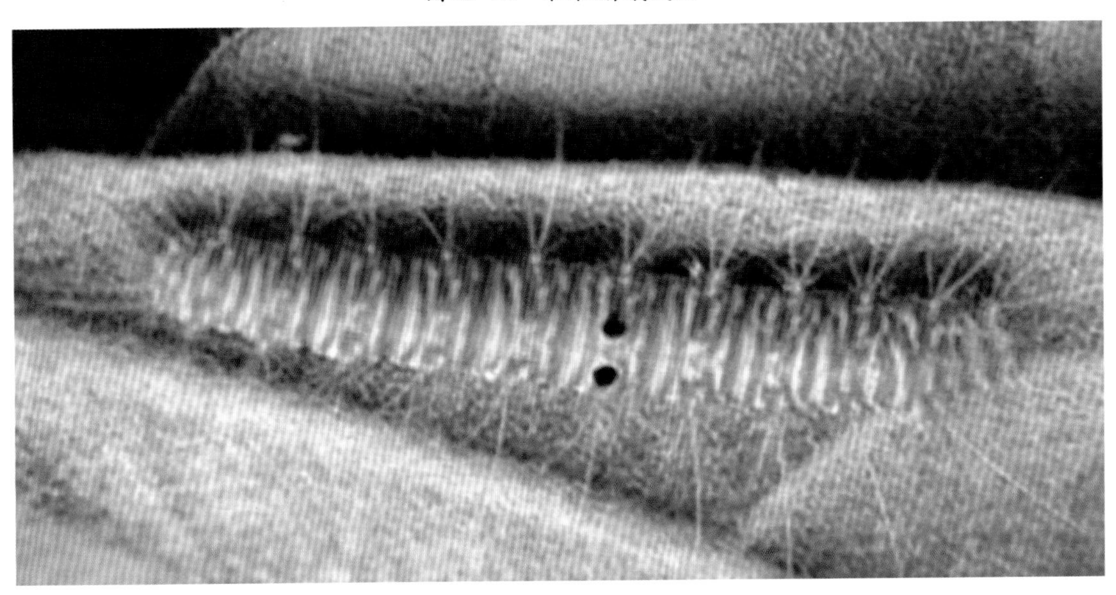

图20-21 枇杷瘤蛾幼虫

【发生规律】每年发生4~5代，以蛹越冬，越冬蛹于翌年4—5月陆续羽化。第1代幼虫于4月上旬至5月下旬出现，为害枇杷春梢，以7月中旬至9月上旬的3~4代发生量最大，为害夏、秋梢嫩叶。卵散产于嫩叶背面上，每雌可产卵数十粒，一般为30余粒，初孵幼虫在嫩叶正面毛丛下群集取食，被害叶呈褐色斑点，2龄后分散，3龄开始食量大增，取食时先用头部把叶背绒毛推开，被害嫩叶仅剩下薄膜和叶背绒毛。为害严重时，全树嫩叶被食殆尽，幼树受害较严重。老熟幼虫多在叶背面沿主脉处或枝条朝向地面阴处结茧化蛹。

【防治方法】冬季用禾秆或破布擦拭批杷树干和主枝，消灭越冬虫蛹；羽化盛期消灭停在树上的成虫；早晨或傍晚消灭在幼叶上为害的幼虫。

药剂防治，每次新梢萌生初期，发现为害时应及时喷洒下列药剂：

2.5%溴氰菊酯乳油2 000~3 000倍液；

50%杀螟硫磷乳油1 000~2 000倍液；

20%甲氰菊酯乳油2 000~3 000倍液；

5%丁烯氟虫腈悬浮剂1 500～2 000倍液；

1.8%阿维菌素乳油2 000～3 000倍液。

2．黄星天牛

【分布为害】黄星天牛(*Psacothea hilaris*)，属鞘翅目天牛科。分布于河北、江苏、浙江、安徽、江西、四川、云南、台湾等省。成虫为害枝条皮层、树叶，致枝条枯死；幼虫蛀食枝条皮层，后从上而下向木质部蛀食形成盘旋状食道，隧道中堆满排泄物，造成皮层干枯破裂，被蛀通的枝条则枯死。

【形态特征】成虫体黑褐色，密生黄白色或灰绿色短绒毛，体上生黄色点纹；头顶有1条黄色纵带，触角较长，雄为体长2.5倍，雌为2倍；前胸两侧中央各生一个小刺突，左右两侧各具一条纵向黄纹与复眼后的黄斑点相连，鞘翅上生黄斑点十几个(图20-22)；胸腹两侧也有纵向黄纹，各节腹面具黄斑2个。卵圆筒形，浅黄色，一端稍尖。末龄幼虫体圆筒形，头部黄褐色，胸腹部黄白色，第一胸节背面具褐色长方形硬皮板，花纹似“凸”字，前方两侧具褐色三角形纹。蛹纺锤形，乳白色，复眼褐色。

图20-22　黄星天牛成虫

【发生规律】在江苏、浙江一年发生1代，广东2代，均以幼虫在枝干皮下的蛀孔内越冬。翌春3月中旬开始活动，4月中旬起陆续化蛹，6月上旬为化蛹盛期，7月上旬羽化。成虫羽化后先在枝条梢端为害，特别喜欢咬食叶脉(主脉和大侧脉)；也咬食嫩枝皮层，影响枝条生长。经15天开始产卵，7月下旬进入产卵盛期，多把卵产在分枝或主干上，产卵痕约3mm，呈“一”字形 。卵期10～15天，8月上旬进入孵化盛期。初孵幼虫先在皮下蛀食，把排泄物堆积在蛀孔处，长大后才蛀入木质部，形成隧道，到11月上旬在隧道里或皮下蛀孔处，用蛀屑填塞孔口后越冬。

【防治方法】参考苹果虫害——桑天牛。

3．柿广翅蜡蝉

【分布为害】柿广翅蜡蝉(*Ricania sublimbata*)，属同翅目广翅蜡蝉科。分布在黑龙江、山东、河南、浙江等省。以成、若虫刺吸枝条、叶的汁液，产卵于当年生枝条内，致产卵部以上枝条枯死(图20-23)。

图20-23 柿广翅蜡蝉为害枇杷枝条症状

【形态特征】参考柿树虫害——柿广翅蜡蝉。

【发生规律】参考柿树虫害——柿广翅蜡蝉。

【防治方法】参考柿树虫害——柿广翅蜡蝉。

4．乌桕黄毒蛾

【分布为害】乌桕黄毒蛾(*Euproctis bipunctapex*)，属鳞翅目毒蛾科，异名枇杷毒蛾、茶黄毒蛾等。分布于南京、上海、杭州、苏州、长沙、成都、厦门、福州和广州等地幼虫啃食叶片、嫩枝及幼芽，造成树木生长衰弱，影响生长。

【形态特征】成虫体密生橙黄色绒毛。前翅顶角有1个黄色三角区，内有2个明显的小黑点斑；前翅臀角区与后翅外缘均为黄色，其余部分为赭褐色。卵椭圆形，浅黄或浅绿色(图20-24)。幼虫老熟时头黑褐色，体黄褐色；体背部有成对黑色毛瘤，其上长有白色毒毛(图20-25)。蛹棕色，臀刺有钩刺。茧黄褐色，较薄，附有白色毒毛。

图20-24 乌桕黄毒蛾成虫

图20-25　乌桕黄毒蛾幼虫

【发生规律】一年发生2代，以3～4龄幼虫作薄丝群集在树干向阳面树腋或凹陷处越冬。翌年4月中下旬开始取食，5月中下旬化蛹，6月上中旬成虫羽化、产卵；6月下旬至7月上旬第一代幼虫孵化，8月中下旬化蛹；9月上中旬第一代成虫羽化产卵，9月中下旬第二代幼虫孵化，11月幼虫进入越冬期。两代幼虫为害期分别发生在6—7月(第一代)、8—10月(第二代)。成虫白天静伏不动，常在夜间活动，趋光性强。幼虫常群集为害，3龄前取食叶肉，留下叶脉和表皮，使叶变色脱落，3龄后食全叶。4龄幼虫常将几枝小叶以丝网缠结一团，隐蔽在叶内取食为害。

【防治方法】参考枇杷瘤蛾。

第二十一章 芒果病虫害

芒果属常绿高大乔木，原产于印度。我国大规模规范化种植芒果始于20世纪60年代，栽培已达40余个品种，2017年，我国种植面积20.68万hm^2，产量179.9万t。在我国的台湾、云南、四川、福建、海南、广东和广西有芒果种植。

芒果病虫害主要有60多种，其中，病害有20多种，为害较严重的有炭疽病、白粉病、细菌性黑斑病、流胶病、蒂腐病、煤污病、灰斑病等；虫害有40多种，为害较重的有蓟马、扁喙叶蝉、横线尾夜蛾、实蝇、白蛾蜡蝉、椰圆蚧、叶瘿蚊、螟蛾类、象甲类、脊胸天牛等。

一、芒果病害

1．芒果炭疽病

【症　　状】芒果炭疽病主要为害嫩叶、花穗、幼嫩果及成熟果实。嫩叶感病，初期出现红色，圆形、近圆形小斑，小斑扩大或多个小斑连成较大的褐色枯斑。病部易破裂或形成穿孔(图21-1)。严重感病的叶片皱缩，扭曲，畸形，干枯脱落。嫩枝感病，形成黑斑，当病斑绕枝条连成环状，可致病斑以上的枝条枯死，称为“返枯”。成熟叶上的病斑多呈圆形，褐色，大小不等，以横径6～10mm的居多，多个病斑可连成更大的斑块，使病叶部分或大部分干枯。花穗感病初期，花梗上出现红色小斑，扩展后呈梭形或联合成短条状褐斑，稍凹陷，花朵因直接或间接受害而凋萎枯死，称为“花疫”(图21-2和图21-3)。严重时整个花穗变黑、腐烂，特别是簇生在一起的花穗发病更重。幼果感病初期，在果面上出现针头大小红色小点，迅速扩展和相互形成大斑，以致幼果部分或全果皱缩变黑脱落。果实近成熟或成熟期感病，出现大小形状不一的黑褐色凹陷圆斑，多个病斑常常扩展形成大斑块，病部常深入到果肉，使果实在田间或贮运中腐烂(图21-4至图21-6)。

图21-1　芒果炭疽病为害叶片症状

图21-2　芒果炭疽病为害花穗初期症状

图21-3　芒果炭疽病为害花穗后期症状

图21-4 芒果炭疽病为害果实初期症状

图21-5 芒果炭疽病为害果实中期症状

图21-6 芒果炭疽病为害果实后期症状

【病　　原】有性世代为 *Glomerella cingulata* 称围小丛壳菌，属子囊菌门真菌。子囊壳近球形，子囊棍棒形，单层壁；子囊孢子长椭圆形至纺锤形，无色稍弯曲，单行排列。无性世代为 *Colletotrichum gloeosporides* 称盘长孢状刺盘孢菌，属半知菌亚门真菌。其分生孢子盘扁圆形，半埋生，黑褐色；分生孢子圆柱形，无色，单胞。分生孢子在温度为15～35℃、相对湿度高于90%时才能萌发。

【发生规律】病菌可在植物枯枝、烂叶等病死组织上存活2年以上。其菌丝体或分生孢子是病害的主要初侵染源，在条件适宜时形成大量的分生孢子，随风雨或昆虫传播，侵染叶片、花穗和果实。分生孢子可从皮孔、气孔、伤口侵入，也可直接从果皮上侵入，特别是热带风暴或台风过后该病发生尤为严重。炭疽病在1年内有多个发病高峰。炭疽病菌的孢子散发初盛期为5—6月，侵染盛期为7—8月，果园内5—11月均有孢子活动，田间孢子散发盛期与病菌侵染盛期相吻合。果实在幼果期至果实膨大期较易感病，采收前30天和贮藏35天内为果实发病高峰期。高温高湿有利于炭疽病的流行。在老果园里，芒果炭疽病越冬病菌基数大，次年病害发生流行较为严重。光照不足、通风透光条件差、空气湿度大的芒果园易感病；新抽发的嫩叶，在叶片未转绿以前易受病菌侵染。

【防治方法】选择水源方便、排水良好的沙质土的地方建园。定植时要设计好田间布局，合理密植，适当修剪，做好抹芽、定芽工作，保证通风透光，降低田间湿度。定期清园。开花前须喷一次草甘膦，全面防除杂草。台风过后，必须剪除“返枯”的枝叶，将剪下的枝叶和杂草集中深埋或烧毁。

修枝后及时用29%石硫合剂水剂50～100倍液喷洒枝叶及地面，清除越冬病源。

抽出新梢后，每隔10天左右喷药一次，药剂可选用：

50%多菌灵可湿性粉剂500～600倍液+70%丙森锌可湿性粉剂500～600倍液；

70%甲基硫菌灵可湿性粉剂800～1 000倍液，交替混合喷雾防治。

开花期和幼果期，遇到阴天温暖潮湿天气，要及时喷药防治，选用下列药剂：

25%嘧菌酯悬浮剂1 500～2 500倍液；

50%咪鲜胺锰盐可湿性粉剂1 000～2 000倍液；

25%咪鲜胺·多菌灵可湿性粉剂600～1 000倍液；

25%吡唑醚菌酯乳油1 000～2 000倍液；

10%苯醚甲环唑水分散粒剂2 000～3 000倍液，喷雾，间隔10～15天喷1次，连喷2～3次。

2. 芒果细菌性黑斑病

【分布为害】芒果细菌性黑斑病又称细菌性叶斑病、细菌性角斑病、细菌性溃疡病等，在广东省雷州、南海、宝安等地均有发生，局部地区发生严重，病果率达17%~52%，严重威胁广东的芒果生产。

【症　　状】主要引起叶斑、枝条坏死、落果和果实采后腐烂。在染病叶片上开始出现水渍状深绿色的小斑点；后渐扩大，因受叶脉限制形成褐色、深褐色、多角形病斑，周围有黄色晕圈，斑上常渗出溢脓，最后病斑转为灰白色，有时干裂(图21-7和图21-8)。染病幼果上出现不规则形暗绿色水渍状病斑，病斑中央凹陷、边缘隆起呈溃疡状，后呈星状爆裂，从裂口流出胶质。在贮藏期的果上，开始也出现水渍状斑，后转为黑色斑块，在潮湿情况下病斑迅速扩展，2~3天内覆盖整个果面，果肉变色、变软，在靠近果蒂或裂缝处有细菌溢脓渗出(图21-9)。

图21-7 芒果细菌性黑斑病为害叶片初期症状

图21-8 芒果细菌性黑斑病为害叶背初期症状

图21-9 芒果细菌性黑斑病为害果实初期症状

【病　　原】*Xanthomonas compestris* pv. *mangiferaeindicae* 称野油菜黄单胞菌芒果致病变种，属细菌。该菌为短杆状，有1～5根极生鞭毛，革兰氏染色反应阴性，生长发育的最适温度为25～30℃。

【发生规律】秋梢上的病叶和病枝是该病的主要初侵染源，病菌借风雨或接触传播。台风雨是该病发生和流行的气候因素。秋梢期间台风雨多，病叶率高，则次年幼果发病早、病果率高，收获期果实病情也重。此病全年均可发生，高温、多雨、潮湿常发病严重，引致大量落叶。

【防治方法】搞好清园，减少初侵染菌源，收果后结合修剪，剪除病枝叶并把地面上的病枝、病叶、落果收集烧毁。在发病季节，随时注意剪除病枝、病叶。

在嫩梢和幼果期要喷药保护嫩梢、幼果。药剂可选用：

30%氧氯化铜悬浮剂500倍液；

30%琥胶肥酸铜悬浮剂500倍液；

12%松脂酸铜乳油500～600倍液。要密切注意天气预报，每隔10～14天1次，连续2～3次，喷后遇雨要补喷。

3．芒果蒂腐病

【症　　状】被害果实开始多发生于近果蒂周围，病斑褐色，水浸状，不规则形，与健部无明显界限，扩展迅速，蒂部成暗褐色，最终蔓延及整个果实，变褐，软腐。内部果皮容易分离。病部表面生许多小黑点，即病原菌的分生孢子器(图21-10)。芽接苗受害，最初在芽接点处出现坏死，造成接穗迅速死亡，后在病部下方偶尔再抽新枝，又被侵染枯死。嫩茎和枝条染病初期组织变色，流出琥珀色树脂；后病部变褐色，形成坏死状溃疡；病部以上的小枝枯死；病部下方抽发的小枝叶片褪绿，边缘向上卷曲，后转褐色脱落。

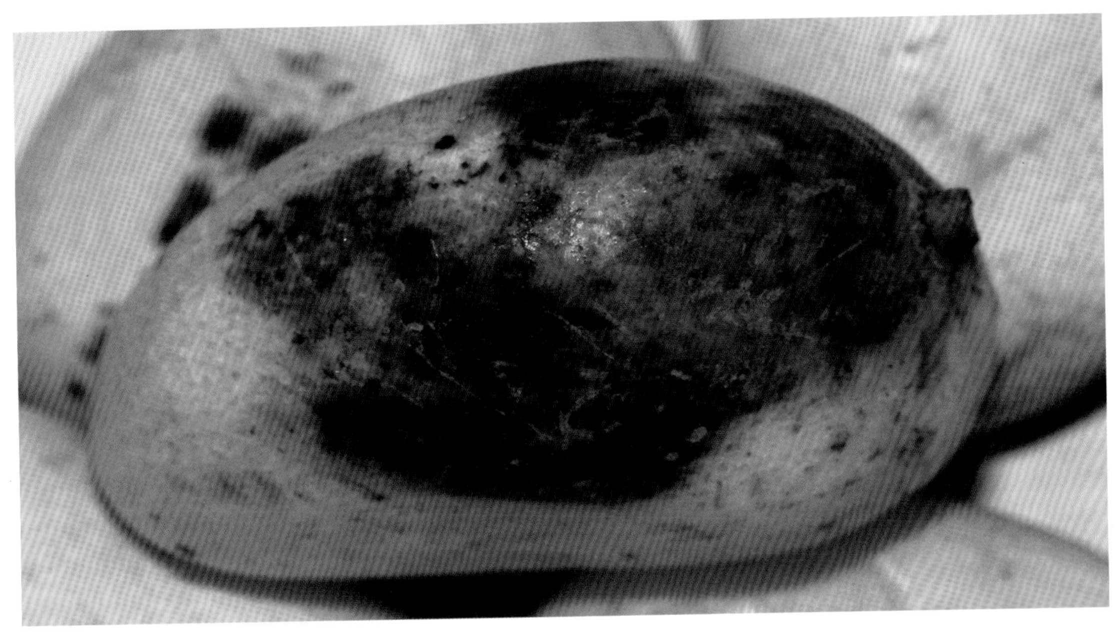

图21－10 芒果蒂腐病为害果实症状

【病　　原】引起芒果蒂腐病的病原主要有3种，分别为芒果小穴壳蒂腐霉(*Dothiorella dominicana*)、可可球二孢霉(*Botryodiplodia theobromae*)和芒果拟茎点霉(*Phomopsis mangiferae*)。

【发生规律】病菌以菌丝体在寄主组织内越冬，在条件适宜时产生大量分生孢子，田间花果期借雨水传播分生孢子侵染果实，发病则要到采后贮运期间果实开始黄熟时。大面积种植感病品种是云南芒果产区蒂腐病严重发生的主要原因。果园老化快、流胶病突出；花果期蓟马、叶蝉为害重；常年4月至5月上旬(果实膨大期)常遭遇大风、暴风雨和冰雹等灾害，是造成蒂腐病严重为害的重要原因。

【防治方法】降低果园湿度，整治果园内的排水系统，合理修剪、防除杂草等，减少病菌的越冬基数及初次侵染来源。

冬季修剪后喷1～2次保护性杀菌剂；适时施药，从花穗期至果实成熟前喷药5～6次；果实膨大中后期用纸袋套果；

在芒果新梢期、花穗期及幼果期要喷药防治。可用下列药剂：

70%甲基硫菌灵可湿性粉剂1 000～1 200倍液；

50%多菌灵可湿性粉剂500～600倍液；

50%多菌灵可湿性粉剂+2%春雷霉素液剂混合后300～500倍液；

75%百菌清可湿性粉剂500～600倍液，药剂要交替使用。

采后处理：果实用清水漂洗后，置于52℃的下列药液：

25%咪鲜胺乳油500～1 000倍液；

50%苯菌灵可湿性粉剂500～1 000倍液，浸泡8分钟，然后取出晾干，单果包装，常温贮藏。

4. 芒果疮痂病

【症　　状】嫩叶受害从叶背开始发病，病斑由针头大小，逐步扩大为凸起的圆形或近椭圆形斑点。随叶片成长老熟，病斑停止扩展，形成木栓化组织，稍突起，灰色至紫褐色。发病严重，叶片扭曲，畸形。果实受害，多为落花后的幼果开始出现黑褐小病斑，后随果实增大，病斑逐渐扩大，中间组织粗糙，木栓化，灰褐色，严重的病斑连成一片(图21－11至图21－13)。

图21-11　芒果疮痂病为害叶片症状

图21-12　芒果疮痂病为害叶背症状

图21-13　芒果疮痂病为害嫩枝症状

【病　　原】*Elsinoe mangiferae* 称多腔菌，属子囊菌门真菌。无性世代为 *Sphaceloma mangiferae*，属无性型真菌的黑盘孢目痂圆孢属。分生孢子盘褐色，有时呈分生孢子座形。分生孢子盘大小不一，产胞细胞瓶梗型，分生孢子圆柱形，有时微弯，无色到淡色，少数具油球，单胞或双胞。

【发生规律】病菌以菌丝体和分生孢子盘在病株及遗落土中的病残体上存活越冬，以分生孢子借风雨传播进行初侵染与再侵染。病害远距离传播则主要通过带病种苗的调运。种子也有传病可能。温暖多雨的年份较多发病，特别是日夜温差大而又高湿的天气，有利病害发生。近成熟的果易感病。苗木的幼叶枝梢较成年结果树的发病多。

【防治方法】清园防病。及时剪除病枝、病叶及过密枝梢，清除地面枯枝落叶、落果，并集中烧毁，以消除病源。

在新梢萌发后或圆锥花序抽出后开始喷药，每隔7～10天再喷1次。每次梢期或开花期、果实生长期喷2～3次。药剂有：

1：1：160等量式波尔多液；

40%多菌灵・硫磺胶悬浮剂600倍液；

70%代森锰锌可湿性粉剂500倍液；

70%甲基硫菌灵可湿性粉剂1 000～1 200倍液；

30%王铜悬浮剂800倍液等。

5．芒果盘多毛孢叶枯病

【分布为害】芒果盘多毛孢叶枯病又叫灰疫病、灰斑病，在国内分布于海南、广东、广西、云南等地，为害老熟叶片，旱季发生较多。

【症　　状】叶片病斑黑褐色，圆形，直径10mm以上。病斑经常产生在叶缘，不规则形，褐色，病健部分界有黄晕。病斑上有小黑粒，是病菌的分生孢子盘。该病的发生致使叶片早衰，干枯脱落，削弱树势(图21-14至图21-16)。

图21-14　芒果盘多毛孢叶枯病为害叶片症状

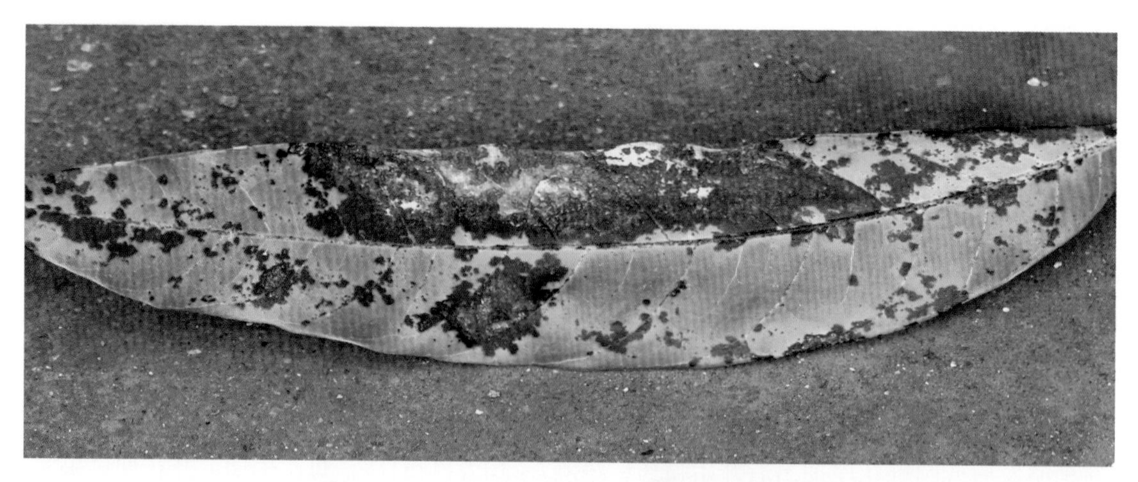

图21-15　芒果盘多毛孢叶枯病为害叶缘症状

图21-16　芒果盘多毛孢叶枯病为害叶片后期症状

【病　　原】*Pestalotia mangifterae*，属无性型真菌、腔孢纲、黑盘孢目。分生孢子盘圆形；分生孢子有4分隔，中间3个细胞色深，两端细胞无色，顶端细胞有13条顶生刺毛。

【发生规律】病菌主要是以菌丝体在病叶上越冬，春天在外界条件适宜时进行初侵染，随风雨传播，在高湿条件下管理粗放及树势较弱的果园发病较重。不同的品种感病性不同，紫花芒、桂香芒、象牙芒较感病。

【防治方法】加强果园管理增强树势，合理施肥灌水，提高树体抗病力。多雨季节注意排水，保持果园适度的温湿度，科学修剪，调节通风透光，并将病叶及落叶及时清除。

病害流行季节，可喷施下列药剂：

75%百菌清可湿性粉剂500～800倍液+50%多菌灵可湿性粉剂500～600倍液；

80%代森锰锌可湿性粉剂600～800倍液+50%异菌脲可湿性粉剂1 000～1 500倍液；

10%苯醚甲环唑水分散粒剂2 000～3 000倍液；

40%氟硅唑乳油6 000～8 000倍液；

25%咪鲜胺乳油1 000～1500倍液，病害发生严重时，可间隔10～15天再喷1次。

二、芒果虫害

1．芒果横线尾夜蛾

【分布为害】芒果横线尾夜蛾(*Chlumetia transversa*)，属鳞翅目夜蛾科。其幼虫蛀食芒果叶片主脉、嫩梢及花穗主轴，被害处枯萎，影响当年产量(图21–17)。

图21–17　芒果横线尾夜蛾为害嫩梢症状

【形态特征】成虫体长约11mm，体背黑褐色，腹面灰白色，胸腹交界处有一白色“八”字形纹，前翅茶褐色，上有肾状、波状等斑纹；后翅灰褐色，斑纹少，仅在近后角有一条白色短横纹(图21–18)。卵扁圆形，初产时青色，后转红褐色，孵化前色变淡。幼虫体小，老熟幼虫体长13～16mm，头部及前胸背板颜色较深，黑褐色或棕褐色，体色多为紫红色，各体节有不规则的淡绿色斑块。蛹为被蛹，黄褐色。

图21–18　芒果横线尾夜蛾成虫

【发生规律】一年发生7～8代，每年2— 4月为害花穗，5—6月为害夏梢，8—10月为害秋梢。完成一代的时间因季节而异，春季需58天，夏季需38～43天，秋冬季时间更长一些。翌年1—2月，成虫开始陆续出现，成虫多在上午羽化。羽化后白天栖息于隐蔽处，交尾则在下半夜最盛。交尾后次晚产卵，较多的是在3～4天后产卵。产卵多在上半夜，连续产卵10多粒后，稍做停息再继续产卵，一只雌虫可连续产卵200粒左右，多散产于嫩叶上。幼虫有5龄，老熟幼虫从植株被害处爬出，在芒果树干的伤口或枯烂处化蛹或越冬。成虫寿命10～20天，有趋光性趋化性，但这两种趋性均较弱。

【防治方法】在冬季老熟幼虫多在芒果枯烂木、枯枝树皮、树干裂缝、孔洞处越冬时，剪除被害枯枝、枯烂木或挖、塞树洞，消灭在其内的越冬蛹。在树上捆扎稻草，诱使幼虫在其上化蛹，然后集中烧毁。

利用和保护天敌，小寄生蜂常寄生在虫蛹上，寄生率可达20%～30%。

药剂防治。喷药时期掌握在新梢长到0.3～0.5cm时喷，药剂有：

2.5%溴氰菊酯乳油3 000～5 000倍液；

20%氰戊菊酯乳油2 000～3 000倍液；

50%杀螟硫磷乳油800～1 000倍液；

0.5%川楝素乳油1 500倍液；

1.1%烟碱·百都碱·楝素乳油1 200倍液，以上农药任用一种，交替使用。害虫发生初期7～10天喷1次，可连喷2～3次。最好在晴天下午近黄昏时喷药，效果较好。采果前10～15天停止用药。

2．芒果剪叶象甲

【分布为害】芒果剪叶象甲(*Deporaus marginatus*)，属鞘翅目象甲科。是广西、云南、广东、海南等省(区)发生普遍而严重为害的芒果害虫。为害叶片，成虫咬食嫩叶上表皮留下下表皮(图21-19)，使叶片卷缩、干枯；雌成虫在嫩叶上产卵后，在近基部横向咬断、留下刀剪状的叶基部。严重时受害梢仅剩秃枝。

图21-19　芒果剪叶象甲为害叶片症状

【形态特征】成虫体红黄色，有白色绒毛。喙、复眼、触角黑色。鞘翅黄白色，周缘黑色，每个鞘翅上有10行纵列的粗密深刻点，刻点上着生白色毛。腹部膨大，腹端露出鞘翅之外。卵长椭圆形，表面光滑，初产时白色，后变淡。幼虫无足型，腹部各节两侧各有1对小肉刺。蛹离蛹，老熟时黄褐色，头部有乳状凸起，末节具有肉刺1对。

【发生规律】每年发生8～9代，世代重叠。在10月间就以蛹在土中越冬，翌年4月羽化越冬成虫，陆续交尾产卵繁殖后代。5月下旬至6月、9月上旬至10月中旬为发生高峰期。成虫出土为害嫩叶，4～7天交尾，产卵于嫩叶正面主脉里，随后咬断叶片，卵随叶片落地，幼虫孵出后由主脉向叶肉潜食，可见婉蜒曲折隧道，幼虫期5天，老熟后入土化蛹，蛹期12天。成虫具群集性、趋嫩性。

【防治方法】及时扫除地面的叶片集中烧毁，可烧死叶片中卵幼虫。结合除草、施肥、控冬梢时松翻园土，破坏化蛹场所；或将蛹暴露地面让鸟啄食，减少虫源。成虫多集中在树梢嫩叶上，早上太阳出来前，一般不很活跃，可用捕虫网兜捕成虫，把它捏死。

压低越冬代成虫的为害率。3—4月喷药保梢，只喷嫩梢，一周1次，连喷2～3次。可结合在雨后土壤湿润时，用50%辛硫磷0.5kg/亩稀释200倍液浇于受害植株附近土壤，以杀死土中将羽化出的成虫。

如夏秋梢虫害还严重，当果园大部分嫩梢长达8～12cm时喷药。药剂可选择：

2.5%溴氰菊酯乳油；

90%晶体敌百虫1 000倍液；

25%杀虫双水剂500～800倍液，喷洒树冠，间隔7～10天喷1次，连喷2～3次，能达到保梢保果作用。

3．脊胸天牛

【分布为害】脊胸天牛(*Rhytidodera bowringii*)又称波氏脊胸天牛，属鞘翅目天牛科。在国内分布于广东、海南、广西、福建、四川、云南等地。幼虫钻蛀枝条和树干，使枝条干枯，刮大风时常造成断枝或树干倒折。

图21－20 脊胸天牛成虫

【形态特征】成虫体狭长，两侧平行，颜色为栗色至栗黑色；前胸背板前端狭于后端，两端均具横脊，其上具19条隆起的纵脊；小盾片似心形较大，密被金色绒毛。鞘翅翅面具灰白色短毛，各鞘翅上具5纵行由金色毛组成的长斑纹(图21－20)；体腹面及足密被灰色绒毛。基部阔，末端较狭，后缘斜切，内缘角突出、刺状；卵长椭圆形，乳白色；一端稍尖细；卵壳表面除稍尖细部具不规则疣状凸起外其余部分具细粒状凸起。幼虫共12龄。初孵幼虫体乳白色，长圆形，老熟幼虫黄白色至黄褐色，圆柱形，乳黄色，被稀疏的褐色毛；头部背面前端漆黑色，前胸背板似革质，前缘具淡褐颜色的凹凸花纹，后缘具纵脊，纵脊后具横沟并与短侧沟相连呈凹字形，中部长有褐色毛；腹部第1～7节背腹面具隆起的步泡突，背部步泡突由前后两横沟及侧沟以及前后两横沟间的纵沟分割成6个部分，两横沟的前后方及侧沟外方均有圆形突起，步泡突周缘具褐色毛。蛹裸蛹，长椭圆形，黄白色，较扁平。

【发生规律】在华南一年发生1代，跨年完成，部分两年1代。以幼虫在枝干蛀道内越冬，翌年3—4月成虫开始钻出孔道，交尾后，雌虫在嫩枝的缝隙、老叶的叶腋或枝条的分叉等处产卵。卵单生，每只雌虫可产卵数十粒。4—5月孵化为幼虫，蛀入枝干，从上向下蛀食，在孔道内开1个通气和排泄的孔洞。成虫通常在晚上进行羽化，羽化后在蛹室里停留11～32天出孔，出孔时间在晚上，成虫有昼伏夜出的习性，在晚上21:00—22:00时进行交尾产卵，多为单粒散产，卵多产在枝条、叶片表面、病残物上以及木质部之间的缝隙中。老熟幼虫在蛀道下端先以排出的粪便填塞，在上端或蛀食横向孔道或利用原排粪通气孔作为羽化孔。11月有少数化蛹和羽化为成虫，在枝干内越冬。

【防治方法】加强果园管理，增强树势，提高树体抵抗力。结合修剪及时剪除受害枝条，清理果园，将病残物消毁，减少虫源。

5—6月低龄幼虫为害时或冬季越冬期间，剪除虫蛀枯枝或钩杀。利用成虫的趋光性安装黑光灯诱杀。

在被害树干中可用棉花或废纸蘸80%敌敌畏乳油塞入虫孔毒杀；也可用注射器注药液入虫洞进行毒杀，孔口用黏土封住；或用棉花蘸2.5%溴氰菊酯乳油或20%氰戊菊酯乳油填堵蛀口，随即用黏泥封闭孔口，能有效毒杀茎干内幼虫。

第二十二章 番木瓜病虫害

番木瓜，属番木瓜科番木瓜属软木质小乔木，高达8m，原产于墨西哥南部以及邻近的美洲中部地区，我国主要分布在广东、海南、广西、云南、福建、台湾等省(区)。

番木瓜病虫害有20多种，其中，病害主要有炭疽病、花叶病、叶斑病等；虫害主要有红蜘蛛、蚧壳虫、蜗牛等。

一、番木瓜病害

1. 番木瓜炭疽病

【症　状】主要为害果实，也为害叶片、枝和芽。果实发病初期果面出现淡褐色小点，以后迅速扩大(图22-1)。果肉腐烂后变软，呈圆锥状，味苦，病斑稍下陷，并产生子实体，在病斑上排列呈同心轮纹状，湿度大时产生粉红色黏液，病果腐烂失水后为黑色僵果，大部分脱落，少数越冬不落。叶片发病多发生于叶尖或叶缘，不定形，褐色；叶柄病斑灰褐至灰白色，分界不明显，也不下陷，其上密生小黑点。

图22-1　番木瓜炭疽病为害果实症状

【病　原】该病有几种病原组成，包括盘

长孢状刺盘孢(*Colletotrichum gloeosporioides*)、番木瓜刺盘孢（*Colletotrichum papayae*)和辣椒刺盘孢菌(*C. capsici*)，均属无性型真菌。

【发生规律】病菌均以菌丝体及分生孢子盘在病株或病残体上存活越冬，以分生孢子作为初侵染与再侵染源，在田间借风雨传播侵染致病。一般年份从5月下旬到9月上旬经皮孔直接侵入果实，一般5～10小时即可完成侵染过程。在果实贮运期间，病菌可继续借病健果接触而侵染发病。该病亦具潜伏侵染现象，病菌在幼果期侵入，直到果实近成熟时才显症发病。果实越成熟发病越重，高温高湿为本病发生流行的主要条件。

【防治方法】抓好田园卫生，及时摘除病果、病叶，清除地上残柄落叶集中烧毁。适时采果，避免过熟采收或雨天采果。

对重病果园，在清园后宜随即用30%王铜悬浮剂600倍液、40%多硫悬浮剂600倍液对地面、树上喷药保护1次。

早喷药预防，常发病园应在开花前后，喷施下列药剂：

80%代森锰锌可湿性粉剂1 000倍液+70%甲基硫菌灵可湿性粉剂1 000倍液；

75%百菌清可湿性粉剂+70%甲基硫菌灵可湿性粉剂(1∶1)1 000～1 500倍液；

50%咪鲜胺锰盐可湿性粉剂1 000倍液；

25%溴菌腈可湿性粉剂500倍液，间隔7～15天1次，连喷2～3次，交替或混合喷施，喷匀喷足。

视贮运及销售距离长短，必要时进行果实等处理，以防采后果实炭疽病的继续发生为害。除注意适时(成熟度8～8.5成)采果和避免雨天采果外，还应注意轻采、轻放、轻运，用下列药剂：

70%甲基硫菌灵可湿性粉剂+75%百菌清可湿性粉剂(1∶1)1 500倍液；

50%咪鲜胺锰盐可湿性粉剂1 500倍液，浸果1～2分钟或喷果，并同时注意做好包装箩筐、贮运工具及贮运库室的清洁消毒等工作。

2．番木瓜花叶病

【症　　状】番木瓜在种植2～3年后往往出现花叶病。该病由蚜虫传播，潜伏期为15～20天。其病症可在木瓜植株各个部位表现出来。叶发病初期嫩叶叶脉微皱缩，叶片边缘末端向下卷，叶柄基部有点状或条状的水渍斑点。发病中期顶部叶片出现黄色斑点，叶脉缺绿呈透明点(图22-2)。发病后期上层的嫩叶呈透明状，中层叶片呈花斑，叶脉有水渍状网纹、皱缩，整个叶片凹凸不平，顶叶生长受抑制

图22-2　番木瓜花叶病为害叶片症状

(图22–3)。茎部发病，在顶部嫩茎处呈条状或块状水渍斑点，后在老化的茎部逐渐出现病斑。花果感病后，花瓣呈现水渍状病斑，严重时花畸形；果实膨大后才逐步见到病斑，呈绿色圆形或椭圆形的同心轮纹环斑，严重时果实表皮呈现出不规则的瘤状物，果实品质极差(图22–4)。

图22–3 番木瓜花叶病为害整株症状

图22–4 番木瓜花叶病为害果实症状

【病 原】Papaya ringspot virus 称番木瓜环斑病毒。病毒粒体线状，平均长度为700～800nm。自然传播媒介为桃蚜和棉蚜，且传播率非常高。摩擦非常容易传毒，田间病株叶片与健株叶片进行接触摩擦便可传染。

【发生规律】在海口地区的气候条件下，一年可出现两个发病高峰期和一个病株回绿期。4—5月及10月至11月上旬，月平均温度为20～25℃，则发病株最多，症状最明显；7—8月，平均温度为27～28℃，是病株回绿期，症状消失或减缓。凡与旧果园或与邻果园病株毗邻的植株发病快，发病率高。连年种植的果园，发病早，发病率高。番木瓜整个生长发育阶段均可感染环斑花叶病。

【防治方法】缩短木瓜的生长期。番木瓜是多年生果树，往往在种后2～3年才出现花叶病，若实现木瓜一年栽培，可避免此病发生。木瓜种植园要轮作，尽量开辟新园。加强木瓜园肥水管理，夏季及时排除积水，久旱时适量淋水抗旱。同时还应适量增加磷、钾肥和农家肥，提高植株抗病力，促使植株早开花结果，早采收，达到当年种植当年收获，以减轻花叶病的为害。

春季定植，秋季可采收果实，收果后砍掉植株，冬季清理果园并全园撒上一些石灰粉或喷一次0.5～0.6波美度的石硫合剂，可杜绝病菌繁殖。

及时防治蚜虫，以减少传播。发病初期，把病叶、病果及时剪除，以减少蔓延。

应在发病初期用药，间隔5～7天再用药，一般需连续用药3～4次。可用下列药剂：

2%宁南霉素水剂250倍液；

10%混合脂肪酸水乳剂300倍液；

20%盐酸吗啉胍·乙酸铜可湿性粉剂600～800倍液。

3．番木瓜白星病

【症　　状】番木瓜白星病又称斑点病，主要为害叶片，叶片上生圆形病斑，中央白色至灰白色，边缘褐色；病斑多时，常相互融合，病斑上现黑色小点，即分生孢子器，常造成叶片局部枯死，病斑易脱落成穿孔，严重时穿孔斑密布，叶片呈破烂状(图22-5和图22-6)。幼株叶片受害较重。

图22-5　番木瓜白星病为害叶片初期症状

图22-6　番木瓜白星病为害叶片后期症状

【病　　原】*Phyllosticta caricaepapayae* 称番木瓜叶点霉，属无性型真菌。

【发生规律】病菌以菌丝体及分生孢子器在病株上及随病残体遗落土中存活越冬，以分生孢子作为初次侵染和再次侵染源，借风雨传播，从表皮或伤口侵入致病。温暖多雨的天气有利于发病；幼株较成株叶片易发病；偏施氮肥或肥料不足、生长势差的植株易发病。

【防治方法】注意田园清洁，适时修剪清除病枝，集中深埋或烧毁。加强肥水管理，增施磷钾肥，避免偏施氮肥，促植株壮而不过旺，稳生稳长，增强抗病力。

发病初期及早喷药防治，可喷洒下列药剂：

50%苯菌灵可湿性粉剂800倍液+75%百菌清可湿性粉剂600倍液；

50%多菌灵·硫磺可湿性粉剂600倍液；

75%百菌清+70%甲基硫菌灵(1∶1)1 000倍液；

50%咪鲜胺锰盐可湿性粉剂1 500倍液；

15%亚胺唑乳油1 500倍液，间隔10～15天1次，连喷3～4次。

二、番木瓜虫害

1．红圆蚧

【分布为害】红圆蚧(*Aonidiella aurantii*)，属同翅目盾蚧科。分布广泛，成虫和若虫在寄主的枝干、叶片和果实上吸取汁液，影响植株的树势、产量和品质，严重时造成落叶、落果、枯枝(图22-7和图22-8)。

图22-7　红圆蚧为害枝干症状

图22-8　红圆蚧为害果实症状

【形态特征】参考柑橘虫害——红圆蚧。

【发生规律】参考柑橘虫害——红圆蚧。

【防治方法】参考柑橘虫害——矢尖蚧。

2．红蜘蛛

【分布为害】红蜘蛛(*Pananychus citri*)是我国普遍发生的最严重的螨类之一。成螨、若螨、幼螨以口针刺吸叶、果和嫩枝的汁液。被害叶面出现灰白色失绿斑点，严重时在春末夏初常造成大量落叶、落花、落果(图22-9)。

【形态特征】参考柑橘虫害——柑橘全爪螨。

【发生规律】参考柑橘虫害——柑橘全爪螨。

【防治方法】参考柑橘虫害——柑橘全爪螨。

图22-9　红蜘蛛为害番木瓜叶片症状

参考文献

蔡明段，彭成绩，2008．柑橘病虫害原色图谱[M]. 广州：广东科技出版社．

成卓敏，2008. 新编植物医生手册[M]. 北京：化学工业出版社.

董金皋，2001．农业植物病理学[M]. 北京：中国农业出版社．

董启风，1998．中国果树实用新技术大全[M]. 北京：中国农业科技出版社．

高文胜，2005．苹果[M]．北京：中国农业大学出版社．

华南农学院，1981．农业昆虫学(上册)[M]．北京：农业出版社．

华南农学院，1981．农业昆虫学(下册) [M]. 北京：农业出版社．

李丰年，曾惜冰，黄秉智，2000．香蕉栽培技术[M]．广州：广东科技出版社．

李照会，2002．农业昆虫鉴定[M] .北京：中国农业出版社．

李增平，郑服丛，2010．热区植物常见病害诊断图谱[M]．北京：中国农业出版社．

龙兴桂，2000．现代中国果树栽培(落叶果树)[M]．北京：中国林业出版社．

罗益镇，崔景岳，1995．土壤昆虫学[M]．北京：中国农业出版社．

吕云军，管雪强，2005．葡萄 [M]. 北京：中国农业大学出版社．

沈兆敏，柴寿昌，2008．中国现代柑橘技术[M]．北京：金盾出版社．

谢联辉，2008．植物病原病毒学 [M]. 北京：中国农业出版社．

于国合，姜远茂，彭福田，2005．大樱桃[M]．北京：中国农业大学出版社．

张加延，1998．中国果树志・李卷[M]．北京：中国林业出版社．

张玉聚等，2007．中国植保技术大全[M]．北京：中国农业科学技术出版社．

张玉聚等，2009．中国农业病虫草害新技术原色图解[M]．北京：中国农业科学技术出版社．

曾骧，1992．果树生理学[M]．北京：北京农业大学出版社．

中国科学院动物研究所，1986．中国农业昆虫(上册) [M]. 北京：农业出版社．

中国科学院动物研究所，1986．中国农业昆虫(下册) [M]. 北京：农业出版社．

中国农业科学院．中国果树栽培学[M]．1987．北京：农业出版社．

中国农业科学院植物保护研究所，中国植物保护学会，2015．中国农作物病虫害(上册) [M]．北京：中国农业出版社．

中国农业科学院植物保护研究所，中国植物保护学会，2015．中国农作物病虫害(中册) [M]. 北京：中国农业出版社．

中国农业科学院植物保护研究所，中国植物保护学会，2015．中国农作物病虫害(下册)[M]．北京：中国农业出版社．